分析样品前处理技术与应用

丁明玉 主编

尹洧 何洪巨 李玉珍 副主编

U0291566

清华大学出版社

北京

内 容 简 介

本书分基础篇和应用篇两部分。基础篇主要介绍分析样品前处理涉及的主要基础知识与技术,包括样品采集、样品制备和物质分离方法的原理与特点,同时简要介绍一些具有发展潜力的新方法和新技术。基础篇部分主要由国内著名高校、科研院所和仪器研发公司的资深研究人员执笔。应用篇主要介绍环境、地质、冶金、农业、食品、生物、医药、化工、轻工等不同应用领域的不同类型样品前处理的特点与方法,并从标准方法和研究文献中筛选出大量具有代表性的应用实例。应用篇部分主要由各类分析测试机构具有丰富实践经验的高级实验技术人员执笔。

本书既可作为分析化学等相关专业的教材使用,也适合在各类分析测试机构和相关企事业单位的分析实验室从事分析测试工作的技术人员学习和参考。

图书在版编目(CIP)数据

分析样品前处理技术与应用/丁明玉主编. —北京:清华大学出版社,2017(2023.8重印)
ISBN 978-7-302-47292-6

Ⅰ. ①分… Ⅱ. ①丁… Ⅲ. ①分析化学 Ⅳ. ①O65

中国版本图书馆 CIP 数据核字(2017)第 125980 号

责任编辑:袁　琦
封面设计:何凤霞
责任校对:刘玉霞
责任印制:宋　林

出版发行:清华大学出版社
　　　　网　　　址:http://www.tup.com.cn,http://www.wqbook.com
　　　　地　　　址:北京清华大学学研大厦 A 座　　　　　邮　　编:100084
　　　　社 总 机:010-83470000　　　　　　　　　　　　邮　　购:010-62786544
　　　　投稿与读者服务:010-62776969,c-service@tup.tsinghua.edu.cn
　　　　质量反馈:010-62772015,zhiliang@tup.tsinghua.edu.cn
印 装 者:天津鑫丰华印务有限公司
经　　销:全国新华书店
开　　本:185mm×260mm　　印　张:44　　　　　　　字　　数:1066 千字
版　　次:2017 年 12 月第 1 版　　　　　　　　　　　印　　次:2023 年 8 月第 6 次印刷
定　　价:125.00元

产品编号:066172-02

前言 FOREWORD

随着科学的发展和社会的进步,人们对分析化学的要求越来越高。从分析对象来看,分析样品的基体越来越复杂多样,待测组分的类型越来越多、含量越来越低。从分析技术来看,新的分析方法和新仪器发展迅速,分析速度不断加快,分析自动化程度越来越高,分析方法的灵敏度和选择性越来越高。然而,从不同类型样品中有效释放或提取出目标组分、从复杂样品中消除基体和共存组分的干扰、富集微量组分来弥补检测技术灵敏度的不足等样品前处理步骤已成了整个分析过程关键的一环,它在很大程度上决定分析结果的准确性、分析速度的快慢和分析操作的难易程度。

在相关学科快速发展的带动下和各行业领域强大需求的推动下,样品前处理方法与技术也得到了迅速发展。例如,基于超分子化学、亲和相互作用和分子印迹技术等原理的新的分离方法,以固相微萃取和芯片分离等为代表的微分离技术已经广泛用于分析样品前处理;样品前处理设备、分离仪器的国产化和自动化日新月异,使得样品前处理操作慢慢走出耗时、费力的窘境。

为了帮助在高校、科研院所、检验检疫机构、质量检验机构、工厂企业等各领域分析实验室从事实际分析测试工作的实验技术人员,在系统学习样品前处理涉及的主要方法的原理和特点的基础上,了解不同学科领域、不同类型样品的前处理方法,我们编写了本书——《分析样品前处理技术与应用》。本书分基础篇和应用篇两部分。基础篇介绍样品前处理中最主要和最常用的采样、制样和物质分离富集方法,同时简要介绍一些具有发展潜力的新方法和新技术。基础篇部分主要由国内著名高校、科研院所和仪器研发公司的资深研究人员执笔。应用篇介绍主流学科领域的不同类型样品前处理的特点与方法,并从标准方法和研究文献中筛选出大量具有代表性的应用实例。应用篇部分主要由各类分析测试机构具有丰富经验的高级实验技术人员执笔。

本书共分18章,基础篇和应用篇各9章,各章标题和执笔人如下。基础篇:第1章绪论(丁明玉),第2章采样与样品保存(何洪巨),第3章样品分解(张晓辉),第4章溶剂萃取分离(史俊稳),第5章固相萃取分离(赵萍),第6章膜分离(丁明玉),第7章色谱分离(丁明玉),第8章其他样品净化与富集技术(丁明玉),第9章自动化样品前处理技术(张晓辉);应用篇:第10章环境样品前处理(翟家骥),第11章地质样品前处理(许俊玉),第12章冶金材料样品前处理(李玉珍),第13章农产品样品前处理(高苹),第14章食品样品前处理(武彦文),第15章生物和医药样品前处理(韩南银、曹晔),第16章化工样品前处理(尹洧),

第 17 章精细化工和轻工产品样品前处理(高峰),第 18 章其他样品前处理(赵建军)。本书初稿提交后,经主编修改、编委间交叉修改,最后由主编统稿和定稿。

全体编著者力求精益求精,但由于撰稿者来自各个不同的部门和单位,工作经历和写作风格各异,使各章的衔接与风格不尽相同,加上我们的学识和能力有限,书中仍难免有缺陷和遗憾,衷心希望各界专家学者和广大读者批评指正。

编著者

2017 年 6 月于北京

目 录

FOREWORD

基 础 篇

应 用 篇

基础篇

第1章

绪　论

1.1　分析样品前处理的目的与要求

　　一个实际样品的分析,无论是定性鉴定,还是定量测定;无论是物理测试,还是化学分析;无论是宏观性质测试,还是微观结构剖析;在使用仪器进行测定之前,往往需要对样品进行适当的物理或化学的处理,这一过程称做样品前处理。样品分析全过程大致可以分解为样品采集与制备、样品分解、样品净化、进样和样品测定五大步骤,广义而言,前四步都属于样品前处理,即包括样品进入测定仪器之前的所有操作环节。

　　样品采集与制备通常还包括现场处置、保存与运输等多个环节,对于部分固体样品(如岩石、土壤)还需经过干燥、粉碎与缩分等一系列样品制备操作,以获得均匀的分析样品。

　　样品分解是使目标组分从固体或半固体样品基体中释放出来,并将其转移至溶液或气相中的一个过程。样品分解往往涉及样品基体的破坏,容易造成目标组分损失。对于部分固体或半固体样品,有时不必破坏样品,只需采用适当的萃取(提取)技术就可以将目标组分从样品基体中分离出来,此处的萃取(或提取)可以看做广义的样品分解。样品分解方法很多,如索氏提取、微波萃取、超临界流体萃取等。

　　样品净化是样品前处理过程中最重要和内容最为丰富的环节,是采用各种分离技术将目标组分与干扰物质分离或使目标组分富集的过程。大多数的分离技术都可以用于样品前处理,例如:经典溶剂萃取、溶剂微萃取、胶团萃取等液-液萃取技术;索氏提取、微波萃取、超声提取、加速溶剂萃取等固-液萃取技术;固相萃取、固相微萃取、固相分散萃取等液-固萃取技术;微滤、超滤、渗析等膜分离技术;凝胶色谱、薄层色谱、柱层析等色谱分离技术;电渗析、电泳、电解等电化学分离技术。

　　进样方式既可以看作是测定仪器的一部分,也可看作是一种在线样品前处理技术,例如,气相色谱法中的顶空进样、原子光谱法中的氢化物发生进样等。

　　除此之外,在实际工作中有时还需做一些其他的样品前处理方可进行测定,例如:样品溶液 pH 调整、溶剂更换、浓缩复溶、稀释、衍生化等。对于实验室分析人员而言,一般情况下并不涉及采样和制样,而是接收送检样品,即绝大多数情况下,分析人员只做样品分解与净化两个前处理步骤。所以,狭义的样品前处理也只包括样品分解与净化。一个样品的分析需要进行哪些前处理应视样品基体组成、测定目标组分、共存干扰组分和测定方法等情况决定。对于样品基体简单、与目标组分性质相近的共存干扰物质少、后续测定方法选择性高的场合,可能只需简单的过滤或适当稀释后就可直接进行测定;而对于复杂基体中微量目标组分的分析,则可能需要同时采用多种前处理技术进行分解和净化后才能测定。样品前处理过程不仅决定了分析全过程耗时的长短,也决定了测定结果的准确性,因为相对于前处理过程而言,后续仪器测定不仅速度很快,而且产生测定误差的因素也相对较少。

随着科学的发展、社会的进步,人们对于分析测试的需求越来越多、要求越来越高,诸如超痕量分析、元素形态分析、手性异构体分析、复杂样品分析就对整个分析过程提出了更高的要求。相对于检测方法和仪器的快速发展,分析样品前处理技术和仪器的发展显得有点滞后,这也促使人们投入更多的力量开发各种新的和先进的样品前处理技术,研发和改进样品前处理仪器。样品前处理的主要目的可以归纳为以下五个方面。

(1) 适应分析仪器的进样方式。目前分析仪器的进样方式大多数为溶液进样,固体样品就需要通过分解或溶剂提取等技术将目标组分转移至溶液中,而气体样品需要用适当的溶液吸收。气体直接进样只适合气相色谱法等少数分析方法,而固体直接进样也只适合红外光谱或具有特殊进样口的质谱等少数分析方法。

(2) 消除样品基体物质的干扰。构成样品的主体成分往往会对目标组分的测定产生干扰,尤其是目标组分含量很低时更加明显。将目标组分从样品基体中提取出来或将基体物质消解是最常用的消除基体干扰的两个策略。

(3) 消除共存组分的干扰。经提取和消解后得到的样品溶液通常情况下会含有多种共存组分以及残留基体物质或其降解产物。消除共存组分干扰是样品净化的主要任务之一,涉及的分离技术也较多,溶剂萃取和固相萃取就是目前使用最多的样品净化技术。

(4) 适应测定方法的灵敏度。因为任何一个分析方法的检测下限和工作曲线的线性范围都是有限的。样品溶液中目标组分含量高的场合仅需适当稀释,而对于痕量组分分析则可能需要进行适当的浓缩或富集。很多分离技术是在净化的同时实现了目标组分的富集。

(5) 解决样品分布不均的问题。目标组分在固体样品中往往会存在分布不均匀的现象,除了在制样环节采用大体积采样和多点采样并逐级缩分外,通过制备样品溶液也能使目标组分均匀分布于溶液中。

分析样品种类繁多,从状态上来看,除了气体、液体和固体样品外,还有气固混合物(气溶胶、烟道气)、液固混合物(悬浮液)等。按基体化学性质可分为无机样品和有机样品。但这些分类在样品前处理中意义并不大,因为同类样品的组成也千差万别,分解方法也各不相同。在实际工作中,还经常按行业将样品分为环境、地质、食品、化工、钢铁、农业、生物医药等。这是因为同一行业的主要样品具有一些共性,加上行业标准的约束和行业内部技术交流的便利,使得同一行业在样品前处理方法和分析方法的选择上具有明显的行业共性。然而,不同行业都有相同或类似的样品,打破行业和学科限制的相互借鉴会更有利于新技术和新方法的应用。

除了环境水样等少数溶液样品只需过滤、稀释或浓缩等简单前处理外,绝大多数分析样品通常都需要进行比较复杂的前处理。随着分析样品的组成越来越复杂、目标组分的含量越来越低、灵敏度和准确度的要求越来越高,对样品前处理的要求也越来越高,样品前处理已经成为决定分析结果可靠性和分析速度的关键环节。分析样品差异性很大,既有相对简单的各种水样,又有比较难处理的电子电器产品;既有目标组分浓度低于10^{-12}的超痕量分析样品,也有含量在1%以上的常量分析样品,还有含量接近100%的纯度分析样品。因此对分析样品前处理方法的具体要求也不尽相同,但一般要求是相同的,主要有以下五点。

（1）目标组分的回收率应尽可能高。除了固相微萃取和液相微萃取不需要将目标组分全部转移至萃取相外,其他分离技术都需要将目标组分全部转移至样品溶液中。前处理步骤越多,造成目标组分损失的可能性越大。越是痕量组分样品,实现高回收率越难。对于常量分析通常要求回收率在95%以上;而对于复杂样品中痕量组分的分析,有时可以容许80%左右甚至更低的回收率。

（2）尽可能消除基体和共存组分的干扰。消除干扰是样品净化步骤的主要目的,既可以将目标组分从样品基体中分离出来,也可以将主要干扰组分从样品中分离除去。干扰消除得越彻底,越有利于提高后续分析测定的准确度。大多数样品净化方法都不是专一性的,带入少量基体和共存组分是不可避免的,只要将干扰组分控制在可接受的范围内即可。

（3）样品前处理方法应尽可能简便、快速和低成本,最好能在线处理或具有较高的自动化程度。

（4）尽可能少用或不用有毒有害溶剂和强酸强碱,以减少对操作者的健康危害和对环境的污染。例如,近年发展迅速且广泛应用的固相萃取技术就可以大大减少有机溶剂的使用量。

（5）具有与后续测定方法灵敏度相匹配的富集倍数。进样溶液中目标组分的浓度和绝对含量最好高于其定量下限一定倍数,如数倍至数十倍,以降低测定的相对误差。

1.2　样品前处理方法的评价与质量保证

1.2.1　样品前处理与分离科学

样品前处理最重要的两个环节是样品分解和样品净化。在样品分解环节,很多场合并不需要破坏样品基体,而是采用各种提取技术,这些提取技术都是常用的分离技术。样品净化就是采用各种分离技术消除基体或共存组分的干扰。也就是说,样品前处理是分离科学的一个重要应用领域。

物质分离是利用混合物中各组分在物理或化学性质上的差异,采用适当的方法或装置,使各组分相互分离的过程。分离可以分为单一分离和组（族）分离两种形式。单一分离是将某种化合物以纯物质形式从混合物中分离出来。如工业上纯物质的制备,化学标准品的制备,药物对映异构体的分离等。组分离是将性质相近的一类组分从复杂的混合物体系中分离出来。例如,从中药提取物中分离出某类起药效作用的物质;石油炼制中的轻油和重油的分离;水环境监测中将苯酚类有机物从水体基质中转移至有机溶剂中等。样品前处理在绝大多数情况下是进行组分离,即将某类目标组分从复杂基体中分离出来,或将样品中产生干扰的基体或共存组分分离除去。此外,富集和浓缩是分离的两个重要目的,也是样品前处理中经常进行的两项操作。

富集是指采用合适的分离方法,使目标化合物在某空间区域的浓度增加,此时,共存组分或溶剂可能不进入或仅部分进入富集相。如从大量基体物质中将欲测量的组分集中到一较小体积的溶液中,即富集不仅涉及目标溶质与其他溶质的部分分离,同时溶液体积也减小,从而提高后续测定的灵敏度。也就是说,富集不仅使目标溶质相对于共存溶质的相对浓度提高了,而且因为富集后样品溶液体积的减小,使得其绝对浓度也提高了。

浓缩是指采用合适的分离方法(如蒸发),将溶液中的部分溶剂除去,使溶液中存在的所有溶质的浓度都同等程度提高的过程。浓缩过程也是一个分离过程,是溶剂与溶质的相互分离,不同溶质相互并不分离,它们在溶液中的相对浓度(摩尔分数)不变。

不同物质之所以能相互分离,是基于各物质之间的物理、化学或生物学性质的差异。在物理和化学性质中,有的属于混合物平衡状态的参数,如溶解度、分配系数、平衡常数等;有的属于目标组分自身所具有的性质,如密度、迁移率、电荷等。而生物学性质则源于生物大分子的立体构型、生物分子间的特异相互作用及复杂反应。这些性质差异与外场能量可以有多种组合形式,能量的作用方式也可以有变化,因此,衍生出来的分离方法很多。例如,利用物质沸点(挥发性)的差异设计的蒸馏分离,因为加热方式或条件的改变,就可以有常压(加热)蒸馏、减压(加热)蒸馏、亚沸蒸馏等不同的蒸馏技术。

在一个分离体系中,通常必须设计不同的相,物质在不同相之间转移才能使不同物质在空间上分离开。多数分离过程选择两相体系。寻找适当的两相体系,使各种被分离组分在两相间的作用势能之差增大,从而使它们可以选择性地分配于不同的相中。在分离体系中引入两相还可以减少由于熵效应使分开的组分再混合,避免分离效率降低。

1.2.2　前处理方法评价

一个分离方法的好坏,理论上可以用方法的分离度、回收率、富集倍数、准确性和重现性等加以评价,但在实际使用过程中,还需考虑更多的问题,如设备成本、有无环境污染、使用成本、对被分离物质是否产生破坏等。

1. 回收率

回收率(R)是分离中最重要的一个评价指标,它反映的是被分离物在分离过程中损失量的多少,是分离方法准确性(可靠性)的表征,其计算公式如式(1-1):

$$回收率(R) = \frac{实际回收量\ Q}{欲回收总量\ Q_0} \times 100\% \tag{1-1}$$

对回收率的要求要根据分离目的或经济价值来决定。通常情况下对回收率的要求是:含量在1%以上的常量组分的回收率应大于99%,痕量组分的回收率应大于90%或95%。回收率也可以表示成回收因子,即 $R = Q/Q_0$。

测定回收率的方法很多,通常采用标准加入法(加标回收)和标准样品法。标准加入法是在样品中准确加入已知量的目标组分的标准品,用待检验的分离方法分离该加标后的样品,计算出该分离方法对目标组分的回收率。如果样品中本身含有目标组分,需同时测定其含量,并从加标样品的测定结果中扣除目标组分原含量值。标准样品法是用待检验的分离方法分离标准样品,计算出该分离方法对目标组分的回收率。所谓标准样品是指与待分离样品具有相似基体组成、待分离组分的含量已知(如不同实验室采用不同方法进行过准确测定)。这里需要注意的是:加标回收法所加入的目标组分与样品基体物质混合后,仅仅靠吸附作用与基体结合,容易回收;而实际样品中的目标组分与基体物质可能存在更加牢固的化学相互作用,或者位于固体样品颗粒的内部结构中,相对难以回收。因此,加标回收率高不一定代表真实样品回收率高。所以,标准样品法更加可靠一些,只是标准样品不易得到。

2. 分离因子

分离因子(S)表示两种物质被分离的程度,它与两种物质的回收率密切相关,回收率相差越大,分离效果越好。假设 A 为目标组分,B 为共存组分,则 A 对 B 的分离因子 $S_{A,B}$ 定义为

$$S_{A,B} = \frac{R_A}{R_B} = \frac{Q_A/Q_B}{Q_{0,A}/Q_{0,B}} \tag{1-2}$$

从式(1-2)可知,分离因子既与分离前样品中 B 与 A 的比例相关,也与分离后二者的比例相关。在定量分离中,目标组分的回收率接近 100%,即回收因子 $Q_A/Q_{0,A}$ 接近 1,假设相同条件下 B 的回收因子只有 0.05(回收率 5%),则分离因子等于 B 的回收因子的倒数,即 $S_{A,B}=20$。

3. 富集倍数

富集倍数通常定义为目标组分在富集后样品溶液中的浓度与在富集前的样品溶液中的浓度之比。可见富集倍数中并没有反映出目标溶质与共存溶质(基体和其他共存组分)的分离,只体现了富集前后溶液体积的变化,因此,形式上与浓缩倍数是相同的。正是这个原因,在分离中通常并不区分浓缩倍数和富集倍数,而是统称为富集倍数。

富集的对象通常都是含量在百万分之几以下的微量和痕量组分,对富集倍数的大小视样品中组分的最初含量和后续分析方法中所用检测技术灵敏度的高低而定。高灵敏度和高选择性的测定方法有时不仅无须富集,相反还要将样品进行适当的稀释。高效和高选择性的分离技术可以达到数万倍,甚至数十万倍的富集倍数。实际分析工作中,通常情况下富集倍数达到数十倍或数百倍即可。

1.2.3　样品前处理方法的选择

对于一个分析样品,达到同一处理目的可能有多种前处理方法可供选择,如何选择最佳的处理方法,不仅要考虑各种处理方法的特点、样品特性,还需要操作者具有丰富的实践经验,对操作过程中的细节之处有所了解。一般而言,选择前处理方法需要考虑如下因素。

(1) 充分了解待处理样品的基体物质和主要共存组分的类型。样品基体性质是选择样品溶液制备方法(溶解、提取、消解)和后续样品净化方法的重要依据之一。例如,如果样品基体物质是酸性物质,则使用碱性溶剂溶解的效果会更好。共存物质种类和大致含量为样品溶液制备环节实现部分分离提供重要信息,例如,如果主要共存物质是非极性的,而目标组分是极性的,则选择极性溶剂提取就可同时除去部分共存干扰组分。

(2) 充分了解目标组分的性质。因为所用前处理方法不能使目标组分破坏或损失。例如,具有表面活性剂性质的有机物就不适合采用溶剂萃取净化,因为容易形成乳化层,导致分相困难和目标组分损失;热稳定性差或挥发性强的组分就不能选择在高温条件下操作的前处理方法。

(3) 尽量采用条件温和的(低温、低压、低污染、低毒害)前处理方法。

(4) 尽量减少处理环节。整个前处理过程使用的方法越多、操作环节越多,则引入误差

的机会越多。

（5）尽可能选择自动化程度高的处理技术。人工操作的重现性不如自动化的仪器。目前，很多前处理方法已经有自动化或半自动化的仪器。例如，全自动固相萃取仪、加速溶剂萃取仪、自动索氏提取器等。

（6）尽量考虑与后续分析仪器的溶剂匹配。因为有些溶剂或强酸强碱不能进入后续测定仪器，这就需要在样品制备和净化环节尽可能选择适合后续测定仪器的溶剂，省去进样前的溶剂更换操作。

（7）兼顾处理成本。这里主要指耗材成本，应尽量选择耗材廉价易得的前处理方法。

1.3　溶剂特性及其选择方法[1]

绝大多数样品前处理操作都要使用溶剂，对溶剂特性、溶剂纯化和使用注意事项要有充分的了解。溶剂可以有很多种分类方法，其中按溶剂极性和化学组成的分类最常用；按极性可分成极性和非极性溶剂；按组成可分为有机溶剂和无机溶剂。极性溶剂分子中含有羟基、羰基、羧基等强极性基团，如乙醇、丙酮等，极性溶剂介电常数大，亲水性强，可以溶解酚醛树脂、醇酸树脂等极性高分子。非极性溶剂的介电常数低，疏水性强，如烃类、苯系物、石油烃、二硫化碳等，根据相似相溶的规则，非极性溶剂可以溶解非极性高分子。水、强酸、液氨等是最常用的无机溶剂；有机溶剂的种类则非常多，常用的包括醇、酮、醚、醛、酯、有机酸、脂肪烃、芳香烃、二甲亚砜等多种类型。

1.3.1　物质的溶解过程

溶解是指某种物质（溶质）以分子状态均匀分散于液态溶剂中的过程。在某种溶剂中，有的物质易溶、有的难溶，这取决于分子之间的相互作用力（能）的大小。物质的溶解过程大致分为三个基本步骤：首先，溶质分子（A）克服自身分子间的相互作用势能（H_{A-A}）成为独立的溶质分子，H_{A-A}越大，溶解越困难。其次，溶剂分子（B）也需克服自身分子间的作用势能 H_{B-B}，并生成"空隙"以容纳溶质分子，H_{B-B}越大，溶解越困难。最后，溶质分子与溶剂分子间形成新的化学作用，释放出能量（H_{A-B}），H_{A-B}越大，越易溶解。溶解过程的能量变化（ΔH_{A-B}）为

$$\Delta H_{A-B} = H_{A-A} + H_{B-B} - 2H_{A-B} \tag{1-3}$$

如果从热力学（能量变化）的角度来看溶解过程的难易程度，可以归纳为：如果 $\Delta H_{A-B} > 0$，则溶质难溶于该溶剂中；如果 $\Delta H_{A-B} < 0$，则易溶；如果 $\Delta H_{A-B} \approx 0$，虽可溶解，但溶解过程可能比较慢。绝大多数情况下，ΔH_{A-B} 的大小与溶质和溶剂分子的极性相关，因此通常认为溶质易溶于与之极性相近的溶剂，这就是"相似相溶"规律。"相似相溶"是基于溶质和溶剂分子化学结构的相似性或极性相近做出的判断，虽然在大多数情况下是正确的，但也有用"相似相溶"规律解释不通的溶解现象。例如，十八羧酸与乙酸的互溶性不如十八羧酸与胺（或吡啶）的互溶性好，这是因为酸性物质易溶于碱性物质；聚乙二醇和乙二醇化学结构虽然很类似，但聚乙二醇却难溶于乙二醇中。另外，还有一些其他的物质特性可以帮助我们解释溶解过程，如电子给予体易溶于电子接受体，质子接受体易溶于质子给予体。也就是说，溶解过程中，溶剂和溶质分子间存在多种相互作用，除了与极性密切相关的范德华力还

可能存在氢键作用、静电相互作用、电荷转移相互作用等。如果从分子间相互作用势能(溶解过程的总能量变化)的角度考虑,就能对一些不符合"相似相溶"规律的溶解过程做出合理的定性解释。

溶质溶解到溶剂中,由于溶质分子和溶剂分子之间的相互作用,每一个被溶解的溶质分子(或离子)被一层或松或紧的受束缚的溶剂分子所包围,这一现象称为溶剂化作用,水为溶剂时也称为水合作用。

1.3.2 溶剂的极性

关于溶剂"极性"的定义至今未统一,表征和比较溶剂极性大小的参数很多,主要有偶极矩、介电常数、水-辛醇体系中的分配系数、溶解度参数和罗氏极性参数。通常根据溶剂的偶极矩或介电常数大小就可以大致选择合适极性的溶剂,这是因为偶极矩或介电常数越大,则极性越大。表1-1是部分常用溶剂的偶极矩和介电常数,偶极矩的 SI 单位是库仑·米 (C·m),由于分子中原子间距离的数量级为 10^{-10} m,电荷的数量级为 10^{-20} C,所以偶极矩 μ 的数量级为 10^{-30} C·m。偶极矩习惯上还用"德拜"作单位,记作 D,$1D = 3.33563 \times 10^{-30}$ C·m。然而,即使极性相同的溶剂,对同一种物质的溶解能力也不一定相等,即不同溶剂的选择性还有差异。罗氏极性参数(p')则在一定程度上反映了溶剂的溶解选择性。

表 1-1 部分常用溶剂的偶极矩和介电常数

溶 剂 名 称	偶极矩 $\mu/10^{-30}$ C·m	介电常数 ε(20℃)
正己烷	0.27	1.890
正辛烷	0	1.948(25℃)
环己烷	0	2.052
苯	0	2.283
甲苯	1.23	2.24
二氯甲烷	3.80	9.1
氯仿	3.84	4.9
四氯化碳	0	2.238
甲醇	5.55	31.2
乙醇	5.60	25.7
异丙醇	5.60	18.3(25℃)
正丁醇	5.60	17.1(25℃)
苄醇	5.54	13.1
乙二醇	7.34	38.66
苯酚	5.77	2.92
乙醚	3.74	4.197(27℃)
四氢呋喃	5.70	7.58(25℃)
丙酮	8.97	20.70(25℃)
乙酸乙酯	6.27	6.02
磷酸三丁酯	7.77	
硝基甲烷	11.54	35.87(30℃)

续表

溶 剂 名 称	偶极矩 $\mu/10^{-30}$ C·m	介电常数 ε(20℃)
乙腈	11.47	37.5
吡啶	7.44	12.3(25℃)
甲酰胺	11.24 （3℃）	111
N,N-二甲基甲酰胺	16.1 （3℃）	182.4(25℃)
二硫化碳	0.20 （20℃）	2.64
噻吩	1.73	2.705
二甲亚砜	13.34	48.9
三乙醇胺	11.91	29.36(25℃)
水	6.47 （30℃，苯）	80.103
液氨	4.97 （20.5℃）	16.9(25℃)

罗氏极性参数是以乙醇(ethanol)、二氧六环(dioxane)和硝基甲烷(nitromethane)作为模型化合物,通过测定这三种模型化合物在某溶剂中的溶解性(通过测定一定温度下混合物的蒸汽压来换算)得到。三种模型化合物分别代表三类典型的相互作用类型,乙醇代表质子给予体;二氧六环代表质子接受体;硝基甲烷代表强偶极作用(偶极矩高达 11.54)。对于某种溶剂,可得到三种模型化合物在该溶剂中的相对溶解能 H_e、H_d 和 H_n。它们的加和即为此种溶剂的罗氏极性参数 p',也称总极性,即:

$$p' = H_e + H_d + H_n \tag{1-4}$$

三种模型化合物的相对溶解能在总极性中所占的比例代表不同类型分子间相互作用在该溶剂总作用能中所占的比例,表明它们各自贡献的大小,称为选择性参数,即:

$$X_e = H_e/p' \quad 溶剂的质子接受强度分量$$
$$X_d = H_d/p' \quad 溶剂的质子给予强度分量$$
$$X_n = H_n/p' \quad 溶剂的偶极相互作用强度分量$$

当两种溶剂的 p' 值相同时,表明这两种溶剂极性相同,但若在它们的 p' 值中 X_e 不同,则 X_e 大的溶剂接受质子的强度在总极性 p' 中所占比例大,该溶剂对质子给予体有较好的选择性溶解。即一个溶剂的上述三个分量的大小代表了该溶剂对三种不同类型化合物的溶解选择性的大小。

Rohr 等测定了 69 种常用溶剂的 p' 值,结果表明:p' 值越大的溶剂,其极性也越大,这说明 p' 值的大小与溶剂的极性大小是一致的。当分别以 X_e、X_d 和 X_n 为三条边作一个等边三角形。每种溶剂在该三角形中的位置正好与其 X_e、X_d 和 X_n 值对应。结果发现上述 69 种溶剂按结构的相似性,相对集中地分布于不同的 8 个区域。这就是著名的溶剂选择性三角形(图 1-1)。各区域(组)代表性的溶剂列于表 1-2 中。溶剂选择性三角形表明:尽管溶剂种类很多,但可以归纳为有限的几个选择性组,位于同一选择性组中的所有溶剂,都具有非常接近的 3 个选择性参数值(X_e、X_d 和 X_n),因而具有类似的溶解和分离选择性,若要通过选择溶剂改善溶解或分离,就要选择不同组的溶剂。

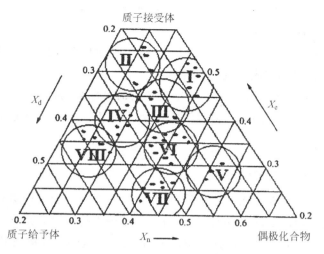

图 1-1 溶剂选择性三角形

表 1-2 溶剂选择性三角形中的溶剂分组

组 别	代表性溶剂
Ⅰ	脂肪醚、三级烷胺、四甲基胍、六甲基磷酰胺
Ⅱ	脂肪醇
Ⅲ	吡啶衍生物、四氢呋喃、乙二醇醚、亚砜、酰胺（除甲酰胺外）
Ⅳ	乙二醇、苯甲醇、甲酰胺、乙酸
Ⅴ	二氯甲烷、二氯乙烷
Ⅵ	磷酸三甲苯酯、脂肪酮和酯、聚醚、二氧六环、乙腈
Ⅶ	硝基化合物、芳香醚、芳烃、卤代芳烃
Ⅷ	氟代烷醇、间甲基苯酚、氯仿、水

1.3.3 溶剂选择方法

以罗氏极性参数为依据的溶剂选择方法基本步骤如下：首先，根据相似相溶规律，选择与溶质极性尽可能相等的溶剂，以使溶质在溶剂中溶解度达到最大。其次，在保持溶剂极性不变的前提下，更换其他溶剂，调整溶剂的选择性，使溶剂的溶解和分离选择性达到最佳。

一般而言，单个溶剂的极性往往很难正好与溶质的极性相等，即使找到极性正好与目标溶质相等的溶剂，如果要优化溶剂的选择性，很难在溶剂总极性不变的前提下找到具有良好选择性的溶剂。因此，通常使用混合溶剂体系，因为混合溶剂可以获得任意极性的溶剂体系。

混合溶剂的极性与单一纯溶剂的极性的关系为

$$p' = \Phi_1 \, p_1' + \Phi_2 \, p_2' + \cdots = \sum \Phi_i \, p_i' \qquad (1\text{-}5)$$

式中：p_i' 为纯溶剂 i 的罗氏极性参数；Φ_i 为纯溶剂 i 的体积分数。

混合溶剂的选择步骤如下：

（1）选择一种非极性溶剂（p'接近 0）和一种极性溶剂，将二者按不同比例混合得到一系列不同极性的混合溶剂，其极性 p' 可按式（1-5）计算得到。

（2）研究目标溶质在上述一系列不同极性混合溶剂中的溶解度，从其最大溶解度所对应的混合溶剂的 p' 值可知溶质的近似 p' 值。

（3）从溶剂选择性三角形中的不同组中挑选新的极性溶剂替换步骤（1）中的极性溶剂，并通过调节此极性溶剂的比例维持混合溶剂的 p' 值不变。最终必定能找到一种溶解性和选择性都合适的溶剂。

1.3.4　溶剂的纯化[2]

溶剂在生产过程中可能带入一些杂质，这些杂质往往会影响分析结果的准确性，特别是对于低含量组分的分析。因此，实验室有时需要对溶剂进行适当的纯化后再使用。

（1）干燥脱水。水是溶剂中常见的杂质成分，有些化学反应、重结晶、萃取等操作不允许有水存在，溶剂使用前需脱水。溶剂脱水最常用的方法是加入干燥剂。干燥剂的种类很多，性质各异，需根据溶剂的性质选择干燥剂，基本原则是干燥剂不与溶剂发生化学反应并与溶剂易于分离。除分子筛可以用于几乎所有溶剂脱水外，其他干燥剂都有其适用的范围，表 1-3 列举了部分常用干燥剂及其适用范围。其他脱水方法，如分馏、共沸蒸馏、蒸发、干燥气体吹扫等方法都只适用一些特定条件下的脱水干燥。

表 1-3　常用干燥剂及其适用范围

干燥剂	适合干燥的溶剂举例	不适合干燥的溶剂举例
$CaSO_4$、$MgSO_4$、Na_2SO_4	烃、卤代烃、醚、酯、腈、硝基甲烷、酰胺	
$CaCl_2$	烃、卤代烃、醚、腈、硝基化合物、环己烷、二硫化碳	伯醇、甘油、酚、酯、某些胺
活性氧化铝	烃、胺、酯、甲酰胺	
$CuSO_4$	醇、醚、酯、低级脂肪酸	甲醇
KOH、NaOH	胺等碱性物质、四氢呋喃等环醚	酸、酚、醛、酮、醇、酯、酰胺
K_2CO_3	碱性物质、卤代烃、醇、酮、酯、腈	酸性物质
BaO、CaO	碱性物质、醇、腈、酰胺	酮、酯、酸性物质
硫酸	饱和烃、卤代烃、硝酸、溴	醇、酚、酮、不饱和烃
P_2O_5	烃、卤代烃、酯、乙酸、腈、二硫化碳	醚、酮、醇、胺

（2）无机酸纯化。无机酸中通常含有金属离子等无机杂质，在痕量元素的原子光谱分析中需要使用纯度很高的无机酸处理样品。通常采用蒸馏法纯化。像盐酸这样的挥发性无机酸，还可采用等温扩散法简便地进行纯化。例如，在直径约 30cm 的洁净干燥器内，放入 3kg 盐酸，在瓷托板上放置装有 300mL 超纯水的聚氯乙烯（或聚四氟乙烯、石英）吸收杯，盖上干燥器盖，在 20～30℃放置 7 天（15～20℃放置 10 天）即可得到约 10mol/L 的高纯盐酸。

（3）脂肪烃、芳香烃类溶剂纯化。脂肪烃中易混入不饱和烃、硫化物。脂肪烃和芳香烃都可加适量浓硫酸，搅拌至硫酸不再显色为止，用碱中和洗涤，再水洗、干燥、蒸馏。苯还可采用重结晶法纯化。

（4）卤代烃纯化。卤代烃中常含有水、酸、同系物及不挥发物等，可能还含有作为稳定剂加入的醇、酚、胺。纯化方法是用浓硫酸洗涤数次至无杂色为止，除去酸及其他有机杂质。然后用稀 NaOH 洗涤，再用冷水充分洗涤、干燥、蒸馏。CCl_4 中常含 CS_2，可加稀碱煮沸分解除去 CS_2，然后水洗、干燥、蒸馏。

（5）醇类纯化。醇中杂质主要是水，可加入干燥剂脱水。无水乙醇制备方法：由于 95.5% 的乙醇与 4.5% 的水形成恒沸混合物，不能直接蒸馏制备。通常加入 CaO 煮沸回流，使乙醇中的水生成 CaOH，再将无水乙醇蒸出，纯度可达 99.5%。

（6）酮类纯化。酮中杂质主要有水、原料、酸性物质，可先脱水，再分馏。

（7）醚类纯化。醚中杂质主要有水、原料和过氧化物，可用酸式亚硫酸钠洗涤，其次用稀碱、硫酸、水洗涤，干燥后蒸馏。

（8）酯类纯化。酯中杂质主要是水、原料（有机酸和醇），可用碳酸钠水溶液洗涤，水洗后干燥、精馏。

（9）腈类纯化。腈中杂质主要是水、同系物，乙腈能与大多数有机物形成共沸物，很难纯化。水可用共沸蒸馏法除去，高沸点杂质可用精馏法除去。也可加入 P_2O_5 进行常压回流蒸馏。

1.4 前处理操作安全防护

在样品前处理操作中经常使用强酸、强碱和有害试剂，有的操作是在高温、高压下进行，安全防护非常重要。多数大学化学实验教材、分析化学手册、化学实验手册都有实验室安全防护须知，本节仅就分析样品前处理实验中可能涉及的一般安全问题做一个简要介绍，详细内容请查阅相关实验室安全手册[3]。在本书相关章节涉及具体试剂使用或仪器操作危险性时，还会有适当的提示。

1.4.1 物质危险性质标准

环境保护部确定的物质危险性质标准和毒物危害程度分级分别如表 1-4 和表 1-5 所示[4]。在有毒物质的三个等级中（表 1-4），1、2 属剧毒物质，3 为一般毒物。据此标准，对我国接触的 56 种常见毒物的危害程度分级如表 1-6 所示。

表 1-4 物质危险性质标准

物质类别	等级	LD_{50}（大鼠经口）/(mg/kg)	LD_{50}（大鼠经皮）/(mg/kg)	LC_{50}（小鼠吸入，4h）/(mg/L)
有毒物质	1	<5	<10	<0.01
	2	$5<LD_{50}<25$	$10<LD_{50}<50$	$0.01<LC_{50}<0.5$
	3	$25<LD_{50}<200$	$50<LD_{50}<400$	$0.5<LC_{50}<2$
易燃物质	1	可燃气体：在常压以气态存在并与空气混合形成可燃混合物；其沸点（常压下）是 20℃ 以下的物质		
	2	易燃液体：闪点低于 21℃，沸点高于 20℃ 的物质		
	3	可燃液体：闪点低于 55℃，常压下保持液态，在实际操作条件下（如高温高压）可引起重大事故的物质		
爆炸性物质		在火焰影响下可以爆炸，或者对冲击、摩擦比硝基苯更为敏感的物质		

表 1-5　毒物危害程度分级

指标		Ⅰ级 （极度危害）	Ⅱ级 （高度危害）	Ⅲ级 （中度危害）	Ⅳ级 （轻度危害）
		分　级			
危害程度	吸入 LC_{50}/(mg/m³)	<200	200—	2000—	>20 000
	经皮 LD_{50}/(mg/kg)	<100	100—	5000—	>2500
	经口 LD_{50}/(mg/kg)	<25	25—	500—	>5000
急性中毒发病状况		易发生中毒，后果严重	可发生中毒，预后良好	偶可发生中毒	迄今未见急性中毒，但有急性影响
慢性中毒发病状况		患病率高(≥5%)	患病率较高(<5%)或症状发生率高(≥20%)	偶有中毒病例发生或症状发生率较高(≥10%)	无慢性中毒，而有慢性影响
慢性中毒后果		脱离接触后，继续进展或不能治愈	脱离接触后，可基本治愈	脱离接触后，可恢复，不致严重后果	脱离接触后，自行恢复，无不良后果
致癌性		人体致癌物	可疑人体致癌物	实验动物致癌物	无致癌物
最高容许浓度/(mg/m³)		<0.1	0.1—	1.0—	>10

表 1-6　常见毒物的危害程度分级

分　级	有毒物质名称
Ⅰ级 （极度危害）	汞及其化合物、苯、砷及其无机化合物（非致癌的无机砷化合物除外）、氯乙烯、铬酸盐、重铬酸盐、黄磷、铍及其化合物、对硫磷、羰基镍、八氟异丁烯、氯甲醚、锰及其无机化合物、氰化物
Ⅱ级 （高度危害）	三硝基甲苯、铅及其化合物、二硫化碳、氯、丙烯腈、四氯化碳、硫化氢、甲醛、苯胺、氟化氢、五氯酚及其钠盐、镉及其化合物、敌百虫、氯丙烯、钒及其化合物、溴甲烷、硫酸二甲酯、金属镍、甲苯二异氰酸酯、环氧氯丙烷、砷化氢、敌敌畏、光气、氯丁二烯、硝基苯
Ⅲ级 （中度危害）	苯乙烯、甲醇、硝酸、硫酸、盐酸、甲苯、二甲苯、三氯乙烯、二甲基甲酰胺、六氟丙烯、苯酚、氮氧化物
Ⅳ级 （轻度危害）	溶剂汽油、丙酮、氢氧化钠、四氟乙烯、氨

1.4.2　基本安全守则

（1）工作时间内应始终开启实验室通风装置，保持实验室空气流通。上班时间使用过刺激性气味试剂或强挥发性溶剂的，下班后应继续开启部分通风装置，以免有害气体扩散至室外公共区域。

（2）电源插座周边应干燥并远离腐蚀性液体，不要湿手接触开关和插座。

（3）实验操作过程中，特别是使用腐蚀性溶剂和加热操作时应戴手套、口罩和护目镜。

（4）进行危险性实验（如危险样品采样、易燃易爆物品处理）时，应有同事在场，避免单独操作。

（5）实验室冰箱中不要存放食物，也不要存放易燃、易挥发试剂。

（6）打开久置未用的浓盐酸、浓硝酸、浓氨水、浓硫酸等腐蚀性或挥发性溶剂时,瓶口不要对着自己和他人,最好在通风柜中操作;实验室气温较高的时候开启挥发性溶剂瓶时,应先置于冷水中冷却;遇磨口试剂瓶难以开启时,不可用力敲击。

（7）实验室最好不要使用明火加热,蒸馏或加热易燃液体时决不可明火加热。加热板不要放置在木制或其他不耐高温的实验台上。

（8）稀释浓硫酸时会产生大量热量,为避免溅射,一定要缓慢沿容器壁向稀释用水中加入浓硫酸,并不断搅拌;稀释操作应在烧杯或敞口瓶进行,不要直接在细颈瓶中稀释。不可将稀释水直接倒入浓硫酸中!

（9）含有有害物质的废液在环境保护法规中定为危险废物,不能排入下水道,应分类收集于废液瓶(桶)中,交由具有资质的专业机构处置。

（10）样品消解要将设备置于通风橱内进行,并开启通风装置。

（11）出现可能发生火灾的状况或发生火灾时,应先切断电源,使用专业灭火器材灭火。

（12）实验室和化学试剂间、气瓶间应设置灭火器、灭火毯、沙箱、消防铲等各项消防器材,所配备的灭火器的数量和类型要符合 GB 50140《建筑灭火器配置设计规范》的规定,适应所存放的危险化学品灭火方法的要求。

（13）危险化学品应存储于化学试剂间或气瓶间内。在实验室内正在使用的最少量的危险化学品,应放置在 24h 持续通风的独立的通风柜内。储存柜应避免阳光直晒及靠近暖气等热源。

（14）危险废气、废液、废渣应分类收集和定点存放。实验室应配备专门的密闭、防渗漏的危险废弃物回收装置,并加贴危险标识。废液桶必须桶壁厚实,无渗漏点,内盖有硅胶密封圈,外盖严丝合缝。

1.4.3　溶剂使用安全知识[5]

绿色化学的原则是尽量不使用或少使用有毒有害化学试剂,但目前样品前处理中有时仍然不可避免地需要使用一些有毒或危险化学试剂。使用化学试剂的危险性主要是对人体的毒性、由溶剂挥发性导致的火灾和爆炸事故,实验以后的废液、废气、危险废物会污染环境。样品前处理中主要的有毒有害试剂是有机溶剂,尤其是沸点和闪点较低的挥发性溶剂。挥发性溶剂不仅易燃易爆,而且其蒸汽易吸入体内,危害人体健康。即使是低沸点溶剂,也可以通过皮肤进入人体。

1. 溶剂毒性

实验室常用溶剂中有一部分是基本无毒无害的,如乙醇、石油醚、乙酸、乙酸乙酯、己烷、轻质汽油等,这些溶剂即使长时间使用也不会对人体产生危害。常用溶剂中毒性较大的有苯、二硫化碳、甲醇、四氯化碳、苯酚、乙醛、硝基苯等,这些溶剂即使短时间接触也有害健康。还有相当一部分溶剂虽然毒性不大,但长时间接触仍然对人体有害,例如常用溶剂中的甲苯、二甲苯、环己烷、丁醇、环氧乙烷、石脑油、乙二醇、硝基乙烷等。挥发性溶剂往往会刺激眼、鼻和喉,且易吸入人体,产生头痛、恶心、眼花等症状。即使非挥发性溶剂,人体接触时也会通过皮肤吸收,可能引起局部麻醉或皮肤损伤。

不同的有机溶剂对人体的生理作用产生的影响不同,其毒性表现为不同类型的毒性,例如：醚类、醛类、酮类、部分醇类和酯类溶剂具有神经毒性；甲酸酯类、羧酸甲酯类等溶剂容易引起肺部中毒；苯及其衍生物、乙二醇类等溶剂具有血液毒性；卤代烃类容易引起肝脏及代谢中毒；四氯乙烷及乙二醇类具有肾毒性。长期使用和大量接触某类有毒溶剂，就有可能导致相应职业病。

几类常用溶剂的毒性分述如下。

(1) 醇类溶剂毒性：醇类可通过皮肤进入人体，具有较弱的麻醉和刺激作用，随着碳原子数增加，醇在体内的代谢速度降低，致使其麻醉作用增强。醇类对视神经有选择性的作用，例如甲醇在醇脱氢酶的作用下转化成甲醛、甲酸而使视神经萎缩，严重时可导致失明，经常出现的因饮用劣质白酒而中毒或失明的案例，就是酒中含有大量甲醇所致。

(2) 醚类溶剂毒性：醚类溶剂的挥发性较大，大量吸入对中枢神经有麻醉作用，由于醚类的毒性较小，所以醚类临床上还可用作麻醉剂。皮肤接触醚类溶剂会有一定刺激作用，其中卤代醚的刺激性较大，且其刺激性和毒性随着卤素原子数目和不饱和程度的增加而增大。此外，多数醚类溶剂中往往含有过氧化物，也会对人体产生毒性。

(3) 芳烃类溶剂的毒性：芳烃主要具有神经毒性，有的也可能损伤造血系统。芳烃类溶剂多因其挥发性而吸入体内，对呼吸道有强烈刺激作用。苯的毒性比较特别，除了具有麻醉和刺激作用外，苯在人体内大部分会代谢转化为苯酚、邻苯二酚、对苯二酚、醌等，这些代谢产物如不能及时与体内的硫酸及葡萄糖酸结合后由尿中排出，就会在神经系统和骨髓内积蓄，损伤神经系统和造血组织，减少血液中白细胞、红细胞和血小板数量。苯的衍生物，如甲苯、二甲苯虽然毒性不如苯大，但麻醉和刺激作用较强，对心脏和肾脏有损害。

(4) 卤代烃类溶剂的毒性：卤代烃多通过吸入其蒸汽而中毒，卤代烃的毒性差异很大，有的在短时间内大量吸入时具有强烈麻醉和中枢神经抑制作用，对肝和肾也会造成损伤。卤代烃对黏膜和皮肤也有刺激，有时还会出现全身中毒症状，其中碘代烃和溴代烃毒性更大。同一类卤代烃中，碳原子数越少或卤素原子数越多，则毒性越强。对肝脏有损害的常见卤代烃溶剂有四氯化碳、氯仿、二氯甲烷、氯乙烷、二氯乙烷、二氯乙烯等。

(5) 含氮溶剂的毒性：含氮溶剂种类较多，多数具有毒性。例如，脂肪胺具有强烈的局部刺激作用，接触其蒸汽可导致结膜炎、角膜水肿，接触其液体对皮肤有腐蚀作用，溅射液滴可导致灼伤、局部组织坏死；人体吸收脂肪胺后还可能出现头痛、恶心、呕吐等症状；硝酸酯与亚硝酸异戊酯能使血管扩张，引起高铁血红蛋白症；多数芳香氨基和硝基化合物能将血红蛋白氧化为高铁血红蛋白，并具有溶血作用，损伤肝、肾和膀胱；吸入含腈溶剂能使呼吸停止。

因此，在使用有机溶剂时除了常规的佩戴口罩、手套、护目镜外，还应保持实验室通风良好。

2. 溶剂的易燃易爆性

可燃性物质与氧化剂（氧气、空气等）以适当比例混合，并获得一定能量后就会着火。易燃溶剂在一定温度、压力条件下，当其蒸汽在空气中达到一定浓度后，遇到火源就会发生燃烧或爆炸，每一种溶剂在空气中发生燃烧或爆炸的最低浓度（下限）和最高浓度（上限）是不同的。爆炸范围（从下限至上限）越宽，则表示这种溶剂发生爆炸的可能性越大。表1-7是实验室常用气体及溶剂蒸汽与空气混合的爆炸范围。可燃或易爆气体的钢瓶通常是不能放在实验室内的,所以,重点是预防溶剂的爆炸。燃烧和爆炸发生还需要温度达到溶剂的闪点或燃点,有的溶剂在常温常压下也很容易爆炸或发生爆炸性分解,有的则需要在强火源下才能爆炸。溶剂发生着火爆炸通常需要满足挥发性大、闪点低、其蒸汽可与空气形成爆炸性混合物,以及溶剂蒸汽密度大于空气等条件。

表 1-7　实验室常用气体及溶剂蒸气与空气混合的爆炸范围

气体或溶剂	燃点/℃	爆炸范围/%
氢气	585	4～85
氨	650	16～25
吡啶	482	1.8～12.4
甲烷	537	5～15
乙胺		3.5～14
乙烯	450	3.1～32
乙炔	335	2.5～81
一氧化碳	650	12.5～74
甲醇	427	6～36
乙醇	538	3.3～19
乙醚	174	1.2～5.1
丙酮	561	1.6～15.3
苯	580	1.4～8.0
乙腈		2.4～16
乙酸乙酯		2.2～11.5
1,4-二氧六环	226	2～22
二硫化碳	120	1.3～44

在评价溶剂的着火和爆炸危险性时还应考虑到某些溶剂的特殊化学性质和化学反应。例如:硝基化合物通常具有爆炸性;醚类能够生成爆炸性过氧化物;不易燃的溶剂或四氯化碳与钾、钠、钙、镁、钡等金属接触能发生爆炸性反应;三氯乙烯与氢氧化钠(钾)接触生成的二氯乙炔会自氧化而爆炸。

因此,在使用易燃溶剂时应特别注意:将溶剂储存于密闭容器中,远离火源,避免日光照射,不要置于试剂架等高处(防止摔落振荡引起爆炸),保持实验室通风良好。

3. 溶剂的腐蚀性

只有充分了解了溶剂的腐蚀性,才能选择合适的实验容器,以及在使用前处理设备时加以注意。有机溶剂对玻璃、陶瓷、水泥等无机材料没有腐蚀作用,但有机酸、卤化物、硫化物等少数几类有机溶剂对金属有腐蚀作用。像乙醇等溶剂一般情况下不腐蚀金属,但长时间盛于金属容器中也会对金属有腐蚀。另外,当溶剂中混入酸、水等杂质后也会腐蚀金属。有机溶剂对高分子有机材料的腐蚀作用则因溶剂而不同,表 1-8 列举了部分常用溶剂适合和不适合使用的高分子材料容器。

表 1-8　部分常用溶剂适用和不适用的高分子材料容器

溶剂名称	适用容器	不适用容器
丙酮	硅橡胶、氟树脂	丁腈橡胶、聚硫橡胶、聚酯
苯胺	硬质聚氯乙烯、氟树脂	丁腈橡胶、聚氯乙烯
异丙醇	天然橡胶、软质聚氯乙烯	
乙醇	天然橡胶、合成橡胶	
乙醚	聚氯乙烯	天然橡胶
乙二醇	天然橡胶、合成橡胶、硬质橡胶	
汽油	氯丁橡胶、聚氯乙烯、聚乙烯、氟树脂	天然橡胶、聚苯乙烯
二甲苯	聚乙烯醇、酚醛树脂	天然橡胶、合成橡胶
氯仿		天然橡胶、合成树脂、轻质聚氯乙烯
冰醋酸	氯丁橡胶、聚硫橡胶	
乙酸乙酯		氯丁橡胶、硬质橡胶
四氯化碳	聚乙烯醇	天然橡胶、聚氯乙烯、酚醛树脂
苯	聚硫橡胶、酚醛树脂	天然橡胶、硬质橡胶、软质聚氯乙烯、聚乙烯
甲苯	聚硫橡胶、酚醛树脂、聚乙烯醇	天然橡胶、硅橡胶、硬质橡胶
二硫化碳	软质聚氯乙烯、聚硫橡胶、氟树脂	天然橡胶、合成橡胶、硬质橡胶
苯酚	聚乙烯醇、酚醛树脂	丁腈橡胶、聚硫橡胶、锦纶
己烷	氯丁橡胶、聚氯乙烯、酚醛树脂	天然橡胶
甲醇	天然橡胶、合成橡胶、硬质橡胶	
甲基异丁基酮	聚硫橡胶	天然橡胶、软质橡胶、氯丁橡胶

1.4.4　高压气瓶使用注意事项

化学实验室所用气体种类比较多,通常高压储存于钢瓶中。临界温度 $T_c < -10℃$ 的气体(如 O_2、N_2、H_2、Ar、空气等)经高压压缩后仍处于气态的,称之为压缩气体。如果这类气体钢瓶的设计压力大于或等于 12MPa($125kg/cm^2$),则称作高压气瓶。$T_c \geqslant 10℃$ 的气体,经高压压缩后转变为液态并与其蒸汽处于平衡状态的称为液化气体。$T_c = -10 \sim 70℃$ 者(如 CO_2、N_2O)称高压液化气体,$T_c > 70℃$,且在 60℃ 时其饱和蒸汽压大于 0.1MPa 者(如 NH_3、Cl_2、H_2S)称低压液化气体。对于加压压缩可能产生分解或爆炸的气体,则需在加压的同时将其溶解于合适的溶剂中,在 15℃ 以下压力可达 0.2MPa 以上,这种状态下的气体称为溶解气体,如 C_2H_2。

按气体化学性质可分为剧毒气体(F_2、Cl_2 等)、易燃气体(H_2、CO、C_2H_2 等)、助燃气体(O_2、N_2O 等)和不燃气体(N_2、CO_2、Ar、He 等)。样品前处理中使用的气体种类非常有限,最常用的是超临界流体萃取所用 CO_2,吹扫浓缩所用 N_2,燃烧所用 O_2。

气瓶使用中的注意事项:

(1) 装有气体的钢瓶须直立放置,并用固定支架固定以防倒下。存放的气瓶安全帽必须拧紧。

(2) 气瓶应放置在阴凉、干燥、远离火源和热源的地方,不燃气体可放在实验室内,但需保持通风良好。

(3) 有毒或相互混合能引起燃烧或爆炸的气体钢瓶需单独放置,并配置相应的防毒和消防器材。

（4）高压气瓶使用时必须安装减压表。减压表分为氧气表、氢气表和乙炔表三种。氧气表为右旋螺纹（俗称正扣），可用于 O_2、N_2、Ar、He 和空气等气瓶；氢气表为左旋螺纹（俗称反扣），可用于 H_2、CO 等可燃气体；乙炔表专用于乙炔钢瓶。

（5）安装减压表时，应先用手旋进，确认已入扣后，再用扳手拧紧，一般应旋进 6～7 扣，最后用皂液检查是否漏气。

（6）开启钢瓶时，应先关闭分压表，待总表显示瓶内压力后再开启分压表，调节输出压力至所需值。

（7）为了充气时检验取样和防止空气反渗入钢瓶中，气瓶内的气体不能全部用尽，应保持剩余压力在 0.2MPa 以上。

1.4.5　防爆

爆炸本质上也是氧化反应，只是比普通氧化反应和燃烧的速度更快而已。爆炸的危害性比着火更严重，一旦发生，局面难以控制。因此，具有爆炸危险性的试剂或物品在使用、储存、运输等各个环节都需谨慎小心，严格按规程操作。

实验室直接涉及的爆炸性试剂或物品并不多，仅有苦味酸、三硝基甲苯和易燃气钢瓶等少数几种。但有的试剂一旦与其他试剂或物品混合在一起，就会爆炸。前面已提及有机溶剂蒸气或气体与空气混合后的爆炸危险性（表 1-7）和高压气瓶的爆炸危险性，这里再将实验室一些常用试剂混合后可能引起燃烧或爆炸的试剂组合列于表 1-9 所示。

表 1-9　混合后可能发生燃烧或爆炸的试剂组合举例

试剂组合类型	组合举例	后果	特殊条件
氧化性试剂-可燃试剂	双氧水-丙酮 高锰酸钾-甘油	燃烧、爆炸 燃烧	
氧化性试剂-还原性试剂	过氧化钠-K、Na 过氧化钠-Zn、Mg 粉，草酸	燃烧 爆炸	潮湿空气 摩擦
氧化性试剂-易燃固体试剂	过氧化钠-赤磷 $NaClO_3$-赤磷、硫	燃烧 爆炸	潮湿空气
氧化性试剂-有毒试剂	$NaClO_3$（$NaNO_2$）-KCN	急剧反应	
氧化性试剂-腐蚀性试剂	$KMnO_4$-H_2O_2、浓硫酸 $NaClO_3$-浓硫酸	剧烈分解 爆炸（高放热）	
腐蚀性试剂-易燃液体	HNO_3-乙醇-松节油	燃烧	
腐蚀性试剂-还原剂	盐酸、硫酸-K、Na HNO_3-Mg、Al 粉	爆燃 爆燃	
腐蚀性试剂-易燃有机物	PCl_3-木屑	炭化、燃烧	

1.5　分析样品前处理方法的发展趋势

随着分离科学、计算机信息技术、精密制造加工工艺、自动化技术的快速发展，分析样品前处理技术也不断丰富和创新，并呈现出如下趋势。

（1）样品前处理新技术不断涌现。主要是在原有技术基础上的改进和创新，例如，在溶剂提取基础上结合其他辅助技术的微波辅助溶剂萃取、加速（同时加热和加压）溶剂萃取使得从固体和半固体样品中提取目标组分变得更加快速和有效；源于柱层析技术的固相萃取已经成为目前应用最广泛的样品前处理技术。

（2）前处理仪器发展迅速。传统的样品前处理技术大多采用人工或以人工辅助的半自动操作，近年样品前处理技术的自动化发展迅速。通过仪器自动化操作不仅速度快，而且重现性好。样品前处理环节的自动化为样品前处理与后续分析技术在线联用奠定了基础。例如，固相萃取最初基本是手工操作，一次只能处理一个样品，接着出现了简易的固相萃取仪，可以多样品同时操作，还可通过抽真空的方式调节洗脱液的流速，再后来全自动固相萃取仪也商品化了，连同组分收集和样品浓缩均可全自动操作。目前国内有不少厂商开发出多种样品前处理仪器。例如：北京莱伯泰科、上海屹尧、厦门睿科等厂商生产的全自动固相萃取仪；上海屹尧、北京吉天、上海新仪等十多家厂商生产的微波消解器；北京莱伯泰科生产的凝胶色谱净化系统；北京吉天等厂家生产的快速溶剂萃取仪。

（3）与后续测定仪器在线联用。一些经典的样品前处理-测定联用方法已经成熟为一种固定的分析方法，并有成套专门仪器。例如：气相色谱-质谱、液相色谱-质谱、氢化物发生-原子荧光光谱、裂解气相色谱等。还有一些样品前处理与后续测定仪器在线联用的技术虽没有成熟的商品仪器，但厂家或用户自行组装仪器，开展方法研究或在部分领域尝试实际应用。例如：固相（微）萃取-色谱（或色质联用）在环境有机污染物、食品添加剂等样品分析中已有很多研究报道。又如：瑞士万通的在线超滤（或渗析）净化-离子色谱法就可用于在线除去食品、生物样品中的大分子后测定样品中的无机离子，牛奶等样品可以直接进样分析其中的无机离子。

（4）仪器的小型化和微型化。样品前处理仪器的小型化和微型化是整个分析体系小型化和微型化的需要。为满足现场检测、野外实验不断增长的需求，小型化、便携式样品前处理仪器也越来越受到关注。芯片实验室同样也需要在芯片上实现各种分离操作，目前已经可以在微流控芯片上进行溶剂萃取、固相萃取、膜分离等多种样品前处理操作。

（5）样品前处理工作站。也称综合样品前处理平台，是将几种前处理技术集成在一起，用来完成多项样品前处理操作的综合性前处理平台，适合复杂样品的前处理。例如，莱伯泰科研制的将凝胶色谱、全自动固相萃取和自动浓缩装置组合在一起的前处理工作站，就适合食品、生物和医学样品的前处理。凝胶色谱先除去样品基体物质中的生物大分子，固相萃取进一步将目标组分从小分子混合物中分离、富集出来，自动浓缩可以进一步提高富集倍数。

参考文献

[1]　丁明玉.现代分离方法与技术[M].2版.北京：化学工业出版社，2012.
[2]　李华昌，符斌.简明溶剂手册[M].北京：化学工业出版社，2009.
[3]　张铁垣，杨彤.化验工作实用手册[M].2版.北京：化学工业出版社，2008.
[4]　职业性接触毒物危害程度分级：GB 5044—85[S].
[5]　李华昌，符斌.简明溶剂手册[M].北京：化学工业出版社，2009.

第2章

采样与样品保存

样品采集是分析工作中的一个重要环节,是关系到分析结果和由此得出结论是否正确的一个先决条件。所谓错误的分析结果比没有更可怕,失真的、不具代表性的分析数据可能导致错误的和片面的结论或决策,造成不必要的损失,因此必须选择有代表性的样品。样品采样随采样目的不同采样方法也不同,但是,所有样品的采样和保存原则是一致的。

2.1 一般原则及注意事项

2.1.1 采样一般原则及注意事项

因为确定采样地点、采样时机、采样频率、采样持续时间、样品处理和分析的要求时主要取决于采样目标,所以在设计采样方案之前,要首先确定采样目标。在设计采样方案时还要考虑采样方案的详尽程度、适宜的精密度以及分析结果的表达形式(如聚类分析中的树状图)和提供结果的方式,如浓度或负荷、最大值和最小值、算术平均值、中位数等。确保设计的样品采样方案可以对采样和化学分析所引起的错误数据进行评价。此外,还要编制有定义参数的目录和确定相应的分析方法。它们对采样和运送样品时的保护具有指导意义。

1. 采样一般原则

(1) 代表性原则:采集的样品能真正反映被采样本的总体水平,也就是通过对具有代表性样本的监测能客观推测总体的质量。如为了取得具有代表性的水样,在水样采集之前,应根据被检测对象的特征拟定水样采集计划,确定采样地点、采样时间、水样数量和采样方法,并根据检测项目决定水样保存方法。力求做到所采集的水样,其组成成分的比例或浓度与被检测对象的所有成分一样,并在测试工作开展以前,各成分不发生显著的改变。

(2) 典型性原则:采集能充分说明达到监测目的典型样本,如采集食品样品中污染或怀疑污染的食品、掺假或怀疑掺假的食品、中毒或怀疑中毒的食品等。为了某一特定目的,例如缺素诊断的采样,则要注意植株的典型性,并要同时在附近地块另行选取有对比意义的正常典型植株,使分析结果能在相互比较的情况下说明问题。

(3) 真实性原则:采样人员应亲临现场采样,以防止在采样过程中的作假或伪造样品。所有采样用具都应清洁、干燥、无异味、无污染样品的可能。

（4）适时性原则：因为不少被检物质随时间发生变化，为了保证得到正确结论，应采样后及时送检。尤其是检测样品中水分、微生物等易受环境因素影响的指标，或样品中含有挥发性物质或易分解破坏的物质时，应及时赴现场采样并尽可能缩短从采样到送检的时间。

（5）适量性原则：样品采集数量应满足检验要求，同时不应造成浪费。一般来说，样品分成两等份，一份供检测用，一份供备考用。每份应为检验用量的三倍。根据样品储放时间，选择合适的包装材质和包装形式[1]。

（6）不污染原则：所采集样品应尽可能保持其原有品质及包装形态。所采集的样品不得被其他物质所污染。采样过程中要设法保持原有的理化指标，防止成分逸散或带入杂质。

（7）无菌原则：对于需要进行微生物项目检测的样品，采样必须符合无菌操作的要求，一件采样器具只能盛装一个样品，防止交叉污染。

（8）程序原则：采样、送检、留样和出具报告均按规定的程序进行，各阶段均应有完整的手续，交接清楚。

（9）同一原则：采集样品时，检测及留样、复检应为同一份样品，即同一单位、同一品牌、同一规格、同一生产日期、同一批号。

2. 采样注意事项

采样前必须制定采样方案。制定采样方案的目的是以最低的成本，在允许的采样误差范围内获得总体物料有代表性的样品。制定采样方案时必须考虑的因素主要有采样目的、总体物料特性值的差异性、允许的采样误差和物料的包装及运输方式。

采样应该由受过适当培训并对所采样品具有采样经验的人员执行，而且采样人员应意识到采样过程可能涉及的危害和危险[2]。

选择适合产品颗粒大小、采样量和产品物理状态等特征的采样设备。制造采样设备的材料不影响样品的质量。采样设备应清洁、干燥、不受外界气味的影响。

装样品容器应确保样品特性不变直至检测完成。样品容器应当始终封口，只有检测时才能打开。样品容器同采样设备一样应清洁、干燥、不受外界气味的影响。制造样品容器的材料应不影响样品的品质。

在条件许可的情况下，采样应在不受诸如潮湿空气、灰尘或煤烟等外来污染危害影响的地方进行。

采样前要根据总体或批次产品数量和实际采样的特点制定采样计划，在计划中确定采集样点的数量和每个点所取的样品量，然后再进行合理的缩分，直至符合检测分析所需的样品量。

采集的样品不论进行现场常规鉴定还是送实验室做品质鉴定，一般要求随机取样。在某些特殊情况下，例如，为了查明混入的其他品种或任意类型的混杂，允许进行选择取样，取样之前要明确取样的目的，即明确样品鉴定性质。

采样结束应填写采样报告。对于失去保留意义的样品，应及时处理，以免交叉污染或造成混乱。

对于金属块状的分析试样的尺寸要考虑其所选定的分析方法，如光电发射光谱分析试样和 X 射线荧光光谱分析试样的形状与大小由分析仪器决定。

在采样过程中，对于有些干的粉状样品中粉尘的一致性高（粉尘的一致性高就可能发生爆炸），采样时应防止其爆炸。而由于有些样品是经加工处理的，因此受微生物侵害腐败的可能性增加。在预先检查整个批次产品时,应特别注意有无异常。如有异常,应将这部分与其他部分分开。粉状物易于结块,有时需要添加抗结块剂。当发生结块时,应进行额外的处理或分开采样。如果产品产生较严重的分级,则应分步采样。

桶装罐装样品,采样前需要搅动混合,以保证获得有代表性的样品。在产品特性不变的前提下,有时加热会提高样品的一致性。

对于不容易混合的黏性液体,使用下列的缩分程序:将总份样分成2个部分,分别为A和B;再将A分成2个部分,分别为C和D;对B重复上述过程,形成E和F;随机选择C和D,E和F中的之一;将两者放在一起,充分混合;重复该过程,直至获得所需样品量3~4倍的缩分样;尽可能充分地混合缩分样,将其分成3~4个部分,即为实验室样品。置每份样品于适当容器内。如果需制备的样品超过3份,则缩分样的数量做适当的增加[3]。

2.1.2 样品保存一般原则及注意事项

1. 样品保存一般原则

在采样完成后应尽快处理,以避免样品质量发生变化或被污染。如果不能及时处理应对样品进行妥善保存,使其组成成分的比例或浓度不发生显著的变化。样品在运输和保存过程中,必须保持其原有的状态和性质,尽量减少离开总体后的变化。样品的任何变化都将影响检验结果的正确性,应高度重视样品的保存。样品保存的一般原则如下。

(1)根据检验样本的性状及检验目的选择合适的容器保存样本。如对光敏物质,样品应装入棕色玻璃瓶中并置于避光处;对危险品,特别是剧毒品应储放在特定场所,并由专人保管。

(2)应考虑到所有可能的污染来源,必须采取适当的控制措施以避免污染。如对采集好的样品进行加盖密封;对高纯物质应防止受潮和灰尘侵入。

(3)要防止样品的物理、化学、微生物变化。如对易腐败的样品通常可采取低温冷藏。冷藏箱或低温冰箱应清洁、无化学药品等污染物。对于液体化工样品中易和周围环境物起反应的物质,应隔绝氧气、二氧化碳、水。

(4)应稳定水分,因为水分的含量将直接影响样品中各物质的浓度和组成比例。对一些含水分多,分析项目多,一时不能做完的样品,可先测其水分,烘干后保存。

(5)应固定待测成分,某些待测成分不够稳定或容易挥发损失,应结合分析方法,在采样时加入某些溶剂或试剂,使待测成分处于稳定状态,避免损失。

(6)若标签标明采集样品的存放方法,要与之相符。

2. 样品保存注意事项

样品保存注意事项与样品保存一般原则大体相同。请参考样品保存一般原则。

2.1.3 采样记录一般原则及注意事项

在整个采样过程中要有采样记录,必要时可根据记录填写采样报告。

采样记录应采用固定格式采样文本,内容应包括:采样目的、被采样单位名称、采样地点、样本名称、编号、被采样产品产地、商标、数量、生产日期、批号或编号、样本状态、被采样产品数量、包装类型及规格、感官所见(如有包装的食品包装有无破损、变形、受污染、无包装的食品外观有无发霉变质、生虫、污染等)、采样方式、采样现场环境条件(包括温度、湿度及一般卫生状况）、采样日期、采样单位（盖章）或采样人（签字）、被采样单位负责人签字。采样记录一式两份，一份交被采样单位，一份由采样单位保存。

对于农产品样品的采样如水果，要同时记录果树树龄、长势、载果数量等。

在进行江河、湖泊、水库等天然水体检测时，应同时记录与之有关的其他资料，如气候条件、水位、流量等，并用地图标明采样点位置。进行工业污染源检测时，应同时记述有关的工业生产情况，污水排放规律等，并用工艺流程方框图标明采样点位置[4]。

在进行生物样品的采集时，要记录样品编号、检测对象姓名、性别、年龄、工种、职业史、应检项目、采样时间、采样地点、采样环境、采样过程、个人生活习惯（饮食、饮酒、吸烟等）、采样人及记录填写者等。

对于地质样品除做好采样记录外，还要进行详细的样品编录。这里就岩矿薄片、光片鉴定样品及标本采集做一下样品编录的详细介绍。

对于各类岩矿薄片、光片鉴定样品及标本采集后，应在现场按采样目的，将欲切制成光片、薄形片和分析等部位，用彩色笔圈出，然后编号、登记、填写标签（同时注明切片种类、数量）等。标签和样品应一同包装，最后在包装纸上按同一顺序编号。为便于送制切片，可将光片、薄片样品及陈列标本等分别装箱。样品箱内应附样品清单。认真填写送样单，注明样品编号、样品性质、产状、采样位置、鉴定要求等；对系统采送的岩矿鉴定样品，应附地质剖面图或柱状图（标明采样位置）。

2.2　环境样品

不同环境样品应有不同的采集方法，本书仅对水、土壤和大气样品的采集方法作简要介绍。

2.2.1　水样的采集

1. 采样前准备

采样前要根据分析项目的性质和采样方法的要求，选择适宜材质的盛水容器和采样器，并清洗干净。要求采样器具的材质具有化学性能稳定，大小和形状适宜，不吸附欲测组分，容易清洗并可反复使用的特点。一般可用无色具塞硬质玻璃瓶、具塞聚乙烯瓶或水桶。

2. 采样点布设

采样点布设是关系到水质监测分析数据是否有代表性，能否真实地反映水质现状及变化趋势的关键问题。为获得完整的水质信息，理论上讲，要求监测的空间和时间分辨率越高越好，然而高分辨率的空间和时间监测不但费时费力，且难于实现。尤其是空间分辨率只能是有限的，水环境监测分析的重要指导思想是以最少（或尽可能少）的监测点位获取最有空间代表性的监测数据，即优化布点问题。

1) 采样断面布设

采样断面布设法分为分断面布设和多断面布设法。对于江河水系，应在污染源的上、中、下游布设 3 个采样断面，其中上游断面为对照、清洁断面，中游断面为检测断面（或称污染断面），下游断面为结果断面。对湖泊、水库，应在入口和出口处布设 2 个检测断面。对城市或大工业区的取水口上游处可布设 1 个检测断面。断面位置应避开死水区、回水区、排污口处,尽量选择顺直河段、河床稳定、水流平稳、水面宽阔、无急流、无浅滩处。

监测断面力求与水文测流断面一致,以便利用其水文参数,实现水质监测与水量监测的结合。监测断面的布设应考虑社会经济发展、监测工作的实际状况和需要,要具有相对的长远性。

2)采样点布设

河流中在每个采样断面上,可根据分析测定目的、水面宽度和水流情况,沿河宽和河深方向布设1个或若干个采样点。一般采样点设在水面0.2~0.5m处。还可根据需要,在采样点的垂线上分别采集表层水样(水面下0.5~1m)、深层水样(距底质以上0.5~1m)和中层水样(表层和深层采样点之间的中心位置处)3个点[5]。

3. 采样量

一般物理性质、化学成分分析用的水样有2L即可。如需对水质进行全分析或某些特殊测定则要采集5~10L或更多水样。

4. 采样方法

采水样之前,用水样冲洗采样瓶2、3次,采水样时,水面距瓶塞>2cm。采集江河湖泊或海洋表面水样时,在距岸边1~2m处将采水瓶浸入水面下20~50cm处采样。污染源调查水样:河流应考虑整个流域布点采样,重点考虑生活污水和工业废水的入河总排放口。如果对特定工厂或城镇生活区的工业废水或生活污水,应重点采集车间排放口和入河排放口处的水样。

在采集配水管网中的水样前,要充分地冲洗管线,以保证水样能代表供水情况。从井中采集水样时,要充分抽汲后再进行取样,以保证水样能代表地下水水源。从江河湖海中采样时,分析数据可能随采样深度、流量与岸边线的距离等变化,因此,要采集从表面到底部不同位置的水样构成的混合水样。

如采的水样供细菌检验时,采样瓶等必须事先灭菌,采集自来水样时,应先用酒精灯将水龙头灼烧消毒,然后把水龙头完全打开,放水数分钟后再取水样。采集含有余氯的水样作细菌检验时,应在水样瓶未消毒前加入硫代硫酸钠,以消除水样瓶中的余氯。加药量按1L水样加4mL的15g/L硫代硫酸钠计。

1)开阔河流的采样

在对开阔河流水质进行采样时,应包括下列几个基本点:①用水地点的采样;②污水流入河流后,应在充分混合的地点以及流入前的地点采样;③支流合流后,对充分混合的地点及混合前的主流与支流地点的采样;④主流分流后地点的选择;⑤根据其他需要设定的采样地点。

各采样点原则上规定横过河流不同地点的不同深度采集定点样品。采样时,一般选择采样前连续晴天,水质较稳定的日子(特殊需要除外)。采样时间在考虑人们的活动、工厂企业的工作时间及污染物质流到的时间的基础上确定。另外,在潮汐区,应考虑潮汐的情况,确定把水质最坏的时刻包括在采样时间内。

2)封闭管道的采样

在封闭管道中采样,也会遇到与开阔河流采样中所出现的类似问题。采样器探头或采样管应妥善地放在进水的下游,采样管不能靠近管壁。在笔直的湍流部位(例如在"T"形管、弯头、阀门的后部,可充分混合)水样一般作为最佳采样点,但是对于等动力采样(即等速采样)除外。

3) 开阔水体的采样

开阔水体,由于地点不同和温度的分层现象可引起水质很大的差异。

采样情况下,应考虑到成层期与循环期的水质明显不同。了解循环期水质,可采集表层水样;了解成层期水质,应按深度分层采样。

在调查水域污染状况时,需进行综合分析判断,抓住基本点(如废水流入前、流入后充分混合的地点,用水地点,流出地点等有些可参照开阔河流的采样情况,但不能等同而论),以取得代表性水样。

采样时,一般选择采样前连续晴天,水质稳定的日子(特殊需要除外)。

4) 底部沉积物采样

沉积物可用抓斗、采泥器或钻探装置采集。

典型的沉积过程一般会出现分层或者组分的很大差别。此外,河床高低不平以及河流的局部运动都会引起各沉积层厚度的很大变化。

采泥地点除在主要污染源附近、河口部位外,应选择由于地形及潮汐原因造成堆积以及底泥恶化的地点。另外也可选择在沉积层较薄的地点。

在底泥堆积分布状况未知的情况下,采泥地点要均衡地设置。在河口部分,由于沉积物堆积分布容易变化,必须适当增设采样点。采泥方法,原则在同一地方稍微变更位置进行采集。

混合样品可由采泥器或者抓斗采集。需要了解分层作用时,可采用钻探装置。

在采集沉积物时,不管是岩芯还是规定深度沉积物的代表性混合样品,必须知道样品的性质,以便正确地解释这些分析或检验。此外,如对底部沉积物的变化程度及其性质难以预测或根本不可能知道时,应适当增设采样点。

采集单独样品,不仅能得到沉积物变化情况,还可以绘制组分分布图,因此,单独样品比混合样品的数据更有用。

样品容器也适用于沉积物样品的存放,一般均使用广口容器。由于这种样品含有大量的水分,因此要特别注意容器的密封。

5) 地下水的采样

地下水可分为上层滞水、潜水和承压水。上层滞水的水质与地表水的水质基本相同。潜水含水层通过包气带直接与大气圈、水圈相通,因此其具有季节性变化的特点。承压水地质条件不同于潜水。其受水文、气象因素直接影响小,含水层的厚度不受季节变化的支配,水质不易受人为活动污染。采集样品时,一般应考虑的因素如下:

(1) 地下水流动缓慢,水质参数的变化率小。

(2) 地表以下温度变化小,因而当样品取出地表时,其温度发生显著变化,这种变化能改变化学反应速度,倒转土壤中阴阳离子的交换方向,改变微生物生长速度。

(3) 由于吸收二氧化碳和随着碱性的变化,导致 pH 改变,某些化合物也会发生氧化作用。

(4) 某些溶解于水的气体,如硫化氢,当将样品取出地表时,极易挥发。

(5) 有机样品可能会受到某些因素的影响,如采样器材料的吸收、污染和挥发性物质的逸失。

（6）土壤和地下水可能受到严重的污染，以至影响到采样工作人员的健康和安全。

从一个监测井采得的水样只能代表一个含水层的水平向或垂直向的局部情况，而不能像对地表水那样可以在水系的任何一点采样。因为那样做很困难，又要耗费大量资金。

如果采样目的只是为了确定某特定水源中有没有污染物，那么只需从自来水管中采集水样。当采样的目的是要确定某种有机污染物或一些污染物的水平及垂直分布，并做出相应的评价，那么需要组织相当的人力物力进行研究。

对于区域性的或大面积的监测，可利用已有的井、泉或者河流的支流，但它们要符合监测要求，如果时间很紧迫，则只有选择有代表性的一些采样点。如果污染源很小，如填埋废渣、咸水湖，或者是污染物浓度很低，比如含有机物，那就极有必要设立专门的监测井。这些增设的井的数目和位置取决于监测的目的，含水层的特点，以及污染物在含水层内的迁移情况。

如果潜在的污染源在地下水位以上，则需要在包气带采样，以得到对地下水威胁的真实情况。除了氯化物、硝酸盐和硫酸盐，大多数污染物都能吸附在包气带的物质上，并在适当的条件下迁移。因此很有可能采集到已存在污染源很多年的地下水样，而且观察不到新的污染，这就会给人以安全的错觉，而实际上污染物正一直以极慢的速度通过包气带向地下水迁移。另外还应了解水文方面的地质数据和地质状况及地下水的本底情况。

另外，采集井水水样时还应考虑到靠近井壁的水的组成几乎不能代表该采样区的全部地下水水质，因为靠近井的地方可能有钻井污染，以及某些重要的环境条件（如氧化还原电位）在近井处与地下水承载物质的周围有很大差异。所以，采样前需抽出适量近井水后再进行水样采集。

6）降水的采样

准确地采集降水样品是十分困难的，在降水前，必须盖好采样器，只在降水真实出现之后才打开。每次降水取全过程水样（降水开始到结束）。采集样品时，应避开污染源，四周应无遮挡雨、雪的高大树木或建筑物以便取得准确的结果[6]。

7）采样器

采集深层水时，可使用带重锤的采样器沉入水中采集。将采样器沉降至所需深度（可从绳上的标度看出），上提细绳打开瓶塞，待水样充满容器后提出。

测定溶解气体（如溶解氧）的水样，常用双瓶采样器采集。将采样器沉入要求水深处后，打开上部的橡胶管夹，水样进入小瓶（采样瓶）并将空气趋入大瓶，从连接大瓶短玻璃管的橡胶管排出，直到大瓶中充满水样，提出水面后迅速密封[7]。

5. 采样记录

现场记录在水质调查方案中非常有用，但是它们很容易被误放或丢失，绝对不要依赖它们来代替详细的资料。详细资料应从采样点直到结束分析制表的过程中伴随着样品。应在标签上记录样品的来源和采集时的状况（状态）以及编号等信息，然后将其粘贴到样品容器上。在进行江河、湖泊、水库等天然水体检测时，应同时记录与之有关的其他资料，如气候条件、水位、流量等，并用地图标明采样点位置。进行工业污染源检测时，应同时记述有关的工业生产情况，污水排放规律等，并用工艺流程方框图标明采样点位置。填写好采样记录和交接记录，将它们与样品一同交给实验室[4]。

6. 水样的保存方法

水样采集后,应迅速进行分析测定。有些水样要求现场测定或最好在现场立即测定,例如,水温、溶解氧、CO_2、色度、亚硝酸盐氮、嗅阈值、pH、总不可滤残渣(或总悬浮物)、酸度、碱度、透明度、电导率、余氯等;有些项目可在采样现场对水样做简单处理后带回实验室进行分析测定,如溶解氧等,水样取出后到实验室测定的这段时间,不可避免地要发生化学、物理或生物变化,其中的组分将产生损失变化。如不能立即分析,可人为地采取一些措施。

(1)加入保存试剂:抑制氧化还原反应和生化作用,保存剂可事先加入空瓶中亦可在采样后立即加入水样中。经常使用的保存剂有各种酸、碱及杀菌剂,加入量因需要而异。所加入的保存剂不应干扰其他组分的测定。一般加入保存剂的体积很小,其影响可以忽略,常用的保存试剂见表 2-1。

表 2-1   常见的保存试剂

保存剂	作　　用	适用的分析项目
$HgCl_2$	细菌抑制剂	各种形式的氮,各种形式的磷
HNO_3	金属溶剂,防止沉淀	多种金属
H_2SO_4	细菌抑制剂,与有机碱形成盐	有机水样(COD、TOC、油和油脂),氨和胺类
NaOH	与挥发化合物形成盐类	氰化物、有机酸类、酚类
冷冻	抑制细菌,降低化学反应速度	酸度、碱度、有机物、BOD、色度、嗅阈值、有机磷、有机氮、生物机体

(2)加入生物抑制剂:加入生物抑制剂可以阻止生物作用。常用的试剂有氯化汞,加入量为每升 $20\sim60$ mL。如果水样要测汞,就不能使用这种试剂,这时可以加入苯、甲苯或氯仿等,每升水样加 $0.5\sim1$ mL。

(3)酸(碱)化法:为防止金属离子沉淀或被容器吸附,可加酸至 pH<2,一般加硝酸,但对部分组分可加硫酸,使水样中的金属元素呈溶解状态,一般可保存数周。对汞的保存时间要短一些,一般为 7d。有些样品要求加入碱,例如测定氰化物的水样应加碱至 pH=11 保存,因为酸性条件下氰化物会产生 HCN 逸出[5]。

2.2.2　土壤样品的采集

采集土壤样品根据分析项目的不同而采取相应的采样与处理方法,采样时按照等量、随机和多点混合的原则沿着一定的线路进行。等量,即要求每一点采取土样深度要一致,采样量要一致;随机,即每一个采样点都是任意选取的,尽量排除人为因素,使采样单元内的所有点都有同等机会被采到;多点混合,是指把一个采样单元内各点所采的土样均匀混合构成一个混合样品,以提高样品的代表性。因此,在实地采样之前,要做好准备工作,包括收集土地利用现状图、采样区域土壤图、行政区划图等,制定采样工作计划,绘制样点分布图,准备采样工具、GPS、采样标签、采样袋等。

土壤样品的类型有土壤剖面样品、土壤物理性质样品、土样盐分动态样品、耕作土壤混合样品。

1. 采样方法

1) 土壤剖面样品

如果是分析土壤基本理化性质,必须按土壤发生层次采样。在选择好挖掘土壤剖面的位置后,先挖一个 1m×1.5m(或 1m×2m)的长方形土坑,长方形较窄的向阳一面作为观察面,挖出的土壤应放在土坑两侧,土坑的深度根据具体情况确定,一般要求达到母质或地下水即可,大多在 1~2m 之间。然后根据土壤剖面的颜色、结构、质地、松紧度、湿度、植物根系分布等,自上而下地划分土层,进行仔细观察,描述记载,将剖面形态特征逐一记入剖面记载簿内,可作为分析结果审查时的参考。观察记载后,就自下而上的逐层采集分析样品,通常采集各发生土层中部位置的土壤,而不是整个发生层都采。随后将所采样品放入布袋或塑料袋内,一般采集土样 1kg 左右,在土袋的内外应附上标签,写明采集地点、剖面号数、土层深度、采样深度、采集日期和采集人等样品信息。

2) 土壤物理性质样品

如果是进行土壤物理性质的测定,须采原状样品。如测定土壤容重和孔隙度等物理性质,其样品可直接用环刀在各土层中部取样。对于研究土壤结构性的样品,采样时须注意土壤湿度,不宜过干或过湿,最好在不黏铲的情况下采取。此外,在取样过程中,须保持土块不受挤压,不使样品变形,并须剥去土块外面直接与土铲接触而变形的部分,保留原状土样,然后将样品置于白铁盒中保存,携回室内进行处理。

3) 土样盐分动态样品

研究盐分在剖面中的分布和变动时,不必按发生层次采样,而自地表起 10cm 或 20cm 采集一个样品。

4) 耕作土壤混合样品

为了研究植物生长期内土壤耕作层中养分供求情况,采样一般不需挖土坑,只需取耕作层土壤 20cm 左右,最多采到犁底层的土壤。对作物根系较深的(如小麦)土壤,可适当增加采样深度。为了正确地反映土壤养分动态和植物长势之间的关系,可根据实验区的面积确定采样点的多少,通常为 5~20 个点,可采用正确的蛇形取样法进行采样。采样方法是在确定的采样点上,用小土铲斜向下切取一片片的土壤样品,然后将样品集中起来混合均匀[8]。

2. 土壤样品的数量

采来的土壤样品如果数量太多,可用四分法将多余的土壤弃去,一般 1kg 左右的土壤样品即够化学、物理分析之用。四分法的方法是:将采集的土壤样品弄碎混合并铺成四方形,划分对角线分成四份,再把对角的两份并为一份,如果所得的样品仍然很多,可再用四分法处理,直到所需数量为止。

3. 土壤样品的处理

从田间采来的土壤样品,应及时进行风干,以免发霉而引起性质的改变。其方法是将土壤样品弄成碎块平铺在干净的纸上,摊成薄层放于室内阴凉通风处风干,经常加以翻动,加速干燥。切忌阳光直接曝晒,风干后的土样再进行磨细过筛处理。

对于土壤速效性养分的测定,最好用田间新鲜样品直接用快速方法测定,也可以将土样取回室内风干后测定。采样点应选在地势平坦,具有良好渗透性,同时要兼顾土壤类型和成土母质,采样应在 10m×10m 范围内在四角和中心采集五点的土壤,每点取长宽各 10cm,深为 20cm 的土样,将采集的五点土壤去掉石块、杂草等,用四分法混合取 2kg 装入采样袋中待测量用。采集后,宜将土壤样品装在带塞的棕色磨口玻璃瓶中或者带聚四氟乙烯盖子的瓶中[9]。

4. 样品的保存

采集的样品在到达实验室前应在 4℃以下避光保存,冷藏条件下运输到实验室,样品运到实验室后,水样保存在 0~4℃暗处,固体样品在 4℃避光保存或在 -20℃保存直至分析。在储存期间,为保持样品的完整性,需抑制细菌活性,如加入防腐剂 Hg^{2+}、甲醛、叠氮化钠等。然而,因为样品的化学组成不同,该方法不能普遍使用。样品尽可能立即萃取后分析,长时间储存会影响样品中待测组分的浓度。

储存容器的材料对样品也产生影响。玻璃可用于储存几种类型的沉积物及土壤,干湿均可,棕色玻璃可防止光照。待测物可能附着于器皿上或与样本基质结合使回收率下降。总之,样品储存时应避光、高温和空气(避免氧化),以使样品稳定[10]。

2.2.3 大气样品的采集

空气样品具有流动性和易变性,空气中有害物质的存在状态、浓度和分布状况易受气象条件的影响而发生变化,要正确地反映空气污染的程度、范围和动态变化的情况,必须正确采集空气样品。否则,即使采用灵敏和精确的分析方法,所测得的结果也不能代表现场空气污染的真实情况。因此,空气样品的采集是空气理化检验中至关重要的环节。

根据检测目的不同,本章按大气、工作场所和室内环境分别阐述空气样品采样点的选择;根据待测物在空气中的存在状态,按空气中气态、气溶胶和两种状态共存的污染物分别介绍空气样品的采集方法。

1. 采样点的选择

1) 大气样品采样点的选择

采样点选择的原则:①采样点应设在整个监测区域的高、中、低三种不同污染物浓度的地方。②在污染源比较集中,主风向比较明显时,应将污染源的下风向作为主要监测范围,布设较多的采样点,在其上风向布设对照点。③工业较密集的城区和工矿区,人口密度及污染物超标地区,要适当增设采样点;在郊区和农村,人口密度小及污染物浓度低的地区,可酌情少设采样点。④采样点的周围应开阔。应避免靠近污染源,根据污染源的高度和排放强度选择合适的距离设点;避免靠近高层建筑物,以免受高层建筑物下旋流空气的影响,通常采样点与建筑物的距离应大于建筑物高度的两倍。采样点水平线与周围建筑物高度的夹角应不大于 30°。采样点周围无局部污染源,还尽量避开表面有吸附能力的物体(如建筑材料和树木),间隔至少 1m。交通密集区的采样点应设在距人行道边缘至少 1.5m 的地点。⑤根据监测目的确定采样高度。研究大气污染对人体健康的危害时,采样点应离地面 1.5~2m;连续采样例行监测,采样口高度应距地面 3~15m;若置于屋顶采样,采样点的相对高度在 1.5m 以上,以减小扬尘的影响。各采样点应该容易接近、安全,并能提供可靠的电源,各采样点的采样设施、条件要尽可能一致或标准化,使获得的监测数据具有可比性[11]。

采样时间和频率:一般短时间采样,空气样品缺乏代表性,监测结果不能反映污染物浓度随时间的变化,仅适用于突发污染事件、初步调查等情况的应急监测。为增强所采集样品的代表性,可以采取两种方式:一是增加采样频率,即每隔一定时间采样测定一次,取多个试样测定结果的平均值为代表值。这种方法适用于人工采样测定的情况,是我国目前大气污染常规监测和环境质量评价监测所采用的方法。若采样频率安排合理、适当积累足够多的数据,测定结果具有较好的代表性。二是使用自动采样仪器进行连续自动采样,其监测结果能很好地反映污染物浓度的变化,可以获得任何一段时间的代表值或平均值。

2) 工作场所采样点的选择

采样点的选择原则:工作场所中采样点应该选择有代表性的工作地点,应包括空气中有害物质浓度最高、劳动者接触时间最长的工作地点。在不影响劳动者工作的情况下,采样点尽可能靠近劳动者,空气收集器应尽量接近劳动者工作时的呼吸带。采样点应设在工作地点的下风向,远离排气口和可能产生涡流的地点。在评价工作场所防护设备或措施的防护效果时,应根据设备的情况设置采样点,在工作地点劳动者工作时的呼吸带进行采样。以观察措施实施前后,工人呼吸带的有毒物质浓度的变动情况。

采样点数量的确定:①工作场所按产品的生产工艺流程,凡逸散或存在有害物质的工作地点,至少应设置 1 个采样点。②一个有代表性的工作场所内有多台同类生产设备时,按 1~3 台设置 1 个采样点;4~10 台设置 2 个采样点;10 台以上至少设置 3 个采样点。③对一个有代表性的工作场所,有 2 台以上不同类型的生产设备,逸散同一种有害物质时,采样点应设置在逸散有害物质浓度大的设备附近的工作地点;逸散不同种有害物质时,将采样点设置在逸散待测有害物质设备处,采样点的数目参照②的情况确定。④劳动者在多个工作地点工作时,在每个工作地点设置 1 个采样点。劳动者的工作流动时,在其流动的范围内,一般每 10m 设置 1 个采样点。仪表控制室和劳动者休息室,至少设置 1 个采样点。

3) 室内空气样品采样点的选择

(1) 采样点选择的原则:室内空气的采样点应避开通风道和通风口,离墙壁距离应大于 0.5m。采样点的高度原则上与人的呼吸带高度一致,相对高度 0.5~1.5m。

(2) 采样点的数量:室内采样点的数量应按房间的面积设置,原则上小于 $50m^2$ 的房间应设 1~3 个点;50~100m^2 设 3~5 个点;100m^2 以上至少设 5 个点。样点设在对角线上或梅花式均匀分布,当房间内有 2 个及其以上的采样点时,应取各点检测结果的平均值作为该房间的检测值。对于民用建筑工程的验收,应抽检具有代表性房间的室内环境污染物浓度,采样检测数量不得少于 5%,并不得少于 3 个房间。房间总数少于 3 间时,应全数采样检测。凡进行了样板间室内环境污染物浓度测试结果合格的,抽检数量减半,但不得少于 3 个房间。

(3) 采样时间和频率:采样前至少关闭门窗 4h。年平均浓度至少连续或间隔采样 3 个月,日平均浓度至少连续采样 18h;8h 平均浓度至少连续采样 6h;1h 平均浓度至少连续采样 45min。评价室内空气质量对人体健康影响时,在人们正常活动情况下采样;对建筑物的室内空气质量进行评价时,应选择在无人活动时进行采样,最好连续监测 3~7d,至少监测 1d。每次平行采样,平行样品的相对误差不超过 20%。经装修的室内环境,采样应在装修完成 7d 以后进行,一般建议在使用前采样监测。

2. 采样方法

按照大气中有害物质存在的状态将大气采样分为气态污染物采样、气溶胶采样、综合采样。大气采样方法如图 2-1。

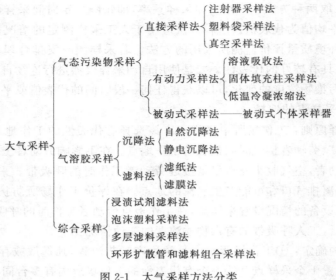

图 2-1　大气采样方法分类

（1）注射器采样法：用 50mL 或 100mL 医用气密型注射器作为收集器。在采样现场，先抽取空气将注射器清洗 3～5 次，再采集现场空气，然后将进气端密闭。在运输过程中，应将进气端朝下，注射器活塞在上方，保持近垂直位置。利用注射器活塞本身的重量，使注射器内空气样品处于正压状态，以防外界空气渗入注射器，影响空气样品的浓度或使其被污染。

（2）塑料袋采样法：用塑料袋作为采样容器。塑料袋既不吸附空气污染物，也不与所采集的空气污染物发生化学反应。在采样现场，用大注射器或手抽气筒将现场空气注入塑料袋内，清洗塑料袋数次后，排尽残余空气，重复 3～5 次，再注入现场空气，密封袋口，带回实验室分析[12]。

（3）真空采样法：采样容器为耐压玻璃或不锈钢制成的真空采气瓶（500～1000mL）。采样前，先用真空泵将采样容器抽真空，使瓶内剩余压力小于 133Pa，在采样点将活塞慢慢打开，待现场空气充满采气瓶后，关闭活塞，带回实验室尽快分析。

（4）溶液吸收法：利用空气中待测物能迅速溶解于吸收液，或能与吸收剂迅速发生化学反应而被采集。

（5）固体填充柱采样法：利用空气通过装有固体填充剂的小柱时，空气中有害物质被吸附或阻留在固体填充剂上，从而达到浓缩的目的，采样后，将待测物解吸或洗脱，供测定用。

（6）低温冷凝浓缩法：又称为冷阱法。空气中某些沸点较低的气态物质，在常温下用固体吸附剂很难完全阻留，利用致冷剂使收集器中固体吸附剂温度降低，有利于吸附、采集空气中低沸点物质。

（7）被动式采样法：又称为无泵采样法。该法是利用气体分子的扩散或渗透作用，自动到达吸附剂表面，或与吸收液接触而被采集，一定时间后检测待测物。

（8）静电沉降法：是使空气样品通过高压电场（12～20kV），气体分子被电离，产生离子，气溶胶粒子吸附离子而带电荷，在电场的作用下，带电荷的微粒沉降到极性相反的收集电极上，将收集电极表面的沉降物清洗下来，进行测定。

（9）滤料法：将滤料（滤纸或滤膜）安装在采样夹上，抽气，空气穿过滤料时，空气中的悬浮颗粒物被阻留在滤料上，用滤料上采集污染物的质量和采样体积，计算出空气中污染物浓度。

（10）浸渍试剂滤料法：先将某种化学试剂浸渍在滤料（滤纸或滤膜）上，采样时，利用滤料的物理阻留作用、吸附作用，以及待测物与滤料上化学试剂的反应，同时采集气态和颗粒态污染物。

（11）泡沫塑料采样法：聚氨基甲酸酯泡沫塑料比表面积大，气阻小，适用于较大流量的采样。聚氨酯泡沫塑料具有多孔性，它既可以阻留气溶胶，又可以吸附有机蒸汽。采样时，通常在滤料采样夹后连接一个圆筒，组成采样装置。采样夹内安装玻璃纤维滤纸，用于采集颗粒物；圆筒内可装 4 块泡沫塑料（每块长 4cm，直径 3cm），用于采集蒸汽状态的污染物。泡沫塑料使用前需前处理，除去杂质。

（12）多层滤料采样法：用两层或三层滤料串联组成一个滤料组合体，第一层滤料采集颗粒物；常用的滤料是聚四氟乙烯滤膜、玻璃纤维滤纸或其他有机纤维滤料。第二层或第三层滤料是浸渍过化学试剂的滤纸，用于采集通过第一层的气态组分。

（13）环形扩散管和滤料组合采样法：其装置由颗粒物切割器、环形扩散管和滤料夹三部分所组成。环形扩散管是由玻璃制成的两个同心玻璃管，外管长 20～30cm，内径 3～4cm，内管为两端封闭的空心玻管，内外管之间的环缝为 0.1～0.3cm，两段环形扩散管可以涂渍不同的试剂。临用前，在环形扩散管上涂渍适当的吸收液后，用净化的热空气流干燥，密闭待用。采样时，先将涂渍不同试剂的两段环形扩散管连接，再与后面的滤膜采样夹相连接。

3. 样品保存

所有样品用铝箔包裹以避免污染，同时避光于 −20℃ 保存。采样结束后尽量在阴暗处拆卸采样装置，避免外界的污染。将吸附材料充填管密封，装入密实袋中。滤膜采样面向里对折，用铝箔包好后装入密实袋中密封保存。样品尽量冷冻保存，运输到实验室分析。

2.3　地质样品

地质样品常见的样品种类有：①标本：有陈列标本、岩矿鉴定标本等。②化学分析样：如基本分析样、全分析样、组合分析样。③选矿试验样：有矿石可选性试验样、实验室流程试验样、半工业试验及工业试验样。④其他样品：如力学测试样、体重样、同位素样、水样等。地质样品在采样前要根据采样目的、采样原则、采样环境等因素制定采样计划（方案），从而确定采样规格、数量、方法及采样点等。

在地质样品的采样中，要注意确定合理的采样规格。众所周知，采样规格小，则施工容易、速度快、成本低。但采样过小，样品会失去所需要的代表性。其中，在地质勘探中最大量的采样，是为确定矿石物质组分含量（矿石品位）的化学基本分析样品[13]。

2.3.1　常用采样方法

1. 拣块法

拣取若干矿块合并成一个样品，大多用于对废矿堆、松散矿石采样。而对于固体矿产勘查过程中的样品采集，拣块法指在岩矿体露头或岩心上敲取一规格的块体作为样品。

2. 刻槽法

刻槽是在矿体上开凿一定规格的槽子,将从槽中凿下的全部矿石作为样品。断面规格较小时,完全用人工凿取;规格较大时,可先用浅孔爆破崩旷,然后再用人工修整,使之达到设计要求的规格形状。刻槽的基本原则是:样槽应沿矿体质量变化最大的方向,通常就是厚度方向布置,并应尽可能使样槽通过矿体的全部厚度。

在地表探槽中采样时,样槽通常布置在槽底,有时也布置在壁上。在穿脉坑道中采样时,样槽通常布置在坑道的一壁;若矿体品位和特征变化很大,则须在两壁同时刻槽,选矿试样应尽量利用穿脉坑道采取。沿脉坑道中采样时,最好在掘进过程中从掌子面上刻槽采样(图 2-2(a))。由于选矿试样常是利用已有勘探坑道采取,故此时只能在坑道的两壁和顶板每隔一定距离布置拱形样槽,或沿螺旋线连续刻槽(图 2-2(b)),一般均不取底板。若矿脉较平,则矿体将主要暴露在顶板,这时只能从顶板上采样。在浅井中采样时,样槽也是布置在浅井的一壁或两对壁。样槽断面形状有矩形和三角形两种,但常用矩形,因为三角形断面施工比较麻烦。

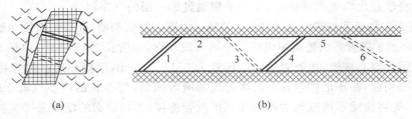

(a)　　　　　　　　　　　　　(b)

图 2-2　刻槽采样法

(a) 平行刻槽;(b) 螺旋刻槽

在地质勘探工作中,化学分析试样的样槽尺寸主要取决于如何保证试样的代表性,一般不会出现样品重量不够化验的情况,因而可根据矿床地质特征,如矿化均匀程度、矿体厚度、矿物颗粒大小等因素,参照经验,选用一定的数值。

用刻槽法可取得的样品重量,取决于采样点的数目以及各点样槽规格。实际上经常由于采样总长度有限而使刻槽采样法一般只能用于采取实验室试验样品,样品数量很大时需改用其他方法。也可以认为,在采样总长度受到限制时,不得不大幅增加样槽断面尺寸,断面宽度增加到与矿体暴露面同宽时,即转化为剥层法;深度再增加到一定程度,即为爆破法。

3. 剥层法

剥层法,或称全面剥层法,是在矿体出露部分整个地剥下一薄层矿石作为样品,可用于矿层薄和分布不均匀的矿床采样,剥层深度一般为 $10 \sim 20 cm$。

4. 爆破法

爆破采样法一般是在勘探坑道内穿脉的两壁和顶板上(通常不取底板,必须采取时应预先仔细清理),按照预定的规格打眼放炮爆破,然后将爆破下的矿石全部或缩分出一部分作为样品。此法用于所要求采样量很大以及矿石品位分布不均匀的情况。采样规格视具体情况而定,但深度多数为 $0.5 \sim 1.0 m$,长和宽则为 1m 左右。

若在掘进坑道(为采取可选性试样而专门开凿的采样坑道或生产坑道)内采样,则可将一定进尺范围的全部矿石或缩取其中一部分矿石作为样品,故又称全巷采样法。实际就是在掌子面上爆破取样。在穿脉坑道中应连续采样,在沿脉坑道中则按一定的间距采样。需要注意的是,在打眼放炮前,要分段在掌子面上先用刻槽法采取化学分析试样,各段坑道内爆破下来的样品也先要分别堆存,然后根据刻槽样品分析结果,结合矿石类型选定采样区段,在将选定区段的样品加工,按比例缩取部分矿石,混合成为样品。此法仅用于采取工业试验样品。

5. 刻线法

大致沿岩矿体厚度方向刻取宽度及深度都较小的"线状"碎块、粉末作为样品。

6. 劈心法

当用钻探为主要勘探手段时,试验样品可以从岩心钻的钻孔岩心中劈取。劈取时是沿岩心中心线垂直劈取 1/2 或 1/4 作为样品,所取岩心应穿过矿体之全部厚度,并包括必须采取的网岩和夹石。由于地质勘探时已劈取一半岩心作为化验样品,取可选性研究试样时往往只能从剩下的一半中再劈取一半。劈取时要注意使两半矿化贫富相似,不能一半贫一半富。若必须将剩余岩心全部动用,则应经勘探、设计、试验及生产单位共同协商同意后才能动用,因为岩心是代表矿床地质特征的原始资料,不能轻易毁掉。有时为了避免动用保留岩心,亦可将原岩心化验样品在加工过程中缩分剩余之副样供选矿试验用,但应尽量利用粗碎后缩分的副样,而不要用粉样。

岩心劈取法能取得的试样量有限,一般只能满足实验室试验的需要。全部用钻探法勘探的矿区,若收集的岩心不能满足试验的需要,则尚须为采样掘进专门的坑道,这种坑道一般应垂直于矿体走向。

7. 定向样

进行古地磁、地应力研究时常需采集定向样,采样时在采集的样块上标注三维空间方位。

2.3.2 采样原则及要求

布样应在观察、分层的基础上进行。样品应沿矿体厚度方向、分矿石类型、品级、分段连续布置。在探槽中的位置一般在靠近编录壁的槽底或编录壁的下部,在坑道中的位置一般在首选壁的下部腰线上或掌子面上。同一件样不得跨越不同矿种或不同矿层。同一件样不得跨越不同矿石自然类型及工业品级。单样样长代表的真厚度一般不应超过该矿种的工业可采厚度。钻孔岩心中,同一件样不得跨越不同孔径。钻孔岩心中,同一件样不能跨越回次采取率相差较大的回次。矿层中夹石(脉岩)厚度≥剔除厚度(矿区设计中应确定)时,矿石与夹石分别采样。矿层中夹石(脉岩)厚度小于剔除厚度时,应合并到相邻低品级矿石样中自然贫化。

2.3.3 常见地质样品的采集

1. 岩矿薄片、光片鉴定样品及标本采集

1) 采样目的

研究岩石和矿石结构、构造、矿物成分、矿物共生组合等;研究岩石中矿物的变质、蚀变现象;确定岩石、矿物名称;测定矿物的部分光学参数、物理性质。配合矿石技术加工试验,研究矿石物质成分、有用元素赋存状态等。为各种岩石学、矿物学研究提供切片样品和标本。

2）采样规格

在地质填图中可根据地质需要布设和采取。样品采集坚持具代表性和相对坚硬无破碎的原则。采样规格 3cm×6cm×9cm。

3）采样要求

沉积岩：对工作区内各时代地层的每一种代表性岩石均应按地层层序系统采样，同时也要适当采集能反映沿走向变化情况的样品；有沉积矿产的地段和沉积韵律发育地段，应视研究的需要而加密采样点。

岩浆岩：在每个岩体中按相带系统采集各种代表性岩石样品，在各相带间的过渡地段应加密采样点；对岩体的下列地段及地质体均应采集样品：析离体、捕房体、同化混染带、脉岩、岩体各类围岩、接触变质带、岩体冷凝边等；对各种类型的火山岩，按其层序及岩性，沿走向和倾向系统采样。

变质岩：根据岩石变质程度按剖面系统采样，并注意样品中应含有划分变质带的标志矿物；对不同夹层、残留体（由边缘至中心）、各种混合岩应系统地分别采样。

矿石：应按不同自然类型、工业类型、矿化期次、矿物共生组合、结构、构造、围岩蚀变的矿石，以及根据矿石中各有用矿物的相互关系，有用矿物与脉石矿物的相互关系等特征分别采集矿石样品。对于矿石类型复杂，矿物组合变化大的矿体，还应选择有代表性的剖面系统采样，以便研究矿石的变化规律。在对矿石采集光片鉴定样品的同时，为研究其中透明矿物及其与金属矿物的关系，应注意适当采集薄片、光薄片鉴定样品。

2. 岩石、矿石化学成分分析样品采集

1）采样目的

为各种地质目的所进行的各种化学成分（元素或化合物）定性、定量分析提供具有代表性的岩石、矿石试样。

2）采样要求

矿石：原则上应沿矿体厚度方向（即矿石物质成分变化最大的方向）采集样品；若矿床由不同类型的若干个矿体组成，则应按不同矿体、不同类型矿石和矿脉（包括不同风化程度的矿石）分别采样，即尽量按照可区分出的不同种类矿石分别采集样品；在一般情况下，同种类型的矿石化学全分析样品只需采集 1～2 个。

岩石：除做某些特殊研究外，一般情况下应采集新鲜、无蚀变的岩石作样品。采集位置应尽量避开各类接触带、蚀变带、断裂破碎带等；层状岩石（沉积岩、火山岩等）样品应垂直其走向采集，若为研究同一层位内岩石成分沿走向的变化规律，则可沿其走向按一定间距系统采集样品；非层状岩（岩浆岩等）样品可按不同相带、不同岩性分别采集；矿床围岩蚀变样品应从矿体（脉）近侧向远侧垂直围岩蚀变带的走向系统采集。

3）采样重量

矿石样品一般按不同矿种和相应的采样规格采集。单独采集的岩石化学成分（包括化学全分析在内的各类测试）样品，一般采集 2～3kg。若有特殊要求可根据情况增加；若仅作元素成分半定量分析等（如光谱全分析），一般采集 100～1000g，对于十分不均匀的岩石样品，采集重量酌增。

在考虑采集岩石、矿石化学成分分析样品时，应充分利用在同一采样点上已采集的其他大重量样品，例如岩石的人工重砂样品，从其中缩取各类化学分析样品，这时样品更具有代表性。

3. 采矿试验样品的采集

不同的取样对象,需要采用不同的取样方法。

1) 静置料堆的取样

静置料堆可分为块状料堆和细磨料堆两类,前者指矿石堆(储矿堆)或废石堆;后者是指老尾矿坝、中矿料堆等。

a. 块状料堆的取样

矿石堆或废石堆是在生产过程中逐渐堆积起来的,沿料堆的长、宽、深物料的性质都是变化的,再加上物料块度大,不便掘取,因而其取样工作比较麻烦,可供选择的方法有舀取法和探井法两种。舀取法(挖取法)是在料堆表面一定地点挖坑舀取样品。影响舀取法取样精度的主要因素有取样网的密度或取样点的个数、每点的取样量、物料的组成沿料堆厚度方向分布的均匀程度等。

显然,当物料的组成沿长度方向逐渐堆积时,通过合理地布置取样点即可保证总样的代表性;反之,当物料是在一定地点沿高度方向逐渐堆积时,沿一高度方向物料组成和性质可能变化很大,此时采用表层舀取法试样代表性将很差,只有大大增加取样坑的深度,或改用探井法,但不论采用哪一种方法,工作量都将很大。

探井采样法是在料堆上一定地点挖掘浅井,然后从挖掘出来的物料中缩取一部分作为试样,其做法与砂矿床用的浅井取样法类似,但此处取样对象是松散物料,在挖井时井壁必须支护,因而费用较大,非必要时一般不用。

探井法的主要优点是可沿料堆全厚取样,但由于工程量大,取样点的数目不能很多,因而沿长度方向和宽度方向的代表性不及舀取法。为此,在用探井法取样时,取样点的选择必须慎重,应事先了解料堆堆积的历史,借以估计料堆组成的变化情况,必要时还可先用舀取法采取少量试样进行化学分析,作为选择取样点的依据。

b. 细磨料堆的取样

最常见的实例是老尾矿坝的取样。常用的取样方法是钻孔取样,可以是机械钻,也可以是人工钻。取样的精确度主要取决于取样网的密度。一般可沿整个尾矿场表面均匀布点,然后沿全深钻孔取样;若待处理的老尾矿数量很大,可考虑首先在近期要处理的地点取样。各点的样品应先分别缩取化学分析样,然后再根据取样要求配成选矿试样。

2) 流动物料的取样

流动物料是指运输过程中的物料,包括用矿车运输的原矿、胶带运输机以及其他运输机械上的料流、给矿机和溜槽中的料流以及流动中的矿浆。

最常用、最精确的采取流动物料试样的方法,是横向截流法,即每隔一定时间,垂直于料流运动方向,截取少量物料作为样品,然后将一定时间内截取的许多小份单样累积起来作为总样,供试验用。取样精确度主要取决于料流组成的变化程度和取样频率。

a. 抽车取样

当原矿石是用小矿车运来选厂时,可用抽车法取样。一般每隔 5 车、10 车或 20 车抽一车。间隔大小主要取决于取样期间来矿的总车数,为保证样品代表性,即使所需试样量不多,抽取的车数也不能太少。抽车法取得的试样量超过需要时,可进一步用抽铲法或堆锥四分法缩取。

对原矿抽车取样是从矿床取样,抽车法只是一种缩分方法。取样的代表性不仅取决于抽车法操作,而且取决于自矿山运来的矿石本身是否能代表所研究的矿床或矿体。因而在取样前必须向矿山地质部门联系,不能盲目从事。

同后述几种方法相比,抽车法工作量较大(主要是抽出后试样的缩分工作量较大),抽取频率较小时代表性较差,但能保持矿山采出时的原始粒度。

b. 在运输胶带上取样

在选矿厂中,对于松散固体物料,特别是入选原矿,经常是在运输胶带上取样。选矿试样可用人工采取,即利用一定长度的刮板,每隔一定时间,垂直于料流运动方向,沿料层全宽和全厚均匀地刮取一份物料作为试样。取样间隔一般为 15~30min,取样总时间为一个班至几个班。

c. 矿浆取样

试样可用人工截取,也可用机械取样器采取。最常用的人工取样工具为各种带扁嘴的容器,如取样壶和取样勺(图 2-3),这类容器截取量较小而容积较大,因而在截取时允许停留时间较长而又不易将矿浆溢出。当取样量较大时,也可直接用各种敞口的大桶接取,但所用的桶应尽可能深一些,决不允许已接入桶中的试样重新被液流冲出,那样会破坏试样的代表性。

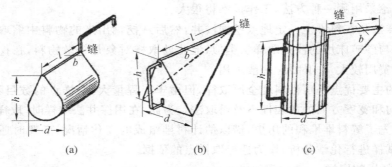

图 2-3 人工取样壶和取样勺

为了保证能沿料流的全宽和全厚截取试样,取样点应选在矿浆转运处,如溢流堰口、溜槽口和管道口,而不要直接在溜槽、管道或储存容器中取样。

取样时,应将取样勺口长度方向顺着料流,以便保证料流中整个厚度的物料都能截取到;然后使取样勺垂直于料流运动方向均速往复截取几次,以保证料流中整个宽度的物料都能均匀地被截取到。

取样间隔一般为 15~30min,取样总时间至少为一个班。在采取大量代表性试样时,为了能反映三个班组的波动,取样总时间应不少于三个班。若物料在保存过程中容易氧化,且对试验有影响,取样时间只好缩短。因而对容易氧化的硫化矿的浮选试验,一般不宜采用矿浆试样作为长期研究的试样。在现场实验室,为了考察和改进现有生产而必须采取矿浆试样做浮选试验时,只能是随取随用,并且只能采用湿法缩分。不允许将试样烤干。所有为选矿试验单独采取的试样,均应与当班的生产检查样对照,核对其代表性是否充分。

4. 化探样品采集(表 2-2)

1) 采样目的

化探是寻找矿产资源的一种普查找矿方法,它以地球化学及矿床学的理论为依据,从岩石、土壤、植物、水系沉积物及水等天然介质中系统采集样品,并进行化学分析、综合研究,从而发现矿床周围各种天然介质中成矿元素及伴生元素的地球化学异常,借此追索原生矿床。

表 2-2　化探方法适用条件、采样对象对比

化探方法	适 用 条 件	采 样 对 象
岩石测量法	基岩出露较好的地区	① 地表岩石样品——新鲜岩基、半风化岩基和风化岩基的残积粉块、裂隙岩泥等;②钻孔岩芯
土壤测量法	以物理风化为主,土层发育但又不太厚的丘陵地区	正常残、坡积层中的沙质土、黏土、细砂土、粉砂土等(不包括岩石碎块)
水系沉积物测量法	地质研究程度较差、水系发育,地形切割强烈的地区	水系中的淤泥、细砂、粉砂等,应避免采集淤泥中的有机物、岸边塌积物及人工堆积物

2) 采样方法

岩石测量法采样:俗称原生晕找矿法,是通过对各类岩石进行系统采集和分析,以发现赋存于岩石中的地球化学异常来追索原生矿体的一种找矿方法。该法适用于在基岩出露较好的地区采用。它的采样对象是各类岩石:①地表岩石样品——新鲜岩基、半风化岩基和风化岩基的残积粉块、裂隙岩泥等。采集这类样品时,一般在直径约 1m 的范围内敲取 3~5 块岩石组成一个样品。如需对构造裂隙或断裂进行专门研究,则不受采样密度限制。②钻孔岩芯样品,这类样品须由孔底至孔口按一定间距采集,采样点距一般为 0.5~5m,近矿处加密,远矿处放疏。在每个采样点上可于 0.5m 范围内敲取 3~5 块岩石组成一个样品。在浅井、探槽、坑道内的采样方法与此相同。③在背景区采样时,可于每个采样地附近约 1m² 范围内均匀采集 3~5 块新鲜基岩以组成一个样品。为使样品具有代表性,同种岩性的样品一般不得少于 30 件。岩石测量法样品质量一般为 100~200g;裂隙岩泥为 20~30g。

土壤测量法采样:曾称金属量测量法或次生晕法,是根据土壤中的元素次生异常追索原生矿体的一种找矿方法。该法特别适用于在以物理风化为主,土层发育但又不太厚的丘陵地区采用。采样对象为正常残、坡积层中的沙质土、黏土、细砂土、粉砂土等(不包括岩石碎块)。土壤层位不同其元素含量也不同。一个完整的土壤剖面可以分为有机层(A 层)、淋积层(B 层)、母质层(C 层),土壤测量法采样对象一般在 B 层内采集,土壤测量样品在干旱地区可从地表以下 15~20cm 处采集;在潮湿的亚热带地区采样深度为 30~40cm;在森林腐殖土、水稻田黏泥、黄土等厚层覆盖区,须在深层取样,其深度应经试验后确定,每个土壤测量样品质量为 100~150g,对于实验性样品及特殊样品可按研究需要确定采样重量。

水系沉积物测量法采样:俗称分散流法,是沿河流、小溪等地表水系和干沟系统采集淤泥、底部细粒物质,然后测定其微量元素含量和其他地球化学特征,以发现异常和追索原生矿体。该法适宜于在地质研究程度较差、水系发育,地形切割强烈的地区找矿。其采样对象是水系中的淤泥、细砂、粉砂等,应避免采集淤泥中的有机物、岸边塌积物及人工堆积物。样品应在湍急水流变缓处、大转石背后以及河曲内侧等位置采集;在干涸、半干涸的河溪中,应在其底部采样,在其上游则可取冲积物或土壤测量样品。为了保证样品的代表性,可在采样点附近 10~30m 范围内采集若干个小样组成一个样品。每个样品质量 200~300g,用干净布袋装样。

3）采样密度

对于小面积找矿，其采样点、线按规范布置，侧线方向应垂直地层、矿体、异常走向；对大面积找矿，其采样点、线可不完全按严格的侧线、测点布置，根据天然条件可适当加密或放疏采样点，只要各点大致均匀分布于测区内即可。

2.4　钢铁与金属材料样品

金属材料的成分分析，有熔炼分析、成品分析、原材料复验分析、仲裁和故障分析等，在这些分析中对试样的采样有不同的要求。

2.4.1　取样要求

（1）分析试样在化学成分方面应具有良好的均匀性，其不均匀性应不对分析产生显著偏差。然而，对于熔体的取样，分析方法和分析试样二者有可能存在偏差，这种偏差将用分析方法的重现性或再现性表示。

（2）分析试样应除去表面涂层、除湿、除尘以及除去其他形式的污染。

（3）分析试样应尽可能避开孔隙、裂纹、疏松、毛刺、折叠或其他表面缺陷。

（4）在对熔体进行取样时，如果预测到样品的不均匀或可能的污染，应采取措施。

（5）从熔体中取得的样品在冷却时，应保持其化学成分和金相组织前后一致。值得注意的是，样品的金相组织可能影响到某些物理分析方法的准确性，特别是铁的白口组织与灰口组织，钢的铸态组织和锻态组织。

2.4.2　熔炼分析样品的采集

炼钢过程中和终点化学成分的检测用样包括：混铁炉、铁水前处理、转炉、精炼（LF、RH）、连铸等冶炼工艺成分检测用样。

样品的分类：钢水样、转炉样、精炼样、精炼定氧定氮样（ON）、定氢样（H）。

1. 钢水样

1）取样器

按取样模式分类（图 2-4）：①浸入式取样：取样管浸入到熔体中，由于钢水静压或重力的作用，使熔体充满取样管中的样品仓。②吸入式取样：取样管浸入到熔体中，由于抽吸作用，使液体充满取样管中的样品仓。③流动式取样：取样管插入到流动的液态金属中，由于金属流体的力的作用，使其充满取样管的样品仓。

按化学性质分类：①有脱氧剂取样器：用于转炉钢水氧化态；脱氧剂主要为铝、钛金属。②无脱氧剂取样器：用于钢水还原态即精炼过程样；在冶炼洁净钢时，取样器金属帽及其材料的 $CS < 5ppm$。

2）取样方法

从炉体中取样，要将一个合适的浸入式管式取样器以尽可能垂直的角度插入到炉体中。要选择合适的浸入位置以保证所用的管式取样器插入钢水中有足够的深度。对大多数型号的取样管而言，其深度大约是 200mm。

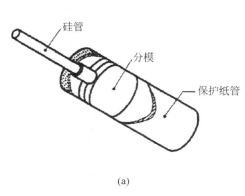
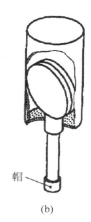

图 2-4　流体取样用与吸入式取样用取样管示例

（a）物体取样用取样管；（b）限入式取样用取样管

2．钢水测定氧、氮样

1）测定氧、氮的钢水的取样方法

根据取样管的型号决定测定氧的钢水的取样方法。如图 2-5 所使用的取样方法应该保证取样操作不会影响熔体中碳氧平衡。应注意避免污染样品,除去样品制备各阶段的所有表面氧化物。

在进行氧、氮的测定时,取样和制样方法应该减少氧、氮的损失,并且要避免氧、氮污染样品。

管式样品的小附着物样品,如直径小于 5mm 小棒样品或者小块样品,一般不适合于制备无表面氧化物的试样。但从有两种厚度的管式样品中冲取的小块样品有可能是合适的。在有些情况下,需要使用取样管靠重力作用取得较大质量的样品。

2）试样的制备

用打磨的方法除去管式样品表面的氧化物,应注意避免过热。从管式样品的圆盘上切下一片,然后将其加工成适合于分析用量的试样。将试样块置于不锈钢的抓柄或其他装置中固定住,用细砂打磨每一个表面。所有操作都要使用镊子。将试样块浸入丙酮或乙醇中,在空气中干燥或暴露在低真空中干燥。立即进行分析,试块制备与进行分析之间不应该有时间延误。

3．钢水测定氢样

1）一般要求

测定氢的钢水的取样方法是用取样管。所使用的取样方法应该设计成控制和减小氢从管式样品中的快速渗出,在进行取样、样品的贮存以及试料的制备过程中都会发生这种渗出。渗出的损失在环境温度高时会很大,尤其是小直径样品;建议使用 $\phi 7\text{mm} \times 100\text{mm}$。管式样品应该无裂纹和表面气孔,没有湿气,尤其是没有俘获水。试料的状态对测量结果影响很大,由于样品中存在水,会影响分析方法的灵敏度。如果使用的是吸入式取样管,其操作方法应该避免样品中混入湿气。

取样方法的选择取决于熔体的温度、分析方法和对分析精度的要求。要研究这些关系确定能满足炼钢实际需要的合适的方法,从而取得符合品质要求的样品。要附有严密的详

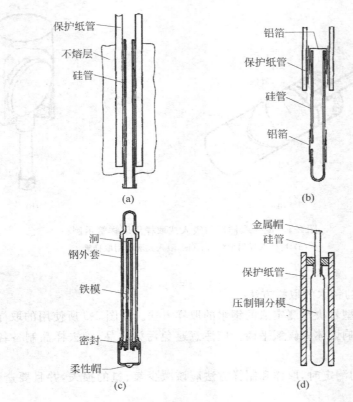

图 2-5　取样管类型

(a) 浸入式取样用取样管；(b) 浸入式取样用取样管；(c) 抽空式取样用取样管；(d) 吸入式取样用取样管

细操作步骤,以保证分析质量。在取样的各阶段,以及样品的储存和制备过程中要保持管式样品和试料处于尽可能低的温度。样品应该在冷藏剂中储存,液态氮或丙酮与二氧化碳干冰的混合物软膏较为合适。在样品进行剪切和试料的制备过程中,应该保持样品处于低温状态。浸入冰水中冷却或者浸入冷却剂中冷却要更好些。冷却后应除去试料表面的湿气,浸入丙酮中,然后用在低真空中暴露数秒钟进行干燥。应弃去不合适于冷却和储存的样品。通过研磨进行样品的表面加工时,应该保持用时最少,能满足去除所有表面氧化物和缺陷即可。样品制备完成后应该立即进行分析。

2) 取样方法

取样管有不同直径的片型和铅笔型。根据取样器的说明选择取样管。管式样品应该在冷水中淬火,淬火过程中要不断用力地进行搅拌。淬火应该在取样后 10s 内完成,不允许超时。样品模具中的硅质样品套管应该迅速除去以便样品迅速冷却。样品充分冷却后,浸入冷却剂中储存并送往实验室[14]。

2.4.3　成品分析样品(钢产品样品取样)

1. 定义

图 2-6 对涉及钢铁样品采样的几个名词定义如下：试验单元指一次接收或拒收产品的件数或吨数,例如一批板；抽样产品指检验、试验时,在试验单元中抽取的部分,例如一张钢

板；试料指为了制备试样，从抽样产品中切取的材料；样坯指经过处理（锻造、热处理等）的试料；试样指满足试验要求的样坯；标准状态指代表最终产品的状态。

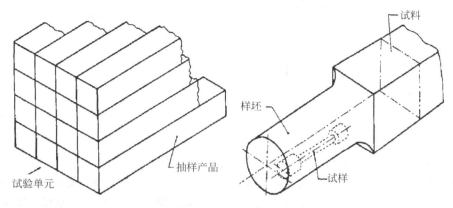

图 2-6 定义示例

2. 采样一般要求

试样要有代表性，产品在不同位置取样时，力学性能会有差异，所以要按有关规定的位置取样，则被认为具有代表性。

应在外观及尺寸合格的钢产品上取样。试料应有足够的尺寸以保证机加工出足够的试样进行规定的试验和复验。

取样时，应对抽样产品、试料、样坯和试样作出标记，以保证始终能识别取样的位置和方向。

取样时，应防止过热、加工硬化而影响力学性能，须留有足够的加工余量。

取样的方向由产品标准或供需双方协议规定。

3. 烧割样坯加工余量的选择

如图 2-7 所示，用烧割法切取样坯时，从样坯切割线至试样边缘必须留有足够的加工余量，一般应不小于钢产品的厚度或直径，但最小不得少于 20mm。对于厚度或直径大于 60mm 的钢产品，其加工余量可根据供需双方协议适当减少。

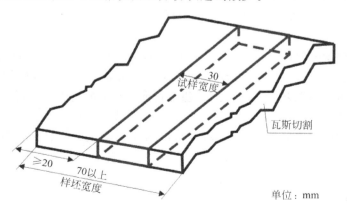

单位：mm

图 2-7 烧割样坯加工余量的选择

冷剪样坯加工余量的选择如表 2-3 所示。

表 2-3　冷剪样坯所留加工余量的选取

厚度或直径/mm	加工余量/mm
≤4	4
>4~10	厚度或直径
>10~20	10
>20~35	15
>35	20

4. 试料的状态及样品的制备

按产品标准规定,取样的状态分为交货状态和标准状态。

在交货状态下取样时,可从以下两种条件中选择:①产品成型或热处理完成之后取样;②如在热处理之前取样,试料应在与产品交货状态相同的条件下进行热处理。当需要矫直试料时,应在冷状态下进行,除非产品标准另有规定。

在标准状态下取样时,应按产品标准或订货单规定的生产阶段取样。如必须对试料矫直,可在热处理之前进行热加工或冷加工,热加工的温度应低于最终热处理的温度。热处理之前的机加工:当热处理要求试样尺寸较小时,产品标准应规定样坯的尺寸及加工方法。样坯的热处理应按产品标准或订货单要求进行。

试样的制备:制备试样时应避免由于机加工使钢表面产生硬化及过热而影响其力学性能。机加工最终工序应使试样的表面质量、形状和尺寸满足相应试验方法标准的要求。当要求标准状态热处理时,应保证试样的热处理制度与样坯相同。

5. 取样位置的一般要求及符号示意

取样位置的一般要求:应在钢产品表面切取弯曲样坯,弯曲试样应至少保留一个表面,当机加工和试验机能力允许时,应制备全截面或全厚度弯曲试样。当要求取一个以上试样时,可在规定位置相邻处取样。

符号示意:W—产品的宽度;t—产品的厚度(型钢为腿部厚度,钢管为管壁厚度);d—产品的直径(多边形条钢为内切圆直径);L—纵向试样(试样纵向轴线与主加工方向平行);T—横向试样(试样纵向轴线与主加工方向垂直)。

6. 型钢取样位置

按图 2-8 在型钢腿部切取拉伸、弯曲和冲击样坯。如型钢尺寸不能满足要求,可将取样位置向中部位移。(注:对于腿部有斜度的型钢,可在腰部 1/4 处取样(图 2-8(b)和(d)),经协商也可从腿部取样进行机加工。而对于腿部长度不相等的角钢,可从任一腿部取样。)

对于腿部厚度不大于 50mm 的型钢,当机加工和试验机能力允许时,应按图 2-9(a)切取拉伸样坯;当切取圆形横截面拉伸样坯时,按图 2-9(b)规定。对于腿部厚度大于 50mm 的型钢,当切取圆形横截面样坯时,按图 2-9(c)规定。

按图 2-10 在型钢腿部厚度方向切取冲击样坯。

7. 条钢的取样位置

按图 2-11 在圆钢上选取拉伸样坯位置,当机加工和试验机能力允许时,按图 2-11(a)取样;按图 2-12 在圆钢上选取冲击样坯位置;按图 2-13 在六角钢上选取拉伸样坯位置,当机

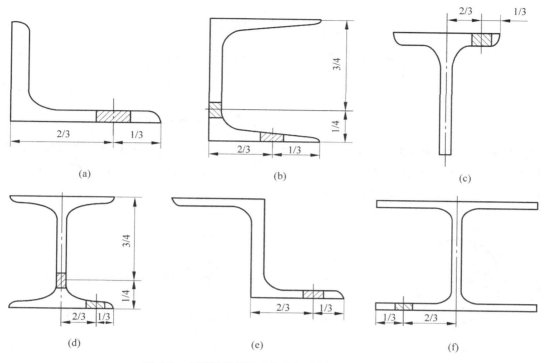

图 2-8 在型钢腿部宽度方向切取样坯位置示意图

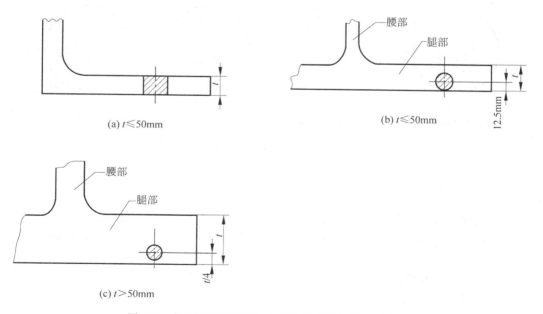

图 2-9 在型钢腿部厚度方向切取拉伸样坯位置示意图

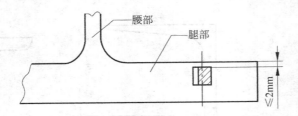

图 2-10　在型钢腿部厚度方向切取冲击样坯位置示意图

加工和试验机能力允许时,按图 2-13(a)取样;按图 2-14 在六角钢上选取冲击样坯位置;按图 2-15 在矩形截面条钢上切取拉伸样坯,当机加工和试验机能力允许时,按图 2-15(a)取样;按图 2-16 在矩形截面条钢上切取冲击样坯。

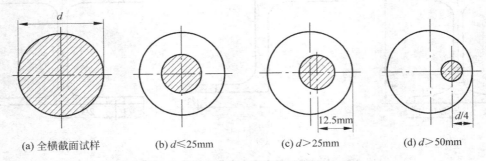

| (a) 全横截面试样 | (b) d≤25mm | (c) d>25mm | (d) d>50mm |

图 2-11　在圆钢上切取拉伸样坯位置示意图

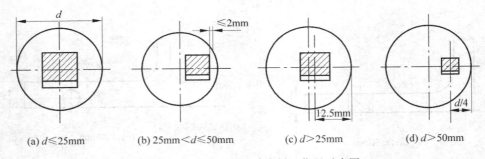

| (a) d≤25mm | (b) 25mm<d≤50mm | (c) d>25mm | (d) d>50mm |

图 2-12　在圆钢上切取冲击样坯位置示意图

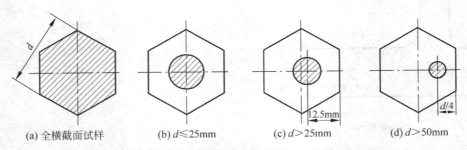

| (a) 全横截面试样 | (b) d≤25mm | (c) d>25mm | (d) d>50mm |

图 2-13　在六角钢上切取拉伸样坯位置示意图

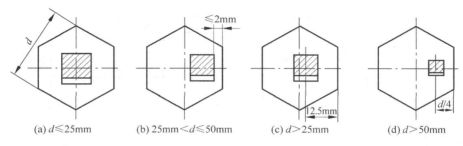

(a) $d \leqslant 25mm$　　(b) $25mm < d \leqslant 50mm$　　(c) $d > 25mm$　　(d) $d > 50mm$

图 2-14　在六角钢上切取冲击样坯位置示意图

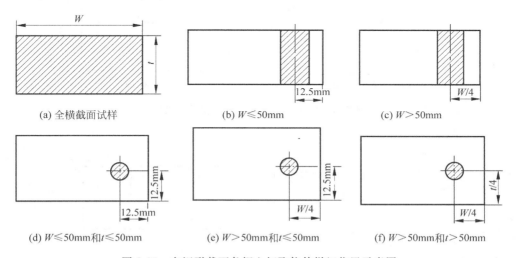

(a) 全横截面试样　　(b) $W \leqslant 50mm$　　(c) $W > 50mm$

(d) $W \leqslant 50mm$和$t \leqslant 50mm$　　(e) $W > 50mm$和$t \leqslant 50mm$　　(f) $W > 50mm$和$t > 50mm$

图 2-15　在矩形截面条钢上切取拉伸样坯位置示意图

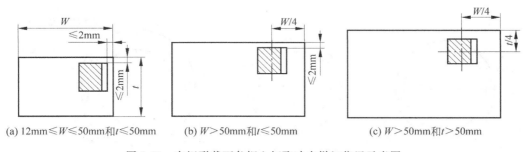

(a) $12mm \leqslant W \leqslant 50mm$和$t \leqslant 50mm$　　(b) $W > 50mm$和$t \leqslant 50mm$　　(c) $W > 50mm$和$t > 50mm$

图 2-16　在矩形截面条钢上切取冲击样坯位置示意图

8. 钢板的取样位置

应在钢板宽度 1/4 处切取拉伸、弯曲或冲击样坯,如图 2-17 和图 2-18 所示。对于纵轧钢板,当产品标准没有规定取样方向时,应在钢板宽度 1/4 处切取横向样坯,如钢板宽度不足,样坯中心可以内移。按图 2-17 在钢板厚度方向切取拉伸样坯。当机加工和试验机能力允许时,应按图 2-17(a)取样。在钢板厚度方向切取冲击样坯时,根据产品标准或供需双方协议按图 2-18 规定的取样位置。

9. 钢管的取样位置

按图 2-19 切取拉伸样坯,当机加工和试验机能力允许时,应按图 2-19(a)取样。对于

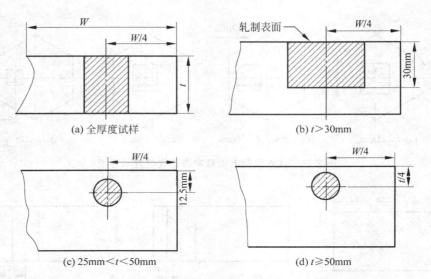

图 2-17　钢板上切取拉伸样坯位置示意图

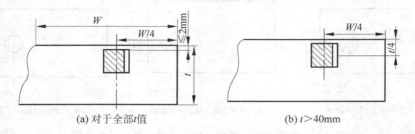

图 2-18　钢板上切取冲击样坯位置示意图

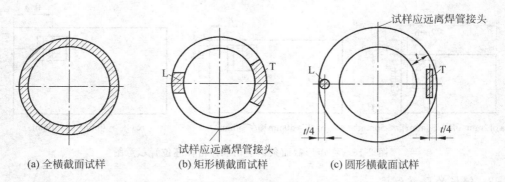

图 2-19　在钢管上切取拉伸及弯曲样坯的位置

图 2-19(c)，如钢管尺寸不能满足要求，可将取样位置向中部位移。对于焊管，当取横向试验检验焊接性能时，焊缝应在试样中部。按图 2-20 切取冲击样坯。如果产品标准没有规定取样位置，应由生产厂提供。如果钢管尺寸允许，应切取 10～5mm 最大厚度的横向试样。切取横向试样的钢管最小外径 D_{min}（mm）按式(2-1)计算：

$$D_{min} = (t-5) + \frac{756.25}{t-5} \tag{2-1}$$

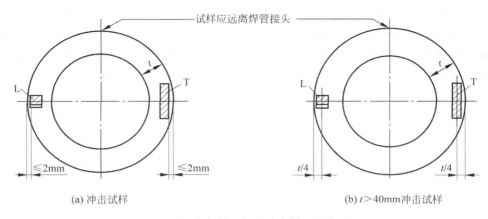

(a) 冲击试样 (b) t>40mm冲击试样

图 2-20 在钢管上切取冲击样坯的位置

如果钢管不能取横向冲击试样,应切取 5～10mm 最大厚度的纵向试样。按图 2-21 在方形钢管上切取拉伸或弯曲样坯。当机加工和试验机能力允许时,按图 2-21(a)取样。按图 2-22 在方形钢管上切取冲击样坯[15]。

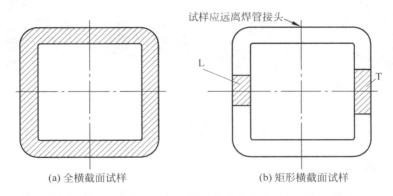

(a) 全横截面试样 (b) 矩形横截面试样

图 2-21 在方形钢管上切取拉伸及弯曲样坯的位置

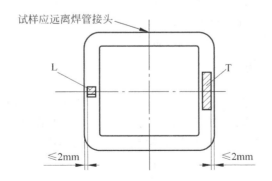

图 2-22 在方形钢管上切取冲击样坯的位置

2.4.4 原材料复验分析样品

冶金用原材料大多为散状材料,如铁矿石、锰矿石、石灰石、白云石、萤石、煤等,加工成半成品的有铁精矿、烧结矿、球团矿、石灰、轻烧白云石、镁砂、轧钢皮、焦炭、铁合金等。要知道某一种材料的成分和性能,必须从大批散状料中取得具有足够代表性的试样分数和数量。

储矿堆取样:对于堆放的矿样按图 2-23 所示的取样点分布均匀取样,然后将各点取样收集混匀作为平均试样。

在汽车上取样:汽车中取样可按图 2-24 所示的 5 点法取样。

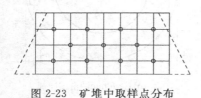

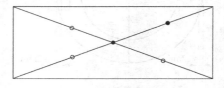

图 2-23　矿堆中取样点分布　　　　　　　　图 2-24　在汽车上取样点分布

矿样的粉碎和缩分:矿样破碎后,按四分法(图 2-25)缩分,然后磨细,并使之全部通过120 目筛孔,装入试样袋备用。

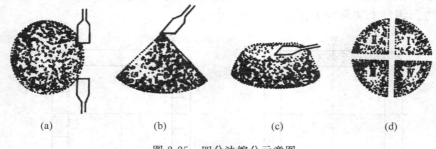

(a)　　　　　　　　(b)　　　　　　　　(c)　　　　　　　　(d)

图 2-25　四分法缩分示意图

2.4.5　其他样品

高炉渣取样是在放渣时,用长勺取样。转炉渣取样是在倒炉时,用样勺从炉内取出。实验室高温炉坩埚中取样,一般是用纯铁棒蘸取。

渣样取出后先粗破碎,再用磁铁将渣粉中金属铁吸出,然后全部通过规定筛孔(100目),未通过部分返回再粉碎,装入试样袋备用。

2.4.6　制样标识

除了要做常规的采样记录之外,还要注意制样标识的完成。分析试样应给唯一的标识,以便能识别出抽样产品所取自的熔体,必要时,记录下熔体的样品处理条件和从抽样产品中取得的原始样品或分析试样的取样位置。生铁的分析试样应给定唯一的标识,以便能识别出交货批或部分交货批以及取自交货批的份样。

2.5　农产品样品

农产品样品包括茎叶等组织样品,籽粒样品、蔬菜瓜果样品及饲料样品等。

2.5.1 植物组织样品

1. 样品采集

植物组织样品多用于诊断分析,采集植物组织样品首先要选定植株。样株必须有充分的代表性,通常也像采集土样一样按照一定路线多点采集,组成平均样品。组成每一平均样品的样株数目视作物种类、种植密度、株型大小、株龄或生育期以及要求的准确度而定。从大田或试验区选择样株要注意群体密度,植株长相、植株长势、生育期的一致,过大或过小,遭受病虫害或机械损伤以及由于边际效应长势过强的植株都不应采用。如果为了某一特定目的,例如缺素诊断而采样时,则应注意植株的典型性,并要同时在附近地块另行选取有对比意义的正常典型植株,使分析的结果能在相互比较的情况下,说明问题。

植株选定后还要决定取样的部位和组织器官,重要的原则是所选部位的组织器官要具有最大的指示意义,也就是说,植株在该生育期对该养分的丰欠最敏感的组织器官。大田作物在生殖生长开始时期常采取主茎或主枝顶部新成熟的健壮叶或功能叶;幼嫩组织的养分组成变化很快,一般不宜采样。苗期诊断则多采集整个地上部分。大田作物开始结实后,营养体中的养分转化很快,不宜再做叶分析,故一般谷类作物在授粉后即不再采诊断用的样品。如果为了研究施肥等措施对产品品质的影响,则当然要在成熟期采取茎秆、籽粒、果实、块茎、块根等样品,果树和林木多年生植物的营养诊断通常采用"叶分析"或不带叶柄的"叶片分析",个别植物如葡萄、棉花则常做"叶柄分析"。

植物体内各种物质,特别是活动性成分如硝态氮、氨基态氮,还原糖等都处于不断的代谢变化之中,不仅在不同生育期的含量有很大差别,并且在一日之间也有显著的周期性变化。因此在分期采样时,取样时间应规定一致,通常以上午 8—10 时为宜,因为这时植物的生理活动已趋活跃,地下部分的根系吸收速率与地上部正趋于上升的光合作用强度接近动态平衡。此时植物组织中的养料储量最能反映根系养料吸收与植物同化需要的相对关系,因此最具有营养诊断的意义。诊断作物氮、磷、钾、钙、镁的营养成分状况的采样还应考虑各元素在植物营养中的特殊性。

采得的植株样品如需要分不同器官(例如叶片,叶鞘或叶柄、茎、果实等部分)测定,须立即将其剪开,以免养分运转。

2. 植株组织样品的制备与保存

采得的样品一般需要洗涤,否则可能引起泥土、施肥喷药等显著的污染,这对微量营养元素如铁、锰等的分析尤为重要。洗涤方法一般可用湿布仔细擦净表面沾污物。

测定易发生变化的成分(例如硝态氮、氨基态氮、氰、无机磷、水溶性糖、维生素等)须用新鲜样品,鲜样如需短期保存,必须在冰箱中冷藏,以抑制其变化。分析时将洗净的鲜样剪碎混匀后立即称样,放入瓷研钵中与适当溶剂(或再加石英砂)共研磨,进行浸提测定。

测定不易变化的成分则常用干燥样品。洗净的鲜样必须尽快干燥,以减少化学和生物的变化。如果延迟过久,细胞的呼吸和霉菌的分解都会消耗组织的干物质而致改变各成分的百分含量、蛋白质也会裂解成较简单的含氮化合物。杀酶要有足够的高温,但烘干的温度不能太高,以防止组织外部结成干壳而阻碍内部水分的蒸发,而且高温还可能引起组织的热分解或焦化。因此,分析用的植物鲜样要分两步干燥,通常先将鲜样在 80~90℃烘箱(最好用鼓风烘箱)中烘 15~30min(松软组织烘 15min,致密坚实的组织烘 30min),然后,降温至

60～70℃,逐尽水分。时间须视鲜样水分含量而定,一般为12～24h。

干燥样品可用研钵或带刀片的(用于茎叶样品)或带齿状的(用于种子样品)磨样机粉碎,并全部过筛。分析样品的细度须视称样量而定,通常可用圆孔直径为1mm的筛;如称样仅1～2g者,宜用0.5mm的筛;称样小于1g者,须用0.25mm或0.1mm筛。磨样和过筛都必须考虑到样品沾污的可能性。样品过筛后须充分混匀,保存于磨口广口瓶中,内外各贴放一样品标签。

样品在粉碎和储存过程中又将吸收一些空气中的水分,所以在精密分析工作中,称样前还须将粉状样品在65℃(12～24h)或90℃(2h)再次烘干,一般常规分析则不必。干燥的磨细样品必须保存在密封的玻璃瓶中,称样时应充分混匀后多点匀取。

2.5.2　籽粒样品

1. 籽粒样品采集

从个别植株上采样,谷类或豆类作物从个别植株上采取种子样品时,应考虑栽培条件的一致性。种子脱粒后,去杂、混匀、按四分法缩分为平均样品,质量不少于25g。从试验小区或大田采样可按照植株组织样品的采样方法,选定样株收获后脱粒,混匀,用四分法缩分,取得约250g样品。大粒种子,如花生、大豆、蓖麻、棉籽、向日葵等可取500g左右。采样时应选取完全成熟的种子。从成批收获物中取样,在保证样品有代表性的原则下,可在散装堆中设点随机取样,或从包装中随机扦取原始样品,再用四分法或分样器缩分至500g左右。

2. 籽粒样品的制备与储存

将采取的籽粒样品风干,去杂和挑去不完善粒,用磨样机或研钵磨碎,使之全部通过0.5～1mm筛,储于广口瓶中,贴好标签备用。

油料作物中的大粒种子,如花生、向日葵、棉籽等,应去掉厚的果壳或种皮,只分析种仁。但棉籽种皮不易剥掉,可先用水浸湿4～6h,再用锋利的小刀将种子切为两半,取出种仁。为了防止油料作物种子在磨碎过程中损失油分,可从采取的样品中用四分法缩分出少量样品,于70～80℃干燥箱内干燥5～15h,取出,在瓷研钵中用杵击碎,不能研磨。大豆和其他含油少的种子则可以直接用磨磨碎;有时要磨2～3次,先粗碎,再细磨。

2.5.3　水果、蔬菜样品

1. 水果、蔬菜样品的采集

对采集的水果蔬菜样品不论进行现场常规鉴定还是送实验室做品质鉴定,一般要求随机取样。在某些特殊情况下,如为了查明混入的其他品种或任意类型的混杂,允许进行选择取样。取样之前要明确取样的目的,即明确样品鉴定性质。

批量货物取样,要求及时,每批货物要单独取样。如果由于运输过程发生损坏,其损坏部分(盒子、袋子等)必须与完整部分隔离,并进行单独取样。如果认为货物不均匀,除贸易双方另行磋商外,应当把正常部分单独分出来,并从每一批中取样鉴定。

抽检货物要从批量货物的不同位置和不同层次进行随机取样。对于有包装的抽检产品(木箱、纸箱、袋装等),按照表2-4进行随机取样。而对于散装的抽检产品要与货物的总量相适应,每批货物至少取5个抽检货物。散装产品抽检货物总量或货物包装的总数量按照表 2-5 抽取。在蔬菜或水果个体较大情况下(大于 2kg/个),抽检货物至少由 5 个个体组成。

实验室样品的取样量根据实验室检测和合同要求执行,其最低取样量参见表 2-6[16]。

表 2-4 抽取货物的取样件数

批量货物中同类包装货物件数	抽检货物取样件数
≤100	5
101~300	7
301~500	9
501~1000	10
≥1000	15(最低限度)

表 2-5 抽检货物的取样量

批量货物中总量(kg)或总件数	抽检货物总量(kg)或总件数
≤200	10
201~500	20
501~100	30
1001~5000	60
>5000	100(最低限度)

表 2-6 实验样品取样量

产品名称	取样量
小型水果、核桃、榛子、扁桃、板栗、毛豆、豌豆以及以下各项未列蔬菜	1kg
樱桃、黑樱桃、李子	2kg
杏、香蕉、木瓜、柑橘类水果、桃、苹果、梨、葡萄、鳄梨、大蒜、茄子、甜菜、黄瓜、结球甘蓝、卷心菜、块根类蔬菜、洋葱、甜椒、萝卜、番茄	3kg
南瓜、西瓜、甜瓜、菠萝	5 个个体
大白菜、花椰菜、莴苣、紫甘蓝	10 个个体
甜玉米	10 个
捆绑蔬菜	10 捆

2. 水果、蔬菜样品的制备与储存

采得的样品要及时刷洗、擦干。瓜果和蔬菜分析通常都用新鲜样品。有的分析全部产品,有的只分析食用部分,随分析目的要求而定,大的瓜果或平均样品数量多时,可匀致地切取其中一部分(但要使所取部分中各组织的比例应与全部样品相应),作为分析样品。将分析用样品切碎后用高速植物组织粉碎机或研钵打碎成浆状,与汁液一起混匀后称样。

欲用干样分析时,则必须力求快速风干,以保持样品成分不变。加速干燥的主要方法是将样品切成块或片状后高温通风干燥,即先置 110~120℃ 的鼓风烘箱中(样品温度达 100~105℃)烘 20~30min,然后降温,在 60~70℃ 烘至变脆易压成粉末为止。烘的时间不宜太长,一般短则 4~5h,长则 8~10h。如无鼓风烘箱,可用普通烘箱代替,初期把门打开,以利水分逸出。如有真空干燥箱则更好。也可先用蒸汽(沸水蒸锅)杀酶 15～20min,再在 60～70℃或 30～50℃烘箱中烘干,最后将干样品粉碎过筛,装入广口瓶中保存备用。

对测定糖或淀粉的样品,最好用新鲜样测,因在高温烘干时糖分易被焦化,部分淀粉也易被酸性汁液水解而变化。也可用酒精保存新鲜样品。

2.5.4　饲料样品

饲料样品可分为固体、液体及半液体(半固体)产品和粗饲料。

在条件许可的情况下,采样应在不受诸如潮湿空气、灰尘或煤烟等外来污染危害影响的地方进行。条件许可时,采样应在装货或卸货中进行。如果流动中的饲料不能进行采样,被采样的饲料应安排在能使每一部分都容易接触到,以便取到有代表性的实验室样品。

1. 固体饲料产品

1) 固体饲料产品的采样

对于散装产品应随机选取每个份样的位置,这些位置既覆盖产品的表面,又包括产品的内部,使该批次产品的每个部分都被覆盖。

如果在产品流水线上取样时,根据流动的速度,在一定的时间间隔内,人工或机械地往流水线的某一截面取样。根据流速和本批次产品的量,计算产品通过采样点的时间,该时间除以所需采样的份样数,即得到采样的时间间隔。

对于袋装产品的采样应随机选择需采样的包装袋,采样的包装袋总数量根据份样数量的最小份样数来决定。打开包装袋,使用相应的器具进行采样。

如果是在密闭的包装袋中采样,则需要取样器。采样时,不管是水平还是垂直,都必须经过包装物的对角线。份样可以是包装物的整个深度,或是表面、中间、底部这 3 个水平。在采样完成后,将包装袋上的采样孔封闭。

如果上述的方法不适合,则将包装物打开倒在干净、干燥的地方,混合后铲其一部分为份样。

2) 固体饲料产品样品的制备

在采样完成后应尽快处理,以避免样品质量发生变化或被污染,将所得到的每个份样进行充分混合后得到总样,其重量不应小于 2kg。

充分将缩分样混合后分成 3 个或 4 个实验室样品放入适当的容器中,供实验室分析用,每个实验室样品重量最好相近,但不能小于 0.5kg[17]。

2. 液体及半液体产品

1) 液体及半液体产品样品的采样

液体产品通常分为低黏度产品(如棕榈油)和高黏度产品(脂肪、脂类产品、皂角等)。在确定批次产品量和采样份样数后,进行采样。

如果产品储存于罐中,则可能不均匀。采样前需要搅动混合,用适当的器具从表面至内部采样。如果采样前不可能搅动,则在产品装罐或卸罐过程中采样。如果在产品流动过程中不能采样,则整个批次产品都取份样,以保证获得有代表性的实验室样品。在产品特性不变的前提下,有时加热会提高样品的一致性。

对于桶装产品的采样,采样前需对随机选取产品进行振动、搅动等,使其混合,混合后再采样。如果采样前不能进行混合,则每个桶至少在不同的方向、两个层面取 2 个份样。

而对于小容器装产品的采样,先随机选择容器,混合后进行采样;如果容器很小,则每一个容器内的产品可作为一个份样。

2）液体及半液体产品样品的制备

将所有份样放入适当的容器内即获得总份样,充分混合后取其中部分形成缩分样,每个缩分样不小于 2kg 或 2L[18]。

2.6 食品样品

食品采样是指从较大批量食品中抽取能较好地代表其总体样品的方法。食品采样是食品检测结果准确与否的关键。采样时除了要注意样品的代表性以外,还应了解商品的来源、批次、组成和运输条件,以及可能存在的成分逸散和污染情况,均衡地、不加选择的从全部批次的各部分按规定数量采样。

2.6.1 采样目的

食品采样的主要目的是鉴定食品的营养价值和卫生质量,包括食品中营养成分的种类、含量和营养价值;食品及其原料、添加剂、设备、容器、包装材料中是否存在有毒有害物质及其种类、性质、来源、含量、危害等。食品采样是进行营养指导、开发营养保健食品和新资源食品、强化食品的卫生监督管理、制定国家食品卫生质量标准以及进行营养与食品卫生学研究的基本手段和重要依据。

2.6.2 采样工具和容器

专用工具:如长柄勺,适用于散装液体样品采集;玻璃或金属采样器,适用于深型桶装液体食品采样;金属探管和金属探子,适用于采集袋装的颗粒或粉末状食品;采样铲,适用于散装粮食或袋装的较大颗粒食品;长柄匙或半圆形金属管,适用于较小包装的半固体样品采集;电钻、小斧、凿子等可用于已冻结的冰蛋;搅拌器,适用于桶装液体样品的搅拌。

盛装样品的容器应密封,内壁光滑、清洁、干燥,不含有待鉴定物质及干扰物质。容器及其盖、塞应不影响样品的气味、风味、pH 及食物成分。盛装液体或半液体样品常用防水防油材料制成的带塞玻璃瓶、广口瓶、塑料瓶等;盛装固体或半圆体样品可用广口玻璃瓶、不锈钢或铝制盒或盅、搪瓷盅、塑料袋等。

2.6.3 样品分类

（1）客观性样品:指对一批食品的每一部分都有均等被抽取机会的采样,即随机采样。在日常卫生监督管理工作过程中,为掌握食品卫生质量,对食品企业生产销售的食品应进行定期或不定期的抽样检验。这是在未发现食品不符合卫生标准的情况下,按照日常计划在生产单位或零售店进行的随机抽样。通过这种抽样,有时可发现存在的问题和食品不合格的情况,也可积累资料,客观反映各类食品的卫生质量状况。为此目的而采集供检验的样品称为客观性样品。

（2）选择性样品:即采样过程中有目的性针对性地采集样品。在卫生检查中发现某些食品可疑或可能不合格,或消费者提供情况或投诉时需要查清的可疑食品和食品原料;发现食品可能有污染,或造成食物中毒的可疑食物;为查明食品污染来源,污染程度和污染范围或食物中毒原因；以及食品卫生监督部门或企业检验机构为查清类似问题而采集的样品，称为选择性样品。

（3）制订食品卫生标准的样品：为制订某种食品卫生标准，选择较为先进、具有代表性的工艺条件下生产的食品进行采样，可在生产单位或销售单位采集一定数量的样品进行检测。

2.6.4　采样数量

根据检测项目来确定采样量，既要满足检测项目要求，又要满足产品确认及复检的需要量。采样数量应能反映该食品的卫生质量和满足检验项目对样品量的需要，一式 3 份，分别供检验、复验与备查或仲裁用，每份样品一般不应少于 0.5kg[19]。同一批号的完整小包装食品，250g 以上的包装不得少于 6 个，250g 以下的包装不得少于 10 个。

1. 理化检测用样品采样数量

① 总量较大的食品：可按 0.5%～2% 比例抽样。② 小数量食品：抽样量约为总量的 1/10。③ 包装固体样品：>250g 包装的，取样件数不少于 3 件；<250g 包装的，不少于 6 件。罐头食品或其他小包装食品，一般取样量 3 件，若在生产线上流动取样，则一般每批采样 3～4 次，每次采样 50g，每生产班次取样数不少于 1 件，班后取样基数不少于 3 件；各种小包装食品(指每包 500g 以下)，均可按照每一生产班次，或同一批号的产品，随机抽取原包装食品 2～4 包。④ 肉类：采取一定重量作为一份样品，肉、肉制品 100g 左右/份。⑤ 蛋、蛋制品：每份不少于 200g。⑥ 一般鱼类：采集完整个体，大鱼(0.5kg 左右)三条/份，小鱼(虾)可取混合样本，0.5kg 左右/份。

2. 微生物检测用样品采样数量

微生物检测用样品采样数量参见表 2-7。

表 2-7　微生物检测用样品采样量

检样种类	采样数量
肉及肉制品	生肉：250g、家禽一只；熟肉制品如熟禽、肴肉、烧烤肉、肉灌肠、酱卤肉、熏煮火腿 250g；其他熟肉干制品 250g
乳及乳制品	鲜乳、干酪、消毒灭菌乳、奶粉、稀奶油、奶油、酸奶、全脂炼乳、乳精粉 250g(mL)
蛋品	每件采样 250g
水产食品	鱼、虾、鱼丸、虾丸、鱿鱼、即食藻类食品 250g
罐头	按生产批次抽样，每批每个品种不得少于三罐
冷冻饮品	冰棍、雪糕，每批不得少于三件，每件不得少于三支
冰淇淋	原装四杯为一件，散装 250g；食用冰块：每件样品取 250g
饮料	桶(瓶)装饮用水，饮用纯净水：原装一瓶(不少于 250mL)；茶饮料，碳酸饮料，含乳饮料，乳酸菌固体饮料，果汁饮料：原装一瓶(不少于 250mL)；固体饮料：原装一瓶和(或)一袋(不少于 250g)
茶叶	罐装取一瓶(不少于 250g)，散装取 250g
调味品	原装一瓶(不少于 250mL)
糕点、蜜饯、糖果	250g/mL
酒类	鲜啤酒、果啤、黄酒等瓶装两瓶为一件

续表

检样种类	采样数量
非发酵豆制品及面筋、发酵豆制品	非发酵豆制品及面筋：定型包装取一袋（不少于 250g）；发酵豆制品：原装一瓶（不少于 250g）
粮谷及果蔬类食品	定型包装取一袋（不少于 250g），散装取 250g
方便面	定型包装取一袋和（或）一碗（不少于 250g）
速冻预包装米面食品	定型包装取一袋（不少于 250g），散装取 250g
酱腌菜	定型包装取一袋（不少于 250g）
果冻、麦片	不少于 250g

注：对于蛋品，一日或一班生产为一批，每批不少于三个检样。测定菌落总数和大肠菌群：每批按装听过程前、中、后流动取样三次，每次 100g，每批合为一个样品。对于粮谷及果蔬类食品，包括膨化食品、油炸小食品、淀粉类食品等。

3. 急性食物中毒样品采样数量

急性食物中毒样品采样数量参见表 2-8。

表 2-8 急性食物中毒样品采样数量

样品种类	采 样 数 量
粪便	5～10g
呕吐物	50～100g(mL)
血液	≥3mL
尿液	30～50mL
固体食品	200～500g，最少不得少于 50g
液体食品	200～500mL，最少不得少于 50mL

2.6.5 采样步骤和方法

1. 采样准备及现场调查

采样准备：采样前必须审查待鉴定食品的相关证件，包括商标、运货单、质量检验证明书、兽医卫生检疫证明书、商品检验机构或卫生防疫机构的检验报告单等。还应了解该批食品的原料来源、加工方法、运输保藏条件、销售中各环节的卫生状况、生产日期、批号、规格等；明确采样目的，确定采样件数，准备采样用具，制定合理可行的采样方案。

现场调查：了解并记录待鉴定食品的一般情况，如种类、数量、批号、生产日期、加工方法、储运条件（包括起运日期）、销售卫生情况等。观察该批食品的整体情况，包括感官性状、品质、储藏、包装情况等。进行现场感官检查的样品数量为总量的 1%～5%。有包装的食品，应检查包装物有无破损、变形、受污染；未经包装的食品要检查食品的外观，有无发霉、变质、虫害、污染等。并应将这些食品按感官性质的不同及污染程度的轻重分别采样。

2. 采样方法

随机性采样：均衡地，不加选择地从全部批次的各部分，按规定数量采样。采用随机性采样方式时，必须克服主观倾向性。

针对性采样：根据已掌握的情况有针对性地选择。如怀疑某种食物可能是食物中毒的原因食品，或者感官上已初步判定出该食品存在卫生质量问题，而有针对性地选择采集样品。

采样一般皆取可食部分；不同食品应使用不同的采样方法。

（1）液体、半液体均匀食品：采样以一池、一缸、一桶为一个采样单位,搅拌均匀后采集一份样品；若采样单位容量过大,可按高度等距离分上、中、下三层,在四角和中央的不同部位每层各取等量样品,混合后再采样；流动液体可定时定量从输出的管口取样,混合后再采样；大包装食品,如用铝桶、铁桶、塑料桶包装的液体、半液体食品,采样前需用采样管插入容器底部,将液体吸出放入透明的玻璃容器内作现场感官检查,然后将液体充分搅拌均匀,用长柄勺或采样管取样。

（2）固体散装食品：大量的散装固体食品,如粮食、油料种子、豆类、花生等,可采用几何法、分区分层法采样。几何法即把一堆物品视为一种几何立体(如立方体、圆锥体、圆柱体等),取样时首先把整堆物品设定或想象为若干体积相等的部分,从这些部分中各取出体积相等的样品混合为初级样品。对在粮堆、库房、船舱、车厢里堆积的食品进行采样,可采用分层采样法,即分上、中、下三层或等距离多层,在每层中心及四角分别采取等量小样,混合为初级样品；对大面积平铺散装食品可先分区,每区面积不超过 50m^2,并各设中心、四角 5 个点,两区以上者相邻两区的分界线上的两个点为共有点,例如两区共设 8 个点,三区共设 11 个点,以此类推。边缘上的点设在距边缘 50cm 处。各点采样数量一致,混合为初级样品；对正在传送的散装食品,可从食品传送带上定时、定量采取小样；对数量较多的颗粒或粉末状固体食品,需用"四分法"采样,即把拟取的样品(或初级样品)堆放在干净的平面瓷盘、塑料盘或塑料薄膜上,然后从下面铲起,在中心上方倒下,再换一个方向进行,反复操作直至样品混合均匀,然后按四分法缩分。袋装初级样品也可事先在袋内混合均匀,再平铺成正方形分样。

（3）完整包装食品：大桶、箱、缸的大包装食品于各部分按 $\sqrt{\text{总件数}/2}$ 或 $\sqrt{\text{总件数}}$ 取一定件数样品,然后打开包装,使用上述液体、半液体或固体样品的采样方法采样；袋装、瓶装、罐装的定型小包装食品(每包<500g),可按生产日期、班次、包装、批号随机采样；水果可取一定的个数。

（4）不均匀食品：蔬菜、鱼、肉、蛋类等食品应根据检验目的和要求,从同一部位采集小样,或从具有代表性的各个部位采取小样,然后经过充分混合得到初级样品。肉类应从整体各部位取样(不包括骨及毛发)；鱼类,大鱼从头、体、尾各部位取样,小鱼可取 2～3 条；蔬菜,如葱、菠菜等可取整棵,莲白、青菜等可从中心剖开成二或四个对称部分,取其中一个或两个对称部分；蛋类,可按一定个数取样,也可根据检验目的将蛋黄、蛋清分开取样。

（5）变质、污染的食品及食物中毒可疑食品：可根据检验目的,结合食品感官性状、污染程度、特征等分别采样,切忌与正常食品相混。

2.6.6　样品运输及保存

样品在检验结束后一般应保留至少一个月,以备需要时复查,保留期限从检验报告单签发之日算起。易变质食品不予保留,保留样品应加封后存放在适当的地方,并尽可能保持其原状。对检验结果有怀疑或有争议时,可对样品进行复验。

食品样品采集后在运输和保存过程中,必须保持其原有的状态和性质,尽量减少离开总体后的变化,这无疑是很重要的,但是由于某些食品本身是动植物组织,是活细胞,有酶的活动,又因食品中的营养成分是微生物天然的培养基,容易生长繁殖,因而食品具有易变性。特别是通过采集操作,经切碎混匀过程,破坏了一部分组织,使汁液流出,一些本来处于食品表面的微生物,也混入内部组织,更加速了食品样品的变化。而样品的任何变化都将影响检验结果的正确性,因此,必须高度重视食品样品的保存。

保存时要做到:单、密、冷、快。单是指采样工具和容器必须保持清洁干净;密是指样品包装应密闭以稳定水分,防止挥发成分的损失,并避免在运输、保存过程中引起污染;冷是指在冷藏下运输和保存,以降低食品内部化学反应速度,抑制细菌生长繁殖,同时也可减少较高温度下的氧化损失。快是指采样后应尽快进行分析,避免引起变化[20]。具体方法如下:

(1) 采样结束后应尽快将样品检验或送往留样室,需要复检的应送往实验室。

(2) 疑似急性细菌性食物中毒样品应无菌采样后立即送检,一般不超过4h;气温高时应将备检样品置冷藏设备内冷藏运送,不得加入防腐剂。

(3) 需要冷藏的食品,应采用冷藏设备在0~5℃冷藏运输和保存,不具备冷藏条件时,食品可放在常温冷暗处,样品保存一般不超过36h(微生物项目常温不得超过4h)。

(4) 采集的冷冻和易腐食品,应置冰箱或在包装容器内加适量的冷却剂或冷冻剂保存和运送,为保证途中样品不升温或不融化,必要时可于途中补加冷却剂或冷冻剂。

(5) 标签标明存放、运输条件的食品应遵照执行,如酸奶标识说明要冷藏,样品的运送及复检样品的保存都要做到冷藏。

(6) 需做微生物检测的样品,保存和运送的原则是应保证样品中微生物状态不发生变化。微生物检测用的样本及不能冷藏保存的样本原则上不复检、不留样。采用快速检测方法检测出的超标样品,应随即采用国标方法进行确认。检测不合格的样品,要及时通知被采样单位和生产企业。处理样品时,禁止将有毒有害液体样本直接倒入下水道。

(7) 采集的样品注意应在保质期内,尽量抽取保质期在3个月以上的产品(保质期限不足3个月的除外)。留样和需要确证的样品,按产品说明书要求存放,期限为检测结果出示后3个月。对餐饮业要求凉菜48h留样。

(8) 样本保存要保持样本原有状态,样本应尽量从原包装中采集,不要从已开启的包装内采集。从散装或大包装内采集的样本如果是干燥的,应保存在干燥清洁的容器内,不要同有异味的样本一同保存。

(9) 根据检验样本的性状及检验的目的不同而选择不同的容器保存样本,一个容器装量不可过多,尤其液态样本不可超过容量的80%,以防冻结时容器破裂。装入样本后必须加盖,然后用胶布或封箱胶带固封,如是液态样本,在胶布或封箱胶带外还须用融化的石蜡加封,以防液体外泄。如果选用塑料袋,则应用两层袋,分别封口,防止液体流出。

(10) 特殊样本要在现场进行处理,如作霉菌检验的样本,要保持湿润,可放在1%甲醛溶液中保存,也可储存在5%乙醇溶液或稀乙酸溶液里。

2.7　生物医学样品

生物医学样品包括各种体液和组织,常用的是血液(血浆、血清、全血)、尿液、唾液、头发、脏器组织、乳汁、精液、脑脊液、泪液、胆汁、胃液、胰液、淋巴液、粪便等样品。其中最常用的是血浆或血清,因为它们可以较好地体现药物浓度和治疗之间的关系。本章只针对血样、尿液、唾液、组织、呼出气和头发的采集及保存做简要的介绍。

2.7.1　采样要求

各种有害物质在进入人体内,经过代谢后,其可由尿液、汗液、呼出气、粪便及头发等途径排出体外,鉴于不同物质对于人体的吸收、代谢、排泄等互有差异,而且各排泄物中所含被测物质的量也不相同,因此,在采样时,既要注意被检测物质的排泄途径,又要考虑它的排出量能否正确反映其实际的接触程度,本质上主要是考虑所采样品中的被测化学物的含量必须具有代表性,否则将会失去采样的真实意义。

在采集生物医学样品时,对所用的容器和用具必须保持洁净,且不受外来的污染,同时,在具体采样时,应让受试者脱离现场,并清除他身体外部(手、手臂及头脸部,衣服等)可能存在的被测化学物的污染,然后在远离生产环境的适当场所进行采样[21]。

2.7.2　生物样品的采集

1. 血样

各种有害物质进入人体,不论经过哪个途径进入,都进入血液,再输送到机体的各部分,血液中有害物质和其代谢物的浓度通常反映了接触的水平。

血液按照采血渠道分为静脉血和末梢血;静脉血是用注射器通过静脉血管取得的血液;末梢血是指血或耳血。动物实验时,可直接从动脉或心脏取血。对于病人,通常采取静脉血。当血药浓度高和分析方法灵敏时,也可从毛细管(手指、耳垂、脚趾)采少量血。根据血中药物浓度和分析方法灵敏度的要求,一般每次采血1~5mL。

采样注意事项:当取血量在0.5mL以上时,当收集样品的环境有外源性化学物质存在增加了污染可能性时,以及测定血中易挥发性的化学物质时,均不宜采集末梢血,应采集静脉血。有些有害物质及代谢物在全血、血浆、血清和血细胞中分布是不同的,因此,在采样时必须根据检测的需要,采集不同的血液部分。在进行金属分析时,必须考虑EDTA抗凝剂对金属离子的络合作用,影响测定结果,最好采用肝素抗凝。当测定血样中挥发性有害物质或代谢物时,为了避免因挥发而造成损失,使测定结果偏低,必须采集静脉血,而不能用末梢血。而且应迅速密闭容器,在低温下保存。采血过程中要避免污染,采样要在清洁无污染的场所进行,对采血部位的皮肤除常规消毒外,必要时还必须先清洗干净。在需要采集血清或血浆或血细胞时,采血过程中要防止溶血。用注射器采静脉血时,在转移血液时应先把注射器针头取下,再将血样慢慢注入容器内,可避免发生溶血。取末梢血时,不得用力挤压采血部位,要尽量让其自然流出,避免因渗出组织液使血液稀释,并弃去第一滴血。在运输过程中,血样应避免强烈振动和大的温度改变。血液冷冻后会溶血,为了防止溶血,可以将血液的各部分(血浆和血细胞)分别冷冻储存。如果血样临时存放过夜,可放在4℃保存,否则必须冷冻保存。用于测酶活性的血样,必须尽快分析,放置时间过长会使酶活性降低。血样一般收集于聚乙烯、聚丙烯试管或硬质玻璃试管中。需要时可加抗凝剂如肝素等。

2. 尿液

许多有害物质及其代谢物通过尿液排泄,其浓度与接触剂量有一定的相关关系。但由于易受食物种类、饮水多少、排汗情况等影响,常使其浓度变化较大。所以,采样的时间很重要,一定要按照规定的时间进行采样。其中24h尿样采集方法是在一个规定时间,先将尿液排空弃掉,然后在24h内,将所有的尿液收集到容器中,直到开始规定的时间再将尿液收集起来。尿样的采集通常采集一次尿液,例如晨尿、班前尿、班中尿或班后尿,每次采样最好收集全部尿液,尿量应在 50mL 以上。

为了检测结果的可信起见,对住院病员,一般应取 24h 的尿总量;门诊病员则以取晨尿为主。对现场操作工人,一般可根据接触化学物的排泄半消除期而及时收集其尿液(一次尿),或于工作 4h 或 8h 后(特殊情况例外)进行取样(取样时应在其上次排尿后间隔 3~4h)。尿样可收集于聚乙烯瓶或硬质玻璃瓶中。

采样注意事项:为了防止尿样变质,通常需要加入防腐剂。常用的防腐剂是盐酸或硝酸、氯仿等。如在测定金属化合物的尿样中加入酸,还起到保护金属离子不被容器壁吸附的作用。通常 100mL 尿样加 1mL 防腐剂,加后摇匀。采集的尿样若不能及时测定,应放在冰箱中保存;需要长期(5d 以上)储存的样品,最好保持在冰冻状态。有的尿样如测定尿汞和挥发性有害物质的要尽快分析,否则因容器壁的吸附或挥发使测定结果偏低。

动物试验中用代谢笼收集尿、粪,只能以时间段采集,有时会有收集不到的情况。

3. 唾液

唾液的采集一般在漱口后 15min 左右,应尽可能在刺激少的安静状态下进行,用插入漏斗的试管接收口腔内自然流出的唾液,采集的时间至少要 10min。

采集混合唾液也可用物理或化学的方法刺激,在短时间内得到大量的唾液。非刺激法条件下唾液直接流入容器内,流速慢,仅约 0.05mL/min。物理刺激法唾液分泌流速为 1~3mL/min;化学刺激法是用酸刺激味觉或者毛果芸香碱刺激唾液分泌,流速可达 5~10mL/min。

4. 组织

在药物动物试验及临床上由于过量服用药物而引起的中毒死亡时,药物在脏器中的分布情况可为药物的吸收、分布、代谢、排泄等体内过程提供重要信息,常常需要采集肝、脾、肾、肺、胃、脑等脏器及其他组织进行药物检测。

5. 呼出气

待测物在肺泡气与肺部血液之间,存在着血-气两相的平衡。进入人体的挥发性有害物质或产生的挥发性代谢物,可以通过呼出气排泄。呼出气中有害物质的量与体内的接触量有相关关系,特别是肺泡气;常用于挥发性有害物质的检测,确定内剂量。

采集呼出气的检测对象必须是肺功能正常者。采集混合呼出气时,检测对象先深呼吸 2~3 次,然后按正常呼吸将呼出气全部呼入采样管和采样袋中,立即密封采样管和采气袋。收集终末呼出气时,检测对象先深呼吸 2~3 次,然后收集最后的约 100mL 呼出气。

采样完毕如不能及时测定或样品待测物浓度很低,需要浓缩时,可将采得的呼出气样品转移到固体吸附剂管中;这既能起到浓缩作用,又有利于样品的运输和保存。

采样注意事项:常用的采样器有塑料袋或铝塑采样袋和两端具有三通活塞的玻璃管;采样器的体积至少为 25mL。所有的采样器均有一定程度的吸附作用,要选择对待测物吸附小的采样器。若有吸附,可在测定前将采样器适当加温,以减少吸附。采样器的密封性能要好,而且不能有阻力,以保证工人采集的是在正常呼吸状态下的呼出气。

6. 头发

由于头发生长较慢,每月生长约 1cm,故剪下的那一段头发中所含的金属或元素,仅反映其过去的历史性接触,这一点应予注意。

在头发取样时,应记录头发剪下的长度(cm)和保留在头发杆基部的长度(cm),同时了解他们曾用过什么头发化妆品。采样时间,一般可 1～2 个月采样一次。头发样品,一般可收集于塑料袋或纸袋中。

2.7.3　生物样品的储存

　　1. 保存方法

　　(1) 冷藏或冷冻:短期保存时,可置冰箱(4℃)中;长期保存时,须置冷冻柜(−80～−20℃)中。

　　(2) 去活性:为防止含酶样品在采样后酶对被测组分进一步代谢,采样后必须立即终止酶的活性。方法有:液氮中快速冷冻、微波照射、匀浆及沉淀、加入酶活性阻断或抗氧化剂、样品煮沸等。

　　2. 血液、尿液样品的保存

　　对于血液、尿液样品采集后如不能立刻分析,或需运递他处测定者,则可根据测定要求,分别作如下的处理。

　　(1) 样品测定前需要消化处理者:在采集后的样品中,可加入适量硝酸(在瓶签上应注明加入的数量),经混匀后于阴凉处保存。

　　(2) 样品测定前需要水解处理者:在采集后的样品中,可加入适量的盐酸或硫酸(在瓶签上应注明加入的酸的名称及其数量),经混匀后于阴凉处保存。

　　(3) 全血样品作无火焰原子吸收光谱法测定者:样品应置于−10～4℃保存。

　　(4) 尿样含有五氯酚者:尿样必须储存于玻璃瓶中,并在冷藏下于一周内分析,否则五氯酚的含量将会明显下降。

　　(5) 尿样含有苯酚者:尿样可收集于塑料瓶中,并于 4℃保存,如样品不能在一周内分析,则必须冰冻冷藏。

2.8　化工样品

2.8.1　固体化工产品的采样

　　1. 采样方案

　　对固体化工产品,应根据采样目的,采样条件,物料状况确定样品类型。固体化工的样品类型有:部位样品、定向样品、代表样品、截面样品和几何样品。

　　2. 采样技术

　　选择采样技术的原则是:应依据被采物料的形态、粒径、数量、物料特性值的差异性、状态(静止或运动);应能保证在允许的采样误差范围内获得总体物料的有代表性的样品;采样技术不能对物料的待测性质有任何影响;且采样技术应安全、方便、成本低;要求特殊处理的固体和有危险性的固体,按有关规定选择适当的特殊技术采样。

　　对采样器和分样器的基本要求:所用材质不能和待采样物料有任何反应;不能使待采样物料污染、分层和损失;应清洁、干燥、便于使用、清洗、保养、检查和维修;任何采样装置(特别是自动采样器)在正式使用前均应做可行性试验。

3. 采样方法

不同种类、不同状态的物料应该使用不同的采样方法。

1）粉末、小颗粒、小晶体物料的采样

采件装物料时,用采样探子或其他工具,在采样单元中,按一定方向,插入一定深度取定向样品。每个采样单元中所取得的定向样品的方向和数量由容器中物料的均匀程度决定。

采散装静止物料时,根据物料量的大小和均匀程度,用勺、铲或采样探子从物料的一定部位或沿一定方向采取部位样品或定向样品。

采散装运动物料时,用自动采样器、勺子或其他合适的工具从皮带运输机或物质的落流中随机的或按一定时间间隔取截面样品。

2）粗粒和规则块状物料的采样

采件装物料时,如果可以不保持物料的初始状态,可把物料粉碎并充分混合后,按上面小颗粒物料采样法采样;如果必须保持物料的原始状态,可直接沿一定方向,在一定深度上取定向样品。

采散装静止物料时,根据物料量的大小及均匀程度,用勺、铲或其他合适的工具在物料的一定部位取部位样品或沿一定方向取定向样品。

采散装运动物料时,用适当的工具或采用分流的方法,从皮带运输机上或从落流中,随机的或按一定的时间间隔取截面样品。如果能用适当的装置粉碎物料,粉碎后按上面小颗粒物料采样法采样。

3）大块物料的采样

采静止物料时,可根据物料状况,用合适的工具取部位样品、定向样品、几何样品或代表样品。分述如下:

（1）部位样品:用合适的工具从所需部位取一定量的物料,若物料坚硬,用钻或锯在要求的部位处理物料。收集所有的钻屑或锯屑作为样品。处理对热敏感的物料时应用适当的惰性冷却剂对工具进行冷却。

（2）定向样品:对于单块或连续大块的物料,沿要求的方向把大块物料破成两块。切削新暴露的表面,收集所有切削作为样品。若物料坚硬,用钻或锯沿要求的方向处理物料,收集所有的钻屑或锯屑作为样品。

（3）几何样品:对于单块或连续大块的物料,用锤子和凿子,或用锯从物料上切下所要求的形状和重量的物料作为样品。

（4）代表样品:如果不要求保持物料的原始状态,可以把大块物料粉碎至可充分混合的粒度,再用适当的采样方法从总体物料中取出样品。如果物料系在溶剂中使用,溶液不影响物料的待测特性,可把物料溶解后按溶液的采样方法采样。

采运动物料时,随机或按一定时间间隔采取截面样品。如果物料允许粉碎后按小颗粒物料取样法采样。

4）可切割的固体物料的采样

用刀子或其他工具(例如金属线)在物料的一定部位取截面样品或一定形状和质量的几何样品。

5）要求特殊处理的固体物料的采样

该种物料是指同周围环境中的成分起反应的、活泼和不稳定的、有放射性以及有毒的固体。这类采样可采取快速采样,在清洁空气中采样,在无毒条件下采样,在隔绝光线条件下采样,在特定温度下采样或按有关产品标准中规定的方法采样。

2.8.2　液体化工产品的采样

液体化工产品一般是用容器包装后储存和运输。液体化工产品的采样,首先应根据容器情况和物料的种类来选择采样工具,确定采样方法。因此,液体化工产品采样前必须要进行预检。从而了解被采物料的容器大小、类型、数量、结构和附属设备情况;检查被采物料的容器是否破损、腐蚀、渗漏并核对标志;观察容器内物料的颜色、黏度是否正常。表面或底部是否有杂质、分层、沉淀和结块等现象。确认可疑或异常现象后,方可采样。

1. 样品类型

(1) 部位样品:从物料的特定部位或物料流的特定部位和时间采得的一定数量的样品。

(2) 表面样品:在物料表面采得的样品,以获得此物料表面的资料。对浅容器把表面取样勺放入被采容器中,使勺的锯齿上缘和液面保持同一水平,从锯齿流入勺内的液体为表面液体,对深储槽把开口的采样瓶放入容器中,使瓶口刚好低于液面,流入瓶中液体为表面样品。

(3) 底部样品:在物料的最低点采得的样品。对中小型容器用开口采样管或带底阀的采样管或罐,从容器底部采得样品,对大型容器则从排空口采得底部样品。

(4) 上部样品(中部、下部):在液面下相当于总体积 1/6(一般 5/6)的深处采得的一种部位样品。采集样品时,用和所采物料黏度相适应的采样管(瓶、罐)封闭后放入容器中,到所需位置,打开管口、瓶塞或采样罐底阀,充满后取出。

(5) 全液位样品:从容器内全液位采得的样品。用和被采物料黏度相适应的采样管两端开口慢慢放入液体中,使管内外液面保持同一水平,到达底部时封闭上端或下端,提出采样管,把所得的样品放入容器中。还可用玻璃瓶加铅锤或者把玻璃瓶置于加重笼罐中,敞口放入容器内,降到底部后以适当速度上提,使露出液面时瓶灌满 3/4。

(6) 平均样品:把采得的一组部位样品按一定比例混合成的样品。

(7) 混合样品:把容器中的物料混匀后随机采得的样品。

(8) 批混合样品:把随机抽取的几个容器中采得的全液位样品混合后所得样品。

要采得具有代表性的样品,如果容器内物料已混合均匀,则采混合样品,容器内物料未混合均匀,则采部位样品按一定比例混合成平均样品。

2. 采样方法

由于液体化工产品种类繁多,状态各异,一般可按常温下物理状态分为常温下流动态的液体、稍加热即可成为流动态的化工产品、黏稠液体、多相液体和液化气体。

1) 常温下为流动态的液体的采样

a. 件装容器的采样

采取小瓶装液体产品(25～500mL)时,按采样方案随机采得若干瓶产品,各瓶摇匀后分别倒出等量液体混合均匀作为代表样品。采取大瓶装(1～20L)或小桶装(约 19L)液体产品时,被采的瓶或桶用人工搅拌均匀后,用适当的采样管采得混合样品。采取大桶装(约200L)液体产品时,在静止情况下用开口采样管采全液位样品或采部位样品混合成平均样品。在滚动或搅拌均匀后,用适当的采样管采得混合样品。如需知表面或底部情况时,可分别采得表面样品或底部样品。

b. 储罐采样

储罐采样又分为卧式圆柱形储罐采样和立式圆柱形储罐采样两种。

卧式圆柱形储罐采样：在卧式储罐一端安装上、中、下采样管，外口配阀门。采样管伸进罐内一定深度，管壁上钻直径 2～3mm 的均匀小孔。当罐装满物料时，从各采样口采上、中、下部位样品并按一定比例(表2-9)混合成平均样品。当罐内液面低于满罐时液面，建议根据表9所示的液体深度用采样瓶、罐、金属采样管等从顶部进口放入，降到表2-9上规定的采样液面位置采得上、中、下部位样品，按表2-9所示比例混合成为平均样品。当储罐没有安装上、中、下采样管时，也可以从顶部进口采得全液位样品。储罐采样要防止静电危险，罐顶部要安装牢固的平台和梯子。

表 2-9 卧式圆柱形储罐采样部位和比例

液体深度 (直径百分比)/%	采样液位(离底直径百分比)/%			混合样品时相应的比例		
	上	中	下	上	中	下
100	80	50	20	3	4	3
90	75	50	20	3	4	3
80	70	50	20	2	5	3
70		50	20		6	4
60		50	20		5	5
50		40	20		4	6
40			20			10
30			15			10
20			10			10
10			5			10

立式圆柱形储罐采样：其又分为从固定采样口采样和从顶部进口采样两种。

从固定采样口采样：在立式储罐安装上、中、下采样口采样并配上阀门。当储罐装满物料时，从各采样口分别采得部位样品。由于截面一样，所以按等体积混合三个部位样品成为平均样品。如罐内液面高度达不到上部或中部采样口时，建议按下列方法采得样品。

如果上部采样口比中部采样口更接近液面，则从中部采样口采 2/3 样品，而从下部采样口采 1/3 样品。如果中部采样口比上部采样口更接近液面，从中部采样口采 1/2 样品，从下部采样口采 1/2 样品。如果液面低于中部采样口，则从下部采样口采全部样品。如储罐无采样口而只有一个排料口，则先把物料混匀，再从排料口采。

从顶部进口采样：把采样瓶或采样罐从顶部进口放入，降到所需位置，分别采上、中、下部位样品，等体积混合成平均样品或采全液位样品。也可用长金属采样管采部位样品或全液位样品。

c. 船舱和槽车采样

船舱采样：把采样瓶放入船舱内降到所需位置采上、中、下部位样品，以等体积混合成平均样品。对装载相同产品的整船货物采样时，可把每个舱采得的样品混合成平均样品。当舱内物料比较均匀时可采一个混合样或全液位样作为该舱的代表性样品。以上采样都要防静电危险，用铜制采样设备或让被采样容器接地泄放静电后采样。

槽车采样(火车和汽车槽车)：①从排料口采样：在顶部无法采样而物料又较为均匀

时,可用采样瓶在槽车的排料口采样。②从顶部进口采样:用采样瓶、罐或金属采样管从顶部进口放入不敷出槽车内,放到所需位置采上、中、下部位样品并按一定比例混合成平均样品。由于槽车罐是卧式圆柱形或椭圆柱形,所以采样位置和混合比例按表 2-9 所示进行,也可采全液位样品。③对一列槽车采样,按从排料口采样方法或从顶部进口采样方法对每辆槽车采得的样品混合成平均样品作为一列车的代表性样品。

d. 从输送管道采样

从管道出口端采样:周期性地在管道出口端放置一个样品容器,容器上放只漏斗以防外溢。采样时间间隔和流速成反比,混合体积和流速成正比。

探头采样:如管道直径较大,可在管内装一个合适的采样探头。探头应尽量减小分层效应和被采液体中较重组分下沉。良好的探头需具备以下条件:①均相和随机不均匀液体常用孔径约 12mm 的管安装在管壁上,伸进管中心弯曲 90°,管口面对液流,45°斜口。②非均相和不均匀液体采样时探头应安放在雷诺数为 2000 以上的紊流面上,探头的前方放一个阻流混合装置。

自动管线采样器采样:当管线内流速变化大,难以用人工调整探头流速接近管内线速度时,可采用自动管线采样器采样。

管道采样分为与流量成比例的试样和与时间成比例的试样:①流速变化大于平均流速 10%时,按流量比采样,如表 2-10 所示。②流速较平稳时,按时间比采样,如表 2-11 所示。

表 2-10　与流量成比例的采样规定

输送数量/m³	采样规定
不超过 1000	在输送开始和结束时各一次
超过 1000～10 000	开始一次,以后每隔 1000m³ 一次
超过 10 000	开始一次,以后每隔 2000m³ 一次

表 2-11　与时间成比例的采样规定

输送时间/h	采样规定
不超过 1	在输送开始和结束时各一次
超过 1～2	在输送开始、中间和结束时各一次
超过 2～24	在输送开始时一次,以后每隔 1h 一次
超过 24	在输送开始时一次,以后每隔 2h 一次

2) 稍加热即成为流动态的化工产品

建议在生产厂的交货容器灌装后立即采取液体样品。当必须从交货容器中采样时,一种是把容器放入热熔室中使产品全部熔化后采液体样品;另一种是劈开包装采固体样品。

在生产厂采样:在生产厂的交货容器灌装后立即用采样勺采出样,倒入不锈钢盘或不与物料起反应的器皿中,冷却后敲碎装入样品瓶中;也可把采得的液体趁热装入样品瓶中。

在件装交货容器中采样:把件装交货容器放入热熔室内,待容器内物料全部液化后,用开口采样管插入搅拌,然后采混合样或用采样管采全液位样。

3) 黏稠液体

黏稠液体在容器中采样难以混匀,建议在生产厂的交货容器灌装过程中采样。当必须从交货容器中采样时,应按有关标准中规定的采样方法或按协议方商定的采样方法进行。

在生产厂的最终容器中采样：如果产品外观上均匀，则用采样管、勺或其他适宜的采样器从容器的各个部位采样。采样方法按照储藏采样方法进行。

在生产厂的产品装桶时采样：在产品分装到交货容器的过程中，以有规律的时间间隔从放料口采得相同数量的样品混合成平均样品。

在交货容器中采样：这类产品通常是以大口容器交货。采样前先检查所有容器的状况，然后根据供货数量确定并随机选取适当数量的容器供采样用。打开每个选定的容器，除去保护性包装后检查产品的均一性及相分离情况。如果产品呈均匀状态或通过搅拌能达到均匀状态时，用金属采样管或其他合适的采样器从容器内不同部位采得部位样品，混合成平均样品。

4）多相液体

含有可分离液相或固相的液体。如乳液、悬浮液、浆状液等和一种或两种液相与一种或多种固相所组成的化工产品。均匀悬浮液可以按常温下为流动态的液体采样程序进行采样。如果产品中有可分离相，可能呈现悬浮状态，也可能迅速沉降形成沉淀层，对这类产品来说是属于正常情况。如果不能使这种沉淀重新悬浮就不可能按正常的液体采样进行[22]。

多相液的采样可以按常温下为流动态的液体方法进行。但根据其特性应按预检事项进行各项预检查后采样。

注意填写采样记录，必要时根据记录填写采样报告。

2.8.3　气体化工产品的采样

由于气体容易通过扩散和湍流作用混合均匀，成分的不均匀性一般都是暂时的，同时气体往往具有压力，易于渗透，易被污染，并且难储存。因此，气体的采样，在实践上存在的问题比理论上更大。

在实际工作中，通常采取钢瓶中压缩的或液化的气体、储罐中的气体、和管道内流动的气体。

采取的气体样品类型有部位样品、混合样品、间断样品和连续样品。最小采样量要根据分析方法、被测物组分含量范围和重复分析测定需要量来确定。管道内输送的气体，采样和时间以及气体的流速关系较大。

1. 采样设备

分析之前，接触样品的采样设备和材料应符合下列要求：对样品不渗透、不吸收（或吸附）；在采样温度下无化学活性、不起催化作用；机械性能良好，容易加工和连接。所以，采取气体样品时，采样装备和材料要求较高。

气体的采样设备包括采样器，导管，样品容器，前处理装置，调节压力和流量装置，吸气器和抽气泵等。

目前广泛使用的采样器有价廉、使用温度不超过450℃的硅硼玻璃采样器；有可在900℃以下长期使用的石英采样器；不锈钢和铬铁采样器可在950℃使用，而镍合金采样器适用于1150℃。选择何种材料的采样器取决于气样的种类。其中水冷却金属采样器，可减少采样时发生化学反应的可能性。采取可燃性气体，例如含有可燃成分的烟道气就特别需要这一措施。

导管采取高纯气体，应该选用钢管或铜管作导管，管间用硬焊或活动连结，必须确保不漏气。要求不高时，可采用塑料管、乳胶管、橡胶管或聚乙烯管。

样品容器：①采样管：有带三通的注射器、真空采样瓶和两端带活塞的采样管，如图 2-26。②金属钢瓶：有不锈钢瓶、碳钢瓶和铝合金钢瓶等。钢瓶必须定期作强度试验和气密性试验，钢瓶要专瓶专用。③吸附剂采样管有活性炭采样管和硅胶采样管。活性炭采样管常用来吸收浓缩有机气体和蒸汽，如图 2-27。④球胆：采样缺点是吸附烃类等气体，小分子气体氢气等易渗透，故放置后成分会发生变化。但价廉、使用方便，故在要求不高时使用。用球胆采样时，必须先用样品气吹洗干净，置换三次以上，采样后应立即分析。要固定球胆专取某种气样。⑤用于盛装气体样品的容器还可采用塑料袋和复合膜气袋等。

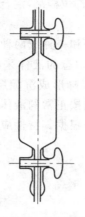

图 2-26　样品容器

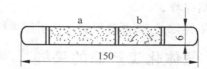

图 2-27　活性炭采样管
a. 内装 100mg 活性炭；b. 内装 50mg 活性炭

前处理装置：有过滤器等。

调节压力和流量的装置：高压采样，一般安装减压器；中压采样，可在导管和采样器之间安装一个三通活塞，将三通的一端连接放空装置或安全装置。采用补偿式流量计或液封式稳压管可提供稳定的气流。

吸气器和抽气泵：常压采样常用橡胶制的双联球或玻璃吸气瓶。水流泵可方便地产生中度真空；机械真空泵可产生较高的真空。

2. 采样技术

由于气体采样时产生误差的因素很多，因此采样前应积极采取措施，减少误差。分层能引起气体组成不均。在大口径管道和容器中，气体混合物常分层，导致各部分组成可能不同。这时应预先测量各断面的点，找出正确取样点。在采样前必须消除漏气点。在采取平均样品和混合样品时，流速变化会引起误差，应该对流速进行补偿和调节。以合适的冷凝等手段控制采样系统的温度，消除系统不稳定所带来的误差。采样的尽可能采用短的、细的导管，以消除由于采样导管过长而引起采样系统的时间滞后带来的误差。也可采取在连续采样时加大流速，间断采样时，在采样前翻底吹洗导管的方法来减小误差。消除封闭液造成的误差的方法是以封闭液充满样品容器，然后用样品气将封闭液置换出去。

3. 各类样品的采取

1）部位样品的采取

略高于大气压的气体的采样是将干燥的采样器连到采样管路，打开采样阀，用相当于采样管路和容器体积至少 10 倍以上的气体(高纯气体应该用 15 倍以上气体)清洗置换,然后关上出口阀,再关上进口阀,移去采样器。采取高压气样或低于大气压的部位样品应该相应地使用减压装置或吸气器或抽气泵。

2) 连续样品的采取

在整个采样期内要保持同样速度往样品容器里充气。

3) 间断样品的采取

目前常用手动操作,也可采用电子时间程序控翻以控制固定的时间间隔实现自动采样。

4) 混合样品的采取

混合样品的采取有分取混合采样法和分段采样法两种。分取混合采样法是将不同容器内的气体分别按气体的体积采取等比例的气体样品,然后将其混合。此混合物可代表这几个容器内的气体混合后得到的样品。分段采样法指对一种气流,按规定距离由几个采样点采取部位样品,同时在每一个采样点测量气体的流速。

5) 高纯气体的采样

高纯气体应每瓶采样。需用 15 倍以上体积的样品气置换分析导管。

6) 液化气体的采样

气体产品通过加压或降温加压转化为液体后,再经精馏分离而制得可作为液体一样储运和处理的各种液化气体产品。几种不同类型液化气体产品的采样方法分述如下。

a. 石油化工低碳烃类液化气体产品采样

根据检验需要的试样量,选用不同规格型号的采样钢瓶或卡式气罐。采样钢瓶应保持清洁干燥,对于非预留容积管型的采样钢瓶应在采样前称定其皮重。卡式气罐应用待采物料冲洗至少 3 次。用待采物料冲洗采样钢瓶后,采取液体样品约至采样钢瓶容积的 80%。将采样钢瓶连接到采样口的管线上,如图 2-28 所示。各连接处须严密不漏。通过打开或关闭控制阀和排出阀用待采物料充分冲洗导管。通过开或关控制阀、排出阀和进入阀充分冲洗单阀型采样钢瓶,单阀型采样钢瓶在冲洗前,可经连接在排出阀上的真空抽气系统进行适当的减压,以利冲洗顺利进行。同样冲洗双阀型采样钢瓶。

冲洗后的单阀采样钢瓶经连接在排出阀上的真空抽气系统进行适当减压后,通过打开或关闭控制阀和进入阀采满液体样品。冲洗后的双阀型采样钢瓶通过打开或关闭控制阀、进入阀和出口阀采满液体样品。

取下采满液体样品的钢瓶,按下法调整采样量。对于非预留容积管型采样钢瓶,放出过多的液体样品,用称量法调整液体样品约为采样钢瓶容积的 80%。对于预留容积管型采样钢瓶,将钢瓶垂直竖立,使预留容积管在上面,轻轻地打开连通预留容积管的阀门,排出过多的液体样品,当排出量达到规定的预留容积量时,观察到排出的液体变成气体时,立即关闭阀门。

b. 有毒化工液化气体产品采样

有毒化工液化气体产品(以液氯为例)的采样方法,使用带有一长一短双内管连通双阀门瓶头的液氯钢瓶,根据计算好的短内管长度可采得预留容积为液氯钢瓶容积 12%～15% 的液氯样品。采样方法分为装车管线采样方法和卸车管线采样方法。

装车管线采样方法:清洁干燥的液氯钢瓶按图 2-29 连接好,各连接处须严密不漏,所有阀门都是关闭的,打开连接在液氯储罐与槽车之间的阀门 A,打开阀门 2 和 3,然后打开

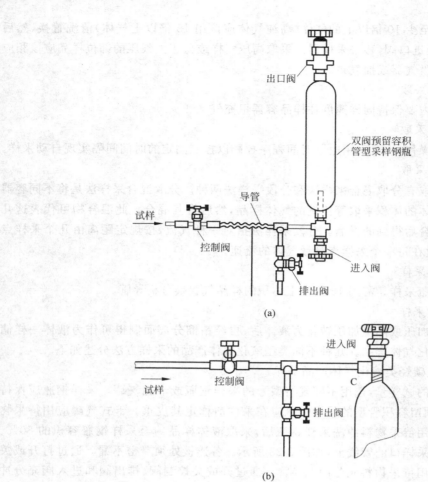

(a)

(b)

图 2-28　导管和采样器的冲洗

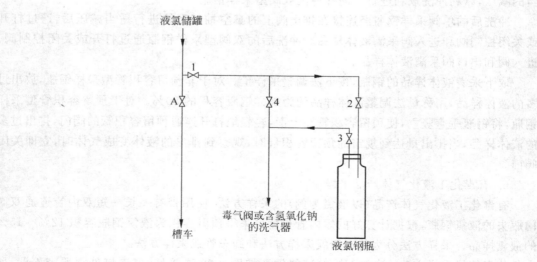

图 2-29　装车管线采样方法

阀门1,液氯沿图 2-29 箭头标示的方向流动。在装车过程中用阀门1调节液氯流速,当液氯液面到达短内管最低点后,继续使液氯流经液氯钢瓶至少10min,顺序关闭阀门1、2、3,并立即打开阀门4,使管线中的液氯蒸发掉。关闭阀门4,取下液氯钢瓶。

卸车管线采样方法:清洁干燥的液氯钢瓶按图 2-30 连接好,各连接处经检查须严密不漏,所有阀门都是关闭的。打开连接在槽车与液氯储罐之间的阀门 A,打开阀门 3 和 2,然后打开阀门 1,液氯沿图 2-30 箭头标示的方向流动,在卸车过程中用阀门 1 调节液氯流速,当液氯液面到达短内管最低点后,继续使液氯流经液氯钢瓶至少10min。顺序关闭阀门3、2和1,并立即打开阀门4,使管线中的液氯蒸发掉,关闭阀门4,取下液氯钢瓶。

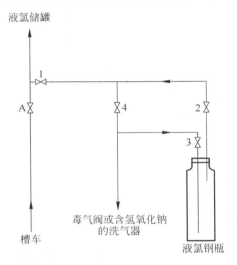

图 2-30　卸车管线采样方法

c. 低温液化气体产品采样

使用隔热良好的金属杜瓦瓶通过延伸轴阀门从储罐中采取低温液化气体(例如液氮、液氧和液氢等)的液体样品。金属杜瓦瓶使用前应保持清洁干燥。安装在隔热良好的储罐上的采样点,如图 2-31 所示,采样阀门使用闸阀或球形阀,此阀门须装有轴密封盘根,把轴从液体中延伸出来以防冻结。在采样管线靠近液体处安装一个鹅颈液封可防止液体进入阀门。阀门的末端安装一个接头供连接采样器用。根据对样品要求的不同,可使用下述方法之一采取液体样品。

直接注入法:允许样品可与大气接触的可使用此采样方法。由于注入速度快,样品中易挥发组分蒸发损失很少。首先卸下金属杜瓦瓶上的盖帽,把连接在采样口上的采样管放入金属杜瓦瓶中,充分打开延伸轴阀门,当收集到足够的液体样品后,立即关闭延伸轴阀门,取出采样管,把已经打开排气阀的螺旋口盖帽旋紧在金属杜瓦瓶上立即送去检验。

通过盖帽注入法:不允许样品与大气接触的可使用此采样方法,因注入速度慢,由于蒸发造成易挥发组分损失较大。把旋紧在金属杜瓦瓶盖帽上的所有阀门都关闭好,将注入阀连接在采样口接头上,顺序打开排气阀、注入阀和采样点上的延伸轴阀门。在注入样品过程中要经常检查排气阀出口是否被凝结物堵塞,以确保排气阀通畅。当所需体积的液体样品收集完毕后,关闭延伸轴阀门和注入阀,取下金属杜瓦瓶,立即送去检验。除了为排出液体样品用于检验时关闭排气阀外,自采得液体样品后,排气阀是始终打开着的,以防金属杜瓦瓶中压力增大造成危险[23]。

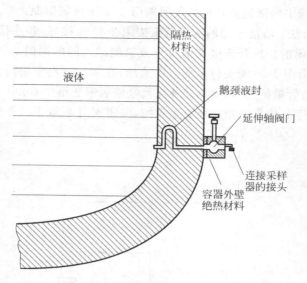

图 2-31　低温液化气体产品采样

2.9　轻工样品

轻工业是以生产生活资料为主的加工工业群体的总称,是制造产业结构中的一大分类,它是部门经济分类管理的产物。轻工行业可分为采盐;农副食品加工业;食品制造业;饮料制造业;皮革、毛皮、羽毛(绒)及其制品业;木、竹、藤、棕、草制品业;家具制造业;造纸及纸制品业;文教体育用品制造业及本册印制;日用化学产品制造及油墨、动物胶制造;塑料制品业;玻璃、陶瓷制品制造;金属制轻工业产品制造;缝纫机械、衡器及轻工专用设备制造业;自行车制造;电池、家用电力器具及照明器具制造业;钟表、眼镜及其他文化办公用机械制造;工艺美术品、日用杂品制造业及制帽和建筑装饰业共 19 种大类。其中代表为服装工业、家具工业、家用电器工业和食品工业等。其中食品工业产品的采样在食品样品采样的章节中已经介绍。

2.9.1　定义

计数检验:关于规定的一个或一组要求,或者仅将单位产品划分为合格或不合格,或者仅计算单位产品中不合格数的检验。计数检验既包括产品是否合格的检验,又包括每百单位产品不合格数的检验。其中单位产品是可单独描述和考察的事物。

批:汇集在一起的一定数量的某种产品、材料或服务。检验批可由几个投产批或投产批的一部分组成。每个批应由同型号、同等级、同类、同尺寸和同成分,在基本相同的时段和一致的条件下制造的产品组成。批量就是指批中产品的数量。

样本:取自一个批并且提供有关该批的信息的一个或一组产品。样品量就是指样本中产品的数量。

抽样方案：所使用的样本量和有关批接收准则的组合。一次抽样方案是样本量、接收数和拒收数的组合。二次抽样方案是两个样本量、第一样本的接收数和拒收数及联合样本的接收数和拒收数的组合。且抽样方案不包括如何抽出样本的规则。

抽样计划：抽样方案和从一个抽样方案改变到另一抽样方案的规则的组合。

抽样系统：抽样方案或抽样计划及抽样程序的集合。其中，抽样计划带有改变抽样方案的规则，而抽样程序则包括选择适当的抽样方案或抽样计划的准则（注：GB/T 2828 的这一部分是一个按批量范围、检验水平和接收质量限（AQL）检索的抽样系统）。

2.9.2　轻工样品抽样

轻工样品的抽样按照 GB/T 2828《计数抽样检验程序》完成。GB/T 2828《计数抽样检验程序》由若干部分构成，其分为按 AQL 检索的逐步检验抽样计划、孤立批计数抽样检验程序及抽样表、跳批计数抽样检查程序、声称质量水平的评价程序、计数抽样系统介绍等。根据不同的轻工样品选择适宜的抽样程序，从而抽取出一定数量的代表性样品。其中抽样程序包括选择适当的抽样方案或抽样计划的准则。

而轻工业产品的检验一般根据不同的货物形态、批量、企业的质量水平和客户的质量要求，采取简单随机取样方式抽取一定数量的代表性样品（但当批由子批或层组成时，应使用分层抽样）。需要根据具体情况制定抽样计划，从而选择适当的抽样方案。在样品采样前也要根据相关规定、批量大小，确定抽样数量。

1. 单次抽样方案

这是最简单的抽样方法，从批量大小为 N 的报检商品中随机抽取 n 个样品进行检验，根据从数据表中查取的合格判定数 Ac 来与实际不合格数相比较，然后作出整批报检商品是否合格的判定。单次抽样检验的程序与原理如图 2-32 所示。

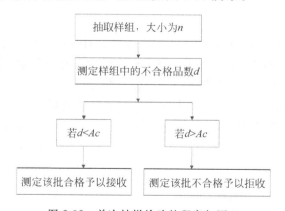

图 2-32　单次抽样检验的程序与原理

2. 二次抽样方案

这是与单次抽样方案原理基本相同的抽样方法，但是将抽样过程分成两组进行，如果第一组样本的检验结果就可以对整批商品做出判断的话，就不用进行第二组抽样，就可以节约检验的时间和成本。二次抽样检验的程序与原理如图 2-33 所示。

3. 多次抽样方案

多次抽样方案与上述两种抽样方案的原理也是基本相同的，只是将抽样过程分成三组

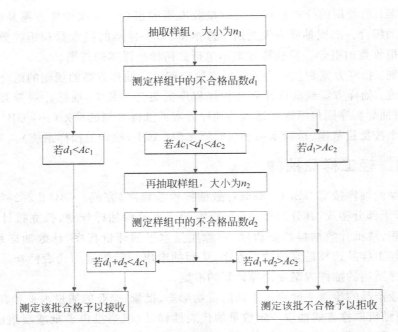

图 2-33　二次抽样检验的程序与原理

或三组以上进行,如果第一组样本的检验结果就可以对整批商品做出判断的话,就不用进行随后的抽样;如果不能作出判断,就进行第二组抽样,2 次抽样的结果可以对整批商品做出判断的话,就不用进行第三组抽样;只有当前几次的抽样检验结果都不能对整批商品作出判断的情况下,才需要进行第三次抽样;以此类推。同样,这种抽样检验的方法也可以节约检验的时间和成本。

　　4. 抽样方案调整

　　这是根据检验的结果调整抽样检验方案的方法,使抽样检验更加经济、检验的结果更加科学和可靠。采用这种抽样检验方法时,需要事先设定三种不同级别的抽样方案:正常抽样方案、加严抽样方案和放宽抽样方案。这三种抽样方案的差异就是体现在抽检的样品数量不同。当检验结果表明情况正常时,即检验的结果可以满足用户要求控制的质量水平,就采用正常抽样方案。当发现检验的结果质量水平有所下降时,就要加严抽样方案。而当发现检验的结果质量水平高于用户要求控制的质量水平时,就可以采用放宽抽样方案。抽样方案调整的流程与原理如图 2-34 所示。

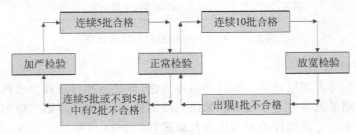

图 2-34　抽样方案调整的流程与原理

2.9.3　多种轻工产品采样方法

1. 陶瓷半成品和成品的取样

陶瓷生产过程中,在取注浆泥和釉料浆样品时,取样前要充分搅拌均匀,然后按上中下左右前后七个不同位置各取 1~2 份,混合。塑性泥料取样应在练泥机挤出来的泥条上进行。每隔 1m 截取 1cm 厚的泥片一块,共取三次,在低于 110℃ 的温度下烘干。陶瓷干坯的取样,应在干燥后的泥坯中取一件或几件有代表性的坯料,打碎混合。陶瓷成品,应在一批产品中选一件或几件有代表性的产品,然后击成碎片,用合金扁凿将胎上釉层全部剥去,再用稀盐酸溶液洗涤,清水冲洗,除去剥釉过程中引进的铁,置于干燥箱中烘干备用。

2. 玻璃成品的取样

玻璃成品的取样,可在玻璃切边处随机取 3~4 条 20mm×60mm 的长条(50~100g),洗净、烘干。在喷灯上灼烧,投入冷水中炸成碎粒,再洗净、烘干,作为实验室样品。

3. 家具成品取样

家具的质量检测主要针对家具的用料、加工工艺、力学性能、产品标示几个方面进行。检测方法则是以抽检为主。单件家具随机抽取 2 件,一件检测一件存样;成套家具则是抽取 2 套,然后从 2 套中抽取能做最多检测项目的 2 件,一件检测一件存样[24]。

参考文献

[1]　固体化工产品采样通则:GB/T 6679—2003[S].
[2]　夏春龙.浅谈粮食黄曲霉毒素检测中样品的采集[J].中国高新技术企业,2010(12):189.
[3]　邓勃,李玉珍,刘明钟.实用原子光谱分析[M].北京:化学工业出版社,2013.
[4]　《环境监测方法标准实用手册》(第一册):水监测方法[M].北京:中国环境科学出版社,2013.
[5]　徐少华.水样的采集与保存技术方法探析[J].科技传播,2010(9):61-62.
[6]　朱军,金凤,袁维凤,等.宿州学院东区水质检测与分析[J].宿州学院学报,2008(6).
[7]　水质采样技术指导:HJ 494—2009[S].北京:中国环境科学出版社,2009.
[8]　鲍士旦.土壤农化分析[M].北京:中国农业出版社,2008.
[9]　王娟,孙爱平,王开营.土壤样品采集的原则与方法[J].现代农业科技,2011(21):300-301.
[10]　李瑞萍,张艺,黄应平.环境样品中四环素类抗生素的检测技术[J].化学进展,2008(12):2077.
[11]　《环境技术监测规范》第二册:大气和废气部分,国家环境保护局,1986.
[12]　李刚,樊俊.大气样品采集方法和采样器[J].质量检验,2007:22.
[13]　尹全七.试论地质勘探的采样规格[J].桂林冶金地质学院学报,1981(3):81.
[14]　钢和铁化学成分测定用试样的取样和制样方法:GB/T 20066—2006[S].
[15]　钢及钢产品力学性能试验取样位置及试样制备:GB/T 2975—1998[S].
[16]　新鲜水果和蔬菜取样方法:GB/T 8855—2008[S].
[17]　何绮霞.饲料产品的采样及实验室制备[J].饲料广角,2011(1):20-22.
[18]　饲料采样:GB/T 14699.1—2005[S].
[19]　食品卫生检验方法理化部分总则:GB/T 5009.1—2003[S].
[20]　谭东,鲁青杉.检验工作中食品样品的采集与保存方法的探讨[J].科技咨询导报,2007(29):193.
[21]　陈寿椿.生物样品的采集和保存方法[J].环境与职业医学,1987(1):27-28.
[22]　液体化工产品采样通则:GB/T 6680—2003[S].
[23]　气体化工产品采样通则:GB/T 6681—2003[S].
[24]　郭建琴.木家具质量检验及质量评定浅谈[J].轻工标准与质量,2013(5):43.

第3章

样品分解

3.1 概述

大多数分析方法都采用溶液进样方式,因此,固体或含有固体的样品必须首先制备成样品溶液。样品溶液制备的关键环节之一是样品分解,通常是在能量(热、微波、紫外线等)和强烈的化学作用(酸和氧化剂)下,使样品中的有机物降解,无机物解离,即破坏样品基质,使待测元素从样品基质中释放出来。分解后的样品溶于溶液中,必要时还将进行其他净化前处理,方能成为待测样品溶液。

表 3-1 中列举了一些用于样品分解的方法。在样品分解操作中,一些环节或因素可能对分析结果造成不利影响,如样品污染和损失,同时操作过程的安全和环保也必须引起重视。

表 3-1　主要样品分解方法

大　类	子　类	分　解　方　法
熔融	碱性熔融	
	酸性熔融	
燃烧	开放系统	干式灰化、低温灰化(氧等离子体灰化)、使用氢-氧火焰的威克波尔德燃烧法
	密闭系统	氧瓶燃烧、氧弹、微波诱导燃烧
	动态系统	Trace-O-Mat 燃烧器
湿式消解	开放系统	传统方式加热、微波加热
	密闭系统	传统方式加热、微波加热
	流动系统	

3.1.1 样品分解过程中的污染

在元素分析的整个过程中,都需要特别注意控制样品的污染问题。在样品分解操作中,多种因素可能造成污染,如高温条件、固体或液体的盐、强酸性或强碱性化学试剂、含有某些特定元素的容器、开放的分解反应环境、操作者本身释放出的颗粒物等。

化学试剂是样品污染的一个重要来源。在熔融过程中,可能用到多种固态熔剂,如氢氧化钠、焦硫酸钠、四硼酸锂、偏硼酸锂及它们的混合物等。干式灰化中会用到灰化助剂,如硝酸镁、硝酸钾、硝酸钠、乙酸镁、氢溴酸、盐酸及磷酸等。在湿式消解中会用到多种无机强酸、氧化性试剂或它们的混合物,如硫酸,硝酸,高氯酸,氢氟酸和双氧水等。所有这些化学试剂均可能向分解反应中引入杂质。特别是在使用固体试剂时,需要使用足够高纯度的试剂,以达到分析要求。为消除酸中的杂质,常常要对酸进行亚沸蒸馏以提高纯度。应当使用去离子系统处理后的电阻率为 $18\sim25\mathrm{M}\Omega\cdot\mathrm{cm}$ 的超纯水,并且应将其储存于 PFA(全氟烷氧基树脂)、FEP(全氟乙烯丙烯共聚物)或 LDPE(低密度聚乙烯)等材质的容器内。

容器是另一个重要的污染来源。例如,在一次分解反应中,玻璃容器或铂坩埚表面吸附的金属离子可能对下一次分解反应的样品造成交叉污染。有些分解反应中,装有样品的坩埚和样品同时处于高温环境和强腐蚀性化学条件中,容器材料本身可能受到侵蚀而污染样品。因此选用合适的反应容器材料对防止样品污染很重要。高纯石英玻璃就是一种非常适合的材料,它的特点是低污染,低吸附,耐温达 1200℃,可耐受除了氢氟酸和浓磷酸以外的所有强酸。PTFE(聚四氟乙烯)、PFA(四氟乙烯与全氟乙烯醚共聚物)和 TFM(一种改性 PTFE)都属于氟塑料,用这些高纯氟塑料制作的容器特别适合用于酸消解。它们的表面是非极性的,对极性的金属离子没有吸附作用,因而完全避免了由吸附-解吸过程引起的样品污染与损失。它们通常可以耐受 250℃ 的高温,对几乎所有酸均呈惰性,可用氢氟酸进行消解。应避免使用由回收氟塑料制作的容器,因为可能含有杂质,污染风险较高。PTFE 因在生产中经过烧结而具有多孔结构,不如 PFA 和 TFM 两种材料。玻璃碳材料能耐受大部分强酸,常用于制作高温消解容器。但它不耐氧化,像硝酸这样的氧化试剂在高温下会侵蚀其表面,所以玻璃碳材料仅用于在惰性气氛中的高温加热。另外,玻璃碳材料的纯度也不如石英或氟塑料,存在污染风险。

所有可以反复使用的容器(玻璃、石英、聚丙烯、PTFE、FEP 等)都要进行充分的清洗才能用于新的分解反应,这对防止污染很重要。常用的方法是将容器浸泡在实验室级别的清洁剂和水中过夜,然后彻底清洗。也可用自来水淋洗后,在 $\varphi=20\%$ 硝酸或硝酸:盐酸:水(1∶2∶9)[①]混合物中浸泡 4h 以上,然后再用纯净水清洗。清洁程度要求更高时,可用热的酸蒸汽,一般采用硝酸蒸汽,蒸容器和工具。上述材料均适合用这种方式清洗。

通常情况下,开放环境中的分解反应相对于密闭环境下的反应来说需要更多的化学试剂,有较高的污染风险,而与环境空气中的颗粒物接触更加重了样品污染的风险,可能造成高本底。这些颗粒物包括天然灰尘,也包括实验室装饰材料磨损后的漂浮微粒,如 PVC(聚氯乙烯)颗粒。这些颗粒物中所含元素会对样品造成污染,需要通过一定级别的空气过滤系统加以去除。高效空气(high efficiency particulate air,HEPA)过滤器可去除 99.97% 以上的 $0.3\mu\mathrm{m}$ 颗粒物,而超高效空气(ultra low penetration air,ULPA)过滤器可去除 99.997% 以上的 $0.3\mu\mathrm{m}$ 颗粒物。通常所说的 100 级实验室即是指每立方英尺内所含大于 $0.3\mu\mathrm{m}$ 颗粒物的数量小于 100 个。实验室的台面和通风柜应当定期清洁,需要使用低颗粒物的湿巾和遮盖布,以降低实验环境对样品污染风险。

离心和静置过夜的样品可能仍含有悬浮颗粒物,可能堵塞雾化器,需要过滤。应防止过滤装置污染样品,特别是过滤膜片应保持清洁。

---

① 本书如无特殊说明均为体积比。

实验操作者也是一个重要的污染源。人每分钟可能从皮肤、头发、衣物、化妆品等处释放出几百万个微粒。洁净室内不能有外部带入的鞋子,操作人员也不应使用化妆品。所戴的手套不能有粉末,要经常清洁或更换,并且不能接触样品。

3.1.2　样品分解过程中的损失

样品分解过程中元素的损失主要包括挥发损失与保留损失。

挥发损失多见于汞、砷、硒等元素。一般而言,挥发损失可以通过使用密闭系统来防止,如果必须在开放环境中分解,也可以适当降低反应温度以减轻损失。表3-2[1]对比了在密闭容器内进行微波消解(腔体式微波炉)与在开放容器内进行微波消解(聚焦式微波炉)两种方式对海洋无脊椎动物样品中分析物挥发损失的影响。显然,为了减少挥发性元素的挥发损失,密闭反应系统更加适用。

表 3-2　腔体式和聚焦式微波炉中几种元素的测定结果对比

样品	牡蛎		蚌		蛤	
	(1)	(2)	(1)	(2)	(1)	(2)
As/(μg/bg)	6.0 ± 0.9	3.9 ± 0.2	8.8 ± 0.7	7.1 ± 0.5	8.8 ± 1.1	7.3 ± 0.8
Cd/(μg/bg)	2.9 ± 0.1	1.6 ± 0.1	2.5 ± 0.2	0.9 ± 0.1	2.2 ± 0.1	0.7 ± 0.1
Pb/(μg/bg)	6.2 ± 0.1	0.8 ± 0.1	2.4 ± 0.2	1.1 ± 0.2	5.1 ± 0.3	0.8 ± 0.1
Se/(μg/bg)	6.2 ± 1.0	4.2 ± 0.2	7.3 ± 0.5	4.8 ± 0.6	5.1 ± 0.3	4.9 ± 1.3
Zn/(μg/bg)	3294 ± 31	3607 ± 27	61 ± 1	60 ± 3	55 ± 1	61 ± 1

注：(1)为腔体式微波炉,(2)为聚焦式微波炉。

分解过程中残留物和容器等对分析物的保留作用使其不能溶入样品溶液而损失。当样品基质中含有硅酸盐等不溶性的物质时,如土壤、底泥、植物等,有些分析物会被硅酸盐保留,造成回收率降低。这时需要在 PTFE 容器中使用氢氟酸来分解硅酸盐并释出分析物。分析物在容器或操作工具表面的吸附-解吸过程是一个动态平衡过程,不可避免,会造成待测元素的损失和污染。例如,铜离子会被 $450\sim500℃$ 高温的石英坩埚的表面保留。为防止这类损失,可以选择适当的容器和工具材料,或对其表面进行特殊处理。

此外,还应避免反应过于激烈而产生喷溅,或分解时产生浓烟而造成分析物损失。例如,在干式灰化分解脂类和油类等样品时,样品可能因燃烧而产生浓烟(颗粒物),这时即使是在高温下稳定的元素仍有可能被烟带走。这就需要在分解前加入浓硫酸、硝酸镁、碳酸钠等辅助灰化以保留住待分析元素。

3.1.3　操作安全问题

样品分解中需要用到各种化学试剂,并且常在高温甚至高压下进行人工操作,对潜在的安全风险必须了解并有预防措施。特别是使用强酸进行的湿式消解,即使完全按照相关要求进行操作,也要十分小心。操作者必须在实验全过程中身穿实验服、戴手套、防护眼镜(最好是面部防护罩)。对于发烟的浓酸,如氢氟酸、硝酸、盐酸,必须在状态良好的通风柜中操作。氧化性的酸(硝酸、硫酸、高氯酸)比非氧化性的酸(盐酸、磷酸、氢氟酸)更加危险,更容易发生爆炸,特别是在有还原剂(如有机物)存在时。高氯酸在高浓度和受热时具有强氧化性,所以绝不可将浓高氯酸与有机物接触。酸消解所用的通风柜必须装有能有效去除酸气的装置。高氯酸的蒸发必须在不锈钢、石材或聚丙烯材质的通风柜中进行,同时要有淋洗装置以去除高氯酸盐沉积物。

使用高压消解方法时要特别小心。压力消解罐的工作效率非常高,但也有很高的危险性:有些反应会产生潜在爆炸性的气体,其压力会超过消解罐的耐受限。例如,用硝酸或硝酸与双氧水混合物在密闭罐内消解有机物时,迅速上升的高压就有可能使消解罐爆炸。这种情况需要减少样品称量或采用逐渐升温的方式来操作。

微波辅助消解有其特殊安全要求。微波消解过程中,微波能量被样品直接吸收,升温非常快,这种情况是其他分解方法中所没有的。微波装置会有适当的安全防护设计和使用要求,操作者应当事先充分了解这些安全措施,并接受完整和专业的操作培训。对不熟悉的样品和消解方法,应当首先了解其与常规消解有何不同,再开启微波。

3.2 溶解

3.2.1 水溶解

无机分析中,溶解是将固体样品中的待测元素转化为溶液中溶质的过程,这里特指使用水或稀溶液进行的溶解。

根据溶液化学理论,化合物在水中的溶解度越大,越易溶于水。但许多样品在水中的溶解度较低,或难溶于水。促进溶解的主要手段有离子交换和络合作用,实例分别列于表3-3和表3-4[2]。

表3-3 使用阳离子交换剂进行溶解(H型)

化合物及其量	阳离子交换剂量	条 件
$BaSO_4$: 0.25g	10g	100mL H_2O; 80~90℃; 12h
$CaSO_4 \cdot 2H_2O$: 0.3~0.4g	10g	50mL H_2O; 25℃; 15min
$CaHPO_4 \cdot 2H_2O$: 0.2~0.3g	5g	25mL H_2O; 25℃; 15min
$Ca_3(PO_4)_2$: 0.2g	5g	25mL H_2O; 25℃; 15min
磷灰石: 0.05g	5~10g	35mL H_2O; 80℃; 1~16h
磷矿石: 100g	1200mL*	400mL H_2O; 50℃; 20min
$CaCO_3$、白云石: 0.2~0.3g	50mL	50mL H_2O; 25℃; 10min
$CaCO_3+CaSO_4$: 0.2~0.3g	50g	300mL H_2O; 90℃; 30min
$MgHPO_4$: 0.2~0.3g	5g	25mL H_2O; 25℃; 10~15min
硼镁矿: 50g	400mL	350mL H_2O; 70~80℃; 50~60min
$PbSO_4$: 0.10~0.25g	10g	50mL H_2O; 90~100℃; 30min
$PbCl_2$: 0.2~0.4g	5~10g	50mL H_2O; 25℃; 15min
$RaSO_4$、$BaSO_4$: 10mg	10mL†	60℃; 30min
$SrSO_4$: 0.25g	10g	100mL H_2O; 80~90℃; 20min
UO_2HPO_4: 1~2mg	0.3mL	0.1mL 0.04mol/L HNO_3; 40℃; 1min

*加入NaCl;†阳离子加阴离子交换剂(1:1),分别以H^+和OH^-的形式。

表 3-4　使用络合剂进行溶解

化合物及其量	络 合 剂
$AgCl$：2g	20mL 浓 NH_3
AgI：0.07g	15mL 9mol/L NH_4SCN＋3mL of 0.03kg/L NH_2OH-HCl
$AgCl$，$AgBr$，AgI：1g	10mL 4.5mol/L KI
Ag 卤化物：10～300mg	$K_3[Ni(CN)_4]$（少量）＋7mol/L NH_3
Ag_3PO_4：40～600mg	0.1mol/L $K_2[Ni(CN)_4]$（过量）
$BaSO_4$：10～120mg	0.02mol/L EDTA* 过量
$BaSO_4$：2～6mg	10mL 0.01mol/L EDTA＋150mL 0.4mol/L NH_3
$CaCO_3$：1g 萤石精矿	10mL 0.05mol/L EDTA＋10mL 水
GeO_2（六方晶系）：2g	50mL 酒石酸钠钾（0.2kg/L）
HgS：0.37～1.12g	5mL HI（0.57kg/L）/g HgS
HgS（丹砂）：0.25～1mg	Na_2S 溶液（每升 360g $Na_2S \cdot 9H_2O$＋10g NaOH，过量）
$PbSO_4$：30～100mg 硫酸盐	5 份 5mL 3mol/L 乙酸铵（从碱土中提取时）
碱性硫酸铅：1g	30mL 乙酸铵溶液（0.30kg/L）
$PbCO_3$（白铅矿）：1g	氨化抗坏血酸
$PbMoO_4$：1g	25mL 酒石酸钠钾溶液（0.50kg/L）
$RaSO_4$	0.03～0.05kg/L 氨化 EDTA 溶液煮沸
Se：0.5～1g	100mL KCN 溶液（0.02 kg/L）
UF_3 水合物	0.2mol/L 氟化三癸铵溶于 CCl_4

* EDTA：乙二胺四乙酸。

　　除了利用化学作用来促进溶解外，利用加热、振荡、超声、微波等能量也可以加速溶解，这些方法使用也很广泛，有时甚至是必需的。

　　超声波是一种机械振动波。分析化学中用到的超声波频率在 20kHz～20MHz 的范围，属于整个超声波范围中的低频高能波段，在传递介质中既有机械作用，也有化学作用。超声波的机械作用使液体中发生空化过程，产生两种重要效果——微喷射（microjetting）和微流（microstreaming）。空化作用产生的空泡不对称地破裂，可形成速度超过 100m/s 的微喷射。当空化发生在液体中任何较大固体的表面上或附近时，微喷射会在固体表面产生内爆，同时还伴有颗粒物的相互碰撞。这个过程使得大颗粒破碎成小颗粒。而微流则是超声场在空泡周围形成的液体流动，可搅动细小的悬浮颗粒物使其不能聚集，有利于颗粒的迅速溶解。

　　微波是一种电磁波，频率范围为 0.3～300GHz。家用和实验室用到的微波频率一般为 2.45GHz，波长 12.25cm，避开了通信频率。这个频率远低于破坏分子键所需的频率，较布朗运动的频率也低，不会像紫外线或可见光那样被分子吸收而直接引发化学反应。样品分解中使用微波主要是利其"分子搅拌"和离子传导效应，以及由此产生的加热作用。分子搅拌是指溶液中的极性分子在微波电磁场作用下，偶极矩沿微波电场排列，并由于微波电场不停地变化，使得极性分子也不停地转动。这种转动使其与其他分子碰撞的概率增加。离子传导则是由于溶液中的离子会沿微波电场迁移，迁移方向也随微波电场不停地变化，在迁移的过程中与其他分子碰撞。在 2.45GHz 的微波作用下，这两种高频碰撞既产生了大量的热量，也增加了分子间化学反应的概率。而过高或过低的微波频率都不能有效地产生热量。微波加热有许多不同于传统热传导或热辐射的特点：微波具有穿透性，而不是从液体表面向内传递。一般来说,对于实验室样品,2.45GHz 的微波大约能穿透 25mm。吸收微波的物质会发热,如水、极性溶剂、酸、碱、盐等,其受热并不依赖热的传导,这使样品升温速度非常快,是用电热板升温速度的数倍至百倍。只有吸收微波的物质(如样品)才会发热,而玻璃、石英、PTFE 等材质的容器是不吸收微波的,因此微波能量的利用率非常高。通过旋转运动等辐射方式可以使样品加热非常均匀。由于系统中只有样品溶液发热,没有其他高温的热导体,系统的降温速度也非常快。可见,微波是一种非常适合化学实验室的清洁和高效的辅助能源。

微波在介质中转变为热能的效率取决于介质对微波的耗散因子(δ),它与物质的介电损失因子(ε'',物质将电磁能转换为热能的效率)和介电常数(ε',物质吸收并储存电荷的能力)有关,通常用式(3-1)表示。物质的耗散因子越大,则微波越难以穿透。表 3-5 中列出了样品分解中常用材料的耗散因子值,表明这些常用作实验室容器材料的物质很容易被微波穿透而不发热。

$$\tan\delta = \varepsilon''/\varepsilon' \tag{3-1}$$

表 3-5　样品分解中常用材料的微波耗散因子

材料	$\tan\delta$（$\times 10^4$）	与水的相对值
水	1460.0	1.0
碳化硅	865	1/1.7
融石英	0.6	1/2500
陶瓷 F66	5.5	1/270
磷酸盐玻璃	11.0	1/130
硼硅酸盐玻璃	46.0	1/30
聚碳酸酯	57.0	1/26
尼龙 66	128.0	1/11
聚氯乙烯	55.0	1/27
聚乙烯	3.1	1/470
聚苯乙烯	3.3	1/440
Teflon PFA	1.5	1/970

3.2.2　顺序提取

顺序提取法(sequential extraction procedures,SEP)是一种按逐渐增强的溶解能力,顺序应用不同试剂,来逐一溶解并提取样品中不同组分的过程,是样品溶解的一个特例。该方法的目标是研究元素以不同状态在固体中分布的情况。一般会用到 3～8 种提取剂,较先使用的提取剂的侵蚀性较弱,而较后使用的提取剂则对样品更具有破坏性,最终将样品完全溶解。每种试剂所溶解得到的溶液单独分析检测。这样就可以了解某种元素与不同矿物相态结合的浓度,便于获得元素在环境中的迁移方面的信息。这是完全溶解测定时所得不到的。根据国际纯粹与应用化学联合会(International Union of Pure and Applied Chemistry,IUPAC)的定义,这些组分是根据一个特定样品的物理(如大小、溶解度)和化学(如键合、反应性)性质来划分的,不同于通常所指的元素形态。

SEP 由 Tessier 等[3]于 1979 年提出,主要包括五个步骤。

组分 1：可交换态,指交换吸附在沉积物上的黏土矿物及其他成分,如氢氧化铁、氢氧化锰、腐殖质上的金属元素。由于水溶态的金属浓度常低于仪器的检出限,通常将水溶态和可交换态合起来计算,也叫水溶态和可交换态。1g 沉积物,加入 8mL 浓度 1mol/L 的氯化镁溶液或 pH 为 8.2 的乙酸钠溶液,室温下浸泡 1h。

组分 2：碳酸盐结合态,指与碳酸盐沉淀结合的金属元素。组分 1 的残余物,用 8mL 浓度 1mol/L,pH 为 10 的乙酸钠/乙酸在室温下淋洗。

组分 3：铁-锰氧化物结合态,指金属元素与氧化铁、氧化锰生成结核的部分。组分 2 中的残余物,用 20mL 0.3mol/L 过硫酸钠＋0.175mol/L 枸橼酸钠＋0.025mol/L 柠檬酸,或在 96℃下用 0.04mol/L 盐酸羟胺乙酸(φ＝25%)溶液提取。

组分 4：有机物结合态,指金属元素与不同形式的有机质(如包裹在矿物颗粒表面的微生物、腐殖酸、富里酸等)通过络合和胶溶等作用结合的部分。组分 3 的残余物,与 3mL 0.02mol/L 硝酸和 5mL 双氧水(φ＝30%,硝酸调 pH＝1)加热至 85℃反应 2h。再加 3mL 30%双氧水加热至 85℃反应 3h。为了避免提取的金属吸附到被氧化的沉积物表面,加入 5mL 含 3.2mol/L 乙酸铵的硝酸(φ＝20%)溶液,并稀释到 20mL。

组分 5：残余态(硅酸盐相),指石英、黏土矿物等晶格里的金属元素部分。组分 4 的残余物用氢氟酸/高氯酸消解,以达到完全溶解。

该方法的问题是不同实验室间重复性较差。这可能是由于试剂浓度、温度、提取时间以及其他因素方面存在小的差异,而该方法对这些因素较为敏感。

欧共体标准局 BCR(现名欧共体标准测量与检测局)在 Tessier 方法的基础上提出了 BCR 三步法。

第一步：弱酸提取态：1g 沉积物＋40mL 0.1mol/L 乙酸,室温下摇振 16h。离心并滗出上清液。

第二步：可还原态：将第一步离心形成的沉淀物用搅拌棒搅碎,加入 40mL 0.1mol/L 盐酸羟胺溶液,室温下摇振 16h。离心并滗出上清液。

第三步：可氧化态：将第二步的固体残余物打碎。加入 10mL 8.8mol/L(300mg/g)双氧水溶液,室温下消解 1h。加热至 85℃再消解 1h。挥干至数毫升。另加 10mL 双氧水溶液,再次加热至 85℃消解 1h。再次挥干至数毫升。加入 50mL 1mol/L 乙酸铵溶液,室温下摇振 16h。离心并滗出上清液。

BCR 方法经过多国数十个实验室的比对实验和改进,已经比较成熟和完善,而且步骤相对较少,形态之间窜相不严重,因此 BCR 法的再现性显著好于 Tessier 法。针对改进后的 BCR 顺序提取方案仍然存在流程长、耗时多、元素再分配等问题,一些学者开始尝试把超声波振荡、微波、连续流等技术的优点引入顺序提取中,对 BCR 方案做了进一步改进,显著提高了工作效率。

SEP 的提取剂在应用中会有一些变化,如 Gibbs 和 Förstner 的方法。表 3-6[4]中列出了一些 SEP 方法所用到的提取剂。

表 3-6　顺序提取法所用提取剂

金属组分	提取剂类型	所用提取剂
水溶组分	水(蒸馏水或去离子水)	孔隙水或水提取
可交换和弱吸附组分	强酸强碱盐,或弱酸盐	KNO_3 1mol/L (pH 7) $Mg(NO_3)_2$ 0.5～1mol/L (pH 7) $CaCl_2$ 0.01～0.05mol/L $MgCl_2$ 或 $BaCl_2$ 1mol/L (pH 7) CH_3COONa 或 CH_3COONH_4 0.1～1mol/L (pH 7 或 8.2)
可酸提取或碳酸盐结合组分	酸或缓冲溶液	CH_3COOH 25% 或 1mol/L CH_3COONa 1mol/L/CH_3COOH (pH 5) HCl 或 CH_3COOH(不加缓冲溶液) EDTA 0.2mol/L (pH 10～12)
还原性可提取或铁/锰/铝氧化物结合组分	还原性溶液,或其他试剂	0.2% 对苯二酚于 1mol/L CH_3COONH_4 中(pH 7) $NH_2OH \cdot HCl$ 0.02～1mol/L 于 CH_3COOH 或 HNO_3 中 $(NH_4)_2C_2O_4$ 0.2mol/L (pH 3) $(NH_4)_2C_2O_4$ 0.2mol/L/$H_2C_2O_4$ 0.2mol/L 于 0.1mol/L 抗坏血酸中 $Na_2S_2O_4$/枸橼酸钠/柠檬酸 $Na_2S_2O_4$/枸橼酸钠/$NaHCO_3$ (pH 7.3) $Na_2S_2O_4$/$K_4P_2O_7$ H_2O_2 10% 于 0.0001 N HNO_3 中 HCl 20% EDTA 0.02～0.1mol/L (pH 8～10.5) Na_2EDTA (缓冲液为 CH_3COONH_4 1mol/L) 氯化肼(pH 4.5)
氧化性可提取或有机物结合组分与硫化物相	氧化剂	H_2O_2 和 HNO_3+CH_3COONH_4 或 $MgCl_2$ NaClO (pH 9.5) 碱金属焦磷酸($Na_4P_2O_7$ 或 $K_4P_2O_7$ 0.1mol/L) H_2O_2/抗坏血酸 HNO_3/酒石酸 $KClO_3$/HCl NaOH 0.1mol/L (pH 9.5) $Na_2B_4O_7$(加表面活性剂)
残余组分	强酸	碱金属熔融 HF/$HClO_4$/HNO_3 (各种混合物) 王水 HNO_3/H_2O_2 HCl/HF/HNO_3

SEP 法的主要应用对象是湖泊、河流、海洋、潟湖等的沉积物,也适用于土壤,特别是有工业、采矿业活动的地区的土壤。其他还有工业废水、污泥、固体废物以及颗粒物等。所研

究的元素主要包括环境领域中最受关注的重金属镉、铬、汞、铜、镍、铅和锌等。

SEP 也有一些局限：①选择性差，因此导致 Tessier 方法的可交换态和有机结合态的重复性差。②影响因素多，如试剂的浓度、pH、调 pH 所用的酸或碱、摇振方式和时间、提取温度等都对提取效果有影响。③再吸附和再分配，例如铅在某些土壤上就会有明显的再分配，因此需要针对不同的样品基质评估再吸附和再分配的情况，以减小结果误差。

3.3　湿式消解

在湿式消解中，常用浓无机强酸，如硝酸、盐酸、硫酸、高氯酸、氢氟酸等或它们的混合物，有时还要加入氧化剂，如双氧水或高锰酸钾，在能量作用下破坏样品基质，将待分析元素释放出来，再转移到水溶液中供分析使用。样品基质中的还原性成分通常在这个过程中被氧化，因此湿式消解也被称为"湿式氧化"。消解的方式主要有常压消解、高压消解、流动消解和蒸气消解等。能量的提供方式包括传统的电加热、微波辅助加热、超声以及紫外照射等。本节所介绍的湿式消解主要是由传统的电加热方式提供能量，其他能量方式的消解将在后面专门的小节中介绍。

3.3.1　常压消解

常压消解是在开放的反应容器中，在加热条件下用无机酸与样品反应，将样品基质破坏或去除，并将待测元素释放到溶液中。常压消解使用敞口容器，如烧杯、烧瓶、三角瓶等。将样品破碎、干燥、称重后放入容器，加入浓酸或其混合物。对于含有机物的样品，需要加入适量氧化剂。将容器置于加热设备上，以低于或接近所用酸或混合物的常压沸点的温度加热。对含有机物较多的样品，升温要慢，因为反应可能会剧烈导致溅出。温度平稳后，可以使酸微沸，但不能剧烈沸腾，以防喷溅。可在容器上加盖表面皿，也常用冷凝管回流，以防止喷溅并减少酸和样品损失。消解过程中酸量会减少，必要时需要补加酸或氧化剂，以免样品蒸干。待消解液变清澈，即样品基质被完全溶解，消解完成。继续加热蒸发赶去大部分的浓酸，至溶液近干，用稀硝酸或稀盐酸定容，即可用于分析。样品溶液一般要避免完全蒸干，因为可能会形成难溶物质。大多数情况下，常压消解用时较长。

传统的常压消解加热装置常用电热板，工作温度在 250℃ 以下的电热板可涂覆聚四氟乙烯膜以保护金属表面不受酸腐蚀，如北京莱伯泰科公司的 EH 系列电热板，这样可以大大延长加热装置的使用寿命，也降低了腐蚀金属对样品的污染风险。也可使用多孔式消解仪，其加热体多使用传热性能好的铝合金或等静压石墨，上面有若干内径约 32mm 的孔，工作温度 250℃ 以下的加热体表面也涂覆有聚四氟乙烯层，包括孔的内部表面，工作温度 250℃ 以上的加热体则使用带有防护涂层的石墨材料。将直径 30mm 的玻璃或聚四氟乙烯消解管插入孔中，深度略大于常用酸量的液面，消解管在孔外仍有足够的高度以促进管壁冷凝回流，管口盖以表面皿。多孔式消解仪对热量的利用率明显提高，回流作用使酸损失相对较少，消解液内的温度也更均一，便于实现程序升温，批处理量也较大，如北京莱伯泰科公司的 Digiblock S36 消解仪即可同时处理 36 个样品。

消解试剂的选择取决于样品性质。地质、地球化学、底泥和土壤样品通常含有硅酸盐、金属氧化物、碳酸盐，很多情况下还含有有机物，很难溶解。这样的样品必须进行干燥并研磨成细粉以促进溶解。合金也很难溶解,因为金属键作用很强。固体和晶体样品中的孔隙水和结晶水应在研磨前后完全干燥去除。生物样品主要为有机成分,需要完全消解才能充分释放待测元素。环境样品中一般既含有机物,也含无机物,例如环境水样含有溶解固体、悬浮颗粒物、胶体和微生物,而待测元素既可能处于溶解状态,也可能同时处于固体之中,选择消解试剂时应予充分考虑。原则上应选用能够达到消解作用而消解能力最弱的酸和氧化剂体系,因为越是强酸,越会增加试剂空白和加重容器腐蚀或实验室安全风险。硝酸的氧化性可满足许多样品的分解,并可以加入双氧水增强消解液的氧化性,消解后没有不溶物生成,试剂空白也低。但对于难溶物质,由于常压消解时温度不能超过酸的沸点,为了达到足够高的消解能力,则需要选用强氧化性、高沸点的酸,如高氯酸、硫酸和磷酸。浓酸可以单独使用、混合使用,也可以依次使用。常常首先用硝酸溶解易氧化的物质,再使用更强氧化性的酸分解难溶物质。表 3-7 中列出了湿式消解中常用的酸和氧化剂及其物理性质。

表 3-7　湿式消解常用酸和氧化剂的物理性质

名称	化学式	相对分子质量	浓度		密度/(kg/L)	沸点/℃	说明
			$w/\%$	mol/L			
硝酸	HNO_3	63.01	68	16	1.42	122	68% HNO_3,恒沸物
盐酸	HCl	36.46	36	12	1.19	110	20.4% HCl,恒沸物
氢氟酸	HF	20.01	48	29	1.16	112	38.3% HF,恒沸物
高氯酸	$HClO_4$	100.46	70	12	1.67	203	72.4% $HClO_4$,恒沸物
硫酸	H_2SO_4	98.08	98	18	1.84	338	98.3% H_2SO_4
磷酸	H_3PO_4	98.00	85	15	1.71	213	分解为 HPO_3
双氧水	H_2O_2	34.01	30	10	1.12	106	

1) 硝酸

硝酸(16mol/L,68%)在样品分解中很常用。它可溶解大部分常见金属,但溶解铝、铬、镓、铟和钍时非常慢,因为硝酸可在这些金属表面生成保护性的氧化层。硝酸不能溶解金、铪、钽、锆以及除钯以外的铂族元素。硝酸也能分解许多常见的合金,但浓硝酸不能分解锡、锑、钨的不溶性氧化物,这一特点可用来将这三种元素与其他成分分离。硝酸可以分解钒和铀的碳化物和氮化物。硝酸是非常好的硫化物溶剂,但不可溶解锡和锑的硫化物。硫化汞(朱砂)可溶于硝酸和盐酸的混合物中。硝酸消解后硝酸盐的溶解性非常好。

浓硝酸的氧化性强,但与水形成的 68% 恒沸液沸点相对较低(122℃),因此要完全分解有机物和其他基质,一般所用的时间也较长,或需要加入其他强氧化剂,如双氧水或高氯酸。但对有机物浓度高的样品应先单独用硝酸相对温和地氧化,再加其他强氧化剂,以免引发爆炸。不要用硝酸来处理高芳香性化合物,这会生成爆炸性很强的化合物。

硝酸是 ICP-MS 最好的酸介质,其元素组成在空气中均存在,在等离子体中形成的多原子离子相对于被等离子体夹带的空气所形成的多原子离子量并不显著,干扰很小。这一优点是其他大部分无机酸不能比拟的。而且商品硝酸的纯度可以非常高,对超痕量元素分析非常理想。

王水是浓硝酸和浓盐酸按 1:3(体积比)配制而成的混合物。其氧化性和溶解能力远远强过硝酸,这是因为混合后生成游离 Cl_2 和 NOCl。王水的主要用途是与氢氟酸混合在一起分解硅酸盐和硫化物,以及溶解金、铂和钯。王水易分解,只能现配现用。

　　2) 盐酸

　　浓盐酸(12mol/L,36%)除了具有酸的氧化性,其中氯离子也具有弱的还原性和较强的络合能力。可溶解比氢更易氧化的金属和多种金属氧化物。可溶解大部分常见金属的磷酸盐,但很难溶解铌、钽、钍和锆的磷酸盐。可分解强或中强碱性磷酸盐,但分解酸性磷酸盐较慢。浓盐酸可溶解锑、铋、镉、铟、铁、铅、锰、锡和锌的硫化物,但不能完全溶解钴和镍的硫化物。在盐酸中加入30%的双氧水会生成新生态氯,有助于金属消解。盐酸多用于无机样品,而很少用于有机样品,很少单独使用,常与氢氟酸、硝酸等混合使用。盐酸用于 AAS 分析时氯化物干扰相对较小,但用于 ICP-MS 时氯所形成的多原子离子(如 $ArCl^+$、ClO^+ 和 $ClOH^+$)会对砷、钒和其他质荷比小于 80 的痕量元素(铬、铁、镓、锗、硒、钛及锌)产生干扰。盐酸的低沸点(110℃)对其使用有所限制,但可随硝酸一同蒸发去除,且残余在稀硝酸溶液中的氯离子不会对 ICP-MS 有显著的多原子干扰。用盐酸进行消解时,锗、砷、硒、锡、锑和汞的氯化物可能会因挥发而损失。

　　3) 高氯酸

　　浓高氯酸(12mol/L,70%)有强氧化性,能够分解可耐受其他无机酸的各种铁合金和不锈钢,使其中的铬氧化成六价,钒氧化成五价。普通的铁和钢中的磷被完全氧化而不会损失,硫和硫化物被氧化成硫酸盐,二氧化硅不溶,锑和锡转变为不溶的氧化物。高氯酸不能溶解铌、钽、锆和铂族金属元素。钨粉和铬铁矿石粉可用高氯酸和磷酸混合物溶解。除钾、铷和铯以外的高氯酸盐都易溶于水。

　　冷的高氯酸和热的稀高氯酸都很安全,但是用浓高氯酸加热溶样要很小心,它会和有机物反应发生爆炸。对含高浓度有机物的样品,应先用硝酸进行初步氧化,再使用高氯酸分解。应使用带有防护设计的通风柜。

　　4) 硫酸

　　浓硫酸(18mol/L,98%)可脱水,具有温和的氧化性。高沸点(338℃)使其可在高温下快速分解和溶解样品,大多数的有机物样品都可迅速脱水和氧化。在其他消解剂中加入硫酸也可提高消解体系的工作温度,但高沸点也使其难以通过挥发去除。硫酸在样品分解中存在的问题有:它可形成不溶的硫酸盐,包括钡、钙、铅和锶的硫酸盐;高黏性抑制了 AAS 的信号;多原子离子干扰严重;能损坏 ICP 的镍采样锥。因此地质样品的分解较少用硫酸。但硫酸与氢氟酸混合使用时是非常有效的,可以分解许多难溶样品,如锆石、铬铁矿、独居石以及许多天然的卤化物,如萤石。硫酸还可以分解砷、锑、碲、硒的矿物,和混有硫酸铵的铌和钽的矿物。

　　5) 磷酸

　　磷酸(15mol/L,85%)的沸点高达241℃,挥发性低。磷酸在加热时生成聚磷酸,对消解氧化物甚至是铬铁矿($FeCr_2O_4$)非常有效,还能分解铝土矿、铁、铬、铌、钽和钨的矿石和菱铁矿。但要溶解硫化物,需要将磷酸与硫酸和高氯酸混合使用。磷酸在岩石分析中使用有限,因为有些待测元素会与磷酸根形成沉淀而干扰分析。磷酸对 AAS 和 ICP-AES 的信号有抑制效应。在用于 ICP-MS 分析时会形成磷的多原子离子,造成干扰,会损坏镍采样锥。生产高纯度的磷酸费用昂贵,因为其蒸气压很低,无法蒸馏。

6）氢氟酸

氢氟酸（29mol/L，48％）的主要用途是分解硅酸盐岩石矿物，硅生成四氟化硅（SiF_4）挥发。分解完成后，过量的氢氟酸可用浓硫酸发烟赶走，或加高氯酸蒸至近干。有些情况下残留的少量氟化物可用硼酸络合。氢氟酸可与铌、钽和锆形成稳定的络合物，是这些元素氧化物的良好溶剂，但受温度影响显著，而且速度较慢。铟和镓的溶解则非常缓慢。

3.3.2　高压消解

高压消解是使样品与消解试剂在处于高于常压的条件下反应，并且由于压力提高，酸的沸点也升高，因此反应温度也高于所用酸的常压沸点，结果是反应显著加快，消解体系的消解能力大大提高。高压条件带来的其他好处还有：显著降低挥发性元素砷、硼、铬、汞、锑、硒、锡的挥发损失；避免蒸发，消解试剂用量和废液排放量大大减少；与环境空气隔离，减少了污染来源。高压消解的问题是装置造价较高，样品量受限。

通过传统加热方式实现的高压消解方法中，反应容器既可以是密闭的，也可以是敞口的。

密闭容器分解法始于1860年，由Carius提出在密封且外壁加固的玻璃瓶（Carius管）中用硝酸分解样品，近年仍见使用报道。现代常使用PTFE杯作为反应容器，以承压的不锈钢罐作为其外套进行密闭消解。图3-1是通用型Parr4745消解罐的结构图，其容积23mL，可在最高温度250℃和最大内部压力1200psi[①]条件下工作。将样品与消解试剂加入PTFE消解杯，将不锈钢螺纹帽及其组件与罐体拧紧后，放入控温炉中或用其他方式在110～250℃加热数小时。使用这种消解罐必须注意安全，因为消解罐的额定压力为1200～1800psi，加入的样品和试剂的量不能超过PTFE杯容量的10％～20％，否则过多的液体会产生超出安全值的压力。有机和无机样品的允许加入量也有差别，表3-8为高压消解罐的载样量，如23mL的消解杯可消解无机样品1.0g，有机样品0.1g。有机样品不能与氧化剂在密闭的罐内混合，以免发生爆炸。不能在高温下打开密封的消解罐，而是要在消解罐冷却到室温后，在通风橱内缓慢打开。

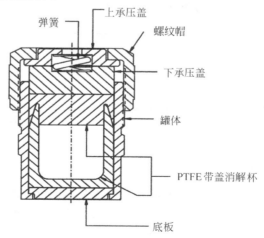

图 3-1　通用型 Parr4745 消解罐结构

---

① 　psi 为非法定计量单位，1psi＝6.89×10^3Pa，下同。

表 3-8　高压消解罐的载样量

罐容积/mL	最大无机样品量/g	最大有机样品量/g	处理有机样品时的硝酸用量上下限/mL
125	5.0	0.5	12～15
45	2.0	0.2	5.0～6.0
23	1.0	0.1	2.5～3.0

以敞口容器进行高压消解的典型装置有奥地利的 Knapp 发明的高压灰化器[5]（图 3-2），该灰化器用一个带有 PTFE 内衬的不锈钢罐来获得高达 14MPa 的高压环境，罐内装有含 5% 过氧化氢的水作为热传导介质。消解容器下部浸入水中或置于钛或镀 PTFE 不锈钢托架上。密封后的高压罐在加热前先充入 10MPa 的氮气，然后升温。在消解试剂不沸腾的条件下，对于 PFA 容器，最高可升至 250℃，对石英容器则可升至 270℃，最大压力达到 14MPa。近年来这种装置也使用石墨作为导热介质，最高温度可达 320℃。这种高温高压条件下，硝酸的氧化能力即足以快速有效地分解有机物。由于罐内的反应容器有盖子，且反应容器内外压力平衡，因此没有容器间的交叉污染，反应容器也不需要耐受内外压差。在高压下，挥发组分的扩散能力低，挥发损失也小。多种不同的样品可以在同一批处理中进行消解。

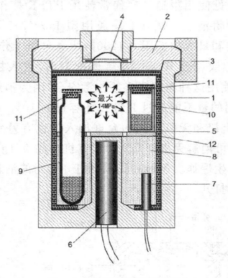

图 3-2　高压灰化器剖面图

1—高压罐；2—高压罐盖子；3—环形螺纹帽；4—安全膜片；5—PTFE 内衬；6—电热棒；7—热电偶；
8—水浴；9—石英容器；10—PFA 容器；11—消解容器的 PTFE 盖；12—钛质容器托架

3.3.3　流动消解

流动消解是用管道（盘管）作为反应器，用泵使样品与消解试剂连续流过，同时向管道内施加能量（热能、微波能量或紫外光能量）的消解方式。这种形式的反应器不需要开启、关闭和清洗等耗时费力的操作，并且易于自动化。流动消解装置经过几十年的发展，出现多种设计形式。如图 3-3 所示，Berndt 等[6]设计的一种高温高压流动消解装置及其接口实现了消解与 ICP-OES 的在线联用。采用传统的电加热，以铝导热，功率 400W，最高温度 360℃。反应器材料为铂/铱（80/20）合金，内径 1.0mm，长度 150cm，盘在铝导热块上。限流器使反应流体背压高达 30MPa。反应产物 CO_2 和 NO_x 经多孔管排除。样品环容积 0.6mL,输液泵流量 1.2mL/min。由于没有玻璃接触面,该系统可以使用氢氟酸消解硅酸盐样品。

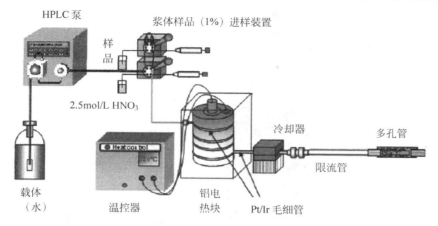

图 3-3　流动消解装置与 ICP-OES 的在线联用

3.3.4　蒸气消解

湿式消解中试剂用量越多,越容易引入杂质。蒸气消解是使生成的酸蒸气导入另一个装样品的容器中消解和溶解样品基质。这使得不挥发的杂质不能接触样品,因此蒸气消解在测定无机和有机材料中的痕量组分时非常有用,空白值非常低。方法是在一个 PTFE 反应腔内,装有样品的容器(盘或杯)置于腔底的酸液以上。封闭腔体,将酸加热至 110～120℃,氢氟酸、盐酸、氢溴酸、硝酸或其混合物的蒸气与样品接触并反应。有些材料在常压下不能完全消解,为了提高反应温度和压力,也可以在 PTFE 反应腔外加不锈钢外套并密封。密封系统的酸损失量非常低,挥发组分的损失也很小。

3.3.5　纯酸的制备与超净器皿

由于在湿式消解中需要大量使用酸来分解样品,而酸中的杂质会增加分析物的空白值,因此酸的纯度对分析结果影响很大。商品超纯酸价格昂贵,很难满足实验室日常的大量需求。经济可行的解决办法是在实验室对低价格的试剂级酸进行纯化,这样可以节省高达90％的购买超纯酸的费用,还能对污染的酸进行再纯化,减少废酸排放。目前酸纯化最常用的方法是亚沸蒸馏,可获得超痕量分析所需的最低的空白值。亚沸蒸馏的原理是加热酸液使其在不沸腾的情况下快速蒸发,冷凝收集馏分,以获得纯净的酸。亚沸蒸馏时,由于没有液体的剧烈扰动,不产生液滴。相反,在剧烈的沸腾过程中,大量的雾化液滴会使污染物随之进入馏分中,起不到纯化作用。而亚沸蒸馏可避免这种现象获得超纯酸。为了防止环境中的污染物进入纯化系统,应在百级洁净通风橱中进行亚沸蒸馏。

高纯 PFA 材料制成的亚沸蒸馏酸纯化装置可在 250℃ 以下纯化大部分酸(如盐酸、硝酸、氢氟酸)以及水,如 Savillex 公司的 DST-1000 亚沸酸纯化装置(图 3-4)产酸速度可达480mL/12h,在通风橱中仅使用约 1ft² [①] 的面积;又如北京莱伯泰科公司的 SD-2000 型超

---

① ft² 为非法定计量单位,1ft² ＝ 9.29×10⁻² m²,下同。

纯酸纯化系统产酸速度 800mL/12h。还可视纯度要求进行多次蒸馏。

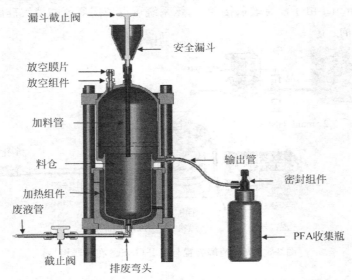

图 3-4   美国 Savillex 公司 DST-1000 亚沸酸纯化装置

对于沸点较高的酸,可以用接触面为石英材质的纯化装置,如图 3-5。这种装置能纯化硝酸、盐酸、硫酸、高氯酸(需特殊防护)及水,但不能纯化氢氟酸。通过设定蒸馏时间和加热功率,使用者可以灵活控制产酸速度。表 3-9[7] 中列出了意大利 Milestone 公司的 Duopur 酸纯化器对硝酸进行一次和二次蒸馏后与商品高纯硝酸中的金属杂质含量比较。

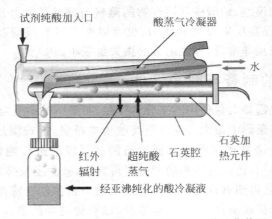

图 3-5   意大利 Milestone 公司 Duopur 酸纯化装置

表 3-9   几种高纯硝酸中的痕量金属杂质比较(浓度单位均为 pg/g)

痕量杂质	一次蒸馏	二次蒸馏	Fisher Optima	Bake Ultrex Ⅱ
Be	<2	<1	<5	<20
Mg	<195	<42	<5	<100
Al	<557	<147	<20	<300
Ca	<900	<157	<50	<300

续表

痕量杂质	一次蒸馏	二次蒸馏	Fisher Optima	Bake Ultrex Ⅱ
Ti	<59	<8.1	<20	<100
V	<51	<11	<1	<20
Cr	<118	<4.6	<10	<50
Mn	<9.7	<2.1	<1	<20
Fe	<1000	<210	<20	<300
Co	<6	<1	<1	<20
Ni	<155	<23	<10	<100
Cu	<58	<21	<2	<50
Zn	<261	<49	<2	<100
As	<3	<0.9	<10	<100
Se	<3.9	<1.2	<10	—
Sr	<12	<1.2	<1	<10
Mo	<7.1	<0.4	<1	<100
Ag	<46	<1.5	<1	<10
Cd	<8.1	<1.8	<1	<20
Sn	<22	<9.1	<10	<100
Sb	<6.1	<0.5	<10	<100
Ba	<25	<3.5	<1	<20
Tl	<2.6	<0.9	<1	<10
Pb	<10	<2.5	<1	<100

高度洁净的实验器皿与高纯的试剂一样重要。传统的方法是将器皿在热酸中浸泡数小时，但是这样要用大量的酸，要定期更换，而且热酸及其蒸气对操作人员有很高危险。更为有效和安全的方法是用酸蒸气来蒸器皿，即在相对封闭的空间内使器皿表面持续与硝酸蒸气接触。石英、玻璃、PTFE、TFM、PFA、玻璃碳等材料的器皿和 ICP/ICP-MS 部件等都可以用这种方式清洗。已经有半自动化的器皿酸蒸清洗装置，如意大利 Milestone 公司的 Traceclean 系统(图 3-6)，杂质洗到酸液槽中，不会再与清洁器皿接触。空气中的颗粒污染物也不会与清洁器皿表面直接接触。

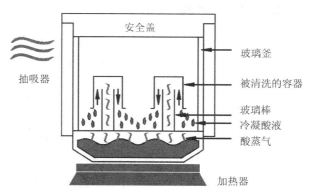

图 3-6 Traceclean 的清洗原理

3.4 能量辐射消解

传统的电加热装置相对简单，造价也较低。但是加热体本身的热容使其从室温升高到一定温度需要消耗大量电能和较长时间，从工作温度自然降至室温则需要更长时间。热传导的方式使加热体温度和消解液温度存在明显差别，样品间的温度均匀性也很难完全一致。没有防护涂层的加热体中的金属材料也有可能成为污染物。而使用辐射能量，如红外线、紫外线、超声波和微波来辅助消解则可部分或完全避免上述问题。特别是微波辐射，可通过容器材料选择仅使消解液吸收能量，避免不必要的发热。图 3-7 显示了红外线、紫外线和微波与分子运动的对应关系。

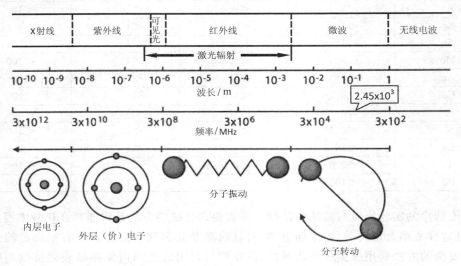

图 3-7　电磁波谱

本节所描述的能量辐射消解从化学的角度仍属于湿式消解，但能量传递方式和装置有所不同。

3.4.1 红外/紫外辅助消解

红外辅助消解利用红外管等发出的强烈红外线作为辐射能量，最显著的特征是使消解液中分子振动加剧而发热，热量传递速度比热传导快很多，温度高，且可快速升至近 600℃。目前有多种市售红外消解炉可供选择，有的以辐射为主，辅以传导加热，有的则通过辐射热导体再传导加热消解液。现有的装置均是在常压下进行消解，适合较易消解的样品，多用于凯氏定氮中的消解、微波消解前的初级消解以及消解后的赶酸过程。与传统电加热相似的地方是红外辐射也需要良好的隔热层以减少不必要的热传导和耗散。

紫外线作为一种电磁波，其频率与分子中价电子的能级跃迁能量差对应的频率在同一范围（图 3-7），可引起分子的化学变化。紫外线照射溶解态化合物，可产生多种强氧化性的物质，如过氧化氢、单态氧、臭氧、超氧化物离子、有机过氧自由基、羟基自由基、卤素自由基等。因此紫外线被广泛用于水样中溶解态有机物的氧化，特别是环境水、轻度污染的工业污水、生物体液、土壤浸出液、饮料等样品中痕量元素测定前的有机物分解,关于生物样品和食品的紫外辅助消解也有报道[8]。在这个过程中仅需要少量的酸和氧化剂,如硝酸、过氧化氢、过硫酸钾、高锰酸钾、重铬酸钾等。由于试剂用量少,该方法的空白值非常低。温度对紫外消解效果非常关键,但一般不超过95℃,消解时间较长。紫外辅助消解中常用二氧化钛作为催化剂加速反应,因为二氧化钛表面会产生激发电子和正电荷空穴,可与吸附的氧等反应生成氧化性物质,利于分解有机物。有一些有机物用紫外法并不能完全分解,如氯代酚、硝基酚、六氯苯等。

紫外辅助消解装置非常简单,如图3-8,带有盖子的石英样品管围绕在紫外光源周围;反光镜将紫外光反射回样品以增加紫外光强,同时避免紫外光外漏;风扇调节光源温度。紫外光源常用汞灯,能量最强波长约在254nm。以254nm激发的365nm荧光(黑光)也有应用。还有一些紫外辅助消解是在自动分析仪器,特别是流动注射仪的流动系统中进行,反应器是一个盘绕在紫外灯管周围的PTFE或石英盘管。

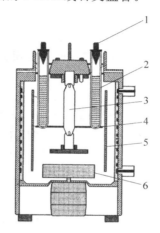

图3-8 Metrohm公司紫外消解仪

1—样品容器塞;2—样品容器;3—500W高压汞灯;4—样品容器支架;5—反光镜;6—风扇

紫外消解法既可以单独用来分解样品,也可以作为微波消解的次级手段。例如,用硝酸-双氧水对有机胂进行微波消解时,不能完全将有机胂转化为五价砷,可加过硫酸钾用紫外光照进行二次消解[9]。研究表明微波消解后的进一步紫外消解不仅可以完全氧化有机硒,还能将六价硒还原为四价硒,以便生成氢化物供分析,而不必加盐酸在电热板上回流[10]。相对于传统方法,这大大减少了样品前处理步骤并降低了盐酸还原过程的不确定性。

3.4.2 超声辅助消解

超声波在用作消解样品的能量时,既包含机械作用,也包含化学作用。超声波的物理作用如前所述,既使液体中大的颗粒破碎成小颗粒,也使小颗粒物难以聚集。超声波的化学作用表现在它可以促进消解过程的化学反应,因为空化作用产生的空泡在破裂过程中温度高($T>1000$K),压力大($P>1000$bar[①]),以大约10^{-10}s的时间在固相和液相界面处形成局部

---

① bar为非法定计量单位,$1bar=10^5 Pa$,下同。

热点,生成大量自由基,推动并加速消解反应的进行。

超声辅助消解装置可以用超声波水浴或是超声波探头。水浴便宜并且普及,可以同时处理多个样品,而当样品消解需要大功率超声波以缩短消解时间时,可使用超声波探头。使用超声波探头时,可以用水浴作为能量传递介质,也可以直接将探头插入消解容器中(图 3-9)[11]。但后一种方式需要使用具有玻璃外套或镀有 PTFE 层的特殊探头。多种参数影响超声消解的效果,研究表明[12],影响超声波消解土壤样品的因素依次为:超声功率>固液比>超声时间>反应温度。其他因素如样品颗粒大小、消解中是否搅拌或摇振、消解容器的形状和放入水浴中的深度等均有不同程度的影响。

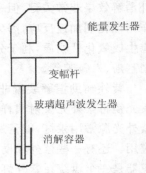

能量发生器

变幅杆

玻璃超声波发生器

消解容器

图 3-9　超声波辅助消解

超声波辅助消解处理样品非常快。在一项研究中[13],对于非常难消解的焚烧飞灰,30 个样品用超声波水浴在 18min 内即可处理完。有研究将超声波辅助消解与微波辅助消解的效果做了对比[14],结果表明:对底泥样品而言,两种消解方式的结果具有良好的一致性。在 COD(化学需氧量)测定前的消解研究中,与微波法相似,超声法也显示了快速和高效的特点[11]。

超声波辅助消解在环境(飞灰、土壤、污泥、底泥、废油、COD 测定)、生物(动、植物组织)、工业卫生、烟草等样品的消解中均表现出许多优势,特别是速度快和样品处理量大,显示出了良好的应用前景。并且装置和操作均非常简单,费用不高。由于系统工作温度和压力都不高,操作安全,试剂损耗少,分析物挥发损失也不显著。但是消解完成后赶酸的时间较长。

3.4.3　微波辅助消解

微波辅助消解的应用始于 1975 年[15],并很快得到广泛应用。如图 3-7 所示,化学实验中所用的 2.45GHz 的微波由于其频率与分子转动频率接近,可使溶液中极性分子高频转动和发生离子迁移而迅速产生大量热能,同时分子之间的碰撞也增加了化学反应的概率。在微波辅助消解中,这些作用还会使固体物质的表层膨胀、扰动而破裂,从而使暴露的新表层再被酸浸蚀,消解效率远远高于仅用酸加热的方法。微波辅助消解已经成为一种非常重要的消解方法。

微波消解装置由磁控管产生频率 2.45GHz 的微波。多模微波装置是将天线发射出的微波通过波导管(长方形截面的金属管道)引入微波腔,并用模式搅拌器(金属扇叶)将微波反射到各个方向,腔内壁也参与反射。腔内各处和各向均有场强均匀的微波场,并且在局部相长或相消地产生"热点"或"冷点",其中的微波能量被样品吸收(图 3-10)。为了使样品更均匀地吸收微波,通常是将样品放在一个转盘上往复转动。多模微波场的总功率相对较大(1000~1200W),但功率密度相对较弱(0.025~0.040W/mL)。单模微波装置则是由波导管将天线发射出的单一微波场导向样品,微波场的空间分布连续并且可重复。单模微波场的总功率一般为 300~400W,功率密度约 0.9W/mL,特别适合体积较小(如几毫升)的研究开发用的样品。

温度测量是微波装置的难点,因为常规的温度传感器(热电偶、热敏电阻等)由金属制成,会与微波电磁场耦合,必须加上屏蔽层。其他如红外传感器,又分为光纤(接触)式和非接触式两种。这三种测温方式各有利弊,较为周全的方式是将只能测一个样品温度的热电偶与可以扫描测所有样品温度的非接触红外方式结合使用,既能监测所有样品的温度,又能用热电偶测量值校正红外测量值的误差。

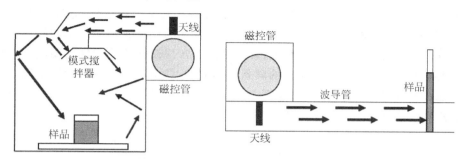

图 3-10 多模(左)与单模(右)微波腔

微波加热非常适合使用密闭容器消解法。该法是将样品置于带有安全压力设计的密封罐中,罐体材料可透微波且导电性极低,在设定好的功率和时间条件下用微波加热消解。这种方式的优势包括:密封的容器使消解压力升高,酸的沸点也随之升高,消解速度大大加快;每个样品罐独立密封,样品间没有交叉污染,空气中的污染物不能与样品接触,没有挥发损失;没有酸的蒸发损失,用酸量少,样品空白值低,稀释倍数小;消解彻底,消解液清澈且无沉淀;易于实现自动化。蒸气不吸收微波,因此密闭容器中蒸气相的温度较低,易于在内壁上冷凝,这种非平衡状态的结果是消解液的温度高而蒸气压相对理论值并不高。密闭式微波消解的样品重量不能太大,一般有机样品不超过 0.5g,无机样品不超过 10g。

密闭微波消解中主要使用硝酸,因为除了前述的优点外,硝酸在高压(520kPa)下沸点可升至 176℃,其氧化能力显著提高。而要达到同样的温度,盐酸需要 930kPa 以上,氢氟酸需要 830kPa 以上。双氧水因其氧化能力强,分解产物简单,常与硝酸配合使用。除了测定氮元素的消解以外,硝酸加双氧水(例如,$HNO_3 : H_2O_2 = 10 : 1$)是密闭微波消解法中最常用和最佳的溶剂。由于安全原因,高氯酸不能在密闭微波消解中用于有机样品。消解的效果可根据消解后的碳残留(特别是有机样品)、溶解固体和酸度残留来判断:碳残留和溶解固体越少,消解越完全;而酸度残留越少,则酸的利用率越高,对后续分析的干扰就越小[16]。

虽然密闭微波消解应用广泛,且方法成熟,但常规的微波装置仍有诸多限制,特别是对消解容器有很高要求:大多使用工程塑料(如 TFM、PFA、PEEK 等)并根据材料耐受温度和压力制造成形。这对微波消解的参数设置,如温度、压力、消解时间、样品量等有很大制约。新型的"超级微波化学平台"克服了上述限制,已开始大量应用并取得很好的效果。意大利 Milestone 公司的 UltraCLAVE 微波装置的核心部件是容积为 3.5L 的内衬 PTFE 的不锈钢"单体反应腔"(single reaction chamber,SRC)。消解时将样品连同容器放入 SRC 内并浸在吸收微波的液体中,在 SRC 内充惰性气体并达到一定压力。然后通过特殊设计的微波输入口对密闭的 SRC 内施加聚焦多模微波场以加热微波吸收液,这时的 SRC 既是微波腔,又是消解反应腔。样品容器无须承受压力差,可用玻璃、石英、TFM 塑料等,使用时可以非常简单灵活。这种方式突破了传统密闭微波消解的限制:消解温度更高(300℃),消解压力更高(3000psi 并维持 1h 以上),样品重量更大(单个样品可达 25~30g),每批样品的数量更多(77个)。此外,SRC 内每个样品容器都有盖子,样品间没有交叉污染并且温度和压力自然平衡一致。因此,不同化学体系和不同样品基质的消解反应可以在一个 SRC 内同时进行。这些优势极大地拓宽了微波辅助消解的应用范围并增强了消解效果。对传统微波装置来说很难溶的样品,如含有甘油成分的软胶囊,不需要浸泡过夜也可迅速地用硝酸完成消解,而且不会像传统微波消解中那样产生较多的可爆炸的硝酸甘油。简单的样品容器设计对最小酸量也没有特殊要求,只要足够消解即可。而常规微波装置中的密闭消解罐则因参数监测和控制的需要而必须有足够多的酸量。因此 SRC 中的消解用酸量明显减少。由于 SRC 内的温度和压力大大提高,许多情况下使用稀酸即可达到消解目标,降低了稀释倍数、酸度残留和废酸排放,符合"绿色化学"的概念。

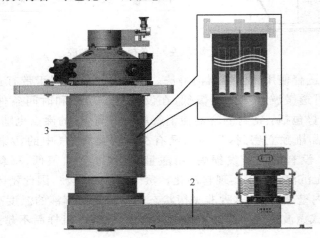

图 3-11　意大利 Milestone 公司的 UltraCLAVE 的构成
1—磁控管;2—波导管;3—反应腔 SRC

微波加热也可以用于敞口容器中的常压消解,主要是在不很高的温度下处理易消解的样品。常压微波消解的优点是样品量可以较大(可达 10g)、安全性高、对样品容器要求不高(玻璃、石英、PTFE 均可)、可多次添加试剂。但是该方法也有许多限制:温度不能高于酸的沸点,消解能力有限;挥发性元素易损失;酸的蒸发损失量大,可能造成周围物品的酸腐蚀;为处理酸蒸气需要增加排酸装置;要不时地补酸,样品空白值高;空气中的污染物可能沾染样品。

将微波辅助消解与流动注射分析相结合的应用已非常成熟。样品注入流动系统管道前需要充分均质,固体样品颗粒要研磨至足够小,避免堵塞管路,一般为不超过 $w=1\%$ 的浆体。典型的流动式微波消解装置如图 3-12 所示[17]。流动式微波消解的好处包括样品前处理时间显著缩短,可安全完成在常规密闭容器中会急剧升温升压的反应,可处理不稳定的样品或中间产物,样品流路与环境隔绝不受污染,也没有挥发损失,易于与分析仪器自动化联用。

蒸气相消解中,目前也更多地使用微波加热方式来蒸发酸,较之传导加热更快捷,同时也可直接加热消解物,促进酸消解的进行。

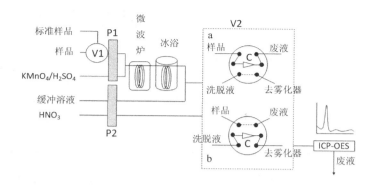

图 3-12 微波辅助消解-流动注射分析装置

C—活性炭小柱；P1,P2—蠕动泵；V1,V2—进样阀,阀位置；a—载样；b—进样

3.4.4 微波辅助紫外消解

传统的紫外消解是在常压下进行,温度一般在 95℃以下,反应时间较长。为了加快反应速度,有研究者使用密闭的压力容器并用微波进行加热,使反应温度远高于反应液的沸点,同时还利用微波场促进反应的进行。Knapp[18]等建立了一套微波辅助的紫外消解装置(图 3-13)用来考察微波对紫外消解的加速作用,并对工业/城市废水、地下水、地表水、生物体液、饮料等样品中的溶解态有机物氧化取得了满意的结果。该装置的核心部件是微波激励的无电极低压放电镉灯。每个灯浸入一杯样品液中,振荡微波场使其点亮并持续发光而不需要单独的电源。微波系统自动地控制反应的温度和压力。该装置可同时处理多个样品。表 3-10 中列出了该装置与常压紫外消解的不同之处。

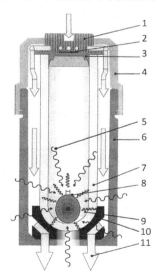

图 3-13 带有低压放电微波灯的高压消解容器

1—顶盖；2—安全泄压膜片；3—密封件；4—螺纹帽；5—微波辐射；6—PEEK 容器外套；

7—石英耐压反应容器；8—无电极 UV 光源；9—UV 辐射；10—容器底板；11—气流

表 3-10　传统的紫外消解与密闭的微波辅助紫外消解的比较

参　　数	开 放 系 统	密 闭 系 统
温度	65～90℃	250～280℃
压力	常压	72bar
最大溶解有机碳	100～300mg/bL	5000～7500mg/bL
平均消解时间	几个小时	30min
试剂添加	连续	不连续

Limbeck[19]用这种方法对天然环境水样中的有机物进行消解,仅使用了少量的过氧化氢即达到定量分解有机络合物的效果,因而能够用专用络合物富集消解液中的钯并选择性地测定其含量。Matusiewicz 等[20]为了进一步增强微波辅助紫外消解的效果,在 PTFE 消解罐中加入二氧化钛作为催化剂,测得血清、尿液、奶、砷甜菜碱溶液等样品的消解后碳残留为 1%～2%,痕量元素回收率 92%～107%。

3.4.5　微波辅助消解的一般安全问题

微波辅助消解中除了要注意一般的湿式消解安全问题,微波技术还有其独特的安全要求。目前商品微波化学装置均宣称有非常完备的安全防护设计,在样品容器破裂的情况下,也能起到保护作用。尽管如此,操作者也应高度重视操作安全。使用前应仔细检查样品容器和微波装置是否完好和正常。器皿应清洁,特别是玻璃器皿,因为其表面残留物可能强烈吸收微波并产生局部热点,可能使器皿破裂。使用硫酸时,其沸点较高,需要严格控制温度,一般不要高于 210℃,以免超过容器(一般为工程塑料)工作温度使其熔化。

对于密闭微波消解,密闭消解罐中的样品和酸不可过量。消解罐必须具备可靠密封性、泄压保护和防爆设计。目前,国内外主要几个微波消解制造商生产的微波消解罐都采取了相应的措施进行被动泄压保护,Anton Parr(奥地利)和 Berghof(德国)采用的是金属防爆膜,PreeKem(上海屹尧)采用的是塑料防爆膜(图 3-14),Milestone(意大利)的反应罐为单一弹簧片自动泄压型。操作者应充分了解消解罐的材质特性、结构和安全设计原理。打开密封的消解罐前应冷却并在通风橱中缓慢打开。用密闭消解罐处理有机物时不可使用高氯酸。

图 3-14　PreeKem 的 GT-400 自泄压自密封式消解罐

3.4.6　多种湿式消解的比较

表 3-11 中列出了主要的湿式消解技术(包括传统加热方式和能量辐射加热方式)在分析物损失、空白来源、污染问题、样品重量、技术参数、消解时间、消解程度以及经济性等方面的特点。

表 3-11　几种湿式消解技术的特点对比

系统	消解技术	损失途径	空白来源	样品质量/g		参数最大值		消解时间	消解程度	经济性
				有机物	无机物	温度/℃	压力/bar			
开放系统	传统加热	挥发	酸、容器、空气	<5	<10	<400		数小时	不完全	低费用，需人值守
	微波加热	挥发	酸、容器、空气	<5	<10	<400		<1h	不完全	低费用，需人值守
	紫外消解	无	溶解态			<90		数小时	高	低费用，需人值守
密闭系统	传统加热	保留	酸（低）	<0.5	<3	<320	<150	数小时	高	无须值守
	微波加热	保留	酸（低）	<0.5	<3	<300	<200	<1h	高	费用高，无须值守
流动系统	传统加热	消解不完全	酸（低）	<0.1（浆体）	<0.1（浆体）	<320	>300	几分钟	高	费用高，无须值守
	紫外在线消解	消解不完全	无	溶解态		<90		几分钟	高	费用低，无须值守
	微波加热	消解不完全	酸（低）	<0.1（浆体）	<0.3（浆体）	<250	<40	几分钟	高	费用高，无须值守
	蒸气相酸消解	无	无	<0.1	<0.1	<200	<20	<1h	高	无须值守

3.5　水解

水解是使样品中大分子的有机物在酸、碱、酶的作用下分解成简单的小分子化合物，从而使其包裹或结合的待测组分释放出来，溶于溶液中或使待测组分形成适合于测定的形式的方法。常用的有酸水解、碱水解和酶水解法。

3.5.1　酸水解和碱水解

酸水解法常用于蛋白质水解后测定氨基酸。广泛使用的方法是用 6mol/L 的盐酸在 110℃水解 24h，并使用惰性气体防止氧化。如果水解不完全，可延长时间至 48h 或 72h。为防止酪氨酸卤化，在盐酸中加入 0.1%～1.0% 的苯酚。酸水解法也用于食品中总脂肪、饱和脂肪（酸）、不饱和脂肪（酸）的测定，例如，加入内标物十一碳酸甘油三酯的样品，经盐酸在 70～80℃水解 40min，用乙醚溶液提取食品中的脂肪，在碱性条件下皂化和甲酯化，生成脂肪酸甲酯，用毛细管气相色谱内标法进行测定。

碱（水）解法常用于有机汞形态分析前的分解和提取。由于鱼肉基质复杂，含脂类高，碱解法是这类生物样品常用的水解方法。常用的碱解试剂为氢氧化钾的甲醇溶液、四甲基氢氧化铵水溶液（TMAH/H_2O）、四甲基氢氧化铵的甲醇溶液。碱水解与超声或微波技术相结合提取样品可缩短水解时间,并减少汞的损失。Chen 等[21]选用了 TMAH-H_2O 开罐式聚焦型微波辅助碱解提取,添加铜离子以便更好地解析出有机汞,再经水相衍生化,最终由正庚烷代替苯、卤代烷烃等有毒试剂提取测定。Nevado[22]采用了密闭式微波辅助技术,更方便地控制萃取条件和汞蒸气的挥发,用 TMAH-H_2O 对样品进行了碱解,经气相色谱-原子荧光光谱法(GC-AFS)测定了鱼肉组织中的甲基汞。

3.5.2　酶水解

酶水解也称酶消解,是将生物样品在酶的作用下水解成简单小分子,从而释放出与蛋白质或其他有机大分子结合的金属元素。酶水解条件温和:温度低、pH 适中(不使用强酸或强碱),从而避免了挥发损失和减少了外来污染。一般情况下,酶水解时,向中性样品水溶液中加入适当比例的酶(如酶与样品的体积比为 1:10),然后在 37℃下恒温。因为特定的酶只能水解特定的化学键,所以酶水解的高选择性可以区分样品基体中不同组分与金属离子相互连接的部分。例如,用链霉蛋白酶水解贻贝样品,铜、镉和砷可以完全释放出来,说明这三种元素全部与水解产物相连接,而铁、镁、锌、银和铅只能部分释放出来。酶水解不会改变物质的化学形态和金属元素的价态,这在价态和形态分析样品前处理中有很好的应用前景。

在硒的形态分析中,提取植物中以蛋白形式结合的硒,以酶水解法的应用为最广,常用的酶有蛋白酶 K,蛋白酶 XIV,胰蛋白酶,胃蛋白酶和链霉蛋白酶等。酶水解法的温和条件(37℃,pH7.0)可以减少硒形态之间相互转化,但此法提取时间较长,一般需 24～48h。Gilon 等[23]使用混合蛋白水解酶降解原生形态的样品可使硒氨酸的回收率达到 95% 以上。对牡蛎肉进行酶水解多数采用单酶或双酶水解法,采用的单酶为中性蛋白酶、胰蛋白酶、胃蛋白酶、菠萝蛋白酶等,双酶如中性蛋白酶 1398 与风味蛋白酶的组合等。孟慧[24]采用外切酶风味蛋白酶与内切酶木瓜蛋白酶混合彻底水解牡蛎蛋白进行锌的形态分析研究,锌在提取液中的溶解率高达 95.48%。赵艳芳等[25,26]通过全仿生消化法研究海产品中镉和砷的形态,在全仿生消化液中使用了淀粉酶、胃蛋白酶、脂肪酶、胆汁等。

固体废弃物和土壤中的有机磷形态分析可用磷酸酯酶(碱性和酸性)和肌醇六磷酸酶将有机磷化合物水解为无机磷,再对无机磷形态进行分析。如 He 等[27]将畜禽粪便等固体废弃物与特定的磷酸酯酶培养一定时间,以水解出的无机磷代表样品中相应的有机磷形态及含量。酶水解对金属离子络合物的形态分析前的样品分解也很重要,是碱性或酸性水解不能取代的,因为后者会影响络合平衡。这种情况只能使用特定的酶在与样品基质相同的 pH 条件下对其水解。水果和蔬菜样品的匀浆经离心后仍有不溶于水的残余物,主要是纤维素和复杂的不溶性果胶多糖,可使用果胶分解酶将其溶解。商品化的制剂 Rapidase LIQ 和 Pectinex Ultra-SPL 可用于释出食用植物、水果和蔬菜的固体部分中的金属络合物。

3.6　干灰化

干灰化法是将样品在常压下高温炉中灼烧成灰,氧化分解去除有机物基质,将剩下的灰溶于酸中,以测定有机物样品中的金属。灰化温度在 400～600℃之间,常用 450～500℃。

适合的样品包括有机材料、动物组织、植物、食品、污泥等。灰化中有机物经炭化后转变为一氧化碳和二氧化碳挥发,不挥发的待测元素形成碳酸盐或氧化物残留在灰中。但高温会使汞、砷、硒等易挥发性元素损失,而其他挥发性元素如铅、镉、铊则没有显著损失。有一些金属(如锡)可能形成难溶化合物。添加灰化助剂(金属盐、酸)能提高灰化效果,并有助于回收特定元素。

　　干灰化操作简单、方便、灵活。可同时处理大量样品,每个样品的可处理重量相对较大,而溶解灰化产物时仅使用少量的酸,这个特点可用来富集低含量元素,同时最大程度地减少了试剂中的杂质污染,对含量较低的元素测定非常有利。有机物分解去除完全,分解后的溶液非常清澈,没有不溶有机分子对带有超声雾化器的 ICP-MS 或 ICP-AES 的不利影响。无须操作者长时间值守。但由于灰化炉体材料的脱落和灰化助剂的使用都会带来样品污染,高温灰化法不适用于痕量和超痕量元素的准确测定。干灰化法的缺点还包括耗时较长,灼烧可能不彻底,坩埚表面的吸附损失,元素挥发损失。

　　干灰化法的加热装置除了传统的马弗炉,还越来越多地使用商品化的实验室微波炉。此外,射频氧等离子体也被用于较低温度下的灰化,但是其装置非常昂贵,市场上也较少见,同时低温灰化也较为耗时。

3.6.1　高温干灰化

　　高温灰化操作非常简单。将新鲜或干燥(通常在 $103\sim105℃$)后的样品于坩埚内称重,置于马弗炉内。通过程序升温使温度逐渐升至 $450℃$ 并保持数小时。将无机残留物用合适的酸溶解,并于容量瓶中定容后进行分析。根据样品的初始条件,结果可表示为新鲜样品含量或干燥样品含量。坩埚材料常用铂,因为铂对除王水以外的其他酸有很好的耐受性。但铂坩埚的价格也较为昂贵。当测定元素为金、银和铂时,则使用瓷坩埚。高温下挥发性元素的损失不可避免,特别是温度控制过程中的过冲现象会使温度超过设定值。缓慢地升温可抑制过冲并防止局部热点的生成和样品自燃,可以降低挥发损失。高温保持数小时后,灰化良好的样品颜色呈白色或浅灰色。冷却后,一般用盐酸或硝酸溶解灰分。而当有机物氧化不完全时,灰中因残留有机碳而有深灰色到黑色的黑点。这种灰化残留物很难溶解,可用 1mL 硝酸浸湿,并再次高温灼烧 1h。一般经过这种处理后,灰化产物都容易溶解。

　　根据样品中是否含有硅酸盐,高温灰化的方法有所不同。对不含硅酸盐的动物组织样品,典型灰化方法是:①于铂坩埚中称取 $1\sim5g$ 干燥($105℃$)样品或不超过 20g 的新鲜样品;②将铂坩埚置于冷的马弗炉中,逐渐升温,干燥样品用 4h,新鲜样品用 6h 升至 $450℃$;③保持温度 16h;④冷却,加入 2mL 浓硝酸,在电热板上加热至微沸;⑤冷却,将溶液定量转移至 50mL 或 100mL 容量瓶定容。

　　而对于植物样品来说,其中含有大量硅酸盐,不溶于硝酸或盐酸,与其结合的元素(如铝)不能完全溶解,测得的含量会偏低。加入氢氟酸可溶解硅酸盐并形成挥发性的 SiF_4 逸出。植物样品的典型灰化方法是:①于铂坩埚中称取干燥($105℃$)样品 $1\sim3g$;②将铂坩埚置于冷的马弗炉中,用 4h 逐渐升温至 $450℃$;③保持温度 16h;④冷却,用 2mL 去离子水浸湿残留物,加 3mL 浓硝酸和 2mL 浓氢氟酸;⑤在砂浴中或电热板上将酸液缓慢蒸干;⑥用 2mL 硝酸和 1mL 氢氟酸重复步骤④和⑤两次;⑦用 2mL 硝酸溶解残留物,等待 15min,加入 20mL 去离子水并加热至微沸;⑧冷却,将溶液定量转移至 50mL 或 100mL 的

PTFE 容量瓶中定容。

　　由于汞的挥发性强,含汞样品前处理必须使用湿式消解而不是干灰化。但对砷和硒样品的前处理仍可使用干灰化,解决挥发损失问题的方法是加入灰化助剂,常用氧化镁和/或硝酸镁,其他还包括硫酸、硝酸等。灰化助剂与砷、硒在灰化条件下形成挥发性弱的化合物,但其效果与分析物初始形态有关,例如,陆生植物较水生植物在灰化后的砷、硒回收率更好。使用灰化助剂的方法并不通用,一种方法要针对每种不同样品类型经过长时间的验证才能使用。灰化助剂还增加了最终溶液中的溶解固体量,对 ICP-MS 应用不利。

　　有机物的灰化过程主要是脱水、炭化和向一氧化碳或二氧化碳转化的过程,而这个过程较为缓慢。使用催化剂,如铂、钯、铑等,可以加速这个转化过程[28]。例如,在小麦面粉、地衣和烟叶的灰化过程中,硝酸钯$[Pd(NO_3)_2]$被高温下生成的碳还原为钯,并与砷结合成固体溶液,同时对碳的氧化起催化作用。因此,硝酸钯既大大减少砷的挥发损失,达到定量回收,还显著缩短灰化时间。

3.6.2　低温干灰化

　　高温灰化法的缺陷主要是元素挥发损失、炉体材料及实验室环境带来的污染、灰化助剂中的杂质污染等,这些均与高温条件有关。利用较低温度(低于 150℃,可低至 40~50℃)条件下的非平衡等离子体进行灰化则可避免上述问题,可以从有机样品中得到富集的痕量元素。该方法还可用于电子显微镜和激光烧蚀 ICP-MS 样品的表面灰化制备。非平衡等离子体技术在化学合成与分解、溅射制膜、气相淀积、聚合与引发聚合、材料表面改性、沉积刻蚀、低温灰化等多方面均有应用。Favia 等[29](图 3-15)用 13.56MHz 的射频(RF)发生器通过匹配网络对一个 2L 的平行极板石英玻璃反应器的外电极施加能量,在反应器中进行射频辉光放电以获得等离子体。将多个样品置于反应器中并抽真空至 0.1kPa。氧气以20mL/min 的流量注入灰化器。为了激发氧气流,RF 的输入功率设为 100W,最大反射功率 5W。灰化过程中需要充分搅动样品以完全灰化。低温灰化前将样品冻干可增大样品比表面积,也有利于加快灰化。

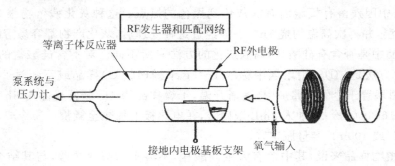

图 3-15　氧等离子体低温灰化装置

　　尽管非平衡等离子体化学的应用前景诱人,研究较多,但在用于低温灰化时,由于氧气只能以小流量注入,通过气体传递能量有限,且氧气只能作用于样品表面,样品灰化需要较长时间。当 RF 功率为 10W 时,灰化速度为 5~10mg/h。昂贵的灰化装置也限制了其应用。

3.6.3　微波灰化

微波装置已广泛用于干灰化,其方法与马弗炉方法类似,且相比传统马弗炉或高温电阻炉有明显优势。微波灰化可将马弗炉中数小时至十几小时的灰化过程缩短到十几到几十分钟。微波装置可向炉内补充空气流以加速分解,而马弗炉没有这种功能。冷却所需的时间短。微波灰化中也不会有马弗炉那样的高能耗和因升温而散发的味道。

微波灰化装置包括微波炉,微波腔内可穿透微波的陶瓷隔热层,隔热层内用于吸收微波升温加热的碳化硅板,放置坩埚用的陶瓷格栅,空气补充装置等。

碳化硅的 $\tan\delta$ 值为 0.0865(水的 $\tan\delta$ 为 0.146,见表 3-5),吸收微波能力很强,可在 2min 内升温至 1000℃高温。

3.7　燃烧分解

燃烧分解是有机基质在高温下与氧反应后分解,或被等离子体中的氧自由基和激发态氧作用后分解的过程[30]。由于商品化的纯氧对痕量元素分析足够纯净,因此燃烧法不易引入污染。燃烧后的分析物一般有不挥发物和气态及挥发性化合物,可溶于适当的溶液中再进行分析。燃烧反应物包括燃料和氧化剂。有机物燃烧过程复杂,会放出热量并产生二氧化碳和水。

3.7.1　氧瓶燃烧

氧瓶燃烧法于 1955 年由 Wolfgang Schoeniger 发明,是将样品在密闭玻璃容器中燃烧分解。在锥形瓶中加入吸收液,再充入常压氧气。样品被包裹在低灰分的滤纸中,置于玻璃瓶中的铂架上。其他可用来填放样品的材料还有聚乙烯、甲基纤维素、乙基纤维素、明胶胶囊。通常样品量小于 100mg 的反应可用 1L 以内的玻璃瓶。点火方法可以用电流或聚焦红外灯,多数情况下是用手工点燃的纸片在将铂架放入氧瓶前引燃样品。燃烧完成后振摇玻璃瓶清洗瓶内表面。该方法一次只能处理一个样品。适用的样品有许多,包括生物材料、煤、药品、有机化合物、燃料、聚合物等。主要用于非金属元素特别是卤素测定前的样品处理。该方法非常简单,反应装置价格低廉,但一只 500mL 氧瓶中只能处理 50mg 样品。

除广泛用于卤素测定外,Geng 等[31]用氧瓶燃烧法测定了煤中的汞和硫。用 5mL 0.01mol/L $KMnO_4$ 和硫酸($\varphi=3\%$)作为汞吸收液,过量的 $KMnO_4$ 用盐酸羟胺溶液(20g/L)分解,用冷原子吸收法测定。燃烧后的硫用双氧水溶液(6%,5mL)吸收,用 ICP-AES 测定。6 种参考物质煤的测定结果与参考值一致性很好。对 9 个品牌的日本标煤的测定结果与微波辅助酸消解的结果具有可比性。Geng 等[32]还以氧瓶法和氢化物发生原子吸收法测定了煤和木材中的总砷,检测限达 $0.29\mu g/bg$,RSD 小于 8%。

3.7.2　氧弹燃烧

使用氧弹燃烧法时,样品于不锈钢氧弹中在过量氧气中燃烧,气态产物被氧弹中的溶液吸收。这种方式对有机物分解非常有效,几分钟内即可完成。样品制成粒状放在金属杯中,连接两根电极的铂丝贴近样品颗粒用于将其点燃。吸收液加入氧弹底部,体积一般为

5～10mL。关闭氧弹盖后,向其内部充入 2～3MPa 的氧气。通电,铂丝点燃样品。燃烧完成后,冷却并打开氧弹,取出吸收液用于分析。可将氧弹浸入水中或用冰加速冷却。有时需要加入助燃剂,如淀粉、乙醇、烷烃、油和石蜡,以增加燃烧程度。氧弹可以处理较大质量的样品,一般可超过 0.5g。处理时间包括冷却过程不超过 30min。该方法一次也只能处理一个样品。金属部件有增加污染的风险,可使用石英杯以免吸收液与氧弹内壁接触。

吸收液的选用对氧瓶和氧弹燃烧法非常重要。吸收液应能定量地吸收燃烧反应产生的目标组分,因此要根据目标组分的性质使用不同的吸收液。吸收液还要适合分析方法和仪器的要求。对氟常使用水、碳酸盐或碱溶液作吸收液,因为这些吸收液适合后续的离子色谱法、离子选择电极法和滴定法测氟。氯和硫的吸收常用过氧化氢水溶液或钠/钾的碳酸盐-碳酸氢盐溶液,或其混合物。样品中的有机硫化合物在燃烧中会生成三氧化硫和二氧化硫,需要用氧化性溶液吸收以确保所有的有机硫转变为硫酸盐。溴则主要使用碳酸盐或碱性溶液。为避免碘的挥发损失,需要使用碱性溶液,包括氢氧化钠、甲酸钠和钠/钾碳酸盐-碳酸氢盐。有机样品中磷的燃烧会产生不同氧化态,可用硝酸或过氧化氢将其转变为正磷酸盐。

该方法用于分解多种有机样品,包括生物样品、黄油、聚合物、石油、油脂、煤炭、燃料、沉积物和废弃物等。该法的分析物包括卤素、硫、砷、硒、磷、碱土金属元素和过渡金属元素。也可配合 ICP-MS 测定稀土元素。

3.7.3　高温燃烧水解

高温燃烧水解法是将样品在氧气和水蒸气混合气流中燃烧和水解。该法可将煤中的氟全部转化为挥发性氟化物(SiF_4 和 HF),并定量溶于水中。该法常与氟离子选择电极法相结合,用于环境样品中氟的测定。仪器设备价格低廉、操作简单、快速、所得样品溶液干扰离子少、灵敏度高、重现性好。在测定煤中氟含量[33]时,将 0.5g 干燥煤样和 0.5g 石英砂放在瓷燃烧舟里混合后,表层覆盖石英砂,先以约 300℃(防爆燃)加热,再以 1100℃恒温,同时控制水蒸气蒸发量,收集冷凝液进行测定。该方法也用于核材料中的氯的测定[34]。含钙量高的样品会对燃烧水解装置有损伤,因此该方法只能用于有限的环境样品。Zhang 等[35]用碳化硅作为改进剂使该法可广泛用于多种含钙、氟和其他元素的样品。

3.7.4　微波诱导燃烧

微波诱导燃烧(microwave induced combustion,MIC)也称作微波辅助样品燃烧,是一种将经典燃烧法与传统密闭湿式微波消解的优点结合于一套装置中的新型分解方法[36]。燃烧过程在密闭的石英容器中进行,用氧气加压并以微波辐射引燃有机样品。MIC 装置(图 3-16)与传统密闭湿式消解装置的差别仅在于石英容器中的一个小的石英架,既用来放置样品,也可保护 PTFE 盖子。与氧弹法一样,MIC 样品需要压成粒状。样品颗粒经称重,放在石英架中的低灰分滤纸中。加入大约 $50\mu L$ 6mol/L 的硝酸铵溶液作为点火剂。装置密闭后充氧至 1.5～2.5MPa。微波炉腔中一个微波炉转子上可搭载 8 个容器。以最大 1400W 的功率对样品进行辐射以启动燃烧过程。一般 3～10s 内即可引燃样品。燃烧过程中,停止微波辐射,样品达到高温并发出白色亮光,一般在 1300℃以上。该温度下有机物被完全破坏和氧化。煤和不含氯的高分子样品可达 1570℃。燃烧/消解完成得快速而彻底,用于分解样品的试剂只有氧和少量酸。燃烧产生的气体用吸收液吸收。吸收时间与目标组分有关,有些仅需要 5～10min,而氟则可能需要 20min。MIC 可增加后续的回流步骤,即在燃烧后以最大功率对吸收液施加微波 5～10min。回流使吸收液能够淋洗样品架和容器内壁,确保回收率。许多 MIC 应用以稀硝酸为吸收液,这非常适合于大多数分析仪器。而在用离子色谱测卤素时,则用碱性缓冲液吸收和回流。在 MIC 装置中,可使用浓硝酸来吸收和回流,对容器没有任何损伤,而在氧弹法中则要避免使用浓酸。

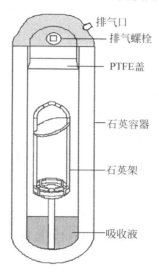

图 3-16　微波诱导燃烧容器和样品架

排气口
排气螺栓
PTFE盖
石英容器
石英架
吸收液

　　燃烧所需时间主要取决于氧的压力、样品类型和样品质量。氧的压力越高,燃烧过程也越迅速。一些物质(如脂肪类化合物)比其他物质(如芳香族化合物)更易于燃烧。样品越多,燃烧时间也越长。对于 350mg 的生物样品,在 20bar 氧压下,一般燃烧时间少于 50s。燃烧过程中的最大压力值取决于样品质量,对 500mg 的样品,一般最大压力不超过 60bar,但仅能保持数秒即降低。这对一般的微波炉的最大安全压力值(120bar)来说是比较安全的。回流步骤中开始微波辐射会使压力上升,可通过微波装置设定最大压力值 80bar。

　　MIC 对于煤、焦炭和石墨等样品的分解效果很好,而用传统的湿式消解即使用强氧化剂也很难将它们分解和溶解。制药行业中使用的纯物质,如测定抗癫痫药物卡马西平(Carbamazepine),用硝酸消解时可能转变成稳定的芳香化合物,形成大量的固体残余物。通过比较高压灰化法、微波消解法和 MIC 法对活性煤、卡马西平、焦炭及石墨的分解能力,MIC 得到了最低的残余炭成分值(RCC)[37],说明 MIC 分解最彻底。湿式消解(高压灰化法和微波消解法)中,样品质量 190mg,使用浓硝酸。高压灰化法 280℃ 2h,微波消解法 250℃ 1h。而在 MIC 法中,样品质量 400mg,硝酸回流时间 5min。结果显示,高压灰化法和微波消解法均有显著固体残余物。延长高压灰化时间至 3h,也不能分解石墨。而 MIC 法仅需数分钟,即得到低 RCC 值的分解结果。即使包括冷却时间,也仅需 25min。

3.7.5　在线燃烧离子色谱

　　燃烧分解可以与离子色谱在线联用。例如,瑞士万通公司的燃烧炉-离子色谱联用系统可将固体或液体样品进样并燃烧,用吸收液将燃烧后的气体吸收后进入离子色谱分析。该系统主要用于可燃样品中各种卤素和硫元素的同时分析。检测过程中,样品首先在燃烧炉内的低氧环境中热分解,随后在高氧环境中燃烧。燃烧过程由火焰传感器控制,检测火焰的光强。燃烧生成的各类气体被载气推入气体吸收模块进行吸收。吸收液进样至离子色谱进行分析。

3.8　熔融

3.8.1　概述

熔融,也称作高温熔盐消解,是将某种盐(熔剂)与一定量的样品混合并加热,当温度升至这种盐的熔点以上时,样品与熔化的混合物进行反应,然后将冷却至室温的反应混合物溶于稀硝酸或稀盐酸中制成溶液,供分析使用。

熔融法有许多优势。它能分解大多数物质,因为熔融法的分解温度非常高,一般在300～1000℃,并且与样品接触的试剂浓度极高(通常10倍于样品量)。熔融分解的全过程用时不多,从熔融到溶解于溶液中,一般在1h内即可完成。自动化的熔融装置则一般可在10～15min完成。操作也较为简单。熔融不需要使用危险性很高的无机浓酸。熔融法在分解那些难溶于酸的样品时非常有效,包括水泥、耐熔材料、陶瓷、岩石、土壤、污泥、铁合金等。熔融是这些样品简单、快捷和准确的优选分解方法。

熔融法也有其问题。熔融法制成的溶液含有大量盐,需要稀释,因而不利于痕量分析。使用大量熔剂使得杂质污染样品的风险增加。高温使挥发性元素如汞、锡和锑等因挥发而损失。对有机物和不含氧无机物的前处理也比较耗时。对反应容器的材料有特殊要求,并且难免会侵蚀容器表面而造成污染。

对有些样品,大部分成分可以通过酸溶解,少部分不溶于酸,则可先使用酸分解,而将不分解的小部分使用相对少量的熔剂熔融,再与前面溶解的样品合并,这样做可以尽量避免熔融法的不利影响,又彻底分解样品。

3.8.2　熔融操作

用熔融法分解的样品必须是分子中有氧的无机物,如氧化物,碳酸盐和硅酸盐等。大多数样品是天然富氧的。对于那些分子中没有氧的物质,如硫化物、碳化物、氯化物和还原金属(铁、铝、镁、铬、铜、铅、锌等及其合金)等,需要先进行氧化。还原态金属有可能与铂形成合金而损坏铂坩埚。有机物如煤样品则需要先灰化。

样品在熔融前应研磨成粉末(粒径<100μm)以增加表面积,这样可以加快反应速度,并且颗粒大小越均匀,熔融结果的重复性和准确性就越好。然后将样品与选定的熔剂按一定比例(一般为1:2～1:20)进行混合。需要时加入氧化剂。为了避免熔剂黏在坩埚上,需要加入若干毫克的碘化钾、碘化锂、溴化锂或碘化钠,并在熔融时用玻璃棒搅拌。一般熔融过程中坩埚中的熔融混合物不应超过坩埚容积的一半。坩埚应当加盖。

熔融法常用喷灯、马弗炉或电热板上的沙浴/油浴来加热。喷灯虽然加热不够均匀,但最常用。马弗炉加热均匀,但不便于观察反应情况。而电热板沙浴/油浴虽然加热均匀,但很难达到所需的高温。加热过程应慢,特别是用喷灯加热时,以免熔融初期产生的水和气体过热喷溅,也可防止样品在与熔盐反应前发生燃烧。反应的最高温度设置只要能满足分解要求即可,不应过高,以避免坩埚受到不必要的侵蚀和熔剂高温分解或挥发。

当温度高于熔剂的熔点后,样品会溶解于液态的熔剂中。当熔融反应混合物呈现清澈熔化态时,即可认为熔融反应结束,停止加热。但当观察效果不明显时,则需要根据以往处理同类样品加热时间的经验来判断。然后将熔融混合物缓慢冷却,在其固化以前,将坩埚旋转,使其在坩埚内表面形成一层薄的固化层,并可以很容易地脱离下来。将脱离坩埚的固态分解产物倒入稀酸中并搅拌,分解产物会破碎并在几分钟后溶解。制成溶液后,必须仔细检查是否仍有未分解的颗粒物。

熔融分解产物也常常用来制成玻璃态的盘片供 XRF(X-荧光)分析,这种情况下,在分解产物固化前将其倒入一个预先加热的模具中,再用风扇缓慢降温,形成玻璃盘片。

3.8.3 熔剂选择

绝大多数的熔剂都是碱金属的化合物。表 3-12 中列出了熔融法中常用的熔剂。碱性熔剂包括碳酸盐、氢氧化物、过氧化物及硼酸盐,用来与酸性样品反应。酸性熔剂则包括焦硫酸盐、酸式氟化物及氧化硼。

表 3-12 常用的熔剂

熔剂	熔融温度/℃	坩埚材料	分解物质类型
Na_2CO_3(mp* 851℃)	950~1200	铂	硅酸盐或含硅样品(黏土、玻璃、矿物、岩石和炉渣);含氧化铝、氧化铍、氧化锆的样品;石英;不溶性的磷酸盐和硫酸盐
K_2CO_3(mp 891℃)	1000	铂	氧化铌
Na_2CO_3 加氧化剂,如 KNO_3、$KClO_3$ 或 Na_2O_2	—	铂(不能用 Na_2O_2)、镍、锆、氧化铝陶瓷	需要氧化的样品(硫化物、铁合金、钼材、钨材、某些硅酸盐矿物、石蜡、污泥、Cr_3C_2 等)
NaOH(mp 318℃) KOH(mp 380℃)	<500	金(最佳)、银、镍	硅酸盐、碳化硅、某些矿物(主要限制是试剂纯度)
Na_2O_2(高温分解)	600	铁、镍、银、金、锆	硫化物、不溶于酸的铁、镍、铬、钼、钨和锂合金;铂合金;铬、锡和锌矿
$K_2S_2O_7$(mp 414℃)	加热至红	铂、陶瓷	铝、铍、钽、钛和锆的不溶性氧化物
KHF_2(mp 239℃)	900	铂	含铌、钽和锆的硅酸盐和矿物、能形成氟络合物的氧化物(铍、铌、钽和锆)
B_2O_3(mp 580℃)	1000~1100	铂	硅酸盐、氧化物,尤其是测定碱金属时
$CaCO_3+NH_4Cl$		镍	各种硅酸盐矿物,主要用于测定碱金属
$LiBO_2$(mp 845℃)	1000~1100	石墨、铂	除硫化物和金属以外的任何物质
$Li_2B_4O_7$(mp 915℃)	1000~1100	石墨、铂	除硫化物和金属以外的任何物质

* mp:熔点。

图 3-17 以路易斯酸碱性和氧化性为坐标标明了多种常用熔剂的性质和相互关系。

1) 碳酸钠

碳酸钠(Na_2CO_3)熔点 851℃,并会在熔化前开始缓慢分解释放二氧化碳。对于硅酸盐和耐熔材料,碳酸钠非常有用。用作熔剂的碳酸钠需要高的纯度,但是价格较贵,而有些价

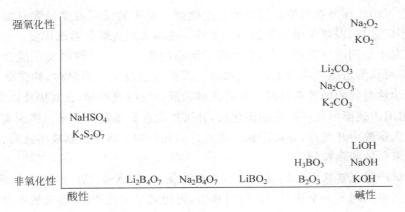

图 3-17　常用熔剂的性质和相互关系

格适中的商品碳酸钠含杂质较高。虽然碳酸氢钠比较容易提纯并能在 300℃ 转化为碳酸钠，可以代替碳酸钠使用，但是，碳酸氢钠的体积相对很大，实用性不佳。碳酸钠熔融过程只能用铂坩埚进行，其他材料如玻璃、石英、陶瓷等均会被碳酸钠溶解。铂在一定程度上也同样会被小量地溶解，控制较低的温度可以减轻侵蚀。样品中如果含有较多的铅和铁(Ⅱ)，则会有一部分与铂形成合金。这种情况下，可以在熔融之前加入一些硝酸钠以避免形成合金。碳酸钠的熔融产物在溶于稀酸溶液时会剧烈地冒出二氧化碳气泡，这使熔剂的阴离子从产物中分离出去。也可以用中性的水来溶解熔融产物，这样会产生水合碳酸根络合物和不溶的氢氧化物或碳酸盐沉淀。碳酸钠熔融法适用性非常广，很常用，特别适合富含硅和铝硅酸盐的样品。石英、石棉、硅线石(Al_2SiO_5)、绿宝石[$Be_3Al_2(SiO_3)_6$]、铝土矿($Al_2O_3 \cdot 2H_2O$)、重晶石($BaSO_4$)、莫来石($Al_6Si_2O_{13}$)、钾长石、磷灰石、天青石($SrSO_4$)以及高岭土等均可完全熔融。钢铁行业的炉渣和焦炭有时也用碳酸钠熔融后制成溶液。有时为了增强熔融能力，会在碳酸钠中加入氢氧化钠。碳酸钠也会作为缓和反应速度的试剂与过氧化钠混合使用。

2) 碳酸钾

碳酸钾(K_2CO_3)的熔点达 891℃，在喷灯的温度下熔化较为困难，使其应用受到限制。但对 Nb_2O_5 和 Ta_2O_5 来说，它们的钾盐比钠盐更易溶于水，因此碳酸钾更适用。碳酸钾还可与碳酸钠按质量比 1:1 混合使用，熔点 710℃，较单独碳酸钠和碳酸钾的熔点都低。这种混合物对分解高铝硅酸盐、钼钨矿、Nb_2O_5、Ta_2O_5 以及氧化后的金属钨都非常有用。

3) 碳酸锂

在所有碱金属碳酸盐中，碳酸锂(Li_2CO_3)熔点最低，在 618℃ 即开始熔化并分解出二氧化碳。它的腐蚀性在碳酸盐中最强，会损坏铂坩埚。在测定硅酸盐和氧化铝中的钠含量时，常会用到碳酸锂。碳酸锂常与其他熔剂混合使用。

4) 硼酸和三氧化二硼

硼酸(H_3BO_3)熔点 169℃，三氧化二硼(B_2O_3)熔点 580℃。硼酸经加热可转化为三氧化二硼(如式(3-2))，因此，它们用作熔剂时的作用相同。但三氧化二硼在保存时会吸湿，因此硼酸更为常用。

$$2H_3BO_3 \xrightarrow{\triangle} B_2O_3 + 3H_2O \tag{3-2}$$

硼酸常与碳酸钠和碳酸钾混合使用。硼酸、三氧化二硼以及硼酸盐会形成玻璃状熔融物，并且化学和机械性能稳定，很适合用于制作 XRF 分析用的盘片。但在溶于水甚至稀酸时比较缓慢，需要在电磁搅拌器上用带有 PTFE 外壳的磁子搅拌以加速溶解。含硼的熔剂可以通过化学方法从水溶液中挥发分离除去：一种方法是与甲醇一起煮沸，可形成硼酸甲酯逸出；另一种方法是用高氯酸或硫酸加上氢氟酸溶液处理而生成三氟化硼挥发。

5）四硼酸钠（硼砂）

四硼酸钠（$Na_2B_4O_7$）熔点为 878℃，非氧化性，也不呈酸性或碱性，熔融时较为黏稠。可用铂坩埚作容器，但有一定的损坏。当样品中含铜、铁、铋或锑较高时，这些金属会还原并与铂形成合金。汞和铊会完全挥发损失，硒和砷会部分损失。熔剂/样品比例可以从 1∶1～10∶1，加热时间从几分钟到 2h。适合的样品包括赤铁矿、磁铁矿及其他铁矿石；锆矿石和矿物；炉渣、焦炭和焦炭灰；云母、电气石的氧化铝；以及稀土、钛、铌和钽的矿物样品。含钛高的样品熔融后特别黏稠。某些样品一次熔融后可能不溶解，如金红石、钙钛矿、刚玉以及铌和钽的矿物等，需要过滤出来再进行熔融。硼砂更多的是与碳酸钠混合使用，常常是按 1∶1 到 2∶3 的比例（硼砂∶碳酸钠）配比。适用的样品有刚玉、斜锆石、尖晶石、硅线石、铝土矿、花岗岩、铬铁矿、硅酸锆、二氧化锡、碱性耐熔材料及其他硅酸盐矿物。

6）四硼酸锂与偏硼酸锂

四硼酸锂（$Li_2B_4O_7$）熔点 915℃。它是一种酸性熔剂，对熔融碱性样品有效，如氧化锆、二氧化钛、菱镁矿、石灰石、白云石、萤石、冰晶石、磷灰石以及毒重石等。与样品一起熔融后高度黏稠，需要使用不与熔融态产物浸润的铂/金合金坩埚，并用喷灯加热。如果用马弗炉加热，也可以用石墨坩埚。

偏硼酸锂（$LiBO_2$）的熔点为 845℃，用喷灯很容易熔化。它熔化后远非四硼酸锂那样黏稠，而很容易旋摇起来。它是一种碱性熔剂，适合高硅样品但不太适合高铝样品，如石英、砂子、硅酸盐矿物、玄武岩、黑云母、正长石、尖晶石、铬铁矿、钛铁矿和炉渣。一般样品含大约 80% 等价三氧化二铝时，适用偏硼酸锂。冷却后的偏硼酸锂易溶于稀酸中，便于制成溶液。

根据样品的酸度将四硼酸锂（以下简写为 LiT）和偏硼酸锂（以下简写为 LiM）按不同比例混合使用是一种应用非常广泛的方法。常用的 LiT∶LiM 比例为 1∶4，这时混合物的熔点为 832℃，可以熔融各种硅铝比例的铝硅酸盐，也用于锆石、碳化硅、碳化硼、骨瓷器和石棉水泥（不超过 60% 的氧化钙）。但是不能用于强碱性的样品，如方解石和菱镁矿。

7）焦硫酸钾

纯的焦硫酸钾（$K_2S_2O_7$）熔点为 414℃，而商品焦硫酸钾中常含有约 3% 的硫酸钾（共晶体），熔点为 411℃。焦硫酸钾是一种酸性熔剂，有轻微氧化性。焦硫酸钾可通过加热硫酸氢钾制得。继续受热后焦硫酸钾会生成硫酸钾。在没有焦硫酸钾时，可将无水硫酸氢钾在坩埚中加热以制备焦硫酸钾，待干燥冷却后再加入样品再次加热熔融。这是因为硫酸氢钾熔化后有喷溅，可造成样品损失，不宜用作初始熔剂。焦硫酸钾熔融法可使用铂坩埚或石英坩埚。虽然铂坩埚受侵蚀较石英坩埚严重，并且铂会促进焦硫酸钾受热生成惰性的硫酸钾，但仍不妨碍其广泛使用。

焦硫酸钾是一种较为少有的能够直接熔融金属的熔剂。高合金钢、低合金钢、钒铁、钨铁、铌铁、钽铁、黄铜、青铜、蒙乃尔合金、铌和钽的合金、铅合金、铅/锡焊料、含有铜/铅/锡/锑的金属和相关的合金等,都可以用焦硫酸钾熔融。为了减轻熔融时的喷溅并减少熔剂用量,可将浓硫酸与焦硫酸钾合用。虽然这些金属有适用的酸溶解方法,但用焦硫酸钾熔融仍有其优势。例如,用氢氟酸和硝酸溶解铌和钽合金效果虽好,但对分析有干扰,可用焦硫酸钾熔融,冷却后用4%草酸铵络合溶解。酸溶解方法会有残渣,仍需过滤后熔融,因此,这种情况下只用熔融法一步即可完全分解。熔融物冷却后常用稀盐酸或稀硫酸溶解,但当样品中含有可水解沉淀元素时,则需用浓硫酸、过氧化氢、氢氟酸或有机络合剂溶液来溶解。焦硫酸钾也用来熔融多种矿石和矿物,如铁矿、铬铁矿、钛铁矿、金红石型、锐钛矿、板钛矿、闪锌矿、方钍石、斜锆石、铌铁矿、钽铁矿、钙钛矿、锰矿、辉钼矿、独居石等。铌和钽的碳化物在氧化后也可以迅速熔融。

8) 硫酸氢钠

纯硫酸氢钠($NaHSO_4$)185℃熔化,同时失水并有喷溅现象,因此熔融时一般要在坩埚中加几滴浓硫酸。在390.5℃时生成85%过硫酸钠/15%硫酸钠的共晶体。焦硫酸钾和硫酸氢钠的熔融能力接近,但有些情况下只能使用硫酸氢钠:①如果后续步骤要用到高氯酸,其钾盐微溶于水,会生成沉淀,而高氯酸钠则是可溶的;②某些元素,如铝、锆、稀土元素等,会与钾生成难溶的复盐;③测定样品中钾元素时;④钾对分析有干扰时。

9) 过氧化钠

过氧化钠(Na_2O_2)在495℃熔化,熔融物呈红色,并很快产生大量氧气,具有高度腐蚀性。不用时,过氧化钠容器应严格密封以避免与空气接触,因为过氧化钠会与空气中的水分发生反应生成氢氧化钠。用过氧化钠熔融时,样品中不能含有机物或很容易被氧化的无机物。对于含有机物的样品,应先通过燃烧去除有机成分。对于含易氧化无机物的样品,在反应开始前加入碳酸钠可以有效地缓和样品与过氧化钠的剧烈反应。过氧化钠的熔融过程应在通风柜中进行并使用防护罩。加热开始后的5min内不要移取坩埚,也不要旋摇坩埚,因为对于组成不明确的样品,反应有可能失控并飞溅出火花和熔融物。这种熔融过程用喷灯较为适合,出现剧烈反应时可以迅速关掉燃气让反应自然停止。坩埚材料首选锆,但溶于稀酸的锆会引起磷和砷的沉淀损失。当分析磷、砷和锆时,可选用镍或铁坩埚,但镍和铁对过氧化钠的抗腐蚀性较差。

过氧化钠熔融法特别适用于处理难分解的铂-铁矿物、铬矿石、锡石、钛铁矿等钛矿物、锆石、独居石、黑钨矿等钨矿石矿物、绿柱石、电气石、铌和钽矿物、各种炉渣、金属碳化物(碳化铬、碳化钨)等。过氧化钠也可熔融分解金属样品,包括铬以及铁、镍、钴合金,甚至钌、铑、钯、铱、锇。熔融前应在坩埚底部铺一层碳酸钠以保护坩埚。常用的熔剂/样品比例是0.5g样品和10g过氧化钠。与过氧化钠一起使用碳酸钠时,典型的比例是过氧化钠∶碳酸钠为3∶1。

10) 氢氧化钠(NaOH)、氢氧化钾(KOH)和氢氧化锂(LiOH)

钠、钾、锂的氢氧化物主要用于矿物分析。它们的熔点大约都在300℃,但它们的吸湿性较强,因而实际熔化温度会有变化。最适合的坩埚材料是镍和锆,还会用到铁、银、金和石墨。但是不能用铂,因为会有一定程度的熔解。由于这类熔剂含有水分,熔融时发生喷溅,所以应先将称量好的熔剂用镍坩埚熔融,干燥冷却后再加入样品重新熔融。一般熔剂/样品比为(10~20)∶1。适用的样品包括:石英、硅酸盐、炉渣、砂、钨、钛矿石和矿物、萤石、冰晶石、刚玉、铝土矿、硬水铝石、云母、蒙脱石、高岭土、蛇纹岩、白钨矿、水泥、玻璃、耐熔黏土、板岩、长石、滑石、锂矿石和独居石。

3.8.4 常用坩埚

表 3-13 中列出了常用的坩埚及其与熔剂的相容性。

表 3-13 常用的坩埚及其与熔剂的相容性

熔剂	陶瓷	熔石英	铁	镍	锆	铂	石墨
Na_2CO_3	—	—	—	—	—	+++	—
K_2CO_3	—	—	—	—	—	+++	—
Li_2CO_3	—	—	—	—	—	+++	—
Na_2O_2	—	—	+	++	+++	—	—
$NaOH$	—	—	+	++	+++	—	+
KOH	—	—	+	++	+++	—	+
$Na_2B_4O_7$	—	—	—	—	—	+++	+++
$Li_2B_4O_7$	—	—	—	—	—	+++	+++
H_3BO_3	—	—	—	—	—	+++	+++
$NaHSO_4$	+	+++	—	—	—	+++	—
$K_2S_2O_7$	+	+++	—	—	—	+++	—

注：—表示不可用，+表示可用，++表示适用，+++表示非常适用。

1) 铂坩埚

铂的化学惰性非常好，因此铂坩埚常用于熔融分解。但是铂坩埚不能用于碱金属的氢氧化物、过氧化物、硝酸盐的熔融，不能接触盐酸和硝酸混合物，不可用还原焰或发黑烟的火焰加热，也不可接触火焰中的蓝色焰心，不能用来熔融金属（形成合金），不能用来处理富含磷、硫的样品。整形时须用木模或塑料模。每次使用后，可用焦硫酸钾熔融清洗，冷却的熔融物用 1 倍稀释的盐酸煮沸使之溶解，然后用蒸馏水清洗，干燥备用。

2) 锆坩埚

在用碱金属过氧化物和氢氧化物作为熔剂进行熔融时，锆坩埚必不可少。锆坩埚用于过氧化钠熔融时的寿命是镍坩埚的 20 倍。锆坩埚的清洗是用 1 倍稀释的盐酸煮 1min，蒸馏水荡洗，干燥。

3) 镍坩埚

镍坩埚用于碱金属过氧化物和氢氧化物熔融的寿命大约是铁坩埚的 4 倍，并且远较锆坩埚便宜。如果锆是待测元素或对分析有干扰，或者需要测磷元素（磷酸锆是不溶的），则镍坩埚为最佳选择。每次用于碱金属过氧化物熔融都会使大量镍元素溶解进入样品，这时镍坩埚一般只能用数次。溶解的镍可通过用碱性水溶解熔融产物生成氢氧化镍过滤去除。

4) 铁坩埚

铁坩埚由高纯铁金属制成。在用于碱金属过氧化物熔融时一次性使用。

5) 石墨坩埚

石墨坩埚价格较低，可部分代替金属坩埚。它可以一次性使用，不必清洗，从而消除交又污染。它的化学惰性和耐热性都非常好,但在430℃以上会慢慢氧化。特别长时间的熔融和样品可能被还原的熔融中,不推荐使用石墨坩埚。

3.8.5　其他熔融方法

1) 烧结法

铂坩埚会受到熔融过氧化钠的损坏。但是,将温度控制在450℃左右,即过氧化钠熔点以下,反应仍可在固相中进行,而铂坩埚受损也轻微。这种在熔剂的熔点以下进行的加热分解过程称为烧结。也可以用碳酸钠、碳酸钾以及氢氧化钠来烧结,但最常用的是过氧化钠。铬铁矿、钛铁矿、锡石、石英、锆石、铌和钽矿石等都可以烧结分解。

2) 火试金法

火试金法常用于熔融和分离贵金属。由于贵金属常以无规则的分散状态分散于矿物中,为了避免"块金效应",一般取样量较大(5～100g)以增加代表性。先将样品与适当配方的熔剂如一氧化铅、二氧化硅、碳酸钠、氧化钙、四硼酸钠、硝酸钾和面粉混匀,然后在耐火黏土坩埚中加温到1000℃。一氧化铅还原为金属铅,贵金属会分配到铅中形成"铅扣"沉在坩埚底部,并在冷却后随铅扣分离出来。将铅扣在炉中强氧化气氛中加热氧化,铅和金属杂质成为炉渣,不被氧化的部分即是贵金属颗粒,这一部分可在溶解后进行测定。金、铂、钯可以用这个方法分析,但铑、铱、钌、锇会有损失。为全部得到铂族元素,可以用硫化镍代替一氧化铅。火试金法的问题是当样品中铂族元素和金的含量较低时,大量的熔剂使试剂空白较高。而且熔剂的配方以及人员经验都对方法的结果有很大影响。

参考文献

[1] Costa L, Santos D, Hatje V, et al. Focused-microwave-assisted acid digestion: Evaluation of losses of volatile elements in marine invertebrate samples[J]. Journal of Food Composition and Analysis, 2009, 22(3): 238-241.

[2] Patnaik P. Dean's analytical chemistry handbook. Second Edition[M]. New York: McGraw-Hill, 2004: 1.41-1.42.

[3] Tessier A, Campbell P, Bisson M. Sequential Extraction Procedure for the Speciation of Particulate Trace Metals[J]. Analytical Chemistry, 1979, 51(7): 844-851.

[4] Mester Z, Sturgeon R. Sample Preparation for Trace Element Analysis[M]. Amsterdam: Elsevier, 2003: 1236.

[5] Maichin B, Zischka M, Knapp G. Pressurized Wet Digestion in Open Vessels[J]. Analytical and Bioanalytical Chemistry, 2003, 376(5): 715-720.

[6] Bian Q, Jacob P, Berndt H, et al. Online Flow Digestion of Biological and Environmental Samples for Inductively Coupled Plasma-Optical Emission Spectroscopy (ICP-OES)[J]. Analytica Chimica Acta, 2005, 538(1-2): 323-329.

[7] Richter R, Link D, Kingston H. On-Demand Production of High-Purity Acids in the Analytical Laboratory[J]. Sectroscopy, 2000, 15(1): 38-40.

[8] Manjusha R, Dash K, Karunasagar D. UV-photolysis Assisted Digestion of Food Samples for the Determination of Selenium by Electrothermal Atomic Absorption Spectrometry (ETAAS)[J]. Food Chemistry, 2007, 105(1): 260-265.

[9] Bruhn C, Bustos C, Saez K, et al. A Comparative Study of Chemical Modifiers in the Determination of

Total Arsenic in Marine Food by Tungsten Coil Electrothermal Atomic Absorption Spectrometry[J].
Talanta,2007,71(1)：81-89.

[10] Lavilla I,Gonzalez-Costas J,Bendicho C. Improved microwave-assisted wet digestion procedures for accurate Se determination in fish and shellfish by flow injection-hydride generation-atomic absorption spectrometry[J]. Analytica Chimica Acta,2007,591(2)：225-230.

[11] Domini C E,Hidalgo M,Marken F,et al. Comparison of three optimized digestion methods for rapid determination of chemical oxygen demand：Closed microwaves,open microwaves and ultrasound irradiation[J]. Analytica Chimica Acta,2006,561(1)：210-217.

[12] 李娜,陈建中,裴健. 超声消解-ICP-AES 法测定土壤中的 Co,Cu,Mn,Pb,Zn[J]. 安徽农业科学,2010,38(6)：2763-2764,2767.

[13] Ilander A,Väisänen A. An ultrasound-assisted digestion method for the determination of toxic element concentrations in ash samples by inductively coupled plasma optical emission spectrometry [J]. Analytica Chimica Acta,2007,602(2)：195-201.

[14] Brunori C,Ipolyi I,Macaluso L,et al. Evaluation of an ultrasonic digestion procedure for total metal determination in sediment reference materials[J]. Analytica Chimica Acta,2004,510(1)：101-107.

[15] Abu-Samra A,Morris J S,Koirtyohann S R. Wet ashing of some biological samples in a microwave oven[J]. Analytical Chemistry,1975,47(8)：1475-1477.

[16] Nóbrega J A,Trevizan L C,Araújo G C L,et al. Focused-microwave-assisted strategies for sample preparation[J]. Spectrochimica Acta Part B：Atomic Spectroscopy,2002,57(12)：1855-1876.

[17] Almeida C A,Savio M,González P,et al. Determination of chemical oxygen demand employed manganese as an environmentally friendly oxidizing reagent by a flow injection method based on microwave digestion and speciation coupled to ICP-OES[J]. Microchemical Journal,2013,106：351-356.

[18] Florian D,Knapp G. High-temperature,microwave-assisted UV digestion：a promising sample preparation technique for trace element analysis[J]. Analytical Chemistry,2001,73(7)：1515-1520.

[19] Limbeck A. Microwave-assisted UV-digestion procedure for the accurate determination of Pd in natural waters[J]. Analytica Chimica Acta,2006,575(1)：114-119.

[20] Matusiewicz H,Stanisz E. Characteristics of a novel UV-TiO_2-microwave integrated irradiation device in decomposition processes[J]. Microchemical Journal,2007,86(1)：9-16.

[21] Chen S S,Chou S S,Hwang D F. Determination of methylmercury in fish using focused microwave digestion following by Cu^{2+} addition,sodium tetrapropylborate derivatization,n-heptane extraction,and gas chromatography-mass spectrometry[J]. Journal of Chromatography A,2004,1024(1)：209-215.

[22] Nevado J J B,Martín-Doimeadios R C R,Bernardo F J G,et al. Determination of mercury species in fish reference materials by gas chromatography-atomic fluorescence detection after closed-vessel microwave-assisted extraction[J]. Journal of Chromatography A,2005,1093(1)：21-28.

[23] Gilon N,Astruc A,Astruc M,et al. Selenoamino acid speciation using HPLC-ETAAS following an enzymic hydrolysis of selenoprotein[J]. Applied organometallic chemistry,1995,9(7)：623-628.

[24] 孟慧. 牡蛎中锌的形态分析研究[D]. 保定：河北农业大学,2011:25.

[25] 赵艳芳,尚德荣,宁劲松,等. 体积排阻高效液相色谱-电感耦合等离子体质谱法测定海产贝类中镉的形态[J]. 分析化学,2012,40(5)：681-686.

[26] 赵艳芳,尚德荣,宁劲松,等. 运用体外全仿生消化法分析海藻中砷形态[J]. 中国渔业质量与标准,2012,2(2)：45-51.

[27] He Z,Honeycutt C W,Griffin T S. Enzymatic hydrolysis of organic phosphorus in extracts and resuspensions of swine manure and cattle manure[J]. Biology and Fertility of Soils,2003,38(2)：

78-83.

[28] Sahayam A C, Chaurasia S C, Venkateswarlu G. Dry ashing of organic rich matrices with palladium for the determination of arsenic using inductively coupled plasma-mass spectrometry[J]. Analytica Chimica Acta. ,2010,661(1): 17-19.

[29] Favia P, Stendardo M V, d'Agostino R. Selectivegrafting of aminegroups on polyethylene by means of NH_3-H_2 RF glow discharges[J]. Plasmas and Polymers,1996,1(2): 91-112.

[30] Flores É M M, Barin J S, Mesko M F, et al. Sample preparation techniques based on combustion reactions in closed vessels—a brief overview and recent applications[J]. Spectrochimica Acta. Part B: Atomic Spectroscopy,2007,62(9): 1051-1064.

[31] Geng W, Nakajima T, Takanashi H, et al. Utilization of oxygen flask combustion method for the determination of mercury and sulfur in coal[J]. Fuel,2008,87(4): 559-564.

[32] Geng W, Furuzono T, Nakajima T, et al. Determination of total arsenic in coal and wood using oxygen flask combustion method followed by hydride generation atomic absorption spectrometry[J]. Journal of Hazardous Materials,2010,176(1): 356-360.

[33] 煤中氟的测定方法: GB/T 4633—1997[S].

[34] 王春叶,王林根,曹淑琴. 高温水解-离子色谱法测定重铀酸盐中的 Cl^- 和 SO_4^{2-}[J]. 湿法冶金,2008, 27(3): 188-190.

[35] Zhang Z, Zhai C, Duan H, et al. Evaluation of carborundum as an improver for high temperature combustion-hydrolysis analysis of fluoride in solid materials[J]. Fluoride,2010,43(1): 71.

[36] Flores É M M, Barin J S, Paniz J N G, et al. Microwave-assisted sample combustion: a technique for sample preparation in trace element determination [J]. Analytical Chemistry, 2004, 76 (13): 3525-3529.

[37] Flores É M M, Barin J S, Mesko M F, et al. Sample preparation techniques based on combustion reactions in closed vessels—a brief overview and recent applications[J]. Spectrochimica Acta. Part B: Atomic Spectroscopy,2007,62(9): 1051-1064.

第4章

溶剂萃取分离

4.1 溶剂萃取方法分类与特点

溶剂萃取是最经典的分离方法,广泛用于物质分离、制备和纯化,也是最常用的分析样品前处理技术之一。广义的溶剂萃取泛指萃取相为液相的萃取体系,包括样品相为液相的液-液萃取(liquid-liquid extraction,LLE)、样品相为固相的固-液萃取(提取、浸取,如索氏提取)和样品相为气相的气-液萃取(溶液吸收)。气-液萃取应用面较窄,主要用于大气采样。本章主要介绍液-液萃取和固-液萃取两类萃取体系,重点介绍应用比较多和比较新颖的溶剂萃取方法。

常用的液-液萃取方法包括经典 LLE、双水相萃取(aqueous two phase extraction,ATPE)、胶团萃取(micellar extraction)和液相微萃取(liquid-phase microextraction,LPME)。其中,LLE 应用面很广,到目前为止,一直处于领先地位,操作也较为简单,其最大缺点是需要使用大量挥发性有机溶剂;而借助水溶性高聚物和表面活性剂发展起来的ATPE 和胶团萃取则可以避免或减少有机溶剂的使用,非常适合蛋白质等生物活性物质的分离纯化。20 世纪末才出现的 LPME 技术,近年发展迅速,它一般仅需要微升级的溶剂就可以达到 LLE 的分离富集效果,而且操作也更为快捷,目前仍然是溶剂萃取领域的研究热点之一。

固-液萃取技术主要包括索氏萃取、超声波萃取、微波辅助萃取(microwave-assisted extraction,MAE)、超临界流体萃取(supercritical fluid extraction,SFE)和快速溶剂萃取(pressurized liquid extraction,PLE)。其中,索氏萃取广泛用于各种有机化合物的提取,是目前固体样品萃取的经典方法,其最大缺点是萃取时间较长,一般一个样品提取需要数小时或更长。相比经典的索氏萃取,另外几种固-液萃取技术均采用了物理辅助手段(超声、微波、高温、高压等),来提高萃取效率和缩短萃取时间,同时有机溶剂消耗量也大幅减少,自动化程度也更高。常用液-液萃取技术特点对比归纳于表 4-1,常用固-液萃取技术特点对比归纳于表 4-2。由表可见,近年溶剂萃取分离技术的发展趋势是绿色、快速和自动化。

表 4-1　用于液体样品的溶剂萃取分离技术特点对比

特性	常规液液萃取	双水相萃取	胶团萃取	液相微萃取		
				单滴液相微萃取	基于多孔中空纤维的液相微萃取	分散液液微萃取
出现时间	已大半个世纪	1979(生物分离)	1977—1979 年	1996 年	1999 年	2006 年
样品处理量	可达 1L	容易工业放大	可达工业规模	2～40mL	1～200mL	5～10mL
萃取时间	分液漏斗约 20min，亦可 24h 连续萃取	分离时间一般 15min 左右	—	5～60min	3～60min	1～30min
常用溶剂	与水互不相溶的各种有机溶剂	聚乙二醇-葡聚糖混合体系或高聚物-无机盐体系	非极性溶剂、表面活性剂及水相	正己烷、甲苯、癸烷、十二烷、十六烷、1-辛醇	1-辛醇、甲苯、环己烷	四氯化碳、氯苯
溶剂消耗	非连续萃取 100～200mL，连续萃取可达 500mL	—	—	1～4μL	1～20μL	8～52μL
萃取方式	液液分配	两水相分离	通过有机-水相间的反胶团簇实现分离	液液分配	液膜萃取	有机相微滴快速萃取水溶液
样品温度	室温	一般为室温，在临界点附近需要精确控制温度	室温	25～70℃	室温～30℃	室温～80℃
搅拌速率(方式)	充分(振摇)	搅拌(机械)	搅拌(机械)	200～1300r/min(磁力搅拌)	240～2000r/min(振摇、磁力搅拌)	1000～6000r/min(离心)
自动化程度	低	—	—	高(可全自动化)	中等(可自动化，但中空纤维需要人工安装)	低(离心步骤很难自动化)
适用分离目标化合物	各种有机化合物	生物物质，如氨基酸、多肽、核酸、细胞器、病毒等	生物物质，特别是蛋白质	VOCs(顶空)、PAHs、PCBs、有机氯农药等	VOCs(顶空)、PAHs、PCBs、有机氯农药等	各种有机污染物以及金属离子等(衍生后)

表 4-2 用于固体或半固体样品的溶剂萃取分离技术特点对比

特性	索氏萃取	快速索氏萃取	超声波辅助萃取	微波辅助萃取	超临界流体萃取	快速溶剂萃取
出现时间	1879年	1994年	1961年	1986年	1993年（成熟）	1995年
样品处理量	可达10g	10g左右	2~30g	2~10g	1~10g	30g或更多
萃取时间	一般6~48h/样	通常4~6h/样	3~5min/样	20min/炉（后续需冷却和泄压）	30~60min/样	小于15min/样
常用溶剂	乙醚（粗脂肪）、丙酮、正己烷、二氯甲烷（环境有机污染物）、甲苯（电子产品）等	石油醚（粗脂肪）、丙酮、正己烷、二氯甲烷（环境有机污染物）、甲苯（电子产品）等	丙酮、正己烷、二氯甲烷、水溶液等	水溶液体系或丙酮和正己烷混合体系（一般要求混合溶剂可吸收微波）	CO$_2$（一般需添加极性有机试剂），后续采用四氯乙烯或二氯甲烷作收集溶剂	各种有机溶剂或水溶液体系
溶剂消耗/mL	150~300	150~300	5~20	25~45	10~20	25
萃取方式	加热	加热	超声波（搅拌）	加热（微波）+压力	加热+压力	加热+压力
萃取模式	依次萃取，需要人工更换样品（但可以并行操作多多）	依次萃取，需要人工更换样品（但可以并行操作多套）	依次萃取，需要人工更换样品时超声（搅拌）处理多个样品	并行萃取，一般每炉可萃取1~40个样品	串行依次萃取	串行依次萃取或同时并行萃取
方法开发耗时	较短（固液萃取基准方法，可参考标准方法多）	较短（可参考索氏萃取方法条件）	较短	较长	较长	较长
操作技能要求	较低	较低	较低	中等	较高	中等
设备费	较低	中等	中等（需用专业超声萃取仪，一般超声波清洗器无法满足萃取一致性要求）	中等（微波萃取仪）	较高	较高
设备使用成本	较低（玻璃器皿、滤纸）	中等（一次性滤纸较贵）	较低	较高（萃取管密封件耗材较贵）	中等	较高（萃取管密封件材耗贵）
自动化程度	较低	中等	较低	中等	由低到高均可	可以完全自动化
美国EPA推荐方法号	3540	3541	3550	3546	3560~3562	3545

4.2 经典液液萃取

4.2.1 方法原理与特点

LLE 是最早应用的样品前处理技术[1]，通常采用一种与水互不相溶的有机溶剂，从水溶液中萃取有机化合物或将无机离子转变成疏水性化合物后萃取。其主要优势在于技术成熟、适用性广、高纯有机试剂较易获得、操作简便、萃取设备简单、成本低。

LLE 的萃取原理是利用样品中不同组分在两种互不相溶的液相中的溶解度或分配系数的差异来达到分离、纯化、富集的目的。被萃取组分在不同溶剂中的溶解度大小符合"相似相溶"原理，即极性化合物更易溶于水（极性）相，而低极性或非极性化合物则更易溶于有机溶剂。

以萃取样品中的目标化合物 X 为例，如不考虑 X 的形态转化，化合物 X 在两相间的分配满足 Nernst 分配定律，平衡过程可以用方程（4-1）表示：

$$X(aq) \rightleftharpoons X(org) \tag{4-1}$$

即在一定温度下，平衡时 X 在有机相的浓度 $[X]_{org}$ 与在水相的浓度 $[X]_{aq}$ 之比为一常数，此常数称为（萃取）分配系数（常数），即 K_d：

$$K_d = [X]_{org} / [X]_{aq} \tag{4-2}$$

如果由于 pH 改变、螯合剂等因素的影响使得化合物 X 在不同溶剂中的存在形态转化或改变，这时 X 在两相间的分配关系往往采用分配比 D 来表示：

$$D = [X 各形态总和]_{org} / [X 各形态总和]_{aq} \tag{4-3}$$

溶剂萃取效果通常用萃取率或回收率表示。萃取率（E）可以表示为

$$E = K_d V / (1 + K_d V) = 1 - 1 / (1 + K_d V) \tag{4-4}$$

或者：

$$E = C_o V_o / (C_o V_o + C_{aq} V_{aq}) \tag{4-5}$$

式中：C_o 和 C_{aq} 分别为目标组分在有机相和水相中的平衡浓度；V_o 和 V_{aq} 分别为有机相和水相的体积。V 是相体积比（相比），即 $V = V_o / V_{aq}$。

由方程（4-5）可以看出，要想获得较高的萃取率，必须保证 $K_d V$ 足够大，如 $K_d V > 10$ 时，才能保证一次萃取的萃取率达到 90% 以上。而在实际操作中，相体积比 V 一般都选择在 $0.1 \sim 10$ 之间，因此要求 K_d 要比较大，如 $K_d > 10$。但实际工作中，经常出现目标组分 $K_d < 10$ 的情况，这时可以采用多次萃取提高萃取率，一般萃取 $2 \sim 3$ 次即可达到要求的萃取效率，n 次萃取的总萃取率 E 可表示为

$$E = 1 - [1 / (1 + K_d V)]^n \tag{4-6}$$

4.2.2 萃取体系与操作方式

从 LLE 萃取机制来讲，其萃取模式大致可分为简单分子萃取、中性配合萃取、阳离子交换萃取、螯合萃取和协同萃取等几大类，其中应用最广的是简单分子萃取模式，因为 LLE 通常是将水相中的目标组分萃取到有机相，而有机化合物在有机溶剂中的溶解度一般要比在水相中大得多，仅仅依靠溶解度差异的物理分配作用就可得到较好分离和富集。除简单分

子萃取外,其他萃取体系都需要加入与被萃取溶质形成疏水化合物的萃取剂,萃取目标溶质通常是金属离子,萃取剂通常是配位试剂或螯合剂,萃取剂与被萃取金属离子形成疏水性配合物后,再萃取到有机相。

中性配合萃取指在样品水溶液中以中性分子形式存在的目标组分与中性萃取剂形成中性配合物后萃取到有机相的体系。例如,采用磷酸三丁酯(TBP)-煤油体系从硝酸水溶液中萃取硝酸铀酰 $UO_2(NO_3)_2$,被萃取物 $UO_2(NO_3)_2$ 和萃取剂 TBP 都是中性分子,生成的萃合物 $UO_2(NO_3)_2 \cdot 2TBP$ 也是中性分子,这一过程常用于核工业中分离核素铀和钚。

阳离子交换萃取指使用既溶于水又溶于有机溶剂的有机酸作萃取剂,通过有机酸中的 H^+ 与水相中的金属阳离子发生离子交换,生成疏水性盐进而萃取到有机相的体系。常用的萃取剂主要是酸性含磷萃取剂、有机羧酸和磺酸。有机羧酸及其盐在水中的溶解度较大,必须具有足够长的碳链(C_7 以上)以减小其水溶性。另外,因磺酸基具有较大的吸湿性和水溶性,虽然磺酸萃取剂可以从酸性溶液中萃取金属离子,但容易产生乳化。

螯合萃取指以螯合剂作萃取剂的体系,萃取原理是利用不含亲水基团的螯合剂与金属离子生成疏水螯合物而萃取到有机相。常用的螯合萃取剂包括 β-二酮类、8-羟基喹啉类、双硫腙类等。β-二酮类萃取剂是 Fe、Al、Cr 等金属离子的良好螯合剂。最重要的 8-羟基喹啉类螯合剂是十二烯基-8-羟基喹啉,它是 Cu 的优良萃取剂。含硫螯合剂双硫腙及其衍生物可以用于 Bi、Cu、Hg、Pb、Pd、Zn 等金属离子的螯合萃取和富集。

协同萃取是指使用两种或两种以上萃取剂同时萃取某一组分时,若其分配比显著大于相同浓度下各单一萃取剂分配比之和的萃取体系。协同萃取的机理比较复杂,通常认为协同萃取体系中萃取剂与被萃取金属离子生成了一种更为稳定的含有两种以上配体的萃合物,或者生成的萃合物疏水性更强,更易溶于有机相中,从而提高了分配比。

从 LLE 操作方式来讲,主要有手工断续萃取(分液漏斗法)、连续液液萃取和在线液-液萃取[2]。目前,手工分液漏斗法(图 4-1)仍然是 LLE 主要操作方式,一般选用容积较液体样品体积大一倍以上的分液漏斗,一次所使用的溶剂体积为样品体积的 1/3 或更多。加入溶剂后开始振荡,振荡几次后要从分液漏斗上口放出产生的气体,之后静止分层。如果长时间静置仍不能清晰分层,可加入适量无水硫酸钠或醇类化合物,改变溶液的表面张力,也可调节溶液 pH。一般至少需要重复萃取 2～3 次,萃取次数取决于分配系数的大小。

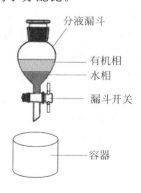

图 4-1　常规手工断续液液萃取

对于分配系数小或者需要处理的样品量大时,可采用连续液-液萃取,即萃取溶剂通过反复加热、冷凝过程,连续使用新鲜溶剂萃取样品,因此使用较少的溶剂即可获得较高的萃取率。有机溶剂比水轻和比水重时可以使用不同构造的连续液-液萃取装置(图 4-2),使用比水重的有机溶剂进行萃取时,萃取溶剂从烧瓶中被加热蒸馏,上升到冷凝器被冷凝,冷凝后的溶剂液滴穿过萃取瓶中的样品溶液时,将目标溶质萃取到有机相,并聚集在瓶底形成有机相。当溶剂的体积达到一定量后,就会经过与萃取器底端相连的管路返回到烧瓶中,此过程连续地进行,直到足够量的待测物质被萃取出来。在某些模块中,烧瓶也作为浓缩器使用,连续萃取之后便于蒸发和除去萃取溶剂。使用比水轻的有机溶剂进行萃取时,冷凝后的溶剂通过一根末端有玻璃筛板的漏斗管,先到达萃取瓶中样品层底部,较轻的溶剂会穿过样品相萃取目标溶质后到达样品相之上,当溶剂体积达到一定量后也会返回到烧瓶中。如果使用玻璃微珠充填萃取器内空间以减少萃取体积,亦可给萃取溶剂提供弯曲的途径以改进液-液接触效率。

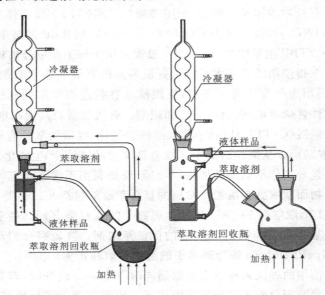

图 4-2   萃取溶剂密度比水小(左)和比水大(右)时的连续液液萃取装置

在线液-液萃取系统是采用流动注射分析的原理设计的。简单的液-液萃取流动注射分析装置示意图如图 4-3 所示,待萃取样品连续地导入含萃取剂的水相(载流)中,目标溶质与萃取剂在混合器中反应生成可萃取物。然后,在萃取盘管中实现萃取,通过相分离器实现两相分离。实际应用中,含有被测物的一相(通常为有机相)常常使用流通池在线监测和定量。也有更复杂的在线萃取系统,应用膜分离器件、吸收水的微柱分离器、预浓缩装置等浓缩待测物质。在线萃取系统的优点是可用于比较小的样品体积(毫升级),使用少量的萃取剂和有机溶剂,闭环系统(样品不会暴露到大气中,防止了污染和对人的毒性),高的样品萃取产率,可充分自动化,流动系统的接口可直接与分析仪器相连接。缺点是与批萃取浓缩技术相

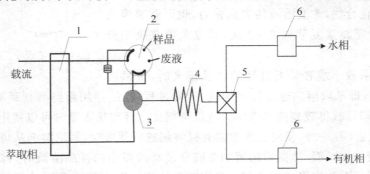

图 4-3   在线液-液萃取装置示意图

1—蠕动泵;2—六通阀(带采样环);3—相混合器;4—萃取管;5—相分离器;6—检测器

比,灵敏度较低,要求更复杂的硬件(泵、相分离器等)。

4.2.3 溶剂选择及乳化去除办法

LLE 萃取中,萃取溶剂的选择至关重要,总的原则是选择对目标化合物溶解度大、对杂质和基体物质溶解度小,且与样品溶液互不相溶(常用溶剂的互溶表见图 4-4)、毒性小、化学稳定性好、相对密度易于分层的溶剂。萃取溶剂的选择应遵循以下几点:①在水相中溶解度较低(一般应<10%);②具有低沸点或高挥发性,以便后续浓缩操作;③纯度高,以避免后续浓缩引进过多杂质;④与后续分析仪器有较好的兼容性,如后续采用电子捕获检测器(Electron Capture Detector,ECD)检测时,萃取溶剂不能选择含有卤素的溶剂(如二氯甲烷等),当采用紫外检测器(UV)检测时,所用溶剂不能有强紫外吸收;⑤极性大小选择要与目标化合物相匹配,以提高分配系数。

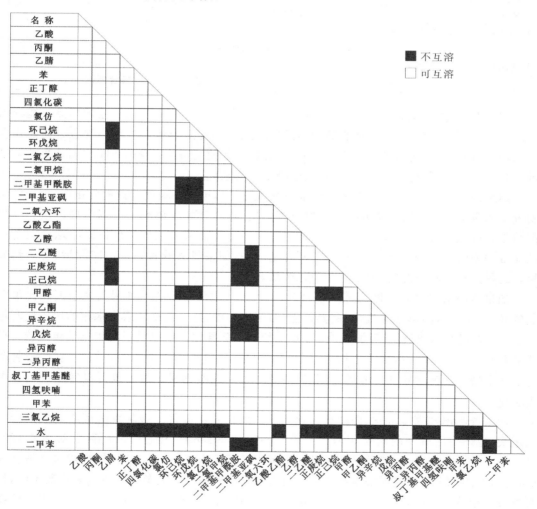

图 4-4 溶剂互溶表[3]

LLE 萃取中,目标物的分配系数 K_d 常常受到多种因素的影响,如调节水溶液体系 pH,

可有效抑制酸性或碱性目标物的离子化,加入离子对试剂可与目标离子化合物形成中性离子对,加入螯合剂可与金属离子生成疏水性化合物,加入中性无机盐,可降低目标物在水相中的溶解度(盐析作用),这些因素均有利于提高目标物的分配系数。因此,为了改善 LLE 萃取效果,人们在进行 LLE 萃取前,通常需对水溶液体系进行前处理(如调节 pH、添加螯合剂或盐类等),并针对不同的水溶液处理体系选择相匹配的溶剂萃取。表 4-3 中列举了与不同水溶液体系匹配的萃取溶剂实例。

表 4-3　不同水溶液体系的萃取溶剂选择[4]

水溶液体系	不相容的有机溶剂选择
水	正己烷、异辛烷、石油醚或者其他脂肪烃
酸性溶液	乙醚
碱性溶液	二氯甲烷
高盐溶液	氯仿
复杂体系(离子对、螯合剂等)	乙酸乙酯
上述两种或更复杂的体系	脂肪酮类(C_6 及以上) 脂肪醇类(C_6 及以上) 甲苯、二甲苯或上述溶剂组成的混合溶剂

　　LLE 操作中常常会出现的一个问题就是乳化现象,导致萃取溶剂和液体样品不能清晰分层,特别是含有表面活性剂或脂肪的样品经过剧烈振荡后容易产生乳化现象。为防止乳化,通常采用加入改变溶剂或化学平衡的添加剂,例如使用缓冲盐调节 pH 或调节离子强度等。实际操作中可根据乳化程度的不同选择不同的破乳手段。

　　如果样品出现轻度乳化(两相间形成一薄乳化层),可使用玻璃棒搅动乳化层,削弱乳化物分子的吸附作用;或者使用细金属丝与容器壁摩擦,破坏胶体粒子的双电层。这种方法能消除轻度乳化,既简单又避免了杂质的引入。由于乳浊液是液体杂质以微小珠滴散布在液体溶剂中的一种分散体系,是热力学不稳定体系,如果将其静置一定的时间后,可自然分层。此种方法比较费时间,但是不会引入杂质。

　　如果样品出现中度乳化(乳化率达 50%),可加入电解质破乳。如果是属于两相比重引起的乳化,加入可溶解性无机盐(例如氯化钠)于水相中,通过提高体系中水相的比重使两相分层;如果仍然不能分层,可加入 1mol/L 的盐酸消除乳化。如果属于两相比重相差较大形成的乳化,加入无水乙醇能溶解相互黏合的两相液滴,破乳的效果也比较好。通常,破乳率与加入电解质的量成正比。此外,将乳浊液经过无水硫酸钠漏斗过滤也可以完全地消除中度乳化。

　　如果样品出现高度乳化(即全部乳化),可采用离心法破乳。破乳率随离心转数的增加而增大,也随作用时间的延长而增大。通常采用 2000r/min,离心 2min 后,其破乳率可达 100%。但离心法不适用微乳液的破乳。也可以采用无水硫酸钠研磨法破乳,将乳浊液转入研钵中,使用无水硫酸钠研磨至沙状后再进行萃取可消除乳化现象。还可以采用蒸干法,将乳浊液置于蒸发皿中,于 100℃ 沸水浴蒸干后,再用有机溶剂萃取。但本法不适用挥发性物质的萃取。

4.2.4　应用概述

目前,LLE 依然是分析化学中最为常用的样品前处理方法之一,主要因为用于 LLE 的高纯度有机溶剂容易获得、操作简便、对操作技能要求较低、具有广泛的标准方法支持。目前 LLE 的应用领域很多,其中应用最广的是环境样品中非挥发性和半挥发性有机污染物的分离富集,对象物质包括农药残留、除草剂、多氯联苯(PCBs)、多环芳烃(PAHs)、有机酸类(酚)、邻苯二甲酸酯、内分泌阻断剂等[5]。然而,LLE 存在的缺陷是显而易见的,LLE 操作中往往要消耗大量的有毒有机试剂,造成严重的二次污染,而且操作过程过多的手工操作,导致实验结果的重复性较差,经常出现的乳化现象容易导致分析物的损失。同时实验中需要借助大量玻璃容器,在反复的转移和清洗中,很容易造成外在污染或交叉污染。虽然可以采用连续液-液萃取的方式提高萃取率和减少溶剂消耗,但每个样品往往要耗费数小时,远没有手工方法便捷。近年,随着固相萃取和固相微萃取技术的迅速发展,在很大程度上替代了 LLE。

4.3　双水相萃取

4.3.1　方法原理

双水相体系是指聚合物和聚合物之间,或聚合物与无机盐之间,在水中以适当的浓度溶解后形成的互不相溶的两相体系。双水相萃取(ATPE)是被萃物在两个水相间分配。目前,研究较多的双水相体系是聚合物-聚合物体系,典型的例子是聚乙二醇(PEG)-葡聚糖(Dx)体系。在 PEG 和葡聚糖的溶解过程中,当这两种溶质均在较低浓度时,可得到单相均质的溶液。当它们的浓度超过一定值后,由于葡聚糖是一种几乎不能形成偶极现象的球形分子,而 PEG 是一种共享电子对的高密度聚合物,两者由于不同的分子结构而互相排斥,溶液就会变浑浊,静置后可形成两个水相层。上层富含 PEG,下层富含葡聚糖(图 4-5)。

ATPE 与 LLE 萃取原理相似,都是依据物质在两相间的选择性分配。物质进入 ATPE 体系后,由于分子间的范德华力、疏水作用、分子间的氢键、分子与分子之间的电荷相互作用,目标溶质在上、下相中的浓度不同,从而达到分离的目的。溶质(包括蛋白质等生物大分子、稀有金属以及贵金属的配合物、中草药成分等)在双水相体系中同样服从 Nernst 分配定律,当萃取体系固定时,分配系数为一常数,与溶质的浓度无关。目标溶质在双水相体系的分配,与 LLE 萃取分配相比,表现出更大或更小的分配系数。如各

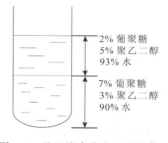

2% 葡聚糖
5% 聚乙二醇
93% 水

7% 葡聚糖
3% 聚乙二醇
90% 水

图 4-5　基于聚合物的双水相体系

种类型的细胞粒子、噬菌体的分配系数都大于 100 或者小于 0.01,因此 ATPE 适合生物物质的分离[6]。

ATPE 的概念最早由 Albertson 于 20 世纪 50 年代提出,1979 年德国 Kula 等将双水相萃取分离技术应用于生物酶的分离,为以后 ATPE 在生物物质分离纯化方面的应用奠定了基础[7]。与 LLE 相比,ATPE 具有明显优势。ATPE 体系不使用有机试剂,萃取条件更温

和,同时两相均含 80% 以上的水,相间界面张力较小,传质速率更快。因其操作过程能很好地保持生物分子的活性和构象,而且操作简便、低成本,到目前为止,双水相萃取体系已广泛用于各种生物物质,如氨基酸、酶、蛋白质、核酸、细胞器、病毒等的分离纯化。

4.3.2　萃取体系

除高聚物-高聚物双水相体系外,聚合物与无机盐的混合溶液也可形成双水相体系,其成相机理一般认为是强盐析作用。萃取体系种类主要有:非离子型高聚物/非离子型高聚物、聚电解质/非离子型高聚物、聚电解质/聚电解质、高聚物/无机盐等。常用的非离子型高聚物有:聚乙二醇、聚丙二醇、聚乙烯吡咯烷酮、甲基纤维素、聚乙烯醇、葡聚糖、羟丙基葡聚糖等;常用的聚电解质有:葡聚糖硫酸钠、羧甲基葡聚糖钠、羧甲基纤维素钠等。常用的无机盐有:磷酸盐、硫酸镁或硫酸铵等。其中 PEG/Dx 和 PEG/无机盐是最常见的双水相萃取体系。

PEG/无机盐体系成相示意图见图 4-6,曲线 TCB 为双节线,将单相区和两相区分开,下方是由 PEG 与无机盐溶液组成的均相体系,上方是由 PEG 与无机盐溶液组成的双水相体系。直线 TB 为系线,系线上所有点的双水相体系的组成相同,但两相体积比不同。T 和 B 点分别代表上下相组分的临界质量百分组成。C 点表示系线长度为零,代表两相差别消失或两相即将形成的点,称之为临界点(critical point)或褶点(plait point)。双节线的位置和形状与聚合物的相对分子质量有关,PEG 的相对分子质量越高,相分离所需的浓度越低,双节线的形状越不对称。

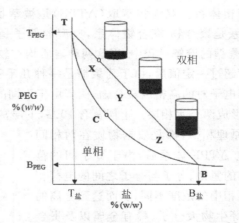

图 4-6　PEG/无机盐双水相体系形成示意图[8]

PEG 能与水(溶液)很好互溶,当它们的组成位于双节线 TCB 上方时,体系就会分成两相,形成无限多个不同组成密度的两相系统。在这个两相系统中,上相富含 PEG,下相富含无机盐。随着 PEG 相对分子质量增大,其双节线由左向右移动,表现出在相同盐质量分数下,成相所需的 PEG 量与相对分子质量成反比,这是由于随着 PEG 相对分子质量的增大,分子链增长,分子间的空间位阻增强,相互间渗透难度加大;在相同浓度下,随着相对分子质量的增大,PEG 在水中的摩尔浓度减小,端基数目降低,极性减弱,疏水性增强,与水的缔合能力随之减弱,和盐溶液之间的差异增大,增加了分相推动力,最终导致临界分相浓度降低。

除上述常见 ATPE 体系外,近年出现了多种基于 ATPE 的集成化萃取体系,其中具有代表性的有亲和双水相萃取和双水相浮选萃取。

亲和双水相萃取是在构成双水相的聚合物分子上偶联亲和配基,利用生物亲和作用,提高双水相体系对特定生物分子的选择性萃取,非常适合于复杂体系中特定组分的分离富集或去除。这样不仅保留了常规 ATPE 样品处理量大、操作简单、可以直接处理发酵液或培养基等优点,同时弥补了普通 ATPE 体系选择性差的缺陷。目前已有很多商品化的亲和配基,常用的主要是合成配基,如染料、药物、固定化金属离子和分子印迹聚合物。

双水相浮选(aqueous two phase floatation,ATPF)萃取是将双水相萃取和溶剂浮选技术相结合的一种新的萃取技术。ATPF 的萃取模式[9]如图 4-7 所示,浮选柱下部放置玻砂滤板,滤板上方依次添加含有待萃组分的硫酸铵溶液和 PEG 相(萃取相),浮选柱下端连接 N₂ 气源,N₂ 气在通过玻砂滤板时,形成大量微小的气泡,硫酸铵溶液中的待萃组分(如青霉素 G)吸附在微小气泡的表面,随着气泡的上升,而被带到浮选柱的顶部,气泡破裂后,赋存于浮选柱顶部的 PEG 相。ATPE 体系对离子态物质较强的赋存能力是 ATPF 优于传统溶剂浮选的根本原因。同时相比传统 ATPE 体系,ATPF 使用的 PEG 更少。此外,ATPF 技术由于可以同时实现分离和浓缩(作为萃取相的 PEG 量小,富集倍数高),将来工业化前景非常乐观,现在已能成功地从发酵液中分离出青霉素 G[10]。

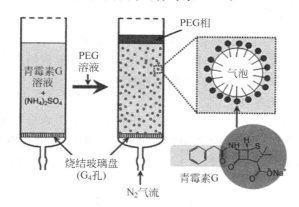

图 4-7　双水相浮选的分离模式[9]

4.3.3　萃取流程

以分离细胞中蛋白质(PEG/无机盐体系)为例,双水相萃取流程分目标产物萃取、PEG 循环和无机盐循环三个主要步骤,其工艺流程见图 4-8。

目标产物的萃取:把细胞匀浆液倒入 PEG/无机盐双水相体系中搅拌,然后静置分层,等体系稳定后,蛋白质将分配到上相(富含 PEG 相)。而细胞碎片、核酸、纤维素等分配到下相(富含无机盐相)。分出含目标蛋白的上相,加入无机盐,形成新的双水相体系,将目标蛋白再转移到富盐相,以利于目标产物的后续净化处理。

PEG 的循环:工业规模分离特别注重原料的回收利用,这样既利于环保又节约成本。回收 PEG 有两种方法:一种是加入盐使目标蛋白质转入富盐相来回收,另一种是将 PEG 相通过离子交换树脂,用洗脱剂先洗去 PEG,再洗出蛋白质。工业上常用的方法是将第一步萃取的 PEG 相或除去部分蛋白质的 PEG 相循环利用。

　　无机盐的循环：通常是将盐相冷却、结晶，然后离心分离回收。其他方法有电渗析法、膜分离法。

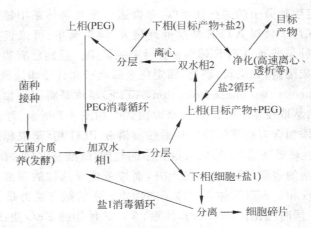

图 4-8　双水相萃取提取细胞中蛋白质的工艺流程

4.3.4　影响因素

　　对于某一物质，理论上只要选择合适的双水相体系，控制一定的条件，就可以得到合适的分配系数，从而达到分离与纯化的目的。影响被萃物分配系数的因素主要有聚合物平均分子量和浓度、成相盐种类和浓度、pH 和体系温度等。

　　1）聚合物平均分子量和浓度

　　聚合物的疏水性会随相对分子质量的增大而增大，从而影响蛋白质等亲水性物质的分配。如 PEG/Dx 体系中，若成相聚合物浓度保持不变，当 PEG 的相对分子质量增大时，其两端的羟基数减少，疏水性增加，这时亲水性的蛋白质不再向富含 PEG 的相中聚集，而转向另一相。

　　组成双水相体系的聚合物的浓度是影响双水相萃取分配系数的另一重要因素。蛋白质分子的分配系数在临界点（图 4-6 中的 C 点）处的值为 1，偏离临界点时，它的分配系数值大于 1 或小于 1。即成相系统的总浓度越高，偏离临界点越远，蛋白质越容易分配于其中的某一相。对于细胞等颗粒物质来说，若成相体系的总浓度在临界点附近时，其多分配于一相中，而不吸附于界面。但随着成相浓度的增大，界面张力增大，细胞或固体颗粒容易吸附在界面上，给萃取操作带来困难。而对于可溶性蛋白质，这种界面吸附现象很少发生。因此，针对不同的被萃物应采用各自合适的聚合物浓度。

　　2）成相盐的种类和浓度

　　盐的种类和浓度对双水相萃取的影响主要反映在两个方面：一方面由于盐的正负离子在两相间的分配系数不同，两相间形成电势差，从而影响带电生物大分子在两相中的分配。因此只要设法改变界面电势，就能控制蛋白质等荷电大分子转入某一相。另一方面，当盐的浓度很大时，由于强烈的盐析作用，蛋白质易分配于富含高分子的一相，分配系数几乎随盐浓度成指数增加。不同的蛋白质随盐浓度增加分配系数增大的程度各不相同，因此可利用此性质分离不同蛋白质。

3）pH

双水相萃取体系的 pH 的变化能明显改变两相的电势差。同时，pH 值也会影响蛋白质分子中可解离基团的解离度，从而改变蛋白质分子表面的电荷数。电荷数的改变，必然改变蛋白质在两相中的分配。例如，体系 pH 与蛋白质的等电点相差越大，蛋白质在两相中的分配越不均匀。对某些蛋白质，pH 的微小变化，会使蛋白质的分配系数改变 2～3 个数量级。

4）体系温度

在双水相体系临界点附近，温度的微小变化都可能强烈影响两相的组成，从而影响蛋白质的分配系数。当远离临界点时，温度的影响很小。由于双水相体系中，成相聚合物对生物活性物质有稳定和保护作用，常温下蛋白质不会失活或变性，因此，大规模双水相萃取一般都在室温下操作，这样不但可以节约冷却费用，同时还有利于相分离。

4.3.5 特点与应用

ATPE 是一种可以利用简单设备、在温和条件下操作的新型萃取分离技术。与其他萃取方法相比，具有一定优势[11]：①两相间的界面张力小，一般为 10^{-7}～10^{-4} mN/m（通常溶剂萃取体系为 10^{-3}～2×10^{-2} mN/m），有利于强化相际间物质传递；②操作条件温和，双水相的界面张力大大低于有机溶剂与水相之间的界面张力，整个操作过程可在常温常压下进行，对于生物活性物质的提取来说有助于保持其生物活性和构象；③双水相体系中的传质和平衡速度快，分相时间短，自然分相时间一般为 5～15min，相对于其他分离过程来说，能耗较低；④大量杂质能够与所有固体物质（细胞壁碎片，组织碎片等）一起去掉，与其他常用固液分离方法相比，双水相萃取技术可省去 1～2 个分离步骤（离心、过滤），分离过程更经济；⑤含水量高，一般为 75%～90%，在接近生理环境的体系中进行萃取，不会引起生物活性物质失活或变性；⑥不存在有机溶剂的残留问题，现已证明形成双水相的聚合物（如 PEG）对人体无害，可用于食品添加剂、注射剂和制药，对环境污染小；⑦聚合物的浓度、无机盐的种类和浓度以及体系的 pH 等因素都对被萃物质在两相间的分配产生影响，因此可以采用多种手段来提高选择性和回收率；⑧易于连续化操作，设备简单，并且可直接与后续提纯工序相连接，无须进行特殊处理。

ATPE 目前在生物工程、药物分析、环境科学等领域已得到了广泛应用[12]。在生物工程方面主要应用于萃取分离抗生素、酶、蛋白质及其他生物活性物质；在药物分析领域主要应用于天然产物类如皂苷、黄酮等的萃取；环境分析领域主要用于金属离子及酚类化合物的萃取分离。然而，相关研究和应用还不够深入，一些技术难题还有待解决，如乳化、成本高等问题。目前双水相技术的研究热点主要是解决此类问题，具体手段有开发新型优质的双水相体系（低成本、高性能的聚合物开发等）以及尝试与其他萃取分离技术的集成化研究，如亲和双水相萃取和双水相浮选技术。

4.4 胶团萃取

4.4.1 方法原理与特点

胶团是表面活性剂双亲物质在水或有机溶剂中自发形成的多分子聚集体。当溶液中表面活性剂浓度超过其临界胶束浓度（critical micelle concentration，CMC）时，会自发形成纳米级的胶团（胶束）。形成胶团之后，溶液体系的渗透压、浊度、表面张力、摩尔电导率都会出现明显改变。胶团分为正胶团和反胶团，如图4-9所示，正胶团是表面活性剂在水中形成的聚集体，特点是极性头朝外，非极性尾朝内；与之相反，反胶团是表面活性剂溶于非极性有机溶剂中形成的，在反胶团中，疏水性的非极性尾朝外，亲水的极性头朝内。胶团萃取是被萃物以胶团形式从水相萃取到有机相的一种溶剂萃取方法。目前，正胶团萃取的研究和应用较少，本节主要介绍反胶团萃取。

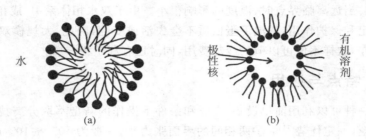

极性头 ● ～ 非极性尾

图4-9　正胶团和反胶团的结构示意图

(a) 正胶团；(b) 反胶团

图4-10是一个由水、阴离子表面活性剂丁二酸-二-2-乙基己酯磺酸钠（AOT）和非极性有机溶剂异辛烷构成的反胶团萃取三元体系的相图，能用于被萃物分离的是位于底部的两相区，在此区域内的三元混合物分为平衡的两相：一相是含有极少量有机溶剂和表面活性剂的水相；另一相是作为萃取剂的反胶团溶液。这一体系的物理化学性质非常适合萃取操作，因为界面张力在$0.1\sim2mN/m$范围内，密度差为$10\%\sim20\%$，反胶团溶液黏度适中，大约为$1mPa\cdot s$。图4-11是蛋白质进入反胶团后萃取到有机相（油相）的过程示意图，被萃物蛋白质进入反胶团溶液是一种协同过程，在宏观两相（油相和水相）界面间的表面活性剂层，同邻近的蛋白质发生静电作用而变形，接着在两相界面形成包含蛋白质的反胶团，此反胶团扩散进入有机相中，从而实现蛋白质的萃取。通过改变水相条件（如pH、离子种类及强度等）又可使蛋白质由有机相重新返回水相实现反萃取。蛋白质溶入反胶团溶液的推动力是表面活性剂与蛋白质的静电作用力和位阻效应。所以，任何可以增强这种静电作用的因素，都有助于蛋白质的萃取。

1979年，Luisi等[13]首先发现胰凝乳蛋白酶可以溶解于含双亲物质的有机溶剂中，超速离心数据显示有机相中有反胶团存在，同时，光谱分析表明这一过程未引起酶的变性。反胶团的极性内核在溶解了水后，在内核中形成"水池"（water pool），不仅可以溶解蛋白质、核酸和氨基酸等生物活性物质，而且，由于胶团的屏蔽作用，使这些生物物质不与有机溶剂直接接触（图4-11），因此，反胶团萃取是一种非常适合生物物质萃取分离的方法，不会发生生物物质与有机溶剂接触失活的现象。反胶团萃取分离生物物质具有成本低、溶剂可反复使用、萃取率和反萃取率都高等突出的优点。此外，构成反胶团的表面活性剂往往具有溶解细胞的能力，因此可用于直接从整细胞中提取蛋白质和酶。到目前为止，反胶团萃取已被广泛应用于蛋白质、氨基酸、抗生素、核酸等生物分子的分离和纯化。同时，以反胶团作为微反应器在酶催化反应和纳米材料制备方面也得到了很好的应用，显示了良好的应用前景。

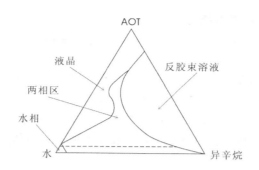

图 4-10 水-AOT-异辛烷反胶团萃取体系相图

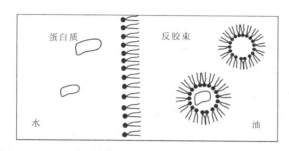

图 4-11 反胶团萃取蛋白质的效果示意图

4.4.2 萃取体系

1）单一反胶团体系

单一反胶团体系的表面活性剂有阴离子型、阳离子型、两性型和非离子型四种类型。常用单一萃取体系实例见表 4-4。在蛋白质萃取分离中，阴离子表面活性剂 AOT 应用较多，它容易获得、具有双链、极性基团较小、形成反胶束时不需加助表面活性剂、形成的反胶束较大（半径约为 170nm），有利于蛋白质等生物大分子进入，适合等电点较高、相对分子质量较小的蛋白质的分离。此外，常用的阳离子型表面活性剂有三辛基甲基氯化铵（TOMAC）、十六烷基三甲基溴化铵（CTAB）、二辛基二甲基氯化铵等季铵盐。利用非离子型表面活性剂单独形成反胶团的研究较少。

表 4-4 常用反胶团萃取体系举例

表面活性剂	有机溶剂	表面活性剂	有机溶剂
AOT	n-烃类（$C_6 \sim C_{10}$）、异辛烷、环己烷、四氯化碳、苯	Brij60	辛烷
CTAB	己醇/异辛烷，己醇/辛烷，三氯甲烷/辛烷	TritonX	己醇/环己烷
TOMAC	环己烷	胆碱	苯、庚烷
二壬基萘磺酸	正己烷	磷脂酰乙醇胺	苯、庚烷

2）混合反胶团体系

混合反胶团体系是指两种或两种以上表面活性剂构成的体系，通常混合表面活性剂反胶团体系对蛋白质有更高的分离效率。例如，AOT 与二-（2-乙基己基）磷酸（DEHPA）构成的混合萃取体系，可萃取相对分子质量较大的牛血红蛋白，萃取率达 80%。又如 AOT/Tween-85 体系对蛋白质的萃取能力优于单一的 AOT 体系。通常，非离子表面活性剂的加入可使反胶团变大，从而可萃取分离相对分子质量更大的蛋白质。

3）亲和反胶团体系

亲和反胶团体系是指在反胶团中加入与目标蛋白有特异亲和作用的助表面活性剂形成的萃取体系。助表面活性剂的极性头是一种亲和配基，可选择性结合目标蛋白质。采用这种体系，可使蛋白质萃取率和选择性大大提高，并可使操作条件（如 pH、离子强度）变得更宽松。这些优点使亲和反胶团体系已成为目前胶团萃取研究的热点之一。

4）超临界流体中的胶团萃取体系

1996 年，Jonhston[14]利用傅里叶红外光谱、紫外可见光谱和顺磁共振光谱证实了全氟聚酯羧酸铵（PEPE）在超临界 CO_2 中能形成反胶团，并利用该体系萃取了 BSA（牛血清白蛋白），发现 BSA 产物的生物活性与在水相中十分相似。这种超临界反胶团溶液增强了超临界流体萃取极性物质的能力，弥补了常规超临界 CO_2 流体萃取的不足。超临界流体反胶团萃取的优势包括：①体系的扩散系数是普通流体的 100 倍，而黏度仅为后者的 1/100，因而萃取时具有较高的质量转化率；②通过改变流体的密度，可以控制反胶束的大小和形状，来进行物质的选择性分离；③降低流体的密度来改变体系的相行为，可方便地进行目标物的反萃取，再提高流体的密度，可以有效地完成反胶团体系的再生过程。这种体系可以应用于物料干洗、染料分离、活性炭或其他催化剂的再生，还可以用于除去印刷电路板、聚合物、泡沫胶、多孔陶瓷、光学仪器中的极性吸附物。

4.4.3　影响因素[15]

1）表面活性剂和助表面活性剂

反胶团萃取中表面活性剂的种类不同，其萃取率也存在差异。在选择表面活性剂时，通常要考虑目标蛋白的等电点，一般可用聚丙烯酰胺等电聚焦电泳法，也可用计算法算出等电点，这样就可利用静电引力作用来高效萃取蛋白质。表面活性剂的浓度对萃取效果有很大的影响。一般浓度增加会提高萃取率，但当表面活性剂浓度大到一定程度时，有机相黏度增大的程度影响了油水两相的分层速度，因此表面活性剂的浓度要适当。助表面活性剂能提高被萃物的萃取率和选择性（如含有特定亲和配基），但有一些表面活性剂就不需要助表面活性剂，如 AOT/异辛烷体系，这是因为 AOT 分子亲水端小，疏水端为两条碳氢链，故在有机相中的溶解性较好。

2）含水率（W_0）

含水率 W_0 是反胶团萃取中重要的参数之一，它直接影响反胶团的大小和反胶团内微水相的物理化学性质。W_0 越大，反胶团的半径越大。W_0 可用有机相中水和表面活性剂的浓度之比来确定，即 $W_0 = C_水/C_表$。当 W_0 较小时，水池中的水与表面活性剂发生水合化，黏度大、流动性差，而且形成反胶团的半径较小，不适合萃取蛋白质；当 W_0 太大时，微水相与水相的黏度相当，反胶团的半径很大，反胶团不稳定，容易破碎。同时，含水率也会影响被萃物的活性。就理论上而言，当 W_0 取最适值时，反胶团内腔尺寸与蛋白质分子大小匹配，这时蛋白质产物活性最高，因为这时反胶团内的蛋白质可能具有活性最高的构象。

3）水相 pH

因为水相 pH 不影响表面活性剂间的斥力，所以 pH 对胶团含水率 W_0 没有影响，但影响静电的相互作用。由于表面活性剂的极性端是向内的，这样就会使微水相表面带相应的电荷。根据蛋白质的等电点，水相 pH 会使蛋白质带上正电荷或负电荷，如果与反胶团的电荷相反，则会产生静电引力，使蛋白质顺利进入反胶团中。反之，如果蛋白质所带的电荷与反胶团内部所带电荷相同，则会产生静电斥力，使蛋白质难以萃取到反胶团中。值得注意的是，调节水相的 pH 时，不能使蛋白质变性。

4）离子强度

离子强度主要在两方面影响反胶团萃取过程：一方面，离子强度的增加和静电屏蔽作用使静电相互作用变弱，蛋白质很难进入反胶团中；另一方面，离子强度的增加会减弱表面活性剂极性头之间的静电排斥作用，使极性头易于相互接近形成较小的反胶团，此时含水率 W_0 减小，蛋白质不易进入反胶团中。各种蛋白质的性质不同，它在反胶团中的溶解度达到最低时所对应的最小离子强度也不相同。利用这种差别，可实现不同蛋白质间的分离和浓缩。特别是当几种蛋白质间的等电点差别不大时，这种方法尤为有效。

5）温度

温度对反胶团生物催化反应的影响与对其他体系一样。当温度升高到一定值时，反应活性达到最大以促进反胶团的稳定形成，有利于生物分子进入反胶团，提高萃取率。不过，温度过高会使萃取率降低，这是因为温度过高使分子运动速率加快，体系混乱度增加，胶团变小，对蛋白质的增溶量减少。

4.4.4　应用概述

反胶团萃取已广泛应用于蛋白质、氨基酸、抗生素、核酸等生物分子的分离和纯化。同时以反胶团作为微反应器在酶催化反应和纳米材料制备方面也显示了其良好的应用前景[16]。目前，反胶团萃取用于蛋白质分离的研究最多，应用此技术处理的蛋白质或其混合物包括 α-淀粉酶、细胞色素 C、核糖核酸酶、溶菌酶、α-胰凝乳蛋白酶、脂肪酶、胰蛋白酶、胃蛋白酶和过氧化氢酶等[17]。此外，反胶团萃取技术在日化行业中，已用于一些化妆品原料及功能性添加剂如植物油、氨基酸及维生素等的提取。反胶团萃取在药物方面的应用主要集中在各种蛋白、抗体、抗生素的萃取上，如免疫球蛋白-G（IgG）、红霉素、苄基青霉素及环己酰亚胺等。反胶团萃取技术的发现是分离技术研究领域的一项突破。该技术应用过程中，较少使用毒性试剂，对人体无害，而且反胶团溶液可反复利用，亲和配体的引入，还可提高目标物的萃取率及分离的选择性。与传统的分离方法相比，反胶团萃取技术还是一个相对年轻的领域，某些理论和方法都是针对具体的反胶团体系而言，目前可利用的反胶团体系还相当有限，给该技术的应用带来了局限性。随着研究的深入，有理由相信，反胶团技术在生物化学、有机化学、分析化学、药物化学和日用化学等领域的应用将更为广泛。

4.5　液相微萃取

4.5.1　方法原理与特点

液相微萃取（LPME），又称溶剂微萃取（solvent microextraction，SME），由 Jeannot

等[18]在 1996 年提出,它是在 LLE 基础上发展起来的,其基本原理与 LLE 相似,是微型化了的 LLE。LPME 每次萃取仅需几微升至几十微升的有机溶剂,具有较大的富集倍数,不需要进一步浓缩,灵敏度与 LLE 相当。LPME 技术集采样、萃取和浓缩于一体,灵敏度高,操作简单,是一种环境友好的溶剂萃取新技术,特别适合于水溶液中痕量、超痕量组分的分离富集。

LPME 萃取原理与 LLE 又有不同之处[19],最大的差异在于 LPME 并不需要将组分全部转移到萃取相。对于组分直接从样品溶液萃取到有机溶剂中的两相微萃取体系,当系统达到平衡时,有机溶剂中萃取到的组分的量由式(4-7)计算确定:

$$n = K_{\text{odw}} V_{\text{d}} C_0 V_{\text{s}} / (K_{\text{odw}} V_{\text{d}} + V_{\text{s}}) \tag{4-7}$$

式中:n 为有机溶剂萃取到的组分的量;C_0 为组分的初始浓度;K_{odw} 为组分在有机液滴与样品之间的分配系数;V_{d}、V_{s} 分别为有机液滴和样品的体积。对于组分从样品溶液萃取到有机溶剂之后又接着反萃取到一个接收(水)相后的三相微萃取体系,当体系达到平衡后接收相中分析物的萃取量 n 可按式(4-8)计算:

$$n = K_{\text{a/d}} V_{\text{a}} C_0 V_{\text{d}} / (K_{\text{a/d}} V_{\text{a}} + K_{\text{org/d}} V_{\text{org}} + V_{\text{d}}) \tag{4-8}$$

式中:V_{d}、V_{a} 和 V_{org} 分别为样品溶液、接收相和有机溶剂的体积;$K_{\text{a/d}}$ 为组分在接收相和样品(水)相之间的分配系数;$K_{\text{org/d}}$ 为组分在有机溶剂和样品溶液之间的分配系数。对于顶空液相微萃取体系,当体系达到平衡后液滴中组分的萃取量 n 可按式(4-9)计算:

$$n = K_{\text{odw}} V_{\text{d}} C_0 V_{\text{s}} / (K_{\text{odw}} V_{\text{d}} + K_{\text{hs}} V_{\text{h}} + V_{\text{s}}) \tag{4-9}$$

式中:K_{hs} 为组分在顶空与样品之间的分配系数;V_{h} 为样品的顶空的体积。

从式(4-7)、式(4-8)和式(4-9)中可以看出,平衡时有机溶剂中所萃取到的组分的量 n 与样品的初始浓度 C_0 呈线性关系,这是 LPME 实现定量分析的理论基础。LPME 与 LLE 定量分析的基础是不同的,LPME 过程是待萃物浓度在萃取相和原样品相达到分配平衡的一种"部分萃取",而传统 LLE 是将样品中所有目标组分全部转移至萃取相的"完全萃取"。因此,LPME 对目标物的绝对萃取量不如传统 LLE,然而,LP-LPME 集萃取、浓缩为一体,萃取液可完全进样至后续分析仪器(色谱、质谱等),进入检测仪器的目标组分绝对量较 LLE高,这是 LPME 检测灵敏度与传统 LLE 相当甚至更高的主要原因。

LPME 结合了 LLE 和固相微萃取(solid phase microextraction, SPME)[20]的优点。LPME 兼具 LLE 操作简便、萃取快速、廉价以及 SPME 溶剂用量少、无须后续浓缩过程的特点,而且萃取与进样都只需一只普通的微量进样器,操作较 LLE 和 SPME 更为便捷。LPME 的萃取物用气相色谱进行分析时,可采用微量进样器直接完成萃取液的进样,克服了 SPME 解吸速度慢、涂层降解、记忆效应大的缺点,LPME 与液相色谱联用时也无须配置SPME 所必需的溶剂解吸装置。尽管商品化的 SPME 萃取头种类不断增加,但是可用于LPME 的溶剂种类更多、更廉价。与无溶剂萃取技术 SPME 相比,LPME 的主要缺点是在进行色谱分析时有溶剂峰,有时会掩盖分析物的色谱峰。

经过十多年的发展,LPME 已广泛应用于环境等样品中痕量、超痕量有机污染物以及生物样品中药物组分分析的样品前处理。已使用 LPME 萃取的有机污染物包括氯苯、多环芳烃 PAHs、酞酸酯、芳香胺、酚类化合物、苯及其同系物、硝基芳族类炸药、有机氯农药等。此外,通过在有机试剂中加入适当的螯合剂或配位试剂,LPME 也可应用于无机金属离子的富集检测[21]。LPME 技术,尤其是 LPME 三相萃取体系在生物样品中药物、蛋白质、氨基酸等极性化合物的分离富集中也具有良好的应用前景。此外,LPME 装置简单、操作方便,如与便携式的 GC、UV 或 GC-MS 配套,非常适合现场快速检测。

4.5.2 萃取模式

传统 LLE 萃取相往往达到数十毫升甚至数百毫升,消耗大量有机溶剂,不仅检测成本高,而且造成严重的二次污染。此外,大体积萃取液通常还需进一步浓缩后才能满足检出限的要求,耗时费力,而且浓缩液体积(1~2mL)与常规检测仪器进样量(0.1~100μL)相比仍然较大,即真正上样至分析仪器的目标组分绝对量仅占实际萃取量的 5% 或更低,直接导致检测灵敏度损失。LPME 的诞生就是为了克服上述弊端。Jeannot 等于 1996 年最先提出的 LPMS 萃取模式是单滴微萃取(Single Drop Microextraction,SDME),即利用注射器活塞在微量进样针(10μL)针头末端形成一个 1~3μL 的溶剂液滴,并将该液滴置于水溶液样品或顶空气氛中萃取目标化合物,然后再通过活塞将液滴抽回注射器并注射到后续 GC 或 LC 进样器完成检测。与 LLE 相比,SDME 降低了溶剂消耗同时兼具高的富集倍数,无须浓缩,萃取液体积可与后续检测设备完美匹配,而且容易实现自动化。目前,已有集采样、萃取、浓缩和进样于一体的全自动 SDME 装置[22]。然而,SDME 存在明显缺陷:首先,悬浮液滴不稳定;其次,处理较复杂的样品溶液时很容易引起进样针和检测系统的污染。为克服 SDME 的缺陷,1999 年 Pedersen-Bjergaard 等[23]提出了中空纤维液相微萃取技术(Hollow Fiber Microextraction,HFME)。与 SDME 相比,HFME 采用疏水性多孔中空纤维管作为萃取单元。首先用疏水性溶剂饱和纤维管壁中的细孔形成液膜,然后将萃取相注入中空纤维管内,再将纤维管直接浸入样品溶液或置于样品顶空气氛中萃取目标组分。采用中空纤维不仅能稳定储存萃取相,还可有效避免生物大分子或颗粒状杂质与萃取相直接接触,抗污染能力较好。后来,Y. Assadi 等[24]于 2006 年又提出了分散液-液微萃取(dispersive liquid liquid microextraction,DLLME),即使用微量注射器将溶于分散剂的萃取相快速注入样品水溶液,在分散剂-水相内形成萃取剂微珠,大大增加了有机萃取剂和样品的接触面积,加快了萃取过程,一般几秒内即可达到萃取平衡,而 SDME 和 HFME 的平衡时间至少在 15min 以上。此外,还有滴对滴(drop to frop)液相微萃取[25]、悬滴式微萃取(suspended droplet microextraction)[26]以及连续流动微萃取(continuous flow microextraction,CFME)[27]等液相微萃取新技术。本节将重点介绍 SDME、HFME 和 DLLME 三种 LPME 萃取模式。每一种萃取模式根据接触方式的不同,又可以分为直接液相微萃取、顶空液相微萃取;根据萃取相的不同,又可分为两相体系和三相体系;此外,根据萃取剂的静止与否可以分为静态萃取和动态萃取。液相静态微萃取中萃取相保持静止,而在动态模式下,注射器(盛放萃取溶剂)可将萃取相不断注入和吸出,从而保证与样品接触的萃取液总保持新鲜状态,这样做的好处是保持萃取剂与目标物的浓度差,给目标物的转移和分配制造动力。动态萃取方式必须有自动控制设备辅助,以保证萃取相的稳定注入或吸出,手动控制很难保证动态萃取过程的一致性。

4.5.3 单滴微萃取

SDME 有直接、顶空和三相三种操作方式。直接 SDME(装置示意图见图 4-12)是将悬挂液滴的注射针头直接浸于样品溶液中,这种方式可用于萃取非挥发性和半挥发性有机化合物。顶空 SDME 是将液滴悬于样品溶液上方的顶空气相中,该方式适合样品中挥发性组分的萃取富集,其最大优点是进入萃取液滴的杂质组分少,有利于后续分析。三相 SDME 包括样品相、有机相和接收相(图 4-13),样品相中目标组分萃取到有机相之后又接着反萃取到一个接收(水)相。通常,样品相的 pH 不利于目标组分的电离,目标组分在非解离状态(具有一定的疏水性)下被萃取到有机相,而接收相的 pH 利于目标物的电离,再次通过液液接触,以实现目标组分的反萃取。该方式具有较强的抗干扰能力,可有效去除样品基体中的复杂成分,多用于环境污水、血浆、组织液等复杂体系中极性目标物的萃取分离。

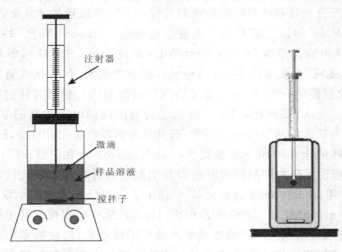

图 4-12　单滴液相微萃取装置示意图　　图 4-13　三相单滴液相微萃取装置示意图

　　SDME 萃取过程中,受搅拌速度、萃取温度以及萃取时间等萃取条件的影响,萃取液滴的体积会发生改变,直接影响萃取结果的重复性与重现性。因此,在实际操作中,往往选择表面张力较大、沸点高、在水中溶解度极小的有机溶剂作为 SMDE 萃取溶剂,而且一般推出针头的液滴体积(如 $2\mu L$)在抽回时只能部分回收(如 $1\mu L$),如按原体积抽回会将样品基体抽入注射器中,因为萃取剂的挥发性损失、在样品中的溶解度损失,以及由于搅拌可能引起的液滴(部分)脱落都会导致液滴体积的损失。此外,目前研究较多的离子液体,具有独特的理化性能,如蒸汽压低、不易挥发、稳定、黏度以及在水中的溶解性可调等特点[28],作为新颖的"绿色化学"溶剂可替代传统的有毒、可燃和挥发性有机溶剂,而且离子液体液滴的稳定性较一般有机溶剂好,非常适合用作 SDME 的萃取溶剂。

　　SDME 具有有机溶剂用量少、成本低、操作简便、环境友好等优点,在样品前处理中得到了许多应用。但该方法也存在一些局限性,如复杂样品溶液萃取前需要过滤,这是因为样品中的颗粒在搅拌过程中会导致萃取液滴不稳定甚至脱落;此外为了防止液滴损失和脱落,萃取时间不能太长,搅拌速度不能过快,容易导致方法的灵敏度和精密度不好。

　　影响 SDME 的因素主要有萃取溶剂、萃取液滴体积、搅拌速率、样品溶液离子强度和 pH、萃取时间等。

　　萃取溶剂通常可根据"相似相溶"原理选择,同时还需注意以下几个方面:①萃取剂在样品基体中的溶解度要尽可能小;②萃取溶剂的挥发性要小,表面张力大,以保证萃取过程中液滴的稳定性;③萃取溶剂还应该对目标组分有较高的选择性,以免带入大量共存物质;

④萃取溶剂应满足后续检测的要求,避免溶剂对后续检测产生干扰。目前常用的萃取溶剂主要有苯、甲苯、1-辛醇、邻二甲苯、辛烷、环己烷、2-己基酯等。

萃取液滴体积大小受多方面因素的制约。降低萃取液滴和水样的体积比可以提高目标物的富集倍数;但反过来,液滴体积越大,分析物的萃取量也越大,则有利于提高方法的灵敏度。由于分析物进入液滴是扩散过程,液滴体积越大,萃取速率越小,达到平衡所需的时间越长。理论上,将目标物从 4mL 的水样萃取到 $2\mu L$ 的吸收液中,其富集倍数为 2000 倍。但考虑到注射器末端液滴的悬挂稳定性,SDME 液滴体积通常在 $1\sim3\mu L$。

搅拌速率是影响萃取速率的重要因素,基于对流-扩散的膜理论,在稳态时,溶液中质量传递系数 β_{aq} 由式(4-10)决定:

$$\beta_{aq} = D_{aq}/\delta_{aq} \tag{4-10}$$

由于搅拌破坏了样品溶液与有机液滴之间的扩散层厚度 δ_{aq},增加了分析物在液相中的扩散系数 D_{aq},提高分析物向溶剂的扩散速率,缩短达到平衡的时间,从而提高萃取效率。但如果搅拌速率过快,有可能破坏萃取液滴的稳定。SDME 常用的搅拌速率为 $500\sim1300r/min$。

根据目标组分的性质,通过向样品溶液中加入某些无机盐(如 NaCl,Na$_2$SO$_4$ 等),通过盐析效应和溶液离子强度的增加,可以提高目标组分的分配系数。样品溶液的 pH 可以改变某些组分的存在形式,通过调节样品溶液 pH 使目标组分以溶解度更小的形式存在,可以增加它们在有机相中的分配。

萃取时间主要由平衡过程决定,在萃取达到平衡之前,萃取时间越长,越有利于目标组分进入萃取相。当目标组分在两相间达到分配平衡后,理论上而言,增加萃取时间对萃取结果影响不大,但过长的萃取时间可能会使更多的有机溶剂损失。通常情况下,SDME 萃取时间在 15min 内。

4.5.4 多孔中空纤维液相微萃取

为了弥补 SDME 中液滴不稳定的不足,1999 年挪威学者 Pedersen-Bjergaard 等对 SDME 进行了改进,采用一段疏水性多孔中空纤维管将萃取溶剂保护起来,发展出 HF-LPME 方法。图 4-14 是 HF-LPME 装置示意图,图 4-15 是中空纤维管中萃取过程示意图。首先用有机溶剂浸泡中空纤维管,使中空纤维管壁微孔中充满有机溶剂,并形成萃取液膜,再将适量接收相(萃取溶剂)注入中空纤维管空腔中,并将中空纤维管固定在微量注射器针头上,然后置于样品溶液中,搅拌样品,萃取完成后用微量注射器吸取一定体积接收相,进样分析。萃取过程中目标组分先从样品溶液萃取到纤维管壁微孔中的有机液膜中,然后扩散进入纤维管内的萃取溶剂中。通常情况下,浸入纤维管壁微孔中的有机溶剂和管内有机溶剂可以是同一种溶剂,即萃取过程只包含组分从水相萃取至有机相一个萃取步骤,即两相液相微萃取体系。由于两相体系得到的样品为有机溶剂介质,通常可以直接进样至 GC 或 GC-MS 分析。如果纤维管壁微孔中浸渍有机溶剂,而管内注入水相,即为三相液相微萃取体系,即包含了从样品相至管壁有机相的萃取过程和管壁萃取相再到接收水相的反萃取过程。在三相体系中,接收水相与样品水相的条件(如 pH)是不同的,例如,样品水溶液的 pH 应控制在使目标组分处于中性状态,以利于萃取至管壁有机相中,而接收水相的 pH 应有利于目标化合物的解离,使管壁有机相中的目标组分易于反萃取至管内接收水相。三相 HF-LPME 适合于易解离的酸碱性化合物,后续通常采用 HPLC 或 LC-MS 分析。

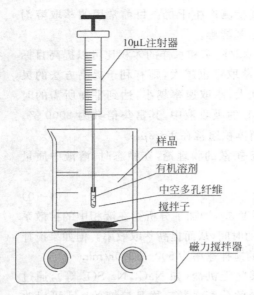

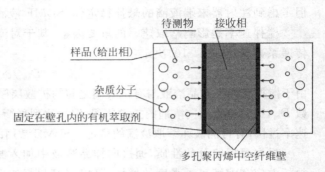

图 4-14　HF-LPME 装置示意图　　　　图 4-15　多孔中空纤维管萃取过程示意图

与 SDME 相比,HF-LPME 有如下优点:一是由于萃取溶剂置于多孔中空纤维腔中,不与样品溶液直接接触,抗干扰能力较强,而且不会发生液滴脱落损失,因此,萃取过程中可以加大搅拌速度,提高萃取效率;二是中空纤维管壁微孔尺寸一般为 0.2μm 左右,可防止大分子或颗粒等杂质进入接收相,即多孔纤维本身也起到部分净化的作用,特别适合复杂基质样品。HF-LPME 的不足之处是萃取时间较长(一般为 15～45min)、多孔中空纤维使用过程中可能引起交叉污染。目前 HF-LPME 中使用的中空纤维管多为聚丙烯材质,其价格低廉,可以一次性使用,以避免交叉污染。

影响 HF-LPME 的因素与 SDME 类似。萃取溶剂除应满足上述 SDME 中的要求外,还应与中空纤维有较强的亲和力,能牢固地保持在中空纤维管壁的微孔中。目前,应用最多的有机溶剂是甲苯和正辛醇,其他还有正己醚、正己烷、氯仿、磷酸三丁酯以及离子液体等。萃取溶剂体积选择也与 SDME 一样,增大体积比(样品/接收相),可以提高富集倍数,但是体积比太大会造成回收率的降低;太小又会使富集倍数不够,影响方法的灵敏度。所以,适当的体积比应该是既有足够的回收率,又有足够大的富集倍数。HF-LPME 萃取中接收相一般在 20μL 以内,样品处理量在数十毫升到近百毫升。

HF-LPME 的萃取时间一般不超过 45min,虽然有中空纤维管的保护,但是萃取时间太长仍会引起萃取有机溶剂在水相中的溶解。搅拌速率可以适当快一点,但也不能过快,以免产生气泡和增加有机相在样品水相的溶解,搅拌速率一般可到 2000r/min 左右。

在三相 HF-LPME 模式中,还需要考虑接收相的组成。目前,主要利用三相模式前处理生物样品,样品相一般调为碱性,接收相调为酸性。合适的接收相应该使目标组分进入时改变其存在形式,以与在样品相和萃取有机相中不同的形式存在(往往为带电的离子状态),以免被反萃取回有机相中。

4.5.5 分散液相微萃取

DLLME 是 2006 年由伊朗学者 Rezaee 等发展起来的一种液相微萃取技术。这种萃取方法操作过程非常简单,萃取相是由少量(如 10~50μL)萃取溶剂与数十倍体积(如 0.5~1.5mL)分散剂的混合溶剂构成,操作时首先将一定体积(如数毫升)的样品溶液加入带塞锥形离心试管中,然后将萃取相通过注射器或移液枪快速注入离心试管中,轻轻振荡或超声,此时在离心管中形成一个水/分散剂/萃取溶剂的乳浊液体系。由于萃取溶剂均匀地分散在水相中,与待测物间形成较大的接触面积,待测物迅速由水相转移到有机相并且达到两相平衡,再通过离心使分散在水相中的萃取溶剂沉淀到试管底部,最后用微量进样器吸取一定量的萃取剂后直接进样测定。

在 DLLME 过程中萃取溶剂首先与样品形成乳浊液体系,使萃取很快达到平衡,从而大大缩短了萃取时间,待萃物相间平衡时间仅需几秒,而 SDME 和 HF-LPME 模式的分配平衡时间通常都大于 15min。DLLME 方法所用萃取溶剂除了对目标组分有较大溶解度外,其密度还必须大于水,这样才能通过离心方式将萃取溶剂与样品溶液分相,以便于用微量注射器取样分析。常用的萃取溶剂主要为卤代烃类,如氯苯、氯仿、四氯化碳、二氯乙烷、溴苯、硝基苯及二硫化碳等。而分散剂在萃取溶剂和水中均要有良好的溶解度,这样才能起到分散的作用。常用的分散剂有甲醇、乙醇、乙腈和丙酮。DLLME 需采用密度大于水、毒性较大的卤代烃类作萃取溶剂,是它的一个缺点。后来,Leong 等[29]又将凝固漂浮液滴微萃取与 DLLME 相结合,发展了一种新的萃取方法。该方法用密度比水小且无毒的 2-十二烷醇作萃取剂,丙酮为分散剂。含有多氯苯和 4-溴联苯醚的样品水溶液经分散萃取、离心后,萃取溶剂漂浮在样品溶液上方。将样品瓶放入冰水浴中,5min 后将凝固的有机萃取相转移至小样品瓶中,溶化后用微量注射器吸取样品注入色谱系统分析,富集倍数达 174~246 倍。

同 SDME 及两相 HF-LPME 一样,DLLME 不需要任何后续处理,萃取相可直接注入 GC 或 GC-MS 检测。DLLME 也可以与 HPLC 结合测定环境污染物,如果萃取相直接进样 HPLC 分析,需要优化流动相条件使溶剂峰与目标组分完全分离开;如果萃取相中目标组分浓度较大或后续分析方法灵敏度很高,则可用流动相稀释萃取相后进样分析,以减小溶剂峰的影响;如果萃取溶剂对后续分析有干扰,可以将萃取溶剂吹干,用流动相溶解定容后进样分析。同 SDME 和 HF-LPME 相比,DLLME 的最大优点是萃取时间短、操作更加简便。

4.6 索氏提取

4.6.1 方法原理与特点

索氏提取是利用溶剂使固体样品中的可溶性物质溶解于提取溶液中,从而使目标物质与大量基体得以分离的固-液萃取方法,又称浸提。所有固体样品萃取方法都包括待测组分在溶剂中的溶解和在溶剂中的扩散两个基本过程。溶解过程是溶剂分子和目标溶质分子相互吸引并结合的过程,最终溶质分子被溶剂分子所包围。通常,溶解是吸热过程,因此提高萃取温度有利于提高萃取效率。扩散过程主要由分子扩散和对流扩散组成,在固体表面与溶剂接触处为分子扩散,在远离固体表面的溶剂中为对流扩散。在选择萃取条件时,应依据固-液萃取的扩散原理。扩散随萃取温度、两相接触面积、两相间的溶质浓度差和扩散时间的增加而提高;随溶剂的黏度、溶质的相对分子质量和溶质的扩散距离的增加而降低。

早在 1879 年,Franz von Soxhlet 发明了固-液萃取(索氏提取)装置,最早仅用于固体样品中脂质的抽提,后来被广泛应用到各种非挥发性或半挥发性有机化合物的萃取。因其较高的回收率和较好的稳定性,一直沿用至今。目前,索氏提取方法仍然是固-液萃取的"基准方法"。索氏提取的工作原理是利用溶剂回流和虹吸作用,使固体物质每一次都能为纯的新鲜溶剂所萃取,通过多次萃取达到较高的萃取效率。萃取前应先将固体样品干燥、研磨成细小颗粒,以增加样品与溶剂的接触面积。经典索氏萃取装置见图 4-16,先将固体样品 5 放入叠好的滤纸套内,放置于样品室 4 中。如图用磨口接头 8 连接冷凝管 9、烧瓶 2 中加入几粒沸石 1 和适量萃取溶剂,与萃取管 6 密封连接。当烧瓶 2 中溶剂加热沸腾后,蒸汽通过导气管 3 上升,经冷凝管 9 冷凝后滴入样品室 4 中。当液面超过虹吸管 7 最高处时,即发生虹吸现象,溶液回流入烧瓶 2 中。利用溶剂回流和虹吸作用的多次循环,使提取出的目标组分不断富集到烧瓶 2 内,索氏提取的时间通常在 6~24h,每小时循环次数一般控制在 4 次左右。

图 4-16　索氏提取器

1—沸石;2—烧瓶;3—蒸气支管;4—样品室;5—样品(置于滤纸套内);6—萃取管;7—虹吸管;8—磨口接头;9—冷凝管;10—进水口;11—出水口

经典索氏提取法的优点是设备简单、回收率高,缺点是溶剂消耗大、提取时间长。正是因为索氏提取使用大体积溶剂和长时间萃取,才使得其具有较高的回收率,在验证其他固-液萃取方法的萃取效果时都以索氏萃取作为"基准方法"。此外,现在相关标准参考物质的定值所采用的固-液萃取方法大都为索氏萃取法。

同时,索氏提取装置也在不断改进,国内近年报道了一款实用型索氏提取装置[30],仅在普通索氏提取器基础上做了一点实用性改进,即采用塑料波纹管代替原来玻璃虹吸管以灵活控制虹吸的液面高度,使萃取装置很好地与样品量匹配,并可减少溶剂的用量,但需要考虑塑料波纹管耐有机溶剂性能和可能引进的样品污染问题。针对普通索氏提取法试剂消耗大、萃取时间长的问题,提出了"快速索式萃取(Soxtherm 或 Soxtec)"技术,其核心是通过提高萃取温度来加快提取过程并降低溶剂消耗,而且集成了后续浓缩和溶剂回收功能,目前已被 EPA 列为固-液萃取推荐的前处理方法。快速索氏提取已有成熟的商品化仪器,其工作流程如图 4-17 所示[31],可分解为四个步骤:①煮沸浸提:将盛有样品的滤纸筒浸于萃取溶剂中,加热沸腾约 1h;②淋洗样品:提升滤纸筒(样品)至溶剂液面之上,与普通索氏提取一样,将溶剂蒸汽冷凝后淋洗样品约 1h;③溶剂回收:进一步提升滤纸筒,并接通冷凝管与右侧溶剂回收支路,加热蒸馏,使提取液体积浓缩至 1~2mL,溶剂冷凝后由右侧支路回收再利用;④冷却:溶剂杯脱离加热盘停止加热,使浓缩后的提取液冷却。

与普通索氏提取相比,快速索氏提取的优点在于:萃取快速(一般每个样品在2~4h);溶剂消耗量少(只需普通索氏提取的20%左右);样品萃取后可自动浓缩,并可实现溶剂回收。快速索氏提取的缺点是设备价格较高,而且一次性使用的滤纸筒也比较昂贵。

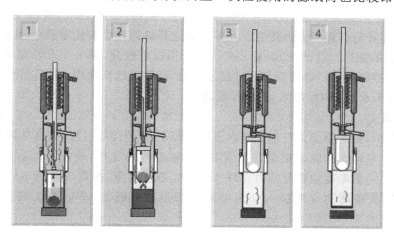

图 4-17　快速索氏提取器工作流程图[31]

1—浸提;2—淋洗;3—溶剂回收;4—冷却

4.6.2　影响索氏提取的因素

1)样品基质

索氏提取中,样品基质对萃取效率有显著影响,如样品基质含水率较高时,水分子可能会影响萃取溶剂的渗透力(增加扩散阻力),从而造成回收率的损失。一般操作中,样品在萃取前需要进行干燥处理或将样品与干燥剂,如无水硫酸钠或硅藻土等混合,一方面干燥样品,另一方面分散样品,增大萃取界面,提高萃取效率。如果样品属于高硫基质,在萃取时可将样品与适量铜粉混合,以消除含硫组分对后续检测的影响。样品干燥方式通常采用自然风干、烘干、冷冻,要避免待测组分的挥发性损失;在萃取前,除需对样品进行干燥外,还需要将样品研磨到适宜的粒度,一般而言,颗粒越细与溶剂接触面积越大,萃取效果也越好。但样品过细,会增大扩散阻力甚至有可能透过滤纸孔隙随回流溶剂流失,影响回收率。索氏提取中样品的粒度以60目左右为宜。

2)萃取溶剂

根据"相似相溶"原理,极性小的溶剂适合萃取极性小的目标化合物,如正己烷、环己烷。极性较强的待测物应采用高极性的萃取溶剂,如甲醇、丙酮、乙腈等。常用溶剂的极性顺序(从大到小):甲醇>乙醇>乙腈>丙酮>四氢呋喃>甲乙酮>正丁醇>乙酸乙酯>乙醚>异丙醚>二氯甲烷>三氯甲烷>溴乙烷>苯>四氯化碳>二硫化碳>环己烷>正己烷。在多组分分析中,提取溶剂需满足萃取不同极性化合物的要求,此时常用的溶剂是乙腈和丙酮。使用乙腈的优点是亲脂性杂质不被萃取,萃取液相对干净,但乙腈价格昂贵,毒性较大,限制了其使用。丙酮既能萃取极性物质也能萃取非极性物质,另外还具有低毒、利于提取和过滤、价格低等特点,但共萃杂质多,不利于后续检测。在索氏提取中,萃取溶剂的用量对萃取效率也有较大影响,一般情况下,萃取溶剂的量与一次虹吸量的体积比为5:3左右,溶剂体积不超过溶剂烧瓶的 2/3。溶剂量过小可能造成提取不完全,溶剂量过大不仅造成浪费和污染,也会增加下一步浓缩的工作量。采用乙醚作为萃取溶剂时,必须十分注意安全,提取过程应该在通风橱中操作,实验室内严禁有明火存在。乙醚中不得含有过氧化物,过氧化物的检查方法是取适量乙醚,加入碘化钾溶液,用力摇动,放置 1min,若出现黄色则表明存在过氧化物,应进行处理后方可使用。处理的方法是将乙醚放入分液漏斗,先以 1/5 乙醚量的稀 KOH 溶液洗涤 2~3 次,以除去乙醇;然后用盐酸酸化,加入 1/5 乙醚量的 $FeSO_4$ 或 Na_2SO_3 溶液,振摇,静置,分层后弃去下层水溶液,以除去过氧化物;最后用水洗至中性,用无水 $CaCl_2$ 或无水 Na_2SO_4 脱水,并进行重蒸。

3) 萃取温度

索氏萃取中,提升温度可以加快溶剂蒸发冷凝-虹吸的循环过程,提高萃取效率,但随着萃取温度升高,萃取出来的杂质也随之增多。萃取温度的选择,通常以每小时冷凝-虹吸的循环次数来定,一般温度定在每小时循环 4~7 次,温度过低,提取效率达不到要求,温度太高也容易引起萃取剂的挥发损失和溶剂爆沸的危险。通常,萃取温度应比溶剂沸点低10~15℃。

4) 萃取时间

理论上讲,萃取时间加长,有利于提高萃取效率。但是当萃取达到一定程度时,被萃取物质浓度在液-固之间达到平衡,此时再延长时间就没有意义,甚至会降低回收率。索氏萃取法最大的不足是耗时过长。一般可将样品先回流 1~2 次,然后浸泡在溶剂中过夜,次日再继续提取,这样可明显缩短抽提时间。

5) 其他因素

在萃取过程中常常用到盐析剂,如氯化钠、氯化铵等。以萃取农残组分为例,盐析剂和水分子结合,可降低农药在水中的溶解度,并使其更多地溶解于有机相中。但盐析剂的用量要适当,用量过多会使杂质也转移到有机相中。对于土壤和谷物、茶叶等含水量低的样品,直接使用有机溶剂萃取效果不好,应适量加水,浸泡过夜,有利于提高萃取效率。

4.6.3　应用概述

索氏萃取方法可方便、安全地萃取分离食品、饲料、药品、土壤、聚合物、纺织品、纸浆、电子、污泥等产品或样品中的可溶性有机物。理论上讲,索氏萃取几乎可覆盖所有固体和半固体样品的萃取分离,已经成功应用了一百多年。近年快速索氏萃取技术的出现,大大提高了工作效率,使索氏萃取的实用性大大提高。然而,现阶段快速索氏及后续介绍的各种固-液萃取新方法不可能完全取代普通索氏萃取,今后其仍然是固-液萃取的重要方法。

4.7　超声波萃取

4.7.1　方法原理与特点

超声波的频率为 20~50kHz,通常是指由压电换能器产生的快速机械振动波,一般需要在能量载体或介质(水)中传播。超声波萃取是借助超声波效应以减少目标组分与样品基体之间的作用力,从而加速萃取过程的固体样品提取技术。超声波萃取(UE)的作用机制主要有以下几点：首先，超声波在萃取介质质点传播过程中其能量不断被介质质点吸收变成热能，导致介质质点温度升高，即超声波热效应。其次，频率高于 20kHz 的超声波在连续介质（例如水）中传播时，根据惠更斯波动原理，在其传播的波阵面上将引起介质质点（包括目标组分的质点）的加速运动，使目标组分质点运动获得巨大的加速度和动能（质点的加速度可达重力加速度的 2000 倍以上），从而促进目标组分迅速逸出样品基体而溶解于萃取溶剂中，即超声波机械效应。还有，超声波在液体介质中传播产生"空化效应"，在介质内部产生无数内部压力达到上百个兆帕的微气穴，并不断"爆破"产生微观上的强大冲击波，可"轰击"目标组分使其快速逸出基体。同时，超声波的振动匀化或均质效果可使样品基体不断剥蚀，从而使固体样品分散，增大样品与萃取溶剂之间的接触面积，提高目标组分从固相转移到液相的传质速率，亦可使样品介质内各点受到的作用更趋一致，使整个样品萃取更均匀。

超声波萃取最早应用于生物碱类成分的提取，早在 1965 年，Ovadia 等[32]就比较了有无超声辅助时，从奎宁树皮、吐根和毛果芸香叶中提取生物碱的效果，结果表明，提取率几乎相等，但超声波提取较无超声辅助的普通溶剂提取（如索氏提取）要快很多。除生物碱之外，超声波萃取还常用于天然药物苷类、糖类、酮类等成分的提取分离[33]。此外，超声波提取法是美国 EPA（SW-846-3550）推荐的多环芳烃提取方法之一，具有提取率高，提取时间短的优点。近年来，食品或塑料等固体样品中微量成分的超声萃取已成为化学分析中的一种常规手段。

与传统萃取技术相比，超声波萃取具有以下特点：①借助各种超声波效应，不仅缩短了萃取时间，还提高了回收率；②萃取过程无须加热，而且在有限的萃取时间内所产生的热效应，使萃取溶剂升温不高，有利于热敏性或具有生物活性的组分的提取，例如中药材中活性成分的提取；③适当的超声波功率馈入不会改变所提取组分的化学结构，不依赖于组分与溶剂间基于相似相溶原理的化学作用，超声波对不同性质（如极性）目标组分的作用几乎一致，因此超声波萃取非常适合农残、兽残以及金属形态等多组分体系的提取；④操作方便、提取完全，可减少提取溶剂的使用量，不仅降低二次污染，还有利于后续浓缩和检测操作。

4.7.2　实验装置

目前，实验室广泛使用的超声波萃取装置可分为浸入式和浴式两种，通常所见的浴式是将超声波换能器（一般是压电片式）产生的超声波通过介质（通常是水）传递并作用于样品，这是一种间接的作用方式，声振强度较低，因而大大降低了超声波萃取效率，见图 4-18。因浴式超声结果差异性较大，EPA 仅承认杆式超声萃取方式。浸入式超声萃取装置就是将杆式超声波探头置于样品中进行破碎提取，多见于细胞破碎仪。通常实验室所用的超声波发生器功率较大（约 300W），会产生令人不适的噪声，须采取隔声措施或操作期间远离超声波发生器。超声萃取的操作较为简单，一般将样品和萃取液加入一试管或离心管中，放入超声探头超声即可，操作中常采用 1min 超声、间歇 30s 的办法，或将样品放入冰浴中，以防止样品过热导致目标组分分解或失活。目前，已有商品化的专用于样品前处理的超声萃取装置，可以进行批量处理。

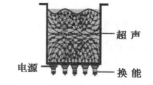

图 4-18　浴式超声波萃取装置

4.7.3 影响因素[33]

1）超声波频率和强度

超声波的热效应、机械作用和空化效应是相互关联的。通过控制超声波的频率与强度，可以突出其中某个作用，减小或避免另一个作用，以达到提高有效成分提取率的目的。超声波的频率越高越容易获得较大的声强。一般情况下，超声强度为 $0.5W/cm^2$ 时，就已经能产生强烈空化作用。超声波作用于生物体所产生的热效应受超声波频率影响显著。一般来说，超声频率越低，产生的空化效应、粉碎、破壁等作用越强。强烈空化效应影响下使溶剂中瞬时产生的空化气泡迅速崩溃，促使植物组织中的细胞破裂，溶剂渗透到植物细胞内部，使细胞中的有效成分进入溶剂，加速相互渗透、溶解。故在超声作用下，不需加热也可增加有效成分的提取率。而萃取效果随声强呈线性增加，而频率影响不明显。

2）溶剂选择

溶剂选择是否得当将会影响到待提取样品中有效成分的提取率。在选择提取溶剂时，最好结合有效成分的理化性质进行筛选。例如提取皂苷、多糖类成分，可利用它们的水溶性特性选择水作提取溶剂；提取生物碱成分，可利用其与酸反应生成盐的性质而采用酸提的方法。提取环境样品中的重金属，需选用合适的强酸或其混合液。采用超声技术将植物中的有效成分大部分提出，往往需要用一定溶剂将药材浸泡一段时间再进行超声处理，这样可以增加有效成分的提取率。

3）提取时间

超声提取时间对天然产物的提取率和对其有效成分的影响已引起人们广泛注意。多数情况下，有效成分提取率先随超声时间增加而快速增大，达到一定时间后，超声时间再延长，提取率增加缓慢；但也有少数情况下，提取率随超声时间增加，在某一时刻达到一个极限值后，提取率反而减小。造成有效成分在超声作用达到一定时间后，提取率增加缓慢或呈下降趋势的原因可能有两个：一是在长时间超声作用下，有效成分发生降解，致使提取率降低；二是超声作用时间太长，使提取物中杂质含量增加，有效成分含量反而降低，影响提取率的增加。

4.8 微波辅助萃取

4.8.1 方法原理与特点

微波是指频率在 $300MHz\sim100GHz$（波长为 $0.3mm\sim1m$）的电磁波，它介于红外线和无线电波之间，通常用于雷达、通信技术中。微波技术用作实验室样品前处理辅助手段已有近半个世纪，早在 40 年前，就出现了采用家用微波炉用于样品消解的报道。而最早将微波技术用于有机化合物的萃取工作出现在 1986 年[34]。微波辅助萃取（MAE）是利用微波作用使固体或半固体物质中的目标物组分与样品基体有效分离，并保持目标组分原始化学形态的一种溶剂萃取方法。

MAE 区别于其他萃取的最大特点是其独特的加热方式。常规加热是由外部热源通过热辐射由表及里的传导方式加热，而微波加热是由介质损耗而引起的由内及外的加热，见

图 4-19。微波加热是材料在电磁场中由介质吸收引起的内部整体加热。微波加热意味着将微波电磁能转变成热能，其能量是通过空间或介质以电磁波的形式来传递的，对物质的加热过程与物质内部分子的极化有着密切的关系。不同物质的介电常数不同，其吸收微波能的程度不同，由此产生的热能及传递给周围环境的热能也不同。在微波场中，吸收微波能力的差异使得基体物质的某些区域或萃取体系中的某些组分被选择性加热，从而使得被萃取物质从基体或体系中分离，进入到介电常数较小、微波吸收能力相对较差的萃取剂中。MAE 中常用不同比例的丙酮/正己烷作为萃取溶剂，丙酮可较好的吸收微波升温，加速目标物的溶出，不吸收微波的正己烷用于溶解吸收从样品基体溶出的待萃物。

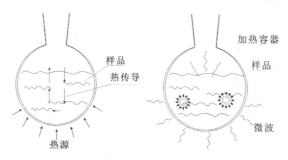

图 4-19　传统加热（左）与微波加热（右）的区别

通常，实验室 MAE 使用的微波频率为 2450MHz，所对应能量约为 0.96J/mol，能级属于范德华力（分子间作用力）范畴，与化合物键能相差甚远，因此理论上 MAE 不会破坏目标组分的分子结构。美国 EPA 标准方法 3546 中，通过对 17 种多环芳烃、14 种酚类、8 种碱性和中性化合物以及 20 种有机农药的研究，已验证了这一点。与传统萃取技术相比，MAE 选择性高、可以提高回收率及提取物质纯度、快速高效、节能、节省溶剂、污染小，有利于萃取热稳定性差的物质，适合从天然产物中提取有效成分，同时可实行多样品同时处理。

4.8.2　实验装置[35]

实验室使用的微波萃取装置，根据萃取罐的类型可分为密闭型和开罐式两类；根据微波作用于样品的方式则可分为发散式和聚焦式。这里介绍三种目前研究报道较多的 MAE 装置。

1）密闭式微波萃取装置

密闭式微波萃取装置是目前 MAE 最主要的实验装置，它由一个磁控管、一个炉腔、监视压力和温度的监视装置及一些电子器件所组成。其中在炉腔中有可容放多个密闭萃取罐的旋转盘，其结构如图 4-20 所示。商品化微波萃取仪有自动调节温度、压力的装置，可实现温压双控萃取。该体系的优点是：待分析成分不易损失，压力可控；当压力增大时，溶剂的沸点也相应增高，有利于目标组分从基体中快速萃取出来；萃取效率高，可批量处理样品。主要不足是高压萃取体系存在一定的安全隐患。

2）开罐式聚焦微波萃取装置

开罐式聚焦微波萃取装置结构如图 4-21 所示，与密闭微波萃取系统基本相似，只是其微波是通过一波导管将其聚焦在萃取样品上，其萃取罐是与大气连通的，即在大气压下进行萃取（压力恒定），所以只能实现温度控制。该系统将微波与索氏提取结合起来，既具有了微

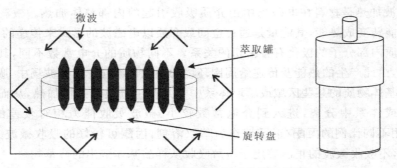

图 4-20　密闭式微波萃取装置炉腔结构图

波加热的优点,又发挥了索氏提取的长处,还省去了过滤或离心等操作步骤。但该装置的不足之处是一次处理的样品数较少。

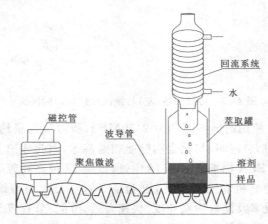

图 4-21　开罐式聚焦微波萃取装置结构示意图

3) 在线微波萃取装置

微波萃取可以与色谱等后续分析方法在线联用,Cresswell 等[36]最早报道了在线微波萃取-色谱法联用测定沉积物中的 PAHs。后续分析方法分别采用了 HPLC 和 GC-MS,即将沉积物样品在水中搅成浆状,通过微波萃取后,再用 C_{18} 固相萃取柱富集目标萃取物,最后洗脱目标组分进行 HPLC 分析;或者将样品在丙酮中搅成浆状,通过微波萃取后,再用 10mL 正己烷萃取分离富集微波萃取液中的目标组分,用 GC-MS 进行定性和定量分析。在线微波萃取装置结构示意图如图 4-22 所示,目前该装置的应用多见于方法研究,较少用于批量样品的萃取。

4.8.3　影响因素[37]

影响微波辅助萃取效果的因素较多,主要有萃取剂、微波功率、萃取温度、溶剂用量、萃取时间及试样含水量等。通过调节微波辅助萃取参数,可有效加热目标成分,以利于它们与样品基体分离而被萃取。

1) 萃取剂及其用量

微波萃取中萃取剂的选择应该考虑以下几个方面:溶剂应有一定的极性,可吸收微波;

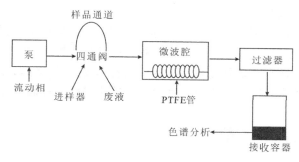

图 4-22　在线微波萃取-色谱分析联用系统

溶剂对目标化合物有较强的溶解能力；溶剂对待萃取组分的后续检测干扰较少。常用的萃取剂有甲醇、丙酮、甲苯、二氯乙烷、乙腈等有机溶剂。使用苯和正己烷等非极性溶剂时，必须加入一定比例的极性有机溶剂，如丙酮等。溶剂的极性越大，对微波能的吸收越大，升温越快。萃取剂用量可在较大范围内变动，以充分提取所希望的组分为度，萃取剂与样品之比（mL/g）通常在 1∶1～20∶1 范围内。固液比是提取过程中的一个重要参考因素，主要表现在影响固相和液相之间的浓度差，即传质推动力。

2）微波功率与萃取温度

MAE 中萃取温度取决于微波辐射功率。所以，萃取功率的确定应以能有效萃取出目标成分且兼顾选择性为原则。高的萃取温度通常会有利于提高萃取效率，但温度太高会使一些共存组分也被萃取出来，会对目标组分产生干扰，降低方法的选择性。此外，有些目标组分（如酚类）在高温下会分解。

3）萃取时间

萃取时间与样品量、溶剂体积和微波加热功率有关，一般情况下为 5～20min，对于不同的物质和样品组成，最佳萃取时间不同。

4）样品基体

因为水具有较高的介电常数，能够有效吸收微波，所以样品中含水量的多少对萃取率的影响较大。Budzinski 等[38]研究了土壤和沉积物中水分含量对微波萃取多环芳烃的影响后，指出适当增加水分可以提高萃取效率，水的质量分数为 20%～30%时萃取效率最高。

基体物质对微波萃取结果产生影响可能是因为其中含有对微波吸收较强的极性成分，或是某种物质的存在导致微波加热过程中发生相关化学反应。

样品颗粒大小对萃取效果也有影响，较小的粒径一般有利于提高萃取效率，所以通常根据物料的特性将其破碎为 2～10mm 的颗粒。但颗粒不能太细小，以保证基体与萃取介质的充分接触以及后续可以方便地过滤溶液。

4.8.4　应用概述

目前 MAE 有两大主要应用领域[39]，一个领域是土壤、沉积物、生物样品中各种污染物的分离富集，主要萃取对象包括杀虫剂、除草剂、多环芳烃、多氯联苯、溴系阻燃剂、有机金属化合物等多种有机污染物。另一个领域是中草药有效成分和植物细胞中活性物质的提取，例如，灵芝、云芝、猴头菇、茶花粉、银杏叶、人参、喜树果等植物组织中药用或保健成分的提取。因 MAE 萃取效率高、能耗低、符合环保要求，已被我国列为 21 世纪食品加工和中药制药现代化推广技术之一。

微波萃取(以及超声波萃取)作为纯物理辅助萃取技术,具有绿色、节能、高效的特点,是化学萃取的有效强化手段,相关应用和研究已经取得了很多进展,然而相关的技术标准还相对较少,主要原因是这两种萃取强化技术虽然萃取效率较高,但样品处理的一致性或精密度较差(相对其他萃取技术),而且整个操作过程的自动化程度还较低,限制了其应用和推广。

4.9　超临界流体萃取

4.9.1　方法原理与特点

超临界状态是物质的气、液两态能平衡共存的一个边缘状态,在这种状态下,液体和它的饱和蒸气密度相同,因而它们的分界面消失,这种状态只能在一定温度和压力下实现,此时的温度和压力分别称为临界温度(T_c)和临界压强(P_c),见图 4-23。超临界流体(supercritical fluid,SCF)是指物质处于其临界温度和临界压强以上而形成的一种特殊状态的流体(图 4-23 中阴影区域)。超临界流体兼有气体和液体的特点,其物理性质介于气体与液体之间,见表 4-5[40]。它既有与气体相当的高渗透能力和低黏度,又兼有与液体相近的密度和对许多物质优良的溶解能力。通常溶质在某溶剂中的溶解度与溶剂的密度呈正相关,超临界流体也与此类似。因此,通过改变压力和温度,改变超临界流体的密度,便能溶解许多不同类型的物质,达到选择性地提取不同类型化合物的目的。部分溶剂的临界压力和温度如表 4-6[40]所示。二氧化碳具有无毒、阻燃、价廉易得的优势,而且还有腐蚀性小、临界条件温和、化学惰性好等优点,是最具实用价值且广泛采用的超临界流体。

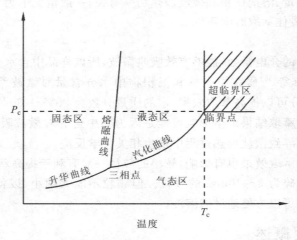

图 4-23　物质随压力、温度变化时状态的转化

超临界流体萃取(SFE)是 20 世纪 70 年代发展起来的一种从固体或半固体样品中提取、分离化学物质的技术,而应用于分析样品中物质的萃取分离则始于 80 年代中期。SFE 的基本原理是在高于临界温度和临界压力的条件下,用超临界流体作萃取相溶解出目标组分,然后降低流体压力或升高流体温度,使超临界流体恢复至气态,与萃取溶质分离。

与传统萃取技术相比,SFE具有如下特点[41]:①通过调节温度、压力可提取纯度较高的有效成分或脱除有害成分;②选择适宜的溶剂(如CO_2)可在较低温度或无氧环境下操作,分离、精制热敏性物质和生物活性物质等易氧化物质;③用于萃取的超临界流体具有良好的渗透性和溶解性,能从固体或黏稠的样品中快速提取出目标组分;④降低温度或压力,可轻易实现溶剂从产品中分离,无溶剂污染,且回收溶剂无相变过程,能耗低;⑤兼有萃取和蒸馏的双重功效,可用于有机物的分离、精制。

表4-5　超临界流体与常规气体和液体的性质对比

性质参数	气体	超临界流体		液体
		T_c, P_c	$\sim T_c, 4P_c$	
密度/(g/cm³)	0.006~0.002	0.2~0.5	0.4~0.9	0.6~6
黏度/×10^{-5}P	1~3	1~3	3~9	20~300
扩散系数/(cm²/s)	0.1~0.4	0.7×10^{-3}	0.2×10^{-3}	~10^{-5}

表4-6　可用作超临界流体的萃取剂的临界性质

物质	临界温度/℃	临界压力/MPa	物质	临界温度/℃	临界压力/MPa
二氧化碳	31.2	7.37	苯	289.1	4.89
乙烷	32.4	4.88	甲苯	318.7	4.11
乙烯	9.4	5.04	对二甲苯	343.2	3.52
丙烷	96.8	4.25	氟利昂-13	29.0	3.92
丙烯	92.0	4.62	氟利昂-11	198.2	4.41
环己烷	280.4	4.07	氨	132.6	11.28
异丙醇	235.3	4.76	水	374.3	22.05

4.9.2　实验装置

SFE装置的结构如图4-24所示,主要由CO_2钢瓶、改性剂瓶、高压泵、加热炉、萃取池、收集瓶以及压力开关等构成。操作时,首先将样品放入萃取池7中,连接好管路,在收集器9中放置合适的收集溶剂,然后打开CO_2钢瓶和改性剂瓶两路的高压泵,同时将炉箱6升温,保证萃取过程中CO_2处于稳定的超临界流体状态。SFE装置工作模式有两种,一种是动态模式,后端的压力开关5在萃取时不关闭,依靠阻尼器8维持萃取池中压力值,通过稳定的不断流动的超临界CO_2流体萃取样品,萃取液不断地流进收集器被收集溶剂溶解,CO_2重新气化并与萃取组分分离。另一种是静态模式,在萃取时后端的压力开关5关闭,保证萃取池中足够的萃取压力,稳压是通过萃取池前端的压力开关调节压力。动态模式萃取效率一般较静态模式要高,但萃取条件需要仔细优化,CO_2消耗也更高,实际操作中依据实验需求可选择不同的工作模式,另外,通过收集器9后重新汽化的CO_2一般有专用的管路负责回收再利用以节约成本。

4.9.3　影响因素

影响SFE的主要因素有超临界流体、萃取压力、萃取温度、萃取时间、改性剂及含量、流体流速等。此外,SFE的萃取效率也与样品基体的组成、颗粒度、干燥程度等息息相关。如

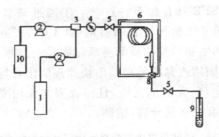

图 4-24　超临界流体萃取装置结构示意图

1—液体 CO_2 钢瓶；2—高压泵；3—三通；4—压力表；5—压力开关；6—炉箱；7—萃取池；
8—阻尼器；9—收集器；10—改性剂瓶

前所述，因 CO_2 所具有的种种优势，目前绝大多数的 SFE 都使用 CO_2，因此，超临界流体的选择不再赘述。

1）萃取压力

萃取压力是影响超临界流体密度及溶解能力的重要因素之一，尤其在临界点附近，压力升高能显著提高超临界流体的溶解能力。一方面，如果追求目标组分的高绝对回收率，可以选择高萃取压力，可最大限度地溶解待萃组分；另一方面，如果想获得选择性较好的萃取效果，可选择临界点附近或稍高的萃取压力，尽量减少难萃取的共存组分的萃取。当压力增加到一定程度后，超临界流体的溶解力的增加会放缓，而且选择过高的萃取压力对萃取设备的损耗也较大，因此萃取压力不是越高越好。实际操作中，超临界 CO_2 萃取的压力一般控制在 $8\sim50$MPa。

2）萃取温度

萃取温度对萃取效果的影响有两方面：一方面，在一定压力下，升高温度，超临界流体分子间距离增大，分子间作用力减小，密度降低，溶解能力相应下降；另一方面，在一定压力下，升高温度被萃取物的挥发性增强，分子的热运动加快，分子间缔合的机会增加，从而使溶解能力增大。因此，温度对 SFE 萃取率的影响应综合考虑。在实际应用中，超临界 CO_2 萃取的温度不宜太高，控制在稍高于其临界温度，一般在 60℃ 以内。

3）流速和萃取时间

超临界流体的流速一定时，萃取时间越长，回收率越高。萃取刚开始时，由于溶剂与溶质未达到良好接触，萃取速率较低。随着萃取时间的加长，则萃取速率增大，达到最大萃取速率之后，由于待分离组分的减少，传质动力降低而使萃取速率降低。一般来说，回收率一定时，超临界流体流速越大，溶剂和溶质间的传质阻力越小，则萃取的速率越快，所需萃取时间越短，但相应超临界流体回收设备能耗和折旧大，从经济上考虑应选择适宜的萃取时间和流速。

4）改性剂（夹带剂）

超临界流体的极性是影响萃取速率的又一因素。在弱极性的溶剂中，强极性物质的溶解度远小于非极性物质，萃取效率随极性增加而降低。超临界 CO_2 是一种非极性溶剂，因此，它仅适用于非极性或弱极性物质的萃取。在萃取极性较强的物质时，可通过在超临界 CO_2 中添加极性溶剂来提高萃取相的极性，添加的极性溶剂称作改性剂或夹带剂，夹带剂的使用使 SFE 的应用范围更加广泛。张昆等[42]研究了夹带剂甲醇对超临界流体溶解能力和萃取选择性的影响,结果表明,甲醇的加入可以显著增加超临界流体的溶解能力,且其增加的程度随甲醇的添加量增加而增加,但是加入甲醇后,会使流体的选择性降低。因此在添加夹带剂时,应选择最优添加量。表面活性剂也可以作为夹带剂,提高超临界流体萃取效率,提高的程度与其分子结构有关,分子的脂溶性部分越大,其对超临界流体的萃取效率提高越多。关于夹带剂的作用原理,一般认为是夹带剂的加入改变了溶剂密度或内部分子间的相互作用所致。在选择夹带剂时应注意:在萃取阶段,夹带剂与溶质的相互作用是首要的,即夹带剂的加入能使溶质的溶解度较大幅提高;在溶质分离阶段,夹带剂应易于与溶质分离;在分离涉及人体健康的产品时,如药品、食品和化妆品时,还需考虑夹带剂毒性的问题。

4.9.4　亚临界水萃取

水的临界温度(374℃)和临界压力(22MPa)都非常高,显然使用超临界水进行萃取并不现实,其实也没必要。亚临界水(subcritical water),又称加压热水(pressurized hot water)、过热水(superheated water)、高温液态水(high temperature liquid water),是在其临界温度和临界压力之下的液态水。适当高温高压下的亚临界水对物质的溶解能力较常温常压水显著提高。水自常温升温至临界温度(374℃),其相对介电常数在定压条件下,随着温度的升高逐渐降低,水则由极性溶剂逐步变为弱极性溶剂。相对介电常数的大小直接决定了亚临界水对不同性质的组分的可萃取能力。同时,水的黏度和表面张力会随着温度的升高而降低。在利用亚临界水提取的过程中,低黏度和表面张力有利于萃取溶剂与待萃物间的传质和渗透,从而提高提取效率。

亚临界水萃取研究始于1994年,Hawthorne等[43]首次报道了利用亚临界及超临界水从土壤中提取极性和弱极性的化学污染物。在亚临界水的范围内,较低的温度有利于离子、极性分子的提取,较高的温度有利于弱极性物质的提取。鉴于亚临界水的性质,使得利用亚临界水提取时与其他提取方法比较有优越性,主要表现为:①无污染,环保;②对于中极性、弱极性物质的提取效率高,可部分替代有毒、挥发性的有机溶剂;③操作简单、经济节能。这些优越性使得亚临界水萃取近年发展迅速,从植物、食品、工业副产品及废弃物中提取各种有机成分的研究越来越多。

虽然亚临界水萃取具有很多优越性,但也存在一些弊端。主要问题在于亚临界水萃取完成后的浓缩富集较为困难,因为传统手段实现水与目标物的分离比较困难,导致萃取液不能与后续检测技术(如 GC、HPLC 等)顺利衔接。最近有研究报道,将亚临界水萃取与液相微萃取结合,获得了较为满意的富集效果,已成功用于植物中精油、土壤和环境样品中农药残留等物质的检测[44]。

4.9.5　应用概述

目前,超临界 CO_2 萃取技术已在天然药物研制、食品、医药保健品、天然香精香料、化工等方面得到了广泛的应用[45,46]。例如,天然药物和保健品样品有紫杉、黄芪、人参叶、大麻、香樟、青蒿草、银杏叶、川贝草、桉叶、玫瑰花、樟树叶、茉莉花、花椒、八角、桂花、生姜、大蒜、辣椒、橘柚皮、啤酒花、芒草、香茅草、鼠尾草、迷迭香、丁子香、豆蔻、沙棘、小麦、玉米、米糠、鱼、烟草、茶叶等。在萃取葵花籽、红花籽、花生、小麦胚芽、可可豆中的油脂成分时,比传统压榨法的回收率高,而且不存在溶剂提取法的溶剂残留问题。在萃取香料、香精时,不仅可以有效地提取芳香组分,而且还可提高产品纯度,能保持其天然香味,如从桂花、茉莉花、菊花、梅花、米兰花、玫瑰花中提取花香精;从胡椒、肉桂、薄荷中提取香辛料;从芹菜籽、生姜,芫荽籽、茴香、砂仁、八角、孜然等原料中提取精油等。提取物不仅可以用作调味香料,而且一些精油还具有较高的药用价值。

此外,近年来超临界水(supercritical water,SCW)在废水、固废(包括塑料)处理方面也有应用[47]。超临界水具有极强的溶解能力、高度可压缩性、无毒、价廉、容易与许多产物分离等优势。在水的超临界区域,有机污染物可以以任何比例溶解在水中,并被空气或氧气氧化,使得这些污染物可以在超临界水中均相氧化,这就是超临界水氧化技术。有机污染物中的 C 和 H 被氧化成 CO_2 和 H_2O,而 Cl、P、S 及金属元素则转化成盐析出,并通过降低压力或冷却,有选择性地从溶液中分离出产物,以达到处理污染物的目的,目前这方面的应用已涉及废水处理、固废降解(污泥、塑料等),取得了良好的净化效果,是一项有效的环境污染物治理新技术,但在样品前处理中尚未采用。

4.10 快速溶剂萃取

4.10.1 方法原理与特点

快速溶剂萃取(PLE),又称加压溶剂萃取、加速溶剂萃取、加压流体萃取,是一种在较高的温度和压力下,用溶剂快速萃取固体或半固体样品中目标组分的固-液萃取新方法。PLE 方法最早由 Richter 等于 1995 年提出[48],原理是利用较高的萃取温度(可达 200℃)和萃取压力(约 200 大气压)来加速溶剂提取过程。PLE 的萃取回收率与普通索氏萃取相当,但萃取时间更短(约 15min),消耗溶剂更少。

提高温度能增加溶剂对溶质(被萃物)的溶解能力。例如,当温度从 50℃升至 150℃,蒽和烃类(如正十二烷)在氯甲烷中的溶解度分别提高十多倍和数百倍。Sekine 等[49]报道水在有机溶剂中的溶解度随着温度的提高而增加,在低温低压下,溶剂易从样品基质"水封微孔"中被排斥出来,当温度升高时,由于水的溶解度增加,提高了这些微孔的可利用性,有利于被萃取物与溶剂的接触。概括讲,提高温度的作用主要有:①极大地减弱溶质分子与基质之间的强相互作用力,这些作用力包括范德华力、氢键、偶极相互作用;②加速溶质分子从基质中解吸出来的动力学过程,减小此过程所需的活化能,使溶质更快地进入溶剂中;③降低溶剂和样品基质之间的表面张力,使溶剂更好地进入样品基质,有利于被萃取物与溶剂的接触。图 4-25 以土壤沉积物颗粒微孔中目标组分的溶剂萃取过程为例[50],展示了PLE 的萃取过程。已有报道表明,当温度从 25℃增至 150℃,溶剂的扩散系数可提高 2~10 倍。

增加压力可提高溶剂的沸点,使溶剂在萃取过程中始终保持液态(即使萃取温度高于溶剂沸点)。例如,丙酮在常压下的沸点为 56.3℃,而在 5 个大气压下,其沸点高于 100℃[51]。此外,增加压力还可提高溶剂到溶质的扩散速度(图 4-25 中的第 1 个过程),缩短萃取时间。

与索氏提取、SFE 和微波萃取相比,PLE 有如下优点:①萃取时间短。萃取一个样品,普通索氏萃取平均耗时 4~48h,快速索氏萃取也需 2~4h,SFE 和微波萃取需 0.5~1h,而

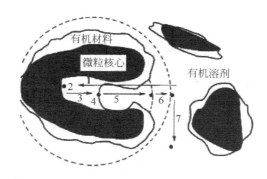

图 4-25 有机溶剂在土壤沉积物颗粒中的快速溶剂萃取过程模型[50]

萃取过程：1. 溶剂快速进入；2. 将待萃物从基质活性部位解吸出来；3. 扩散通过溶胀的有机材料（有机质层）；4. 溶剂与基质界面的溶剂化作用；5. 扩散通过多孔基质中的静态溶剂；6. 扩散通过外部颗粒之间的静态溶剂的扩散层；7. 通过由大量溶剂流动形成的微孔迁移。

PLE 仅需 8～20min。②溶剂用量少。以萃取 10g 样品为例，普通索氏萃取消耗溶剂 200～500mL，快速索氏萃取为 50～100mL，SFE 为 150～200mL（收集溶剂），微波萃取为 25～50mL，而 PLE 仅需 15mL。相对普通索氏萃取溶剂消耗量降低 90%，溶剂量的减少也加快了后续净化和浓缩的速度，进一步缩短了检测时间。③萃取效率高。PLE 法通过提高温度和增加压力，减少了基质对溶质（被萃物）的影响，增加了溶剂对溶质的溶解能力，使溶质较完全地提取出来，提高了萃取效率和样品回收率。PLE 已被美国环保局（EPA）作为标准（SW-846 3545A）用于环境样品中杀虫剂、除草剂以及多氯联苯（PCB）、二噁英等污染物检测的样品前处理方法。此外，PLE 与 SFE 的萃取过程相似，可将其看作亚临界流体萃取。与 SFE 相比，PLE 可使用各种常见的水溶液或有机试剂，应用范围更广，而且方法开发也更容易，成熟的溶剂萃取方法都可移植于 PLE 法。

4.10.2 实验装置

PLE 已有商品化装置，装置一般由溶剂瓶、高压泵、辅助气路、加热炉、萃取池和收集瓶等构成（图 4-26）。基本操作流程为：首先，将欲处理的样品装入萃取池，通过自动传送装置将萃取池送入加热炉腔并与相应的收集瓶连接。然后通过高压泵将溶剂输送到萃取池（20～100s）中，萃取池在加热炉被升温和加压（3～5min），在设定的温度（如 100℃）和压力（如 10MPa）下静态萃取（5min），然后向萃取池中加入清洗溶剂（20～60s）淋洗样品，最后用高压 N₂ 吹扫萃取池和管路（60～100s），萃取液经过滤膜（置于萃取池中）进入收集瓶中待分析，全过程仅需 8～20min。

全自动快速溶剂萃取装置已比较成熟，一般采用顺序萃取模式，自动连续处理多达 24 个样品，自动完成样品间清洗，完全可无人值守。然而，现有 PLE 装置功能比较单一，仅可以完成样品萃取功能，而后续净化、浓缩等步骤还需花费大量处理时间，不能实现样品前处理的多环节自动联接和智能化。目前国内已有少数几家仪器公司正在开发样品前处理的综合平台（工作站），将一个前处理方法的多个步骤或多种前处理方法集成于一体。例如，北京吉天仪器有限公司已研制完成了基于快速溶剂萃取的样品前处理工作站（http://www.bjkw.gov.cn/），可集萃取、净化、浓缩和定容于一体，可智能化完成样品的整个前处理过程，还可与后续色谱类检测设备自动衔接。

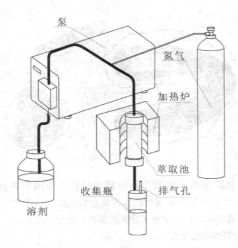

图 4-26　快速溶剂萃取仪的结构示意图

4.10.3　影响因素

影响 PLE 的主要因素包括：萃取溶剂、萃取温度、萃取压力、萃取时间和循环次数等。

1) 萃取溶剂

选择萃取溶剂的基本原则与其他溶剂萃取技术一样，例如，可直接参照普通索氏提取方法的萃取溶剂。在实际应用中，往往使用混合溶剂对多种目标化合物或多类化合物进行萃取。EPA 推荐了一种"万能"萃取溶剂：正己烷 C_6H_{14}/二氯甲烷 CH_2Cl_2/丙酮 CH_3COCH_3 的混合溶剂。人们只需根据目标组分的性质调整三种溶剂的比例，以达到萃取所需的极性和渗透力（与混合溶剂的黏度以及表面张力等相关）。

2) 萃取温度

传统溶剂萃取可选择的萃取温度通常都低于萃取溶剂沸点，因为在萃取过程中需要保持萃取溶剂处于液态，以保持较好的溶解度。而 PLE 可在远高于溶剂沸点的温度下萃取。目前的快速溶剂萃取装置一般可在室温～200℃的范围内选择萃取温度。另外，选择萃取温度时，要考虑待萃物是否会发生热降解或发生形态转化等因素。Richter[52] 曾用 DDT 来试验 PLE 萃取过程中易降解组分的降解度。通常情况下 DDT 在过热状态（超过 109℃）下裂解为 DDD 和 DDE。在加入萃取池对 DDT 进行快速溶剂萃取（萃取温度为 150℃）后，萃取物 GC 分析结果显示：DDT 的三次平均回收率为 103%，相对标准偏差为 3.9%。在测定 DDT 时未发现有 DDD 或 DDE 存在。结果表明 PLE 装置中热降解现象不甚明显。这可能是 PLE 装置的密闭设计有助于萃取易被氧化降解的组分。

3) 萃取压力

萃取压力的主要作用是保证萃取溶剂在所选择的萃取温度下（室温～200℃）保持液态。提高萃取压力使采用高于溶剂沸点的萃取温度成为可能，如在 10～15MPa（1500～3000psi）压力下，采用丙酮作为萃取溶剂，萃取温度可高达 200℃。另外，在较高的萃取压力下，萃取溶剂可以更快速进入样品基体（包括基体中的水封孔隙或更小的气孔）中，加快样品基质和萃取溶剂之间的质量传输，利于萃取。不过，萃取压力超过 10MPa 后，对萃取效率的影响已非常小。因此，无须选择过高萃取压力，太高压力反而会影响萃取设备的稳定性和使用寿命,通常选择 10～15MPa。

4）萃取时间和循环次数

萃取时间决定于溶质(待萃物)从样品基质的微观结构扩散到萃取溶剂本体中的快慢。不同溶质和样品基质所需萃取时间不同,通常 3～5min 的静态萃取时间即可。在实际操作中,选择萃取时间往往与循环次数综合考虑。单次萃取时间不宜过长,因为超过吸附-解吸平衡所需时间对萃取无益,一般选择 5min 以内为宜。如果萃取效果不佳,可考虑增加循环次数,利用新鲜萃取溶剂进行多次萃取来提高萃取效率,通常循环 2～3 次。

4.10.4 选择性萃取

PLE 装置的样品萃取池多采用垂直定位方式,萃取溶剂自上而下萃取样品,因此可利用样品萃取池下部空间充当固相萃取柱,实现萃取液的净化功能,该方法称为在线净化(online purification)或"选择性萃取"(selective extraction)。具体做法是将 SPE 吸附材料填装到萃取池下端,然后在吸附材料上端填装样品,于是,在 PLE 萃取过程中同时实现目标组分的选择性萃取和萃取液的在线净化。此外,也有报道采用基质固相分散(MSPD)技术实现上述在线净化功能,即将吸附材料与待测样品混合均匀填装到萃取池中进行萃取操作,同样可获得良好的净化效果。本方法非常适合基体相对复杂和干扰物(如油脂、色素)较多的生物、食品等样品的前处理。在本方法中,选择合适的 SPE 吸附材料和淋洗溶剂至关重要,具体原则可参见第 5 章相关部分,否则会影响净化效果或导致回收率降低。目前,该方法已采用的吸附剂有 Florisil(蔬菜中有机磷[53]、氨基甲酸酯、有机氯等农残)、氧化铝(鱼肉类 PCB 萃取去除脂肪)、硅胶(农残)、石墨化碳(农残中的色素去除)等。图 4-27 表明采用 Florisil 作为吸附剂对土豆中有机磷农药进行选择性 PLE 萃取,实现了非常好的在线净化效果。

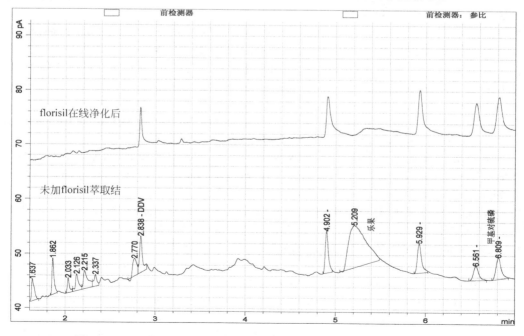

图 4-27 土豆中有机磷农药的选择性 PLE 萃取结果(GC-NPD 色谱图)[53]

4.10.5　应用概述

PLE 仪器的商品化虽然已 20 多年。由于其方便快捷,萃取效率和样品通量都远远优于其他萃取方法,近年已受到分析工作者的极大关注,已在环境、药物、食品和聚合物工业等领域得到了广泛应用[54]。到目前为止,PLE 在有机污染物残留检测中已用于土壤、污泥、沉积物、粉尘、动植物组织、蔬菜和水果等样品中的多氯联苯、多环芳烃、有机磷杀虫剂、有机氯杀虫剂、农药、苯氧基除草剂、三嗪除草剂、柴油、总石油烃、二噁英、呋喃、爆炸物等有毒有害物质的萃取。另外,文献统计结果表明[55],自 1995 年 PLE 技术被列为 EPA 标准方法后,其应用逐步增加。而与之形成竞争的 SFE 技术,在后续数年间虽然在食品、药品方面的应用有所增加,但在环境领域的应用已呈明显下降趋势。近年 PLE 技术也逐渐进入国内相关标准,国标 GB/T 19649—2006、GB/T 5085.6—2007 和 GB/T 23380—2009 都已采用 PLE 作为样品萃取的首选推荐方法。最近国家环保行业公布 2010 年制修订标准目录中与快速溶剂萃取相关的标准多达 11 项,涉及土壤、沉积物、固体废物等样品中持久性有机污染物多环芳烃、多氯联苯等的萃取。

参考文献

[1]　Loconto P R. Trace Environmental Quantitative Analysis: principles, Techniques and Applications [M]. 2nd ed. Boca Raton,FL: CRC Press,2006.

[2]　Domini C E, Hristozov D, Almagro B, et al. Sample preparation for chromatographic analysis of environment[M]. Nollet,LML 3rd ed. Boca Raton,FL: CRC Press,2006.

[3]　2014/2015 Phenomenex Chromatography product guide [EB/OL]. https://flipflashpages. uniflip. com/2/41719/322246/pub/index. html.

[4]　Majors R E. Practical Aspects of Solvent Extraction[J]. LC-GC Europe,2009,22(3): 143-147.

[5]　Dean J R. Methods for Environmental Trace Analysis[M]. England,Wiley,2003.

[6]　马春宏,朱红,王良,等. 双水相萃取技术的应用研究进展[J]. 光谱实验室,2010,27(5): 1906-1914.

[7]　Kula M R, Krone K H, Hustedt. Advances in Biochemical Engineering [M]. New York: Fiedhte A,1982.

[8]　Selvaraj R,Vytla R M,Varadavenkatesan T,et al. Aqueous Two Phase Systems for the Recovery of Biomolecules-A Review[J]. Science and Technology,2011,1(1): 7-16.

[9]　Peng-yu Bi,Dian-qing Li, Hui-ru Dong. A novel technique for the separation and concentration of penicillin G from fermentation broth: Aqueous two-phase flotation[J]. Separation and Purification Technology,2009,69(2): 205-209.

[10]　毕鹏禹,常林,牟瑛琳,等. 溶剂浮选技术的研究现状与展望[J]. 化学进展,2013,25(8): 1362-1374.

[11]　徐长波,王巍杰. 双水相萃取技术研究进展[J]. 化工技术与开发,2009,38(5): 40-44.

[12]　范芳. 双水相萃取技术的应用进展[J]. 化学生物工程,2011,28(7): 16-20.

[13]　Luisi P L,Francis J B,Antonio P,et al. Micellar solubilization of proteins in aprotic solvents and their spectroscopic characterization[J]. HELVETICA CHIMICA AC TA,1979,62(3): 740-753.

[14]　Johnston K P, Harrison K L, Clarke M J, et al. Water-in-carbon dioxide microemulsions: an environment for hydrophiles including proteins[J]. Science,1996,271:624-626.

[15]　马伟超,李一婧,殷彦涛. 反胶团萃取技术的影响因素与应用[J]. 资源开发与市场,2011,27(11): 968-971.

[16] 张桂菊,徐宝财.反胶团技术应用研究进展[M].精细化工,2005,22(增刊):4-7.

[17] 徐宝财,王媛,肖阳,等.反胶团萃取分离技术研究进展[J].日用化学工业,2004,34(6):390-393.

[18] Jeannot M A,Cantwell,F F. Solvent microextraction into a single drop[J]. Anal. Chem. ,1996,68 (13):2236-2240.

[19] Przyjazny A,Kokosa J M. Analytical characteristics of the determination of benzene, toluene, ethylbenzene and xylenes in water by headspace solvent microextraction[J]. J Chromatogr. A,2002, 977(2):143-153.

[20] 王金成,金静,熊力,等.微萃取技术在环境分析中的应用[J].色谱,2010,1:1-13.

[21] 邓勃.一种新的液液萃取模式——分散液液微萃取[J].现代科学仪器,2010,3:123-130.

[22] Pedersen-Bjergaard S,Rasmussen K E. Liquid-phase microextraction with porous hollow fibers, a miniaturized and highly flexible format for liquid-liquid extraction[J]. J Chromatogr. A,2008,1184(1-2):132-142.

[23] Pedersen-Bjergaard S,Rasmussen K E. Liquid-liquid-liquid microextraction for sample preparation of biological fluids prior to capillary electrophoresis[J]. Anal. Chem. 1999,71(14):2650-2656.

[24] Rezaee M,Assadi Y,Milani Hosseini M R,et al. Determination of organic compounds in water using dispersive liquid-liquid microextraction[J]. J Chromatogr. A,2006,1116(1-2):1-9.

[25] Wu H F,Yen J H,Chin C C. Combining drop-to-drop solvent microextraction with GC/MS using electronic ionization and self-ion/molecule reaction method to determine methoxyacetophenone isomers in one drop of water[J]. Anal. Chem. ,2006,78(5):1707-1712.

[26] Lu YC,Lin Q,Luo GS,et al. ,Directly suspended droplet microextraction[J]. Anal. Chim. Acta. , 2006,566(2):259-264.

[27] Xu L,Basheer C,Lee H K,et al . Developments in single-drop microextraction[J]. J . Chromatogr. A, 2007,1152(1-2):184-192.

[28] 邓勃.一种新型的液液萃取技术——离子液体萃取[J].分析仪器,2010,(6):9-15.

[29] Leong M I,Huang S D. Dispersive liquid-liquid microextraction method based on solidification of floating organic drop combined with gas chromatography with electron-capture or mass spectrometry detection[J]. J Chromatogr. A,2008,1211(1-2):8-12.

[30] 刘琼琼,徐冬梅,丛后罗,等.抽提液高度可调的索氏抽提器[J].化学教育,2008,10:54.

[31] Foss Soxtec catalog[EB/OL]. http://www. Foss. dk/industry-solution/products/soxtec-systems.

[32] Ovadia M E,Skauen D M. Effect of ultrasonic waves on the extraction of alkaloids[J]. Journal of Pharmaceutical Sciences,1965,54(7):1013-1016.

[33] 舒俊林.超声提取技术在化学分析中的应用研究.中国环境科学学会学术年会论文集[C]. 2009, 1056-1060.

[34] Ganzler K,Salgo A,Valko K J. Microwave extraction:a novel sample preparation method for chromatography[J]. J Chromatogr. A,1986,371:299-306.

[35] 李核,李攻科,张展霞.微波辅助萃取技术的进展[J].分析化学评述与进展,2003,31(10):1261-1268.

[36] Cresswell S L,Haswell S J. Evaluation of on-line methodology for microwave-assisted extraction of polycyclic aromatic hydrocarbons (PAHs) from sediment samples[J]. Analyst,1999,124(9):1361-1366.

[37] 赵静,马晓国,黄明华.微波辅助萃取技术及其在环境分析中的应用[J].中国环境监测,2008,24(6):27-32.

[38] Budzinski H,Letellier M,Garrigues P,et al. Optimisation of the microwave assisted extraction in open cell of polycyclic aromatic hydrocarbons from soils and sediments:study of moisture effect[J]. J. Chromatogr. A,1999,837(1-2):187-200.

[39] 卢彦芳,张福成,安静,等.微波辅助萃取应用研究进展[J].分析科学学报,2011,27(2):246-252.

[40]　于娜娜,张丽坤,朱江兰,等.超临界流体萃取原理和应用[J].化工中间体,2011,8:38-43.

[41]　霍鹏,张青,张滨,等.超临界流体萃取技术的应用与发展[J].河北化工,2010,33(3):25-27.

[42]　张昆,崔英德,卢蔚.有机溶剂在二氧化碳超临界流体萃取中的作用[J].现代化工,1998,4:25-27.

[43]　Hawthome S B, Yang Y, Miller D J. Extraction of organic pollutants from environmental solids with sub-and supercritical water[J]. Anal. Chem,1994,66(18):2912-2920.

[44]　Deng C H, Yao N, Wang A Q, et al. Determination of essential oil in a traditional Chinese medicine, fructus amomi by pressurized hot water extraction followed by liquid-phase microextraction and gas chromatography-mass spectrometry[J]. Anal. Chem. Acta,2005,536(1-2):237-244.

[45]　Aleksovski S A, Sovova H. Supercritical CO_2 extraction of Salvia officinalis L. [J]. J. Supercrit. Fluids,2007,40:239-245.

[46]　Reverchon E, Demarco I. Supercritical fluid extraction and fractionation of natural matter[J]. J. Supercrit. Fluids,2006,38(2):146-166.

[47]　Veriansyah B, Kim J D. Supercritical water oxidation for the destruction of toxic organic waster water: a review[J]. J. Environ. Sci. ,2007,19:513-522.

[48]　Richter B E, Covino L. New environmental applications of accelerated solvent extraction[J]. LCGC, 2000,18(10):1068-1073.

[49]　Sekine T, Hasegawa Y. Solvent extraction chemistry[M]. New York:Marcel Dekker,1977.

[50]　Erland B, Tobias N. Pressurised liquid extraction of persistent organic pollutants in environmental analysis[J]. Trends in Analytical Chemistry,2000,19(7):434-445.

[51]　牟世芬,刘克纳,阎炎,等.加速溶剂萃取技术及其在环境分析中的应用[J].环境化学,1997,16(4):387-391.

[52]　Richter B E, Jones B A, Ezell J, et al. Accelerated solvent extraction:A technique for sample extraction[J]. Anal. Chem. ,1996,68:1033-1039.

[53]　北京吉天仪器有限公司.快速溶剂萃取仪方法手册[EB/OL]. http://www. instrument. com. cn/netshow/SH100202/s102052. htm.

[54]　赵海香,汪丽萍,邱月明,等.加速溶剂萃取技术及在样品前处理中的应用,农药与环境安全国际会议论文集-Ⅲ农药合成与分析[C].2005,303-308.

[55]　Al-Jabari M. Modeling analytical tests of supercritical fluid extraction from solids with langmuir kinetics[J]. Chem. Eng. Commun. ,2003,190(12):1620-1640.

第5章

固相萃取分离

5.1 引言

固相萃取(solid phase extraction,SPE)是基于液-固色谱理论,通过固定相对样品中的目标组分进行选择性吸附,使之与样品基体和干扰组分分离,再通过溶剂选择性洗脱或热解吸,实现目标组分富集或样品净化的样品前处理方法。SPE适用于气态及液态样品前处理,对于固态样品,需要转换为液态或气态后,方能进行处理。

SPE使用具有一定选择性的固定相,与液-液萃取相比,大大减少了有机溶剂用量,降低了对环境和人体健康的危害;没有乳化现象发生,萃取回收率相对较高;通过选择合适的固定相,可选择性分离特定的目标组分,更适用于水中极性化合物的萃取;操作简单,易于实现自动化,与色谱分析兼容性好。目前国内外已有众多商品化全自动仪器在环境、食品、农业、生物、医药等领域的样品前处理中成功应用。

本章重点介绍目前广泛应用的常规固相萃取,同时对分散固相萃取、固相微萃取、整体柱固相萃取及新型固相萃取技术也做简要介绍。

5.2 常规固相萃取

常规固相萃取是指使用固相萃取小柱的萃取方法,一般情况下,SPE指常规固相萃取。近年来,SPE已经成为样品前处理的主要方法之一,在各领域的应用越来越广泛,例如,我国新颁布的国家标准方法[1,2]或行业标准方法[3,4]以及美国EPA的标准方法[5,6]中,逐步推荐使用SPE样品前处理技术。本节主要介绍常规SPE的原理、常用固定相、装置、操作及方法开发。

5.2.1 固相萃取原理[7]

SPE的分离机制与HPLC基本相同,根据使用的固定相种类不同,即保留机制不同,其分离模式分为反相、正相、离子交换和混合模式。

1. 反相固相萃取

反相SPE采用非极性或弱极性固定相,而样品溶液或洗脱溶剂的极性比固定相极性大。反相 SPE 的保留机制是固定相的非极性或弱极性功能团与目标组分中的非极性基团（例如 C_2、C_4、C_8、C_{18}、苯基、环己基）之间的疏水性相互作用，包括范德华力、色散力等。反相 SPE 适合从强极性溶剂中萃取非极性到中等极性的化合物，例如用非极性的 C_{18} 固定相保留水中的有机目标组分。

从反相固定相上洗脱目标组分时，需要选择非极性溶剂破坏固定相与目标组分间的作用力，例如采用 1∶1 的二氯甲烷∶乙酸乙酯作洗脱溶剂，洗脱前，固定相必须经过干燥，以保证非极性溶剂和固定相之间充分接触。甲醇、乙腈、乙酸乙酯是反相 SPE 常用洗脱溶剂，这些溶剂可与固定相表面游离硅羟基形成氢键，并可溶解或替换固定相中残留的水分，因此使用这些溶剂时固定相无须干燥。

2. 正相固相萃取

正相 SPE 采用极性固定相，固定相的极性比样品溶液或洗脱溶剂的极性大。正相吸附的机制是利用固定相与目标组分的极性官能团之间的相互作用，例如氢键、偶极-偶极相互作用、π-π 相互作用、诱导偶极-偶极相互作用等。正相 SPE 适合从非极性样品溶液中萃取极性组分，一般用于有机萃取液的净化，将极性干扰组分保留在固定相上，而非极性目标组分流出用于进一步的分析。

正相 SPE 常用的固定相包括非键合硅胶、活性氧化铝、弗罗里硅藻土（硅酸镁）及键合氨基、氰基、二醇基的硅胶微球等。由于非键合硅胶和活性氧化铝具有亲水性，会吸附空气中的微量水分，导致固定相通过氢键与水分子结合，降低了固定相对极性有机组分的保留，所以对于这类固定相一定要避免吸附水，最好高温活化处理后，放在干燥器内保存。

一般情况下，正相 SPE 不选择极性溶剂（例如水）作样品溶剂，因为极性溶剂会与固定相的活性位点发生作用，减少目标组分和固定相之间的作用力，导致保留减小和重复性差。正己烷、二氯甲烷或石油醚等非极性溶剂常用作正相 SPE 的样品溶剂。

从正相 SPE 固定相上洗脱目标组分时，用极性溶剂可以破坏目标组分与固定相之间的作用力。洗脱效果主要取决于洗脱溶剂的强度和极性指数 P'，表 5-1 中列出了 SPE 常用溶剂的洗脱强度 ε^0 和极性指数 P'。对于中等极性的目标组分，如醛、醇、有机卤化物，一般采用 ε^0 小于 0.38 的溶剂作样品溶剂，而用 ε^0 大于 0.60 的溶剂作洗脱溶剂，例如甲醇。高极性化合物（例如糖类或氨基化合物）在非键合硅胶和氧化铝固定相上强结合，即便用高洗脱强度的溶剂也无法破坏这些物质和固定相之间的作用力，此时用氰丙基或氨丙基固定相可以得到较好的回收率[8]。

表 5-1　溶剂的洗脱强度 ε^0 和极性指数 P'

溶剂	洗脱强度 ε^0	极性指数 P'
乙酸	＞0.73	6.2
水	＞0.73	10.2
甲醇	0.73	6.6
异丙醇	0.63	4.3
吡啶	0.55	5.3
乙腈	0.50	6.2
乙酸乙酯	0.45	4.3
丙酮	0.43	5.4

续表

溶剂	洗脱强度 ε^0	极性指数 P'
四氢呋喃	0.35	4.2
二氯甲烷	0.32	3.4
氯仿	0.31	4.4
苯	0.27	3.0
甲苯	0.22	2.4
四氯化碳	0.14	1.6
环己烷	0.03	0.0
正己烷	0.00	0.06

3. 离子交换固相萃取[9]

离子交换 SPE 的分离机制是基于固定相具有可离解的基团，与溶剂中具有相同电荷的溶质离子之间进行可逆的离子交换。离子交换 SPE 中目标组分与固定相之间的相互作用是静电引力，适用于萃取可离子化的组分，由于其分离机制与极性无关，因此可以从极性溶剂中有效地萃取出离子性化合物。

离子交换固定相基质一般为硅胶和聚合物，按照基质上键合的离子基团的性质可分为阳离子和阴离子交换固定相。其中阳离子交换固定相又分为强酸性阳离子交换（strong cation exchange，SCX）和弱酸性阳离子交换（weak cation exchange，WCX）固定相。阴离子交换固定相又分为强碱性阴离子交换（strong anion exchange，SAX）和弱碱性阴离子交换（weak anion exchange，WAX）固定相。SCX 固定相键合的官能团为磺酸基（—SO_3H）（$pK_a<1$）；WCX 固定相键合的官能团为羧酸基（—COOH）（$pK_a=4.8$）、磷酸基（—H_2PO_3）和酚基（—C_6H_5OH）；SAX 固定相键合的官能团为季氨基（$pK_a>14$）或氰丙基（$pK_a=9.8$）；WAX 固定相键合的官能团是伯胺（—NH_2）、仲胺（—NHR—）或叔胺基团（$pK_a\approx10$）。对于 SCX 和 SAX 固定相，其离子交换官能团总是处于离子态，而对于 WCX 固定相和 WAX 固定相，其离子交换官能团是否带电，则与所接触的溶液 pH 有关。调节溶液 pH，使离子交换固定相上的官能团充分离子化，会使其离子交换能力增强，反之则减弱。

对于弱酸弱碱性目标组分的萃取，在上样之前，需要调节样品溶液的 pH 大于目标组分的 pK_a 或 pK_b，使目标组分尽可能以阴离子或阳离子的状态存在，目标离子可与固定相官能团的离子进行交换。反之，洗脱时则调节洗脱溶液的 pH，使目标组分尽可能以中性分子的形式存在，提高洗脱效率。

对于强酸强碱性目标组分，在任何酸度下都以离子状态存在，不能通过调节 pH 来优化萃取，而需要选择合适的固定相和离子强度。一般说来，为了使强酸强碱性目标组分能够有效地洗脱，对于强离子性目标组分，选用弱离子交换固定相，而对于弱离子性目标组分，则选用强离子交换固定相。低离子强度的样品溶液有利于目标组分的保留，如果样品溶液的离子强度较高，可采用稀释法、掩蔽法降低离子强度。高离子强度的洗脱溶液有利于目标组分的洗脱。

在样品基质中与目标组分带相同电荷的离子称为竞争离子，不同的竞争离子具有不同的选择性，选择性高的竞争离子更易与固定相官能团作用。在萃取时，竞争离子的选择性越小越好，以免发生竞争性吸附，导致目标组分不能牢固地保留。而在洗脱时，洗脱溶液中的竞争离子的选择性越高越好,以利于目标组分与固定相的分离[10]。

4. 混合模式固相萃取

同时利用固定相上的两个或两个以上不同官能团的分离机制称为混合模式 SPE。例如,固定相同时包括非极性官能团和离子交换官能团就可以实现反相和离子交换 SPE。这种分离模式适用于从复杂的样品基体中分离目标组分。例如,对于尿液中弱碱性有机物的萃取,如果直接采用离子交换 SPE,尿液中共存的大量无机离子会导致竞争性吸附;如果采用反相 SPE,尿液中的大量非极性化合物会干扰萃取。此时可采用反相/离子交换混合模式 SPE 进行萃取。该方法首先调节样品溶液的 pH,使目标组分以中性分子的形式存在,样品溶液通过反相 SPE 柱,目标组分以中性分子的形式被保留,而大量的无机离子直接流出。淋洗时先用水清洗 SPE 柱,将弱吸附的无机离子洗去,再采用合适浓度的盐酸溶液过柱,使目标组分以阳离子形式保留在 SPE 柱上,而非极性干扰物不被保留,再采用合适的洗脱溶剂将目标组分洗脱下来,进行后续的分析测定。混合模式 SPE 利用固定相的不同官能团,通过调节 pH,可同时去除无机离子和非极性化合物的干扰,使目标组分获得较高的萃取回收率[11]。

5.2.2 固相萃取常用固定相

SPE 常用固定相类型与 HPLC 也基本相同,一般是多孔键合硅胶或有机聚合物,只是形状和粒度大小不同。HPLC 柱固定相为球形颗粒,粒径 $3\sim5\mu m$,而为了得到最大的比表面积并降低一次性使用的成本,SPE 固定相可使用不规则颗粒,平均粒径为 $20\sim30\mu m$。由于颗粒较大,柱的高度较小($10\sim20mm$),其理论塔板数较少,只能将目标组分与样品基体或干扰物分开,而目标组分之间不能达到有效分离,所有的目标组分都被保留在固定相中,然后被不同的溶剂洗脱。由此可见,SPE 只可以分离某一类的化合物,对分离度和选择性的要求不如 HPLC 高,因此 SPE 可使用的固定相比 HPLC 更加丰富。

根据表面修饰方法对固定相进行分类,可分为键合固定相和包覆固定相。有些基质材料无须修饰即可直接用于 SPE,例如碳基质材料,包括碳纳米管、石墨烯等。采用化学键合方法修饰的固定相应用较多,例如键合硅胶。根据固定相的基质分类,可分为硅胶、聚合物、无机氧化物和碳基质固定相等,非键合硅胶归类于无机氧化物类固定相介绍。本节主要介绍在 SPE 中广泛应用的键合硅胶、有机聚合物、无机氧化物和碳基质固定相,一些新型固定相将在后续专门的章节中介绍。

1. 键合硅胶固定相

键合硅胶是目前 SPE 使用最广泛的固定相。由于硅胶表面的硅氧基遇水会失活,导致与大多数化合物的作用力很弱,因此在硅胶表面接入疏水基团才能用于含水溶剂,即形成化学键合硅胶,依据键合的官能团不同,键合硅胶可以进行正相、反相和离子交换 SPE。

键合硅胶固定相常见的功能基团有 C_1、C_2、C_8、C_{18}、CH、Ph、CN、环己基、氨基、氰基、二醇基等。化学键合硅胶的平均比表面积为 $500m^2/g$,平均孔径 6nm,如果孔径小于 5nm 会对相对分子质量高于 2000 的大分子表现出排斥作用,如果用来分离大分子,要选用孔径超过 30nm 的键合硅胶固定相。键合硅胶的含碳量为 $5\%\sim19\%$。随着含碳量的增加,固定相的容量变大,但超过 19% 时,萃取回收率反而下降。使用容量较低的固定相,使用小体积的洗脱溶剂即可有效地将目标组分洗脱。

键合硅胶表面有未反应完的残余硅羟基,为了避免残余硅羟基与目标组分之间产生不必要的相互作用(称为次级作用),一般对键合硅胶进行封尾处理。即将键合硅胶与三甲基氯硅烷(或六甲基二硅胺烷)反应,将硅羟基转换为硅氧基。封尾增加了键合硅胶的含碳量和立体阻碍,使其容量增大、疏水性更强。但封尾无法将键合硅胶中的硅羟基全部转化,通常最大的封尾程度在 70% 左右。有的键合硅胶故意不封尾,利用硅羟基的极性,增加对极性化合物或碱性化合物的保留。

键合硅胶一般用于非极性和中等极性化合物的萃取。键合硅胶在有机溶剂中比较稳定,极性和非极性溶剂均可将其润湿,使用 pH 范围为 2.0～7.5。含有强极性官能团(如氰丙基、二醇基、氨基丙基)的键合硅胶用于正相 SPE。键合硅胶表面的硅醇的 pK_a 为 4～5 之间,具有弱酸性,还可以用于阳离子交换 SPE。

2. 有机聚合物基质固定相

聚合物基质固定相比表面积大($600～1200 m^2/g$),含碳量较高,萃取容量也较高。目前使用最广泛的聚合物基质固定相是交联聚苯乙烯(PS/DVB),PS/DVB 是苯乙烯和二乙烯基苯的共聚物,表面具有疏水性,属于非极性固定相,在反相 SPE 中具有广泛的应用。PS/DVB 的苯环结构与含有 π 键的化合物之间的 π-π 相互作用,增加了目标组分和固定相之间的作用力,使得 PS/DVB 的保留能力相当于甚至高于 C_{18} 键合硅胶。

相比硅胶基质固定相,聚合物基质固定相在 pH 1～14 的范围内都很稳定。PS/DVB 表面没有键合硅胶表面存在的硅羟基,无须封尾处理,也不用考虑硅羟基的次级作用对萃取造成的影响。但聚合物基质固定相在卤代烃类、四氢呋喃、芳香烃类及碳氟化合物类溶剂中会发生溶胀而不适用。除了 PS/DVB 以外,聚丙烯酸酯(PA)也是常用的聚合物固定相,比 PS/DVB 极性更强,适用于极性化合物的萃取。

聚合物基质固定相也可进行化学修饰来改变其性能,以适应不同的需要。例如在聚合物基质上接入乙酸基($CH_3COO—$)、羟甲基($HOCH_2—$)、氰甲基($—CH_2CN$)或苯甲酰基($C_6H_5CO—$)等极性基团,增加聚合物表面的亲水性,可提高水中极性化合物的萃取效率。加入具有离子交换功能的官能团,例如磺酸基或季铵基,可作为离子交换固定相使用。因此,使用修饰后的聚合物基质固定相可用来萃取极性、非极性和可离子化的目标组分。

对于反相键合硅胶和聚合物基质固定相来说,上样之前,需保持固定相的湿润,否则固定相易出现收缩现象,导致萃取回收率下降和重现性差。目前有一种新型的大孔聚合物,即亲水-亲脂 N-乙烯吡咯烷酮和二乙烯基苯共聚物(DVB-VP),N-乙烯吡咯烷酮的亲水性增加了聚合物的润湿能力和对极性化合物的保留能力,而二乙烯基苯的亲脂性具有反相机理保留目标组分的能力,因此 DVB-VP 对于极性化合物和非极性化合物都有较好的保留。DVB-VP 还可同时萃取水中的酸性、中性和碱性组分,再通过选择不同酸度的淋洗液和洗脱液使各组分获得分离。由于该聚合物特有的亲水亲脂性,其表面具有永久润湿性,上样前不需要活化处理。

3. 无机氧化物基质固定相

无机氧化物基质固定相包括活性硅胶(即非键合硅胶)、氧化铝、氧化镁、弗罗里硅土(Florisil)、二氧化钛、氧化钍、氧化锆等,其共同特点是表面具有活性羟基,用于正相 SPE。无机氧化物固定相主要应用于有机溶剂中的低极性和中等极性化合物的分离、缓冲溶液中阳离子和阴离子的分离。

活性硅胶是由硅酸钠利用溶胶-凝胶技术制备,其保留机理是偶极相互作用和阴离子交换。活性硅胶是最强的极性固定相,绝对不能用极性溶剂活化。活性硅胶适用于样品净化,例如除去非极性溶剂中的极性干扰化合物。活性硅胶还可以将极性目标组分按照极性大小分开,例如,将极性目标组分溶于非极性溶剂中,干燥去除水分后,通过 SPE 柱,目标组分保留在 SPE 柱上,使用极性逐步增加的洗脱溶剂进行顺序洗脱,可得到极性逐渐增大的一系列目标组分。活性硅胶的比表面积为 $300 \sim 800 m^2/g$,孔径 $4 \sim 10 nm$,表观 pH 为 $5.5 \sim 7.5$,这种微酸性使得活性硅胶很容易吸附水分,在使用前必须确保其干燥。

氧化铝的比表面积约为 $150 m^2/g$,孔径为 $6 nm$。氧化铝的表面含有铝羟基,通过与极性化合物和不饱和化合物形成氢键而产生吸附,是一种强极性固定相。通过高温加热可使氧化铝活化,使之亲水性更强。根据形成条件,氧化铝分为酸性、中性和碱性氧化铝。酸性氧化铝的 pH 为 5,带正电荷,可用于吸附具有阴离子官能团的化合物和极性化合物。中性氧化铝的 pH 约 6.5,带正电荷,具有阴离子交换能力。中性氧化铝通过偶极-偶极相互作用,可用于保留中性化合物,例如醛、酮、酯、醚等有机物质。碱性氧化铝的 pH 约 8.5,带负电荷,可用于阳离子交换,适合保留具有阳离子官能团的化合物,也可通过偶极-偶极相互作用保留胺或生物碱。

弗罗里硅土是一种含硅酸镁的极性固定相,其比表面积为 $250 \sim 300 m^2/g$,表观 pH 约为 8.5,对极性化合物的保留更强,需加热到 $650 ℃$ 活化处理后使用。

与键合硅胶相似,无机氧化物也可进行硅烷化,通过选择合适的有机基团,可得到与键合硅胶固定相相似的亲水或疏水性。无机氧化物经化学修饰后,残余羟基同样会导致次级作用,在很多情况下,这种次级作用力导致极性化合物特别是碱类化合物的回收率变差,因而限制了无机氧化物基质固定相的应用。

4. 碳基质固定相

SPE 中常用的碳基质固定相有活性炭、碳分子筛、石墨化炭黑及多孔石墨碳、碳纳米管、石墨烯等。其中碳纳米管和石墨烯将在纳米材料 SPE 一节中介绍。

活性炭的比表面积很大($300 \sim 2000 m^2/g$),孔径分布宽,表面分布有活性官能团,在 SPE 中用于分离水溶液中低极性和中等极性的有机化合物。活性炭的缺点是经常存在不可逆吸附,导致不易洗脱目标组分,萃取重复性差;同时活性炭表面具有催化活性,容易引起目标组分的分解。活性炭的这些不足限制了其在 SPE 中的应用。

碳分子筛具有小孔结构(直径 $5 \sim 6 Å$),适合于吸附小分子,大分子由于体积较大而无法进入孔内,难以被吸附。碳分子筛的比表面积大($500 \sim 1200 m^2/g$),亲水性强,主要用来在室温下捕获空气中的挥发性有机物(C_1 和 C_2)和一些键合硅胶固定相及 PS-DVB 所不能吸附的极性小分子有机化合物,如醇、醛、胺、羧酸和酮。碳分子筛吸附目标组分后,洗脱速度慢、洗脱溶剂消耗量较大,因此在 SPE 中的应用有限。

石墨化炭黑(graphitized carbon blacks,GCBs)是目前在 SPE 领域应用最广泛的碳基质固定相。GCBs 是在高温下($2700 \sim 3000 ℃$)对炭黑加热后制成的,是无孔的低表面积固体颗粒,比表面积为 $5 \sim 200 m^2/g$。由于石墨中碳的六角形平面结构,石墨化炭黑具有疏水性,可作为反相固定相,适用于萃取非极性及中等极性的化合物,对于含有芳香环的分子通过 $\pi-\pi$ 相互作用强保留。GCBs 表面通常带有羟基、羰基和酸性基团,可用于极性化合物的萃取。GCBs 具有 C—O 键,在酸性条件下,易结合质子带正电荷,形成离子交换位点,具有阴离子交换功能。GCBs 的这些特性,使其适合萃取极性较大的酸性、碱性及磺酸盐类化合物。GCBs 的不足之处在于其疏水性太强,有时会形成不可逆吸附,无法将目标组分洗脱下来,而且 GCBs 的机械强度较差,仅适用于作 SPE 固定相,而不适合用于 HPLC 固定相。

多孔石墨碳(porous graphitic carbons,PGC)是具有平整晶体表面的大孔固定相,该材料中碳原子以 sp^2 杂化排列成六边形,形成二维平面石墨层状结构,平均比表面积为 $120m^2/g$,平均孔径 25nm。PGC 对目标组分保留的机理是疏水作用和电子受体-供体作用,对非极性化合物和极性化合物都有较强的吸附,尤其是对具有平面结构、极性基团以及具有大 π 键、孤对电子的化合物具有强保留。多孔石墨碳机械强度好,可经受 40MPa 的高压;化学性质稳定,在有机溶剂中和任何 pH 条件下都可以使用。

碳基质固定相也可用于分离或富集强极性化合物,例如氯化苯胺、氯酚,这些化合物在一般极性固定相上不易保留。对于碳基质固定相,常用的洗脱溶剂是二氯甲烷或四氢呋喃。由于碳基质固定相对目标组分的保留都很强,所以洗脱时一般采用反冲法,可达到满意的回收率。

5.2.3　固相萃取装置与操作

1. 固相萃取装置

固相萃取可手工操作,也可用仪器自动化操作,在本节中只介绍可手工操作的简易 SPE 装置,全自动固相萃取仪将在第 9 章详细介绍。

如图 5-1 所示,SPE 固定相通常制成固相萃取柱(syringe barrel)、固相萃取筒(cartridge)、固相萃取盘(disks)和固相萃取吸嘴(tips)等形式。为避免交叉污染,保证检测的可靠性,SPE 固定相原则上都是一次性使用。

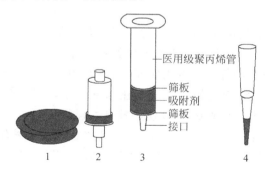

　　　　　　　　　　　　　　　　　　　　　　医用级聚丙烯管

　　　　　　　　　　　　　　　　　　　　　　筛板
　　　　　　　　　　　　　　　　　　　　　　吸附剂
　　　　　　　　　　　　　　　　　　　　　　筛板
　　　　　　　　　　　　　　　　　　　　　　接口

　　　　1　　　　　2　　　　　3　　　　　　　　4

图 5-1　SPE 固定相的四种形式

1—固相萃取盘;2—固相萃取筒;3—固相萃取小柱;4—固相萃取吸嘴

SPE 柱的柱管为医用级聚丙烯管,在有些特殊应用中,也有用玻璃和聚四氟乙烯材料的柱管。柱管体积 1~25mL,内装有重量为 50mg~1g 固定相,两端用 $20\mu m$ 孔径的聚丙烯塑料片或金属筛板封住,上端开口,下端有通用接口。操作时,可在上端密封接口接入注射器,通过注射器施加正压使用;也可由下端接口连接真空负压装置(图 5-2),这是目前最常用的简易 SPE 装置。这样有利于样品/溶剂与固定相紧密接触,增加溶液在固定相空隙内的传质,提高萃取效率。早期也有使用离心或单纯依靠重力分离的操作方式,但应用较少。

SPE 筒的结构与 SPE 柱类似,但 SPE 筒上下端都有通用接口,固定相含量为 100mg~1g,

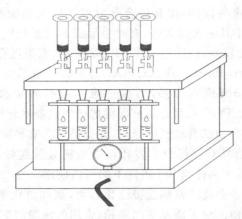

图 5-2　固相萃取柱的负压使用示意图

使用时在上端接口处连接一个装有溶剂的柱管,见图 5-3,一般都用于手工操作。

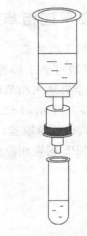

图 5-3　固相萃取筒的使用方式

　　SPE 使用的固定相颗粒较大,采用 SPE 柱或 SPE 筒时,如果溶剂或样品溶液流速太快,会有沟流现象发生,使得传质效率下降,导致萃取效率降低,而减小样品流速则样品处理速度较慢。另外 SPE 柱和 SPE 筒还存在容易堵塞和固定相填充密度重复性差等缺点。

　　SPE 盘的出现改善了以上不足。通常用的 SPE 盘是将 $8\sim12\mu m$ 的固定相颗粒压制在网膜上,固定相占重量百分比约为 80%,网膜的材质可为聚四氟乙烯、聚氯乙烯或玻璃纤维,厚度为 $0.5\sim1mm$,直径在 $4\sim96mm$,其中 47mm 的 SPE 盘应用较多。SPE 盘使用与 SPE 柱相同,现在有的普通商品固相萃取装置可兼容 SPE 盘。SPE 盘的结构特点是接触面积大、厚度小。对于同等质量的固定相,SPE 盘的接触面积约为 SPE 柱的 10 倍,固定相在 SPE 盘上填充紧密,基本消除了 SPE 柱存在的沟流现象,可以使用较高的样品/溶剂流速,提高了萃取效率,增大了萃取容量[12]。例如对地表水中有机污染物的萃取,采用直径 47mm 的 SPE 盘,样品流速可高达每分钟几十毫升,萃取 1L 水仅需 $15\sim20min$,而使用 SPE 柱可能需要 $1\sim2h$。SPE 盘的结构中没有筛板,减少了由此带来的污染。而且 SPE 盘的定量洗脱所需洗脱溶剂体积小,一般仅需 $10\sim20mL$,不仅经济环保,同时提高了富集倍数,所以 SPE 盘适合于从较大体积的水溶液中萃取富集痕量目标组分。相对于 SPE 柱,SPE 盘的不足在于其穿透体积小,尤其是对于极性化合物,所以 SPE 盘一般用于目标组分与固定相之间作用力较强的情况。

　　96 孔板是高通量的 SPE 装置,板上的孔按照 8 行 12 列的方式分布,每个孔相当于一个 SPE 柱,固定相含量 $10\sim100mg$,样品载量约为 2mL,多与自动化的样品处理装置联用,同时处理 96 个样品的时间一般不超过 1h。主要用于生物、医药等行业的小体积多样品的净化处理,被认为是 SPE 未来发展的趋势之一[13]。

　　SPE 吸嘴是用移液器的一次性吸嘴为柱管,固定相装在吸嘴的尖端,或者将固定相涂覆于吸嘴内壁。SPE 吸嘴可手工操作,也可固定在 96 孔板上,配合仪器进行自动化操作。由于 SPE 吸嘴内装载的固定相量比较少,所以仅适用于微量样品前处理,目前广泛应用于样品体积比较小的生物样品前处理。

2. SPE 基本操作步骤

SPE 操作步骤依赖于萃取模式。常用萃取模式有两种,第一种为目标组分保留模式,当样品溶液通过 SPE 柱时,将目标组分牢固保留在 SPE 柱上,而样品基体不保留或保留很弱。第二种为杂质保留模式,即杂质被固定相保留,而目标组分不保留,快速流出 SPE 柱,收集流出物或将流出物直接导入后续分析仪器。杂质保留模式常用于正相 SPE 柱。无论采取哪种保留模式,SPE 的基本操作步骤大致相同,针对不同的样品,可能有的步骤要进行多次,有的步骤可以省略[12]。下面以最常用的目标组分保留模式为例,介绍 SPE 操作步骤。

1) 柱活化

一般情况下,SPE 柱中的固定相都呈干燥状态,颗粒表面键合的官能团都处于杂乱无章的团聚状态。活化是将活化溶剂流过固定相,将固定相润湿,使固定相上键合官能团中的碳链有序地伸展开,增加与目标组分作用的表面积。活化还可清洗掉 SPE 固定相中的杂质。

反相 SPE 中,通常用甲醇、乙腈和四氢呋喃等水溶性溶剂活化 SPE 柱;正相 SPE 中,常用样品溶剂活化 SPE 柱;离子交换 SPE 中,如果样品溶剂为非极性溶剂,可用样品溶剂活化,若样品溶剂为极性溶剂,可用水溶性有机溶剂活化。

特别要注意的是,在使用硅胶固定相或聚合物固定相时,操作时不要将 SPE 柱中的固定相抽干,如果抽干,则必须重新活化,否则固相萃取的有效性将会大大降低,回收率也会变差。因此在操作时,活化处理后的固定相上方应留有 1mL 左右的活化溶剂,以保证固定相在上样之前一直处于湿润状态。

2) 柱平衡

在加入样品之前,需要对 SPE 柱进行平衡处理,即用样品溶剂过柱,防止多余的活化溶剂将目标组分洗脱,同时对 SPE 柱进行基体转换,使萃取环境接近样品的基体状态。对于离子交换 SPE 柱,在上样之前,用适当 pH 的缓冲溶液平衡 SPE 柱。

3) 上样

样品加入的体积从 1mL～1L 不等,样品中目标组分保留在 SPE 固定相上的同时,也会有少量基体或共存组分被保留,但大部分干扰物不保留,直接流入废液瓶。

4) 淋洗

淋洗是采用较弱洗脱能力的溶剂,除去固定相上弱保留的样品基体或共存组分,但目标组分仍然牢固保留在固定相上。

5) 柱干燥

在处理水溶液样品时,若后续的洗脱溶剂为水溶液或水溶性有机溶剂时,采用反相 HPLC 分析时,可以不对 SPE 柱进行干燥。但若洗脱溶剂为与水不互溶的有机溶剂,或后续的分析手段为 GC 时,在洗脱之前,一般需要将 SPE 柱干燥,以避免水的存在降低洗脱效率,同时减少洗脱液中的水含量,使后续的浓缩步骤或溶剂置换步骤更易进行,或者避免水对后续 GC 分析柱造成损害。

6）目标组分洗脱

选择合适的溶剂,将目标组分洗脱下来,此时可能会有部分强保留的干扰组分仍然保留在固定相上。使用的洗脱溶剂的量越少越好,可避免将干扰组分也洗脱下来,同时对目标组分也达到了浓缩的目的。通常洗脱溶剂都是强溶剂,并能和样品溶剂混溶。在不影响目标组分回收率的前提下,洗脱溶剂的流速应尽可能快,以避免流速过低导致干扰组分共洗脱。

对于杂质保留模式,SPE 的操作步骤则更加简单,不存在淋洗步骤。目标组分或者被样品溶液洗脱出来,或者有一部分在 SPE 柱上有微弱保留,通常用少量弱洗脱溶剂进行洗脱,保证所有目标组分洗脱,而绝大部分基体或杂质仍然保留在 SPE 柱上。

对于基体比较复杂的样品,单一模式的萃取可能无法去除样品溶液中大量的干扰基体,此时可采用将上述两种基本模式结合起来的混合模式。混合模式有两种,第一种混合模式实际上是进行两次萃取,即先按照"杂质保留模式"萃取,大量基体物质或特定杂质保留在第一根 SPE 柱,流出的目标组分和仍未除掉的某些杂质组分再过第二根具有不同保留机理的 SPE 柱,这时目标组分保留,而杂质不保留。常见的柱组合有反相柱＋离子交换柱。第二种混合模式是用双向连接头将两根不同类型的 SPE 柱串联起来使用,样品溶液通过时,干扰组分保留在前面的 SPE 柱上,而目标组分保留在后面的 SPE 柱上,洗脱时,将前面的 SPE 柱移去,只洗脱后面的 SPE 柱。

5.2.4　固相萃取方法开发

1. 充分了解样品基体和目标组分的性质

在方法开发之前,应详细了解目标组分的分子结构和样品基体性质,这是选择后续 SPE 柱和萃取条件的关键。了解目标组分分子中官能团类型、是否存在可解离基团、亲疏水性等。对样品溶液,需了解进入溶液的基体物质的状况、溶液 pH、离子强度、溶剂类型等。在此基础选择合适类型的 SPE 柱,例如,如果目标组分是离子型化合物,可以选择离子交换柱。对于弱解离溶质,需要了解其 pK_a,通过调节样品的 pH,使得目标组分的离子官能团带电荷或呈电中性,从而采用离子交换柱或反相柱。如果采用离子交换 SPE,还需要了解样品基体中其他离子的浓度,如果其他离子的浓度较高,则不利于目标组分在固定相上的保留。在调节样品溶液 pH 时,必须考虑目标组分的酸碱稳定性,如果目标组分在选定的 pH 范围内不稳定,则要避免在此 pH 条件下进行萃取[14]。

根据目标组分的溶解度,可以大致判断其极性,一般来说,水溶性高的化合物极性也较高。目标组分极性大小既可用来选择匹配的固定相极性,也为选择洗脱溶剂提供参考。一般而言,能充分溶解目标组分的溶剂可以用作洗脱溶剂。

如果样品为水溶液,可考虑使用反相或离子交换 SPE,而如果样品基体为非极性有机溶剂,可考虑使用正相 SPE 柱。了解样品基体中干扰物的性质,尽可能去除基体中的干扰物,提高萃取效率。了解目标组分对热是否稳定,是否容易挥发,有助于选择洗脱后的浓缩方式。

2. 上样体积

过柱的样品溶液体积最多不能超过相同条件下 SPE 柱的穿透体积。穿透体积(breakthrough volume,BV)是指在固相萃取时,随样品溶液的加入,目标组分被样品溶液自洗脱出来所对应的最大样品体积。穿透体积取决于目标组分的保留体积 V_R 和 SPE 柱的理论塔板数,它是确定上样体积和衡量浓缩能力的一个重要参数[8,12,15]。穿透体积可以通过测定穿透曲线的方法来确定,使浓度为 C_0 的目标组分溶液以一个恒定的速度连续通过 SPE 柱,连续检测流出液中目标组分的浓度,可得到如图 5-4 所示的穿透曲线。一般选择目标溶质在流出液中的浓度为其初始浓度 C_0 的 1%、5% 或 10% 对应的体积作为穿透体积。

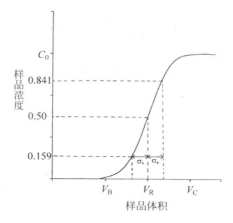

图 5-4 穿透曲线

图 5-4 中:V_B 为穿透体积,mL;V_R 为色谱保留体积,mL;V_C 为 SPE 固定相饱和时的进样体积,mL;此时的出口浓度等于入口浓度。

根据前沿色谱理论,如果以 1% 的浓度作为穿透体积,可以计算出 SPE 的穿透体积:

$$V_R = V_B + 2.3\sigma_v \tag{5-1}$$

式中:σ_v 为导数曲线的标准偏差;σ_v 决定于目标组分在固定相上的轴向扩散,在已知理论塔板数时,可根据式(5-2)计算。

$$\sigma_v = V_0(1 + K_s)/\sqrt{N} \tag{5-2}$$

式中:V_0 为固定相颗粒间隙体积,也称为死体积,mL;K_s 为容量因子;N 为理论塔板数。

理论塔板数 N 的计算方法为

$$N = V_R(V_R - \sigma_v)/\sigma v^2 \tag{5-3}$$

则:

$$V_B = (1 + K_s)(1 + 2.3/\sqrt{N})V_0 \tag{5-4}$$

从式(5-4)可知,若已知目标组分的容量因子、SPE 柱的理论塔板数和固定相的死体积,则目标组分的穿透体积可由式(5-4)算出。例如,一个 300mg 填料的 C_{18} SPE 柱,已知以目标组分表示的理论塔板数为 20,目标组分的容量因子为 3500,对于 C_{18} 固定相来说,每 100mg 的固定相,其 V_0 的估计值为 (0.12 ± 0.01)mL。则穿透体积 $V_B = (1+3500)(1+2.3/\sqrt{20}) \times 0.12 \times 3 = 612$mL,即最大进样体积不能超过 612mL。

最小的样品体积可根据相关的国家或国际标准中规定的限量值来估计。例如某一目标组分的标准限量值为 $5\mu g/L$,假定采用 HPLC 检测,为了保证检出,HPLC 对该目标组分的最低检测浓度应比标准限量值低两个数量级,即为 $0.05\mu g/L$。若进样量为 $10\mu L$,即需要目标组分质量为 $0.05\mu g/L \times 10\mu L = 0.5$ng,为了使自动进样器能够正常工作,假定需要 10 倍的样品量,即 0.5ng$\times 10 = 5$ng,由此可以计算需要的样品体积为:5ng/$0.05\mu g/L = 0.1L =$

100mL。即采用 100mL 样品进行 SPE,洗脱液浓缩至 $100\mu L$ 使用。

3. 固相萃取柱选择

SPE 柱的种类、萃取机理的选择可参考图 5-5。如果样品溶液为非极性有机溶剂,选择极性柱、正相机理萃取。如果萃取效果不好,可以采用转换溶剂的方法,将有机溶剂挥发除去,将样品溶解于水溶液中。若目标组分在水溶液中是中性状态的,可选择非极性柱、反相机理萃取。若目标组分在水溶液中离解为离子状态的,而干扰组分是中性状态,可采用离子交换柱;若目标组分和共存干扰组分都是离子状态的,最好考虑采用非极性柱、反相机理萃取。如果样品溶液为极性溶剂,可加水稀释成水溶液;也可将有机溶剂挥发除去,转换为水溶液。

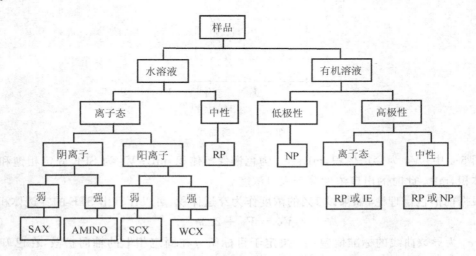

图 5-5　萃取有机目标组分的方法选择指南[12]

SAX:强阴离子交换;SCX:强阳离子交换;WCX:弱阳离子交换;

AMINO:氨基柱(属弱阴离子交换柱);RP:反相;NP:正相;IE:离子交换;

从目标组分的角度出发,选择固定相类型可根据"相似相溶"原理,即 SPE 柱的极性与目标组分的极性越相似,两者之间的作用力越强。而目标组分的极性可以根据其疏水常数 $\lg P$ 来判断。疏水常数 $\lg P$ 是化合物在辛醇和水两相中的平衡浓度之比,反映了该化合物的亲脂性/亲水性的大小。例如,当 $\lg P < 0$,说明该化合物亲水性极强,可选用多孔石墨碳或石墨化炭黑作为固定相;当 $0 < \lg P < 1$,该化合物为极性化合物,可选用极性固定相;当 $1 < \lg P < 3$,该化合物为中等极性化合物,可选用非极性的聚合物固定相 PS/DVB 或 C_2;当 $\lg P > 3$,该化合物为非极性化合物,可选用 C_{18} 或 C_8 等非极性固定相[16]。

选定 SPE 柱后,应确定其柱容量,柱容量是指单位质量的固定相保留化合物的质量。一般来说,选取的柱容量最好大于目标组分的含量的两倍。

4. 样品流速的选择

样品通过 SPE 柱的流速对萃取的结果影响较大,为了保证目标组分和固定相有足够的时间相互作用并避免沟流现象的发生,在 SPE 柱上样时,流速不宜过快。流速过慢虽然有利于保留,但会导致样品中的干扰组分在固定相上发生保留,并增加了整个萃取过程的时间。因此选择合适的流速,尽量保证只有目标组分保留在固定相上。通常根据 SPE 柱的体积选择适当的流速,体积小的 SPE 柱,样品流速要慢,体积大的柱,样品流速适当加快。常用的流速为 $1\sim5\text{mL/min}$。

5. 淋洗溶剂选择

当样品是水溶液时,若中性目标组分保留在非极性固定相时,淋洗溶剂可选择水或柱平衡时采用的缓冲溶液。若共存干扰组分与固定相之间的作用力较强,可以在淋洗溶剂中加入适量与水互溶的有机溶剂,例如甲醇、乙腈。当离子态目标组分保留在离子交换固定相时,用柱平衡时的缓冲溶液淋洗。如果样品是溶解在有机溶剂中的,则淋洗液也选择相同的有机溶剂。

6. 柱干燥方法选择

在洗脱之前,最好除去固定相中的水。固定相中的水包括死体积中的水、通过氢键和偶极-偶极相互作用吸附的水和键合的水。通常使用的干燥手段是用惰性气体过柱 $1\sim5\text{min}$,这种正压气吹的方法可去除大部分死体积中的水;吸附在固定相上的水和键合在固定相上的水通过抽真空更易去除。一般手工操作的 SPE,常用抽真空干燥,而自动化 SPE 仪器,正压气吹的方法应用较多。

干燥也可与洗脱同时进行,即在非极性洗脱溶剂中加入一些极性溶剂,有利于除去固定相中水,再用无水硫酸钠等干燥试剂,除去洗脱液中的水;乙酸乙酯也常用于反相固定相的洗脱溶剂,虽然乙酸乙酯与水不互溶,但可以将水作为另外一相排挤出来,有效地除去固定相表面键合的水。若后续的检测手段为 HPLC,可直接使用与水互溶的试剂作为洗脱溶剂,例如甲醇。但干燥过程也需要控制,过分的干燥可能会导致目标组分的挥发。

7. 洗脱溶剂选择

如前所述,选择洗脱溶剂依据"相似相溶"原理,同时要求洗脱溶剂有足够的强度,破坏目标组分与固定相之间的作用力,且对目标组分的溶解度较高,并与后续的分析方法兼容。例如,极性化合物一般用 HPLC 分析,尽可能用极性洗脱溶剂,如甲醇、乙腈。非极性化合物通常用 GC 分析,尽可能选择挥发性好的非极性洗脱溶剂,如乙酸乙酯、氯仿、正己烷。

对于不同的萃取机理,选择洗脱溶剂有所不同。正相 SPE 常用洗脱溶剂有四氢呋喃、丙酮、乙腈、异丙醇、甲醇等;反相 SPE 常用洗脱溶剂有正己烷、二氯甲烷、四氢呋喃、甲醇、乙腈等。离子交换 SPE 洗脱液中的淋洗离子(竞争离子)与离子交换固定相的作用力要大于目标组分离子与固定相的作用力。而对于弱解离目标组分离子,还可通过调节洗脱溶液的 pH 来减弱目标组分在固定相上的保留。例如,对阳离子交换 SPE 柱,一般用 pH 高于目标组分的 pK_a 两个单位(使目标组分为中性)的溶剂,若使用的是 WCX 柱,用 pH 低于固定相上弱酸性化合物的 pK_a 两个单位(使固定相为中性)的溶剂作为洗脱溶剂。另外,还可通过增加缓冲溶液中淋洗离子的浓度来提高洗脱能力。

洗脱溶剂的用量可按照经验估计,一般对于填充量为 500mg 的固定相来说,洗脱溶剂的体积在 $3\sim5\text{mL}$ 就足够了。也可以根据式(5-5)来估算需要的洗脱溶剂的体积。

$$V_e = V_0(1+k) \tag{5-5}$$

式中:V_e 为洗脱出最大浓度的目标组分所需的洗脱液的体积,mL;V_0 为小柱的死体积,mL;k 为容量因子,一般为 $2\sim3$。

例如对于填充量为 500mg 的固定相,其中死体积 V_0 可以根据填充固定相的量来估算,一般来说,100mg SPE 柱固定相的死体积为 0.12mL,那么 500mg SPE 柱固定相的死体积为 0.6mL。若假定 $k=3$，由公式(5-5)可得 $V_e=2.5$mL。为了萃取回收率接近 100%，可使用 2 倍 V_e 体积的洗脱溶剂，即 5mL 洗脱溶剂。如果容量因子较小(例如 $k=1$)，则只需 2.5～3mL 洗脱溶剂。

在不影响萃取回收率的情况下，洗脱溶剂通过 SPE 柱的流速应尽量大一些，一般洗脱溶剂的流速选择为 0.1～2mL/min。

8. 方法验证与优化

根据上述方法就可以建立一个初步的 SPE 方法，但方法的适用性还需要进行验证或优化。

方法验证一般通过两个步骤，第一步是将已知浓度的目标组分标准溶液用建立的 SPE 方法进行萃取，如果回收率 >85%，则可以进行第二步验证。第二步是将一定浓度的目标组分加入空白样品中，测试样品基体对萃取是否有影响，如果第二步的萃取回收率也能大于 85%，则证明建立的方法可行，否则应查找原因，继续优化。

标准溶液实验回收率偏低的原因有两种，第一种原因与目标组分的性质有关，如目标组分不稳定，在处理过程中分解或挥发，目标组分在存放样品的器皿表面上的吸附都会导致回收率偏低。第二种原因与萃取条件有关，例如选择的萃取柱不合适，部分样品并没有保留在萃取柱上，而是被样品溶液自洗脱，这可以通过测定流出液中是否含有目标组分来验证；或是淋洗溶液强度偏大，在淋洗过程中，一部分目标组分也发生脱附，随淋洗液流出，同样也可检测流出液是否含有目标组分进行验证。如果确定是上样过程导致回收率偏低，则首先需要考虑萃取机理是否合适，再考虑选择的 SPE 固定相种类及容量是否合适。上样过程中，样品的 pH 比较关键，例如，如果采用反相或正相机理萃取时，样品溶液 pH 应能够保证目标组分处于中性状态，而如果采用离子交换 SPE，样品溶液 pH 应能够保证目标组分处于离子状态。如果由于样品量太大，固相萃取柱的容量不足导致柱穿透，则需要更换大容量的固相萃取柱。在加标回收验证过程中，如果目标组分回收率偏低，可以考虑样品的 pH 或离子强度是否合适，共存化合物是否存在共吸附。

优化洗脱步骤，首先要验证选取的试剂是否适合作洗脱试剂，可将目标组分溶解于该溶剂中，将此溶液通过已经活化的 SPE 柱，收集流出液，再将等体积的空白洗脱溶剂通过小柱，收集流出液，将两份流出液合并，检测目标组分的回收率，如果回收率大于 85%，则此溶剂可作为该目标组分的洗脱溶剂。

优化淋洗溶剂和洗脱溶剂的用量，其原则是在保证最大限度地洗脱共存干扰组分的条件下，淋洗溶剂的用量越小越好。在保证目标组分回收率的前提下，洗脱溶剂的用量也是越小越好。

9. 样品溶液的制备

样品基体对 SPE 影响较大，对于同一种目标组分来说，样品基体不同，选择的 SPE 柱的种类以及操作条件可能有很大的差别。对于液体样品的制备，一般采用调节 pH、调节离子强度、稀释、蛋白质水解(或沉淀)、过滤、加入适量的有机溶剂等方法。而对于固体样品的制备，则需先对固体样品进行均质化，再用溶剂萃取等手段将目标组分提取和富集到萃取液中，然后进行 SPE 操作。

5.3　分散固相萃取

5.3.1　分散固相萃取

分散固相萃取(dispersive solid phase extraction,d-SPE)是将固相萃取用的固定相颗粒分散在样品溶液中,多数应用是将样品溶液中的基体物质或共存干扰物吸附在固定相上,分离后去除。d-SPE 最典型的应用是在多农药残留检测中使用的 QuEChERS 法。

QuEChERS 法由美国科学家 Anastassiades 等于 2002 年提出[17],该法采用单一溶剂乙腈提取,无水硫酸镁和氯化钠盐析分层,分散固相萃取剂 PSA(primary secondary amine,N-丙基乙二胺)净化的快速分散固相萃取方法,该法因具有快速(Quick)、简单(Easy)、便宜(Cheap)、有效(Effective)、可靠(Rugged)和安全(Safe)的特点而得名。

最初的 QuEChERS 法操作步骤是:称取 10g 切碎的蔬菜或水果样品,加入 10mL 乙腈进行提取,然后加入 4g $MgSO_4$ 和 1g NaCl 盐析分层,最后在 1mL 上清液中加入 150mg $MgSO_4$ 和 25mg PSA 进行分散固相萃取,PSA 除去组分中的脂肪酸,无水硫酸镁除去乙腈中的水分,净化后的上清液直接进行 GC/MS 分析。该方法已经得到 AOAC 和欧盟农残检测委员会的认可[18],并在食品安全检测实验室得到广泛的使用。

QuEChERS 法最初是针对含水量大于 80% 的蔬菜水果样品,所以对于含水量较低的样品,在处理时应添加适量的水,水的温度最好为 4℃,以吸收盐析过程中产生的热量。为了减少挥发性目标组分的损失,最好在样品匀浆过程中加入干冰。QuEChERS 法常用乙腈作提取溶剂,因其提取率高,共萃杂质少,容易通过盐析作用与水分离。

加入硫酸镁的主要目的是为了促进有机相和水相的分层,硫酸镁吸水的同时放热,促进更多的目标组分进入有机相。加入氯化钠有利于控制萃取溶剂的极性,减少共萃物的含量。加入氯化钠的量不宜过多,否则可能会影响有机溶剂对极性目标组分的萃取。最初的 QuEChERS 法不加入缓冲盐,加入缓冲盐(如醋酸钠或枸橼酸钠)可调节萃取环境的 pH,最大限度地减少敏感化合物的降解,例如,对酸或碱敏感的农药的降解,提高敏感化合物的萃取效率。

QuEChERS 法中固定相吸附的是萃取液中的杂质,而不是目标组分。目前应用最成熟的固定相为 PSA,PSA 可以吸附极性脂肪酸、糖类以及色素等杂质。除 PSA 外,C_{18} 键合硅胶、弗罗里硅土、中性氧化铝、活性炭等也可用于 QuEChERS。随着新型材料的发展,碳纳米管等新材料在 QuEChERS 中得到逐步应用,并具有广阔的应用前景。

与常规 SPE 相比,QuEChERS 法操作简单、快速、成本低、对极性和非极性农药回收率均较高,溶剂使用量少,且不使用含氯溶剂。QuEChERS 法净化可去除有机酸,避免影响后续检测仪器。但 QuEChERS 法目前还无法做到基体的完全净化,对痕量及超痕量分析有一定影响。

基于 d-SPE 的原理,近年出现一种多重机制杂质吸附萃取净化法(multi-function impurity adsorption SPE,MAS)[16,19]。该方法将粉碎的样品置于离心管中,加入提取溶剂(例如乙腈)、试剂(如无水硫酸钠、无水硫酸镁等除水剂)及固定相,然后振荡或超声波萃取,离心后取上清液进行仪器分析。MAS 方法简单、快速,萃取和净化一步完成,避免了样品乳化、浓缩造成的待测组分的损失,但是难以实现对痕量物质的富集,净化效果有时不理想,对某些杂质无法除去。

5.3.2 基质固相分散萃取

对于固态或半固态样品,SPE 需要制备成样品溶液后方能进行净化富集,为了提高萃取效率,1989 年 Baker 等提出了基质固相分散萃取技术(matrix solid phase dispersion,MSPD)[20],MSPD 是将均质化的固态或半固态样品与固定相一起研磨,形成一个半干的混合物,用来填充 SPE 柱,再用溶剂将目标组分洗脱。MSPD 最初用于哺乳动物组织中目标组分的萃取,目前主要应用于固态、半固态或黏稠样品的前处理。

MSPD 的优势在于避免了液-液萃取中常见的乳化现象,减少了有机溶剂用量。该技术只需对样品进行均质化处理,而无须进行沉淀、离心、调节 pH 等处理,虽然均质化需要人工操作,但过程简单;处理后的样品基体均匀地分散在固定相的表面,增加了样品与萃取溶剂接触的面积,加大了传质速度,有利于提高萃取效率;MSPD 在常温常压下进行,无须特殊装置,只要选择合适的固定相和洗脱溶剂就可以将目标化合物选择性地洗脱出来;MSPD还便于小型化操作,容易实现自动化,可与其他分离或检测仪器联用。MSPD 目前广泛地用于动物组织中的药物残留及代谢物的分析。

1. MSPD 的基本原理与特点

MSPD 的操作包括三个步骤(图 5-6),第一步是样品混合,第二步是柱制备,第三步是洗脱。

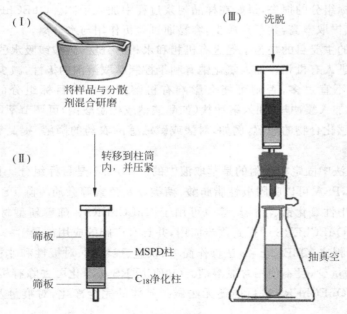

图 5-6 基质固相萃取的操作示意图[21]

样品混合是将均质化的黏稠样品、固体或半固体样品与固定相混合。样品的分散过程由手工在研钵中实现。研磨时最好使用玻璃、玛瑙或致密氧化铝材质的研杵,陶瓷材质的研杵因为多孔材质会导致样品或目标组分的损失。研杵和研钵坚硬的表面之间接触产生的剪切力会破坏样品结构,形成小碎片。样品碎片会附着在固定相的表面,形成一个"固定相/分散样品脂质层"的两相结构,样品中极性组分和极性官能团在结构的外侧,非极性组分分布在固定相表面,这种结构的假想模型参见图 5-7。这种结构有利于在 MSPD 柱的洗脱阶段,增加样品表面与洗脱溶剂的接触,减少基体干扰物在柱上的保留,有利于目标组分的洗脱。

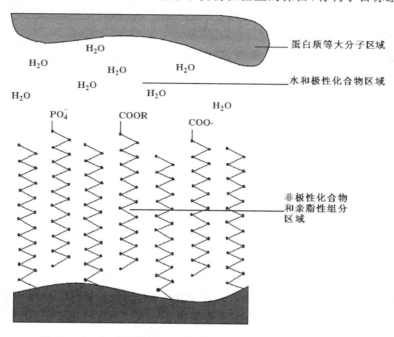

图 5-7　MSPD 的样品在 C_{18} 键合硅胶表面排列的假想模型[7]

可与样品一起研磨的固定相种类很多,例如未衍生化的硅酸盐(如硅胶、沙子),有机固定相(如 C_{18} 键合硅胶)或无机固定相(如弗罗里硅土、氧化铝)。固定相的使用量由样品决定,一般样品与固定相的质量比为 $1:1\sim1:4$,这样可以得到一个半干、均匀的粉末状混合物。在使用 GC 检测目标组分时,如果样品和固定相没有形成干燥的混合物,可以在混合物中加入干燥剂(如无水硫酸钠)一起研磨,有助于去除样品中的水分,以利于后续检测。如果希望改变样品的化学性质,可以加入一些抗氧化剂、螯合剂、解螯合剂、酸、碱等和样品、固定相一起混合研磨,这些加入的化学试剂会影响目标组分的保留和洗脱顺序[15]。样品和固定相的混合时间取决于样品中结缔组织或刚性聚合物的含量,最短只需要 30s。

样品与固定相混合均匀后,无须干燥,将混合物装入底部具有筛板的空注射器针筒中,上部也覆盖一个筛板,用注射器柱杆压紧,柱子装好后用某种溶剂或一系列溶剂对目标组分进行洗脱。也可将样品和固定相混合物直接转移至装有固定相的 SPE 柱中,例如装入弗罗里硅土 SPE 柱内,弗罗里硅土可吸附 MSPD 流出液中的干扰组分,达到进一步净化样品的目的,干燥的弗罗里硅土还可以除去流出液中的水分。

MSPD 的洗脱分为直接洗脱和顺序洗脱两种模式。直接洗脱是将目标组分洗脱下来,基体和干扰组分仍保留在固定相上。顺序洗脱则相反:目标组分保留在柱上,而基体和干扰组分洗脱下来,再选用另外一种溶剂洗脱目标组分。洗脱可依靠重力实现,但速度较慢,为了提高样品处理通量,也可采取施加负压或正压的方式进行。洗脱溶剂一般按照极性从小到大的顺序加入，分别收集洗脱液，可得到一系列不同极性的样品组分。一般淋洗或洗脱溶剂的用量为 5～10mL。

如果样品的基体比较简单，采用 MSPD 前处理时，选择合适的固定相和洗脱方案就可直接进行最终的仪器分析，无须进一步净化；但若样品基体非常复杂，就必须对 MSPD 的洗脱液进行进一步的净化。净化时可将 MSPD 柱和 SPE 柱串联使用，MSPD 柱在前，SPE 柱在后，可同时除去基体和干扰组分。

MSPD 属于 SPE 的一种，但与常规 SPE 有区别，主要区别如下[7]。

（1）MSPD 适用于处理黏稠的、固体或半固体样品，而 SPE 主要用于液态或气态样品的前处理。

（2）MSPD 需要对样品进行破碎，并将样品均匀地分散在固定相的表面，而 SPE 的样品处理成溶液后从柱头加入即可。

（3）MSPD 的样品和固定相、样品和洗脱溶剂之间的物理、化学作用力与 SPE 都不同，尽管两者的色谱分离机理截然不同，但用于 SPE 固定相选择和方法开发中用到的理论同样适用于 MSPD。

（4）MSPD 与常规 SPE 最大的不同在于样品基体对萃取的影响。MSPD 的样品经过研磨之后，基体覆盖在固定相的表面，形成了一个新的相，样品中目标组分的保留和洗脱特性不再取决于目标组分与固定相之间的相互作用，而主要取决于目标组分与分散的样品之间的作用力，其次取决于目标组分与固定相基质及键合的官能团之间的作用力。即样品基体覆盖在固定相表面上产生的新相及目标组分在新相上的分配和作用力才是 MSPD 保留和洗脱的关键。样品基体在固定相表面的覆盖虽然占满了整个柱，但是如果这个新相是有限的、不连续的，就无法得到一个平衡的状态，因此在研磨过程中，样品分散得越均匀，越有助于提高萃取效率。

（5）在常规 SPE 中，目标组分的洗脱难易程度与其在洗脱溶剂中的溶解度密切相关，但在 MSPD 中，目标组分的洗脱与其在洗脱溶剂中的溶解度相关性不大，在 MSPD 的洗脱过程中，不但目标组分被洗脱，样品基体中的组分也同时被洗脱下来。

（6）MSPD 固定相粒径比 SPE 稍大，为 40～100μm，如果使用小粒径（3～10μm）固定相，不但洗脱时间增加，容易导致限流和柱堵塞，价格也比较昂贵。

2. MSPD 条件选择[21]

固定相材料是 MSPD 选择性的关键影响因素之一。固定相材料的粒径大小、孔径、含碳量和是否封尾都影响萃取效率。反相固定相在 MSPD 中应用最多，这是因为固定相上的非极性部分有助于样品组织的分散和细胞膜的破坏，键合官能团的碳链越长、极性越小，就越有利于保留中等极性和非极性化合物。正相固定相适用于极性目标组分的萃取。样品分散到正相材料中后，使用极性溶剂，如甲醇、乙腈、热水或它们的混合溶剂洗脱极性目标组分。如果样品中的非极性干扰物质（如脂肪）含量较高，最好在与固定相混合之前，加入除脂步骤；也可在洗脱目标组分之前，用非极性溶剂（如正己烷）洗脱除去脂肪。否则，检测前仍需用 SPE 等方法去除脂肪。分子印迹聚合物（MIPs）、碳纳米管等新材料也可用于 MSPD。MIPs 的高选择性和碳纳米管的高比表面积等特性都有助于提高 MSPD 的萃取效率。

样品与固定相的质量比是一个非常关键的因素，常用比例为 1：1～1：4（也可通过实验优化），使样品充分破碎，并得到一个半干、粉末状的均匀混合物，有利于提高萃取效率。

有时可以加入改进剂提高 MSPD 的萃取效率,常用改进剂有酸、碱、盐和螯合剂(例如 EDTA)等。改进剂可以改善样品的破碎和分散,即改变目标组分与样品基体及固定相之间的相互作用,从而改善洗脱过程。更廉价易得的惰性材料,如沙子、硅藻土等也可用作改进剂。此时萃取的选择性主要取决于目标组分在洗脱溶剂中的溶解度。热水也可作为洗脱溶剂,在高温下,水的表面张力、黏度和极性都大幅下降,热水可以从特定的基体中萃取出常温下不溶于水的有机物,通过控制热水的温度可以控制目标组分萃取的选择性。但不适用于在高温下容易分解或在水中容易水解的化合物[21]。

洗脱也是影响 MSPD 的关键条件之一,洗脱方式取决于样品基体和目标组分的极性,一般多采用直接洗脱方式。使用非极性溶剂洗脱非极性目标组分,如正己烷、二氯甲烷。使用极性溶剂洗脱中等或高极性的目标组分,如乙腈、丙酮、乙酸乙酯、甲醇和甲醇-水溶剂。对于使用 GC 检测的目标组分,尽量采用极性较小的溶剂洗脱目标组分。对于复杂基体样品,多采用顺序洗脱方式。用不同极性的溶剂顺序洗脱 MSPD 柱,可获得一系列不同极性的洗脱液。顺序洗脱在溶剂的选择上灵活性较大,可以获得比直接洗脱浓度更高的洗脱液。

3. MSPD 与其他萃取技术的联用

MSPD 可与加压溶剂萃取(pressuried liquid extraction,PLE)、超声萃取、微波萃取、索氏萃取等技术联用,提高萃取效率和萃取的重复性,缩短分析时间。例如 MSPD 和 PLE 联用,在高温高压下,可一步将目标组分选择性地定量萃取出来;并且可用水作萃取溶剂,通过控制萃取温度和压力可调节水的极性。MSPD 与超声萃取联用时,可显著减少超声时间,避免了样品长时间处于超声辐射中,因温度升高而引起分解。由此可见,在方法开发的过程中,对复杂基体的样品前处理,应多考虑使用不同技术的联用,以提高准确度和重现性。

5.3.3　磁固相萃取

磁固相萃取(magnetic solid phase extraction,MSPE)大多数以分散固相萃取的形式应用。MSPE 采用具有磁性或可磁化材料作为固定相,由 Šafa-íková 于 1999 年提出[22]:将磁性颗粒(magnetic particles,MPs)加入含目标组分的溶液或悬浮液中,对溶液施加搅拌或辅助超声,使 MPs 均匀地分散在溶液中,待目标组分选择性地吸附到 MPs 上后,通过施加外部磁场实现 MPs 与溶液的快速分离,再用适当的洗脱溶剂将目标组分从 MPs 上洗脱下来,实现对目标组分的分离和富集。MSPE 适合于大体积样品中痕量化合物的分离与富集,其操作过程参见图 5-8。

铁、钴、镍等金属及其氧化物和合金都具有磁性,可用作 MSPE 的固定相。Fe_3O_4 和 γ-Fe_2O_3 是最常用的磁性萃取材料,但这种纯无机磁性材料在撤除外加磁场后,由于存在剩磁而很容易团聚,甚至改变磁性,萃取没有选择性,无法适用于复杂基体样品的萃取[24]。经化学修饰后的磁性纳米颗粒(magnetic nanoparticles,MNPs),可改善上述不足。MNPs 具有超顺磁性,即无剩磁现象;且表面积大、吸附容量高,易于大量制备和化学修饰。修饰的方法是表面包覆无机氧化物(例如氧化硅、氧化铝)或涂覆有机物(例如 C_{18}、聚合物或表面活性剂),再进行表面改性(例如硅烷化处理)。表面包覆可避免 MNPs 氧化,增加其化学稳定性;MNPs 经过表面改性后,可实现对目标组分的选择性萃取[23,25]。例如,采取十八烷基膦酸改性的磁性介孔纳米粒子对尿样中的 1-羟基芘进行特异性萃取[26]。在 MPs 表面引入分子印迹基团,形成磁性 MIPs 材料[27],也是近年来的研究热点之一。

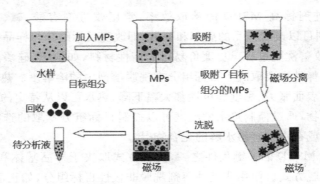

图 5-8　MSPE 操作示意图[24]

与常规 SPE 相比，MSPE 操作简单，无须使用有机溶剂和离心过滤等烦琐操作，避免了常规 SPE 中存在的固定相装柱和样品上样等耗时耗力问题，处理生物、环境样品时不会存在 SPE 常遇到的柱堵塞问题。MSPE 的萃取时间比 SPE 短，其萃取时间主要由 MPs 在外加磁场下的沉降时间决定，MPs 的饱和磁化强度高，对外磁场的响应快，可与样品溶液快速分离。常规 SPE 柱都是一次性使用，成本较高，而 MPs 经过适当的清洗之后可以重复使用。改性 MNPs 的应用使 MSPE 具有更高的萃取效率和选择性。

目前，MSPE 可用于分离金属离子、有机物、DNA、蛋白质、肽等，广泛应用于食品、环境、药物、生物样品中痕量组分的富集或净化[28,29]。但目前对 MPs 的修饰方法还存在一些不足，例如使用表面活性剂涂层修饰的磁性固定相，在洗脱目标组分时，表面活性剂胶束容易被破坏而溶解到洗脱溶剂中，给后续检测带来干扰。有些磁性高分子聚合物和磁性 MIPs 材料的制备比较繁琐，萃取选择性和重现性还不尽如人意。

5.4　固相微萃取

常规 SPE 虽然操作简单、价格便宜，使用的溶剂量较小，但也存在着一些不足，例如由于样品基体的影响，回收率偏低；固体或脂肪含量高的样品会堵塞 SPE 柱或使之超载；固定相的记忆效应严重，只能一次性使用；不同批次间的固定相性能有差异，导致萃取重复性较差；仅限于沸点高于洗脱溶剂沸点的半挥发性物质等。

固相微萃取（solid phase microextraction，SPME）技术可以克服 SPE 的上述缺点。SPME 技术是由加拿大 Waterloo 大学的 Pawliszyn 研究组于 1990 年提出[30]。最常见的 SPME 是将少量聚合物材料涂覆在熔融石英纤维（或其他材料）制成的细杆上，应用于小体积样品，具有高浓缩能力和高选择性，并可多次使用。其小型圆柱体设计使得在萃取、洗脱过程中都能快速传质，并避免了堵塞。

SPME 操作方法是先将涂覆了聚合物涂层的纤维针直接插入样品溶液或置于其顶空部分，目标组分在样品基体和纤维涂层之间进行分配，纤维涂层选择性保留目标组分，然后将保留在纤维针涂层中的目标物脱附，用于后续分析。由于涂层的选择性非常高，中间不需要清洗的步骤。与 SPE 不同，SPME 是一种非完全萃取技术，即目标组分并不全部转移至固定相中[31]。

SPME 是真正的无溶剂萃取技术，适用于气体、液体和固体样品中目标组分的萃取或富集。SPME 只需少量样品,灵敏度却很高;样品制备简单快速;易于进行自动化操作;可用于现场实时分析或活体分析,广泛地应用于环境、食品、医疗等分析领域。SPME 的不足在于目前商品化的涂层材料种类还比较有限。

5.4.1　固相微萃取原理

SPME 的纤维涂层暴露于样品后,目标组分就开始从样品基体向涂层中迁移,当目标组分在样品基体和纤维涂层之间的分配达到平衡时,萃取完成。如果样品溶液是均相溶液,且目标组分不易挥发,此时萃取到涂层中的目标组分的量可用式(5-6)表示:

$$n = \frac{K_{fs}V_fV_sC_0}{K_{fs}V_f + V_s} \tag{5-6}$$

式中:n 为萃取到涂层中目标组分的量,mol;K_{fs} 为目标组分在涂层和样品基体中的分配系数;V_s 为样品体积,mL;V_f 为纤维涂层的体积,mL;C_0 为目标组分在样品中的初始浓度,mol/mL。

从式(5-6)中可以看出,达到平衡状态时,在一定的误差范围内,萃取至涂层内的目标组分的量与萃取时间无关,而与样品初始浓度成正比,这就是 SPME 技术定量的基础[15,30]。

由于 SPME 萃取出来的目标组分的量非常少,一般来说,不会破坏样品体系的平衡状态。对于小体积样品,当分配系数 K_{fs} 足够高时,也可以接近完全萃取的状态。SPME 也可在未达到平衡状态前(预平衡状态)结束,前提条件是要保证恒定的对流条件和萃取时间,才能得到重复性好的数据。

当样品的体积非常大时($K_{fs}V_f \ll V_s$),式(5-6)可以简化为式(5-7)

$$n = K_{fs}V_fC_0 \tag{5-7}$$

即被萃取到涂层中目标组分的量与涂层的体积 V_f 成正比,而与样品体积无关。对于涂层厚度一定的 SPME 装置,不必取一定体积的样品进行萃取,而是直接将萃取纤维插入样品中即可,即免去了取样过程,加快了分析过程,更适合野外或现场分析。

5.4.2　固相微萃取的形式

SPME 具有多种形式,大致可归为样品搅拌微萃取(sample-stir microextraction,SSME)和样品流动微萃取(sample-flow microextraction,SFME)[32]两大类。其中 SSME 又包括纤维 SPME(fiber SPME),搅拌棒吸附萃取(stir bar sorptive extraction,SBSE)和薄膜微萃取(thin-film microextraction,TFME)。而 SFME 又包括针内(in-needle)SPME、管内(in-tube)SPME 和吸嘴(in-tip)SPME。本节主要介绍常用的纤维 SPME、SBSE、TFME、针内 SPME 和管内 SPME,吸嘴 SPME 在 5.5.3 节介绍。

1. 纤维固相微萃取

纤维 SPME 装置是将涂层纤维和微量注射器结合起来(图 5-9)。装置由手柄和萃取头两部分构成,萃取头是一根 1～2cm 长,表面涂覆聚合物涂层的熔融石英纤维。石英纤维通过环氧树脂接在不锈钢丝上,外套细不锈钢管,以保护石英纤维不被折断。萃取头在压杆的控制下,可在不锈钢管内伸缩或进出。定位器可调节萃取头进入样品或色谱进样口的深度,在萃取时,萃取纤维随着注射器的活塞伸出管外,对样品中的目标组分进行萃取;不用或向GC进样口注射时,纤维可以缩回管内,以防止污染或折断,细不锈钢管可穿透橡胶或塑料垫片进行取样或进样。手柄用于安装或固定萃取头，可永久使用。萃取头一般可反复使用几十次，甚至上百次。

纤维 SPME 可以手动操作，也可与 GC 和 HPLC 等仪器在线联用，一般是将萃取装置安装在自动进样器上，SPME 的针管刺穿样品瓶的隔垫，进入瓶中，萃取头浸入样品溶液中（直接萃取）或置于样品上方（顶空萃取），将目标组分吸附在萃取头涂层内，直至达到平衡，缩回 SPME 萃取头，进样臂将针管从样品瓶中拔出，移至 GC 或 HPLC 进样口前的解吸池。与 GC 联用时，由于进样口温度很高，可以不用热解吸池，直接将纤维针头插入 GC 进样口，使目标组分脱附后被载气带入 GC。与 HPLC 联用时，需要使用一个溶剂洗脱型解吸池，通常是将流动相流过解吸池，萃取涂层上吸附的目标组分被洗脱，并被带

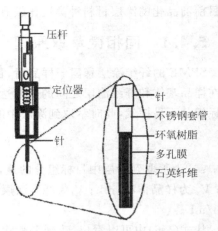

图 5-9　SPME 装置结构示意图[33]

入 HPLC[34]。纤维 SPME 可用于气体、液体和固体样品中挥发性、半挥发性、难挥发性物质的萃取富集，广泛地应用于环境、药物、临床、食品等领域。

2. 搅拌棒吸附萃取

SBSE 是由 Baltussen 等在 1999 年提出的一种无溶剂、集萃取、净化和富集为一体的 SPME 样品前处理技术。SBSE 是采用溶胶-凝胶技术，将聚二甲基硅氧烷（PDMS）等聚合物材料涂覆在内封磁芯的玻璃管上作为萃取吸附涂层（图 5-10）。SBSE 的萃取原理与 SPME 相同，操作方式也分直接萃取和顶空萃取。直接萃取时，将搅拌棒放入样品溶液中作搅拌磁子用，目标组分在搅拌过程中吸附在搅拌棒涂层中。直接萃取使用简便，还避免了纤维 SPME 中存在的搅拌磁子的竞争吸附现象，适用于萃取水溶液中的有机物。顶空萃取是将搅拌棒静置于样品的上方，对样品中挥发性目标组分进行萃取，适用于萃取气体、液体和固体样品中的挥发性有机物。SBSE 目前已广泛地应用于环境、食品、农残、生化等诸多领域[35]。

图 5-10　SBSE 的萃取棒横截面示意图

搅拌棒在完成吸附萃取后，需要进行解吸，其方式包括热解吸和溶剂解吸。对于挥发性有机物，通常采用热解吸，热解吸是通过热解吸仪来实现的，可使解吸物全部进入 GC 进行分析，从而获得较高的灵敏度。对于难挥发、难气化的分析物，常用溶剂解吸方式，溶剂解吸目前只能离线操作，暂时还没有 SBSE 与 HPLC 在线联用的文献报道，在搅拌棒转移的过程中可能会造成目标组分的损失或污染，并且解吸后的溶剂只能部分进行后续分析，因此分析的灵敏度稍差[36]。

SBSE 萃取的样品中若含有较高浓度的溶剂或表面活性剂时，萃取前最好对样品进行稀释。若萃取水中的非极性组分（如 PAHs 和 PCBs 等），需加入有机改进剂，以避免目标组分在容器壁的吸附。如果目标组分的极性覆盖范围较宽，则需要优化改进剂的浓度；或使用双萃取的办法，即加入改进剂和不加改进剂分别萃取；对样品进行衍生化处理也是常用

的方法。SBSE 的搅拌棒可重复使用,一般寿命为 20～50 次。SBSE 和超声萃取联用,可加速传质,提高萃取回收率。

SBSE 也是一项平衡萃取技术,故式(5-6)适用,体系中的 K_{fs} 和 V_f 也是影响 SBSE 方法灵敏度的重要因素。选用对目标组分具有较强吸附作用的涂层、增大搅拌棒的尺寸或增加涂层厚度,都可以提高萃取的富集倍数和灵敏度。若采用 PDMS 为萃取涂层,当萃取达到平衡时,目标组分在 PDMS 涂层和水相中的分配系数 $K_{PDMS/w}$ 近似等于其在正辛醇和水中的分配系数 $K_{o/w}$,据此可计算 SBSE 的萃取回收率 m_{PDMS}/m_0 [35]:

$$K_{o/w} \approx K_{PDMS/w} = \frac{C_{PDMS}}{C_w} = \frac{m_{PDMS}}{m_w} \frac{V_w}{V_{PDMS}} = \frac{m_{PDMS}}{m_w} \beta \qquad (5\text{-}8)$$

$$m_0 = m_{PDMS} + m_w \qquad (5\text{-}9)$$

$$\frac{m_{PDMS}}{m_0} = \frac{K_{PDMS/w}/\beta}{1 + (K_{PDMS/w}/\beta)} = \frac{K_{o/w}/\beta}{1 + (K_{so/w}/\beta)} \qquad (5\text{-}10)$$

式中: C_{PDMS}、m_{PDMS}、V_{PDMS} 分别为目标组分在 PDMS 涂层中的浓度、质量和体积。C_w、m_w、V_w 分别为目标组分在水相的浓度、质量和体积。$\beta = V_w/V_{PDMS}$,是水相与涂层相的体积比。m_0 为目标组分的总质量。由式(5-10)可看出,萃取回收率取决于 $K_{o/w}/\beta$。

SBSE 常用萃取涂层的厚度为 0.5～1mm,体积为 55～250μL,比纤维 SPME 体积(0.5～1μL)和管内 SPME 体积(2～20μL)大 50 倍以上,可获得更高的回收率,适合于样品中痕量组分的萃取。但由于涂层体积大,目标组分从样品溶液中传质到吸附涂层的速度较慢,吸附达到平衡的时间较长(30～240min),脱附时间也较长(约为 10min),容易导致后续色谱分析的峰展宽。

商品化的 SBSE 是在平底瓶中进行搅拌萃取,萃取过程中搅拌棒涂层与瓶底之间存在机械摩擦,容易导致涂层磨损,影响涂层的使用寿命,所以 SBSE 的涂层必须具有一定的机械强度。若使用热解吸,要求涂层材料在解吸温度下不发生分解;若使用溶剂解吸,要求萃取涂层在这些溶剂中比较稳定,不会溶胀、溶解或脱落。由于目前商品化的 SBSE 涂层仅有 PDMS,而 PDMS 是一种非极性化合物涂层,所以 SBSE 仅适用于非极性和弱极性化合物的萃取。为了适应极性化合物的萃取,提高萃取的选择性,需采用对目标组分进行衍生化处理等手段,提高极性化合物的回收率。MIPs、限进介质材料(restricted access material,RAM)和整体材料(monolithic material)等固定相正逐渐用于 SBSE 涂层,来提高极性化合物萃取的效率和选择性,但目前大都处于研究阶段,尚未实现商品化,大力发展可商品化的新型涂层是 SBSE 的未来发展趋势之一。

3. 薄膜微萃取

提高 SPME 的萃取效率,即萃取量和萃取速度,是近年来研究的重点之一。根据式(5-6),平衡条件下萃取的目标组分的量与萃取相的体积成正比。但若使用较厚的萃取相,根据萃取的动力学理论,萃取的时间与萃取涂层的厚度成正比(式(5-11)),达到平衡的时间又会增加。实际上,如式(5-12)所示,萃取速度与萃取相的表面积成正比,提高萃取效率的最佳方法是使用面积/体积比较大的萃取相(例如薄膜),而不是单纯增加萃取相的厚度。萃取膜的厚度与 SPME 的萃取涂层厚度相当甚至更薄,萃取时间不会增加,萃取效率却更高,这就是 TFME 的基本原理[39]。

$$t_{95\%} = 3 \times \frac{\delta K_{fs}(b-a)}{D} \qquad (5\text{-}11)$$

$$\frac{\mathrm{d}n}{\mathrm{d}t} = \left(\frac{DA}{\delta}\right)C_{\mathrm{s}}$$

(5-12)

式中：$t_{95\%}$ 为涂层萃取 95% 平衡萃取量所用时间，s；b 为涂层石英纤维半径，cm；a 为无涂层石英纤维半径，cm；$b-a$ 为萃取层厚度，cm；K_{fs} 为容量因子；$\mathrm{d}n/\mathrm{d}t$ 为萃取速度，mol/s；D 为扩散系数，cm^2/s；A 为萃取相的面积，cm^2；C_{s} 为目标组分在样品中的初始浓度，mol/mL；δ 为边界层厚度，cm。

常用的 TFME 是将薄膜（如 PDMS 薄膜）切成图 5-11 所示形状：2cm×2cm 的正方形上带有一个 1cm 高的三角形。为了增加其强度，将其附着在一些刚性支撑物上，例如不锈钢丝、不锈钢网或特氟龙片等，插入搅拌的溶液中进行萃取（图 5-12）。除了液体样品，TFME 也可用于气体或顶空样品的分析[38]。

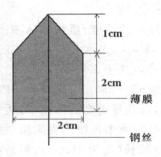

图 5-11　TFME 薄膜形状

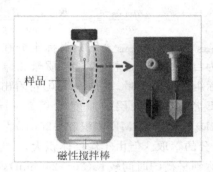

图 5-12　TFME 的萃取方式[37,39]

萃取完成后，用镊子将膜从样品中夹出，干燥后切成碎片，转移到装有合适溶剂的试管中，进行溶剂解吸，浓缩后进样，采用这种脱附方式的不足在于萃取物只有部分进入分析仪器进行检测，影响检测的灵敏度。萃取后的薄膜也可卷成筒状后放到玻璃热脱附衬管中，利用热解吸仪进行脱附。TFME 的脱附也可以在线进行，例如利用自动化的萃取工作站和 HPLC 联用，萃取膜用溶剂解吸后进入 HPLC 分析。TFME 也可不经脱附直接进样：例如与离子迁移谱（IMS）联用时，用薄膜代替 IMS 中的滤网，不仅可直接分析，而且提高了方法灵敏度；与膜进样口质谱联用，薄膜可直接放入离子化室进行分析；与红外（IR）、紫外（UV）吸收光谱联用，也无须脱附，直接放入样品位进行测定。

TFME 结合了 SPE 和 SPME 的优点，既具有 SPE 多孔固定相的高比表面积，又具有 SPME 强大的处理有机化合物的能力，同时提高了萃取速度和萃取效率，适用于痕量有机化合物的前处理。TFME 最常用的材料是 PDMS，但 PDMS 只适用于非极性目标组分的萃取。新近开发的混合相薄膜，不仅可应用于非极性化合物的萃取，还可用于极性化合物的萃取。例如 Strittmatter 等利用 $25\mu\mathrm{m}$ 厚的 C_{18}/SCX 混合相吸附薄膜，结合 96 孔板自动萃取工作站，萃取废水中的卡马西平（carbamazepine）和三氯生（triclosan）[41,42]。TFME 不仅可应用于空气、废水、土壤等环境样品的萃取，还可用于血液、尿等生物样品的前处理。

4. 针内固相微萃取

SFME 使用注射器或泵来动态采样，样品流过针内、管内或吸嘴内的涂层或固定相。动态固相萃取（solid-phase dynamic extraction，SPDE）是早期的一种针内 SPME，是在气密性注射器的不锈钢针内壁涂覆聚合物涂层，如图 5-13(a)，涂覆的涂层体积约为几微升，比纤维

(针式)SPME(约为 0.5μL)富集倍数更高;由于外部不锈钢管的保护,SPDE 比纤维 SPME 的更坚实耐用。SPDE 涂层的面积比纤维 SPME 大,因此萃取时间更短。SPDE 的缺点主要是样品间存在交叉携出(carry-over),热解吸后仍然有样品保留在针内,从而限制了其应用[32]。

另一种形式的针内 SPME 是填充针微萃取(packed needle microextraction,PNME),见图 5-13(b),固定相或萃取纤维填充在气密性注射器的可更换针头内,如果针内装的是固定相颗粒,又称为固定相填充针捕集装置(sorbent-packed needle trap device,SP-NTD),样品从针尖流过或将针尖放置在样品顶空内,注射器反复吸取/排放就完成了萃取,多用于气体样品或液体样品的顶空分析。通过增加固定相的量和增加采样体积可以增加萃取容量,SP-NTD 使用的固定相量较少,又放置在狭小的针内,所以脱附快,在热解吸过程中,无须冷阱。SP-NTD 技术适合于野外采样和分析挥发性化合物,吸附了样品的针头在室温下可以保存一周。SP-NTD 的不足在于样品中的颗粒物容易将针堵塞,所以该技术更适合分析清洁样品[41]。如果 SP-NTD 中的固定相为一束涂层纤维,称为纤维填充针捕集装置(fiber-packed needle trap device,FP-NTD),适合液体样品的萃取,样品以恒定的流速泵入注射器针,目标组分吸附在针内,通过热解吸或溶剂解吸可将目标组分导入 GC 或 HPLC 分析。吸附了样品的针头在室温下至少可以保存三天,该技术也适合于野外采样。

将固定相材料(约 1mg)填充入注射器针管(不是针头)内(100~250μL),就形成固定相填充微萃取(microextraction by packed sorbent,MEPS),见图 5-13(c)。MEPS 可看作是微型的 SPE,其使用步骤与 SPDE 和 NTD 相似,样品溶液在注射器内被反复推拉几次,淋洗去除干扰物之后,目标组分用少量(10~50μL)溶剂洗脱后,可直接进入 GC 和 HPLC 进行分析。MEPS 的优点在于既可处理小体积样品(10μL),也可处理大体积样品(1000μL),对生物样品和环境样品均适用。MEPS 也适合现场样品前处理,再拿回实验室进行洗脱、分析,但在处理样品之前,固定相需要先活化。与 SPME 和 SBSE 相比,MEPS 的富集倍数不高。目前,MEPS 已有商品化的装置[42]。

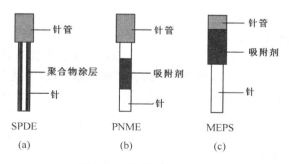

图 5-13 几种针内 SPME

5. 管内固相微萃取

1997 年,Eisert 和 Pawliszyn 提出管内 SPME 的概念[43]。管内 SPME 是用内表面涂覆萃取涂层的开口毛细管作为 SPME 装置。常用 GC 石英毛细管柱作管内 SPME 的毛细管。配合自动进样器,管内 SPME 可与 GC 或 HPLC 在线联用,实现自动化操作,连续完成萃取、脱附和注射进样。即将内壁涂层的 SPME 毛细管连接在自动进样器的进样针和进样阀之间,自动进样器反复吸取/排出样品,样品通过 SPME 毛细管时,其中的目标组分吸附到毛细管内壁的涂层中,反复吸取可促进萃取达到平衡。用 GC 分析时,可用两个六通阀切换,将溶剂解吸或热解吸的目标组分由载气带入 GC 检测[44]。用 HPLC 分析时,用流动相或溶剂将目标组分洗脱下来,直接注入 HPLC 中分析。管内 SPME 与 HPLC 联用时,脱附过程不需要使用特殊的接口。更换样品时,可通过自动进样器反复清洗毛细管来避免样品之间的交叉携出。由于毛细管内壁涂层都非常薄(0.1~0.5μm),并且在分析过程中毛细管会一直被流动相或载气冲洗,所以脱附可在较短的时间内完成而不会有残留。

管内 SPME 还有几种改进形式:钢丝管内(wire-in-tube)SPME、纤维管内(fiber-in-tube) SPME、固定相填充(sorbent-packed)管内 SPME 和整体柱管内 SPME。钢丝管内 SPME 是将惰性的不锈钢丝插入毛细管中,毛细管内部的体积缩小,但吸附涂层的表面积不变。可提高萃取效率。纤维管内 SPME 是将大量的聚合物细丝沿着与外壁平行的方向填充进管内,聚合物细丝不仅减少了毛细管内部的体积,同时作为萃取介质,与外壁平行的填充方式还保证了萃取过程中保持较低的压力。固定相填充管内 SPME 是将固定相颗粒填充在毛细管内,一般用于水中极性组分的萃取。整体柱管内 SPME 是在毛细管内原位合成整体柱,整体柱上的不同官能团使其具有生物相容性和 pH 稳定性,富集效率比其他的管内 SPME 高,整体柱管内 SPME 对生物样品可直接进样,不需要稀释或离心,可多次使用,在极端 pH 条件下也很稳定,并可采用较高流速,因此样品分析通量高。但整体柱管内 SPME 在高压下操作容易碎裂,为了不发生堵塞,只能萃取非常干净的样品[44]。

毛细管的内径及长度、吸附涂层的极性和厚度、反复吸取样品的次数和体积,样品的 pH 等因素对萃取效率也有影响。通常 GC 柱内涂层多为非极性,可选择性吸附疏水性化合物。对于高极性目标组分,可将其衍生为非极性或中等极性化合物后再进行萃取。提高毛细管的内径、长度及涂层的厚度,均可提高萃取到涂层中目标组分的量,但萃取达到平衡的时间增加,导致脱附困难,后续色谱分析时出现峰展宽和拖尾。一般来说,毛细管的长度在 50~60cm 比较适宜。管内 SPME 也是一项平衡技术,目标组分并未完全被萃取出来,增加样品的吸取次数和体积可以提高萃取效率,但会导致后续的色谱峰出现展宽。样品吸取的速度与萃取效率成正比,一般采用 50~100μL/min。样品的 pH 对萃取有影响,在萃取之前应将样品 pH 调节到合适的范围[45]。

管内 SPME 弥补了纤维 SPME 萃取头易断、吸附容量低和涂层容易流失的缺点,与 GC 或 HPLC 在线联用时,易于实现自动化;样品全部进入色谱柱,能获得较低的检出限;由于其内径小,涂层薄,具有更大的萃取表面积和更薄的涂层,所以吸附容量更高,检出限更低,样品扩散快,平衡时间短,脱附更容易,操作简单,尤其是与自动进样器联合使用,可获得比手动操作更精密的分析结果。管内 SPME 的局限性在于它只能分析无固体颗粒的样品,否则毛细管很容易堵塞,样品需要先过滤或稀释。在方法优化过程中,尽量不要加盐改变离子强度,以免因为样品含盐量高堵塞毛细管[44]。目前已有商品化管内 SPME 装置,广泛地应用于环境、临床、法医和食品分析等领域。为提高萃取的选择性及效率,MIPs、RAM、整体材料和免疫亲和材料等新型材料在管内 SPME 中的使用也日益增多。

5.4.3　固相微萃取的方法开发[15,34]

在建立 SPME 的方法前,首先需要清楚地了解目标组分的理化性质、样品的基体和分析的目的,以选择合适的实验参数,提高 SPME 的萃取效率。影响 SPME 的萃取效率和重复性的因素很多,例如在萃取阶段,需要考虑纤维涂层的极性和厚度、萃取模式、搅拌方式、萃取时间、样品体积等因素。对于样品基体,需要考虑 pH、离子强度、有机溶剂的含量、目标组分是否需要衍生化、样品的温度等因素。对于脱附步骤,需要考虑采用何种检测技术,SPME 与检测仪器的接口类型等因素。

1. 纤维涂层的选择

无论 SPME 采取何种形式,其萃取机制都相同。根据式(5-6),SPME 萃取的量与目标组分在涂层/样品之间的分配系数及涂层体积成正比,采用对目标组分分配系数大即具有选择性的涂层或选择大体积涂层,均能提高萃取量。萃取涂层的选择一般根据"相似相溶"的原则。

根据富集目标组分的机理可将涂层分为吸收型和吸附型两类。吸收型涂层是指涂层对目标组分的分配系数较高,目标组分通过溶解或扩散到涂层中,达到平衡后,目标组分分散在涂层的整个体积内,萃取达到平衡的时间较长。一般单一聚合物涂层都属于吸收型涂层。例如 PDMS、PA(聚丙烯酸酯)或 CW(聚乙二醇);或是埋置于 PDMS、CW、DVB(聚二乙烯基苯)或模板树脂中的多孔固体颗粒。PDMS 是一种非极性涂层,适用于非极性和弱极性化合物的萃取。PA 是一种极性涂层,适合于极性化合物的萃取。CW 单一聚合物涂层可以从非极性样品基体中萃取出高极性目标组分。

混合聚合物涂层则是通过吸附作用分离富集目标组分。吸附型涂层是指目标组分的扩散系数相对较小,萃取达到平衡后,目标组分只吸附在涂层表面,而不能进入涂层内部,萃取达到平衡的时间较短。混合聚合物涂层包括 CAR(carboxen)/PDMS、PDMS/DVB、CW/DVB、DVB/CAR/PDMS 等。其中 CAR/PDMS、PDMS/DVB、DVB/CAR/PDMS 适合于萃取低分子量或挥发性和极性较高的化合物。PDMS/DVB 对于极性半挥发或不挥发化合物的萃取也具有较高的萃取效率。吸附型纤维涂层在短时间内萃取弱亲和力的目标组分时,线性范围较窄,而在长时间萃取时,会由于竞争性吸附而被置换,因此吸附型纤维涂层一般只适用于干扰物含量较低的痕量分析样品。

SPME 的涂层可以通过非键合或键合两种方式固定在萃取头上。非键合涂层可在与水互溶的有机溶剂中使用,在非极性溶剂中使用时会有轻度溶胀,导致涂层脱落,影响使用寿命。而键合涂层在所有有机溶剂中都很稳定。SPME 的不足在于商品化的固定相涂层种类较少,不适用于萃取高极性或离子化合物(例如蛋白质、多肽)。一些新材料例如 PPY(聚吡咯)、溶胶-凝胶涂层材料、离子液体、碳纳米管、RAM、免疫亲和材料和 MIPs 等的不断出现和应用,改善了 SPME 的萃取效率、选择性和稳定性,正逐步扩大 SPME 的应用领域。

2. 萃取模式的选择

SPME 有三种基本的萃取模式,分别为直接萃取、顶空萃取和膜保护萃取,如图 5-14 所示。

在直接萃取模式中,萃取装置直接插入样品溶液中,目标组分在萃取涂层和样品基体溶液之间进行分配。对样品溶液进行搅拌,有助于目标组分向萃取涂层的扩散,可加速萃取过程。对于气体样品,空气的自然对流和扩散也有助于萃取。直接萃取不适合强酸、强碱性样品溶液,萃取涂层容易遭到破坏。直接萃取适用于气体样品和较干净的液体样品中低挥发性或中等挥发性,中等极性或高极性的目标组分的萃取,不适用于复杂样品。

在顶空萃取模式中,萃取装置放置于液体或固体样品上方的密封空间,可以避免样品基体中的大分子或其他不挥发物质的干扰。顶空 SPME 适合于复杂的液体或固体样品中高挥发性或中等挥发性,低极性或中等极性的目标组分的萃取。增加溶液的搅拌、升高温度都有助于增加顶空气体中目标组分的浓度,从而缩短萃取时间。但温度的升高会导致目标组分

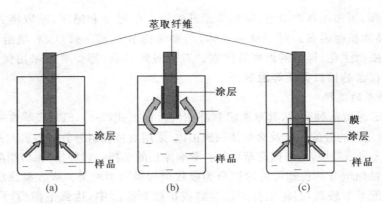

图 5-14　SPME 的三种操作模式

（a）直接萃取；（b）顶空萃取；（c）膜保护萃取

的分配系数下降,从而导致萃取相中目标组分的浓度下降。为了避免灵敏度的损失,在萃取的同时保持萃取头的低温,在顶空气体和萃取涂层之间形成较大的温差,有助于提高萃取效率。

对于组成复杂的样品,为了保护萃取涂层不受基体的干扰,同时适用于不挥发性或挥发性较差的目标组分的萃取,使用膜保护萃取的方式比较合适。选择合适材料制成的保护膜增加萃取的选择性,即目标组分可以通过膜吸附到纤维涂层中,而样品中的基体化合物不能通过膜。由于膜的加入,膜保护萃取模式的萃取速度比直接萃取模式慢,选择较薄的膜和提高萃取温度都有助于加快萃取。

3. 搅拌方式的选择

萃取过程中对样品溶液进行搅拌,可以促进目标组分从样品基体向萃取涂层的传质过程,搅拌还减少了纤维涂层表面边界层的厚度,提高了萃取的速度（式（5-12）),缩短了萃取达到平衡的时间（式（5-11）),在预平衡的条件下,有更多的目标组分被萃取[37]。可用于 SPME 的不同搅拌方式及其优缺点列于表 5-2。

表 5-2　应用于 SPME 的搅拌方式及其优缺点

搅拌方式	优　点	缺　点
静态	简单,适用于气体样品	仅限于挥发性化合物的顶空萃取或活体分析
磁力搅拌	装置简单	搅拌子可能会引起额外的吸附。搅拌盘可能发热使样品升温,降低萃取效率
旋转纤维搅拌	效果好	样品瓶不好密封,不适合挥发性化合物的萃取
涡旋式搅拌	效果好,无须搅拌子	需要对萃取头和针施加压力,更适合自动化样品前处理
萃取头摆动	效果好,适合小体积样品,无须搅拌子	需要对萃取头和针施加压力,不适合大体积样品
流动搅拌	快速流动下效果好	保证恒定的样品流速,需要额外的仪器,容易交叉污染
超声搅拌	萃取时间短	超声能量导致样品升温,降低萃取效率,萃取头寿命缩短

4. 萃取时间的选择

当萃取达到平衡状态后,萃取的灵敏度和精度最高。若分析的目的是为了获得最高灵敏度,则萃取需要达到平衡状态。但即使采用升高萃取温度来提高目标组分的扩散系数,或搅拌减少边界层的厚度,或使用较薄的萃取层,达到萃取平衡有时需要几个小时甚至几天。由于 SPME 达到平衡的时间较长,而且从式（5-6）可知,萃取处于预平衡状态时,萃取目标组分的量与其在样品溶液中的浓度也成正比关系,因此在大多数应用中,预平衡萃取应用较多,为了保证萃取的重现性和准确性,选择合适的萃取时间十分必要。

要选择合适的萃取时间,最好能测定萃取时间曲线(图5-15)。萃取达到平衡的时间与样品浓度无关,任何浓度的样品溶液都可以用来测定萃取时间曲线。从图5-15可以看出,在预平衡状态下进行萃取,萃取时间越长,曲线部分的斜率越小,萃取的误差越小。但是萃取时间越长,萃取过程可变因素就越多,不利于获得高质量的数据和高样品处理通量,所以在能获得比较满意的灵敏度的前提下,萃取时间越短越好。对于活体SPME来说更是如此,一般萃取时间为0.5~2min。

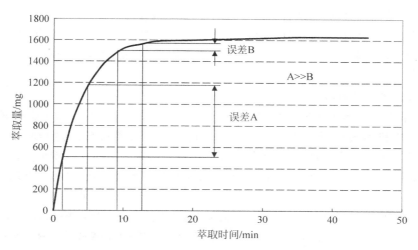

图 5-15 萃取时间曲线

5. 样品体积的优化

由式(5-6)可知,在样品体积较小时,目标组分的萃取量随着样品体积的增加而增加,但是当样品体积增大到远远大于$K_{fs}V_f$时,式(5-6)可以简化为式(5-7),即萃取到涂层中的目标组分的量与样品体积无关。在方法开发时,应根据具体情况尽量选择使用较大的样品体积。

6. 样品pH的选择

大多数SPME萃取涂层属于非离子型聚合物,一般只适用于未解离的中性化合物的萃取。通过调节样品的pH,使目标组分转化成中性状态可提高方法的灵敏度。低pH可提高酸性化合物的萃取效率,高pH能提高碱性化合物的萃取效率。对于两性化合物,需要实验确定最佳的pH。一般来说,如果需要对样品的pH进行调节,建议采用顶空萃取的模式,因为样品溶液pH过低或过高都可能会损坏萃取涂层,目前商品化PDMS萃取涂层适用pH范围为2~10。

7. 样品离子强度的优化

在样品溶液中加入盐可以增加溶液的离子强度,降低其中有机化合物的溶解度,即盐析作用。盐析作用可以增大目标组分的分配系数K_{fs},从而增加萃取灵敏度,加入盐还可以加快目标组分从样品基体到顶空的传质速度,所以常用于顶空萃取模式。常用调节离子强度的盐有$NaCl$、Na_2SO_4、K_2CO_3和$(NH_4)_2SO_4$,加入盐的量需要实验确定。

对于在水溶液中溶解度变化较小的有机化合物来说,加入盐会导致萃取总量的下降,因为加盐降低了目标组分的活度系数,使分配系数 K_{fs} 降低,对于这种情况不适合通过盐析作用来提高萃取灵敏度。在某些情况下,尤其是在应用固体涂层时,加入盐提高目标组分萃取效率的同时,干扰化合物的萃取效率也同时提高。

8. 样品稀释

如果样品的基体十分复杂,SPME 的萃取效率会受到影响,尤其是直接萃取模式,对样品进行稀释有助于提高萃取效率。目标组分在样品中多以两种状态存在,一种是游离态,一种是与样品基体的结合态。用水稀释样品,虽然暂时会降低游离态目标组分的浓度,但同时使化学平衡向游离态移动,增加游离态目标组分,提高萃取效率。

对于固体样品,例如土壤中挥发性或半挥发性目标组分的萃取,顶空萃取模式下,萃取效率较低,向土壤样品中加入水,把土壤活性点吸附的目标化合物置换出来,可提高萃取效率。

9. 有机溶剂含量的影响

样品溶液中有机溶剂含量越高,目标组分的分配系数 K_{fs} 越小。为了保证较高的萃取效率,样品中有机溶剂的量越少越好。通常有机溶剂的量不应该超过样品体积的 1%～5%。制备校准用的标准溶液时,系列标准样品中有机溶剂的量应该保持恒定。对水样进行萃取时,加入有机改进剂可减少有机目标组分在玻璃器皿壁上的吸附,提高萃取效率。在水溶液中加入一些表面活性物质,当其浓度超过其临界胶束浓度时,可增加疏水性化合物在水中的溶解度,也有助于提高萃取效率。和样品稀释类似,有时在样品中加入一些有机试剂,也可以帮助目标组分从样品基体中释放出来。但要注意有的纤维涂层在有机溶剂中会发生溶胀。

10. 样品衍生化

衍生化的目的是使分配系数小的目标组分转变为分配系数更大的形式,从而提高萃取效率,或者将挥发性较小的目标组分转变成挥发性大的形式,提高顶空萃取的灵敏度。但是衍生化试剂的加入可能会给体系带来干扰,若非必须,应尽量避免衍生化操作。

衍生化反应可在萃取前进行,或在萃取后进行,也可在萃取的同时进行。对于分配系数较小的目标组分,可以选择在萃取前衍生化,生成分配系数较大的衍生物,再对其进行萃取。萃取后衍生化的目的一般是为了改善色谱峰和检测灵敏度,不能提高萃取效率。

11. 样品温度的优化

在开发 SPME 方法时,温度也是一个需要慎重选择的参数。从动力学角度来说,增加样品的温度可以获得较高的扩散系数,加快目标组分从样品基体到萃取涂层的传质速度,平衡所需的时间更短。从热力学的角度来说,增加样品的温度可以增加亨利常数和分压,从而获得更高的顶空浓度,提高顶空萃取的灵敏度。但由于目标组分吸附到萃取涂层是一个放热反应,热力学理论预示当温度升高,目标组分的分配系数也会减少。实验发现,在平衡条件下目标组分萃取量与高温成反比;而在预平衡条件下,目标组分在较高温度下的萃取量比在较低温度下高。因此,选择样品的温度应该基于分析的目的,如果是为了在平衡条件下获得更高的灵敏度,应该使用较低温度;如果是为了在预平衡条件下增加灵敏度或为了获得较高的样品分析通量,则应该使用较高温度。

低温纤维技术(cooled coated fibre,CCF)在加热样品的同时使纤维保持低温,既保证了较高的顶空样品浓度,又保证在纤维涂层中的较高分配系数,可获得较高的萃取效率,适用于高黏度不易搅拌的样品和分配系数较低的挥发性化合物的顶空 SPME。一般来说,SPME 操作温度不宜过高,在 240～280℃比较适宜[46]。

对于基体复杂的样品,目标组分通常和基体组分结合在一起,萃取速度取决于目标组分从基体中脱附的速度,由于脱附是吸热过程,在高温条件下,被化学吸附的目标组分更容易发生脱附,此时增加样品的温度可以加快萃取速度。

12. 方法验证

在所有实验参数都优化和确定之后,需要对所建立的萃取方法进行验证。通过实验对方法的选择性、线性范围、检出限、精密度及准确度等进行评价。通常采用建立的方法分析标准样品、采用相应的标准方法做对比分析或通过不同实验室之间的结果比对进行验证。

5.5　整体柱固相萃取

5.5.1　概述

1998 年,Fréchet 研究组将整体柱应用于 SPE,称为整体柱固相萃取(monolithic solid phase extraction)。整体柱是连续的、具有较高的外部孔隙率的棒状材料,具有双连续结构和双孔结构。双连续结构是由相互交联的基质骨架和彼此连通的通孔组成;双孔结构指分布在整体柱中的微米级通孔和位于骨架表面的纳米级中孔结构。通孔结构保证了快速的传质和较低的背压,中孔结构保证了整体柱具有足够的比表面积和较高的负载容量[47]。整体柱的一个重要特征是通过调节反应物组成比可控制大孔的平均孔径和交联多孔结构。

整体柱按基质类型可分为硅胶、有机聚合物和混合型三类。硅胶整体柱基质骨架中的大孔及微孔的体积非常大,比表面积高,适于小分子的快速分析。硅胶表面可以修饰各种功能基团,使用最多的是键合 C_8 或 C_{18} 官能团。有机聚合物整体柱可选择的单体种类非常多,制备方法也比较简单,具有单个大孔结构,虽然表面积较小($5～30m^2/g$)[48],但大孔结构对大分子的传质速度很快,聚合物整体柱适合保留蛋白质、核酸等大分子。混合型整体柱通常是无机硅胶-有机聚合物的混合基质,由于其易于制备、机械性能好、表面积大、pH 稳定性好,在样品前处理方面具有很大潜力。

整体柱作 SPE 固定相,具有通透性好,传质快速、表面改性容易、选择性高、容量大、灵敏度高、重复性好,适用于自动化、小型化萃取等优点,已广泛用于复杂基体样品中痕量组分的分离富集,但是目前商品化的整体柱还比较少。

5.5.2　整体柱的制备

聚合物整体柱的制备方法比较简单,将功能单体、交联剂、引发剂和致孔剂混合成预聚合溶液,经过超声或除氧后的氮气吹扫,在热或光引发下,在柱管(如毛细管、移液器吸嘴、不锈钢管、芯片通道等)内进行原位聚合反应,再用有机溶剂(如甲醇)除去残留的反应物和致孔剂。根据功能单体及交联剂的不同,整体柱可分为聚丙烯酰胺类、聚苯乙烯类、聚丙烯酸类和分子印迹聚合物等多种类型。聚合物整体柱的基质骨架呈疏水性,适用于从水相基体中萃取疏水性化合物;生物相容性好,可直接分离生物样品(如血、尿等);可重复使用、在极端 pH 条件下也很稳定。但聚合物整体柱高温下可能分解；在有机溶剂中可能收缩或溶胀而导致机械性能变差；耐压能力较差。

硅胶整体柱通常采用溶胶-凝胶法制备，在严格无水的条件下，可通过硅烷化进行表面改性。改性硅胶整体柱的不足在于键合硅胶中的 Si—O—Si—C 易水解。使用传统化学键合方法改性时，整体柱表面会有大量残余硅羟基，导致在萃取时会有残余吸附现象[47]。在硅胶整体柱的制备过程中，收缩现象不能完全避免，尤其是大孔的整体柱，增加整体材料与柱管内壁的共价连接可减少或消除这种收缩。硅胶整体柱几乎可以克服聚合物整体柱的所有不足，理论塔板数高于聚合物整体柱，故富集倍数高。但硅胶整体柱使用 pH 范围有限，生物相容性较差，对蛋白质等大分子分离效果不好，易产生不可逆吸附。

有机-无机混合整体柱的制备更为简单，功能单体通过一步反应共缩合即可，形成稳定的硅碳键或硅氮键，而不是 Si—O—Si—C 连接。

5.5.3　整体柱固相萃取

SPE 柱由于颗粒之间存在不规则的空隙，会导致沟流现象。虽然通过加高填充固定相或采用小颗粒固定相可缓解，但终究无法彻底解决。整体柱 SPE 可彻底避免沟流现象，整体柱可看作是一个大的多孔颗粒，可将整个柱体积填满，而不存在颗粒之间的空隙，所有的流动相都可以从固定相中流出。

整体柱 SPE 最大的优点是对流传质为主[49]，即目标组分在整体柱上的保留不受扩散的影响，因此可用较高的流速进行萃取，对大体积样品可实现高通量处理。与其他固定相材料相比，整体柱的比表面积较小，萃取容量也较小，所以整体柱 SPE 多用于痕量组分的分离富集。

整体柱 SPE 主要用于管内 SPME、纤维 SPME、芯片 SPME、吸嘴 SPME、SBSE 和离心管 SPME 等形式，也可与 GC、HPLC、CE 等分析仪器在线联用。整体柱很少用于常规 SPE，因为在大管径柱中原位制备整体柱，由于聚合物收缩，柱管内壁与整体材料之间会形成间隙，不仅会形成沟流影响分离效果，而且当柱压较高时，整体材料还有可能冲出柱管。使用管内整体柱 SPME 时可避免上述问题，因为毛细管管径细，管壁与整体材料之间的间隙很小，通过键合反应将整体材料与石英毛细管内壁牢固地结合在一起，即使高流速下也不会将固定相冲出。管内整体柱也可以吸附衍生化试剂，在柱上进行衍生化反应[48]。

在微流控芯片中进行的 SPE 称为芯片 SPE，由于很难将固定相颗粒固定在芯片通道内，而在芯片通道内原位合成整体柱固定相则很方便[50,51]，多孔整体柱的高比表面积，也为大分子化合物的萃取提供了充足的活性位点[47,52]。

将固定相填充于微量移液器吸头尖端（0.2～1.0mL）的方式称为吸嘴 SPME[47]。萃取过程与常规的 SPE 类似，即吸嘴经前处理后，通过手工操作微量移液器反复吸取/排放样品溶液来完成萃取，也可通过自动化的仪器（96 孔板）来完成。萃取完成后，选择合适的溶剂将目标组分洗脱出来，使用的洗脱溶剂体积很小，所以不需要浓缩步骤。吸嘴 SPME 操作简单、快速、适合小体积样品的前处理，一次性使用，多用于基因组学中蛋白质的富集纯化或者萃取肽和重金属离子。将颗粒状固定相填充于吸嘴时，为了使固定相固定，必须使用筛板，而筛板也会产生吸附。而使用整体柱作为固定相不需要筛板。整体柱用于吸嘴 SPME 时，由于固定相使用的量较小，故萃取容量也较小，虽然使用自动化的仪器可在某种程度上增加容量,但产生了对仪器的依赖。在未来的研究中,开发具有高萃取容量的整体固定相应该是吸嘴 SPME 的主要任务之一[48]。

整体材料也可应用到 SBSE 中,即在搅拌棒表面涂覆极性的整体聚合物,SBSE 就可直接用于极性甚至强极性化合物的萃取,对于有些基体复杂的样品也可以直接萃取而不需要额外的前处理步骤。由于整体柱是在模具中原位合成的,所以可在搅拌棒表面合成任意厚度的整体聚合物,进行快速萃取。整体柱 SBSE 的不足在于涂层仍然会由于搅拌导致磨损,其寿命只有 20～60 次[47]。

整体柱离心管 SPME 是将整体材料通过超声波黏合于离心管中,萃取的每个步骤都需要在离心的条件下进行[48](图 5-16),其优势在于只需要少量的溶剂,操作步骤简单,样品处理通量高,避免了溶剂的蒸发。目前已商品化的整体离心管 SPME 只有 C₁₈ 键合硅胶整体柱。

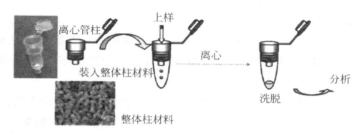

图 5-16　整体离心管柱微萃取操作示意图[49]

5.6　其他新型固相萃取技术

近年来,还涌现了许多新型的固相萃取技术,例如分子印迹固相萃取(molecularly imprinted solid phase extraction,MISPE)、限进介质固相萃取(restricted access matrix solid phase extraction,RAMSPE)、生物亲和固相萃取(bioaffinity solid phase extraction,BASPE)、纳米材料固相萃取(nanomaterial solid phase extraction,NMSPE)、芯片固相萃取等等,限于篇幅,仅作简要介绍。

5.6.1　分子印迹固相萃取

1994 年 Sellergren 首次报道将 MIPs 应用于 SPE。MIPs 可根据需求制备成不同的物理形态,一般先制备 MIPs 棒,粉碎过筛后,选择合适粒径的 MIPs 用于 SPE,或在制备过程中直接合成具有特定粒度的分子印迹微球或制备成 MIPs 膜。

MIPs 的分子识别能力与萃取时的溶剂有很大的关系,当上样溶剂与制备 MIPs 时用的致孔溶剂相同时,MIPs 分子识别的选择性最好。但大多数情况下,样品是水溶液,MIPs 直接从水溶液中萃取目标组分时,目标组分与 MIPs 之间存在分子印迹识别作用而保留,同时由于疏水作用,样品中的疏水性干扰物也会吸附在 MIPs 上,必须选择合适的溶剂进行分步洗脱,即先用有机溶剂洗脱除去疏水性干扰物,而目标组分因分子印迹识别作用不被洗脱,再选择合适的洗脱溶剂将目标组分洗脱下来[53]。也可以先将水基样品进行介质置换前处理,即用非极性有机溶剂(如二氯甲烷、氯仿和甲苯等)从水样中萃取出目标组分,再将有机萃取液通过 MISPE 柱,利用 MIPs 对目标组分的特异性识别能力保留目标组分,最后用合适的溶剂洗脱目标分子。MIPs 在水相中选择性较差的另一个可能原因是在大量水存在的条件下,水分子会通过氢键作用破坏 MIPs 的印迹位点。为了提高 MIPs 在水相中的选择性,可选择亲水性的单体或交联剂来合成 MIPs,或对 MIPs 进行亲水性修饰[54]。

MIPs 可应用于不同形式的 SPE,例如可将 MIPs 微球作为固定相应用于 MSPD;制备纳米 MIPs 颗粒作为固定相;与限进介质结合作固定相(参见 5.6.2 节)。MIPs 还可应用于 SPME,形成分子印迹固相微萃取(MI-SPME)技术,该技术同时具备了 SPME 的高灵敏度和分子印迹的高选择性[55]。应用 MI-SPME 时,在萃取头表面涂覆 MIPs 涂层或制备MIPs 整体柱直接作为萃取头,用于纤维 SPME;也可在毛细管内填充或在内壁涂覆 MIPs,用于管内 SPME;在吸附搅拌棒表面涂覆 MIPs 涂层,用于 SBSE 等[56]。其中有几种形式已在相关章节介绍过,此处不再赘述。

在微球表面涂覆 MIPs 涂层或制备 MIPs 微球,利用微球高比表面积和 MIPs 的高选择性,可选择性地萃取复杂样品中的痕量目标组分。当 MIPs 微球为磁性微球时,可用于MSPE。但分子印迹微球易聚合,使深层模板分子的洗脱变得困难,聚合条件对微球的形貌和吸附性能有重要的影响[54]。

纳米 MIPs 的优点是比表面积大、结合位点多、吸附容量大;纳米 MIPs 粒径小,活性位点容易接近,有利于快速传质;模板分子在洗脱过程中所需要的扩散距离小,容易洗脱完全。纳米 MIPs 的不足是容易发生团聚,难以单独作为固定相使用;纳米 MIPs 的粒度太细,不易装填成柱或制备成整体柱。目前有关纳米 MIPs 的研究仍在起步阶段,实际应用报道较少,需要进一步研究合适的载体及固载方法[56]。

将 MIPs 制备成棒状整体柱作为 SPE 或 SPME 萃取相,不但具备整体柱制备简单,重复性好、柱压低,传质速度快的优点,而且具备 MIPs 选择性高的特点,可对大体积样品中的目标组分进行特异性萃取。MISPE 已广泛用于药物、代谢产物、杀虫剂和环境样品降解物的快速分离与分析,具有诱人的应用前景。

MISPE 存在一个重要的问题——模板渗漏。在制备 MIPs 过程中,很难将聚合物中的模板分子完全清洗干净,MIPs 中微量残存的模板分子在萃取痕量目标组分时,会慢慢释放出来,造成严重的误差,这就是模板渗漏现象。虽然使用聚合后处理(热处理、加速溶剂萃取、超声萃取、微波辅助萃取、超临界萃取等)使模板分子脱附,平行萃取空白样品等方法可改善此问题[55],但采用替代模板聚合法已经成为解决模板渗漏的主要手段,即用目标组分的类似物(例如同位素标记的目标组分)代替目标组分作为模板来制备 MIPs,由于 MIPs 对模板分子识别时的"交叉反应性"的存在,MIPs 对目标组分也有萃取能力。即使分析过程中存在模板渗漏现象,渗漏的模板分子与目标组分也可用色谱等手段分离开,避免了模板渗漏造成的定量误差[57]。

MISPE 选择性高,固定相稳定性好,制备简单,成本低廉、可重复使用,目前主要应用于环境、食品、生物、药物等领域[57],但目前 MIPs 的种类有限,真正商品化的很少;MIPs 的容量还不够大,富集倍数有限;MIPs 的制备和应用都局限在有机溶剂中进行,在实际应用的水溶液体系中选择性较差;制备的 MIPs 颗粒不均匀、存在非特异吸附位点、结合位点不均一。随着 MIPs 制备技术的发展和完善,分子印迹技术会显示出更广阔的应用前景。

5.6.2　限进介质固相萃取

应用 SPE 对生物、环境样品中的小分子目标组分进行分离富集时,样品基体中的生物大分子,如蛋白质、核酸、腐殖酸等物质会干扰萃取,例如蛋白质遇到疏水性固定相时,固定相的疏水表面与蛋白质的疏水内核作用,导致蛋白质发生变性,沉淀在固定相的表面[56],造成固定相孔堵塞,吸附容量降低、传质效率下降等问题。如果使用分子印迹固定相,还会堵塞印迹位点、缩短使用寿命、严重干扰测定。因此,通常在萃取之前必须采用沉淀、离心分离或膜分离等技术除去生物大分子,但容易引入误差,不利于联用与自动化。

限进介质(restricted access media,RAM)是 1991 年由 Desilets 等提出的一种对大分子具有"限进"功能的 SPE 固定相,这类固定相既可以对小分子目标组分进行萃取,又具有体积排阻功能,防止大分子的干扰。RAM 制备的过程中,通过控制孔径实现物理扩散阻碍,使得比孔径大的大分子不能进入 RAM 的内孔;对 RAM 表面进行化学修饰,形成网状结构,避免大分子干扰物与固定相键合或吸附,形成化学扩散阻碍[58]。例如对 RAM 外表面进行适当的亲水性表面改性,大分子不会在亲水性的外表面发生不可逆的变性和吸附,样品溶液流过 RAM 柱时,大分子物质就在死体积或近于死体积的位置流出 RAM 柱。RAM 的内孔表面对小分子化合物实现保留,机理可以是反相、离子交换等[59]。因此,根据"限进"排阻机理对 RAM 进行分类,可分成物理扩散阻碍和化学扩散阻碍两大类。其中物理扩散阻碍又包括内表面反相 RAM(internal surface reversed-phase,ISRP)、烷基二醇基硅胶 RAM(alkyl-diol-silica phase,ADS)、多孔硅胶覆盖结合配体(porous silica covered by a combined ligand,PSCCL);化学扩散阻碍又包括半渗透表面 RAM(semipermeable surface,SPS)、屏蔽疏水相 RAM(shielded hydrophobic phase,SHP)、混合功能相 RAM(mixed-function phase,MFP)和蛋白质包覆硅胶 RAM(protein-coated silica)。其中 ISRP 为孔径 8nm 的多孔硅胶颗粒,表面覆盖亲水性的甘氨酸二醇基团,内孔表面键合疏水性三肽基团(甘氨酸-L-苯丙氨酸-L 苯丙氨酸,GFF),ISRP 对相对分子质量大于 20 000 的大分子产生体积排阻。ADS 是应用最广的 RAM,孔径 6nm,表面键合亲水性的二醇基,内孔表面键合疏水性基团,例如 C_{18}、C_8、C_4 或苯基等,ADS 对相对分子质量大于 15 000 的大分子产生体积排阻。若 ADS 内孔表面键合的是离子交换基团,例如磺酸基团,则称为离子交换二醇基硅胶(exchange diol silica,XDS)。PSCCL 为孔径 13nm 的多孔键合硅胶,表面覆盖的配体同时具有疏水性和亲水性,配体上的烷醇基团阻止大分子的吸附,而苯基反相机理保留小分子。SPS 是在反相硅胶表面共价键合聚氧乙烯聚合物,形成半透膜亲水层,大分子无法通过半透膜,而小分子可以通过半透膜到达硅胶表面,以反相机理保留。SHP 是硅胶基体外表面及内孔表面覆盖亲水性基团,该基团是带有疏水性苯基的氧化聚乙烯亲水性基团,防止大分子吸附的同时,疏水性苯基通过反相机理保留小分子。MFP 是在孔径 8nm 的硅胶外表面及内孔表面覆盖硅酮聚合物,聚合物表面键合亲水性的聚氧乙烯和疏水性的苯乙烯(或苯基、C_8、阳离子交换)基团,聚氧乙烯长链阻止大分子的保留,而小分子以反相机理或离子交换机理保留。蛋白质包覆硅胶 RAM 是在多孔硅胶颗粒表面覆盖蛋白质,例如人血浆蛋白、α_1 酸糖蛋白(AGP),使 RAM 具有良好的生物相容性,样品中蛋白质不会在表面变性或产生吸附,而内孔表面的疏水性基团例如 C_{18}、C_8 保留小分子目标组分[59,60]。

SPE 固定相表面经过亲水性修饰,可避免固定相与大分子因疏水性作用力结合,即形成具有"限进"功能的固定相,用于生物流体的直接分析。限进介质与分子印迹技术相结合用于固相萃取,不仅避免了大分子的干扰,同时提高了对小分子目标组分的选择性[58]。RAM-MIPs 柱可以离线操作:将 RAM 柱和 MIPs 柱串联使用,RAM 柱作为前处理柱,除去生物样品中的大分子,MIPs 柱保留目标组分;也可以通过柱切换的方式和 HPLC、毛细管电泳等分析仪器在线联用。RAM 还可作为 SPME 固定相,用于纤维 SPME 和管内 SPME 等方式。

RAM-SPE 多用于在大分子存在下萃取小分子,例如临床、毒物分析样品前处理。该方法快速、高效、选择性好,但是与常规 SPE 相比,富集倍数、灵敏度、使用寿命和耐有机溶剂的性能稍差、硅胶基体的 RAM 只能在有限的 pH 范围内使用。

5.6.3　生物亲和固相萃取

生物亲和固相萃取(BASPE)是利用生物分子(亲和配基)与目标组分之间的强生物特异亲和作用,对目标组分进行选择性萃取或富集。预先将亲和配基结合在 SPE 固定相基质上,样品流经固定相时,目标组分被强保留,而杂质不保留而除去。很多生物分子可以用于 BASPE,例如,将抗体结合到固定相基质上,其特殊位点可对一类分子进行识别,这就是免疫亲和固定相(immunosorbents,ISs);把寡核苷酸适配子(aptamers,ATs)结合在固定相基质上,就形成了寡核苷酸固定相(oligosorbent,OSs)。

ISs 是将单克隆抗体或多克隆抗体化学键合到硅胶、玻璃或琼脂糖(或其他软性凝胶)、纤维素或聚甲基丙烯酸酯聚合物等惰性多孔基质上。由于抗体抗原作用的特异性,免疫亲和 SPE 的选择性高,对复杂基体的样品,一步操作中可同时完成萃取、浓缩和净化。抗体不但能与目标组分结合,和目标组分结构相似的化合物也能引起免疫反应,这种特性称为交叉反应。交叉反应有利于多残留分析,近年来单克隆抗体应用较多,尽管制备成本较高,但制备重复性好,也不需要使用生物体[61]。

使用 ISs 进行固相萃取时,将 ISs 装入 SPE 柱筒中,后续操作步骤与常规 SPE 相似,活化免疫亲和柱一般用纯水(也可含少量有机溶剂)或磷酸盐缓冲水溶液(PBS,含少量叠氮化合物)。改变样品的 pH、在样品中加入少量表面活性剂、缓冲溶液或有机溶剂均可减少样品组分与 ISs 的非特异性结合,但有时加入有机溶剂可能会引起抗体的损失或破坏抗原抗体间的作用。淋洗一般采用 PBS、有机溶剂或甲醇、乙醇、乙腈等小分子极性溶剂的水溶液(注意不能使抗体失活),也可用竞争性的结合剂、离液剂(注:生物学名词,指的是水中能破坏水分子之间氢键的分子,通过减弱其他分子间的疏水性作用,增加水中其他分子的稳定性。其他分子主要指蛋白质、核酸等大分子)或改变 pH、温度的方法。如果免疫亲和柱的抗体不是共价键合在固定相上,在洗脱过程中可能会损失,洗脱后需要再生,将溶有抗体的溶剂过柱即可;如果抗体是共价键合,在洗脱过程中不会损失,将 ISs 在 4℃ 时置于 PBS 中储藏两天即可。ISs 的不足在于制备困难、周期长、费用高、不耐酸碱和有机溶剂,热稳定性差等。虽然目前 ISs 已经商品化,但选择的品种还十分有限。ISs 在医药、生物和食品检测中应用较广,但缺乏针对小分子(相对分子质量小于 1000)的抗体,这也是免疫亲和萃取在环境分析中应用有限的原因之一[62]。

OSs 是将 ATs 通过非共价键结合到固相基质上,ATs 是能与特定靶分子特异性结合的单链 DNA 或 RNA。ATs 与抗体类似,能以高亲和力特异性结合目标组分,例如二价金属离子、有机小分子、蛋白质、细胞等。目前 ATs 的制备是在生物体外完成的,使用的是"指数富集配体进化"(systematic evolution of ligands by exponential enrichment,SELEX)技术。这是一种通过体外反复选择和放大,从巨大的核苷酸库中筛选特定核苷酸序列的方法。这个选择过程使化学合成的具有复杂三维立体结构的 ATs 对目标组分具有强亲和力,ATs 不但可以用来结合肽、蛋白质、核酸等大分子,还可以结合小分子;不但可结合单个分子,还可以结合复杂的目标混合物甚至整个有机体。ATs 最大的不足在于其核酸酶的敏感性,特别是 RNA 适配子,通过化学修饰可以增加其稳定性、亲和性和特异性。

　　ATs 与抗体不同,其区别在于,ATs 是核酸,而抗体是蛋白质,ATs 在加热等情况下更稳定;在合适条件下,已变性的 ATs 只需几分钟即可恢复活性构象,而抗体即便能恢复,也需要 1～2d 的时间;ATs 可用聚合酶链式反应(PCR)大量、低成本生产,而抗体的制备通常依靠生物体,烦琐而昂贵;ATs 相对比较容易纯化,而单克隆抗体的获得却比较困难;抗体生产会出现批次间的差异,造成产品性状的不稳定性,而 ATs 一般不存在这一问题;因为核酸比蛋白质更易修饰,所以 ATs 比抗体更容易使用化学方法进行修饰;核酸分子可以在一级结构与立体构象之间自由转换,使 ATs 获得了比抗体更广阔的应用前景;ATs 分子量较小(约为 15kDa),比抗体具有更多的结合位点,也更适用于高通量筛选或生产。抗体具有交叉反应的特性,可以结合一类结构上相似的化合物,但 ATs 结合结构类似物的能力较弱。通过 SELEX 技术,可以制备对某一化合物具有特异性结合的 ATs,但抗体不能。

　　除抗体外,ATs 是用于 BASPE 最有应用前景的生物分子。抗体和 ATs 都是基于分子识别机理实现高选择性保留,两者可互为补充使用。其他生物分子也可用于 BASPE,如凝集素(Lectins)可以用来选择性识别糖类;蛋白 L 可用来纯化单克隆或多克隆 IgG、IgA 和 IgM 等[15]。

5.6.4　纳米材料固相萃取

　　纳米材料是指某一维度的尺寸小于 100nm 的材料,具有独特的物理和化学性质,其原子在材料表面的比例很高,有利于与化学活性很强的其他原子结合。这个性质使纳米材料可用作 SPE 的固定相。近年来,碳纳米管、富勒烯、石墨烯和一些金属氧化物的纳米粒子在固相萃取中得到了广泛应用。

　　碳纳米管(carbon nanotubes,CNTs)是由 sp^2 杂化的碳原子与周围的 3 个碳原子完全键合,形成六元碳环构成的类石墨平面层卷曲而成的中空、无缝的管体,管的末端由碳原子的五边形封顶。单壁碳纳米管(single-walled CNTs,SWCNTs)是由一层石墨片卷曲而成,管径一般为 0.4～2nm。多壁碳纳米管(multi-walled CNTs,MWCNTs)直径为 2～100nm,层数在 2～50 之间,层与层之间的距离约为 0.34nm。CNTs 长度可达几十微米甚至几个厘米,长径比非常大[63]。

　　CNTs 的比表面积为 150～1500m²/g,吸附容量高,易吸附空气中的水分,在使用前,最好在 80～120℃的条件下干燥几个小时。CNTs 可以通过范德华力、静电作用、疏水作用、π-π 作用力和电子受体-供体作用等非共价作用力吸附目标组分,吸附可发生在 CNTs 的外表面、管内表面或管束间隙中。CNTs 的这种吸附方式,不受扩散控制[64],传质速度快,可用较高的流速萃取。CNTs 的脱附也容易,一般用极性较大的有机溶剂,如甲醇、乙腈。CNTs 具有优良的化学、机械和热稳定性,可重复使用。但有时 CNTs 在较高压力条件下容易发生团聚,造成萃取柱堵塞。

CNTs 的制备目前主要有三种方法,电弧放电、激光烧蚀和化学蒸汽沉积(chemical vapor deposition,CVD)[65]。其中 CVD 法由于使用温度低,制备的 CNTs 纯度和产量高,管径粗,在分析化学领域得到广泛应用。上述三种方法合成的 CNTs 中包含很多杂质,例如无定形碳、富勒烯、碳纳米颗粒和金属催化剂颗粒等[64]。杂质含量随着管内径的减小而增加。杂质覆盖在 CNTs 的表面,导致目标组分向 CNTs 壁的传质变慢,影响吸附和脱附速度,因此在使用之前,必须对 CNTs 进行纯化。纯化的方法分为化学氧化法和物理分离法或两种方法的结合。化学氧化法包括酸处理和气相氧化法,原理是碳形态杂质的氧化速度比 CNTs 快,但氧化后的 CNTs 结构中会引入一些官能团(如羟基、羰基或羧基),增加 CNTs 的极性和离子交换性能,同时也导致管壁上的缺陷。物理分离是利用 CNTs 与杂质的物理性质不同来纯化,过滤、离心和色谱分离都是常用的手段。物理分离法的不足在于纯化时需要将 CNTs 高度分散,每次只能纯化有限量的 CNTs,且纯化不够完全。将化学氧化和物理分离结合起来的方法称为多步纯化法,包括热水动态萃取、超声-氧化和高温退火萃取,纯化效果较好[63]。

CNTs 的疏水性强,不溶于水,只溶于有限的几种有机溶剂中,如己二酸二甲酯(DMA)、六甲基磷酸酰胺、二甲基吡咯烷酮和二甲基甲酰胺。CNTs 之间存在非常强的范德华力,在高压下,sp^2 键会向 sp^3 转变,易自发聚集成束,会降低实际比表面积,加入表面活性剂或氧化处理等方式可增加 CNTs 的可溶性和分散性[63]。

CNTs 的反应性较差,可通过化学修饰提高 CNTs 的反应性和萃取选择性。修饰分为共价修饰和非共价修饰。CNTs 的末端及侧壁存在大量结构缺陷(如五元环和七元环),这些缺陷位点的反应活性较高,共价修饰就是直接与 CNTs 的缺陷位点作用,破坏其晶格结构,例如在其末端或侧壁接上羟基、羰基或羧基,可增强 CNTs 的亲水性,提高对高极性化合物的萃取能力。CNTs 还可以通过共价键与不锈钢或硅胶结合,应用于不同的 SPE 形式。经化学修饰的 CNTs 存在等电点,又称为零电荷点(point of zero charge),在此 pH 时 CNTs 表面净电荷数为零,当 pH 高于此点时,表面带负电,可吸附阳离子;当 pH 低于此点时,表面带正电,可导致吸附的阳离子脱附。因此,CNTs 作为 SPE 的固定相时,应严格控制使用的 pH[66]。非共价修饰是通过范德华力、氢键、配位键、静电作用、疏水作用与 CNTs 表面结合,不会对其晶格结构造成破坏。修饰后的 CNTs 不但在溶剂中的分散性增强,还可在其表面引入所需官能团,也增加了其对目标组分的萃取选择性。经过修饰的 CNTs,对极性化合物的保留较强。由于 CNTs 的共轭石墨烯结构,未经修饰的 CNTs 对非极性目标组分的吸附容量高[15]。

CNTs 表面经化学修饰引入 MIPs,可提高萃取的选择性;常规 MIPs 的孔一般不能处于表面或邻近表面,但是与 CNTs 结合后,由于 CNTs 良好的机械性能和化学稳定性,活性位点可以位于结构的表面,也即提高了模板分子接近表面的机会,减少了结合的时间,提高了萃取效率[66]。CNTs 经物理涂覆或化学键合在萃取纤维表面,可应用于 SPME。磁性纳米材料的粒径小于 30nm 时,会呈现超顺磁性,经过功能化修饰后,可应用于 MSPE。CNTs 原位合成于微通道内,还可应用于芯片微萃取。CNTs 作为 SPE 固定相已广泛应用于有机小分子、金属离子、有机金属化合物和生物大分子的萃取[67],但目前 CNTs 价格还比较昂贵,尚无商品化 CNTs 小柱、盘或 SPME 纤维。

石墨烯是 CNTs 的同素异形体，碳原子均为 sp^2 杂化，石墨烯是单原子层片状结构，碳原子以 sp^2 杂化轨道组成六边形呈蜂巢晶型的平面薄膜，是只有一个碳原子厚度的二维纳米材料。石墨烯可卷曲成为 CNTs。石墨烯具有超大的比表面积（理论值 $2630cm^2/g$），其结构中大量的 π 电子共轭体系使其对芳香化合物有很强的吸附能力，其平面结构有助于目标组分在上下两个平面同时发生吸附作用[68]。

石墨烯的制备是将石墨氧化成氧化石墨，再经超声或化学还原为石墨烯。氧化石墨可进行化学修饰，以提高石墨烯的选择性[69]。氧化石墨价格低廉，原料易得，可大批量生产，相比昂贵的 CNTs，更具优势。石墨烯比表面积大、吸附容量高、化学和热稳定性好。作为 SPE、SPME 的固定相，其性能甚至优于 CNTs，已应用于环境、生物等领域。

富勒烯（Fullerene）是 sp^2 杂化的碳原子，以五边形和六边形组成的足球状分子，其分子式为 C_{m+20}（m 为整数），常用的是 C_{60} 和 C_{70}。富勒烯具有独特的共轭三维 π 电子结构，以 π-π 作用力和电子受体-供体作用吸附目标组分，其特点是比表面积大、分子体积大、亲电性强、官能团的体积密度高、热稳定性和机械稳定性高。富勒烯具有很强的疏水性，在水溶液中易聚集，为了更好地分散，可以增加搅拌、加入表面活性剂、环糊精或糖聚合物、或辅助超声的手段，也可先将富勒烯溶于有机溶剂，再加入水，然后将有机溶剂蒸发。经过表面改性的富勒烯可以提高萃取的富集倍数和选择性。富勒烯可应用于 SPE 或 SPME，大多数用来富集金属离子[67]。

纳米金、纳米银、纳米硅和纳米氧化物（如 SiO_2、TiO_2、ZrO_2 等）因表面活性强、比表面积大而用于 SPE，其表面可包覆配位试剂，增加活性位点，有利于目标组分的保留。对表面进行化学修饰也可提高 SPE 的选择性。这些材料的稳定性和分散性好，容易制备，价格适中，目前多用作金属离子的富集或生物样品的前处理[67,69,70]。

参考文献

[1] 中华人民共和国国家质量监督检验检疫总局.蜂蜜中 486 种农药及相关化学品残留量的测定 液相色谱-串联质谱法：GB/T 20771—2008[S].北京：中国标准出版社，2009：3.
[2] 中华人民共和国国家质量监督检验检疫总局.水果和蔬菜中 450 种农药及相关化学品残留量的测定 液相色谱-串联质谱法：GB/T 20769—2008[S].北京：中国标准出版社，2009：3.
[3] 环境保护部科技标准司.水质多环芳烃的测定 液液萃取和固相萃取高效液相色谱法：HJ 478—2009[S].北京：中国环境科学出版社，2009：3-4.
[4] 环境保护部科技标准司.水质硝基苯类化合物的测定 液液萃取固相萃取-气相色谱法：HJ 648—2013[S].北京：中国环境科学出版社，2013：4.
[5] Determination of 1,4-dioxane in drinking water by solid phase extraction（SPE）and gas chromatography/mass spectrometry（GC/MS）with selected ion monitoring（SIM）：EPA method 522：2008［S/OL］.［2016-06-06］.https://www.epa.gov/water-research/epa-drinking-water-research-methods
[6] Determination of Selected Organic Chemicals in Drinking Water by Solid Phase Extraction and Liquid Chromatography/Tandem Mass Spectrometry（LC/MS/MS）.EPA method 540：2013[S/OL].［2016-06-06］.https://www.epa.gov/water-research/epa-drinking-water-research-methods
[7] Simpson N J K. Solid-phase extraction. Principles,techniques and applications[M]. New York：Marcel Dekker,2000.

[8] Thurman E M, Mills M S. Solid-phase extraction: principles and practice[M]. New York: John Wiley,1998.

[9] Fritz J S. Analytical solid-phase extraction[M]. New York: John Wiley,1999.

[10] Buszewski B,Szultka M. Past,present,and future of solid phase extraction: A review[J]. Critical reviews in Anal. Chem. 2012,42: 198-213.

[11] Fontanals N,Cormack P A G,Marcé R M,et al. Mixed-mode ion-exchange polymeric sorbents: dual-phase materials that improve selectivity[J]. Trends in Anal. Chem. 2010,29(7): 765-779.

[12] Poole C F,Gunatilleka A D,Sethuraman R. Contributions of theory to method development in solid-phase extraction[J]. J. Chromatogr. A,2000,885: 17-39.

[13] Vuckovic D. High-throughput solid-phase microextraction in multi-well-plate format[J]. Trends in Anal. Chem. 2013,45: 136-153.

[14] Hennion M C. Solid-phase extraction: method development, sorbents, and coupling with liquid chromatography[J]. J. Chromatogr. A,1999,856: 3-54.

[15] Pawliszyn J,Lord H L. Comprehensive Sampling and Sample Preparation: Analytical Techniques for Scientists. Volume 2,Theory of Extraction Techniques[M]. Boston: Elsevier,2012.

[16] 陈晓华,汪群杰. 固相萃取技术与应用[M]. 北京: 科学出版社,2010.

[17] Anastassiades M,Maštovská K,Lehotay S J. Evaluation of analyte protectants to improve gas chromatographic analysis of pesticides[J]. J. Chromatogr. A,2003,1015: 163-184.

[18] Anastassiades M,Lehotay S J,Stajnbaher D,et al. Fast and easy multiresidue method employing acetonitrile extraction/partitioning and dispersive solid-phase extraction for the determination of pesticide residues in produce[J]. AOAC Int,2003,86(2): 412-431.

[19] http://www. instrument. com. cn/netshow/sh100800/news_54469. htm.

[20] Barker S A. Matrix solid phase dispersion (MSPD)[J]. J. Biochem. Biophys. Methods. 2007,70: 151-162.

[21] Capriotti A L,Cavaliere C,Giansanti P,et al. Recent developments in matrix solid-phase dispersion extraction[J]. J. Chromatogr. A,2010,1217: 2521-2532.

[22] Šafaříková M,Šafařík I. Magnetic solid phase extraction[J]. J. Magnetism and Magnetic Material, 1999,194: 108-112.

[23] Chen L,Wang T,Tong J. Application of derivatized magnetic materials to the separation and the preconcentration of pollutants in water samples[J]. Trends in analytical chemistry, 2011,30(7): 1095-1108.

[24] Fan H X,Deng Z P,Zhong H,et al. Development of new solid phase extraction techniques in the last ten years[J]. J. Chin. Pharm. Sci. 2013,22(4): 293-302.

[25] Giakisikli G,Anthemidis A N. Magnetic materials as sorbents for metal/metalloid preconcentration and/or separation[J]. A review. Anal. Chim. Acta,2013,789: 1-16.

[26] 黄维,丁俊,冯钰锜. 磁固相萃取-高效液相色谱联用测定尿样中的1-羟基芘[J]. 分析化学,2012, 40(6): 830-834.

[27] Chen L,Li Bin. Application of magnetic molecularly imprinted polymers in analytical chemistry[J]. Analytical Methods. 2012,4: 2613-2621.

[28] Lin J H,Wu Z H,Tseng W L. Extraction of environmental pollutants using magnetic nanomaterials [J]. Anal. Methods,2010,2: 1874-1879.

[29] Rittich B,Španová A. SPE and purification of DNA using magnetic particles[J]. J. Sep. Sci. ,2013, 36: 2472-2485.

[30] Pawliszyn J. Solid phase Microextraction,Theory and Practice[M]. New York : Wiley-VCH,1997.

[31] Wercinski S A S. Solid phase microextraction,a practical guide. [M]. New York: Marcel Dekker,Inc. 1999.

[32] Duan C,Shen Z,Wu D,et al. Recent developments in solid-phase microextraction for on-site sampling and sample preparation[J]. Trends in Analytical Chemistry,2011,30(10)：1568-1574.

[33] Malik A K,Kaur V,Verma N. A review on solid phase microextraction-high performance liquid chromatography as a novel tool for the analysis of toxic metal ions[J]. Talanta,2006,68：842-849.

[34] 欧阳钢锋,Pawliszyn J. 固相微萃取原理与应用[M]. 北京：化学工业出版社,2012.

[35] David F,Sandra P. Stir bar sorptive extraction for trace analysis[J]. J. Chromatogr. A,2007,1152：54-69.

[36] Sánchez-Rojas F,Bosch-Ojeda C,Cano-Pavón J M. A review of stir bar sorptive extraction[J]. Chromatographia Supplement,2009,69：S79-S94.

[37] Jiang R, Pawliszyn J. Thin-film microextraction offers another geometry for solid-phase microextraction[J]. Trends in analytical Chemistry,2012,39：245-253.

[38] Eom I,Risticevic S,Pawliszyn J. Simultaneous sampling and analysis of indoor air infested with Cimex lectularius L. （Hemiptera：Cimicidae） by solid phase microextraction，thin film microextraction and needle trap device[J]. Anal. Chim. Acta. ,2012,716：2-10.

[39] Kermani F R,Pawliszyn J. Sorbent coated glass wool fabric as a thin film microextraction device[J]. Anal. Chem. ,2012,84：8990-8995.

[40] Strittmatter N,Düring R,Takáts Z. Analysis of wastewater samples by direct combination of thin-film microextraction and desorption electrospray ionization mass spectrometry[J]. Analyst,2012,137：4037-4044.

[41] Lord H L,Zhang W,Pawliszyn J. Fundamentals and applications of needle trap devices. A critical review[J]. Anal. Chim. Acta,2010,677：3-18.

[42] Kataoka H. Recent developments and applications of microextraction techniques in drug analysis[J]. Anal. Bioanal. Chem. ,2010,396：339-364.

[43] Eisert R,Pawliszyn J. Automated in-tube solid-phase microextraction coupled to high-performance liquid chromatography[J]. Anal. Chem. ,1997,69：3140-3147.

[44] Kataoka H,Saito K. Recent advances in SPME techniques in biomedical analysis[J]. J. Pharm. Biomed. Anal. ,2011,54：926-950.

[45] Kataoka H,Ishizaki A,Nonaka Y,et al. Developments and appplications of capillary microextraction techniques：A review[J]. Anal. Chim. Acta,2009,65：8-29.

[46] Nerín C,Salafranca J,Aznar M,et al. Critical Review on recent developments in solventless techniques for extraction of analytes[J]. Anal. Bioanal. Chem. ,2009,393：809-833.

[47] Xu L,Shi Z G,Feng Y Q. Porous monoliths：Sorbents for miniaturized extraction in biological analysis[J]. Anal. Bioanal. Chem. ,2011,399：3345-3357.

[48] Namera A,Nakamoto A,Saito T,et al. Monolith as a new sample preparation material：Recent devices and applications[J]. J. Sep. Sci. ,2011,34：901-924.

[49] Huang X,Yuan D. Recent developments of extraction and micro-extraction technologies with porous monoliths[J]. Critical reviews in analytical chemistry,2012,42：38-49.

[50] Svec F. Porous polymer monoliths：amazingly wide variety of techniques enabling their preparation [J]. J. Chromatogr. A,2010,1217：902-924.

[51] Svec F,Huber C G. Monolithic materials promises,challenges,achievements[J]. Anal. Chem. ,2006,78：2100-2107.

[52] Vázquez M,Paull B. Review on recent and advanced applications of monoliths and related porous polymer gels in micro-fluidic devices[J]. Analytica Chimica Acta,2010,668：100-113.

[53] Turiel E,Martín-Esteban A. Molecularly imprinted polymers for sample preparation：A review[J]. Anal. Chim. Acta,2010,668：87-99.

[54] Tamayo F，Turiel E，Martín-Esteban A. Molecularly imprinted polymers for solid-phase extraction and solid-phase microextraction：Recent developments and future trends[J]. J. Chromatography A，2007,1152：32-40.

[55] Haginaka J. Molecularly imprinted polymers as affinity-based separation media for sample preparation [J]. J. Sep. Sci. ，2009,32：1548-1565.

[56] 黄健祥，胡玉斐，潘加亮，等. 分子印迹样品前处理技术的研究进展[J]. 中国科学 B 辑：化学，2009，39(8)：733-746.

[57] Qiao F，Sun H，Yan H，et al. Molecularly imprinted polymers for solid phase extraction[J]. Chromatographia，2006,64(11-12)：625-634.

[58] Cassiano N M，Barreiro J C，Moraes M C，et al. Restricted-access media supports for direct high-throughput analysis of biological fluid samples：review of recent applications[J]. Biaanalysis，2009，1(3)：577-594.

[59] 蔡亚岐，牟世芬. 限进介质固相萃取及其应用[J]. 分析化学，2005,33(11)：1647-1652.

[60] Souverain S，Rudaz S，Veuthey J L. Restricted access materials and large particle supports for on-line sample preparation：an attractive approach for biological fluids analysis[J]. J. Chromatogr. B，2004，801：141-156.

[61] Delaunay-Bertoncini N，Hennion M C. Immunoaffinity solid-phase extraction for pharmaceutical and biomedical trace-analysis-coupling with HPLC and CE-perspectives[J]. J. Pharm. Biomed. Anal. 2004,34：717-736.

[62] Senyuva H Z，Gilbert J. Immunoaffinity column clean-up techniques in food analysis：A review[J]. J. Chromatogr. B，2010,878：115-132.

[63] Ravelo-Pérez L M，Herrera-Herrera A V，Jernández-Borges J，et al. Carbon nanotubes：solid-phase extraction[J]. J. Chromatogr. A，2010,1217：2618-2641.

[64] Hussain C M，Mitra S. Micropreconcentration units based on carbon nanotubes(CNT)[J]. Anal. Bioanal. Chem. ，2011,399：75-89.

[65] Merkoçi A. Carbon nanotubes in analytical Sciences[J]. Microchim Acta. ，2006,152：157-174.

[66] Herrera-Herrera A V，González-Curbelo M Á，Hernández-Borges J，et al. Carbon nanotubes applications in separation science：A review[J]. Anal. Chim. Acta. ，2012,734：1-30.

[67] Lemos V A，Teixeira L S G，Bezerra M A，et al. New materials for solid phase extraction of trace elements[J]. Applied Spectroscopy Reviews，2008,43：303-334.

[68] Pérez-López，Merkoçi A. Carbon nanotubes and graphene in analytical sciences[J]. Microchim Acta. ，2012,179：1-16.

[69] Tian J Y，Xu J Q，Zhu F，et al. Application of nanomaterials in sample preparation [J]. J. Chromatogr. A，2013,1300：2-16.

[70] Lasarte-Aragonés G，Lucena R，Cárdenas S，et al. Nanoparticle-based microextraction techniques in bioanalysis[J]. Bioanal. ，2011,3(22)：2533-2548.

第6章

膜 分 离

6.1 概述

膜分离是利用膜的选择性,以膜两侧存在的能量差(压力差、电势差、浓度差等)为驱动力,使溶液中各组分因透过膜的迁移率不同而实现分离的技术。膜分离是当今最具发展前途的分离技术之一,已广泛应用于各个工业领域,并已使海水淡化、烧碱生产、乳品加工、水污染治理等多种传统的工业生产面貌发生了根本性改变。在样品前处理中常用的膜分离技术有微滤、超滤、渗析、电渗析、膜萃取等[1]。

广义而言,膜可定义为两相之间的一个不连续区间,膜必须对被分离物质有选择透过的能力。膜材料应该具有良好的成膜性、热稳定性、化学稳定性、耐酸碱、抗微生物侵蚀和耐氧化等性能。不同类型的膜分离对膜材料的具体要求有所不同,例如:反渗透、超滤、微滤用膜最好为亲水性,以获得高的水通量和抗污染能力;电渗析膜则特别强调膜的耐酸碱性和热稳定性。

膜按其物态分为固膜和液膜。目前大规模工业应用的基本为固膜,液膜已有中试规模的工业应用,主要用于污水处理工业中。在样品前处理中应用的主要是固膜。固膜以高分子合成膜为主,常用的高分子材料有纤维素(酯)、聚酰胺、聚烯烃、聚砜、硅橡胶等。近年来,无机膜材料(如陶瓷、金属、多孔玻璃等),特别是陶瓷膜,因其化学性质稳定、耐高温、机械强度高等优点,发展迅速,在微滤、超滤、膜催化反应及高温气体分离中的应用充分展示了其优越性。

固膜从结构上可分为对称膜和非对称膜。对称膜无论是致密的还是多孔的,其各部分都是均匀的,各部分的渗透率都相同。通常对称膜是将高分子溶液浇铸在平板上形成一薄层,溶液挥发后成膜,或者浇铸后通过挤压成所需厚度的均质膜。对称膜在工业上实用价值不大,主要用于膜研发阶段对膜性能进行评价和表征。非对称膜的膜截面方向结构是不对称的,其表面为极薄的、起分离作用的致密表皮层,或具有一定孔径的细孔表皮层,皮层下面是多孔支撑层。表皮层孔径一般在 $(8\sim10)\times10^{-10}$ m,表皮层厚度一般只占总膜厚的 1% 左右;多孔支撑层孔径一般在 $(1000\sim4000)\times10^{-10}$ m,比表皮层孔径大两个数量级;在表皮层和多孔支撑层之间往往还有一个过渡层,过渡层孔径大约在 200×10^{-10} m,介于表皮层和支撑层之间,过渡层也很薄。非对称膜可采用 L-S 制膜法一步聚合制备,也可采用先分别制备分离层和支撑层,然后再复合的分步制备法。复合膜由于可对起分离作用的表皮层和支撑层分别进行材料和结构的优化,可获得性能优良的分离膜。膜的厚度应在 0.5mm 以下,否则就不能称其为膜。

多孔膜的分离机理主要是膜孔的筛分作用,即体积小于膜孔的物质透过膜,而体积大于膜孔的物质被膜截留。多孔膜主要用于超滤、微滤、渗析,或用作制备复合膜的支撑层。致密膜的分离机理主要是溶解-扩散作用,即样品溶液中的目标组分在样品一侧的膜表面选择性地吸附,并溶解在膜中,经过膜扩散至膜的另一侧界面,进入接受相。致密膜主要用于反渗透、气体分离、渗透汽化。膜分离用膜的孔径大小、材质、膜结构决定了不同膜分离技术的原理和用途。

膜在分离应用中需要固定和支撑,并设计成具有尽可能大的总膜面积以增加通量,这就是膜组件。在工业分离中使用的膜分离装置是由基本的膜组件组装而成的,膜组件主要有平板式、管式、中空纤维式和螺旋卷式四种类型。在样品前处理中使用的膜分离器的结构则非常简单,主要有直线型、螺旋型和中空纤维膜型三种。如图 6-1 所示,直线型和螺旋型膜分离器的基本结构都是将分离膜夹在两片刻有沟槽的惰性材料之间,膜两侧的沟槽正好吻合,一边的沟槽盛放样品溶液,称给体槽;另一边的沟槽接收透过膜的溶液,称受体槽。直线型膜分离器的沟槽为直线型,沟槽容积较小(如数毫升);而螺旋型膜分离器上的沟槽则呈螺旋状,沟槽总容积较大(如数百毫升)。刻有沟槽的惰性材料通常为聚四氟乙烯(PTFE)等有机高分子聚合物,除微滤以外的膜分离操作的压力都较大,PTFE 容易变形,所以通常需要在 PTFE 片之下加耐压的金属支撑材料(如铝合金板)。

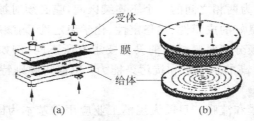

图 6-1　直线型(a)和螺旋型(b)膜分离器的基本结构

6.2　膜过滤

过滤通常是指使用适当的滤材,将固液混合物分离为固相和液相的操作。过滤的目的是获得澄清的液相或回收固相。过滤在分析样品前处理中主要是除去样品溶液中的固体微粒或特定溶质。其实,过滤不仅仅限于固-液体系,也可扩展到液-液、气-液、溶质-溶剂、溶质-溶质等体系。例如,使用滤纸或玻璃过滤器(如布氏漏斗)的常规过滤就是最常用的固-液分离方法;而在膜过滤中,微滤主要用于固液分离,超滤则可将大分子和小分子分离,属溶质-溶质分离体系。

根据液体流动的压力差可将过滤分成以下几种类型:①普通过滤(自然过滤)是利用液体本身的重力产生的压力过滤,多用于常规过滤和微滤。如液相色谱流动相配制完毕后或样品溶液进样前,都需要用 $1\mu m$ 以下(如 $0.22\mu m$ 或 $0.47\mu m$)孔径的微孔滤膜过滤;又如,在水环境监测中,利用 $0.45\mu m$ 的膜过滤水样后,测定截留在滤膜上的悬浮物。②加压过滤是利用压缩机等进行加压过滤。③减压过滤(抽滤)是利用真空泵等减压装置产生的压力差过滤。④离心过滤是利用离心力产生的压力差过滤。有时也会根据原理的不同区别使用,如微量分析的天然水采样时,为避免空气中微粒的混入,采用减压过滤就不如采用加压过滤好。

6.2.1 微滤

微滤是基于微孔膜发展起来的一种精密过滤技术,是开发最早、应用最广、市场最大的膜过滤技术。微滤主要用于从气相和液相样品中截留微米及亚微米级的细小悬浮物、微生物、微粒、细菌、酵母、红细胞、污染物等以达到样品分离、净化和浓缩的目的。在工业生产中,微滤广泛用于超纯水制造、溶液除菌、生物制品浓缩、废润滑油再生等领域;在分析样品前处理中,微滤主要用来过滤除去溶剂和溶液中的颗粒物、大气颗粒物采样和残渣分析中的不溶物收集等领域。

微滤膜的滤孔分布均匀,可将大于其孔径的微粒、细菌、污染物截留在滤膜表面,所得滤液质量高,也称为绝对过滤;由于微滤膜的孔隙率高,在同等过滤精度下,流体的过滤速度比常规过滤介质高数十倍,即膜通量大;微滤膜厚度薄,一般为 $10\sim200\mu m$,过滤时对过滤对象的吸附量小,因此贵重物料的损失较小;微滤膜为连续的整体结构,过滤时无介质脱落,没有杂质溶出,不产生二次污染;膜材料一般无毒,使用和更换方便,使用寿命较长。不过,微滤也存在一些缺陷,如膜内部的比表面积小,颗粒容纳量小,易被物料中与膜孔大小相近的微粒堵塞。

1. 微滤膜分离机制

在分离溶液中的悬浮颗粒时,微滤膜的分离机理主要是筛分截留,此外还有吸附截留、架桥截留、网络截留和静电截留。①筛分截留是指微滤膜将溶液中尺寸大于其孔径的颗粒或颗粒聚集体截留;②吸附截留是指微滤膜将尺寸小于其孔径的固体颗粒通过物理或化学吸附作用而截留;③架桥截留指固体颗粒在膜的微孔入口处因架桥作用,即使其粒径小于膜孔径也会被截留;④网络截留发生在膜内部,由于膜孔的弯曲阻碍颗粒的通过,使得部分比膜孔径小的颗粒滞留膜孔道中而截留;⑤静电截留是在某些情况下为了分离悬浮液中的带电颗粒,采用与待分离颗粒带相反电荷的微滤膜,这样就可以用孔径比待分离颗粒尺寸大许多的微滤膜过滤,既达到了分离效果,又可增加通量。通常情况下,很多颗粒带有负电荷,因此相应的微滤膜带正电荷。

在分离气体中的悬浮颗粒时,微滤膜的分离机理除了主要的直接(筛分)截留外,还有惯性沉积、扩散沉积和拦集作用等。直接截留与悬浮液中液固分离的筛分机理相同。惯性沉积是指当小于膜孔径的颗粒随气体直线运动时,在膜孔处流线将发生改变,对于质量较大的颗粒,则由于惯性作用仍力图沿原方向运动,这些颗粒可能撞击在膜边缘或膜孔入口附近的孔壁上而被截留。微滤膜孔径越小,气体流速越大,颗粒越易发生惯性沉积而截留。扩散沉积是指由于非常小的颗粒具有强烈的布朗运动倾向,颗粒通过膜孔时,在孔道中容易因布朗运动而与孔壁碰撞而被截留。微滤膜孔径越小,微小颗粒与膜壁碰撞的概率越大,颗粒越容易产生扩散沉积。气体流速越小,颗粒在孔道中停留时间越长,则颗粒越容易产生扩散沉积。拦集作用是指颗粒惯性较小时将随气流进入膜孔,若膜孔壁附近的气体以层流方式运动，由于流速小，颗粒将由于重力作用而沉积下来。

2. 微滤膜的性能与制备

微滤膜的性能指标主要包括微孔结构、孔径及其分布、孔隙率、微孔膜的物理和化学稳定性，这些性能的表征都有成熟的测定方法。不同制膜方法获得的膜微孔结构不同，通过扫描电镜可直接观察膜的表面、底面和截面的形态特征，得到膜微孔结构的信息。微滤膜的孔径可以用标称孔径或绝对孔径来表征。绝对孔径表明等于或大于该孔径的粒子或大分子均被截留，标称孔径表明该尺寸的粒子或大分子以一定的百分数（95％或98％）被截留，如图 6-2 所示，绝对孔径总是大于标称孔径的。微孔膜的热稳定性和化学稳定性对膜的使用很重要。聚烯烃类膜材料有良好的耐酸碱腐蚀性能，有些耐热聚合物甚至可以在 400～600℃下使用。另外，陶瓷具有比聚合物类更好的热稳定性和化学稳定性。一般情况下，微孔膜在 25℃下，在化学药品中浸泡 72h 后，其膜通量变化不超过 20％，泡点压力变化不超过 10％，即无溶胀和稍有溶胀而无失重者都可以使用。

按照微孔形态不同，微滤膜分为弯曲孔膜和柱状孔膜两类。弯曲孔膜最为常见，其微孔结构为交错连接的曲折孔道的网络，孔隙率为 35％～90％，其孔径可通过泡点法、压汞法等方法测得；柱状孔膜的微孔结构为几乎平行的贯穿膜壁的圆柱状毛细孔结构，孔隙率小于 10％，其孔径可通过扫描电镜直接测得。孔隙率可由压汞法、体积称重法和干湿膜质量法测定。弯曲孔膜的表面积是柱状孔膜的 25～50 倍，因此具有更大的截留效率，当需要尽可能除去悬浮液中的所有颗粒时，弯曲孔膜比柱状孔膜更有效；柱状孔膜用于悬浮液中颗粒的分级时比弯曲孔膜要精确得多。

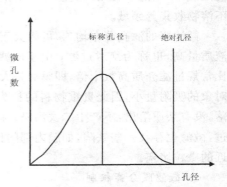

图 6-2　微孔膜孔径分布示意图

制备微滤膜的材料可以是有机高分子材料，也可以是无机材料。表 6-1 列出了制备微滤膜常用的一些材料。

表 6-1　制备微滤膜常用的材料

有机材料	天然高分子		纤维素酯类（硝酸纤维素、醋酸纤维素、再生纤维素）
	合成高分子	亲水性材料	聚醚砜（PES）、磺化聚砜、聚丙烯腈（PAN）、聚酰胺（PA）、聚酯（PET）、聚碳酸酯（PC）、聚砜（PSF）、聚酰亚胺（PI）、聚醚酰亚胺（PEI）、聚醚醚酮（PEEK）
		疏水性材料	聚四氟乙烯（PTFE）、聚乙烯（PE）、聚丙烯（PP）、聚偏氟乙烯（PVDF）、聚氯乙烯（PVC）
无机材料			陶瓷（氧化铝、氧化锆）、金属（不锈钢、钨、钼）、微孔玻璃、碳化硅

天然高分子材料主要为纤维素，它是一种由数千个葡萄糖重复单元通过 β-1,4-糖苷键连接而成的多糖，具有规整的线性链结构。分子链上的葡萄糖单元含有三个易反应的羟基，可与酸或醇反应形成酯或醚，属于亲水性材料。纤维素是应用最早和最多的膜材料，不仅可用于微滤膜和超滤膜，还可以用于反渗透膜、气体分离膜和透析膜。用于微滤膜的主要是硝

酸纤维素、醋酸纤维素和再生纤维素。由醋酸纤维素和硝酸纤维素混合制成的混合纤维素酯微滤膜孔径规格多,在干态下可耐 125℃ 消毒,使用温度范围在 $-200\sim75℃$,可耐稀酸,不适用于酮类、酯类、强酸、强碱等溶液的过滤。用再生纤维素制成的微滤膜专用于非水溶液的过滤,该膜耐各种有机溶剂,但不能用来过滤水溶液。纤维素类材料的化学稳定性和热稳定性较差,易被微生物降解。但是由于其来源丰富、价格低廉、成膜性能优良,有着不可取代的地位。

合成高分子材料有亲水性和疏水性两类。聚碳酸酯的分子链上有双酚 A 结构单元,具有很好的机械特性,其薄膜常被用来制备核径迹微滤膜。聚酰胺是指分子链上含有酰胺基团的一类聚合物,尼龙-6(PA-6)和尼龙-66(PA-66)微孔膜都属于聚酰胺类,分为脂肪族聚酰胺和芳香族聚酰胺两种,用于微滤和超滤的一般是脂肪族聚酰胺。脂肪族聚酰胺的分子链比较柔韧,玻璃化温度相对较低,具有亲水性。聚酰胺耐碱不耐酸(酸易与酰胺基团发生反应),在酮、酚、醚和高分子醇类中不易被浸蚀。聚醚醚酮(PEEK)是一类新的耐化学试剂、耐高温的聚合物,在室温下只能溶于浓的无机酸,如硫酸或氯磺酸。聚酰亚胺(PI)具有非常好的热稳定性和良好的化学稳定性。但聚醚醚酮和聚酰亚胺这两种聚合物的合成与加工均比较困难。聚四氟乙烯(PTFE)是高度结晶的聚合物,适宜使用温度范围为 $-40\sim260℃$,具有良好的热稳定性,可耐强酸、强碱,不溶于任何常用有机溶剂,具有疏水性,可用于过滤蒸汽及各种腐蚀性液体。

无机膜主要有陶瓷膜、玻璃膜、金属膜和沸石膜。金属膜主要通过金属粉末的烧结而制成(如不锈钢、钨和铝)。陶瓷膜是将金属(铝、钛或锆)与非金属氧化物、氮化物或碳化物结合而构成。陶瓷膜是最主要的一类无机膜,其中以氧化铝和氧化锆制成的膜最为重要。玻璃也可看作陶瓷材料,玻璃膜主要通过对分相玻璃进行浸提而制成。沸石膜具有非常小的孔,可用于气体分离和全蒸发。与高分子膜相比,无机膜具有如下优点。

(1)热稳定性好。比如陶瓷熔点很高,最高可达 4000℃ 以上。良好的热稳定性使得这些材料适合于高温下的气体分离,特别适合于将分离过程与膜催化反应相结合的场合,此时,膜一方面作为催化剂,另一方面作为有选择性的屏障来除去某一产物。

(2)化学稳定性好。已有的聚合物膜材料耐酸碱及有机液体的能力很有限。无机材料的化学稳定性更优越,通常可用于任何 pH 范围及任何有机溶剂。因此在超滤和微滤领域内,无机膜可能会有更广泛的应用。

(3)清洗方便。超滤和微滤膜容易污染而导致通量大幅衰减,因此需要定期清洗。无机膜可以任选清洗剂,如强酸和强碱。

(4)无老化问题,使用寿命比有机聚合物膜长。

(5)机械稳定性好。对于膜分离过程而言,机械稳定性并不十分重要,只在有些情况下才对膜材料的机械稳定性有较高要求,如高压操作或自撑膜的场合。其缺点是易碎、投资费用高和密封困难。目前无机膜的应用大部分限于微滤和超滤领域,无机膜在高温气体分离、膜催化反应器和食品加工等行业中均有良好的应用前景。

制备微孔滤膜的方法主要有相转化法、拉伸法、烧结法、核径迹刻蚀法和溶胶-凝胶法等。弯曲孔膜通过相转移法、拉伸法或烧结法制得,可用于大多数聚合物。柱状孔膜通过核径迹蚀刻法由聚碳酸酯或聚酯等薄膜材料制得。

烧结法是将一定大小颗粒的粉末压缩后在高温下烧结,在烧结过程中,粒子的表面逐渐

碳酸酯和聚乙酯核径迹膜。

溶胶-凝胶法包括悬浮胶体凝胶途径和聚合凝胶途径。两种制备途径均需要能够发生水解和聚合的先驱化合物,并且要控制水解和聚合过程以获得所需的结构。首先,选取一种先驱物,常用的为醇盐(如三仲丁醇铝),加水后,先驱物水解生成氢氧化物,水解的醇盐可以利用其羟基与其他反应物反应而形成聚氧金属化物,溶液的黏度会变大,表明发生了聚合作用。加入酸(如 HCl 或 HNO$_3$)使溶胶发生胶溶化,形成稳定的悬浮液。通常加入有机聚合物,如聚乙烯醇,这样可使溶液黏度加大,减少孔渗现象,还可防止由于应力松弛形成的裂缝。改变颗粒的表面电荷或增大浓度,颗粒会通过聚集而形成凝胶。干燥后,膜在一定温度下被烧结,从而使形态得以固定。

3. 微滤操作

微滤操作的基本模式有常规过滤和错流过滤(图 6-3)。常规过滤时,原料液置于膜的上游,在原料液侧加压或在透过液侧抽真空产生的压差推动下,溶剂和小于膜孔的颗粒透过膜,大于膜孔的颗粒被膜截留。在这种无流动操作中,随着时间的延长,被截留颗粒将在膜表面形成污染层,随着过滤的进行,污染层将不断增厚和压实,过滤阻力将不断增加。在操作压力不变的情况下,膜渗透速率将下降。因此常规过滤操作只能是间歇的,必须周期性地停下来清除膜表面的污染层或更换膜。常规过滤操作适合过滤规模小,固含量低的溶液过滤,样品前处理中的微滤通常采用这种形式。错流过滤操作是将原料液以切线方向流过膜表面,在压力作用下透过膜,料液中的颗粒则被膜截留在膜表面形成一层污染层。与常规过滤不同的是料液经膜表面产生的高剪切力可使沉积在膜表面的颗粒扩散返回主体流,从而被带出微滤组件,由于过滤导致的颗粒在膜表面的沉积速度与流体流经膜表面时,由速度梯度产生的剪切力引发的颗粒返回主体流的速度达到平衡,可使该污染层不再无限增厚,而保持在一个较薄的稳定水平。因此,一旦污染层达到稳定,膜渗透速率就将在较长一段时间内保持在相对高的水平上。当处理量大时,为避免膜被堵塞,宜采用错流设计,工业生产中大规模过滤,或固含量高的料液通常都采用错流过滤操作。

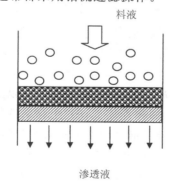

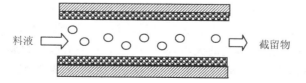

图 6-3 常规过滤(上)和错流过滤(下)示意图

　　微滤组件或微滤器是以微孔滤膜作为过滤介质,用来净化溶液的过滤装置。实验室用的微滤器无须工业用膜过滤装置那样结构复杂的膜组件,也不需要很高的操作压力,常常采用手工操作。实验室过滤溶剂或大体积溶液时可以采用图6-4所示的微滤器,操作时多采用负压(如接水龙头),用于除去溶剂或溶液中的固体颗粒、细菌,或收集滤膜上沉积物做后续分析。这种微滤器主要用于过滤配制好的各种溶液,膜的更换很方便,多孔板是起支撑作用的多孔玻璃或陶瓷,将微孔膜置于多孔板上。由于样品溶液通常体积很小,不适合用上述微滤器,而主要采用注射针头式微型过滤器,微孔膜固定在过滤头中,样品溶液预先吸入注射针筒,将过滤头直接套在针头上过滤。在液相色谱分析中,也可在色谱柱之前的流路中加一个微滤器,截留样品或流动相中残留的颗粒物,以避免颗粒物堵塞色谱柱。

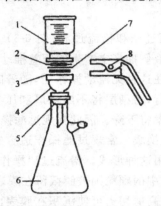

图 6-4　实验室用微孔膜过滤器

1—量杯;2—密封圈;3—多孔板;4—下托;5—硅胶瓶塞;6—三角烧瓶;7—微孔滤膜;8—长柄夹子

6.2.2　超滤

　　超滤是介于微滤和纳滤之间的一种膜过程,所用膜的孔径在 $0.05\mu m$(微滤)至 1nm(纳滤)之间。超滤的分离机理与微滤相同,主要是筛分作用,只是截留物的下限尺寸较微滤更小。超滤膜的分离范围为相对分子质量为 500～1 000 000 的大分子、胶体和微粒,截留率取决于被截留溶质的尺寸和形状。超滤膜的表层孔径在 5～100nm 之间,除了筛分截留外,还存在表面和微孔内的吸附、孔中堵塞、表面截留等作用。超滤可以从水溶液样品中截留分离胶体颗粒、蛋白质等生物大分子以及相对分子质量在 500 以上的有机分子等。在工业上广泛用于超纯水制造,乳饮料、果汁、酒类等加工,酶、生物活性物质浓缩,纺织、造纸、胶片、金属加工业的废水处理等。在分析样品前处理中主要用于在线超滤除去生物、医学、食品等样品中的蛋白质等生物大分子,分析过滤液中的无机离子和小分子有机物。由于超滤所需压力较大,不能像微滤那样做成针筒式手工过滤器,而是需要做成一个耐压的膜组件,将这个超滤模块置于分析仪器的进样器之前。

　　1. 超滤膜材料

　　超滤膜材料既有高分子材料,也有无机材料。超滤与微滤虽然分离机制相同,但膜孔不同,而制膜方法及材料决定了膜孔的大小,所以用于制备超滤膜的材料与微滤有所不同。制备超滤膜的高分子材料主要有醋酸纤维素、聚砜、聚丙烯腈、聚酰胺、聚偏氟乙烯和再生纤维素。

醋酸纤维素膜的最大优点是亲水性好,有利于减少膜污染。此外,醋酸纤维素可制备从反渗透至微滤范围孔径的膜,并具备较高的通量,这是其他膜材料难以比拟的。还有,醋酸纤维素膜制造工艺简单、成本低、无毒,便于工业化生产。不过,醋酸纤维超滤膜耐氯性能较差;在运行中有压实现象发生;在高压下膜的通量逐步降低;易生物降解,可保存性差。

聚砜类高分子相对分子质量高,适合制作超滤膜、微孔滤膜和复合膜的多孔支撑膜。聚砜类膜的特点是:化学稳定性高;使用 pH 范围宽(pH 1~13);耐热性能优良,可在 0~100℃ 范围内使用;耐酸和碱;抗氧化和抗氯性能较强。

聚丙烯腈也常用来制备超滤膜。虽然氰基是强极性基团,但聚丙烯腈的亲水性并不强。通常需引入另一种共聚单体(如醋酸乙烯酯或甲基丙烯酸甲酯)以增强聚合物链的柔韧性和亲水性。

聚酰胺类膜包括聚砜酰胺膜和芳香聚酰胺膜两类。聚砜酰胺膜具有耐高温(约 125℃),耐酸碱(pH 2~10),耐有机溶剂等特性(除耐乙醇、丙酮、乙酸乙酯、乙酸丁酯外,还耐苯、醚及烷烃等多种溶剂),可以用于水和非水溶剂体系。芳香聚酰胺膜性能与聚砜膜相似,具有高吸水性(吸水率 12%~15%),具有高的水通量和低的截留相对分子质量。芳香聚酰胺膜具有良好的机械强度和热稳定性,它的缺点是对氯离子的抵抗能力差(低于 5~10mg/L)。这种膜在 pH 大于 12 时也水解,特别是在高温下。聚酰胺膜对蛋白质等生物大分子溶质有强烈的吸附作用,膜易被污染。

聚偏氟乙烯膜可以高压消毒,耐一般的溶剂,耐游离氯的性能强于聚砜膜,广泛用于超滤和微滤。但该膜是疏水性的,经膜表面改性后可增强其亲水性。

再生纤维素膜的亲水性较强,对蛋白的吸附较弱,耐溶剂性好,并且使用温度可达到 75℃。

复合超滤膜一般是由致密层和多孔支撑层构成。用单一材料制成的膜,致密层和多孔支撑层的形成都受到一定的限制。复合膜则分别用不同材料制成致密层和多孔支撑层,使两者都达到优化。制备复合超滤膜的目的是为了截留相对分子质量小的溶质,或改善膜表面亲水性,以增加水通量和提高膜的耐污性。

绝大多数超滤膜都是用相转化法制备,因为制备微滤膜常用的烧结法、核径迹蚀刻法和拉伸法所形成的最小孔径为 0.05~0.1μm,无法得到孔径为纳米级的超滤膜。

2. 超滤膜性能表征

表征超滤膜性能的参数主要有渗透速率和膜的截留性能。

渗透速率用来表征超滤膜过滤料液的速率,指每平方米每小时过滤料液的体积(L)。渗透速率分为纯水渗透速率和溶液渗透速率,纯水渗透速率可用于膜的性能指标的标定。一般来说,超滤膜的纯水渗透速率为 20~1000L/(m²·h),但实际上由于料液体系不同,膜的溶液渗透速率为 1~100 L/(m²·h)。

膜的截留性能通常采用截留相对分子质量(MWCO)和截留率表示。截留率指对一定相对分子质量的物质来说,膜所能截留的程度。通过测定具有相似化学性质的不同相对分子质量的一系列化合物的截留率所得的曲线称为截留分子量曲线,根据该曲线求得截留率大于 90% 的相对分子质量,即为截留相对分子质量。显然,截留率越高、截留范围越窄的膜越好。截留范围不仅与膜的孔径有关,而且与膜材料和膜材料表面物化性质有关。

测量截留相对分子质量的标准物一般分为三类:球状蛋白质、带支链的多糖(如葡聚糖等)及线性分子(如聚乙二醇等)。由于超滤膜的孔径有一定分布,超滤膜的最大孔径要远大于膜的有效孔径或由截留相对分子质量表征的孔径值。

影响截留相对分子质量的因素有溶质的形状和大小、溶质与膜材料之间的相互作用、浓差极化现象、批间偏差、膜孔的结构和测试条件(如压力、错流速度、浓度、温度、膜的前处理)等。

超滤膜孔径测试方法主要有泡点法、气体吸附-脱附法、热测孔法、渗透测孔法、液体置换法、液体流速法、核磁共振法等。

3. 超滤在样品前处理中的应用

因为超滤需要外加较大压力,不像微滤那样使用简单而方便,也难以用于手动样品前处理。通常需要专门的组件或装置,常用于色谱分析的在线样品前处理,即在进样前样品先经过一个超滤模块,小分子待测组分可以透过超滤膜进入色谱柱,而样品基体所含生物大分子则不能透过超滤膜。目前在离子色谱分析中应用较多,例如,牛奶、果汁等样品可以直接放置于自动进样器上,如果需要还可进行自动样品稀释,经稀释的样品溶液进入超滤模块,离子和小分子有机物透过膜直接进入后续离子色谱仪,分析样品中的无机离子和/或小分子有机离子,而样品基体中大量存在的蛋白质、脂肪、色素等有机大分子则被膜截留而除掉。尽管在线超滤在其他液相色谱分析中的应用还很少见,而对食品、生物、医学等样品中小分子有机物的分析是具有良好应用前景的。

6.3　透析

6.3.1　透析技术的原理与特点

透析现象早在19世纪中期就已发现,它是最早应用的膜分离技术,在某些应用领域也称渗析。透析是一种受扩散控制的,以浓度梯度为驱动力的膜分离方法。透析膜是一种半透膜,它只允许电解质和小分子透过,如果在透析膜一侧放置溶液,另一侧放置纯水,或者在膜两侧分别放置不同浓度的溶液,则溶液中的颗粒物、胶体和生物大分子不能通过半透膜,而溶液中的小分子物质则可以穿过半透膜而相互渗透。透析过程中溶剂水自渗透压低的一侧向渗透压高的一侧迁移,电解质及其他小分子物质从浓度高的一侧向浓度低的一侧迁移。

透析与超滤的共同点是不仅可以将溶液中的颗粒物除去,还能将生物大分子与小分子溶质分离。不同之处在于:透析的驱动力是膜两侧溶液的浓度差,超滤的驱动力是膜两侧的压力差;透析过程透过膜的是小分子溶质本身的净流,超滤过程透过膜的是小分子溶质和溶剂结合的混合流。因为透析过程的推动力是浓度梯度,随着透析过程的进行,速度不断下降。所以,透析速度慢于以压力为驱动力的反渗透、超滤和微滤等过程。为了提高透析速率,必须提高原液和透析液的循环量。

透析长期以来一直用于血液透析,成为医治肾病的主要手段,也用于除去蛋白质溶液中的盐类等小分子杂质,早期还用于人造丝浸渍液中碱回收及电解铜冶炼中硫酸的回收。透析近年在酒精饮料脱醇、食品制造、化妆品生产等工业领域也有一些应用。因为超滤的速度远快于透析,随着超滤膜分离技术的快速发展,透析的应用范围不断受到挤压。目前透析的工业应用主要集中在医学领域,即人工肾(血液透析)、血液净化、腹膜透析、临床治疗等。透析在样品前处理中的应用主要有在线渗析、微透析和质谱脱盐接口等。

6.3.2 透析膜

因为透析的主要应用领域是血液透析,所以透析膜除了分离性能上的要求外,对生物医用透析膜材料的要求首先是医疗功能和安全性,要求高聚物的纯度高、不含任何对身体有害的物质、有优良的生物相容性、无毒性、不引起肿瘤或过敏反应、不破坏邻近组织、物理和化学性质稳定、有良好的力学性能、能经受消毒处理而不变性、加工成型方便。而对生物医学之外的其他应用领域则只需满足分离功能的要求。纤维素膜为最早用于血液透析的膜材料,由它制成的中空纤维膜的壁很薄(有 $5\mu m$、$8\mu m$、$11\mu m$ 等几种规格),因此制成的血液透析器体积小。但其对血液中某些中等大小相对分子质量有害物质的清除率较低。醋酸纤维素膜已成功应用于海水淡化。醋酸纤维素是纤维素酯中最稳定的物质之一,但在较高的温度和一定的 pH 下能发生水解。水解结果使乙酰基含量降低,剧烈水解还能降低分子量,并使膜的性能受到损害。聚丙烯腈及其共聚物膜具有很好的耐霉性、耐气候性和耐光性,较好的耐溶剂性和化学稳定性,适用范围较广。缺点是铸膜性能较差、膜的脆性较大,干态膜的透水性能明显下降,但可以通过改变铸膜液的热力学条件、制膜工艺和后处理条件得到明显改善。可以作为人工肾血液透析器,还可制成血液过滤器。聚砜类膜化学稳定性很好,可以在 pH 1~13 范围内使用,也可以在 128℃ 下进行热灭菌处理,并可在 90℃ 下长期使用;具有一定的抗水解性和抗氧化性;由于醚基和异次丙基的存在,使砜类聚合物具有柔韧性和足够的力学性能。由于聚砜类膜优良的性能,在血液透析器中有望逐渐取代纤维素膜。

渗析膜的通量与膜面积和膜厚、截留分子量、溶质的浓度梯度和扩散系数等因素有关。溶质在溶液中的扩散系数与溶液黏度和温度有关,而溶质在膜相的扩散系数主要由膜孔大小决定。选择合适孔径的膜至关重要,既要充分截留大分子干扰物,又要获得足够快的分离速度。例如,除去食品、生物医药样品基体中的蛋白质,可以选用截留相对分子质量 10 000~15 000 的渗析膜。另外膜材料的性质也会影响分离,例如膜表面有可解离的基团或强极性键时,蛋白质会因静电相互作用而增强其截留效果。渗析装置的结构对膜通量的影响也很大,由中空纤维膜束构成的渗析装置,因膜面积显著增加使得分离时间大大缩短。

6.3.3 透析在样品前处理中的应用

1. 在线渗析

渗析虽然也可以离线操作,但其优势和特点是在线渗析,即将渗析样品前处理与后续分析仪器在线联用,在线渗析-气相色谱、在线渗析-毛细管电泳、在线渗析-液相色谱、在线渗析-极谱都有一些应用报道。例如,邹琴等[2]将渗析装置与极谱仪在线联用,用于尿液中金属硒的测定。

因为渗析和超滤都可以分离大分子和小分子,所以在线渗析与在线超滤的目的和使用方法类似。和在线超滤一样,在线渗析目前主要还是用于离子色谱分析的在线样品前处理,目的就是在线除去样品基体中的生物大分子,分析样品中的无机离子或有机小分子离子。使用方法也是将一个渗析器(渗析模块)置于离子色谱仪进样装置之前。因为渗析是以膜两侧溶质浓度差为推动力的膜分离技术,当膜两侧溶质浓度相等后,表观上就不存在溶质从膜一侧迁移至另一侧。如果要让所有溶质都透过膜,可以采用图 6-5 中左图所示的连续流动渗析池,不含溶质的新鲜接受液不断从膜的接受液一侧将透过的溶质带走,最终,样品溶液中所有能透过膜的小分子溶质全部进入接受液,这一传质过程是一个非平衡过程。而图 6-5 中右图所示的非连续流动渗析池则是基于平衡原理的透析过程,通常在数分钟内即可达到渗析平衡。例如,郑琦等[3]将牛奶和果汁样品稀释后直接进样,经过 $0.2\mu m$ 孔径膜的渗析模块,渗析 9min 后进入后续离子色谱仪分析样品中甜蜜素的含量。又如,姚敬等[4]将熟肉制品提取液过银柱后进样,通过在线渗析模块除去肉制品基体中的蛋白、脂肪等生物大分子后测定亚硝酸根和硝酸根。

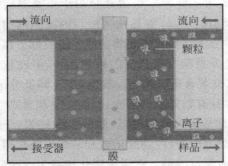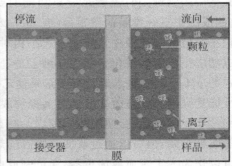

图 6-5　　连续流动渗析池(左)与非连续流动渗析池(右)

喻彦林等[5]在毛细管电泳所用石英毛细管的进样端端口内,采用相转移法原位制作聚砜膜,使该毛细管同时具有采样、样品净化和分离功能。这是在线渗析技术的一种特殊形式,他们将该技术用于咖啡牛奶中游离咖啡因的毛细管电泳分析,在线消除了样品中生物大分子的干扰。

2. 微透析采样技术

微透析(microdialysis,MD)是渗析技术的创新和延伸,它可以用于生物体体内和体外样品前处理,是集采样与样品前处理于一体的新技术。其装置的基本构成如图 6-6 所示,主要由微量注射泵、探针、灌流液、收集器构成,其核心部件是微透析探针。微透析探针是将一段纤维管式半透膜(渗析膜)连接在塑料、不锈钢或石英管上,一般探针外径数百微米。为适应不同组织的采样,探针的材料和结构种类很多。例如,同心圆型的刚性探针,探针外部为不锈钢环形管,可以插入特定组织部位,通常连接在脑立体定位仪上,用于大鼠等活体动物脑区间歇式采样,在药理学和药代动力学研究中非常有用。塑料材质的柔性探针适用于血管、肌肉、心脏、皮肤等软组织的采样,探针可随人或动物的活动而弯曲。

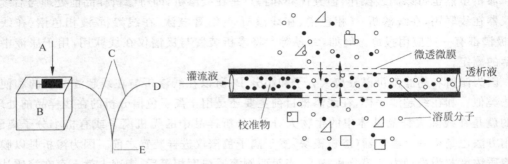

图 6-6　　微透析采样装置构成示意图

A—灌流液;B—注射泵;C—连接管;D—样品收集器;E—微透析探针(右图为其放大示意图)

活体采样是微透析技术的突出特点,将微透析探针插入活体动物的特定部位(如实验大鼠大脑海马区),灌流液由注射器推入探针膜内套管,由于灌流液与细胞外液组成比较接近,膜内外溶液的渗透压相近,动物组织液中的水分子不会进入探针内,组织液中的蛋白质等生物大分子以及与生物大分子结合的小分子也不能透过膜进入探针内,只有组织液中的游离小分子物质能扩散穿过透析膜进入探针内,灌流液将小分子待测物带入收集样品瓶。在药代动力学研究中可以在实验过程中一直将微透析采样器插入实验动物的体内,动物仍然能在局限的空间内活动,定时采样分析。

利用微透析采样装置可以进行离线采样,但微透析采样与后续分析技术的在线联用是发展趋势[6],也更能突显微透析技术的优势。目前 MD 主要与 HPLC(或 HPLC-MS)、CE、微流控芯片电泳、生物传感器等分析技术在线联用。这种在线联用技术主要用于医药和生化领域,实现对人或生物组织中微量化学物质的定性和定量分析,为药动学及药代学研究[7,8]、植物生理生化研究[9]提供技术支持。

HPLC 的高分离效率和丰富的检测器类型使得 MD-HPLC 具有最广阔的应用前景。如图 6-7 所示,MD-HPLC 联用接口也很简单,只需一个注射器连接微透析单元和 HPLC 进样阀,它既作微透析单元的接收器,又作 HPLC 的进样注射器。因为渗析液为无机离子和小分子有机物,所以后续 HPLC 用得最多的是反相柱和离子交换柱。为了实现活体的实时采样和在线分析,通常可以利用两个(或多个)样品环并联的接口,其中一个进样并在线分析,另一个样品环接收后续的渗析液。由于 MD 的样品量较少,适合与微柱或毛细管柱 HPLC 联用,同时待测组分浓度通常较低,要求 HPLC 的检测器灵敏度较高。这一要求直接推动了 MD 与 HPLC-MS 联用技术的快速发展。然而,MD 常用灌注液的盐浓度都较高,进入 MS 产生的基体效应对检测灵敏度和准确度都有影响。为了避免无机盐的干扰,可以采用无盐灌注液(如水或乙醇水溶液),不过,由于无盐灌注液的渗透压与采样部位动物组织体液相差较大,可能影响生理条件,从而导致实验结果误差。除去无机盐干扰的另一种方法是阀切换技术,利用无机盐在 HPLC 柱上无保留的特点,将最初数分钟(稍大于死体积)的柱流出物切换至废液瓶,然后再将之后的柱流出物切换至 MS。

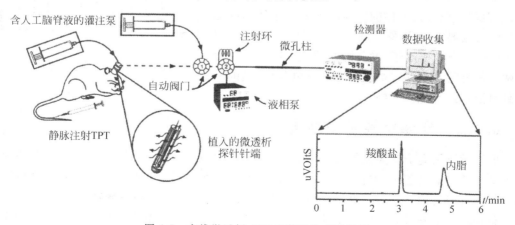

图 6-7　在线微透析-HPLC 装置构成示意图

3. 脱盐

对于生物医学样品,在其采样、制备或保存过程中经常要使用缓冲溶液,而生物分析中最常用的 LC-MS,特别是电喷雾质谱,要求进样前脱去样品中的无机盐类,透析和微透析都可以用于生物样品的脱盐处理。对于生物大分子的分析,渗析膜将生物大分子截留,溶出截留物进行后续分析即可。如果分析对象物质是相对分子质量比蛋白质等生物大分子小的有机分子,可以选择截留相对分子质量相应的渗析膜,截留待测有机物,而透过无机盐,达到除盐的目的,不过,如果样品中的生物大分子对后续有机物的分析有干扰,则需在脱盐之前先除掉生物大分子,即可以采用两次透析,第一次采用孔径较大的透析膜截留生物大分子,透析液再用孔径小的透析膜截留待测有机分子。微透析脱盐一般是用微透析器作为质谱进样部分或除盐接口,即液相色谱柱流出物经过微透析器后直接进入后续质谱仪。

6.4　电渗析

6.4.1　基本原理

　　渗析(透析)过程是以浓度梯度为推动力使部分溶质选择性透过膜而分离的过程。渗析过程的速率低,仅适用于当引用外力有困难或自身有足够高浓度时物质的分离,处理的物料量也较小。电渗析则以电势差为推动力,是离子在电场作用下的定向迁移和离子交换膜的选择性透过相结合的一种分离方法。图 6-8 是电渗析分离装置的原理示意图。它的主要部分是由三个相互连接的池组成,其中 Ⅰ 为阳极池,Ⅱ 为料液池,Ⅲ 为阴极池。在阳极池与料液池之间有一个常压下不透水的阴离子交换膜 A 将它们隔开,它阻挡阳离子,只允许阴离子通过;在料液池和阴极池之间,有阳离子交换膜 C 将它们隔开,它阻挡阴离子,只允许阳离子通过。当在阴极和阳电极之间加上电压时,料液池中阳离子通过阳离子交换膜迁移到阴极池中;阴离子通过阴离子交换膜迁移到阳极池中;而料液中的沉淀颗粒、胶体和中性物质,则不能通过阴、阳离子交换膜,留在料液池中,这样阴离子、阳离子、中性分子和颗粒物就能相互分离。工业上使用的电渗析装置虽然构造各异,且结构复杂,但基本原理是一样的。样品前处理中使用的电渗析装置则要简单得多。如果只需得到(或除去)料液中的阴离子或阳离子,就只需在阴或阳离子交换膜的两侧放置阴、阳电极,在膜两侧形成电势差,膜的一侧是料液,另一侧是接收液。

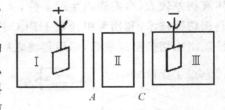

图 6-8　电渗析分离装置原理示意图

6.4.2　电渗析离子交换膜

　　电渗析所用离子交换膜是具有离子交换活性基团的功能高分子薄膜,如磺酸基团为阳离子交换膜的活性基团,季胺基团为阴离子交换的活性基团。制备离子交换膜的高分子材料常用的有聚乙烯、聚丙烯、聚氯乙烯、氟碳高聚物等的苯乙烯接枝高聚物。
　　异相膜一般通过以下方法制备:①将离子交换树脂和用作黏合剂的成膜聚合物如聚乙烯、聚氯乙烯等以及其他辅料一起通过压延或模压方法成膜;②将离子交换树脂均匀分散到成膜聚合物的溶液中浇铸成膜,然后蒸发除去溶剂;③将离子交换树脂分散到仅部分聚合的成膜聚合物中浇铸成膜,最后完成聚合过程。

均相膜的制备方法可归纳为三种类型：①多组分共聚或缩聚成膜，其中必有一组分带有或可带有活性基团；②先用赛璐酚、聚乙烯醇、聚乙烯、聚苯乙烯等制成底膜，然后再引入活性基团；③将聚砜之类的聚合物溶解，然后在其链节上引入活性基团，最后浇铸成膜，蒸发除去溶剂。

离子交换膜对不同电荷离子的透过选择性源于膜上孔隙和膜上离子基团，膜上孔隙的作用是离子通过膜的通道，膜（通道壁）上离子交换基团所带电荷种类则起离子选择性作用。在水溶液中，膜上的离子交换基团会解离，在膜上就留下带正电荷或负电荷的固定基团。这些存在于膜微孔中的荷电基团，好比在一条狭长的通道中设立的一个个关卡，与固定基团所带电荷相同的离子因为电荷排斥作用不能通过膜孔，只有与固定基团所带电荷相反的离子才会因静电吸引而通过膜孔。

6.4.3　电渗析法在样品前处理中的应用

电渗析是膜分离过程中较为成熟的一项技术，最初主要用于海水淡化，海水淡化至今仍然是电渗析分离最主要的应用领域。电渗析在其他工业领域也有较多应用，如锅炉进水的纯化制备、电镀工业废水的处理和金属回收、乳清脱盐和果汁脱酸等也已具有工业规模的应用。另外海水浓缩制食盐的应用，虽仅限于日本和科威特等少数国家，但也是电渗析的一大应用市场。目前，电渗析以其能耗低、无污染等明显优势而越来越广泛地用于食品、医药、化工、城市废水处理等领域，虽然大多还处于实验室规模，但研究进展很快。在样品前处理中，可以将带电荷的被测物从不带电荷的基体中分离富集出来，也可将样品中带正电荷、负电荷以及不带电荷的中性物质相互分离。例如，核裂变产物的分离分析，利用放射性元素离子在水溶液中存在状态不同或者通过加入配位试剂、调节溶液 pH 等方法改变离子存在状态，就可以达到彼此分离的目的。向含有主要裂变产物 ^{95}Zr、^{99}Tc、^{144}Ce、^{91}Y、^{147}Pm、^{137}Cs、^{90}Sr 的溶液中加入 NH_4F，并改变其酸度，使 ^{95}Zr、^{99}Tc 与 F^- 形成配阴离子；^{137}Cs、^{90}Sr 不形成配合物而以阳离子形式存在；^{144}Ce、^{91}Y、^{147}Pm 与 F^- 形成难溶氟化物。在阳极与阴极间加上电压后，^{95}Zr、^{99}Tc 以阴离子形式透过阴离子交换膜到达阳极池；^{137}Cs、^{90}Sr 以阳离子形式透过阳离子交换膜到达阴极池；^{144}Ce、^{91}Y、^{147}Pm 由于形成难溶化合物，既不能透过阴离子交换膜，也不能透过阳离子交换膜，仍留在料液池中，从而使这几组离子相互分离。后续可以分别对这几组离子进行分析。

对于弱酸或弱碱性有机物，可以通过控制溶液 pH 使其带电荷或以中性分子形式存在，采用电渗析进行选择性分离。电渗析除了离线做样品前处理外，也可在线与色谱、毛细管电泳[10]等分析技术联用。电渗析分离操作还可以在微流控芯片上实现。

6.5　膜萃取

6.5.1　方法原理与特点

膜萃取是膜过程与液-液萃取过程相结合的分离技术。样品相（给体）和萃取相（受体）通常为液态，分别位于膜的两侧。目标溶质从样品相迁移进入萃取相的推动力与普通溶剂萃取相同，是溶质在萃取相的化学势更低，即溶解性更好。膜萃取所用膜为致密的非孔（微孔)膜,溶质在膜中的传质过程属溶解-扩散机制。与普通液-液萃取一样,膜萃取既可以用来从样品溶液中分离富集某类待测组分,也可以从样品溶液中分离除去干扰基体或某类共存干扰组分。膜分离操作时,两相溶液可以是静止状态的,也可以是流动状态的,流动体系适合与后续分析仪器在线联用。

狭义的膜萃取是指使用固体膜的固膜萃取,广义而言,也应包括使用液态膜的液膜萃取。在样品前处理中常用的固膜萃取技术主要有微孔膜液-液萃取和中空纤维膜萃取;而液膜萃取主要为支撑液膜萃取。

膜萃取尽管本质上与液-液萃取相同,但由于在样品相和萃取相之间有一层膜相隔,即样品相和萃取相并不直接接触,因此,膜萃取与普通液-液萃取相比有自己的独特之处。首先,普通液-液萃取过程是一相在另一相内分散为液滴,实现分散相和连续相间的传质,之后分散相液滴重新聚集分相。细小液滴的形成创造了较大的传质比表面积,有利于传质的进行。但是,过细的液滴容易造成夹带,使溶剂流失或影响分离效果。而膜萃取由于没有相的分散和聚集过程,可以减少萃取剂在料液相中的夹带损失。其次,液-液萃取中常用的连续逆流萃取在选择萃取剂时,除了需要考虑萃取剂对目标溶质的溶解度和选择性外,还必须考虑萃取剂密度、黏度、表面张力等其他物理性质,以实现直接接触的两个液相的逆向流动。而在膜萃取中,料液相和溶剂相各自在膜两侧流动,料液的流动不受溶剂流动的影响,因此,在选择萃取剂时对其物性要求可以大大放宽,可以使用一些高浓度的高效萃取剂。再次,膜萃取过程可以实现同级萃取和反萃过程,可以采用流动载体促进迁移等措施,以提高过程的传质效率。

6.5.2　微孔膜液-液萃取

微孔膜液-液萃取是微孔膜分离过程和液-液萃取相结合的分离技术。在微孔膜液-液萃取过程中,料液(水)相和萃取(有机)相分别位于微孔膜两侧。当使用疏水膜时,有机萃取相浸满膜的微孔,在与水相接触的膜表面两相接触实现传质;当使用亲水膜时,料液水相浸满膜的微孔,在与萃取相接触的膜表面两相接触实现传质。

微孔膜液-液萃取过程可以分解为三步:首先被萃取组分由水相主体迁移到与水相接触的膜面,接着从此膜面扩散通过膜孔到膜与萃取相接触的另一面,最后目标组分从此膜面扩散进入萃取相主体。与普通萃取过程相比,膜萃取中增加了一层膜阻力,使溶质扩散过程总阻力增大,总传质系数下降。为了提高传质速率,通常根据组分在水相和有机相的溶解度大小来选择使用亲水膜或疏水膜。如果被萃取组分在有机相中溶解度较大,则在有机相传质要快,可采用疏水膜,膜孔中浸满的有机相可以减少组分传质的膜阻力;相反,如果被萃取组分在有机相中溶解度很小,而在水相溶解度较大,则其在水相传质阻力小,可采用亲水膜,膜孔中充满的水相可以减少传质过程的膜阻力。

影响微孔膜液-液萃取的主要因素有膜的特性(材质、亲水或疏水性、厚度、膜孔大小和孔隙率)、样品溶液 pH 和流速、萃取溶剂性质和流速。一般而言,膜萃取主要用于疏水性有机化合物的萃取分离,目标物质通常在有机溶剂中具有良好溶解性,所以多用疏水膜以提高传质速度;膜的耐溶剂性要好。样品溶液 pH 应有利于目标组分转化为可萃取形式,使之在有机溶剂中具有最大分配系数。萃取溶剂则依据“相似相溶”原理选择最适合目标组分萃取的溶剂。

微孔膜液-液萃取技术由于其特殊的优势,已经广泛应用于化工领域,如混合有机溶剂的分离、稀有金属和金属有机化合物提取、有机物萃取、发酵-膜萃取耦合过程以及膜萃取生物降解反应器和酶膜反应器等方面。在分析样品前处理领域也有很多应用。微孔膜液-液萃取用于样品前处理既可离线操作,也可以与后续分析仪器在线联用。因为目标物质最终萃取进入有机相,对于具有挥发性的目标组分的分析,后续联用仪器多为 GC 或 GC-MS;而对于非挥发性的极性有机化合物,则适合与正相 HPLC 或 LC-MS 联用。

6.5.3　中空纤维膜萃取

上述微孔膜液-液萃取的膜为平面膜,即萃取器为板式结构,中空纤维膜萃取方法原理与微孔膜液-液萃取相同,只是所用膜为内径数百微米的中空纤维膜。中空纤维膜组件可使膜萃取具有更大的比表面积,以弥补膜阻力引起的总传质系数的降低,使膜萃取装置的总传质系数得以显著提高,这在工业分离中尤为重要。在样品前处理中也便于与后续分析仪器联用[11]。中空纤维膜萃取原理如图 6-9 所示,将中空纤维膜置于样品溶液中,萃取溶剂从纤维膜内流动,疏水的目标溶质就会透过纤维膜壁进入萃取溶剂中。这一萃取形式和中空纤维液相微萃取类似,只是液相微萃取所用中空纤维为多孔高分子材料,其作用只是容留萃取溶剂以防溶剂脱落。

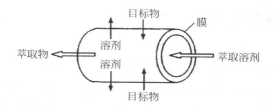

图 6-9　中空纤维膜萃取原理示意图

利用中空纤维膜可以方便地实现同级萃取与反萃取的偶联,即将 A、B 两根(束)中空纤维膜管置于同一膜萃取器中,其中 A 膜管作为料液水相的通道,B 膜管作为反萃取水相通道,在膜萃取器的壳层充入含萃取剂的有机溶剂萃取相。A 膜管内料液相中的溶质先萃取进入萃取容器中的有机相,然后,进入有机相的溶质扩散到达 B 膜管,被萃取进入 B 膜管内的反萃取相,从而使萃取相的溶质浓度一直保持在较低水平,增大了萃取过程的传质推动力。同时,反萃取相中的溶质可以再采用其他方法进行分离或纯化。这一技术不仅使同级萃取-反萃取过程在较高传质比表面积的条件下进行,同时又避免了支撑液膜分离法中溶剂容易流失的问题,因而具有广阔的应用前景。

中空纤维膜萃取可以方便地与后续分析仪器联用。中空纤维膜萃取器中可以并联多根中空纤维膜管,样品水溶液加入中空纤维膜萃取器中,位于纤维膜管外,蠕动泵输送萃取溶剂通过纤维膜管内,萃取了目标组分的萃取相直接导入 HPLC 进样阀的定量环。

这种中空纤维膜萃取方式可以扩展到挥发性物质的液-气膜萃取[12],图 6-10 是中空纤维膜萃取-GC 联用流程示意图,在膜萃取和 GC 之间还增加了一个微捕集装置,其中的吸附管内填充了吸附剂,用来富集目标组分。膜萃取器中的多孔中空纤维膜可以透过气体分子,微型水泵将样品溶液泵入膜萃取容器中,样品中的挥发性有机物(VOCs)扩散进入中空纤维膜内,吹扫气将进入纤维膜管内的 VOCs 吹送到捕集装置的吸附管中,当膜萃取和固相吸附富集完成后,将吸附管中 VOCs 热解析并导入 GC。多孔中空纤维膜中挥发性有物质的萃取机理是渗透萃取和渗透汽化的混合模式,溶解在样品溶液中的挥发性物质首先扩散至膜表面,其中的一部分溶质在膜表面溶解、渗透进入膜中,然后扩散到达膜内气相;而另一部分溶质通过膜的微孔直接从样品溶液扩散挥发到膜内气相。

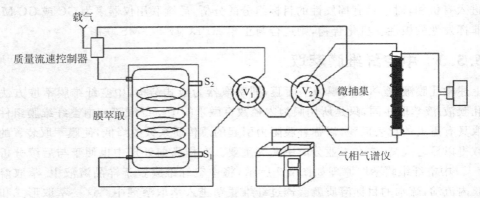

图 6-10　中空纤维膜萃取-GC 联用流程示意图
V_1 和 V_2 分别为四通阀和六通阀;S_1 和 S_2 分别为样品水溶液入口和出口

6.5.4　支撑液膜萃取

1. 液膜分离概述

液膜分离技术是固膜分离和溶剂萃取相结合的一种分离技术,它通过两液相间形成的液相膜界面,将两种组成不同但又互相混溶的溶液隔开,溶质选择性渗透液膜,使不同物质相互分离。液膜分离过程与溶剂萃取过程具有很多相似之处,它们都由萃取与反萃取两个步骤组成。不过,溶剂萃取中的萃取与反萃取是分步进行的,它们之间的耦合是通过外部设备(泵与管线等)实现的;而液膜分离过程的萃取与反萃取分别发生在膜的两侧界面,溶质从料液相萃入膜相,并扩散到膜相另一侧,再被反萃取进入接收相,由此实现萃取与反萃取的"内耦合"。液膜传质的"内耦合"方式,打破了溶剂萃取所固有的化学平衡,所以,液膜分离过程是一种非平衡传质过程。在分离富集含量比较低的物质时,液膜分离具有普通溶剂萃取所无法比拟的优越性。

液膜主要是由膜溶剂、表面活性剂(乳化剂)、添加剂和流动载体组成。膜溶剂是成膜的基体物质,一般为水或有机溶剂,选择的依据是能形成稳定的液膜,并能充分溶解目标溶质。表面活性剂可以定向排列固定油水分界面,明显降低液体的表面张力或两相的界面张力,直接影响液膜的稳定性、渗透速度、分离效率和重复使用性能。失水山梨醇单油酸酯、聚胺类表面活性剂、丁二酰亚胺类表面活性剂是研究和应用较多的表面活性剂。有时根据液膜的特殊需要可在膜相中加一些特殊的添加剂,如膜增强添加剂用于增加膜的稳定性,保证液膜在分离操作时不会过早破裂,而在破乳工序中又容易破碎。流动载体的作用是在料液侧膜界面与目标溶质发生相互作用(如形成配合物),促进目标溶质在膜相选择性迁移至接受侧膜界面,并将目标溶质释放出来进入接受相,即流动载体起"交通工具"的作用,通常为某种萃取剂。

按照形态和操作方式的不同,液膜可分为乳状液膜和支撑液膜(supported liquid

membrance,SLM)。图 6-11 为乳状液膜和支撑液膜的示意图。

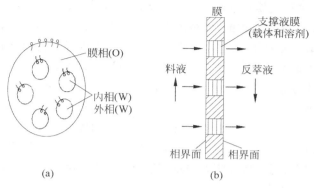

图 6-11　乳状液膜和支撑液膜

(a) W/O/W 乳状液膜；(b) 支撑液膜

乳状液膜是将含有表面活性剂和膜溶剂的油相和水相置于容器中,在高速搅拌下制成油包水型乳状液,再将此乳状液分散到另一种水溶液(第三相)中,这样就得到了水包油再油包水型(W/O/W)乳状液膜。当乳状液分散到第三相时,会形成许多直径为 $0.05 \sim 0.2$ cm 的乳珠。在乳珠与第三相间有巨大的接触面积,同时每个乳珠内部又包含无数个直径非常小的内水相微滴,分隔水相的有机液膜最薄可以达到 $1 \sim 10 \mu$m。这样具有巨大接触面积且很薄的液膜,决定了分散体系有很快的传质速度,有高效快速的优点。

支撑液膜是将溶解了载体的膜相溶液附着于多孔高分子支撑体的微孔中制成,由于表面张力和毛细管力的共同作用,形成相对稳定的液膜。料液相和反萃取相位于膜两侧,目标溶质自料液相经多孔支撑体中的膜相向反萃取相传递。这种操作方式比乳状液膜简单,其传质比表面积也可通过采用中空纤维膜作支撑体而大大提高,工艺过程也易于放大,这对工业分离非常有利。不过,膜相溶液仅靠表面张力和毛细管力吸附于支撑体微孔之中,分离过程中液膜会发生流失而降低支撑液膜的分离功能。因此,液膜的支撑体材料的选择至关重要,常用的多孔支撑体材料有聚砜、聚四氟乙烯、聚丙烯和醋酸纤维素等。

液膜传质速率高与选择好等特点,使之成为分离、纯化与浓缩溶质的有效手段。液膜分离广泛应用于各种工业废水(如造纸黑液,含锌、酚、乙酸、苯胺等的废水)处理,生物化工分离(如从发酵液中提取先锋霉素、盘尼西林、青霉素、氨基酸等)。此外,在湿法冶金、核化工、生物医学、化学传感器和离子选择性电极等许多领域都具有广阔的应用前景。在分析样品前处理中比较有用的是支撑液膜分离技术。

2. 支撑液膜的分离机制

将料液和反萃取液分别置于支撑液膜两侧,利用液膜内发生的促进传输作用,可将目标溶质从料液侧传输到反萃取液侧。这是一个反应-扩散过程。支撑液膜中通常含有载体,它可与待分离溶质发生可逆反应,促进传递。根据载体是离子型和非离子型,可将支撑液膜的渗透机制分为逆向迁移和同向迁移两种。

逆向迁移是溶液中含有离子型载体时溶质的迁移过程。以分离去除金属离子 M^+ 为例说明逆向迁移机制(图 6-12)。在料液与支撑液膜的界面上,其促进传递的可逆反应为

$$M^+ + HX(载体) \longrightarrow MX + H^+ \tag{6-1}$$

载体首先在膜内一侧与目标金属离子配合,生成的配合物 MX 从膜的料液侧向反萃取相侧扩散,并与同性离子进行交换;当到达膜与反萃取相侧界面时,发生配位解离反应;配位解离反应生成的 M^+ 进入反萃取相侧,而载体 HX 则反扩散再回到料液侧,继续与目标金属离子配合。只要反萃取相侧有 H^+ 存在,这样的循环就一直进行下去,直到目标金属离子全部从料液相转移至反萃取相,从而达到分离或浓缩的目的。因此,H^+ 也称供能离子。

同向迁移是支撑液膜中含有非离子型载体时溶质的迁移过程。仍以分离金属离子 M^+ 为例说明其迁移机理(图 6-13)。在料液与支撑液膜的界面上,促进传递的可逆反应为

$$M^+ + X^- + E(载体) \longrightarrow EMX \qquad (6-2)$$

非离子型载体(如冠醚)首先选择性地结合 M^+,同时 X^- 迅速与配离子缔合成离子对;然后离子对在膜内扩散,当扩散到膜相与反萃取相接触的界面时,M^+ 和 X^- 被释放出来,解离后的 E 重新返回料液相侧,继续与 M^+ 和 X^- 配位、缔合。

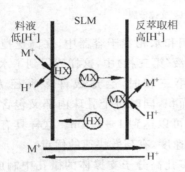 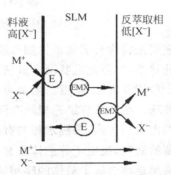

图 6-12　SLM 的逆向迁移机制　　　　图 6-13　SLM 的同向迁移机制

3. 连续流动液膜萃取

在支撑液膜分离技术中,具有实用价值的膜溶剂种类很有限,且液膜容易穿透;非极性溶剂(如正十一烷、三正辛基磷酸酯)作膜溶剂时,非极性溶质的传质速率较低;弱极性溶剂(如二正己基醚)形成的膜使用寿命较短。为了改善支撑液膜的上述不足,江桂斌等[13]提出了连续流动液膜萃取,它将连续流动液-液萃取与支撑液膜分离有机结合在一起。图 6-14 是该方法的流程示意图。通过恒流泵(P1)输送水相样品(S)和能与目标溶质结合的试剂(R)在混合圈(MC)中反应生成疏水的中性化合物,然后与微量泵(P3)输送的有机溶剂(O)混合,目标物质在聚四氟乙烯萃取盘管(EC)中自动萃取进入有机相。两相混合溶液一同流经支撑液膜单元的料液侧通道,疏水的有机相会附着于支撑液膜表面,并以一定流速向前流动,水相流入废液瓶(W)。有机相中的目标组分会溶解并渗透至膜相,扩散至接受侧膜表面后,配合物解离并被接受水相反萃取,收集反萃相用于后续分析,或直接将反萃相在线导入后续分析仪器,后续联用分析仪器多为原子光谱分析仪或 HPLC。连续流动液膜萃取的膜溶剂几乎可以使用普通液-液萃取中的所有溶剂。样品水溶液和反萃取水相的 pH 需要根据目标溶质性质进行优化。

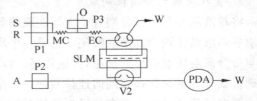

图 6-14　连续流动液膜萃取流程示意图

6.6　亲和膜分离

6.6.1　分离原理

利用生物分子间的特异相互作用的分离方法很多,如亲和萃取、亲和色谱。亲和膜的分离原理与亲和色谱基本相同,主要是基于目标物质和键合在膜上的亲和配基之间的生物特异性相互作用将目标物质截留。由于亲和分离的目标物质都是相对分子质量很大的生物分子,为了克服目标分子和膜上亲和配基之间的空间位阻效应,充分利用亲和位点,一般要在膜基质材料和亲和配基之间共价键合上一定长度的间隔臂分子。图 6-15 展示了生物大分子在亲和膜上的分离过程。

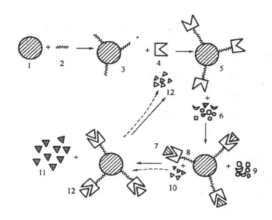

图 6-15　生物大分子在亲和膜上的分离过程

1—膜;2—间隔臂分子;3—带间隔臂的膜;4—具有生物特异性的亲和配位基;5—带配位基的亲和膜;6—含多种组分的生物大分子混合物;7—与亲和配位基具有特异性相互作用的物质;8—配合物;9—没有特异性相互作用的物质;10—试剂;11—纯化的产物;12—顶替试剂分子

先将膜 1 进行活化,使其能与间隔臂分子 2 产生化学结合,生成带间隔臂的膜 3,再用适当的化学反应试剂使带间隔臂的膜与具有生物特异性的亲和配位基 4 共价结合,生成带配位基的亲和膜 5。当一个含有多种组分的生物大分子混合物 6 通过亲和膜时,混合物中与亲和配基具有特异性相互作用的物质 7 会与膜上的亲和配位基产生相互作用,生成配合物 8,被吸附在膜上。其余没有特异性相互作用的物质 9 则通过膜。然后再选用一种也能与膜上亲和配基产生相互作用的试剂 10 通过膜或调节体系的理化特性,使原来在膜上形成的配合物产生离解,并被洗脱下来,得到分离纯化的产物 11。膜上亲和配基则被顶替试剂分子 12 所占有。再选用一种洗涤试剂,对被顶替试剂分子所占有的亲和膜进行清洗,使顶替试剂分子 12 从膜上洗脱下来,从而使膜获得再生,以便重复使用。

亲和膜技术的研究始于 20 世纪中期。亲和膜分离兼有膜分离和亲和色谱的优点,能够有效地进行生物产品的分离与纯化。采用超滤技术分离生物大分子时,一般相对分子质量要相差十倍以上才能分开,而对于那些相对分子质量仅差几倍的物质的分离则无能为力。用亲和膜分离时,由于它不单是利用膜孔径的大小,更主要是利用其生物特异性结合带来的高选择性,不受相对分子质量大小的限制,平均纯化倍数可达几十倍。原则上讲,只要选择合适的膜,采用有效的活化手段,共价键合上能与目标物质产生亲和相互作用的配位基,就可以从复杂体系,尤其是细胞培养液和发酵液中分离和制备出任何一种目标组分。

6.6.2 亲和膜

要在膜上成功地进行亲和分离,亲和膜应具备以下特性:首先,膜材料的分子结构要有能与间隔臂和配位基进行化学反应的活性基团,如羟基、氨基、巯基、羧基等。如果原始膜上没有直接用于反应的基团,则要选用合适的活化试剂对膜进行化学改性,使膜上其他相应基团转化为上述可反应的活性基团。膜要有足够大的表面积,以便能获得足够数量可利用的化学反应基团,键合上尽可能多的间隔臂和配位基,从而能与尽可能多的待分离物质产生亲和相互作用,产生较高的亲和容量。其次,膜的孔径要足够大,孔分布尽可能均匀,以便生物大分子自由出入,获得高的通量和分离效能。除此以外,膜要耐酸、耐碱、耐高浓度盐和各种有机溶剂;为了缩短分析时间,加速分离过程,在许多情况下要在压力驱动下进行操作,因此要求膜具有良好的机械强度,长期使用不变形,不损坏;由于样品通常非常复杂(如血液、尿液、细胞组织液等),因此要求膜能经受生物样品的作用,不腐烂、不变臭、不堵塞。

目前,对生物活性物质(如酶、蛋白质等)有效地进行固载化的亲和膜基质材料已有很多报道,如琼脂糖、葡聚糖、纤维素、聚丙烯酰胺、多孔玻璃、硅胶等,但由于制成的膜强度不够,或者孔径、表面积不符合要求等,都不是制备亲和膜的理想材料。20世纪80年代后,又发展了一些新的成膜材料,如乙酰化醋酸纤维、聚胺、聚乙烯醇、改性聚砜、聚碳酸酯和尼龙等。此外,聚羧甲基丙烯酸酯、聚丙烯酸环氧烷也可作为亲和膜基质。目前,在亲和膜中用得较好的是改性醋酸纤维膜,因为它表面有很多可利用的羟基,可采用多种途径进行活化,共价结合上多种亲和配基。它本身固有的亲水性使它比较适合生物大分子的亲和分离。但由于其不耐碱,制成的膜机械强度也比较差,因此受到很多限制。近几年聚乙烯醇-硅胶共混膜已在亲和膜中得到应用,或许能成为很好的亲和膜材料。

配基是指底物、产物、抑制剂、辅酶、变构效应物或其他任何能特异性地和可逆地与待分离蛋白质等大分子物质发生相互作用的分子。配基按其来源可分为天然配基和人工合成配基。按其作用可分为特异性配基和基团特异性配基。特异性配基是指一种配基只能对一种生物分子有作用,而基团特异性配基则能对某些含有特定基团的生物大分子有亲和作用。天然特异性配基最主要的有免疫亲和配基,比如抗体与抗原之间的相互作用。天然基团特异性配基有核苷酸、外源凝集素、蛋白质A、蛋白质G、苯甲醚、肝素、硼酸等。人工合成的配基主要有生物活性染料及金属离子。天然配基对于一定的生物分子具有内在的生物特异性吸附作用,而合成的配基则经常是通过变换及优化偶合和洗脱条件来实现其特异性作用。虽然从性能上天然配基要优于合成配基,但天然配基的制取和提纯较困难,价格昂贵,并且对使用条件要求比较苛刻。因此,实际工作中用得更多的是量大而相对便宜的合成配基。例如,生物活性染料,由于其可以与多种脱氢酶、碱性磷酸酯酶、羧肽酶、白蛋白等结合,成为目前应用最广的配基。

配基可以直接固定在基质材料上,但有时空间效应会影响到配基与生物大分子的作用,这时要考虑引入间隔臂分子,以提高配基的使用效率。最普遍的方式是将通式为$NH_2(CH_2)_{11}R$的ω-氨烷基化合物与基质偶联,然后在间隔臂上接上配基。一般认为,为了获得最佳偶合作用,配基与膜之间必须插入至少 4～6 个亚甲基的桥。但如果生物大分子的表观相对分子质量低或与固定配基的亲和性高,则间隔臂长度不如在大蛋白质分子或低亲和系统中要求严格。

亲和膜按形状可分为板式、圆盘式、中空纤维式,其中前两种统称为平板亲和膜。平板亲和膜可将膜片一层层叠加起来,组成膜堆或膜柱,其优点是自上而下比较均一,结构简单,成本低。缺点是单位体积内所占的膜面积小,放大时操作压降较大。中空纤维亲和膜单位体积内的面积大,放大时可通过增加纤维数来实现,不会增加操作压降,因而便于实现连续、自动、规模化操作。中空纤维亲和膜的主要缺点是由于在膜管轴向与径向上存在流速分布,流速不同会导致亲和吸附的不均匀。

6.6.3　亲和膜分离方式

目前亲和膜分离过程主要有亲和膜超滤、亲和超滤和微孔亲和膜三种模式。

亲和膜超滤所用膜的孔径范围在 30～100nm,间隔臂和配基主要键合在膜的表面及孔的表面,多数为平板膜,也有中空纤维膜。样品溶液顺着膜表面流过,能与膜表面配基产生亲和作用的分子被截留,滞留在膜上,样品中其他生物大分子顺着液流流到废液槽中,而部分溶剂则透过膜流到溶剂槽中。这种分离方式的优点是膜具有双重分离功能,不仅目标生物大分子可以和其他分子分离,而且同时可去除部分溶剂,达到浓缩的目的。

与亲和膜超滤不同,亲和超滤使用的是普通超滤膜和超滤器,膜上没有间隔臂和配基,而是把间隔臂和配基键合在具有一定大小的(一般为 100～500nm)另一种高分子聚合物上,使待分离的混合物先与这种高聚物产生亲和相互作用,已与目标溶质发生亲和作用的亲和高聚物不透过超滤膜,和部分样品溶液一起从膜上流出,将它们接收起来,再在适当条件下使待分离物质从亲和高分子聚合物上洗脱下来,达到分离净化的目的。而样品溶液中大部分其他没有与亲和聚合物结合的物质则透过膜除掉。

微孔亲和膜的孔径一般在 300nm 以上,最好在 300～3000nm。间隔臂和配基键合在膜和孔的表面,当有多种生物大分子的混合物通过微孔亲和膜时,能与配基产生亲和相互作用的样品分子被膜上的配基"抓住",其余分子则透过膜流走。再选用合适的顶替解离试剂使滞留在膜上的目标组分解离并洗脱下来,收集后做后续分析,或采用透析、凝胶过滤等技术除掉洗脱液中的小分子,制备高纯度的目标产物。这种方式目前使用最广,具有通透性好,样品容量大,便于连续操作等优点。

6.6.4　亲和膜分离在样品前处理中的应用

虽然亲和膜出现时间不长,但在化工、医药、环境、食品、临床医学等领域已经有了许多实际应用。例如,采用亲和膜分离技术从大肠杆菌细胞培养液中获取重组白细胞介素-2。以孔径 $0.4\mu m$ 的中空纤维膜为原料,采用酰肼法进行活化,再固载化上相应的白细胞介素-2 受体,制备亲和膜。利用该亲和膜在含有 25g 大肠杆菌的细胞培养液中回收到 $273\mu g$ 白细胞介素-2,纯度为 95%。又如,对孔径 $0.2\mu m$ 的聚酰胺微孔膜进行化学改性,在膜上键合含氨基的活性染料配基,固载化上单克隆或多克隆兔抗鼠 IgG 免疫球蛋白。利用该亲和膜对血浆和体液中的抗体或抗原进行提取,所得产品不仅纯度高,活力回收也很高。再如,在微孔滤膜上键合上硼酸配基,可与尿液或去蛋白血清溶液中的核糖核酸产生亲和相互作用,将多达 14 种核糖核酸截取,用 pH3.5 的缓冲液可将亲和配合物解离下来,再进一步用高效液相色谱分离,可获得该 14 种核糖核酸的产品。尽管亲和膜分离主要用于生物物质的制备与纯化,但这种方法适合从复杂样品中分离出特定蛋白,特别是低丰度蛋白用于后续分析。

参考文献

[1] 刘景富,江桂斌.膜分离样品前处理[J].分析化学,2004,32(10):1389-1394.

[2] 邹琴,王海英,陈卓,等.在线渗析-极谱法测定儿童尿液中的硒[J].儿科药学杂志,2011,17(5):33-35.

[3] 郑琦,李欣,王鹏举,等.在线渗析样品前处理——离子色谱法直接检测牛奶和果汁中的甜蜜素含量[J].分析试验室,2011,30(4):96-98.

[4] 姚敬,杭义萍,钟志雄,等.在线渗析——离子色谱联用同时测定熟肉制品中的亚硝酸盐和硝酸盐[J].食品科学,2010,31(2):187-190.

[5] 喻彦林,陈华,肖尚友,等.在柱渗析——毛细管电泳联用分析[J].高等学校化学学报,2005,26(2):218-221.

[6] 柳琳,张幸国,李范珠.微透析与分析系统联用的研究进展[J].中国药学杂志,2011,46(19):1457-1460.

[7] 曹岗,邵玉蓝,张云,等.微透析技术在药动学和药物代谢研究中的应用[J].中草药,2009,40(4):663-666.

[8] 宋文婷,徐立,刘建勋.微透析技术在医药领域的应用[J].中国中药杂志,2009,34(3):247-250.

[9] 马金龙,姜国斌,姚善泾,等.微透析技术在植物生理生化研究中的应用[J].湖北农业科学,2013,52(12):2733-2736.

[10] Foret F,Szoko E,Karger B L. Trace analysis of proteins by capillary zone electrophoresis with on-column transient isotachophoretic preconcentration[J]. Electrophoresis. 1993,14(5~6):417-428.

[11] 马继平,陈令新,丁明玉.微液相色谱分离的在线样品前处理技术——固相微萃取和膜分离[J].分析测试学报,2005,24(4):116-121.

[12] 赵迪,沈铮,闫晓辉,等.多孔膜萃取/微捕集方法及在线测定水中挥发性有机物[J].分析化学,2013,41(8):1153-1158.

[13] Liu J F,Chao J B,Jiang G B. Continous flow liquid membrane extraction:a novel automatic trace-enrichment technique based on conlinuous flow liquid-liquid extraction combined with supported liquid membrane[J]. Anal. Chem. Acta. 2002,455(1):93-101.

第7章

色 谱 分 离

色谱是一种众所周知的分析方法,但最初的色谱技术只有分离的功能,色谱分离后再采用合适的方法分析。现代色谱已经将各种检测仪器与色谱柱分离有机地结合在一起,成为适应复杂样品分离、拥有多成分同时测定功能的分析方法。即使原理上仍然可以将各种色谱分析仪器的分离部分看作后续检测仪器的在线样品前处理单元,但对成熟商品色谱仪器,还是将它看成一个整体的分析仪器更合理。尽管如此,仍然有一些色谱技术经常用于分析样品的前处理,即完成分析仪器进样前的干扰消除、组分富集、介质更换、样品制备等功能。例如,平面色谱仍然难以实现从点样到测定的连续自动操作,主要作为离线样品前处理的工具;柱层析就是早期的(经典的)柱色谱,除了广泛用于物质纯化与制备外,也是天然产物分析最重要的样品前处理手段;凝胶色谱作为一种分析技术广泛用于有机高分子的分子量测定,但对于需要将生物大分子和有机(或无机)小分子进行分离后才能分析的样品,凝胶色谱又是一种有效的样品前处理技术;固相萃取是近年发展最快,用途非常广泛的样品前处理技术,虽然通常将它归类于萃取技术,但本质上它是由前沿柱色谱演变而来。因为固相萃取在本书中已经单独作为一章(第 5 章)介绍,本章将简要介绍其他几种基于色谱分离的样品前处理方法。

7.1 纸色谱

7.1.1 平面色谱概述[1]

平面色谱的固定相为开放式的平面形式,主要包括纸色谱(paper chromatography,PC)和薄层色谱(thin layer chromatography,TCL)。平面色谱的分离原理与柱色谱相同,只是操作方式不同而已。平面色谱具有设备简单、操作方便、分离速度快、灵敏度和分辨率高等特点,在快速定性鉴别、少量物质制备和样品前处理等领域仍然非常有用。

平面色谱中的主要技术参数与柱色谱也是一致的,只是平面色谱中最常用的保留值的表示形式与柱色谱不同,平面色谱中的保留值通常用比移值(R_f),它是溶质移动距离,即点样位置(原点)至分离后溶质斑点中心的距离与流动相(展开剂)移动距离(原点至溶剂前沿的距离)之比,其值在 0～1 之间,实际分离中通常通过条件优化使溶质的 R_f 值在 0.2～0.8

之间。理论上而言,在确定的色谱条件下,某物质的 R_f 值可以作为其定性技术参数,但实际工作中,由于色谱条件的波动,加上平面色谱分离容量有限,所以很难直接将 R_f 值用于物质定性。通常是用对照品在相同条件下做比对,如果更换展开剂或(和)固定相类型,目标组分的 R_f 值仍然与对照品一致,则可认为它们为同一物质。

平面色谱的操作步骤主要包括样品溶液制备、固定相(滤纸或薄层板)的前处理、点样、展开和定性定量分析。

样品溶液制备方法与其他分析方法相同,但平面色谱对最终溶剂有特殊要求。如果样品在溶剂中的溶解度过大,点样斑点将容易变成空心环,对后续展开不利,因此最终溶剂应该对目标组分溶解度相对较小;溶剂黏度不宜过高,以免影响点样;溶剂沸点要适中,沸点过高,溶剂会在原点残留,影响展开剂的选择性,尤其当样品溶剂与展开剂的极性相差较大时,影响更加显著;溶剂沸点过低,在点样操作过程中,会因溶剂挥发导致样品浓度增大。最常用的样品溶剂是甲醇、乙醇和丙酮。

点样是平面色谱操作的一个重要环节,点样位置一般距平面固定相底边 1~2cm。根据不同的分离,可以选择不同的点样方式和点样量。点样量决定于点样体积和样品浓度,点样量一般为数微升,样品溶液浓度一般在 0.01%~1% 范围内。点样体积越大,起始斑点直径也会越大,分离度也越差,原始斑点直径通常在 3~5mm;样品溶液浓度过高会出现"超载"现象,导致斑点拖尾或重叠。不同的点样方式采用不同的点样器,最常用的点状点样使用微量注射器或毛细管,既有手动点样器,也有电动点样器。当样品溶液体积大、浓度低时,可以采用自动点样器进行带状点样,即将样品溶液点在与底边平行的一条数毫米的窄带上。

展开操作是利用滤纸和薄层固定相的毛细管作用力(偶尔也借助外加压力或离心力),在密闭的展开容器中使展开剂渗过固定相,目标溶质在与固定相作用的过程中,随前移的展开剂一起离开原点,不同溶质与固定相和展开剂的作用力不同而相互分离。平面色谱常见的展开方式是线性展开和环形展开。线性展开最常用,又可细分为上行、下行和双向展开。上行展开是将点样后的滤纸或薄层板的底边朝下立于或悬于盛有展开剂的直筒式展开槽中,展开剂借毛细作用力从下向上前移。上行展开是平面色谱,尤其是薄层色谱中最常用的展开方式。对于竖立不方便的纸色谱,还可采用下行展开,即展开槽位于展开容器的上部,将滤纸点样端浸于盛有展开剂的展开槽中并使其固定(如用粗玻璃棒压住),另一端自然下垂,展开剂从上向下移动,下行展开除了毛细作用力外,还有重力作用,因此,展开速度快于上行展开。双向展开是在方形滤纸或薄层板的一角点样,先在展开剂中按某个方向单向展开,取出滤纸或薄层板,挥去展开剂后再置于展开槽中沿另一方向展开,类似柱色谱的二维色谱分离,可以大大提高分离效率,多用于高效平面色谱,对于样品前处理通常没有必要双向展开。环形展开使用专门的 U 形展开槽,使展开剂从圆心向四周展开。因其展距短、展速快、分离效率高,且节约展开剂,多用于高效平面色谱。细分的展开方式还有很多,例如向心展开、多次展开、连续展开等,目的都是提高分离效率,这对后续直接扫描测定非常重要,而对样品前处理而言,分离效率的要求并不高,只需将目标组分与基体或干扰组分分开即可,类似性质的多种目标组分相互之间可以不分开,由后续分析方法在线解决进一步的分离问题。

定性分析是根据目标组分与其对照品的 R_f 值相同来确定未知组分归属的。对于有可见光或紫外光吸收的组分,可以分别在日光和紫外灯下观察并测定分离后的斑点位置。而对于无可见和紫外吸收的组分,则需采用荧光猝灭法或试剂显示法定位斑点位置。荧光猝灭法是将展开后的滤纸或薄层板先挥发干展开剂,然后再喷上低浓度荧光试剂(如 0.01%~0.2% 的荧光素、桑色素、罗丹明 B 等的乙醇溶液),呈现出分离后的组分斑点。也可以在制备滤纸或薄层板时预先加入荧光试剂,效果与后喷洒类似。试剂显色法是使用适当的显色剂与目标组分反应生成具有可见或紫外吸收的化合物,或生成具有稳定荧光的物质。显然,对于样品前处理而言,为了避免添加试剂对后续分析的影响,最好采用能直接在日光或紫外灯下观测组分斑点的体系。用 R_f 值定性通常需要改变展开条件进行确认,即在不同展开条件下待测组分和对照品的 R_f 值都一致,才可确认待测组分与对照品为同一物质。现代平面色谱技术已经可以对斑点进行原位光谱扫描得到斑点的光谱图用于定性。当然,将斑点洗脱后采用 GC-MS、LC-MS、NMR(核磁共振)等方法定性则更加准确和可靠,这就是平面色谱在物质结构分析样品前处理中的应用。

定量分析的传统方法是斑点洗脱法,即将斑点位置的滤纸剪下并剪成细条,或将斑点处的薄层刮下,然后用适当的溶剂将目标组分洗脱下来,处理成待测溶液,然后根据组分性质、含量高低选择合适的分析方法进行测定。现代薄层色谱技术已经可以通过原位薄层扫描法直接对斑点组分进行定量分析。

7.1.2　纸色谱原理与条件选择

纸色谱是以滤纸为载体的平面色谱方法。色谱用滤纸是由纤维素构成,其分子中含有大量羟基,具有很强的亲水性,可以吸收 20% 左右的水分,其中一部分水分子与纤维素上的羟基通过氢键等相互作用力结合,形成液-液分配色谱的固定相,即强极性固定相。含有待分离物质的样品溶液点样于滤纸的一端,将其悬挂于密闭的展开容器中,待滤纸被展开剂的蒸汽饱和后,再将滤纸点样端浸入展开剂中,展开剂在毛细管力作用下向另一端移动,不同的溶质因理化性质的差异,与固定相(滤纸相)之间的化学相互作用以及在流动相中的溶解度的不同,即在两相的分配系数不同而相互分离。

在纸色谱中,溶质的保留机理主要是液-液分配色谱,对于普通滤纸而言,与滤纸纤维素结合的水为固定相,作为展开剂的有机溶剂的极性都比水小,所以通常的纸色谱法为正相分配色谱。由于滤纸纤维素上含有大量羟基,少量羧基并带有极弱的正电荷,所以纸色谱分离过程中也存在一些次要的保留机理,如吸附作用、弱离子交换作用、氢键相互作用等。这些次要相互作用力有时会导致分离过程中出现不可逆吸附、斑点拖尾和分离度降低等问题。对滤纸进行处理或改性修饰可以部分或完全解决上述问题。通常是预先用非极性或低极性有机溶剂(如硅油)处理滤纸,使固定相变为弱极性或非极性,然后使用极性溶剂做展开剂,即变成了反相分配色谱模式。纤维素丰富的羟基为滤纸的改性处理提供了良好的条件,例如,周聪等[2]将滤纸浸于 SiO_2 纳米粒子溶胶溶液中,先制成纳米粒子修饰的滤纸,然后再在 SiO_2 纳米粒子表面进行硅烷化修饰,得到的反相纳米滤纸在异丙醇/乙酸乙酯/甲醇/乙酸/水的混合展开剂条件下,对色素的分离效果有明显改善,而且发现纳米颗粒越细、烷基链越长、硅烷化越完全,则分离效果越好。滤纸也可用亲水有机溶剂处理,固定相仍然极性较强,仍属正相色谱。针对一些特殊用途,滤纸还可以进行特殊的改性处理,例如,用壳聚糖修饰的滤纸,通过壳聚糖分子中的配位基团,增强滤纸对金属离子的保留与分离性能。

选择展开剂的基本原则和柱液相色谱选择流动相类似,对于以纸纤维素中所含水为固定相的正相纸色谱,由于固定相极性很强,常用作展开剂的是一些极性有机溶剂,其极性比水弱,如饱和了水的醇或酚。用亲水有机相处理滤纸得到的正相固定相与柱液相色谱的正相色谱固定相极性类似,常用正己烷、氯仿、苯等非极性溶剂作展开剂。用硅油、长链烷烃等非极性有机化合物处理过的滤纸则为反相固定相,常用甲醇、丙酮等极性溶剂的水溶液作展开剂。

纸色谱所用滤纸虽然只是固定液的支撑体,但其性质对分离仍有影响。通常使用高纯度(如 99% 左右)纤维素做原料,纸质均匀、适当的厚度和致密度、较高的机械强度、灰分低(如小于 0.01%)、金属离子含量低。中速滤纸最常用,快速滤纸因结构疏松,单位体积结合的固定相水较少,但可容纳的展开剂较多,所以溶质在滤纸上的迁移速度较快,适合对分离度要求不高的样品前处理。

对于后续采用原位扫描做定量分析的样品,对滤纸要求较高,杂质含量高的滤纸使用前常常需要进行前处理,即用适当的溶剂或溶液预先进行一次空白展开,如用稀盐酸、8-羟基喹啉水溶液、铜试剂空白展开处理滤纸可以除去滤纸上的铜离子等金属杂质。

7.1.3　纸色谱样品前处理应用

金属离子,特别是过渡金属离子可以采用简便的分光光度法、荧光光谱法或化学发光法测定,但共存金属离子或基体物质可能会产生干扰。用纸色谱法进行前处理,将目标金属离子的斑点剪下,洗脱出来,显色后测定。例如,许晓文等[3]采用纸色谱从贵金属混合液中分离出微量锇,然后利用溴化十八烷基二甲基苄胺敏化鲁米诺-H_2O_2-Os(IV)发光体系进行高灵敏的定量测定。该纸色谱前处理方法使用的滤纸是修饰了二甲苯基亚砜的固定相,以 8mol/L 盐酸溶液作流动相上行展开,Os 斑点($R_f = 0.54$)用 0.2mol/L 盐酸洗脱并调至 pH7 后进行后续分析。

药物、天然产物中某种活性成分含量或某类活性成分总量通常可以利用目标成分本身的紫外吸收进行直接紫外光谱测定,没有紫外和可见吸收的成分也可显色后采用可见或紫外吸收测定。但样品中成分复杂,往往存在对测定有干扰的物质,用纸色谱可以快速将目标组分与干扰物质分离。例如,马柏林等[4]将杜仲叶粉末的水提液点样于普通色谱滤纸上,以正丁醇/冰醋酸/水(4:1:2,V/V)作展开剂展开后,在紫外灯下确定绿原酸斑点位置,剪下绿原酸斑点用水超声洗脱,洗脱液在 80% 乙醇介质中,在还原剂 $NaNO_2$ 存在下,加入 $Al(NO_3)_3$ 显色,在 526nm 测定。又如,林乐明等[5]用甲基异丁基酮从胆汁中萃取磷脂,用纸色谱将磷脂与其他共存物质分离,磷脂斑点在原点几乎不移动,而共存的中性类脂、胆固醇等干扰成分远离原点。紫外扫描外标法定量总磷脂,因为胆汁中的磷脂主要是卵磷脂,所以磷脂总量以卵磷脂计。

复杂样品采用色谱分析之前,有时也需要将目标成分与大量基体物质或干扰组分分离。例如,丘慧澄等[6]为了用 HPLC 分析食品(酱油、月饼、蛋糕、含乳饮料)中的添加剂成分,采用纸色谱法快速分离除去样品基体中的油脂类成分,避免其影响食品添加剂的分离,同时也保护色谱柱不被基体物质污染。

7.2 薄层色谱

7.2.1 固定相与分离原理

薄层色谱(TLC)是在玻璃板、塑料片、铝箔等平面载体上均匀涂布固定相(如硅胶、纤维素)形成一个均匀的薄层,然后通过点样、溶剂展开等操作,达到分离、鉴定和定量分析的目的。固定相薄层是将固定相粉末和黏合剂用水调制成糊状,用涂布器涂布在载板上并晾干制成。TLC 固定相种类很多,应用也比较广泛,常用固定相都有预制的商品薄层板,通常只有在做 TLC 固定相研究时才会手工自制薄层板。TLC 设备简单、操作方便、分离速度较快、灵敏度及分辨率高。与柱色谱相比,切割色带方便,因此广泛用于少量物质的分离和制备,在分析样品前处理中也经常使用。

高效薄层色谱法(HPTLC)则是在普通 TLC 基础上发展起来的,通过使用更细、更均匀的吸附剂作固定相,使薄层色谱的分离效率和灵敏度进一步提高,在天然产物分离、快速鉴别等应用领域甚至可以代替高效液相色谱(HPLC)。同时,TLC 在仪器自动化方面也取得了很大的进展,如自动点样仪,自动程序多次展开仪、薄层扫描仪等。此外,还引入了强制流动技术,如加压 TLC 和离心 TLC 等。TLC 不仅可以用紫外、荧光在薄层板上直接测量,还可以与傅里叶变换红外光谱、拉曼光谱、质谱进行直接联用。HPTLC 既可用于原位直接分析,也可用于离线样品前处理。

TLC 的保留机理与柱色谱基本相同,由所使用的固定相种类决定,主要有吸附薄层、分配薄层、离子交换薄层和凝胶薄层。此外还有手性薄层、亲和薄层等。表 7-1 是 TLC 常用固定相及适合分离的物质举例。

表 7-1 薄层色谱常用固定相及适合分离的物质

按分离机理的分类	常用固定相	主要分离对象物质
分配薄层	改性硅胶(C_2、C_8、C_{18}),未改性或乙酰化纤维素、聚酰胺、淀粉、滑石粉	各种有机化合物,如有机酸、氨基酸、色素、糖、维生素、多环芳烃、黄酮、酚、甾类等
吸附薄层	硅胶、氧化铝、活性炭、磷酸氢钙、氢氧化钙、三聚硅酸镁	各种极性和非极性有机化合物,如类胡萝卜素、维生素 E 类、脂肪酸、甘油酯、生物碱、甾类、萜类等
离子交换薄层	离子交换纤维素、离子交换剂	各种离子性化合物,如无机离子、有机酸、氨基酸、核酸、生物碱等
凝胶薄层	葡聚糖凝胶	生物大分子,如蛋白质、核苷酸等

硅胶是应用最多的 TLC 固定相,活性硅胶是基于吸附作用保留溶质,适合分离酸性和中性化合物,如酚类、醛类、生物碱类、甾类和氨基酸类。吸附了一定量水的非活性硅胶,与纸色谱的正相分配固定相类似,适合分离各种有机化合物,尤其适合分离极性化合物。键合硅胶是在硅胶表面化学键合各种极性或非极性有机化合物所得,极性键合相主要是用含二醇基、氰基和氨基等极性基团的有机化合物修饰,用于正相分配 TLC;非极性键合相主要是用非极性烃基(如 C_{18}、C_8)修饰,用于反相分配 TLC。硅胶的粒度对分离效率的影响较大,粒度越细,分离效率越高。普通薄层用 $20\,\mu m$ 左右硅胶,而高效薄层用 $5\,\mu m$ 左右硅胶。薄

层厚度代表固定相体积,薄层越厚,吸附容量越大,处理的样品量也越大。普通薄层厚 $200\sim300\mu m$,制备薄层厚 $500\sim2000\mu m$,高效薄层厚度小于 $200\mu m$。当薄层薄至 $10\sim20\mu m$,硅胶粒度只有 $1\sim2\mu m$ 时,这种薄层色谱也称作"薄膜色谱",其分离效率很高,展距和展开时间都很短。

氧化铝是仅次于硅胶的常用 TLC 固定相,它利用颗粒表面的物理和化学吸附作用分离物质。氧化铝是氢氧化铝在高温下煅烧而成,因制备与后处理方法不同而性质有所差别,弱碱性氧化铝(pH9~10)适合分离多环芳烃、生物碱、胺类、脂溶性维生素等中性或碱性化合物,中性氧化铝(pH7~7.5)和酸性氧化铝适合分离酸性化合物。

纤维素作为薄层固定相的分离原理与纸色谱类似,但比纸色谱分离速度快、分离度大、斑点扩散更小。乙酰纤维素是用乙酸将纤维素上的羟基酯化而成的,乙酰化程度较低时,仍然具有明显极性,仍可用于正相分配 TLC。当乙酰化程度较高时呈明显疏水性,可用于反相分配 TLC。离子交换纤维素是用离子交换基团取代纤维素中部分羟基氢得到,其分离机理与离子交换树脂类似,但与离子交换树脂相比,表面积更大、亲水性分子容易进入骨架结构中,可用于氨基酸、多肽、核酸、酶、激素等离子性生物大分子的分离。

聚酰胺是以酰胺为单体的高聚物,其分子内的酰胺羰基可与酚类、黄酮类、酸类有机分子的羟基或羧基发生氢键相互作用,酰胺氨基可与醌类或硝基化合物的醌基或硝基发生氢键相互作用。因此,聚酰胺薄层的分离机理主要是氢键作用。

葡聚糖凝胶是具有一定相对分子质量的葡聚糖与交联剂(如表氯醇,即环氧氯丙烷)交联聚合而成,其分离机理类似凝胶色谱,即凝胶的立体网状结构所构成的孔道的分子筛效应可以将分子量大小不同的物质分离。用于 TLC 的凝胶颗粒小于 $40\mu m$。未经修饰的葡聚糖凝胶是亲水性的,适合分离蛋白质、多糖等水溶性生物大分子。亲脂性葡聚糖是通过葡聚糖分子中的羟基引入一些疏水性有机基团(如羟丙基),使葡聚糖兼具亲脂和亲水性,可用于黄酮、蒽醌、色素等有机物的分离。葡聚糖离子交换剂是通过葡聚糖的羟基引入羧甲基、磺乙基、磺丙基、季铵乙基等离子交换基团制备而成,具有分子筛效应和离子交换功能双重作用机理,适合分离离子性大分子。

7.2.2　展开剂与展开方式

展开剂的选择与固定相类型(保留机理)、目标溶质性质(极性、酸碱性和溶解度)密切相关。可以用作 TLC 展开剂的有机溶剂非常多,几乎包括了有机溶剂的各种类型。溶剂通常分为以下 6 类:①电子授受体溶剂,如苯、甲苯、氯苯、四氢呋喃、乙酸乙酯、丙酮、乙腈等;②质子给予体溶剂,如异丙醇、正丁醇、甲醇及无水乙醇等;③强质子给予体溶剂,如氯仿、冰醋酸、甲酸及水等;④质子接受体溶剂,如三乙胺、乙醚等;⑤偶极作用溶剂,如二氯甲烷,1,2-二氯乙烷等;⑥惰性溶剂(非极性溶剂),如环己烷、正己烷、四氯化碳等。在不同类型 TLC 中,溶剂强度(洗脱能力大小)是有差异的,例如,在正相色谱中,溶剂洗脱强度随溶剂极性的增大而增强,而在反相色谱中则正好相反。有时为了得到合适强度的展开剂,需要将两种甚至多种溶剂混合起来使用。选择二元混合溶剂体系通常是将一种非极性溶剂和一种极性溶剂按一定比例混合,得到合适极性的混合溶剂。通常情况下,溶剂极性与溶质极性越接近,互溶性越好,即符合"相似相溶"原则。但极性匹配不一定能达到最佳洗脱,有时溶质的其他特性(如酸碱性、氢键形成能力)对洗脱的选择性影响会比较显著。在保持溶剂总极性不变的前提下,用一种对溶质有某种相互作用的溶剂替换混合溶剂的一种溶剂就可以提高混合溶剂的选择性。例如,在展开溶剂中加入少量乙酸或二乙胺可改进溶剂对碱性或酸性化合物的分离。不过在样品前处理中,多数情况下对分离度的要求不高,所以展开剂可以选择最常用的溶剂或它们的混合物。即主要考虑溶剂极性,根据"相似相溶"原则选择合适极性的溶剂。例如,正相 TLC 中经常用到的混合溶剂系统有:正己烷-乙酸乙酯、正己烷-丙酮、氯仿-甲醇等。

吸附 TLC 使用最多,不同溶质在吸附剂上的吸附强度以及不同溶剂的洗脱强度都比较容易查到相关数据。一般而言,溶质极性越强,在吸附型薄层上的保留越强,应该选择极性较强的溶剂作展开剂。分配型 TLC 选择展开剂的原则与同属分配型的纸色谱类似。离子交换型 TLC 主要用于离子型生物物质(氨基酸、蛋白质、核酸等)的分离,展开剂通常用缓冲溶液,选择合适 pH 的缓冲体系维持溶质的解离状态,还可在缓冲溶液中加入适量的无机盐调节展开剂的离子强度。有时为了增加溶质的溶解度,可以在缓冲溶液中加入少量能与水混溶的有机溶剂。凝胶型 TLC 的主要分离机理是凝胶孔的筛分效应,溶质与固定相表面的物理和化学相互作用仅起次要作用,所以展开剂的选择主要考虑对样品的溶解性。对于生物大分子的分离,通常用水、缓冲溶液或无机盐水溶液作展开剂。在聚酰胺薄层分离机理中,氢键相互作用占主导。因此溶质的化学结构和展开剂的极性是影响展开剂洗脱能力的主要因素。一般而言,在有机溶剂和碱性溶液中形成氢键的能力较弱,而在水中形成氢键的能力最强。例如,水、乙醇、丙酮、稀氨水、二甲基甲酰胺的洗脱能力依次增强。

一种简便的实验方法可以用来选择展开剂,根据使用的薄层板类型,先依理论和经验(或文献)确定几种候选展开剂,将待分离样品平行点样在同一薄层板上,用毛细管分别将候选展开剂滴于样品斑点中心,样品将向四周展开,分离效果则一目了然。

展开剂的发展还衍生出一些新的 TLC 方法,其中最重要的是胶束 TLC(也有胶束纸色谱)和包合 TLC,这两种薄层色谱在柱液相色谱中均有类似方法。胶束 TLC 是用表面活性剂水溶液作展开剂,当表面活性剂浓度大于其临界胶束浓度时会形成一个胶束相,溶质在固定相、水相和胶束相三相间达到分配平衡,胶束的增溶作用使溶质更易溶于其中。因为多了一个胶束相,通过调节形成胶束的条件,可以改善分离效果。包合 TLC 是以环糊精等超分子主体化合物作展开剂,利用环糊精等主体分子的空腔结构对分子尺寸匹配的溶质分子的识别作用,形成主-客体包接配合物(包合物)后增强保留,从而与不能形成包合物或所形成的包合物稳定性有差异的组分相互分离,常用于异构体的拆分。

TLC 的常规展开是在常压密闭容器中静止展开,展开剂仅靠毛细作用力向前移动。有时为了获得更高的分离度和提高分离速度,可以在展开过程中施加外力。加压 TLC 就是设计了一个密闭的、可以施加数兆帕外压的展开室,展开剂由输液泵导入展开室。旋转 TLC 是在展开过程中使薄层板处于不停的旋转中,利用毛细管力和离心力的共同作用使样品由中心向四周环形展开,也称离心 TLC。纸色谱也可采用类似的离心技术进行环形展开。

7.2.3 薄层色谱样品前处理应用

生物柴油制造过程中因反应不完全而残留甘油酯,它可能沉积于发动机的阀门、活塞等部位,影响发动机性能。在采用热辅助水解甲基化-气相色谱法测定生物柴油中残留甘油酯时,柴油中大量的脂肪酸甲酯会干扰测定。王鹏等[7]采用 GF254 硅胶板,以甲苯/丙酮

(92：8)作展开剂,将甘油酯与干扰成分脂肪酸甲酯等分离,洗脱甘油酯斑点后再做后续分析。

植物甾醇与磷硫铁试剂生成稳定的绿色化合物,基于此显色反应的分光光度法可以测定各种植物样品中的甾醇含量,但植物提取物(如乙醚提取物)中还有大量共存有机物,为避免共存物质对显色反应的影响,显色前可以采用 TLC 进行样品前处理。例如,刘海霞等[8]将羧甲基纤维素钠-硅胶 G 薄层板在 105℃活化后,以乙醚：石油醚(3：7)作展开剂,在紫外灯下确定甾醇斑点位置,洗脱斑点后显色,在 680nm 测定吸光度进行定量分析。

硅胶、氧化铝等常用薄层板在红外区有吸收,无法使用红外扫描定量,因此,开发无红外吸收的薄层色谱固定相受到关注,研究表明一些难溶无机盐具有这方面的潜力。例如,祝青等[9]以碘化银纳米颗粒作为 TLC 固定相,该固定相不仅没有红外背景干扰,而且具有较好的分离性能。

7.3　凝胶色谱

7.3.1　分离原理与特点

凝胶色谱是以惰性多孔凝胶为固定相,利用凝胶孔的筛分作用,使不同大小的分子达到分离的 HPLC 方法。凝胶色谱在其发展过程中有过多种名称,如体积排阻色谱、分子筛色谱、空间排阻色谱等。在凝胶色谱中,溶质分子与固定相表面不存在化学相互作用或物理吸附作用所产生的保留或分离;流动相也不影响溶质在两相间的分配系数(渗透系数),只起溶解样品和提供溶质扩散和迁移的介质。凝胶色谱通常按照流动相种类分为两类:以有机溶剂为流动相的凝胶渗透色谱(gel permeation chromatography,GPC)和以水为流动相的凝胶过滤色谱(gel filtration chromatography,GFC)。GFC 只适合水溶性样品,而 GPC 虽主要用于非水溶性样品,但也可用于水溶性样品。因此,在高分子化学领域以 GPC 体系占绝对优势,但在样品前处理领域,通常是用于生物、医学、食品等含生物大分子基体的水溶性样品,所以 GPC 和 GFC 都可采用,这主要看所使用的凝胶色谱固定相的亲水性或疏水性。例如,疏水性固定相采用 GPC 更有利于加快溶质的传质速率。

凝胶固定相上布满孔径分布范围较窄的孔道(图 7-1),凝胶色谱的分离机理类似于分子筛过程(图 7-2),较小体积的分子能够渗入较多的孔道,在固定相中扩散所消耗的时间较长;而较大体积的分子只能渗入少量大孔,在固定相中所经历的路径较短;所有孔隙都不能进入的大体积分子,不被保留,在死体积处流出。因此,凝胶色谱中溶质按分子体积从大到小依次流出色谱柱。

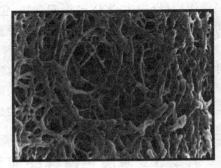

图 7-1　高分子凝胶的网络结构

凝胶色谱过程中溶质在两相的分配系数 K_p 为平衡时溶质在固定相(s)和流动相(m)中的浓度 X_s 与 X_m 之比,即:

$$K_p = [X_s]/[X_m]$$

(7-1)

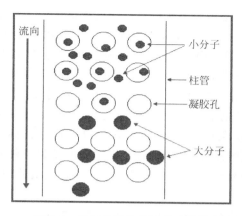

图 7-2　凝胶色谱分离机理示意图

对于所有凝胶孔都不能进入的大分子,其在固定相的平衡浓度为零,所以对应的 K_p 为零;而对于所有凝胶孔都能进入的小分子,达到平衡时其在两相的浓度相等,所以对应的 K_p 为 1。不能进入所有凝胶孔的溶质的最小相对分子质量称作排斥极限;所有凝胶孔都能进入的溶质的最大相对分子质量称作全渗透点;排斥极限($K_p=0$)至全渗透点($K_p=1$)之间对应的分子量称作相对分子质量范围,在此范围内,相对分子质量越大,则 K_p 越小。因为在样品前处理中通常只需将大分子群体和小分子群体分开,所以选择凝胶固定相的基本原则是尽可能使大分子不能进入所有凝胶孔或仅能进入少数大孔,而小分子可以进入全部或大部分凝胶孔。

凝胶色谱的保留值常用保留体积(淋洗体积)V_e 表示。其保留体积与渗透系数的关系为

$$V_e = V_0\left(1 + K_p \cdot \frac{V_s}{V_m}\right) \tag{7-2}$$

式中:V_0 为死体积,V_m 为凝胶颗粒间体积,近似等于 V_0,V_s 为凝胶孔隙的总体积,所以,

$$V_e = V_0 + K_p \cdot V_s \tag{7-3}$$

此式表明,分子体积(相对分子质量)越大,因其 K_p 越小,所以其保留体积越小,出峰越快。

与其他 HPLC 分离模式相比,凝胶色谱的特色或优点主要表现在:①溶质与固定相之间的作用为单一的分子筛作用,溶质严格按动力学分子体积大小分离,这对高分子相对分子质量测定非常重要;②由于溶质与固定相表面没有化学相互作用,固定相不会受到样品基体的污染,而且以水为流动相的 GFC 非常适合生物样品的分离;③因为流动相对溶质分配系数不产生影响,所以无须进行梯度洗脱。不过,凝胶色谱的分辨率不高,只适合相对分子质量具有明显差异的高分子的分离。这对样品前处理领域的应用没有实质影响,因为样品前处理通常只需将大分子和小分子分开。

7.3.2　凝胶固定相

凝胶是具有立体网络结构的多孔材料(图 7-1),用作凝胶色谱固定相的多孔材料以高分子凝胶为主,早期常用天然高分子凝胶,现在广泛使用的是合成高分子凝胶。由于高分子凝胶(特别是天然高分子凝胶)的机械强度不是很高,不能满足某些应用领域对高分离效率

的要求,所以耐高压的无机基质的多孔材料在凝胶色谱中应用越来越多。按照凝胶的机械强度可以分为软质凝胶、半硬质凝胶和硬质凝胶三类。软质凝胶(如葡聚糖)因其不耐压(0.1MPa 左右即被压坏),只能用于凝胶层析或低压凝胶色谱,在蛋白质等生物大分子的纯化制备领域比较有用,在样品前处理中也可以使用。半硬质凝胶(如聚苯乙烯凝胶)能耐较高压力,具有可压缩性、能填充紧密、柱效较高,可用于高分子物质的凝胶色谱分离和分析。不过,半硬质凝胶在有机溶剂中的溶胀性会导致孔径发生变化,从而影响分离效率。硬质凝胶(如多孔硅胶和多孔玻璃珠)主要指无机多孔材料,因其机械强度好、在有机溶剂中不溶胀、孔尺寸固定,可用于高效凝胶色谱中,但硬质凝胶不易装填紧密、装柱时填料颗粒易碎,所以柱效较低。而且硅胶表面的活性基团对蛋白质有较强吸附,硅胶也不能在强酸性和强碱性条件下使用。

在 GPC 中,目标分离组分为疏水性高分子物质,流动相和样品溶解使用四氢呋喃、氯仿、甲苯和二甲基甲酰胺等非极性有机溶剂,固定相以疏水性高分子凝胶为主,其中最典型的填料是交联聚苯乙烯。凝胶孔径大小和孔的结构形态主要受交联度和致孔方法的影响。无机基质的多孔填料也可用于 GPC,如果是分离疏水性高分子化合物,则硅胶表面的极性基团对分离不会产生影响,可以使用未经改性的硅胶微球。但如果是分离亲水性大分子,则溶质与固定相表面的硅羟基之间可能会产生偶极相互作用、氢键作用等次级保留机理,溶质保留强弱不一定严格遵循相对分子质量大小。为了减小硅羟基的作用,可以对硅胶微球表面进行处理或改性,如用短链卤代烷烃进行封尾处理。近年,介孔硅胶微球用作 HPLC 填料的研究逐渐形成色谱固定相研究的一个新领域,由于介孔材料的孔径与生物大分子的动力学体积比较匹配,在蛋白质等生物大分子的色谱分离中具有良好应用前景。

在以水做流动相的 GFC 中,目标组分是极性的水溶性高分子或生物大分子,早期使用的固定相主要是软凝胶类的葡聚糖凝胶、聚丙烯酰胺凝胶等,这类固定相目前仍用于生物大分子的凝胶层析。在高压 GFC 中主要使用合成高分子凝胶和无机基质多孔材料。用于GFC 的高分子凝胶主要是表面带有亲水基团的多孔交联聚甲基丙烯酸酯、交联聚乙烯等,或者是亲水化处理的交联聚苯乙烯、羟基化聚醚等。用于 GFC 的无机填料主要也是多孔硅胶微球,为了减少表面硅羟基与溶质间的化学相互作用,硅胶表面必须进行修饰,例如表面键合二醇基、葡聚糖等其他亲水基团。

7.3.3 凝胶色谱样品前处理应用

凝胶色谱的主要用途是测定高分子物质的相对分子质量和相对分子质量分布、大分子有机物(如相对分子质量 300~1000)的分离与定量分析、生物大分子纯化(制备凝胶色谱)与浓缩、凝胶色谱指纹图谱(如原油及其重质组分的评价)和分析样品前处理。采用凝胶色谱进行样品前处理最主要的目的是消除生物、医学、食品等样品基体中含有的蛋白质、脂肪、色素等大分子对测定小分子目标组分的干扰。例如,采用 GPC 处理油炸食品,分析食品中塑化剂(邻苯二甲酸酯类,PAEs)[10]。油炸糕点样品先用石油醚超声提取其中的化学成分,提取液中除目标组分塑化剂外,还有基体中的蛋白质、油脂物质。使用 300mm×20mm i.d.(Bio Beads S-X3,200~400mesh)凝胶柱,以等体积乙酸乙酯/环己烷混合溶液作流动相(流量:5mL/min)对样品溶液进行凝胶色谱分离(紫外检测器 254nm 在线监测)。样品溶液中的大分子在5~8.5min 先流出色谱柱,最常见的 5 种 PAEs 在 8.5~18.5min 流出,收集此段柱流出物,浓缩后采用 GC-MS 或 LC-MS 分析塑化剂含量。

凝胶色谱广泛用于食品、农作物、水产品中的农药或药物残留分析的样品前处理,样品基体中的蛋白质、脂肪、色素等大分子先流出凝胶柱,待分析的农药或药物成分后流出,收集残留农药或药物流出部分的馏分进行 GC(或 GC-MS)、HPLC(或 LC-MS)定量测定。例如,李继革等[11]将蔬菜提取液用聚苯乙烯凝胶柱净化,环己烷/乙酸乙酯作流动相,在 5mL/min 流速下,23 种农药成分在 17~35min 内洗脱出来,收集此区间馏分,浓缩后用毛细管 GC 分析。

反过来,如果分析的目标物质是生物大分子或分子量较大的有机物,同样也可以采用凝胶色谱除去样品中的无机盐和有机小分子,收集先流出的大分子进行后续分析。

凝胶层析或低压凝胶色谱多用于离线样品前处理,而高效凝胶色谱既可离线收集特定馏分,也方便与后续分析方法联用。目前市场上已有带自动收集与自动浓缩的全自动凝胶色谱仪,如莱伯泰科公司生产的 Autoclean 和 GPC 800 凝胶净化系统,专门用于样品净化。在实验室常用的 HPLC 仪器上换上合适的凝胶色谱柱也可做样品净化处理。高效凝胶色谱在线净化与 GC(或 GC-MS)、LC(或 LC-MS)联用在药物残留和农药残留分析领域应用较多。此外,在生物样品的质谱分析中,凝胶色谱也可用作质谱的脱盐接口。

7.4 柱层析

7.4.1 概述

柱层析就是早期的(经典的)柱液相色谱,在现代分析测试工作中已经很少使用了,取而代之的是 HPLC。但柱层析在制备色谱,特别是在工业生产中规模化制备纯化方面仍然具有优势。在样品前处理领域,虽然基于相同原理的固相萃取(SPE)技术近年发展非常快,几乎成了样品前处理最常用和最有效的方法,但 SPE 柱容量较小、前沿法操作方式的局限使得其分离效率较低,只适合吸附某类强保留目标物质,将其从复杂基体或大体积样品溶液中分离、富集出来,或者对某类干扰物质和基体物质具有强吸附,使之从样品中除去。而柱层析可以采用较大尺寸色谱柱及更多的固定相用以处理更大量的样品和得到更精确的分离,对于物质结构解析或定性鉴定的样品前处理非常有用;而且其操作简便和使用成本低也是优势。这种常规的柱层析技术分离速度较慢、可能存在不可逆吸附、不适合使用分离效率高的细颗粒固定相等缺陷也限制了它的应用范围,后来改进和发展起来的干柱法、减压柱层析和加压柱层析等技术在一定程度上弥补了这些缺陷。因为在样品前处理中主要涉及的是族(组)分离,对柱的分离效率要求不是很高,所以主要还是采用常规柱层析。

常规柱层析靠重力驱动流动相,分离时可将样品溶解在少量初始洗脱溶剂中,加到固定相顶端。当待分离样品在洗脱剂中溶解度不佳时,可采用固体上样法,即先将样品溶在一定溶剂中,然后加入 2~5 倍量的固定相(或硅藻土),将该混合物在低温下用旋转蒸发仪蒸干或自然挥干,然后把所得的粉末加到层析柱的上部。在洗脱之前,可在样品上覆盖一层沙子或玻璃珠,以防样品界面被破坏。常规柱层析通常用于粗提物的制备(如从天然产物提取物中分离某类物质)或分离保留值差别较大的混合物。采用梯度洗脱可以提高常规柱层析的分离效率。

柱层析的流动相可以通过薄层色谱选择,一般使被分离组分的 R_f 值小于 0.3,且各组分有明显分离趋势。常用溶剂极性大小次序为:石油醚<二硫化碳<四氯化碳<三氯乙烯<苯<二氯甲烷<氯仿<乙醚<乙酸乙酯<乙酸甲酯<丙酮<正丙醇<甲醇<水。吸附柱层析中常用的混合洗脱溶剂有石油醚-氯仿、石油醚-乙酸乙酯、氯仿-乙酸乙酯、氯仿-甲醇、丙酮-水、甲醇-水以及氯仿-甲醇-水。含苯洗脱剂常常具有较好的分离选择性,但因其毒性较大,应尽可能不用或少用,使用时应在通风橱中操作,避免吸入和扩散至室内。

柱尺寸和吸附剂用量的选择需要根据样品量和希望达到的分离程度确定,经验表明:固定相重量通常应是被分离样品质量的 25~30 倍;所用色谱柱径高比(直径与高度之比)约为 1:10。特别值得注意的是柱的直径和高度以及固定相用量,还取决于目标组分分离的难易程度。对于难分离化合物,可能需要使用高于样品量 30 倍的吸附剂,柱径高比可能需要大于 1:20。对于易分离的化合物,如在薄层色谱上 R_f 值相差 0.4 以上的两个组分,使用高于样品量 5~10 倍的固定相和尺寸较小的柱子就能获得良好分离。尺寸小的色谱柱可以节省分离时间和减少溶剂消耗。

7.4.2　常用固定相

柱层析固定相的类型、固定相及与之匹配的流动相的选择原则等都与 SPE 和 HPLC 类似。硅胶和改性硅胶填料仍是主流,使用最多的是 100~200 目硅胶,适用于分离酸性和中性物质。碱性物质因与硅胶表面的硅羟基产生相互作用,易形成拖尾,影响分离效果。有时可以向硅胶中掺入某种试剂作为改良吸附剂,以提高分离效果。例如经硝酸银处理过的硅胶对不饱和烃类有极好的分离作用,这是因为银离子与不饱和键之间的电荷转移相互作用所致。处理方法一般是将 1%~10% 的改良试剂的水溶液(或丙酮溶液)与硅胶混匀,待稍干后,于 110℃ 干燥即可。键合硅胶有极性和非极性之分,分别用于正相和反相色谱。柱层析常用的是球形键合硅胶,但非球形(无定形)硅胶也可使用。一般而言,无定形填料比同样大小的球形填料有更大的外表面积,通过粒子边界的质量传递速率更大,因而柱效更高。无定形填料的稳定性和重现性不如球形填料,通常需要更高的操作压力,不宜在常规柱色谱中使用。其他常用柱层析填料还有氧化铝、活性炭、聚酰胺、大孔吸附树脂、高分子凝胶、离子交换树脂等。下面仅就大孔吸附树脂和离子交换树脂做简要介绍,因为这两种固定相在其他相关章节没有具体介绍,且在柱层析中占有重要地位。

1. 大孔吸附树脂

大孔吸附树脂是一类不含离子交换基团、具有大孔网状结构的高分子吸附剂,属多孔性交联聚合物。大孔吸附树脂的骨架结构主要为苯乙烯和丙烯酸酯。骨架结构决定了树脂的极性,通常将大孔吸附树脂分为非极性、弱极性、中等极性、极性和强极性五类。非极性和弱极性树脂由苯乙烯和二乙烯苯聚合而成;中等极性树脂具有甲基丙烯酸酯的结构;极性树脂含有硫氧基、酰胺基、氮氧等极性基团。大孔吸附树脂一般为白色、乳白色或黄色颗粒,有些新型树脂为黄色、棕黄至棕红色;粒度通常为 20~60 目;物理和化学性质稳定,不溶于水、酸、碱及亲水性有机溶剂,加热不溶,可在 150℃ 以下使用;有很大的比表面积、一定的孔径和吸附容量;有较强的机械强度,含水分 40%~75%。

大孔吸附树脂具有良好的网状结构和很大的比表面积,其分离机理是吸附作用和分子筛作用的结合。吸附作用主要源于范德华力或氢键相互作用。影响吸附的主要因素有大孔吸附树脂本身的性质,如比表面积、表面电性、能否与化合物形成氢键等;同时也与化合物本身的性质有关,如化合物的极性,相对分子质量大小、在洗脱剂中的溶解性、酸碱性等关。例如,酸性成分在酸性条件下易被吸附,碱性成分在碱性条件下易被吸附,中性成分在中性条件下易被吸附。通过选择不同极性和孔径的树脂,并控制样品溶液的pH,就可以对不同种类的化合物进行分离。一般而言,非极性树脂适用于从极性溶液(如水)中吸附非极性有机物质;相反,高极性树脂(如XAD-12)特别适合于从非极性溶液中吸附极性物质;而中等极性吸附树脂,不但能从非水介质中吸附极性物质,而且具有一定疏水性,也能从极性溶液中吸附非极性物质。由于树脂的吸附作用是物理化学作用,被吸附的物质较易从树脂上洗脱下来,树脂本身也容易再生。因此,大孔吸附树脂具有选择性好、机械强度高、再生处理方便、吸附速度快等优点。

普通商品树脂常含有一定量杂质,使用前必须进行前处理。树脂前处理的方法有回流法、渗漉法和水蒸气蒸馏法等。最常用的方法是渗漉法,即采用有机溶剂(如乙醇、丙酮等)湿法装柱,浸泡12h后洗脱2～3倍柱体积,再浸泡3～5h后洗脱2～3倍柱体积,重复进行浸泡和洗脱直到流出的有机溶剂与水混合不呈现白色乳浊现象为止;最后,用大量蒸馏水洗去乙醇即可使用。如果单独使用有机溶剂处理不能洗净杂质时,可以结合使用酸和碱处理,即先加入浓度为2%～5%的盐酸溶液浸泡、洗脱,水洗脱至中性后,加入浓度为2%～5%的氢氧化钠溶液浸泡、洗脱,水洗至中性为止。目前,部分厂家已有符合标准的药用树脂出售,只需简单的溶剂冲洗即可正常使用。对于大孔吸附树脂用于分析样品前处理,只要树脂所含杂质量不大或对后续分析无影响,对树脂的前处理要求不需太苛刻。

样品一般用水溶液上柱,然后依次加大有机溶剂(通常为乙醇)比例洗脱。洗脱液一般选择不同浓度的甲醇、乙醇、丙酮。非极性大孔树脂所用洗脱剂极性越小,洗脱能力越强。中等极性大孔树脂常采用极性较大的有机溶剂洗脱。

2. 离子交换树脂

离子交换树脂是具有可解离基团的高分子聚合物,在水溶液中解离使树脂带上电荷。固定电荷为正的树脂能与阴离子发生可逆的离子交换作用,称为阴离子交换树脂;同理,固定电荷为负的树脂能与阳离子发生可逆的离子交换作用,称为阳离子交换树脂。当样品溶液通过离子交换柱时,各种离子即与离子交换树脂上的荷电部位竞争性结合;每种离子的洗脱速率决定于该离子本身的电离程度、溶质与离子交换树脂的亲和力、洗脱溶液(流动相)中竞争性离子(淋洗离子)的性质和浓度。

离子交换树脂对溶液中不同离子具有不同的结合力,结合力的大小取决于离子交换树脂的选择性。一般来说,电性越强,越易交换。对于阳离子交换树脂,在常温常压的稀溶液中,交换量随交换离子的价态增大而增大,如 $Na^+ < Ca^{2+} < Al^{3+} < Si^{4+}$。如离子价数相同,交换量则随交换离子的原子序数的增加而增大,如 $Li^+ < Na^+ < K^+$。在稀溶液中,强碱性阴离子交换树脂对各种阴离子的结合强弱次序为:$CH_3COO^- < F^- < OH^- < HCOO^- < Cl^- < SCN^- < Br^- < CrO_4^{2-} < NO_2^- < I^- < C_2O_4^{2-} < SO_4^{2-} <$柠檬酸根。弱碱性阴离子交换树脂对各种阴离子的结合强弱次序为:$F^- < Cl^- < Br^- = I^- = CH_3COO^- < MoO_4^{2-} < PO_4^{3-} < AsO_4^{3-} < NO_3^- <$酒石酸根$<$柠檬酸根$< CrO_4^{2-} < SO_4^{2-} < OH^-$。

一些生物大分子,如蛋白质、核苷酸、氨基酸等是两性离子,它们与离子交换树脂的结合力,主要决定于它们的物理化学性质和特定条件下呈现的离子状态。当pH<pI(等电点)

时，这些生物分子荷正电，它们能被阳离子交换树脂吸附；反之，当 pH＞pI 时，生物分子荷负电，能被阴离子交换树脂吸附。若在相同的 pH 条件下，且 pI ＞ pH 时，pI 越高，碱性越强，就越容易被阳离子交换树脂吸附。

根据离子交换树脂中基质的组成和性质，又可将其分成疏水性和亲水性离子交换树脂两大类。疏水性离子交换树脂的基质是一种与水亲和力较小的合成树脂，最常见的是由苯乙烯单体与二乙烯苯交联剂反应生成的聚合物，在此结构中再共价键合不同的荷电基团。由于引入荷电基团的性质不同，又可分为阳离子交换树脂、阴离子交换树脂及螯合离子交换树脂。亲水性离子交换树脂的基质为天然或合成的有机聚合物，与水亲和性较大，常用的有纤维素、交联葡聚糖及交联琼脂糖等。

选择离子交换树脂的一般原则如下：①根据被分离离子是阴离子还是阳离子分别选择阴离子或阳离子交换树脂。对于两性离子，则一般应根据其在稳定 pH 范围内所带电荷的性质来选择树脂的种类。②强型离子交换树脂适用的 pH 范围很广，所以常用它来制备去离子水和分离一些在极端 pH 溶液中解离且较稳定的物质。弱型离子交换树脂适用的 pH 范围狭窄，在 pH 为中性的溶液中交换容量高，用它分离生物大分子物质时，其活性不易丧失。③离子交换树脂处于电中性时常带有一定的反离子，使用时选择何种离子交换树脂，取决于树脂对各种反离子的结合力。为了提高交换容量，一般应选择结合力较小的反离子。据此，强酸型和强碱型离子交换树脂应分别选择 H 型和 OH 型；弱酸型和弱碱型树脂应分别选择 Na 型和 Cl 型。④树脂基质的亲水或疏水性对被分离物质的作用性质有差异，因此对被分离物质的稳定性和分离效果均有影响。一般认为，在分离大分子物质时，选用亲水性基质的树脂较为合适，它们对被分离物质的吸附和洗脱都比较温和，活性不易破坏。

在高效离子色谱分析中，无机离子交换剂越来越多地受到关注，特别是在杂化硅胶以及硅胶表面修饰技术不断进步的前提下，硅胶基质离子交换剂对加快传质过程、改善离子分离都起到了明显作用。不过，在样品前处理中使用廉价易得的离子交换树脂仍然是首选。

7.4.3　柱层析操作

装柱：常规层析柱的填装方法主要有湿法和干法两种，应用都很普遍。湿法装柱是将固定相填料以洗脱剂分散成混悬液状态均匀装入色谱柱内，通过其自然沉降形成均匀稳定的柱层。通常将固定相填料分批加入洗脱剂中，边加边搅拌，使其形成一种流动性好的混悬液并除尽气泡。先向色谱柱内充入洗脱剂至柱体积的 1/3～1/2，然后开启活塞让溶剂缓缓流出的同时，将混悬液逐步倒入柱中。倾倒过程尽可能连续并可轻敲柱壁促进均匀沉降，直至将混悬液全部装入色谱柱中。最后用柱床体积两倍以上的流动相冲洗，使柱床压实并形成平整表面。干法装柱是将所需量的固定相填料不采用任何溶剂分散，直接以干粉状态均匀填入柱中，边填边轻敲柱壁以使整个柱床均匀落实并形成平整的表面。如果采用拌样上样，则上完样品后直接用流动相洗脱即可；如果采用溶液上样，则应先采用洗脱剂通过整个柱床，直至全部湿润后再将样品加至柱床顶部。干法装柱常用于硅胶或氧化铝填料，尤其是复杂混合物的初步分离。最初的流动相洗脱应一次性连续洗脱一个以上柱床体积，避免因吸附剂溶剂化放热造成气泡和裂缝。

上样：分液体上样和拌样上样。液体上样是将样品溶液加入柱床，操作时先使洗脱液面低于柱床表面，然后用滴管将样品溶液缓慢加于贴近柱床表面的四周柱壁上，样品溶液即沿柱壁慢慢下降覆盖于柱床表面；样品溶液加完后,使其完全进入柱床,并稍事停顿后即可开始加洗脱液进行洗脱。溶解样品的溶剂最好是洗脱液或梯度洗脱时洗脱能力最小的溶剂。如果这些溶剂溶解样品的能力较差,可以加入适量的对样品溶解能力强的溶剂,但样品溶液的总体积要尽可能小,以保证样品带较窄,得到较好的分离效果。当样品的溶解度较差,尤其是对于难溶的样品,可以采用拌样上样,即将样品的干粉与柱填料混合或预先吸附在填料上,它能使样品层处于最窄以提高分离效率。对于湿法装柱,通常将拌好的样品用洗脱液分散成体积尽可能小的混悬液除尽气泡后缓慢倒入柱中任其自然沉降,待分散样品用的洗脱液流入柱床后,即可开始洗脱。对于干法装柱可以直接将拌好的样品装入柱床顶部,加好覆盖物后即可开始洗脱。对于一般样品,可以拌入 1.5～3 倍质量的填料;对于难溶样品,如溶解度低于 5mg/mL,则需拌入 5～10 倍质量的填料。

洗脱：上样操作完成后,就可以用洗脱液洗脱。洗脱操作过程中要避免添加溶剂时造成样品层扰动或泛起,应该始终保持洗脱剂液面高于柱床表面以防止空气进入柱床。可以采用加液球、分液漏斗或倒置于液面之下的圆底烧瓶或试剂瓶等加液方式来减少加液的操作次数。

馏分收集：在以物质制备和纯化为目的的柱层析中,洗脱溶剂的用量较大,因此需要采取适当的收集方式和收集器。应尽可能对溶剂进行回收利用,因此应尽量避免使用三元或三元以上的复杂溶剂体系。被分离的成分若有颜色,可凭视觉判断分别收集各谱带。对于无色组分常采用固定体积收集的方法,然后用 TLC 进行分析并进行适当合并。在使用反相或聚合物吸附剂进行分离时,有时从水或含水比例较高的洗脱液中回收样品比较困难。可以采取蒸除有机溶剂后用甲苯或氯仿萃取剩余水液的方法解决;也可以对已得到的纯组分进行再次色谱分离,达到除去添加剂或转换样品溶剂的目的。在以样品前处理为目的的柱层析中,通常可以用不同极性或不同洗脱强度的溶剂依次洗脱不同类型物质,或者选择性地洗脱目标物质或干扰物质。

7.4.4　柱层析样品前处理应用

物质结构鉴定：柱层析与平面色谱相比,处理样品量大,加之采用洗脱法能使不同组分之间的分离度更大,便于分别收集一定量的不同组分的馏分,用于组分结构鉴定,是天然产物中活性成分研究最常用的实验手段。例如,刘苹苹等[12]用工业酒精从大豆中提取大豆异黄酮,依次用乙酸乙酯和正丁醇萃取,乙酸乙酯部分经硅胶柱和 Sephadex LH-20 柱层析,三氯甲烷/甲醇梯度洗脱,收集到 4 个化合物馏分,通过熔点等物理常数测定和紫外、红外、核磁等波谱分析,确定 4 种化合物分别为大豆甙元、染料木素、大豆甙和染料木甙。

光谱分析样品前处理：作为分光光度法、紫外光谱法、荧光法、原子光谱法等光谱分析的样品前处理方法,可以将植物、中药材、食品等样品中的某个成分或某类性质相近的成分与基体或干扰组分分离后进行准确定量。例如,李春篱等[13]将食用油皂化后,用环己烷萃取皂化液中的苯并[a]芘,萃取物用硅镁型吸附剂和中性氧化铝混合填充柱净化,除去共存干扰物质后,荧光光度法定量苯并[a]芘。

肿瘤标志物筛选样品前处理：通过健康人群与某种肿瘤人群血清中生物成分的分析(如质谱分析),从差异成分的对比研究中就有可能筛选出该种肿瘤的某些标志物,用于肿瘤的早期诊断。通常,起信号传导和调控作用的关键蛋白为低丰度蛋白,人血清中多肽和蛋白质种类很多,高丰度蛋白种类虽少,但含量却占了绝大部分。在质谱分析前,必须除去高丰度蛋白和无机盐,柱层析也是一种可选的样品前处理方法。例如,金宏伟等[14]用 Sephadex G-100 葡聚糖凝胶柱层析除去血清中高丰度蛋白,分段收集洗脱馏分进行基质辅助激光解析离子化飞行时间质谱(MALDI-TOF-MS)分析,找出健康人群和食道癌患病人群血清中的差异蛋白,获得食道癌标志物候选组分,为采用其他手段对癌症标志物做进一步确证和验证打下基础。

色谱及色质联用分析样品前处理:GC、GC-MS、HPLC 和 HPLC-MS 是应用最广泛的色谱及色质联用方法,可以用于大多数挥发性和非挥发性有机物的分析,尽管 GC 和 HPLC 具有很高的分离能力,但对复杂基体的样品,仍然需要对样品进行前处理,柱层析在这方面的应用很多。例如,曹文明等[15]为了采用凝胶色谱法测定油脂样品(如食用油)中的极性成分三酰甘油氧化聚合物,预先采用快速层析柱将极性和非极性化合物分开,极性馏分用凝胶色谱进一步分离分析三酰甘油氧化聚合物。

离子性成分的分离:在离子色谱技术成熟之前,离子交换柱层析曾经是离子性成分分析最有效的样品前处理方法,它不仅可以将离子性成分与非离子性基体或杂质分开,还可以通过选择离子交换剂和流动相实现不同离子的相互分离。现在离子交换柱层析仍然可以用于离子性成分的选择性分离富集。例如,地质过程在导致元素迁移和再分配的同时,钛同位素也会发生分馏,导致钛同位素组成发生变化,因此钛同位素有可能作为一种新的示踪剂,通过钛同位素分析开展地质过程的研究。同位素分析多采用高分辨质谱技术,但必须预先除去其他元素,消除基体和共存离子干扰。唐索寒等[16]通过三步离子交换柱层析分离富集了钛同位素,第一步,将氢氟酸处理的样品溶液过阴离子交换树脂柱,钛、锆、铪等与大部分基体及共存元素分离;第二步,用 U/TEVA 树脂将钛与性质非常相近的锆、铪等元素分离。由于 U/TEVA 树脂是由双戊烷基磷酸酯构成,在离子交换过程中有少量磷析出,影响钛同位素质谱测定。所以,第三步还需用第一步的条件除去磷元素。

7.5　柱切换技术

利用多通阀切换流路,可以进行不同化学操作间的切换,通常称之为柱(阀)切换技术。柱切换技术是通过多通阀将两根或多根色谱柱并联或串联连接起来,构成一个多柱体系,通过阀的切换将原本需要离线独立完成的操作实现在线联用。柱切换技术在各种色谱分析中都可应用,但在 HPLC 分析应用最多。柱切换技术在其发展和应用的过程中,还使用过其他一些名称,如分流色谱、多柱色谱、顺序色谱、偶合色谱等。一些特殊用途的商品色谱仪也应用了柱切换技术,例如双流路离子色谱仪。因为采用普通离子色谱仪分析阴离子和阳离子,由于所用色谱柱、流动相、抑制器都完全不同,中间需要更换色谱柱、抑制器和流动相,并需清洗流路,非常不便。为了解决这一问题设计的双流路离子色谱仪,就是在同一台离子色谱仪上设计阴、阳离子柱两条并联流路、只需通过阀切换,就可依次分别进行阴离子和阳离子的分析。又如二维色谱仪,就是将第一根色谱柱分离的某个或全部色谱峰依次切换至后续另一根性能不同的色谱柱上进一步分离。在样品前处理中的柱切换技术,就是在分析柱之前,通过另一根色谱柱(预柱)进行干扰除去、在线富集、介质更换等样品前处理。

7.5.1　柱切换流路

柱切换通常情况下只需在普通色谱仪上增加一个或多个切换阀,最常用的切换阀是六通阀和十通阀,阀的切换操作可以由色谱软件控制。阀与柱的连接方式很多,但从柱切换的原理和实现其功能的角度来看,最基本的双柱体系通常采用两种简单的方式连接即可,即单泵体系和双泵体系。图7-3是一种最简单的单泵单阀柱切换体系,和六通阀进样的原理一样,在安装定量环的位置连接预柱。这种柱切换体系可以用于在线预富集、干扰消除和介质更换。当处于预柱工作状态时,注入的样品溶液按实线路线经过预柱,目标物质保留在预柱上,溶剂和不保留的物质直接流入废液瓶;当阀切换至分析柱工作状态时,输液泵将分析用流动相按实线输送,经过预柱,将目标物质洗脱并带到分析柱进行分离,然后进入检测器。这种单泵体系如果是采用手动进样和柱切换的话,在普通 HPLC 仪器上不需增加任何配置,只需将阀进样器上的定量环换成预柱,简单易行。当然也可以在保留原进样阀的基础上另外增加一个切换阀。单泵柱体系也有其局限性,例如,在用于样品净化时,干扰组分可能不会被样品溶液从预柱上自洗脱,还需要用弱的洗涤溶液洗脱干扰物质后,才能切换至分析体系;在进行介质更换时,需要更换的原样品溶剂会有部分残留,有时也需增加一个洗涤操作。因此,单泵体系主要用于在线富集目的。

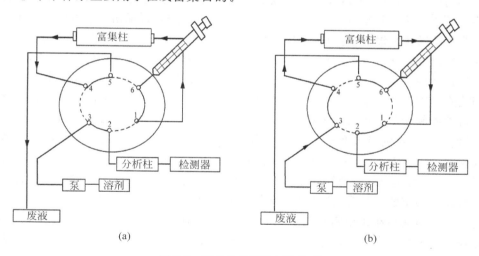

图 7-3　简单的单泵柱切换体系
（a）预柱工作状态；（b）分析柱工作状态

图 7-4 是一种简单的双泵单阀柱切换体系[17],其中一个泵输送前处理流动相,另一个泵输送分析用流动相。图中切换阀实线连通(阀中虚线部分断开)为样品前处理状态,由于有单独的泵输送前处理流动相,就可以用适当的溶剂对弱保留杂质或原溶剂进行清洗,而且前处理操作的同时,分析柱也可以用分析流动相进行分析柱的清洗和平衡。图中切换阀虚线连通(阀中实线部分断开)为分析柱工作状态,分析流动相先经过预柱,将目标物质洗脱并带到分析柱进行分离,然后进入检测器。这种双泵体系比较适合样品净化和顺序分析。

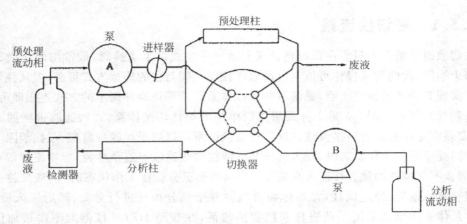

图 7-4 简单的双泵柱切换体系

7.5.2 在线富集

色谱分析的进样量通常在 $10 \sim 50 \mu L$，对于极低含量样品溶液或后续色谱检测器灵敏度不是特别高的情况，可以通过在线预浓缩富集技术简单方便地提高分析方法的灵敏度。即当切换阀处于预浓缩状态时，采用大体积(如数十毫升)进样，样品溶液连续通过一根对目标溶质有强保留的预浓缩柱，将目标溶质全部保留富集在预浓缩柱上，溶剂和部分在预浓缩柱上不保留的物质直接进入废液瓶。然后阀切换至分析状态时，预浓缩柱连入分析流路，分析流动相经过预柱，将富集在预柱上的目标溶质全部洗脱下来，带入后面的分析柱。

因为在预浓缩柱上溶质区带迁移方式与固相萃取一样，属前沿色谱法，所以，预柱富集过程也可看成固相萃取过程(固相萃取是柱液相色谱的一种特殊形式)。通过在线富集技术，可以使分析方法的灵敏度提高 $2 \sim 3$ 个数量级。例如，离子色谱的抑制型电导检测的灵敏度通常在 $10^{-9} \sim 10^{-10}$ 水平，但超纯水(如电子工业用水)中离子浓度在 10^{-12} 水平，按常规进样量 $10 \sim 50 \mu L$，电导检测器灵敏度不够。如果用一根短的离子交换预浓缩柱，将进样量增加到数毫升甚至数十毫升，就可以实现在线富集，检测超纯水中的离子成分。

为了尽可能减小在线预富集引起的目标溶质带(样品带)的展宽，需要注意以下几点：①预浓缩柱及连接管路应尽可能短；②制备进样溶液的溶剂对目标溶质的洗脱能力应尽可能小，避免大体积进样时的自洗脱；③预浓缩柱填料对所有目标溶质的保留的差异不要太大，减小在预柱洗脱过程中的峰展宽。

如果使用双泵体系，还可将在线预富集与其他样品前处理技术偶联起来，例如图 7-5 是在线渗析与预富集偶联前处理装置示意图，样品先经过渗析装置，渗析膜将样品中的生物大分子截留，只有目标小分子(无机离子、有机小分子)进入接受相，输液泵将渗析接受相输送至预(富集)柱，于是就在线实现了样品的渗析净化和预柱富集两个目的。

7.5.3 在线干扰消除

在预柱上实现干扰组分与目标组分的分离通常是利用预柱对目标溶质有强保留，而对干扰组分不保留或保留很弱，即干扰组分很容易被样品溶液自洗脱或用弱溶剂就能洗脱。在消除干扰的同时，目标溶质在预柱上也得到了富集，所以在线干扰消除(样品净化)通常是

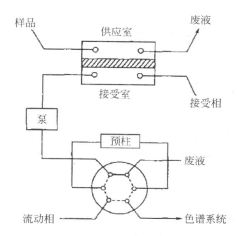

图 7-5　在线渗析与预富集偶联前处理装置示意图

净化与富集同时实现。

在生物、医学、食品、天然产物等含有较多生物大分子的样品分析时,一方面生物大分子会强烈吸附在分析柱上,影响目标物质的分离或缩短分析柱寿命;另一方面样品中目标溶质的浓度通常很低,采用沉淀等方法除蛋白质等生物大分子时,目标组分的共沉淀损失不可忽略。如果使用对生物大分子没有保留或弱保留的预柱,就可以在除去生物大分子干扰的同时,还能对目标组分进行富集。这种情况下,限进介质色谱柱和凝胶色谱柱用作预柱比较合适。限进介质色谱填料是一类经过特殊表面修饰的填料(如表面修饰亲水层),其表面对生物大分子具有排斥(阻碍)作用,不被保留,只有比较小的有机分子能穿过表面修饰层(亲水层),进入填料功能层被保留。例如,邓文华等[18]利用柱切换技术直接进样大鼠血浆分析其中药物成分舒必利,他们以限进介质阳离子交换柱为预柱、以 C_{18} 反相柱为分析柱,只有以阳离子形式存在的舒必利和小分子阳离子在预柱上保留,大鼠血浆中的蛋白质被亲水表面排斥,其他中性有机小分子或阴离子成分即使能穿过表面亲水层,但与阳离子交换填料没有明显相互作用,也不被保留。将舒必利从预柱上洗脱下来,利用其疏水性在 C_{18} 柱上与可能存在的少量杂质分离后测定。

纯物质或大量同类基体中微量成分的分析往往需要除掉基体成分,才能准确测定其中的微量成分。例如,张婷婷等[19]通过离子色谱柱切换技术测定了分析纯硫酸钠中痕量氯离子。该体系由一根阴离子交换分离柱和一根富集柱组成,样品溶液先经过分离柱分离,由于氯离子和基体硫酸根离子分离不完全,将先流出的氯离子和少量硫酸根离子切换至富集柱上,快速冲洗分离柱上的硫酸根离子后,再将富集柱上的氯离子洗脱,并重新回到分离柱上与少量共存硫酸根离子分离,待氯离子检测完毕后,快速冲洗分离柱,洗脱强保留的硫酸根离子。

当样品溶液的介质为强酸、强碱、强氧化性或某种不适合色谱分析系统的溶剂时,可能会对分析产生严重干扰或腐蚀仪器,必须在进入分析柱之前更换或除去原介质。通过与在线富集和在线干扰消除相同的柱切换技术就可以在线更换或除去介质,即选择一种对目标物质有保留的预柱,样品溶液通过预柱时,目标溶质保留富集在预柱上,介质(溶剂及其中包含的破坏性物质)直接排入废液瓶,然后切换流路,用分析流动相将预柱上富集的目标溶质洗脱并带入分析柱。例如,像浓盐酸这样的强酸溶液、双氧水这样的强氧化性溶液和汽油这样的有机介质样品中无机阴离子的分析,就可以采用柱切换除去原介质,避免目标离子受溶剂峰影响、降低背景噪声以提高检测灵敏度。

7.5.4　分组顺序分析

当用一根色谱柱即使采用梯度洗脱也难以同时分离多个目标组分时,就可采用柱切换技术,即将在第一根柱上不能分离的一组目标组分切换(分流)至另一根性质不同的色谱柱上进行分离,其他组分仍然在第一根柱上分离。最典型的就是两类性质差异很大的物质的同时分析。例如阴阳离子同时分析,就可以通过阴、阳离子交换柱之间的切换;极性化合物与非极性化合物就可以通过正相柱和反相柱之间的切换;离子性成分和中性有机化合物可以通过离子色谱柱和分配柱之间的切换。即使同一类成分,有时也需要采用双柱切换才能有效分离。例如,鱼腥草中芦丁、金丝桃苷和槲皮苷都属黄酮类成分,在 C_{18} 反相柱上,相互虽能分离,但芦丁和金丝桃苷与共存物质分离不完全,且二者含量很低。彭丽华等[20]采用双反相柱切换增加柱效,先用一根反相柱梯度洗脱,使芦丁和金丝桃苷一起先流出,并切换至下一根 C_{18} 柱进一步分离后进入检测器,而槲皮苷则在第一根柱上分离后直接进入检测器测定。

参考文献

[1] 何丽一.平面色谱方法及应用[M].2 版.北京:化学工业出版社,2005.

[2] 周聪,袁平,陈波,等.色素的纳米纸色谱分离分析[J].高等学校化学学报,2011,32(8):1733-1736.

[3] 许晓文,胡澂文,江东,等.纸色谱-化学发光法测定贵金属混合液中微量铱(Ⅳ)[J].分析化学,1991,19(8):962-964.

[4] 马柏林,董娟娥,梁淑芳,等.纸色谱分离和分光光度法测定氯原酸[J].分析化学,2001,29(7):868.

[5] 林乐明,张军.胆汁中总磷脂的纸色谱扫描定量分析[J].色谱,1993,11(4):240-242.

[6] 丘慧澄,杨答生,王希在.纸色谱法快速分离液相色谱法测定食品中苯甲酸钠和山梨酸钠[J].理化检验-化学分册,2003,39(7):417-418.

[7] 王鹏,孙杨,刘哲益,等.薄层色谱-热辅助水解甲基化-气相色谱法测定生物柴油中的甘油酯[J].分析化学,2011,39(9):1427-1431.

[8] 刘海霞,仇农学,王峰,等.苹果籽油中含量的薄层色谱-分光光度法测定[J].中国油脂,2008,33(11):76-79.

[9] 祝青,苏晓,吴海军,等.基于碘化银固定相的薄层色谱-红外光谱联用研究[J].光谱学与光谱分析,2012,32(7):1790-1794.

[10] 张春雨,王辉,张晓辉,等.凝胶渗透色谱净化-高效液相色谱法测定油脂食品中的邻苯二甲酸酯类增塑剂[J].色谱,2011,29(12):1236-1239.

[11] 李继革,宁静恒,周凯.凝胶色谱净化-毛细管气相色谱法同时测定蔬菜中 23 种农药残留[J].理化检验-化学分册,2008,44(7):637-639.

[12] 刘苹苹,李云政,张青山.大豆中异黄酮类化学成分的研究[J].精细化工,2004,21(3):200-201.

[13] 李春篙,梁春群,陈同欢,等.荧光光度法测定食用油中苯并[a]芘[J].化工技术与开发,2008,37(2):39-41.

[14] 金宏伟,杨光,黄河清.柱层析和 MALDI-TOF 质谱技术筛选食道癌血清标志多肽[J].检验医学,2009,24(11):792-795.

[15] 曹文明,薛斌,陈凤香,等.三酰甘油氧化聚合物的制备型快速柱层析-体积排阻色谱测定法[J].分析测试学报,2012,31(8):933-939.

[16] 唐索寒,朱祥坤,赵新苗,等.离子交换分离和多接收等离子体质谱法高精度测定钛同位素的组成[J].分析化学,2011,39(12):1830-1835.

[17] 汪维鹏,丁黎.柱切换 HPLC 技术及其在体内药物分析中的应用[J].药学进展,2003,27(5):274-278.

[18] 邓文华,高建平,许旭,等.使用限进介质色谱柱的柱切换高效液相色谱法直接进样测定大鼠血浆中舒必利[J].分析科学学报,2009,25(3):313-316.

[19] 张婷婷,王娜妮,叶明立,等.阀切换-离子色谱法测定分析纯硫酸钠中痕量氯离子[J].色谱,2013,31(1):88-91.

[20] 彭丽华,卢红梅,郭方道,等.HPLC柱切换技术用于同时分析鱼腥草中 3 种黄酮类成分[J].分析测试学报,2012,31(1):109-112.

第8章

其他样品净化与富集技术

在分析样品前处理中用到的净化和富集分离方法很多,前面几章已经讲到的溶剂萃取、固相萃取、膜分离和色谱分离是使用最多的几大类分离方法,其中每一类方法又包括了多种各具特色的细分技术。除了上述几大类方法之外,还有一些比较传统的分离方法,例如沉淀、蒸馏、浮选等,在分析样品前处理中仍然经常使用。此外,随着科学技术的发展,一些基于新原理或者在传统分离方法基础上发展起来的新的分离方法不断涌现,例如分子蒸馏、超分子分离、分子印迹分离、亲和分离、手性分离、原位分离富集、芯片微分离技术等,这些分离技术在分析样品前处理中使用得越来越多。其中,有的方法分散在其他章节中有所涉及,例如亲和分离在亲和萃取、亲和膜分离、亲和色谱中已经讲到。本章仅就几种应用比较多或比较新颖的其他分离和富集方法做简要介绍。

8.1 沉淀分离法

8.1.1 沉淀的生成与沉淀方式

当向样品溶液中添加沉淀剂时,沉淀组分(构晶离子)首先形成过饱和溶液,达到一定过饱和度后,溶液中的构晶离子才开始聚集,形成微小的晶核。随后,溶液中的构晶离子就不断地在晶核表面析出,使晶核逐渐成长为沉淀颗粒。过饱和度越大,晶核生成的速度就越快。如果晶核生成速度过快,生成的晶核数量虽然很多,但构晶离子来不及在晶核表面定向排列,则容易生成无定型沉淀,这将不利于沉淀的后续处理与分离。为了获得纯度高、易过滤、易洗净、颗粒大的晶型沉淀,就应控制条件使晶核生成速度比较慢,以利于晶型沉淀的生成。例如,边搅拌边添加沉淀剂、使用稀沉淀剂溶液、将溶液温热等。另外,因为沉淀的溶解度与沉淀颗粒的大小有关,沉淀颗粒越小溶解度越大,所以,进行沉淀的陈化(搅匀并放置),小的颗粒就会不断溶解,同时大颗粒长得更大。

沉淀分离法是基于选择性的沉淀反应,并通过相分离操作(过滤、离心),使能生成沉淀的组分与不能生成沉淀的组分分别处于固液两相而相互分离。沉淀分离法是一种经典的分离方法,一般而言,其操作比较繁琐费时、不适合痕量组分的直接沉淀、容易引起组分损失,所以,如果有更简便有效的其他分离方法时,通常避免使用。尽管如此,沉淀分离法在物质制备与纯化领域仍然是最常用的方法之一,在分析样品前处理,特别是痕量金属元素分析、生物样品分析等领域也仍然非常有用。

沉淀分离法在分析样品前处理中,通常是加入适当的沉淀剂或调节样品溶液的条件(pH、溶剂、盐含量等),选择性地使目标组分或干扰组分生成沉淀,从而实现目标组分与基体或干扰组分分离的目的。按沉淀形成的操作方式可以分为直接沉淀、共沉淀和均相沉淀。直接沉淀是向样品溶液中加入沉淀剂,直接与待沉淀组分生成沉淀;共沉淀是使溶液中原本不能沉淀的组分随其他沉淀共同析出;均相沉淀是沉淀过程中均匀生成沉淀剂或预先调节样品溶液的介质条件,使某些组分在溶液的所有位置均匀地生成沉淀。不过,从样品前处理的操作方式考虑,则可以将沉淀分离法分为基体沉淀和目标组分沉淀两类。基体沉淀是选择性地将样品中对后续测定有干扰的大量基体以沉淀的形式分离除去;而目标组分沉淀则是选择性地将待测目标组分从样品溶液中以沉淀形式定量地分离或富集。理论上而言,上述三类沉淀形成方式都可用于基体沉淀和目标组分沉淀中,不过从溶液中直接沉淀低含量目标组分的方法往往容易造成较大测定误差,因此直接沉淀目标组分的方法应用较少,直接沉淀通常用来沉淀除去样品中的基体物质或含量较高的共存干扰组分。而样品中低含量目标组分,则通常采用共沉淀法分离。

8.1.2　直接沉淀

直接沉淀在沉淀痕量组分时,一方面会因为目标组分浓度太低,不易析出沉淀或沉淀的溶解损失较大;另一方面,为了使痕量组分沉淀完全而大幅过量加入的沉淀剂很容易使其他杂质同时沉淀。因此,直接沉淀多用于使基体物质或含量比较高的共存杂质形成沉淀除去,将目标组分留在样品溶液中,从而消除基体或共存杂质干扰。沉淀基体物质的条件通常比较容易控制,操作也比较简单。不过,基体物质生成的沉淀量大,容易造成目标组分的包裹或吸附损失。

常用的无机沉淀剂有氢氧化物、硫化物、卤化物、硫酸盐和磷酸盐。氢氧化物沉淀主要用于金属离子的沉淀,因为除碱金属和碱土金属之外的大多数金属都能形成氢氧化物沉淀,通常是通过控制溶液中 OH^- 的浓度实现选择性沉淀。在 NaOH 强碱性条件下,铝、铬、铅、锌、铍、硅、钼、钨等十多种两性金属以酸根阴离子形式存在于溶液中,钙、锶、钡、铌、钽等少数金属离子沉淀不完全,而大部分碱性金属可以定量沉淀。在 NH_3-NH_4Cl(pH8～10)缓冲溶液中,铜、锌、钴、镍、镉等易形成氨配离子的金属不能沉淀。金属硫化物沉淀的溶度积差异较大,控制酸度,即控制溶液中 S^{2-} 的浓度,也可以将金属离子分成几组,从而实现选择性沉淀。不过硫化物沉淀多为胶状沉淀,易产生共沉淀,且硫化物沉淀易造成污染。卤化物沉淀分离法可用于少数易形成卤化物沉淀的金属离子(如 Ag^+)的分离,同时也可广泛用于卤素元素分析的样品前处理。硫酸盐能沉淀的主要是碱土金属,可用于需要除掉这些金属干扰的样品。磷酸盐虽然能与很多金属离子生成沉淀,但在强碱性条件下,只与锡、钛、铋等少数金属离子生成沉淀。

因为有机沉淀剂种类丰富、有机沉淀对无机组分的吸附相对较小、反应选择性高、沉淀溶解度小,所以,用有机试剂作沉淀剂更具优势。小分子有机沉淀剂用得较少,常用的主要是草酸(盐),它在 pH 小于 1 的强酸性溶液中,可以沉淀稀土金属离子,在 pH5 左右可以沉淀碱土金属离子。其他有机沉淀剂主要通过与金属离子形成螯合物沉淀、离子缔合物沉淀和多元配合物沉淀。常用螯合沉淀剂有以下几类：二肟、羟基肟、8-羟基喹啉及其衍生物、亚硝基化合物、氨基酸、含硫有机物。例如，丁二酮肟可以选择性地与镍生成沉淀，而与性质相近的铁、钴和铜离子不生成沉淀，与铅和铂离子在氨性或酸性溶液中可以形成沉淀。像碘化三苯甲基钾、氯化三苯锡、联苯胺、吡啶、邻二氮菲等有机试剂，在水溶液中可以解离出有机阴离子或阳离子，可以与带相反电荷的无机离子或配离子形成离子缔合物沉淀。例如，苦杏仁酸及其衍生物在水溶液中解离成有机阴离子，可以用于锆、铪离子的沉淀。多元配合物沉淀通常是金属离子与两种以上配体同时配位生成。例如，钙、锌、钴、镍、镉、锰离子可与 SCN^- 和吡啶生成 $M(C_6H_5N)_2SCN_2$ 组成的三元配合物沉淀。

8.1.3　共沉淀

共沉淀现象是指在某种沉淀生成的过程中，在此条件下原本不能生成沉淀的组分，也因为吸附、包裹或形成混晶等方式一起沉淀出来。共沉淀分离法就是利用共沉淀现象使目标组分从溶液中沉淀出来。即在样品溶液中加入沉淀剂与样品溶液中的常量组分生成沉淀，或者直接加入某种难溶物质作载体，使通常还未达到溶度积的共存痕量目标组分通过表面吸附等作用随载体沉淀一同析出，达到从复杂基体或大体积稀溶液中分离或富集痕量目标组分的目的。例如，常用分析技术无法直接定量测定环境水样中痕量铅，需要预先富集，由于 Pb^{2+} 浓度太低，直接加入沉淀剂不能定量沉淀 Pb^{2+}。如果在水样中先加入一定量 Ca^{2+}，然后加入 Na_2CO_3 做沉淀剂，就会形成 $CaCO_3$ 沉淀，此时痕量 Pb^{2+} 就会随 $CaCO_3$ 一起定量沉淀下来。形成载体的共沉淀剂主要有氢氧化物、硫化物和有机沉淀剂，载体应不干扰后续分析或者容易除去。为了使共沉淀完全，通常先将样品溶液的酸度等沉淀反应条件调节好，然后缓慢加入沉淀剂或载体溶液，使共沉淀过程尽快完成，通常数分钟即可，不宜过长时间陈化。表 8-1 是部分微量元素采用无机共沉淀剂捕集的实例。

表 8-1　微量元素共沉淀捕集举例

载体元素	沉淀形式	捕集的微量元素
Al(Ⅲ)	氢氧化物	Be,Bi,Cd,Ce,Co,Cr,Cu,Dy,Er,Eu,Fe,Ga,Gd,Ge,Hf,Ho,Ir,La,Lu,Mg,Mn,Mo,Nb,Nd,Ni,P,Pb,Pm,Pr,Pt,Rh,Ru,Sc,Se,Sm,Sn,Tb,Th,Ti,Tl,Tm,U,V,W,Y,Yb,Zn,Zr
Fe(Ⅲ)	氧化物	Ag,Al,As,Ba,Be,Bi,Cd,Ce,Co,Cr,Cu,Dy,Er,Eu,Ga,Gd,Ge,Ho,In,Ir,La,Lu,Mg,Mn,Mo,Nb,Nd,Ni,Np,Pa,Pb,Pd,Pr,Pt,Pu,Rh,Ru,Sb,Sc,Se,Sm,Sn,Sr,Ta,Tb,Tc,Te,Th,Ti,Tl,Tm,U,V,W,Y,Yb,Zn,Zr
Cu(Ⅱ)	硫化物	Ag,As,Au,Bi,Cd,Fe,Ga,Hf,Hg,In,Mo,Nb,Pb,Pd,Po,Pt,Rh,Ru,Sb,Sn,Ta,Tc,Te,Ti,Tl,V,W,Zn,Zr
Hg(Ⅱ)	硫化物	Ag,Au,Bi,Cd,Ga,Ge,In,Pb,Tl,Zn
Ca(Ⅱ)	氟化物	Al,Ce,Fe,Gd,Pb,Pu,Th,Y,Zr

共沉淀的机制有多种，有时是其中一种机理主导，有时可能有多种机制同时存在。如果载体沉淀表面的离子电荷没有达到平衡，就会吸引溶液中的异电荷离子共沉淀；氢氧化物作共沉淀剂时比较容易产生吸附共沉淀；如果目标离子的半径与共沉淀剂离子相近时，目标离子容易取代共沉淀剂离子而形成混晶共沉淀。由于晶格结构的限制，这种混晶共沉淀具有较好的选择性。例如，以 $SrCO_3$ 做载体沉淀时，Cd^{2+} 容易与之形成混晶共沉淀。对于

痕量组分,有时即使能形成难溶化合物,但浓度太低,不易聚集形成足够大的颗粒而沉淀,这时,可将痕量组分生成的微细颗粒作为晶核,使常量组分在此晶核上生成沉淀。该方法常用于贵金属的共沉淀富集,例如,在含微量金、铂、钯的溶液中,先加少量亚碲酸钠,再加入还原剂 $SnCl_2$ 或亚硫酸,使上述贵金属离子还原为单质微粒,亚碲酸钠也同时被还原为单质碲,并聚集在贵金属微粒表面形成沉淀。有时,可以直接将载体沉淀加入到样品溶液中,使微量目标组分与载体形成新的难溶化合物而共沉淀。例如,将 Hg_2Cl_2 加到含微量金、铂、钯、硒、碲、砷的酸性溶液中,剧烈振荡,上述金属离子即还原为单质沉积在 Hg_2Cl_2 微粒的表面。

由于无机载体沉淀中含有比目标金属含量高得多的金属元素,往往会对后续分析造成干扰,因此,无机共沉淀剂多用于载体元素易于掩蔽或除去的场合。如果使用有机共沉淀剂则可以避免类似的基体干扰。而且,有机共沉淀剂还具有选择性好、富集效率高、载体沉淀对溶液中杂质的吸附少等优点。常用的有机共沉淀剂有惰性共沉淀剂、离子缔合共沉淀剂和胶体共沉淀剂。

惰性共沉淀剂通常是难溶于水的有机试剂,如酚酞、2,4-二硝基苯胺、二苯胍、对硝基甲苯等。样品溶液中的某些微量金属离子即使与微溶于水的螯合试剂生成难溶螯合物,也往往不能析出沉淀。如果预先在样品溶液中加入惰性共沉淀剂作载体,则目标金属螯合物就可以随载体共沉淀析出。例如,在含微量 Ni^{2+} 的样品溶液中加入丁二酮肟,生成的螯合物不能析出沉淀,如果在样品溶液中加入丁二酮肟二烷基酯的乙醇溶液,丁二酮肟二烷基酯不溶于水而析出沉淀,Ni^{2+} 与丁二酮肟的螯合物就可以随丁二酮肟二烷基酯共沉淀析出。在这里丁二酮肟及其与镍的螯合物并不与惰性共沉淀剂(载体)发生化学作用,而是类似于固相萃取过程,即基于相似相溶原理,被"萃取"到了载体固相颗粒表面。

离子缔合共沉淀剂通常是在水溶液中可以解离成有机阴离子或阳离子的有机试剂,如甲基紫、结晶紫、亚甲蓝、孔雀绿。这些有机试剂与带相反电荷的离子生成的离子缔合物沉淀可以作为共沉淀载体,痕量目标离子与有机沉淀剂生成类似的离子缔合物与载体共沉淀。例如,在含痕量 Zn^{2+} 的酸性水溶液中,加入 NH_4SCN 和甲基紫,甲基紫电离为阳离子 MVH^+ 后,与 SCN^- 生成离子缔合物沉淀 $MVH^+ \cdot SCN^-$ 作为载体,目标 Zn^{2+} 先与 SCN^- 形成配阴离子 $Zn(SCN^-)_4^{2-}$,然后与甲基紫生成离子缔合物 $(MVH^+)_2 \cdot Zn(SCN^-)_4^{2-}$,此缔合物与载体缔合物共沉淀析出。此方法可用于样品溶液中 $\mu g/L$ 级 Zn^{2+} 的共沉淀富集分离。沉淀经洗涤、灰化和酸提取处理后,即可用原子光谱法测定。

胶体共沉淀剂是在水溶液中可以形成胶体的有机试剂,如单宁酸、辛可宁($C_{19}H_{22}N_2O$,喹啉型生物碱)、明胶、动物胶。当痕量组分生成胶体或絮状沉淀而不易凝聚时,可以加入胶体共沉淀剂使之快速共沉淀析出。例如,钨在酸性介质中形成的钨酸常常是带负电荷的胶体颗粒,不易凝聚,如果加入共沉淀剂辛可宁,因为有机大分子辛可宁在溶液中形成带正电荷的胶状颗粒,与带负电的钨酸胶体颗粒相互作用,即可快速凝聚,共沉淀析出。

8.1.4 均相沉淀

在直接沉淀法和共沉淀法中,外加的沉淀剂直接与被沉淀物质生成沉淀。尽管在加入沉淀剂的同时不断搅拌,但仍难避免沉淀剂的局部过浓,从而不利于形成晶型沉淀和容易产生包夹共沉淀,均相沉淀法则可以避免这些问题。均相沉淀法是通过化学反应在溶液中缓慢产生沉淀剂或调节溶液条件使沉淀均匀生成。均相沉淀法虽然操作上稍显麻烦,但在样品前处理中不仅可以用于金属离子等无机物的沉淀,还广泛用于食品、生物等样品中生物基体(如蛋白质)的去除。下面简要介绍几种均相沉淀的操作方法。

(1) 通过溶液中的化学反应进行均相沉淀。因为可以利用的化学反应很多,所以该方法是一种应用很广的均相沉淀方法。一种方法是通过化学反应在溶液中均匀生成沉淀剂,即在样品溶液中加入某种试剂,并控制条件使该试剂发生化学反应产生沉淀剂。例如,如果要沉淀样品溶液中的 Ba^{2+},可以在溶液中加入硫酸二甲酯,通过硫酸二甲酯的水解反应,缓慢而均匀地产生 SO_4^{2-},这比直接加入 Na_2SO_4 溶液作沉淀剂要好得多。又如,丁二酮肟可以直接沉淀溶液中的镍和钯,如果在溶液中加入丁二酮和羟胺,就可以在溶液中原位生成丁二酮肟,实现镍和钯的均相沉淀。再如,如果要沉淀溶液中的钍,可以预先在溶液中加入碘化物,然后加入高氯酸盐将 I^- 氧化成 IO_3^-,使溶液中的钍均匀生成碘酸钍沉淀。另一种方法是通过加热、氧化或置换反应,使待沉淀物质从其稳定的可溶性配合物中均匀释放出来。加热或氧化分解配合物释放目标金属离子的同时,其他共存金属离子的配合物也同时破坏,使该方法的选择性受到影响。如果采用配位置换反应,则选择性要好得多。例如,在含 Ba^{2+} 的溶液中,预先加入 EDTA 使 Ba^{2+} 以及其他共存离子形成稳定的 EDTA 配合物,这时加入硫酸盐也不会生成 $BaSO_4$ 沉淀,如果往溶液中加入 Mg^{2+},由于 Mg-EDTA 配合物的稳定常数大于 Ba-EDTA 配合物,于是 Ba^{2+} 被置换出来,与溶液中的 SO_4^{2-} 均匀生成 $BaSO_4$ 沉淀。溶液中过渡金属离子几乎都不会从它们的 EDTA 配合物置换出来,因而方法的选择性很好。还有一种方法就是加入适当的还原剂使基体金属离子选择性地还原成单质,从溶液中均匀沉淀出来得以除去。

(2) 控制溶液 pH 的均相沉淀。通过控制溶液 pH,既可以使基体物质或目标组分以原形或氢氧化物形式均匀沉淀出来,也可以产生沉淀剂使目标组分生成沉淀。直接滴加碱溶液提高样品溶液的 pH,可以使部分金属离子均匀生成氢氧化物沉淀或某些弱酸盐沉淀。通过化学反应产生碱性物质也可调节溶液酸度,例如,要沉淀酸性溶液中的 Ca^{2+},可以在溶液中加入草酸和尿素,此时草酸根的浓度很低,不足以使 Ca^{2+} 沉淀,如果将溶液加热,则尿素分解产生的氨使溶液 pH 逐渐升高,草酸根的浓度也随之增大,就可以使 Ca^{2+} 均匀地沉淀析出。在食品、生物和医学样品的分析中,特别是后续采用色谱分析方法时,基体中蛋白质必须预先除去。在样品溶液中加入一定量无机酸或有机酸,使溶液呈酸性,蛋白质即可失活聚沉。蛋白质、氨基酸、核苷酸等两性电解质类生物物质,都有各自的等电点(pI),当溶液的 pH 小于其 pI 时,两性生物物质带正电荷;反之,当溶液 pH 大于其 pI 时,两性生物物质带负电荷。带电荷的生物物质基于同种分子间的电荷排斥以及与溶剂水之间的亲水作用,往往容易溶于水中。当调节溶液 pH 至某种两性生物物质的 pI 时,该生物物质不带电荷,此时,生物物质的疏水相互作用占主导,溶解度显著降低而沉淀出来,这种方法常用于除去样品中的蛋白质等生物基体。

(3) 溶剂添加与挥发均相沉淀。在使用有机沉淀剂时,往往需要用合适的有机溶剂来溶解沉淀剂,溶剂挥发均相沉淀是通过逐渐挥发除去随有机沉淀剂一起加入样品溶液中的有机溶剂,使沉淀剂浓度增大,而均匀沉淀目标组分的方法。例如,在 NH_4Ac 缓冲介质中沉淀样品水溶液中痕量 Al^{3+} 时,有机沉淀剂 8-羟基喹啉溶解在丙酮中一起加入样品溶液中,当样品溶液体积较小或加入的沉淀剂丙酮溶液体积较大时,沉淀的生成比较困难,如果将溶液加热至 70~80℃,使丙酮逐渐挥发,8-羟基喹啉的浓度逐渐增大,就可均匀生成 8-羟基喹啉铝沉淀。与溶剂挥发相比,更有用的是溶剂添加均相沉淀法,尤其是用于除去样品中蛋白质等生物基体物质。在含有蛋白质、核酸、多糖等带电生物物质的样品水溶液中加入有机溶剂,不仅会使生物物质与水之间的亲水作用显著降低,也会导致溶液介电常数大大降低,这两个因素都会使得生物物质相互之间的作用力显著增大,从而聚集沉淀。影响有机溶剂均相沉淀的主要因素是温度、酸度、离子强度和样品溶液中蛋白质的浓度。

(4)温度控制均相沉淀。冷却或加热都可以使蛋白质等生物物质从样品溶液中均匀沉淀出来。蛋白质的溶解度随温度的降低而减小,达到一定低温即可沉淀析出,而且不同的蛋白质析出沉淀的温度不同,利用温度差还可对混合蛋白质进行分级沉淀。蛋白质的冷冻离心分离也是利用了蛋白质在低温下溶解度显著降低的特性。加热到一定温度,蛋白质会变性失活而聚沉。加热会使蛋白质分子结构变得松散,如果样品溶液中含有机溶剂,则有机溶剂容易进入到蛋白质结构中的疏水区域,并与酪氨酸、色氨酸、亮氨酸等氨基酸残基之间发生疏水相互作用,导致蛋白质的不可逆变性,有助于蛋白质沉淀。

8.1.5 离心分离

离心分离法是利用旋转运动产生的离心力的分离方法,可以获得重力的数万倍至数十万倍的离心效果。在沉淀分离法中,沉淀颗粒受重力作用可以自发与溶液分相,离心操作仅仅是为了使沉淀在更短的时间沉淀得更完全,通常不需要施加太大的离心力,如转速 3000~5000r/min。这里所述离心分离是指施加高离心力,使均匀分布于溶液中的微细颗粒(细菌、微生物)、大分子或分子聚集体沉降分相的方法。在样品前处理中,广泛用于从溶液中分离细菌、蛋白质、核酸等生物物质。

离心分离法是在比较温和的条件下对样品进行处理,具有物理和化学影响小、样品损失少、分离后样品可以得到浓缩等优点,是生物化学领域广泛采用的分离方法之一。离心分离法从原理上大致分为分别离心法(differential centrifugation)和密度梯度离心法(density gradient centrifugation)。分别离心法是使用均一溶液介质的普通离心法。可以一次处理大量样品。能以较小的离心力在短时间内分离,但不适合沉降系数相近的粒子间的分离,样品前处理中主要采用该方法。密度梯度离心法是在离心管中用蔗糖、氯化铯等制备密度梯度,用此介质进行离心分离,该方法主要用于生物物质的相互分离,在样品前处理中很少用到。密度梯度离心法有两种:一种叫密度梯度沉降速度法或速度带离心法(rate zonal centrifugation),是在事先制备好的蔗糖等密度梯度介质中离心,可以同时分离3种以上物质的混合物;另一种叫等密度离心法(isopycnic centrifugation),在对氯化铯溶液离心的过程中,由重力场自然形成密度梯度,此密度梯度跨样品中各粒子的整个密度范围,各粒子在与之等密度的地方沉降,与粒子的颗粒大小无关,于是形成各粒子的层。

离心机的核心部件是转子,转子有振动、垂直和斜角转子三种。振动转子型从构造上讲,适合于低速离心机和密度梯度沉降速度法;垂直转子移动距离短,可以提高转速,适合于要求短时间平衡的等密度离心法;斜角转子使用较少。离心机依性能分为以下几种。

小型台式离心机:从低速到 10 000r/min 左右,沉淀分离中的分相多用此类离心机。

大容量低温离心机:主要用于生物和医学领域,一次可以处理体积大至数升的血液样品或同时离心数百个样品,转速通常只有数千转每分钟。

高速冷冻离心机:从低速到 20 000r/min 左右,在生物、医学实验室广泛使用,具有快速制冷功能。

分离用超速离心机：转速可达 3 万～10 万 r/min,冷却的同时抽真空以防止空气摩擦产生的发热。还有用于少量样品离心的小型超速离心机,转速可达 10 万～12 万 r/min。由于样品重量平衡调节不好等引起的超速离心机的故障具有很大破坏力,非常危险,需特别注意。

分析用超速离心机：可以在转子转动过程中,让样品的沉降过程通过样品池窗口,观察或测量样品紫外吸收等信号来测量沉降物质相对分子质量或沉降系数。由于所需样品量大、测定操作和数据解析烦琐,往往代之以 GPC 或 SDS 电泳法。不过,在大量发现蛋白质的遗传工程中,因为可以直接知道溶液中的蛋白质状态,所以在生物和医药领域仍有应用。

8.2　泡沫浮选[1]

8.2.1　方法原理与类型

泡沫浮选法是泡沫吸附分离法中的一个分支。泡沫吸附分离法是以泡沫做分离介质,利用各种类型目标物质(离子、分子、胶体颗粒、固体颗粒、悬浮颗粒等)与泡沫表面的吸附相互作用,实现表面活性物质或能与表面活性剂结合的物质从溶液主体(母液)中的分离。泡沫分离技术早在 20 世纪初就广泛用于矿物浮选分离。现在,泡沫分离还可用于许多可溶的和不可溶的物质的分离或富集,在分析样品前处理中也有很多应用。例如,溶液中的无机阴离子、金属阳离子、具有表面活性的有机物、染料、蛋白质等的分离富集。当溶液中待分离物质具有表面活性,则可用惰性气体从下向上鼓泡,表面活性溶质即可吸附到气泡上,将泡沫层收集起来,消泡后即可得到比原液中溶质浓度高的泡沫液。长期以来,泡沫吸附分离主要限于天然表面活性物质的分离,20 世纪中后期才发现溶液中的金属离子和某些表面活性剂所形成的配合物也能吸附到泡沫上,这种场合的表面活性剂称作起泡剂。选择合适的起泡剂和操作条件,可以分离和富集溶液中毫克/升水平的贵金属。

泡沫分离是以物质在溶液中表面活性的差异为基础的分离技术,有关表面活性剂的性质以及泡沫形成过程中的热力学问题可以参考其他相关文献和书籍。泡沫是气体分散在液体介质中的多相非均匀体,但是它又不同于一般的气体分散体。泡沫是由极薄的液膜所隔开的许多气泡所组成的。当气体通过纯水或搅动纯水时,就会产生气泡,但这种气泡很快就会破灭,当水溶液中含有表面活性剂时,产生的泡沫则能长时间维持不消失。

制造泡沫的方法主要有两种：一种是使气体连续通过含表面活性物质的溶液并搅拌,或通过细孔鼓泡使气体分散在溶液中形成泡沫；第二种方法是将气体先以分子或离子的形式溶解于溶液中,然后设法使这些溶解气体从溶液中析出,从而形成泡沫。例如啤酒和碳酸饮料就是采用这种方法形成的泡沫。

气泡在溶液中形成的初期,溶液中的表面活性剂分子在气泡表面排列,形成如图 8-1(a)所示的极性头朝向水溶液,非极性头朝向气泡内部的单分子膜。当气泡凭借浮力上升时,如图 8-1(b)所示,气泡将冲击溶液表面的单分子层,此时在气泡表面的液膜外层上,表面活性剂分子又会形成与原单分子层排列完全相反的另一层单分子膜,两者构成较为稳定的双分子层气泡体,最终形成如图 8-1(c)所示的在气相空间接近球形的单个气泡。表面活性剂双分子层气泡膜的理论厚度应该是两个单分子层的厚度,大概只有几个纳米,而实际上在气泡的双分子层之间往往还会含有大量的溶液。例如肥皂泡的实际膜厚约为数百纳米,其双分子层间夹带了大量水溶液。双分子层中夹带的溶液会因重力向下流动,造成部分气泡膜变薄,直至气泡破灭。气泡之间的隔膜也会因彼此的压力不均而破裂。许多气泡聚集成大小不等的球状气泡集合体,更多的气泡集合体聚集在一起就形成了泡沫层。泡沫的稳定性主要受表面活性物质的种类与浓度、温度、气泡大小、溶液 pH 等因素的影响。如果表面活性剂的浓度远远低于其临界胶束浓度,则泡沫的稳定性较差;如果溶液温度升高,一方面气泡内压力会增加,另一方面形成气泡膜的液体的黏度会降低,这些因素都会导致气泡的稳定性降低。

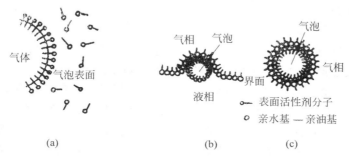

图 8-1　气泡的形成过程

　　凡是利用“泡”(泡沫、气泡)做介质的分离都统称为泡沫吸附分离,它可分为非泡沫分离和泡沫分离。

　　非泡沫分离又可细分为鼓泡分离法和溶剂消去法。非泡沫分离也要鼓泡,但不一定形成泡沫层。鼓泡分离法是从塔式设备的底部鼓入气体形成气泡,表面活性物质随气泡上升至塔顶部,从而与母液分离;溶剂消去法是将一层与溶液不相混溶的溶剂置于溶液顶部,通过鼓出的气泡将溶液中的表面活性物质带到顶部溶剂层,从而将溶液中的表面活性剂除去或从溶液中分离富集表面活性剂。

　　泡沫分离法可再细分为泡沫分馏(foam fractionation)和泡沫浮选(froth flotation)。泡沫分馏(也称泡沫精馏)类似精馏过程,用于分离在溶液中可溶解的物质,如表面活性剂和能与表面活性剂结合的各种非表面活性物质。泡沫浮选则主要用于分离在溶液中不溶解的物质,根据被分离物质性状和颗粒大小又可细分为矿物浮选、粗粒浮选、细粒浮选、沉淀浮选、离子浮选、溶剂浮选、分子浮选、吸附富集浮选等。

　　泡沫浮选的主要特点是:①设备简单、易于操作,运行成本较低;②在常温下操作,适合生物物质和热稳定差的物质的分离;③适合大体积样品和痕量组分的富集。在分析样品前处理中比较常用的是沉淀浮选、离子浮选和溶剂浮选。这些浮选技术多用于各种样品中痕量金属元素的分离富集,所以后续分析方法多为原子光谱法和分光光度法。有的浮选体系也用于有机物和无机阴离子的分离富集,所以后续分析方法也经常用到离子色谱法和液相色谱法。

8.2.2　沉淀浮选

　　沉淀浮选是使样品溶液中的目标组分与加入的沉淀剂生成沉淀或吸附于其他胶体沉淀表面后采用浮选的方法从样品溶液中分离出来。沉淀浮选不仅克服了普通沉淀分离在过滤或离心胶体沉淀时的困难,更重要的是适合痕量或微量组分的分离富集,可进行大体积样品处理,富集倍数可达数百倍。沉淀浮选所用沉淀剂主要为氢氧化物,此外像硫化物等无机沉淀剂,双硫腙、2-萘酚等有机沉淀剂也常使用,下面重点介绍以金属氢氧化物做载体的氢氧化物沉淀浮选和以有机试剂做载体的有机试剂沉淀浮选。

氢氧化物沉淀浮选是在样品溶液中先加入少量载体金属离子(捕收剂),再缓慢加入能与载体离子形成氢氧化物沉淀的碱溶液,当载体沉淀形成的同时,样品溶液中的痕量目标组分被载体沉淀共沉淀捕集。随后加入与沉淀颗粒表面带相反电荷的表面活性剂,表面活性剂的亲水头因静电相互作用而定向聚集于沉淀颗粒表面,而其疏水头朝外形成一个疏水外界,使沉淀颗粒的疏水性大大增强。接着将样品溶液置于浮选槽中鼓气浮选,沉淀随气泡上升浮选至溶液表面而分离。

载体沉淀形成过程中的 pH 控制非常重要,它不仅决定溶液中目标离子能否形成氢氧化物共沉淀,也决定形成的沉淀颗粒表面的荷电性质以及选择何种类型表面活性剂。例如,对于 $Fe(OH)_3$ 沉淀颗粒而言,当 pH 小于 9.6 时,沉淀颗粒表面带正电荷,浮选时应选择阴离子表面活性剂;反之,当 pH 大于 9.6 时,沉淀颗粒表面带负电荷,浮选时应选择阳离子表面活性剂;不过,当溶液中存在少量有机溶剂(如乙醇)时,在 pH9～10 范围内,$Fe(OH)_3$ 沉淀颗粒表面呈现两性特性,浮选时阴或阳离子表面活性剂均可使用。沉淀浮选中常用的表面活性剂有油酸钠、十二烷基磺酸钠等。

痕量目标组分(通常也是金属离子)与金属氢氧化物载体共沉淀后,所得沉淀中载体元素含量较目标组分高得多,后续分析可能会产生基体干扰,这就需要根据载体金属和目标金属的性质选择合适的后续分析方法,以避免基体干扰。正是基于这样的考虑,氢氧化物沉淀浮选分离富集后常常选择原子吸收光谱法进行后续测定,这样就可以较好地避免基体干扰。

有机试剂沉淀浮选是基于有机试剂本身的疏水性,当其遇到水相(样品溶液)即形成沉淀,样品溶液中的痕量目标金属离子也与有机试剂生成难溶化合物,被有机试剂的沉淀颗粒共沉淀捕集。溶解和配制载体有机试剂可以选择合适的有机溶剂或水与有机溶剂的混合溶液。往样品溶液中加入有机试剂后应充分混合并搅拌一段时间,使细小的沉淀颗粒聚集为粒径更大的絮状沉淀,有利于浮选更加完全。例如,采用有机试剂沉淀浮选分离富集粮食中痕量铜和锰的方法如下[2]:将样品溶液置于 100mL 烧杯中,加入 2mmol/L 的 8-羟基喹啉溶液(适量无水乙醇溶解后再用水稀释定容)3.5mL,调节 pH 至 9,静置 20min。然后加入 0.2mmol/L 十二烷基苯磺酸钠溶液 10mL,搅拌均匀后转入浮选池中,通氮气控制流速为 15mL/min,鼓泡浮选 15min,停止通气。待泡沫层稳定后,弃去下层水溶液,然后用 1mL 无水乙醇消泡,用 1%盐酸溶解并定容至 25mL,后续采用火焰原子吸收光谱法测定。

很多有机试剂沉淀浮选体系不加入表面活性剂也能有效浮选,不使用表面活性剂的好处是可以避免后续的消泡操作,因为消泡剂(如乙醇、乙醚等)有可能溶解部分有机沉淀,导致目标组分损失。

氢氧化物沉淀浮选只能在碱性溶液中进行,而有机试剂沉淀浮选在酸性溶液中也能进行,可以在更宽 pH 范围内选择合适的酸度条件来提高方法的选择性,减少基体或共存组分的干扰。例如,采用沉淀浮选法富集分离溶液中微量 Co^{2+},如果采用 $Fe(OH)_3$ 沉淀浮选体系,pH 需大于 8.5,而采用有机试剂 1-亚硝基-2-萘酚做共沉淀剂,pH 大于 2 即可。浮选后的沉淀中含有大量载体有机试剂,对后续采用原子光谱分析不利,往往还需采用湿法消解或干灰化处理浮选沉淀。有机试剂沉淀浮选虽不如氢氧化物沉淀浮选应用多,但其浮选后的沉淀中不含金属基体,所以后续分析方法选择的余地较大。

8.2.3 离子浮选

离子浮选是往含金属离子或其配离子的样品溶液中,加入带相反电荷的表面活性剂,使金属离子形成易于附着于气泡表面的疏水离子缔合物后,进行浮选分离富集。以酸根阴离子形式存在的金属元素可以直接与阳离子表面活性剂缔合后浮选,例如环境水样中的 CrO_4^{2-} 可以与溴化十六烷基三甲基铵(CTMAB)生成难溶缔合物浮选至液面上。很多金属离子在水溶液中以水合阳离子的形式存在,虽然也可以直接与阴离子表面活性剂缔合,但通常是加入适当的配体使金属离子转变成配离子,然后再加入适当的表面活性剂进行离子缔合。金属离子很容易与氯离子、硫氰酸根、氰根、草酸根、硫代硫酸根等无机阴离子形成稳定的配阴离子,然后与阳离子表面活性剂形成适合浮选分离的中性疏水离子缔合物。金属离子也与偶氮胂Ⅲ、二苯卡巴腙、邻二氮菲、对氨基苯磺酸胺、丁基黄原酸钾等很多有机配体生成中性配合物或配阳离子,加入适当表面活性剂即可浮选分离。例如:Cu^{2+} 与邻二氮菲形成的配阳离子再与十二烷基磺酸钠(SDS)缔合,在 pH2.5 的条件下,该缔合物的浮选效率大于 95%。

近年,一种被称作析相浮选或微晶吸附浮选的方法与离子浮选非常类似,通常也是使金属离子形成难溶的含表面活性剂的三元离子缔合物,不同的是析相浮选不需要鼓泡,离子缔合物通过振荡等操作即可悬浮于样品水相表面,形成界面清晰的两相,有时为了促进两相的形成,在样品溶液中加入适量无机盐。例如,在含 Cu^{2+} 的样品溶液中加入 SCN^- 和阳离子表面活性剂溴化十四烷基三甲基铵(TTMAB),SCN^- 与 TTMAB 生成微晶物质 $TTMAB^+ \cdot SCN^-$;Cu^{2+} 则与 SCN^- 生成配阴离子 $Cu(SCN)_4^{2-}$,继而再与 TTMAB 形成不溶于水的离子缔合物 $Cu(SCN)_4^{2-} \cdot (TTMAB^+)_2$,此离子缔合物吸附于 $TTMAB^+ \cdot SCN^-$ 微晶表面,并一同浮选至水相上,形成界面清晰的两相。在两相形成过程中 Cu^{2+} 可定量浮选,而共存的 Fe^{3+}、Co^{2+}、Ni^{2+}、Cd^{2+}、Mn^{2+}、Al^{3+} 等离子仍留在水相[3]。

8.2.4 溶剂浮选

溶剂浮选是在待浮选样品水溶液表面加上一定量与水互不相溶的有机溶剂,样品中具有表面活性的有机组分或被表面活性剂捕集的非表面活性组分随鼓起的气泡上升浮出水相,如果目标组分可溶于有机溶剂,则在气流的推动下进入上层有机相并溶于其中。图 8-2 是溶剂浮选装置的结构示意图,整个分离过程是浮选与溶剂萃取的结合,所以溶剂浮选也称浮选萃取。如果目标组分不溶于有机溶剂,则会附着于浮选槽(柱)壁或在水相和有机相之间形成第三相,也可实现分离。其实,溶剂浮选也可和溶剂萃取一样在分液漏斗中振荡浮选,而无须在浮选槽(柱)中鼓气浮选。

溶剂浮选分离具有表面活性的有机组分时,不需在样品溶液中加入表面活性剂等其他试剂,直接鼓泡浮选,利用有机组分的疏水亲气特性,使有机组分吸附于大量气泡形成的气-液界面,气泡浮出样品水相而破裂,有机组分在气流推动下进入上层有机相。因为绝大多数有机物具有紫外吸收,后续采用紫外分光光度法可以测定目标组分含量,如果浮选萃取的是混合组分,后续可采用液相色谱分析。该技术广泛用于环境水样中有机污染物富集和天然产物活性成分分离。例如,紫外分光光度法测定茵陈中总香豆素含量的溶剂浮选样品前处

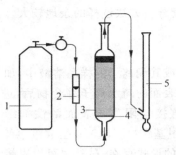

图 8-2 溶剂浮选装置结构示意图
1—氮气钢瓶；2—转子流量计；3—浮选柱；4—G4 玻砂滤板；5—皂膜流量计

理方法如下[4]：将一定量茵陈水提液置于 250mL 烧瓶中，加水稀释至 200mL，调 pH 至 9，搅拌混匀后全部转移至浮选柱中，加入正辛醇 10mL，以 40mL/min 流量通入氮气，浮选 40min，静置片刻，吸出全部有机相并定容至 10mL，以正辛醇作参比，在 320nm 波长处测定香豆素的吸光度。又如，穿心莲片中脱水穿心莲内酯可以用乙酸乙酯作萃取溶剂浮选分离，乙酸乙酯相直接用反相 HPLC 分析[5]。

溶剂浮选用于金属离子的分离时，其浮选环节与离子浮选类似，也是在样品溶液中加入捕收剂使金属离子或其配阴离子生成疏水配合物或离子缔合物后浮选。例如，在含 Pb^{2+}、Ni^{2+} 和 Co^{2+} 的水样（调 pH7.7）中加入双硫腙与上述金属离子形成中性配合物，再加入非离子表面活性剂壬基酚聚氧乙醚作捕收剂，壬基酚聚氧乙醚通过与双硫腙分子之间的氢键相互作用，增加了金属-双硫腙配合物的疏水性。以甲基异丁基酮（MIBK）作浮选溶剂，上述金属离子的浮选回收率在 95% 以上，MIBK 相直接用于石墨炉原子吸收光谱法测定 Pb^{2+}、Ni^{2+} 和 Co^{2+} 的含量[6]。

溶剂浮选也可用于无机阴离子的分离，浮选前需将无机阴离子转变成疏水性的离子缔合物，例如，SiO_3^{2-} 的浮选分离与光度法测定方法如下：在硫酸介质中加入钼酸盐，在沸水浴中加热使 SiO_3^{2-} 生成硅钼酸盐，转入分液漏斗中，冷却后加入孔雀绿与硅钼酸根生成疏水离子缔合物。然后加入 MIBK 和环己烷（1:8，V/V）混合溶剂作有机相，振荡浮选，在水相和有机相之间形成第三相，弃去水相和一半有机相，加入丙酮溶解第三相，用分光光度法测定 SiO_3^{2-} 含量。

与沉淀浮选和离子浮选相比，溶剂浮选的优势在于有机相有消泡作用，不仅能加快浮选速度，而且适合泡沫层不稳定的体系；另外，浮选后的有机相可以直接做后续分析。与溶剂萃取相比，溶剂浮选效率更高。因为在普通溶剂萃取中，萃取效率受制于萃取物在两相的平衡常数；而在溶剂浮选中，浮选物在气流驱动下进入有机相，不存在萃取分配平衡，有机相溶解浮选物直至饱和状态。因此，溶剂浮选的分离容量更大、富集倍数更高，也不存在溶剂萃取中的溶剂损失和乳化现象。

8.3 挥发与蒸馏

基于不同物质的挥发性差异，将特定物质从样品中以气态形式分离出来的方法包括挥发、蒸发、升华、常规蒸馏、精馏、灰化等多种形式。在分析样品前处理中用到的主要是挥发、蒸发、蒸馏和灰化,其中灰化在样品分解部分已有介绍。上述各种方法虽然本质上相同,但在操作方式和使用目的上有所不同。尽管蒸发在一些场合不与挥发做区分,或者将蒸发归于挥发之中,但在样品前处理中,二者用途有明显区别,在此分别予以介绍。

8.3.1 挥发

挥发是将气体和易挥发物质从固体或溶液样品中转变为气相分离出来的方法。挥发的选择性比较高,相分离简单,气相可以直接溢出放空。对于难挥发物质,还可通过衍生化使之转变成易挥发物质,如原子光谱分析中的氢化物发生就是一种化学挥发技术,只不过这种技术已经与原子荧光分析仪联用,不再看作是一种样品前处理方法。挥发出来的气相物质要么放空除去,要么直接以气态形式进入后续分析仪器。在分析样品前处理中既可将目标组分从样品基体中挥发分离出来,也可将基体物质或干扰组分挥发除去。

在目标组分的挥发分离中,有一些经典的高选择性方法,例如,含硅样品加氢氟酸后将硅以 SiF_4 形式挥发出来进行后续分析;又如,凯氏定氮法就是将含氮化合物中的氮元素转变成氨挥发出来,再进行酸碱滴定测定氮的含量。不过,多数情况下,挥发目标组分的同时,也会有共存挥发性组分一起挥发出来,这时,后续通常采用具有高分离能力的分析方法,例如,气相色谱的顶空进样技术就是将样品中的易挥发物质一起挥发出来导入气相色谱仪,通过气相色谱分离和同时分析;顶空固相萃取也是将挥发与固相萃取相结合的样品前处理技术,后续分析方法也多为色谱及其联用技术。

在基体挥发中,除了溶剂的蒸发、自然风干或氮吹可以看成是基体(溶剂)的直接挥发外,通常情况下基体物质需要通过化学反应转变成易挥发物质,例如,高纯硒中杂质成分的 ICP-AES 分析[7],需要除去基体硒,以保证杂质元素分析的准确性。利用二氧化硒的挥发性,用硝酸加热分解样品,将样品溶液蒸干后,在 320℃于挥发炉中挥发 40min,硒以二氧化硒挥发除去,残渣用盐酸复溶后做 ICP-AES 分析。

8.3.2 蒸发

蒸发是指加热液体时,在液面上液体变为蒸气的现象及其操作。蒸发其实就是溶剂的挥发,所以也可看作是一种挥发分离方法。不过,蒸发过程中没有化学反应,仅仅是物质从液相转变成气相的相变过程。与蒸发类似的还有升华,是固体直接转变为气体的相变过程,升华在分析样品前处理中极少用到。蒸发通常是使溶解样品的溶剂全部或部分转变成气态分离除去,在样品前处理中的主要目的是浓缩和溶剂置换。用溶剂从固体样品中提取化学物质,得到的溶液体积比较大或者目标组分浓度比较低,就可以蒸发除去部分溶剂达到浓缩的目的。如果样品提取溶剂不适合后续分析或者定容困难的情况下,就需要将溶剂完全蒸发除去,再用准确体积的溶剂复溶溶质。当溶剂为水时多在常压、开放状态下进行蒸发,如果溶剂具有毒性、腐蚀性、刺激性,则需在通风橱中蒸发。对于常压下的加热蒸发,如果是一般溶剂,可使用玻璃或聚四氟乙烯烧杯或蒸发皿;如果是碱性溶液,因为从器壁溶出的物质增多,通常要用石英烧杯或铂金皿。不过,石英和铂金加热也有微弱侵蚀,因此蒸发应尽可能在中性或弱酸性条件下进行。对于减压下的蒸发,如果溶剂蒸气可以不回收,也可用连接在自来水管上的水泵减压。不过,无论是有机溶剂,还是水溶液,现在实验室最常用的是旋转蒸发仪,它是天然产物提取和分离中必备的实验装置。旋转蒸发仪不仅可以减压操作,还可回收溶剂。

8.3.3　常规蒸馏

常规蒸馏是利用液体混合物中各成分的沸点差异,即饱和蒸气压的差异,将各成分分离的方法。将多成分的混合溶液加热,使之沸腾,与液体达到平衡的蒸气相的组成变得与液体大不相同,气相中易挥发成分(低沸点成分)多。将蒸气相冷凝,就得到富含低沸点组分的液体。

按操作压力大小可将蒸馏分为常压蒸馏(在1atm,即101kPa左右的常压下的蒸馏)、高压蒸馏(操作压力大于101kPa)和减压蒸馏(也称真空蒸馏,操作压力小于101kPa)。常压蒸馏用于沸点在100℃左右、热分解小的成分分离,而对于常压下难馏出的成分采用减压蒸馏。另外,一次蒸馏操作不能达到分离目的时,也可重复蒸馏(重蒸)。蒸馏分离两种物质的混合溶液时,有时会出现共沸现象,即两种物质以恒定的组成比同时蒸馏出来,例如,乙醇-水体系、丙酮-氯仿体系、丙酮-二硫化碳体系。对于共沸混合物可以添加第三种成分进行蒸馏。对于乙醇-水体系,为了得到只含水的乙醇,可以添加苯进行蒸馏。

蒸馏在分析样品前处理中主要用于样品中挥发性组分的分离和分析。例如,硫酸中氯化物与硝酸盐杂质的分析,可以将硫酸用超纯水适当稀释后,加热蒸馏,将氯化物与硝酸盐从硫酸基体中定量蒸馏出来,尽管也会有少量硫酸一同蒸馏出来,但在后续离子色谱测定氯离子和硝酸根离子的方法中已经不会产生干扰。又如,污水中挥发性酚类物质可以控制温度蒸馏分离富集,馏出液在氧化剂存在下在线与4-氨基安替比林显色,分光光度法测定挥发酚含量。再如,水样中痕量氰化物的分析,可在酸性条件下,往样品溶液中加入醋酸锌进行蒸馏,溶液中的氰化物以氰氢酸和锌氰配合物的形式蒸馏出来,馏出液可以采用分光光度法测定。

水蒸气蒸馏不是直接加热样品溶液,而是加热水产生水蒸气,将水蒸气通入样品溶液中进行蒸馏。水蒸气蒸馏适合沸点比较高,且和水不互溶的有机化合物的蒸馏分离。水蒸气蒸馏在提取和分离天然产物挥发油中应用最多,也可用于纯粹的分析样品前处理。例如,为了测定发酵乳中影响风味的羰基化合物乙醛和双乙酰,可以采用水蒸气蒸馏法将乙醛和双乙酰蒸馏出来,馏出液通过显色反应后用分光光度法测定乙醛和双乙酰含量。水蒸气蒸馏其实往往还将提取环节融为一体,即将固体样品直接置于蒸馏烧瓶中。

亚沸蒸馏是在溶液沸点以下进行的蒸馏。由于未达到物质的沸点,和液相处于平衡状态的气相物质是以分子状态存在,蒸气中一般不会夹带出液相的杂质。亚沸蒸馏主要的应用是在化学实验室小规模制备高纯水和无机酸(如盐酸),有时也用于高纯有机试剂(如乙腈)纯化。亚沸蒸馏在样品前处理中的应用不多,可以用来进行样品溶液浓缩,例如,环境水样中痕量重金属铅、镉、铬等的原子光谱直接分析灵敏度难以满足要求,可以采用亚沸蒸馏,在不损失目标组分的前提下实现浓缩富集。

将蒸馏与萃取结合在一起形成的同时蒸馏萃取技术的选择性要高于单纯的蒸馏分离,这是因为后续萃取环节可以选择不同性质的萃取溶剂来选择性地萃取相应物质。同时蒸馏萃取常用于天然产物分析样品的前处理。例如植物挥发油样品的处理,从蒸馏烧瓶蒸馏出来的挥发性物质全部导入另一装有萃取溶剂的烧瓶中,如果萃取溶剂是非极性的乙醚,则植物中的非极性挥发组分更易萃取到乙醚相中。

8.3.4 分子蒸馏[1]

分子蒸馏技术是 20 世纪 20 年代出现的一种特殊的液-液分离技术。它是随着人们对真空状态下气体运动理论的深入研究以及真空蒸馏技术的不断发展而兴起的一种新型分离技术。

1. 方法原理

当相距较远的两个分子逐渐接近时,它们之间的吸引力逐渐增强,而当它们接近到一定程度后,它们之间会出现排斥力,而且排斥力会随着距离的进一步接近而迅速增加。分子碰撞就是指这种分子由吸引而接近至排斥而分离的过程。两个分子在碰撞过程中,它们的质心间的最短距离就是分子的有效直径。一个分子在相邻两次分子碰撞之间所经历的路程称为分子运动自由程。任何一个特定的分子在运动过程中,其自由程是不断变化的,在一定的外界条件下,不同物质的分子自由程也是不同的。而在化学中有意义的是分子平均自由程,它是指在某时间间隔内,大量同种分子自由程的统计平均值。影响分子运动平均自由程的主要因素是分子所处环境温度(T)、分子所处空间压力(p)及分子的有效直径(d)。分子运动平均自由程 λ_m 与这些主要因素的定量关系可以用式(8-1)表示。

$$\lambda_m = \frac{k}{\sqrt{2}\pi} \cdot \frac{T}{d^2 p} \tag{8-1}$$

式中:k 为玻尔兹曼常数。

根据分子运动理论,液体混合物受热后分子运动会加剧,当接收到足够能量时,液态分子就会从液面逸出变成气态分子。随着液面上方气态分子浓度增加,有一部分气态分子又会返回液相,当外界条件一定时,气-液两相最终会达到动态平衡。不同种类的分子,由于其有效直径不同,其平均自由程也不同,即不同种类物质分子逸出液面后不与其他分子碰撞的飞行距离不同。分子蒸馏就是依据不同物质分子逸出液面后在气相中的运动平均自由程不同来实现相互分离的;而常规蒸馏是基于不同物质的沸点差异实现分离的。

图 8-3 是分子蒸馏分离的原理图。液体混合物沿加热器面板自上而下流动,物质分子受热后获得足够能量而逸出液面,因为轻分子(质量轻或体积小)的分子运动平均自由程大于重分子(质量重或体积大),如果在离液面距离小于轻分子平均自由程,而大于重分子平均自由程的地方设置一冷凝板(捕集器),则气相中的轻分子可以到达冷凝板被冷凝,作为馏出物从气-液平衡体系分离出来。体系为了达到新的动态平衡,则不断有轻分子从混合物液面逸出。相反,气相中的重分子不能到达冷凝板,不会被冷凝而移出气-液平衡体系,所以,重分子在加热板上很快达到动态气-液平衡,表观上不会有重分子继续逸出液面,重分子随母液沿加热板流下,进入蒸余物出口。于是,轻分子和重分子就被分离开了。显然,分子蒸馏分离必须满足两个基本条件:①轻重分子的平均自由程必须有差异,差异越大则越容易分离;②蒸发面(液面)与冷凝板间的距离必须介于轻分子和重分子平均自由程之间。

分子蒸馏是一种非平衡状态下的蒸馏,其原理与常规蒸馏完全不同,它具有许多常规蒸馏方法所不具有的优点。

(1)蒸馏压力低。为了获得足够大的分子平均自由程,必须降低蒸馏压力。同时,由于分子蒸馏装置独特的结构形式,其内部压降极小,可获得 $0.1\sim100Pa$ 的高真空度。常规真空蒸馏虽然也可获得较高真空度,但由于其内部结构上的制约,其真空度只能达到 5kPa

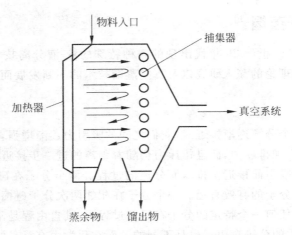

图 8-3 分子蒸馏分离原理示意图

左右。

（2）物质受热时间短。分子蒸馏装置中加热面与冷凝面之间的距离很小（小于轻分子的平均自由程），由液面逸出的轻分子几乎不发生碰撞即到达冷凝面，所以受热时间很短。如果采用成膜式（如刮膜、离心成膜）分子蒸馏装置，使混合物溶液的液面形成薄膜状，这时，液面与加热面几乎相等，物料在设备中停留时间很短，蒸余物料的受热时间也很短。常规真空蒸馏受热时间以分为单位，而分子蒸馏以秒为单位。

（3）操作温度低。因为物质分子只要离开液面，即可实现分离，不需将溶液加热至沸腾，所以分子蒸馏是在远低于待分离物质沸点的温度下进行蒸馏操作的，这对热敏物质和生物物质的分离非常有利。

（4）分离度高。分子蒸馏常常用来分离常规蒸馏难以分离的混合物。即使两种方法都能分离的混合物，分子蒸馏的分离度也要比常规蒸馏高，比较一下它们的挥发度即可看出。常规蒸馏的相对挥发度为 α：

$$\alpha = \frac{p_1}{p_2} \tag{8-2}$$

而分子蒸馏的挥发度 α_τ 为

$$\alpha_\tau = \frac{p_1}{p_2}\sqrt{\frac{M_2}{M_1}} \tag{8-3}$$

式中：M_1 和 M_2 分别为轻组分和重组分的相对分子质量，p_1 和 p_2 分别为轻组分和重组分物质的饱和蒸气压。因为式（8-3）中 $M_2/M_1 > 1$，所以，$\alpha_\tau > \alpha$。从式（8-3）中还可看出，轻重分子之间的质量差异越大，它们的分离度也越大。

2. 分子蒸馏装置

分子蒸馏装置主要包括蒸发、物料输入输出、加热、真空和控制等几部分，其构造框图如图 8-4 所示。蒸发系统以分子蒸馏蒸发器为核心，蒸发器有单级和多级。除蒸发器外，通常还带一级或多级冷阱；物料输入输出系统主要包括计量泵和物料输送泵，完成连续进料和排料；加热系统的加热方式常用的有电加热、导热油加热和微波加热；真空系统是保证足够真空度的关键部分；控制系统可以实现对整个装置的运行控制。实验室所用分子蒸馏装置多为玻璃装置，也有适合工业化放大实验的小型金属装置。

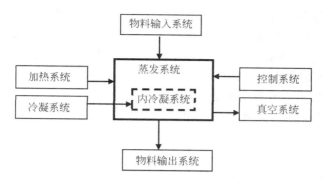

图 8-4 分子蒸馏装置构造框图

分子蒸馏装置的核心部件蒸发器从结构上可以分为降膜式、离心式和刮膜式三大类。图 8-5 是一种内蒸发面自由降膜式蒸发器的构造示意图。装置整体成筒状,混合液由上部进料管导入,液体分布器将混合液均匀分布在蒸发面上,形成薄膜。加热蒸发面,物质分子受热由液膜相逸出进入气相,轻分子抵达冷凝面被冷凝,沿冷凝面下流至蒸出物出口;重分子在到达冷凝面之前即返回液相或凝聚后流至蒸余物出口。该蒸发器的特点是结构简单、无转动密封件,易操作。不过,与刮膜式蒸发器相比,液膜仍较厚,蒸发速率不够高。旋转刮膜式蒸发器是在自由降膜式的基础上增加了刮膜装置,因而在塔壁上形成了薄而均匀的液膜,使蒸发速率和分离效率更高。不过,由于增加了刮膜装置,仪器结构变得复杂,特别是刮膜装置为旋转式,高真空下的动密封要求较高。

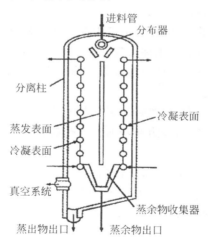

图 8-5 自由降膜式分子蒸馏蒸发器构造示意图

3. 分子蒸馏技术在样品前处理中的应用

分子蒸馏技术的原理和特点决定了它所适合分离的对象物质。分子蒸馏适合分离分子量差别较大的液体混合物(如同系物)。异构体不仅相对分子质量相同,而且多数情况下物理和化学性质差异也不很大,所以,分子蒸馏技术并不适合异构体分离。分子蒸馏适合分离高沸点、热敏性、易氧化(或易聚合)的物质,如中药有效成分、天然产物的分离等。对于分子量相同或相近的物质,如果它们的沸点或分子结构等其他性质差异较大,同样也可采用分子蒸馏分离。分子蒸馏技术在工业上的应用越来越多,例如,脱除热敏性物质中的轻分子组分、产品脱色和除杂质、需要避免环境污染的分离问题、产品与催化剂的分离等等。在样品前处理中,可以采用分子蒸馏将分子平均自由程与基体物质相差较大的一类目标物质分离出来,也可以选择性地除掉样品溶液中某类干扰物质。例如,采用超临界流体萃取提取的植物精油中包括了植物原料中所有挥发性物质,对后续分析而言,组成依然非常复杂,如果采用分子蒸馏技术对精油进行分离,就可以得到不同分子量范围的精油组分,有利于对精油成分进行更准确的分析。

8.4　电化学分离[8]

电化学分离法是根据物质的氧化还原性或带电性质进行分离的方法。与其他化学分离方法相比,电化学分离法操作简单、可同时分离多种物质、因为几乎不使用有机溶剂或化学试剂而避免了带入杂质、分离速度大多比较快。电化学分离技术种类较多,大多可用于分析样品,特别是金属元素分析样品的前处理。

8.4.1　自发电沉积

自发电沉积是指溶液中还原电极电势大的金属离子自发地沉积在电极电势小的另一种金属的电极上的过程,也称电化学置换。理论上可以粗略地按标准电极电势来判断自发电沉积的可能性,但溶液中金属电对的实际(条件)电极电势的顺序可能会与标准电极电势顺序不同。首先,在实际分离体系中,尤其在分离低浓度金属离子时,由于离子活度远小于1,引起的电极电势变化是显著的。其次,若溶液中存在能与金属离子配位的配体,则电极电势的变化可能较大。不同金属离子受条件影响的程度不同,其条件电极电势偏离标准电极电势的程度也不同。通常情况下难以获得溶液中金属电对的条件电极电势,所以只能通过实验来选择电沉积体系和条件。

钋是一种极毒的放射性元素,分离钋的困难在于其化学行为相当复杂,即使在弱酸性介质中也很容易形成胶体,并且容易吸附在器皿、尘埃或沉淀上。因此,有关钋的化学研究都要求酸浓度不低于 2mol/L。从实际样品中沉积钋时,通常需要在沉积前设法除去样品溶液中的氧化剂或有机物。同时,为了缩短电沉积时间,减少其他元素的干扰,也可预先用沉淀法进行预浓集。当电沉积温度在 70℃ 以上时,沉积时间为数小时,对钋的沉积率可达到80% 以上。钋的自发电沉积法已用于生物样品、人尿、头发、矿石等试样中钋分析的样品前处理。

自发电沉积分离的方法非常简单,沉积用电极可以是金属片或金属粉末。不过,自发电沉积在分离多个元素时分离效率往往较低,而且只能沉积少数贵金属元素,特别是对个别不活泼放射性元素(如钋、钌)的分离和测定很有效。正是因为自发电沉积速度慢、适用元素少、选择性差、溶液中影响金属条件电极电势的因素复杂等缺陷使得该方法的应用范围非常狭窄。

8.4.2　电解

电解是一种在外电源作用下,使电化学反应向非自发方向进行的过程,即外加直流电压于电解池的两个电极上,改变电极电势,使溶液中的特定金属元素在电极上发生还原或氧化反应而选择性地沉积,实现分离富集的目的。电解法在冶金工业中广泛用于金属纯化,在分析样品前处理中也可用于沉淀分离各种金属离子。电解时,外加直流电压使电极上发生氧化还原反应,而两个电极上的反应产物又构成一个原电池,因此电解过程是原电池的逆过程。为了确定电解所需的外加电压,首先需要知道两电极所发生的氧化还原反应,计算各电极的电极电势和原电池的电动势,从而得出电解时所需施加的最小电压(理论分解电压)。在实际电解实验中,外加电压一定要大于理论分解电压,这是因为电解池内的电解质溶液及导线的电阻会产生电压降,而且溶液中还存在因各种类型电极极化作用而产生的超电势。

在阳极上,析出电位越负者越容易氧化;而在阴极上,析出电位越正者越易还原。从混合溶液中电解分离某种(或某些)离子时,应当考虑当该离子完全析出时,电极电势不能低到使其余离子开始析出。例如,电解分离 1mol/L $CuSO_4$ 和 0.1mol/L Ag_2SO_4 混合溶液中的金属离子,在阴极上首先析出的是银,计算可知此时银的析出电势 $E_{Ag} = 0.699V$,假设 Ag^+ 浓度降低到 10^{-7}mol/L 时认为达到了完全析出,按能斯特公式计算,得此时阴极的电势 $E_{Ag} = 0.386V$,而溶液中铜开始析出的电势 $E_{Cu} = 0.337V$。因此,控制阴极电势在 0.337～0.386V 之间,就可以使 Ag^+ 完全析出,而 Cu^{2+} 完全不析出,从而实现 Ag^+ 和 Cu^{2+} 的分离。电解分离法可通过控制电势(电压)、电流或使用汞阴极等方法实现不同类型的分离。

(1) 控制电势电解

各种金属离子的析出电势不同,通过调节外加电压,使工作电极的电势控制在某一范围内或某一电势值,使被测离子在工作电极上析出,而共存离子留在溶液中,从而达到分离的目的。在电解开始阶段,被分离离子的浓度很高,所以电解电流很大,金属析出速度快。随着电解的进行,金属离子浓度逐渐降低,因此电解电流也逐渐减小,电极反应速度也逐渐变慢。当电解完成时,电流趋于零。由于工作电极的电势控制在一定范围或某一值上,所以被测金属离子未完全析出前,共存离子不会析出,分离选择性很高,在冶金分离与分析中应用广泛。例如,锌和铬的相互分离;从含有铬、锡、镍、锌、锰、铝和铁等共存离子的溶液中选择性地分离铅等等。控制电势电解的一个重要应用就是溶出伏安法,在待测离子选择性地电解沉积在工作电极上后,改变外加电压使沉积在电极上的待测物质重新溶出,溶出产生的峰电流在一定条件下与样品溶液中被测物浓度成正比,以此进行定量测定,这种电解分离分析方法称作“阴极溶出法”。

电解并不只限于金属离子在工作电极上的还原沉积,也可使工作电极(如悬汞电极)发生氧化反应,生成的金属离子与溶液中被测阴离子(如卤素离子、硫离子等)反应,形成难溶化合物沉积在工作电极表面,从而与溶液中的干扰物质分离,或使大体积试液中痕量待测组分选择性地富集至工作电极上。静止片刻后,将电极电势向负方向变化,富集在工作电极上的难溶化合物被还原,待测阴离子重新进入溶液中,根据溶出电流大小对目标离子进行定量测定。

(2) 控制电流电解

通常情况下,加在电解池两极的初始电压较高,使电解池中产生一个较大的电流。控制电流电解法就是通过调节外加电压,使电解电流维持一定值。工作电极的电势决定于电极上的反应体系以及相关物质的浓度。在阴极,随着还原反应的进行,氧化态物质逐渐减少,阴极电势也逐渐减小,因此在待测离子未电解完全之前,共存金属离子就有可能发生还原反应,导致分离选择性差。如果在酸性溶液中进行电解,H^+会在阴极上析出氢气,使阴极电势稳定在 H^+ 析出的电势上,这样控制电流电解法就可以将电极电势处于氢电极电势之前和之后的金属离子分离开。此法还可用于从溶液中预先除去易还原离子(如重金属离子),测定溶液中难还原离子(如碱金属离子)。例如,采用 ICP-AES 测定以铜为主体的铜银磷三元合金钎料中的磷含量时,基体铜对磷的谱线干扰严重,可以在硝酸溶样后通过控制电流电解除去基体元素铜和银。

(3) 汞阴极电解

以汞作阴极的电解法称作汞阴极电解法。而在一般的电解法中,阴极和阳极都多用铂电极。与铂电极相比,汞阴极电解法有其独特之处。首先,氢在汞阴极上析出的超电势很大(>1V),这不仅使金属更易于沉积,尤其是原本在铂电极上不能析出的、活泼顺序在氢之前的金属元素也能在汞阴极上析出。其次,很多金属能与汞生成汞齐,使其析出电势明显降低,一些不能在铂电极上析出的金属也能在汞阴极上析出。例如:即使在酸性溶液中,铁、钴、镍、铜、银、金、铂、锌、镉、汞、镓、铟、铊、铅、锡、锑、铋、铬、钼等 20 余种金属离子也能在汞阴极上电解析出,使它们与留在溶液中的铝、钛、锆、碱金属和碱土金属等另外 20 余种金属离子相互分离。在碱性溶液中,甚至可使碱金属在汞阴极上析出,大大扩展了电解分离法的应用范围。还有,以滴汞电极为工作阴极的极谱分析法在过去很长时间内积累了丰富的应用资料,这为汞阴极电解法的方法选择和优化提供了有用的参考。

汞阴极电解法在冶金分析中应用广泛。当溶液中有大量易还原的金属元素,而要测定微量难还原元素时,汞阴极电解能很好地分离共存元素而消除干扰。如钢铁或铁矿中铝、球墨铸铁中镁的测定,就可以事先以汞阴极电解法除去样品溶液中大量铁及其他干扰元素后再进行原子光谱测定,可得到非常准确的结果。汞阴极电解法也用于沉积微量易还原金属离子,使这些元素溶于汞而与难还原元素分离,然后将溶有被测金属的汞蒸发除去,残余物溶于酸后即可测定微量易还原金属离子。该法已用于铀、钡、铍、钨、镁等金属中微量杂质铜、镉、铁、锌的分离与测定。此外,汞阴极电解法也常用于提纯分析试剂,除去试剂的重金属杂质。

8.4.3 电泳分离法

1. 方法原理

电泳是在电场作用下,电解质溶液中带电粒子向电场两极作定向移动的一种电迁移现象。电泳法分离的依据是带电粒子迁移率的差异。在电场强度为 E 的电场作用下带电荷 Q 的粒子的迁移率 μ 可写成:

$$\mu = \frac{v}{E} = \frac{Q}{6\pi\eta r} \tag{8-4}$$

式中:v 为带电粒子的运动速度;η 为介质的黏度;r 为带电粒子的半径。因此,在一定实验条件下,每一种带电粒子的 μ 值都是一个定值。

另外,根据离子迁移率的定义,也可写成:

$$\mu = \frac{v}{E} = \frac{s/t}{V/L} = \frac{s \cdot L}{V \cdot t} \tag{8-5}$$

式中:V 为外加电压;L 为两电极间的距离;t 为电泳的时间;s 为带电质点在此时间内迁

移的距离。

设 A、B 两种带电粒子的迁移率为 μ_A 和 μ_B，在电场作用下，经过时间 t 后，它们的迁移距离为

$$s_A = \mu_A \cdot t \cdot \frac{V}{L} \qquad s_B = \mu_B \cdot t \cdot \frac{V}{L}$$

两种粒子迁移距离差为

$$\Delta s = s_A - s_B = (\mu_A - \mu_B) \cdot t \cdot \frac{V}{L} = \Delta\mu \cdot t \cdot \frac{V}{L} \tag{8-6}$$

可见，$(\mu_A - \mu_B)$、t、V/L 三者的值越大，Δs 越大，A、B 两个粒子之间分离越完全。根据上述几个公式可知，下列因素影响带电粒子的分离程度。

（1）带电粒子迁移率。显然迁移方向相反的阴离子和阳离子最容易相互分离。因为带电粒子的迁移率正比于它所带电荷，所以，当其他条件相同时，二价离子的迁移率为一价离子的 2 倍；迁移率与离子的半径成反比，电荷和半径相差越大的离子越容易分离。

（2）电解质溶液的组成。电解质溶液组成不同，则其黏度不同，从而导致离子迁移率不同。电解质组成有时还会改变待测物质的电荷及半径，有可能将中性分子转变为离子，也可能改变离子的电荷符号。特别是溶液中存在小分子阴离子配体（如氯离子）时，不同金属离子的配位性能存在明显差异，不同金属离子有可能形成带不同电荷的离子，使其容易分离。某些性质非常相似的元素，如稀土元素，它们与一些氨基羧酸（如 EDTA）或羟基羧酸（如 α-羟基异丁酸）形成配合物的稳定常数有明显差异，用电泳法可以分离。此外，溶液 pH 不同，影响物质的电离度，从而影响物质的存在形式及电荷，这在用电泳法分离有机酸和有机碱时尤为重要。

（3）外加电势梯度。电势梯度是指每厘米的平均电势降，即 V/L，当 L 一定时，加在两电极间电压越高，分离所需的时间越短，分离也越完全。对于分离性质极为相似的元素，多半使用高压电泳，其电势梯度达 100V/cm 以上。

（4）电泳时间。电泳时间越长，离子迁移距离越大，通常情况下对分离是有利的。但是，随着离子迁移距离的增加，电泳带的宽度也会增加，对分离却是不利的。因此，分离性质相似的元素，单靠增加电泳时间收效并不大。

电泳分离法按是否使用载体（固体支持体）可以分为自由电泳和区带电泳。自由电泳是无固体支持体的溶液自由进行的电泳，等速电泳和等电聚焦电泳就属此类。区带电泳是以各种固体材料作载体的电泳，它是将样品加在固体支持上，在外加电场作用下不同组分以不同的迁移率或迁移方向迁移。区带电泳的优势主要表现在两方面：第一，样品中各组分与载体之间的相互作用的差异也对分离起辅助作用；第二，可以消除电解质的非定向运动所引起的电泳带的变宽，便于取样测定或获得分离后的组分。区带电泳按载体种类又可细分为以滤纸为载体的纸电泳；以离子交换薄膜、乙酸纤维素薄膜等为载体的薄膜电泳；以聚丙烯酰胺凝胶、交联淀粉凝胶等为载体的凝胶电泳；以毛细管为分离通道的毛细管电泳等。电泳分离在无机离子和蛋白质等生物物质的分离中都有广泛的应用。下面简要介绍在分析样品前处理中常用的纸电泳、薄膜电泳和凝胶电泳。

2. 纸电泳

纸电泳是以普通滤纸作为载体的电泳技术，在 20 世纪曾经应用非常广泛，现在已经用

得越来越少,逐渐被薄膜电泳、凝胶电泳等其他电泳技术取代。不过,纸电泳在无机离子以及生物分析样品前处理中仍然还有一些应用。纸电泳的基本操作步骤是:按电泳床规格裁剪好滤纸,用微量进样器将微升级样品溶液点样于滤纸一端距边缘数厘米的地方,置于电泳床上,选择合适的背景电解质溶液(电泳缓冲溶液),加数百伏电压电泳一定时间,取出电泳纸,干燥后均匀喷洒显色剂显色,烘干后,将待测物斑点剪下,用适当洗脱液洗脱出斑点物质用于后续分析。例如,在经过处理的电泳纸上,滴加含钯的待分离试液,以 0.1mol/L HCl 或 0.1mol/L HCl ＋ 0.1mol/L NH$_4$Cl(1 ＋ 1)作背景电解质,在 150V 电压下,电泳 4h,使 Pd(Ⅱ)与 Bi(Ⅲ)、Cu(Ⅱ)、Cd(Ⅱ)、Co(Ⅱ)、Ni(Ⅱ)、Au(Ⅲ)等分离,剪下干燥后的电泳纸上与标准 Pd(Ⅱ)溶液对应的斑点,用 10% HCl 溶液(2×20mL)溶解洗脱 Pd(Ⅱ),供后续分析用。纸电泳也可用于氨基酸、多糖等生物物质的分离,目标生物物质与基体物质,甚至同类生物物质相互之间都可以得到有效分离。

3. 薄膜电泳

薄膜电泳是以聚合物薄膜作支持体的电泳技术。虽然离子交换薄膜也可以使用,但广泛使用的薄膜是乙酸纤维素薄膜。乙酸纤维素是将纤维素分子中葡萄糖单体上的两个羟基乙酰化成二乙酸纤维素,然后溶解在溶剂(如丙酮与水的混合物)中涂成均匀的薄膜,最后将溶剂挥发除去。膜的厚度通常在 0.1～0.2mm,具有均匀的泡沫状结构,可以驻留少量溶液;薄膜具有较强的渗透性,对样品溶质的迁移无阻碍;膜湿润后具有较好的柔韧性和较大的抗拉能力。

与纸电泳相比,薄膜电泳分离速度快、分辨率高、样品用量少、不会引起蛋白质等生物样品的变性。薄膜电泳已经大部分取代了纸电泳,广泛用于蛋白质等生物样品的分离和分析。样品在薄膜上分离后,可以将分开的区带剪下,用溶剂洗脱待测组分后采用分光光度法等进行后续定量分析。不过更方便和高效的后续定量分析方法是将分离后的样品区带进行染色处理,然后用光度计直接进行扫描定量测定。为了便于采用光度扫描技术进行后续的定量分析,薄膜制备工艺中还需用乙醇和乙酸混合溶液对膜进行透明化处理。

4. 凝胶电泳

凝胶电泳是以凝胶状高分子聚合物作支持体的电泳方法,最常用的是聚丙烯酰胺凝胶电泳和琼脂糖凝胶电泳。凝胶不仅作为支持体,而且凝胶的网孔产生的分子筛效应对分离也起重要作用,即物质的分离程度取决于各物质的电荷和尺寸两方面性质差异的大小。

聚丙烯酰胺是以丙烯酰胺为单体,以 N,N-亚甲基双丙烯酰胺为交联剂或共聚单体交联聚合形成的具有三维网状结构的凝胶状高分子聚合物。其表面布满大小不一、形状各异的孔道。通过控制凝胶浓度等反应条件可以获得期望的凝胶孔径。当待分离物质的分子大小与聚丙烯酰胺凝胶的孔径比较接近时,孔道会对物质分子的迁移产生明显的阻滞作用(分子筛效应),不同体积的分子受到的阻滞作用大小不同。即以聚丙烯酰胺凝胶为支持体时,即使是净电荷非常相近的带电物质(分子或离子),只要它们的分子大小有差异,它们在电场作用下的迁移率也不同,相互之间也能完全分离。

聚丙烯酰胺凝胶电泳已广泛用于生物和医药学样品中蛋白质、多肽、核酸、病毒、胰岛素、植物药等的分离。该方法的主要优点有:①可以根据待分离物质的分子大小,通过控制凝胶制备条件得到具有合适孔径的凝胶,使该技术的应用范围大大拓宽;②分离过程中同时包含了电泳和凝胶孔筛分效应两种分离机理,进一步提高了分离效率;③凝胶高聚物分子结构中没有带电的活性基团,为化学惰性材料,材料表面不会因双电层的形成而产生电渗作用;④使用样品量小,在纳克至微克级;⑤仪器设备简单、分析速度快、分离效率高。

如果在聚丙烯酰胺凝胶中加入表面活性剂十二烷基硫酸钠(SDS),则蛋白质能与一定比例的 SDS 结合,使蛋白质分子带有比其原有电荷多得多的负电荷,以至于所有蛋白质的电荷差异变得很小,这时,蛋白质很难依靠电荷差异分离,控制分离的主要因素变成了凝胶的分子筛效应,即蛋白质因体积的差异而分离。这就是通常所说的 SDS-聚丙烯酰胺凝胶电泳,它不仅广泛用于分离体积差异明显的蛋白质混合物,也用于测定蛋白质的相对分子质量。

琼脂糖凝胶是以琼脂二糖和新琼脂二糖为单体形成的共聚高分子凝胶。琼脂糖凝胶与普通琼脂凝胶性质基本相同,在热溶液中都易融,常温下又凝固,即使在很低浓度,凝胶也质地均匀。但普通琼脂凝胶含极性杂质较多,在电泳过程中产生严重的电渗现象,导致实际迁移率与理论计算值相差较大。琼脂糖凝胶的孔径大小可以通过琼脂糖的浓度来改变,浓度越高,孔径越小。不过通常使用的琼脂糖凝胶中琼脂糖的浓度都较低(如 2%),所以孔径比较大,物质在凝胶中的弥散作用会更明显,即分子筛效应会比较弱,其适合分离的物质的体积通常比聚丙烯酰胺凝胶大。因为凝胶中含水量非常高(如 98%),所以一些分子在其中的电泳非常接近自由电泳。琼脂糖凝胶电泳在蛋白质、DNA、肝素等生物大分子的分离中有广泛应用。

凝胶电泳按凝胶形状可分为平板电泳和圆盘电泳。

平板电泳使用平板凝胶做支持体,可在相同条件下,一次同时分离包括标准品或对照品在内的多个(如 20~30 个)样品,便于直接比较,也方便后续分析进行光密度测定,因此以分析为目的凝胶电泳通常采用平板电泳。平板电泳还可进一步分为垂直方式和水平方式。图 8-6 是垂直式平板电泳装置示意图。用专门的制胶模具制备的凝胶板夹在两块平板玻璃之间置于垂直电泳槽内。

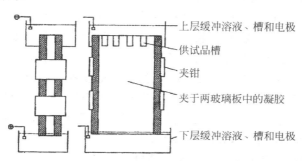

上层缓冲溶液、槽和电极

供试品槽

夹钳

夹于两玻璃板中的凝胶

下层缓冲溶液、槽和电极

图 8-6 垂直式平板电泳装置示意图

圆盘电泳的支持体为凝胶柱,其优点是样品容量大,易于分段切割,适合物质制备和样品前处理。根据凝胶或缓冲液组成是否均一又可分为连续凝胶电泳和不连续凝胶电泳。在连续凝胶电泳体系中,凝胶是均一的,样品、凝胶和电极各部分的缓冲液组成和 pH 是恒定的。在不连续凝胶电泳体系中,凝胶不均一,样品、凝胶和电极各部分的缓冲液组成和 pH 也可能不同。以圆盘电泳为例,在 10cm 玻璃管内制备 3 种不同浓度的凝胶,底层为 6~7cm 高的分离胶,在 pH8.9 的 Tris·HCl 缓冲液中聚合,这层凝胶浓度最高,是适合样品分离的较小孔径凝胶;中层是 1cm 左右高的浓缩胶,在 pH6.7 的 Tris·HCl 缓冲液中聚合,此层凝胶浓度较低,是适合样品富集的大孔径凝胶;上层是小于 1cm 高的样品胶,是将待分离样品与少量浓缩胶单体混合后聚合而成。上下电泳槽中都是 pH8.3 的 Tris-甘氨酸缓冲液。3 种胶层的缓冲离子都是氯离子，样品和浓缩胶的 pH 均为 6.7，而分离胶的 pH 是 8.9。甘氨酸(pI＝5.97)在样品和浓缩胶层很少解离，迁移率很低，而此时氯离子迁移率很高，蛋白质则介于二者之间。当施加电压时，氯离子比甘氨酸阴离子向阳极泳动得快，在二者之间产生一条导电性较低的区带，在此区带形成较高的电势梯度，加速甘氨酸的泳动，于是就会形成一个甘氨酸和氯离子的电势梯度和迁移率的乘积相等的稳定状态，使二者以相同的速度泳动。在甘氨酸和氯离子之间具有明显的界面。当此界面通过样品胶层进入浓缩胶层时，在移动的界面前有一低电势梯度，后有一高电势梯度，由于蛋白质的泳动速度较氯离子低，氯离子迅速超越蛋白质样品带，界面后的蛋白质处于高电势梯度下，其泳动速度会快于甘氨酸。于是，移动的界面将蛋白质样品推移至一条狭窄的区带，甘氨酸紧随其后。而且浓缩胶孔径大，蛋白质不会因筛分作用降低泳速和导致区带展宽。当到达分离胶界面时，由于缓冲液 pH 突然增加到 8.9，甘氨酸的解离大增，其泳动速度加快，超过蛋白质而紧随氯离子。因为分离胶孔径小，蛋白质会因筛分作用降低泳动速度，并且会因各种蛋白质所带电荷多少和体积大小的差异而实现相互分离。显然，这种不连续凝胶电泳非常适合大体积和稀溶液样品的分离。

8.4.4　化学修饰电极

化学修饰电极(CME)是通过化学、物理化学的方法对电极表面进行修饰，在电极表面形成某种微结构，赋予电极某种特定性质，可以选择性地在电极上进行所期望的氧化还原反应。通过在电极表面修饰带特定功能基团的分子，使被测组分与这些功能基团发生离子交换、配合、共价键合等反应。功能分子修饰到电极表面的方法很多，如共价键合法、吸附法(包括自组装法)、聚合物薄膜法、组合法(如碳糊电极)等，应根据所用电极基体的性质与制备目的选择合适的修饰方法。例如，用金相砂纸打磨玻璃碳电极，然后用 Al_2O_3 悬浊液抛光成镜面，以水、稀硝酸、乙醇(或丙酮)超声清洗，红外灯下烤干，在电极表面滴加一定量全氟磺酸高聚物 Nafion 的乙醇溶液，再烤干，即可用。Nafion 的亲水部分是一个离子化的磺酸基，具有阳离子交换功能，可以与金属离子尤其是大阳离子结合。在醋酸盐缓冲液中，Eu(Ⅲ)与二甲酚橙(XO)形成大阳离子，与 Nafion 膜中阳离子交换而被选择性地富集在膜中，阴离子 Cl^-、ClO_4^- 等不与阳离子交换基团作用；La(Ⅲ)、Er(Ⅲ)等轻重稀土对 Eu(Ⅲ)的交换反应影响也很小，于是，Eu(Ⅲ)就可与溶液中的共存离子分离。在 pH2.9 的 0.1mol/L HAc-NaAc 缓冲液及 0.1mmol/L XO 介质中，以 Nafion 修饰电极为工作电极，在 -0.2V 下富集 1min，然后以 200mV/s 速度进行阴极溶出，可测定浓度低至 $0.1\mu mol/L$ 的 Eu(Ⅲ)。以 Nafion 修饰的玻碳电极为工作电极，在盐酸介质中，在 -0.6V 下可电解富集铋，而且是边交换、边还原，性质相近的锑不会产生信号，大量铜的溶出信号与铋相距很远，从而消除了锑和铜对铋的干扰。

8.5　超分子分离[1]

超分子是指由两种或两种以上化学物种通过分子间相互作用力缔结而成的具有特定空间结构和功能的聚集体。例如，冠醚可以与很多金属离子及烷基伯铵阳离子形成稳定的配合物,但这种配合物不同于过渡金属离子与 EDTA 形成的配位共价化合物。冠醚与金属离子之间的主要相互作用是冠醚环的空穴大小与金属离子体积的匹配性以及冠醚环上的杂原子(O、N、S 等)与金属离子之间的静电相互作用(偶极-离子相互作用)。在这里,冠醚称为主体,与之形成配合物的金属离子称为客体。由主客体分子形成的化合物称作超分子配合物。下面按照主体类型简要介绍在物质分离与分析样品前处理中比较有用的几类超分子分离体系。

8.5.1　小分子聚集体

小分子聚集体是小分子之间通过分子间相互作用力构建的具有一定空间构型的超分子体系。例如,尿素、硫脲和硒尿素分子结构中带孤对电子的—NH_2基和极化的双键相邻,共轭效应使分子的极化增强,使分子中形成明显的正电荷和负电荷中心。当两个极化的分子相遇,就会通过静电相互作用而形成环状二聚体。二聚体的环上仍然带有极性氨基、Se(O、S)原子及双键。当这些环状二聚体分子相互叠加或由多个分子形成螺旋状结构时,就会构成笼状或筒状的空间网格结构,而且网格结构具有固定的空腔大小,如尿素、硫脲聚集体空腔直径分别为 0.525nm 和 0.61nm。又如,对苯二酚(或苯酚)分子间的两个羟基可通过氢键相互作用形成多分子缔合物,当分子缔合达到一定长度后(如 6 个分子)会发生卷折而形成筒状缔合分子,筒状物的空腔直径在 0.42~0.52nm,筒状聚集体对分子大小与形状与之匹配的客体有很好的选择性。图 8-7 是由硒尿素二聚体、对苯二酚形成的筒状小分子聚集体的结构图。

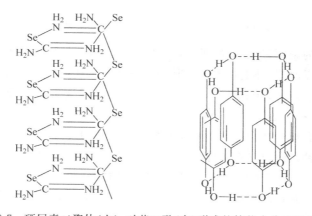

图 8-7　硒尿素二聚体(左)、对苯二酚(右)形成的筒状小分子聚集体

具有一定空腔大小的小分子聚集体,通过其空腔的空间尺寸作用,对特定大小的分子具有选择性的相互作用,即分子识别作用。例如,尿素、硫脲和硒尿素聚集体超分子因空腔大小不同,而对不同大小的分子呈现不同的选择性。尿素聚集体对直链烷烃和烯烃作用较强,支链烷烃不能进入其空腔,如尿素聚集体与正庚烷、正辛烷、正癸烷和正十六烷形成的包接配合物的稳定常数分别为 1.75、3.57、111 和 476;硫脲聚集体对支链烷烃和环烷烃具有很好的选择性,如硫脲聚集体与 2,2-二甲基丁烷、环己烷、甲基环己烷和甲基环戊烷形成的包接配合物的稳定常数分别为 10、45.5、2.33 和 3.85;硒尿素聚集体对几何异构体具有超常的分离能力,如只与 1-t-丁基-4-新戊基环己烷的反式异构体形成包接配合物,而与其顺式异

构体根本不反应。由于尿素和硫脲均为强极性固体,可溶于水或极性溶剂中,烷烃为非极性液体,通常需在分离体系(如溶剂萃取体系)中加入甲醇、二氯甲烷、乙二醇单甲醚等极性溶剂,增加主体分子尿素和硫脲的溶解速度以及包接配合物的稳定性和选择性。

8.5.2　冠醚

冠醚是一类大环多醚化合物,冠醚环上可以含有 9～60 个原子,其中包括 4～20 个 O 原子。环上的 O 原子部分或全部被—NH 或—NR 基取代的化合物称氮杂冠醚。环上的 O 原子被 S 原子取代的化合物称硫杂冠醚。当冠醚环上的两个 N 原子被碳链桥连形成多环配位体时,此类冠醚又称为穴醚。

冠醚作为主体分子的作用特点主要体现在对碱金属、碱土金属、NH_4^+、RNH_3^+、Ag^+、Au^+、Cd^{2+}、Hg^+、Hg^{2+}、Tl^+、Pb^{2+}、La^{3+}、Ce^{3+} 等客体分子(离子)具有选择性配位能力。冠醚与金属离子的配合物的结构特点是:疏水的碳氢链构成一个平面,而醚氧原子凸出于这个平面之上,其形状与古代的王冠相似,因而得名"冠醚",图 8-8 是 18-冠-6 与 K^+ 配合物的立体空间结构。

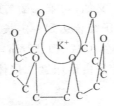

图 8-8　18-冠-6 与 K^+ 配合物的立体空间结构

因为冠醚环上的杂原子除 O、N 外,还可以是 S、P 或 As,环上的 C 原子与杂原子的数目以及孔穴尺寸可以改变,环上还可引入其他芳香环或杂环取代基,所以冠醚化合物的种类很多,迄今已经研究过的冠醚有数千种。如果根据 IUPAC 原则对冠醚进行命名,则非常复杂,通常多用俗称或符号表示。

不同孔穴的冠醚能选择性地与尺寸相匹配的离子或中性分子形成配合物。配位作用方式主要有两种。一种是冠醚与客体分子通过偶极-离子、偶极-偶极相互作用,形成具有一定稳定性的主客体配合物,如冠醚与金属阳离子之间的配合物;另一种是冠醚与客体分子通过氢键或电荷转移相互作用形成主客体配合物,如冠醚与铵离子、有机胺、阴离子及中性有机分子的配合物。

影响冠醚配合物稳定性和选择性的主要因素有冠醚的结构(给电子原子种类和数目、冠醚孔径等)、客体分子性质(半径、电荷密度等)和溶剂极性。

冠醚环中给电子原子通常是环上的杂原子,杂原子种类不同,与金属离子之间的作用力也不同,这可以用软硬酸碱理论解释。例如:O 原子为硬碱,易与碱金属、碱土金属、镧系稀土离子等硬酸形成稳定的冠醚配合物;S、N 原子为软碱,易与 Cu^{2+}、Ag^+、Co^{2+}、Ni^{2+} 等软酸形成稳定的冠醚配合物。

如果冠醚分子中给电子原子数目与金属离子要求的配位数匹配,则形成的冠醚配合物稳定。阳离子与水配位时的最高配位数通常是:Be^{2+} 多为四配位;碱金属和 Mg^{2+} 多为六配位;Ca^{2+}、Sr^{2+}、Ba^{2+}、Ag^+、Tl^+ 多为八配位。例如,图 8-9 所示的冠醚的配位数会随环杂原子(X)或取代基团(R)而改变,穴醚 a 和 b 的孔穴大小相近,但 a 的杂原子均为可参与配位的 O 原子,是八齿配体,与配位数是 8 的离子(如 Ba^{2+})能形成稳定配合物,而 b 的杂原子为不能参与配位的 C 原子,是六齿配体,与配位数是 6 的离子(如碱金属)能形成稳定配合物。二氮杂冠醚 c 和 d 的 R 基不同,d 与 Ca^{2+}、Sr^{2+} 和 Ba^{2+} 的稳定常数分别比 c 大 85、89 和 30 倍,说明 d 的 R 基上的羟基参与了配位,生成的是 8 配位配合物。

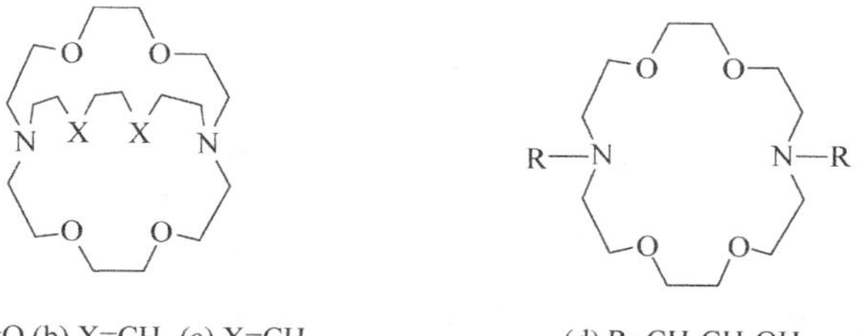

(a) X=O,(b) X=CH₂,(c) X=CH₃   (d) R=CH₂CH₂OH

图 8-9 具有不同取代基的四种冠醚

冠醚孔径的大小如果与客体分子(离子)体积大小匹配,则生成稳定的配合物。阳离子直径与冠醚孔径之比越接近 1,生成的配合物越稳定。

冠醚在分离科学中的应用涉及包接物化学、萃取化学、同位素分离化学、光学异构体拆分、分子识别、手性色谱固定相、毛细管电泳等。在样品前处理中主要是将冠醚修饰的固定相用于色谱分离或固相萃取,也可在流动相中添加冠醚改善分离,还可作为萃取剂用于溶剂萃取。例如,以二(叔丁基环己基)-18-冠-6($DtBuCH_{18}C_6$)作萃取剂,含磷酸三丁酯(TBP)的烷烃作萃取溶剂,可萃取分离性质很相近的 Sr^{2+} 和 Ba^{2+}。

8.5.3 杯芳烃及其衍生物

杯芳烃是由对位取代苯酚和甲醛在碱性条件下缩合而成的一类环状低聚物。图 8-10 是对叔丁基杯芳烃的结构,上部取代基为叔丁基,下部取代基为 H。该分子呈现中心为一空腔的杯状结构,与古希腊的一种宫廷奖杯相似而得名。杯芳烃通常命名为 R-杯-[n]-酚或杯[n]芳烃。杯芳烃是继冠醚和环糊精之后的第三大类新型主体化合物。

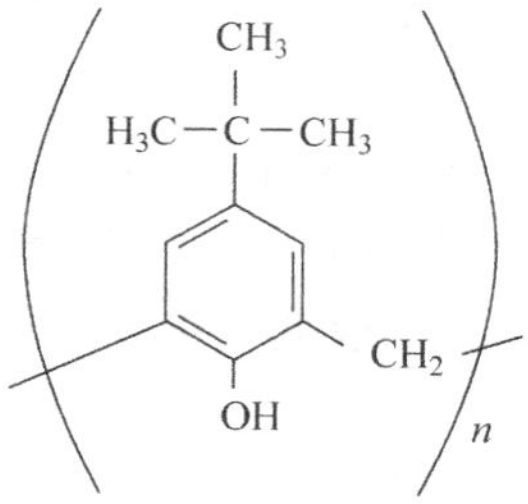

图 8-10 对叔丁基-杯芳烃的结构

杯芳烃上部取代基对杯芳烃性质也有明显影响。如果固定 p-t-丁基杯-[4]-酚下部取代基为 H,当上部取代基也为 H 时,根本不与客体分子形成配合物。如果将 p-t-丁基杯-[4]-酚的叔丁基换成叔辛基,尽管也能与芳香化合物形成配合物,但配合物的晶型不同。另外,叔辛基链太长,其端部弯曲后进入杯芳烃的杯穴中,部分占据杯穴空间,使客体分子不能进入杯穴,因而对客体分子的识别选择性不高,难以用于高选择性分离。

杯芳烃与客体分子通常形成笼状包接物,如 p-t-丁基杯-[4]-酚与客体分子作用时,总是将客体分子包接在 1 个或 2 个杯芳烃的杯穴之中,形成如图 8-11 所示的包接配合物。

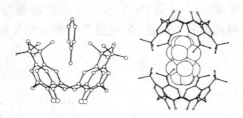

图 8-11　杯芳烃与客体分子形成的笼状包接配合物

杯芳烃中成环苯酚单元个数 n 对杯芳烃性质的影响主要表现在杯腔大小上。例如,$n=4$、5、6 的杯芳烃均呈圆锥体形状,但杯腔大小随 n 增大而变大,能分别与不同形状和大小的客体分子形成稳定的包接配合物。$n=8$ 的杯芳烃杯腔更大,有时为一个褶皱的环圈形状,其形状与孔隙可变。具有不同杯腔大小的同系物对客体分子的大小与形状具有很高的选择性。例如,p-t-丁基杯-[4]-酚只与三种二甲苯异构体中的对二甲苯形成稳定的包接配合物。又如,p-t-丁基杯-[8]-酚与 C_{60} 形成稳定的难溶包接配合物沉淀下来,而不与 C_{70} 反应,可以用于样品溶液中 C_{60} 和 C_{70} 混合物的沉淀分离,仅一次沉淀就可得到 99.5％的 C_{60} 纯品。

杯芳烃通常呈锥形,其底部紧密而有规律地排列着数个亲水性的酚羟基,杯口部带有亲脂性的取代基团,中间拥有一定尺寸的空腔,使得杯芳烃既可以识别阳离子,又可以与中性有机分子、阴离子借氢键等非共价键相互作用形成主客体配合物。

杯芳烃易于一步合成,且原料价廉易得;上缘和下缘均易于进行选择性化学改性;可以制得一系列空腔大小不同的环状低聚体,满足不同体积和形状的客体分子;既能配位识别离子型客体,又能包合中性分子,而冠醚一般只与阳离子配位,环糊精一般只与中性分子配位;利用母体杯芳烃可制备大量具有独特性能的杯芳烃衍生物,如杯芳冠醚。此外,杯芳烃熔点高,热稳定性和化学稳定性好,难溶于绝大多数溶剂,毒性低,柔性好。正是上述特性使得杯芳烃在萃取分离、液膜分离、电化学分离、毛细管电泳和色谱分离中都有广泛应用。例如:p-t-丁基杯-[8]-酚用作气相色谱固定相可以分离醇类、氯代烃及芳烃化合物;杯芳烃键合修饰的液相色谱固定相可用于碱金属离子、氨基酸、酯类的分离;利用杯芳烃对毛细管柱的内壁进行改性后,可以提高其分离氯酚、苯二酚和甲苯胺异构体等性质相近化合物的能力,这是因为杯芳烃与溶质间的相互作用改变了溶质的迁移速率,提高了难分离的电中性物质的分离效率。

分子结构中同时含有杯芳烃单元和冠醚单元的分子称作杯芳冠醚,可以看作杯芳烃的衍生物,在分离中有较大的应用潜力。杯芳冠醚分子中同时含有杯芳烃单元和冠醚单元,二者之间以两个或多个原子相连。杯芳冠醚通常依据冠醚环所含配位原子的种类分为杯芳全氧冠醚、杯芳氮杂、硫杂及硒杂冠醚等。杯芳全氧冠醚又可根据其中杯芳烃单元和冠醚单元的个数分为杯芳单冠醚、杯芳双冠醚和双杯芳单冠醚、双杯芳双冠醚等。

杯芳冠醚具有以下一些结构特点:①杯芳冠醚同其他杯芳烃一样存在构象异构体。但由于冠醚单元的存在,其构象异构体的数目不同程度减少。例如,对于杯芳单冠醚

（图 10-12），只有在 1,3 位的两个酚羟基位于杯[4]芳烃骨架的同一侧时才能形成，因此该分子只可能存在杯式、部分杯式和 1,3-交替三种构象。而对于杯芳双冠醚（图 10-12），只有在 1,3 位的两个酚羟基和 2,4 位的两个酚羟基分别位于同一侧时才能形成，所以该分子只可能存在杯式和 1,3-交替两种构象，因空间位阻等原因，该分子一般呈 1,3-交替构象。②杯芳冠醚因冠醚单元的引入使其构象变得比较稳定。不过，这种稳定性还受到其他取代基团的影响。例如，杯芳单冠醚（图 10-12）（$R' = CH_3$）在一定条件（如加热、与碱金属离子配位）下可发生构象变化。但当 R' 为大于甲基的其他取代基（如乙基）时，即使在 90℃ 加热 6h 也不会发生构象变化。③杯芳冠醚的分子中常常会包络溶剂分子，甚至空气中的 CO_2、H_2O 等成分。

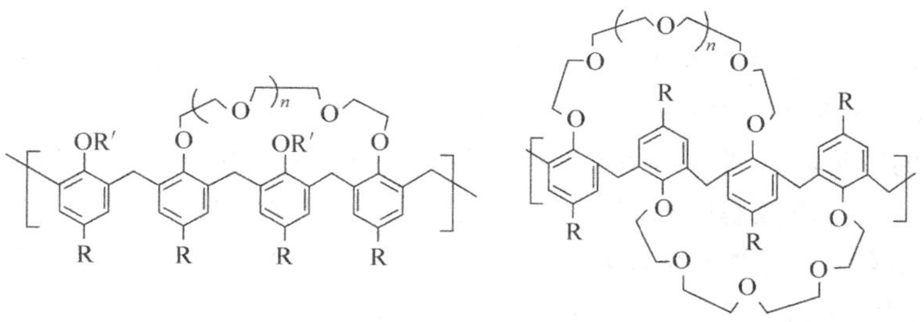

图 8-12　杯芳单冠醚（左）与杯芳双冠醚（右）

　　杯芳冠醚具有与相应杯芳烃母体和冠醚单元不同的性质，但由于杯芳冠醚中同时含有杯芳烃和冠醚两种主体分子的亚单元，它们之间的协同作用使得其结构不仅仅是这两个主体单元的简单加和，而往往表现出与单个杯芳烃或冠醚不同的性质和对于某些客体更加优越的配位与识别能力。

　　杯芳冠醚在分离中的应用主要基于其配位和识别性能。

　　（1）阳离子的识别与分离。与冠醚和杯芳烃相比，杯芳冠醚对碱金属离子的选择性提高了很多。如冠醚对 Na^+/K^+ 的选择性目前只有约 10^2，杯芳冠醚则将此选择性值提高了一个数量级，而 1,3-二乙氧基杯[4]冠-4 的 Na^+/K^+ 选择性高达 $10^{5.0}$[9]。由此看来，杯芳冠醚中的两个组成部分之间可能存在某种协同效应。与冠醚相比，杯芳冠醚具有三维结构，除了冠醚环部分固有的配位作用外，杯芳冠醚中的其他取代基，甚至芳环均可在一定程度上参与配位。杯芳烃单元的刚性骨架有利于选择性的提高。与杯芳烃相比，冠醚部分不仅提供了结合部位，而且也有利于提高选择性。大环杯芳冠醚对金属离子的选择性识别作用很强。Bohmer 等[10]发现对叔丁基杯[5]-1,3-冠-5-三甲醚对较大的碱金属离子有较好的识别性能，其 Cs^+/Na^+ 选择性达 630。Ungaro 等[11]报道 p-t-丁基杯[6]冠-5 的四酰胺取代衍生物对四甲胺阳离子表现出较高的选择性识别能力，其配位常数高达 750。

　　（2）阴离子的识别与分离。Beer 等[12]合成的酰胺型杯芳氮杂冠醚能与 Cl^-、HSO_4^- 和 $H_2PO_4^-$ 等阴离子在溶液中形成 1:1 的配合物。Reinhoudt 等[13]合成并研究了杯芳氮杂冠醚对离子的识别性能，发现其具有双重识别作用，即同时识别阳离子和阴离子。

　　（3）对中性分子的识别与分离。Gutsche 等[14]研究了杯芳氮杂冠醚识别中性分子的性质，结果显示其对所试验的酚、胺和羧酸三类物质都有不同程度的识别作用，与胺配位时作为氢键供体，而与羧酸和酚类配位时作为氢键受体。但这种配合作用并非只与形成氢键的能力有关,分子形状的相容性似乎起着更大的作用。

(4) 用作色谱固定相。陈远荫等[15]设计并合成的杯芳冠醚聚有机硅氧烷,将杯芳冠醚的环腔结构与聚有机硅氧烷的柔顺性及易成膜性结合在一起,较好地克服了杯芳冠醚化合物作为气相色谱固定相使用时熔点高、成膜性差等缺点,为杯芳冠醚在毛细管气相色谱中的应用开辟了新途径。这种气相色谱固定相对醇、卤代烃、芳烃、烷烃等极性或非极性物质以及多种多取代苯的位置异构体均具有良好的分离能力,且使用温度范围宽。

8.5.4 环糊精及其衍生物

环糊精(CD)是指由淀粉在淀粉酶作用下生成的环状低聚糖的总称。从结构上看,含有 6~12 个 D-(+)-吡喃葡萄糖单元,每个糖单元呈椅式构象,通过 1,4-α-糖苷键首尾相连,形成大环分子,最常用的 3 种环糊精的结构如图 8-13 所示。通常用希腊字母表示构成环的吡喃糖的数目,如 6-8 糖环依次称作 α-CD、β-CD 和 γ-CD。经 X 衍射或中子衍射法测定,环糊精呈中间带孔的圆形状。α-、β-和 γ-CD 的空间结构相同,但内孔和外径尺寸不同。每个单糖的 C-6 上有一个一级羟基(—CH₂—OH),它位于环状圆台的开口较窄的一边,而 C-2 和 C-3 上的两个二级羟基则处于环状圆台开口较宽的一边的圆周上。二级羟基具有一定的刚性,处于洞穴口上,因此,大口侧具有较好的亲水性。孔穴内部由两层 C—H 键中间夹一缩醛氧(醚氧)构成,具有一定疏水性。

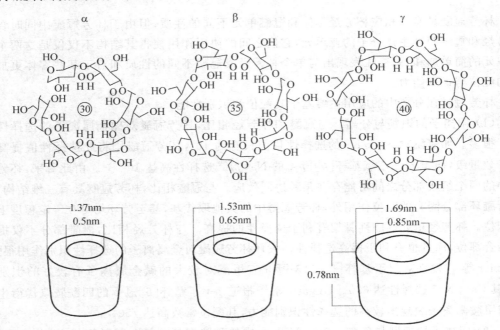

图 8-13 三种环糊精的结构图

环糊精与客体分子形成包接配合物的关键是环糊精的空腔大小与客体分子尺寸的匹配程度,表 8-2 是几种环糊精的空腔大小及其与之匹配的客体分子举例。环糊精的选择性来自于它具有一个固定大小的孔穴,同时,孔穴的不同空间位置含有给电子基团羟基或氧原子,可提供多个相互作用位点。在配合物形成过程中,如果客体分子进入到主体分子孔穴内部,则称包接配合物;如果客体分子只在主体分子孔穴入口处而未进入到孔穴内部,则称缔合配合物。因为客体分子的大小和形状不同,环糊精分子在溶液中与客体分子可以形成各种不同结构的加合物。由于溶剂及主客体类型的不同,配位化合物的形成一般与范德华力(色散力、偶极相互作用)、电荷转移相互作用、静电相互作用、氢键、亲水疏水作用力等分子间相互作用有关。

表 8-2　环糊精空腔大小与客体分子体积的关系

环糊精	葡萄糖单元数	空腔内径/nm	环大小/nm	匹配的客体分子
α-CD	6	0.5	30	苯,苯酚
β-CD	7	0.65	35	萘,1-苯氨基-8-磺酸萘
γ-CD	8	0.85	40	蒽、冠醚、1-苯氨基-8-磺酸萘

环糊精因其特殊的结构、易溶于水和具有固定孔径等特点,使其成为超分子化学的一个重要研究内容。环糊精在物质分离、酶模型、食品制造工业、药物缓释制剂、保护性包接与封闭、选择性有机合成、污水处理等众多领域都有着广泛的应用。在物质分离领域主要用于手性色谱固定相、色谱流动相添加剂、吸附材料、萃取剂等。环糊精超分子体系在样品前处理中的主要应用包括样品提取、溶剂萃取和固相萃取。

水、无机酸和有机溶剂都可用于从固体或半固体样品中提取化学成分,有时为了提高提取效率或提取选择性,会在提取溶剂中加入少量添加剂。因为环糊精的增溶和选择性识别作用,所以也可作为添加剂加在提取溶剂中。例如,用 2% 的环糊精水溶液从沙棘中提取黄酮类物质的效果明显好于纯水,与用 60% 乙醇水溶液提取的效果相当[16]。

在溶剂萃取中,环糊精用作萃取剂可以选择性从样品溶液中分离富集特定组分,甚至可以有效地拆分手性异构体。例如,刘永兵等[17]设计了一个由含萃取剂 D(L)-酒石酸异丁酯的 1,2-二氯乙烷有机相和含萃取剂羟丙基-β-CD 的水相构成的双相萃取体系,由于羟丙基-β-CD 对多巴外消旋混合物中的 S-多巴的识别能力大于 R-多巴,而 L-酒石酸异丁酯则正好相反,对 R-多巴的识别能力大于 S-多巴,从而实现了 S- 和 R-多巴的分离。

用环糊精修饰的吸附材料可用于样品的固相萃取净化。例如,纪学珍等[18]以环氧氯丙烷为连接试剂,将 β-CD 键合到氨基化硅球表面,利用 β-CD 与螯合试剂二苯甲酰甲烷可形成包合物的性质,可以从样品溶液中选择性分离富集钍。

8.5.5　分子印迹聚合物

分子印迹技术又称分子烙印技术(molecular imprinting technique,MIT),是高分子化学、生物化学和材料科学相互渗透与结合所形成的一门新型的交叉学科。它是合成对某种特定分子具有特异选择性结合的高分子聚合物的技术。分子印迹技术的出现是受 Pauling 提出的抗原抗体理论的启示发展起来的。抗原抗体理论认为当外来抗原进入生物体内,体内蛋白质或多肽链会以抗原为模板,通过分子自组装和折叠形成抗体。这预示着生物体所释放的物质与外来抗原之间有相应的作用基团或结合位点,而且它们在空间位置上是相互匹配的,这就是分子印迹技术的理论基础。

分子印迹聚合物(molecularly imprinted polymer,MIP)的制备包括三个基本步骤:①将模板分子(目标分子)和具有适当功能基团、可以形成聚合物的功能单体分子在适当的介质条件下形成单体-模板分子复合物。②在单体-模板分子复合物体系中加入过量的交联剂,在致孔剂的存在下,使功能单体与交联剂发生聚合反应形成高分子聚合物。于是,功能单体上的功能基团就会在特定的空间取向上被固定在聚合物中。③通过适当的物理或化学方法将模板分子从上述高分子聚合物中除去,得到分子印迹聚合物。上述制备 MIP 的过程称为分子印迹,这个操作就好像制作特定的模具一样,在 MIP 骨架上有与模板分子大小相同、在空间结构上完全匹配的空穴,而且空穴内原功能单体的功能基团在空间的位置也被固定,正好与模板分子相应的作用位点匹配。这个三维的空间结构和功能单体的种类是由模板分子的性质和结构决定的,因为用不同的模板分子制备出来的分子印迹聚合物将具有不同的空穴大小、功能基团和基团的空间结构。所以,一种印迹聚合物通常只能与一种分子结合,即一把钥匙只能开一把锁。这种三维空穴对模板分子将会产生特异的选择性结合,或者说预先制备好的这种模板将会对该模板分子产生专一性的识别作用。所以 MIP 可以用于对模板分子及其高度类似物的高选择性分离。

根据印迹分子与功能单体形成复合物时的相互作用力的不同,可以将分子印迹方法分为自组装法和预组织法。图 8-14 是分子印迹过程示意图。

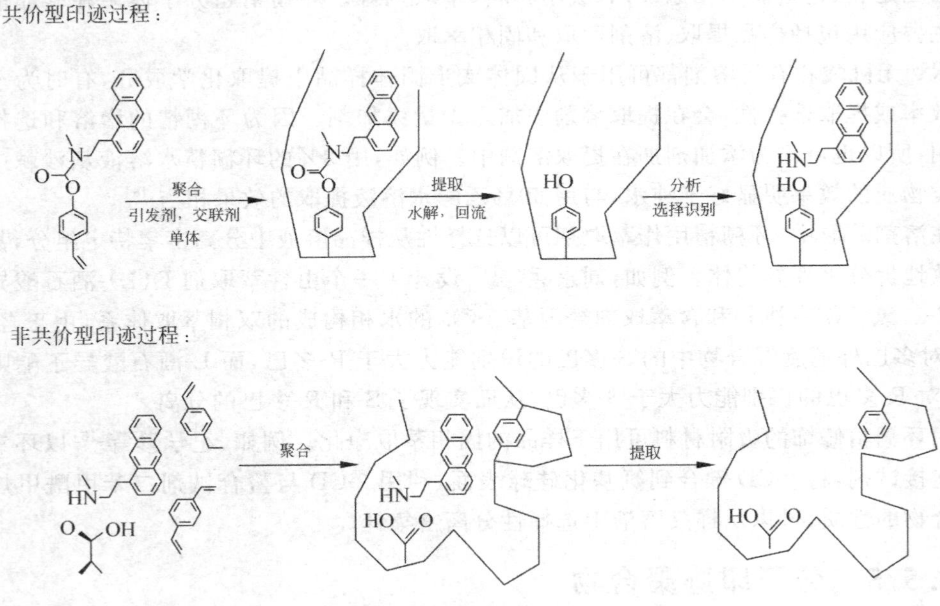

共价型印迹过程:

非共价型印迹过程:

图 8-14　分子印迹过程示意图

预组装法也称共价型分子印迹法,印迹分子与功能单体以可逆的共价键结合,形成共价型的单体-模板分子复合物。由于共价键比较牢固,需要采用一些化学的方法才能将模板分子去除。共价型复合物的优点是在聚合过程中,功能基团能获得比较精确的空间构型。由于单体和印迹分子间的强相互作用,在印迹分子自组装或分子识别过程中的反应(结合和解离)速度慢,难以达到热力学平衡,不利于快速识别反应,而且识别能力与生物识别相差较大。不过,在部分分子印迹体系,即使自组装过程中模板分子与单体之间是共价键结合,但在分子识别过程中,它们之间的相互作用也有可能是分子间相互作用。预组装法常用的功能单体有含乙烯基的硼酸和二醇、含硼酸酯的硅烷混合物等。

自组装法也称非共价型分子印迹法,模板分子与功能单体之间靠弱的分子间相互作用力自组装排列,形成具有多重作用位点的单体-模板分子复合物,在交联聚合过程中,这种复合物的空间构型被固定下来。模板分子与功能单体之间的分子间相互作用力主要是氢键、范德华力、静电相互作用、螯合作用、电荷转移相互作用等弱相互作用。由于模板分子与单体功能基团的结合力较弱,所以,采用物理方法(如萃取)就可以将模板分子去除。如果在自组装和分子识别过程中只有静电相互作用力,则这种分子印迹聚合物的选择性较低。自组装法中常用的功能单体是甲基丙烯酸,它既可与氨基发生离子相互作用,也可与酰胺基或羧基发生氢键相互作用。

分子印迹聚合物的制备方法很多,其中本体聚合、表面聚合和原位聚合比较常用。本体聚合是先合成高交联度的分子印迹聚合物整体,再将聚合物研磨成微米级颗粒,然后采用适当的方法将模板分子除去。本体聚合法简单,但研磨很难得到形状规则的固定相颗粒,所以只适合作固相萃取和薄层色谱固定相。表面聚合是将 MIP 分子或者 MIP 膜负载至载体微球表面。这种球形颗粒适合作 HPLC 固定相,不过 MIP 膜会堵住载体颗粒表面的小孔,使固定相的有效相互作用表面降低。蛋白等生物大分子一般难以利用固定相表面的小孔,而只能进入大孔,所以表面 MIP 膜包覆固定相比较适合印迹生物大分子。表面涂层是在硅胶微球表面涂覆分子印迹聚合物,与表面聚合得到的固定相类似,只是 MIP 分子是靠分子间相互作用吸附在载体表面。原位聚合即通常所说的整体柱技术,是在色谱柱管内直接合成 MIP 固定相。原位聚合是一种新的色谱固定相技术,比较适合微柱和毛细管柱的制备。

分子印迹所用模板分子既可以是一般的有机分子,也可以是像蛋白质那样的生物大分子,还可以是像金属离子那样的无机离子。例如,在低丰度蛋白的分析中,预先采用分子印迹聚合物选择性地分离富集低丰度蛋白是非常有效的;又如,在复杂基体中的微量金属离子的分析中,也可采用该离子为模板的离子印迹聚合物预先分离富集目标离子。

分子印迹分离主要以色谱、固相萃取和膜分离等形式出现,这些方法都是样品前处理中常用的方法。

分子印迹聚合物可以用来制备 HPLC、毛细管电泳(CE)和 TLC 固定相,主要用来进行手性异构体的拆分。这种将分子印迹技术用于色谱分析的方法称作分子印迹色谱法(molecular imprinting chromatography,MIC)。MIP 用作 HPLC 固定相已经用于氨基酸及其衍生物、糖类、肽类、甾醇类、药物、生物碱类、农药等的分离分析。异构体拆分是 MIP 色谱固定相的最典型的应用。手性药物的拆分是制药工业的一大难题,色谱技术的进步才使得这一难题的解决出现转机。在普通的 HPLC 和毛细管电色谱(CEC)方法中,通过制备手性固定相或使用含手性试剂的流动相,都可以实现手性异构体的拆分。通常的手性色谱固定相一般是在载体表面键和带手性基团的有机小分子或蛋白质等生物大分子,这种类型的手性固定相虽说能将一对异构体拆分开,但在很多情况下,与样品中共存的类似结构物质的分离度还不是很大,容易受到干扰,而且无法预测异构体的洗脱顺序。MIP 固定相是以一对对映体中的一个对映体作模板分子制备的,就好比一个人用其左手在橡皮泥上按下了一个深深的手印,他的右手是无法放入这个印中的,所以,对映异构体分子印迹聚合物对该对映体的专一选择性,使得它在固定相中的保留显著地大于其异构体,不仅使异构体的分离度增大,而且可以预知异构体的洗脱次序。甚至可以将两种对映异构体同时印迹制备可以同时分离两种对映体异构体的 MIP 固定相。MIP 固定相除了对模板分子的高选择性的保留外,对与模板分子具有类似空间结构的其他对映体也具有一定拆分作用。如果将对彼此都有一定拆分能力的不同对映体的分子印迹聚合物固定相,以一定比例混合后填充色谱柱或将由它们分别填充的色谱柱串联在一起,就可以同时分离两对对映异构体。与分子印迹 HPLC 相比,分子印迹毛细管电色谱具有更高的分离效率,在手性异构体拆分方面更有潜力。在使用非 MIP 固定相时,若在流动相中添加 MIP,也可以实现手性异构体的分离。

固相萃取通常使用的萃取小柱是 C_{18}、C_8、硅胶和离子交换树脂等填料,这些填料对很多性质类似的物质的分离选择性不高。尽管样品前处理对分离的选择性要求不是太高,但对于一些生物物质的分析,有时还是希望能选择性地从样品基体中将目标化合物分离或富集出来。MIP 对模板分子的特异选择性可以实现复杂基体中目标物的分离,为保证后续分析的准确性起到了关键作用。MIP 用于固相萃取的报道已经很多。例如,采用分子印迹整体柱富集植物样品中痕量细胞分裂素,然后采用 HPLC 测定[19];牛奶中氯霉素兽药残留采用分子印迹固相萃取处理后采用电化学发光法检测[20]。此外,还有环境与农业样品中硝基酚、芳香硝基化合物、苯达松除草剂等的分离富集;生物样品如肠液中的胆固醇、体液中雌二醇和双酚 A 的分离;中药提取物中有效成分的分离等。

分离膜处理样品量大,将此特点与 MIP 的高选择性结合起来,就使得 MIP 膜在分离领域具有良好的应用前景。因为 MIP 的分子识别性质受酸、碱、有机溶剂和加热等环境因素的影响很小,所以 MIP 膜与生物膜相比,除了机械强度更高外,还具有更高的稳定性。例如,以茶碱为模板分子的 MIP 膜对茶碱的吸附量远大于咖啡因,这说明该 MIP 膜对茶碱具有特殊的选择性吸附。

8.6 样品前处理芯片技术[1]

微流控芯片(microfluidic chips)技术是指采用微细加工技术,在一块数平方厘米的玻璃、硅片、石英或有机聚合物基片上制作出微通道网络结构和其他功能单元,将生物或化学等学科领域涉及的样品制备、化学反应、分离和检测等基本操作单元集成在这样一个很小的操作平台上,用以完成各种生物或化学过程,并对其产物进行分析的技术。微流控芯片技术的主要特点是:样品和试剂的消耗量大大减少,从常规的毫升(mL)级降低至纳升(nL)级;分析速度大大提高,可进行多样品同时操作。微流控芯片根据用途可分为微分离芯片、微采样芯片、微检测芯片,样品前处理芯片、化学合成芯片、多功能集成芯片等。本节介绍几种在微流控芯片上进行的分离和样品前处理操作。

8.6.1 芯片毛细管电泳[21]

芯片上液流的操控是微分离芯片的关键技术之一,毛细管电泳的电驱动方式很自然地引入到了芯片上,所以,最早的芯片分离技术是芯片毛细管电泳(chip-based capillary electrophoresis,CBCE)。CBCE 是在微流控芯片上制作出微通道或微色谱柱,代替毛细管进行电泳分离分析的技术。与芯片配套的其他电泳操作硬件单元(如进样单元、检测单元)也相应地发生了根本性改变。最早是在 1992 年 Manz 等在平板玻璃上刻蚀出微通道,并成功地用于氨基酸的分离[22]。随后几年 CBCE 的快速发展为其他微流控芯片技术的出现奠定了坚实基础。虽然 CBCE 通常并不会作为样品前处理使用,但其技术原理是样品前处理芯片的基础。图 8-15 是最简单的 CBCE 系统示意图,进行电泳操作时,先在进样通道(从 1 至 2)施加电压,在电渗流作用下,样品溶液从 1 经十字交叉口流向 2;然后将电压切换到分离通道(从 3 至 4),储存在十字交叉口处的一小段样品溶液在电渗流的推动下进入分离通道开始分离,被分开的各组分依次到达检测窗口 D,记录下电泳谱图。

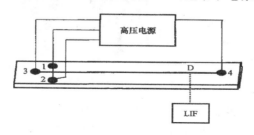

图 8-15   芯片毛细管电泳基本原理示意图

芯片上的微通道是 CBCE 分离的核心部分,尺寸通常在微米(μm)级,微通道的制作方法主要采用工艺成熟的光刻或蚀刻技术。微通道用于分离往往还需进行后处理,可以在通道壁表面修饰功能层,这种微通道称作开口通道,类似开管毛细管柱;也可以在微通道中填入细颗粒固定相、类似填充毛细管柱;还可以在微通道中原位制备整体固定相,类似整体毛细管柱。

在毛细管填充柱的制备中,柱两端用来固定填料床,防止填料颗粒流失的塞子的制备是非常关键的步骤。这种塞子既要有良好的通透性,让流动相和分析物顺利通过,又要能有效阻挡住固定相颗粒,不让其流失;塞子还要有足够的机械强度,以保证在柱填充过程中抵抗较高的压力。这种塞子不可避免地会影响柱效,在填充柱毛细管色谱(包括毛细管电泳、毛细管液相色谱和毛细管气相色谱)中称之为"塞子效应"。在芯片电泳填充柱的制备中,不用制备真正意义上的塞子,而是通过微加工技术在芯片通道中构造一些微结构来实现塞子的功能。这种微结构不存在塞子效应,是 CBCE 的优势之一。常用的塞子功能微结构有围堰、栅栏和锥形通道,图 8-16 是具有这三种微结构的芯片填充柱的示意图。图 8-16(a)是单围堰式填充柱通道的侧视图,加工时,在微通道的液流方向上的某个位置留下了一道一定高度的"堤坝",堤坝后填充一段固定相颗粒,高度不超过堤坝,堤坝上方尚有空隙可流过液体,试样溶液经过固定相后从"堤坝"上方溢出,完成分离,进入检测窗口。加工这种围堰式填充柱需要两张掩膜,第一张用于刻蚀堰的上部,刻蚀深度约 $1\mu m$;第二张用于刻蚀通道,刻蚀深度约 $10\mu m$。也就是说,"堤坝"的高度是 $10\mu m$ 左右,"堤坝"上方的间隙是 $1\mu m$ 左右。双围堰式填充柱就是在填料床两头都加工围挡堤坝。图 8-16(b)是栅栏式填充柱通道的俯视图,在填充床末端位置的通道上加工出栅栏状微结构。栏柱之间的间隙可以让液体流过,而固定相颗粒则被截留住。图 8-16(c)是锥形截留式填充柱的通道形状。柱出口端逐渐收窄至一定宽度,最前沿的固定相颗粒在出口处会产生"楔石效应"卡在出口处,起到阻挡其他固定相颗粒流失的目的。

CBCE 上的微通道往往不会是单独一条分离通道,而是设计成不同结构的通道网络。在这样复杂的微通道网络上实现对微液流的自动化操作,最方便的途径就是通过电渗流控制液流的流量和流向。常规毛细管电泳中采用的压力、虹吸和电动进样技术都需要复杂的机械操作,与 CBCE 的微型化和集成化不相容,因此进样技术成了 CBCE 的关键技术之一。

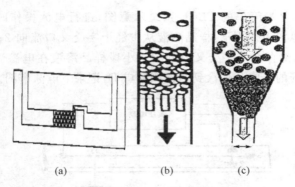

图 8-16　芯片填充柱的塞子功能微结构

(a) 单围堰式；(b) 栅栏式；(c) 锥形截留式

常用的进样技术是十字通道进样法和基于十字通道的夹流进样法和门式进样法。图 8-17
是十字通道进样器的原理示意图。首先在试样池 1
和试样废液池 2 之间施加电压,在电渗流作用下,试
样从 1 流向 2 并充满十字交叉口处的一小段通道体
积,然后将电压切换到缓冲液池 3 和废液池 4 之间,
这时缓冲液从 3 向 4 的方向流动,将储存在十字交
叉口的一小段试样溶液推入分离通道。图 8-18 是门
式进样器的原理示意图。在进样前,缓冲液池 1 的
电压(如 1kV)高于试样池 3 的电压(如 0.7kV),试
样废液池 2 和废液池 4 的电压均为零。此时缓冲液
从 1 出发流向十字交叉口,同时试样溶液也从 3 出
发流向十字交叉口,由于缓冲液池 1 的电压更高,缓

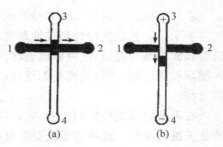

图 8-17　十字通道进样器的充样
和进样原理示意图

(a) 充样；(b) 进样

冲液流量会比试样液流量大,在十字交叉口,由于电场的导向和两股液流的相互挤压作用,
试样溶液将不会流入分离通道而全部流向试样废液池;缓冲液则一部分向下进入分离通
道,另一部分向右进入试样废液池。进样时,只需将缓冲液池 1 和试样废液池 2 悬空(不加
电压),在试样池 3 和废液池 4 之间的电场作用下,试样溶液就会从十字交叉口向下进入分
离通道,待足够的试样进入分离通道后结束进样,即将缓冲液池 1 和试样废液池 2 的电压恢
复到进样前的状态。

　　CBCE 通过调节外加电场的大小和方向,可以方便地实现小体积(pL-nL)液体的进样、
分离、分流和汇流等操作,不需要机械泵和阀,有利于微型化、集成化和自动化。由于芯片具
有较好的散热性能,电泳操作时产生的焦耳热能快速散发,因此芯片电泳可以施加比常规毛
细管电泳高得多的电压(如 2500V/cm),从而达到更高效和快速的分离。普通毛细管电泳
中的等速电泳、等电聚焦、凝胶电泳、电色谱等各种分离模式都能在 CBCE 中实现。在芯片
上实现二维电泳比普通毛细管电泳要方便得多。CBCE 还可与质谱、激光诱导荧光、电化学
等多种检测技术联用。

8.6.2　芯片多相层流无膜扩散分离

　　从溶液中分离不溶性微粒的传统方法主要是过滤和离心,而在集成的微系统中是不可

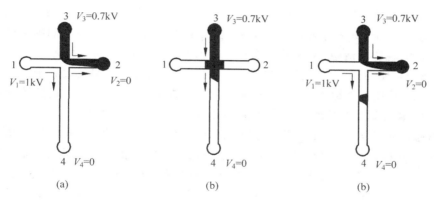

图 8-18 门式进样器原理示意图

1—缓冲液池；2—试样废液池；3—试样池；4—废液池

(a) 进样前；(b) 进样；(c) 分离

能采用这样的分离技术的。Yager 等[23-25] 从 1997 年开始提出并持续研究了一种在微流控芯片上进行颗粒分离的多相层流无膜扩散分离技术。

流体的流动形态主要有层流、湍流和过渡流。判断流体的流动形态可以依据雷诺数（Re）的大小，雷诺数是一个与惯性力和黏力之比有关的无量纲参数，对于细管中的液流，Re的定义为

$$Re = \frac{\rho d v}{\mu} \tag{8-7}$$

式中：ρ 为液体的密度；v 为液体流速；d 为管径；μ 为液体黏度。

通常，$Re < 2000$ 时，液体流动表现为层流；$Re > 4000$ 时为湍流；Re 在 $2000 \sim 4000$ 之间为过渡流，过渡流属于不稳定流。

在芯片上通过光刻或蚀刻得到的微通道通常为梯形槽，可以近似地按矩形槽处理，其 Re 表达式中的管径 d 换成矩形槽中流体动力半径 $4(A/p)$，其中 A 为交界面面积；p 为湿润周边长。

微流控芯片通道深度一般在数十微米至数百微米，在这样的通道中，以 $100\mu m/s$ 的流速流动的水流的 Re 值在 10^{-3} 数量级。因此，在微流控芯片通道中，稀溶液的 Re 值远小于 1，流体总是表现为稳定的层流状态。即使是可以互溶的两种液体，在微通道中也可以平行流动，而不会因对流而混合，构成具有明确相界面的两相。一相中的溶质或微粒可以通过扩散进入另一相，这样就可以实现两个平行层流之间的物质迁移。球形粒子（分子）扩散通过距离 L 所需要的时间 t 为

$$t = L^2/D \tag{8-8}$$

式中的扩散系数 D 与绝对温度 T、溶液黏度 η、粒子直径 d_p 等因素的关系如下：

$$D = \frac{RT}{3\pi N \eta d_p} \tag{8-9}$$

将式（8-9）代入式（8-8）中得

$$t = \frac{3\pi N \eta d_p L^2}{RT} \tag{8-10}$$

式中：R 为理想气体常数；N 为阿伏伽德罗常数。

由式(8-9)可见,在一定温度下,当溶液黏度一定时,微粒越小,扩散系数越大、扩散速度越快。因此,小分子、离子与大分子及微粒会因体积大小而分离,而且它们的扩散速度的差异很大。例如,在稀溶液中,小分子扩散 $10\mu m$ 距离只要不到 $1s$,而直径为 $0.5\mu m$ 的微粒扩散相同距离却需要 $200s$。在微流控芯片中,扩散距离很短,可以实现大分子和微粒的快速分离。图 8-19 是在一个结构简单的 H 形微型通道芯片上进行多相层流扩散分离的示意图。在重力或微注射泵的推动下,试样溶液(如染料)和接受液分别从左上通道和左下通道导入,在分离通道入口处汇合,并平行流过分离通道,由于小分子扩散快,大分子或微粒扩散慢,在一定时间内试样中只有小分子物质可以扩散进入接受液。最后,剩下大分子和微粒的试样液从右上通道流出;接受了试样中小分子物质的接受液从右下通道流出,此流出液既可收集起来用于后续分析,也可直接导入后续联用分析仪器,实现在线微流控芯片样品净化操作。

多相层流扩散分离可以像离心、过滤、渗析等分离技术一样,广泛用于样品净化,其分离速度比其他方法要快得多,例如可以在 $1s$ 内实现蛋白质脱盐。利用多相层流扩散原理还可测定流体黏度、溶液扩散系数、化学反应平衡常数和反应速率常数。

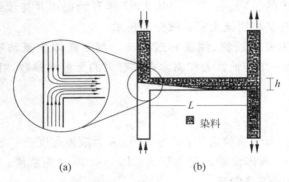

图 8-19　H 形微通道芯片上多相层流扩散分离示意图
(a) 低雷诺数下层流状态;(b) 两稳定的液流

8.6.3　芯片液-液萃取

常规液-液萃取是依据目标组分在互不相溶的两相(通常为水相和有机相)中分配比的差异,将含目标组分的样品水溶液和与水互不相溶的有机溶剂充分混合,利用有机相和水相密度的差异使之分相,疏水性目标组分进入有机相中,亲水性物质仍留在水相,从而实现亲水性和疏水性物质的分离。这种传统的液-液萃取无法满足微型化、集成化和自动化的要求。Kitamori 等[26-29]利用多相层流扩散分离法的操作原理提出了微流控芯片液-液萃取分离系统。尽管两种分离体系都是通过层流条件下的分子扩散实现溶质在两相间迁移的,但二者的分离机理却不同。前面(8.6.2节)讲到的微流控多相层流扩散体系中,通常是单纯水溶液的多相层流,物质是基于扩散速度的差异而分离,这种扩散速度的差异主要源于物质体积的差异,因此,体积具有显著差异的物质才能得以分离;而在微流控液-液萃取中,两个层流相的疏水性是不同的,通常仍以疏水溶剂为萃取相,和常规溶剂萃取体系一样,溶质仍然是基于在两相间的分配比的差异而达到分离。在微流控液-液萃取中,可以通过调节两相的流量来改变相比,例如,可以通过降低有机溶剂的流量,在微通道内形成超薄的有机膜萃取相。

上述基于多相层流扩散的液-液萃取系统虽然操作简单,但该技术是基于两相的连续流动,水相与有机相的体积比不能太大(通常在 10 以内),使得萃取富集倍数有限。方群等[30]提出的停流液-液萃取技术是在微流控芯片上使纳升级的有机溶剂液滴停留于通道的微结构中静止不动,而微升级的样品溶液在通道中连续流过有机液滴。这种停流液-液萃取的富集倍数可以达到 3 个数量级。

在微流控液-液萃取体系中,尽管两相的密度有差异,但在微通道中,表面张力的作用远远大于密度差的作用,因此不会发生液层混合。从热力学角度来看,溶质进入萃取相的驱动力是疏水相互作用力,但从动力学角度考虑,溶质的迁移速度仍然受制于扩散速度,即萃取时间由层流间溶质扩散速度决定。

微流控液-液萃取芯片的微通道的设计与多相层流扩散基本相同,只是为了防止溶剂腐蚀,芯片材料通常为玻璃或石英,而不采用有机聚合物材料。

和常规液-液萃取类似,微流控液-液萃取既可以基于物质的疏水性从试样水溶液中直接萃取具有一定疏水性的有机物,也可以使无机离子形成螯合物、离子缔合物等各种形式的疏水化合物后萃取。例如,在含 Fe^{2+} 的水溶液中加入红菲啰啉二磺酸,使 Fe^{2+} 在试样相以配阴离子形式存在,以含三正辛基甲基氯化铵的氯仿溶液为萃取相。当两相在微通道中以层流平行流过时,在两相界面,Fe^{2+}-红菲啰啉二磺酸配阴离子与三正辛基甲基铵阳离子形成疏水性很强的离子缔合物后,进入有机萃取相,使 Fe^{2+} 与试样中共存的其他金属离子得以分离。

与传统溶剂萃取相比,微流控芯片液-液萃取具有如下优点:①萃取速度快,一次萃取操作仅需数秒至数十秒时间;②有机溶剂用量小,仅需纳升级溶剂;③试样用量少,适合微量样品的净化;④很容易在同一芯片上实现萃取和反萃取的偶联;⑤易于在线自动化操作,并与后续高灵敏检测技术(如质谱)直接联用。

8.6.4　芯片固相萃取

芯片上的固相萃取与常规固相萃取的原理是相同的,只是操作方式和规模上的差异。萃取柱的形式也有开口柱、填充柱和整体柱。开口柱制备比较简单,在芯片通道内壁制备功能涂层即可;在微通道内填充固体吸附剂制备填充柱和芯片毛细管填充柱的制备类似,需要在通道内加工起塞子作用的微结构;原位聚合制备整体柱通常采用光引发聚合反应,既可以在芯片上的微通道中原位聚合制备 SPE 固定相,也可在石英毛细管甚至玻璃微管中原位制备 SPE 固定相,然后与芯片微通道连接在一起。在芯片上通过固相萃取净化后的样品溶液通常直接导入同一芯片上的其他功能部分进行后续操作,如反应、分离、检测。例如,徐溢等[31]在玻璃微管中通过热引发原位聚合制备阴离子交换 SPE 微柱,将微柱在芯片基板上与反应和分析通道连接。利用 $NaNO_2$-KI-鲁米诺发光体系实现了芯片上 NO_2^- 的进样、分离富集和检测。

8.6.5　芯片过滤

前面讲到的多相层流扩散技术可以起到过滤的作用,还有固定芯片填充柱床的围堰、栅栏和锥形通道等微结构也能用作过滤器。这里再介绍两种其他芯片过滤技术。一种是类似栅栏微结构的过滤器,即在试样池或缓冲液池底部加工立方微柱阵列,柱间形成相互交叉 $1.5\mu m \times 10\mu m$ 的过滤通道网络,此通道与用于后续分离分析的主通道呈 90° 角,流体通过池子进入过滤床时,直径大于 $1.5\mu m$ 的颗粒被拦截在微柱的上方,滤液通过多条柱间横向流出过滤床,进入芯片主通道。这种微过滤单元用于除掉微流控芯片操作试样中的颗粒物。
另一种芯片微过滤单元主要用来浓缩生物大分子样品,被称作多孔膜夹层芯片,其结构如图8-20所示。在分离分析主通道和与之垂直的过滤器侧通道之间加装多孔层或多孔膜,进样通道与过滤通道相对,位于主通道的另一侧。当在试样池与过滤侧通道之间加一定电压,试样溶液经进样通道流向过滤侧通道,只有小分子、离子和溶剂可以透过多孔膜流出主通道,经由过滤侧通道导出芯片;剩余的生物大分子浓缩于进样口(进样通道与主通道交汇处),从而提高生物大分子在主通道分离后的检测灵敏度。

图 8-20　多孔膜夹层芯片结构示意图

8.6.6　芯片渗析分离

渗析芯片通常是将渗析膜夹在两块芯片之间构成。膜上面为试样通道芯片,通道较小,如宽 $160\mu m$、深 $60\mu m$;膜下面是渗析缓冲液通道芯片,通道较大,如宽 $300\sim500\mu m$、深 $150\sim300\mu m$。在芯片四角用螺栓固定两块芯片。试样溶液流过膜上通道的过程中,小分子、离子、溶剂可以透过渗析膜进入膜下通道的缓冲液中,与大分子、胶体、固体颗粒分离;缓冲液在膜下通道与试样溶液逆向流动,使透过膜进入其中的小分子物质扩散更快,提高分离效率。与常规渗析技术一样,微流控芯片渗析也可以用于生物大分子试样的浓缩、脱盐和纯化。不过,微流控芯片渗析的速度要快得多。

参考文献

[1]　丁明玉.现代分离方法与技术[M].北京:化学工业出版社,2011.

[2]　李春香,陈婷玉,闫永胜.沉淀浮选预分离/富集与 FAAS 联用测定粮食中痕量 Cu 和 Mn 的研究[J].光谱学与光谱分析,2007,27(10):2127-2130.

[3]　涂常青,温欣荣,陈文.硫氰酸铵-十四烷基三甲基溴化铵微晶吸附体系浮选分离铜(Ⅱ)[J].冶金分析,2013,33(1):77-81.

[4]　刘西茜,董慧茹.溶剂浮选-紫外分光光度法测定茵陈中总香豆素含量[J].理化检验(化学分册),2009,45(4):482-483.

[5]　唐睿,张红武,严志红,等.溶剂浮选-HPLC 法测定穿心莲片中脱水穿心莲内酯[J].中草药,2011,42(9):1747-1750.

[6]　董慧茹,程群.溶剂浮选-石墨炉原子吸收光谱法测定水样中痕量 Pb(Ⅱ)、Ni(Ⅱ)和 Co(Ⅱ)[J].分析科学学报,2006,22(2):173-175.

[7]　熊晓燕,张永进,王津.电感耦合等离子体原子发射光谱法测定高纯硒中 18 种杂质元素[J].冶金分析,2010,30(7):35-38.

[8]　丁明玉.现代分离方法与技术[M].2 版.北京:化学工业出版社,2012.

[9]　Casnati A,Pochini A,Ungaro R,et al. Synthesis,complexation,and membrane-transport studies of 1,3-alternate calix[4]arene-crown-6 conformers-A new class of cesium selective ionophores[J]. J. Am. Chem. Soc. 1995,117(10):2767-2777.

[10]　Kraft D,Arnecke R,Bohmer Y,et al. Regioselective synthesis of calixcrowns derived from p-tert-butyl calix[5]arene[J]. Tetrahedron,1993,49(27):6019-6024.

[11]　Casnati A,Jacopozzi P,Pochini A,et al. Bridged calix[6]arenes in the cone conformation-New

receptors for quaternary ammonium cations[J]. Tetrahedron. 1995,51(2)：591-598.

[12] Beer P D,Chen Zheng,Goulden A J,et al. J. Selective electrochemical recognition of the dihydrogen phosphate anion in the presence of hydrogen sulfate and chloride-ions by new neutral ferrocene anion receptors[J]. J. Chem. Soc. Chem. Commun. ,1993,(24)：1834-1836.

[13] Rudkevich D M, Verboom W, Reinhoudt D N. Calix[4]arene salenes-A bifunctional receptor for NaH$_2$PO$_4$[J]. J. Org. Chem. 1994,59(13)：3683-3686.

[14] Gutsche C D, See K A. Calixarenes. 27. synthesis, characterization, and complexation studies of double-cavity calix[4]arenes[J]. J. Org. Chem. ,1992,57(16)：4527-4539.

[15] Zhong Z L,Tang C P,Wu C Y,et al. Synthesis and properties of calixcrown telomers[J]. J. Chem. Soc. ,Chem. Commun. ,1995,1(7)：1737-1738.

[16] 吴春芝、谷福根、师帅，等. β-环糊精辅助提取沙棘总黄酮工艺研究[J]. 中国药业,2012,2(14)：65-66.

[17] 刘永兵,李芳,唐课文,等. 双相(O/W)识别手性萃取分离多巴对映体研究[J]. 广州化工,2011,39(6)：53-55.

[18] 纪学珍、刘慧君、王丽丽,等. β-环糊精键合硅胶材料对钍的吸附[J]. 核化学与放射化学,2012,34(1)：40-45.

[19] 孙林,杜甫佑,阮贵华,等. 分子印迹整体柱富集-高效液相色谱法测定植物中的痕量细胞分裂素[J]. 色谱,2013,31(4)：392-396.

[20] 郝婷婷,谢文婷,李琴芬,等. 分子印迹固相萃取-电化学发光检测牛奶中氯霉素[J]. 分析试验室,2012,31(2)：105-108.

[21] 方肇伦. 微流控分析芯片[M]. 北京：科学出版社,2003.

[22] Manz A, Harrison D J, Verpoorte E M J, et al. Planar chips technology for miniaturization and integration of separation techniques into monitoring systems-capillary electrophoresis on a chip[J]. J. Chromatogr. ,1992,593(1-2)：253-258.

[23] Weigl B H, Yager P. Silicon-microfabricated diffusion-based optical chemical sensor[J]. Sens. Actuators B. 1997,38/39(1-3)：452-457.

[24] Weigl B H, Yager P. Microfluidics-Microfluidic diffusion-based separation and detection[J]. Science. 1999,283(5400)：346-347.

[25] Kamholz A E,Weigl B H,Finlayson B A,et al. Quantitative analysis of molecular interaction in a microfluidic channel：The T-sensor[J]. Anal. Chem. 1999,71(23)：5340-5347.

[26] Tokeshi M,Minagawa T,Kitamori T. Integration of a microextraction system on a glass chip：Ion-pair solvent extraction of Fe(II) with 4,7-diphenyl-1,10-phenanthrolinedisulfonic acid and tri-n-octylmethylammonium chloride[J]. Anal. Chem. 2000,72(7)：1711-1714.

[27] Tokeshi M,Minagawa T,Kitamori T. Integration of a microextraction system-Solvent extraction of a Co-2-nitroso-5-dimethylaminophenol complex on a microchip[J]. J. Chromatogr. A. 2000,894(1-2)：19-23：19.

[28] Minagawa T, Tokeshi M, Kitamori T. Integration of a wet analysis system on a glass chip：determination of Co(II) as 2-nitroso-1-naphthol chelates by solvent extraction and thermal lens microscopy[J]. Lab on a Chip. 2001,1(1)：72-75.

[29] Hisamoto H, Horiuchi T, Uchiyama K, et al. On-chip integration of sequentialion-sensing system based on intermittent reagent pumpling and formation of two-layer flow[J]. Anal. Chem. 2001,73(22)：5551-5556.

[30] 方群,陈宏,蔡增轩. 微流控芯片停流液-液萃取技术的研究[J]. 高等学校化学学报,2004,25(2)：261-263.

[31] 徐溢,张晓凤,张剑. 复合式微流控芯片上阴离子型固相萃取微柱柱性能分析[J]. 分析化学,2005,33(4)：447-450.

第9章

自动化样品前处理技术

9.1 概述

样品前处理中,不同样品的基质和处理要求各不相同,有时是一个非常复杂、烦琐和漫长的过程,常伴随偶然和系统误差,操作人员也可能大量接触有害化学品,并且在许多情况下工作量非常巨大。而将自动化技术用于样品前处理,可以有效地减轻或解决这些问题。

自动化可以定义为将机械和仪器仪表装置结合使用,以代替、细化、扩展或补充人类在执行特定过程中的工作量和功能,该过程中,至少有一个主要操作是通过无人干预的反馈系统来控制的。

下面从样品识别、装置形式、时间顺序、样品形态、装置联用、优势与限制、发展趋势等多个方面简要介绍样品前处理的自动化技术。

9.1.1 样品自动识别与跟踪技术

自动识别和追踪样品的需求由许多因素综合而成。样品数量越来越多,必然要用自动化标记和识别技术代替繁琐和容易出现失误的人工操作。样品来源等背景信息可能较多,样品之间也可能存在各种关联,需要通过自动化标识建立样品与其信息之间以及样品相互之间的关联,并存储在电子文档中。实验室信息管理系统(laboratory information management system, LIMS)和样品信息管理系统(sample information management system, SIMS)的广泛应用也需要样品自动识别和追踪功能。样品的处置和处理中环节较多,例如,在需要进行多种自动化样品前处理时,样品可能需要经过多次自动机械转移,有了自动识别技术,才能方便和准确追踪样品去向或确定样品所处环节,确认不会出错。

样品的自动识别与追踪技术主要有条形码技术和射频识别技术。

1. 条形码

条形码技术于 1949 年出现,是由不同宽度的黑条与白条(反射率差别大)按一定编码规则线性地平行排列,以代替文字和数字,可存储 20 个字符。这些编码规则是由专门建立的条形码语言(或称"符号集")所定义的。通常,条形码的内容只是一种参考号码,通过它可以检索出标识物的描述性数据或其他重要信息。二维(条形)码技术于 1970 年就已经出现,可以在横向(类似线性条形码)与纵向两个方向存储信息,可存储多达7000个字符。相对于线性条形码,二维码的优势在于:符号可以更小(小至2mm);容错性更高;可读性范围更广,可被打印到几乎任何表面上;纠错能力更强,即使破损率达30%,仍能读取。随着标配数字照相功能的移动通信技术的迅猛发展,二维码的复兴与广泛应用也将对实验室样品识别与追踪有着长期影响。

2. 射频识别

射频识别(radio-frequency identification, RFID)技术最早出现在20世纪40年代,经过长期发展,于2000年后趋于成熟。在实验室应用中,当RFID标识处于RFID阅读器的范围内时,可以被动地发射无线电波,由阅读器实现正确识别。RFID的优势很多,它是封装使用的,不受潮湿和冷冻影响,抗污染,耐高温;可以快速(250ms)读取数据,并且多个RFID可以同时批量扫描;支持读写功能,在任何一个装有读写器的节点都可以对其写入过程信息;寿命长达10年以上,并可重复使用。

目前,条形码和RFID技术在实验室样品管理中均有广泛应用,特别是在与LIMS配合使用以及全自动样品前处理系统中更具优势。

9.1.2 工作站与机器人

在自动化样品前处理中,工作站是一种非常常见的装置形式,是一种为特定功能而定制的自动化工具。样品前处理工作站一般可完成一种或几种处理操作,如自动稀释工作站、定量浓缩工作站、固相萃取工作站等,特别适合大量样品的处理,较之人工操作更加高效,结果的重复性更好,也更经济。工作站因其功能明确、操作简单、节省时间和费用等特点而被广泛接受,发展迅速。本章将重点介绍工作站形式的多种样品前处理装置。

另一种形式是机器人。国际标准化组织将机器人定义为:是一种可以自动控制、可编程、多用途的机械装置,并在某个固定或移动位置上具有多个自由度。机器人一般由机械臂、控制器、电源和传感器组成,同时还需要有相应的功能模块或外围设备,甚至是若干个工作站共同完成一个复杂的多步骤样品前处理操作。相对于工作站形式,机器人在技术上更加复杂,功能设计上并不针对特定操作,所以在使用上更加灵活,可适应多种操作需求,当然,价格一般也高于工作站。目前机器人形式的样品前处理系统虽然不像工作站那么常见,但在某些领域也已经有了快速发展,分析人员可以根据样品前处理的步骤多少和复杂程度来选择使用工作站或机器人系统。

当描述工作站时,只需列出其具体功能即可。而描述机器人时,则须指明其机械臂的种类,以及用什么模块或设备来辅助机械臂完成任务。

机械臂不仅是机器人的要件,工作站往往也需要机械臂来作为机械执行机构。样品前处理中机械臂的运动形式有多种,并可相互组合,其中常见的三种分别是笛卡儿式,柱面式和球面式,如图9-1所示。笛卡儿式也称XYZ直线坐标式,这种形式最为常见,它由X、Y和Z方向的最大位移形成一个平行六面体空间,其中每个空间点由三个方向上的坐标组合指定,没有转动。柱面式也称蛇纹式,当两根连杆共线时,达到其最大伸展长度r_1+r_2,再沿φ和Z方向的运动形成柱面,理论上柱面内即是可达到的区域,但是实际上在转动轴附近有死区。球面式的最大球面半径为r_1+r_2,可在机械臂远端安装夹爪并在球面以内操作,但由于连杆尺寸和连接器的限制,在球形的中心部位有一定的死区。

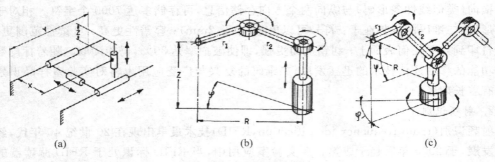

图 9-1　常见机械臂形式

9.1.3　自动化样品前处理的时序

样品前处理一般会有许多操作步骤。原则上,那些操作最频繁的步骤才是自动化的重点,因为这样才能使最多的重复劳动被自动化操作代替,自动化的固有优势才能最大化,特别是在样品数量较多时。

自动化过程中各操作步骤与样品序列的关系从时间顺序上可以分为以下四种(图 9-2),以有 m 个样品,n 个处理步骤的情况为例。

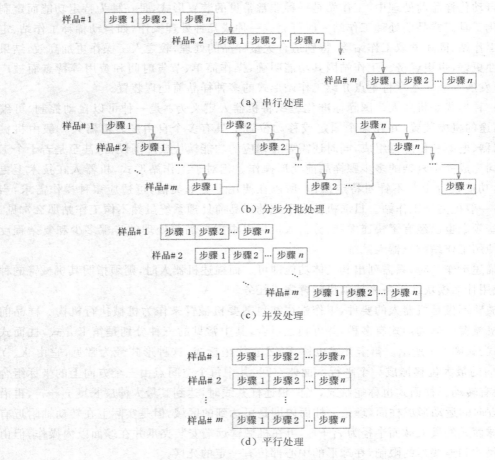

图 9-2　自动化样品前处理的典型时序

1. 串行处理

串行处理是在一个自动化过程中，对样品按次序逐个进行处理。对每个样品，按其方法步骤依次处理，在结束一个样品的最后一步后（第 n 步），才开始下一个样品的处理。总的处理时间等于每步处理时间之和乘以样品数量。这种自动化工作方式最为直观，但也是最为耗时的方式。对于样品量较少，样品非常珍贵时，分析人员会倾向于使用这种模式来处理样品。对于需要实时监测的实验过程，或是对样品前处理要求多变（例如科学研究性）的实验室过程，也适合用这种方式处理样品。

2. 分步分批处理

分步分批处理是先对所有 m 个样品按顺序依次进行第 1 步处理，然后以同样方式进第 2 步，直至第 n 步结束。这种方式在手工操作时很常用。总的处理时间在理论上是与串行处理相等的，但是在实际中，往往用时更少。这是因为，实际操作中用一种处理方式处理完所有样品后，再改用下一方式，常比换用多种方式处理一个样品要省时。

3. 并发处理

并发处理是在一个自动化处理过程中，多个样品加入进来，同时进行不同的操作。这种方式所能同时处理的样品数量，等于能够同时进行处理的步骤数量。而能同时处理的步骤越多，则总的处理时间越短。这种方式对系统的利用率非常高，也非常省时，但是应特别注意交叉污染的问题，并且程序设计和方法编辑上也相对复杂一些，对设计者和用户均有较高要求。图形化的用户界面将能有效改善易用性。

4. 平行处理

平行处理是多个样品整批同时处理。能同时处理的样品越多，则总的处理时间越短。采用这种方式的装置有些可以自动更换样品，样品处理通量非常高，特别适合常规性的大批量小体积样品的同时处理，例如生物学样品。也有一些平行工作装置虽然不具有自动更换样品的功能，但因同时处理多个样品，显著节省时间，对一些样品数量不多的实验室也非常适合，特别是单个样品体积较大时，例如对环境水样的处理。

9.1.4 样品前处理的自动化与联用

随着样品前处理自动化技术的日益发展，目前已经有许多前处理过程实现了非常成熟的自动化。例如，在无机分析样品前处理中，有自动微波辅助消解、自动电热消解、自动熔融等；在有机分析样品前处理中，有自动索氏萃取、自动压力溶剂萃取、自动微波辅助溶剂萃取、自动固相萃取、自动凝胶净化等。一些自动化前处理技术已经被标准方法所采用，在商检、进出口、环境、食品等领域发挥了重要作用。

自动化样品前处理装置既可以单独使用，也可以联合使用，有些还可以与分析仪器联用。例如，经压力溶剂萃取的共萃取物往往对后续分析物形成干扰或污染分析仪器。因此萃取产物常常需要采用固相萃取、凝胶净化等技术处理。而压力溶剂萃取的萃取液向固相萃取或凝胶净化上样前，又需要浓缩和定容。这就形成了多种样品前处理联用的需求。将样品前处理装置与分析仪器联用，一般是在样品前处理操作后，将处理后的样品溶液（可能需要在线浓缩）或吸附了分析物的吸附剂（洗脱或热解吸）直接引入分析仪器进样口，进行分析测定，例如在线微波消解、在线固相萃取、在线凝胶净化等。当样品前处理的时间等于或短于分析时间，或者是样品前处理后的分析物不稳定，需要立即分析时，适合以这种方式联用。

9.1.5 自动化样品前处理的优势与问题

1. 自动化样品前处理的优势

自动化样品前处理的优势主要体现在如下几方面：

（1）提高了操作的重复性和准确性。与人工操作相比，自动化装置可以在很大程度上减少系统的和偶然的误差。

（2）提高了操作安全性。在分析过程中，使用和排放化学试剂最多的环节是样品前处理，自动化样品前处理装置不仅减少了化学试剂的用量，而且可以避免实验人员接触有毒试剂和高温高压等危险环境。

（3）大大提高了处理速度。自动化装置以稳定速度和并发或平行方式处理样品，使样品前处理通量显著提高。

（4）降低了运行成本。对于日常处理大量样品的实验室，自动化装置的前期费用可以被高样品通量分摊，同时节省大量人工费用。试剂的利用率也有可能会大幅提高。

（5）当样品量非常大，或是样品、试剂较为珍贵稀少时，用自动化装置失误少，较之手工操作有明显优势。

2. 自动化样品前处理的问题

自动化样品前处理技术在发展和应用中也暴露了一些问题，例如：

（1）没有统一标准。目前科学仪器行业中的样品前处理装置种类非常多，即使是同样原理的装置，相互之间的机械、流程和控制技术也可能会有很大差别。这种情况下，装置之间的性能表现可能有较大差别，购买者不容易进行相互比较和选择。

（2）内部工作不直观。这种情况常常造成使用者很难了解装置的内部工作方式并由此产生质疑，影响对自动化装置的接受。

（3）交叉污染的风险必须严格控制，特别是对一些管路和阀门设计上相对复杂、样品之间有交叉接触面的产品，需要针对流路特征在样品之间专门设计清洗过程，这同时也会相应地增加系统的复杂程度。

9.1.6 自动化样品前处理的发展趋势

样品前处理的自动化是一个很重要和很有潜力的发展方向，目前处在快速发展的时期，自动化的范围在不断扩大，技术也日趋先进，产品也越来越丰富。

（1）样品前处理装置的小型化是一个重要发展方向，是以自动化技术为基础，以多种需求为条件的。样品的分析检测技术已相当成熟，灵敏度也已经非常高，随着所需样品量越来越小，前处理所用化学试剂也相应减少，对分析人员健康和环境污染的风险也降低。

（2）"绿色化学"（green chemistry）的概念出现于 20 世纪 90 年代初，并迅速被化学界接受。目前有许多新型样品前处理技术使用无污染或少污染的"绿色"方法，不用或尽可能少用有机溶剂或浓酸，例如，CO_2 超临界流体萃取、亚临界水萃取、离子液体萃取、气相萃取（静态顶空和吹扫捕集）、液相微萃取、固相萃取等。其中许多技术已经自动化并与分析仪器联用，方法开发与应用研究均非常活跃，有些技术已纳入标准方法。

（3）将样品前处理与分析仪器联机使用更趋活跃。已经出现可以将多种样品前处理过程,如固相萃取、固相微萃取、浓缩、混合、称重、热解吸等,在同一个机械平台上实现自动化,并可直接向气相色谱或液相色谱进样的产品。

（4）机器人技术将更为广泛地使用。机器人系统的机械自由度多,可进行复杂的机械操作,完成多种目标灵活的实验任务,因此,在操作较为复杂或条件较为严苛的样品前处理中能很好地发挥作用。

（5）其他。样品前处理自动化的发展趋势还包括远程通信、图像识别和处理、新材料的实用化等。所有上述技术的发展都在推动样品前处理技术的进步,使这个领域成为分析领域中的高技术、高价值、有发展前景的部分。有许多国际大型科学仪器厂商基于这种认识,已将自动化样品前处理产品作为开发对象。

9.2 自动溶剂萃取

传统的溶剂萃取(如液-液萃取)虽然仍广泛用于水溶液样品的前处理,但有逐渐被更为便利的固相萃取和吹扫捕集等方法代替的趋势。对于固体或半固体样品,传统的超声浸提、索氏提取等溶剂萃取方法往往相当烦琐和费时,处理大量样品时人工劳动强度大。自动化技术正在溶剂萃取领域迅速发展,并渐渐扮演重要角色。本节将对自动索氏提取、压力溶剂萃取以及微波辅助溶剂萃取等技术进行简要介绍。

9.2.1 自动索氏提取

索氏提取器(soxhlet extraction)是由德国化学家 Franz Von Soxhlet 于 1879 年设计的,用于从固体样品中提取可溶性化学物质。样品用滤纸套筒包裹,置于沸腾的溶剂上方。冷凝的溶剂滴入样品中溶出可萃取物,然后被虹吸返回沸腾的溶剂中,这样使得样品反复多次地被新鲜溶剂所浸泡。萃取操作往往需要持续数小时,然后打开装置,蒸去多余的溶剂。索氏提取萃取效果很好,目前仍广泛使用,且常常用作基准萃取方法来评价其他萃取方法的效果。

1. Randall 自动化索氏提取

20 世纪 70 年代初,Edward Randall[1] 改进了索氏提取器的设计,使萃取速度缩短至 30min 左右。该方法是将样品通过升降机构完全浸入沸腾的溶剂,使得脂肪和蜡质等更容易溶解。浸煮一段时间后,样品升出溶剂并被冷凝的溶剂再淋洗以萃取出全部可萃取物。该方法是目前丹麦 FOSS 公司的自动萃取仪 Soxtec 的设计基础。基于商品化装置 Soxtec 的自动索氏提取方法在 1994 年被美国环保局认证为标准方法(EPA 3541,SW 846)。美国官方分析化学家协会(Association of Official Analytical Chemists,AOAC)也指定该产品用于脂肪测定(AOAC 2003.06)。该方法的操作依次分为煮沸、淋洗和溶剂回收三个步骤(图 9-3)。在煮沸步骤中,仪器将装有样品的套筒直接浸入沸腾的溶剂,保持 60min 左右。样品直接接触高温溶剂,使萃取过程比传统索氏提取要快许多。在淋洗步骤中,装有样品的套筒提升到溶剂上方,使冷凝的溶剂滴入样品,进一步萃取出可溶解物。这个淋洗和萃取的过程与传统索氏提取一样,并持续 60min 左右。在溶剂回收步骤中,类似 Kuderna-Danish 浓缩器,是将底部溶剂浓缩至 1~2mL,耗时 10~20min。这一方法将浓缩与提取整合在一起,可直接进入后续净化或分析操作。更新的自动索氏提取装置还增加了预干燥步骤。为了进行全脂肪分析,有些提取装置上还增加了酸水解功能。

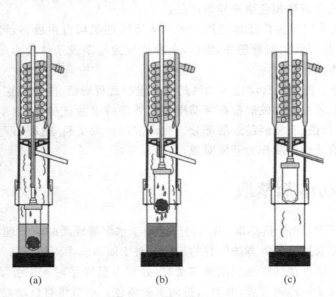

图 9-3 自动索氏提取过程

(a) 在沸腾的溶剂中迅速溶解;(b) 充分地将残存的可溶物质淋洗下来;(c) 自动收集蒸馏后的溶剂以便再利用

相对于传统的索氏提取,自动索氏提取技术的优势包括:(1)萃取过程迅速,每个样品大约需要 2h,而传统的索氏提取时间可能长达 48h;(2)溶剂用量少,是传统索氏提取的 10%～20%,一般仅需要 40～50mL;(3)样品萃取后在装置中直接浓缩。(4)一台自动索氏提取仪可以搭载多个样品和萃取装置,同时进行提取。

Soxtec 已用于许多标准方法中,如 AOAC 2003.05 和 2003.06(用乙醚和己烷提取饲料、谷物和草料中的粗脂肪)、AOAC 991.36(肉及肉制品中的粗脂肪)、ISO 1444:1996(肉及肉制品中的游离脂肪含量)和 EPA 3541(提取土壤和污泥中的多氯联苯)。目前市场上能提供自动索氏提取(或其自动化改型)装置的厂商有 FOSS、BUCHI 及 Gerhardt 等公司。

2. 微波辅助的索氏提取

(1)索氏提取还可改用微波加热方式,因为微波对溶剂与样品的照射可以破坏分析物与样品基质的结合。Prolabo 公司(已并入美国 CEM 公司)的 Soxwave 100 装置就是用微波辐照来代替 Soxtec 中的电加热,其他部分则相似。但该装置的问题在于萃取物的介电常数直接影响萃取效果,因为微波只对介电常数较高的物质起作用。这使得该装置只能使用极性溶剂,这就限制了它的使用范围。

(2)另一种技术聚焦微波辅助索氏提取(FMASE)[2]则是同时利用微波和电加热,两种能量可以根据需要独立调节。这使得溶剂极性不再受限,萃取溶剂的蒸馏更新与对样品的微波辐射可以同时进行,加速了萃取传质,缩短了萃取时间。该方法包括三个步骤:①溶剂从瓶中蒸发,冷凝后落入样品套筒,并达到死容积的 90%;②磁控管开始对溶剂中的样品以 100W 的功率辐射 90s;③微波辐射后,萃取液被释放入蒸发瓶中。如此循环 7～12 次,萃取即告完成。

9.2.2　加压溶剂萃取

当溶剂处于高温和高压条件下时,其扩散系数会升高,这样的液体具有很强的扩散性。例如,当温度从 25℃升至 150℃时,液体的扩散速度会增加 2～20 倍,传质速度明显加快。用高温和高压下的溶剂进行萃取,会显著加快萃取速度并减少萃取所需溶剂用量。加压溶剂萃取(pressurized solvent extraction,PSE)就是一种高温和高压条件下的快速溶剂萃取。在 PSE 中,溶剂被升温和加压,其温度可升至远超常温沸点以上,但因压力的作用而仍保持液态。这种技术也被称为压力液体萃取(PLE)、压力流体萃取(PFE)或加速溶剂萃取(ASE)等。1995 年的匹兹堡年会上,美国戴安公司首次以 ASE 的商品名发布了 PSE 装置。随着 ASE 的广泛应用,其他厂家的 PSE 产品也陆续出现,商品化 PSE 已经成为许多实验室中一种重要的溶剂萃取方法。

PSE 装置分静态和动态两种。

1. 静态加压溶剂萃取

在静态 PSE 中,将溶剂充入装有样品的萃取柱,加热并保持温度和压力一段时间,然后将萃取液从萃取柱中释放入收集瓶,然后换新溶剂重复萃取,直至萃取完成。在动态 PSE 中,溶剂由高压泵连续输入装有样品的萃取柱,萃取液连续收集,直至萃取完成。

静态 PSE 装置的流路如图 9-4。通常温度为室温到 200℃,压力为 3.5～20MPa。萃取前,首先要手工将样品装入萃取柱中。

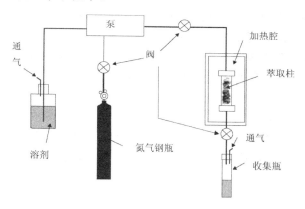

图 9-4　静态 PSE 原理图

要根据样品量选择大小合适的萃取柱。在柱底部放一片滤纸,并用一根柱塞压平。装填样品可以有两种方式。一种是将样品与分散剂(如硅藻土)按一定比例混合后装填。如果样品含水分较多,应与无水硫酸钠混合;如果样品含硫量较高(如天然气厂、煤厂旧址处的土壤样品),需要加入铜粉或亚硫酸四丁基铵粉末,与硫形成配合物后可以避免堵塞 PSE 装置的不锈钢管路;如果样品萃取出大量干扰后续分析的共萃取物,则需要考虑在柱中填入氧化铝、弗罗里土或硅胶进行原位净化。最后,确保萃取柱填满(柱内不能有死体积),必要时用硅藻土填满。填好的萃取柱放入机械转盘中,之后的操作全部自动完成,即萃取柱自动置入加热腔中,高压泵将溶剂注入萃取柱中。柱前有泄压阀,柱后有截止阀,这两个阀门控制着静态萃取时的柱内压力,同时也是溶剂进入和释放出萃取柱的通道。

升温程序应该先稍微升温,使溶剂和样品预热,溶剂膨胀在柱内产生压力。温度达到设定值后,补充溶剂使压力升至设定范围。这时静态萃取开始,一般持续5~10min。释放萃取液,然后用新溶剂开始下一次萃取。最后一次萃取结束后,用氮气吹扫以赶出萃取柱和管路中的萃取液到收集瓶中。有些方法中还可在一种溶剂萃取后,更换另一种溶剂继续萃取并收集到不同的瓶中。

2. 动态加压溶剂萃取

动态PSE装置与静态装置类似,但萃取柱后是一个背压限流器,而不是上述的截止阀。这使其在溶剂流经萃取柱时,仍能保持很高的压力。目前尚无商品化动态PSE装置,但有些研究者自行搭建了这种装置,并能在更高的温度下进行萃取。

3. 主要的加压溶剂萃取产品

目前市场上进口商业化PSE产品主要包括戴安公司的ASE系列,Applied Separations的PSE系列,BUCHI的SpeedExtractor,Fluid Management Systems的PFE产品,以及LabTech的高效溶剂萃取系统(HPSE)产品。国内也已出现一些自动化PSE厂家,如吉天公司APLE系列等,正在形成自己的市场。

自动化PSE的应用非常广,在环境、药物、食品和农业等多个领域都已有大量应用报道,萃取效果与传统方法相当,却更省时、省溶剂、省人工。未来PSE的发展趋势可能包括:使用更"绿色"的溶剂,与其他自动化净化装置或分析仪器联用,更小型化,无须离线净化等。

9.2.3　微波辅助萃取

随着微波技术在化学领域的广泛应用,微波辅助萃取(microwave-assisted extraction,MAE)也在不断推广。微波用于溶剂萃取主要利用其加热功能和分子搅拌功能。介电常数是选择MAE溶剂的一个重要参数。介电常数越大,吸收微波的能力越强,也就越容易变热。此外,还要考虑液体的传热性能。比如醇类既可强烈吸收微波,还有比水强的传热能力,非常适合MAE。

1. 常压微波辅助萃取

常压MAE装置与微波辅助消解装置相似,只是反应容器有较大差异(图9-5)。常压MAE中的样品置于敞口容器中,加入适量的有机溶剂后,对溶剂和样品施加微波辐射,受热沸腾的溶剂从样品基质中溶解分析物。溶剂蒸气被萃取容器上方的冷凝回流装置冷凝回落到萃取容器中。这个回流萃取过程可持续5~20min。

2. 高压微波辅助萃取

在高压MAE中,溶剂和样品处于密闭的萃取罐中(图9-6)。罐体材质可透过微波,常用的材料有PEEK罐外套和PFA内衬。可以在一次萃取中使用多个萃取罐,一个罐中装有温度和压力传感器。密闭式的MAE需要完善的安全防护设计,因为萃取是在高压和高温下进行。这些与微波辅助消解非常相似。萃取温度和压力由传感器感知并受到控制。密闭MAE的压力一般不超过200psi,温度为110~145℃,萃取时间5~20min。萃取完成后,萃取容器需要首先冷却和泄压。

3. 在线微波辅助萃取

在线MAE则是将样品固定于萃取池内,用泵将溶剂输入萃取池,同时对萃取池施加微波。萃取池的出口与其他净化或分析装置相连,图9-7[4]是MAE与离子交换净化在线联用的流程图。

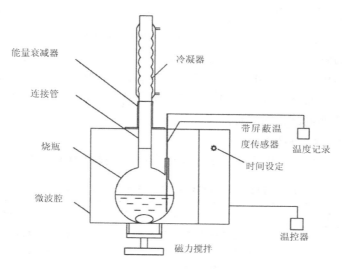

图 9-5 常压微波辅助溶剂萃取系统[3]

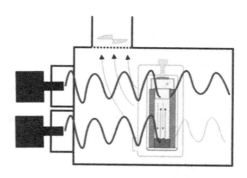

图 9-6 PreeKem 公司微波萃取工作平台

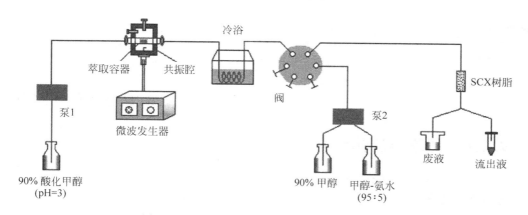

图 9-7 微波辅助萃取与离子交换净化在线联用

4. 微波辅助萃取主要产品和应用领域

目前市场上提供商品 MAE 的厂商有意大利的 Milestone、美国的 CEM、奥地利的 Anton Parr、上海的 PreeKem 等。

MAE 因其快速、省溶剂、自动化程度高,在多个领域有着广泛应用,如环境中的农残、持久性有机污染物、金属化合物检测前的萃取;植物精油的提取和分析;中药成分的提取和分析;食品中的农残、非法添加物检测等。2000 年,MAE 方法被美国环保局批准为标准方法(EPA 3546),用于从土壤中萃取半挥发和不挥发有机物。其他使用 MAE 的标准方法还有 ASTM D-5765 和 ASTM D-6010,用于萃取总石油烃和有机化合物;AOAC 991.36,用于萃取肉类和禽类制品中的脂肪。

5. 微波辅助萃取与其他方法的比较

表 9-1 将上述三种自动化溶剂萃取方法与传统索氏提取做了比较。

表 9-1　三种自动化溶剂萃取方法与传统索氏提取法的比较

萃 取 方 法	优　　势	缺　　陷
索氏提取	不受样品基质影响 非常便宜的装置 无人值守操作 可靠的基准方法 无须过滤	速度慢(长达 24~48h) 溶剂用量大(300~500mL) 必须蒸发溶剂以浓缩萃取液
自动索氏提取	不受样品基质影响 装置价格不算昂贵 溶剂用量少(50mL) 自带蒸发浓缩功能 不需过滤	相对仍然较慢(2h)
压力液体萃取	速度快(12~18min) 溶剂用量少(15~40mL) 样品量大(可达 100g) 自动化程度非常高 易于使用 不需过滤	装置昂贵 需要后续净化
微波辅助萃取	速度快(20~30min) 高样品通量 溶剂用量少(30mL) 样品量大(2~20g)	需要极性溶剂 必须做后续净化 需要过滤 较为昂贵 微波可能造成降解和化学反应

9.2.4　超临界流体萃取

1. 超临界流体萃取仪的组成

分析规模的自动化 SFE 主要用于样品前处理工作,其基本装置主要由二氧化碳钢瓶、萃取池、泵、限流器和收集器构成(图 9-8)。

(1) 二氧化碳钢瓶:由普通的二氧化碳钢瓶改制,液态的二氧化碳由一根管路从钢瓶底部引出。

(2) 萃取池:SFE 萃取池一般用不锈钢制成,容积以 0.1~10mL 较为普遍,耐 60~78MPa 和 250℃。填料与密封材料均为化学惰性,并在广泛的工作压力与温度范围内保持

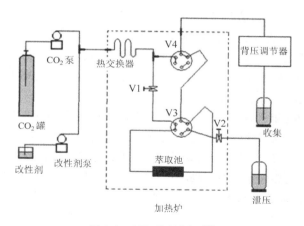

图 9-8 SFE 装置原理[5]

大小、形状和硬度不变。除了使用最多的固体样品萃取池外,人们又研制了适用液体样品的萃取池,其改进是在萃取池上部和底部分别设置流体入口与出口,采用填充固体吸附剂、萃取滤筒或滤盘来吸附水中有机污染物,再萃取。

(3)泵:多采用 HPLC 泵,但需要对泵头进行冷却,目的是使二氧化碳在泵头中仍保持液态。

(4)限流器:自动可调的限流器(也称为背压调节器)的作用是调节池内压力,将溶剂与溶解的分析物释出萃取池。

(5)收集器:萃取物的收集方法和装置也在不断发展,已有液体溶剂收集、固体表面收集以及冷捕集,既可用于离线收集,也可用于在线收集。溶剂离线收集是将限流器直接插入盛有适当溶剂的小瓶,但大量气体释放可能造成溶剂溅出,导致分析物损失。萃取物也可被吸附在固体表面,如玻璃瓶内壁、不锈钢小球或玻璃珠、薄层板、固相吸附剂(活性炭、聚氨酯泡沫塑料、Tenax 等)上和冷凝捕集在固相收集器壁上,收集温度取决于分析物是否与流体完全分离,流体是否完全液化。

从早期 SFE 装置到目前成熟的商品 SFE 系统已经历了重大改进。目前人们仍在继续研究解决限流器的堵塞、改进萃取池和收集器结构、新的流体输送系统和发展联用技术等一系列问题。

2. 超临界流体萃取的特点

除了操作温度低、二氧化碳无毒害、易脱除等突出优势外,自动化的 SFE 同经典的样品处理方法相比(如液-液萃取、索氏抽提等)具有如下特点:

(1)快速、高效。一般自动 SFE 萃取过程只需 10～60min,而液-液萃取通常需用几十分钟到数个小时,索氏提取则需要 5～72h。

(2)选择性好。超临界流体的溶解力对操作时的压力和温度具有很大的依赖性。改变压力(或者轻微改变温度)很容易改变超临界流体的溶解力,从而达到选择性萃取的目的。

(3)自动化 SFE 技术容易与其他分析方法联用,减少了分析检测的中间环节。SFE 在分析化学中的应用主要采取同其他分析仪器的联用方式,即离线联用和在线联用。SFE 的离线联用是指用有机溶剂或者固相吸附剂来收集 SFE 的萃取物;SFE 的在线联用是指SFE 萃取仪的出口直接与下级检测仪连接。SFE 的在线联用避免了易挥发分析物的损失,并且减少了有机溶剂的使用,消除了样品收集及转移过程中的误差,实现了样品的前处理及分析的优化组合,因而一直受到分析化学工作者普遍关注。Takato 等[6]将 SFE-SFC(超临界流体色谱)和串联质谱联用建立了一套可同时进行萃取与分离的高通量分析系统,研究了干燥血浆点迹中的 134 种磷脂成分分布。萃取和分析在 15min 内即可完成。

3. 超临界流体萃取的应用领域

SFE 在 20 世纪 90 年代曾经有过一段非常活跃的研究和应用时期。近几年,超临界流体萃取和色谱技术又开始受到关注,这与美国 Waters 公司的大力投入并推出新的产品有关。Waters 的 MV-10ASFE 系统可对多达 10 个萃取罐进行同时萃取,并可收集 12 个不同的萃取组分。其应用主要包括:茶和咖啡中的咖啡因提取,香精油提取(植物油或鱼油),从天然产物中提取香料(营养品),香料或红辣椒有效成分提取,食品原料中的脂质提取,聚合物材料分馏,天然产物提取等。美国环境保护局[7]指定了超临界萃取提取土壤、沉积物、灰尘等基体中的多环芳烃为样品前处理的标准方法。制定并批准了三个标准方法作为实验室 SFE 方法操作的指导,分别是:EPA3560 方法(1996),EPA3561 方法(1996)和 EPA3562 方法(1998)。

9.3　自动浓缩

9.3.1　自动蒸发浓缩

蒸发浓缩是通过将溶剂蒸发去除,缩减样品液的体积来实现的。有时还需要将一种溶剂蒸至近干,然后用另一种溶剂溶解浓缩残余物,以适应后续处理步骤或分析仪器的需要,这也被称为溶剂置换。浓缩作为一个样品前处理步骤在分析检测过程中的作用较为突出。它可能是两次净化的中间步骤,也常出现在最后一步,对样品前处理过程和分析结果有着重要影响。但传统的浓缩在实际操作中也会有一些问题。由于溶剂蒸发是一个相对较为缓慢的过程,所以浓缩在整个样品前处理过程中可能成为速度限制步骤。溶剂蒸发过程中,对温度敏感的分析物可能在局部过热时分解,易挥发的分析物可能随着溶剂挥发而损失。大量挥发出来的溶剂如果不经处理直接排放到大气中,会成为污染源。需要操作人员值守在蒸发装置旁,以防溶剂完全蒸干,造成分析物损失。自动化技术为这些问题带来了解决方案,使得浓缩过程更快速、更智能、更有效,也更清洁。

自动蒸发浓缩中去除溶剂的方式有多种,包括:①气体吹扫,这种方式一般使用价廉的惰性气体如氮气吹扫液体表面,以加速液体蒸发;②涡旋或旋转蒸发,蒸发容器由机械力驱动旋转,使液体在容器中形成比静态水平面大许多的动态液面,即通过增加蒸发面积来加速蒸发,蒸气用真空泵抽走;③离心蒸发,通过真空降低液体的沸点,提供热量使液体沸腾,同时又通过离心力抑制沸腾可能造成的爆沸。不论是哪种方式的浓缩,由于液体蒸发会吸热,使自身温度下降,不利于继续蒸发,一般要向液体补充热量以维持蒸发速度。温度都不宜高,因为许多分析物对温度敏感,可能降解。

自动化浓缩不同于传统浓缩的地方在于:①可以判断浓缩的终点,终止浓缩并提示操作人员;②更智能地利用真空、氮气吹扫或涡旋;③有些自动化装置还具有学习功能,通过对溶剂的蒸发特性进行学习性的试验,自动改善工作参数。基于上述蒸发方式的商品化自动浓缩装置有多种,这里选择性地予以介绍。

1. 主要的自动蒸发浓缩产品

(1) 美国莱伯泰科公司的 LiqVap(图 9-9)该产品去除溶剂的方式包括了氮气吹扫、真空抽吸和加热等传统方式,但又有其独特之处,包括:两股氮气流从浓缩杯上盖管道中沿双螺旋方向吹扫液体表面,气流作用于液体表面,使液体在浓缩杯内转动形成涡旋,增大了蒸发面积和蒸发速度;终点位置可以由操作者根据需要来设定,方法是通过精密丝杠电机自动调节液位传感器的高度,这使浓缩方法可以更加灵活,也便于进行溶剂置换;浓缩尾管处于室温而不加热,保证定容体积不随温度而变化,同时控制干燥氮气吹扫,以防浓缩过程中杯外壁冷凝水雾;通过阀门可以选择使用不同的溶剂并对浓缩杯内壁进行淋洗;样品管置于浓缩杯尾管底部,可以通过外接自动液体处理工作站来自动取样、加注样品和收集浓缩液,实现多个样品溶液串行逐一浓缩过程的完全自动化。LiqVap 也可以与其他样品前处理工作站(如固相萃取、凝胶渗析色谱净化等)联用,这时 LiqVap 实际上是各净化环节的中转站——既是上一环节的收集工位,也是下一环节的取样工位。

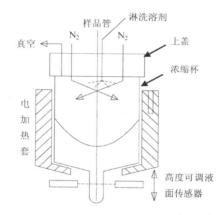

图 9-9 美国莱伯泰科公司 LiqVap 浓缩原理

(2) 美国赛默飞世尔公司的 Rocket Evaporator 该产品主要利用离心蒸发方式进行浓缩。样品被放入离心机转子并高速旋转,同时抽真空使样品液处于真空环境。真空使得样品液的沸点大幅降低,在常温附近即可沸腾。而离心机旋转产生的离心力会在样品液中造成压力梯度,处于样品容器底部的液体压力较大,而处于液面部分的液体压力较小,因此沸腾从表面开始,这就不会造成爆沸而导致样品损失和样品间交叉污染,也不会造成浓缩腔污染。该装置使用低温、低压水蒸气来为离心浓缩管提供热量,始终使样品处于低温状态但又不会因热量不足而降至过低温度。比如,可以按所需要的样品温度来抽真空到一定压力值,使水在该温度微沸,低温水蒸气遇离心浓缩管冷凝而放出热量。这一特点使其特别适用于 RNA/DNA 等生物样品的浓缩和干燥。该装置还配有灯光以便实时观察样品浓缩状况。配有 USB 端口可以导入新的浓缩方法或下载实验数据。

(3) 瑞士 BUCHI 旋转蒸发仪 R-215 旋转蒸发仪是一种具有 50 多年历史的高效浓缩装置,近年来随着自动化技术提高,其自动化程度也有大幅上升。瑞士 BUCHI 公司 R-215 型旋转蒸发仪除了控制加热水浴温度外,还在冷凝器入口处装有溶剂蒸气温度传感器,用来密切监测蒸馏过程并改善蒸馏的可重复性。R-215 还配有真空控制器,可以智能化地启动蒸发过程,控制蒸发瓶降至设定高度,使蒸发瓶处于加热水浴中的合适位置并开始旋转;也可以适时停止蒸发瓶旋转,升离水浴,终止蒸发过程。这种自动化过程将蒸发过程控制在稳定和一致的范围内,保证浓缩的重复性,也使样品不会蒸干和过热损失。

2. 溶剂回收

浓缩过程中有大量的溶剂蒸发,需要对其进行捕集回收,以保护环境和对其再利用。大多数回收装置采用冷阱的方式,即使用低温冷凝盘管和真空泵,将蒸发出来的溶剂蒸气抽过冷凝盘管,溶剂蒸气冷凝落入收集瓶中。低温多由水循环冷却器提供,载体是加有防冻液的水。上述自动浓缩装置中,前两种在进行溶剂回收时均需要配置冷阱装置。旋转蒸发仪自身配有这样的装置,但当一级冷凝不充分时,可使用这种装置进行二级冷凝。

9.3.2　在线浓缩柱技术

在样品进入色谱柱进行分离前,使样品液先通过一根小柱,其中的分析物被小柱保留在很小的区域内,再通过阀切换技术将吸附的分析物洗脱至色谱柱,并且不出现明显的峰展宽现象,这个过程即是一种在线浓缩。高效液相色谱前的在线固相萃取就是利用这一技术,既除去了杂质,又同时实现浓缩。关于在线固相萃取技术的内容将在 9.6 节中进行描述。这里介绍离子色谱中的在线浓缩技术。

离子色谱的直接检测下限通常为 $0.1\sim10\mu g/L$,为了检测到更低浓度的离子,可以使用在线预浓缩柱技术。预浓缩柱一般为 35~50mm 长,装在分析柱前。有时会使用一根装有与分析柱中相同或相似填料的预柱来作为预浓缩柱。预浓缩柱的功能是从较大体积的水性样品液中将浓度极低的离子保留下来。预浓缩柱装在一个多通阀上,这样可使样品液在经过预浓缩柱后流入废液槽。阀的切换使预浓缩柱上保留的离子被流动相冲入分析柱开始分离和检测。由于预浓缩柱的容量有限,在使用前应通过测量穿透体积来了解能处理的最大样品体积。样品的离子强度也要低($<50\mu S$),否则样品本身就成为洗脱剂。

为了扩展离子色谱产品应用的检测范围,主要的离子色谱厂家都有相应的在线预浓缩配置,如瑞士万通公司的英蓝预浓缩技术和美国戴安公司的谱睿预浓缩技术。贺伟等[8]利用谱睿在线预浓缩、中和以及二氧化碳去除技术,直接测定了大气吸收液中的痕量氯离子、亚硝酸根、硝酸根,改进了样品的检出限。林红梅等[9]以 IonPac AG23 为富集柱,同时在线除氯和硫酸盐,建立了离子色谱直接测定海水中亚硝酸盐、硝酸盐和磷酸盐的方法,检出限可满足海水营养盐离子的定量分析要求。

9.4　自动热解吸

热解吸(也称为热脱附)技术是将挥发性分析物先吸附于适当的吸附剂上,再加热并以惰性气体吹扫吸附剂,使吸附的分析物受热解吸进入气相,被吹扫气引入气相色谱进行分析的过程。自动化的热解吸装置有可程序控制升温的热解吸腔,并通过传输管线与气相色谱进样口相连,可自动将采样后的吸附管逐一送入解吸腔并与气路连通。加热解吸后,吸附管自动退出解吸腔。代表性的产品有英国 Markes 公司的 Unity,德国 Gerstel 公司的 TDS,Perkin-Elmer 公司的 Turbomatrix,美国 CDS 公司的 7500S 等。

为了改善吸附管直接热解吸后的色谱峰形,常需要用到二次吸附-热解吸过程。一些自动热解吸装置配置低温模块或聚焦吸附管作为二次吸附模块,或与专用进样口配合使用,如 Gerstel 公司的 CIS 冷进样口。美国 FLIR 公司的 Griffin 460 可移动气相色谱-质谱联用仪配置了双通道小尺寸聚焦吸附管热解吸系统,既可以通过交替采样方式直接从大气吸附采样,以实现自动无间隙监测空气中挥发性有机物,又可与自动采样器联用,使从吸附管一次热解吸后的气态样品吸附于聚焦吸附管,实现自动二次热解吸。

9.5　自动顶空萃取

顶空萃取是指利用液体或固体与蒸气相之间的分配平衡进行萃取的一类方法,主要用于样品中挥发性有机物的萃取。在所有这些方法中,都需要从蒸气相中抽取一部分气体并通过传输管线转移到气相色谱的进样口。在气相色谱分析前,这些方法中可能需要用到样品富集或峰聚焦技术。而主要的误差来源则是采集蒸气前,样品与其蒸气相间是否到达平衡,尤其是基质不均匀的样品。

顶空萃取的实施方法有许多种。静态顶空萃取是将密封容器中样品上方经分配平衡后的蒸气直接转移到气相色谱。而动态顶空萃取,又称为吹扫捕集,是用惰性气体吹扫液体或固体样品,使分析物完全从基质脱附并进入蒸气相;使蒸气相通过吸附剂,分析物被吸附剂捕集;最后加热吸附剂使分析物解吸,并向气相色谱进样。顶空法还是固相微萃取中一种主要的应用形式。还有顶空膜萃取,这是一类具有多种形式的新型的顶空萃取方法。

静态顶空萃取和吹扫捕集都已非常成熟,也相对容易实现自动化,已经有许多商品化全自动系统,特别是与气相色谱的联用装置,其仪器应用参数都已经成为常规值。

9.5.1　自动静态顶空萃取

自动化的静态顶空萃取有三种方式可以将密封样品容器中的气体样品转移到气相色谱中。

1. 气密注射

先将样品容器放入恒温箱在给定温度下保持一定时间,使样品蒸气平衡。使用加热至与样品瓶同样温度的气密性的注射器,抽取一部分气体样品后刺入气相色谱进样口,完成进样。这要求自动进样器能够加热注射器。这个过程还有可能因为样品瓶中的压力与外界不平衡而使样品损失,结果重复性受影响。但这种方式也最简单,适用于各种样品。使用这种方式的商品装置有 ThermoQuest Trace HS2000 和 HS850 顶空自动进样器,以及 CTC 公司的 COMBI PAL 自动进样器。

2. 平衡压力采样

过程分为三步(图 9-10):①用一个恒温箱使样品瓶加热恒温并达到平衡;②进样针刺入样品瓶并用气相色谱载气为样品瓶加压;③样品瓶在较高压力下平衡后,切换阀门并保持一段特定的时间,这段时间内样品瓶成为气相色谱载气源,高压样品气体进入传输管线中并到达气相色谱柱头。由于这段时间是一个理论值,实际进样体积是未知的。但该方法的重复性非常好,因为运动部件非常少,也没有吸附和漏气损失的问题。使用这种方式的商品装置有 Perkin-Elmer 公司的 HS 40XL。

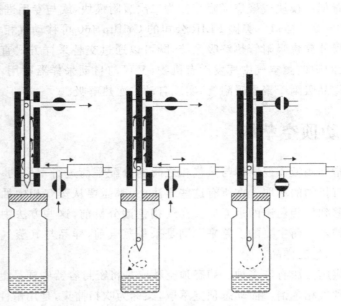

图 9-10 平衡压力采样

3. 加压样品环采样

采用这种方式的仪器装有一个连有样品环的气体采样六通阀,用来将样品转移到气相色谱进样口(图 9-11)。过程分为三步:①样品瓶同样先恒温平衡,然后被加压;②二位六通阀切换,样品瓶中的加压气体被释放至样品环内;③六通阀再次切换,载气将样品环中的样品吹入传输管线并送到气相色谱柱。六通阀和样品环都可被加热,以减少冷凝和吸附。样品环的体积固定,进样量的重复性非常好。但这种方式必须充分吹扫六通阀及样品环,以确保没有交叉污染,不然可能在气相色谱上出现鬼峰。使用这种方式的商品装置有 Tekmar 公司 7000HT 和 OI 公司 4632 型。

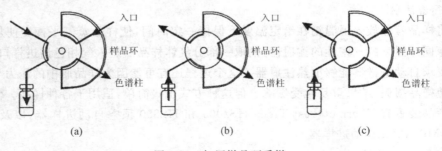

图 9-11 加压样品环采样

平衡压力采样和加压样品环采样都要求气体样品通路所使用的材料是惰性的,如不锈钢、镍、熔石英、Teflon(特氟隆)、Silcosteel(钢表面镀硅)、Siltek(一种用于钢表面的去活技术,美国专利号 6444326)或 KEL-F(3M 公司的一种塑料),以降低气体样品的吸附并抑制信号峰拖尾。样品传输管线内径应当尽可能细,使信号峰不致展宽或峰形不对称。传输管线的温度应足够高,一般为 80~125℃,但对水样或基质中有大分子物质的样品,为避免水气冷凝或因高分子物质冷凝而产生吸附位,应使用更高的温度,如 125~150℃。

4. 自动静态顶空的应用领域

自动静态顶空萃取的应用领域很多,包括内标法测血液中的酒精、药物中的挥发性有机杂质残留检测、环境水中挥发性污染物检测,以及食品、天然产物、生物样品、烟草中的挥发性物质检测等。

9.5.2　自动吹扫捕集

静态顶空萃取法有一些限制,如样品基质对分析物在样品相和气相之间的平衡有很大影响;当分析物的溶解度较大时,方法的灵敏度较低;只能利用顶空气相中的一部分气体来进样,这也使方法灵敏度受限。而吹扫捕集是一种动态的顶空萃取方法,由于气体的吹扫破坏了密闭容器中的两相平衡,在样品中临近顶空气相部分的挥发性分析物分压趋于零,使更多的挥发性组分逸出,这种方式可以克服静态顶空萃取的上述问题。吹扫捕集技术适用于从液体或固体样品中萃取那些沸点低于200℃,溶解度小于2%的挥发性或半挥发性有机物。

1. 吹扫捕集的工作流程

在吹扫捕集过程(图9-12)中,含有挥发性有机物的样品被装入一个吹扫容器中,使惰性气体以恒定流量和一定时间从底部通入样品液体中,挥发性有机物被穿过样品液的惰性气体气泡吹扫到样品液上方的顶空中,再被转移并吸附到吸附阱中。吹扫过程结束后,吸附阱被迅速升温,并被气相色谱的载气反向吹扫解吸,转移到气相色谱柱上。这个过程可以分为六步,下面进行详细描述。

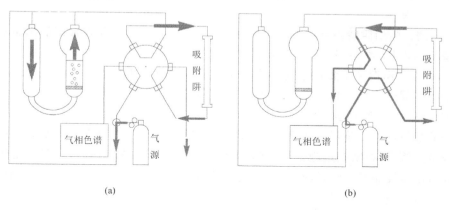

图 9-12　吹扫捕集原理

(1) 待机。该模式下,吹扫气流停止,吸附阱冷却,解吸的气流从吸附阱的旁路绕过,只作为气相色谱柱的载气。

(2) 湿式吹扫(图9-12(a))。吹扫气流经过吹扫容器,一般流量为30~50mL/min,时间为10~15min,从样品中脱除挥发性分析物,并将分析物带至吸附阱。分析物被吸附阱吸附,吹扫气被排空。此时的解吸气体仍只作为载气通过气相色谱柱。

(3) 干式吹扫。湿式吹扫中,大量的水气从样品中进入吸附阱并被吸附。干式吹扫就是为了从吸附阱上脱除过量的水分。吹扫气流绕过吹扫容器直接进入吸附阱,从中带走水分并排空。解吸气体仍只作为载气通过气相色谱柱。只有使用憎水型吸附剂的吸附阱才能用干式吹扫。水和甲醇在吹扫捕集中可能引起很大麻烦，必须充分脱除。装有硅胶的吸附阱，在吹扫过程中可以累积多达 $10\mu L$ 的水。这些水分在解吸过程中能形成 12mL 的水蒸气，对后续气相色谱检测造成干扰，如在 PID 检测器上形成基线负信号，或使其信号饱和而降低灵敏度。甲醇的累积也同样会造成干扰。

（4）解吸预热。当分析物被吸附，过量的水分被脱除后，吹扫气流也停止。吸附阱被快速升温至吸附剂解吸温度以下大约 5℃。这时解吸气体仍只作为载气通过气相色谱柱。解吸预热时吸附阱中不通解吸气，这可以均匀地气化分析物样品，使含有样品的气体带足够窄，更有效地被传送到气相色谱柱上。没有解吸预热这一步，色谱峰将有拖尾，色谱分析结果会受影响。

（5）解吸（图 9-12(b)）。达到解吸预热温度后，阀门切换，解吸气（即气相色谱的载气）从与吹扫气流相反的方向通过吸附阱，反冲吸附阱并将分析物带到气相色谱中去。同时吸附阱被升温至其最终解吸温度，根据吸附剂性质不同，一般为 180～250℃。解吸流量极端重要：流量要足够的高，确保向气相色谱的传输过程中样品仍保持在很窄的气体带中。吹扫捕集装置的最佳解吸气流量一般大于 20mL/min（典型值 10～80mL/min），但问题在于这个流量对毛细管气相色谱来说太高了。为了维持良好的柱效，这个流量需要降至合适的范围。毛细管气相色谱柱内的载气流量在 10mL/min 以内，对于有效的解吸过程来说又太小了。这时要用到冷阱来进行峰聚焦以降低峰展宽，方法是使用二级冷阱或将气相色谱柱冷却至室温以下。解吸时间一般为 2～4min，与流量和吸附阱温度成反比，因为在高温和高流量条件下，解吸的速度也更快。使用较大解吸流量时，也可以用分流进样口将一部分气流在进入色谱柱前分流。

（6）烘焙。吸附阱解吸后将吸附阱充分烘焙，同时通气流，以脱除残留的样品成分和吸附阱本身的污染物，准备好下一次处理过程。这个过程一般需要 6～10min，温度比解吸温度高 10～20℃。但温度不要超过吸附阱的耐温上限，不然会损坏吸附材料。

关于吸附剂的选择及其温度特性数据，可从供应商的手册上查到。

2. 吹扫捕集中的湿度控制

新型的吹扫捕集系统配有湿度控制系统，可在解吸前通过冷凝来去除水分。这种系统装有一段金属管，可在吹扫过程中被加热，然后冷却至 30℃。在解吸时，从热吸附阱解吸的分析物经过温度控制系统时，饱和的水蒸气被从载气中冷凝下来。这种方式适用的 GC 方法中，分析物不应包括极性物质如酮类。

3. 吹扫捕集的应用领域

吹扫捕集广泛用于环境监测（包括水、土壤、底泥和工业废物）和食品（包括饮料和酒类）中的挥发性成分检测，也用于药物、生物等领域。如美国环保局方法 EPA601，EPA602，EPA603，EPA624，EPA501.1，EPA524.2，EPA5030 等标准方法均采用吹扫捕集作为样品前处理技术。将吹扫捕集与气相色谱联用，可以测定饮用水、地表水、海水中的微克每升级，甚至纳克每升级的挥发性有机物，其检出限比静态顶空萃取低 10～1000 倍。我国目前也已开始在国家级标准方法中采用吹扫捕集，如 HJ 639—2012《水质挥发性有机物的测定吹扫捕集/气相色谱-质谱法》。

9.6　自动固相萃取

9.6.1　概述

固相萃取(SPE)方法的基本的化学步骤在第5章已有描述,主要包括活化、上样、淋洗和洗脱这四个一般性步骤。但是,当进行手工SPE操作时,其中还需要有更多的操作步骤,比如对真空槽的打开和关闭操作,真空度的调节,SPE柱流量的调节,收集瓶的取放,人员的观察和干预等。当用SPE法处理大量样品时,这些手工步骤就显得较为烦琐,也在一定程度上限制了样品的处理量。但SPE具有明确且有限的化学处理步骤,围绕这几个步骤容易实现自动化,并且使用较为传统的自动化设备即可完成,这就给自动化SPE技术的发展带来了很大便利。表9-2中列出了手工操作SPE与自动化SPE在人工操作方面的一般性的比较,从中可以看出,对SPE来说,自动化是改善其应用条件和效果的重要发展方向。

表9-2　手工操作固相萃取与自动化固相萃取的一般操作步骤比较

	多工位真空槽固相萃取装置	多通道并行自动化固相萃取装置
手工操作步骤	对每一个样品进行以下操作: (1) 准备样品液 (2) 放置SPE柱 (3) 活化SPE柱 (4) 控制流速以免SPE柱干掉 (5) 上样 (6) 调节真空 (7) 淋洗 (8) 放置收集瓶 (9) 洗脱分析物	对一批样品进行以下操作: (1) 放置SPE柱 (2) 将样品瓶放入样品架 (3) 将试剂瓶放入试剂架 (4) 运行已经编辑好的方法
每个样品耗时	大约10min	大约10min
每天样品处理量	60～120个,使用12工位真空槽,8h/d	100～500个(SPE小柱),500～1000个(96孔SPE板),20h/d

在选择自动化SPE技术与装置之前,应对使用需求进行分析。这是因为,没有一台自动化装置是普遍适用的,可以满足所有的应用需求。原则上,需要考虑以下问题。

(1) 使用SPE工作站的样品处理量目标是多少? 有些分析任务中的样品数量有限,而另一些任务中样品量则可能有数千个,差别非常大,对SPE工作站的选择也显著不同。有些实验室分析任务不重,样品处理量不是关键问题,但对日常要处理大量样品的实验室,如商检、质检等部门实验室,样品处理量往往是工作量的限制因素。

(2) 工作站的自动化SPE方法是固化的还是可以随意编辑的? 针对特定典型应用提供适用的固定方法可为用户带来便利。同时,能随意编辑的方法则可大大提高操作的灵活性。方法容量越多,适用性越广,针对不同样品中的不同分析物的SPE用起来也越方便。

(3) 样品在SPE前如何处理? 应当全面考虑样品在SPE前需要做哪些处理,如调pH、离心、分装、稀释、水解或是加内标等。这些是否要包括在自动化动作之内? 样品在SPE前是否稳定？室温下的样品能保持稳定多久？是否需要通过制冷使样品架保持低温？

（4）样品经过 SPE 后还要如何处理？例如，样品是否能用色谱流动相洗脱？洗脱的样品在现有条件下是否稳定？样品挥发的影响有多大？要进行蒸发浓缩，溶剂置换，还是衍生化？这些问题决定了样品能否被在线自动向分析仪器进样，或是否先收集到瓶中再自动进样。这对样品处理和检测的效率，以及配套装置的选用影响很大。

（5）是否需要将 SPE 工作站用于方法开发？如果是，则所用工作站需要能够建立和编辑基本方法，同时处理多个样品，筛选不同 SPE 填料，选择使用多种试剂，并且要能收集多个洗脱组分。

（6）采购预算如何？一般来说，越是功能齐全，结构复杂的工作站，价格也就越昂贵。

下面将对自动化的离线固相萃取、在线固相萃取、固相微萃取、QuEChERS（Quick、Easy、Cheap、Rugged、Safe）分别进行介绍。

9.6.2　离线自动化固相萃取技术

离线（off-line）固相萃取是指自动化 SPE 装置相对于分析仪器来说完全独立工作，并在一批次所有 SPE 处理完成后再将收集的洗脱液直接或经后续处理后送上分析仪器检测。

1. 自动化 SPE 装置要素

尽管离线 SPE 装置的种类非常多，但核心的 SPE 主要步骤仍然是 SPE 柱/盘活化、上样、淋洗和洗脱。因此，SPE 工作站的工作原理也仍是围绕着这几个步骤展开，原理设计上的特征要素可用图 9-13 表示。

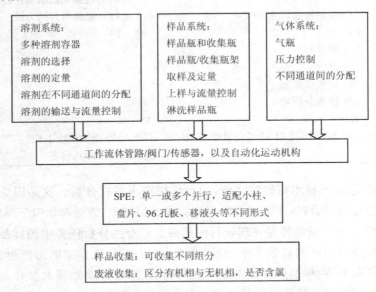

图 9-13　SPE 工作站工作原理中的要素

SPE 工作站主要由溶剂系统、样品系统、气体系统、SPE 介质、收集/排废系统以及管路阀门等组成。

（1）溶剂系统既要提供多种溶剂以适应不同的 SPE 方法，又需要能定量（从小于 1mL 到几十毫升）且恒速地向一个或多个通道同时输送溶剂。有的方法中还要求溶剂在 SPE 介质处停住,以达到浸泡 SPE 介质的目的。这在活化和洗脱步骤都可能遇到。

(2) 样品系统需要根据工作站的主要处理目标适应不同的样品体积。对于生物样品,体积可能小于 1mL,而对于环境样品,如地表水样品,体积可能有数升甚至几十升。对于部分上样的方法,取样装置需要能对样品进行体积定量;而对于全部上样的方法,取样之后,还需要对样品容器进行淋洗,并将淋洗液像样品液一样加载到 SPE 介质上,以保证上样完全。全自动的工作站能完成所有这些功能,而半自动工作站可能要求用户手工对样品瓶进行清洗后再重复进行上样。

(3) 有些方法要求对上样后的 SPE 介质进行排空和干燥,以确保与样品溶剂不相溶的淋洗液或洗脱液能顺利浸润 SPE 介质。这时需要配置气体系统,而目前的大多数工作站都已经配置,并多使用氮气。使用时只需要在方法上增加氮气吹扫,或在使用前重新连接阀门管路即可实现。对于以压缩气体为动力的 SPE 工作站,如美国莱伯泰科公司的 Sepaths 系统,气体系统则是标准配置,既可为系统提供动力,又可为 SPE 介质提供吹扫气体。

(4) 由于 SPE 适用性极广,其介质形式也有多种,包括小柱、盘片、96 孔板、移液头等。根据工作站的处理目标不同,其适配的 SPE 介质也不相同。有些系统可适配 1、3、6mL 的小柱,可用于食品、疾控等小体积样品的处理。有些系统可兼顾 1、3mL 小柱和 96 孔板,以处理生物、制药、法医鉴定等领域的微量样品。还有一些系统则既可适配小柱式 SPE,又可适配盘片式 SPE,除了可适用于前述较小体积的样品外,还可以处理多达数升的环境水样。

(5) 样品的收集方式取决于方法中收集组分的数量。这可以很容易地由阀门或运动机构解决。废液的处理方式与样品收集类似,主要目的是区分有机相与无机相,或是否含氯,以便进行合理的废液处理,减轻环境压力。

(6) SPE 工作站管路和阀门多用 PTFE 或 PEEK 材质,以适应各种有机和无机液体。传感器主要包括液面传感器和压力传感器,以检测液体在管路中的运动和阻力。自动化的运动机构是自动化工作站的基本机构,可实现不同容器之间的液体、气体以及 SPE 介质的传递。其形式多用笛卡尔式或柱面式。

2. 固相萃取工作站的运行

为了能更好地使用 SPE 工作站,在上述基本要素基础上,还有以下几方面的问题需要使用者对自己的工具有清楚的了解。

(1) 样品处理模式。自动化 SPE 工作站一般有两种样品处理模式,即串行处理和平行处理。这两种模式的特征在 9.1 节概述部分中已有具体描述。

对 SPE 而言,串行处理就是一个 SPE 柱/盘依次经过溶剂活化(根据具体方法可能有第二种或更多种溶剂活化)、上样、淋洗和洗脱各步处理。当第一个样品完全处理结束后,才进行下一个样品的 SPE 处理,直到本批所有样品处理完。而平行处理则是将一组数个平行工位中的 SPE 柱/盘同时进行溶剂活化、上样、淋洗、洗脱等步骤,完成后,再进行下一组样品的处理。

(2) 如何使样品溶液和试剂溶液通过 SPE 柱/盘。在自动化 SPE 装置中,液体通过 SPE 柱/盘的方式可以有两种,即负压驱动和正压驱动。负压驱动在手工操作的 SPE 中很常见,特别是多工位的真空槽。在自动化 SPE 系统中,负压驱动作为一种易于连续保持的驱动力仍有应用,如美国 Horizon 公司的 SPE-DEX 4790 系统中用负压向 SPE 盘上加载大体积样品(如多达数升的环境水样)。正压驱动在自动化 SPE 装置中则更为常用,一般用步进电机驱动活塞泵或注射泵,推动溶液、样品或氮气通过 SPE 柱/盘。也有的自动化 SPE 装置利用钢瓶中的氮气直接作为动力源进行正压 SPE,如美国莱伯泰科公司的 Sepaths 系统。

液体通过 SPE 柱/盘的流量有时是一个关键问题,因为有些应用中 SPE 效果对流量很敏感。一般来说,过大的流量会使 SPE 的回收率和重复性下降,其中离子交换型的 SPE 比极性或非极性型的 SPE 对流量更为敏感。具体到 SPE 步骤,对流量变化敏感的主要是上样和洗脱两步。如果是用真空泵产生的负压将样品或溶剂抽过 SPE 柱/盘,只能设定一个真空度值,而不是一个流量值。结果是流量由真空度、样品或溶剂黏度、填料材质和 SPE 介质的装填形态等因素决定。仅用压缩气体进行正压 SPE 的装置也有同样的现象。而用活塞泵或注射泵则能提供恒定的流量,且能设置不同的重复性稳定的流量,例如上海屹尧的 EXTRA 全自动固相萃取仪采用注射泵提供流量。使用这种方式将液体推过 SPE 柱/盘的自动化装置所得到的结果在回收率和重复性方面较之在真空槽上进行的手工操作 SPE 的结果更好。但以真空泵或压缩气体为动力的 SPE 系统仍然有其独特价值,它们可通过调节真空或压力对上样和洗脱过程控制略低于最佳值的流量,大量应用表明,这同样可以保证良好的回收率和重复性。虽然这样做的处理速度可能略慢于使用注射泵的自动化 SPE 装置,但却能省去注射泵的高昂成本,且不存在运动机械故障,因而使其工作站的经济性更好。同时因其可长时间持续作用于样品,对大体积样品的上样量几乎没有限制。

(3) 系统中的液体流路。与手工操作的 SPE 的简单的液路不同,自动化 SPE 工作站中的液路包括阀门、溶剂管路、上样管路、废液管路。其中,直接进入 SPE 柱/盘的这段管路是溶剂、样品和干燥气体共用的。这些阀门管路内部的接触流体的部件材质与流过其中的试剂和样品溶剂应相容,不应发生溶解、溶出、保留(如吸附、分配)、溶胀、化学反应等现象。例如,有些 SPE 工作站明确要求用户不要使用丙酮,以免对液路部件造成损坏。有不锈钢部件的液路也不应使用浓度较高的盐酸,比如,用巯基棉作填料萃取水中汞的应用,这是因为卤化物会腐蚀不锈钢。遇到类似情况,如果不影响 SPE 效果,可以选择其他试剂来代替。

试剂的使用次序也有影响。因为总会有一段各种液体共用的管路,所以当使用有机溶剂和缓冲溶液时需要特别注意:在使用有机溶剂(如甲醇)后再使用缓冲溶液,会引起缓冲盐析出沉淀。在需要用甲醇和缓冲液活化 SPE 柱/盘时,可在使用甲醇后用水清洗管路,再使用缓冲溶液。

共用的管路中,残留造成的交叉污染也必须考虑。当前一个样品在共用管路中有残留时,就会污染下一个样品。测定交叉污染的方法是首先运行一个不含分析物的空白样品,再运行一个含有高浓度分析物的样品。然后运行两次空白样品,并测定最后两次运行后空白样品中的分析物含量,即可测出交叉污染的量。当然,测定中需要区分交叉污染是来自 SPE 工作站管路,还是手工制样过程或是后续的处理过程,如蒸发、衍生化或是分析测定。

如果经检测确认有交叉污染,应在两个样品运行之间增加清洗步骤,以降低交叉污染。清洗溶剂应能充分溶解样品基质,特别是像血浆、血清这类富含蛋白的生物样品,如果清洗溶剂不合适,会使样品中的蛋白结块,造成管路堵塞等问题。对有些 SPE 工作站的管路,可以使用漂白剂或非离子型表面活性剂来清除粘在管路内壁上的蛋白。清洗溶剂还应充分溶解分析物,以有效地将其从管路中清除。

管路堵塞的情况是必须避免的,尤其是在处理生物或环境样品时,应特别注意通过离心或过滤去除样品中的结块和沉淀物,以保证 SPE 工作站正常运行。有时还需要对样品进行超声或稀释以消除其中的结块。当发生管路堵塞时,有些 SPE 工作站会通过检测管路压力的骤升而感知到堵塞,并做出相应的提示。

（4）废液处置。在自动化 SPE 工作站中,对废液的处理要考虑两个主要问题：一是不同类型的废液分别收集还是一起收集,二是如何减少废液的蒸发损害。

对第一个问题,一种方式是有机废液、无机废液和样品废液流入混用的废液容器后再处置。这种方式设计简单,但对废液处理要求较高,因为有机和无机液体混在一起很难处理,处理成本高。另一种方式是有机废液、无机废液和样品废液分别流入不同的收集容器后再处置。这种方式需要增加机械切换机构或阀门以便将有机和无机废液,甚至不同类型的有机废液区别收集。但这也增加了装置成本。

对于第二个问题,如果 SPE 工作站的废液收集装置为敞开式的,且所用溶剂有较大伤害性时,则需要在通风柜中运行。有些 SPE 工作站本身即设计有排风系统,可通过一根排风管将溶剂蒸气导入通风柜。而有些 SPE 工作站则全部采用密封管路,包括废液管路及其切换收集装置都处于密闭状态,则不再需要专门的排风系统。

3. 典型的自动化 SPE 工作站

（1）Gilson SPE 215 该工作站的基础机械结构是一套笛卡儿式液体处理系统。该工作站在传统液体处理系统的基础上增加了 SPE 方法所需的特殊配置即可完成 SPE 方法的自动化操作。带有密封底脚的 Z 臂是其主要特征,可在移液针插入 SPE 小柱时直接将小柱上端密封,使注射泵可以进行正压恒流操作。另一特征是使用 Z 臂移动 SPE 柱,使其在收集瓶和废液槽之间进行穿梭滑动,实现收集液与废液的分离。配置 4 通道或 8 通道的注射泵,该系统既可使用 1mL 和 3mL 的 SPE 小柱,也可使用 96 孔板。这使其可以处理环境、食品与饮料、临床与法医取证、制药等多领域的样品。

（2）美国莱伯泰科 Sepaths-4/6 美国莱伯泰科公司的 Sepaths 系统体现了一种 SPE 工作站可对几毫升至数升的样品具有兼容性。这种工作站的工作原理如图 9-14 所示。其主要特点是以压缩气体为动力源,可为溶剂和样品的输送提供推动力,同时又作为干燥小柱/盘片的干燥气体。样品从容器中完全压出经过 SPE 介质后,样品瓶被自动喷淋清洗,清洗液同样经过 SPE 介质,因此是一种完全上样的方式。该工作站对小柱或盘片并无限制,1mL、3mL、6mL 的小柱和直径 47mm、90mm 的盘片均可使用,这就给常常处理多种类型样品,特别是食品和环境领域的使用者带来了很大便利。Sepaths 还是一种并行处理模式的工作站,可同时处理 4 个、6 个或更多个样品,在用 SPE 盘片处理大体积的环境水样时极为省时。

9.6.3　在线固相萃取技术

在线（on-line）固相萃取是指 SPE 的洗脱液被直接加载到色谱柱头上或切换到其他分析仪器中进行检测,而不再需要像离线 SPE 中那样收集后再向分析仪器上样。在线 SPE 的基本原理是：样品被泵打到 SPE 柱上,分析物被小柱保留,干扰物被淋洗掉;通过阀切换技术,分析物被从小柱上洗脱至串联的分析柱上。在分离的同时,可进行 SPE 柱的更换或再生。这样做相对于离线 SPE 有许多好处,也有一些限制,列在表 9-3 中。

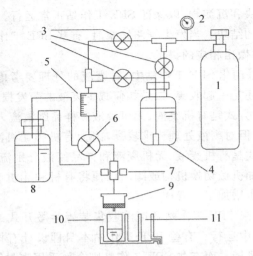

图 9-14 美国莱伯泰科公司 Sepaths 柱/盘通用 SPE 工作站原理图

1—压缩气瓶；2—气压表；3—截止阀；4—溶剂瓶；5—溶剂定量池；6—切换阀；7—液面检测；8—样品瓶；

9—SPE 小柱或盘片；10—收集瓶；11—有机/无机废液收集槽

表 9-3 在线 SPE 与离线 SPE 的比较

在线 SPE	离线 SPE
萃取得到的分析物全部进入分析仪器	只有一部分萃取的分析物进入分析仪器
小体积的样品即可得到足够高的灵敏度	样品体积要求相对较大
质谱分析时有基质效应、离子抑制或增强	质谱分析中基质效应较弱
SPE 柱可重复使用	SPE 柱为一次性使用
灵活性较弱,大多数自动化系统不能结合使用不同的 SPE 柱	可进行顺序萃取或结合使用不同的 SPE 柱
易于自动化,样品的处理也很少,重复性和准确性都非常好	需对样品进行多项操作,可能引入污染,重复性和准确性相对较低
富集后可直接和快速地洗脱,操作过程短	操作过程相对较长
消耗有机溶剂较少	消耗有机溶剂较多
没有浓缩步骤,也就没有挥发损失	浓缩时可能有挥发损失
一个样品只能分析一次	一个样品可进行多次分析
萃取完即进入分析,总的分析过程时间短,样品通量高	萃取完要收集、浓缩后再进入分析,总的分析过程时间较长
不能单独用于现场采样处理,但可与仪器结合用于现场监测	便携用于现场采样处理
价格昂贵	价格相对低廉

  SPE 技术本质上是一种色谱技术,因此常与高效液相色谱(HPLC)联合在线使用。图 9-15 显示了一种典型的在线 SPE-HPLC 流路。样品通过自动进样器定量地加载到第一个六通阀的定量环中。该阀切换,上样泵将定量环中的样品打到连接在第二个六通阀上与定量环位置相同的 SPE 柱上。样品中的分析物吸附在 SPE 柱上,而干扰物和杂质则不吸附,或吸附后由适当的淋洗液洗脱,分析物仍保留。与 HPLC 上样方式类似,第二个六通阀切换,HPLC 泵将流动相反向推过 SPE 柱,使分析物从 SPE 柱上反向洗脱至分析柱上。从 SPE 柱上的反向洗脱可保持分析物谱带不明显展宽,但要求样品要充分过滤,以免颗粒物被冲至分析柱上。正向洗脱则可避免这种情况,并且对峰展宽的贡献也不显著,这与常规的

预柱的情况相似。由于一般分离分析过程要花费一段时间,这个时间内可进行下一次在线SPE的准备。有些系统可更换SPE小柱,即每次在线SPE都使用新的小柱,而有的系统则是用清洁溶剂对SPE小柱进行清洗和活化,以备下一次在线SPE使用。由于SPE柱与分析柱串联,与分析柱耐受同样的高压,因此一般使用不锈钢材质的专用SPE小柱或使用HPLC预柱。在线SPE柱的大小需要与分析柱匹配:对于常规的15～25mm长的分析柱,典型的在线SPE柱床尺寸为2～15mm长,直径1～4.6mm。填料粒径与分析柱也一致或接近,但由于5～10μm的填料限制上样流量,近年更多地使用15～40μm而没有发现显著的峰展宽。足够小的在线SPE柱和足够小的填料粒径不仅有利于减小色谱峰展宽,而且相对于离线SPE柱(填料重量一般50～2000mg),较小的柱床体积即有足够的柱容量。由于在线SPE柱填料的粒径小,背压较高,上样泵可使用HPLC泵或可耐高压的注射泵。

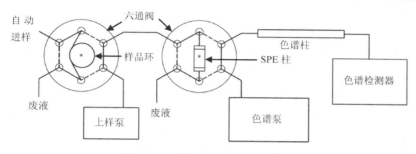

图9-15　在线SPE-HPLC示意图

　　在线SPE在方法开发中的限制主要是其在线SPE小柱的体积不能像离线SPE那样根据需要加大。一般,在线SPE填料只能在20～100mg范围内,而离线SPE在发现填料不足时可将其重量增至1～2g,同时洗脱体积并不明显增加。因此,如果发现填料的保留性能不足,对于在线SPE来说,只能另选更适合的填料。另一个重要限制是在线SPE柱填料与分析柱填料应相容,只有两种填料的性能特征非常一致,系统的分离分析效能才最大化。分析柱的填料并不像离线SPE小柱填料那样有许多种选择。

　　商品化的在线SPE-LC(-MS)包括:Spark Holland公司的Symbiosis系统,可使用多种SPE柱并设置不同温度,快速进行方法开发,主要用于生命科学、药物代谢研究等领域;Waters公司的AquaAnalysis系统,利用一个十通阀连接两个在线SPE柱交替进行在线SPE-LC-MS分析,主要用于水环境分析;戴安公司(现为Thermo Fisher公司的一部分)的配置在线SPE的Ultimate 3000双梯度液相系统等。

9.6.4　自动化固相微萃取技术

　　自动化固相微萃取(SPME)技术出现至今的二十多年间,对其研究和开发非常活跃,新装置和新方法不断涌现。同时,随着SPME方法的广泛应用,已经被多个机构采用为标准方法,包括:ASTM D 6438(2005),ASTM D 6520(2000),ASTM D 6889(2003),ASTM E 2154(2001),OENORM A 1117(2004-05-01),EPA Method 8272 (2007)等。

　　1. 自动SPME-GC

　　纤维形式的SPME特别适合与GC自动化联用,因为它与传统GC的液体进样针非常相似,并且用热解吸的方法在GC进样口转移样品的效率非常高。原则上,任何能用注射器进样的自动进样器都可以经过改装来完成自动 SPME-GC。

SPME 自动进样器的重点在于对样品的搅动和温度控制功能。搅动机构的新型设计之一是使用一个微型电机和一个凸轮来振动针头,或摇动样品瓶使样品液相对于 SPME 纤维运动,使纤维作为一个搅拌器来工作。SPME 纤维在样品中搅拌使平衡时间较静态系统大大缩短。设计完善的自动化装置还可以控制萃取过程在最佳温度下进行。CTC Analytics 公司在其 Combi PAL 自动进样器上设计了 SPME 功能,这是一种可以灵活编辑 SPME 方法的系统。样品架可以装五种尺寸的样品管,萃取中样品可以在一个单独的制样室中被加热和搅拌。可以另外配置清洗液、衍生试剂、温度控制、衍生与纤维活化模块以优化 SPME 的操作。装置固有的软件可以执行基本的 SPME 操作,还可以选用 Cycle Composer 软件提高编程的灵活性。

一些公司以 Combi PAL 为核心设计了功能更加灵活的自动进样器,如 Gerstel 的 MPS 2 系统。MPS 2 不仅可以进行标准的液体进样、静态顶空进样、SPME,还可以进行自动热解吸、自动固相萃取、自动动态顶空等多种萃取。其软件 Maestro 也具备丰富的功能,可以控制和调节多种参数,使装置非常易用。

Chromline Srl 公司推出了 SPME 多纤维系统,这个工具包可以与 CTC 的 Combi PAL 一起使用,为其更换 SPME 纤维。这套系统适合需要不同涂层的系列样品处理,以得到最佳结果。由于可以自动地进行方法优化操作,这种系统也可以用来优选最佳的吸附涂层。

除纤维型的 SPME 外,管内(in-tube)SPME 也被用来与 GC 自动化联用。管内 SPME 连在一个气密的注射器上。注射器的反复抽吸和排空使样品与涂覆在针管内壁上的萃取相接触并吸附。解吸时,注射器吸入氮气或从注射器内部引入氮气,使其吹扫萃取相并进入 GC 进样口。管内 SPME 萃取相体积更大,表面积/体积比率也比纤维型的 SPME 更大。管内 SPME 的使用寿命在 200 次以上,而纤维 SPME 仅百余次。该装置必须有磁力搅拌配合使用,这是其限制之一。由于注射器往复动作多次且次数需要优化,这种 SPME 一般只能在自动化装置上进行。

2. 自动 SPME-LC

管内 SPME 与 HPLC 的联用相对容易,易于自动化,可在传统的 HPLC 自动进样器基础上完成。图 9-16[10]中,将一台商品 HPLC 自动进样器做了改装,用一根内部涂有萃取相的毛细管代替部分管路。样品被吸入/排出萃取毛细管多次以达到萃取平衡态或足够的萃取程度。然后系统切换到解吸状态,分析物被少量的溶剂或流动相冲至分析柱头,开始色谱分析。其他连接方式还有将 SPME 毛细管代替六通阀上安装的样品环。所用的管内 SPME 毛细管可以是一小段 GC 毛细管柱,萃取相物质通常是聚乙二醇(PEG)或多孔二乙烯基苯(PS DVB),这与纤维式 SPME 类似。

纤维 SPME 也可以与 HPLC 联用。这时虽然样品液不必过滤,但由于这种形式的萃取相涂层较厚,分析物解吸较慢,因此有峰展宽现象。而管内 SPME 则可以在进样前完全解吸,而且萃取相涂层厚度不到 $1\mu m$,解吸也快。

由于 SPME-LC 需要对样品依次处理,而液相中的传质速率又相对较慢,因此总的样品处理通量受到限制。近年已经出现多孔板形式的 SPME-LC 全自动平台,可以平行地同时萃取和解吸多个样品。这种系统明显提高了 SPME-LC 的样品通量,连续工作时每天可处理 1000 个以上的样品[11]。一层很薄的 C_{18} 硅胶玻璃涂层被用作为萃取相,与普通的 HPLC

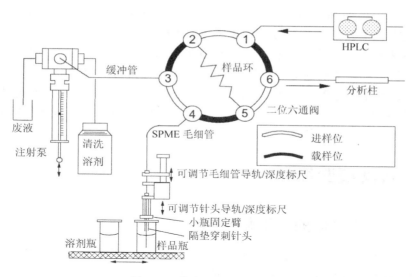

图 9-16 管内 SPME-LC 系统

可以很容易地连接起来,或与 LC-MS/MS 系统联用。96 孔板中的 96 个样品可以被同时处理。

除了与 GC 和 LC 的联用外,SPME 还可以与其他分析仪器联用,如光谱仪器、毛细管电泳、离子迁移谱(IMS)等。更多成熟的 SPME 联用形式还有待开发和应用。

9.6.5 QuEChERS 的自动化技术

QuEChERS 的名称由 Quick,Easy,Cheap,Effective,Rugged 和 Safe 这几个英文单词简写而成,而这几个单词正是用来形容该方法的特征:快速、简单、廉价、有效、牢靠和安全。QuEChERS 被许多标准方法采用,如 AOAC 和欧盟先后发布了基于 QuEChERS 的方法标准 AOAC 2007.01 和 EN 15662:2008,Agilent、Waters 等多个公司也推出基于以上两个标准的预称重的试剂盒产品。大量 QuEChERS 应用集中于食品中农药多残留分析前的样品净化,但在其他方面,如兽药检测,也有许多应用。

QuEChERS 有许多优势:①作为一种多残留分析的方法,可测定含水量较高的样品,减少样品基质如叶绿素、油脂、水分等的干扰;②稳定性好,回收率高,对大量极性及挥发性农药的加标回收率均大于 85%;③采用内标法进行校正,精密度和准确度较高;④分析时间短,能在 30~40min 完成 10~20 个预先称重的样品测定;⑤溶剂使用量少,污染小;⑥操作简便,无须良好训练和较高技能便可很好完成;⑦所需空间小,在小的、可移动的实验室便可完成。

QuEChERS 的操作非常简单,如果样品处理量不多,手工摇振一分钟的要求很容易满足。但当样品处理量非常大时,则有自动化的需要。已经有可进行自动化 QuEChERS 的商品化装置出现和应用,包括 Teledyne Tekmar 公司的 AutoMate-Q40,Gerstel 公司的 MPS 装置,Zinsser 公司的 LISSY 自动 QuEChERS 平台,Chemspeed 公司的 Swing QuEChERS 等。

LISSY 的工作流程:①样品称重后手工装入样品管中,并放入 LISSY 的样品架;②自动移液加入 10mL 乙腈和内标；③用涡旋振荡器 TubeMix 以 2200rpm 对每个样品管进行涡旋混合；④用自动粉末处理装置 REDI Super 制备脱水盐和缓冲盐（EN 方法为柠檬酸盐，AOAC 方法为乙酸盐）并加入样品中；⑤用 TubeMix 充分混合样品和盐；⑥离心机置于工作台面以下，可以用机械手自动装载样品管，由软件自动开始离心；⑦离心后，取一定体积的萃取液，移至净化管中，并将其放入管架中；⑧加入净化吸附剂并再次混合，进行分散固相萃取（dSPE）；⑨将净化管自动放入离心机再次离心；⑩离心后，样品被移至色谱分析小瓶中待测，或直接向色谱进样。

9.7　自动凝胶净化

9.7.1　凝胶净化的自动化技术

凝胶渗析色谱净化，通常简称为凝胶净化或 GPC 净化，其原理在第 7 章已有描述。本节介绍自动化的 GPC 净化技术及其使用中的问题。

虽然在实验室中有一些自行搭建的 GPC 净化装置，但由于样品处理效率较低，已逐渐被商品化的 GPC 净化装置代替。商品 GPC 净化装置有半自动和全自动两种。半自动装置使用手工进样阀进样，一般不配置检测器，而是通过连续多组分收集，再用色谱测定每个组分中的成分含量，最后绘出流出曲线，以确定净化液的收集时间范围。这种方式由于手工操作较为烦琐，目前已较少被使用。

全自动系统是实验室中 GPC 净化装置的常见配置，以美国莱伯泰科公司的 Autoclean 系统为例，主要由以下部分组成（图 9-17）：①恒流泵，常用工作流量范围 2～10mL/min；②自动进样阀，配有定量环；③注射泵，用于自动从样品瓶中取样并引入进样阀的定量环中；④GPC 净化柱；⑤紫外检测器，一种是可变波长检测器，可以在选定的波长下检测流出曲线；另一种固定波长（通常为 254nm）的检测器只能在一个波长下工作，但较前者造价低；⑥多路切换阀；⑦液体处理器，既可进行自动取样和进样，也可自动收集流出组分；⑧废液

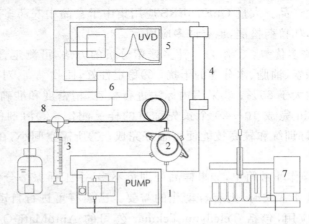

图 9-17　美国莱伯泰科公司全自动 GPC 净化系统 Autoclean 系统流路图
1—恒流泵；2—自动进样阀；3—注射泵；4—GPC柱；5—紫外检测器；6—多路切换阀；
7—自动进样与收集器；8—废液口

收集装置;⑨软件,可实时显示流出曲线并编辑样品处理方法,使净化过程自动化地进行。

　　GPC净化系统一般还配有在线浓缩装置,因为GPC净化前的样品萃取液和净化后的收集液一般体积都较大(几十毫升)。在线浓缩装置既可进行GPC净化前的预浓缩,也可进行GPC净化后的浓缩。由于GPC本身是一种色谱分离过程,需要一定时间,与收集液的浓缩时间大体相当,因此在GPC后进行在线浓缩所占用的时间对样品处理通量影响不大,GPC净化-浓缩逐渐成为一种标准配置。

　　GPC净化柱有玻璃和不锈钢两种材质。玻璃柱装填简单,有些玻璃柱装填高度可以调节,造价也低,并且可以观察柱上有色样品的分离过程。不锈钢柱需要专用的装柱设备装填,且造价也相对较高。但不锈钢柱允许较玻璃柱略高的柱压和流量,也便于运输和存放。对于大量的富含可溶性固体物的样品,连续处理中可能需要一段预柱,内径和填料与净化柱相同,只是柱长较短,连接在进样口与净化柱之间,以保护净化柱,延长其使用寿命。

　　在过去的标准方法应用中,GPC净化也存在一些问题,主要是溶剂消耗量较多。例如,按美国环保局方法3640中的70g净化柱,对于5mL/min的流量,一次60min的净化需要溶剂至少300mL。对此,自动化的GPC净化工作站可以通过阀切换或机械臂移动,对流出曲线谱图上没有响应的部分进行组分收集,而不是简单地排废。GPC净化可能存在的另一方面的问题是分离不完全。一种情况是分析物分子量较大,与大分子杂质的分子量接近时,将不能充分分离。另一种情况是杂质分子量与分析物分子量在同一范围,不能分离。这两种情况都造成净化的不充分,因此在必要时需要将自动GPC净化与其他方法,特别是自动固相萃取联用,以得到更为彻底的净化效果。

　　全自动GPC净化的应用领域较广,特别是在食品和环境安全中有着重要作用。除了前述的美国环保局方法外,在欧洲的食品安全检测中也是一种重要的标准净化方法(如德国的DFG S19)。近十年来,随着大量全自动GPC净化产品的进口,我国也在许多食品检测标准方法中推荐使用了GPC净化方法。在对油性食品中的亲脂性非法添加剂(如苏丹红、塑化剂等)的检测中,GPC净化曾发挥了较大作用。在环保检测(如土壤样品)中,也常见GPC净化的使用。

9.7.2　在线凝胶净化

　　由于GPC净化特别适合净化油性或含大分子物质的样品中的亲脂性分析物,因此与气相色谱配合使用的情况非常多。而将GPC净化柱通过阀切换技术与气相色谱形成在线联用的系统,则可带来显著的好处。一是GPC柱最小化,因为一次在线GPC净化后的所有分析物将全部进入气相色谱,而没有丢弃的部分,所以净化柱可以非常小。二是溶剂用量少,因为净化柱小了,流量和分离时间显著下降。三是不需要单独的在线浓缩装置,也不需要花费大量时间来浓缩,因为在线GPC净化流出的净化液仅几百微升,可通过气相色谱的大体积进样技术直接进样。四是人工劳动的减少。

　　图9-18为日本岛津公司的GPC-GC/MS系统流路。GPC装置与GC/MS装置以两个高压六通阀连接,使用200μL样品环收集GPC部分的净化液,用LC泵将净化液导入GC/MS中进行检测。

　　朱观良等[12]对传统GPC净化与在线GPC-GC/MS进行了对比研究(表9-4),认为总体上两者在回收率方面差别不大,而传统GPC净化因有中间转移步骤,损失稍大。但在线联

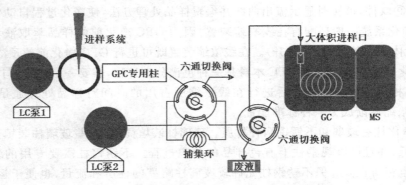

图 9-18　日本岛津公司的 GPC-GC/MS 系统流路图

用方法在开发与研究方面存在一定的局限性,整套仪器的价格也更高。

表 9-4　传统凝胶色谱仪与在线凝胶色谱-质谱联用仪的比较

比 较 内 容	传统凝胶色谱仪	在线凝胶色谱-质谱联用仪
净化时间	使用快速柱时,需 40min~1h	GPC 柱微型化,约需 10min
溶剂使用体积	200~300mL	约 1mL
是否需要浓缩	上样体积 5mL,制备体积约 60mL,需浓缩	上样体积 20μL,制备体积约 200μL,不需浓缩
操作便捷度	样品净化后需手动进样并作结果分析,操作较烦琐	样品净化与结果分析一体化,降低分析人员工作强度
重复性	一个样品全部过柱净化,操作失误会造成样品损失	一个样品可多次净化进样,可进行重复性实验
可否供其他仪器分析	经浓缩后可供气相和液相分析,适用范围广	全部进入质谱分析
检测方法	净化后的样品采用色谱或质谱分析	提供成熟的农药检测方法和谱库
检出限	需根据分析仪器的配置情况	PTV 进样口进样可降低检出限
局限性	适用于课题研究,样品净化的工作效率较低	质谱联用为主体,分析项目有局限性
与其他前处理设备联用	可与 ASE、SPE 配合使用	无法与 ASE、SPE 配合使用
耗材使用	中间转移时增加玻璃小瓶等耗材	无中间转移过程,耗材使用少
中间损失	中间转移过程有损失	净化完直接进样,中间过程损失小

　　GPC 净化还可与 LC-MS 在线联用以检测玩具中的邻苯二甲酸酯类[13]。以四氢呋喃为流动相的 GPC 柱通过一套在线固相萃取装置与一台 LC-MS 相连。GPC 净化液在流路中经加水稀释(水/四氢呋喃＝9/1),使分析物得以在 C_{18} 小柱上富集,并被阀切换至 LC-MS 的分析柱上,实现在线净化和上样。但该系统的流路结构相对复杂,死体积较多,效果有待提高。

9.8　自动化样品分解技术

　　元素分析前,样品的分解是最主要的样品前处理步骤。样品分解过程往往用到多种浓度的强酸和高温条件,有些方法中为了加快反应速度,在高压条件下将温度升高到酸的沸点以上。传统的操作方法是由人工来完成，并使用电加热或高温喷灯作为能量。人工操作有一些问题，包括人员的安全、对健康的影响、人为误差和重复性、人工成本等。而自动化技术的引入可以有效地解决或缓解这些问题。近年来自动化样品分解技术已有较快发展，出现了多种商品化工作站，如自动湿式消解装置、微波消解装置以及自动化熔融装置等，使样品分解的效果、效率和安全性都有了明显提高。

9.8.1　自动化电热消解技术

人工进行湿式消解的操作主要包括：向每个样品分别定量加入酸和氧化剂，根据实验方法设置温度按一定程序升至不同值，摇匀消解混合液，消解过程中补充酸和氧化剂，频繁的观察，消解后的定容，等等。整个过程须在通风柜中进行，因为会有大量受热产生的酸蒸气和消解反应产生的有毒有害气体从消解容器中逸出。有些酸的使用还要求有特殊的防护装置和措施。对于一批数量为几十个的样品来说，同时进行这样的消解是一个非常辛苦、繁琐和漫长的过程。而通过使用一台全自动的湿式消解系统，消解的操作人员可以省去大量的人工劳动、减轻对化学和高温伤害风险的焦虑、提高结果的一致性，废气排放也得到管理。一种将湿式消解装置进行自动化的概念模型如图9-19所示。

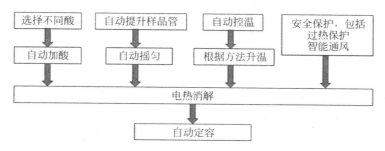

图 9-19　自动化湿式消解装置的概念模型

近年来出现了多种半自动和全自动的湿式消解系统。半自动装置有莱伯泰科公司的DigiBlock，SCP公司的DigiPREP，Environmental Express公司的Hotblock；全自动系统有Environmental Express公司的AutoBlock，莱伯泰科的AutoDigiBlock，THOMAS CAIN公司的DEENA等。

半自动的消解装置一般都可以智能化地控制温度变化，例如，通过方法程序的编辑和执行，可以使系统先在较低温度下进行预消解以去除大部分的有机物，再逐渐升高消解温度，使消解始终平稳进行。有些装置可以通过简单的传感器切换装置分别控制消解仪的加热体温度或消解液温度。温度超限时会报警。消解完成后，可以提示余温尚高，避免人在此时触摸加热体。但半自动装置使用中需要人工加酸、摇匀和定容。

而全自动消解系统则一般只需在控制终端上设置好方法，点击执行按钮，即可完全由其自主运行。以莱伯泰科公司的AutoDigiBlock为例。AutoDigiBlock设计有一个通风上罩，所有自动操作和消解过程均在其中进行，将人员与化学和高温体系隔离。系统产生的废气通过排气管主动地排到实验室通风系统中，因此AutoDigiBlock可以不必在通风柜中工作。通风罩的HEPA过滤装置使空气中的颗粒物被滤除，不能接触样品。通风罩侧面装有无线摄像头，可监视通风罩内的消解进展和自动化操作过程，图像可通过网络在其他房间远程显示,必要时可以通过 iPAD 屏幕界面上的急停按钮终止消解过程。通风罩内,样品管被置于多达 60 位的加热体工作孔内。样品架可以自动提升,并由偏心轮机构进行圆周轨迹摇动,使样品与酸或氧化剂摇匀。在样品管上方,二维线性机械臂可移动至任一样品位上。机械臂上装有 6 个加液管路,可由蠕动泵同时为 6 个样品定量加入消解试剂。机械臂上还装有非接触式液位传感器,能感知样品管中液体的量,可以为消解后的溶液定容。通过电脑软件,操作者可以灵活地编辑消解方法,并使其重复调用和运行。AutoDigiBlock 内部表面均为耐酸腐蚀的工程塑料或涂层,可以有效地防止长时间处于酸气环境中的材料腐蚀和由此造成的样品污染。

9.8.2 微波消解的自动化技术

关于微波消解技术,在 3.4 节中已有描述。目前常见的商品化实验室微波装置均是以自动化控制技术为基础的。微波的重要作用是用来加热,由此产生的高温和高压必须受到严格控制,否则有爆炸伤人的风险。一种可靠的温度测量方式是将带有屏蔽层的热电偶温度传感器与可以扫描每个微波消解罐的红外测温装置联合使用,以确保温度测量的准确,又可避免单一传感器本身固有的局限。对压力的控制除了使用传感器测量外,商品化装置中常常对消解罐采用安全泄压机构,使罐的盖子在内部压力过大时能自动开启泄压,并在泄压后自动关闭。温度和压力的实测结果通过屏幕显示给操作者。对微波腔内各消解罐状态的观察可以通过一个摄像头来辅助完成。

意大利 Milestone 公司的全自动微波消解系统 Ultrawave 因其强大的功能被称为"超级微波化学平台"。它有许多不同于大多数实验室微波装置的特征,可反映目前实验室微波自动化技术的前沿进展。关于 Ultrawave,已在 3.4 节中对其结构组成和功能特征方面的优势有所描述,这里对其自动化过程进行介绍(图 9-20)。装有多个样品和消解试剂的样品架被置于 Ultrawave 的升降机构上,并自动地降入微波腔内。微波腔的盖子需要操作者手工锁紧,但这个动作并没有较高的力度要求。如系统检测到盖子上的夹钳没有就位,将不会启动工作。升温前,系统会为微波腔充入氮气到一定的压力,这是为了提高消解液所处环境的压力以抑制其在高温下沸腾。启动微波辐射。由于各个样品均处于同一压力和温度条件

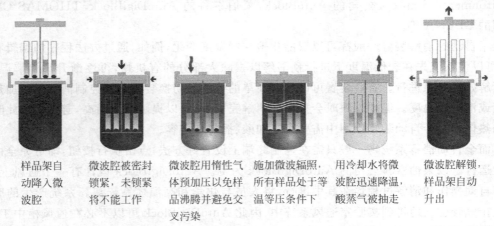

| 样品架自动降入微波腔 | 微波腔被密封锁紧,未锁紧将不能工作 | 微波腔用惰性气体预加压以免样品沸腾并避免交叉污染 | 施加微波辐照,所有样品处于等温等压条件下 | 用冷却水将微波腔迅速降温,酸蒸气被抽走 | 微波腔解锁,样品架自动升出 |

图 9-20　意大利 Milestone 公司 Ultrawave 的全自动工作步骤

下,消解条件非常一致。由于高温和高压条件,消解进行得非常快速。消解结束后,微波腔上的冷却管路通入冷却水,腔体温度迅速下降,为下一批消解做好准备。这避免了微波腔本身热容造成的降温缓慢,缩短了整体消解周期。温度降下来后开始泄压,酸气也可以被安全地抽走。打开微波腔盖子上的夹钳,完成消解的样品随升降机构升出微波腔,消解结束。因该系统可以同时处理不同种类和质量的样品,速度快,自动化程度高,所以曾在 2012 年"毒胶囊"事件中得到很好的应用效果和反响。

微波消解与其他技术的联用也较为常见。Quaresma 等[14]将聚焦式微波消解炉与一套自动流动注射分析系统连接,再与一台火焰原子吸收系统联用。样品的加载采用浆体采样技术,即将固体样品与酸溶液混合成为稳定的浆体(50mg 岩石样品,200mL 混合酸,HF＋HCl＋HNO_3),用泵将其注入在线微波消解流路中。消解反应器是一个 300cm 长,内径0.8mm 的 PTFE 盘管。用该装置测定硅酸盐岩石中的铁元素,检测限为 $0.80\mu g/mL$,每小时可测定 10 个样品。固体样品也可以装入消解罐中直接进行在线微波消解。Silva 等[15]将这种方式与 ICP-MS 联用测定了岩石中的多种元素。该方法的显著优势是把批量离线消解所需要的 2h 缩短到了 15min。

9.8.3　熔融的自动化技术

熔融法是一种重要的样品分解方法,在矿物分析、钢铁分析等领域都有着广泛应用。熔融法在高温下操作,熔剂种类多,反应迅速,实施中既对操作者的技能有着较高要求,又要做好人员安全防护。而自动化的熔融可以提高实验室分析速度,同时可降低人员劳动成本,减少重复劳动过程中带来损伤和失误的风险。目前已有一些商品化的自动化熔融装置。

Katanax® K2 Prime 自动电熔融仪可同时自动熔融 6 个样品。加热方式为密闭式的3000W 的电加热炉,温度实时显示,并可由操作人员调节保持温度。它可以为 X 射线荧光光谱制备样品玻璃盘片,也可以为原子吸收光谱、ICP 光谱及湿式化学分析制备样品溶液。处理速度为每小时 20～30 个样品。系统装有固化的熔融方法,也允许用户对方法进行定制。

硼酸盐熔融法在 X 射线荧光光谱(XRF)分析测定中有着重要作用。例如,在钢铁行业硼酸盐熔融被广泛用来制备 XRF 玻璃片,提供主次元素及多种痕量元素的准确测定。自动化的 Claisse rFUSION 工作站就是一种适合铁合金硼酸盐熔融制样的装置,由 rFUSION称重台和 rFUSION M4 熔融台组成。称重台包括:机械臂,即六轴电伺服驱动工业机器人,装有光纤传感器,用于坩埚检测;Claisse TheAnt 称重和分配模块,全自动的熔剂称重装置和分配装置,最大精度 0.1mg,装有用于熔剂水平和坩埚就位检测传感器;分析天平,最大精度 0.1mg,有垂直和水平负荷过载保护装置;Claisse 涡旋搅拌器,可通过程序改变搅拌速度;控制界面,通过触摸屏存储和调用 10 个方法程序;有 30 个工位的可移动坩埚支架。而 M4 熔融台是附加于称重台进行熔融操作的模块。M4 可以程序加热和搅拌,有三个可轮换的工位。由一个三维智能摄像机提供人工视觉功能。Claisse 自动化方法与干氧化法结合使用,使铁合金熔融制样实现全自动,可提高并稳定生产率,节省大约 80% 的劳动时间,并可保证一致的玻璃压片质量和准确的重复性结果[16]。

除了上述工业应用外,自动熔融在环境样品分析中也有应用。Milliard 等[17]用 ClaisseM4 进行自动熔融,然后用萃取色谱和质谱进行环境基质中的铀元素测定。自动熔融法在该研究中表现出的显著特征就是分解溶解的完全性高,时间短(<8min),重复性优于马弗炉熔融。萃取色谱消除了熔融后的高盐分影响。三个样品可以同时进行熔融和分离。与ICP-MS的联用对5~300mg样品可获得低于100pg/kg的检测限。

9.9　在线过滤和透析技术

9.9.1　在线超滤

在线超滤离子色谱:离子色谱通常要求在进样前将所有的样品进行过滤,否则颗粒物会沉积在进样阀、毛细管或柱头,形成高压而降低色谱性能和柱子的寿命。瑞士万通公司的英蓝超滤技术将在线超滤与离子色谱联用,可避免手动处理的烦琐和交叉污染。英蓝超滤池连接在自动进样器与进样阀之间,前后用两个蠕动泵提供驱动力。滤池中有一个管道型滤膜,呈螺旋状排列。样品从螺旋形管道中流过,其中一部分样品被过滤到滤膜的另一边,并被转移到离子色谱进样阀。样品液流保持较高且适当的流量,可将滤膜表面的残留物不断地带走,避免在滤膜表面形成滤饼而堵塞滤膜。自动化的在线超滤系统可完成超滤、清洗,并可用下一个样品进行润洗。这种在线超滤池可自动过滤 $0.2\mu m$ 的颗粒物、藻类和细菌,样品间交叉污染小于 0.1%,一个过滤器可使用 100 次以上。该技术可用于饮用水和地表水、工业废水、萃取液、消解液、稀释的水果和蔬菜汁等的在线过滤。徐远清[18,19]建立了在线超滤-离子色谱法测定酒中标准阳离子和锰、标准阴离子和亚硫酸根方法,可快速、简单地测定钠、钾、钙、锰、镁等阳离子,以及氯离子、亚硝酸根、磷酸根、亚硫酸根、硝酸根和硫酸根等阴离子。

9.9.2　在线透析

透析技术常用来为离子色谱进行样品前处理。透析技术有三种,原理一般均是利用浓度差为动力使样品中的某种特定成分穿过一层膜。当膜为中性,且仅允许某段分子量范围的成分穿透时,该过程被称为被动透析。反之,主动透析(或称 Donnan 透析)则是指相同电荷的离子扩散穿过离子交换膜的过程。当使用电场来影响扩散过程时,则被称为电透析。万通公司的英蓝透析采用了半透膜的原理,将生物大分子、长链有机物等物质阻挡在半透膜外,而小分子、无机阴阳离子等则可穿过半透膜被接收液所富集。手工操作的透析是一件非常麻烦的事,要准备半透膜、透析槽等多种设备,容易受到污染,时间也非常长。而使用英蓝自动在线透析时,只需要稀释和进样即可,中间步骤由系统自动完成。透析池中有一张多孔薄膜,将样品和接收液分开。透析时,开启样品制备阀门,样品溶液连续通过透析池,同时接收液在密闭的循环通道中保持静止。在浓度差的作用力下,被测离子穿过半透膜。通常以超纯水作为阴离子的接收液,而以稀硝酸作为阳离子的接收液。由于样品溶液不断流入,样品溶液中的离子浓度和接收液中的离子浓度逐渐达到平衡。接收液的一部分被移至定量环并向色谱柱上样。在线透析用时只需要 6~10min,离心过的样品只需要 10mL,透析率超过 96%,将手工劳动节省了 90% 以上。系统还可以复用:在进行离子色谱分离分析时,可以进行下一个样品的在线透析,并不占用额外的时间,这显著提高了样品处理和分析通量。在线透析所应用的样品基质较超滤更为复杂,如环境领域高浓度废水和污水、土壤淋溶液、固体废物提取液等；工业中的电解液、发酵液、药物分解液；农业/食品中的牛奶、饮料、食品萃取液、植物萃取液；生命科学/医学中的血液/血清/血浆、尿、组织提取物、细胞外液等。

9.10 样品前处理技术的自动化平台

本章前面各节介绍了多种单项的自动化样品前处理技术。目前的实验室自动化技术发展已经使多种自动样品前处理过程可以在同一个装置上进行，出现了多种商品化的多功能、多任务的样品前处理自动化平台，本节简要进行介绍。

样品前处理往往是一个多步骤的过程，而自动化的样品前处理具备了将多个步骤整合在一起的可能性。一般而言，对于无机样品，前处理步骤大体可分为图 9-21(a) 中所示的几步，而对于有机样品，前处理步骤可分为图 9-21(b) 中的所示的几步。

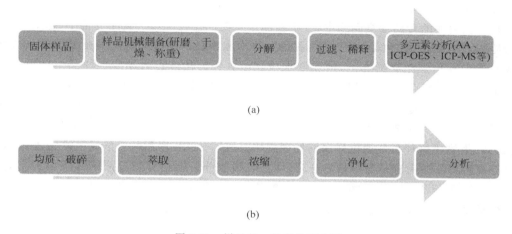

图 9-21 样品的一般前处理步骤

(a) 无机样品前处理步骤；(b) 有机样品前处理步骤

将多种样品前处理联用可以带来诸多好处：①样品前处理彻底，例如，不同净化原理的方法联合使用时，净化效果更好；②最大限度地减少人员操作，不仅是前处理过程内实现自动化，在前处理之间的连接与转移也自动化；③减少样品转移损失，特别是易挥发、不稳定的样品；④避免样品污染，特别是与空气接触时可能发生的污染。

9.10.1 无机样品前处理平台技术

无机样品前处理的自动化在许多工业分析应用中非常重要，多种任务集成在一个自动化平台中可大大减少人工的操作，降低工业成本并提高安全性。

德国 FLSmidth 公司的 QCX/RoboLab 系统是一种以机器人技术为基础的全自动样品前处理和分析平台，主要用于矿物/金属加工设施中某些阶段的采样、样品前处理和分析。该系统由 LIMS 和实验室自动化系统(laboratory automation system，LAS)结合而成，并可融入过程控制系统当中。该系统支持样品由手工或通过条形码登录，可提供针对样品个体的制备方法，具有样品优先等级管理功能。系统具有集成控制和动态监控样品前处理和分析设备的特点，还可对各种操作进行统计。系统中，样品前处理和分析设备被放置在一个圆周上,圆心处是一个功能强大的工业机器人,其整体排列充分照顾到在其工作时操作人员出入的安全性。除了可能被放在圆周上以外,分析仪器也可以被放在邻近的房间内,这时一般会用玻璃墙隔离,并且样品通过传送带和特别的样品加载装置来上样。这两种放置位置的选择取决于可用空间、尘土和噪声条件,以及分析仪器的使用条件等。样品前处理和分析仪器主要功能包括:破碎(干燥)、馏分和定量给料(按体积或重量)、压制粉末和制备熔融珠以供 X 射线分析、Blaine 法测比表面积、激光或传统筛分法测颗粒大小、颜色分析、燃烧法分析测定碳/硫/水以及复合样品收集。对一个水泥厂生产实验室来说,标准型机器人的样品负荷可达 5~7kg,臂展可达 1.8m。对于矿物行业来说,机器人的样品负荷更大,可重达 30~200kg,臂展2.5~3.0m。有时还需要用到多个机器人才能完成更复杂的任务。

9.10.2 有机样品前处理平台技术

1. 多维样品净化

在备受关注的食品安全问题中,分析检测是重要的监控手段。食品分析中,越来越多地开始使用 GC-MS/MS 和 LC-MS/MS 作为最终检测手段。仪器的检测限显著下降,也促使方法整体的检出限相应地降低,这就要求样品前处理方法能有效地降低样品中杂质含量。两种常用的样品净化方法被用于食品样品萃取后的杂质去除,一种是 GPC 净化,一种是 SPE。对于复杂的食品样品,仅使用其中一种方法常常不够充分。所以将 GPC 与 SPE 联合使用就变得很有必要。由于这两种净化方式原理不同,可以用"多维样品净化"的概念(图 9-22)来描述这种在自动化样品前处理中将 GPC 与 SPE 联用的方法。一个维度是通过凝胶分离将样品中大分子与分析物分开,切割收集的分析物组分通过浓缩并溶剂置换后再进行固相萃取,以通过不同的极性、离子交换能力或吸附能力等分子相互作用进一步净化去除与分析物分子量接近的杂质分子,最终得到充分净化的待分析样品。

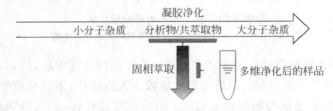

图 9-22 多维样品净化概念

在 GPC 净化前,一般是溶剂萃取,会得到几十到上百毫升的萃取液。而 GPC 净化的上样量一般在 5mL 以内。在 GPC 净化后,收集到的组分体积一般也会有几十毫升,例如,以 5mL/min 流量收集 12min,即为 60mL,一般需要在将收集液浓缩至数毫升之后,再向 SPE 过程加载。在 SPE 处理后,常常也需要将洗脱液浓缩,再向色-质联用仪进样。因此,上述的多维样品前处理过程离不开浓缩步骤。自动浓缩过程既需要完善的设计以降低分析物的挥发、吸附、热分解等损失,又要有效避免交叉污染,是自动化多维样品前处理中的重要步骤。

将浓缩、GPC 净化和 SPE 三个自动化的过程在一套自动化工作站中联合使用,即成为一个自动化平台,可完成复杂有机样品的净化处理过程。这种系统产生的大背景是 GC-MS/MS 和 LC-MS/MS 在分析检测,特别是食品安全分析与环境污染物分析中的日渐广泛的应用,以及实验室自动化技术的快速发展和普及。

在广泛应用的基础上,多维化样品前处理已有多个商品化系统,如 LabTech 公司 PrepElite GVS 系统,LCTech 公司 Freestyle 系统,J2 公司 Preplinc 系统等。这类系统的优势在于:通过联用的工作模式提高工作效率,操作者将原始样品溶液放入系统中,设定方法,即可得到最终净化的样品液;通过更好的样品传递方法减少样品转移损失,中间过程没有人工操作;智能化,对使用者更方便易用,并可以将成熟的方法以程序文件的形式传递给其他实验室,使复杂的方法开发过程大大简化;更加灵活的配置,可根据实际需要进行模块配置,使各处理环节(浓缩、GPC 净化及 SPE)独立使用或联合使用。

以 LabTech 公司的 PrepElite GVS 系统为例。该系统由 Autoclean 模块(GPC 净化,简称 G),Sepline 模块(SPE,简称 S)和 LiqVap 模块(浓缩,简称 V)三部分组成,共用一台 X-Y-Z 三维液体处理自动装置,形成一套多维样品前处理平台。该系统的最大配置为 GVS,也可以通过软件配置成 GV 或 SV,或单独的 G、S 或 V。完整的 GVS 流程为:①预浓缩,即 GPC 净化前的浓缩;②GPC 净化,注射泵将样品浓缩液从浓缩模块中转移至进样阀的定量环中并向 GPC 净化柱进样,需要收集的净化液被液路切换回浓缩杯中;③GPC 净化后的浓缩,浓缩液可能需要进行溶剂置换;④SPE 净化,SPE 柱经活化后,GPC 净化浓缩液被定量转移到 SPE 柱,洗脱液如需浓缩可收集于浓缩模块中进行浓缩,如不需要浓缩,可收集于收集瓶中以备分析。

2. 专用的综合样品前处理系统

FMS 公司将其三个样品前处理模块组合成 TRP-Total-Rapid-Prep 系统,专门用来进行持久性有机污染物(POPs)检测前的样品前处理。该系统的主要应用领域为环境、生物和食品样品中的二噁英、多氯联苯、农药、多环芳烃和溴系阻燃剂。该系统将萃取、净化和浓缩这三个有机样品前处理的主要环节结合在一个自动化装置中,可同时对 6 个样品依次进行压力溶剂萃取(PLE)—浓缩(PowerVap)—柱净化(PowerPrep)—再浓缩(PowerVap),最后的浓缩液供 GC 或 GC/MS 分析。

固体或液体样品被加载到 PLE 萃取柱(5～100mL)中后,手工将萃取柱装入萃取柱座,并用快锁装置锁紧,然后通过软件即可启动整个过程的运行。在 3500psi 压力和加热条件下经过 1～3 次的压力溶剂萃取,最多可达 300mL 的萃取液被浓缩装置浓缩或进行溶剂置换至大约 50mL。当萃取溶剂为正己烷时,系统只要将溶剂浓缩到 50mL 即可自动停止浓缩过程。如果萃取溶剂不是正己烷,则需要先将溶剂蒸至近干,再自动加入正己烷。正己烷浓缩液被转移到多柱净化模块。该模块是一个多步骤的正相液相色谱系统,净化柱包括一个多层硅胶柱(可以是酸性、中性或碱性),一个碱性氧化铝柱,和一个活性炭分散硅藻土柱。该模块为低压系统,压力为 20～35kPa。柱子是一次性使用的,柱管为 PTFE 材质。

以 PCDD/F 和 PCB 样品的净化为例,典型的方法是用一根硅胶柱(4g 酸性、2g 中性和 1.5g 碱性),一根 8g 的碱性氧化铝柱和一根 2g 的 PX-21 活性炭柱。所有柱子在使用前均经 100mL 的正己烷以 10mL/min 流量活化。样品先以 5mL/min 流量加载到硅胶柱上,再用 100mL 的正己烷以 10mL/min 流量冲过氧化铝柱,分析物被吸附在氧化铝柱上,收集组分(废液)为 F1。用 100mL 正己烷-二氯甲烷(1∶1)以 10mL/min 流量洗脱至活性炭柱上。平面构型的分子组分(PCDD/Fs 和一部分 PCBs)被活性炭吸附,其他 PCBs 收集为 F2。用正己烷淋洗,收集为 F3。用 80mL 甲苯以 5mL/min 流量反冲活性炭性,洗脱平面构型分子组分,收集为 F4。经不同柱子净化后的各待测组分再次被送至浓缩模块,系统用溶剂将所有管路进行自动清洗。净化模块一开始收集,第二次的浓缩即已自动开始。正己烷∶二氯甲烷(1∶1)和甲苯组分被浓缩至大约 150μL,然后移至装有壬烷(作为防干剂,以防分析物损失)的 GC 小瓶中,既可直接进样,也可根据检测限要求进一步浓缩。

　　3. 与分析仪器联用的自动化样品前处理平台

　　德国 Gerstel 公司的 MPS(multi purpose sampler)是一种既可以进行自动样品前处理,又可以自动进样的工作站。MPS 既可与 GC 或 GC-MS 联用检测 VOCs(挥发性有机物)或 SVOCs(半挥发性有机物),也可与 LC 或 LC-MS 联用进行常规分析或进行各种研发性的检测,还可以单机操作,仅作为一套多功能的样品前处理自动工作站来使用。在与 GC 或 GC-MS 联用时,MPS 的功能包括:液体进样、液体和固体中的热萃取及热解吸、顶空、动态顶空、SPME(多纤维交换,衍生)、热裂解、液体样品制备(衍生和加内标,稀释和液-液萃取,加热/冷却/混合,离心和称重,读取并处理条形码信息,过滤,蒸发浓缩)、搅拌棒萃取和热解吸、SPE、分散固相萃取(即一次性移液管萃取,disposable pipette extraction,DPX)、QuEChERS 和自动更换衬管。在与 LC 或 LC-MS 联用时,MPS 的功能包括:零交叉污染的自动进样、SPE 和浓缩、DPX、QuEChERS、液体样品制备(如前所述)。而 MPS 也可以单机完成上述所有样品前处理功能。MPS 的软件 Maestro 还具有 PrepAhead 功能,即下一个样品的前处理与当前样品的色谱分析可以同时进行。一旦分析仪器准备好,即可立即开始下一个样品的分析。显然,这大大提高了系统的处理能力。MPS 适用于很多领域,包括:调味剂和香料、汽车、半导体与电子、法医学与犯罪学、食品、制药、化工与高分子和环境等。

9.10.3　微全分析系统/芯片实验室

　　"微全分析系统"(micro total analysis system,μTAS)的概念是 Manz 等 1990 年在"全分析系统"的概念基础上提出来的,是一种微型的,包括了所有自动分析步骤(取样、前处理、样品转移、化学反应、分析物分离、测定、产物分离和数据处理等)的集成系统。在 μTAS 中,化学处理和分析设备被微型化、集成化,流路系统只有微升级甚至亚微升级,横截面的大小在数十微米的范围,分析时间则以秒计。因此,μTAS 可以最大限度地把分析实验室的功能转移到便携的分析设备中,甚至集成到方寸大小的芯片上,也被形象地称为"芯片实验室"(lab-on-a-chip,LOC)。从分析的成本和速度来看,μTAS 具有巨大潜力,因此其研究和开发活动也非常活跃。

　　对于 μTAS,更多的研究集中在分离与检测环节,但近年来已经出现了一些将 μTAS 用于样品前处理的研究,甚至被认为可能是一个有着很好前景的方向[20],特别是用于环境、生物(核酸和蛋白)领域。用 μTAS 做样品前处理的技术基础包括微型制造(复杂布局)能力和成熟的微流控(快速扩散、电动力学)技术。但 μTAS 也有一些限制因素,如某些器件的微型化,实际样品的直接分析,向微型系统引入样品,部分样品的代表性等。重要的 μTAS样品前处理过程如图 9-23 所示,主要有样品分离与净化和样品预浓缩两条路线。

　　芯片上的样品前处理方法在食品、环境和生物分析领域有着巨大潜力。现代分子生物学的发展非常迅速,对生物分析手段的要求也越来越高,特别是对核酸和蛋白的分析要足够高效和快速。这些要求对于作为高效分析手段的芯片系统的开发影响很大。原因在于,在常规分析实验室中,生物样品中所含有的组分处理起来是较为困难的,成本也更高。而如何在

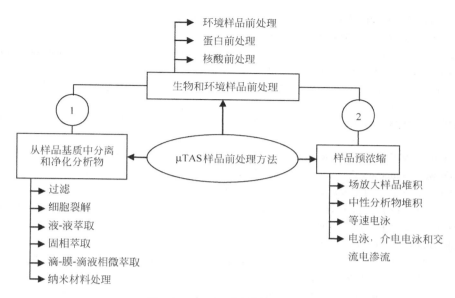

图 9-23 μTAS 中的样品前处理

μTAS 上进行样品前处理就成为一个非常关注的研究领域。没有通用的 μTAS,样品前处理必须要针对特定的样品类型和所选择的分析方法。

参考文献

[1] Randall, E L. Improved method for fat and oil analysis by a new process of extraction[J]. Journal of the Association of Official Analytical Chemists,1974,57:1165-1168.

[2] Luque C,Priego-Capote F. Soxhlet extraction:Past and present panacea[J]. J Chromatography A, 2010,1217(16):2383-2389.

[3] Zhou H, Liu C. Microwave-assisted extraction of solanesol from tobacco leaves[J]. Journal of Chromatography A,2006,1129 (1) 135-139.

[4] Chen L, Zeng Q, Du X, et al. Determination of melamine in animal feed based on liquid chromatography tandem mass spectrometry analysis and dynamic microwave-assisted extraction coupled on-line with strong cation-exchange resin clean-up [J]. Analytical and Bioanalytical Chemistry,2009,395(5):1533-1542.

[5] Arias M,Penichet I,Ysambertt F,et al. Fast supercritical fluid extraction of low-and high-density polyethylene additives:Comparison with conventional reflux and automatic Soxhlet extraction[J]. Journal of Supercritical Fluids,2009,50(1):22-28.

[6] Uchikata T,Matsubara A,Fukusaki E,et al. High-throughput phospholipid profiling system based on supercritical fluid extraction-supercritical fluid chromatography/mass spectrometry for dried plasma spot analysis[J]. Journal of Chromatography A,2012,1250:69-75.

[7] USEPA Method 3561,Supercritical fluid extraction of polynuclear aromatic hydrocarbons.

[8] 贺伟,丁卉,施超欧,等.在线中和富集及标准加入离子色谱法测定大气吸收液中的痕量阴离子[J]. 色谱,2012,30(4):340-344.

[9] 林红梅,林奇,张远辉,等.在线样品前处理大体积进样离子色谱法直接测定海水中亚硝酸盐、硝酸盐和磷酸盐[J].色谱,2012,30(4):374-377.

[10] Pawliszyn J. Handbook of Solid Phase Microextraction[M]. Elsevier,2012:151.

[11] Mirnaghi F S,Monton M R N,Pawliszyn J. Thin-film octadecyl-silica glass coating for automated 96-blade solid-phase microextraction coupled with liquid chromatography-tandem mass spectrometry for analysis of benzodiazepines[J]. Journal of Chromatography A,2012,1246:2-8.

[12] 朱观良,王臻,吴诗剑,等. 两种凝胶色谱在农药残留分析中的应用比较[J].环境监测管理与技术,2012,24(1):47-49.

[13] 马雨伟,端裕树,林金明. GPC-LC-MS 在线除杂和富集法检测邻苯二甲酸酯类物质[J].分析试验室,2010,29(增刊):207-210.

[14] Quaresma M C B,Cassella R J,Guardia M,et al. Rapid on-line sample dissolution assisted by focused microwave radiation for silicate analysis employing flame atomic absorption spectrometry:iron determination[J]. Talanta,2004,62(4):807-811.

[15] Silva M,Kyser K,Beauchemin D. Enhanced flow injection leaching of rocks by focused microwave heating with in-line monitoring of released elements by inductively coupled plasma mass spectrometry[J]. Analytica Chimica Acta,2007,584(2):447-454.

[16] Berube L,Rivard S,Bouchard M. 自动化硼酸盐熔融与 X 射线荧光光谱分析组合技术在铁合金工业中的应用[J].冶金分析,2012,32(5):29-35.

[17] Milliard A,Durand-Jézéquel M,Larivière D. Sequential automated fusion/extraction chromatography methodology for the dissolution of uranium in environmental samples for mass spectrometric determination[J]. Analytica Chimica Acta,2011,684(1-2):40-46.

[18] 徐远清. 在线超滤-离子色谱法测定红酒中标准阳离子和锰[C].第 13 届离子色谱学术报告会,2010.

[19] 徐远清. 在线超滤-离子色谱法测定红酒中标准阴离子和亚硫酸根[C].第 13 届离子色谱学术报告会,2010.

[20] Ríos A,Zougagh M. Sample preparation for micro total analytical systems(μ-TASs)[J]. Trends in Analytical Chemistry,2013,43:174-188.

应用篇

第10章

环境样品前处理

10.1　概述

人类赖以生存的环境是由大气、水和土壤三个圈组成。在阳光的照射下,地面上的水分被蒸发至大气中,形成云雾。在冷暖气流的作用下形成降水,降至地面后形成径流,进而形成河流和湖泊。大气中的尘埃、无机和有机单质及化合物被降水携带降落至地面,各种溶解性的无机离子、无机的和有机的化合物等会溶解于水中,不易溶解的和难溶性的物质则逐渐被沉入水底,蓄积起来。

伴随着工业化进程的加快,产生了大量废水、废气和废渣,有机污染物和无机污染物大量进入环境之中,造成严重的环境污染。使得天然水失去使用功能,土壤变得板结,土壤中农作物不能生长或含有大量毒性物质,且长久不能削减。各种废渣、废弃料随意堆放在土地上,长期不作处理,或不经任何分类和削减毒性的处理就直接填埋,其中的有毒有害物质都会逐渐释放出来,或升华进入大气中,或溶入水体中,或通过土壤的空隙逐渐渗入其中,进而污染地下水。这些途径就更加剧了越来越扩大范围的大气、水、土壤的污染。环境监测的目的是为了量化环境污染的程度,更好地遏制污染的发展。环境监测的范围包括大气、水、污泥和底泥、土壤和固体废物、危险废物等五个方面。样品的类型包括气体、液体和固体。其中固体又可分为干固体和湿黏固体。监测的项目包含了物理指标,如悬浮物 SS、总固体等,简单的无机离子、分子、某一元素的总量;有机化合物、混合物(如石油类),综合污染指标(如 COD_{Cr})等。

环境样品中的许多目标物虽含量很低,但危害很大,甚至是长久在环境中存在不能被降解,或挥发扩散性很强,能够飘逸到很远处。对于这类目标物的检测,必须具备好的前处理方法。现有方法中,除了传统的蒸馏、消解、高温烘烤和灼烧、液液萃取等方法外,微波消解、微波萃取、超声提取、固相萃取、固相微萃取、加速溶剂提取及适用于色谱分析的柱前及柱后衍生法都已普遍应用。这些方法不仅实现了减轻检测人员的劳动强度,更重要的是大幅减少了强酸、强氧化剂和有机试剂的用量,有效地避免了对检测人员人身伤害和对环境的污染。2010 年以来,这样的"环境友好型"方法已开始被国家环保部陆续更新的方法所吸纳,逐步替代原有的前处理方法。

10.2 环境空气和废气

10.2.1 空气污染的特点

工业生产和实验室检测过程中会排放出烷烃、烯烃、苯系物、卤代烃、醛类、有机胺、有机硫化物等多种有机物,工业生产中含蒽、二氢蒽等多环芳烃和二噁英等持久性污染物,及邻苯二甲酸酯等增塑剂和硝基化合物等致癌物质会随产生的废气排入大气;低沸点、低相对分子质量的苯系物、低分子卤代烃等挥发性很强,随空气流动,造成空气污染;汽油中常含铅,会随汽车尾气排入大气中。

颗粒物污染是最重要的空气污染因素,来源于工业生产、汽车尾气排放、燃煤等人为因素,大风、沙尘暴、降尘等自然因素也起一定的作用。按照颗粒物粒径的大小,可分为降尘、总悬浮颗粒物(TSP)、可吸入颗粒物(PM_{10})和细颗粒物($PM_{2.5}$)等。其中,危害最大的当属$PM_{2.5}$,即空气动力学直径小于或等于 $2.5\mu m$ 的污染物颗粒。这类颗粒物中包含了大量无机和有机污染物,能够富集硫、砷、铜、铅、锌、硒、氯等多种污染物,还能与雾气结合在一起,将其他更多种污染物大量地富集其上,如来源于炼焦厂和煤气厂、散烧烟煤的小型炉灶排出的废气中含有苯并[a]芘、苯并蒽、蒽、菲等多环芳烃及其氯代、硝基等取代物,它们能在环境中长期存在,苯并[a]芘、多环芳烃等具有强致癌性。有机氯和有机磷农药,如六六六、DDT、艾氏剂和多氯联苯类物质,塑料生产和散落在地面的塑料制品中所含有的邻苯二甲酸二丁酯、邻苯二甲酸二辛酯等增塑剂,也会包含在颗粒物中。机动车、石化生产中排放的挥发性有机物在空气中的氧化剂、自由基和紫外线作用下,通过一系列化学反应生成醛类;过氧乙酰酯等光化学烟雾成分与二氧化氮(NO_2)等分解产生的臭氧(O_3)发生作用生成气溶胶等,都会产生"二次污染",并造成更广、更远范围的扩散。

10.2.2 大气中挥发性有机物

大气样品包括空气、颗粒物、气溶胶、降尘等。依来源可分为固定、移动和无组织排放等。

采集气样时要特别注意滤膜的选择。防止气体样品颗粒在滤膜上转化,避免样品经过空气动力学作用损失,以及与过滤材料作用而改变性质。过滤材料亦不能与提取剂发生作用,采用纤维滤纸(膜)或石英纤维滤纸(膜)比较好。采样后,一般是将吸附样品的纤维纸(膜)装入塑料袋中,密封后送回实验室,剪成小条后放入广口瓶或锥形瓶中,加入提取剂,超声提取 3～5 次并浓缩,通过酸加热、络合剂、超声提取、热脱附、衍生化等方法进行前处理[2],或直接注入气相色谱仪中测定。亦可通过样品采集管或气袋采集后直接进行分光光度测定或于色谱仪上进行热脱附后测定。

实例 10-1 测定石油化工企业环境空气中芳烃和卤代烃的热脱附法[3]

方法提要：在现场使用 5L 无吸附气袋采集环境空气样品,向底部装有不锈钢丝网的空管中装填 Tenax TA 吸附剂,采用 HJ 583—2010 热脱附-气相色谱测定苯系物的方法[4],经气相色谱仪上热脱附前处理后,进行目标物测定。热脱附-气相色谱法是当前测定半挥发性有机物较先进的方法,无吸附性气袋采集样品,有效地避免了其中的干扰。

仪器与试剂：5L 无吸附性气袋：使用前用高纯氮气填满气袋，并保持 12h。通过测定总烃检查是否有残留的有机溶剂。不锈钢样品管：90mm×6.4mm，底端具不锈钢丝网。60~80 目 Tenax TA 吸附剂达到标线，安装好另一片不锈钢丝网，放入 300℃ 加热炉中，恒温烘烤 8h。放入热脱附器中，通入高纯氮，在 300℃ 条件下吹扫 1h，使本底符合要求。大气采样器，混合标气：氯乙烯、氯乙烷、氯丙烷、苯系物等。

操作步骤：

(1) 现场采样：可采用以下两种方法：

a. 大气采样器在现场连接样品管，按一定校正流量定时采样富集；

b. 采用处理后的无吸附性气袋，待样品充满后，关闭阀门，带回实验室进行富集和热脱附分析。

(2) 实验室富集：大气采样器与样品管现场连接，校正流量为 0.10L/min，采集 30min，并换算成标准状态(273K,101.3kPa)下的富集气量。富集后的样品管送入热脱附器中，通入高纯氮，进行吹脱测定。

方法评价：方法的解析效率高，最低检出质量浓度、相对标准偏差等参数和测定结果均满足要求。但 Tenax TA 吸附剂在常温下对低碳烃类的吸附效果较差，而自动热脱附仪的冷阱又不能经常更换，在样品管中分别填装 5A 分子筛、TDX-01 和 TDX-02，进行了多次吸附和解吸试验，效果均不理想。如何破解这一难题，仍需进一步研究。

实例 10-2　测定燃放烟花爆竹产生的大气有机污染物的热脱附法[5]

方法提要：燃放烟花爆竹不仅会产生大量的二氧化硫、氮氧化物、细颗粒物，还可能产生一些持久性污染物质和致癌物。本方法采用热脱附法，样品采集后直接导入气相色谱质谱仪(GC-MS)分析。

仪器与试剂：不锈钢管 90mm×6.4mm，内填装 150mg Tenax-TA 吸附剂，使用前在 300℃ 条件下活化 1h，采样前用 30mL/min 的高纯氮气在 300℃ 条件下吹扫 30min 进行老化。低流量采样泵；市售 2 万响鞭炮，烟雾型烟花。

操作步骤：在一个密闭实验室内对烟花爆竹燃放后的空气分别进行采集，低流量采样泵连接 3 个 Tenax-TA 吸附管，泵流量 200mL/min，3 管平行采集，采样时间 3h，采样完毕后盖上采样管帽子封口备用。

方法评价：该方法简便易行，Tenax-TA 吸附剂能够实现对二硫化碳、二氧化硫、苯系物等简单气态物质及呋喃和呋喃酮类、二甲苯和三甲苯类、联苯和联苯胺类等数十种空气中污染物质的有效富集。通过 GC-MS 的解析、测定效果较好。

实例 10-3　测定大气气溶胶 $PM_{2.5}$ 中极性有机化合物的超声提取/衍生化法[6]

方法提要：大气颗粒物中存在一元、二元羧酸、酯类、糖醛、甾醇等多种较高含量的极性化合物。这些化合物来源于机动车排放、食品烹饪、生物质燃烧和大气的二次转化等过程，对大气颗粒物的吸湿性等物理化学性质和人体健康都有着重要影响。本方法建立了大气采样-衍生化测定大气中极性化合物的前处理方法，对北京市某年从夏季至冬季半年间大气气溶胶 $PM_{2.5}$ 中一元、二元羧酸、糖醛和甾醇类化合物共 42 种物质进行了监测。

仪器与试剂：大气采样器、超声波清洗仪、旋转蒸发仪、水浴锅、多孔加热器、气相色谱仪；二氯甲烷、甲醇(进口色谱纯)；石英膜；衍生化试剂：10% 三氟化硼溶液；双-三甲基硅烷基-三氟乙酰胺和三甲基氯硅烷的混合溶液，99:1；内标：六甲苯(99%)，氘代二十四烷；

标准品：脂肪酸甲酯混标（$C_8 \sim C_{42}$，99.2%～99.9%），癸二酸（99%），左旋葡聚糖（99%），半乳糖醛、甘露糖醛（98%），苯甲酸、己二酸（>99%），胆甾醇、豆甾醇（95%）等。

操作步骤：

（1）样品提取：将采集了大气颗粒物的石英膜剪成小块，放入125mL广口瓶中，加入60mL溶剂，盖上盖子，超声提取5次。前3次用二氯甲烷；后2次用甲醇作为提取剂。将提取液合并至旋转蒸发仪中，蒸发浓缩至2～3mL。过滤后，用高纯氮吹进一步浓缩至1mL左右。根据测定需要，将样品分成数份待测。

（2）衍生化

a. 甲酯化：取一份样（约300μL），放入5mL反应瓶中，加入10%三氟化硼溶液1～2mL，拧紧瓶盖，于加热器中80℃条件下反应30min，自然冷却至室温。用二次去离子水反萃取，取下层有机相。此过程重复3次。合并有机相，用高纯氮吹浓缩至约200μL，于GC-MS上进行分析。

b. 甲基硅烷化：取一份样（约300μL），放入5mL反应瓶中，高纯氮气吹至近干，加入双-三甲基硅烷基-三氟乙酰胺和三甲基氯硅烷混合溶液200～500μL，拧紧瓶盖，于加热器中85℃条件下反应40min，自然冷却至室温。用高纯氮气浓缩至约200μL，于GC-MS上进行分析。

方法评价：通过衍生化，提高了大气颗粒物中极性有机化合物的挥发性，大大改善了其分离效果。本方法采用甲酯化法分析一元羧酸和二元羧酸，硅烷化法分析糖、糖醛和甾醇类物质。相对而言，甲酯化反应比较容易进行，绝大部分羧酸类化合物在实验条件下都能完全甲酯化。对与城市机动车燃料和城市大气中生物质燃烧相关的壬二酸、左旋葡聚糖、β-谷甾醇、胆甾醇等有机示踪化合物采用保留时间短，出峰快的甲基硅烷化法能获得好的检测效果。

实例 10-4　测定大气悬浮颗粒物中有机污染物的超声提取前处理[7]

方法提要：按 GB/T 15432—1995 方法[8]，采集大气样品，采用超声提取纤维膜上的目标物，并参照美国 EPA 方法，对悬浮物颗粒中的苯酚类、苯胺类、硝基芳香烃类、多环芳烃类和酞酸酯类等64种物质进行了测定。

仪器与试剂：大气采样器、超声清洗器、旋转蒸发仪、100mL锥形瓶、150mL平底烧瓶、鸡心瓶、氮吹仪。C_{18}萃取柱（1000mg/6mL）、玻璃纤维滤膜、二氯甲烷（优级纯）。

操作步骤：采集体积为400m³大气样品，采样后将玻璃纤维滤膜尘面朝里折叠，用黑纸包好，置于塑料袋密封，4℃下保存，7天内完成分析。

将采样后的玻璃纤维滤膜剪碎，放入100mL锥形瓶中，加入50mL二氯甲烷，放入超声波清洗器中，30℃超声提取10min，将提取液转移至150mL平底烧瓶中，加入50mL二氯甲烷，继续超声提取10min，合并提取液。用旋转蒸发仪浓缩至约5mL，然后将样品经硅胶键合 C_{18} 小柱净化后，用二氯甲烷洗脱至鸡心瓶中；最后在40℃条件下氮吹定容至1mL。用气相色谱仪测定。

方法评价：本方法在进样前采用 C_{18} SPE柱对样品进行了富集和净化，进一步提高了方法的灵敏度和消除共存杂质的干扰。但整个样品前处理耗时较长，有机试剂用量较大，会造成二次污染。

实例 10-5　测定大气颗粒物中有机碳含量的前处理[9]

方法提要：有关测定大气中有机碳含量的文章尚不多见。现行的有机碳测定方法多采用先将样品燃烧至 950℃ 以上,测定总碳,然后再于 400~600℃ 条件下,使样品中的有机碳燃烧完全,测定出无机碳的含量,通过总碳与无机碳相减求得样品中有机碳的含量。

本书通过两种混合碳样品在 425~500℃ 不同温度下的比对实验,确定了能使样品中有机碳完全燃烧的温度,建立了直接测定大气样品中有机碳的方法。

仪器与试剂:大流量采样器、玻璃纤维滤膜、碳酸钙(分析纯)、高纯石墨(光谱纯)和工业用活性炭。

操作步骤:使用大流量采样器,石英纤维滤膜采集总悬浮颗粒物样品,采集时间 24h,流量 1000L/min。采样后,将滤膜密封,避光低温保存。

分别用高纯石墨和工业活性炭与咖啡因、碳酸盐配成两种有机碳(OC)、元素碳(EC)、碳酸盐三种碳的混合样品。进行 950℃、425℃、450℃、475℃、500℃ 等温度下碳含量的测定。

方法评价:通过上述几种温度条件下的比对实验,确定了直接测定有机碳的温度(450℃),使空气中的有机碳含量能由仪器直接测得,避免了因间接测定造成的误差和不确定度增大。对测定水样中有机碳也有一定的指导性。

10.2.3　大气中微量有害金属

Hg 和 Pb 及其化合物是大气中主要的重金属污染物。在测定空气中的 Hg 时,应使用采样面积大的滤纸,采样器流速应更低。单质 Hg、$HgCl_2$ 和 CH_3HgCl、$(CH_3)_2Hg$ 都可单独存在于大气中或附着于颗粒物上,使用不同的吸附剂就可选择性地采集不同形态的 Hg。如硅烷化物的 Chromosorb W 可吸附 $HgCL_2$,0.5mol/L NaOH 溶液处理过的 Chromosorb W 可有效吸附 CH_3HgCl,涂金的玻璃珠可选择性吸附 $(CH_3)_2Hg$。

实例 10-6　ICP-MS 法分析降尘中元素的前处理方法——微波消解-阳离子交换/溶剂萃取法[10]

方法提要:由于欧盟标准的推广使用,使含 Pt-Pd-Rh 的三元催化转换器在机动车辆中广泛使用。PGEs 对人类健康和环境具有许多潜在的危害。铂族元素的比重较大,易被富集于降尘中,不断累积逐渐加重危害。因此,需要对空气降尘中的铂族元素进行准确测定。

仪器与试剂:Excel 系列高压密闭微波消解系统(屹尧公司);电热板;超纯水装置;微型离子交换柱($L=20cm$,$\phi=8mm$,上有储液槽,下有玻璃砂片);HNO_3(67%)、HF(40%)均为超纯级,HCl(37%):电子级,Pt,Pd 单元素标准溶液(1000mg/L),Cu,Ga 等元素单标(国家标准物质,1000mg/L),^{196}Pt 和 ^{105}Pd 富集同位素稀释剂,隧道降尘 BCR-723 铂族元素国际标准物质:强酸型阳离子交换树脂。

操作步骤:

(1) 样品的消解:采集道路降尘,处理后置于干燥器中;称取一定量样品于 PTFE 消解罐中,加入 1mL H_2O + 5mL HF 于 PTFE 消解罐中,在电热板上蒸发 2h 至近干,加入 3mL HF + 8mL HNO_3 混酸,按照下列升温步骤进行消解:20℃→100℃→150℃→180℃→210℃。在 180℃ 条件下保持 10min,210℃ 条件下保持 30min。消解后冷却,取出样品,在电热板上蒸发约 3h,至近干。再加入 2mL HNO_3 + 6mL HCl 混酸进行微波消解,温度从室温→100℃→150℃→180℃→220℃。在 180℃ 保持 15min,220℃ 保持 30min。消解后冷却,取出样品。在电热板上蒸发近干后,加 1mL HCl 再蒸发近干,重复 3 次,全部过程约 4h。

最后,用0.6mol/L HCl定容。每次消解样品同时做2个空白实验。

（2）干扰离子的消除：

a. 利用铂族元素在HCl介质中能形成$[MeCl_6]^{2-}$等稳定的配阴离子,而Cu,Sr,Rb,Y,Ga和Zn等元素只能以阳离子形式存在的性质,采用DowexAG50W-X8阳离子交换树脂进行离子交换前处理,可实现干扰元素与铂族元素的分离。

b. 样品中的Zr和HF等会形成稳定的阴离子,可通过 N-苯甲酰-N-苯基羟胺溶剂萃取来消除。

方法评价：本方法采用两步微波消解法,并在消解前向样品中加入同位素消除样品中的干扰。测定了标准物质中的Pd,结果在允许误差范围内。对上海城区道路降尘中Pt和Pd含量进行了测定,结果呈正相关,除在机动车三元催化转换器附近,道路两旁没有其他可能的Pt和Pd来源,说明检测结果与实际情况相符,可信度高,但应通过加标回收做进一步验证。

10.2.4 汽车尾气

汽车尾气的排放是引起大气污染和人类慢性中毒的主要来源之一。其主要污染物为碳氢化合物、氮氧化合物、一氧化碳、二氧化硫、含铅化合物、苯并[a]芘及固体颗粒物等,铅是低空中最主要的污染重金属,低空铅测定的前处理方法与大气中微量有害金属前处理相似。

实例10-7 机动车尾气/低空大气环境中微量铅监测的前处理方法[11]

方法提要：由于过去的机动车燃料中普遍含有铅,因而尾气中的铅不仅对低空大气造成了严重污染,而且含铅空气一旦被人吸入,进入血液,会对人身健康产生极大的危害。进行低空大气中铅含量的测定,及在大气中存在的形态和分布特征的研究,对于促进无铅燃料的推广尤为重要。

仪器与试剂：测尘采样器,玻璃纤维膜（ϕ40mm）、硝酸（优级纯,配成3%溶液）；底液：0.0020g酒石酸＋0.0060g抗坏血酸＋2mL聚乙烯醇,加无铅水至200mL；铅标准液：储备液1000mg/L。

操作步骤：

（1）滤膜处理：将玻璃纤维膜置于3%的热硝酸中,于沸水浴上加热2min,取出用无铅水冲至中性,晾干备用；

（2）采样：以测尘采样器为动力,用经处理过的玻璃纤维膜采集低层空气10～100L；

（3）样品处理：将采样后的滤膜置于25mL比色管中,加入10mL 35%的硝酸,于沸水浴上加热15min,冷却后取出,以无铅水冲洗数次,冲洗液全部并入比色管内,并以无铅水补足至25mL。取适量样品于烧杯内,微火蒸发至干,冷却后加底液1.5mL,待测。

方法评价：本方法适用于电化学法测定低空大气中铅含量的样品采集和前处理。滤膜须经热硝酸溶液处理,否则测定结果明显偏高。通过向空白滤膜上加入不同含量的铅,测定后按标准加入法计算,回收率为95%～104%,准确度满足要求,且简便易行。

10.2.5 室内空气

采集室内空气样品可用注射器、采气袋和真空采气瓶等。吸附剂可以是吸收液,纤维膜或填充柱,应根据目标物选择有效的吸附剂。如测定SO_2、NO_2等,可使用包含特定显色剂的吸收液；测定甲醛使用酚试剂；测定空气中的汞选用 60～80 目的 Tenax 吸附剂。挥发性气体用低温冷凝采集法，冷凝剂有冰-盐水（－10℃）、干冰-乙醇（－72℃）等。

实例 10-8　检测室内空气中甲醛的前处理方法[12]

方法提要：针对当前备受关注的室内装修存在的甲醛污染问题，以国标 GB/T 18204.26—2000[13] 为基础，进行了不同甲醛含量的室内空气样本、吸收液量、吸收时间和吸收液接触面积等条件试验，并在此基础上，研制了可进行室内空气中甲醛含量直接测定的比色板，方便居民日常使用。

仪器与试剂：恒流采样器，分光光度计，酚试剂，硫酸铁铵，甲醛，盐酸，均为分析纯。

操作步骤：人工配制浓度为 0.218mg/m³ 的甲醛标准源，向 8 个直径为 100mm 的表面皿中分别加入 20mL 甲醛吸收液。将表面皿放在不同甲醛含量的房间里，自然吸收 20min 后加入 2mL 显色剂酚试剂，反应 15min 后，用分光光度计测定吸光度值。取 10mL 反应液于比色管中制作成标准比色卡。进行实际样品测定，并与国标法比对。

方法评价：本方法将测定公共场所空气中甲醛含量的方法成功地应用于室内空气的测定中，方便快捷，误差较小，适合在室内空气检测中推广使用。

10.3　水样

10.3.1　水样的类型与特点

水分为地表水、地下水、雨雪水等。随着工业化的发展，还产生了大量的生活污水和工业废水。水中的污染物来自工业废水和生活污水大量和无序的排放，指标包括无机物、耗氧有机物、持续性有机污染物和消毒副产物等。

冶金、石油、化工、电镀、造纸、制药、皮革等行业产生的废水中，会含有大量的铜、锌、镍、钴、铅、锡、镉、铬等。医疗、灯具、电池等生产企业会产生大量的含汞废水，不仅进入水体中的 Hg^+ 和 Hg^{2+} 易随水流污染到远处，更为严重的是，Hg^{2+} 很易沉淀，在沉积物中能够经微生物作用生成毒性更大的有机汞，如甲基汞和乙基汞。

进入水体中的工业废水、农牧渔业废水和生活污水等，含有酚、醛、胺、醇、有机酸、酯和脂等多种易氧化性有机物和饱和烃、卤代烃、苯系物、多环芳烃等多种难降解性有机物，会对水环境构成严重威胁。

持久性有机污染物（POPs）[14] 是当今全世界都非常关注的污染物质。由于它们都源自人工合成和工业生产中的副产品，工业生产中不正确地处理废弃物，各种有机磷和有机氯农药的大量使用，废旧电器等的随意处置都会使多氯联苯等严重扩散。所以这些物质一旦进入水体，不仅能随水流扩散，在大范围水域内造成污染，并在河湖底泥或土壤深处富集，进而进入生物链，对人类造成持久性危害。

此外，为了保障饮用水和再生水回用的安全，自来水厂和再生水厂都要使用消毒剂，消毒剂在水处理过程中会生成甲醛、溴酸盐、亚氯酸盐和氯酸盐等副产物，这些物质对人和生物也是有害的。近年来，消毒副产物的二次污染问题已越来越受到广泛关注。上述项目已被 GB 5749—2006 列入常规检测指标。

10.3.2 生活饮用水

生活饮用水中重点检测的项目应包括游离氯、消毒副产物,一些含量虽很低,但危害很大的无机元素,如镉、砷、汞等,还有一些挥发性和扩散性强,可能会对饮用水质量产生威胁的微量或痕量有机物,如苯系物、挥发性卤代烃等。2006 年颁布的国标《生活饮用水卫生标准》规定了生活饮用水中需监测的感官性状、金属、非金属、消毒副产物、微生物和微量有机物等常规和非常规监测指标共计 106 项[15]。

由于生活饮用水洁净程度较高,无机离子的测定无须专门的前处理,可直接或适当酸化后采用离子色谱或原子光谱方法测定。微量有机物则可采用萃取[16]、顶空进样[17]、吹扫捕集[18]等方法进行前处理后,用气相色谱或气质联用方法测定。

实例 10-9 饮用水中致嗅化合物测定的前处理[19]

方法提要:致嗅物质产生的异味往往会受到人们的厌恶甚至拒绝。GB/T 5750—2006 中对嗅的测定仅规定了嗅阈值法和文字描述法。本方法采用 GC-MS,配以顶空固相微萃取装置,建立了顶空-气相色谱-质谱联用快速测定饮用水中致嗅化合物的定性、定量方法。

仪器与试剂:GC/MS 联用仪,3 种固相微萃取纤维头,2-甲基异莰醇等 6 种标准物质,NaCl。

操作步骤:

(1) 样品的采集和前处理:用 250mL 棕色硬质玻璃瓶采集水样(注意将水样注满样品瓶不得产生气泡),立即密封,送至实验室。如不能立即测定,应置于冰箱内于 4℃ 条件下可保存 24h。如需保存更长时间,须加入 40mg/L $HgCl_2$ 溶液抑制生化作用,此外,为去除余氯的影响,可加入适量 $Na_2S_2O_3$。

(2) 固相微萃取:用 0.10mol/L NaOH 溶液将水样调至 pH 为 6.0,向 45mL 具橡胶密封垫的样品瓶中依次加入搅拌转子、6.0g NaCl 和 20mL 水样,立即加盖密封。将样品瓶放入 70℃ 的水浴中,将固相微萃取头扎入瓶中,调节搅拌磁子转速至 1000r/min,顶空萃取 25min。萃取完成后,迅速于 250℃ 条件下解吸 4min 后进行 GC-MS 分析。

方法评价:3 种浓度混合标液各组分的回收率都在 93.0%~106.6%,RSD 为 3.0%~6.6%。检测结果在 0.25~100ng/L 范围内线性关系良好。水源水和管网末梢水致嗅化合物限值为 10~50ng/L,该方法的 LDS 低于 0.1ng/L,能够满足快速准确测定饮用水中 6 种致嗅有机物的要求。本方法的建立,对深入了解引起饮用水嗅味的原因,使嗅的检测从粗略提升到科学定性定量起到了很好的推进作用。

实例 10-10 气相色谱法测定饮用水中 15 种挥发性卤代烃的吹扫捕集前处理[20]

方法提要:吹扫捕集法具有对有机物富集性强,能够很好地与各种气相色谱仪连接,顺利实现微量和痕量目标物测定等优点。本方法针对 GB/T 5750—2006 中规定的饮用水中消毒副产物的检测指标和部分常见的水中卤代烃污染物质,包括二氯至四氯甲烷、乙烷、乙烯、一溴二氯甲烷、二溴一氯甲烷、三溴甲烷、三氯丙烷等共 15 种卤代烃,建立了吹扫捕集-气相色谱测定法。

仪器与试剂:自动吹扫捕集装置,15 种卤代烃标准品(甲醇溶剂)。

操作步骤:样品进入吹扫捕集仪后,启动自动吹扫程序,将待测目标物送入气相色谱仪中进行测定。

方法评价：该方法加标回收率为 87.9%～101.4%。质控结果满足要求，适用于饮用水中挥发性卤代烃的测定。

实例 10-11 测定饮用水中卤代酸的前处理方法[21]

方法提要：卤代乙酸是饮用水消毒时与水中存在的天然有机物反应时生成的消毒副产物。属致癌物。二氯乙酸、三氯乙酸等 5 种卤代乙酸含量之和组成了水质标准中挥发性消毒副产物的含量，发达国家早已把挥发性消毒副产物列入了本国饮用水水质的监测项目，且各国标准对其含量的允许值都是非常严苛的，限值在 50～100μg/L 间。我国的 GB 5749—2006 也已将二氯乙酸和三氯乙酸列入了非常规检测指标。

由于检测水中挥发性消毒副产物的 GC 或 GC-MS 法所使用的衍生剂有较强的毒性，且 GC-MS 设备昂贵，操作过程长且复杂，难以普及。本方法利用 SPE 柱预浓缩，并通过酸化消除基体中其他离子的干扰后，采用亲水性阴离子交换柱、大体积进样、梯度淋洗方式进行饮用水中 HAAs 的测定。

仪器与试剂：超纯水系统、SPE 柱(200mg,3mL)、净化柱(2.5mL)、0.22μm 滤膜；超纯水(18.3MΩ·cm)、硫酸、氢氧化钠均为分析纯；硫酸配成 0.2mol/L 溶液，氢氧化钠配成 10mmol/L 溶液；一氯乙酸、二氯乙酸、三氯乙酸、一溴乙酸、二溴乙酸，以上物质纯度为 98.0%～99.5%。

操作步骤：SPE 柱依次用 3mL 甲醇，3mL 硫酸溶液进行活化和酸化，将酸化好的水样以 2mL/min 的速度通过 SPE 柱，先用 1mL 超纯水洗去部分弱保留的干扰组分和基体成分，再用 2mL 氢氧化钠溶液以 2mL/min 的速度洗脱目标物并收集洗脱液，将其通过净化柱和 0.22μm 滤膜过滤，待测。

方法评价：通过选择比表面积达 1200m^2/g 填料为苯乙烯——二乙烯基苯共聚物的 SPE 柱，确定固相萃取条件，并采用一定浓度的硫酸溶液将样品酸化至 pH 为 0.5 后萃取，消除 Cl^- 和 SO_4^{2-} 的干扰，保证了非挥发性消毒副产物的富集和以质子化的形式被萃取。

实例 10-12 测定水中可吸附性卤化物的前处理[22]

方法提要：有机卤化物的来源广泛，且大部分属持久性污染物质。这类物质种类很多，在含量很低时就能给环境和人类带来很大危害。因此，人们希望建立一种像 COD$_{Cr}$ 那样反映有机物污染程度的综合性指标来评价水环境中卤化物的污染程度。可吸附性卤化物(AOX)基本满足这一要求。

本方法对加入了一定量漂白剂的自来水和工业废水样品采用活性炭富集水中 AOX，将传统的柱吸附法与振荡吸附法进行比对，探讨了游离氯的去除。

仪器与试剂：总有机卤化物分析仪、熔融石英样品管、超纯水系统、聚碳酸酯滤膜(0.45μm,ϕ25mm)、玻璃采样瓶、陶瓷棉；所有试剂均为分析纯：活性炭(碘值小于 1050，氯空白值小于 15μg/g)，超纯水(游离氯小于 1mg/L)，对氯苯酚、盐酸、硝酸、硝酸钠、浓硫酸、亚硫酸钠、乙酸、明胶、麝香草酚、百里酚蓝、甲醇等。

操作步骤：

(1) 样品的采集：用玻璃采样瓶采集适量样品，使样品充满瓶，不得产生气泡。样品送至实验室后，立即冷藏保存。吸附操作前，先取出样品，待达到环境温度，调节 pH 至 2～3。

（2）吸附和洗脱：

a. 柱吸附法

将适量陶瓷棉放入熔融石英样品管中，倒入适量活性炭，盖上一层陶瓷棉，将此样品管装入 DF3U 压滤机中，采用压滤方式使水样通过，用硝酸钠洗脱液对其洗脱后，取出待分析。

b. 振荡吸附法

将适量样品、硝酸钠储备液和活性炭放入锥形瓶中，振荡约 1h，通过不含氯的聚碳酸酯滤膜过滤，并用硝酸钠洗脱液对滤膜上的活性炭进行洗脱，然后，将洗脱后的滤膜折叠，放入石英样品管中，两端塞上陶瓷棉塞，待分析。

方法评价：通过向加过漂白粉的自来水和工业废水中加入一定量的无水硫酸钠，将游离氯还原为氯离子，避免了其接触到活性炭后会将其表面部分氧化，形成 C—O—Cl 或以 HOCl 的形式被吸附。用硝酸钠洗脱，可将 Cl^- 有效地去除，消除了游离氯对测定结果的影响。

柱吸附法克服了振荡法空白值易升高的缺陷，操作简便，干扰易被消除，结果准确可靠，适合地表水、自来水和工业废水等的测定。

10.3.3　天然水

天然水含有一定量的无机离子，可溶性有机物和可溶气体、胶体物质（如硅胶、腐殖酸、黏土矿物胶体物质等）和悬浮物（如黏土、水生生物、泥沙、细菌、藻类等）。天然水比较洁净，污染物质较少，只需用滤纸、滤膜或滤头过滤，或简单酸化等即可检测，也可采用膜等方法富集样品中的目标物。用离子色谱、原子吸收、原子荧光、等离子发射光谱、流动注射等方法测定无机离子。对于不溶物、微溶物或含量较高的，基体相对复杂的样品，可采用沉淀/共沉淀等方法去除干扰，进行目标物的测定。

天然水中有机物的含量多为 $\mu g/L$ 级别，国标或行标中的检测方法多为色谱法。因此必须对样品进行高倍浓缩后测定。SPE 法是当今迅速发展的一种环保型前处理方法，目前主要应用于水中的多环芳烃、有机磷农药、酚类化合物等的前处理。硝基化合物等相当一部分有机物仍以液液萃取为主。一个成熟的固相萃取方案应：①依据组成材料和目标物的极性[23]制订；②根据各种有机化合物的 pK_a，计算出前处理适宜的 pH；③根据样品中溶解性和微溶性物质的量计算 SPE 柱的穿透体积，确定一个 SPE 柱能够处理的样品量[24]，避免因穿透使萃取失效。对于挥发性有机物，可采用顶空进样或吹扫捕集法进行前处理。

固相微萃取技术集萃取、富集和解吸于一体，无须使用有机试剂，操作简便快捷、灵敏，能与色谱分析在线联用，适合野外采集样品。近年来在水中的氯苯、硝基苯和酚类物质的测定中有了较多应用。

实例 10-13　离子色谱法测定海水中阴离子的前处理[25]

方法提要：离子色谱法测定水中 NO_2^-、NO_3^- 等营养盐离子效果很好，在国家标准、行业标准中已被广泛使用。但海水样品的 Cl^-、SO_4^{2-} 含量很高，直接进样会干扰 NO_2^-、NO_3^- 等离子的测定。若采用大容量色谱柱，测定时间过长，效率低。本方法利用在线前处理技术开发了一种柱前去除高盐基体中 Cl^-、SO_4^{2-} 的有效前处理方法。

仪器与试剂：离子色谱仪，抑制型电导检测器，恒温柱温箱，500μL 定量环，Ag、Na 等保护柱。

操作步骤：在线除氯系统（图 10-1）主要基于阀切换和在线固相萃取原理，保护柱串联接于第 1 和第 2 进样阀的富集柱上，样品进入仪器后由纯水带入第 2 个进样阀的富集柱上，可有效地去除 Cl^-，使大体积进样成为可能。Na^+ 等保护柱可有效地防止重金属离子对色谱柱的污染。

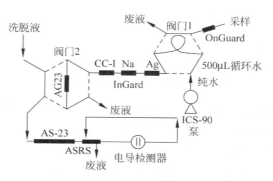

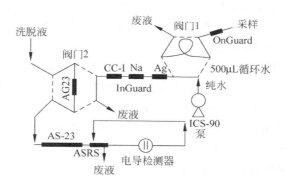

图 10-1　谱睿在线除氯系统

样品稀释 5～10 倍，注射器吸取数毫升注入串联于其上的 0.22μm 的尼龙滤膜和 Ca 保护柱，弃去前 2mL 流出液，接至仪器进样口上。

方法评价：针对海水样品中 SO_4^{2-} 和 Cl^- 含量较高，分别将两种键合了 Ba^{2+} 和 Ag^+ 的 InGuard 柱串联于进样系统中，前处理和测定连续进行。样品通过后，其中的 SO_4^{2-} 和 Cl^- 浓度明显降低，使 NO_3^- 等营养离子能够顺利地检测，回收率达到 92％～106％。且操作简便，产生的废液为水，实现了零污染。是一种很好的海水中营养离子在线连续监测前处理方法。

实例 10-14　离子色谱法测定环境水样中痕量酚类物质的前处理[26]

方法提要：针对离子色谱-化学发光法测定环境水样中痕量间苯二酚和间苯三酚前处理的需要，开发出了一整套前处理/检测装置。通过 IC 色谱泵和蠕动泵分别将样品和标准液送入流通池，混合后能产生明显的蓝光，与目标物浓度成正比，可通过光电倍增管转换为色谱信号进行定量测定。

仪器与试剂：仪器装置见图 10-2。

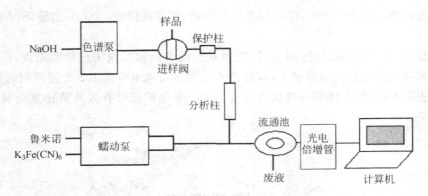

图 10-2　离子色谱-化学发光仪示意图

操作步骤：两路流动相，一路通过色谱泵输送 NaOH 进入进样阀，与样品或标准溶液混合后，通过保护柱进入分析柱，将目标物分离后，进入流通池；与另一路通过蠕动泵输送的鲁米诺标准溶液混合。光电倍增管将混合溶液发出的蓝光转化为色谱峰信号。

方法评价：本方法可实现用离子色谱法测定水中的痕量化工原料污染物间苯二酚和间苯三酚。方法选择性好、无须使用乙腈和甲醇等有毒有机试剂，避免了对环境的二次污染。柱后发光显色线性好，经实际样品的加标回收率验证，检测准确度高。

实例 10-15　固相微萃取法分离富集天然水中邻苯二甲酸酯类[27]

方法提要：邻苯二甲酸酯类（PAEs）是重要的增塑剂，但这类物质是以非结合的形式存在于塑料中，很容易游离出来进入环境或食品中。邻苯二甲酸酯类属于环境内分泌干扰物，具有生殖毒性，在环境中的残留已引起全世界的高度关注。本方法利用固相微萃取，采用 100μm 聚二甲基硅烷萃取纤维，在一定温度（60℃）和磁力搅拌条件下，对水样中的邻苯二甲酸酯类化合物进行富集后，直接注入 GC 测定。

仪器与试剂：SPME 装置及萃取纤维，涂层分别为 100μm 聚二甲基硅烷、85μm 聚丙烯酸酯和 70μm 聚乙二醇/乙烯苯；磁力搅拌器。17 种 PAEs 混合标样，正己烷（重蒸），二次蒸馏水。

操作步骤：取 20mL 水样于样品瓶中，加入磁搅拌子，将萃取针纤维浸入样品溶液中（确保纤维浸入并处于中心位置），搅拌 60min 后取下萃取针，在 GC 进样口温度 250℃下解吸 4min 后即进入测定过程。萃取纤维首次使用和每天处理样品之前，需在 250℃条件下处理 5min，并进行空白试验以确保连接针及纤维的清洁。

方法评价：13 种 PAEs 的 RSD 为 0.2%～9.7%，LOD（信噪比（S/N）以 3 计）为 0.02～0.83μg/L，进行 2.5μg/L 和 5.0μg/L 两个浓度水平的加标回收试验，结果为 75.3%～111.0%，满足要求，说明选择性强。此方法直接用萃取针纤维吸附样品中的目标物质，避免了卤代烷烃等有毒溶剂和复杂分散剂化合物的使用。不仅操作便捷，而且不会给环境带来污染。

实例 10-16　单滴溶剂微萃取法测定水中硝基化合物[28]

方法提要：硝基化合物一直被广泛应用于染料、造纸和纺织等行业，是水环境中的主要污染物之一。液液萃取法要使用大量的正己烷。SPE 法需对吸附柱和干燥柱进行预洗和净化，准备工作较多，且正己烷和丙酮的用量也达 10mL/个样品。单滴溶剂微萃取法

(SDME)仅用数微升萃取剂就能实现数毫升水样中目标物的萃取,萃取后可直接进样 GC 测定。

本方法采用 SDME 萃取水中常见的 7 种硝基化合物。

仪器与试剂：5mL 样品瓶,磁力搅拌器,10μL 微量注射器;甲醇介质中硝基苯、邻硝基甲苯等 7 种硝基化合物单标溶液,均为 1000mg/L,使用前用甲醇稀释成混合标准工作液。甲苯等有机试剂为分析纯,经重蒸后使用。实验室用水为二次蒸馏水。

操作步骤：取 4mL 水样于 15mL 样品瓶中,放入一个用四氯乙烯包膜的磁力搅拌子,用 10μL 微量注射器准确吸入 2.0μL 甲苯,垂直插入样品瓶中,使针尖完全浸入液面之下并位于水样中部,开启磁力搅拌器,调至 500r/min 的速度,慢慢将注射器内的甲苯推出,使其悬挂在针尖头,萃取 8min 后,将甲苯全部吸回注射器内,注入 GC 分析。萃取液滴的体积增大有利于萃取,但过大的液滴易从针头上脱落进入样品中,因此必须控制住液滴,确保悬挂在针头上。

方法评价：本方法经试验确定了针尖(液滴)位置在水样中部。液滴体积为 2.0μL/4mL 样品,搅拌速度控制为 500r/min 为最佳条件。虽然对萃取操作技术要求很高,但回收率接近 100%,既便捷,又环保。

实例 10-17 自来水和湖渠水中痕量农药的测定前处理[29]

方法提要：呋喃丹、甲萘威、阿特拉津是目前国内广泛使用的杀虫剂和除草剂,很少量进入人体后,就会造成流泪、肌肉颤动等急性中毒症状。阿特拉津属于内分泌干扰物,能够形成生殖发育毒性。农药的大量使用,易对农田附近的地表水,甚至饮用水产生污染,严重威胁人类健康。

本方法采用 SPE 样品前处理,结合超高压液相色谱同时测定水中上述三种农残。

仪器与试剂：全自动固相萃取仪,氮吹仪,固相萃取小柱,具尼龙滤膜针式过滤器(0.22μm,13mm 内径)。100g/L 呋喃丹(丙酮溶液),100mg/L 阿特拉津和甲萘威(甲醇溶液),二氯甲烷(农残级),甲醇(色谱纯),氯化钠和无水硫酸钠(分析纯)。

操作步骤：

(1) 样品的采集：用棕色磨口玻璃瓶采集水样,充满瓶,用磷酸调节 pH 至 3.0。尽快分析,否则应于 4℃条件下避光保存,最多 7 天。

(2) SPE 操作：上样前依次用 10mL 二氯甲烷、10mL 甲醇和 10mL 水,以 5mL/min 的速度活化 SPE 小柱后,以 5mL/min 的速度使样品通过。然后在氮吹仪上吹脱 5min,将小柱吹干。依次用 1mL 甲醇、4mL 二氯甲烷浸泡小柱后收集浸泡液,再用 5mL 二氯甲烷洗脱并收集洗脱液,流量：1mL/min。洗脱液过无水硫酸钠除水,在 45℃条件下氮吹近干,用(1+1)甲醇/水溶液定容至 1mL。

方法评价：本方法加标回收率和检出限均满足我国《生活饮用水卫生标准(GB 5749—2006)》和《地表水环境质量标准(GB 3838—2002)》的要求。前处理自动化程度高,避免了复杂的柱后衍生化,仪器维护简便,分析成本低,适合日常大批量样品测定,能够满足地表水、生活饮用水的日常及应急监测等方面的需求。但由于不能进行定性确认,测定结果易出现假阳性。

实例 10-18 高效液相色谱测定水中痕量 N-甲基氨基甲酸酯(NMCs)的前处理方法——固相萃取-柱后衍生法[30]

方法提要：农药 N-甲基氨基甲酸酯类（NMCs）主要应用于粮食、蔬菜和水果等作物。能使人发生肌肉颤动、瞳孔缩小等胆碱酯酶抑制的急性中毒及致癌、致畸等慢性中毒作用。本方法采用 SPE，结合 HPLC 分离、柱后衍生荧光检测，实现了水中 11 种痕量 NMCs 及其代谢产物的同时测定。

仪器与试剂：ODS-C18 固相萃取柱（500mL/3mL）、全玻璃溶剂过滤器、工作泵。甲腈、乙腈（均为色谱纯），NMCs 及其代谢物标准品，四硼酸钠、2-巯基乙醇、氢氧化钠（均为优级纯）。荧光衍生化试剂 OPA：称取 100mg 邻苯二甲醛，用少量甲醇溶解后，用 1% 四硼酸钠（19.1g 十水硼酸钠，用水溶解并稀释至 1000mL）稀释到 1000mL，过滤，超声脱气，然后再加入 2-巯基乙醇 50μL，轻轻搅拌均匀后备用。

操作步骤：

（1）SPE 柱的活化和平衡：用 3mL 甲醇-乙腈（50＋50）以低流速润洗小柱，再分别用 3mL 甲醇和 6mL 纯水以低流速淋洗 SPE 柱，使 SPE 柱浸润在纯水中，待用。

（2）水样的富集、淋洗与浓缩：准确量取 100mL 水样，用工作泵控制水样以 2.0mL/min 通过活化后的 SPE 柱，再用 6mL 纯水淋洗柱子，经淋洗后的 SPE 柱用氮吹仪吹干，然后用甲醇-乙腈（50＋50）淋洗两次，每次 1mL；淋洗液用氮吹仪吹干，再用（1＋1）甲醇-水溶解并定容至 2.0mL，过 0.45μm 滤膜后，HPLC 分析。

方法评价：本方法通过几种 SPE 柱对 11 种 NMCs 及其代谢物的富集和净化效果实验，确定使用 ODS-C18 柱。结果显示：样品量在 10～250mL 范围内都能获得较高的回收率。使用甲醇-乙腈（50＋50）作为洗脱剂，各组分分离效果良好，定量检出限在 0.10～0.73μg/L 间，相关系数在 0.9925～0.9993 范围。150.0、750.0、1500.0μg/L 三种浓度的回收率为 91.5%～104.1%，每个样本重复测定 5 次，RSD 均小于 7.6%。方法操作便捷、环境友好，且选择性强、灵敏度高、重现性好，易推广使用。

实例 10-19　在线测定水中挥发性有机物的前处理方法——多孔膜萃取法[31]

方法提要：多孔膜萃取是一种新型膜分离技术，依靠目标物组分在膜上微孔通道和膜中的溶解及扩散，实现水中挥发性有机物（VOCs）的萃取并进入气相的新型膜分离过程，使目标物通过膜上的直通微孔，直接挥发扩散到膜另一面的气相中。这种方法与色谱仪相连接，实现了水中 VOCs 的在线、连续、自动定性与定量检测。

仪器与试剂：多孔膜萃取/微捕集装置，膜萃取板块的样品容器，多孔中空纤维膜（1.1mm，O.D.，0.7mm，I.D.，膜厚 0.2mm，孔径 0.15μm），微型水泵，聚二甲基硅氧烷中空纤维膜（1.2mm，O.D.，0.8mm，I.D.，膜厚 0.2mm），外接管，氯仿等有机试剂均为国产分析纯。

操作步骤：在线装置如图 10-3 所示。

（1）载样：由微型水泵将水样泵入样品容器，样品中的 VOCs 或通过膜的微孔挥发进入膜的气相内腔，或通过溶解、扩散和渗透作用从外壁进入膜内，再从膜的内壁表面进入气相。有吹扫气体将 VOC 运载到吸附管富集。

（2）热解析：启动变压器，使吸附管的温度达到 300℃，通过载气反吹吸附管，将 VOCs 送入气相色谱仪。

（3）自净化：通过吹扫气清洗纤维膜。

方法评价：本方法能够实现 1,2-二氯乙烷等 9 种 VOCs 的在线测定，样品中的 VOCs

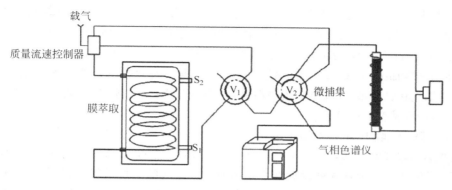

图 10-3　在线多孔滤膜 VOCs 提取器

直接被吹扫进入仪器中被测定,检出限和线性均满足美国 EPA 标准的要求。检测完毕,可自动进行膜的清洗和吸附管的老化。是一种很好的 VOCs 在线膜萃取装置。

实例 10-20　采用自制固相微萃取膜测定水样中的六六六残留[32]

方法提要:石墨烯是由碳原子紧密堆积成单层二维蜂窝状晶格结构的一种炭质新材料,比表面积大,热稳定性和化学稳定性都好。很适合制备性能优越的固相微萃取涂层。且用铜丝和石墨烯自制固相微萃取器,方法简便、使用灵活、成本低,便于科研和日常检测之用。

仪器与试剂:铜丝、超声波清洗器、5mL 样品瓶。50g/L 氢氧化钠溶液,5g/L 壳聚糖溶液,1g/L 石墨烯溶液。

操作步骤:

(1) 固相微萃取纤维丝的制备:将一定长度的铜丝用砂纸抛光,置于乙醇溶液中超声清洗 10min,放入 50g/L NaOH 中浸泡 15min,使其表面带有大量羟基基团,用超纯水冲洗,干燥。安装到自制的固相微萃取采样器上。

向 50μL 的硅氧乙酯中每隔 5min 加入 10μL 5g/L 壳聚糖溶液,加入总量为 100μL,超声提取 1h 后,将处理好的铜丝垂直插入其中,保持 1min,重复数次,使铜丝表面形成一定厚度的膜,于室温下晾干。再将其垂直插入到 1g/L 的石墨烯溶液中 2min,取出晾干。重复操作,直至石墨烯均匀分布在铜丝表面。在室温下,将上述自制的石墨烯包裹的固相微萃取纤维丝置于氮气中 24h,在氮气保护下老化 3h(温度自 80℃逐渐升至 280℃)

(2) 样品的制备:取 5mL 水样于样品瓶中,盖上橡皮塞,使萃取针穿过橡皮塞后,推出纤维丝使其浸入样品溶液中,并位于瓶中心位置进行目标物采集。采集完毕,推出纤维,拔出萃取针,将其插入气相色谱仪进样口,于 250℃条件下解吸 5min。

方法评价:用本方法制成的石墨烯复合材料 SPME 为多孔结构,较传统的 SPME 具有更好的萃取性能。适用温度和分析时间都与一般的气相色谱法相近。方法的线性、检出限、加标回收率和纤维柱之间的重现性都较理想。此方法在 pH7.5 和 15% NaCl 时萃取效率最高,已在河湖、农田等的检测中取得了成功的应用,也适用于污水检测。

实例 10-21　一次萃取法测定水中阴离子洗涤剂[33]

方法提要:萃取是水中阴离子洗涤剂测定过程的关键步骤,按照 GB/T 5750—2006 中的规定,三氯甲烷萃取样品后,须将萃取液放入洗涤液中再进行萃取[34]。由于采用二次萃取,萃取时间长,目标物易在萃取过程中损失,对检测人员的萃取技术要求较高。本方法将萃取剂量增加 1 倍,同时强化萃取振荡过程控制,实现了萃取一次完成。

仪器与试剂:250mL 分液漏斗;三氯甲烷(AR);亚甲蓝溶液:亚甲蓝(AR)30mg 溶于 500mL 纯水中,加入 6.8mL 硫酸(AR)和 50g 磷酸二氢钠(AR),溶解后用纯水定容至 1000mL;氢氧化钠溶液:40g/L;硫酸溶液:0.5moL/L;十二烷基苯磺酸钠标准使用液:10μg/mL;酚酞溶液:1g/L。

操作步骤:吸取 100mL 水样于 1 个 250mL 分液漏斗中,另取 7 个同样规格的分液漏斗,分别加入 0,0.50,1.00,2.00,3.00,4.00,5.00mL 十二烷基苯磺酸钠标准使用液,用纯水稀释至 100mL。向上述水样及标准系列中各加入 3 滴酚酞指示剂,滴加氢氧化钠溶液至水样呈红色,再逐滴加入硫酸溶液至红色刚褪去。加入 10mL 三氯甲烷和 10mL 亚甲蓝溶液,振摇0.5min 后,静置。待分层后,于分液漏斗颈内塞入少量脱脂棉,使三氯甲烷通过后流入 1cm 比色皿中,以三氯甲烷为参比,在 650nm 下进行比色测定。

方法评价:用这种方法与 GB/T 5750.4—2006 中的三次萃取法同时测定两个实际样品,经 t 检验无显著性差异,方法的回收率和线性都满足水质分析要求,表明该方法可用于实际样品的检测中。采用振荡法萃取能够防止乳化出现和目标物损失,对操作者有一定的指导意义。

实例 10-22   水中胺类物质测定的前处理[35]

方法提要:GC 法测定水中的胺类物质一般都需在测定前进行复杂的衍生化,若采用液相色谱法,则由于胺具有强极性,在通用的 C$_{18}$ 柱上难实现有效的保留,易形成拖尾或形成双峰。在亲水性的色谱柱上会由于离子化时出现严重的竞争电离,而产生相互干扰,无法获得准确的结果。本方法基于二维液相色谱原理,采用两个色谱柱串联的方法,用 C$_{18}$ 柱实现各种胺类分离后,再用 HILIC 柱进行保留和富集,实现了丙烯酰胺等 4 种胺类的同时检测。

仪器与试剂:固相萃取装置、固相萃取柱,甲醇,HILIC 色谱柱(100mm × 2.1mm,1.7μm)。

操作步骤:用 100mL 棕色玻璃瓶采集水库水和废水样品,于 4℃条件下冷藏运输保存,3d 内完成测定。测定前按以下方法进行前处理:

水库水:用一次性无菌注射器吸入约 1.0mL 水样,经 0.2μm 有机相针式滤器过滤后,注入液相色谱进样小瓶中待测。

废水:用 3mL 甲醇和 3mL 水活化固相萃取柱后,使 3mL 水样通过小柱,用 3mL 水淋洗,弃去淋洗液,用 3mL 含有 0.1%甲酸的甲醇溶液将目标物从小柱上洗脱下来,收集淋洗液,用 0.2μm 有机相针式滤器过滤后,待测。

方法评价:本方法针对不同样品,采用相应的前处理方法,样品和试剂用量少,针对性强,用甲醇和 0.1%的甲酸溶液代替了毒性大的乙腈,结合目标物的特点,使用双分析柱,通过分离过程进行不同性质淋洗液的转换,实现了 4 种胺的有效分离。操作简便,灵敏度高,适合地表水及污水等样品的测定。

实例 10-23   巯基棉富集/甲苯萃取——气相色谱法测定环境水中的甲基汞[36]

方法提要:甲基汞是一种毒性很强、在自然界广泛存在的有机化合物,可通过食物链进入人体,由于痕量的甲基汞就会对人的中枢神经产生巨大的毒害,因此测定时对富集的要求很高。本研究介绍了一种适合大体积样品中甲基汞的富集方法——巯基棉富集法。

仪器与试剂：

a. 气相色谱仪。

b. 巯基棉：向 300mL 广口瓶中陆续加入 100mL 硫代乙醇酸、70mL 乙醇、32mL 36％的乙酸和 0.2mL 硫酸，混合均匀。冷却至室温后，加入 50g 脱脂纱布和 30g 脱脂棉，浸泡完全后，加盖密闭。放置在培养箱内，于 35～37℃ 条件下恒温 60h。冷却后，用蒸馏水洗至中性，挤尽水分，于 36～38℃ 烘箱中烘干，密闭于干燥的棕色瓶中，备用。

c. 巯基棉管：于直径 1cm，长 20cm 的层析柱中填充 12g 巯基棉，用蒸馏水润湿膨胀，接到分液漏斗的放液管上。

d. 硫酸铜溶液：50g 无水硫酸铜溶于 200mL 无汞纯水中，浓度 0.25g/mL。

e. 2mol/L 盐酸溶液、2mol/L 氢氧化钠溶液。

f. 解析液：2mol/L NaCl＋1mol/L HCl。

操作步骤：

样品采集：用聚乙烯塑料桶采集 10L 水样，采集后，按照每升水样 1mL 的量加入 0.25g/mL 硫酸铜溶液。然后用 2mol/L HCl 溶液或 NaCl 溶液调节至 pH 为 3～4；

水样的前处理：将调好 pH 的水样于分液漏斗中，将巯基棉管与分液漏斗相连，使水样流过巯基棉管富集目标物，流速为 120～150mL/min。富集完毕，用洗耳球压出巯基棉内残存的水分，加入 180mL 解析液，将巯基棉上吸附的甲基汞解析到三角瓶中。解析完毕，将解析液转移至分液漏斗中，加入 60mL 甲苯，振荡提取 5min，静置分层，取上层有机相浓缩至 1mL，进行 GC 分析。

甲基汞工作曲线的动态线性范围较窄，当标准溶液浓度超过 200ng/mL 时，线性迅速变差、用不同仪器测定时，须重新验证曲线的线性范围。

方法评价：采用巯基棉进行水样中目标物的富集，简便易行，可进行 10L 以上水样的前处理。本方法根据甲苯中的甲基在人体内可转化为羧基，能以苯甲酸或马尿酸的形式排出体外，毒性远低于苯的特点，用其代替苯作为萃取剂，平均回收率高于苯，并大幅度减轻了检测人员受到的污染。

实例 10-24　同时蒸馏萃取法测定污水中的增塑剂类物质[37]

方法提要：同时蒸馏萃取法是通过将水样和萃取剂在冷凝管的两端同时加热至沸腾，使有机溶剂蒸气和水蒸气在冷凝管中充分接触，水样中的疏水性可挥发性物质即被萃取至溶剂中的方法。

仪器与试剂：同时蒸馏萃取装置、二氯甲烷、盐酸、氯化钠、无水硫酸钠。

操作步骤：取 500mL 水样于 1000mL 圆底烧瓶中，连接于蒸馏装置的一端，加热蒸馏，控制温度 100～110℃，保持沸腾。另取 30mL 二氯甲烷于 250mL 圆底烧瓶中，接在装置的另一端，60℃ 恒温加热，连续萃取。二氯甲烷萃取液以 2g 无水硫酸钠脱水，用微弱的氮气吹至 1mL，定容待测。

方法评价：采用该方法，对于基体复杂、干扰因素较多，目标物含量较低的污水样品，通过同时蒸馏可将目标物从样品中分离后萃取，有效地避免了复杂基体效应对萃取和测定的干扰，测定的背景浓度小、操作简单。

实例 10-25 配位聚合物固相萃取法对 GC-MS 法测定环境水样中多环芳烃的前处理[38]

方法提要：配位聚合物材料是近年来兴起的一种无机-有机杂化材料。相比传统的键合硅胶材料，具有孔径、比表面积大、耐酸碱和热稳定性强等优点，其结构中的有机配体容易被修饰或调节，这种骨架的亲疏水性等均可灵活设计，制作出富集作用强的 SPE 柱。

仪器与试剂：比表面积分析仪、医用聚乙烯柱管（200mg/3mL）、多孔聚丙烯筛管、电磁式真空泵、$[Zn(BTA)_2]_n$（BTAH＝苯并三唑）配合物、二氯甲烷（农残级）

操作步骤：

（1）将所制备的配合物 $[Zn(BTA)_2]_n$ 分别经乙醇、二氯甲烷洗涤并干燥后，放入真空干燥箱中于 150℃条件下烘干 2h 待用。

（2）固相萃取柱的装填：准确称取 200mg 所得粉末，装入 SPE 柱管中，下端用筛板封住，以 3mL 乙醇淋洗，接上真空泵抽实，再将上端以筛板封住。

（3）固相萃取过程：分别用 3mL 甲醇、3mL 去离子水活化 SPE 柱，使样品在真空泵抽滤下以 4mL/min 的速度流过 SPE 柱，然后以 20mL 去离子水洗涤样品瓶，洗涤液亦通过 SPE 柱，再以 5mL 10% 的甲醇水溶液淋洗后，抽滤 10min 除去水分，分别以 0.5mL 丙酮、5mL 二氯甲烷洗脱，流速 1mL/min。所得洗脱液经 450℃灼烧过的无水硫酸钠干燥后，用氮气吹至 0.5mL 后待测。

方法评价：本研究针对 BaP 等含 4～5 个苯环的 6 种多环芳烃，采用疏水性强的含有共面芳香配体的 $[Zn(BTA)_2]_n$ 配合物作吸附剂。这种配合物萃取时与基质水分子所产生的氢键作用较弱，三唑配体与芳香环之间产生的 π-π 作用较强。利用这种差异，就可富集水中的多环芳烃目标物。与硅胶 SPE 柱相比，有很大的优越性。另外，这种固相萃取材料具有原材料廉价、易合成等优点，结果的线性、回收率、检出限等均满足要求。能使技术人员根据目标物的性质利用配位聚合物设计出针对性强的吸附柱，使前处理更加精细化。

实例 10-26 柱后衍生荧光检测——HPLC 法测定环境水中雌激素的样品前处理[39]

方法提要：代表性环境雌激素有外源化学物质双酚 A、17α-乙炔基雌二醇和内源性雌激素雌二醇、雌三醇等。这些物质通过点源（生活污水）和非点源（养殖废水）的方式进入地表水体。雌激素对生物体的作用很明显，ng/L 级的量就可使生物性腺退化。

将目前常用于水中痕量有机物富集的固相萃取 SPE 和分散液液萃取 DLLME 法相结合处理样品，并使用高灵敏度的柱前荧光衍生检测法，实现了较高的富集倍数及较低的检出限，处理后的样品能够采用 HPLC 法实现 ng/L 级浓度的定量测定。

仪器与试剂：循环水式真空泵、离心机、氮吹仪、恒温水浴锅。雌三醇、双酚 A、雌二醇和 17α-乙炔基雌二醇（>97%），多壁碳纳米管（>99.9%，直径 10～20nm）甲醇、乙腈（HPLC 级），1-己基-3-甲基咪唑六氟磷酸盐（$[C_6MIM][PF_6]$）（99%），氯化钠（分析纯），对硝基苯甲酰氯（≥98%），高纯氮（>99.99%）。

操作步骤：采集 6 个水库样品，采样后应尽快移至实验室，经 0.45μm 滤膜过滤后，于 4℃避光保存。

210mL 水样以 2.0mL/min 流速通过多壁碳纳米管基质的固相萃取柱，抽干后，用 12mL 甲醇以 1.0/min 洗脱；以氮气浓缩后，用甲醇定容至 0.6mL，得到分散剂。

将 $[C_6MIM][PF_6]$ 与分散剂一同注入 2.0mL 25% NaCl 的去离子水中，形成乳浊液，以

3000r/min 的转速离心 5min，取 20μL 离心管底部的萃取剂于棕色样品瓶中，与 4.0mg 衍生剂对-硝基苯甲酰氯混合，40℃下衍生 25min，以 0.1mL 甲醇溶解过量的衍生剂颗粒，待测。

方法评价：本方法虽水样用量较大；但具有环境友好、操作简便、费用低等优点，仍适合日常检测。

实例 10-27 检测水中醚类石油添加剂的在线样品前处理[40]

方法提要：甲基叔丁基醚是优良汽油高辛烷值的添加剂和防爆剂，能使汽油燃烧充分。但其易溶于水且难降解，是潜在的致癌物。我国自 2005 年起执行无铅汽油辛标准后，MTBE 的需求量急剧增加。由于加油站、输油管线的渗漏等因素，会使地下水受到污染。

常用的检测方法是吹扫捕集或微萃取等前处理方法与 GC-MS 或 FIR 联用。这些方法需将样品取回实验室后分析，分析时间较长。而且 FIR 对于含油的复杂基体样品不适用。其他方法，如同位素丰度检测法费用昂贵，也不适于广泛应用。本方法采用膜进样器与飞行时间质谱相连，利用单光子电离碎片少，谱图简单的优势，实现了在线 MTBE 测定。

仪器与试剂：膜进样装置：包括样品瓶、蠕动泵、膜进样室三部分（图 10-4）。乙基叔丁基醚等 4 种分析纯药品，纯净水。一个三通电磁阀将纯净水瓶、样品瓶和蠕动泵连接在一起，电磁阀旁边装有加热器。样品由蠕动泵送入，通过载气将其中的目标物带入进样室。

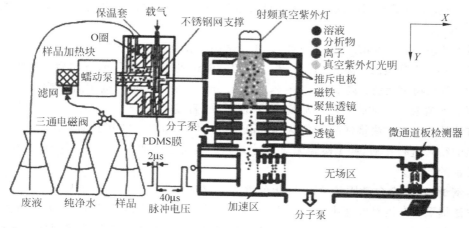

图 10-4 膜进样-单光子-低能光电子磁场增强电离源电离飞行时间质谱仪结构示意图

操作步骤：蠕动泵将水样通过滤网，经预热后流经膜表面，目标物在膜两侧的压差作用下迅速透过膜，被富集后进入电离区，通过不锈钢金属网支撑防止膜变形，由温控装置调节进样室和溶液的预热温度。使用的聚二甲基硅氧烷膜最高耐受温度为 270℃，醚类等有机化合物很容易透过，而氮、氧等无机单质则很难透过。通过蠕动泵连续不断地输送样品，该装置可实现对水中醚类添加剂的在线实时监测。当一次样品测定结束后，切换三通电磁阀，用水清洗整个管路和膜表面，减少样品在膜上的记忆效应。进样的毛细管位于样品瓶上端，25℃条件下采集挥发出的气体。

方法评价：本方法的检出限能达到 μg/L 级，单个样品的分析时间小于 100s，满足在线监测的要求。

10.3.4 海水

海水与地表水的最大区别在于盐度大,离子浓度高。近年来,由于含有各种重金属离子、有机污染物等的工业废水大量无序排放,油船的漏油事故产生的油污、船体涂料中的有机锡等的影响,一些沿海城市的海岸和海水受到了不同程度的污染。因此,海水中应重点监测重金属离子、微量有机物及有机锡、总油分等的含量。

由于海水样品含盐量很高,毒性元素的含量相对较低,需采用螯合萃取,或用树脂、纤维膜等富集样品中的目标物。对于微量有机物而言,则应采用液液萃取、固相萃取、固相微萃取等前处理方法。

实例 10-28 X 射线荧光法快速分析近岸海水中的重金属元素——沉淀/共沉淀-膜富集[41]

方法提要:用氢氧化钠沉淀剂,使海水中大量镁离子生成沉淀,其余金属离子或与氢氧化镁共沉淀,或生成氢氧化物沉淀,或用硫化钠沉淀剂沉淀重金属离子。沉淀物经膜过滤后,无须完全干燥即可直接用手提式 XRF 进行测定。这种方法克服了吡咯烷基二硫代甲酰胺沉淀法中,沉淀物经膜过滤后,须在阳光下晒 30min,且样品用量较大的缺点,操作简便,适合现场快速分析,尤其适合近岸海水中金属元素的测定。

仪器与试剂:过滤器、隔膜真空泵、微孔混合纤维膜(25mm×0.45μm)、超纯水系统,所用器皿(非玻璃制品使用前以(1+4)的 HCl 浸泡过夜后,再用超纯水洗净);80g/L NaOH,60g/L Na$_2$S。

操作步骤:取 100mL 水样置于 250mL 烧杯中,采用下面的方法沉淀:

(1) NaOH 沉淀法:调节 pH 1.80,加入 1.15mL 80g/L NaOH,摇匀后经滤膜过滤。

(2) 硫化物沉淀法:调节 pH 3~6,加入 1.5mL 60g/L Na$_2$S,摇匀后经滤膜过滤,应注意滤膜上不留液滴。滤膜富集沉淀物后,不需干燥,直接用 XRF 探头测定。

方法评价:本方法将样品用量从 300mL 减少到 100mL。与 ICP-MS 测定海水样品中铁和锰的结果进行比对,经 t 检验无显著性差异。实验证明该方法适合高盐度近岸海水中金属元素的测定。

实例 10-29 全自动固相萃取-气相色谱法检测海水中六六六的残留量

方法提要:有机氯农药中的六六六主要用于防治蝗虫、小麦吸浆虫等,可通过皮肤、呼吸道和胃肠道进入人体,并在体内富集,造成中枢神经、肝脏和肾脏的严重损害。本研究采用 ASPE-GC/ECD 法,对海水中 α-六六六、β-六六六、γ-六六六、δ-六六六的残留量进行了检测。

仪器与试剂:全自动固相萃取仪,氮吹仪,玻璃纤维滤膜(0.45μm);甲醇,乙酸乙酯,二氯甲烷均为色谱纯,去离子水,高纯氮(>99.999%)。

操作步骤:取 1000mL 海水样品,经玻璃滤膜过滤后,加入 5mL 甲醇溶液。上述溶液采用 EXTRA 进行 ASPE 净化。

SPE 过程:上样前依次用 5mL 乙酸乙酯、5mL 甲醇和 5mL 水,以 15mL/min 的速度活化 SPE 小柱,上样后,氮气吹干 SPE 柱,依次用 5mL 二氯甲烷、5mL 乙酸乙酯洗脱并收集洗脱液。洗脱液过无水硫酸钠除水后,在 40℃条件下氮吹至近干,用 2mL 乙酸乙酯溶液定容至 2mL,供 GC 分析。

方法评价：建立了 APSE-GC-ECD 法测定海水中六六六残留量的分析方法，精密度为 2.59％～4.84％，α-六六六、β-六六六、γ-六六六和δ-六六六回收率在 95.3％～98.0％范围内。此方法操作方便，重现性好。适合海水中六六六残留量的快速、准确检测。

10.3.5 城市污水

污水包括居民区、公共建筑等排出的、夹带或溶解有各种污染物或微生物的污水，工业生产过程中产生的各种工业废水和雨雪水。其中生活污水通常含有泥沙、粪尿、油脂、皂液、果核，以及食物和纸、塑料制品等的碎屑等，还有许多细菌、病毒、病原体。工业废水则包括工厂生产过程中形成的，被生产原料、半成品或成品等所污染的水，车间冲洗、消毒等过程中产生的废水，性质为强酸、强碱，含重金属元素或中高分子有机物等。常见的毒性物质包括电镀厂的镉、铬、锌等金属离子；皮革厂的铬；化工厂的铵根离子和胺；还有卤代烃、苯系物、呋喃、醇、醛、醚等溶剂，增塑剂酯类等；制药厂的大分子有机物；农业生产中施用的农药等。因此，对于污水处理厂和再生水厂，需进行金属离子和微量有机物的监测[42,43]。

由于污水中汇集了工业生产和人类生活中产生的各类有机和无机污染物质，还有一些病原微生物，不溶性物质较多；目标物不仅存在于水中，还会吸附在颗粒物上，甚至包藏在颗粒物内。所以，不能经简单的酸化或过滤后用仪器进行测定，需要根据样品性质和目标组分有针对性地进行样品前处理。

一般是先通过静置沉淀或絮凝沉淀进行固液分离。上清液转移至另一个瓶中，与固相离心分离出的溶液相合并进行萃取等前处理。沉淀相则需通过离心分离去除水分并干燥后，按照污泥样品进行萃取处理，合并两部分的萃取液，浓缩后分析。

对于不溶物含量较低样品的阴离子，可用微孔滤头过滤水样采用离子色谱等方法直接进行测定。对于金属元素，应进行总量测定，宜采用消解法进行前处理。

再生水悬浮物含量通常小于 5mg/L，BOD_5 含量小于 2mg/L，许多指标接近地表水。溶解性固体含量要高于天然水，在进行过滤和富集时，应考虑到滤膜和 SPE 柱等富集材料的吸附性能和容量，也要考虑水中的溶解性固体或全盐量对前处理的影响。

若用液液萃取法，污水与有机试剂作用时易发生乳化现象，使萃取液浑浊，无法形成明显的分相。可采取加入盐类物质、调节 pH 值等方法消除或降低乳化作用。

实例 10-30 红外分光光度法测定焦化厂废水中油分的样品前处理[44]

方法提要：油分是工业废水中的主要污染物质之一。常用的前处理方法为液液萃取，但萃取过程中易发生乳化现象，严重影响测定的准确性。本方法通过对破乳剂、脱水剂和萃取溶剂（CCl_4）用量等进行改进，使萃取效果和测定准确性得到了明显提高。

仪器与试剂：红外分光光度计。250mL 分液漏斗，盐酸、氯化钠、无水硫酸钠，均为分析纯。

操作步骤：焦化厂废水中的油类主要为焦油类物质，因此不需用硅酸镁吸附脱除动植物油，可直接进行样品中总油分的测定。

取 5mL 焦化废水移入 250mL 分液漏斗中，加 HCl 酸化至 pH<2，再加入 25mL 四氯化碳，充分振荡 2min，在此期间开启旋塞排气数次。静置分层后将萃取液倒入 50mL 比色管内，加入无水硫酸钠振荡脱水后，进行测定。

方法评价：向样品中加入 NaCl 和无水 Na_2S，旨在消除乳化作用。NaCl 的加入量对水样中油分的测定无明显影响,在萃取 5mL 水样的 25mL 萃取液中加入 2g 无水 Na_2S 即可实现脱水完全。本方法回收率为 93%~105%。

实例 10-31 污废水中挥发性硅氧烷测定的样品前处理——顶空固相微萃取法[45]

方法提要: 硅氧烷由于具有热稳定性、疏水性和较好的润滑性等特点,在日化、个人护理用品以及工业生产中具有广泛应用。由于其具有很强的挥发性,使用过程中几乎是 100% 进入空气,继而沉降到灰尘和土壤中,也可随污水排放进入周边环境。硅氧烷对水生动物的神经、免疫和生殖系统都有较大的毒害作用,建立有效的监测方法十分必要。

本方法采用固相微萃取法与 GC-MS 方法联用,建立了测定污水和地表水中挥发性硅氧烷的方法。

仪器与试剂: 气相色谱质谱联用仪,磁力加速搅拌器,SPME 萃取手柄,85μm 聚丙烯酸酯萃取纤维,65μm 聚二甲基硅氧烷/二乙烯基苯萃取纤维,50/30μm 二乙烯基苯/碳分子筛/聚二甲基硅氧烷萃取纤维。六甲基环三硅氧烷等 6 种目标物及内标,丙酮,氯化钠,超纯水。

混合标准储备液: 6 种目标化合物各 2mg 于 50mL 容量瓶中,用丙酮溶解并定容。

内标储备液: 1mg 四(三甲基硅氧基)硅烷于 50mL 容量瓶中,用丙酮溶解、定容,于 4℃条件下保存。

操作步骤: 将 40mL 水,40μL 内标物(500μg/L)、0.1g/mL NaCl 加入 60mL 顶空瓶中,选用 65μm×5μm 聚二甲基硅氧烷/二乙烯基苯萃取纤维,在 24℃条件下,以 800r/min 转速搅拌,顶空萃取 45min,萃取完成后将纤维插入气相色谱仪进样口,于 200℃条件下解析 2min,进行分析。

方法评价: SPME 适合在室温和中性条件下,含量为 0.05μg/L 以上水中挥发性硅氧烷检测的前处理,能够与 GC-MS 很好地连接。

实例 10-32 全自动固相萃取/分子筛脱水气质联用法测定水中多氯联苯[46]

方法提要: 本方法针对测定水中难降解微量有机物质所采用的液液萃取和普通固相萃取等方法中存在的操作繁琐、易乳化、有机试剂用量大、耗时长、耗能大等缺点,在固相圆盘萃取的基础上,采用分子筛进行浓缩前的脱水,再用一些亲有机物而疏水的材料涂于微孔之间形成疏水性膜。有机物能通过此膜而水不能通过,萃取剂的脱水能力大幅度提高,且操作简便、无溶剂残留,获得了好的脱水效果。

仪器与试剂: 自动固相萃取仪,三种固相萃取盘,分子筛脱水杯,自动氮吹仪,多氯联苯混标,内标物和替代物十氯联苯 PCB209,二氯甲烷,乙酸乙酯。

操作步骤:

(1) 自动固相萃取条件

萃取盘活化:乙酸乙酯浸泡(1.5min) $\xrightarrow{\text{干吹 1.5min}}$ 二氯甲烷浸泡(1.5min) $\xrightarrow{\text{干吹 1.5min}}$ 甲醇浸泡(1.5min) $\xrightarrow{\text{干吹 1.5min}}$ 水浸泡(1.5min) $\xrightarrow{\text{干吹 1.5min}}$ 萃取盘干吹 8min,然后进行样品过滤。

洗脱:乙酸乙酯浸泡(1.5min) $\xrightarrow{\text{干吹 1min}}$ 二氯甲烷浸泡(1.5min) $\xrightarrow{\text{干吹 1min}}$ 二氯甲烷浸泡(1.5min),干吹 2min。

（2）样品萃取：500mL 水样经 $0.45\mu m$ 的微孔滤膜过滤，加入适量替代物。萃取后，用分子筛对萃取液脱水，然后通过自动氮吹仪浓缩至 0.8mL，加入内标物，以二氯甲烷定容至 1.00mL，转移至 1.5mL 进样瓶中，待 GC 测定。

方法评价：盘式固相萃取的特点是能够进行大体积量样品的前处理，有机试剂用量少。萃取盘的高效过滤和分子筛对水中有机物的有效滤过是关键因素。本方法的加标回收率为 80%～115%，精密度和准确度较好，分子筛实现了 91.3% 的脱水率。不足之处是未说明圆盘过滤样品的速度。

实例 10-33　气质联用法测定水环境中痕量多环麝香的样品——固相萃取法[47]

方法提要：多环麝香广泛存在于日化产品中，具有很强的生物富集能力，并能呈现出较强的雌激素活性和抑制异型生物的作用，还能明显抑制生物幼虫的生长发育，对人和生物具有较大的危害性。

由于多环麝香具有强亲脂性，采用 SPE 能够有效地将其从污水中提取。

仪器与试剂：12 管 SPE 真空富集装置，可调氮吹仪，SPE 柱（3mL/60mg），离心机、微量注射器。二氯甲烷、正己烷均为色谱纯；甲醇、乙酸乙酯、重铬酸钾等均为分析纯；佳乐麝香、吐纳麝香标准品。

操作步骤：

（1）水样的采集和前处理

用干净棕色玻璃瓶采集样品，加入体积分数 0.5% 的甲醇，于冰箱中，4℃ 条件下保存，并确保于 5 天内完成分析。固相萃取前，以 4000r/min 的速率离心分离 15min，上清液用 $0.45\mu m$ 滤膜过滤。

（2）固相萃取过程

加标水样制备：取一定量的佳乐麝香和吐纳麝香标准品，加少量丙酮后移入 100mL 容量瓶中，加入一定量甲醇，定容，两种目标物的浓度皆为 $0.5\mu g/L$，此加标样需当天现配现用。

固相萃取柱活化：依次用甲醇、超纯水各 10mL 流过柱填料，注意避免填料接触空气。

样品富集与浓缩：水样保持一定速度通过 SPE 柱，上样完毕后，用适量纯水洗涤内壁，柱内水流干后，抽滤干燥 5min，于 1500r/min 的速率离心 8min 干燥，选择合适的洗脱液，控制洗脱速率 0.5～2mL/min，以每次 2mL 分次洗脱。将洗脱液在 40℃ 水浴中氮吹浓缩至近干，用正己烷定容至 0.5mL，待测。

方法评价：采用正己烷洗脱，加入体积分数 0.5% 的甲醇进行基体改进，能有效地提高回收率。在信噪比为 3 的条件下测定两种多环麝香的检出限均为 $0.025\mu g/L$，且杂峰少，满足要求。

实例 10-34　HPLC-MS/MS 法测定废水中抗生素的样品前处理——固相萃取 Na_2EDTA 耦合法[48]

方法提要：抗生素在全球范围内的广泛使用，不仅会由原药排入废水，还会通过病人的代谢物进入水体，特别是医院排放的废水中，会含有多种抗生素类药物。这些药物难降解，其残留可引起病原体抗性，使抗生素治疗疾病的能力逐渐下降。

本方法采用固相萃取前处理技术与串联质谱结合测定医院废水中 21 种抗生素药物

残留。

仪器与试剂：SPE柱（500mg/6mL）及固相萃取系统，氮吹仪，0.22μm，0.45μm纤维滤膜；10mL试管；水浴装置；21种抗生素标准物质，纯度约95%；内标指示物：$^{13}C_3$-咖啡因；回收率指示物：$^{13}C_6$-磺胺甲噻二唑；乙腈（HPLC）级，甲醇（农残级），甲酸、硫酸、EDTA、抗坏血酸均为国产分析纯，硫酸配成3mol/L溶液。

操作步骤：SPE柱依次用甲醇、水和2g/L Na$_2$EDTA溶液各4mL淋洗活化。

水样0.5L，调至pH 3.0，用0.45μm纤维滤膜去除水中的悬浮物质，加入回收率指示剂50.0μL（质量浓度1.0mg/L）、金属离子耦合剂Na$_2$EDTA 0.4g，混匀样品，将样品匀速通过SPE柱，流速为3～5mL/min。样品富集完成后，将SPE柱依次用水和10%甲醇各4mL清洗，弃去全部流出液后干燥30～45min，然后用8mL甲醇淋洗，收集洗脱液于10mL试管中，40℃水浴条件下氮吹浓缩至近干，用10%甲醇定容至1.0mL后，加入内标物。此溶液过0.22μm滤膜后，于HPLC-MS/MS上测定。

方法评价：使用金属离子耦合剂Na$_2$EDTA溶液，并控制pH为3.0，可显著改善磺胺类和大环内酯类等抗生素的回收率，与美国EPA有关标准中的结果相当。

10.4　污泥和底泥

10.4.1　污泥和底泥的特点

污泥是污水处理过程中的副产品，是一种由水、有机残片、细菌菌体、无机颗粒物、胶体物质等组成的非常复杂的非均质体，主要特性是含水率高（泥饼为80%以上，原污泥高达99%以上），有机质含量高，容易腐化发臭，颗粒较细，比重小，成黏稠状。污泥主要产生于城镇污水处理厂的初沉池和二沉池。加入絮凝剂并经脱水减量后的污泥即为泥饼。其中富含氮、磷和金属元素，各种盐类，特别是难溶性盐都能被富集其中。

底泥通常是黏土、泥沙、有机质及各种矿物的混合物，经过长时间物理、化学、生物等作用，并由水体传输而沉积于水体底部。因它是由水体和其中的絮状物、颗粒物的沉降和压迫作用形成的，所以，其物质组成与水体很相近，但浓度则高得多。

污泥和底泥具有较强的吸附、富集和沉降作用，能够吸附大量的无机和有机物质。因此，重金属元素、多环芳烃、酞酸酯类、多氯联苯、二噁英持久性污染物等都会因沉积作用而富集于其中。

污泥和底泥的含水率很高，定量称取有一定难度。一般采用先风干，去除水分，再进行称量。自然风干一般是在室温下进行，通常需2天至1周时间才能完成。不仅耗时长，样品置于敞开的环境中，由于温度和湿度变化，其中的目标成分易损失，目标物的测定结果也会有一定的偏离。且经风干后的污泥样品硬度较大，给后续的研磨增加了难度。

近年来，低温冷冻干燥技术得到了广泛应用，先将含水物质冻结成固态，随后使其中的水分从固态升华成气态，除去水分而保存物质。经过1～2d，就可将污泥中的水分脱出，使其成为沙性样品，方便保存。由于是在密闭腔体中，许多常温下的挥发性物质不易挥发，能有效避免样品和目标组分的损失。

10.4.2　重金属元素测定样品前处理

测定污泥中重金属元素,最适宜的前处理方法为湿法消解和微波消解。污泥中的污染物质由于与硅氧化物、难溶性碳酸盐、磷酸盐等硬质颗粒物、腐殖质以及一些氢氧化物絮状体混杂在一起,强氧化性酸用量大,消解困难,目标物在消解过程中易损失。常用的消解液有:H_2SO_4、HNO_3,为了确保消解完全,有时还需加入少量 $HClO_4$ 或 $KMnO_4$、H_2O_2 或 V_2O_5 促进消解完全。也可采用高压闷罐,用王水($HCl:HNO_3=1:3$)或反王水($HNO_3:HCl=1:3$)消解,对含难溶矿物质的样品具有快速、高效的作用,但这种全封闭的高压体系也存在一定的危险性。

测定金属化学形态的样品,可采用 HCl 浸提法,向样品中加入 HCl 后,可使吸附在有机基团上的 Zn、Cu、Cd 等重金属及 As、Se 等元素通过交换进入浸提液中,使一部分氧化物中所包藏的金属释放出来。除了 HCl 外,NH_4Ac、HAc、EDTA 等都可用作浸提液。

为了有效地消解难氧化、难溶解的高分子有机物和混合物,也可采用熔融法和干灰法进行消解。灰化消解采用 Na_2CO_3 与样品混匀,并于上面再铺一层,放入高温炉中,于 900℃ 灼烧半小时以上,待样品完全熔融并冷却后,于烧杯中研碎,即可用 HCl 溶解,加水定容后待测。

微波消解系统具有酸用量小(一般不超过 10mL/个样品),消解速度快(只需几分钟或十几分钟),自动化程度高,能防止消解过程中易挥发元素的损失,不会对周围环境和检测人员造成二次污染。是一种既安全又高效的前处理方法,也是今后污泥样品前处理的发展方向[49]。

实例 10-35　王水微波消解-石墨炉原子吸收法测定污泥和底泥中铜、锌、铬等重金属元素[50]

方法提要:样品为污水处理厂干污泥,目标物为铅、镉、铬、镍、铜和锌 6 种重金属元素,分析方法为石墨炉原子吸收法。样品经微波辅助王水消解后测定 6 种金属含量。

仪器与试剂:微波消解仪,硝酸(优级纯),盐酸(优级纯)

操作步骤:将采集的湿污泥于阴凉,通风良好的条件下自然风干,用玛瑙研钵研磨样品后,通过 100 目尼龙筛,用四分法取样品 50g 保存于广口玻璃瓶中,置于干燥器内待用。

称取干污泥样品 0.2000～0.3000g 置于聚四氟乙烯消解罐中,以少量去离子水湿润样品,加入 8mL 王水,摇匀,加盖密封,放入微波消解炉中,按照 15min(220℃,750W)→15min(220℃,900W)→10min(220℃,750W)→20min 冷却的程序进行消解。冷却至室温后,将消解液转移至聚四氟乙烯烧杯中,于电热板上加热赶酸,待酸赶尽,加入 1% HNO_3 溶液,温热溶解残渣,转移至 25mL 容量瓶中,用 1% 的 HNO_3 溶液定容至刻度,摇匀后测定。

方法评价:本方法采用王水进行微波消解。通过控制适宜的王水用量和消解程序,确保消解完全,消解时间由原来的 3～5h 缩短到 1h,提高了效率。由于不使用高氯酸和氢氟酸,使消解更加安全。测定污泥样品的加标回收率为 89%～105%,RSD 为 1.4%～8.8%;环保标准土壤样的加标回收率为 86%～103%,RSD 为 1.4%～6.7% 之间,满足测定要求。

10.4.3　氮磷测定样品前处理

实例 10-36　测定海水底泥中全氮、全磷的含量的前处理[51]

方法提要：底泥与土壤的形成机理、结构、性质等都不尽相同,完全按照土壤的测定方法并不适宜。

本方法结合有机肥的行业标准,采用 H_2SO_4 和 H_2O_2 联合消解。H_2SO_4 是处理污泥样品常用的消解剂,具有很强的氧化性,对可溶性和不溶性有机物都有很好的氧化降解作用。H_2O_2 是强氧化剂。这两种氧化剂联合使用,使样品消解更加完全。

仪器与试剂：自动定氮仪、可调电炉;硫酸铵（$(NH_4)_2SO_4$）、磷酸二氢钾 KH_2PO_4（优级纯）。

操作步骤：称取风干后底泥试样 1.0g,置于 100mL 锥形瓶中,缓缓加入适量 H_2SO_4 和 H_2O_2,小心摇匀,盖上一弯颈漏斗,放置过夜。在可调电炉上缓缓升温至 H_2SO_4 冒白烟,稍冷却后,加数滴 H_2O_2,轻摇锥形瓶后,继续加热至溶液呈无色或灰白色,如仍不易变色可加数滴 H_2O_2 再次消解,直至溶液澄清。将此消解液完全转入 100mL 容量瓶中,定容,静置澄清或用无磷滤纸过滤。同时做空白试验。分别用浓 NaOH 条件蒸馏—硼酸溶液指示滴定法测定全氮,钒钼酸铵—二硝基酚指示法测定全磷。

方法评价：全氮含量在 0.13%～0.19% 的 6 个样品 6 次重复测定的 RSD 值在 2.9%～5% 之间,全磷含量在 0.28%～0.34% 的 6 个样品 6 次重复测定的 RSD 在 4.9%～6.6% 之间。全氮的加标回收率为 95.7%～98.4%;全磷的加标回收率为 96.3%～100.5%。此方法的精密度和准确度都较高,且操作简便、易行。能够实现同一消解液进行全氮和全磷两项指标测定,效率高且不会造成环境污染。

10.4.4　有机物测定样品前处理

污泥和底泥中富集了大量的有机物,其中一部分为持久性污染物质,如多环芳烃、多氯联苯、有机农药、氯酚类等,还有一些易挥发性有机物。有机物测定可采用索氏提取（液固萃取）、加速溶剂提取、超声波萃取、超临界萃取（SFE）、固相微萃取等（SPME）方法处理样品。对于挥发性目标物,宜采用吹扫捕集技术进行前处理。

实例 10-37　测定沉积物中挥发性有机物的样品前处理[52,53]

方法提要：本方法参照美国 EPA 有关吹扫捕集法测定液体和固体样品中挥发性有机物的方法,进行了底泥中挥发性有机物的三种前处理方法的比对试验,并对原化工厂排水口附近河段底泥中的挥发性有机物含量及来源进行了分析。

仪器与试剂：沉积物采样器,磁力搅拌器,500mL 具塞三角瓶,注射器,超声波提取仪;实验室用水,临用前以高纯氮气吹 30min;甲醇、苯、甲苯、二氯甲烷、异丙苯等分析纯试剂。

操作步骤：

(1) 样品的采集：使用多用途沉积物采样器,采集河床 50cm 深处的淤泥,去除树枝、石块等,立即置于洁净的 1L 广口瓶中,密封后于 4℃ 条件下保存。

(2) 样品前处理：

方法 1：水浸提上清液进样法。迅速称取 100g 底泥样品,装入预先放有搅拌子和适量固体氯化钠的 500mL 具塞三角瓶中,加入预先经高纯氮气吹脱 30min 的纯水近满,立即盖上瓶盖,密封（瓶内不得留有空气）。在室温下连续搅拌 4h 后静置。待泥浆沉降后,用注射器抽取 5mL 上清液注入吹扫捕集仪的吹脱管中,进行分析测定。

方法 2：水浸提泥浆进样法。直接移取方法 1 中搅拌 4h 后的样品 5mL 注入吹扫捕集仪的吹脱管中，进行分析测定。

方法 3：甲醇超声提取法。迅速称取 20g 底泥样品放入 100mL 具塞三角瓶中，加甲醇近满，立即加塞密封。将三角瓶颠倒数次，使样品与甲醇混匀。于超声波提取仪上提取 10min，静置后取适量提取液加入一定体积的纯水中，混匀后取 5mL 注入吹扫捕集仪的吹脱管中，进行分析测定。

方法评价：采用吹扫捕集法，样品中目标物能直接进入 GC-MS 仪，避免了因样品处理液转移而造成的目标物损失，回收率和重现性都较好，是一种快速、环保的方法。三种方法的回收率和 RSD 均满足底泥样品中有机物的测定要求。但需根据样品的基质、目标物的性质等设定不同的实验条件，确保精密度和回收率满足要求。

实例 10-38　高效液相色谱法测定底泥中多环芳烃的前处理——涡旋辅助/分散液液微萃取[54]

方法提要：本方法针对将涡旋辅助萃取技术与分散液液微萃取联用，通过高速涡旋作用，沉积物样品与提取液形成极好的固-液分散体系，缩短了传质距离，增大了提取液和样品间的接触面积，同时，剧烈涡旋产生的剪切力可促进目标组分从固体样品快速进入提取液中，整个过程仅需数分钟。提取液经分散液相微萃取（DLLME）富集分离后进样测定。

仪器与试剂：涡旋振荡仪、离心机、16 种 PAHs 标准溶液（保存于 $-18℃$ 冷冻箱中），乙腈、甲醇、丙酮和三氯甲烷（色谱纯），四氯化碳、NaCl、NaOH、HCl（优级纯），超纯水。

操作步骤：沉积物样品采集后，经自然风干、研磨、除杂、过筛后，保留 $\leqslant 63\mu m$ 的粒径，存于棕色玻璃瓶内，$-18℃$ 冷藏。

VAE 过程：准确称取约 0.2g 样品于 10mL 锥形离心管中，加入 2mL 乙腈，于涡旋振荡仪中，以 2800r/min 的频率振荡 2min，以 3000r/min 转速离心 5min，上层清液转移至 5mL 试管内。

DLLME 过程：于 10mL 锥形离心管中装入 5mL 超纯水，将 $80\mu L$ 二氯甲烷加到 1mL 由 VAE 得到的乙腈中，再用 1.0mL 注射器将该混合液快速注入 5mL 超纯水中，轻摇数秒后，以 3000r/min 转速离心分离 5min，用微量注射器将离心管底部的二氯甲烷转移至带 $100\mu L$ 玻璃内插管的进样瓶中，用氮气吹扫至近干，将残留物溶于 $40\mu L$ 乙腈中，注入 HPLC 中分析。

方法评价：样品加标回收率为 80%～90%，方法检出限为 2.3～6.8ng/g。实际样品的检测结果表明：该方法检出限低、分析检测时间短（不超过 3min），前处理过程不易使目标物损失，方法可靠。

实例 10-39　微库仑法测定沉积物中可吸附性有机卤化物的样品前处理[55]

方法提要：环境中的卤化物（AOX）大多具有亲水性，因此易通过天然水体、地表径流和污水进入沉积物和底泥中被富集，对生态系统造成危害。本方法将测定水中 AOX 前处理方法扩展到沉积物样品。

仪器与试剂：抓斗式采泥器，冷冻干燥仪。沉积物样品：使用抓斗式采泥器采集样品后，立即放入冷冻室保存。样品冷冻干燥后，研磨，经 $150\mu m$ 筛子筛分；土壤样品：风干，研磨后，经 $150\mu m$ 筛子筛分；空白替代物：粒度 $150\mu m$ 石英砂，$400℃$ 条件下灼烧 1h，冷却后待用。正己烷、丙酮、乙酸酐、硫酸、四硼酸钠、碳酸钾，均为分析纯；四硼酸钠溶液：

0.1mol/L。硫酸溶液：6mol/L。碳酸钾溶液：0.2mol/L。

操作步骤：称取 50mg 准备好的固体样品和适量活性炭，放入到 25mL 锥形瓶中，加入 10mL 硝酸盐储备液（HNO_3 与 $NaNO_3$ 混合溶液），放入恒温振荡箱，25℃条件下振荡约 1h。采用两种方式过滤样品。

方法评价：石英砂柱压滤法的系统空白值、测定结果的相对标准偏差小于抽滤法。方法操作快捷、回收率高。应注意合理填充石英样品管中的陶瓷棉，避免压滤过程中活性炭的损失。

实例 10-40　污泥中五氯酚测定的样品前处理——超声提取/衍生化[56]

方法提要：五氯酚广泛用作防腐剂、除草剂、杀虫剂等，具有抑制生物代谢功能、伤害动物内脏和神经系统、致癌等毒害作用；可通过各种途径进入水环境、沉积物和土壤中。性能稳定，在生物体内富集能力强，水厂底泥中五氯酚的含量会直接影响出水水质。因此，我国生活饮用水卫生标准（GB 5749—2006）中对五氯酚的含量有严格的规定。为确保饮用水的安全，须采用有效的方法对水厂底泥中五氯酚的含量进行检测。

本方法采用超声提取技术，将目标物衍生化后用气相色谱/串联质谱测定。

仪器与试剂：低温冷冻干燥仪，超声萃取仪，振荡器，$0.2\mu m$ 微孔滤膜，150mL、250mL 磨口锥形瓶；正己烷、丙酮、乙酸酐、硫酸、四硼酸钠、碳酸钾，均为分析纯；四硼酸钠溶液：0.1mol/L，硫酸溶液：6mol/L，碳酸钾溶液：0.2mol/L。

操作步骤：取自水厂沉淀池和回收水池底泥，滤干后用铝箔包封，置于冰箱中冷冻保存。测定前冷冻干燥，于研钵中研碎。称取 10g 样品于 150mL 磨口锥形瓶中，加入 20mL 6mol/L 硫酸溶液进行酸化后剧烈振荡 5min，加入 50mL 萃取溶剂正己烷，常温下超声萃取 40min。将有机相收集于 250mL 磨口锥形瓶中，用 20mL 正己烷再次超声萃取水相，合并有机相，加入 50mL 碳酸钾溶液，剧烈振荡 15min，转移到 250mL 分液漏斗中，静置分层后，将下层水相转移到 150mL 磨口锥形瓶中，加入 1mL 衍生化试剂乙酸酐，剧烈振荡 5min，加入 10mL 正己烷，剧烈振荡 10min 萃取衍生化产物。所有溶液转移到 125mL 分液漏斗中，静置分层后弃去下层水相。上层有机相连续用四硼酸钠溶液洗涤 3 次，每次 20mL，有机相用 $0.2\mu m$ 滤膜过滤后待测。

方法评价：采用乙酸酐作为衍生剂，毒性小，衍生化产物的稳定性好、生成的五氯酚乙酯易被正己烷萃取。在 pH 10.5～11.5 的条件下用 1mL 乙酸酐即可很好地完成 10g 干底泥样品的衍生化。6mol/L 硫酸 20mL 即可与 10g 污泥胶体表面的五氯酚完全作用，化学试剂用量小，加标回收率达到了 87.25%～111.13%，RSD 为 6.13%～9.27%，满足测定要求。

实例 10-41　索氏提取法处理土壤与底泥

方法提要：本方法以监测东北某化工厂的火灾事故为研究项目，采集工厂周边土壤和底泥于低温冷冻干燥仪中前处理并保存，用传统的索氏提取法提取其中的多环芳烃和硝基多环芳烃。

仪器与试剂：聚四氟乙烯采样瓶，低温冷冻干燥仪，40 目筛子，硅胶净化柱；正己烷和二氯甲烷：分别配成体积比 1∶1，95∶5 和 70∶30 的混合液；氘代多环芳烃混标。

操作步骤：样品经冷冻干燥后，研磨，过 40 目筛子，称取 0.5～5g，加入氘代多环芳烃混标，搅拌均匀后，静置过夜。用 250mL 二氯甲烷/正己烷混合液于索氏提取仪上提取 24h，浓缩至 1～2mL,经硅胶柱净化后,依次用 95：5 和 70：30 的正己烷/二氯甲烷混合液淋洗,分别分离出多环芳烃和硝基多环芳烃并浓缩至 0.1mL,待测。

方法评价：进行了化工厂东南西北四个方向 500m 内土壤中多环芳烃和硝基多环芳烃目标物的提取。用气质联用共检出 16 种多环芳烃和 15 种硝基多环芳烃。因布点充分考虑了爆炸的影响范围、风向和排污口的影响作用,采用低温冷冻干燥技术,淋洗液的配比合理,检测结果符合实际情况,得出的爆炸未对松花江流域的底泥和土壤造成污染结论令人信服。

实例 10-42 海洋沉积物中难降解有机物的加速溶剂萃取前处理[58]

方法提要：多氯联苯、多环芳烃和有机氯农药都属于毒性较大,且能够在环境中长期存在的有机化合物,易在海洋等水体中沉积,并对海洋水体环境造成严重破坏。

采用加速溶剂萃取仪从海洋沉积物中提取和富集了 28 种 PCBs、16 种 PAHs 和 21 种有机氯农药 OCPs,共计 65 种目标物质。用自制的复合硅胶-氧化铝固相萃取柱净化后,用气质联用法测定。

仪器与试剂：加速溶剂萃取仪,固相萃取仪,恒温水浴氮吹仪。正己烷、丙酮、二氯甲烷(以上为色谱纯),28 种 PCBs 混标、21 种 OCPs 标准品、替代物 SS、16 种 PAHs 标准品与替代物；无水硫酸钠(AR)：450℃ 条件下灼烧 4h 后,保存于干燥器内备用；中性氧化铝：0.074～0.147mm；中性氧化铝和硅胶：0.074～0.175mm。用二氯甲烷抽提 72h,晾干后分别在 180℃、250℃ 条件下活化 12h,于干燥器中自然冷却。使用前加入占上述两种物质体积 3% 的超纯水去活化,室温下充分混匀,平衡过夜,待用；复合硅胶-氧化铝固相萃取柱：8mm(ID)×15cm(自制),填料由下至上依次为：4cm 去活化氧化铝、6cm 去活化硅胶和 1cm 无水硫酸钠,干法装填；海洋沉积标准物质,空白沉积物样品：实际海洋沉积物于 500℃ 条件下灼烧 6h 得到。

操作步骤：

(1) 提取：沉积物样品采集后,-20℃ 条件下预冷冻；分析前于 -50℃ 真空条件下冷冻干燥；研磨后,过孔径 0.246mm 筛,称取 1～10g 样品于 22mL 不锈钢萃取池中,添加替代物后进行提取。

提取剂：正己烷-丙酮(1+1)；系统压力：10.5MPa,萃取温度：100℃,加热时间：5min,静态时间：5min,冲洗体积：60% 萃取池体积,吹扫时间：60s,循环 1 次。

(2) 净化：提取液经氮气吹扫浓缩至 1～2mL,加入 5mL 正己烷继续浓缩至 1～2mL,重复 2 次后进行固相萃取净化。上样前用 5mL 正己烷预淋洗固相萃取柱,上样后依次用 10mL 正己烷、20mL 正己烷-二氯甲烷(1:1)洗脱,淋洗速度 3.0mL/min。洗脱液于柔和氮气条件下吹扫至 1.0mL,加入 3mL 正己烷继续浓缩至 1.0mL,准确加入 500ng 内标物,待 GC-MS 测定。

方法评价：加速溶剂萃取自动化程度高,65 种目标组分的平均加标回收率在 70%～146% 范围。两种 NIST 标准样品中大部分目标组分的回收率在 63%～155% 范围内,能够满足 US-EPA 方法对痕量有机污染物分析的要求,说明加速溶剂提取和硅胶-氧化铝固相萃取柱的净化效果较好。但多氯联苯和有机氯农药中的少数目标物回收率与标准样品相差较大。说明方法无法使这三类目标组分都能达到非常好的检测效果。该方法虽能同时检出数十种有机物,但更适合宏观上对沉积物中的污染物进行筛查。

实例 10-43　污泥中内分泌干扰物的超声提取/固相萃取前处理[59]

方法提要：环境中的壬基酚和辛基酚主要来源于非离子表面活性剂烷基酚和聚氧乙烯醚的生物降解。这些内分泌干扰物易在污泥中富集。本方法采用超声萃取从污泥中提取目标组分，经固相萃取，硅烷化衍生后，采用 GC-MS 仪分析。

仪器与试剂：超声波萃取仪、涡旋振荡器、离心机、氮吹仪。固相萃取仪；C_{18} 固相萃取柱，120 目筛子，盐酸、甲醇，二氯甲烷、正己烷，超纯水；二氯甲烷与正己烷混合液（2：8），甲醇-乙酸乙酯混合液（3：7），甲醇-去离子水（1：9）；硅烷化试剂 BSTFA（1% 三甲基氯硅烷）。

操作步骤：

(1) 样品的采集：分别采集曝气池中活性污泥、厌氧消化池中的消化污泥和压滤后的浓缩污泥，经冷冻干燥后研磨成粉末，混匀，过 120 目筛，避光保存。

(2) 样品的前处理：准确称取 2.00g 污泥置于 40mL 磨口具塞玻璃瓶中，加入 5mL 甲醇-乙酸乙酯混合液，于涡旋振荡器上振荡 2min，在 600W 条件下超声 1min 后，以 5000r/min 的转速离心 10min，向上清液中加入 5mL 甲醇-乙酸乙酯混合液，重复超声离心三次。将合并后的萃取液置于微弱的氮气流下吹至 2mL，加 400mL 超纯水溶解，用盐酸调节 pH 至 3，以 5mL/min 的速度通过 6mL 甲醇和 6mL 超纯水活化后的 C_{18} 固相萃取柱，用 10mL 甲醇-去离子水淋洗，再用 10mL 正己烷-二氯甲烷混合液洗脱. 将洗脱液于氮气流下吹干，用正己烷定容至 1mL。

(3) 衍生化：取适量处理后的样品至 2mL 具塞玻璃瓶中，加 0.1mL 硅烷化试剂 1% 三甲基氯硅烷混匀，30℃条件下放置 12h，待 GC-MS 仪分析。

方法评价：本研究采用涡旋振荡法和固相萃取法联用提取污水处理厂活性污泥、消化污泥和浓缩污泥中的几种内分泌干扰物。操作简便，低污染，回收率满足要求。能够反映内分泌干扰物含量在各种构筑物中的分布情况，有助于结合工艺分析变化趋势。

10.5　土壤

10.5.1　土壤样品的特点

土壤主要由岩石风化而成的矿物质、生物残体分解产生的有机质、生物与水分、空气一同进行氧化作用产生的腐殖质等组成。包括了固、液、气三态物质。固体物质包括土壤矿物质，有机质和微生物通过光照抑菌灭菌后得到的养料等；液体物质主要指土壤水分；气体则是存在于土壤孔隙中的空气。土壤是一个疏松多孔体，其中布满着大大小小蜂窝状的孔隙。直径 0.001～0.1mm 的毛管孔隙可保存空气中的水分，供作物直接吸收利用，并溶解和输送土壤养分。

土壤具有很好的富集性，无机的和有机的营养成分含量较高，微生物和低等级动物的活动使其变得疏松。在重污染企业或工业密集区、工矿开采区周边土壤污染严重，并呈现出新老污染并存，无机有机复合污染的局面。主要的污染物有铬、铅、镉、汞、砷等重金属和类金属以及它们的化合物，有机氯和有机磷农药、多氯联苯、多环芳烃、二噁英类物质等持久性有机污染物质都能长期存在于土壤中，降解期高达数十年[60,61]。

土壤样品的前处理方法主要有电热板消解、微波消解、熔融法、超声波提取、加速溶剂萃取等。

10.5.2 重金属元素

土壤由于含水率很低,一般为 3% ~ 5%,以氧化硅等成分为主的砂砾占了很大比例。因此,消解难度很大。测定金属元素的前处理方法为电热板消解法和微波消解法。

案例 10-44 原子荧光法同时测定土壤中总砷和总汞的样品前处理[61]

方法提要:土壤样品采用硫酸-硝酸-高氯酸—五氧化二钒消解后,直接用原子荧光法测定总砷和总汞。

仪器与试剂:多功能消化器,市售硝酸、高氯酸、硫酸、盐酸(以上为优级纯)、五氧化二钒、氢氧化钠、硫脲、抗坏血酸(以上为分析纯),砷、汞元素标液等。

操作步骤:称取经 $150\mu m$ 筛孔筛分的风干土壤样于三角瓶中,加入 0.03g 五氧化二钒,硫酸 5mL,硝酸 7mL,高氯酸 2mL,在电热板上(280℃)消解至冒白烟。稍冷却后,用水冲洗瓶壁,加热至剩少量白色残渣,用(1+19)盐酸洗入 25mL 或 50mL 容量瓶中,加入 10mL 预还原剂(2.0%硼氢化钾＋0.5%氢氧化钠),将五价砷还原为三价砷,用(1+19)盐酸定容至刻度待测。

加入硫脲-抗坏血酸将五价砷还原为三价砷的时间必须适宜,时间过短,不能保证还原完全,时间过长,还原剂会失效,已还原的三价砷又会被氧化为五价砷。加入五氧化二钒,利用其催化作用加速消解,减少汞的挥发。

方法评价:该方法的加标回收率较高,砷为 97.9% ~ 101.9%,汞为 95.0% ~ 101.4%。与国标方法相比,具有简便快捷、精密度和准确度高,检出限低等优点。但需把控好温度和硫脲-抗坏血酸的加入时间。

10.5.3 土壤中的阴离子

土壤中无机阴离子的构成和含量会对农业生产和环境卫生等产生直接影响,甚至与一些地方病和肿瘤的发生有一定的关联。因此在进行土壤筛查、流行病学调查等方面,需对土壤中的阴离子含量进行监测。

由于土壤中无机和有机成分种类多、含量高,成分较复杂,因此前处理难度较大。近年来,除了水相提取外,固相萃取等技术也逐渐应用到土壤无机离子测定的前处理中。

实例 10-45 土壤中阴离子测定的前处理方法——超声提取/固相萃取法[62]

方法提要:本研究介绍了利用超声提取和固相萃取技术组合处理待测 F^-、Cl^- 和 SO_4^{2-} 等 7 种阴离子的土壤样品的方法,前处理过程简便易行。

仪器与试剂:离子色谱仪;固相萃取柱:先用 5mL 甲醇溶液以 4mL/min 的流速通过,再用 10mL 去离子水以 4mL/min 的流速通过,将小柱平放 20min,备用。

操作步骤:称取 5.0g 新鲜土壤样品于 100mL 容量瓶中,用适量去离子水溶解后,30℃条件下超声振荡 30min,定容,混匀后向 50mL 刻度离心管中倒入 25mL 样品溶液,在 7000r/min 下离心 10min。上清液经 $0.22\mu m$ 滤膜过滤,再以 4mL/min 的速度通过固相萃取柱,弃去前 3mL 滤液,收集 2mL 剩余滤液直接进样。同时做空白试验。

方法评价:此方法在采用超声技术将土壤样品中的待测阴离子提取至水中的基础上,

选用针对腐殖质、酚类物质、偶氮染料和芳香化合物有强吸附作用的 SPE 柱,使提取液顺序通过。两种 SPE 柱均在 pH1～14 范围内保持了很好的稳定性,且不会对 NO_2^- 和 NO_3^- 产生保留作用,对 7 种离子都有较好的分离效果。

10.5.4 微量有机物

测定微量有机物可采用加速溶剂萃取或溶剂直接萃取的方法,挥发性目标物可采用顶空进样法和吹扫捕集法。除上述方法外,超临界萃取也是提取固态样品中有机物较好的方法。其能够根据目标物的性质,通过控制适宜的压力和温度,使萃取剂具备一定的性质,能够把样品中的各种目标物有效地提取出来。常用的超临界萃取剂多用 CO_2,对于非极性和低极性的碳氢化合物和混合物有较好的萃取效果;对于极性较强的目标物,则需向 CO_2 流体中加入适量甲醇等极性溶剂作为提携剂,以增强萃取能力。

土壤样品中有机质的含量较高,若土壤的黏性较大,对萃取剂的影响会更大。为了获得好的萃取效果,可加一定量的添加剂改变萃取剂的极性;或通过一些化学反应改变目标物的极性,使其转变为适应萃取剂极性的物质。

实例 10-46 土壤或底泥中挥发性有机物的测定——顶空进样[63,64]

方法提要:土壤和底泥中含有大量来自石油化工、固体废弃物、垃圾填埋、大气和水污染等的挥发性有机污染物(VOCs)。此类污染物来源广,扩散性强。

顶空进样技术是挥发性有机物前处理的优选方法,它集分离和进样于一体,基体效应很小。

仪器与试剂:自制顶空加热器(控温精度≤±0.05℃),20mL 顶空瓶,500μL 气密型注射器,氯化钠(分析纯),苯系物标样。

操作步骤:准确称 1g 土壤或底泥样品于顶空瓶内,加入 5mL 10％ NaCl 水溶液,立即盖塞密封,室温下摇动 15min 进行提取,60℃条件下,加热平衡 60min。

准确称 1g 不含挥发性有机物的土壤样品,按照上述条件制作基质标准曲线,亦可用 10％的 NaCl 为基质制作标准曲线。

方法评价:本方法采用静态顶空进样为气相色谱法测定土壤中 VOC 的前处理,通过实验,确定了可用 10％NaCl 与土壤混合进行定量检测的方法,且当气液体积比一致时,不需校正,操作简便,方法的 RSD 和回收率都满足要求。

实例 10-47 测定土壤中石油类物质的前处理方法[65]

方法提要:测定土壤中石油类物质的方法包括红外、非分散红外分光光度法和紫外分光光度法等。长期以来,测定土壤中石油类的前处理方法一直沿用 20 世纪 80 年代的方法。本方法对土壤中石油类测定的前处理进行了改进。

仪器与试剂:硅酸镁吸附柱;水浴振荡器;40 目筛子;具塞锥形瓶;平底表面皿:20cm×20cm;50mL 容量瓶;四氯化碳试剂:须经扫描确认符合要求后方可使用,无水硫酸钠(分析纯),混合石油烃标样。

测定步骤:背景土样制作:室外采集一定量样品,铲去表层土,去除根、枝、石块等杂物,于 105℃条件下,烘 10～12h,置于通风橱内,磨细后过 40 目筛后备用。

称取 400g 土样于 1000mL 具塞锥形瓶中,加入 400mL 四氯化碳,55℃,40～60r/min 条件下振荡 14h,于通风橱内用中等风力吹至四氯化碳刚好浸润土样。将土样倒入 20cm×

20cm 平底表面皿中,压成厚度均一的薄层,水平置于通风橱中风干。随机垂直切取 6 块土样,每份约 10g,称重,置于研钵中,磨成细粉后,置于 100mL 具塞磨口锥形瓶中,加入 25mL 四氯化碳,于 55℃,40～60r/min 条件下振荡 14h 后倾至 50mL 容量瓶中,再于此条件下振荡 2h,经硅酸镁柱吸附去除杂质和乳化部分,测定。

方法评价:该方法的前处理简便,可直接测定不经风干的样品,大大缩短了前处理时间,并获得较高的回收率。

实例 10-48　测定土壤中 16 种多环芳烃的前处理方法[66]

方法提要:本研究优化了测定土壤中 16 种多环芳烃的加速溶剂萃取和柱层析净化前处理方法,较好地解决了测定土壤多环芳烃中,苯并[a]芘回收率低、萘和菲易受环境本底影响和因组分挥发损失等问题。发现了弗罗里硅土中的黏土对苯并[a]芘有催化降解作用,从而确定硅胶是测定多环芳烃萃取液的最佳净化剂。

仪器与试剂:加速溶剂萃取仪,旋转蒸发仪,气相色谱-质谱联用仪;正己烷和二氯甲烷(农残级),无水硫酸钠(优级纯)。填料:硅胶 230 目,弗罗里硅土,氧化铝 70～230 目。以上三种填料都经 450℃ 焙烤 4h,储于干燥器中备用。16 种多环芳烃标液:200mg/L 介质为甲醇-二氯甲烷(1:1),苯并[a]芘-d12 等。样品:空白基质土壤(多环芳烃含量未检出),实际样品。

操作步骤:

(1)样品准备:土壤样品避光风干后,研磨并过 20 目筛,准确称取 5～10g 于 33mL ASE 提取池中,加入回收率指示物。ASE 提取条件:温度 100℃,压力 1500psi,以正己烷-二氯甲烷(9:1)静态提取两个循环,每个循环 5min,以池体积 40% 的溶剂量冲洗提取池,氮气吹扫 100s,提取液置于 40℃ 水浴中逐级减压旋转浓缩至约 2mL,待净化。

(2)在玻璃柱底部铺垫少量玻璃棉,由下至上依次装入 1cm 无水硫酸钠,1g 硅胶,1cm 无水硫酸钠,压实。

(3)净化:将样品浓缩液转入层析柱,用正己烷-二氯甲烷(9:1)20mL 淋洗并接收。淋洗液置于 40℃ 水浴中逐渐减压旋转浓缩至小于 1mL(不蒸干),转入刻度进样瓶中,加入内标物,以正己烷定容至 1mL,待 GC-MS 测定。

方法评价:加速溶剂萃取仪为测定土壤中多环芳烃等持久性污染物提供了一种高效、便捷、回收率高的前处理方法。通过实验发现了弗罗里硅土中黏土的催化分解作用可降解苯并[a]芘的问题,所以确定硅胶为最佳净化剂。

空白土壤样品加标 5.50ng/g 的回收率为 71%～122%,电子废物集散地土壤样品的苯并[a]芘-d12 回收率 90%～124%,满足测定土壤中 PAHs 的准确度要求。有效地减少了萘和菲等的挥发损失。

实例 10-49　离子阱串联质谱法测定土壤及沉积物中的有机氯化合物——固相萃取净化[67]

方法提要:采用加速溶剂萃取技术提取样品中有机污染物、固相萃取柱净化样品后,用离子阱串联质谱法测定土壤及沉积物中有机氯和多氯联苯等 25 种污染物质。

仪器与试剂:加速溶剂萃取仪、旋转蒸发仪、恒温水浴氮吹仪。无水 Na_2SO_4(分析纯,450℃ 条件下烘 4h),硅藻土 30～40 目和弗罗里硅土 60～100 目于马弗炉内 600℃ 条件下烘 6h,在 130℃ 条件下保存过夜后放入干燥器中待用,实验前再经 2% 蒸馏水脱活后静置过夜。

石墨化炭黑(100～200 目);空白样品:实际土壤或沉积物样品在 500℃下烘制而得;淋洗液:正己烷(含 3%甲苯)-乙酸乙酯(8:2)。28 种有机氯和多氯联苯标液,PCB103 等三种替代物,正己烷、丙酮、乙酸乙酯、环己烷、甲苯等色谱纯有机溶剂。

操作步骤:

(1) 样品的提取:将土壤或沉积物样品于阴凉处自然风干,研磨后过 40 目筛,充分混匀后于 4℃保存待用。提取时称取 10g 样品,与 3g 硅藻土混匀,加入替代物(5μg/kg),平衡 0.5h 后用加速溶剂萃取仪提取。萃取条件:淋洗液:正己烷-丙酮(1:1),系统压力:10MPa,温度:110℃,加热时间:6min,静态时间:5min,冲洗体积:60%,循环 2 次;然后将此提取液浓缩至 2mL,待净化。

(2) 样品净化:采用自填复合层析净化柱,填料自下往上依次为:1cm 无水 Na_2SO_4、3g 弗罗里硅土、0.5g 石墨化炭黑和 1cm 无水 Na_2SO_4。分别用淋洗液 10mL 和正己烷 10mL 预淋洗柱子,上样,用 20mL 洗脱液洗脱,收集洗脱液并浓缩,用正己烷定容至 1mL 后,待测。

方法评价:本方法采用复合层析柱净化,有效地克服了 GC-MS 中易出现的假阳性现象,25 种目标物的回收率均达到 93%～104%,相对标准偏差在 5.0%～14.0%。

实例 10-50 气相色谱法测定土壤中菊酯类农药残留的加速溶剂萃取样品前处理[68]

方法提要:拟除虫菊酯类农药因具有广谱、高效、品种多等特性,广泛应用于农作物上,但大量使用会给土壤、水和空气带来污染。因此必须定期检测其残留量。本方法采用在样品中加入吸附剂后进行加速溶剂萃取,以消除 GC 法测定时,农药残留、脂类、色素等的干扰。

仪器与试剂:加速溶剂萃取仪(具 66mL 萃取池),旋转浓缩仪;丙酮、乙腈、石油醚、乙酸乙酯、无水硫酸钠等,均为分析纯,弗罗里硅土(进口 0.18～0.154mm,农残级),溴氰菊酯等标准品;土壤样品于室温下晾干,粉碎过筛后待用。

操作步骤:准确称取 10g 土壤样品,30g 无水硫酸钠,3.0g 弗罗里硅土,混匀后装入萃取池中,用(1:1)石油醚-乙腈:混合剂,于 50℃条件下,预热 5min 后静态提取 10min,于 10MPa 条件下,用溶剂快速冲洗样品,氮气吹扫,收集全部提取液,加少量无水硫酸钠脱水后,于旋转蒸发仪上蒸发至近干,以石油醚定容至 5mL,待测。

方法评价:本方法将萃取和净化合二为一,将吸附剂氟罗里硅土与土壤样品混合在一起用加速溶剂萃取仪萃取。弗罗里硅土对菊酯类农药的吸附性较弱,对土壤中脂类、色素等具有很强的吸附,在提取过程中,实现了脂类和色素等干扰物质的去除。方法简便、可靠,适宜推广使用。但提取剂石油醚和乙腈有一定毒性,应适当减少用量。

实例 10-51 气相色谱法测定土壤中的多溴联苯醚的超声微波协同萃取法[69]

方法提要:多溴联苯醚是一种广泛应用于电子电器、建筑材料、纺织品等中的阻燃剂,也是一种环境内分泌干扰物,会干扰甲状腺和性激素分泌,影响人的大脑和神经系统的正常发育。

测定 PBDEs 的方法有 GC/ECD、气相色谱-高分辨质谱法等多种方法。但由于样品基体复杂,且易受环境的影响,过去一直采用索氏提取和超声辅助提取等前处理方法,时间较长。本方法采用超声微波协同萃取提取样品,旨在获得更好的提取效果。

仪器与试剂：

（1）超声微波协同萃取装置，旋转蒸发仪、索氏提取器、固相萃取仪、低速离心机；超纯水；甲醇、正己烷、丙酮和二氯甲烷（均为分析纯）；7种多溴联苯醚的异辛烷-甲苯溶剂（8：2）混标。

（2）实际土壤样：取自我国南方某城市湿地，样品采集后于室温下自然风干，研磨后，过60目筛，装入棕色瓶保存待用。

（3）模拟土壤样：将风干后的实际土壤用正己烷-丙酮（1：1）索氏提取12h后，准确称取经索氏提取后的土样1.0g数份于100mL烧杯中，用正己烷拌匀后，向一部分烧杯中各加入1mL 200μg/L的混标溶液，即加标量为200ng/g，另一部分作空白样品。将所有样品于通风橱内吹干，置于阴凉避光处陈化约10h。

操作步骤：称取1.00g样品于萃取容器中，加入适量萃取剂，在一定的微波功率和50W的超声萃取功率下萃取一定时间后，向萃取容器中加入适量无水硫酸钠去除水分，然后将萃取液分装于数个10mL离心管内，离心分离15min（转速1500r/min），将上清液合并后，于旋转蒸发仪中浓缩至5mL，氮气吹干后，用正己烷定容至1mL。

净化采用弗罗里硅土固相萃取柱，1000mg/6mL，使用前先用5mL正己烷活化，样品过柱后用8mL正己烷洗脱目标物，本底为空白样品萃取液。

方法评价：超声微波协同萃取克服了开放式微波萃取局部受热不均，易引起溶剂瀑沸和迸溅的缺点，萃取效率达到了75%～121%，优于单独超声或微波辅助萃取，且满足美国EPA1614方法的要求。土壤样品的检测结果满足测定要求。方法简捷，萃取剂用量少，用时短，是一种有效的前处理方法。

实例10-52 HPLC测定土壤中4-壬基酚的前处理—超声提取/固相萃取[70]

方法提要：4-壬基酚（4-NP）是一种重要的精细化工原料和中间体，具有脂溶性，在环境中稳定，不易降解，生物累积性强，且有环境雌激素效应、致畸和致突变的性质。4-壬基酚会通过污废水向河湖中排放及灌溉农田进入土壤中，是当今环境领域重点关注项目之一。

本方法采用超声波提取土壤样品中的4-壬基酚，提取液经硅胶柱固相萃取净化后用HPLC分析。

仪器与试剂：超声波清洗机，氮吹仪，旋转蒸发仪，低速自动平衡离心机，数显恒温水浴锅；硅胶（100～180目）、滤纸和脱脂棉：用二氯甲烷和甲醇分别索氏抽提12h后，于130～140℃条件下烘4h；无水硫酸钠：分析纯，于马弗炉内，250℃条件下烘4h；甲醇：色谱纯，二氯甲烷和丙酮（分析纯）：用前经全玻璃系统重蒸馏；4-壬基酚标准溶液（丙酮溶剂）；所有玻璃仪器均用洗涤液（重铬酸钾：浓硫酸：水＝20g：360mL：20mL）浸泡后，用自来水和去离子水冲洗干净，250℃条件下烘2h。

操作步骤：称取水稻田土壤样品（风干并过1mm筛）200g于500mL三角烧瓶中（3个平行样），加入10mL含4-壬基酚的丙酮溶液，充分混匀，使4-壬基酚的最终含量为20mg/kg。将三角烧瓶置于通风橱中3h，每隔20min振荡1次，使4-壬基酚在土壤样品中充分混合，于通风橱内放置24h，再摇匀1次后，待用。

称取上述样品20.00g，用30mL二氯甲烷、甲醇、丙酮和二氯甲烷-甲醇（9+1）四种有机溶剂超声提取10min，以4000r/min的速度离心10min，转移上清液至150mL平底烧瓶中，用锡箔纸封口待用。重复超声提取3次，合并上清液，旋转蒸发仪浓缩至5mL，经硅胶-无水硫酸钠层析柱净化后,用 50mL 二氯甲烷-正己烷(8+2)洗脱,旋转蒸发仪浓缩至 1mL,转移至 2mL 样品瓶中。经氮吹仪吹干,用进样针取 1mL 甲醇定容,待测。

方法评价:本方法通过一系列实验选择了超声提取法和二氯甲烷-正己烷(8+2)提取剂。整个方法具有用时少,无须加热等优势;测定实际土壤样的回收率、检出限和重现性均满足要求。

实例 10-53 固相萃取/高效液相色谱串联质谱法测定土壤中微囊藻毒素的前处理——EDTA-Na$_4$P$_2$O$_7$ 溶液提取/SPE 柱净化[71]

方法提要:微囊藻毒素由水体中的蓝绿藻产生,是一种具有生物活性的单环七肽化合物。在实际环境中,受到微囊藻毒素污染的水及打捞出来的蓝藻被直接施用于灌溉农田作为有机肥。藻细胞破碎后释放出的高浓度微囊藻毒素会严重污染土壤,进而被农作物吸收。

微囊藻毒素环肽结构中有两个可形成多种 MCs 异构体的氨基酸基团 R$_1$ 和 R$_2$,其中的 MC-LR、MC-RR 和 MC-YR(L、R 和 Y 分别代表亮氨酸、精氨酸和色氨酸),是分布最广和毒性最大的 3 种微囊藻毒素,生理毒性仅次于二噁英。世界卫生组织已对此类物质的每日临时可耐受量做了严格的限定。本方法根据微囊藻毒素可与钠、铜、汞等金属离子在中性和碱性条件下形成稳定络合物的原理,采用强螯合剂溶液 0.1mol/L EDTA-Na$_4$P$_2$O$_7$(pH 5~6)进行提取,EDTA-Na$_4$P$_2$O$_7$ 与微囊藻毒素竞争金属离子,有效地置换出微囊藻毒素,以甲醇富集后测定。萃取液经 SPE 柱净化富集后采用质谱正离子多反应监测模式进行定量测定的方法。

仪器与试剂:0.24mm 孔径筛子,离心机,50mL 离心管,固相萃取装置,C$_{18}$ SPE 柱(6mL,500mg);氮吹仪,超纯水系统,0.22μm 滤膜;3 种微囊藻毒素标准品(纯度大于95%),甲醇(色谱纯),EDTA-Na$_4$P$_2$O$_7$ 溶液:0.1mol/L。

操作步骤:准确称取 2.00g 已风干,并粉碎至 0.24mm(过筛)的土壤样品,置于 50mL离心管中,加入 5mL 0.1mol/L EDTA-Na$_4$P$_2$O$_7$ 溶液,静置 10min,涡旋振荡 5min,以8000r/min 的转速离心 5min,重复 3 次,合并提取液。将提取液用 C$_{18}$ SPE 柱富集目标组分,收集柱流出液,再次过柱,重复过柱 3 次后,用 10mL 水清洗 SPE 柱,真空干燥 5min,再用 3mL 甲醇洗脱 SPE 柱,收集洗脱液,于 40℃条件下,以氮气吹至近干,以甲醇定容至1mL,过 0.22μm 滤膜后测定。

方法评价:本研究介绍了两种前处理柱,C$_{18}$ 和 Oasis HLB。C$_{18}$ 是普适性吸附柱,OasisHLB 柱是由亲脂性的二乙烯苯和亲水性的 N-乙烯基吡咯烷酮按照一定比例聚合而成的大孔聚合物,其比表面积大,对高浓度强极性的 MC-RR 具有良好富集效果。当微囊藻毒素的含量低于 50μg/kg 时,两种 SPE 柱的吸附效果相近。如考虑成本,使用 C$_{18}$ 柱即可满足要求;若 MC-RR 含量高于 50μg/kg 时,建议使用 OasisHLB 柱净化样品。

10.6 固体废物和危险废物

固体废弃物主要包括生活垃圾、工业废渣和建筑垃圾。其危害性包括致毒、致癌、致突变。若随意堆放或不经任何处理填埋,会由于皮肤接触、吸入和通过食物链被摄入等,造成中毒或死亡。GB 5085.6—2007 中规定:含该标准附录 A 中一种或一种以上剧毒物质的总含量≥0.1%;含附录 B 中一种或一种以上有毒物质的总含量≥3%;含附录 C 中一种或一种以上致癌性物的总含量≥0.1%；含附录 D 中一种或一种以上致突变性物质≥0.1%；含附录 E 中一种或一种以上生殖毒性物质≥0.5%的固体物质都属危险废物。因此,必须高度重视对固体废弃物和危险废物的监测工作。

2003 年,欧盟出台的"关于电子电器设备中某些有害物质的限制使用"(RoHS)指令中明确规定:禁止使用铅、镉、汞和六价铬等有毒物质;2005 年又进一步规定了组成电子电器设备的均一物质中上述有害物质的最高限值。其他国家也有类似规定。

2001 年通过的《关于持久性有机污染物(POPs)的斯德哥尔摩公约》和 2006 年 7 月 1 日生效的《欧盟对电子电机设备中危害物质禁用指令》中分别明确地规定了要求削减和淘汰的影响环境的 12 类 POPs 化合物和电子电机等产品中的 6 项物质,其中有对人体产生强毒性作用的多氯联苯,包含有 209 种持久性有机污染物,其中 12 种是二噁英类多氯联苯。

生活垃圾的处理方式主要有分类回收、填埋、堆肥和焚烧 4 种。现阶段主要以卫生填埋为主,尚处于生活垃圾处理的初级阶段。填埋后,垃圾中仍有一些有害成分会对大气、土壤及水源造成严重污染。

工业废渣的固体废弃物长期堆存不仅占用大量土地,而且对水体和大气造成严重污染。经过雨雪淋溶,有害废渣中的可溶成分由地表向下渗透。在有色金属冶炼厂附近的土壤里,铅含量为正常土壤中含量的 10~40 倍,铜含量为 5~200 倍,锌含量为 5~50 倍。这些有害物质在土壤中积累而被作物吸收,毒害农作物。此外,废渣的长期堆积,有机物分解,自燃或被火种引燃的现象时有发生,产生的大量有毒有害气体会给周边的生态环境带来极大的危害。

固体废弃物一般为块状物,采样后,需进行粉碎。测定金属元素的前处理方式有:电热板消解、微波消解或浸出法。对于微量有机物,宜采用索氏提取、加速溶剂萃取等方法。如果样品基体复杂,则可采用固相萃取等方法对提取液进行净化处理。

实例 10-54 ICP-AES 测定废渣中金属元素的前处理[73]

方法提要:等离子发射光谱可实现同一样品中数十种金属元素同时测定,检出限低,在环境监测中应用广泛。样品经强酸消解后即可直接测定。

仪器与试剂:电热板;硝酸(68%)、盐酸(36%)、高氯酸(72%),均为优级纯。镉、锰、铜、铅、锌、锑储备液均用光谱纯金属或其化合物配制。

操作步骤:称取 0.2g 左右(准确至 0.0001g)不同目数的锑渣和钞渣,用少量水润湿后加入3mL HNO₃,放在电热板上加盖加热 2h,再加入 10mL HCl,加热消解至有机物基本分解完全。待消解反应平和,放置过夜后再加入 3mL HClO₄,继续加热消解。由于样品难分解,在消解过程中需要多次加入 HClO₄。待样品消解完全,消解液基本澄清,无明显残留物后,加入 5.0mL HNO₃,用水定容至 100mL,待测。

方法评价:本方法测定了 60~100 目渣中镉、锰等 6 种金属元素含量,相对标准偏差小于 10%;加标回收率在 74%~97%。但此方法高氯酸用量较大,有一定的腐蚀性,应适当加大硝酸的用量,减少高氯酸的用量。

实例 10-55 原子荧光法测定固体废弃物中汞的前处理——微波消解[74]

方法提要:汞是固体废弃物中的主要危害性物质,能对人的中枢神经造成永久伤害,且沸点低,扩散性强,是环保领域的重点监控项目。

传统的样品前处理方法是高锰酸钾或过硫酸钾消解。试剂用量大,消解时间长,样品中的汞易损失,回收率不稳定。本方法依据 HJ/T 299—2007 标准,采用微波消解处理固体废弃物的浸出液,不仅大大缩短了消解时间,而且在很大程度上避免了前处理过程中汞的损失。

仪器与试剂: 翻转式搅拌器、微波消解仪、玻璃纤维(孔径 0.7μm);浓硝酸、浓盐酸、重铬酸钾(均为优级纯);氢氧化钠(分析纯)、硼氢化钾(不低于 95%);0.5g/L 重铬酸钾溶液:称取 0.5g 重铬酸盐固体,以 1000mL(1+19)硝酸溶解配成汞标准溶液 50μg/L;临检测前以 0.5g/L 重铬酸钾溶液对 100mg/L 汞储备液逐级稀释配成。

操作步骤: 依据 HJ/T 299—2007 标准,使用翻转式搅拌器,室温下,以 30r/min 的频率连续振荡 18h,然后通过玻璃纤维过滤,收集滤液。取 45mL 滤液置于微波消解罐中,加入 5mL 浓硝酸进行密闭消解,程序升温条件:室温至 170℃。消解完成后,用载流溶液转移定容至 100mL,待测。

方法评价: 采用微波消解法,使消解液与样品直接充分接触,从而达到消解完全。消解液产生的挥发性气体和汞蒸气不易挥发,因使用硝酸,空白值低。操作简便、快速、回收率高。

实例 10-56 ICP-MS 测定电子电器材料中有害元素的前处理[75]

方法提要: 电子电器材料中有害元素的检测非常重要。传统的测定方法有容量法、分光光度法和原子吸收法,都是针对单一元素的测定方法。分析速度慢且过程复杂,不能满足快速分析、迅速出具检测报告的要求。本方法根据电子电器样品多为合金的特点,采用强酸消解样品,用电感耦合等离子质谱测定样品中上述有害金属元素。

仪器与试剂: 微波消解仪,超纯水系统,盐酸、氢氟酸;铅、镉、铬的混合标液(10μg/mL,5% 的硝酸介质),用 5% 硝酸逐级稀释成标准溶液系列;在线内标溶液,调谐溶液。

操作步骤: 精确称取 0.1000g 样品于酸溶液中煮沸并洗净的聚四氟乙烯消解罐中,缓缓加入 5mL 王水,加热溶解至溶液清亮。如样品中 Si 或 C 的含量较高,则需加入少量氢氟酸,加盖并放入微波炉中,按设定的消解程序加热。消解结束后,冷却,打开消解罐,将样品液转入干净的 100mL PET 塑料瓶中,以少量纯水洗涤消解罐和盖子 3~4 次,合并后混合均匀,同时做空白试验。测定时,在线加入内标液,同时测量 Pb、Cd 等元素以及 Ge、In、Bi 等的同位素信号强度,以 Ge、In、Bi 作为内标校正仪器信号灵敏度漂移和基体效应。

方法评价: 本方法适用于 Si、C 含量较高样品的前处理,操作简便,酸用量小,无明显的基体效应影响,因此不需基体匹配,且测定速度快,线性范围宽,检出限低,是一种在环境样品测定中值得推广的好方法。

实例 10-57 城市生活垃圾中可生物降解有机成分的测定的前处理[76]

方法提要: 卫生填埋是普遍采用的城市生活垃圾最终处置方式。为了解填埋垃圾中的有机质能够实现的降解程度,克服传统垃圾成分分析无法定量表示可生物降解的有机质成分的缺点,实现对填埋垃圾降解过程的动态监测,掌握垃圾有机质的降解规律,为垃圾填埋场的稳定运行提供数据支持。本研究提供了一系列测定可生物降解有机成分的常规测定方法。

仪器与试剂: 陶瓷研钵(200mL)、土壤筛(1mL、3mL)、电子天平(精度:0.1mg)、索氏提取器(250mL)、电热恒温鼓风干燥箱、恒温水浴锅、高速大容量电动离心机、蒸发皿(10mL、100mL)、玻璃漏斗(200mL)、砂芯漏斗(250mL);试剂:苯、乙醇(均为分析纯),

2moL/L 盐酸溶液、氢氧化钠溶液(10g/L、100g/L)、5%盐酸溶液、72%硫酸溶液、酚酞指示剂、DNS 试剂、蒽酮指示剂。

操作步骤：

(1) 样品的预制备：将样品于 60℃ 条件下烘干后，置于 200mL 陶瓷研钵中研磨，再过 1mm 土壤筛，对于土壤中尺寸较大、不易被粉碎的物质，如纸片类等，可用刀破碎后过 3mm 土壤筛。最后将此两种粒径的样品混匀。

(2) 脂肪类：采用圆锥四分法，称取 3g 处理后的样品于滤纸袋内，于索氏提取器中抽提 8h，提取液为苯与乙醇的混合液(1＋2)，水浴加热温度 80℃，回流速度：1 滴(约 0.2mL)/s。抽提结束后向水浴装置中加入冷水，然后将滤纸袋取出于 60℃ 条件下烘干，称量残渣质量，按下式计算脂肪类含量。

$$W_{脂肪类} = \frac{m_1 - m_2}{m_1} \times 100\% \qquad (10\text{-}1)$$

式中：$W_{脂肪类}$ 为脂肪类物质质量分数；m_1 为称样量；m_2 为残渣质量。

(3) 易水解物和半纤维素：将(2)中抽脂后的残渣放入烧杯中，以每克残渣 100mL 2moL/L 的 HCL 溶液溶解，搅拌均匀，盖上表面皿，于沸水浴中加热 45min，冷却后过滤，并用蒸馏水冲洗残渣 3 次，洗液与滤液并入烧杯内。残渣于恒温干燥箱内 60℃ 条件下烘干后称量测定易水解物，按下式计算易水解物：

$$W_{易水解物} = \frac{m_2 - m_3}{m_1} \times 100\% \qquad (10\text{-}2)$$

式中：$W_{易水解物}$ 为易水解物质量分数；m_3 为去除易水解物后残渣的质量。

向烧杯内溶液中加入 1 滴酚酞指示剂，用 100g/L NaOH 滴定至中性变色点后定容至 1000mL，用 DNS 比色法测定溶液中还原糖的质量浓度，然后换算成半纤维素质量浓度，按下式计算半纤维含量：

$$W_{半纤维素} = \frac{\rho \times V_1 \times 0.9}{m_1} \times 100\% \qquad (10\text{-}3)$$

式中：$W_{半纤维素}$ 为半纤维素质量分数；ρ 为还原糖质量浓度；V_1 为溶液定容体积；0.9 为半纤维素与还原糖间的换算系数。

(4) 腐殖酸：向去除易水解物后的残渣中按照 1g 残渣/150mL 的量加入 10g/L 氢氧化钠溶液，于沸水浴上抽提 2h，冷却后离心分离，吸取上层清液，定容至 1000mL，残渣用蒸馏水清洗后于 60℃ 条件下烘干称重。按下式计算出黑腐酸、棕腐酸和黄腐酸的总质量分数。

$$W_{腐殖酸} = \frac{m_3 - m_4}{m_1} \times 100\% \qquad (10\text{-}4)$$

式中：$W_{腐殖酸}$ 为腐殖酸质量分数；m_4 为残渣质量。

从容量瓶中吸取 100mL 溶液于烧杯中，加入 150mL 5%盐酸酸化，用玻璃棒搅拌均匀后，静置 15min，将此浊液以 8000r/min 的速度离心分离 20min 后，弃去上清液，用水将沉淀洗至刚开始胶溶为止。将沉淀物倾至 10mL 蒸发皿中，红外干燥箱烘干后，于恒温干燥箱 60℃ 条件下干燥 2h，冷却、称重，在马弗炉中 550℃ 条件下灼烧 2h，冷却后称重。黑、棕腐殖质的总质量分数按式(10-5)计算：

$$W_{腐殖酸} = \frac{(m_5 - m_6)V_3}{m_1 \times V_4} \times 100\% \qquad (10\text{-}5)$$

式中：$W_{腐殖酸}$ 为黑腐酸和棕腐酸的质量分数；m_5 为黑腐酸、棕腐酸、灰分与蒸发皿的总质量；m_6 为灰分与蒸发皿的总质量；V_3 为溶液稀释的总体积；V_4 为吸取溶液的体积。

(5) 难水解物、不水解物与纤维素：称取一定量烘干后的残渣（m_7）置于烧杯中，按 10mL/g 的量加入 72% 的硫酸溶液，于 20℃ 条件下水解 3h，然后向溶液中按照 90mL/g 的量加入蒸馏水，室温过夜，次日用恒重的砂芯漏斗过滤并洗涤，残渣于 60℃ 条件下烘干称重（m_8），滤液和洗液混合后定容至 1000mL。

不水解物按式(10-6)计算：

$$W_{不水解物} = \frac{m_8}{m_1 \times 100\%} \tag{10-6}$$

难水解物质量分数 $W_{难水解物}$ 按式(10-7)计算：

$$W_{难水解物} = 1 - W_{脂肪类} - W_{易水解物} - W_{腐殖酸} - W_{不水解物}$$

利用蒽酮硫酸比色法测定溶液中还原糖质量浓度。然后换算成纤维素质量浓度，按式(10-7)计算纤维素质量分数 $W_{纤维素}$：

$$W_{纤维素} = \frac{\rho' \times V_1' \times 0.9}{m_1 \times 100\%} \tag{10-7}$$

式中：ρ' 为还原糖质量浓度；V_1' 为溶液定容体积；0.9 为半纤维素与还原糖间的换算系数。

方法评价：本方法通过一系列的步骤测定城市垃圾中的各种成分，方法简便，连续性强。特别是能在 60℃ 的较低温度下测定有机分含量，避免了 105℃ 条件下有机质易被破坏，生成气体散逸，使测定结果偏低。这种连续测定的方法不仅可为城市生活垃圾处理方式的选择提供可靠依据，还可对垃圾处理过程中固相成分变化及能量的释放进行预测，对垃圾填埋后生物有机质降解规律进行研究，为垃圾无害化处理及生物能利用提供有力的科学依据。

实例 10-58 固体废弃物中氮含量测定的前处理[76]

方法提要：在固体废弃物的综合无害化利用中，总氮是一个非常重要的指标。固体样品中的总氮一般由氨氮、硝态氮、亚硝态氮和有机氮等组成，通过测定各种含氮化合物的含量，计算出各种化合物的组成比例，分析样品被微生物矿化的难易程度，对选择适宜的方法进行固体废弃物资源化非常有益。

固体样品前处理方法有酸＋氧化剂消解、微波消解等方法，本实例采用了比较简便的硫酸＋双氧水消解＋过硫酸钾氧化(加合法)和水杨酸＋硫酸固定＋还原剂硫代硫酸钠还原(一步法)对堆肥和填埋样品进行消解。

仪器和试剂：消解管、电炉、100mL 容量瓶；市售浓硫酸、双氧水、硫代硫酸钠。

操作步骤：

(1) 加合法：准确称取 1.0000g 样品置于消解管中，加入 15mL 浓硫酸，转动消解管使酸和样品充分混合，静置过夜，逐滴加入双氧水消解，用过硫酸钾氧化后分别进行氨态氮和硝态氮的测定。

(2) 一步法：准确称取 1.0000g 样品置于消解管中，加入 15mL 水杨酸/浓硫酸，转动消解管使酸和样品充分混合，静置过夜；称取 1.3000g 五水合硫代硫酸钠加至消解管底部，在消解炉上低温加热至不冒泡，然后按照纳氏试剂比色法测定氨态氮。

方法评价：两种方法各有特点，RSD 和回收率都满足要求。相比之下，一步法的 RSD

和回收率更佳,只是消解时间稍长。此方法将样品中的含氮物质都转化为氨态氮,避免了加合法中 220nm 处微量有机物的吸收。所以,测定结果更为准确。

实例 10-59　垃圾渗滤液中有机污染物测定的前处理[77]

方法提要:垃圾渗滤液是一种成分很复杂的高浓度有机废水,会造成严重的土壤和地下水污染。由于基体复杂,有机物种类多,使前处理更加困难。传统的方法是采用二氯甲烷手工萃取,提取不易完全,会使提取液和水发生乳化作用,难以充分分离。

本方法采用超声辅助从垃圾渗滤液中提取有机物,不仅大大提高了萃取效率,而且检测结果更加准确。

仪器与试剂:超声波清洗池、旋转蒸发仪(带恒温水浴)、玻璃器皿(经重铬酸钾溶液浸泡后,清洗干净,再用超纯水清洗)、GC-MS 联用仪;甲醇、二氯甲烷,均为色谱纯;无水硫酸钠、硫酸、氢氧化钠,均为分析纯。

操作步骤:晴天时,用塑料桶采集垃圾填埋场渗滤液样品。密封,避光低温保存。

中性萃取:量取 1L 渗滤液,确认 pH 为中性,加入 100mL 二氯甲烷,用力振摇 5min,放入超声波清洗池中萃取 20min,静置分层。向分出的有机乳浊液中加入无水硫酸钠脱水后过滤,滤液为透明有机相,再向水相中加入 50mL 二氯甲烷,重复以上操作,将两次萃取液合并。

碱性萃取:用氢氧化钠调节中性萃取后水相的 pH 为 12,用二氯甲烷重复上述中性萃取的操作。

酸性萃取:用硫酸(1+5)调节碱性萃取后水相的 pH 为 2,用二氯甲烷重复上述操作。

将上述三种条件下萃取得到的有机相合并,转入旋转蒸发仪内,于 40℃ 条件下浓缩至 2mL,加少量无水硫酸钠干燥,于 4℃ 条件下保存待测。同时用传统的振荡萃取法处理一份对照样品。

方法评价:本方法在传统的中性、碱性、酸性分别萃取的基础上,引入了超声波辅助法,使有机污染物的萃取量提高了 1 个数量级,且部分在传统振荡萃取中不能被萃取或萃取甚微的物质也被提取出来。因为超声波辐射能够产生强烈的空化和扰动作用,具有较高的加速度和击碎、搅拌作用等多级效应,使分子的运动频率和速度得到加强,目标成分更易进入溶剂,促进了萃取的进行。

垃圾填埋场产生的渗滤液成分极其复杂,既含有高浓度、易生化降解的有机酸,又含有低浓度难生化降解的烷烃类、酯类等物质。采用此方法,除了传统方法能够检出的低分子的羧酸,还有多种醇、酚、磷酸酯、萜品醇、环己醇、烟碱、甲基吲哚等被检出。超声辅助萃取技术为这种复杂样品的全面检测提供了一种实用、可靠的前处理方法。

实例 10-60　旧机电产品中二噁英类多氯联苯测定的前处理[78]

方法提要:二噁英类多氯联苯属于《斯德哥尔摩公约》中优先控制的对象,曾大量用于变压器和电容器内的绝缘介质、热交换剂、润滑剂和增塑剂等,这些物质具有强致癌和内分泌干扰作用,且能长久存于环境中,对人的毒害呈慢性,可危害数代人的健康。

由于这些物质本身是高分子化合物,且含有多种黏合剂、稳定剂、增塑剂和乳化剂等干扰物质,EPA 推荐的多层色谱柱净化方法难以对其进行有效净化。本实例采用凝胶渗透色谱法(GPC)去除塑料中高分子干扰物,结合流体控制系统(FMS)除去其他小分子化合物后检测。

仪器与试剂：索氏提取装置，凝胶渗透色谱仪，流体控制系统，旋转蒸发仪，氮吹浓缩仪，万分之一分析天平；校正标准溶液（0.5～800ng/mL），定量内标溶液（含 12 种 ^{13}C 内标，浓度200ng/mL），进样内标溶液（100ng/mL），纯度＞98%；二氯甲烷、正己烷、甲苯和壬烷等有机溶剂均为农残级。硅胶柱，氧化铝柱和碳柱。

操作步骤：准确称取经液氮冷冻并粉碎的旧机电样品 2kg 于滤纸套筒内，加入约 3g 硅藻土充分混匀，10μL 定量内标溶液（含 12 种多氯联苯内标），静置 2h 后转移至索氏提取管内，加入甲苯提取 12h。

向索氏提取瓶内提取液中加入 1mL 壬烷，旋转蒸发蒸干甲苯，加入约 50mL 二氯甲烷，约 15g 酸性硅胶，充分反应后通过装有无水 Na_2SO_4 的漏斗，收集滤液，并浓缩至 10mL，按下面的条件和步骤进行 GPC 净化。

将上述 GPC 收集的样品溶液旋转蒸发至近干，加入 10mL 正己烷转移至 FMS 的进样管中，在 FMS 上分别过硅胶柱、氧化铝柱和碳柱后，收集 FMS 洗脱液于 250mL 浓缩瓶中，于旋转蒸发浓缩至约 0.5mL，转移至 100μL 微量样品瓶中，并用正己烷洗涤浓缩瓶，在低流速氮气条件下将样品浓缩至干，加入 10μL 壬烷和 10μLPCB 进样内标溶液，混匀，待测。

FMS 为全封闭自动操作，共有 25 个步骤，主要步骤如下：

正己烷润洗硅胶柱、氧化铝柱和碳柱，均为 10mL/min，20mL；甲苯润洗碳柱（10mL/min，40mL）；乙酸乙酯-苯混合液（1∶1）润洗碳柱（10mL/min，10mL）；正己烷-二氯甲烷混合液（1∶1）润洗碳柱（10mL/min，20mL）；正己烷-二氯甲烷混合液（98∶2）洗涤氧化铝柱；乙酸乙酯-苯混合液（1∶1）洗涤碳柱（10mL/min，4mL）；正己烷洗涤碳柱（10mL/min，10mL）；甲苯反向淋洗碳柱（10mL/min，75mL）等。从乙酸乙酯和苯混合液洗涤碳柱这一步起收集流出液于浓缩瓶中。

方法评价：通过添加不同浓度的标准液（precision and recovery standard，PAR）测得方法检出限为 0.1pg/g，同位素标准的回收率为 64.9%～103.8%，符合欧盟指令 2002/70/EC 和 EPA1668 的要求。采用萃取、浓缩、GPC 净化，再由 FMS 过硅胶柱、氧化铝柱和碳柱净化等前处理手段，能够有效地将废旧电器样品分解，GPC 和 FMS 系统可有效地去除高分子干扰物和其他小分子化合物，使样品中的 PCBs 能够准确测定。该方法可推广至其他机电产品中的多氯联苯和二噁英分析。

实例 10-61 气质联用法测定电子电气产品塑料部件中多氯化萘的前处理方法——加速溶剂萃取法[79]

方法提要：多氯化萘在 20 世纪 80 年代以前多用于电力行业的绝缘和阻燃作用，是全球范围内普遍存在的 POPs 之一。本研究建立了 GC-MS 测定电气产品中多氯化萘的加速溶剂萃取前处理法。

仪器与试剂：加速溶剂萃取仪、冷冻研磨机、旋转蒸发仪、精密移液器、高速冷冻离心机、超声波可控清洗器、硅胶 SPE 萃取柱、100mL 鸡心量瓶、超纯水机、0.22μm 滤膜；弗罗里硅土、正己烷-二氯甲烷（1∶1）混合液。

操作步骤：

（1）样品制备：将电子电气产品机械拆卸并抽除内芯后，剪碎绝缘的塑料部分，经冷冻、研磨后备用。

（2）加速溶剂萃取：准确称取 1g 粉碎后的样品，加入 2g 弗罗里硅土，混匀；用定量滤纸包好。置于 24mL 不锈钢萃取池中(底部放一层纤维滤纸),于 100℃、13.8MPa 条件下,用正己烷和二氯甲烷混合液静态萃取 5min。萃取 2 个循环后,用相当于萃取池容积 60％的新鲜溶剂冲洗萃取池,最后用氮气(1.04MPa)吹扫 5s 后,收集萃取液于萃取瓶中。

(3) 净化:将萃取液转移至 100mL 鸡心量瓶中,用旋转蒸发仪进行浓缩,控制压力不低于 2.8MPa,温度不超过 36℃。浓缩至 7～8mL 时,转移至刻度玻璃管中,用正己烷与二氯甲烷混合液定容至 10mL,通过硅胶 SPE 柱净化。

净化前,将硅胶 SPE 柱用正己烷与二氯甲烷混合液进行活化,然后将萃取液通过,收集于另一鸡心瓶中,用 1mL 试剂淋洗 SPE 柱,将淋出液与旋转蒸发仪上浓缩至干,最后用 1mL 混合试剂溶解,过 0.22μm 滤膜后,待测。

方法评价:通过实验,选择了硅胶小柱进行样品净化。采用弗罗里硅土作为固相分散剂,与样品充分混合均匀后进行加速溶剂萃取,增大了样品与萃取剂的接触面积,取得了较好的萃取效果。与超声波萃取和索氏提取法对比,本方法的萃取率更高,有效地克服了电气产品塑料部件基体复杂,聚合物干扰多的问题。

参考文献

[1] 齐文启. 环境监测实用技术[M]. 北京:中国环境科学出版社,2006.

[2] 空气和废气的监测分析方法编委会,空气和废气的监测分析方法[M]. 4 版. 北京:中国环境科学出版社,2003.

[3] 李英堂,李伟,赖荣辉,等. 热脱附——气相色谱法测定环境空气中的芳烃和卤代烃[J]. 环境监测管理与技术,2004,16(1):29-31.

[4] 环境保护部. 环境空气苯系物的测定 固体吸附/热脱附 HJ 583—2010[S]. 北京:中国环境科学出版社,2010:9.

[5] 魏荣霞,周围,解迎双,等. TD/GC-MS 法分析燃放烟花爆竹时产生的大气有机污染物[J]. 分析试验室,2013,32(3):98-101.

[6] 何凌燕,胡敏,黄晓锋,等. 北京市大气气溶胶 $PM_{2.5}$ 中极性有机化合物的测定[J]. 环境科学,2004,25(5):15-20.

[7] 吴宇峰,李利荣,时庭锐,等. 大气总悬浮颗粒物中半挥发性有机污染物的测定[J]. 安全与环境学报,2006,6(3):86-89.

[8] 国家环境保护局科技标准司. 环境空气总悬浮物颗粒物的测定重量法:GB/T 15432—1995[S].

[9] 迟旭光,狄安,董树屏,等. 大气颗粒物样品中有机碳和元素碳的测定[J]. 中国环境监测,1999,15(1):11-13.

[10] 朱燕,李晓林,李玉兰,等. 同位素稀释电感耦合等离子体质谱法分析降尘中铂族元素[J]. 分析化学,2011,39(5):695-699.

[11] 张琪,孙宏春. 机动车尾气(大气低空环境)微量铅监测方法研究[J]. 职业与健康,2004,20(5):48-49.

[12] 熊开生,冯裕钊,庄春龙,等. 比色法快速测定室内空气甲醛含量[J]. 环境监控与预警,2012,4(2):27-29.

[13] 公共场所空气中甲醛测定方法:GB/T 18204.26—2000[S].

[14] 国家环保部编委会. 水和废水监测分析方法(第四版)(增补版)[M]. 北京:中国环境科学出版社,2002.

[15] 生活饮用水卫生标准:GB/T 5749—2006[S].

[16] 生活饮用水标准检验法:GB/T 5750—2006[S].

[17] 水质挥发性卤代烃的测定顶空气相色谱法：HJ 620—2011[S].

[18] 水质挥发性有机物的测定吹扫捕集气相色谱/质谱法：HJ 639—2012[S].

[19] 余胜兵,朱炳辉,许瑛华,等.顶空固相微萃取谱-气相色谱-质谱联用测定饮用水中 6 种致嗅化合物[J].分析实验室,2013,32(7)：58-62.

[20] 张艳萍,肖兵,国清,等.吹扫捕集气相色谱法测定饮用水中 15 种挥发性卤代烃的方法研究[J].中国卫生检验杂志,2010,20(9)：2187-2188.

[21] 孙迎雪,黄建军,顾平.固相萃取-离子色谱法测定饮用水中的痕量卤代乙酸[J].色谱,2006,24(3)：298-301.

[22] 胡雄星,张文英,韩中豪,等.水样中可吸附性卤化物(AOX)的测定[J].中国环境监测,2006,22(3)：15-17.

[23] 江桂斌,等.环境样品前处理技术[M].北京：化学工业出版社,2004.

[24] 陈小华,汪群杰.固相萃取技术与应用[M].北京：科学出版社,2010.

[25] 林红梅,林奇,张远辉,等.在线样品前处理大体积进样离子色谱法直接测定海水中亚硝酸盐、硝酸盐和磷酸盐[J].色谱,2012,30(4)：374-377.

[26] 吴宏伟,陈梅兰,寿旦,等.离子色谱-化学发光法测定环境水样中痕量间苯二酚和间苯三酚[J].分析化学,2012,40(11)：1747-1751.

[27] 刘芃岩,高丽,申杰,等.固相微萃取-气相色谱法测定白洋淀水样中的邻苯二甲酸酯类化合物[J].色谱,2010,28(5)：517-520.

[28] 母应锋,杨丽莉,胡恩宇,等.一滴溶剂微萃取-毛细管气相色谱法分析水中的七种硝基苯类化合物[J].色谱,2007,25(6)：876-880.

[29] 王超,高海鹏,李婷,等.固相萃取/超高压液相色谱法测定水中痕量呋喃丹、甲萘威及阿特拉津[J].分析测试学报,2012,31(12)：1567-1571.

[30] 陈晓虹,仇佩虹,金米聪,等.固相萃取-高效液相色谱后衍生法测定水中痕量 N-甲基氨基甲酸酯[J].中国卫生检验杂志,2006,16(1)：9-11.

[31] 赵迪,沈铮,闫晓辉,等.多孔膜萃取/微捕集方法及在线测定水中挥发性有机物[J].分析化学,2013,41(8)：1153-1158.

[32] 李伟,贾其娜,赵广超,等.石墨烯复合材料固相微萃取涂层的制备及其对水样中六六六残留的测定[J].分析测试学报,2011,30(7)：734-738.

[33] 鲍纪明,周缀琴.一次性萃取法测定水中阴离子洗涤剂[J].中国卫生检验杂志,2009,19(9)：2188-2189.

[34] 生活饮用水标准检验方法感官性状和物理指标：GB/T 5750.4—2006[S].

[35] 朱丽波,徐能斌,冯加永,等.双柱串联-超高效液相色谱-质谱法测定水中的 4 种胺类物质[J].分析化学,2013,41(4)：594-597.

[36] 祁辉,刘爱民,黄业茹,等.巯基棉富集-毛细柱气相色谱法测定环境水中的甲基汞[J].中国环境监测,2010,26(4)：33-35.

[37] 周益奇,王子健.污水中 6 种邻苯二甲酸酯的测定[J].分析测试学报,2009,28(12)：1419-1423.

[38] 王冠华,雷永乾,蔡大川,等.配位聚合物固相萃取/气相色谱-质谱联用法测定环境水样中的 6 种多环芳烃[J].分析测试学报,2013,32(5)：575-580.

[39] 李鱼,刘建林,张琛,等.固相萃取-分散液液微萃取-柱前衍生法测定水中痕量雌激素[J].分析化学,2012,40(1)：107-112.

[40] 李芳龙,侯可勇,陈文东,等.单光子/光电子电离-膜进样质谱法在线测定水中醚类汽油添加剂[J].分析化学,2013,41(1)：42-48.

[41] 彭园珍,黄勇明,袁东星,等.采用沉淀/共沉淀-膜富集-X 射线荧光法快速分析近岸海水中的重金属[J].分析化学,2012,40(6)：877-882.

[42] 污水综合排放标准：GB 8978—1996[S].

[43] 城镇污水处理厂污染物排放标准：GB18918—2002[S].

[44] 魏光涛,韦朝海,吴超飞,等.红外分光光度法测定焦化废水中的油[J].冶金分析,2007,27(4)：59-61.

[45] 徐琳,史亚利,蔡亚岐.顶空固相微萃取/气相色谱-质谱联用测定水中6种挥发性硅氧烷[J].分析测试学报,2012,31(9)：1115-1119.

[46] 秦明友,张新申,康莉,等.全自动固相萃取分子筛脱水气质联用法测定水中多氯联苯[J].分析化学,2013,41(1)：76-82.

[47] 李贵梅,陈东辉,黄满红,等.固相萃取-气质联用测定水环境中痕量多环麝香[J].分析实验室,2011,30(1)：55-58.

[48] 张秀蓝,张烃,董亮,等.固相萃取/液相色谱-串联质谱法检测医院废水中21种抗生素药物残留[J].分析测试学报,2012,34(4)：453-458.

[49] 王立,等.色谱分析样品前处理[M].北京：化学工业出版社,2008.

[50] 徐萍.王水微波消解测定污水处理厂污泥中重金属的前处理[J].广州化工,2012,40(2)：151-152.

[51] 刘烨潼,陈秋生,张强,等.联合消解测定海水底泥中全氮、全磷的含量[J].天津农业科学,2011,17(6)：45-47.

[52] 土壤和沉积物 挥发性有机物的测定吹捕集气相色谱/质谱法：HJ605—2011[S].

[53] 张占恩,张丽君,张磊.吹扫捕集-GC-MS测定底泥中的挥发性和半挥发性有机物[J].苏州科技学院学报(工程技术版),2006,19(2)：42-46.

[54] 冷庚,吕桂宾,陈勇,等.涡旋辅助-分散液液微萃取-高效液相色谱法测定沉积物中的多环芳烃[J].分析化学,2012,40(11)：1752-1757.

[55] 胡雄星,韩中豪,刘娟,等.微库仑法测定固体样品可吸附性有机卤化物[J].分析实验室,2008,27(7)：88-90.

[56] 龚丽雯,龚敏红,龚叶清,等.超声提取-气相色谱/串联质谱法测定水厂污泥中的五氯酚[J].中国给水排水,2012,28(18)：99-101.

[57] 郭丽,惠亚梅,郑明辉,等.气相色谱-质谱联用测定土壤及底泥样品中的多环芳烃和硝基多环芳烃[J].环境化学,2007,26(2)：192-196.

[58] 贺行良,夏宁,张媛媛,等.ASE/GC-MS法同时测定海洋沉积物中65种多氯联苯、多环芳烃与有机氯农药[J].分析测试学报,2011,30(2)：152-160.

[59] 乔玉霜,张晶,张昱,等.污水处理厂污泥中几种典型酚类内分泌干扰物的调查[J].环境化学 2007,26(5)：671-674.

[60] 土壤环境质量标准：GB 15618—2008[S].

[61] 李国刚.土壤和固体废物污染物分析测试方法[M].北京：化学工业出版社,2013.

[62] 吴开华,金肇熙.原子荧光法同时测定土壤中总砷和总汞的前处理因素影响[J].现代科学仪器,2005(4)：43-45.

[63] 胡平,解彦平,任永红.固相萃取-离子色谱法同时测定土壤中7种有效阴离子[J].应用化工,2013,42(4)：748-750.

[64] 固体废物挥发性有机物的测定顶空/气相色谱-质谱法：HJ 643—2013[S].

[65] 王永华,李立人,刘欣,等.顶空气相色谱法测定土壤或底泥中挥发性有机物[J].中国环境监测,2011,27(1)：17-20.

[66] 唐松林.红外光度法测定土壤中的石油类[J].中国环境监测,2004,20(1)：36-38.

[67] 许鹏军,张烃,任玥,等.ASE-SPE/GC-MS测定土壤中16种PAHs质量控制研究[J].分析测试学报,2012,31(9)：1126-1131.

[68] 杨佳佳,吴淑琪,佟玲,等.离子阱串联质谱法测定土壤及沉积物中的有机氯农药与多氯联苯[J].分析测试学报,2011,30(4)：374-380.

[69] 孙长恩,顾爱国,高巍.加速溶剂萃取-气相色谱法测定土壤中菊酯类农药残留[J].江苏农业科学,

2006(6)：399-401.

[70] 王丹丹,黄卫红,杨岚钦.超声微波协同萃取/气相色谱法测定土壤中的多溴联苯醚[J].分析测试学报,2011,30(8)：912-916.

[71] 蔡全英,黄慧娟,吕辉雄,等.超声提取/高效液相色谱法测定土壤中的4-壬基酚[J].分析测试学报,2012,31(2)：185-189.

[72] 李国刚,齐文启,等.ICP-AES光谱法同时测定固体废弃物中的多种元素[J].干旱环境监测,1994,8(4)：193-197.

[73] 杨正标,杜青,任兰,等.微波消解-原子荧光法测定固体废弃物浸出液中的总汞[J].化学分析计量,2011,20(1)：56-58.

[74] 张华,王英锋,施燕支,等.ICP-MS法测定电子电器材料中的有害元素铅、镉、砷、铬[J].环境化学,2006,25(5)：657-660.

[75] 周效志,桑树勋,程云环,等.城市生活垃圾可生物降解有机成分的测定[J].环境监测管理与技术,2007,19(2)：30-33.

[76] 海维燕,唐建,邱忠平,等.加合法与一步法测定固体废弃物中的总氮[J].安徽农业科学,2010,38(28)：15463-15464.

[77] 张胜利,郑爽英,刘丹,等.超声波辅助萃取GC/MS法测定垃圾渗滤液中有机污染物[J].环境污染与防治,2008,30(7)：32-38.

[78] 丁罡斗,李翔,张垚,等.旧机电产品中二噁英类多氯联苯的测定[J].检测检疫学刊,2009,19(2)：19-21.

[79] 徐琴,高永刚,牛增元,等.加速溶剂萃取-气相色谱质谱法测定电子电气产品塑料部件中的多氯化萘[J].分析试验室,2011,30(7)：71-74.

第11章

地质样品前处理

11.1 概述

地质科学是与资源开发利用和保护环境密切相关的基础性、综合性科学,地质实验测试技术是促进地质工作和地质科学发展的重要支撑,其产生的实验数据是地质科学研究、矿产资源及地质环境评价的重要依据,是人们认识地球的显微镜,是发现矿产资源、检测环境质量和开发矿业的强大武器[1]。实验测试工作是对地质体进行微观研究的重要组成部分,被誉为地质工作的"眼睛"。新中国成立初期,著名地质学家李四光曾指出:"地质、钻探、化验鼎足而立,三分天下有其一",精辟地阐明了实验测试在地质找矿工作中的重要作用和地位[2]。

目前的地质实验室,已经是立足地质矿产和环境、服务全社会的分析实验室。地质科学研究样品来源复杂,种类繁多,用途多样。我国地质样品分析事业从采用经典的重量法、滴定法、比色法起步,渐次引进分光光度计、发射光谱仪、极谱仪、火焰原子吸收光谱仪等分析仪器,特别是随着 X 射线荧光光谱仪(XRF)、等离子体发射光谱仪(ICP-AES)、等离子体质谱仪(ICP-MS)等现代分析仪器的引进、应用研究和推广普及,极大地推动了痕量、超痕量元素新技术新方法的研究和分析的不断拓展,而且元素分析的灵敏度、精密度和分析效率有了很大改善。由于地质样品种类极其繁多,矿物组成千差万别,各种组分的矿物结构、赋存状态和含量等千变万化,分析工作者必须针对测定试样的组成和含量,选择适用的样品前处理分解方法,才能得到有效的分析数据,充分保证数据的准确性。地质样品常用的前处理分解方法主要有直接粉末进样法、敞开酸溶分解法、密闭酸溶分解法、熔融分解法、火法试金、烧结(半熔)、微波溶样等。

直接粉末法[3]:X 射线荧光光谱法中的粉末压片法、发射光谱中的半定量分析和某些元素的定量分析、微区分析中的电子探针测定技术和激光烧蚀等离子体质谱分析。

敞开酸溶分解法:用各种无机酸分解试样,通常称为酸溶分解法,常用的无机酸有 HF、HCl、HNO_3、王水和逆王水、H_2SO_4、$HClO_4$、H_3PO_4 等。

密闭酸溶分解法:在密闭的容器中用酸分解试样。由于压力增加,提高了酸的沸点,因而增强了酸的分解能力。密闭溶样可以在聚乙烯、聚丙烯等塑料锅中进行,其优点不仅是增强了分解能力,而且酸的用量大幅减少,通常使用经过纯化后的高纯酸,以避免分解试样中引入干扰。此外,易挥发组分可以定量地保留在溶液中,溶样的温度也相对较低。

　　熔融分解法[4]:用各种熔剂在高温下对试样进行熔融分解是地质样品最常用的分解方法。常用熔剂有 Na_2CO_3、NaOH 或 KOH、Na_2O_2、硼砂和硼酸酐、$LiBO_2$ 和其他的含锂硼酸盐、焦硫酸钾等。

　　火法试金[5]:对于贵金属元素而言,火法试金既是一种有效的熔融分解方法,又是一种特效的分离富集手段。它是高温液-液萃取的典型实例。贵金属试样分解完全,且对各种试样的适应性很强。火法试金有铅试金、锑试金、硫试金、锡试金和铋试金等多种方法。

　　烧结(半熔)[6]:在严格控制分解温度和尽可能减少熔剂用量的情况下,熔剂在低于其熔点时与试样作用,最终形成易溶于无机酸的疏松烧结块或待测组分易被水提取的烧结产物。

　　微波溶样[7]:通常使用 1450MHz 的工作频率的微波消解装置,通过偶极子旋转和离子传导两种方式,里外同时加热。在微波产生的交变磁场作用下,极性分子随磁场交替排列,引起分子的高速振荡,从而产生化学键的振动、撕裂和粒子之间的相互摩擦、碰撞,迅速产生大量热能,促使试样与溶剂之间更好地接触和反应。同时,与试样接触的酸产生的热能所造成热对流会搅动,并清除试样表面已溶解的表面层,使试样与酸接触界面不断更新,加速了试样的分解。

　　本章将根据不同岩石、矿物、土壤、沉积物的特点,介绍针对地质样品的主要前处理方法。

11.2　岩石、土壤样品

11.2.1　硅酸盐岩石样品

　　硅酸盐岩石构成地球外壳的主要部分。所谓硅酸盐指的是硅、氧与其他化学元素(主要是铝、铁、钙、镁、钾、钠等)结合而成的化合物的总称。它在地壳中分布极广,是构成多数岩石(如花岗岩)和土壤的主要成分。硅酸盐类矿物是火成岩、沉积岩、变质岩的主要组成部分,在自然界中分布广泛,常见的硅酸盐矿物有橄榄石、绿柱石、角闪石、云母、石英等,依据二氧化硅的含量,黏土和黄土亦属硅酸盐岩石范畴。

　　对于硅酸盐岩石的全分析项目通常分为 14 项(SiO_2、Al_2O_3、Fe_2O_3、FeO、MgO、CaO、Na_2O、K_2O、TiO_2、P_2O_5、MnO、H_2O^+、H_2O^- 和 CO_2)或 17 项(外加 S、Cl、F)。主含量的分析方法主要是 X 射线荧光光谱法、偏振能量色散-X 射线荧光光谱法、等离子体发射光谱法及经典的传统方法。次组分含量更多选用等离子体发射光谱法、等离子体发射质谱法、原子吸收光谱法,原子荧光光谱法、紫外分光光度法等,可以检测 20~67 种元素。

　　硅酸盐样品大多都溶于 HF,可采用铂金坩埚或聚四氟乙烯坩埚,用四酸(HF、$HClO_4$、HNO_3、HCl)分解法分解后,将 HF 清除(减少干扰)。对于 HF 不能完全分解的试样或不溶残渣,则再用 Na_2CO_3 或焦硫酸钾熔融。或开始时直接采用先碱熔、后酸溶的方法分解样品。

　　实例 11-1　熔融制样-X 射线荧光光谱法同时测定硅酸盐岩石中主次量组分[8,9]

方法提要：试样用无水 $Li_2B_4O_7$ 熔融，以 NH_4NO_3 为氧化剂，加 LiF 和少量 LiBr 作助熔剂和脱模剂，熔融制片，用波长色散 X 射线荧光光谱仪测定硅酸盐岩石中的主、次成分含量。

仪器与试剂：XRF 仪；熔样机；无水 $Li_2B_4O_7$、LiF、NH_4NO_3，分析纯。

操作步骤：按试样与熔剂的质量比为 1：8，将试料与无水 LiB_4O_7、LiF、NH_4NO_3 搅拌均匀，移入铂-金坩埚中。将坩埚置于熔样机上在 1150～1250℃ 熔融 10～15min，进行熔融制样，熔融物在坩埚内冷却直接成型，玻璃样片与坩埚自然剥离，取出样片，贴上标签，放于干燥器内保存，待测。

方法评价：本方法适用于包括超基性岩在内的硅酸盐岩石中 SiO_2、Al_2O_3、TFe_2O_3、MgO、CaO、Na_2O、K_2O、TiO_2、MnO、P_2O_5、BaO、Cr_2O_3、Ni 的测定，也适用于黏土、土壤、水系沉积物等地质试样中上述成分的测定。用五个样品五个高含量元素分别检验本法对 MgO（～41%），Al_2O_3（～77%），SiO_2（～94%），CaO（～64%），Fe_2O_3（～67%）的测量精度，其 RSD（在 10h 内，$n=10$），分别为：0.40%、0.23%、0.44%、0.16%、0.37%。本法适宜的测定范围（%）为：Na_2O 0.1～15、MgO 0.05～45、Al_2O_3 0.05～80、SiO_2 0.05～95、P_2O_5 0.01～2.5、K_2O 0.005～5、SO_3 0.01～40、CaO 0.05～65、TiO_2 0.007～10、Cr_2O_3 0.002～2、MnO 0.002～2、Fe_2O_3 0.01～70。

实例 11-2 粉末压片-X 射线荧光光谱法测定地质样品中主次痕量组分[10,11]

方法提要：采用低压聚乙烯镶边垫底的粉末样品压片制样，用 X 射线荧光光谱仪对多目标地球化学调查样品中多组分进行测定。

仪器与试剂：XRF 仪；压片机，压样模具；低压聚乙烯粉末。

操作步骤：称取粒径≤75μm 的样品 4.0g，放入模具内，拨平，用低压聚乙烯粉末镶边垫底，在 35t 压力下，压制成试样直径为 32mm，镶边外径为 40mm 的圆片。

方法评价：采用粉末压片制样，用经验系数法和散射线内标法校正基体效应，使用 XRF 测定多目标地球化学调查样品中 25 个主、次、痕量元素，包括 Na_2O、MgO、Al_2O_3、SiO_2、P、K_2O、CaO、Ti、Mn、Fe_2O_3、Co、Nb、Zr、Y、Sr、Rb、Pb、Th、Zn、Cu、Ni、V、Cr、Ba、La 等组分，方法简便、灵敏、准确，用 GBW 07308 和 GBW 07310 水系沉积物国家一级标准物质做精密度试验，结果表明，其 RSD（$n=12$）除 La、Cr、Co 和 Th<14.00% 以外，其余各组分均小于 6.00%。

实例 11-3 偏振能量色散 X-射线荧光光谱法测定地质样品中多种组分[12,13]

方法提要：采用粉末样品压片制样，用偏振能量色散 X-射线荧光光谱仪对水系沉积物和土壤样品中多种元素进行测定。

仪器与试剂：EDXRF 仪；压片机，压样模具；低压聚乙烯粉末。

操作步骤：称取 4g（精确至 0.0001g）粒度≤75μm 试样（约 200 目，105℃烘干 2h），放入模具内，拨平，用低压聚乙烯镶边垫底，在 35t 压力下，试样压制成直径为 32mm、镶边外径为 40mm 的圆片。放于干燥器内保存，防止吸潮和污染。操作时，只能拿样片的边缘，以避免 X 射线测量面玷污。

方法评价：除 Na、Si 和 Fe 外，其余元素利用经验系数和二级靶的康普顿散射线作内标校正基体效应。分别采用了 Al_2O_3、W、BaF_2、CsI、Ag、Rb、Mo、Zr、SrF_2、KBr、Ge、Fe、Ti 和 Al 等不同偏振靶（或二级靶）对被分析元素进行选择激发和测定。本法适用于测定水系沉积物和土壤样品中多种组分,在总测量时间为约 35min(每个样品)的条件下,除 Na、Mg、Al、Si、P、K 等轻元素外,其余各元素的检出限在 0.25～14.80μg/g 范围内。

实例 11-4　偏硼酸锂熔融-电感耦合等离子体发射光谱法分析主、次量元素[14]

方法提要:将试样用 $LiBO_2$ 熔融,以熔融流动状态倒入稀酸,在超声波水浴下快速溶解后,直接用 ICP-AES 法测定。

仪器与试剂:ICP-AES 仪;石墨坩埚;超声波清洗器;Cd 内标溶液(1mg/mL);$LiBO_2$、王水,优级纯或高纯;去离子水。

操作步骤:称取 50～100mg 试样(精确至 0.01mg),置于石墨坩埚中,加入 3 倍于试样量的脱水 $LiBO_2$,仔细搅匀。将石墨坩埚外套瓷坩埚后,置于已升温至 1000℃的高温炉中熔融 15min。取出坩埚,立即将流动性熔融物直接倒入装有约 15mL(1+19)王水的 100mL 烧杯中,将烧杯放在超声波清洗器的水槽内,在超声波水浴下,已炸裂的熔融物细小颗粒迅速溶解。将溶液移入 50～100mL 容量瓶中,加入 0.50mL Cd 内标溶液。用(1+19)王水稀释至刻度,摇匀待测定。采用标准物质与试样同样进行化学处理,所得溶液作为仪器校准的高点。

方法评价:方法适用于硅酸盐岩石类试样中主要成分 SiO_2、Al_2O_3、Fe_2O_3、CaO、MgO、K_2O、Na_2O、TiO_2、MnO、P_2O_5、Sr、Ba、Zr 等 13 项的测定。对 GEW 07204 标准物质进行全流程分析,测得各元素含量的 RSD($\%$,$n=10$)为:SiO_2 0.5,Al_2O_3 1.2,Fe_2O_3 2.3,CaO 2.7,MgO 1.7,K_2O 1.8,Na_2O 1.9,TiO_2 2.2,MnO 3.0,P_2O_5 1.5。另取样测定灼烧减量,可得试样全分析结果,主量元素质量分数加和可达到 99.3%～100.7%。

实例 11-5　酸分解 ICP-AES 测定 28 种主、次、痕量元素[15]

方法提要:试样用 HNO_3、HCl、HF、$HClO_4$ 分解,赶尽 $HClO_4$,用(1+1)HCl 溶解后,制备成 10mL 分析溶液,ICP-AES 法测定共 28 种主量元素、次量及痕量元素。

仪器与试剂:ICP-AES 仪;HCl、HNO_3、HF、$HClO_4$,实验所用试剂为高纯或 MOS 级,再经双瓶亚沸蒸馏纯化,BV Ⅲ级试剂可不经纯化;去离子水。

操作步骤:称取 0.1g(精确至 0.0001g)试样置于聚四氟乙烯坩埚中,用几滴水润湿,加入 2mL HCl 和 2mL HNO_3,盖上坩埚盖后,置于控温电热板上,于 110℃加热 1h,取下坩埚盖,加入 1mL HF 及 1mL $HClO_4$,盖上坩埚盖,110℃加热 2h,升温至 130℃,加热 2h,取下坩埚盖,升温至 160～180℃,待 $HClO_4$ 烟冒尽,取下冷却。加入 2mL(1+1)HCl 溶解盐类,移至 10mL 塑料比色管中,用水稀释至刻度,摇匀,待测。

方法评价:方法适用于岩石、土壤和水系沉积物分析。各元素测定范围见表 11-1 和表 11-2。

表 11-1　主量元素分析线、背景校正及测定范围

元素	波长/nm{级次}	截取宽度/nm	截取高度/nm	读出宽度/nm	背景校正/nm	测定范围/%
CaO	445.589{75}	19	3	3	右 15	0.01～35
Fe_2O_3	271.441{123}	15	3	3	左 1	0.003～20
Al_2O_3	237.312{141}	15	3	3	右 12	0.01～20
K_2O	766.490{44}	25	4	3	左 1	0.003～10
MgO	277.669{121}	15	3	3	左 1,右 14	0.01～50
Na_2O	589.592{57}	25	4	3	左 1	0.001～10

表 11-2　次、痕量元素分析线、背景校正、主要干扰元素校正系数及测定范围

元素	波长/nm〔级次〕	截取宽度/nm	截取高度/nm	读出宽度/nm	背景校正/nm	主要干扰元素校正系数	测定范围/(μg/g)
Ba	413.066{81}	15	3	3	左1		2～5000
Be	234.861{143}	15	3	3	左4		0.02～1000
Ce	418.660{80}	15	3	3	左5,右12		2～1000
Co	228.616{147}	15	3	3	左1	Ti:0.0011	0.7～1000
Cr	267.716{126}	15	2	2	左1		0.7～1000
Cu	324.754{103}	21	4	2	左7		2～5000
Ga	294.364{114}	15	3	1	左5,右12	Mg:0.00025,Fe:0.00005	7～1000
La	408.672{82}	21	3	3	左5,右12		0.7～1000
Li	670.784{50}	27	4	2	左5		0.2～1000
Mn	257.610{131}	15	3	3	左1		0.07～3000
Mo	202.030{166}	15	2	3	左1,右11		0.3～1000
Nb	319.498{105}	15	3	3	左1	Fe:0.00004	1～1000
Ni	231.604{145}	15	3	3	左4		0.7～1000
P	214.914{156}	15	3	3	左14		10～45000
Pb	220.353{152}	23	2	2	左8,右18		2～1000
Rb	780.023{43}	19	2	2	左4		30～1000
Sc	361.384{93}	21	2	2	左2		0.1～1000
Sr	346.446{97}	15	3	3	左1,右14		2～2000
Th	332.512{101}	15	2	2	左5,右11		7～2000
Ti	283.216{118}	25	4	2	左1		7～60000
V	292.402{115}	15	3	3	左1,右14		1～1000
Zn	213.856{157}	15	3	3	左1,右14		0.1～1000

注：截取宽度、截取高度为待测元素谱图窗口尺寸大小，以像素计。

实例 11-6　封闭酸溶-ICP-AES 测定硼、硫、砷等元素[16]

方法提要：在封闭溶样器中，高温高压下用 HF,HNO_3,H_3PO_4,HClO_4 溶样，用 ICP-AES 测定 B、S、As 等元素。

仪器与试剂：ICP-AES 仪；封闭溶样器（聚四氟乙烯内罐，外加不锈钢套）；HNO_3、HF、HClO_4、H_3PO_4，优级纯；高纯水。

操作步骤：称取 0.1g（精确至 0.0001g）试样置于封闭溶样器的 Teflon 内罐中，加入 2mL HF、1mL HNO_3、0.5mL H_3PO_4 和 0.5mL HClO_4，盖上 Teflon 上盖，装入钢套中，拧紧。将溶样器放入烘箱中，于 185℃ 保温 4h，取出，冷却后开盖，取出 Teflon 内罐，在电热板上加热至白烟冒尽。再加入 1mL HNO_3 加热至白烟冒尽，此步骤再重复一次（此时内罐中剩余约 0.5mL 黏稠液体）。加入 1mL(1+1)HNO_3，5mL 水，盖上 Teflon 上盖，于 130℃ 保温 30min，取下，冷却后开盖，移至 10mL 塑料试管中，用水稀释至刻度，摇匀待测。

方法评价：方法适用于岩石、土壤、水系沉积物等地质试样中 B、S、As 的测定，测定下限(10s,μg/g)分别为：2.6、3.3 和 9.6。本方法还可同时测定 Cu、Pb、Zn、Cr、Ni、Li、Be、Mn 和 V 等微量元素。消解体系中 H_3PO_4 的存在避免了 B 的挥发损失。ICP-AES 测定中采用

Se 196.0nm 谱线为内标，可补偿残留空气对远紫外谱线强度漂移的影响。

实例 11-7　封闭压力酸溶-ICP-MS 分析 47 种元素[17]

方法提要：采用 HF-HNO$_3$ 高温高压酸溶分解试样，赶 HF 后，用 HCl 在高温高压下复溶，在 1000 倍稀释下，用 ICP-MS 测定 47 种元素。

仪器与试剂：ICP-MS 仪；封闭溶样器（容积为 15mL 的特制聚四氟乙烯容器，外加不锈钢套）；HF、HNO$_3$、HCl，上述试剂均为高纯或 MOS 级，再经双瓶亚沸蒸馏纯化；BVⅢ级试剂可不经纯化；高纯水。

操作步骤：称取 0.05g（准确至 0.0001g）试样于封闭溶样器的聚四氟乙烯内罐中，加入 1mL HF，0.5mL HNO$_3$，盖上聚四氟乙烯上盖，装入钢套中，拧紧钢套盖。将溶样器置于烘箱中于 190℃保温 48h。取出，冷却后开盖，取出内罐，在电热板上，于约 200℃蒸发至近干。加入 0.5mL HNO$_3$ 蒸发至近干驱赶 HF，此步骤重复两次。加入 5mL（1+1）HCl，再次封闭于钢套中，置于烘箱中于 130℃保温 3h。冷却后开盖，将试样溶液转入洁净塑料瓶，用水稀释至 10mL（此溶液可用 ICP-AES 测定 Fe、Al、Ca、Mg、K、Na、Ti、Mn、P、Cr、V 等元素），分取 1.00mL，稀释至 10.0mL，ICP-MS 测定 47 元素。

方法评价：本方法适用于岩石、土壤、水系沉积物等硅酸盐类试样中 Li、Be、Sc、Ti、V、Cr、Mn、Co、Ni、Cu、Zn、Ga、As、Rb、Sr、Y、Zr、Nb、Mo、Cd、In、Sn、Sb、Cs、Ba、REEs、Hf、Ta、W、Tl、Pb、Bi、Th、U 等 47 个元素的测定，测定限（10s，μg/g）为 0.002～1，回收率达到 90%～95%。

实例 11-8　碱熔沉淀-ICP-MS 测定稀土等 26 种元素[18]

方法提要：采用 LiBO$_2$ 或 Na$_2$O$_2$ 熔融分解试样，提取液在强碱性条件下沉淀，过滤分离除去大量熔剂，沉淀用酸复溶后用 ICP-MS 测定 La、Ce、Pr、Nd、Sm、Eu、Gd、Tb、Dy、Ho、Er、Tm、Yb、Lu、Y、Mn、Co、Sr、In、Ba、Th、Nb、Ta、Zr、Hf、Ti 等 26 种元素。

仪器与试剂：ICP-MS 仪；石墨坩埚（用于 LiBO$_2$ 熔融），热解石墨坩埚（用于 Na$_2$O$_2$ 熔融）；超声波清洗器；LiBO$_2$、Na$_2$O$_2$、NaOH、HNO$_3$，使用高纯或 MOS 级，再经双瓶亚沸蒸馏纯化，BVⅢ级试剂可不经纯化；试验中所用水为经 Mili-Q 纯化水系统处理达到 18MΩ/cm 的纯水。

操作步骤：称取 0.1g（精确至 0.00001g）试样，置于石墨坩埚中，加入 0.5g 脱水 LiBO$_2$，仔细搅匀。将石墨坩埚外套瓷坩埚后，置于已升温至 1000℃的高温炉中熔融 15min。取出坩埚，立即将流动性熔融物直接倒入装有约 20mL（5+95）HNO$_3$ 的 150mL 烧杯中，将烧杯放在超声波清洗器的水槽内，在超声波水浴下，已炸裂的熔融物细小颗粒迅速溶解。再加入 4mL NaOH 溶液，加热后放置过夜。用慢速滤纸过滤，用 20g/L NaOH 溶液洗涤沉淀，用热（1+1）HNO$_3$ 溶解沉淀至 10mL。稀释 20 倍后用 ICP-MS 测定。

方法评价：该法适用于岩石、土壤和水系沉积物，测定下限为 0.00x～xμg/g。也可采用 Na$_2$O$_2$ 熔融，热水提取，放置过夜后过滤。缺点是需用高成本的热解石墨坩埚，而且 Na$_2$O$_2$ 的空白值较高，不利于痕量元素的测定。

实例 11-9　王水溶样-ICP-MS 测定砷锑铋银镉铟[19]

方法提要：在沸水浴中，用王水溶样 2h，定容稀释后用 ICP-MS 测定 As、Sb、Bi、Ag、Cd 和 In 的含量。

仪器与试剂：ICP-MS 仪；水浴加热装置；HNO$_3$、HCl、王水，优级纯；去离子水。

操作步骤：称取 0.2～0.5g（准确至 0.0001g)试样置于 25mL 比色管中，加入 10mL 新配制的(1+1)王水，置沸水浴中加热溶解 2h(中间隔 0.5h 摇动一次)。取下，冷却后用水稀释至刻度，摇匀，待测定。

方法评价：该方法适用于岩石、矿石、土壤和水系沉积物中 As、Sb、Bi、Ag、Cd、In 的测定，方法检出限($\mu g/g$)分别为 As 0.2、Sb 0.01、Bi 0.005、Ag 0.01、Cd 0.01、In 0.005，用国家一级标准物质 GBW 07162（多金属贫矿石）和 GBW 07164（多金属矿石）进行精密度实验，除个别元素外，大多数的元素 RSD($n=11$)小于 5%，准确度(RE)小于 10%。

实例 11-10　原子发射光谱法测定硅酸盐岩石中银、硼、锡、钼、铅[20]

方法提要：以焦硫酸钾、氟化钠、三氧化二铝和碳粉混合物作缓冲剂，锗作内标，于平面光栅摄谱仪上，用垂直对电极交流电弧进行两次重叠摄谱(截取曝光)，测定试样中银、硼、锡、钼和铅的含量。

仪器与试剂：原子发射光谱摄谱仪；测微光度计；石墨电极；感光板；二氧化锗，蔗糖，优级纯；缓冲剂(焦硫酸钾、氟化钠、三氧化二铝和碳粉混合物)；显影液定影液；去离子水。

操作步骤：称取 0.2g(精确至 0.0001g)试样和 0.2g(精确至 0.0001g)缓冲剂，于玛瑙研钵中充分研磨混匀，装入两根下电极中，滴加 2 滴 20g/L 蔗糖溶液，于 90℃烘干后测定。

以下按校准曲线步骤进行摄谱、显影与定影及测量，在绘制的校准曲线上查得试样中各元素的含量。当含量超过工作曲线范围时，可再用基物加缓冲剂按比例稀释，重新按测定步骤进行。

方法评价：此方法适用于水系沉积物、土壤和岩石的测定。检出限(3s)($\mu g/g$)分别为：Ag 0.01、B 0.5、Sn 0.2、Mo 0.1、Pb 0.2。

实例 11-11　ICP-AES 和 ICP-MS 法测定硅酸盐岩石化学组成的前处理比较[21]

方法提要：采用酸溶与碱熔分解硅酸盐岩石样品，用 ICP-AES 和 ICP-MS 联合测定岩石的主元素和微量元素。将美国联邦地质调查所 USGS 标准 W-2、AGV-1、GSP-1 和加拿大标准 MRG-1 作为未知样品进行主元素和微量元素分析，用 USGS 标准 BHVO-1、G-2 和我国国家标准 GSR-1、GSR-2、GSR-3、GSR-4、GSR-5 作为标准分别溶(熔)解，建立工作曲线。

仪器与试剂：ICP-AES 仪；ICP-MS 仪；高温炉；密闭高压溶样器；硅酸盐岩石标准样品；$Li_2B_4O_7$，高纯预先脱水；H_3BO_3，光谱纯；HNO_3、HF、$HClO_4$，优级纯并经亚沸蒸馏纯化；高纯水。

操作步骤：

$Li_2B_4O_7+H_3BO_3$ 碱熔：准确称取岩石粉末样品(<200 目)40mg，置于铂金坩埚中，加入 0.1g $Li_2B_4O_7$ 和 0.1g H_3BO_3，与样品充分混匀，在 1100℃高温炉中熔融 20min 后，取下，立即连坩埚一起，放入盛有 150mL 沸腾的 7% HNO_3 的 250mL 氟塑料烧杯中，趁热提取样品熔块，并在 120℃下保温 12h，使样品熔块完全熔融，再用 4% HNO_3 定容至 200mL(相当于稀释至样品质量的 5000 倍)，取 10mL 样品溶液，用 ICP-AES 分析主元素和部分微量元素；取 5mL 样品溶液，加入 5mL Rh 内标溶液(10ng/g)，由 ICP-MS 分析微量元素。

HF+HNO_3+$HClO_4$ 混合酸熔：准确称取岩石粉末样品(< 200 目)40mg，置于密闭高压溶样器(确保难溶矿物完全分解)，加入 2mL 混合酸(HF：HNO_3：$HClO_4$=1.25：0.5：0.25)，放置在烘箱中，在 200℃下溶样 2d，将样品溶液蒸至 $HClO_4$ 冒烟时，加入 2mL

$HNO_3(1+1)$，200℃恒温 4h，用 1% HNO_3 将样品转移到聚乙烯塑料瓶中，稀释至样品质量的 2000 倍；取 10mL 样品溶液，用 ICP-AES 分析主元素和部分微量元素；取 5mL 样品溶液，加入 5mL 的 Rh 内标溶液(10ng/g)，用 ICP-MS 分析微量元素。

方法评价：用 ICP-AES 和 ICP-MS 法分析岩石样品中主元素和微量元素的样品前处理过程基本相同，即样品均需要经酸溶或碱熔分解，再进行适当的稀释，可以用同一份样品溶液测定主元素和微量元素。酸溶方法的特点是工作温度低、操作简便，且不加入任何金属离子，更适用于含量较低的微量元素的样品分析。酸溶方法中加入了大量的 HF，使得样品中的 Si 会以 SiF_4 的形式挥发，因此必须采用碱熔(NaOH 或 $Li_2B_4O_7$)或其他分解样品方法补充分析 SiO_2，这是该法的主要缺陷。此外，如果样品中的 Al、Ca 含量很高，酸溶分解样品时会产生较多的难溶氟铝酸盐及 Ca、Mg、Sr、Ba 及稀土元素氟化物，给分析带来较大偏差。碱熔方法能够彻底分解岩石样品中各种矿物元素(特别是酸难溶的副矿物)，稀释后的样品溶液可以直接用于 ICP-AES 分析主元素和 ICP-MS 分析微量元素，分析效率高，结果准确，主元素分析结果与 XRF 法相当。30 多个微量元素的 ICP-MS 分析结果也和酸溶分解样品的 ICP-MS 法相当。不过，碱熔法会带入大量的 Li 和 B，为降低分析溶液的离子浓度(以降低基体效应、记忆效应和雾化器对溶液总盐度的限制)，样品在碱熔后需要进行大比例的稀释。碱熔法测 P 的检出限高达 0.015%，故不能准确测定 P 含量低于 0.05% 的样品；对于 Fe 含量较高的样品用碱熔法时需要用 HCl 提取熔块，HCl 的引入不利于 ICP-MS 分析微量元素。

无论用酸溶，还是碱熔，用 ICP-AES 分析主元素的结果与推荐值相当一致，对氧化物含量大于 10% 的元素，ICP-AES 的准确度(测定值与推荐值的相对偏差)一般好于 1%，对氧化物含量小于 0.2% 的元素，准确度一般好于 10%；用酸溶法分解样品，ICP-MS 可以测定 40 多种微量元素，其测定限在 $x \sim 0.x$ng/g 之间。用碱熔法分解样品，可以测定 30 多种微量元素，但由于分析溶液的总金属浓度增加，而使方法的测定限较酸溶法高 3~5 倍。另外，碱熔方法引入大量的 Li 和 B，使低质量数元素的干扰更加复杂，同时过高的熔样温度造成一些易挥发元素不同程度的挥发，将对 Be、Cu、Ni、Mo、Cd、Sb、Sn、W、Tl 和 Bi 等元素的准确分析造成影响。用酸溶和碱熔两种方法分解样品，ICP-MS 进行微量元素分析的准确度多在 10% 以内，少数低含量微量元素，特别是过渡金属偏差较大，其准确度在 10%~30% 范围内。

实例 11-12 ICP-AES 测定以硅酸盐为主的矿物中的元素[22]

方法提要：采用 ICP-AES 测定以硅酸盐为主的矿物中 8 个元素，比较了碱熔和酸溶两种前处理方法。

仪器与试剂：ICP-AES 仪；马弗炉；HNO_3、H_2SO_4、HF、HCl，优级纯；湘 233 矿样；去离子水。

操作步骤：分两组进行前处理。第一组酸溶：①准确称取 0.12g 样品(105℃烘干 2h)，于塑料坩埚中加少量水润湿，加入 1.5mL $HClO_4$，3mL HF，加热将溶液蒸至白烟冒尽，取下冷却，加 5mL(1+1)HCl 及适量水，加热溶解残渣，待溶液清亮冷却后，移入 100mL 容量瓶中；用水洗净坩埚，并稀释至刻度，摇匀。②准确称取 0.12~0.15g 样品(105℃烘干 2h)，于铂坩埚或塑料坩埚中，加 10 滴(1+1)H_2SO_4，8mL HF，加热，经常摇动，以加速矿物分解，待坩埚内溶液清澈后(如有浑浊不清，可酌量补加 HF)，将溶液蒸至白烟冒尽，取下冷却,加 5mL(1+1)HCl 及适量水,加热溶解残渣,移入 100mL 容量瓶中;用水洗净坩埚,并稀释至刻度,摇匀。此溶液可测定 Ca、Mg、K、Na、Ti、Fe,如用 HNO_3 代替 HCl,还可测定 Mn。

第二组碱溶:准确称取 0.12g 样品(105℃烘干 2h),于镍坩埚中,加 3g KOH,于马弗炉中从低温逐渐升温至 650~700℃,保持 30min,取出冷却,用热水提取,用 HCl 酸化,煮沸数分钟,冷却后移入 250mL 容量瓶中,用水定容(控制酸度 2%~5%),摇匀。

方法评价:用此法对 GBW 07109 测定 Al_2O_3、Fe_2O_3、MnO、TiO_2、CaO、MgO、Na_2O、K_2O 的 RSD($n=11$)在 1.148%~8.109% 之间。分析元素 Al、Fe、Ca、Mg、K、Na、Ti、Mn 的检出限($\mu g/mL$)分别为 0.1002、0.1002、0.1001、0.1001、0.1100、0.1010、0.1001、0.1001;用此法对 GBW 07109—GBW071111 进行单份多次测定,分析结果与推荐值都十分接近,用 t 检验方法判定此法的无显著性系统误差。以湘 233 矿样为例,测定结果与推荐值基本一致。

11.2.2 碳酸盐岩石样品

以碱土金属碳酸盐为主要组分的岩石称为碳酸盐岩石。碳酸盐岩石主要由沉积形成,其主要化学成分有(以氧化物表示):CaO、MgO 及 CO_2,次成分的氧化物还有 SiO_2、TiO_2、Al_2O_3、FeO、Fe_2O_3、K_2O、Na_2O、SO_2、H_2O 等,同时还含有部分微量元素。

碳酸盐岩石主要岩石类型为石灰岩和白云岩。主要矿物有:方解石 $CaCO_3$、白云石 $CaMg(CO_3)_2$,菱镁矿 $MgCO_3$ 等。

根据应用和研究的不同要求,碳酸盐岩石分析除了传统的简项分析和全分析之外,往往还要求进行痕量元素的分析。简项分析一般只测定氧化钙、氧化镁和酸不溶物或二氧化硅、二三氧化物等项目。全分析通常要求测定二氧化硅、三氧化二铁、三氧化二铝、二氧化钛、氧化钙、氧气镁、氧化锰、五氧化二磷、氧化钾、氧化钠、硫(或二氧化硫)、吸附水、二氧化碳、灼烧减量以及酸不溶物等项目。痕量元素则可能涉及锂、铷、铯、铜、铅、锌、钨、钼、锑、钒、铀、钍以及稀土元素的分析。

碳酸盐的分解一般比较容易,样品经 950~1000℃ 灼烧后,可用 HCl 分解;但对于含硅酸盐杂质较多的样品,可按硅酸盐岩石的处理方法,采用 HCl-HF-$HClO_4$ 分解或用苛性碱熔融。

近代的碳酸盐岩石分析,大型仪器分析方法的应用已很普遍。尤其是痕量元素由于在碳酸盐岩石中的含量甚低,通常是通过一定的化学处理后,再用大型仪器进行多元素测定。

实例 11-13 微波消解-电感耦合等离子体发射光谱法同时测定白云石中铁铝钙镁钾钠硫[23]

方法提要:采用微波消解白云石样品,ICP-AES 法测定其中 Fe、Al、Ca、Mg、K、Na、S 的氧化物。

仪器与试剂:ICP-AES 仪,微波制样系统,电热板,冷风机;HNO_3、H_3PO_4 等所用试剂均不低于分析纯;去离子水。

操作步骤:准确称取 0.1000g 在恒温干燥箱中于 100~108℃ 烘干不少于 1h 的试样,置于高压消解溶样杯,用水润湿,加入 5.0mL H_3PO_4 和 5.0mL HNO_3。将经扩张的密封活塞碗盖小心地盖进溶样杯,放进外罐,设置操作方案,进行微波消解。消解完后,放在冷风机上冷却,移入 250mL 容量瓶,用蒸馏水稀释至刻度,摇匀,再用 ICP-AES 法测定。

方法评价:利用所建立的方法快速分析了白云石中 Fe、Al、Ca、Mg、K、Na、S 的含量,结果与标准值或化学法相符,7 种元素测定的 RSD$(n=10)$均在 0.2%～0.59%之间。

实例 11-14 ICP-MS 法直接测定碳酸盐矿中的超痕量稀土元素[24]

方法提要:采用 ICP-MS 法直接测定碳酸盐矿中的超痕量稀土元素(Y、La、Ce、Pr、Nd、Sm、Eu、Gd、Tb、Dy、Ho、Er、Tm、Yb、Lu),用模拟碳酸盐岩石样品中稀土元素天然组成比值的校正溶液,有效地抑制了元素间的干扰,利用 ^{115}In、^{103}Rh 双内标校正系统改善了分析信号的动态漂移。此方法不必分离基体元素 Ca 和 Mg,可直接进行 ICP-MS 测定。

仪器与试剂:ICP-MS 仪;超声波清洗器;超纯水仪;稀土元素及钇标准溶液:由 1.0g/L 单个标准溶液(国家钢铁材料测试中心)按碳酸盐岩样品中稀土元素的天然组成归一化比值配制;HF,HNO$_3$;高纯均由优级纯试剂经亚沸蒸馏而成;高纯水。

操作步骤:称取 105℃烘干的样品约 50mg 于聚四氟乙烯瓶中,滴加几滴高纯水润湿样品,缓慢加入 2.0mL HNO$_3$、3.0mL HF(对于含碳质样品可加入 0.5mL HClO$_4$),旋紧瓶盖,与超声波清洗器中超声助溶 1h,取出,与电热板上加热,并蒸至湿盐状,趁热加入 3～5mL 0.8mol/L HNO$_3$,旋紧瓶盖,加热提取盐类,最后用 0.32mol/L HNO$_3$ 稀释于聚酯瓶中,稀释因子为 1:1000,密封保存,待上机测定。

方法评价:本办适用于碳酸盐岩矿中的稀土元素测定,方法检出限为 0.1～1.26ng/g;同一样品溶液多次连续测定的 RSD<1%,同一样品间重复测定的 RSD<15%$(n=5)$,用碳酸盐岩标准物质 GBW 07108 分析验证,测定结果与标准值符合。

实例 11-15 PAN 沉淀分离富集微堆中子活化分析测定碳酸盐岩石中 31 种痕量元素[25]

方法提要:用 1mol/L HCl 浸取试样,在 pH 8 的缓冲溶液中,用 1-(2-吡啶偶氮)-2-萘酚(PAN)沉淀分离富集痕量元素,微堆中子活化分析测定其中 31 种痕量元素。

仪器与试剂:微型核反应堆;数字多道 γ 能谱仪系统;同轴高纯锗探测器;平面锗探测器;低本底铅室;HCl、氨水;NH$_4$Cl-NH$_3$·H$_2$O 缓冲溶液(pH 8),5%PAN 无水乙醇溶液,HCl;标准采用合成灰岩光谱标准 GBW 07712—GBW 07720,并配合使用 GBW 07406 和 GBW 07407,用与样品相同的方法制成标准靶样;去离子水。

操作步骤:称取 2.000g(精确至 0.001g)试样于 200mL 烧杯中,加入 50mL 水、4mL HCl,低温加热至无气泡产生。用氨水和 HCl 调节至 pH 8,加入 10mL 缓冲溶液、5mL PAN 溶液,搅匀,在 60～80℃电热板上保温 30min,取下在室温下放置 30～120min,用中速滤纸过滤,用水洗烧杯 2～3 次,洗沉淀 6～7 次,将滤纸和沉淀放入 20mL 磁坩埚中,在高温炉中由低温升至 500℃,灼烧 2h。将灰分转移到聚乙烯薄膜上,热封制成试样靶样。

方法评价:方法适用于碳酸盐岩试样中 Ca、Mg、Al、Fe、Na、K、As、Ba、Sr、Co、Cr、Mn、Ti、Ni、Cu、Zn、V、La、Ce、Sm、Eu、Dy、Sc、Sb、Ta、U、Th、Hf、W、Rb、Cs 等元素的测定,检出限为 0.001～2.300μg/g。方法经国家碳酸盐岩标准物质 GBW 07108 和 GBW 07114 分析验证,结果与标准值相符,其 RSD$(n=11)$<12%。

11.3 金属矿石矿物样品

金属矿石一般指经冶炼可以从中提取金属元素的矿产,多数金属矿产的共同特点主要表现在质地比较坚硬、有光泽等方面。金属矿产按其物质成分、性质和用途可分为 5 种:黑色金属矿产、有色金属矿产、贵金属矿产、稀有金属矿产和轻金属矿产。黑色金属矿产为铁、锰、铬、钒、钛等钢铁工业原料的矿产。有色金属矿产包括铜、锡、锌、镍、钴、钨、钼、汞等。贵金属包括铂、铑、金、银等。稀有金属矿产包括：锂、铍、稀土等。轻金属矿产包括铝、镁等。

11.3.1 铁矿石样品

铁在地壳中的平均含量均为 5.63%，仅次于氧、硅和铝，在地壳总成分中名列第四。含铁的矿物种类很多，其中有工业价值可作为炼铁原料的铁矿石主要有磁铁矿（Fe_3O_4）、赤铁矿（Fe_2O_3）、镜铁矿（Fe_2O_3）、针铁矿（$Fe_2O_3 \cdot H_2O$）、褐铁矿（$Fe_2O_3 \cdot nH_2O$）和菱铁矿（$FeCO_3$）等。铁矿石的简项分析通常只测定铁、硅、硫和磷。为了了解矿石的氧化状态以及确定是否可以磁选，则要求测定亚铁（Fe^{2+}）。在组合分析中还需要增加三氧化二铝、氧化钙、氧化镁、氧化锰、砷、钾和钠以及测定钒、钛、铬、镍、钴、稀有分散元素、稀土和吸附水、化合水、灼烧减量等组分。

铁矿石的化学分析方法已经比较成熟。大型仪器分析方法已广泛应用于多元素测定。在实际应用中，根据矿石的特性、分析项目的要求及干扰元素的分离等情况，前处理方法通常选用酸溶分解和碱熔融分解的方法。

实例 11-16 熔融制样 X 射线荧光光谱法测定钛铁矿中主次成分[26,27]

方法提要： 使用 $Li_2B_4O_7$ 和 $LiBO_2$ 混合熔剂，NH_4NO_3 作氧化剂，饱和 LiBr 溶液作脱模剂，在电加热熔样机上制备玻璃熔片，采用 WD-XRF 测定钛铁矿物中 TiO_2、TFe、SiO_2、Al_2O_3、V_2O_5、MgO、CaO、S、P、Na_2O。

仪器与试剂： WD-XRF 仪；电加热熔样机，马弗炉；混合熔剂（$Li_2B_4O_7$：$LiBO_2$＝67：33，质量比），LiBr，$LiNO_3$，NH_4NO_3。

操作步骤： 准确称取 105℃ 烘干的 0.4000g 自制钛铁矿样品、(6.0000±0.0002)g 混合熔剂置于铂-金（质量比为 95：5）坩埚中，混匀，滴入 2mL NH_4NO_3 溶液，放入马弗炉中，在 650℃ 下预氧化 10min 后，再加入 6 滴 LiBr 饱和溶液，放于熔样机中，在 1100℃ 熔成玻璃熔片。为了使熔融物彻底混匀，预熔 3min，熔融 15min。熔融结束出炉，待熔片充分冷却后取出，制得透明的玻璃片。

在测定磁铁矿时仅是样品前处理的方法不同：称取 6.000g $Li_2B_4O_7$ 熔剂，约一半移入铂金坩埚底部，依次准确称入 0.3000g 试样，0.800g$LiNO_3$，再将剩余 $Li_2B_4O_7$ 完全转移至铂-金坩埚内，滴加 2 滴（约 0.1mL）0.4g/mL LiBr 脱模剂，在 1050℃ 温度下熔融 10min，浇铸成型后，在 WD-XRF 仪上测定。

方法评价： 在样品与熔剂的比例为 15：1（质量比）、熔样温度为 1100℃、熔样时间为 15min 的最佳实验条件下，在自制钛铁矿标准样品的含量范围内，各组分的含量与其荧光强度呈线性关系。采用基本参数法对基体效应进行校正后，所得结果的 $RSD(n＝10)$ 除 P 为 9.8% 外，其他各组分均不大于 1.3%。

实例 11-17 ICP-AES 测定铁矿石中铝、钙、镁、锰、磷、硅和钛含量的测定[28]

方法提要： 样品用 Na_2CO_3-$Na_2B_4O_7$ 混合熔剂，用 HCl 溶解浸出冷却后的熔块，低温加热使之分解，稀释到规定体积，用 ICP-AES 测量，外标法定量铁矿石中 Al、Ca、Mg、Mn、P、Si 和 Ti 的含量。

仪器与试剂： ICP-AES 仪、铂金坩埚、电磁搅拌器；Na_2CO_3、$Na_2B_4O_7$、HCl，优级纯；

去离子水。

操作步骤：精确称取 0.50g 预干燥样品，放入预置有 0.8g 无水 Na_2CO_3 的铂金坩埚中，加入 0.4g $Na_2B_4O_7$ 搅拌均匀，在逐步升温至 1020℃ 的高温炉中熔融 15min，取出坩埚冷却，将搅拌子放入坩埚中，将坩埚置于 250mL 低壁烧杯中，加入 40mL HCl(1+1) 和 30mL 水；盖上表面皿，在磁搅拌器-电热板上边搅拌边加热，直至溶解，取出坩埚和搅拌子，用水冲洗干净，溶液冷却后，移入 200mL 容量瓶中定容，待测。

方法评价：本方法适用于铁矿石、铁精矿和块矿，以及烧结矿产品中 Al、Ca、Mg、Mn、P、Si 和 Ti 含量的测定，测定范围为 0.01%～8.00%。

实例 11-18　微波消解—电感耦合等离子体质谱法测定铁矿石中 15 个稀土元素[29]

方法提要：样品用 HCl、HNO_3 和 HF 微波消解，采用 ICP-MS 法，在线加入 ^{103}Rh、^{115}In、^{185}Re 作为内标液，同时测定铁矿石中 15 个稀土元素。

仪器与试剂：ICP-MS 仪；微波消解仪；HCl、HNO_3、HF，优级纯；超纯水。

操作步骤：称取铁矿石预干燥试样（0.20±0.0500）g 于聚四氟乙烯消解罐中，滴加少量超纯水预湿润试样，加 2.5mL HCl、0.5mL HNO_3、8～10 滴 HF，待试样无剧烈反应后盖上消解罐盖，按表 11-3 消解程序对试样进行消解。对于氧化亚铁（FeO）含量低于 10% 的铁矿石样品，仅加 2.5mL HCl 即可消解完全。将消解完全的试液及消解罐清洗液一同转移至 50mL 塑料容量瓶，用 2% 稀 HNO_3 定容，待测。

表 11-3　试样消解程序设计

消 解 步 骤	设定温度 θ/℃	升温-降温时间 t/min	温度保持时间 t/min
1	150～160	1～5	1～5
2	180～200	1～5	10～20
3	100	1	10
4	100	1	0

方法评价：用 ICP-MS 法，在线加入 ^{103}Rh、^{115}In、^{185}Re 作为内标液，同时测定铁矿石中 Y、La、Ce、Pr、Nd、Sm、Eu、Gd、Tb、Dy、Ho、Er、Tm、Yb、Lu 稀土元素，该方法回收率为 95%～104%，RSD ≤3.5%。

实例 11-19　微波消解等离子体发射光谱法测定铁矿石中 14 种元素的研究[30]

方法提要：铁矿石试样在高压密闭容器中微波消解，用 ICP-AES 法测定铁矿石中 Ca、Mg、Al、Mn、Cu、Pb、Ni、As、Zn、Cr、V、Ti、Co、Cd 等 14 种元素。

仪器与试剂：ICP-AES 仪，微波消解炉；HCl、H_2O_2、HF，优级纯；超纯水。

操作步骤：称取 0.2g 样品，精确至 0.0001g，于 120mL 消解罐中，加入 6mL HCl、1.0mL H_2O_2、1.0mL HF，在每一盖上安装防爆膜，盖紧消解罐，放入微波消解炉中，连接好压力传感管，关上消解炉门，按设定溶样程序和操作规程启动微波加热。冷却后，打开消解罐，加入 5% H_3BO_3 10mL，再盖紧消解罐，放入消解炉中以 630W(100%) 功率加热 3min，冷却后，取出，将溶液移入 100mL 容量瓶中，用去离子稀释至刻度，摇匀，备用。

方法评价：本办法适宜铁矿石中 Ca、Mg、Al、Mn、Cu、Pb、Ni、As、Zn、Cr、V、Ti、Co、Cd 等 14 种元素，以 3 倍标准偏差计算的方法检出限在 0.00051～0.023μg/mL 之间，当元素含量在 0.0005%～8% 时，其 RSD 在 0.44%～8.40% 之间，回收率在 88%～115% 之间。

实例 11-20　应用 ICP-AES 法测定铁矿石中 6 元素[31]

方法提要： 采用 ICP-AES 法一次溶样，同时测定铁矿石中的 K、Na、Cu、Zn、Pb 和 As。

仪器与试剂： ICP-AES 仪；单元素（K、Na、Cu、Zn、Pb、As）标准储备液，1mg/mL；HNO_3、HCl、$HClO_4$、HF，优级纯；去离子水。

操作步骤： 准确称取约 0.2500g 试样，于 200mL 聚四氟乙烯烧杯中，加入 10mL HNO_3，10mL HCl，2mL HF，5mL $HClO_4$，于电热板上低温溶解，直至蒸至湿盐状不流动，取下，冷却，然后加入 14mL（1+1）HCl，放置在电热板上溶解盐类，至溶液透明为止，取下，在两用瓶中稀释至 100mL，溶液中含 HCl 的体积分数为 7%。按照所选择的条件，以标样作标准化，用 ICP-AES 分别测定这 6 种元素。

方法评价： 采用本办法对标准样品 W-88302 中的 K_2O 和 Na_2O 进行测定，其 RSD（$n=$ 5）分别为 2.71% 和 2.98%，对标准样品 BH 0108-2W 中的 Zn 和 Cu 进行测定，其 RSD（$n=$ 5）分别为 1.78% 和 1.21%，对标准样品 GBSH 30001—1997 中的 Pb 和 As 进行测定，其 RSD（$n=5$）分别为 2.99% 和 1.88%。

11.3.2　锰矿石样品

锰矿最常见的是无水和含水氧化锰矿和碳酸锰。已知的锰矿物主要有：软锰矿 MnO_2、硬锰矿 $MnO \cdot MnO_2 \cdot nH_2O$、水锰矿 $Mn_2O_3 \cdot H_2O$、褐锰矿 Mn_2O_3、黑锰矿 Mn_3O_4 和菱锰矿 $MnCO_3$ 等。锰矿石常含有二氧化硅、磷、硫、铝、钡、镁、钾和钠等杂质。在锰矿层中有时伴生铜、钴、镍及其他稀有金属。

锰矿简项分析通常要求分析二氧化硅、铁、锰、硫和磷。在组合分析中，还需要测定钙、镁、钡、铝和灼烧减量。全分析则根据需要，还要加测钛、钾、钠、二氧化碳和有效氧等。其他如钴、镍、铜、钒、锌及稀有金属，锰矿石分析特别要重视两个问题：一是锰矿石试样极易吸水，尤其是烘干后的试样具有极强的吸水性，故分析试样宜存放在带磨口塞的玻璃瓶中。测定时应取风干试样，同时另取一份试样测定吸附水（H_2O^-）含量，然后按 H_2O^- 含量对其他组分测定结果进行校正。因此，锰矿石分析中作为分析结果"基线"的 H_2O^- 含量，其测定结果的准确度十分重要，它对于其他组分特别是高含量组分结果的影响要充分重视；二是锰对其他组分测定的干扰，锰的分离是锰矿石分析必须注意的又一问题。

锰矿石大多数易为 HCl 或 HCl-HNO_3 分解。如果试样不要求测定二氧化硅，可用 HF 和 H_2SO_4 分解。如仅要求测定锰，则可用 H_3PO_4、H_3PO_4-H_2O_2，或 H_3PO_4-HNO_3 来分解。对于不易用酸分解的试样，可以采用碱性或酸性熔剂进行熔融。

实例 11-21　熔融制片-X 射线荧光光谱法测定锰矿样品中主次量元素[32]

方法提要： 采用混合熔剂熔融制备样片，加入 NH_4I 粉末，有效地驱赶了锰矿熔融制样时产生的大量气泡，用 XRF 仪测定锰矿样品中的主次量元素。

仪器与试剂： XRF 仪；高频熔样机；混合溶剂（$Li_2B_4O_7$：$LiBO_2$：LiF=45：1：0.4），NH_4NO_3，NH_4I。

操作步骤： 称取已在 110℃ 烘干 2h 的样品 0.2500g，混合熔剂 5.000g 和 NH_4NO_3 1.000g，放于铂-金（95：5，质量比）坩埚中搅拌均匀，置于熔样机上，在 700℃ 加热 5min，使还原物充分氧化，以保护铂金坩埚免受腐蚀。然后升温至 1150℃，熔融及摇动 6min，在摇动开始后加入 40mg NH_4I，熔融物立刻变稀，便于混匀和赶尽气泡，熔融物在坩埚中自动成型,冷却后自动剥离。制备好的熔融片贴上标签待测。

方法评价:在熔样比例为 20:1 的此条件下,制备高质量的熔片,以减少低含量元素的测量误差。用 XRF 仪测定锰矿样品中的 Mn、Fe、Si、Al、Ti、Ca、Mg、Na、K、P、Ba、Cu、Zn、Ni 等元素的氧化物含量。用理论 A 系数校正基体效应,方法简便快捷。用国家一级锰矿石标准物质 GBW 07266 验证,结果与标准值相符;以锰矿石考察方法的 RSD($n=12$),除 CuO 为 10.05% 外,其余各组分的 RSD 均≤8%。

实例 11-22 ICP-AES 测定锰矿石中铁、硅、铝、钙、钡、镁、钾、铜、镍、锌、磷、钴、铬、钒、砷、铅和钛含量[33]

方法提要:样品经 Na_2O_2 在锆坩埚中熔融,HCl 浸取,使用高盐雾化器和相应的雾室,将溶液引入电感耦合等离子体炬内,测定各元素的谱线强度。

仪器与试剂:ICP-AES(需配备高盐雾化器和相应的雾室);锆坩埚;Na_2O_2、HCl、HNO_3,优级纯。

操作步骤:称取 1.5g Na_2O_2,均匀地平铺在锆坩埚的底部,称取 0.14g 样品,再称取 1.5g Na_2O_2 覆盖,放入马弗炉中逐步升温至 540℃,熔融 80min,关闭电源,微开炉门,待冷却后取出。将锆坩埚横向放入 300mL 聚四氟乙烯烧杯中,盖上表面皿,微挪表面皿,并沿锆坩埚底部侧的杯壁加入 200mL HCl(1+4),在可控电热板上加热至沸 10min 左右后,洗出锆坩埚,加入 HNO_3 并加热至近沸,取下冷却后,移入 500mL 容量瓶中定容,混匀,转移至塑料瓶中储存,再用 ICP-AES 法测定。

方法评价:本方法适用于锰矿石中 Fe、Si、Al、Ca、Ba、Mg、K、Cu、Ni、Zn、P、Co、Cr、V、As、Pb 和 Ti 的同时测定,测量范围 0.002%～22%。

11.3.3 铬铁矿样品

铬在地壳中的平均含量为 0.035%。火成岩中,铬的平均含量随岩石的基性程度的增加而呈规律性增加。对于铬铁矿石分析有两个问题要予以充分的重视。①铬铁矿石极难分解,无论采用何种分解方法,必须认真检查试样是否完全分解,在分析前要充分考虑分解方法与其后的分析方法的衔接;②大量铬的干扰,无论是 Cr^{6+} 或 Cr^{3+},本身都带有颜色,铬6+还具有氧化性,因此铬的分离常常是铬铁矿石分析的一个重要环节。

铬铁矿常用的分解方法有 Na_2O_2、Na_2O_2-NaOH、硼砂-Na_2CO_3 等熔融法以及 H_3PO_4-H_2SO_4 或 HF-$HClO_4$ 等混合酸溶法。

实例 11-23 X 射线荧光光谱法分析铬铁矿的主成分[34]

方法提要:选用 $Li_2B_4O_7$+$LiBO_2$ 作为混合熔剂,与样品以 20:1 的稀释比熔融制样,利用波长色散 X 射线荧光光谱测定铬铁矿中多种元素(Cr、Si、Al、TFe、Mg、Ca、Mn)的含量。

仪器与试剂:XRF 仪;高频熔样机;铂-金坩埚;$Li_2B_4O_7$ 和 $LiBO_2$ 混合熔剂(质量比为 1:1);Li_2CO_3,500g/L 的 $LiNO_3$ 溶液、LiBr 饱和溶液。

操作步骤:准确称取(0.3000±0.0002)g 样品、6.000g 混合熔剂和 0.5000g Li_2CO_3 置于铂-金坩埚中,用玻璃棒搅拌均匀,加入 5 滴 $LiNO_3$ 溶液和 10 滴 LiBr 饱和溶液。将坩埚置于高频熔样机中,在 650℃ 预氧化 5min,使还原性物质充分氧化,保护坩埚免受腐蚀,然后升温至 1150℃ 熔融,摇摆 7min,熔融均匀后,手动倒入已加热的坩埚盘中成型,熔融物充分冷却后自动剥离,贴上标签待测。

方法评价:采用较低的稀释比 20∶1,有利于低含量组分的测定,节约试剂,增加了称样量,可以准确分析 Cr、Si、Al、Fe、Mg、Ca 和 Mn。采用多种铬铁矿标准物质和人工配制标准样品制作工作曲线,理论 α 系数及康普顿散射内标法校正元素间的吸收-增强效应,方法的 $RSD(n=10)$ 为 $0.2\%\sim5.3\%$,检出限为 $60\sim1170\mu g/g$。

实例 11-24 ICP-AES 测定铬铁矿和铬精矿中铝、铁、镁和硅含量[35]

方法提要:样品经 Na_2O_2 在锆坩埚中熔融,HCl 浸取,定容。使用高盐雾化器和相应的雾室,将溶液引入电感耦合等离子体炬内,测定各元素的谱线强度。

仪器与试剂:ICP-AES(需配备高盐雾化器和相应的雾室)、锆坩埚;Na_2O_2、HCl、HNO_3,优级纯;去离子水。

操作步骤:称取 1.5g Na_2O_2 均匀地平铺在锆坩埚的底部,称取 0.14g 样品,在称取 1.5g Na_2O_2 覆盖,放入马弗炉中逐步升温至 540℃ 熔融 80min,关闭电源,微开炉门,待冷却后取出。把锆坩埚横向放入 300mL 聚四氟乙烯烧杯中,盖上表面皿,微挪表面皿,并沿锆坩埚底部侧的杯壁加入 200mL HCl(1+4),在可控电热板上加热至沸 10min 左右后,洗出锆坩埚,加入 HNO_3 并加热至近沸,取下冷却后移入 500mL 容量瓶中定容,混匀,转移至塑料瓶中储存,再用 ICP-AES 法测定。

方法评价:本方法适用于铬矿石和铬精矿中 Al、Fe、Mg 和 Si 含量的同时测定,测量范围为 $0.2\%\sim18.0\%$,精密度 $<5\%$。

11.3.4 (钒)钛磁铁矿样品

钒钛磁铁矿是含钒的钛磁铁矿,其组成可用 $FeTiO_3 \cdot n(Fe,V)_3O_4$ 表示,其 V(Ⅲ) 以类质同象取代矿物中部分 Fe(Ⅲ)。钒钛磁铁矿单矿物中钒的含量 $w(V_2O_3)$ 一般为 $0.x\%$,个别可高达 $10\%\sim20\%$。钒钛磁铁矿、钛铁矿及其他钛矿物的化学分析特别需要注意两个问题:①要防止大量钛的水解导致分析失败;②大量钛对其他组分测定的干扰。目前钒钛磁铁矿和钛铁矿的分析除了化学分析方法外,大型仪器分析方法的应用已日益成熟,特别是多元素同时测定显示了其不可替代的优点。

钒钛磁铁矿和钛铁矿的简项分析通常只要求测定钛、铁、钒和磷。组合分析还要求增加铬、铜、钴、镍、硅、铝、钙、镁、锰、钪、镓、硫和砷等项目。在碱性岩岩浆矿床或岩脉中要求测定锆(铪)、铌、钽、稀土、铀和钍等组分。全分析则依据需要,再增加铂族元素、稀土元素、碱金属和结晶水等项目的测定。

钒钛磁铁矿和钛铁矿一般采用 Na_2O_2-NaOH、硫氰酸钾-焦硫酸钾等熔融法,或采用 $HF-HClO_4-H_2SO_4$、$HF-HNO_3-HClO_4$ 等混合酸分解以及 Na_2CO_3-KNO$_3$ 半熔法等。

实例 11-25 X 射线荧光光谱法测定钛铁矿中 11 种组分[36]

方法提要:样品经高温氧化前处理后,以 $Li_2B_4O_7$ 作熔剂,NH_4I 作脱模剂,于高频熔炉中熔融,制备均匀、强度高和成型良好的熔片。

仪器与试剂:马弗炉;智能高频熔样炉;粉碎机;铂-金坩埚;LiB_4O_7,高纯试剂;NH_4I,分析纯。

操作步骤:取 50g 干燥的还原钛铁矿样品,于粉碎机中粉碎 5min,准确称取 0.4000g 粉碎后的样品于平底瓷舟中,置于 850℃ 的马弗炉中 40min 后,取出冷却待用。准确称取

6.0000g $Li_2B_4O_7$,将一半的 $Li_2B_4O_7$ 加入铂-金坩埚中,将氧化了的样品全部转入坩埚中,加入适量 NH_4I,将剩下的 $Li_2B_4O_7$ 覆盖在样品和 NH_4I 的上面,在熔样过程中分次补加 NH_4I,NH_4I 总用量控制在 0.3g。将坩埚放在 1150℃ 的高频熔炉相应的位置上,选择相应的熔融程序对样品进行熔融成型。

方法评价:本法适用于钛铁矿中 TiO_2、TFe、P_2O_5、SiO_2、Al_2O_3、MnO、CaO、MgO、ZrO_2、Nb_2O_5、V_2O_5 等组分的测定,结果同理论值相吻合,RSD($n=10$)为 0.58%～2.42%,能够满足还原钛铁矿各组分的测定要求。

11.3.5　铜矿石样品

铜矿石一般多以金属共生矿的形态存在,并常伴生有多种重金属和稀有金属,如金、银、砷、锑、铋、硒、铅、碲、钴、镍、钼等。根据铜化合物的性质,铜矿石可分为自然铜、硫化矿和氧化矿三种类型。

铜矿石分解方法可分为酸溶分解法和熔融分解法。单项分析多采用酸溶分解法。铜矿石化学系统分析常采用熔融法分解其基体中的各种矿物。等离子体发射光谱法则一般采用四酸溶矿进行多元素分析。

实例 11-26　X 射线荧光光谱分析铜矿中主次元素[37]

方法提要:熔融制片法处理样品,采用 XRF 测定铜矿石中的主次元素含量。

仪器与试剂:XRF 分析仪;半自动高频感应熔融炉;马弗炉;铂-金坩埚;混合熔剂($Li_2B_4O_7$:$LiBO_2$＝33:67);$Sr(NO_3)_2$,LiBr,NH_4I。

操作步骤:准确称取已在 105～110℃ 烘干的铜矿标准样品 0.200g(准确至 0.001g)、混合熔剂 8.0g(准确至 0.002g),2.0g(准确至 0.002g)$Sr(NO_3)_2$(105～110℃ 烘干)置于铂-金(95:5,质量比)坩埚中(样品需包裹在熔剂中),在 600℃ 马弗炉中,预氧化 15min。取出冷却后,再加入 0.5mL 10% 的 LiBr 溶液,于半自动高频感应熔融炉中熔融 12min。为了使熔融物彻底混匀,熔样过程中添加 NH_4I 20mg。熔完后,迅速倒入铂-金模具中成型,待熔片充分冷却后取出,贴上标签,待测。

方法评价:本法测定铜矿中的主次元素(Ni、S、Cu、Fe_2O_3、CaO、SiO_2、Al_2O_3、MgO、Zn、Pb、As 和 K_2O)结果与化学法一致,RSD($n=10$)除 Pb 6.564%、CaO 5.112% 外,其余均<5%,表明该法能够有效应用于铜矿中的主次元素的测量。

熔片制备过程中,加入氧化剂 $Sr(NO_3)_2$,既可避免坩埚腐蚀,又可准确测定铜精矿中的硫,氧化效果极佳。此外,采用锶作为测量铜元素的内标,分析结果的准确度和精密度均得到很好改善。

11.3.6　铅矿石样品

目前自然界已发现 200 多种铅矿物和含铅矿物,多以硫化物、碳酸盐、H_2SO_4 盐等形态存在,主要矿物有方铅矿 PbS 等,单纯的铅矿石很少见,铅矿石常与锌矿石共生,常见的有铅锌矿、铜铅矿、铜铅锌矿等,也与其他硫化矿如黄铁矿共生。

铅矿石主要分析铅和伴生的有益、有害元素,对矿区进行综合评价。为进行矿床评价和选冶试验,常需作铅矾、白铅矿、方铅矿、磷(砷、钒)氯铅矿、铁铅矾(及其他形态铅矿物)等矿物相的物相分析。

铅矿石分析多采用 HCl、HNO₃ 等混合酸酸溶分解,一般铅矿石溶于王水,方铅矿溶于 HNO₃。对于微量、痕量的铅则采用酸溶矿 ICP-AES 法或 ICP-MS 法进行多元素分析。如需用铂坩埚熔融分解试样时,必须先用酸分解,滤出残渣,灰化后再用碱熔,避免损坏铂器皿。

实例 11-27　ICP-AES 法同时测定铅锌矿中银、铜、铅和锌[38]

方法提要:采用 HCl-HNO₃-H₂SO₄ 混合酸分解样品,ICP-AES 法同时测定铅锌矿石中的银、铜、铅和锌。

仪器与试剂:ICP-AES 仪;Co 内标溶液;混酸:HCl、HNO₃、H₂SO₄,优级纯;去离子水。

操作步骤:准确称取 0.5000g 样品于 100mL 玻璃烧杯中,加少量水润湿摇匀,先加入 15mL HCl,置于升温至 150℃ 的电热板上加热 0.5h,然后向其中依次加入 5mL HNO₃,2mL 50% 的 H₂SO₄,升温至 180℃ 加热蒸干,继续加热升温至 H₂SO₄ 白烟冒尽,取下,放置冷却片刻后,加入 20mL 50% 的 HCl,盖上表面皿,在电热板上加热煮开约 1min,取下冷却至室温后,直接用水转移至 100mL 容量瓶中,定容,摇匀,放置过夜,次日取上层清液 5.0mL 于 25mL 比色管中,补加 1mL HCl,用水定容至刻度,摇匀,直接上 ICP-AES 测试。

方法评价:当溶液的稀释因子为 1000,HCl 的体积分数在 5%～10% 时,测定结果最佳。采用内标法,通过加入 Co 内标测量分析谱线的相对强度,抵消了由于实验条件的波动引起的影响。方法检出限分别为:Ag 1.96μg/g,Cu 6.00μg/g,Pb 9.00μg/g,Zn 3.00μg/g,RSD($n = 10$)为 1.41%～7.50%。

11.3.7　多金属矿石样品

由于自然界铜、铅、锌、钴、镍、砷、锑、铋、汞、锡、钨、钼、硫等元素具有的地球化学特性,在早期地质成矿过程中,有些元素和元素组成的矿物就在特定的条件下相互共生,常形成以几种有色金属矿物为主要成分的天然复合有色金属矿床,泛指以铜(铅、锌)等有色金属矿床为主,并伴生有其他金属矿物的多金属矿石,这类矿石所含的有价矿物种类多,品位高,矿体集中,多种矿物均达到边界品位和工业品位要求,可进行矿产综合评价和综合利用。

多金属矿石样品以酸溶为主,绝大多数样品以 HF、HCl、HClO₄ 等混合酸均可分解,但对于一些分解不完全的样品,则可采用 NaOH、KOH 或 Na₂O₂ 作熔剂的碱熔法,由于样品中常含有大量的金属,不宜采用铂金坩埚,常用银坩埚、镍坩埚或石墨锅。

实例 11-28　X 射线荧光光谱法测定以钨和钼为主的多金属矿中主次成分[39]

方法提要:以 Li₂B₄O₇ 和 LiBO₂ 混合物作为熔融试剂,LiNO₃ 作为样品在熔融过程中防止钨钼挥发的氧化剂,对样品进行预氧化和高温熔融,便得到的表面光滑无气孔的玻璃熔片,采用 X 射线荧光光谱法测定以钨、钼为主的多金属矿中主成分(SiO₂,Al₂O₃,TFe₂O₃,CaO,MgO,K₂O,Na₂O,TiO₂,P₂O₅,MnO)及矿化元素(W,Mo)的分析方法。

仪器与试剂:XRF 仪;高频熔样机;NH₄I、LiNO₃、LiBr;混合熔剂:Li₂B₄O₇＋LiBO₂。

操作步骤:将 250mg 预先烘干水分,且经研磨后过 200 目筛的样品、1.0g Li(NO₃)₂ 及 4.000g 混合熔剂混合,搅拌均匀后倒入铂-金坩埚,在上面撒上 1.000g 混合熔剂,最后加 5 滴(约 25mg)LiBr 溶液。在 700～720℃ 预氧化 6min,然后升温至 1100～1200℃,再熔融

8min。在高温熔融中,当熔样机开始摇动,并且坩埚内的熔融物成流体状时,立刻加入20mg NH_4I。当熔样机停止转动并开始降温时,用铂金坩埚钳取出坩埚,迅速摇动,赶尽气泡后,将流体倒入加温至 700℃ 左右的模具中。慢慢降温,取出坩埚,以 1.5L/min 流量的空气冷却至室温后脱模,待测。

方法评价:方法的检出限 0.030%～0.53%,选择一含量适中的校准样品,在相同的条件下重复熔融,RSD($n=12$)除 Na_2O 14.2%,MgO 7.0%,P_2O_5 6.3% 外,其余成分均<5%。

11.4　非金属矿石矿物样品

11.4.1　磷矿石样品

磷在自然界分布很广,磷在地幔中的平均含量为 0.053%,在地壳中的平均含量为 0.105%,在岩石圈的平均含量为 0.08%。磷是亲氧元素之一,常以 V 价状态与氧结合成稳定的络阴离子 PO_4^{3-},因此矿物中的磷常以磷酸盐的形态存在。

磷矿石的化学成分除了主要分析磷、有效磷、硅、铝、铁、钛、钙、镁、锰、钾、钠、氟、氯、硫、二氧化碳、酸不溶物、灼烧减量外,还进行钡、锶、铀、稀土、钒、镉、铅、铬、汞、砷、碘等微量元素分析。

磷矿石分解方法通常采用 HNO_3 或王水为主的酸溶分解方法,磷矿石化学系统分析或矿石中低含量磷的测定,常用 Na_2CO_3-KNO_3 半熔或 Na_2O_2 全熔的方法。

实例 11-29　X 射线荧光光谱法测定磷矿石中 12 种主次痕量组分[40]

方法提要:将熔融试剂和样品按照 5∶1 的较低稀释比进行实验,用适量 NH_4NO_3 氧化剂和 LiI 脱模剂溶液,熔融制样。采用 XRF 法测定磷矿石中 11 个主次量成分(F、Na_2O、MgO、Al_2O_3、SiO_2、P_2O_5、K_2O、CaO、TiO_2、MnO、TFe_2O_3)和 1 个痕量成分(SrO)。

仪器与试剂:波长色散 XRF 仪,电热式熔样机;铂-金坩埚(95∶5,质量比);$LiBO_2$＋$Li_2B_4O_7$(22∶12,质量比),高纯试剂;400mg/mL LiI 脱模剂溶液;NH_4NO_3,分析纯。

操作步骤:磷矿石样品在 105℃ 的烘箱内烘 2h,除去吸附水。按照一定的熔样比例分别称取烘过的样品和高纯试剂 $LiBO_2$＋$Li_2B_4O_7$,并称取一定量的氧化剂 NH_4NO_3,均盛放于瓷坩埚内,搅拌均匀。开始熔样前,将混匀的样品转移到铂金坩埚内,加入 LiI 脱模剂溶液,用一次可以熔融 4 个样品的 Front-2 型电热式熔样机熔融成玻璃片,在熔融好玻璃片的非测量面贴上标签,待测。

方法评价:通过 5∶1 较低熔剂-样品的稀释比熔样制片技术,采用波长色散 X 射线荧光光谱法测定磷矿石中 11 个主次量组分和 1 个痕量组分,降低了各个组分的稀释比例,提高了各个组分分析方法的灵敏度,尤其对低含量氟的测试更为有利。方法检出限 6～250μg/g,精密度($n=10$)除 F 为 5.25% 外,其余组分为 0.06%～2.65%。

11.4.2　硫铁矿样品

硫铁矿是黄铁矿、白铁矿及磁黄铁矿的总称,根据硫铁矿的化学成分,一般分析硫、有效硫、铁、伴生有益及有害组分铜、铅、锌、硒、碲、金、银、钴、镉、砷、氟等元素。在全分析时,还需作二氧化硅、三氧化二铝、二氧化碳、氧化钙、氧化镁等造岩元素的分析。

硫铁矿一般采用在氧化剂（如硝酸钾、高锰酸钾、氯酸钾或过氧化钠等）存在下，Na_2CO_3 熔融分解；对于硫化物试样，可采用逆王水、溴或硝酸-氯酸钾湿法分解试样，此时硫化物的硫被氧化成硫酸根。

实例 11-30　X 射线荧光光谱法分析硫化物矿的样品[41]

方法提要：采用预氧化处理熔融制样的方法，XRF 测量了硫化物矿中的铜、铁、砷、硫、钼、铋和锌。

仪器与试剂：XRF 仪；研磨机；高温炉；混合熔剂（$Li_2B_4O_7$：$LiBO_2 = 12$：22）；$NaNO_3$、LiBr、SiO_2，分析纯。

操作步骤：称取 250g 预先烘干水分，且研磨后过 200 目筛的硫化物矿（铜精矿）和 1g $NaNO_3$ 混合，再研磨成均匀的粉末。另外，称取 618g 混合熔剂，一部分放入铂金坩埚铺底。把已磨好的样品和 $NaNO_3$ 的粉末倒在熔剂上，最后在上面撒上另一部分混合熔剂和 200mg SiO_2。先在 600～750℃ 预氧化，然后在高温（1000～1500℃）下熔融，熔融成液体时，要充分摇动，冷却，加入 30～40mg LiBr 再熔融，冷却后脱模。

方法评价：该方法采用在熔融时，使用酸性的 SiO_2 作玻璃化试剂和采用预氧化的处理方法，解决了熔融过程中融片易破裂、不易脱模、不易均匀和易损坏铂金坩埚的困难，使制样成功率达到 100%，用本法测定一铜精矿样品，Cu，Fe，S，As，Zn，Mo，Bi 和 Pb 的 RSD（%，$n=10$）分别是 0.146，0.128，0.144，1.339，0.280，0.971，0.656 和 0.473。

11.4.3　高岭土、黏土样品

高岭土由黏土矿物和非黏土矿物组成。黏土矿物主要有高岭石、地开石、珍珠陶石、埃洛石、水云母、蒙脱石等，非黏土矿物以石英、长石、云母等碎屑矿物为主。

高岭土基本分析项目一般为三氧化二铝、三氧化二铁、二氧化钛、氧化钙、二氧化硅、三氧化硫、氧化钠、氧化钾等成分。

高岭土一般采用 HF、H_2SO_4、HNO_3、HCl 的混合酸分解，对于一水硬铝石等难溶于酸的样品，则采用 NaOH、KOH、Na_2O_2 等强碱性熔剂在铂坩埚、银坩埚或镍坩埚中进行，Na_2CO_3-ZnO 氧化锌混合熔剂在 750℃ 烧结，可作为测定 SO_3（包括硫化物硫和硫酸盐硫）的分解方法。

实例 11-31　高岭土样品的 XRF 分析[42]

方法提要：采用粉末压片方法制样，XRF 法测量高岭土中的 Na_2O、MgO、Al_2O_3、SiO_2、P_2O_5、SO_3、K_2O、CaO、TiO_2、MnO 和 Fe_2O_3。

仪器与试剂：XRF 仪；压样机；低压聚乙烯粉。

操作步骤：称取 1.0g 样品，放置在约 40mm 模具里的 32mm 内径的套筒内，拨匀，旋转套筒，使粉末样品直径稍为缩小，取出套筒，将与之吻合的活塞柱插入，下留约 5mm 高度不插满，然后连套筒带柱罩在粉末样品上，向下旋转活塞柱将粉末压实，一面下压固定活塞柱，同时将套筒向上旋转提起约 5mm，然后将套筒和柱整体一并取出。此时模具内粉末样品呈一规整圆片状，用 5.0g 低压聚乙烯粉镶边垫底，在油压机上以 $2×10^6$ kPa 的压力制片。

方法评价：与常规的压片方法相比，避免了活塞柱下压时空气将样品粉末挤出造成损失，以及活塞柱上提时负压造成的粉末样品形状的破坏，提高了制样精密度。方法检出限

$3\sim56\mu g/g$，精密度$(n=10)0.28\%\sim5.00\%$。

实例 11-32 非金属矿的粉末样品的 XRF 测定[43]

方法提要：采用 PVC 塑料环压片制样，X 射线荧光光谱法测定钾长石矿非金属矿中的造岩成分 SiO_2、Al_2O_3、Fe_2O_3、TiO_2、MgO、CaO、K_2O 和 Na_2O。

仪器与试剂：XRF 仪；振动磨；压片机，PVC 环。

操作步骤：将粒度小于 $74\mu m$(200 目)的样品，在 105℃下烘干 2h，取出冷却后，取适量倒入放置于平板模具上的 PVC 塑料环(外径 40mm，内径 35mm，高 5mm)中，在 30t 压力下加压 30s 压制成型，待测。

方法评价：采用实验确定的非金属矿压片法制样条件，根据二级标样绘制的标准工作曲线，对四川峨边五渡钾长石矿中的 SiO_2，Al_2O_3，Fe_2O_3，TiO_2，MgO，CaO，K_2O，Na_2O 八种化学成分进行了 XRF 分析，其结果与化学方法一致。

11.4.4 萤石样品

萤石，又称氟石，主要化学成分为 CaF_2，是一种钙的天然卤素化合物。根据萤石的化学成分以及不同的工业用途，一般萤石分析 CaF_2、S、Pb、Zn、SiO_2、$CaCO_3$、$BaSO_4$、P、Al_2O_3、Fe_2O_3、MgO 等项目，如有特殊要求的萤石，还需做有害、有毒元素分析。

萤石 CaF 一般用中性三氯化铝溶液作浸取溶解，或以 H_2BO_3-HCl 浸取溶解。矿石中的 $CaCO_3$ 和 $CaSO_4$ 等矿物，采用$(1+9)$HAc 加热溶解分离。对于矿石试样，一般则采用 HF-HCl-HNO_3-$HClO_4$ 混合酸分解，也可采用碱性熔剂-银坩埚碱熔分解。

实例 11-33 萤石中的氟、钙及二氧化硅测定[44]

方法提要：用 $LiBO_2$ 和 $Li_2B_4O_7$ 混合熔剂熔融制样，XRF 法分析萤石中的 F、Ca 及 SiO_2。

仪器与试剂：XRF 仪；玻璃珠熔样机；混合熔剂：$Li_2B_4O_7$＋$LiBO_2$，X 荧光光谱专用试剂；$NaNO_3$、KBr，分析纯。

操作步骤：选用 6.000g 混合熔剂$(Li_2B_4O_7：LiBO_2＝1：2)$，1.2000g 试样，1.0000g $NaNO_3$ 和 0.0500g KBr 作为制备玻璃片的配方，在 950℃熔融制样，在 900℃预熔 5min，在 950℃熔融 10min，可制备得到透明的剥离熔片。进而进行 XRF 分析。

方法评价：本方法在含量为 Ca 44.82%、F 41.70%、SiO_2 10.92%时，其相对误差分别为 0.077%、0.26%、0.29%。经典型试样及标样的 XRF 分析与化学分析相对照，结果相符。

11.4.5 铝土矿石样品

铝土矿是指工业上能利用的，以三水铝石、一水软铝石或一水硬铝石为主要矿物组成的矿石统称。铝土矿是一种土状矿物，化学组成为 $Al_2O_3 \cdot nH_2O$，含水不定，化学成分主要为 Al_2O_3、SiO_2、Fe_2O_3、TiO_2、H_2O^+，五组分总量占成分的 95% 以上，次要成分有 S、CaO、MgO、K_2O、Na_2O、CO_2、MnO、有机质、碳质等，微量成分有 Ga、Ge、Nb、Ta、稀土总量、Sc、Zr、V、P、Cr、Co、Ni 等。

铝土矿一般采用 HF、HNO_3、H_2SO_4 的混合酸分解，但对一水型铝土矿或含铁、硅等杂质则不能完全被酸分解，需采用 Na_2O_2、NaOH 或 KOH 等强碱性熔剂熔融法，在银坩埚或镍坩埚中进行。

实例 11-34 铝土矿中主次成分和 3 种痕量组分的测定[45]

方法提要： 采用玻璃状熔块法制样，XRF 法测定铝土矿中 Al_2O_3、SiO_2、Fe_2O_3、CaO、MgO、K_2O、Na_2O、MnO、P_2O_5、TiO_2、Ga、Cu 和 Cr 等 13 种组分。

仪器与试剂： XRF 仪；高频熔样机；铂金坩埚；混合熔剂：$Li_2B_4O_7 + LiNO_3$，LiF；脱模剂：NH_4Br，分析纯。

操作步骤： 称取在 105℃ 烘干 2h 的样品 0.6000g，混合熔剂 6.00g，加脱膜剂 NH_4Br 10mg，放入瓷坩埚中，搅拌均匀，倒入铂-金坩埚内。将坩埚置于自动熔样机中熔融，再升温至 1150℃ 充分熔融，摇摆及自旋，停止后保持 5min，降温冷却 2min 后，制成玻璃片，剥离，贴上标签放入干燥器中，待测。

方法评价： 本方法制备的样片可以满足一般铝土矿样品的制备要求，操作简单，可测量 Al_2O_3、SiO_2、Fe_2O_3、CaO、MgO、K_2O、Na_2O、MnO、P_2O_5、TiO_2、Ga、Cu 和 Cr 等组分，方法检出限为 0.002%～0.12%，对同一标准物质测定，各组分的 RSD($n=12$) 均在 0.13%～9.6% 之间。

实例 11-35 铝土矿中 40 种组分的测定[46]

方法提要： 采用 $NaOH$ 熔融分解样品，热水浸取熔融物，加入酒石酸络合 W、Mo、Nb、Ta 等易水解元素，然后在 HCl 介质中，用 ICP-AES 法同时测定铝土矿中 Al_2O_3、SiO_2、Fe_2O_3、TiO_2、CaO、MgO、K_2O、P_2O_5、MnO、Ga、Ge、V、Li、Cr、Nb、Ta、Sr、Zr、Hf、Sc、La、As、B、Ba、Be、Bi、Cd、Co、Cu、Ni、Pb、Sb、Sn、Tl、Zn、Mo、Se、In、Te 和 W 等多种组分。

仪器与试剂： ICP-AES 仪；马弗炉；银金坩埚。$NaOH$，无水乙醇，酒石酸，HCl，分析纯；纯水。

操作步骤： 称取 0.1000g（精确至 0.0001g，万分之一的天平精确到 0.002g）试样置于 50mL 银坩埚中，滴加几滴无水乙醇润湿样品，覆盖约 1.20g $NaOH$，置于低温马弗炉中，升温至 700℃，在此温度下，保温 10～15min。取出银坩埚放入 250mL 烧杯中，滴加几滴无水乙醇于银坩埚中，加 30mL 热水浸取，待剧烈反应停止后，加 2mL 50g/L 酒石酸溶液和 15mL HCl，用水洗净银坩埚，盖上表面皿，加热煮沸溶液，取下冷却，将溶液转移至 100mL 容量瓶中，用水稀释至刻度，摇匀，用 ICP-AES 法测定（主量元素稀释后测定），同时做试剂空白试验。

方法评价： 本法测定值与认定值或化学法测定值相吻合，检出限为 0.05～1.00$\mu g/g$，RSD($n=11$) 在 0.15%～5.9% 之间。

11.4.6 云母、石棉样品

云母是云母族矿物的总称，最常见的矿物种有绢云母、白云母、金云母、锂云母、黑云母等；石棉是一种可剥分为柔韧细长纤维状的、含铁、镁、钙、钠、铝等含水硅酸盐矿物的统称，成分主要是蛇纹石石棉和角闪石石棉。

根据云母、石棉的化学成分，除主要分析硅、铝、铁、钛、钙、镁、钾、钠、锰、磷、氟、化合水外，云母矿床还常伴生有锂、铷、铯、铍、铀、钍、铌、钽、锆（铪）等稀有元素，也在分析之列。

云母、石棉均易用 Na_2CO_3 熔融分解，熔融后用酸浸取作主成分分析。也可用 $NaOH$、Na_2O_2 熔融分解，使用刚玉坩埚，石墨坩埚，铁坩埚或银坩埚。也可用 $LiBO_2$ 在石墨坩埚或铂坩埚中熔融分解。

云母宜用 HF、H_2SO_4 或 HCl、HNO_3、HF、$HClO_4$ 分解,使用聚四氟乙烯坩埚或铂坩埚。但石棉用 HF、H_2SO_4 分解较困难,必须反复处理多次才能分解完全,同时 HF 用量应适当增加,溶样时间也需相应延长。

实例 11-36　ICP-AES 测定云母、石棉样品中的主量元素[47]

方法提要: 石棉、云母样品经 HCl、HNO_3、HF、$HClO_4$ 加热分解,并蒸发至 $HClO_4$ 冒烟,HCl 浸取,用 ICP-AES 测定石棉、云母样品中的主量元素。

仪器与试剂: ICP-AES 仪;HCl,HNO_3,HF,$HClO_4$,分析纯;去离子水。

操作步骤: 准确称取 $0.1000 \sim 0.5000g$ 样品,置于 30mL 聚四氟乙烯塑料坩埚中,加少量水润湿,加入 3mL HCl,3mL HNO_3,10mL HF 和 3mL $HClO_4$,加盖,放置过夜,次日在控温电热板上加热至样品分解,以少量水冲洗去盖,补加 3mL HF,慢慢升温至 200℃ 左右,继续加热至 $HClO_4$ 白烟冒尽,趁热加入 $5 \sim 10mL$ HCl 溶解盐类,移入 50mL 容量瓶中定容摇匀,待测。

方法评价: 本方法适用于云母、石棉中 $0.1\% \sim 15\%$ 含量的 Fe_2O_3、Al_2O_3 及 $0.01\% \sim 10\%$ TiO_2、MnO、CaO、Na_2O、K_2O 的测定。

11.4.7　重晶石样品

重晶石是一种最重要的含钡硫酸盐矿物,其主要成分为 $BaSO_4$,重晶石在自然界常与方解石、白云石、天青石、萤石、黄铁矿、黄铜矿、方铅矿、闪锌矿等矿物共生,一般含锶、钙、铅、黏土及有机物等。重金石基本分析项目硫酸钡、氧化钡、二氧化硅、氧化铁、氧化铝、三氧化硫等。

重晶石不溶于酸,通常最有效的方法是在铂坩埚中用 Na_2CO_3 熔融,或者用 Na_2CO_3 和 NaOH 混合熔剂在镍坩埚或银坩埚中熔融,也可用铬酸钾和铬酸钠作混合熔剂在瓷坩埚中熔融。

实例 11-37　ICP-AES 测定重金石中的主要成分[48]

方法提要: 重晶石样品经 $NaOH-Na_2O_2$ 熔融,水提取,HCl 酸化,控制钠盐量在 0.5% 以下,于 ICP-AES 上测定 Fe_2O_3、Al_2O_3、TiO_2、MnO 和 CaO。

仪器与试剂: ICP-AES 仪;马弗炉;NaOH;Na_2O_2;HCl;去离子水。

操作步骤: 准确称取 $0.2000 \sim 0.5000g$ 样品,置于银坩埚中,加入 $2 \sim 3g$ NaOH,置于马弗炉中,从低温升至 $200 \sim 300℃$ 加热使之熔化,取下,加入 $0.5 \sim 1g$ Na_2O_2,置于马弗炉中,在 700℃ 熔融 15min,取出稍冷,置于 250mL 烧杯中,加 30mL 热水,待熔融物脱落后,用少量 HCl 和热水洗出坩埚,边搅拌边滴加 HCl,至氢氧化物沉淀全部溶解,再补加 10mL HCl,冷却至室温,移入 100mL 容量瓶中定容,摇匀,待测。

方法评价: 本方法适用于重晶石中 Fe_2O_3、Al_2O_3、TiO_2、MnO 和 CaO 的测定,测定范围为 $0.1\% \sim 2\%$ 氧化物的量。

实例 11-38　重晶石中主次量元素测定[49]

方法提要: 采用混合熔剂与样品熔融制备玻璃片,XRF 法测定 BaO、Al_2O_3、TFe、CaO、MgO、SiO_2、Na_2O、K_2O 和 Sr。

仪器与试剂: XRF 仪;高频熔样机;混合熔剂:($Li_2B_4O_7$:$LiBO_2$=67:33);Co_2O_3 溶

液：165g/L 饱和 LiBr 溶液；NH_4NO_3 溶液：50g/L；NH_4I 溶液：145g/L。

操作步骤：准确称取已在 105℃烘 2h 的样品(0.2000 ± 0.0002)g，加入 6.000g 混合熔剂及 1.000g NH_4NO_3 于铂-金坩埚中，搅拌均匀，加 6 滴饱和的 LiBr 溶液，置于高频熔样机上，在 650℃预氧化 5min，然后升温至 1050℃熔融，摇动 10min。熔融均匀后，倒入已预热的铂-金合金模具中，风冷，取出，置于 XRF 仪进样装置，待分析。

方法评价：采用熔融片制样，消除了矿物结构效应，降低了基体效应的影响，各元素的 RSD$(n=10)$均≤10%，测定结果与化学法测定值相符，同时也能满足 ISO 9507 对各元素分析结果准确度≤0.5%的要求。

11.5 稀土、稀有、稀散和贵金属矿石样品

11.5.1 稀土金属矿石

稀土元素在地壳中的总含量约为地壳的 0.005%，在自然界中主要稀土矿有独居石、铈硅石、铈铝石、黑稀金矿和磷酸钇矿等。稀土的天然丰度小，多以氧化物或含氧酸盐矿物共生形式存在，是制造被称为"灵巧炸弹"的精确制导武器、雷达和夜视镜等各种武器装备不可缺少的元素，其中，钪(Sc)是典型的分散元素，钷(Pm)是自然界中极为稀少的放射性元素。这两种元素与其他稀土元素在矿物中很少共生，故在稀土元素检测中一般不包括它们。其余的元素常以微量共同存在于独居石和钪、钇等矿石中。根据稀土元素的物理和化学性质上的差异，又分为铈族稀土元素(因分子量小也称为轻稀土)，包括镧(La)、铈(Ce)、镨(Pr)、钕(Nd)、钷(Pm)和钐(Sm)等六种元素；钇族稀土元素(即为重稀土)包括钇(Y)、铕(Eu)、钆(Gd)、铽(Tb)、镝(Dy)、钬(Ho)、铒(Er)、铥(Tm)、镱(Yb)、镥(Lu)，加上镧系的钪(Sc)，共有 17 种元素。

几乎所有稀土元素的矿物均可用碱熔分解，其优点是熔融时间短，水浸后可直接分离阴离子。大部分稀土矿物均能为硫酸或酸性熔剂分解，分解温度一般为 200℃热酸。对难分解的铌、钽酸盐类的矿物，则可用氢氟酸和酸性硫酸盐分解。

实例 11-39 XRF 光谱法测定混合稀土中 15 个稀土分量[50]

方法提要：采用以 $Li_2B_4O_7$ 为熔剂制成熔融片，XRF 法测稀土样品中的 15 个稀土分量。

仪器与试剂：XRF 仪；马弗炉；瓷坩埚；铂-金坩埚；$Li_2B_4O_7$，LiBr；稀土单元素氧化物，光谱纯。

操作步骤：制样前，先将光谱纯稀土单元素氧化物置于瓷坩埚中，在 850℃马弗炉内，预灼烧 1h，取出，冷却至室温。准确称取 6.0000g $Li_2B_4O_7$ 和 0.6000g 稀土单元素氧化物，置于铂-金(95∶5，质量比)坩埚中，滴加 5 滴饱和 LiBr 溶液(脱模剂)，在 1150℃马弗炉熔融，总计 20min，第 10min 取出，摇匀并驱尽气泡(必要时可在第 10min、第 15min 两次取出，摇匀，并驱赶气泡)，最后取出，摇匀，并放平在空气中，自然冷却，脱模后编号，同时制作空白片。若使用熔样机，则应编制相应的程序，按程序执行熔融操作。

方法评价：分析样制备前需要在 850℃预灼烧 1h，以保证稀土氧化物的称样准确性，由于使用熔融法，10 倍的稀释率已大大减低了吸收-增强效应，而且消除了样品的不均匀性、

粒度和化学态效应,有利于提高方法的准确度,方法 RSD($n=10$)均在 0.227%~0.515% 之间。

实例 11-40 ICP-AES 法同时测定岩石中 15 种稀土元素[51]

方法提要:将稀土金属矿试样用 Na_2O_2 熔融分解,水提取,过滤,滤渣酸溶,在一定的酸度条件下,过阳离子交换树脂柱,使稀土元素与残余熔剂和铁铝等分离,再用 ICP-AES 测定其中 15 种稀土元素。

仪器与试剂:ICP-AES 仪;Na_2O_2,HCl,HNO_3,三乙醇胺,NaOH 溶液:10g/L;上柱溶液:1.25mol/L HNO_3-40g/L 酒石酸(含少许抗坏血酸);离子交换树脂:强酸 1# 阳离子交换树脂;GBW 07111;去离子水。

操作步骤:称取 1g(精确至 0.0001g)试样,置于刚玉坩埚中,加入 6g Na_2O_2,混匀,在 650~700℃ 高温炉中,熔融约 10min。冷却后置于 250mL 烧杯中。加 10% 三乙醇胺 10mL、温水提取,洗出坩埚,用水稀释至约 100mL。在电炉上加热至微沸,取下冷却后,用滤纸过滤,用 NaOH 溶液洗涤烧杯及沉淀数次。再用 8mL(1+1)HCl 溶解沉淀于原烧杯中,再用 10% HCl 洗至 100mL,加水至 200mL(溶液酸度约 0.6mol/L)。将全部溶液以 0.5mL/min 流速通过 ϕ0.6cm×11mm 交换柱(内装强酸 1 号树脂,粒度 60~100 目),流速约 0.5mL/min。待溶液流完后,用 75mL 1.75mol/L HCl 淋洗,继而再用 150mL 2mol/L HCl 淋洗 Fe,Al,Ca,Mg,Mn,Ti 等残余基体元素。最后用 200mL 4mol/L HCl 洗脱稀土元素,流出液在电热板上蒸发至约 1~2mL,用水稀释至 10mL,待测。

方法评价:本方法适用于地质试样中低含量稀土元素的测定,测定的检出限和灵敏度见表 11-4。用本法精密度对 GBW 07111 样品多次测量,其 RSD($n=10$)在 1.04%~4.9% 之间。

表 11-4 稀土元素分析谱线、仪器检出限及方法测定限

元　素	分析谱线/nm	仪器检出限/$(3s, \mu g/mL)$	方法测定限/$(10s, \mu g/g)$
La	379.477	0.002	0.06
Ce	418.659	0.027	1
Pr	410.075	0.014	0.5
Nd	386.341	0.01	0.3
Sm	442.343	0.01	0.3
Eu	390.711	0.0017	0.05
Gd	364.619	0.007	0.2
Tb	350.917	0.003	0.1
Dy	353.171	0.0012	0.04
Ho	345.600	0.0013	0.04
Er	390.631	0.009	0.3
Tm	313.126	0.0019	0.06
Yb	328.937	0.0004	0.013
Lu	261.542	0.001	0.03
Y	371.030	0.0006	0.02

注意事项：连续长时间喷入高盐溶液会堵塞采样锥孔，使测定工作无法进行。因此，在一般情况下，被测溶液的含盐量应保持在 0.1% 以下，溶液的酸度以小于 5% 为宜，以免高酸度腐蚀采样锥。

实例 11-41　复合酸溶-ICP-MS 测定地质样品中稀土元素[52]

方法提要：试样用 HCl、HNO_3、HF、H_2SO_4 分解，并赶尽 H_2SO_4，用王水溶解，稀释后，在 ICP-MS 上测定。该方法利用 H_2SO_4 的高沸点破坏稀土氟化物，避免了常规四酸溶样稀土元素偏低的问题。

仪器与试剂：ICP-MS 仪；聚乙烯坩埚；25.0mL 有刻度值具塞聚乙烯试管；HCl、HNO_3、HF、H_2SO_4、王水，分析纯；去离子水。

操作步骤：称取均匀试料 0.002g 于 18mL 聚四氟乙烯坩埚中，用几滴水润湿，加入 6mL HCl 后，于 140℃ 电热板上加热 30min，分别加入 2mL 的 HNO_3，6mL HF，2mL(1+1) H_2SO_4 后，盖上坩埚盖，关掉电源，放置过夜。次日，将电热板温度提至 160～180℃，溶矿 2h，继续提高温度至 220～260℃ 至冒烟，再提高温度 310～320℃ 至白烟冒尽。趁热加入 8mL(1+1)王水复溶提取，用水冲洗坩埚内壁，加热溶解盐类，用水定容至 25.0mL 聚乙烯试管，摇匀，澄清。测试前，移取上述清液 2.5mL 于 25.0mL 聚乙烯试管，加 1.0mL HNO_3，用水定容，摇匀，备用。上机测定。

方法评价：采用复合酸敞开酸溶的溶矿方式，采用 ICP-MS 法测定地质样品中的稀土元素。该方法用 H_2SO_4 替代溶矿中常用的 $HClO_4$ 分解样品，可以使 HF 冒烟挥发更加完全，避免稀土元素氟化物沉淀的形成，且 H_2SO_4 的存在有利于消除 Ba 对 Eu 的干扰。用该方法对地质样品三个国家一级标样（GBW 07401、GBW 07103、GBW 07309）进行验证，准确率达 95%～105%，结果令人满意，适用于水系沉积物、土壤和岩石试样中 15 个稀土元素含量的测定。

实例 11-42　ICP-AES 法测定稀土矿石中 15 种稀土元素——四种前处理方法的比较[53]

方法提要：采用 HCl-HNO_3-HFZ-$HClO_4$（四酸）敞开酸溶、HCl-HNO_3-HF-$HClO_4$-H_2SO_4（五酸）敞开酸溶、HF-HNO_3 封闭压力酸溶、NaOH-Na_2O_2 碱熔四种方法对离子吸附型和矿物晶格型两类赋存类型的稀土矿石样品进行前处理，采用 ICP-AES 法测定其中的 15 种稀土元素。

仪器与试剂：ICP-AES 仪；聚四氟乙烯坩埚，聚四氟乙烯封闭溶样器，刚玉坩埚；烘箱；电热板；HCl、HNO_3、HF、$HClO_4$、H_2SO_4 均为优级纯，Na_2O_2、NaOH 均为分析纯；去离子水。

操作步骤：

方法一：HCl-HNO_3-HF-$HClO_4$（四酸）敞开酸溶

称取试料 0.1g(精确至 0.1mg)于聚四氟乙烯坩埚中，试样粒径小于 $74\mu m$，几滴水湿润，加入 3mL HCl 和 2mL HNO_3，于 110℃ 加热 2h，取下坩埚盖，加入 3mL HF 及 1mL $HClO_4$，在电热板上放置过夜。第二天从室温升至 130℃ 加热 2h，取下坩埚盖，升温至 210℃，待 $HClO_4$ 冒尽，取下冷却，加入 1.5mL 50% 的 HCl，加热溶解盐类后，再加入 0.5mL 50% HNO_3，移至 10mL 比色管中，用水稀释至刻度，摇匀，上机待测。

方法二：HCl-HNO$_3$-HF-HClO$_4$-H$_2$SO$_4$（五酸）敞开酸溶

称取试料 0.1g（精确至 0.1mg）于聚四氟乙烯坩埚中，试样粒径小于 74μm，几滴水湿润，加入 3mL HCl 和 2mL HNO$_3$，于 110℃ 加热 2h。取下坩埚盖，加入 3mL HF、1mL HClO$_4$ 和 0.5mL 50% H$_2$SO$_4$，在电热板上放置过夜。第二天从室温升至 130℃ 加热 2h，取下坩埚盖，升温至 210℃，待 HClO$_4$ 冒尽，取下冷却，加入 1.5mL 50% HCl 加热溶解盐类后再加入 0.5mL 50%HNO$_3$，移至 10mL 比色管中，用水稀释至刻度，摇匀，上机待测。

方法三：HF-HNO$_3$ 封闭压力酸溶

称取试料 0.025g（精确至 0.01mg）于封闭溶样器的聚四氟乙烯内罐中，加入 1mL HF、0.5mL HNO$_3$，于烘箱中 190℃ 保温 48h。冷却，取出聚四氟乙烯内罐于电热板上 200℃ 蒸发至干。加入 0.5mL 50% HNO$_3$ 蒸发至干，此步骤再重复一次。加入 2.5mL HNO$_3$，于烘箱中 150℃ 保温 4h，取出冷却，移至 25mL 比色管中，用水稀释至刻度，摇匀，上机待测。

方法四：NaOH-Na$_2$O$_2$ 碱熔融

称取试料 0.2g（精确至 0.1mg）至刚玉坩埚中，试样粒径小于 74μm，3g NaOH 打底，2g Na$_2$O$_2$ 平铺于试料之上，于马弗炉中低温升至高温熔矿（500℃ 左右，7～8min），冷却后用 100mL 80℃的去离子水提取，慢速定量滤纸过滤，20g/L NaOH 溶液洗涤沉淀物多次，沉淀与滤纸一同转入 80℃的 20mL HCl 中，捣碎滤纸，定容至 50mL，干过滤至洁净塑料瓶中，取 1mL 于 10mL 比色管中，去离子水定容至 10mL，上机待测。

方法评价：稀土元素在矿石中有多种不同的赋存形式，主要有离子吸附型和矿物晶格型，稀土不同赋存形态对其本身准确分析有很大影响。本法从稀土元素在矿石中不同赋存形态的角度出发，探讨了四种不同前处理方法对稀土准确测试结果的影响，结果表明：对于离子吸附型的稀土矿石标准物质（GBW 07161、GBW 07188），四酸敞开酸溶法测定的结果明显偏低，15 种稀土元素大都偏低 10%～20%；五酸敞开酸溶法、封闭压力酸溶法和碱熔法的测定值与标准值吻合；而对于稀土以离子化合物及类质同象置换的形式赋存于矿物晶格中的白云鄂博轻稀土矿石样品，三种酸溶法结果较碱熔法均偏低，其中四酸敞开酸溶法偏低最多，约偏低 20% 左右，五酸敞开酸溶法和封闭压力酸溶法偏低 5% ～15%。对于离子吸附型稀土矿，五酸敞开酸溶法和封闭压力酸溶法可以代替传统操作复杂的碱熔法，但对于稀土以离子形式赋存于矿物晶格型的稀土矿，目前最合适的前处理法是传统的碱熔法。

11.5.2　稀有、稀散元素样品

稀有、稀散金属是指地壳中含量极少、分布较散、提炼较难、用途重要的金属，镓、铟、铊、锗、硒、碲、铼和镉等号称"现代工业味精"，在航天、军事、工业、医药等领域具有广泛的应用。

稀有稀散元素的化学特征具有亲石性和亲硫性，可与岩石广泛结合，也在金属硫化物中多有富集，主要赋存于铅锌矿、铝土矿、铜矿、煤矿中，一般可用 HCl、HNO$_3$、王水或 HCl-过氧化氢分解，锡石、铝土矿、黏土、煤灰以及硅酸盐等可采用强碱性熔剂和氧化性碱熔剂（NaOH、Na$_2$O$_2$）分解。

ICP-AES 和 ICP-MS 等方法具有灵敏度高、精密度好、干扰少、操作简便及可同时测定多种元素的特点，很适合于稀散元素分析。

实例 11-43　微堆仪器中子活化分析测定地质试样中分散元素[54]

方法提要：用快速气动样品传输系统将地质试样和标准物质靶样送入反应堆内辐射孔

道,利用中子进行轰击,待测元素经(n,γ)反应后生成放射性核素,用多道γ能谱仪系统测量待测核素的特征γ射线强度,并计算各测定元素的含量。

仪器与试剂:微型核反应堆;快速气动样品传输系统;数字多道γ能谱仪系统;同轴高纯锗探测器;低本底铅室;$HNO_3(1+1)$。

操作步骤:称取100mg(精确至0.1mg)试样,用经过$(1+1)$ HNO_3处理的聚乙烯薄膜包成$1cm \times 1cm$的样靶,装入跑兔盒内待照。标准选用GBW 07313制成与样靶同样尺寸的标准靶。将样靶和标准靶装入跑兔盒,用快速气动样品传输系统将靶样送入反应堆内辐射孔道中进行辐照。照射后的试样和标准,经适当的冷却时间,在相同的几何位置下用多道γ能谱仪系统测量待测核素的特征γ射线,测量所得的γ能谱,用SPAN中子活化分析软件进行谱分析和数据处理。

方法评价:方法适用于地质试样中锗、镓、铟、铼、镉、硒、碲、钪测定。检出限在0.02~5.00$\mu g/g$;测定范围下限在0.06~15.00$\mu g/g$,上限为100 000$\mu g/g$。

实例11-44 封闭酸溶-ICP-MS测定碲[55]

方法提要:在封闭溶样器中,用HNO_3和HF分解试样,加入适量乙醇后,用ICP-MS测定元素Te。

仪器与试剂:ICP-MS仪;HNO_3,HF,HCl,$HClO_4$,无水乙醇,王水;去离子水。

操作步骤:称取0.1g(精确至0.0001g)试样,置于50mL聚四氟乙烯烧杯中,用几滴水润湿,加入2mL HNO_3,5mL HF,1mL $HClO_4$,将聚四氟乙烯烧杯置于200℃的电热板上,蒸发至$HClO_4$冒烟约5min,取下冷却;再依次加入2mL HNO_3,2mL HF及0.5mL $HClO_4$,于电热板上加热10min后,关闭电源,放置过夜后,再次加热至$HClO_4$烟冒尽。趁热加入2mL王水,在电热板上加热,用少量水冲洗杯壁,微热5~10min至溶液清亮,取下冷却。将溶液转入10mL塑料试管中,用水稀释至刻度,摇匀,澄清。移取1.00mL清液,用(4+96)乙醇溶液稀释至10.0mL,摇匀,ICP-MS测定。

方法评价:本法采用密封酸溶、乙醇增强ICP-MS直接测定地质样品中不同含量Te,加入乙醇后,Te检出限降低至0.02$\mu g/g$,与以Fe^{3+}为减缓剂的氢化物发生原子荧光法相当,且不需任何分离富集手续,对不同含量的样品都可直接进行测定,简单实用。

11.5.3 贵金属矿石样品

贵金属元素金、银、铂、铱、钌、铑、钯、锇在地壳中含量甚微,由于基体复杂,样品均匀性差,干扰因素多;且铂族元素本身具有相似的电子层结构和化学性质,很多分析试剂能同时与多种铂族元素发生相似的反应并产生互相干扰,加之,它们又多伴生在一起,因此分离和测定十分困难,必须对样品进行分离富集的前处理。

贵金属样品分解与前处理的常用方法有:火试金法、硫镍试金法、微波消解法、共沉淀法、萃取法、离子交换法、吸附法及多种联用技术。

实例11-45 泡塑富集-石墨炉原子吸收光谱法分析微量金[56,57]

方法提要:含金矿石用王水溶样,泡塑吸附金,硫脲溶样解脱后,石墨炉原子吸收法测定痕量Au。

仪器与试剂:石墨炉原子吸收光谱仪;振荡器;HCl,HNO_3,硫脲溶液:12g/L,Fe^{3+}溶液:100g/L;泡沫塑料。

操作步骤：称取 10g(精确至 0.1g)试样于 25mL 的瓷坩埚中,置于高温炉中,从低温升至 650℃,灼烧 1.5h,取出冷却后,倒入 200mL 三角烧瓶中,加少量水润湿试样,加入新配制的 50mL(1+1)王水、1mL Fe^{3+} 溶液,加盖置于电热板上加热 2～3h,溶液体积蒸至约 10mL 时取下,用水稀释至约 100mL,放入一块泡沫塑料,将三角烧瓶置于振荡器上振荡 1h,取出泡塑,用水洗净、挤干,放入预先加入 5mL 硫脲溶液的 25mL 比色管中,排去气泡后,于沸水浴中保持 20min,趁热取出泡塑,溶液冷却后,得到金的硫脲解脱液。放置澄清,用石墨炉原子吸收光谱仪测量。

方法评价：方法简便快速,灵敏度高,准确度高,金的测定限为 0.15ng/g。

实例 11-46 锍镍试金分离富集-ICP-MS 测定铂、钯、铑、铱、锇、钌和金[58,59]

方法提要：试样与混合熔剂于 1100℃熔融,铂族元素进入镍扣与基体分离。用 HCl 溶解镍扣,滤出不溶于 HCl 的铂族元素硫化物,在封闭溶样器中用王水溶解,ICP-MS 测定,其中 Os 用同位素稀释法测定,采用碲共沉淀法可以改善贵金属的回收和重现性。

仪器与试剂：ICP-MS 仪;试金用高温炉;试金炉;300mL 黏土坩埚及铸铁模具;负压抽滤装置:滤膜孔径 0.45μm;PFA 封闭溶样器;锍试金熔剂,锇稀释剂,碲共沉淀剂,0.5mg/mL 碲酸钠溶液,介质为 3mol/L HCl;HCl,HNO₃,优级纯或高纯;王水,SnCl₂溶液:1mol/L,介质 6mol/L HCl,制备后一个月内使用。硼砂:100℃烘烤脱水;羰基镍:粒度 2.2～2.8μm,使用前先进行铂族元素空白试验;Li₂B₄O₇,Na₂CO₃,升华硫,分析纯;去离子水。

配料是试金中的关键步骤。不同的试样,配料有所不同。对于硅酸盐试样,需加入较多的碳酸钠和适量的硼砂;碳酸盐试样需加入较多的石英粉和硼砂;含有较多赤铁矿和磁铁矿的氧化矿试样,应适当增加还原剂用量;硫化物试样有较强的还原性,需要加大碳酸钠和二氧化硅的量,同时减少或不加硫化剂。如试样硫含量高时,则少加硫化剂。

常规试样的锍试金熔剂配方见表 11-5。

表 11-5 锍试金熔剂配比(g)

试样种类	试样	硼砂	碳酸钠	羰基镍粉	石英粉	硫黄	偏硼酸锂	面粉	铁粉
岩石、沉积物等	20	20～25	10～15	1～1.5	3～5	1～2		0.5～1	2
超基性岩	20	25～30	15～20	2	3～6	2		1.5	2.5
铬铁矿	10		18	5	9	5	25	1	

操作步骤：称取 10～20g(精确至 0.1g)试样,置于锥形瓶中,加入混合熔剂(根据试料基体的种类配置的不同配比的熔剂),充分摇动混匀后,转入黏土坩埚中,准确加入适量锇稀释剂(含锇量与试样中锇相当),覆盖少量熔剂,放入已升温至 1100℃的高温炉中,熔融 1～1.5h。取出坩埚,将熔融体注入铸铁模具,冷却后,取出镍扣,转入加有水的烧杯中,待镍扣松散成粉末后,加入 60～100mL HCl,置于 100℃电热板加热溶解至溶液变清,且不再冒泡为止。加入 0.5～1mL 碲共沉淀剂,1～2mL SnCl₂溶液,继续加热 0.5h,出现沉淀,并放置数小时,使碲沉淀凝聚,然后用 0.45μm 滤膜,进行负压抽滤,用(1+4)HCl 和水反复洗涤沉淀数次。将沉淀和滤膜一同转入 PFA 封闭溶样器中,加入 1～2.5mL 王水,封闭。于干燥箱中 100℃加热 2～3h,冷却后转入 10～25mL 比色管,用水稀释至刻度,摇匀,待测。

方法评价：取样 20g 时测定下限为 0.01～0.2ng/g。Pt、Pd、Rh、Ir、Os、Ru 的测量范围 m(ng/g)分别为 0.26～5700、0.26～1660、0.018～7.7、0.032～29、0.05～42、0.05～72;

重复性限 r（ng/g）分别为 $0.3073m^{0.9299}$、$0.2202m^{0.8864}$、$0.2552m^{0.9258}$、$0.2953m^{0.8323}$、$0.5620m^{0.9418}$、$0.6917m^{0.9765}$；再现性 R 分别为 $0.4414m^{0.9586}$、$0.3648m^{0.9813}$、$0.4653m^{1.0374}$、$0.555m^{0.9667}$、$0.834m^{0.9316}$、$0.8947m^{0.8973}$（m 为 n 次测定的平均值）。

11.6 液态矿产样品

11.6.1 海水样品

海水和卤水是地球上丰富的液态矿产。海水与卤水样品与岩矿样品相比，前处理要简单得多，通常可以只经过滤、稀释和酸化后就可以测定。常用的分析方法为 ICP-AES 和 ICP-MS。由于海水和卤水都存在高盐基体效应，通常采用内标法进行补偿，例如采用 ICP-AES 分析海水中金属离子时，就可以钪为内标补偿高盐的基体效应；采用 ICP-MS 测定卤水中金属离子时可以 Rh、Re 为内标。

实例 11-47 ICP-MS 测定海水中多种痕量元素[60,61]

方法提要：海水样经过滤、酸化并稀释后，用 ICP-MS 直接测定 Li、Rb、Cs、Ba、Sr、Br、I、Mg、B 等元素。另取样采用共沉淀法，以氢氧化铁为捕集剂，在不同的 pH 条件下，使多种痕量被测元素与海水中大量碱金属元素分离后，再用 ICP-MS 测定 40 种痕量元素：Ga、Mo、Sb、Se、W（pH5）和 As、Be、Bi、Cd、Cr、Co、Cu、Ge、In、Mn、Ni、Pb、Sc、Sn、Th、Ti、V、Y、Zn、Zr、U、REEs（pH9）。

仪器与试剂：ICP-MS 仪；pH 计；HNO_3，NaOH 溶液：100g/L，铁溶液：$\rho(Fe^{3+})=1.00mg/mL$。

操作步骤：将待测元素分两组沉淀，即取两份 200mL 经 $0.45\mu m$ 滤膜过滤的海水水样，各加入 4mL 1mg/mL Fe^{3+} 溶液，在 pH 计上分别用 NaOH 和 HNO_3 调节 pH 为 5 和 9，加热保温 0.5h，放置陈化 2～3h。分别过滤，用滤纸片将烧杯中残余沉淀擦洗干净，并水洗沉淀 2 次，用 2～3mL 热（1+1）HNO_3 溶解沉淀，20mL 比色管承接，热水洗滤纸，并定容至 20mL。海水中的碱金属，碱土金属及氯等均被分离掉。在 pH9 条件下，富集的元素为：As、Be、Bi、Cd、Cr、Co、Cu、Ga、Ge、In、Mn、Ni、Pb、Sc、Se、Sn、Th、Ti、V、Y、Zr、U 及 14 个稀土元素。在 pH5 条件下，富集的元素为：As、Bi、Cr、Ga、Mo、Sb、Sc、Se、Sn、Th、Ti、V、W，因与 pH9 富集的元素有重叠，一般选择 pH5 分离测定 Ga、Mo、Se、W。pH5 和 pH9 的分离溶液分别在 ICP-MS 上测定。未被沉淀的 Li、Rb、Cs、Ba、Sr、Br、I、Mg、B 等一般含量较高，取过滤酸化原水样稀释 10 倍后，即可直接上 ICP-MS 测定。

方法评价：本方法适用于海水中多种痕量元素的测定。测定下限为 $0.0x～0.xng/mL$。

实例 11-48 火焰原子吸收法测定海水中的镍[62]

方法提要：在一定 pH 条件下，海水中微量镍与二乙基二硫代甲酸钠（DDTC-Na）形成螯合物，通过有机相（CCl_4）萃取分离，加入 HNO_3-H_2O_2 混合溶液氧化破坏后，再加水反萃取于水相，然后用火焰原子吸收分光光度法测定海水中的微量镍。

仪器与试剂：AAS 分析仪，Ni 单元素空心阴极灯；氨水溶液（1∶99）；H_2O_2、CCl_4，分析纯；HNO_3，优级纯；HNO_3-H_2O_2 混合溶液（4∶1）；2%DDTC-Na 溶液：用 CCl_4 萃取提

纯；30％柠檬酸三铵溶液，加入 2％DDTC-Na 溶液，用 CCl₄ 萃取提纯；Ni 标准溶液；25mL 比色管；去离子水。

操作步骤：取海水样 200mL 于分液漏斗中，加入 1.0mL 柠檬酸三铵溶液，0.1％溴百里酚蓝指示剂 2 滴，用(1＋1)氨水溶液调节 pH 至 7～8，再加入 DDTC-Na 溶液，摇匀，加入 12.5mL 四氯化碳，振荡约 3min，静置分层，用滤纸条吸干漏斗支管中的水分，小心放下底层液 CCl₄ 于 25mL 比色管中，准确加入 0.5mL HNO₃-H₂O₂(4＋1)混合溶液，振荡约 3min，再准确加入 9.50mL 水，摇匀，静置分层，上层水相直接在空气-乙炔火焰上对 Ni 进行测定，塞曼方式扣背景。同时，做空白试验。

方法评价：Ni 的特征浓度分别为 0.041μg/mL(1％吸收)，方法检出限为 0.001μg/mL。通过对近岸海域海水样品的分析，其 RSD 小于 14.9％，回收率为 85.2％～99.4％。

11.6.2　卤水样品

实例 11-49　氢氧化铁共沉淀分离——ICP-AES 测定卤水盐水中痕量元素[63-66]

方法提要：在 pH5 和 pH9 两种条件下，经氢氧化铁共沉淀捕集卤水盐水试样中几十个痕量元素。在快速简便地将多种痕量元素富集的同时，也将水中大量基体元素钙、镁、钾、钠等分离，然后将沉淀过滤、溶解后，在 ICP-AES 上进行测定。

仪器与试剂：ICP-AES 仪；pH 计；电热板；10mL 比色管；HCl，HNO₃，王水，NaOH 溶液：100g/L；铁溶液 $\rho(Fe^{3+})$：1.00mg/mL；去离子水。

操作步骤：取 200mL 过滤并酸化的水样，煮沸后冷却，加入 1mL(矿化度高的卤水需增至 5mL)铁溶液，用 NaOH 溶液和(1＋9)HCl 通过 pH 计调节至所要求的 pH(5 或 9)，溶液置电热板上于约 70℃保温 20min，取下，放置 2～3h 后慢速滤纸过滤，用滤纸片将烧杯中残余沉淀擦净，并用水洗沉淀。然后用 3mL(1＋1)热王水将沉淀溶解，并用 10mL 比色管承接，用热水洗净滤纸，并稀释至刻度，摇匀，待测。

方法评价：在取样量为 200mL 时，这几十种元素的检出限为 0.04～1.3ng/mL (表 11-6)。

表 11-6　pH5 及 pH9 所富集元素、各元素分析谱线及相应检出限

元素	分析谱线/nm	检出限/(3s,ng/mL)	
		pH5	pH9
As	193.6	1.3	0.9
Be	234.8		0.1
Bi	223.0	1.0	1.2
Cd	228.8		0.06
Co	228.6		0.15
Cr	267.7	0.2	0.3
Cu	324.7		0.04
Ga	294.3	0.5	0.4
Ge	209.4		1.2
In	230.6		1.2
Mn	257.6		0.16

元素	分析谱线/nm	检出限/(3s,ng/mL)	
		pH5	pH9
Mo	202.0	0.25	
Ni	231.6		0.4
Pb	220.3		0.7
Sb	206.8	0.6	
Sc	361.3	0.06	0.05
Se	196.0	2.0	
Sn	189.9	0.8	1.0
Th	401.9	0.22	0.26
Ti	334.9	0.1	0.1
V	292.4	0.1	0.1
W	207.9	1.2	
Zn	213.8		0.4
Zr	343.8		0.1
La	379.4		0.16
Ce	418.6		0.7
Pr	410.0		0.3
Nd	386.3		0.33
Sm	442.4		0.26
Eu	390.7		0.03
Gd	364.6		0.3
Tb	350.9		0.23
Dy	353.1		0.16
Ho	345.6		0.10
Er	369.2		0.05
Tm	313.1		0.15
Yb	328.9		0.03
Lu	261.5		0.8
Y	371.0		0.01

11.7 其他样品

11.7.1 土壤样品顺序提取

由于同一元素的不同形态具有不同的活性,因而对环境和人体健康具有不同的影响,定性、定量的测定样品中特定元素的形态是评价元素毒性、研究迁移转化规律的重要依据。对元素形态分析提出了迫切的要求。由于很难严格测定样品中的不同化学形态,就采取顺序提取(又称偏提取、分步提取、逐级提取或连续萃取等)的这种替代方法测定前别元素形态的各种分类组合。

土壤样品的顺序提取研究已有多年发展历史,Tessier 等早在 1979 年研究开发的土壤、沉积物样品重金属元素顺序提取法(离子交换态、碳酸盐结合态、铁锰氧化态、有机质结合态和残渣态),已被国外研究工作者广泛应用于农业环境的评价;Hall 等在 1996 年研究开发的金属多元素顺序提取法(离子交换态、碳酸盐结合态、有机质结合态、铁锰氧化态和残渣态),广泛用于地质找矿;由欧共体标准测量与检测局的 20 多个实验室花了近 20 年时间,联合研制和开发的土壤、沉积物多元素形态分析(弱酸提取态、可还原态和可氧化态)主要用于欧盟生态环境和生态农业的评价。

我国形态分析工作开展较晚,为满足我国正在开展的生态地球化学评价需要,2003 年安徽实验室开展了生态地球化学调查土壤元素形态分析试验性研究,试验的内容包括土壤试样中水溶态、离子交换态、碳酸盐结合态、腐殖酸结合态、铁锰氧化态、强有机质结合态和残渣态共 7 个形态中多种元素的测定。以下分别介绍 Tesier 顺序提取法、欧盟 BCR 顺序提取法和七步顺序提取法。

1. Tesier 顺序提取法[67]

分别以氯化镁、乙酸钠、HCl 羟胺-乙酸、过氧化氢为提取剂提取离子交换态、碳酸盐结合态、铁锰氧化物结合合态和有机结合合态,制备各形态分析液。取适量提取上述各形态后的残渣,用 HCl、HNO$_3$、HClO$_4$、HF 处理后制备残留态分析液。用 ICP-MS 分析各形态中铜、铅、锌、锰、钴、镍、镉、铬、钼、砷和锑,用 ICP-AES 分析各形态中的铜、铅、锌、锰、钴、镍、铬、镉、钼、铝、铁、钾和钙;用氢化物发生原子荧光光谱法(HG-AFS)分析个形态中砷、锑、汞和硒。

操作步骤:

(1) 离子交换态提取

称取 2.5g(精确至 0.0001g)试样(100 目)于 250mL 聚乙烯烧杯中,准确加入 25mL 1mol/L MgCl$_2$ 溶液,摇匀,加盖,于(25±2)℃,振速为 200 次/min 的振荡器上振荡 2h。取下,去盖,在离心机上于 4000r/min 离心 20min。将 2μm 滤膜折叠后,直接放在 25mL 比色管上过滤清液。向残渣中加入约 100mL 水洗沉淀后,于 4000r/min 离心 10min,弃去水相,留下残渣。分取 5mL 滤液于 10mL 比色管中,加 0.5mL(1+1)HNO$_3$,水定容至刻度,摇匀,用于 ICP-AES 法测定 Cu、Pb、Zn、Mn、Co、Ni、Cr、Cd、Mo、Al、Fe、K 和 Ca。或分取 0.1mL 滤液于 10mL 比色管中,加 0.5mL(1+1)HNO$_3$,水定容至刻度,摇匀,用于 ICP-MS 法测定 Cu、Pb、Zn、Mn、Co、Ni、Cd、Cr、Mo、As、Sb。分取 10mL 滤液于 25mL 比色管中,加 5mL HCl,水定容至刻度,摇匀,用于 AFS 法测定 As、Sb、Bi 和 Se。

(2) 碳酸盐结合态提取

向提取离子交换态后的残渣中,准确加入 25mL 1mol/L NaAc 溶液,摇匀,加盖,置于(25±2)℃振速为 200 次/min 的振荡器上振荡 5h。取下,去盖,于 4000r/min 离心 20min。将 2μm 滤膜折叠后,直接放在 25mL 比色管上过滤清液。向残渣中加入约 100mL 水洗沉淀后,于 4000r/min 离心 10min,弃水相,保留残渣。按离子交换态同样分取过滤清液,分别用 ICP-AES(或 ICP/MS)和 AFS 测定。

(3) 铁锰氧化物结合态提取

向提取碳酸盐结合态后的残渣中,准确加入 50mL 0.04mol/L NH$_2$OH·HCl-4.5mol/L

HAc 溶液,摇匀,加盖,置于(25±2)℃振速为 200 次/min 的振荡器上振荡 6h。取下,除盖,于 4000r/min 离心 20min。将清液倒入(2μm 滤膜)50mL 比色管中。用水将沉淀转移到 50mL 离心管中,于 4000r/min 离心 10min,弃去水相,重复一次,保留残渣。分取 10mL 清液于比色管中,用于 ICP-AES 测定;或分取 1mL 清液于 10mL 比色管中,水定容至刻度,摇匀,用于 ICP-MS 测定。分取 20mL 清液于 25mL 比色管中,加 5mL HCl,摇匀,用于 AFS 测定。

（4）有机结合态提取

向提取铁锰氧化物结合态后的残渣中,加入 3mL 0.02mol/L HNO₃、5mL H₂O₂ 溶液,摇匀。在(83±3)℃的恒温水浴锅中保温 1.5h(其间每隔 10min 搅动一次)。取下,补加 3mL H₂O₂,继续在水浴锅中保温 70min(其间每隔 10min 搅动一次)。取出冷却至室温后,加入 2.5mL 3.2mol/L NH₄Ac-HNO₃,并用水将试样稀释至约 25mL,搅匀,于室温静置 10h 后,于 4000r/min 离心 20min,将清液倒入 50mL 比色管中,水定容至刻度,摇匀。向残渣中加入约 40mL 水洗沉淀后,于 4000r/min 离心 10min,弃去水相,重复一次,留下残渣。

分取 25mL 清液于 50 烧杯中,加入 5mL HNO₃、1mL HClO₄,盖上表面皿,于电热板上低温加热至近干,高温冒浓白烟近尽,取下,趁热加 5mL(1+1)HCl,片刻(30s)水洗表面皿,低温加热至盐类溶解,取下冷却,定容 25mL,摇匀。

分取 5mL 高温冒烟处理溶液于比色管中,留测 ICP-AES 项目。或分取 1mL 清液于 10mL 比色管中,水定容至刻度,摇匀,用于 ICP-MS 测定。剩下 20mL 溶液中加入 5mL HCl,水定容至刻度,摇匀,用 AFS 测 Se。分取 20mL 清液于 25mL 比色管中,加入 5mL HCl,水定容至刻度,摇匀,用于 AFS 测 As、Hg 和 Sb。

（5）残渣态提取

将残渣风干,称量、磨细,算出校正系数 d。称取 0.2g(精确至 0.0001g)试样于聚四氟乙烯坩埚中,水润湿,加 5mL 混合酸(HCl:HNO₃:HClO₄=1:1:1)、5mL HF,于电热板上加热,蒸至 HClO₄ 白烟冒尽。取下,加 3mL(1+1)HCl,冲洗坩埚壁,电热板上加热至盐类溶解,取下冷却,定容 25mL 比色管,摇匀。再用于 ICP-AES 法分析 Cu、Pb、Zn、Mn、Co、Ni、Cd、Cr、Mo、Al、Ca、Fe 和 K。

称取 0.2g(精确至 0.0001g)风干残渣于 50mL 烧杯中,水润湿,加 20mL(1+1)王水,盖上表面皿,电热板上加热蒸至 5mL 左右(勿干),取下冷却,吹洗表面皿,加 10mL(1+1)HCl,移至 50mL 比色管中,定容至刻度,摇匀,用于 AFS 法分析 As、Sb 和 Hg。

称取 0.2g(精确至 0.0001g)风干残渣于 50mL 烧杯中,水润湿,加 15mL HNO₃、3mL HClO₄,电热板上加热至冒 HClO₄ 浓白烟 2min 左右,取下,加 5mL HCl,于电热板上低温加热至微沸,取下冷却,定容 25mL 比色管,摇匀。用 AFS 分析 Se。

2. 欧盟 BCR 顺序提取法[68]

第一步为醋酸提取弱酸提取态,第二步为 HCl 羟胺提取可还原态,第三步为过氧化氢和乙酸铵提取可氧化态,最后用混酸溶解残渣态。用 ICP-MS 或 ICP-AES 分析各步提取液中的 Cu、Pb、Zn、Mn、Co、Ni、Cd、Cr 和 Mo。用 HG-AFS 分析 As、Sb、Hg 和 Se。

操作步骤: 在室温(22±5)℃,自动振荡器上于(180±20)r/min 的振荡速度下进行提取。在振荡过程中,试样要处于悬浮状态。在提取步骤的开始和结尾要测定室温。按照下面的步骤进行顺序提取。

（1）弱酸提取态

向盛有 1g 沉积物的 150~250mL 离心管中加入 40mL 0.11mol/L 乙酸溶液（边加提取剂边振荡），加塞，在（22±5）℃下振荡提取 16h（过夜）。在 3000r/min 下离心 20min，从固体滤渣中分离提取液，将上层液体倾析到聚乙烯容器中。塞上容器，立即分析，或储存在 4℃的冰箱中待测。加入 20mL 蒸馏水洗涤剩余物，用振荡器振荡 15min，在 3000r/min 下离心 20min。倒掉上层清液，固体剩余物用于下一步提取。

（2）还原提取态

向上一步离心管中剩余固体中加入 40mL 新配制的 0.5mol/L 盐酸羟胺溶液（pH＝2.22，边加提取剂边振荡），用手振荡使之再次悬浮，加塞，在（22±5）℃下自动振荡提取 16h；与第一步相同，通过离心和倾析从固体剩余物中分离出提取液，将得到的提取液倒入具塞聚乙烯容器中，待测。向剩余固体物中加入 20mL 蒸馏水进行清洗，用振荡器振荡 15min，然后在 3000r/min 下，离心 20min。倒掉上层清液，固体剩余物用于下一步提取。

（3）氧化提取态

向上一步离心管中剩余固体中缓慢加入 10mL 30％过氧化氢溶液（注意：一定要小心缓慢加入，以避免由于剧烈反应损失样品），加盖，在室温下消化 1h，消化过程中不断用手摇晃。继续在（85±2）℃下消化 1h，前 30min 要不断用手摇晃，然后拔掉瓶塞，在蒸汽浴或以其他方式继续加热至体积减少到 3mL 以下（注意不要蒸干！）。向冷湿的剩余物中加入 50mL 1mol/L 乙酸铵（pH2），（22±5）℃振荡 16h，3000r/min 离心 20min，过夜，要边加提取剂边振荡，通过离心和倾析，从固态剩余物中分离出提取液，加塞，待测。

（4）残渣态

向离心杯的沉淀中加入 20mL 超纯水，将沉淀振荡成悬浮状，用振荡器振荡 15min，然后在 3000r/min 下离心 20min。倒掉上层清液，注意不要将固体剩余物倒出。然后在水浴锅中蒸干，将残渣彻底转移到器皿中。残渣态试样经玛瑙研钵研磨后保存在干燥器中备用。

称取 3 次残渣态试样（每次 0.2g），参照元素总量测定的分解方法，用不同的酸或混酸溶解残渣态。用 ICP-AES/MS 和 AFS 分别测定待测元素。

3. 七步顺序提取法[69-71]

以水、氯化镁、乙酸钠、焦磷酸钠、盐酸羟胺、过氧化氢为提取剂提取水溶态、离子交换态、碳酸盐结合态、腐殖酸结合态、铁锰氧化物结合态和强有机结合态，制备各相态分析液。分取适量提取上述各相态后的最终残渣，用 HCl、HNO₃、HClO₄、HF 处理后制备硅酸盐残留态分析液。用 ICP-AES/MS 和 HG-AFS 进行各步提取液的测定。

操作步骤：

（1）水溶态提取

称取 2.5g（精确至 0.0001g）约 100 目试样于 250mL 聚乙烯烧杯中，准确加入 25mL 蒸馏水（煮沸、冷却、调 pH＝7）摇匀，置于已盛水的超声波清洗器中，于频率 40kHz 超声 30min（其间每隔 5min 超声 5min，超声波清洗器中水温控制在 20~30℃，下同）。取出，于 4000r/min 离心 20min。将清液用 0.45μm 滤膜过滤，滤液用 25mL 比色管承接。用 ICP-MS 或 ICP-AES 分析 Cu、Pb、Zn、Mn、Co、Ni、Cd、Cr、Mo、Al、Ca、Fe 和 K；分取 10mL 清液于 25mL 比色管中，加 5mL HCl，水定容至刻度，摇匀。用 AFS 测定 As、Sb、Hg 和 Se。向残渣中加水约100mL洗涤沉淀（搅棒均匀，下同），于4000r/min离心10min，弃去水相，残渣用于下一步提取。

（2）离子交换态

向提取水溶态后的残渣中准确加入25mL 1mol/L $MgCl_2$溶液，摇匀，置于已盛水的超声波清洗器中，于40kHz超声30min，取出，于4000r/min离心20min。将$2\mu m$滤膜折叠后，直接放在25mL比色管上过滤清液（下同）。向残渣中加水约100mL洗涤沉淀，于4000r/min离心10min，弃去水相，残渣用于下一步提取。

分取5mL清液于10mL比色管中，加0.5mL（1+1）HNO_3，水定容至刻度，摇匀，用于ICP-AES测定；或分取0.1mL清液于10mL比色管中，加0.5mL（1+1）HNO_3，水定容至刻度，摇匀，用于ICP-MS测定；分取10mL清液于25mL比色管中，加5mL HCl，水定容至刻度，摇匀，用于AFS测定As、Sb、Hg和Se。

（3）碳酸盐结合态

向提取离子交换态后的残渣中，准确加入25mL 1mol/L NaAc溶液（pH=5.0±0.2），摇匀，于40kHz的超声波清洗器中超声1h，取出，于4000r/min离心20min。清液用$2\mu m$滤膜滤入25mL比色管。向残渣中加入约100mL水洗沉淀后，于4000r/min离心10min，弃去水相，残渣用于下一步提取。按离子交换态同样分取过滤清液，分别用ICP-AES、ICP-MS和AFS测定。

（4）腐殖酸结合态

向提取碳酸盐态后的残渣中，准确加入50mL 0.1mol/L Na_4PO_7溶液，摇匀，于40kHz的超声波清洗器中超声40min，取出，放置2h，于4000r/min离心20min。清液用$2\mu m$滤膜滤入50mL塑料比色管中。向残渣中加入约100mL水洗沉淀后，于4000r/min离心10min，弃去水相，残渣用于下一步提取。

分取10mL（用10mL塑料比色管分取）清液于预先加入5mL HNO_3、1mL $HClO_4$的50mL烧杯中，盖上表面皿，于电热板上加热蒸至$HClO_4$白烟冒尽。取下，加入1mL（1+1）HCl，水洗表面皿，加热溶解盐类，取下，冷却，定容于10mL比色管中，摇匀，留测ICP-AES项目；或从该ICP-AES测定溶液中分取1mL于10mL比色管中，加0.5mL（1+1）HNO_3，水定容至刻度，摇匀。用于ICP-MS测定。取25mL（用25mL塑料比色管分取）清液于预先加入10mL HNO_3、2mL $HClO_4$的50mL烧杯中，盖上表面皿，于电热板上加热蒸至冒$HClO_4$白烟，如溶液呈棕色，再补加5mL HNO_3，加热至冒$HClO_4$浓白烟，至溶液呈无色或浅黄色，取下，趁热加入5mL HCl，水洗表面皿，低温加热溶解盐类，取下，冷却，定容于25mL比色管，摇匀。留测AFS项目。

（5）铁锰氧化物结合态

向提取腐殖酸结合态后的残渣中，准确加入50mL 0.25mol/L $NH_2OH\cdot HCl$-0.25mol/L HCl溶液，摇匀，于40kHz的超声波清洗器中超声1h，取出，于4000r/min离心20min。清液用$2\mu m$滤膜滤入50mL比色管中。用水将沉淀转移到50mL离心管中，于4000r/min离心10min，弃去水相，重复一次，残渣用于下一步提取。

分取10mL清液于比色管中，测定ICP-AES项目；或分取1mL清液于10mL比色管中，水定容至刻度，摇匀，用于ICP-MS测定。分取20mL清液于25mL比色管中，加5mL HCl，摇匀，测定AFS项目。

（6）强有机结合态

向提取铁锰氧化物结合态后的残渣中，加入 3mL 0.02mol/L HNO_3、5mL H_2O_2(pH＝2)，摇匀。在(83±3)℃的恒温水浴锅中保温 1.5h(其间每隔 10min 搅动一次)。取下，补加 3mL H_2O_2，继续在水浴锅中保温 70min(其间每隔 10min 搅动一次)。取出冷却至室温后，加入 2.5mL 3.2mol/L NH_4Ac-3.2mol/L HNO_3 溶液，并用水将试样稀释至约 25mL，搅匀，于室温静置 10h 后，于 4000r/min 离心 20min，将清液倒入 50mL 比色管中，水定容至刻度，摇匀。向残渣中加入约 40mL 水洗沉淀后，于 4000r/min 离心 10min，弃去水相，重复一次，留下残渣。

分取 25mL 清液于 50mL 烧杯中，加入 5mL HNO_3、1mL $HClO_4$，盖上表皿，于电热板上低温加热至近干，高温冒浓白烟近尽，取下，趁热加 5mL(1＋1)HCl，片刻(30s)水洗表皿，低温加热至盐类溶解，取下冷却，定容 25mL，摇匀。分取 5mL 高温冒烟处理溶液于比色管中，留测 ICP-AES 项目；或分取 1mL 清液于 10mL 比色管中，水定容至刻度，摇匀，用于 ICP-MS 测定；剩下 20mL 溶液中加入 5mL HCl，水定容至刻度，摇匀，用于 AFS 测 Se。

分取 20mL 清液于 25mL 比色管中加入 5mL HCl，水定容至刻度，摇匀。用于 AFS 测 As、Hg 和 Sb。

（7）残渣态

同上述残渣态处理方法。

方法评价：Tessier 流程是 20 世纪 80 年代得到广泛应用的顺序提取方法之一，但是也存在一些缺点，缺乏统一的标准分析方法，没有可进行质量控制的标准物质，无法进行数据的比对与验证；BCR 方法的流程较长、耗时多，且存在元素再分配的问题，一些学者尝试将超声振荡的方法引入，七步顺序提取法可采用振荡和超声提取两种方法，提取土壤样品中 Cu、Pb、Zn、Co、Ni、Cr、Cd、Mn、As、Sb、Hg、Se 等 12 种元素，超声提取的精密度优于振荡提取，方法精密度($n＝12$)为 3.1%～34.8%，准确度(各态之和与全量相对误差)为 0.34%～11.85%，其准确度和精密度均能满足《生态地球化学评价分析技术要求》(DD 2005—03)。超声提取条件更易于掌握和控制，方法简单快速，适合于批量样品分析，已用于分析众多生态地球化学评价样品，为指定的多目标区域地球化学土壤调查样品形态分析方法。目前，有文献报道将 BCR 与 Tessier 与七步提取法的对应关系进行了比较[72]，3 个流程的共同特点是都将元素形态分为水溶态(其中 Tessier 流程没有此步，实际可以理解成包含在可交换态中)、弱酸提取态(其中 Tessier 流程将其进一步划分成可交换态和碳酸盐结合态)、可还原态(铁锰氧化态)、可氧化态(有机态，Tessier 修正法中又将其分为弱有机态和强有机态)和残留态。各流程的区别主要在于所用试剂和具体操作条件不同，它们的大部分步骤的地球化学意义、甚至提取剂都是可以进行比较的。

11.7.2　煤和煤灰样品

煤又称煤炭，属于化石燃料的一种，是历史时期堆积的植物(有时也有少许浮游生物)遗体，经过复杂的生物化学作用，埋藏后又受到地质作用转变而形成的一种性质十分复杂的、由有机化合物和无机矿物质混合组成的固体可燃矿物。

煤灰成分是指煤中矿物质经燃烧后生成的金属和非金属的氧化物，其中主要为二氧化硅、三氧化二铝、三氧化二铁、二氧化钛、氧化钙、氧化镁、氧化钾、氧化钠、氧化锰、五氧化二磷、三氧化硫等,此外还有铜、铅、锌、钒、镓、锗等微量元素的氧化物。

实例 11-50　ICP-AES 法测定粉煤灰全组分化学元素的研究[73]

方法提要:采用 $LiBO_2$ 熔样,ICP-AES 法测定粉煤灰中的 Si、Al、Fe、Ca、Mg、S、K、Na。

仪器与试剂:ICP-AES 仪;高温炉;石墨坩埚;$LiBO_2$、HNO_3 均为优级纯;亚沸蒸馏水。

操作步骤:精确称取灰样 0.1g(准确至 0.0001g),$LiBO_2$ 0.4g,置于石墨坩埚中,搅匀,再将石墨坩埚放入高温炉中加热,直至生成一种清亮熔珠后取出,倒入盛有 50mL 5% HNO_3 的烧杯中,在电热板上加热至熔珠完全溶解,取下冷却,转移至 100mL 容量瓶中,用 5% HNO_3 定容,溶液酸度尽可能与各标准溶液酸度一致,以消除酸度对分析结果的影响,同时配制空白溶液一份,待测。

方法评价:本法适用于煤灰试样中常量和全组分成分分析。用 5% HNO_3 空白溶液连续测定 10 次,取 3 倍标准偏差所对应的浓度为各元素的测出限在 0.009～0.831$\mu g/mL$ 之间,其 RSD($n=10$)在 1.06%～3.22% 之间。

实例 11-51　ICP-AES 法测定煤样中磷、铜、铅、锌、镉、铬、镍、钴等元素[74]

方法提要:采用 HNO_3-HF-$HClO_4$ 混合体系,溶解样品,用 ICP-AES 法测定煤样中微量元素。

仪器与试剂:ICP-AES 仪;马弗炉;电热板;HF,$HClO_4$,HNO_3,分析纯。

操作步骤:称取 1.000g 试样平铺灰皿中,于 815℃ 马弗炉中灼烧至少 1h,直至无碳化物。将灼烧后的灰分全部移入聚四氟乙烯烧杯中,加 5mL HNO_3、5mL HF、2mL $HClO_4$,放在电热板上低温加热蒸发至干,取下,微热。加入 3mL HNO_3,加热溶解盐类,取下,冷却,移入 100mL 容量瓶中,稀释至刻度,摇匀。在 ICP-AES 上测定,随同试样做试剂空白。

方法评价:本研究采用 HNO_3-HF-$HClO_4$ 混合体系微波消解样品,用 ICP-AES 测定煤样中微量元素 P、Cu、Pb、Zn、Cr、Cd、Ni 及 Co 的含量,其检出限(mg/L)分别为 0.0063、0.0004、0.0089、0.0012、0.0012、0.0003、0.0018、0.0012,RSD 在 0.24%～2.89% 之间,回收率在 97.7%～102%。

实例 11-52　微波消解-ICP-MS 法测定粉煤灰中重金属元素[75]

方法提要:样品用 HNO_3＋HCl＋HF 经微波消解后,试液直接用 ICP-MS 同时测定 Pb、As、Cd、Cr、Ni 元素。以 Sc、Y、In、Bi 作为内标物质,补偿了基体效应。选择适当的待测元素同位素克服了质谱干扰。

仪器与试剂:ICP-MS 仪;微波消解系统;红外干燥箱;超纯水机;内标混合溶液:$50\mu g/L$,将 Sc、Y、In、Bi 标准溶液(1000mg/L)以体积分数 1% 的 HNO_3 逐级稀释后,混合;HNO_3、HCl、HF,优级纯;粉煤灰标准样品,NIST SRM 1633a;超纯水。

操作步骤:称取 0.5000g 样品于消解罐中,分别加入 5.0mL HNO_3,2.0mL HF,2.0mL HCl,拧紧罐盖,进行消解;设定控制压力为 400kPa,微波消解程序为:200W,120s;300W,300s;400W,480s;消解结束,冷却后,取出消解罐,打开罐盖,置于红外干燥箱内蒸发至近干,冷却后加少量 HNO_3,加热溶解后,转移至 50mL 容量瓶中,加入 2mL 内标混合标准溶液,用水定容至刻度;在最佳条件下,直接用 ICP-MS 仪测定各元素的含量,同时,做空白试验。

方法评价：Pb、As、Cd、Cr、Ni 元素的检出限($n=10$)为 $0.001\sim0.008\mu g/L$，线性关系良好，回收率为 $89\%\sim112\%$，$RSD(n=3)<2.9\%$。采用本法对粉煤灰标准样品 NIST SRM 1633a 进行测定，结果显示，所测元素的测定值在认定值范围之内，其 $RSD(n=6)$ 为 $0.8\%\sim2.8\%$。

11.7.3　富钴结壳

富钴结壳(Cobalt-rich crusts)，又称钴结壳、铁锰结壳，是生长在海底的一种壳状自生沉积物，因富含钴(Co)，故名富钴结壳。表面呈肾状或鲕状或瘤状，黑色、黑褐色，断面构造呈层纹状、有时也呈树枝状，结壳厚 $5\sim6cm$，平均 $2cm$ 左右，厚者可达 $10\sim15cm$。构成结壳的铁锰矿物主要为 MnO_2 和针铁矿。其中平均含量为：锰 2.47%、钴 0.90%、镍 0.5%、铜 0.06%、铂($0.14\sim0.88$)$\times10^{-6}$，稀土元素总量很高，很可能成为战略金属钴、稀土元素和贵金属铂的重要资源。主要由铁锰氧化物构成，颜色为黑色或褐黑色，结构较为疏松，表面布满花蕾形的瘤状体，分为板状、砾状和钴结核三种类型。

实例 11-53　阴离子树脂/活性炭分离富集-ICP-AES 测定富钴锰结壳中的痕量金银铂钯[76]

方法提要：采用 717 阴离子树脂-活性炭联合交换分离富集技术，ICP-AES 法同时测定富钴锰结壳中的痕量 Au、Ag、Pt、Pd。

仪器与试剂：ICP-AES 仪；高温炉；所有试剂均为优级纯；717 阴离子树脂，$20\sim70$ 目；二次蒸馏水；标准溶液用高纯试剂配成 $1.0000g/L$ 的储备液($\varphi=10\%$ 王水介质)，分级稀释至各元素分别含 $10.00mg/L$ 与 $1.00mg/L$ 的工作溶液；活性炭；去离子水。

操作步骤：717 阴离子交换树脂($20\sim70$ 目)：先用 $80g/L$ NaOH 溶液浸泡 2h，水洗净，再用 $3mol/L$ HCl 浸泡 24h，过滤，水洗净，再用水浸泡备用；活性炭纸浆：称取 15g 活性炭，加入 100mL 王水($\varphi=25\%$)搅拌，再加入 $3\sim5g$ NH_4HF_2，搅拌至完全溶解，放置 48h，其间搅拌 $2\sim5$ 次，过滤，用水洗净，另称取 10g 碎定量滤纸，用 $0.6mol/L$ HCl 加热煮至呈纤维状，将活性炭与滤纸浆混合，充分搅拌均匀，过滤，用水洗至 pH 为 $2\sim3$，置于广口瓶中，备用；阴离子树脂活性炭交换装置：玻璃管交换柱内径为 8mm，长 100mm，其下部垫少许脱脂棉，用下沉法先放入少许滤纸浆，然后放入活性炭纸浆 $10\sim15mm$，再放入 717 阴离子树脂约 60mm，表层铺少许脱脂棉。交换吸附前用 20mL $1.8mol/L$ HCl 平衡。

准确称取试样 $10\sim20g$(准确至 0.1g)，置于 100mL 瓷蒸发皿内铺平，置于 $550\sim600℃$ 高温炉灼烧 $1\sim1.5h$，取出冷却，将样品移入 250mL 烧杯，加少许水润湿，加 30mL HCl，微沸 $10\sim15min$，加 5mL H_2O_2($\varphi=30\%$)，煮沸 15min，取下稍冷，加入 10mL HNO_3，微沸 1.5h，蒸至湿盐状态，使硅酸脱水完全(勿干!)，取下，再加 7mL $6mol/L$ HCl，温热溶解后，加沸水约 50mL，搅拌使盐类溶解完全，用快速滤纸过滤，用热 $0.12mol/L$ HCl 洗烧杯 $2\sim3$ 次，沉淀 $5\sim6$ 次。待滤液冷却后，加入 10 滴饱和溴水，放置 $5\sim10min$，移入交换吸附装置，控制流速 $1\sim2mL/min$ 交换，用 $30\sim50mL$ $0.6mol/L$ HCl 洗涤交换柱，将树脂及活性炭全部移至滤纸上，待溶液流干，将树脂置于 30mL 瓷坩埚中，烘干，在 $600℃$ 灰化完全。取出冷却，加 2mL $8mol/L$ HNO_3 微沸 5min，取下，加 3mL HCl，微沸 $5\sim10min$，取下坩埚盖，低温蒸发至约 1mL，冷却，移入 10mL 比色管，定容，摇匀，ICP-AES 测定。

方法评价：检查了 10 多个酸溶残渣及分离富集后的样品溶液中的 Au、Ag、Pt、Pd,分析结果表明：试样分解完全,联合吸附柱分离富集贵金属 Au、Ag、Pt、Pd 效果良好,吸附柱上 Fe、Mn、Si、Co、Ni 等元素去除率达到 99% 以上,其残余物中 Fe 约 10mg/L、Mn 约 0.x mg/L、Cd 0.00x mg/L、Ti 0.00x mg/L。方法检出限分别(ng/g)为：Au 1.3、Ag 0.4、Pd 0.6、Pt 4.8。样品加标回收率在 89.0%～110.3%,RSD($n=4$)为 3.5%～7.8%。方法已用于富钴锰结壳中痕量金银铂钯的测定。本方法的流程是专门针对大洋富钴锰结壳而设计的,但也适用于大洋多金属结核(俗称锰结核)。

参考文献

[1] 周金生.地质实验工作 50 周年文集[M].北京：地质出版社,2003.

[2] 吴淑琪,等.地质实验工作 60 周年文集[M].北京：地质出版社,2013.

[3] 岩矿分解方法编写组.岩矿分解方法[M].北京：科学出版社,1979.

[4] 凌进中.含锂硼酸盐熔剂及其在近代硅酸盐分析中的应用[J].地质地球化学,1981,(6)：45-51.

[5] 郭炳北.火试金技术的进展与应用.地质实验工作 50 周年文集[C].北京：地质出版社,2003：441-445.

[6] Kingston H M, Jassie L B. Microwave energy for acid decomposition at slerated temperatures and pressures using biological and botanical samples[J]. Analytical Chemistry,1986,58(12)：2534-2541.

[7] Lamatho P J, Fries T L, Consul J J. Evaluation of a microwave oven system for the dissolution of geological samples[J]. Analytical Chemistry,1986,58(18)：1881-1886.

[8] 金秉慧.岩石分析与经典法[J].岩矿测试,2002,21(1)：37-41.

[9] 凌进中.硅酸盐岩石分析 50 年[J].岩矿测试,2002,21(2)：129-142.

[10] 苏幼鎏,王毅民.多种类型地质样品中主要和次要元素的 X 射线荧光光谱测定[J].岩矿测试,1986,5(2)：112-115.

[11] 张勤,樊守中,潘宴山,等,X 射线荧光光谱法测定多目标地球化学样品中主次痕量元素组分[J].岩矿测试,2004,23(1)：19-24.

[12] 罗立强,詹秀春.偏振激发-能量色散 X-射线荧光光谱法快速分析地质样品中 34 种元素[J].光谱学与光谱分析,2003,23(4)：804-807.

[13] 樊守忠,张勤,李国会,等.偏振能量色散 X-射线荧光光谱法测定水系沉积物和土壤样品中多种组分[J].冶金分析,2006,26(6)：27-31.

[14] 尹明,李家熙.岩石矿物分析　第二分册[M].4 版.北京：地质出版社,2011：96-98.

[15] 尹明,李家熙.岩石矿物分析　第二分册[M].4 版.北京：地质出版社,2011：98-103.

[16] 李冰,马新荣,杨红霞,等.封闭酸溶-电感耦合等离子体发射光谱法同时测定地质样品中硼硫砷[J].岩矿测试,2003,22(4)：241-247.

[17] 何红蓼,李冰,韩丽荣,等.封闭压力酸溶 ICP-MS 法分析地质样品中 47 个元素的评价[J].分析试验室,2002：21(5)：8-12.

[18] 王蕾,何红蓼,李冰.碱熔沉淀-等离子体质谱法地质样品的多元素[J].岩矿测试,2003,22(2)：86-92.

[19] 范凡,温宏利,屈文俊,等.王水溶样-等离子体质谱法同时测定地质样品的砷锑铋银镉铟[J].岩矿测试,2009,28(4)：333-336.

[20] 尹明,李家熙.岩石矿物分析　第二分册[M].4 版.北京：地质出版社,2011：120-122.

[21] 李献华,刘颖,涂湘林,等.硅酸盐岩石组成的 ICP-AES 和 ICP-MS 准确测定：酸溶与碱熔分解样品方法的对比[J].地球化学,2002,31(3)：289-294.

[22] 韩桂荣,刘志新,张钧,等.ICP-AES 测定以硅酸盐为主的矿物中 Al、Fe、Ca、Mg、K、Na、Ti、Mn 等元素的方法[J].精细化工中间体,2002,32(4)：56-58.

[23] 杜米芳,任红灿,岑冶宝,等.微波消解-电感耦合等离子体发射光谱法同时测定白云石中铁铝钙镁钾钠硫[J].岩矿测试,2006,25(3):276-278.

[24] 胡圣虹,李清澜,林守麟,等.电感耦合等离子体质谱法直接测定碳酸盐矿中的超痕量稀土元素[J].岩矿测试,2000,19(4):249-253.

[25] 刘耀华,洪飞,金平.微堆中子活化分析测定碳酸盐岩中痕量元素[J].岩矿测试,2003,22(1):28-32.

[26] 朱忠平,李国会.熔融制样-X射线荧光光谱法测定钛铁矿中主次组分[J].冶金分析,2013,33(6):32-36.

[27] 曹玉红,高卓成,曹玉霞.熔融制样-X射线荧光光谱法测定磁铁矿中7种组分[J].冶金分析,2013,33(6):18-22.

[28] GB/T 6730.63—2006铁矿石铝、钙、镁、硅和钛含量的测定电感耦合等离子体发射光谱法[S].北京:中国标准出版社,2006.

[29] 陈贺海,荣德福,付冉冉,等.微波消解——电感耦合等离子体质谱测定铁矿石中15个稀土元素[J].岩矿测试,2013,32(5):702-708.

[30] 陈宗宏,孙明星,楚民生,等微波消解等离子体发射光谱法测定铁矿石中14种元素的研究[J].化学世界,2006,(7):401-406.

[31] 王丽君,胡述戈,杜建民,等.应用ICP-AES法测定铁矿石中6元素[J].冶金分析,2003,23(3):67,50.

[32] 李小莉.熔融制片——X射线荧光光谱法测定锰矿样品中主次量元素[J].岩矿测试,2007,26(3):238-240.

[33] 锰矿石铁、硅、铝、钙、钡、镁、钾、铜、镍、锌、磷、钴、铬、钒、砷、铅和钛含量的测定电感耦合等离子体发射光谱法:GB/T 24197—2009[S].北京:中国标准出版社,2009.

[34] 曾江萍,吴磊,李小莉,等.较低稀释比熔融制样X射线荧光光谱法分析铬铁矿[J].岩矿测试,2012,32(6):915-919.

[35] 铬铁矿和铬精矿铝、铁、镁和硅含量的测定电感耦合等离子体发射光谱法:GB/T 24193—2009[S].北京:中国标准出版社.

[36] 罗明荣,陈文静.X射线荧光光谱法测定还原钛铁矿中11种组分[J].冶金分析,2012,32(6):24-29.

[37] 李小莉,唐力君,黄进初.X射线荧光光谱熔融片法测定铜矿中的主次元素[J].冶金分析,2012,32(7):67-70.

[38] 王小强,侯晓磊,杨惠玲.电感耦合等离子体发射光谱法同时测定铅锌矿中银铜铅锌[J].岩矿测试,2011,30(5):576-579.

[39] 杨小丽,李小丹,杨梅.X射线荧光光谱法测定以钨和钼为主的多金属矿中主次成分[J].冶金分析,2013,33(8):38-42.

[40] 王祎亚,许俊玉,詹秀春,等.较低稀释比熔片制样X射线荧光光谱法测定磷矿石中12种主次痕量组分[J].岩矿测试,2013,31(1):58-63.

[41] 赵耀.XRF分析硫化物矿的试样制备[J].冶金分析,2001,21(5):67-68.

[42] 包生祥,王志红,荣丽梅.催化剂原料高岭土的XRF分析[J].光谱学与光谱学分析,1998,18(6):739-741.

[43] 孔芹,陈磊,汪灵.非金属矿二级标样配制及其粉末样品的XRF分析方法[J].光谱学与光谱分析,2012,32(5):1405-1409.

[44] 陆小明,吉昂,陶光仪.X射线荧光光谱法测定萤石中的氟、钙及二氧化硅[J].分析化学研究简报,1997,25(2):178-180.

[45] 刘江斌,段九存,党亮,等.X射线荧光光谱法同时测定铝土矿中主次组分及3种痕量元素[J].理化检验-化学分册,2011,47:1211-1214.

[46] 文加波,李克庆,向忠宝,等.电感耦合等离子体原子发射光谱法同时测定铝土矿中40种组分[J].冶金分析,2011,31(12):43-49.

[47]　金永铎,董高翔,等.非金属矿石物化性能测试和成分分析方法[M].北京:科学出版社,2004:
332-335.

[48]　金永铎,董高翔,等.非金属矿石物化性能测试和成分分析方法[M].北京:科学出版社,2004:
383-387.

[49]　仵利萍,刘卫.熔融制样-X射线荧光光谱法测定重晶石中主次量元素[J].岩矿测试,2011,30(2):
217-221.

[50]　张淑英,卜赛斌,崔凤辉,等.XRF光谱法测定混合稀土中15个稀土分量[J].冶金分析,2000,20
(5):22-25.

[51]　袁玄晖,阙松娇,伍新宇,等.等离子体直读光谱法同时测定岩石中15个稀土元素[J].岩矿测试,
1983,2(2):127-130.

[52]　赵伟,张春法,郑建业.电感耦合等离子体质谱法测定地质样品中稀土元素[J].山东国土资源,
2011,27(10):49-51.

[53]　吴石头,王亚平,孙德忠.等电感耦合等离子体发射光谱法法测定稀土矿石中15种稀土元素——四
种前处理方法的比较[J].岩矿测试,2014,33(1):12-9.

[54]　尹明,李家熙.岩石矿物分析　第三分册[M].4版.北京:地质出版社,2011:611-613.

[55]　韩丽荣,李冰,马新荣.乙醇增强—ICPMS直接测定地质样品中Te[J].岩矿测试,2003,22(2):
98-102.

[56]　孙晓玲,于照水.泡沫塑料吸附富集-石墨炉原子吸收光谱法测定勘查地球化学样品中超痕量金[J].
岩矿测试,2002,21(4):266-270.

[57]　杨理勤,宋艳合,李文良,等.金标样定值中的金全量湿法分析[J].岩矿测试,2004,23(1):75-76.

[58]　吕彩芬,何红蓼,周肇茹,等.硫镍试金-等离子体质谱法测定地球化学勘探样品中的铂族元素和金
(Ⅱ).分析流程空白的降低[J].岩矿测试,2002,21(1):7-11.

[59]　地球化学样品中贵金属分析方法铂族元素的测量硫镍试金-电感偶和等离子质谱法:
GB/T 17418—2010[S].北京:中国标准出版社,2010.

[60]　陈国珍.海水痕量元素分析[M].北京:海洋出版社,1986.

[61]　海洋监测规范:GB 17378.4—2007[S].

[62]　苏韶兴,韩国光,陈代红.火焰原子吸收分光光度法测定海水中的镍[J].仪器仪表与分析监测,
2007,(3):34-35.

[63]　中国科学院青海盐湖研究所分析室.卤水和盐的分析方法[M].2版.北京:科学出版社,1988.

[64]　食盐卫生标准的分析方法:GB/T 5009.42—2003[S].北京:中国标准出版社,2003.

[65]　饮用天然矿泉水检验方法:GB/T 8538—2008[S].北京:中国标准出版社,2008.

[66]　盐湖和盐类矿产地质勘查规范:DZ/T 0212—2002[S].北京:中国标准出版社,2002.

[67]　Tessier A, Campbell P G C, Bisson M. Sequential extraction procedure for the speciation of
particulate[J]. Anal Chem,1979,51(7):844-850.

[68]　Hall G M, Vaive J E M, Maclaurin A I. Analytical aspects of the application of sodium
pyrophosphate reagent in the specific extraction of the labile organic component of humus and soils
[J]. J Geochemical Exploration,1996,56:23-26.

[69]　王亚平,鲍征宇,侯书恩.尾矿库周围土壤中重金属存在形态特征研究[J].岩矿测试,2000,19(1):
7-12.

[70]　刘文长,马玲,刘洪青.生态地球化学土壤样品元素形态分析方法研究[J].岩矿测试,2005,24(3):
181-188.

[71]　查立新,马玲,刘文长,等.振荡提取和超声提取用于土壤样品中元素形态分析[J].岩矿测试,2011,
30(4):393-399.

[72]　王亚平,黄毅,王苏明,等土壤和沉积物元素的化学形态及其顺序提取法[J].地质通报,2005,24(8):
728-734.

[73]　谢华林,李爱阳,文海初.ICP-AES法测定粉煤灰全组分化学元素的研究[J].粉煤灰全组化学元素
分析,2003,(6):38-39.

[74] 杜白,徐红梅,廖丽荣. ICP-OES 法测定煤样中磷、铜、铅、锌、镉、铬、镍、钴等元素[J]. 云南地质. 2012,31(1): 128-130.

[75] 谢华林,李立波,文海初. 微波消解-ICP-MS 法测定粉煤灰中重金属元素[J]. 冶金分析,2005,25(5): 5-7.

[76] 李展强,张汉萍,张学华,等. 阴离子树脂活性炭分离富集等离子体发射光谱法测定富钴锰结壳中的痕量金银铂钯[J]. 岩矿测试,2005,24(2): 141-144.

第12章

冶金材料样品前处理

12.1 概述

冶金工业为重工业之一,是一切工业的基础。冶金产品为机械制造、轻工业、建筑工程、航天航空、交通运输、地质探矿、石油化工、电子工业等部门提供种类繁多、性能各异的钢铁材料。在黑色冶金材料中,主要以铁基为主体成分(Fe 含量在 70% 以上),如纯铁、碳素钢、锰钢、硅钢、轴承钢、战舰钢板、炮筒钢;在铁合金方面有锰铁、硅铁、钼铁、钨铁、钛铁、镁铁、铝铁等。有色金属种类也很多,诸如铜、镁、铝、钛、铬、锑、锗、锶、硼等,它们的化合物也广泛应用到各个行业,如钛白粉(TiO_2)、Al_2O_3、MgO、Nb_2O_5、ZrO_2、PbO 以及铀铌合金、锡锗合金、镁钪合金等。稀土元素有轻稀土和重稀土之分,除此之外,稀散金属有镓、铟、铊、铼等,贵金属有金、银、铂、铑、钯,以及其他金属化合物,品种甚多,性能各异。

12.1.1 钢铁样品

由于基体大部分为铁,故比较容易用各种无机酸或它们的混酸加热消解,经常使用的有盐酸、硝酸、王水、硫酸、磷酸、氢氟酸、过氧化氢及高氯酸等。当钢样中含有铬、钨的量比较高时,可在微热的盐酸溶液中滴加少量硝酸;当钢样中含钨量较高时,可在硫酸和磷酸混酸溶解后,进行冒酸处理,以防止钨沉淀;在合金钢中,Ni-Cr 占 15% ~ 23%,可用稀王水(1+1)溶解;在以镍为主体的高温合金钢中,镍约占 50% ~ 60%,其余为铁、铬、钛、钨、钼、铝、硅等高熔点元素。样品可先加盐酸-硝酸溶解,滴加氢氟酸,再用硫酸或磷酸冒烟处理,最后用盐酸或硝酸溶液定容。

在测定钢铁中的总铝时,用酸溶铝比较容易,当测定酸不溶铝时则必须采用碱熔法,这种方法往往会带入许多钠元素,处理时间比较长。不过目前可采用微波消解法处理样品,用王水及氢氟酸溶解后,加入高氯酸冒烟,蒸发至近干,再用盐酸(1+1)溶解残渣,最后用水定容。

当样品中含有硅时,必需使用氢氟酸。样品先用盐酸、硝酸溶解后。缓慢滴加少量氢氟酸,样品溶解后,再用硫酸或磷酸冒烟处理,以除去氢氟酸。

12.1.2　铁合金

铁合金种类繁多,用途广泛,例如:

钼铁:其中 Mo 占 50%~70%,Fe 占 30%~50%,广泛应用于冶炼结构钢、耐热钢、耐酸钢及工具钢,可用硝酸及盐酸溶解。

锰铁:是炼钢的合金原料之一,其中 Mn 占 55.0%~92.0%,采用盐酸、硝酸、氢氟酸和高氯酸溶解样品,过氧化氢还原氧化锰,用 ICP-MS 测定其中痕量的铅、锡、锑、磷、镍、铜、钛、钒等。

硅铁:是以焦炭、钢屑、石灰(或硅石)为原料,通过电炉冶炼而成的,常用作炼钢时的脱氧剂以及钢锭帽中的发热剂,也广泛用作合金元素加入剂,用于低合金结构钢、弹簧钢、轴承钢、耐热钢及电工硅钢中。由于硅钢不易溶解,样品可分为溶解和熔融两种,后者可以采用氧化性 Na_2O_2 作熔剂,但由于此方法测定磷时不好控制,因此又改用酸溶法,首选硝酸、氢氟酸,并用高氯酸冒烟。

钨铁:加入钨可使钢的回火稳定,耐磨,其中 W 占 65%~80%,可作工具钢、高速钢,采用标准方法 GB 7731.1—1987 辛可宁重量法测定钢中的钨。

铝铁:用于炼铁时的脱氧剂,降低钢中的含氧量,提高钢材料的质量。可用盐酸加硝酸,滴加氢氟酸的方法处理样品。

铬铁:其中铬含量在 50%~75%,为炼钢、炼铁中的合金加入剂。目前国标 GB/T 4699.2—2008 中采用过硫酸铵氧化滴定法和电位滴定法,样品用碱溶法,加入 Na_2O_2 后,于马弗炉中 700℃下熔融约 20min 后,冷却后缓慢加入水浸出熔融物,加硫酸(1+1)加热至沸,取下,冷却定容。再用 ICP-MS 测定铬铁中的含铬量。

12.1.3　纯金属及金属氧化物

纯金属应用有以下几种,前处理比较简单,例如:

金锭:用王水(HNO_3:HCl:H_2O=1:3:3)溶解后,再用乙酸乙酯萃取金。

锌锭:将制成屑状的锌样用硝酸溶解。

锡锭:用 HCl(1+1):H_2O=1:3 低温下溶解,也可用王水溶解。

金属镁:是最轻的金属结构材料,密度小,强度高,具有刚性、压铸性、电磁屏蔽性,减震性能好,还可以降低噪声,可循环利用,广泛应用于飞机、导弹、汽车、通信等领域,可采用 HCl+$HClO_4$ 溶解。

钛:我国钛资源丰富,占全球总量的 38.85%。可将钛粉混匀,磨细,使其粒度小于 140 目,加入盐酸,低温加热,滴加过氧化氢便可溶解。钛剂是制铝工业的添加剂,钛剂由金属钛粉和助溶剂构成,可用硫酸(1+1)和盐酸混酸溶样,助熔剂为卤化物,极易溶解析出。加入硝酸,将其氧化为高钛酸,溶液清亮,定容。用 ICP-MS 测定。

钼:钼在地壳中的含量约为百万分之三,能与 Ti、Cr、W 等元素生成同晶型溶体,进一步改善钼的性能。将三氯化钼置于聚四氟乙烯杯中,加入氨水溶解,并用 1%氨水稀释定容;另外用碱融法时,使用铂-黄金坩埚,将样品与无水四硼酸锂于 450~500℃灼烧 1h,再与硝酸锂混匀,并滴加溴化锂饱和溶液,于高频感应炉内熔融 10min。

铝:由于氧化铝的熔点较高,需用较多的熔剂于高温下熔融,用 $LiCO_3 + H_3BO_3$ 混匀,先在电热板上加热。

硼:被誉为钢中的维生素,在冶炼生铁、铸铁、不锈钢、中低合金钢中加入硼元素可以增强钢的淬火性、硬度、抗张力,并可改善钢的焊接性能,是一种性价比极高的合金元素。在冶炼钢铁时,根据不同的材料可加入 0.0006%～0.040% 的硼。

钨:具有很高的熔点(3410℃),密度大(19.3g/cm³),热膨胀系数和比电阻率均较低,具有高温和高强度,用于高温合金、硬质合金、核工程、火箭制造等材料。将钨粉经氢气还原后,用 HF 和 NHO_3 加热溶解,用饱和硼酸络合氟离子,再用滤纸分离出基体钨。由于钨与钼属于同族元素,故不易分离。

多晶硅:随着光伏产业的飞速发展,多晶硅材料也受到广泛重视。其纯度直接影响到太阳能电池的性能,其中硼是主要杂质元素。由于多晶硅难以溶解,可加入水、甘露醇溶液、氟化钾溶液、氢氟酸、硝酸于微波炉中进行消解。

碲:是一种稀散元素,地壳中的量约为 0.5%(0.005mg/m³),应用于尖端科技中作为添加剂,Te 溶于 HNO_3 后加水,再加 HCl 溶解析出的沉淀,加热除去氧和氮,冷却后,加入 5% HCl,并用水定容。

锑:锑及其氧化物用于油漆、塑料、纺织和玻璃等行业,主要用作乳化剂、增效剂和阻燃剂等。锑中含有的汞是一种有害元素,一般对锑及三氧化二锑采用王水低温溶解。

镍:具有良好的机械强度,延展性好,化学性质稳定,是高温合金的主体成分。高纯镍用硝酸(1+1)低温溶解,煮沸以去除氮化物,用水定容即可。

铋:用 HNO_3 溶解,以 1%HNO_3 定容至 100mL,得到 Bi 的质量浓度为 10mg/L(以 Bi 计)的 $Bi(NO_3)_3$ 溶液。

12.1.4 各种合金

基本上分为铁基合金和镍基合金,但也有其他二元合金、三元合金,如:

铝锰合金:是一种新型复合脱氧剂,已广泛应用于冶炼。用 HCl 和 H_2O_2 低温加热溶解,煮沸分解过剩的 H_2O_2,用水定容。

硅钙合金:是炼钢的脱氧剂,由于其中杂质氧化钙对炼钢不利,故需控制氧化钙的含量。样品加入乙二醇-无水乙醇溶液(1:3),在沸水中加热,且不断搅动,溶解完全后,滴加 2 滴酚酞指示剂,立即用苯甲酸标准溶液滴定至红色消失,即可计算出氧化钙的含量(非水滴定法)。

铁镍基合金:其中 Fe 和 Ni 的含量占大多数,此类合金易溶解,样品用混酸(HCl:HNO_3:H_2O=3:2:1)缓慢加热溶解,如果出现少许黑色沉淀,可在冷却后滴加 2～5 滴 H_2O_2,继续加热至小体积即可。

铀铌合金:将样品置于石英皿中,以硝酸和滴加氢氟酸的方法进行消解。

镍铁铬合金:是一种镍基高温合金,用于精密制造燃气涡轮盘、发动机叶片等,样品多用树脂耐水砂纸打磨,用火花源原子发射光谱法测定 Ni、Fe、Cr 合金中的其他元素。

12.2 标准方法

冶金材料的主要分析标准方法如表 12-1 所示。

表 12-1 冶金材料的分析标准方法

金属类别	标准号	标准名称
黑色金属材料	GB/T 20125—2006	低合金钢多元素含量测定 ICP-AES 法
	GB/T 20127.3—2006	钢铁及合金痕量元素的测定 ICP-AES 法测定钙、镁和钡
	GB/T 20127.12—2006	钢铁及合金痕量元素的测定火焰原子吸收法测定锌
	GB/T 223.5—2008	钢铁中酸溶硅和全硅的测定分光光度法
	GB/T 223.64—2008	钢铁及合金锰含量的测定火焰原子吸收法
	GB/T 223.60—1997	钢铁及合金化学分析方法高氯酸脱水重量法测定硅
	GB 4333.2—1988	硅铁化学分析方法铋磷钼蓝光度法测定磷
	GB 4333.3—1988	硅铁化学分析方法高碘酸钾光度法测定锰
	GB/T 24194—2009	硅铁铝、钙、锰、铬、钛、铜、磷和镁含量测定 ICP-AES 法测定
	GB 3654.1—1983	铌铁化学分析方法纸上色层分离重量法测定铌、钽
	GB/T 24520—2009	铸铁和低合金钢 镧、铈和镁含量测定 ICP-AES 法
贵金属及有色金属材料	GB/T 11067.3—2006	银化学分析方法硒和碲量的测定 ICP-AES 法
	GB/T 11067.4—2006	银化学分析方法锑量的测定 ICP-AES 法
	GB/T 11067.8—2009	金化学分析方法砷量和锡量的测定氢化物发生-原子荧光光谱法
	GB/T 12689.2—2004	锌及锌合金化学分析方法砷量的测定原子荧光光谱法
	GB/T 3253.6—2008	锑及三氧化二锑化学分析方法硒量的测定原子荧光光谱法
	GB/T 5121.6—2008	铜及铜合金化学分析方法铋含量的测定
	YS/T 536.7—2009	铋化学分析方法砷量的测定原子荧光光谱法
	YS/T 536.11—2009	铋化学分析方法汞量的测定原子荧光光谱法
	YS/T 701.4—2009	氧化钴化学分析方法砷量的测定原子荧光光谱法
	GB/T 13948.5—2005	镁及镁合金化学分析方法钇含量的测定 ICP-AES 法
	GB/T 4324.8—2008	钨化学分析方法镍量的测定 ICP-AES 法火焰原子吸收光谱法丁二酮肟重量法
	GB/T 20975.25—2008	铝及铝合金化学分析方法 ICP-AES 法
	YS/T 630—2007	氧化铝化学分析方法氧化铝杂质含量的测定 ICP-AES 法
	SN/T 1650—2005	金属硅中铁、铝、钙、镁、锰、锌、铜、钛、铬、镍、钒含量的测定 ICP-AES 法
	HB 7716.13—2002	钛合金化学成分光谱分析方法 ICP-AES 法测定铝、铬、铜、锰、钕、锡、钒、锆
	YS/T 470.1—2004	铜铌合金化学分析方法 ICP-AES 法测定铍、钴、镍、钛、铁、铝、硅、铅、镁量
稀土元素材料	XB/T 601.2—2008	六硼化镧化学分析方法铁、钙、镁、铬、铜量的测定 ICP-AES 法
	XB/T 601.3—2008	六硼化镧化学分析方法钨量的测定 ICP-AES 法
	XB/T 601.2—2007	钐钴 1:5 永磁合金粉化学分析方法钙、铁量的测定 ICP-AES 法
	XB/T 612.2—2007	钕钐硼底料化学分析方法 15 个稀土元素氧化物配分量的测定 ICP-AES 法
	GB/T 16484.3—2007	氯化稀土、碳酸轻稀土 15 个稀土元素氧化物分量的测定 ICP-AES 法

12.3 应用实例

12.3.1 钢铁

实例 12-1 无火焰原子化-原子吸收光谱法测定不锈钢中的砷[1]

方法提要：在火焰燃烧器上方放置一特制的不锈钢原子化管（或硬质玻璃管），用微量注射器将待测溶液注入管中，用乙炔-笑气（C_2H_2-N_2O）高温火焰（2955℃）加热，对形成的 As 原子蒸气进行测定。

仪器与试剂：原子吸收光谱仪；HNO_3、$HClO_4$、HCl、KBH_4、$NaOH$ 均为优级纯；二次去离子水；不锈钢管制备：取直径 2.5cm，壁厚 0.1cm，长度 15cm 的不锈钢管，在其上方开一个 ϕ0.1cm 小孔，用支架置于燃烧器上方，调节燃烧器高度，使光源砷辐射线透过原子化管中心，测定样品中砷的含量。

操作步骤：准确称取 2.000g 不锈钢样品，置于 250mL 锥形烧杯中，加入 10mL HNO_3，4mL $HClO_4$ 低温溶解，待冒白烟至瓶口，取下，冷却，加适量水煮沸至盐类溶解，冷却至室温，转移入 50mL 容量瓶中，以二次离子交换水定容，摇匀，待测。在调节好仪器参数及火焰条件后，用微量注射器将注入 10μL 样品溶液，5s 后读取读数。试验完毕后，将不锈钢管灼烧 5min，除去残留物，冷却，取下在稀硝酸中浸泡 10min，冲洗烘干，备用。

方法评价：当无石墨炉备件时，可采用此法以提高测定 As 的灵敏度，测定值 0.014%，检出限 3.6pg。也可用硬质玻璃管制作原子化管，在管中间下方可开一小缝，火焰由下方小缝进入，由管两端出去，可以延长 As 原子停留在光束中的时间，已达到提高测定 As 灵敏度的目的。

实例 12-2 微波消解-火焰原子吸收光谱法测定钢中的总铝[2]

方法提要：用常规方法消解钢中的总铝（酸溶铝和酸不溶铝），其操作十分复杂，需分别处理后测定，耗时很长。而采用微波法消解样品时间短，省试剂，无污染，效果好，目前已经广泛用于难以分解的样品的消解。

仪器与试剂：原子吸收光谱仪；微波消解仪；王水、HF、HCl、KCl、$HClO_4$ 均为优级纯；水为二次蒸馏水。

操作步骤：称取 0.5000g 样品于微波消解罐中，加入 4mL 王水及 1mL HF，待剧烈反应结束后，盖上盖子，装好防爆膜，放入微波消解仪内，连接好压力传感器，用功率 380V（4 个罐），压力 0.827MPa（120psi）消解样品，保持 30min，消解总时间为 45min。冷却后，将溶液转入聚四氟乙烯杯中，加入 $HClO_4$，加热并冒烟至近干，用 HCl（1+1）溶解残渣，移入 50mL 容量瓶中，加入 100g/L KCl 溶液，并用水稀释至刻度，摇匀，待测。

方法评价：在微波消解样品时，HF 对酸不溶铝的消解起到很重要的作用，不可不加 HF。用此法溶解样品称量不可过多（不可超过 1g），但也不能太少（不可少于 0.2g），否则灵敏度不高，称样量为 0.5g。用火焰原子吸收法测定铝时，必须使用 C_2H_2-N_2O，波长为 309.3nm，N_2O 流量为 3.5L/min，C_2H_2，流量为 4.5L/min。本方法线性动态范围为 0.005%～0.20%，RSD<10%，可测定钢中含量在 0.005% 以上的总铝。为消除样品基体与分析条件波动对各种元素的影响，采用稳定的元素 Y 为内标。要注意：在使用 C_2H_2-N_2O 火焰测铝时，必须

将 C_2H_2 调至富焰,然后空气转为 N_2O,切换时要迅速,调节火羽毛高度后,才可测定。测定完毕后,将 N_2O 转换成空气,再熄火。

实例 12-3　ICP-AES 法测定不锈钢中 8 种元素的前处理[3]

方法提要: 加入钇作为内标元素,选择不受干扰或者干扰少的分析谱线,用 ICP-AES 法测定不锈钢中 Ni、Cr、Cu、Mn、P、Si、Mo 和 Ti 等 8 种元素。

仪器与试剂: ICP-AES 仪;Ni、Cr、Cu、Mn、P、Si、Mo、Ti、Y 各元素的标准储备液为 1000mg/L,Si 的标准储备液为 500mg/L,在混合标准溶液系列中,各元素的质量浓度应高低搭配;高纯铁,纯度大于 99.99%;盐酸、硝酸皆为优级纯;水为高纯水。

操作步骤: 准确称取屑状 0.1000g 不锈钢试样置于 100mL 钢铁量瓶中,加入混酸(HNO_3:HCl:H_2O=1:3:6),低温溶解,待试样全部溶解后,加入 10mL 100mg/L 的 Y,加热煮沸后,取下冷却,用水定容,待测。

方法评价: 为消除样品基体与分析条件波动对各种元素的影响,采用稳定的元素 Y 为内标。各元素分析线波长基本上都选择灵敏线,用本方法测定的不锈钢标准样品 GBW01655 中的 Cr、Cu 等 8 种元素,测定值与标准值一致,按 Cr、Cu、Mn、Mo、Ni、P、Si 和 Ti 的次序,它们的 RSD($n=7$)分别为 0.32%、0.55%、0.33%、5.06%、0.31%、2.50%、0.43% 和 4.66%。各元素校正曲线的动态范围上限分别为 300、10、50、50、300、1.0、10、10mg/L。

实例 12-4　火焰原子吸收光谱法测定合金钢中的铬[4]

方法提要: 合金钢样品用混酸($HCl+HNO_3$)溶解,滴加 H_2O_2,加入氯化锶,以富燃性火焰原子吸收光谱法测定合金钢中的铬。

仪器与试剂: 原子吸收光谱仪;混酸 $HCl+HNO_3$,H_2O_2、氯化锶均为优级纯;纯铁溶液:5000g/L,纯度为 99.99%;水为去离子水。

操作步骤: 准确称取 0.5000g 合金钢样品,置于 100mL 锥形瓶中,加入 10mL 混酸($HCl+HNO_3$),加热至样品完全溶解,滴加数滴 H_2O_2,冷却至室温,移入 100mL 容量瓶中,以水定容,摇匀(若溶液混浊,需干过滤)。移取 10mL 试样溶液于 100mL 容量瓶中,加入 10mL 100g/L 氯化锶溶液,摇匀,以水定容,混匀。随同试样所做的纯铁溶液配制空白溶液。

方法评价: 本法加入 100g/L 氯化锶溶液,起到对铬的增敏作用。测定了 3 种合金钢,其加标回收率在 90%～100%。

实例 12-5　氢化物发生-原子荧光光谱法测定低合金钢中的微量砷[5]

方法提要: 样品用盐酸、硝酸加热溶解后,取一定量试液在盐酸介质中,以硼氢化钾作为还原剂,将 As(V)还原为 As(Ⅲ),再以氢化物发生-原子荧光光谱法测定样品中的微量砷。

仪器与试剂: 原子荧光光谱仪;HNO_3、HCl、KBH_4、柠檬酸(40g/L)均为优级纯;砷标准储备液,1000mg/L;还原剂 15g/L KBH_4,其中含 5g/L NaOH 溶液;载流为 HCl($\varphi=$ 5+15)溶液;去离子水;高纯铁,99.999%。

操作步骤: 准确称取 0.5000g 样品,置于 125mL 锥形瓶中,加入 10mL HCl,分次加入 2mL HNO_3,加热至样品完全溶解,取下,冷却后移入 50mL 容量瓶中(根据砷的含量适当稀释,标准溶液系列与样品中的铁量与酸量保持一致),用水定容,摇匀。移取 5.00mL 样品置于 50mL 容量瓶中,加入 10mL 40g/L 柠檬酸,用水定容,摇匀。以 KBH_4 溶液为还原剂,$HCl(\varphi=5+15)$ 溶液为载流,发生的氢化物用原子荧光光谱法测定。

方法评价:加入还原剂的作用是将 As(Ⅴ)还原为 As(Ⅲ),可以提高砷的灵敏度。用此法测定了低合金钢标样材 286、材 287,其测定值分别为 0.0042%、0.0034%,与认定值 0.0041%、0.0038%基本符合,其 RSD 分别为 0.35% 及 0.84%,与采用国标法测定值也很一致。

实例 12-6　用氧化锆改性二氧化硅富集-氢化物发生原子吸收光谱在线测定无机砷[6]

方法提要:用 SiO_2/ZrO_2 为固相吸附的在线预富集砷,用 L-半胱氨酸将样品中的无机砷 As(Ⅴ)还原为 As(Ⅲ),再用氢化物发生原子吸收光谱在线测定无机砷。

仪器与试剂:原子吸收光谱仪;L-半胱氨酸 HCl、KBH_4 均为优级纯;水为去离子水。

操作步骤:准确称取 20～60mg 标准钢样 NISTSRM301,362,363 和 364,置于 100mL 烧杯中,加入 15mL HNO_3,缓慢加热至近干,取下,转移到合适的容量瓶中(视样品中 As 含量而定),用水定容。量取 2mL 样品液到 100mL 烧杯中,加入 0.1g/L L-半胱氨酸,用稀 NaOH 溶液调节到 pH2.5,转移到 100mL 容量瓶中,用水定容。

用 0.1%(W/V)L-半胱氨酸还原总 As(Ⅴ)为 As(Ⅲ),调节 pH 到 3.0～10.0,以流量 3.2mL/min 通过含 70mg SiO_2/ZrO_2 玻璃柱(ϕ3mm,$h=35$mm),As(Ⅲ)吸附保留,预富集时间为 120s,富集因素为 20,用 3mol/L HCl 以流量 3.2mL/min 淋洗柱 5s,富集物存储到 150μL 反应环管,$\rho=1.0\%$,$NaBH_4$ 储存到 F1-HG AAS 系统的另一个反应环管,用氮气(90mL/min)将发生的 AsH_3 载带至绕有 Ni-Cr 丝的石英原子化器中进行原子化。

方法评价:用本法测定了 SRM361(A1S1 钢)、SRM362(94B17 改性钢)、SRM363(Cr-V 钢)和 SRM364(改性高碳钢)4 个标钢,测定值与标准值一致。检出限为 0.05μg/L,测定限为 0.35μg/L,RSD<8%,分析速度 28 个/h。溶解 $NaBH_4$ 试剂在 0.05mol/L KOH 中,可稳定两周(冷藏)。

实例 12-7　电感耦合等离子体发射光谱法测定钢铁中全硅的前处理技术[7]

方法提要:将钢铁样品用盐酸和硝酸溶解,将其不溶物过滤、干燥、灰化,并在 950℃马弗炉灼烧后,用碳酸钠和硼酸混合熔剂熔融,取下冷却后,熔块溶解于滤液中,加热浓缩,用水定容。再用 ICP-AES 仪器测定硅的含量。

仪器与试剂:ICP-AES 仪;混酸 $HCl:HNO_3=4:1$,均为优级纯;500mg/L 硅标准溶液;高纯铁粉,99.999%;混合溶剂($Na_2CO_3:H_3BO_3=2:1$,研磨至粒度小于 0.2mm,混匀);混酸($HCl:HNO_3=4:1$,优级纯);水为超纯水。

操作步骤:准确称取 0.1～0.4g(精确至±0.0001g)试样,置于 100mL 聚四氟乙烯烧杯中,加入 10mL 超纯水、10mL 混酸 $HCl+HNO_3$,低温加热溶解,如果反应不完全,可补加混酸,待试样完全溶解后,用定量滤纸过滤,滤液收集于 250mL 聚四氟乙烯烧杯中,用 30mL 水洗涤滤纸及烧杯壁,用带橡皮头的玻璃棒擦下黏附在烧杯壁的颗粒,并全部转移至滤纸上。将滤纸及残渣置于铂坩埚中,先干燥,灰化后在 950℃的高温炉中灼烧,取下冷却后,加 0.25g 混合熔剂,与残渣混合,再覆盖 0.25g 混合熔剂,再在高温炉中于 950℃熔融 10min 后,取出冷却,擦干坩埚外壁,将坩埚置于盛有滤液的 250mL 烧杯中,缓慢搅拌,用水洗净坩埚,小心加热溶液,浓缩至约 50mL 时,取下冷却。将试液转移到 100mL 聚乙烯容量瓶中,用水稀释至刻度,混匀。称取与试样相同量的高纯铁粉,同法制作试剂空白,在 ICP-AES 仪器上测定硅含量。

方法评价：用 3 个不同硅含量的标钢(电工钢 GBW01386、碳钢 GBW0125 和合金结构钢 GBW01670)，采用本法测定其中的硅含量，其测定结果与 GB/T 233.5—2008《钢铁：酸溶硅和全硅含量的测定——还原型硅钼酸盐分光光度法》结果一致，方法的 RSD 在 0.24%~1.8%。

实例 12-8 ICP-MS 法测定钢中痕量钙[8]

方法提要：微波消解钢铁样品后，采用 ICP-MS 法测定钢中的痕量钙，使用酸纯化器再次蒸馏的高纯酸以消除钙的污染，同时，分析样品前后，使用 10% HCl 对进样系统进行清洗，以去除毛细管、喷雾器和雾化室的吸附。选择丰度高且受干扰程度较小的 $^{40}Ca^+$ 用于分析，并采用动态反应池(DRC)技术消除 $^{40}Ar^+$ 对 $^{40}Ca^+$ 的 MS 干扰。基体 Fe 的质量浓度不大于 1g/L 时，Sc 为内标元素可以很好地校正基体效应。

仪器与试剂：ICP-MS 仪；微波消解仪；超纯水器；酸纯化器；盐酸，硝酸，高纯；超纯水。

操作步骤：准确称取 0.1000g 样品，置于酸煮沸洗净的聚四氟乙烯消解罐中，加入 6mL HCl(1+1)，1mL HNO$_3$，在室温下加盖放置 30min，然后放入微波消解仪转盘中进行消解。设定功率为 840W，消解程序为：升温 3min，温度 120℃，保持 2min；升温 3min，温度 150℃，保持 3min；升温 3min，温度 180℃，保持 10min；然后开始降温。待消解结束后，冷却至室温，打开密闭消解罐，将样品液转移至干净的 100mL 石英容量瓶中，用少量水洗涤消解罐 3~4 次，洗液合并入石英容量瓶中加入 1.0mL 1.0μg/mL 的 Sc 内标溶液后，定容至刻度，摇匀，待测。

ICP-MS 工作参数：射频功率 1100W，冷却气流量 15.0L/min，辅助气流量 1.20L/min，载气流量 0.95L/min，透镜电压 7.5V，采样锥 Ni(ϕ1.1mm)，截取锥 Ni(ϕ0.9mm)，分辨率 0.7±0.1amu，反应池气体 CH$_4$，反应池气体流量 1.30mL/min，内标 10ng/mLSc。动态反应池(DRC)技术是利用气相反应进行来减轻光谱干扰，使用 CH$_4$，为反应气体时，通过离子反应，使得 Ar$^+$ 被有效地从离子束中去除，被转变为中性的 Ar 原子不会被输进质量分析器，从而消除了 $^{40}Ar^+$ 对 $^{40}Ca^+$ 的干扰。

方法评价：方法检出限为 3.18ng/mL，加标回收率为 91%~118%。对不同类型钢铁标准样品和实际样品进行分析，测定值与认定值一致，RSD 为 3.5%~12%。

实例 12-9 微波消解-等离子体原子发射光谱法测定合金钢中的铜、锰、钼[9]

方法提要：用微波等离子体(MPT)为激发光源，氩气为等离子体工作气体，用气动雾化进样，采用微波消解，等离子体原子发射光谱法测定合金钢中的铜、锰、钼。

仪器与试剂：微波等离子体光谱仪；微波消解系统；铜、锰、钼标准储备液，1.0mg/mL；所用试剂均为分析纯；氩气，99.99%；氧气，99.9%；王水，硫磷混酸(1+4)，HCl；水为亚沸蒸馏水。

操作步骤：称取适量合金钢样品于微波消解罐中，加入 4mL 王水，5~7mL 硫磷混酸，将将消解罐置于微波炉中，按最佳消解程序进行消解，消解完毕后，冷却至室温，取出，移入 100mL 容量瓶中，用以及百分数为 1% HCl 定容，摇匀，待测。

打开 MPT 光谱仪，预热，点燃 MPT，用 MPT 光谱仪软件自动启动蠕动泵进行自动进样，测定各元素相应波长下的发射强度。

方法评价：对微波消解合金钢的样品量、消解酸种类和酸用量、微波消解程序进行考察，结果表明，微波消解合金钢的样品量应控制在 0.200g 以下，选用 4mL 王水和 5~7mL 硫磷混酸作为样品的消解酸，每步消解功率为 510W，压力 0.4MPa，每步的升压时间为 3min，每步的恒压时间均为 2min，分三步进行消解。而常压消解时，所需王水 20mL，硫磷混酸 10mL，所需时间为 35min，且有酸雾的污染。测定铜、锰、钼的检出限分别为 3.3、3.7、42ng/mL，RSD($n=6$) 分别为 1.7%、2.4%、3.8%，它们的线性范围分别为 0.02~50μg/mL、0.04~50μg/mL、0.20~50μg/mL。

实例 12-10 ICP-AES 内标法测定钢铁及其合金中的杂质元素[10]

方法提要：采用 ICP-AES 内标法测定钢铁及其合金中的杂质，利用铟元素作为内标元素，消除了铁基体元素对被测元素的干扰，减少了废气和废液的产生。

仪器与试剂：ICP-AES 仪；铝、砷、镉、铬、铜、汞、锰、钼、镍、磷、铅、硅、锡、钛、钒和铟标准储备液，1g/L，按照 GB/T 602 的规定配制或购买有证标准溶液；水为去离子水。

操作步骤：称取 0.2000g 样品于 100mL 烧杯中，加入 10mL HNO$_3$(1+1)，低温溶解样品，待溶解完全后，冷却至室温，移入 100mL 容量瓶中，用水稀释至刻度，摇匀，待测。

将上述溶液用带有 Y 形三通的管件进样，一支进内标溶液，另一支进样品溶液，先进行标准曲线的绘制，再测定样品中各元素的含量，同时做空白试验。

方法评价：按照元素性质及标准溶液介质的不同，将 16 种元素分成两组混合标准溶液，选择 11 个样品，样品涵盖了碳素钢、中低合金钢、不锈钢（1Cr18Ni9，1Cr13），每个样品独立测定 11 次，钢铁样品中 16 种被测元素的检测范围在 0.001%~20.00% 之间，检出限为 0.001~0.030μg/mL，回收率为 97%~110%，该方法减少了高纯物质的使用。在优化的条件下，对钢铁标准物质样品进行测定，结果显示，标准物质样品的测定值与标准值基本一致，二者间的差异均在相关国家标准允许的误差范围之内。

12.3.2 合金

实例 12-11 碳锰合金球中锰、磷含量分析方法的前处理[11]

方法提要：由于碳锰合金球中含有大量的碳，故将样品先灼烧除去游离的碳，再分别用硝酸铵氧化滴定法和钼蓝光度法测定其中的锰和磷的含量。

仪器与试剂：分光光度计；磷酸、硝酸铵、硫酸亚铁铵均为分析纯，硝酸为优级纯；水为蒸馏水。

操作步骤：锰含量测定：准确称取 3.0g 试样，置于已恒重的灰皿中，于高温炉在 900℃下灼烧 2h，取出稍冷后，放入干燥器中，冷却至室温，称重，计算灼烧后试样的质量 m_1；用小铲将灼烧后试样混匀，称取 0.2000g 样品，与 250mL 锥形三角瓶中，加入 15mL H$_3$PO$_4$、5mL HNO$_3$，加热至样品全溶，继续冒磷酸烟 20s 后，取下，放置 40s 后，立即加入 2g 硝酸铵，充分摇动锥形瓶，使 Mn^{2+} 氧化完全，驱尽黄色氧化氮气体，静置 2~3min 后，加 50mL 水摇匀，用流水冷却至室温，立即用 0.06mol/L 硫酸亚铁铵溶液滴定。

磷含量测定：称取 0.1000g 已灼烧的试样，于 150mL 锥形瓶中，加入 15mL 混酸（HNO$_3$：HCl：HClO$_4$：H$_2$O=1：4：2：8），加热溶解，当试样完全溶解后，驱尽 HClO$_4$ 烟，取下冷却，加入 5mL 盐酸溶液，溶解盐类，加 10mL 水微沸，取下冷却，移入 50mL 容量瓶中，定容，摇匀，用快速滤纸过滤此溶液于小烧杯中，以下接分光光度计测定。

方法评价：对 1.0g、3.0g、5.0g 3 个不同称样量对比，得出以 3.0g 称样量为最佳，此时样品体积占灰皿的一半左右，试样中的碳可以被充分灼烧除去，溶样后溶液清澈，无不溶物，分析结果精度高。当称样量为 5.0g 时，出现溶液混浊的现象，有黑色悬浮物产生。由于试样中有大量的碳粉，导致溶液有黑色不溶物，当在 900℃下灼烧 2h 样品时，碳与空气中的氧生成二氧化碳逸出试样外，样品易溶解，提高了分析的精密度。

硅含量的标钢，采用本法测定其中的硅含量，其测定结果与 GB/T 233.5—2008《钢铁：酸溶硅和全硅含量的测定——还原型硅钼酸盐分光光度法》结果一致，方法的 RSD 在 0.24%～1.8%。

实例 12-12 X 射线荧光光谱-粉末压片检测合金铸铁中 13 种元素[12]

方法提要：以粉末压片制样-X 射线荧光光谱测定合金铸铁中的 Si、P、Cu、S、Mn、As、Ti、Sn、V、Cr、Ni、Mo 和 Al 13 种元素。

仪器与试剂：X 射线荧光光谱仪；铑靶 X 射线管；YYJ-60 型压片机；振动磨；黏结剂：硼酸，松香，工业用；丙酮，分析纯。

操作步骤：样品烧失量：分别准确称取 10g（精确至 0.0001g）标准样品，平铺于已灼烧恒重的瓷舟内，于 350℃马弗炉中灼烧 3h（与试验中的低温退火条件一致），并计算它们的烧失量，一般烧失量在 0.4%～0.9%范围内。

样品退火：样品在 350℃下退火，除碳元素在退火过程中发生小部分损失外，其他元素均变化不大，可忽略不计。

样品制备：灼烧后的样品（粒度达到 200 目以上）自然冷却后，于研磨机上研磨 3min，以硼酸作为黏结剂包边垫底，并在黏结剂层中，加按一定比例配制的 10 滴松香-丙酮混合溶液，直接于压片机上以 30t 的压力下，压制 30s，制备成样饼，这种样饼表面光滑，均匀，结实。

校准样品：选用 YSBC 28004a—94KFT 铸铁，YSBC 280386—97 轧辊用合金铸铁和 GSBH 41003—93 铸铁等，原则是取有代表性的、含量范围应能涵盖元素生产检测产品的样品。

方法评价：当铸铁粉末样品的研磨时间越长，粒度越细，分析谱线强度越高，故研磨时间选在 180s。对于粉末金属及合金样品，如硅石、高炉渣、水泥等不易成型的样品，必须加入一定量的黏结剂。用本法测定合金铸铁 467、铬镍钼合金 92—073 及生铸铁 GBW（E）010180 等标样，结果均与认定值相符。

实例 12-13 偶氮氯磷Ⅲ光度法测定锶硅铁合金中的锶[13]

方法提要：在 pH2.9 的磷酸溶液中，Sr 与偶氮氯磷Ⅲ反应生成蓝色络合物，最大吸收波长在 660nm，适用于锶含量在 0.04～1.6mg/L 范围内符合比尔定律。

仪器与试剂：分光光度计；锶标准储备液，1.0mg/mL，锶标准工作溶液，5.00μg/mL；H_3PO_4，0.01mol/L；偶氮氯磷Ⅲ溶液，0.25g/L；EDTA-Mn 溶液：0.05mol/L，称取 18.63g 乙二胺四乙酸钠，溶于 500mL 水中，加入 4.3g 硫酸锰，加热溶解（煮至清亮），加入六次甲基四胺，搅拌溶解，以水稀释至 1000mL；HNO_3、$HClO_3$、HF、H_2O_2、H_3PO_4 试剂均为分析纯；水为蒸馏水。

操作步骤：准确称取 0.1000g 锶硅铁合金样品，于 100mL 铂金坩埚中，加入 5mL HNO_3，加热溶解，同时滴加 HF 至试样全部溶解，并过量 3～5 滴，加入 5mL $HClO_4$，加热蒸发冒烟至近干，取下冷却，以适量水吹洗皿壁，滴加 3～5 滴 H_2O_2，加热煮沸，取下冷却，按样品中锶含量的不同加入不同量的 EDTA-Mn 溶液，3.0mL0.01mol/L H_3PO_4，6.0mL 0.25g/L 偶氮氯磷Ⅲ溶液，稀释至 25mL，摇匀，放置 10min，在分光光度计上，于 660nm 处测定吸光度(以试剂空白为参比)。

方法评价：在 pH2.9 的磷酸介质中，Sr 与偶氮氯磷Ⅲ发生灵敏显色反应生成蓝色络合物，试验了 HCl、HNO_3、H_2SO_4、H_3PO_4、$HClO_4$ 这几种酸，发现 H_3PO_4 介质显色反应灵敏度高，且 H_3PO_4 能与多种金属离子结合成稳定的无色络合物。H_3PO_4 在 2～4mL 内吸光度增高，且稳定，故选用 3mL H_3PO_4。为了消除大量 Fe 离子的干扰，采用 EDTA-Mn 溶液做掩蔽剂，得以消除 Fe 的干扰。

实例 12-14 用电感耦合等离子发射光谱法测定铜合金中的磷[14]

方法提要：在 pH3～4 的介质中，试样溶液通过阳离子交换树脂分离出 Cu^{2+} 后，蒸发浓缩，定容后，用 ICP-AES 仪以标准加入法测定铜合金中的磷。

仪器与试剂：ICP-AES 仪；强酸型苯乙烯系阳离子交换树脂；HCl(20+80)；HNO_3，3.0mol/L；$AgNO_3$，10g/L；NaOH，40g/L，均为优级纯。

操作步骤：交换柱制备：将颗粒约为 0.15mm 的阳离子交换树脂用 HCl(20+80)溶液浸泡 24h 以上，湿法装柱，柱径为 1.5cm，树脂高 14cm，用 3.0mol/L HNO_3 淋洗至 pH3～4，用 10g/L $AgNO_3$ 检验流出液是否存在氯离子，备用。

交换柱再生：经分离溶液后的柱子用 60～80mL HNO_3(1+6)洗出交换柱树脂上的金属离子，再用 pH3～4 的 HNO_3 淋洗至 pH3～4，将树脂再生。

样品前处理：准确称取合金铜样品 0.1～0.3g(精确至 0.0001g)于 100mL 烧杯中，加入 7.5mL HNO_3(1+3)低温溶解后，浓缩至 1～2mL，取下冷却，用 40g/L NaOH 调节样品溶液的 pH 3～4，过柱，以 100mL 容量瓶承接，用 pH 3～4 的 3.0mol/L HNO_3 淋洗交换柱，收集滤液 50mL，在此溶液中加入 5mL HNO_3(1+3)，低温浓缩至 10mL，用水转移溶液至 25mL 容量瓶中，定容，摇匀，待测。

方法评价：用 ICP-AES 法测定样品中微量磷，其检出限为 0.026mg/L，RSD($n=3$)为 1.2%，回收率为 101.9%。用本法测定了 Y4、Y6 铜合金中的微量磷，测定值与标准值相符。

实例 12-15 氟盐取代络合滴定法测定铝锰合金中铝的含量[15]

方法提要：将样品用 HCl 和 H_2O_2 低温消解后，在铜离子存在下，加入过量的 EDTA 溶液，使其与溶液中的 Fe、Mn、Cu 等金属离子络合，煮沸溶液，使铝也全部形成络合物，以 PAN 为指示剂，用 Pb 标准溶液回滴过量的 EDTA 溶液，加入氟化物使 Al-EDTA 络合物解蔽，释放出与 Al 等量的 EDTA，再用 Pb 标准溶液滴定，计算出 Al 的质量分数。

仪器与试剂：滴定仪；Al、Fe、Mn、Cu 标准溶液，均为 10.00mg/L；Pb 标准溶液：0.01mol/L，0.02mol/L；$NH_3 \cdot H_2O$，50%；HCl：ρ(HCl)50%；EDTA 溶液，0.05mol/L；PAN 溶液，2.0g/L；六次甲基四胺溶液，300g/L；NaF，H_3BO_3，分析纯；水为二次蒸馏水。

操作步骤：准确称取 0.2000g 试样，置于 100mL 两用瓶中，加入 3.0mL HCl 和 3.0mL H_2O_2，低温加热至样品溶解完全，煮沸驱除过剩的 H_2O_2，取下冷却，用水稀释至刻度，摇匀，此溶液作为母液。

准确移取 10.00mL 母液于 300mL 锥形瓶中，加入 15mL 铜标液，滴加 $NH_3 \cdot H_2O$ 至溶液出现蓝绿色沉淀，再滴加 50% HCl 至沉淀溶解，并过量 3～4 滴，控制溶液的 pH 在

$1 \sim 2$,加入 57.0mL EDTA 溶液,加热煮沸 1.5min,取下,加入 20mL 六次甲基四胺溶液,7 滴 PAN 指示剂,用 0.01mol/L 铅标液滴定至溶液由绿色变为蓝色,即为终点。第一次滴定终点体积应控制在 $80 \sim 100$mL,可以使 Al^{3+} 完全转化为 AlF_3,不可过量。

向溶液中加入约 1.5g NaF,振荡后加热煮沸 1min,取下,加入约 1g 的硼酸,补加 2 滴 PAN 指示剂,便于终点观察,用 0.01mol/L 铅标液滴定至溶液由绿色变为蓝色,即为终点。

方法评价:测定高含量的 Al 常用 EDTA 滴定法、碱分离 EDTA 滴定法等,这些方法都必须沉淀分离 Fe 和 Mn,本方法无须分离,即可快速分析。

第二次滴定时,加入 NaF 是为使 Al^{3+} 完全转化为 AlF_6^{3-},第二次滴定前加入 1g 硼酸是为防止加入氟化物后,在 Fe-EDTA 络合物中有少量 EDTA 析出,补加 2 滴 PAN 指示剂是为了便于终点的观察。

用本法测定了铝锰合金 1#、2#、3# 和 4#,其中 Al 的含量在 $18.70\% \sim 21.55\%$,测定值与碱分离 EDTA 滴定法完全一致,方法的 RSD 为 $0.10\% \sim 0.16\%$。

实例 12-16 ICP-AES 法测定铝铁合金中硅磷锰钛[16]

方法提要:铝铁合金是一种高效炼钢用脱氧剂,能有效地除去钢中的氧含量,使非金属类的杂质数量减少,从而提高钢的质量。铝铁合金试样用盐酸、硝酸和氢氟酸溶解,用 ICP-AES 法进行测定。

仪器与试剂:ICP-AES 仪,耐 HF 的雾化器和矩管;硅、锰和钛单元素标准溶液为 $100\mu g/mL$,磷标准溶液为 $10\mu g/mL$,铁和铝单元素标准溶液为 10mg/mL;HCl、HF、HNO_3 均为优级纯;水为蒸馏水或去离子水。

操作步骤:准确称取 0.1000g 试样置于 200mL 烧杯中,加入 10mL HCl(1+1),低温溶解,再加入 5mL HNO_3(1+3),加热至试样完全溶解,取下冷却,移入 100mL 容量瓶中,用水定容,摇匀后用 ICP-AES 分析仪测定。如遇难溶样品,则可加 2mL HF,蒸干再溶解。测定时采用耐 HF 的雾化器和矩管。

方法评价:采用不同酸和同一种酸不同浓度进行溶样实验,结果表明,用盐酸、硝酸混酸溶样效果最好,但要控制酸的加入量,使试液与用作校准曲线溶液中的 HCl、HNO_3 的浓度基本一致,这样才能使样品溶解完全,而且结果稳定。Si、P、Mn、Ti 的检出限分别为 0.0015%、0.0032%、0.0091%、0.0046%,RSD≤3.0%。

实例 12-17 惰气熔融-脉冲加热法同时测定 NbFeB 合金中氧和氮[17]

方法提要:在氦气存在下,将装有 NbFeB 合金样品的坩埚进行熔融,用含氧和氮的标钢制作校准曲线,用氧氮分析仪测定样品中的氧和氮。

仪器与试剂:氧氮分析仪;电子天平;SiC 砂轮,镍助熔剂镍篮;高纯氦气,$\omega(He) > 99.999\%$;水为二次蒸馏水。

操作步骤:对于大块状烧结的 NbFeB 合金样品先用 SiC 砂轮磨去表面层,然后在硬质合金钵中,破碎成小块,选取新鲜表面无氧化层的小块状作为样品,余下的大块样品必须装入样品袋中,放在干燥器中保存。因为样品在空气中的时间过长会影响氧、氮含量的真实结果。

为准确测定样品中氧和氮的含量,必须严格控制样品前处理过程带入的氧和氮,氧、氮空白值来源有三个:①载气,②坩埚,③助熔剂。由于使用了高纯氦气,故空白值较低。这些氧和氮主要来源于石墨坩埚(外套坩埚 ϕ13mm×20mm;内套坩埚 ϕ10mm×15mm),镍助熔剂镍篮(Nickel Boskets 502-344),采用大功率加热石墨坩埚脱氧,脱氧功率为 5.5kW,然后在分析功率 4.5kW 条件下,加入镍助熔剂进行测定。实验的称样量为 0.05～0.10g,与镍助熔剂量之比为 1:10～1:20。使用 GSB 03—1682—2004 不锈钢氧标样和 GSB 03—1679—2004 碳素钢氮标样制作氧和氮的校准曲线。

方法评价:石墨坩埚及镍篮中的氧和氮均值分别为 0.00085% 和 0.00000%。由于 NbFeB 合金暴露于空气时间过长会影响氧和氮的分析真实性,故应当将分析仪器调整好之后再处理样品。

本方法可以测定碳钢、不锈钢、钛合金中的低含量氧和氮,其测定下限分别为 0.0010% 和 0.0001%,与其他的分析方法相比,不仅提高了分析精度,测定氧的 RSD 为 0.74%～1.2%,氮 RSD 为 0.60%～2.4%,还缩短了分析时间。

实例 12-18 硅铁中锰、磷、铬的联合测定[18]

方法提要:采用硅铁标样,用硝酸和氢氟酸溶样,水溶加热后制成母液,分别用分光光度法测定样品中的锰、磷含量,用滴定法测定硅铁中铬含量。

仪器与试剂:分光光度计;滴定仪;HNO_3、HF、$HClO_4$、$NaNO_2$、H_2SO_4、Na_2SO_3、$(NH_4)_2S_2O_8$、NH_4VO_3、$(NH_4)_2Mo_2O_7$、H_3PO_4、尿素均为分析纯;水为去离子水。

操作步骤:准确称取 0.6g 硅铁样品,置于聚四氟乙烯烧杯中,加约 10mL HNO_3,水浴加热,同时滴加 2～3mL HF 至样品全溶,以 10mL $HClO_4$ 将溶液转移至 150mL 烧杯中,加热冒烟并蒸至近干,取下冷却,加入 15mL HNO_3(1+3),滴加 2mL 0.1g/L 亚硫酸钠溶液,煮沸除去氮氧化物,用流水冷却至室温,移入 100mL 容量瓶中,用水定容,干过滤于 250mL 三角瓶中,此液即为母液。同时带试剂空白。

锰的测定:取 10mL 母液于 150mL 三角瓶中,加入 10mL 0.15g/mL 过硫酸铵溶液,煮沸 30s,取下,移入 50mL 容量瓶中(当含锰量≥0.5%时,则移入 100mL 容量瓶),用水定容,用分光光度计测定。

磷的测定:取 30mL 母液于 50mL 容量瓶中,加入 3mL 2.5mg/mL 钒酸铵溶液,6mL 0.05g/mL 钼酸铵溶液,用水定容,摇匀,放置 3～5min 后,以水为参比溶液,以分光光度计测定。

铬的测定:取 30mL 母液,加入 10mL 混酸溶液(80mL 水中加入 10mL HNO_3,5mL H_2SO_4,5mL H_3PO_4),10mL 0.15g/mL 过硫酸铵溶液,煮沸至冒大气泡,继续煮沸 2min,取下冷却,加入 0.5g 尿素,滴加 0.05g/mL 亚硝酸钠溶液至红色褪去,以下用滴定法测定。

方法评价:测定 Mn、P、Cr 的 RSD($n=6$)依次为 1.0%、0.1%、0.8%,检出限 Mn 为 0.0012%,P 为 0.0018%。如果采用碱熔法,熔剂用 Na_2O_2,测定磷时,酸度不太好控制,故采用酸溶法。试验用硅铁标样 GABH 42023—98,其中含 Mn 0.298%、P 0.015%、Cr 0.124%。

实例 12-19 锰铁中磷、镍、铜、钛、钒的测定[19]

方法提要:对于锰铁样品的前处理比较了三种消解方法:湿法酸消解、微波消解、碱溶消解,其中以微波消解最好,省时,省试剂,污染小,处理后的样品于 ICP-AES 仪器上测定锰铁中磷、镍、铜、钛、钒的含量。

仪器与试剂:ICP-AES 仪;微波消解仪;王水、HCl、$HClO_4$、HNO_3、HF、H_2O_2 均为优级纯,Na_2CO_3、Na_2O_2 为分析纯;Cu、Ni、V 标准储备液,1000μg/mL,工作溶液为 40μg/mL,

P 标准储备液,1000μg/mL,工作溶液为 200μg/mL,Ti 标准储备液,1000μg/mL,工作溶液为 20μg/mL;水为去离子水。

操作步骤:酸溶解试样:准确称取 0.2000g 试样,置于聚四氟乙烯烧杯中,用以下三种不同的酸消解:

① 加入 10mL 王水,滴加 HF,于电热板上加热;②先加入 7.5mL HCl,再加入 2.5mL HNO_3,滴加 HF;③先加入 7.5mL HNO_3,再加入 2.5mL HCl,滴加 HF。

待试样溶解完全后,分别加入 5mL $HClO_4$,加热冒 $HClO_4$ 白烟至体积约 1mL,取下稍冷,加入 5mL HCl 溶解盐类,滴加 1mL H_2O_2 将锰还原,加热煮沸溶液以赶尽 H_2O_2,取下冷却至室温,以水定容至 50mL 容量瓶。

微波消解样品:准确称取 0.2000g 试样,置于聚四氟乙烯高压微波消解罐中,加入 5mL 王水,滴加 10 滴 HF,盖上盖子,并拧紧放入微波消解仪内,按微波消解仪仪器工作条件(表 12-2)消解。

表 12-2　微波消解仪仪器工作条件

步　　骤	微波功率/W	温度/℃	保持时间/min
1	1600	100	12
2	1600	200	20

待样品消解完毕后,取出冷却,打开消解罐,将溶液转移至 50mL 容量瓶中,用水定容。

碱熔融样品:准确称取 0.2000g 试样,置于石墨坩埚中,加入 1g Na_2CO_3 试剂,混匀,于 600℃高温炉中加热 30min,取出冷却,加入 1g Na_2O_2 试剂,在低温炉灼烧至样品熔融后,于 850℃高温炉中加热 15min,取出冷却,用热水浸泡后,加入 5mL HCl 酸化,用中性滤纸过滤掉坩埚带入的石墨碳渣,用水定容,混匀。

方法评价:用高、中、低碳锰铁的 3 种前处理方法实验的结果表明,①使用王水溶解试样时,试样溶解前期反应比较剧烈,但反应时间较长,尤其是高碳锰铁不易溶解;②先加 HCl,后加 HNO_3,在溶解前期,试样呈现黑色泡沫;③先加 HNO_3,后加 HCl,反应最快。这三种方法在冒 $HClO_4$ 白烟后,都会析出黑色 Mn 的沉淀,必须滴加 H_2O_2 进行还原。碱熔融试样操作繁琐,时间长,且坩埚会带入石墨碳,不能用冒 $HClO_4$ 白烟来破坏,浸取液中有许多黑渣,需过滤,且无法判断试样是否完全熔融。这三种前处理方法比较起来都不理想,还是以微波熔样品最佳,使用试剂量少,时间短,操作简单,污染少。

用微波消解样品,测定了锰铁标样和样品、高碳锰铁中碳、锰、铁以及 YSBC 41601—97 中碳、锰、铁标准样品,用 ICP-AES 仪测定锰铁中磷、镍、铜、钛、钒的含量,其 RSD 为 0.2%～1.7%,回收率为 98%～102%,测定值与标准值相符。

实例 12-20　铁镍基合金中铬、钴、锰、钼的 ICP-AES 测定[20]

方法提要:铁镍基合金样品用混酸溶解,滴加 H_2O_2 全溶后,用 ICP-AES 仪器测定铁镍基合金中 Cr、Co、Mn、Mo 的含量。

仪器与试剂:ICP-AES 仪;HNO_3、HCl、H_2O_2 均为优级纯;水为去离子水。

操作步骤:准确称取 0.5000g 试样,置于 100mL 烧杯中,加入少量水润湿,加入 10mL 混酸(盐酸:硝酸:水=3:2:1),缓慢加热消解样品,如果出现少许黑色沉淀,冷却到室温后,滴加 2～5 滴 H_2O_2,摇动,用水冲洗烧杯壁,再继续加热,蒸至体积小于 10mL 时,用水定容至 100mL,摇匀。

方法评价：在加混酸溶解样品时,如果加入量过多,各元素的谱线强度会有不同程度的下降,因为酸度大,会使背景增强,信背比下降,再则酸度增大,试液的黏度也增大,致使雾化效率下降,故当混酸的加入量大于 18mL 时影响显著,为使样品溶解完全,同时尽可能地降低溶液的酸度,故选择 10mL 混酸。

铁镍基合金比较容易溶解,因此对测定干扰少。Cr、Co、Mn、Mo 的检出限分别为 0.006、0.007、0.007、0.007mg/L,RSD 分别为 2.62%、2.77%、2.28%、2.93%。

实例 12-21　非水滴定法测定硅钙合金中氧化钙[21]

方法提要：硅钙合金是一种炼钢脱氧剂。在加热条件下,使硅钙合金中的氧化钙与乙二醇-无水乙醇提取液中的乙二醇发生反应,生成弱碱性的乙二醇钙,以酚酞为指示剂,用苯甲酸标准溶液进行滴定。

仪器与试剂：非水滴定仪;乙二醇、无水乙醇(经蒸馏脱水制备)、乙二醇、苯甲酸均为分析纯;氧化钙,纯度 99.99%;水为蒸馏水。

操作步骤：硅钙合金颗粒均由铁皮密封保存,并制作成硅钙合金线,由于硅钙合金线中,硅钙合金颗粒分布不均匀,因此,分析前应取一定长度的有代表性的硅钙合金,通过试验取长度3.0cm(约7.5g)为佳。分别截取约 4.0cm 长硅钙合金线样品和一定量的硅钙合金合成标样,于 250mL 干燥的锥形瓶中,加入 100mL 乙二醇-无水乙醇(1∶3),在沸水中加热,并不断摇动锥形瓶,约 60min 溶解完全,取下,滴加 2 滴酚酞指示剂,立即用苯甲酸标准溶液滴定至红色消失。根据单位体积苯甲酸标准溶液相当于 CaO 的质量及消耗体积,计算 CaO 的含量。

方法评价：通常硅钙合金是由氧化钙和二氧化硅在 1000℃ 以上高温下,以碳为还原剂冶炼而成的。由于乙二醇极性小,合金中可能存在的碳酸酯、氢氧化钙等不与乙二醇-无水乙醇溶液反应,当截取试样后应立即分析,此时对 CaO 的测定没有影响。以乙二醇-无水乙醇(1+3)作为提取剂,在沸水下提取样品,氧化钙的测定稳定。方法的 RSD ($n=5$) 为 0.05%～0.11%,加标回收率为 95%～100%。

实例 12-22　氟硅酸钾滴定法测定高碳铬铁中的硅[22]

方法提要：用 KOH 和 KNO$_3$ 混合熔剂在镍坩埚中,以 600℃ 温度下熔融高碳铬铁 10min,对高碳铬铁标样 GSB 03—1058—1999、GSB 03—1059—1999 标样、BH 0310—3 进行测定。

仪器与试剂：滴定仪;KNO$_3$-乙醇溶液,50g/L,KF 溶液,150g/L;中性水,经煮沸后除去二氧化碳的蒸馏水,加 10 滴指示剂草酚蓝,用 NaOH 标准溶液标定至淡蓝色;NaOH 标准溶液,0.1mol/L,称取 4.0g NaOH 溶解于 1000mL 无二氧化碳的水(将水注入烧瓶中,煮沸 10min,立即用装有钠石灰管的胶塞塞紧,冷却即得)中,摇匀,保存在聚乙烯烧瓶内,密封放置,用时需要标定;所用试剂 HCl、H$_2$O$_2$、HNO$_3$、KNO$_3$ 均为分析纯;水为 GB/T 6682 规定的二级水。高碳铬铁标样 GSB 03—1058—1999、GSB 03—1059—1999(锦州铁合金股份有限公司)标样以及 BH 0310—3(吉林铁合金股份有限公司)。

操作步骤：准确称取 0.5000g 高碳铬铁样品于镍坩埚中,加入 3g NaOH,混匀,在电热板上低温熔融,然后在表面盖上 1g KNO$_3$,慢慢加热使试样熔融后,于 600℃ 高温炉中熔融 10min,取出,用沸水浸取熔融物于塑料烧杯中,加入 20mL HNO$_3$,2mL H$_2$O$_2$,冷却至室温,边搅拌边加入 15mL KF 溶液,放置 10min,用双层中速滤纸(用普通滤纸剪成 $\phi40mm$)铺在带有塑料过滤器的抽滤瓶上抽滤,用 KNO_3-乙醇溶液洗涤烧杯及沉淀各 2 次,将沉淀及滤纸移入原烧杯中,加 10mL KNO_3-乙醇溶液、5 滴溴百里酚蓝指示剂,滴加 NaOH 标准溶液中和沉淀和滤纸上的残余酸,直至溶液呈蓝色不消失,然后加入约 150mL 煮沸的中性水,立即以 NaOH 溶液滴定至恰好变蓝色为终点。以下接滴定方法测定。

方法评价:试验用 Na_2CO_3、K_2CO_3、Na_2O_2 熔融后的高碳铬铁,加入酸溶解后溶液浑浊,测定结果不理想,原因是 Na_2CO_3、K_2CO_3、Na_2O_2 熔点温度太高,Na_2O_2 具有强氧化性,使坩埚腐蚀严重,而且引入了大量的 Ni,干扰测定。由于 NaOH 溶液中的钠离子不易生成氟硅酸钠沉淀,水解后释放出 HF,使得结果偏高,故采用 KOH 为熔剂,当 KOH 加入试液中,经酸消化,即为氟硅酸的沉淀剂,有利于氟硅酸钾沉淀的形成,再则 KNO_3 可以降低熔点,防止飞溅,有利于熔融过程的进行。

用本法测定了标样 BH 0310、GSB 03—1059 及 GSB 03—1058 中 Si 含量认定值分别为5.79%、2.99%及 0.41%,本法测定值分别为 5.71%、2.90%及 0.38%,用重量法(国标方法)测定值分别为 5.70%、2.85%及 0.37%,RSD 依次分别为 0.52%、1.3%及 3.7%。

实例 12-23　ICP-AES 法测定核纯级锆合金中各元素的前处理[23]

方法提要:本研究对核纯级锆合金中 4 种主量元素(Sn、Nb、Fe、Cr)及 13 种微量元素Al、Co、Cu、Mo、Mn、Mg、Ni、Pb、Si、Ta、Ti、V、W 用 ICP-AES 法进行测定,由于测定元素有干扰,故采用了基体匹配法,能够快速成功地进行了检测。

仪器与试剂:全谱直读式 ICP-AES 仪,耐 HF 的原子化器;氩气,纯度≥99.99%;高纯海绵锆,纯度>99.99%;试验用水电阻率为 18.2MΩ·cm;乙醇,HNO_3,分析纯。HF为保证试剂级。Fe、Cr、Sn 单元素标准储备液:1000g/L;Al、Co、Cu、Mo、Mn、Mg、Ni、Pb、Si、Ta、Ti、V、W 单元素标准储备液,100mg/L;Zr、Nb 标准储备液皆为 10 000mg/L。

操作步骤:准确称取 0.5g 样品于 PFA 烧杯中,加入 10mL 水,0.5mL HF 和 0.5mLHNO_3,加热,当完全溶解后,取下冷却至室温,稀释至 100mL 容量瓶中,静置,此溶液浓度为 5000mg/L。同时带试剂空白。

基体溶液制备:将 10g 高纯锆粉置于 PFA 烧杯中,加入 40mL 水,10mL HF 和 10mLHNO_3,全溶后,稀释至 100mL,此 Zr 母液的浓度为 100 000mg/L。在配制校准曲线溶液时,测定 Fe、Cr、Sn、Nb 时,含 Zr 5000mg/L,不含 Nb。当测定其余 13 种微量元素时,校准曲线溶液中,除含 5000mg/L Zr 外,还含 Nb 50mg/L。校准曲线分为 3 组:①Fe、Cr;②Sn、Nb;③Al、Co、Cu、Mo、Mg、Mn、Ni、Pb、Si、Ta、Ti、V、W。

仪器条件:波长范围 160~770nm,功率 1400W,载气流速 1.0L/min,冷凝气流速12L/min,辅助气流速 12L/min,进样速度 3mL/min。分析线:Fe 239.562nm,Ni 221.648nm,Ti 307.864nm,Mn 293.930nm,Ta 240.063nm,Sn 189.991nm,Al 167.078nm,Cu 224.700nm,Mg 279.553nm,V 309.311nm,Nb 309.418nm,Co 230.786nm,W 239.709nm,Pb 168.215nm,Cr 205.618nm,Si 251.612nm,Mo 202.095nm。

方法评价:对于核纯级的锆合金要求测定许多元素,其含量各不相同。对于 Sn 和 Nb而言,校正曲线的含量分别为 0,100,200,500mg/L,Fe 和 Cr 分别为 0,10,20,40mg/L,其余杂质元素分别为 0,0.5,1,5mg/L。由于测定元素多,且含量各异,故采用 ICP-AES 法非常适宜,能做到快速、准确地测量。各元素的检出限($\mu g/g$):Fe 0.12、Nb 5、Ni 0.4、Ti 0.3、

Mn 1.4、Ta 0.8、Sn 30、Cr 1.0、Al 0.1、Cu 0.7、Co 0.2、V 0.2、Pb 1.5、Mo 0.2、Mg 0.02、W0.5、Si 0.5，各元素的回收率在 92%～108%（Pb 含量小于 0.00014，其回收率在 125%），RSD：Fe、Cr、Sn、Nb 为小于 2.5%，其余杂质元素为小于 6%。

12.3.3 金属及其氧化物

实例 12-24 ICP-AES 法快速测定钨中十几种微量元素[24]

方法提要：将钨粉、碳化钨、三氧化二钨、兰钨等样品经氢气还原，用氢氟酸和硝酸在电热消解仪中消解后，再用饱和硼酸络合氟离子，用滤纸分离出钨基体，选择适宜仪器条件，用 ICP-AES 仪测定样品中的铁、硅、钴、锰、镁、镍、钛、铌、铅、铋、锡、锑、铜、铬、钼、锌等 16 个元素。

仪器与试剂：ICP-AES 仪；180℃电热消解仪；HF、HNO₃、H₃BO₃均为优级纯；水为二次蒸馏水。

操作步骤：如果样品为三氧化二钨，事先必须用氢气将钨的氧化物还原成钨粉。准确称取钨粉试样，置于 50mL 聚丙烯消解管中，加入 2.0mL HF，0.5mL HNO₃，用约 2mL 水冲洗管壁，盖上消解管盖，于 180℃电热消解仪中消解 15min，待样品消解完全后，加入 10.0mL 饱和硼酸溶液，再次在 180℃电热消解仪中消解 15min，取下冷却，将消解液转移至 100mL 聚氯乙烯容量瓶中，用水定容，摇匀，静置 2～3min，将上层液用慢速定量滤纸过滤到 100mL 聚氯乙烯烧杯中，用 ICP-AES 仪测定样品中的 18 个元素。

方法评价：本法的加标回收率为 90.9%～109.7%。采用本法测定 YSS 001—96—2 W₂O₃ 国家标准样品，其测定值与标准值几无偏差，可满足生产中的分析要求。

实例 12-25 钛白粉分析的前处理[25]

方法提要：将钛白粉混匀后，过 45μm 筛，烘干，用氢氟酸、硝酸及硼酸消解后，利用火焰原子吸收光谱仪测定钛白粉中的有毒元素镉。

仪器与试剂：原子吸收光谱仪；HF、HNO₃、H₃PO₄、H₃BO₃ 均为优级纯，水为去离子水。

操作步骤：将钛白粉（TiO₂）经 45μm 筛过筛后，于 105～110℃烘箱中干燥 1h，取出，置于干燥器中冷却至室温；准确称取 1.0000g 样品置于聚四氟乙烯烧杯中，加入 10mL HF 低温溶解，待溶液蒸发至 1mL 左右时，取下，用少量水冲洗杯壁，加入 1mL 硝酸和 2mL 硼酸，摇匀，继续加热蒸发至约 1.5mL 时，取下，冷却至室温，将溶液转移至 25mL 容量瓶中，用水定容，如出现水解或产生沉淀时，则需静置或过滤，将溶液摇匀，待测。

方法评价：由于钛白粉化学性质比较稳定，不溶于水、稀酸，微溶于热硝酸，用碱熔融时，能与熔剂 KOH 或 NaOH 熔融，生成易溶物钛酸盐，由于引入大量杂质元素，会对后续测定有干扰，当采用硫酸-硫酸铵体系溶解样品时，需要在高温条件进行，样品较难溶解，故采用氢氟酸-硝酸体系溶解样品，快速、简便。对于 1g 钛白粉采用 10mL 氢氟酸就能将样品基本溶解完全，再用硝酸-硼酸驱除氢氟酸，此体系的处理效果好。方法检出限 0.003μg/mL，回收率为 98%～103%。

实例 12-26 硅钼蓝分光光度法测定三氧化二砷中二氧化硅[26]

方法提要：在 As₂O₃ 中加入盐酸加热除砷，残渣用氢氧化钠溶解，硝酸氧化后，以钼酸铵为显色剂，在 pH0.9 条件下，硅与钼酸盐形成硅钼络合物，加入硫酸调节酸度，以抗坏血酸为还原剂,使硅形成稳定的硅钼蓝络合物,用分光光度法测定其中二氧化硅含量。

仪器与试剂:分光光度计,SiO$_2$ 标准工作溶液,10mg/L;HCl(1+1),HNO$_3$(1+1),H$_2$SO$_4$(1+1),NaOH 溶液,200g/L;钼酸铵溶液,50g/L;草酸溶液,200g/L;抗坏血酸溶液,20g/L,用时现配;所有试剂均为分析纯,水为二次去离子水。

操作步骤:准确称取 2.0000g As$_2$O$_3$ 样品于 250mL 铂皿中,用水湿润,加入 50mL HCl,低温加热,并缓慢蒸干,用碱液喷淋装置吸收产生的氯化砷,冷却,重复 2 次。用水湿润残渣,加入 20mL NaOH 溶液,缓慢加热(不可煮沸)至残渣完全溶解,冷却,用水稀释至 60~70mL,用乙烯棒边搅拌边将碱性溶液快速转移至盛有 27.5mL HNO$_3$ 和 50mL 温水的 400mL 聚四氟乙烯烧杯中,用温水洗涤铂皿壁,将试液稀释至约 180mL,缓慢煮沸 1min,冷却,移入 250mL 容量瓶中,用水定容,混匀,待测。同时带试剂空白溶液。移取 50.00mL 溶液于 100.0mL 容量瓶中,加入 15mL 水和 5mL 钼酸铵溶液,混匀;于室温下放置 10~15min(室温大于 20℃),加入 5mL 草酸溶液,10mL 抗坏血酸溶液,混匀,以水定容,摇匀,放置 20min,取部分试液与空白进行测定。

方法评价:对残渣采用两种碱溶液处理方式,一为加入 20mL NaOH 溶液(200g/L),低温加热(不可煮沸)至残渣完全溶解,另一为加入 4g 混合熔剂(无水碳酸钠∶硼酸∶无水碳酸钾=3∶2∶1)于(950±50)℃的马弗炉中熔融 7~10min,两种方法均可适用,且测定结果一致,后一种方法步骤繁琐,故采用 NaOH 体系处理残渣。

用本法测定 SiO$_2$ 的测定值在 0.00x% 数量级,RSD 为 1.6%~1.9%,与 ICP-AES 法对照,结果非常接近。

实例 12-27　ICP-AES 法测定金属钼中 10 种微量元素[27]

方法提要:以阳离子交换树脂分离钼与待测元素,样品用硝酸滴加盐酸溶解,过柱,收集淋洗液,用 2.0mol/L 硝酸溶液定容,用 ICP-AES 法测定金属钼中的 Al、Ba、Ca、Co、Cu、Fe、Mn、Ni、V、Zn 10 种微量元素。

仪器与试剂:ICP-AES 仪;玻璃柱管,$\phi 8.0$mm×200mm;各元素标准储备液,均为 1.000g/L,工作溶液用标准储备液逐级稀释,最终配制成标准溶液系列(2.0mg/L 硝酸介质);硝酸,优级纯,经二次蒸馏;盐酸和氨水,用优级纯试剂经热扩散提纯;水为二次去离子水;国产 732 型阳离子交换树脂。

阳离子交换树脂分离柱制备:将国产 732 强酸型离子交换树脂用水浸泡 24h,使其充分膨胀,湿法装柱,树脂高度 100mm,用 100mL 4.0mol/L HNO$_3$ 溶液淋洗,用去离子水洗至中性,再用 40mL 4.0mol/L NaOH 溶液淋洗。再生树脂,用 100mL 0.01mol/L HNO$_3$ 溶液淋洗,使其平衡,备用。

操作步骤:准确称取 1.0000g 金属钼样品,加入适量标准溶液于石英坩埚中,用 HNO$_3$ 加盐酸加热溶解试样,蒸至小体积,取下冷却后,用氨水调节 pH 至 2~4,将试样溶液转移至平衡过的阳离子交换树脂分离柱中,用 0.010mol/L HNO$_3$ 溶液淋洗,流量为 0.5~1.0mL/min,然后再用 2.0mol/L HNO$_3$ 溶液淋洗,流量为 0.5~1.0mL/min,将收集的淋洗液用 2.0mol/L HNO$_3$ 溶液定容,在 ICP-AES 光谱仪最佳条件下进行测定。

钼的分离:在低酸度溶液中,钼形成钼酸根阴离子,待测元素形成阳离子。准确称取 1.0000g 金属钼样品,加入适量标准溶液于石英坩埚中,按试验方法分离钼,再用 0.10、0.010、0.0010、0.00010mol/L HNO$_3$ 溶液进行淋洗,收集 20mL 淋洗液为一份样品溶液,因钼不被阳离子树脂交换吸附,因而钼主要集中在 5.0～10mL 淋洗液中,经试验本方法选择 pH 为 2,淋洗液为 0.010mol/L HNO$_3$ 溶液,淋洗液体积为 30mL。

待测元素淋洗:淋洗钼之后,用 2.0mol/L HNO$_3$ 溶液淋洗,每收集 1mL 淋洗液为一份样品溶液,共收集 10 份,用水定容至 10mL,上机测定。结果表明,待测元素主要集中在 4.0～5.0mL 淋洗液中,故当样品分离时,弃去前 20mL 淋洗液后,再收集 5.0mL 淋洗液,即可将待测元素收集完全。

方法评价:方法的加标回收率在 94.2％～110.0％ 范围内,检出限:Ba、Zn、Cu 为 0.008mg/L,Fe、Al、Ca、Ni、V、Co、Mn 均为 0.011～0.013mg/L。元素的测定结果与 AAS 的结果接近。

实例 12-28 电感耦合等离子体原子发射光谱法测定金属镁中的杂质元素[28]

方法提要:利用 ICP-AES 法测定金属镁中的 12 种杂质元素 Ba、Al、Si、Cr、Mn、Fe、Ni、Cu、Zn、Cd、Sb、Bi,样品用 HCl＋HNO$_3$ 经微波消解,定容后测定。

仪器与试剂:ICP-AES 仪;微波消解仪;Ba、Al、Si、Cr、Mn、Fe、Ni、Cu、Zn、Cd、Sb、Bi 单元素标准储备液,1000mg/L;混合标准溶液,用 H$_2$O 将 12 种元素标准储备液逐级稀释,混匀;以 Y 为内标溶液,50mg/L(由 1000mg/L 标准储备液稀释而成);HCl、HNO$_3$、HF、H$_3$BO$_3$ 等试剂均为分析纯;水为超纯水,电阻率≥18MΩ·cm。

操作步骤:准确称取 0.1000g 样品,置于微波消解罐中,加入 15mL HCl(1＋1),3mL HNO$_3$(1＋1),接好防爆膜,并拧紧顶盖,置于微波消解仪内;消解程序如下,第一阶段:功率 300W,斜坡升温 15min,压力 200psi,温控 180℃,保持时间 5min,第二阶段:斜坡升温 20min,压力 300psi,温控 200℃,保持时间 15min。消解完毕,将试样转移至预先加有 5mL 饱和 H$_3$BO$_3$ 溶液的 100mL 容量瓶中,用水定容,摇匀,待测。

方法评价:本方法加入 Y 作为内标,以消除样品溶液中由于物质组成不同而带来的物理化学性质及测定条件不同而引起的误差,要求内标元素应选择稳定性好,谱线干扰少,且样品中不含内标元素。试验表明,Y 作为内标元素比 Au 效果更好。方法检出限在 0.12～17.59mg/L 之间,加标回收率在 93％～105％ 之间。

实例 12-29 ICP-AES 法同时测定粗铜中的金和银[29]

方法提要:粗铜样品用混酸(盐酸加硝酸)溶解后,采取基体匹配法直接用 ICP-AES 法测定金和银。

仪器与试剂:ICP-AES 仪;Au、Ag 标准储备液,1000mg/L(国家钢铁材料测试中心);金标准工作溶液,100μg/L,分取适量金标准储备液,用 10％HCl 配制;银标准工作溶液,分取金标准储备液,200μg/L,用 10％HCl 稀释;混合标准工作溶液:分别移取 10.00mL 金、银标准工作溶液于 100mL 容量瓶中,加入 10mL HCl,用水定容,摇匀,此溶液 1mL 含 10μg 金和 20μg 银;基体匹配混合标准系列溶液,称取 5 份 1.0000g 标准铜片,加入 10mL 混酸加热溶解至全溶,微沸赶尽氮的氧化物,加 10mL HCl,取下冷却,在一组 100mL 容量瓶中,依次加入 0、0.50、1.00、2.00 及 5.00mL 混合标准溶液,用水定容,混匀;标准铜片,质量分数≥99.999％;混酸(HCl∶HNO$_3$∶H$_2$O＝1∶3∶4);全部试剂均为优级纯,水为去离子水。

操作步骤:准确称取 1.0000g 试样,置于 250mL 烧杯中,加入 10mL 混酸,盖上表面皿,低温加热至样品全部溶解,去表皿,赶尽氮的氧化物,取下,加入 10mL HCl,冷却至室温,移入 100mL 容量瓶中,用水定量,摇匀,待测。随同试样做空白试验。

方法评价:在粗铜中含铜量高达 98％以上,样品在酸中很容易分解,本方法溶解参照行业标准方法 YS/T 521.6—21009。因铜含量高,产生的基体效应很严重,因此本法在绘制校正曲线时,根据称样量在标准系列溶液中均加入 10mg/mL 的铜基体,以消除基体干扰。

用本法测定 A0124、A0125 及 A0163 等标样,Au 及 Ag 的回收率均在 98.2％～103.6％,用 YS/T 521.2—2009 法测定 Au 及 Ag 的结果与阴离子交换固相萃取法 Au 及 Ag 的测定值相一致。

实例 12-30 氢化物发生-四通道无色散原子荧光光谱法同时测定纯铜中的砷、锑、硒、碲[30]

方法提要:采用 HNO_3 溶解样品,在氨性介质中用氢氧化镧共沉淀 As、Sb、Se 和 Te 后与铜基体分离,再用氢化物发生-原子荧光光谱法同时测定 As、Sb、Se 和 Te。

仪器与试剂:四通道无色散原子荧光光谱仪,As、Sb、Se 和 Te 高性能空心阴极灯;氢化物发生器;气液分离器。As、Sb、Se 和 Te 单元素标准储备液,1.0000g/L;As 和 Sb 混合标准中间液的浓度均为 200μg/L;Se 和 Te 混合标准中间液,均为 100μg/L;As 和 Sb 混合标准溶液,20μg/L;Se 和 Te 混合标准溶液,10μg/L,均由标准储备液逐级稀释而成;KBH_4 溶液;15g/L,将 KBH_4 溶解在 2g/L NaOH 溶液中。过滤后使用,现用现配;硫脲液:50g/L,将 5g 硫脲溶解于 100mL 水中;硝酸镧溶液:50g/L,称取 50g 硝酸镧溶于 1000mL 水中,摇匀;HCl,HNO_3,NaOH,氨水均为优级纯;实验用水为超纯水。

其发生器工作程序见表 12-3。

表 12-3 发生器工作程序

步　骤	流速/(mL/min)	时间/s	功　能
1	样品:6,还原剂:6	6	采样
2	样品:0,还原剂:0	3	将采样管移入载流
3	样品:9,还原剂:9	14	测定,读数
4	样品:0,还原剂:0	3	返回第一步

校准曲线绘制:依次分别移取 200μg/L As 和 Sb 混合标准中间溶液和 100μg/L Se 和 Te 混合标准中间溶液 0.0、1.0、2.0、5.0、10.0mL 和 20.0mL 于 100mL 容量瓶中,同时加入 60mL 6mol/L HCl 于水浴中加热 20min,取出冷却后,加入 2mL 50g/L 硫脲溶液,用水定容,放置 60min,使 As^{5+} 和 Sb^{5+} 彻底还原为 As^{3+} 和 Sb^{3+} 后,进行测定。

操作步骤:准确称取 0.2500g 纯铜于 100mL 烧杯中,加入 5mL HNO_3(1+1),盖上表皿,低温加热至样品全部溶解,煮沸除去氮的氧化物,取下冷却后,加入 5mL 硝酸镧溶液,加水至 50mL,在不断搅拌下加入 30mL 氨水(1+1),静置 2～3h 后,过滤,用稀氨水洗涤滤纸及沉淀,废弃滤液,用 15mL 热 HCl(1+1)洗涤滤纸,并将此液移入 25mL 容量瓶中,加入 0.5mL 硫脲溶液,并用水稀释至刻度,摇匀,水浴 60min 后,用氢化物发生-原子荧光光谱法同时测定 As、Sb、Se 和 Te。

方法评价:用此法测定纯铜中的 As、Sb、Se 和 Te,其结果与国家标准方法的测定值无显著性差异,方法的加标回收率为 94％～105％,RSD($n=7$)为 2.0％,As、Sb、Se 和 Te 的检出限分别为 0.04、0.05、0.04ng/mL 和 0.03ng/mL。

实例 12-31 ICP-AES 法测定金属锰中的硅、磷、铁[31]

方法提要：金属锰是制造 Mn_3O_4 的主体材料，为冶金、医药、化工等领域不可缺少的化工原料，国标（GB/T 5696—2008）及冶金行业标准（YB/T 051—2003）已建立，样品用 HNO_3 分解，在校正曲线中加入与待测样品等量的锰，以消除基体组分引起的基体干扰。

仪器与试剂：ICP-AES 仪，附高盐雾化器、旋转雾室；锰标准溶液，5.0mg/mL；硅标准溶液，0.5mg/mL；磷标液，0.05mg/mL；铁标液，1.0mg/mL；高纯氩气，99.999%；HNO_3，优级纯；实验用水为去离子水。

操作步骤：准确称取 0.2000g 样品，置于 250mL 烧杯中，用水湿润，盖上表皿，缓慢加入 80mL HNO_3（10%），缓慢加热，待试液完全溶解后，取下冷却，将试液移至 100 容量瓶中，用水定量，摇匀，待测。

方法评价：一般无机酸都可以分解金属锰样品，但 H_2SO_4 和 H_3PO_4 的黏度较大，影响到测定的灵敏度，而用 HCl 溶解时，硅的回收率仅为 92.31%，原因是金属锰与非氧化性酸反应生成氢，导致硅容易形成氢化物，造成部分损失，故采用 HNO_3 溶样，可获得很好的准确度和精密度。

样品处理时，应注意到基体对测定各种元素的影响，基体对分析元素的发射强度的增感和抑制是不容忽视的，所以在制作校准曲线时，应根据样品中锰的含量，适当加入锰的标准溶液。本试验根据试液中锰的量，每个点可加入 4.00mL 50mg/mL 的锰标准溶液，进行基体匹配，以获得准确的结果。用本法测得 Si、P、Fe 的回收率在 99.4%~100.5%，RSD（$n=6$）为 0.0689%~0.32%。用本法测定了 GSBH 42018 和 DH 7701 金属锰标样中 Si、P、Fe 的含量，测定结果与认定值基本一致。

实例 12-32 ICP-AES 法测定金属锰中的硅、磷、铁、铜和镍[32]

方法提要：采用硝酸溶解金属锰样品，并对使用不同的酸消解样品进行了比较，用基体匹配法进行测定。

仪器与试剂：ICP-AES；锰标准溶液，5.0mg/mL；Si、P、Fe、Cu、Ni 标准储备液，1000μg/mL，按照 GB/T 602 配制，用时稀释到适宜浓度；电解锰，质量分数大于 99.95%；Si、P、Fe、Mn、Cu、Ni 质量分数已知或小于 0.001%；HNO_3，HNO_3 溶液（1+1）；所用试剂为光谱纯，HNO_3 为优级纯；水为去离子水。

操作步骤：准确称取 0.2500g（精确至 0.0001g）样品，置于 150mL 锥形瓶中，加入 15mL HNO_3 溶液（1+1），低温加热溶解后，取下冷却，移入 100 容量瓶中，用水定量，摇匀，待测。同时带空白试验。

工作曲线：将 5 份 0.24g 电解锰置于 150mL 锥形瓶中，按上述方法操作，依次加入 Si、P、Fe、Mn、Cu、Ni 标准溶液，用 ICP-AES 光谱法测定。

方法评价：溶解金属锰样品，试验了 HNO_3、HCl、王水、$HNO_3+H_2SO_4$ 冒烟等消解方法，国家标准 GB/T 5686.4—2008 及中国锰业 2002,20(4)：48~49 均采用稀硝酸溶样，考虑到 P 元素适于氧化性酸介质下进行测定，故选用稀硝酸。经试验用酸量在 5~15mL 范围内，其中以 15mL HNO_3 溶液（1+1）为佳。由于锰为基体，且含有较高的铁，故采用基体匹配法，以消除干扰。方法的回收率在 98.2%~102.5%，测定了金属锰标样 YSBC 15603 及 YSBC 1504 中的 Si、P、Fe、Cu、Ni 元素，其检出限依次为 0.0015%、0.0021%、0.0009%、0.0009%、0.0009%。

实例 12-33 碘化钾-四丁基溴化铵-水体系浮选分离铱[33]

方法提要：金属铱（Ir）的化学性质稳定、最耐腐蚀，可以在极高的温度下使用，应用广泛，但在地壳中含量甚少，故需进行分离富集。用碘化钾-四丁基溴化铵-水体系分离铱（Ⅳ），使得铱与其他金属离子分离。结果表明，在水溶液中，Ir（Ⅳ）与四丁基溴化铵（TBAB）和碘化钾（KI）形成不溶于水的三元缔合物$[IrI_6][TBAB]_2$，此三元缔合物浮于水相上层面形成界面清晰的液固两相，在两相形成过程中，Ir（Ⅳ）被定量浮选，其他元素不生成水不溶物而不被浮选。

仪器与试剂：紫外可见分光光度计；四丁基溴化铵（TBAB）溶液，1.0×10^{-2} mol/L；Ir（Ⅳ）标准溶液：准确称取 57.35g 氯铱酸铵$[(NH_4)_2IrCl_6]$溶于 1mol/L HCl 中，移至 250mL 容量瓶中，用 0.5mol/L HCl 定容；克拉克-鲁布斯缓冲溶液，pH 1~5；显色剂溴化亚锡溶液：将 25g $SnBr_2 \cdot 2H_2O$ 溶于 40% HBr 后，再用 40% HBr 定容至 100mL；所用试剂均为分析纯；水为蒸馏水。

操作步骤：于 25mL 磨口比色管中，加入 100μg Ir（Ⅳ）及各 500μg 其他金属离子，0.6mL KI 溶液和 0.8mL TBAB 溶液，用克拉克-鲁布斯缓冲溶液调节溶液的 pH 值，并定容至 10mL；充分振荡后，静置至液固完全分相，过滤。以溴化亚锡溶液为显色剂，用分光光度法测定滤液中 Ir（Ⅳ）的含量。

方法评价：当 KI 和 TBAB 同时存在时，Ir（Ⅳ）才能被浮选。由于 TBAB 在水溶液中可以离解成带正电荷的 $TBAB^+$ 离子，Ir（Ⅳ）能与 I^- 生成稳定的带负电荷的 $IrCl_6^{2-}$ 离子的化学性质，推测体系的浮选机理可能为：

$$Ir(Ⅳ) + 6I^- \Longrightarrow IrCl_6^{2-}$$
水相　　　　　水相

$$IrCl_6^{2-} + 2TBAB^+ \Longrightarrow [IrI_6][TBAB]_2$$
水相　　　　　浮选相

关于浮选率：当 KI 和 TBAB 同时存在时，Ir（Ⅳ）不会被浮选，Ir（Ⅳ）的浮选率随 KI 浓度的增加而增加，当 KI 的浓度达到 5.0×10^{-3} mol/L 以上时，Ir（Ⅳ）的浮选率可达到 97.6% 以上。

TBAB 对浮选率的影响：当无 TBAB 存在时，Ir（Ⅳ）不被浮选，当 TBAB 浓度达到 7.0×10^{-4} mol/L 时，Ir（Ⅳ）的浮选率可达到 97.6% 以上，故试验选用 TBAB 浓度为 8.0×10^{-4} mol/L。

当溶液中存在 Rh（Ⅲ）、W（Ⅵ）、V（Ⅴ）、Ce（Ⅲ）、Sn（Ⅳ）、Mo（Ⅵ）、U（Ⅵ）、Ga（Ⅲ）、Cr（Ⅲ）、Mn（Ⅱ）、Al（Ⅲ）、Fe（Ⅱ）、Zn（Ⅱ）、Co（Ⅱ）和 Ni（Ⅱ）等离子时，不生成水不溶物而不被浮选，所以可以实现 Ir（Ⅳ）与上述离子的定量分离。实验选择酸度为 pH 2.0。

实例 12-34 甲基乙丁酮萃取-氢化物发生-原子荧光光谱法测定锑锭和氧化锑中的汞[34]

方法提要：将锑锭和氧化锑用王水-HBr 溶解，用酒石酸掩蔽锑，在盐酸介质中，以甲基异丁基甲酮（MIBK）将汞萃取到有机相中，用氢化物发生-原子荧光光谱法测定有机相中的汞含量。

仪器与试剂：双道无色散原子荧光光度计；王水，现用现配；HCl、HNO_3、HBr 均为优级纯；酒石酸，100g/L；MIBK；去离子水。

操作步骤：准确称取 1.00g 锑锭和氧化锑样品，分别置于 100mL 烧杯中，缓慢加入

5mL 王水(1+1)溶解(适当控温),再加入 20mL HCl-HBr(体积比 1+1),用以挥发除锑,蒸干,在 pH8~10 氨性介质中,用 5mL 100g/L 酒石酸溶液掩蔽残留锑,冷至室温后,移入 50mL 容量瓶中,定容,摇匀。

取 2mL 样品溶液于 60mL 分液漏斗中,加入 1.0mL 1mol/L HCl,加水至 5mL,摇匀后静置片刻,再加入 5.0mL MIBK,振荡 2min,静置 15min 分层后,弃去水相,将有机相移入 10mL 比色管中,用 MIBK 定容,用断续流动注射-氢化物发生-原子荧光光谱法测定有机相中的汞含量。

方法评价:本实验选用华锑公司锑锭 Sb8-A132,Sb-8A134,Sb8-A136,Sb-8A137,Sb8-A138 和三氧化二锑 Sb_2O_3 8-C187,Sb_2O_3 8-C194,Sb_2O_3 8-C195,Sb_2O_3 8-C196,样品中汞的含量进行测定,得出结果与 ICP-AES 法测定值相符。RSD($n=6$)为 0.65%~2.4%,回收率为 94%~98%。本法可以测定 0.02~50μg/L 含量范围内的汞。

实例 12-35 横向加热石墨炉原子吸收光谱法测定高纯镍中铋的前处理[2]

方法提要:与纵向加热石墨炉相比,横向加热石墨炉等温平台技术大大优于纵向加热石墨炉技术,此法不但提高了分析精度,而且也降低了干扰。由于镍基质对测定铋有干扰,故采用基体匹配法测定。

仪器与试剂:原子吸收光谱仪、石墨炉;HCl、HNO_3 均为优级纯;金属铋,99.99%,1mg/mL 的 Bi 标准储备液:称取 0.2000 金属铋于 150mL 烧杯中,加入 20mL(1+1)HNO_3,盖上表面皿,于低温下溶解,煮沸驱除氮氧化物,取下,冷却至室温,移入盛有 20mL(1+1)HNO_3 的 200mL 容量瓶中,以水定容,摇匀。

操作步骤:称取 0.500g 试样,置于 100mL 烧杯中,加入 5mL 水,2mL HNO_3,加热至完全溶解。微沸除去氮氧化物,取下冷却,移入 50mL 容量瓶中,用水定容,摇匀,待测。铋分析线 223.1nm,干燥 110℃,130℃,灰化 1000℃,原子化 1700℃,除残 2450℃,气体流量 250L/min。

方法评价:本方法的特征质量为 6.1ng,RSD 为 3.6%,回收率 99.3%~104%,方便、快速、准确,可用于科研、大专院校及工厂等单位的质量控制和常规分析。

实例 12-36 ICP-AES 法测定金属镁中 12 种杂质元素[35]

方法提要:金属镁用 HCl+HNO_3 微波消解完毕后,滴加 HF,在饱和硼酸存在下定容,用 ICP-AES 法测定样品中的 Be、Al、Si、Cr、Mn、Fe、Ni、Cu、Zn、Cd、Sb、Bi 等 12 种元素。

仪器与试剂:ICP-AES 仪;微波消解仪;HF、HCl、HNO_3、H_3BO_3 均为优级纯;水为超纯水,电阻率≥18.2MΩ·cm。

操作步骤:准确称取 0.1000g 金属镁于微波消解罐内衬管中,加入 15mL HCl(1+1),3mL HNO_3(1+1),在消解罐中加防爆膜,旋紧顶盖,将消解罐放入微波炉中,消解程序见表 12-4。

表 12-4 微波消解程序

微波功率/W	压力/psi*	温控/℃	斜坡升温时间/min	保持时间/min
300	200	180	15	5
300	300	200	20	15

* 1psi=6.89kPa

消解完毕后,冷却,打开顶盖,滴加 5 滴 HF,轻轻摇匀至样品全溶,将试液转入预先加有 5mL 饱和 H_3BO_3 溶液的 100mL 塑料容量瓶中,用水定容,摇匀后用 ICP-AES 分析仪测定。

方法评价:由于溶液的物理化学性质不同以及实验条件的影响,会给测定带来一些误差,故选用内标元素来消除干扰,内标元素可以补偿 ICP 中激发条件的波动,校正分析物引入 ICP 的速率及分析元素在 ICP 分布的变化等,理想的内标元素选用 Y 或 Au,这两种元素谱线稳定性好,干扰少,且试样中不含 Y 或 Au,经试验 Y 比 Au 的效果更好,故选用 Y 作内标,可以明显地改善测定的精密度。

本法分析的线性范围:Cd、Sb、Bi 为 $0.05\sim100mg/L$,其他元素为 $0.10\sim200mg/L$,12 种元素的检出限在 $0.12\sim17.59\mu g/L$ 之间,RSD 为 $0.8\%\sim3.8\%$,回收率在 $93\%\sim105\%$。

实例 12-37 萃取-石墨炉原子吸收法测定高纯氧化钐中的铬[36]

方法提要:用吡咯烷二硫代氨基甲酸铵(APDC)和甲基异丁酮(MIBK)萃取铬,再用石墨炉原子吸收法测定高纯氧化钐中的微量铬。

仪器与试剂:石墨炉原子吸收光谱仪;HNO_3,优级纯;APDC、MIBK、百里酚蓝指示剂;水为二次蒸馏水。

操作步骤:样品制备:称取高纯氧化钐 1.000g 置于 50mL 烧杯中,用 2mL 润湿后,加入一定量的 HNO_3,加热溶解,蒸发至近干,加入 5mL 水使其溶解,转移到 100mL 容量瓶中,用水充分洗涤烧杯,洗液并入容量瓶中,定容,摇匀。

试剂萃取:吸取处理好的试液 10mL 于分液漏斗中,加入 2mL APDC,用 HNO_3 和 H_2O 调节 pH 为 2(百里酚蓝指示剂由黄变红),水相体积为 12mL,放置 30min 后,用 2mL MIBK 萃取 3min,静置分层后,取上层有机试剂层进行测定。同时做试剂空白。

测定条件:分析波长 Cr 359.3nm,光谱带宽 1.3nm,灯电流 7mA,氩气流量 200mL/min,进样体积 $10\mu L$,石墨炉升温程序为:干燥温度 $80\sim100℃$,时间 30s,灰化温度 700℃,时间 30s,原子化温度 2700℃,时间 7s,净化温度 2800℃,时间 3s,原子化阶段停气。

方法评价:氧化钐经 APDC-MIBK 萃取铬后,灵敏度较高,样品测定值为 $2.59\times10^{-5}\%Cr$,方法回收率为 $99\%\sim101\%$,RSD($n=11$) 为 8.9%。

当 pH=1 时,吸光度值低,络合不完全,当 pH>5 时,稀土元素氧化物产生沉淀而影响络合萃取,回收率低,故本法选用 pH=2。共存元素 Cd^{2+}、Bi^{3+}、Mo^{6+}、Hg^{2+}、K^+、Mg^{2+}、Ca^{2+}、Cu^{2+} 各元素 $1000\mu g$,Pb^{2+} $800\mu g$,Co^{2+}、Fe^{2+} 各 $350\mu g$,As^{3+} $100\mu g$ 时,对 $1\mu gCr$ 的测定影响不大。

实例 12-38 熔融制样-X 射线荧光光谱测定三氧化钼中 7 种元素[37]

方法提要:采用无水四硼酸锂熔融制样,用波长色散 X 射线荧光光谱(XRF)法测定三氧化钼中的 MoO_3、Pb、Cu、SiO_2、CaO、Fe_2O_3、K_2O 7 种组分,其中 Mo 为主要分析元素。

仪器与试剂:波长色散 X 射线荧光光谱仪;高频感应炉;由于没有 MoO_3 标准样品,故选用生产中不同品位段的 MoO_3 样品,其粒度小于 0.037mm,经不同方法、不同人员进行定值,制备成各组分含量有一定的梯度,可以覆盖生产范围的标准系列,作为标准样品系列;无水四硼酸锂、硝酸铅、三氧化钼、溴化锂、碘化铵均为分析纯。

操作步骤：在铂-黄金($m:m=95:5$)坩埚中依次称取(4.0 ± 0.0002)g 无水四硼酸锂于 $450\sim500℃$ 灼烧 1h，再与(1.5 ± 0.0002)g 硝酸锂($105\sim110℃$烘干)、(0.15 ± 0.0001)g MoO_3($105\sim110℃$烘干)样品混匀，再加入(2.0 ± 0.0002)g 无水四硼酸锂均匀覆盖在样品之上，最后滴加 10 滴溴化锂饱和溶液，于高频感应炉中熔融 10min，为彻底混匀融溶物，可补加少许碘化铵，熔完后，迅速倒入铂-黄金模具中成型，待冷却后，取出熔片，待测。

方法评价：由于 MoO_3 熔点较高($795℃$)，且受热能升华，氧化性弱，高温下可被氢、碳、铝还原，为防止在溶样过程中 Mo 的损失和对铂黄金坩埚的腐蚀，需要加入 1.5g 硝酸锂进行预氧化，预氧化在 $650℃$，时间 4min。MnO_3 为偏酸性氧化物，故应使用熔融偏碱性熔剂，本试验采用 XRF 混合试剂 $Li_2B_2O_7:LiBO_2=67:33$，在 $650℃$ 下灼烧 1h，按 1:1 质量比混合，融熔物的流动性不好，故选用四硼酸锂为熔剂，这时的融熔物的流动性就较好，补加少量的碘化铵，熔片较好，且重复性也好。方法检出限($\mu g/g$)：MoO_3 811.3，Pb 2.3，Cu 39.5，SiO_2 405.1，CaO 183.6，Fe_2O_3 96.23，K_2O 161.1，它们的 RSD(%)依次为：0.33，1.7，2.4，0.11，1.0，0.11，0.97，此方法与湿法消解结果对比基本一致。

实例 12-39　直流等离子体发射光谱法测定氧化钇铕共沉淀物中稀土杂质[38]

方法提要：采用直流等离子体发射光谱法（DCP-AES）测定氧化钇铕共沉淀物（>99.99%）中稀土杂质，试验证明，铕含量变化对杂质元素测定有影响。试样用 HCl 溶解后，在稀 HCl 介质中，氩等离子体光源激发，用基体匹配法进行测定。

仪器与试剂：DCP-AES 仪，三电极系统，等离子体观测区位其中心 1.0mm 处，单通道测定；交叉式气动雾化器，压力 1.5×10^5 Pa，入口狭缝 $50\mu m\times300\mu m$；氧化钇和氧化铕，纯度不小于99.999%；其他稀土元素，纯度不小于99.99%；将基体氧化钇和氧化铕分别用稀 HCl 配制成浓度为 100mg/mL 和 10mg/mL 的标准储备液，其他稀土元素配制成浓度为 1mg/mL 的标准储备液后，再逐步稀释成 $10\mu g/mL$ 的标准溶液。

配制的溶液中不包括其他稀土杂质，高标溶液中其他稀土除指钇和铕以外的 13 种稀土杂质，每一种杂质的浓度均为 $3\mu g/mL$，所有标液的 HCl(优级纯)浓度均为 10%（体积分数），标准溶液的组分见表 12-5。

表 12-5　标准溶液的组分

试液中 Eu_2O_3/%	低标/(mg/mL)			高标/(mg/mL)		
	Y_2O_3	Eu_2O_3	RE_2O_3	Y_2O_3	Eu_2O_3	RE_2O_3
4.00~5.00	9.58	0.45	0	9.58	0.45	0.003
5.01~6.00	9.45	0.55	0	9.45	0.55	0.003
6.01~7.00	9.35	0.65	0	9.35	0.65	0.003
7.01~8.00	9.25	0.75	0	9.25	0.75	0.003

操作步骤：准确称取 1.0000g 试样，置于 100mL 烧杯中，用水润湿，加入 10mL HCl，低温加热至样品完全溶解，冷却后移至 100mL 容量瓶中。

方法评价：方法评价见表 12-6。

表 12-6　方法测定结果

元　　素	分析线/nm	测定范围/%	RSD/%	回收率/%	检出限/(μg/mL)
La_2O_3	408.67	0.0001～0.030	4.7	110	0.6
CeO_2	404.08	0.0010～0.030	4.9	90	4.5
Pr_6O_{11}	422.53	0.0005～0.030	4.5	110	3.7
Nb_2O_3	401.22	0.0010～0.030	3.2	100	2.4
Sm_2O_3	428.07	0.0005～0.030	5.7	120	3.6
Gd_2O_3	342.24	0.0003～0.030	5.0	110	2.0
Tb_4O_7	350.91	0.0005～0.030	5.1	110	2.9
Dy_2O_3	353.17	0.0003～0.030	3.6	90	2.0
Ho_2O_3	345.60	0.0010～0.030	5.5	80	0.8
Er_2O_3	337.27	0.0010～0.030	3.5	110	0.8
Tm_2O_3	313.12	0.0010～0.030	3.9	90	0.7
Yb_2O_3	328.93	0.0010～0.030	2.1	90	0.5
Lu_2O_3	261.54	0.0010～0.030	1.7	100	0.5

当氧化钇铕中铕的含量从 4% 增加到 8% 时,大部分稀土杂质出现正干扰,故采用基体匹配法消除。

实例 12-40　2,4-二氯-6-溴偶氮氟膦与稀土的显色反应[39]

方法提要：对显色剂 2,4-二氯-6-溴偶氮氟膦(偶氮氟膦-DCB)与稀土元素在微波催化下的显色反应进行了研究,用分光光度法测定了 La、Ce、Tb、Er、Y 及稀土的总量。

仪器与试剂：分光光度计；化学实验控温微波仪；$HClO_4$、HNO_3、HF、NaOH、吡啶乙醇、抗坏血酸、柠檬酸、磺基水杨酸均为分析纯；水为二次去离子水；偶氮氟膦-DCB 溶液,0.6g/L；HNO_3,1mol/L；吡啶乙醇溶液,20g/L；四元混合掩蔽剂：20g/L 抗坏血酸+0.2%(体积分数)HF+2g/L 柠檬酸+10g/L 磺基水杨酸,用稀 NaOH 溶液调至中性。

操作步骤：准确称取 1.0000g 地下 100m 深处岩石样品和 0.1000g 稀土镁合金标准样品(GB 4BB—1993)分别以 5mL $HClO_4$ 加热溶解,当试样全溶后,蒸干,除去多余的 $HClO_4$,加适量水溶解盐类,滤去不溶物(测矿样时),以二次蒸馏水定容于 100mL 容量瓶中。移取适量样品溶液于 25mL 容量瓶中,加入 1.2mL 1mol/L HNO_3,2.5mL 0.6g/L 偶氮氟膦-DCB 溶液,1mL 20g/L 吡啶乙醇溶液,1mL 四元混合掩蔽剂,置于 40℃ 智能控温的微波水浴消解 8min,取出放置至室温,以水定容,用 1cm 比色皿,以试剂空白为参比,于 634nm 处测量吸光度。

方法评价：2,4-二氯-6-溴偶氮氟膦(偶氮氟膦-DCB)是测定稀土元素理想的显色剂,在 HNO_3 及少量吡啶介质中,于 40℃ 300mL 水的微波水浴加热催化 8min,试剂与稀土元素发生显色反应,形成稳定的蓝色络合物。在微波催化显色较室温显色具有更高的灵敏度,分别配置不同浓度的 La、Ce、Y 混合稀土标准溶液,按实验方法显色后,绘制工作曲线。该方法的 $RSD(n=5)$ 为 2.0%～3.0%,加标回收率为 93%～98%,用该法测定了稀土镁合金 GB 4BB—1993 和岩石中稀土的总量,测定值与认定值基本一致。

实例 12-41　电解锌中镉、铜及钴的 ICP-AES 法测定的前处理[40]

方法提要：用 ICP-AES 法连续测定电解锌溶液中镉、铜及钴,只需用硝酸处理样品,在 3% 的 HNO_3 介质中简单、快速、准确测定,背景干扰可以选择分析谱线来消除。

仪器与试剂：ICP-AES 仪；HNO_3，保证试剂（65% ~ 68%）；高纯铜粉，$\omega(Cu) >$ 99.99%，高纯镉粉及高纯钴粉，其质量分数与高纯铜粉相同。铜标准储备液：6.00g/L：称取 0.6000g 铜粉，用 HNO_3(1+1)溶解，并用水稀释至 100mL；镉标准储备液：5.00g/L：称取 0.5000g 高纯镉粉，用 HNO_3(1+1)溶解，加热蒸发到小体积，冷却，并用水稀释至 100mL；钴标准储备液：1.00g/L：称取 0.1000g 高纯钴粉，用 HNO_3(1+1)加热溶解，冷却，并用水稀释至 100mL；锌标准储备液：17.00g/L：称取 8.5000g 锌粉于 500mL 烧杯中，加入 100mL HNO_3(1+1)溶解，并用水稀释至刻度；氩气，纯度 >99.99%；试验用水电阻率为 18.2MΩ·cm。

操作步骤：将处理好的电解锌溶液 0.5mL 过滤到 50mL 容量瓶中，先加入 2.30mL HNO_3，再用水定容，摇匀，待测。

仪器条件：输出功率 0.5MPa，蠕动泵速 130r/min(2.105mL/min)，高频电源 1150W，原子化气压 172.4kPa，辅助气流速 1.0L/min，曝光时间 30s(<265nm)到 10s(>265nm)，样品清洗时间 1min。分析线：Cu 327.393nm，Cd 226.502nm，Co 228.616nm。

方法评价：对于铜、镉和钴的测定范围分别为 0.003~18、0.002~20 和 0.002~4mg/L，检测下限分别为 0.0040、0.0018 和 0.0030mg/L，测定铜、镉和钴平均含量为 2.49、11.20mg/L 和 0.194mg/L 时的 RSD($n=11$) 分别为 0.76%、0.86% 和 1.3%，回收率在 83% ~110%。

由于各种不同的酸及其浓度对等离子矩的能量消耗不同，从而影响到发射谱线的强度，各种酸的干扰由小到大的排列次序为 HCl< HNO_3<H_3PO_4<H_2SO_4，其原因在于 H_3PO_4 和 H_2SO_4 的黏度比较大，不利于原子化，选择 HNO_3 为介质，从 0~15%(V/V)实验时，随着酸度的增大，谱线强度会降低，故选用 3% HNO_3 为测定所用浓度。

实例 12-42 石墨炉原子吸收法测定锡锭中微量铝的前处理[41]

方法提要：将锡锭样品用混酸溶解，介质为 16g/L 的柠檬酸和 0.12mol/L 的 HCl，混酸 HCl+H_2O_2，以 4g/L $Ca(NO_3)_2$ 为基体改进剂，用石墨炉原子吸收法测定。

仪器与试剂：石墨炉原子吸收光谱仪，HG-850 石墨炉，As-8000 自动进样器，涂层平台石墨管；铝空心阴极灯。

Al 标准储备液：1g/L(要求金属铝质量分数为 99.999%)；Al 标准工作液：2.0μg/mL；Sn 溶液：20g/L(要求 Sn 质量分数 99.99%)；柠檬酸溶液：200g/L；$Ca(NO_3)_2$ 溶液：200g/L。王水、HCl、H_2O_2，全部试剂为保证试剂的纯度；氩气，纯度高纯 99.999%；试验用水电阻率为 18.2MΩ·cm。

操作步骤：称取 0.2g 锡锭，用 5mL HCl(1+1)和 1.5mL H_2O_2 在低温下溶解，当全部溶解后，蒸发溶液至近干，加入 2.5mL HCl(1+9)溶解盐类，取下，冷却至室温；滴加 2mL 柠檬酸溶液，静置，将溶液转移至 25mL 容量瓶中，用水稀释至刻度，同时带试剂空白，摇匀，待测。

校准曲线：分取 0、1.0、2.0、3.0 和 4.0mL 2.0μg/mL 的 Al 标准工作液，分别加到一组 100mL 容量瓶中，分别加入 10mL HCl(1+9)和 8mL 柠檬酸溶液，用水稀释至刻度，摇匀，静置，此系列中 Al 含量分别为 0、20、40、60μg/L 和 80μg/L。

石墨炉原子吸收仪器条件见表 12-7。

表 12-7　石墨炉原子吸收仪器条件

步　骤	温度/℃	斜坡时间/s	保持时间/s	气流速度/(mL/min)
干燥 1	100	5	20	250
干燥 2	140	15	15	250
灰化	1600	10	35	250
原子化	2300	0	5	0
净化	2600	1	3	250

方法评价：选择消解试剂和测定介质：将锡锭粉末样品用少量王水和 $HCl：H_2O_2=2.5：1.5$，可以完全溶解，溶液在 $1.2mol/L$ HCl 下是清亮的。借助于 $4g/L$ $Ca(NO_3)_2$ 的基体改进作用，在酸性介质下，Sn 不会挥发，也不水解，从而改善了测定 Al 的灵敏度，并抑制了氯化物的干扰。本方法 Sn 与共存元素无干扰。柠檬酸介质的浓度与溶液的清亮度有关，将柠檬酸的质量浓度由 $0g/L$ 变化到 $12g/L$ 时，溶液将由浑浊变成清亮，并可保持 16h 左右。当共存元素不超过($\mu g/L$)：Pb 16，As 9.6，Cu 8，Bi 8，Fe 4.8，Sb 4，S 1.6，Zn、Ni、Ag、Cd 0.16 的条件下，对测定没有干扰。测定范围为 $0\sim100\mu g/L$，检出限为 $2.96\mu g/L$，对于 $60\mu g/L$ 的 Al 标准溶液测定的 RSD($n=7$)为 3.9%，锡锭样品测定的 RSD($n=5$)依次为 5.8%～6.6%，回收率在 100%～119%。

实例 12-43　蒸发法光谱分析核纯级 U_3O_8 中 B、Cd、Fe、Mn 4 种元素的前处理[42]

方法提要：用于核反应堆核铀化合物中，硼、镉、锑、稀土元素等相对含量不应超过 $(10^{-7}\sim10^{-6})$%，对于铁、铝、硅、磷的相对含量不应超过 $(10^{-4}\sim10^{-3})$%。用蒸发法光谱测定反应堆中核纯级 U_3O_8 中 4 种元素：B、Cd、Fe、Mn。蒸发法是以基体和被测元素某种形式化合物之间存在一定温度下挥发性的差别作为基础的。通过分馏蒸发可将杂质从基体中分离，蒸发出来的杂质冷凝在辅助电极表面上，将此电极再用光源激发杂质光谱。本研究研究了核纯级 U_3O_8 基体的制备方法以及选择出对 U_3O_8 中痕量杂质的蒸发条件和激发条件。U_3O_8 的基体制备基本要求必须制备出高纯度的 U_3O_8，只有高纯度的 U_3O_8 才能准确、灵敏地分析出其中的杂质。

仪器与试剂：水晶摄谱仪；蒸发仪；马弗炉；坩埚(光谱纯)；HNO_3、H_2O_2(光谱纯)；磷酸三丁酯煤油溶液、NaOH；使用石英器皿；二次蒸馏水(用石英蒸馏器蒸出)。

操作步骤：将含铀量约为 35% 的重铀酸钠溶解于 1:1 的硝酸(AR)中，制成酸度为 $2mol/L$ 的溶液，保持相比有机相：水相=1:2，用 30% 磷酸三丁酯煤油溶液进行三级逆流萃取。用二次去离子水洗涤和反萃取，调节反萃取液的 pH 为 1.2～2.0，加热至 50℃，不断搅拌，滴加 H_2O_2 浓度为(10%～30%)进行沉淀，过滤后，再用 HNO_3 溶解，进行二次 H_2O_2 沉淀，条件与第一次相同，只是酸度保持 $0.4mol/L$。用 $0.1mol/L$ HNO_3 洗沉淀，烘干，并于马弗炉中在 800℃下灼烧 U_3O_8。

方法评价：实验室环境应保持清洁，所有试剂皆为光谱纯，容器使用石英和有机玻璃材质，才能保证制造出高纯的 U_3O_8，因为 U_3O_8 的纯度直接影响到测定元素。标准试样的配制采用杂质溶液浸湿 U_3O_8 的方法，各种杂质元素高低浓度相互搭配。基体中杂质的含量为 $B<5\times10^{-6}$%，$Cd<2\times10^{-6}$%，$Fe<10^{-4}$%，$Mn<5\times10^{-5}$%，灵敏度 $B<3.5\times10^{-5}$%，$Cd<1.5\times10^{-4}$%，$Fe<3.3\times10^{-4}$%，$Mn<5\times10^{-5}$%。

解决基体有 4 种方法：①化学法；②高温蒸发除去杂质；③代用基体法；④用光谱增

量法绘制工作曲线。其中以化学制备基体优点较多。使用磷酸三丁酯萃取法有很多优点,如分配系数高,选择性好,操作迅速安全等,用 H_2O_2 沉淀对消除铀化物中有害杂质 B、Be、Co 是很有效的。

参考文献

[1] 梁述忠,许忠礼,李智.无火焰原子化-原子吸收光谱法测定不锈钢中的砷[J].理化检验-化学分册,2008,44(11):1064-1068.

[2] 邓勃,李玉珍,刘明钟.实用原子光谱分析[M].北京:化学工业出版社,2013:305-306,325-326,321.

[3] 王国新,许玉宇,俞路.电感耦合等离子体发射光谱法测定不锈钢中8种元素的前处理[J].理化检验(化学分册),2011,47(1):78-79.

[4] 袁晓静.火焰原子吸收光谱法测定合金钢中的铬[J].理化检验-化学分册,2010,46(3):327-328.

[5] 陈忠颖,朱文中.氢化物发生-原子荧光光谱法测定低合金钢中的微量砷[J].理化检验-化学分册,2011,47(7):771-773.

[6] Macarovscha G T, Bortoleto G G, Cadoro S. Silica modified with zir conium oxide for on-line determination of inorganic arsenic using a hydride generation-atomic absorption system[J]. Talanta, 2007,71(3):1150-1154.

[7] 李新丽,唐健,朱鸭梅.电感耦合等离子体发射光谱法测定钢铁中全硅的前处理[J].冶金分析,2011,31(10):38-40.

[8] 亢德华,于媛君,王铁.电感耦合等离子体质谱法测定钢中痕量钙[J].冶金分析,2010,30(10):6-10.

[9] 张金生,李丽华,金钦汉.微波消解-等离子体矩原子发射光谱法测定合金钢中的铜、锰、钼[J].分析试验室,2004,23(7):31-33.

[10] 龚思维,楚民生,胥成民,等. ICP-AES 内标法测定钢铁及其合金中的化学成分[J].化学分析计量,2012,21(4):59-61.

[11] 阎学仝,边立槐.碳锰合金球中锰、磷含量分析方法研究[J].冶金分析,2012,32(7):21-24.

[12] 武映梅,石任平,宋武元. X 射线荧光光谱粉末压片法检测合金铸铁中 13 种成分[J].冶金分析,2012,32(7):32-37.

[13] 钟国秀,黄清华,高琳.偶氮氯磷Ⅲ光度法测定锶硅铁合金中的锶[J].冶金分析,2012,32(9):78-80.

[14] 李元芝,梁沛. ICP-AES 法测定铜合金中的磷.理化检验-化学分册[J].2009,45(2):195-203.

[15] 钟国秀,黄清华,晏高华.氟盐取代络合滴定法测定铝锰合金中铝的含量[J].冶金分析,2011,31(2):71-73.

[16] 侯社林,李存根,陈延昌等.电子耦合等离子体发射光谱法测定铝铁合金中硅磷锰钛[J].冶金分析,2012,32(9):40-42.

[17] 高光洁子,冯圣雅,王萃泉等.惰气熔融-脉冲加热法同时测定 NbFeB 合金中氧和氮[J].冶金分析,2011,31(1):30-34.

[18] 沈九凤,曾会书.硅铁中锰、磷、铬的联合测定[J].冶金分析,2012,32(3):70-73.

[19] 赵容超,李海平,杨大蔚.微波消解-电感耦合等离子体发射光谱法测定锰铁中磷、镍、铜、钛、钒[J].冶金分析,2012,32(6):60-63.

[20] 杜月鹏,曹磊. ICP-AES 法测定铁镍合金中的铬、钴、锰、钼[J].现代仪器,2009,15(1):64-65.

[21] 杨青林,杜叶青,刘婷婷.非水滴定法测定硅钙合金中氧化钙[J].冶金分析,2012,32(8):47-50.

[22] 张杰,田秀梅,戚淑为.氟硅酸钾滴定法测定高碳铬铁中的硅[J].冶金分析,2011,31(10):70-73.

[23] Li Gang, Chen Su, Zhang Juan-ping, et al. Determination of seventeen major and trace elements in nuclear grade alloy by inductively coupled plasma emission spectrometry[J]. Metallurgical Analysis,

2012,32(11)：56-60.

[24] 管玉梅,李红. ICP-AES法快速测定钨中十几种微量元素[J].湖南有色金属,2011,27(6)：60-63.

[25] 黎香菜,杨怀军,谢毓群,等.火焰原子吸收光谱法测定钛白粉中的镉[J].冶金分析,2012,32(3)：51-54.

[26] 谢辉,赖心,黄葡英.硅钼蓝分光光度法测定三氧化二砷中二氧化硅[J].冶金分析,2011,31(1)：55-57.

[27] 侯列奇,李洁.电感耦合等离子体原子发射光谱法测定金属钼中10种微量元素[J].理化检验-化学分册,2009,45(2)：148-150.

[28] 聂西度,谢华林.电感耦合等离子体原子发射光谱法测定金属镁中的杂质元素[J].冶金分析,2010,30(7)：78-82.

[29] 刘益降,冯俊仪,李展江等.电感耦合等离子体原子发射光谱法同时测定粗铜中的金和银[J].冶金分析,2012,32(7)：52-54.

[30] 倪迎瑞,李中玺,李海涛.氢化物发生-四通道无色散原子荧光光谱法同时测定纯铜中的 As、Sb、Se 和 Te[J].冶金分析,2012,32(9)：26-29.

[31] 李享.电子耦合等离子体发射光谱法测定金属锰中的硅、磷、铁[J].冶金分析,2011,31(2)：60-62.

[32] 刘爱坤. ICP-AES法测定金属锰中的硅、磷、铁、铜和镍[J].现代科学仪器,2010,(3)：114-116.

[33] 李玉玲,司学芝,梁晨曦,等.碘化钾-四丁基溴化铵-水体系浮选分离铱的研究[J].冶金分析,2011,31(2)：56-59.

[34] 陆建平,谭芳维,石建荣.甲基异丁基甲酮萃取-氢化物发生原子荧光光谱法测定锑锭和氧化锑中的汞[J].冶金分析,2012,32(9)：43-46.

[35] 聂西度.电子耦合等离子体发射光谱法测定金属镁中杂质元素[J].冶金分析,2012,32(7)：79-82.

[36] 霍广进.萃取-石墨炉原子吸收法测定高纯氧化钐中的铬[J].理化检验-化学分册,2002,38(3)：121.

[37] 王宝玲,李小莉,田文辉.熔融制样-X射线荧光光谱测定三氧化钼中7种组分[J].冶金分析,2011,31(1)：45-49.

[38] 俞秉彦,谈世群,张晓东.DCP-AES测定氧化钇铕共沉淀物中稀土杂质[J].理化检验-化学分册,2000,36(7)：291-293.

[39] 俞善辉,江琦,柯佳鹏. 2,4-二氯-6-溴偶氮氟膦与稀土的显色反应及其应用[J].冶金分析,2012,32(8)：20-24.

[40] Chen Xi, Guo Fang-qiu, Huang Lan-fang, et al. Cobalt in zinc electrolyte by inductively coupled plasma atomic emission spectrometry[J]. Metallurgical Analysis,2012,32(11)：51-55.

[41] Su Ai-ping, Hair Lan. Determination of trace aluminum in tin ingot by graphic furnace atomic absorption spectrometry[J]. Metallurgical Analysis,2012,32(11)：67-71.

第13章

农产品样品前处理

13.1 概述

　　农产品是人类赖以生存和发展的物质基础,包括种植业、养殖业、林业、牧业、水产业生产的各种植物、动物的初级产品,与人类的生活饮食息息相关。随着我国经济的增长,人民生活水平不断提高,舌尖上的安全已经成为全民关注的热点,农产品的质量与安全问题日趋成为政府、社会关注的重点。

　　农产品是指人类通过种植、养殖、采摘、捕获(捕捞)等方式获得的对人类有利用价值的植物、动物、微生物产品和其在一定环境下经过自身生长转化的产品,以及对其经过去皮、剥壳、捻、梳、粉碎(碾磨)、打蜡、分拣(分级)、脱水(包括晾晒和烘干)、宰杀、褪毛、清洗、切割、冷冻、包装等简单处理的产品。农产品可分为植物性和动物性农产品两大类,包括粮食、蔬菜、水果、食用菌、畜禽产品、水产品等。农产品具有品种繁多、成分各异的特性。农产品能够提供人体所必需的蛋白质、脂肪、矿物质和维生素,同时由于在农业生产中大量使用化学农药和兽药,一部分农兽药会直接或间接残存于谷物、蔬菜、果品、畜禽产品、水产品中以及土壤中,造成对环境的污染。人类在食用了被农兽药污染的农产品后,残留在其中的有害物质会积累在体内,引发疾病,严重危害健康和生命安全。对农产品的品质、农兽药残留、重金属及有机污染物、生物毒素等进行检测具有十分重要的意义。

　　一个完整的样品分析过程包括样品采集、样品前处理、分析测定、数据处理和报告结果5个部分,其中样品处理所需的时间约占整个分析时间的2/3。而且,前处理效果的好坏直接影响检测结果,因为样品被玷污或因吸附、挥发等造成的损失,往往使分析结果失去准确性。农产品安全检测的特点是样品基质复杂和待测组分含量差异很大。传统样品前处理方法主要有索氏提取、液-液萃取、固-液萃取、超声提取和柱层析等。近年来,微波消解技术大量地应用于农产品安全检测的样品前处理过程中,它可以避免由于常压敞开消化造成的元素损失,减少了试剂用量,提高了灵敏度。目前农产品质量安全检测中使用较多的样品前处理新技术包括:固相萃取、固相微萃取、超临界流体提取、微波辅助萃取技术、凝胶渗透色谱、基质固相分散萃取等方法。

　　样品前处理是影响分析结果的关键环节,只有简单、快速、高效的前处理方法才能适应项目繁多、基体复杂的检测工作的需要。样品前处理技术的发展趋势是：减少甚至不用有毒有机试剂，能适应复杂介质、痕量成分、特殊性质成分的分析要求；减少操作步骤，尽量集采样、萃取、净化、浓缩、预分离、进样于一体。目前出现的样品前处理新技术（如QuEChERS方法、固相微萃取）、新材料（如分子印迹）等，许多都具有很好的应用前景。这些新技术的共同特点是节省时间、减轻劳动强度、节省溶剂、减少样品用量、提取或净化效率及自动化水平高。

样品的分析检测方法很多，同一检测项目可以采用不同的方法进行测定，选择检测方法时，应根据样品的性质特点，被测组分的含量多少，以及干扰组分的情况，采取最适宜的分析方法及前处理手段，既要简便又要准确快速。

13.2　植物性农产品

植物性农产品可分为作物类和蔬菜水果类，以及茶叶、食用菌。作物类农产品又可细分为小麦、稻谷、大豆、杂粮（含玉米、绿豆、赤豆、荞麦、燕麦、高粱、小米）、油料作物；蔬菜水果类农产品则可细分为白菜类、茄果类、瓜类、甘蓝类、绿叶菜类、豆类、根茎类蔬菜，以及浆果类、核果类、热带水果、温带水果等。

13.2.1　植物性农产品中无机元素的检测

随着中国居民经济收入的提高，农产品的消耗量和在食物中所占的比重也大幅提高。植物性农产品中无机元素包括：对人体有益的矿质元素，如磷、钾、钙、镁、铁、锰、铜、锌、硼、硒等；对人体有害的重金属元素，如砷、汞、铅、镉、铬等。

矿质元素：磷、钾、钠、钙、镁、铁、锰、铜、锌和硼等是农作物生长发育过程中必需和不可替代的元素，是组成叶绿素、生长素或酶等重要生理活性的物质，并参与植物的光合作用、氮代谢、蛋白质合成、酶的活化等重要生理过程。一旦供给不足或过剩，将造成植物的生长发育异常。矿质元素检测方法主要有分光光度法、火焰原子吸收光谱法、等离子体发射光谱法及质谱法等。

重金属元素：重金属污染主要指对生物有显著毒性的元素造成的毒害，包括砷、汞、铅、铬、镉等元素，这些污染物主要来源于种植的环境中。一般而言，粮食、蔬菜、水果、水产品、茶叶风险级别较高。

无机元素检测前处理技术主要有干灰化法、湿法消解法、酸提取法、微波消解法等。干灰化法是在高温条件下除去样品中的有机质，剩余的灰分再用酸进行溶解，提取待测元素。该方法操作简便、安全，但耗时，在消化过程中一些元素（如硒、汞、砷等）易挥发损失。湿法消解是用混合酸在加热的条件下将样品完全分解为水溶态，使待测元素完全转入溶液中，该方法是目前应用最广泛的一种方法，它弥补了干灰化法不能处理高温下易损失元素的不足，但其处理时间长，且由于大量使用酸液对环境造成污染。酸提取法是指选用某种酸将样品中的待测元素提取出来，这种方法不破坏样品里的有机物质，而是直接用酸提取，该方法具有速度快、操作简便的优点，但其应用范围较窄。微波消解作为一种新型的、成熟的样品前处理技术，已广泛应用于各个领域。微波消解法利用微波加热的方式，在密闭体系中对样品进行消解，具有待测元素不易损失、样品处理时间短、使用酸液少等优点；但是处理成本较高,同时操作时应注意安全。

1. **植物性农产品中矿质元素的检测**

农产品中的微量元素,多数以结合的形式存在于有机物中,我们在分析和测定这些元素时,需将这些元素从有机物中游离出来,或者将有机物破坏后测定,根据被测物的性质,选择合适的方法,使样品中绝大部分有机物被破坏。某些元素在破坏有机物的过程中无丝毫损失,又能在破坏有机物后测定是何种共存无机物干扰。矿质元素前处理复杂而繁琐,首先要将样品消解,将待测元素转化为无机离子。常用的消解方法有三种:湿消解法、干灰化法、微波消解法。《食品卫生理化检验标准手册》中把电热板加热加酸消化处理食品样品和用微波消解仪处理食品样品作为国家标准方法,用于测定各种微量元素,前者耗费时间长,试剂的加入量较大,除酸过程中产生的有害气体易造成污染;目前,微波消解技术发展很快,特点是试剂使用量少,速度快,污染少,主要是防止了砷、汞、硒等易挥发元素在操作过程中的损失,广泛应用于农产品样品检测的前处理中。各种消解方法有其优缺点,针对待测元素选择一种合适的前处理方法是获得准确测定结果的保障。

实例 13-1 ICP-AES 测定大米粉、小麦粉中的铝、钡、钙、铜、铁、镁、锰、钼、锶、锌、铷[1]

方法提要: 同时测定大米粉、小麦粉中 Al、Ba、Ca、Cu、Fe、Mg、Mn、Mo、Sr、Zn 和 Rb 等11 种金属元素的含量,用浓硝酸、盐酸和高氯酸 3 种酸混合介质湿法消解,消解液直接导入 ICP-AES 进行测定。

仪器与试剂: ICP-AES 仪;硝酸,高氯酸,盐酸等所用试剂均为优级纯。实验用水为石英亚沸蒸馏水。$1000\mu g/mL$ 的 Zn、Fe、Mn、Ca、Mg、Rb 和 Mo 单元素标准储备溶液均为国家标准溶液。$100\mu g/mL$ Sr、Cu、Ba、Al 的混合标准储备溶液(GSB 04—1767—2004)。

操作步骤: 称取(1.000 ± 0.010)g 干燥试样置于锥形瓶中,分别加入 8mL 浓硝酸,2mL 高氯酸和 1mL 浓盐酸,置于电热板上,在 150℃ 左右加热至黄烟冒尽,浓缩消解液至 $1\sim2$mL,取下并冷却。然后加入 8mL 浓硝酸复溶,在电热板上再加热 5min 左右,取下静置冷却,用水转移至 50mL 容量瓶中定容。上机检测。

方法评价: 分析标准物质小麦粉(NIST8436)准确度在 $98.24\%\sim138.74\%$ 之间,RSD$(n=6)$ 为 $1.76\%\sim13.95\%$。该方法简便、快速、准确、可靠,适用于大米粉和小麦粉中多元素的同时测定。

实例 13-2 蔬菜、水果及制品中矿质元素的 ICP-AES 测定法[2]

方法提要: 本标准方法规定了用 ICP-AES 测定蔬菜、水果及其制品中磷、钙、镁、铁、锰、铜、锌、钾、钠、硼含量的方法。试样经酸或高温消解后,在 $6000\sim10\,000$K 高温的等离子炬中激发,待测元素激发出特征谱线的光,经分光后测量其强度,采用外标法进行定量。

仪器与试剂: ICP-AES 仪,微波消解仪,组织捣碎机,可调温电热板,马弗炉;硝酸、高氯酸、过氧化氢、混合标准工作液;去离子水。

操作步骤:

试样制备: 果蔬酱制品,将样品搅拌均匀。新鲜果蔬,将果蔬样品取可食部分,先用自来水冲洗,再用去离子水清洗,用干净纱布轻轻擦去其表面水分,个体较小的(如葡萄、山楂等)可随机取若干个体切碎混匀;个体较大的(如西瓜、大白菜等)按其生长轴十字纵剖 4 份,取对角线 2 份,将其切碎,充分混匀。用四分法取样或直接放入组织捣碎机中制成匀浆。匀浆放入聚乙烯瓶中于$-20\sim-16$℃保存。或者四分法取样后放入烘箱中 65℃烘干,磨成干粉后放入密封容器中保存。冷冻及罐头食品,冷冻样品解冻后全部倒入组织捣碎机中制成匀浆。罐装样品全部倒入组织捣碎机中制成匀浆。将匀浆试样放入聚乙烯瓶中于 $-20\sim-16℃$ 保存。

待测溶液制备:①灰化法:称取均匀干样 0.5g 于 40mL 瓷坩埚内,先在可调温电热板上炭化完全后,转入马弗炉中 550℃ 灰化 4h,待灰化完全后取出冷却至室温,用 5mL 5% 硝酸溶液溶解残渣,煮沸,转入 50mL 容量瓶中,用 5% 硝酸溶液定容,混匀备用。②消化法:液体样品用移液管吸取 20mL 或称取 20g,称取果蔬酱制品或冷冻及罐头食品匀浆 10g,称取新鲜果蔬样品匀浆 20g,称取均匀干样 0.5g,于 100mL 烧杯中,加 10mL 混合酸消化液 (HNO_3:$HClO_4$=4:1),盖上表面皿,置于电热板上消化,直至冒高氯酸白烟,消化液清亮为止。冷却后用 5% 硝酸溶液转移入 25mL 或 50mL 容量瓶中,定容,混匀备用。上述操作做空白试验。③微波消解法:称取均匀干样 0.5g 于特氟龙溶样杯中,加 5mL 硝酸,预反应过夜,滴加 5mL 过氧化氢,待反应平稳后,盖上溶样盖,置于高压罐内,再放入微波溶样装置内,按设定好的微波溶样程序开始溶样。待试样溶解完毕,冷却至室温,定容至 25mL,摇匀。同时做试剂空白。

注意事项:新鲜样品的匀浆试样在电热板上加热蒸发水分,使之近干(避免炭化)后再加混合酸消化液。消化时如消化液呈棕黑色,应补加几毫升混合酸,继续加热消化,直至消化液清亮为止。

方法评价:本标准适用于蔬菜、水果及其制品中磷、钙、镁、铁、铜、锌、钾、钠、硼含量的测定。本方法的线性范围为 $0\sim500mg/L$,检出限为 $0.001\sim0.171mg/L$。

实例 13-3 微波消解-FAAS 测定萝卜和萝卜缨中的微量元素[3]

方法提要:本研究采用微波消解法处理样品,火焰原子吸收光谱法(FAAS)同时测定并比较萝卜和萝卜缨中的 Na、K、Ca、Mg、Fe、Mn、Zn、Cu 8 种微量元素的含量。

仪器与试剂:原子吸收分光光度计;微波消解仪;Na、K、Ca、Mg、Fe、Mn、Zn、Cu 标准储备溶液:1.000mg/mL(国家标准物质研究中心),储存于聚乙烯瓶内,使用前用超纯水稀释到所需浓度;硝酸为优级纯;去离子水。

操作步骤:成熟的整株带缨萝卜(红皮白心萝卜),将萝卜和萝卜缨分开,用去离子水冲洗干净,在恒温干燥箱中于 105℃ 下烘干,取出后研成粉末过 60 目筛,置于干燥器中备用。

准确称取 0.2000g 样品于干净的聚四氟乙烯消解罐中,加入浓硝酸 4mL,旋紧压力密闭罐,置于微波消解仪内,设置多步程序控温消解系统进行消解,消解条件见表 13-1。消解完成后,待冷却至室温后取出消解罐,赶除硝酸,等气体完全放完后,将消解溶液转入 50mL 容量瓶中,以 5% 硝酸溶液定容,摇匀。同法做空白试验,供 FAAS 测定。

表 13-1 微波消解条件

程 序	压力/MPa	温度/℃	时间/min	功率/W
1	10	90	6	900
2	12	130	6	900
3	15	160	6	900

方法评价:测定结果表明,萝卜和萝卜缨中 Ca、Mg、K、Na、Fe 等人体必需的微量元素含量丰富,但两者的微量元素含量存在一定差异;方法的加标回收率为 96.2%~105.5%,

RSD≤3.57%。方法简单快速、干扰少、精密度高、环境污染少,适合常规分析。

2. 植物性农产品中重金属的测定

重金属前处理是将待测元素消解转化为无机离子,在处理过程中既要防止砷、汞、硒等易挥发元素的损失,又要保证消解完全。

实例 13-4　原子吸收光谱法测定食用菌中重金属含量[4]

方法提要: 鲜菇和干菇样品烘干研磨后经硝酸消解,用 AAS 法测定了其重金属元素(Pb、Cd、Cr 和 Cu)的含量。

仪器与试剂: AAS 仪、马弗炉、可调速多用振荡器、旋转蒸发仪、坩埚、电炉。金属铅、镉、铬、铜(分析纯),磷酸二氢铵、过硫酸铵、硝酸。

操作步骤: 将新鲜蘑菇匀浆,储备于塑料瓶中,保存于 4℃ 冰箱备用;干蘑菇去杂物后,磨碎,过 20 目筛,储备于塑料瓶中备用。称取 1.00～5.00g 试样于瓷坩埚中,加 2～4mL 硝酸浸泡 1h 以上。先小火炭化,冷却后加 2.00～3.00g 过硫酸铵盖于其上,继续炭化至不冒烟,转入马弗炉,500℃ 恒温 2h,再升至 800℃ 保持 20min,冷却,加 2～3mL 硝酸(1.0mol/L),用滴管将试样消化液洗入或过滤至(视消化后试样的盐分而定)10～25mL 容量瓶中,用水少量多次洗涤瓷坩埚,洗液合并于容量瓶中并定容至刻度,同时做试剂空白。上机测定。

方法评价: 测得新鲜平菇与干菇中铅、镉、铬和铜的含量都在国家安全标准内,加标回收率可达 95.00%～104.00%,表明该方法具有灵敏度高、分析准确等优点,适用于食用菌重金属含量的测定。对于有干扰的试样,注入适量的机体改进剂磷酸二氢铵溶液(20g/L),一般为 5μL 或与试样同量消除干扰。绘制离子标准曲线时也要加入与试样测定时等量的机体改进剂。

实例 13-5　微波消解同时测定农产品中铅、镉、汞[5]

方法提要: 采用微波消解法处理样品,样品消化液经赶酸后定容,分别用来测定汞和铅、镉。

仪器与试剂: 双道原子荧光光度计;原子吸收分光光度计,具石墨炉原子化器、氘灯背景校正;微波消解仪;电子调温加热板;硝酸、过氧化氢(30%)、盐酸、磷酸氢二铵(20g/L)均为优级纯;氢氧化钾溶液,5g/L;硼氢化钾溶液,5g/L;硝酸溶液(1+9);铅、镉、汞标准液,1mg/mL,国家有色金属及电子材料分析测试中心;生物成分分析标准物质 GBW 10016 茶叶,GBW10015 菠菜。

操作步骤: 准确称取均匀固体试样 0.3～0.5g 于消解罐中,加入 5mL 硝酸、2mL 过氧化氢(30%),混匀放置过夜,也可在电子控温加热板上于 150℃ 前处理 30min,取出放冷后,补加适量硝酸、过氧化氢。将消解罐置于微波炉中,根据样品中有机成分含量选择不同的微波强度和加热时间,取出稍冷,赶尽硝酸后用蒸馏水定容至 25mL,混匀备用。同时做平行样品及空白对照试验。

方法评价: 测定铅,镉,汞的线性范围分别为:0.0～20μg/L, 0.0～2μg/L, 0.0～5μg/L;回收率分别为:95.8%～103%, 95.1%～104%, 98.4%～110.6%;方法的检测限分别为:0.012μg/L, 0.009μg/L, 0.0027μg/L。该方法具有简便、试剂用量少、空白低、对环境污染少等优点。

13.2.2 植物性农产品中有机物的检测

1. 植物性农产品中农药残留的检测

农药是当前农业生产中为了防治病、虫、杂草对农作物危害不可缺少的物质,对促进农业增产有极重要的作用。进入 20 世纪 90 年代以来,随着农业自动化程度的不断提高,新型高效农药大量涌现,由此引起的农药大量使用所造成的环境污染问题,农产品中的农药残留问题,越来越受到人们的关注。为保障人民身体健康、有效控制农药在茶叶、粮谷、蔬菜和水果等生产中的合理使用和对其残留量进行监控,满足进出口贸易的需要,大力开展农药残留检测技术以及相关前处理技术的研究非常必要。

化学农药是一类复杂的有机化合物,根据其用途可以分为杀虫剂、杀菌剂、除草剂、植物生长调节剂、杀螨剂、杀鼠剂、杀线虫剂。根据化学结构又可分为有机氯、有机磷、拟除虫菊酯杀虫剂,取代氯苯氧基酸或酯除草剂,氨基甲酸酯杀虫剂、除草剂及杀菌剂,有机杂环类杀菌剂、除草剂等。按其毒性可分为高毒、中毒、低毒三类,按杀虫效率可分为高效、中效、低效三类;按农药在植物体内残留时间的长短可分为高残留、中残留和低残留三类。农药残留是农药使用后残存于生物体、农副产品和环境中的微量农药原体、有毒代谢物、降解物和杂质的总称。农药残留量分析需要测定各种样品中 $\mu g/g$、ng/g 甚至 pg/g 量级的农药和有毒代谢产物及降解产物。

根据农药残留种类和样品基质的不同,样品前处理步骤的复杂性有所不同。近年来农药残留检测方法日趋完善,并向简单、快速、灵敏、多残留同时测定、低成本、易推广的方向发展。

传统的样品处理方法有索氏提取、振荡提取、液-液分配、柱层析等技术,尽管这些技术不需要昂贵的设备和特殊仪器,但却是整个分析过程中最费时费力、最容易引起误差的环节,且大量有机溶剂的使用,也造成了对环境的污染。现代样品制备技术的发展趋势是处理过程要简单、处理速度要快、使用装置要少、引进的误差要小、对欲测定组分的选择性和回收率要高。

目前,固相萃取(SPE)、微波提取、凝胶层析(GPC)、加速溶剂提取(ASE)、基体分散固相萃取(MSPD)、超临界萃取(SFE)、固相微萃取等新技术在农残分析样品前处理中使用越来越多。目前常用的农药残留检测方法包括 GC、HPLC 及其与质谱的联用。此外,免疫分析法和生物传感法等生物分析法也有一些应用。早在 20 世纪 90 年代,免疫分析法就被列为优先研究开发和利用的农药残留分析技术,并被 FAO 向许多国家推荐,美国化学会还将它与气相色谱、液相色谱共同立为农药残留分析的支柱技术。20 世纪 60 年代就有人利用薄层色谱酶抑制法测定有机磷农药等残留量,检测限量为毫克级;20 世纪 80 年代开始,农药的酶抑制和免疫检测技术作为快速筛选检测方法受到许多发达国家的高度重视,并因此得到了快速发展。酶抑制、酶联免疫(ELISA)、放射免疫(RIA)、单克隆抗体等技术由于可以避免假阴性,适宜于阳性率较低的大量样品检测,在农、兽药残留检测中应用日益增多。我国在近十多年来也相继开展了农药残留酶抑制法和免疫法快速筛选检测方法的研究,但总体上应用不多,方法的灵敏度不高,试剂不够稳定。

实例 13-6 亚临界水萃取及气相色谱-串联质谱法检测红茶中多种农药残留[6]

方法提要:建立了亚临界水萃取及 GC-MS/MS 检测红茶中 21 种有机氯和拟除虫菊酯

农药残留的方法。在萃取压力为 5MPa 条件下,样品经 150℃的亚临界水提取 15min 后,将目标物转移至丙酮-正己烷(1:1)中,经 ENVI-Carb 固相萃取净化小柱净化,DB-5 毛细管气相色谱柱分离,在多反应监测(MRM)模式下进行 MS/MS 检测,基质匹配溶液内标法定量。

仪器与试剂:三重四极杆气相色谱-串联质谱仪,配电子轰击离子源(EI);加速溶剂萃取仪;涡旋混合器;高速冷冻离心机;Milli-Q 超纯水一体机;氮吹仪;固相萃取装置;ENVI-Carb 净化小柱(500mg,6mL);正己烷、丙酮(色谱纯,Merck 公司);海砂(分析纯,上海国药集团);25 种农药标准品(纯度均大于 99%,Dr. Ehrenstotorfer 公司)。

操作步骤:称取 6.0g 红茶及约 25.0g 海砂,置于 50mL 离心管中,于涡旋混合器上混合均匀,装入 33mL 萃取池中,分别加入 γ-六六六-D6、2,4′-滴滴涕-D8、α-硫丹-D4 和联苯菊酯等 4 种内标储备液 120、120、90μL 和 60μL,将萃取池放置于加速溶剂萃取仪中,在 150℃、5MPa 条件下以亚临界水为萃取溶剂,萃取 15min;收集萃取液,在萃取液中加入 10mL 丙酮-正己烷(1:1),于涡旋混合器上振荡混合 5min,在 4000r/min 的转速下离心 5min;吸取上清液于另一试管中;再用 10mL 丙酮-正己烷(1:1)重复提取 1 次;合并上清液,待净化。

将上述提取液在 40℃下氮吹浓缩至约 2mL,先后用 10mL 丙酮、10mL 正己烷预淋洗净化小柱,流速为 2 滴/s。将上述浓缩液转移至固相萃取柱中,用 7mL 丙酮-正己烷(1:2,V/V)洗脱,洗脱液收集于 10mL 的试管中,氮吹至干,用 0.25mL 丙酮定容,供 GC-MS/MS 测定。

方法评价:有机氯和拟除虫菊酯类农药的极性较小,能溶于介电常数 ε 较小的有机溶剂,如丙酮(ε=20.7)和乙腈(ε=37.5)等,不溶于常温常压下的水(ε=80),但水在一定压力下,温度升至 100℃以上、374℃以下时仍能保持液体状,处于亚临界状态,其介电常数降至 15~55,此时可溶解极性小的农药。因而使用亚临界水对有机氯和拟除虫菊酯类农药进行溶解和提取,有效避免了使用大量的有机溶剂。

萃取温度是影响亚临界水萃取效率的最主要因素。在萃取压力为 5MPa、萃取时间为 15min 条件下,150℃时的回收率优于 100℃和 200℃,可能是由于 100℃时水的极性较大,无法完全溶解并萃取农药;而在 200℃高温下可导致部分农药降解,从而导致回收率的下降。

各目标物在 5.0~320.0μg/L 范围内线性关系良好,相关系数均大于 0.99,其定量限(信噪比(S/N)>10)为 50ng/g,检出限(S/N>3)为 10ng/g。茶叶基质中添加 50、100ng/g 和 200ng/g 的标准品时,21 种农药的回收率为 70.18%~119.98%,相对标准偏差(RSD)为 5.01%~11.76%。该方法的灵敏度、准确度和精密度均符合农药残留测定的技术要求,适用于红茶中有机氯和拟除虫菊酯农药残留的检测。

实例 13-7　毛细管气相色谱法同时检测农产品中 17 种农药残留的研究[7]

方法提要:采用毛细管气相色谱法同时测定农产品中 17 种农药残留。样品用乙腈提取,经氯化钠盐析分层,取有机相净化处理后注入气相色谱仪,以毛细管柱分离,氮磷检测器检测,外标法定量。

仪器与试剂:气相色谱仪,具氮磷检测器;毛细管柱(30m×0.32mm×0.25mm);色谱工作站;载气:N₂(99.99%),燃气 H₂,助燃气空气。农药混合标准储备液:将购买的 17 种农药标准(浓度均为 100μg/mL)各取 0.50mL 于 10mL 容量瓶中,加丙酮定容至 10.0mL,配成浓度均为 5.0μg/mL 的农药混合标准储备液。

操作步骤：将样品取可食部分，经缩分后切碎混匀粉碎制成待测样备用。取 25.0g 试样于具塞三角瓶中，加入 50.0mL 乙腈，在振荡器上振荡提取 30min，再加入 10g 氯化钠继续振荡 15min，在室温静置 15min 后，取有机相 10.0mL 于烧杯中水浴挥发至近干，加入丙酮 1.5mL 洗涤烧杯，转入 2.0mL 样品瓶中，最后丙酮定容至 2.0mL 待测。

方法评价：17 种农药的线性范围为 0～5.0μg/mL，标准曲线的相关系数范围为 0.99～1.00，相对标准偏差（RSD）为 0.97%～6.22%，平均加标回收率为 67.1%～103.4%，检测限为 0.01～0.06mg/kg。

实例 13-8 QuEChERS 提取与超高效液相色谱-电喷雾电离串联质谱联用法检测果蔬中的 230 种农药残留[8]

方法提要：采用超高效液相色谱-电喷雾电离串联质谱在 15min 内同时定性定量检测了果蔬中有机磷、氨基甲酸酯及其代谢物、磺酰脲类、酰胺类、吡啶类、苯氧羧酸类等 230 种农药残留。试样用 QuEChERS 方式进行前处理，超高效液相色谱-电喷雾电离串联质谱法测定，外标法定量。

仪器与试剂：串联质谱仪，配备液相色谱仪（四元低压梯度输液泵、自动进样器、柱温箱），电喷雾离子源。乙腈、甲醇（色谱纯），无水硫酸镁、氯化钠（分析纯），PSA 粉，二水合枸橼酸钠、倍半水合柠檬酸二钠（纯度为 99%），乙酸铵（质谱级）；实验用水均为超纯水；230 种标准物质均为购自 Dr. Ehrenstorfer 公司的商品混标（10.0mg/L，纯度≥96.0%），使用时以甲醇稀释成低浓度混合标准工作溶液，工作曲线用空白基质配制，现用现配。

操作步骤：取代表性样品约 1.000g，用粉碎机粉碎，混匀，装入洁净的密封袋，于干燥处保存。提取和净化过程依据"European Standard EN 15662"标准方法进行。

方法评价：本研究通过采用 Standard Method EN 15662 这一改进的 QuEChERS 前处理方法与超高效液相色谱-电喷雾电离串联质谱联用，建立了适用于果蔬样品中 230 种农药的测定方法。230 种分析物在 0～15μg/L 质量浓度范围内线性关系良好，相关系数均大于 0.996。对于 80% 以上的目标物，定量下限可达到 1.0μg/kg；5、10、20μg/kg 3 个水平的加标回收率为 60%～120%，RSD 值小于 20%。本方法具有操作简单、灵敏度高、高通量的显著特点，能够满足日本、欧盟等主要贸易国对于果蔬中农药残留限量的要求，具有一定的推广价值。

实例 13-9 超高效液相色谱-串联质谱法测定豆芽中 7 种药物残留[9]

方法提要：用甲醇超声提取，分散固相萃取净化技术（QuEChERS）净化，超高效液相色谱-串联三重四极杆质谱（UPLC-MS/MS）检测豆芽中 7 种药物（咪鲜胺、头孢氨苄、诺氟沙星、6-苄氨基嘌呤、赤霉酸、2,4-二氯苯氧乙酸和 4-氯苯氧乙酸）残留。样品用含 0.1% 甲酸的甲醇溶液超声提取，QuEChERS（PSA＋C_{18}）净化，在 UPLC-MS/MS 的电喷雾正、负离子分段扫描和多反应监测（MRM）模式下检测，以保留时间和特征离子对定性，外标法定量。

仪器与试剂：超高效液相色谱和三重四极杆串联质谱仪；高速组织捣碎机；涡旋混合器；数控超声波清洗仪；高速离心机；Milli-Q 去离子水发生器。6-苄氨基嘌呤、赤霉酸、2,4-二氯苯氧乙酸、对氯苯氧乙酸、头孢氨苄、诺氟沙星和咪鲜胺标准品：德国 Dr. Ehrenstorfer 公司产品；乙腈、甲醇（HPLC 级）：德国 Merck 公司产品；甲酸（HPLC 级）；乙二胺-N-丙基硅烷（PSA）和 C_{18} 填料（40μm）。

操作步骤：称取 5.0g 捣碎混匀的样品于 50mL 玻璃比色管中,加入 25mL 0.1%甲酸甲醇溶液,涡旋 1min,超声提取 20min,取 2mL 上清液于装有 50mg PSA 和 150mg C_{18} 的 2mL 离心管中,涡旋振荡 2min,以 13 000r/min 离心 5min,吸取 1.0mL 上清液至氮吹管,置于 40℃ 水浴中,氮气吹干,用 10%甲醇溶液定容至 1.0mL,过 0.22μm 滤膜,用 UPLC-MS/MS 测定。

方法评价：7 种待测物在 0.4～100μg/L 范围内线性关系良好;方法定量限($S/N=10$)为 2.0～5.0μg/kg;添加水平为 2.0～50μg/kg 时,平均回收率在 80.7%～115%之间;相对标准偏差(RSD,$n=6$)为 2.6%～13.5%。该方法准确、灵敏、前处理简单,具有良好的回收率和精密度,能够满足检测豆芽中药物残留的要求,已应用于豆芽中 7 种药物残留的日常监测工作。

实例 13-10　分级净化结合气相色谱-质谱联用法测定豆芽中 10 种植物生长调节剂[10]

方法提要：建立了豆芽中 10 种植物生长调节剂的分级净化体系,采用 GC/MS 对该体系的效果进行了评价。豆芽先用酸性乙腈提取,浓缩后用甲醇复溶,部分经 QuEChERS 试剂盒净化后用 GC/MS 分析 2,4-D-乙酯和 2,4-D-丁酯。另一部分经 MCS 固相萃取柱净化,先用 5mL 甲醇洗脱得组分 1,再用 5% 氨化甲醇洗脱得组分 2;组分 1 浓缩后用 10%三氟化硼甲醇溶液甲酯化,提取后 GC/MS 测定 4-氯苯氧乙酸、α-萘乙酸、2,4-二氯苯氧乙酸、吲哚乙酸、吲哚丁酸,组分 2 浓缩后用 GC/MS 测定多效唑、激动素、6-苄基腺嘌呤。

仪器与试剂：GC-MS 仪;超声波清洗器;涡旋混匀器;氮吹仪;冷冻离心机。乙腈、甲酸、甲醇、氨水、三氟化硼乙醚溶液、氯化钠、无水硫酸钠均为分析纯;QuEChERS 试剂盒(货号 CLE008,300mg/管);MCX 固相萃取柱(200mg/6mL,WATERS 公司);PCX,SLW,MCS 固相萃取柱(500mg/6mL)。2,4-D-乙酯、2,4-D-丁酯、CPA、α-萘乙酸、2,4-D、吲哚乙酸、吲哚丁酸、多效唑、激动素、6-BA 标准品,纯度均大于 99.0%,购于德国 Dr Ehrenstorfer GmbH 公司;纯水。

操作步骤：称取捣碎的豆芽试样 10.0g 于 50mL 离心管中,加入 20mL 乙腈、40μL 甲酸,涡旋混匀 1min,超声提取 30min,8000r/min 离心 5min,上清液转移至另一支 50mL 离心管中,加入 3.0g NaCl,涡旋混匀;8000r/min 离心 5min,吸出乙腈层,用无水 Na_2SO_4 脱水后收集至圆底烧瓶内,50℃ 水浴真空浓缩至干,在圆底烧瓶内加入 2mL 甲醇超声溶解。取上述甲醇样液 1mL,加到 QuEChERS 试剂管中,混匀,静止 5min,混匀,10 000r/min 离心 2min,取上清液进行 GC/MS 分析,测定 2,4-D-乙酯和 2,4-D-丁酯。另取甲醇样液 1mL,加入 9mL 40mmol/L HCl,超声混匀,转移至离心管后,8000r/min 离心 5min,上清液待净化。先用 5mL 甲醇、5mL 水、5mL 40mmol/L HCl 溶液活化 MCS 柱,将上清液转移到 MCS 柱内,待样液过柱后,用 5mL 水淋洗除杂,真空抽干柱内液体后加入 5mL 甲醇洗脱,收集于 10mL 具塞试管内,得组分 1;用 5mL 5%氨化甲醇洗脱,收集于 10mL 具塞试管内,得组分 2,洗脱液 50℃ 下用氮气吹干。组分 2 用 0.5mL 甲醇溶解后进行 GC/MS 分析,测定多效唑、激动素、6-BA。组分 1 加入 1mL 10%三氟化硼甲醇衍生溶液,涡旋混匀,70℃ 加热衍生 30min,取出冷却后再加入 1.0mL 20%乙酸乙酯-正己烷混合液和 2mL 纯水,涡旋混匀,4000r/min 离心 5min,吸出上层有机相,转移至进样瓶中进行 GC/MS 分析。分别吸取 5.0mg/L 植物生长调节剂混合应用液 0.05,0.1,0.2,0.4 和 1.0mL,以甲醇定容至 1.0mL,与样品一起进行衍生测定,绘制含量(0.25,0.5,1.0,2.0 和 5.0mg/L)与响应面积标准曲线。

方法评价：10 种植物生长调节包括中性成分 2,4-D-乙酯、2,4-D-丁酯、CPA、β-萘乙酸、2,4-D、吲哚乙酸、吲哚丁酸和碱性成分（正离子）多效唑、激动素、6-BA。中性化合物中 2,4-D-乙酯和 2,4-D-丁酯可直接测定。CPA、β-萘乙酸、2,4-D、吲哚乙酸和吲哚丁酸需要衍生后测定。本方法采用三氟化硼甲醇甲酯化衍生，改善了峰形、提高了检测灵敏度。通过 MCS 柱进行分级净化，采用甲醇和 5％氨化甲醇分别洗脱不同的植物生长调节剂，可有效除去干扰物质。在豆芽中的添加 0.01～0.1mg/kg，10 种植物生长调节剂平均回收率范围为 70.5％～93.2％，RSD 为 5.2％～12.3％，本方法对 10 种植物生长调节剂的定量限（$S/N \geqslant$ 10）为 0.01～0.025mg/kg，检出限（$S/N \geqslant 3$）为 0.003～0.008mg/kg。此净化体系简便、快速、准确，结合 GC/MS 可以满足豆芽中植物生长调节剂多残留检测要求。

实例 13-11　超高效液相色谱-串联质谱技术同时分析食品中多种植物激素残留[11]

方法提要：番茄、苹果、梨、大米、荞麦、黄豆和白菜等样品，经甲醇-水（体积比 90∶10）提取，浓缩后经 WCX 小柱净化，采用 Waters C₁₈ 色谱柱分离，以乙腈和 0.1％甲酸水溶液为流动相进行梯度洗脱，采用电喷雾-正离子多反应监测模式，外标法定量。

仪器与试剂：超高效液相色谱仪和质谱仪：配有电喷雾电离接口（ESI）及 Masslynx 数据处理系统；Milli Q 超纯水器；高速离心机；氮气吹干仪；涡旋混合器；固相萃取装置。甲醇、乙腈：色谱纯；乙醇、丙酮、二氯甲烷、甲酸：色谱纯；水为 Milli-Q 系统纯化水。矮壮素标准品（纯度≥99.0％）、助壮素标准品（纯度≥98.5％）、6-苄基腺嘌呤标准品（纯度≥99.0％）、多效唑标准品（纯度≥99.3％）、烯效唑标准品（10mg/L）、莠去津标准品（纯度≥99.5％），德国 Dr. Ehrenstorfer GmbH 公司；西玛津标准品（纯度≥99.9％），美国 Sigma 公司；去离子水。

操作步骤：称取 2g 粉碎试样于 50mL 离心管中，加入 10mL 甲醇-水（体积比 90∶10）提取液，涡旋 1min，超声提取 10min，离心后取出上清液，再加入 5mL 甲醇-水（体积比 90∶10）提取液，重复上述操作，合并提取液，在 45℃下氮吹至近干，加 5mL 水溶解残渣，涡旋。WCX 柱用 3mL 甲醇、3mL 水活化，将上述 5mL 溶解液上样，依次用 3mL 水和 3mL 2％氨水淋洗，抽至近干后，分别用 2.5mL 甲醇和 2.5mL 2％甲酸-甲醇溶液洗脱，于 45℃下氮吹至干，再加 1mL 乙腈-水（体积比 30∶70）溶解，涡旋混合 1min，过 0.22μm 微孔滤膜后，于 UPLC-MS/MS 仪上分析。

方法评价：在 1～100μg/L 的质量浓度范围内，各种植物激素相关系数均大于 0.997，该方法的检出限在 0.3～0.5μg/kg 之间，定量限在 1.0～1.5μg/kg 之间。添加水平 5～20μg/kg 范围内，7 种植物激素的回收率在 80.2％～119.3％之间，日内和日间相对标准偏差在 0.65％～7.28％之间。该方法具有灵敏度高、前处理方法简单、回收率高且稳定、准确度和精密度高等优点，适用于多类食品中植物激素残留量的检测和确证。此外，与传统的 HPLC 和 GC 方法相比，由于串联质谱有效地消除了由仪器检测产生假阳性的可能，保证了定性和定量结果的可靠性。

实例 13-12　分散固相萃取-超高效液相色谱-串联质谱法同时检测玉米及其土壤中烟嘧磺隆、莠去津及氯氟吡氧乙酸残留[12]

方法提要：样品采用乙腈（含体积分数为 2％的甲酸）提取，基质固相分散净化后，用 UPLC-MS/MS 外标法检测定量。

仪器与试剂：超高效液相色谱-串联质谱仪；Acquity UPLC BEH C_{18} 色谱柱（50mm×2.1mm，1.7μm）；涡旋混合器；台式快速离心机；粉碎机；烟嘧磺隆（96.9％）、莠去津（97.8％）、氯氟吡氧乙酸（98.5％）标准品（国家标准物质中心提供）；28％油悬浮剂（含质量分数为3％烟嘧磺隆，5％氯氟吡氧乙酸和20％莠去津）；甲醇、乙腈（色谱纯）；去离子水；N-丙基乙二胺（PSA）；石墨化炭黑（GCB）；其余试剂均为分析纯。

操作步骤：准确称取过 2mm 筛并混匀的土壤样品和经粉碎并混匀的玉米植株（或籽粒）样品各 10.00g，分别加入 50mL 具塞离心管中，加入超纯水（土壤：3mL，玉米植株或籽粒：5mL），涡旋振荡 30s；分别加入 10mL 含体积分数为 2％甲酸的乙腈提取液，涡旋振荡 3min；再分别加入 4.00g 无水硫酸镁和 1.00g 氯化钠，涡旋振荡 1min 后在 5000r/min 下离心 6.5min。取上清液 1.5mL 转入加有净化剂（土壤：25mg PSA，玉米植株或籽粒：25mg PSA、50mg GCB）和 150mg 无水硫酸镁的 2mL 离心管中，涡旋 1min；4000r/min 下离心 5min。取上清液过 0.22μm 有机滤膜于自动进样瓶中，待测。

方法评价：研究发现，使用乙腈作提取溶剂，氯氟吡氧乙酸的回收率低于 50％，不能满足残留分析的要求。鉴于氯氟吡氧乙酸显弱酸性，故考虑在提取溶剂中添加适量酸，以提高其回收率。由于玉米植株和玉米籽粒样品含有大量色素和油脂类杂质，仅使用 PSA 净化，效果不佳，因此在 PSA 净化的基础上加入了适量的石墨化炭黑进行辅助净化。在 0.01～1.0mg/L 质量浓度范围内，3 种除草剂的仪器响应值与其质量浓度呈良好线性相关，相关系数大于 0.9906；玉米和土壤样品中 3 种除草剂的添加水平在 0.02～0.5mg/kg 时，平均回收率均为 78.9％～117.7％，日内 RSD 均小于 11.6％，日间 RSD 均小于 13.9％。3 种除草剂在玉米籽粒、玉米植株和土壤中的定量限（LOQ）均小于 7.1mg/kg。

实例 13-13　流动相离子色谱法同时测定植物中残留的矮壮素和缩节胺[13]

方法提要：以离子对试剂作流动相，采用离子对抑制电导检测法同时测定植物中残留的矮壮素和缩节胺。简单处理后的样品经过 Dionex IonPac NGI 保护柱和 NSI 分离柱。在流速为 1.00mL/min、淋洗液为 1.00mmol/L 九氟戊酸（作为离子对试剂）-7％（体积分数）乙腈时等度洗脱分离，能够快速稳定出峰，且被测物与其他干扰离子充分分离。

仪器与试剂：离子色谱仪（柱温箱、抑制器、保护柱（50mm×4mm，P/N039567）、分离柱（250mm×4mm，P/N035321）、色谱工作站）；高压输液泵。九氟戊酸（纯度为 97.0％），乙腈（ACN，纯度＞99.9％），矮壮素（纯度＞95.0％），缩节胺（纯度＞95.0％）；其他所用试剂均为分析纯或色谱纯；二次去离子水。

操作步骤：准确称取市售矮壮素和缩节胺 0.01g，用水溶解并定容至 100mL 容量瓶中，然后稀释 10 倍，经 0.22μm 的微孔滤膜过滤，滤液供分析。

实际样品为自种黄瓜幼苗和西红柿苗，在其茎叶上喷洒一定量的矮壮素和缩节胺农药，5d 后测其残留。将要检测的植物部分绞碎、混匀。称取一定量的样品用水定容至 50mL，超声提取 30min 后离心过滤，取上清液，稀释 5 倍，经 0.22μm 的滤膜过滤，再经过 Dionex On Guard RP 柱净化，净化液供分析。

方法评价：矮壮素和缩节胺的检出限分别为 0.1546 和 0.1714mg/L。在 1～100mg/L 范围内具有良好的线性关系和重现性。对实际样品进行测定，矮壮素和缩节胺的回收率分别为 96.06％～104.6％和 98.53％～103.7％，RSD 小于 3％。

实例 13-14　水果及果汁中二噁英类似物三氯新残留量的超高效液相色谱-串联质谱

检测[14]

方法提要：用固相萃取提取、净化水果中的二噁英类似物二氯苯氧氯酚（三氯新），用 LC-MS/MS 进行定性定量分析。

仪器与试剂：液相色谱-串联质谱仪（带 ESI）；半自动固相萃取装置 C_{18} 固相萃取小柱；超声波清洗仪；旋转蒸发浓缩仪；$0.2\mu m$ 滤膜。甲醇（色谱纯），乙酸乙酯，甲酸（分析纯）；去离子水，三氯新标准物质（纯度≥99%）。准确称取适量的标准品，用甲醇配成质量浓度为 $1000\mu g/mL$ 的标准储备液，根据需要，现场用甲醇稀释成适当质量浓度的标准工作液。

操作步骤：称取均质水果或果汁试样约 5.0g（精确到 0.01g）于 50mL 离心管中，加入 20mL 乙酸乙酯、2mL 蒸馏水和 0.5g 活性炭，振荡混合，超声提取 10min，于 6000r/min 离心，取乙酸乙酯提取液于 150mL 浓缩瓶中（重复提取一次，合并提取液），在 40℃ 水浴中用旋转蒸发器浓缩至 1mL 左右，用 5mL 水和 5mL 甲醇预淋洗 C_{18} 固相萃取柱，取浓缩后的提取液倒入 C_{18} 小柱，用 6mL 甲醇进行洗脱，控制流速在 1mL/min 左右。收集全部洗脱液，于 40℃ 水浴中旋转浓缩至 1.0mL 试液经 $0.2\mu m$ 滤膜过滤，滤液供 LC-MS/MS 测定。

方法评价：比较丙酮、乙腈、乙酸乙酯和甲醇对三氯新的提取效果，发现乙酸乙酯最佳。比较了 C_{18}、氨基、弗罗里和硅藻土等 SPE 小柱的净化效果，发现 C_{18} 小柱效果最好。本方法在三氯新浓度为 0.01～50mg/L 范围内线性关系良好，相关系数为 0.999 84。将标准溶液逐级稀释以考察检出限，以噪声信号的 3 倍计，检出限为 0.01mg/kg。

2. 植物性农产品中生物毒素的检测

真菌毒素是真菌在一定环境条件下产生的对人和动物有致病性、致死性的次级代谢产物。目前已知的有 200 多种，研究较多的主要集中在十几种对人类危害较大的真菌毒素上，主要有黄曲霉毒素、呕吐毒素、T-2 毒素、赭曲霉毒素等。真菌毒素普遍存在于农副产品中，真菌毒素不仅会导致农产品失去食用价值，造成资源浪费，还会引起食物中毒，严重威胁人畜的生命和健康。据不完全统计，全世界每年大约有 25% 的农产品被真菌毒素污染，约有 2% 的农作物因污染严重而失去经济和营养价值，造成的损失高达数百亿美元。真菌毒素对人和动物的毒性很高，通过吸入及皮肤接触或者摄入被污染的食物，可引起人和动物病理变化和生理变态，出现多种中毒症状，主要包括中毒性肾损害、肝细胞毒性、生殖紊乱、遗传毒性、致癌作用、致畸作用和免疫抑制等。由于真菌毒素是天然产生，人为控制的难度比较大，因此通过检测真菌毒素的含量，了解污染程度，对有效降低其危害具有十分重要的意义。

真菌毒素分析样品的前处理方法与农残样品大致相同。不过，免疫亲和层析柱在真菌毒素分析样品前处理方法中比较有特色。免疫亲和技术是利用免疫化学反应原理，以抗原或抗体一方作为配基，亲和吸附另一方的亲和层析分离系统，它可以选择性吸附提取液中的抗原物质（真菌毒素）。此方法具有高灵敏度、高选择性、高特异性、溶剂消耗少、净化效果好、回收率高的特点，被很多官方机构作为认可的检测方法；缺点是免疫亲和柱的价格昂贵，同时由于其高特异性的特点，无法进行多残留同步检测。传统固相萃取柱技术因净化效果好、适用范围广、价格适中，节省有机试剂，对环境比较友好，在残留分析样品前处理中仍然被普遍应用。多功能净化柱是一种特殊的固相萃取柱，它以极性、非极性及离子交换等几类基团组成填充剂，可选择性吸附样液中的脂类、蛋白类、糖类等各类杂质，待测组分真菌毒素不被吸附而直接通过，从而一步完成净化过程，净化效果比较理想。缺点是对部分真菌毒素有一定的吸附，因而回收率偏低。基质固相分散（MSPD）是将试样直接与适量吸附剂混合并研磨、混匀制成半固态物质,然后装柱,用洗脱剂淋洗。根据分析物在聚合物/组织基质中的分散和溶剂的极性将分析物迅速分离。该方法缺点是重复性差,实验操作对结果影响比较大。

实例 13-15 QuEChERs 前处理-超高效液相色谱串联质谱法快速筛查食品中 73 种有毒有害物质[15]

方法提要:采用 QuEChERs 方法结合超高效液相色谱-串联四极杆质谱技术,建立了面粉制品、水果、蔬菜等食品中生物碱、真菌毒素、农药等 73 种有毒有害物质的快速筛查方法。样品经 DisQuE 提取管提取,DisQuE 净化管净化,采用 BEH C_{18} 液相色谱柱分离,进行梯度洗脱,采用多反应监测(MRM)模式,外标法定量。

仪器与试剂:超高效液相色谱-串联四极杆质谱联用仪、DisQue 基质分散样品制备管;纯水仪;高速冷冻离心机;甲胺磷、乙酰甲胺磷、杀扑磷、甲基对硫磷、马拉硫磷、对硫磷、喹硫磷、治螟磷、二嗪磷、甲拌磷、伏杀硫磷、久效磷、乐果、氧化乐果、敌敌畏、涕灭威、涕灭威亚砜、涕灭威砜、霜霉威、杀线威、灭多威、甲萘威、异丙威、杀虫威、苯醚威、抗蚜威、氟线威、呋喃丹、吡虫啉、啶虫脒、多菌灵、噻菌灵、甲霜灵、敌菌灵、抑菌灵、哒螨灵、多效唑、异稻瘟净、稻丰散、除虫脲、氟铃脲、杀虫脲、氟虫脲、氟啶脲、嘧霉胺、胺菊酯等标准品,德国 Dr. Ehrenstofer GmbH 公司,用甲醇配制质量浓度为 $1000\mu g/mL$ 的标准储备液;阿托品、喜树碱、安妥、秋水仙碱、东莨菪碱、士的宁、毒扁豆碱、马钱子碱、麦角新碱、麻黄碱、伪麻黄碱、鬼臼毒素、羟基树碱、次乌头碱、乌头碱、新乌头碱、草乌甲素、四氢帕马丁标准品中国食品药品检定研究院,用甲醇配制质量浓度为 $1000\mu g/mL$ 的标准储备液;脱氧血腐镰刀烯醇、黄曲霉毒素 B_1、黄曲霉毒素 B_2、黄曲霉毒素 G_1、黄曲霉毒素 G_2、黄曲霉毒素 M_1、玉米赤霉烯酮、棒曲霉毒素、赭曲霉毒素 A 标准品以色列 Fermentek 公司,用甲醇配制质量浓度为 $1000\mu g/mL$ 的标准储备液。乙腈、甲醇(均为色谱纯)美国 Fisher 公司;乙酸铵(色谱纯)德国 CNW Technologies GmbH 公司;乙酸(分析纯)北京化学试剂公司;DisQuE 提取管(内含 1.5g 无水乙酸钠和 6g 无水硫酸镁),净化管(内含 900mg 无水硫酸镁、150mg PSA 吸附剂和 150mg C_{18})美国 Waters 公司;实验用水为超纯水。

操作步骤:称取均质的样品 7.5g 于 50mL DisQuE 提取管中,加入 15mL 1% 的乙酸-乙腈。涡旋振荡 5min 至充分混匀,4000r/min 离心 5min。吸取 7.5mL 上述提取液至 15mL DisQuE 净化管中,涡旋振荡 30s,10 000r/min 离心 5min。准确吸取 $200\mu L$ 上述净化液至样品瓶,加入 $800\mu L$ 水,混匀,待仪器分析。

方法评价:73 种化合物的通用快速前处理方法既要兼顾大部分目标化合物的回收率,又要有效净化基质、减少杂质影响。乙腈作为提取溶剂,能够使样品中蛋白质变性沉淀,从而去除蛋白质对样品分析的影响;无水硫酸钠能够去除样品中的水分;PSA 可以去除样品中的糖和有机酸,但是 PSA 对酸性化合物有一定吸附作用,因此在乙腈提取溶剂中加入 1% 乙酸,可以提高酸性化合物的回收率,用乙腈作为提取溶剂时,氧化乐果、霜霉威的回收率为 50% 左右,而用 1% 乙酸乙腈作为提取溶剂时,回收率可达 70% 以上;C_{18} 可以去除样品中的脂肪。结果表明,使用 DisQuE 提取管(内含 1.5g 无水乙酸钠和 6g 无水硫酸镁)、净化管(内含 900mg 无水硫酸镁、150mg PSA 吸附剂和 150mg C_{18})对面粉制品、水果、蔬菜等食品样品的净化回收率为 62.05%～112.75%。

实例 13-16　超高效液相色谱串联质谱法测定花生、粮油中 18 种真菌毒素[16]

方法提要：采用同位素稀释法并结合凝胶色谱净化技术，超高效液相色谱串联质谱分析花生、粮油中 18 种常见真菌毒素。样品中添加同位素内标 U-[$^{13}C_{17}$]-黄曲霉毒素 B_1 和 U-[$^{13}C_{15}$]-脱氧雪腐镰刀菌烯醇，经乙腈-水溶液（84∶16，体积比）均质提取，凝胶渗透色谱净化，Waters ACQUITY UPLCTMBEH C_{18} 色谱柱分离，串联四极杆质谱多反应离子监测方式检测，同位素稀释内标法定量。

仪器与试剂：超高效液相色谱-串联质谱仪，配有电喷雾离子源；凝胶渗透色谱（264nm）固定波长紫外检测器，定量线圈：5mL，层析柱（30mm×210mm，Bio-Beads SX-3 填料）；冷冻离心机，转速不低于 10 000r/min；均质器；振荡器；氮吹仪。甲醇、乙腈为色谱纯；醋酸铵、氨水、甲酸为分析纯；乙酸乙酯、环己烷为农残级；青霉酸、胶黏毒素、黄曲霉毒素 B_1、黄曲霉毒素 B_2、黄曲霉毒素 G_1、黄曲霉毒素 G_2、杂色曲霉毒素、T-2 毒素、HT-2 毒素、二乙酰蔗镰刀菌烯醇（DAS）、桔青霉毒素、疣孢漆斑菌原、展青霉毒素、玉米赤霉烯酮、3-乙酰脱氧雪腐镰刀菌烯醇（3-ADON）、15-乙酰脱氧雪腐镰刀菌烯醇（15-ADON）、脱氧雪腐镰刀菌烯醇（DON）、雪腐镰刀菌烯醇纯度均不低于 99%（Biopure 公司 Tulin Austria）；同位素内标：U-[$^{13}C_{17}$]-黄曲霉毒素 B_1 标准品 0.529mg/L，溶于乙腈中−20℃保存；U-[$^{13}C_{15}$]-脱氧雪腐镰刀菌烯醇标准品 25.4mg/L，溶于乙腈中 2~8℃避光保存。

操作步骤：准确称取 10g（精确至 0.01g）样品于 100mL 离心管中，加入 0.529mg/L 的 U-[$^{13}C_{17}$]-黄曲霉毒素 B_1 和 25.4mg/L 的 U-[$^{13}C_{15}$]-脱氧雪腐镰刀菌烯醇同位素内标各 20μL，固体样品加入 20mL 乙腈-水溶液（84∶16），液体样品加入 20mL 乙腈，均质提取 3min 或振荡器中摇振 1h，以 10 000r/min 于 4℃下离心 10min，准确吸取 8mL 上清液于玻璃试管中，在 50℃下用氮气吹干，再用 8mL 乙酸乙酯-环己烷（50∶50）溶解样品，过 0.45μm 微孔膜，供凝胶色谱净化用。

凝胶色谱净化层析柱：30mm×210mm，填料：Bio-Beads SX-3 填充为中性、多孔的聚苯乙烯-二乙烯基苯微球；流动相：乙酸乙酯-环己烷（50∶50）；流速：4.7mL/min；样品定量环：5mL；收集时间：6~15min；取上一步得到的 8mL 上清液按上述条件净化，收集洗脱液于玻璃离心管中，在 50℃下氮气吹干，用甲醇-醋酸铵水溶液（50∶50）定容至 1mL。

方法评价：凝胶渗透色谱净化主要是去除样品中的色素、脂肪、蜡质等大分子物质，对特定相对分子质量区间的杂质具有非常好的净化效果。本研究涉及的真菌毒素相对分子质量范围在 154~533 之间，而大部分真菌毒素的相对分子质量均在此范围内，同时此净化方法对花生、粮油等基质中的脂肪、色素等大分子杂质具有很好的去除效果，因此凝胶渗透色谱净化非常适合花生、粮油中真菌毒素的多组分残留分析。18 种真菌毒素在各自的线性范围内线性关系良好，相关系数均不低于 0.996；其中 12 种化合物的定量下限为 0.02~0.40μg/kg，6 种负离子的定量下限为 0.06~1.0μg/kg；低、中、高 3 个加标水平的回收率为 80%~96%，相对标准偏差为 10.5%~19.6%。该方法具有前处理简单、净化效果好、灵敏度高的优点，适用于复杂基质样品中多组分真菌毒素残留的确认和定量检测。

实例 13-17　HPLC 测定玉米中黄曲霉毒素 B_1 前处理方法[17]

方法提要：黄曲霉毒素是黄曲霉、寄生曲霉在生长过程中产生的次生代谢产物。它是一类毒性极强的物质，具有强致癌性和强免疫抑制性，主要污染粮油食品、动植物食品，其中以花生和玉米污染最为严重。在各类黄曲霉毒素中，黄曲霉毒素 B_1 最为常见，且毒性最大。

本方法对超声、振荡、高速均质 3 种提取方法进行了比较。

仪器与试剂：高效液相色谱仪（配有荧光检测器）；柱后衍生系统；高速均质机；粉碎机；振荡器；超声波辅助提取设备。甲醇：色谱纯，Merck 公司；黄曲霉毒素 B_1 标准品；免疫亲和柱；色谱柱：Mycotox C_{18}（4.6mm I. D.×250mm，5μm）；流动相 V（甲醇）：V（乙腈）：V（水）＝22：22：56；衍生化试剂：I_2 溶液（100mg/L）。

操作步骤：样品分样参考 SN 0637—1997 规定的方法，样品经缩分后，取出 200g，用粉碎机将样品全部粉碎，90％通过 1.0mm 圆孔筛，充分混匀，装于样品瓶中备用。称取 25g 玉米样品于 250mL 具塞锥形瓶中，加入 100mL 甲醇-水（体积比为 70：30），高速均质提取 5min，静置，取上清液过滤后，过免疫亲和柱，收集滤液备测。

方法评价：在超声、振荡和高速均质三种提取方法中，高速均质法能得到较高的回收率和较好的稳定性，回收率为 93.4％～98.2％，比其他两种提取方法的回收率高 20％以上。

实例 13-18　液相色谱-飞行时间质谱同时测定粮食中 13 种真菌毒素[18]

方法提要：液相色谱-飞行时间质谱（LC-TOF MS）同时检测小麦和玉米中镰刀菌、曲霉菌和青霉菌产生的 13 种真菌毒素。样品经乙腈-水-乙酸（84：15：1）混合溶剂提取，Mycosep 226 多功能净化柱和强阴离子交换柱净化后，采用 LC-TOF MS 检测。在电喷雾正离子模式下，以保留时间和化合物精确分子离子质量对真菌毒素进行识别，以 10ppm 为提取离子窗口进行定量。

仪器与试剂：LC-TOF MS 仪（配有电喷雾离子源及数据处理系统）；快速挥发仪；固相萃取装置。脱氧雪腐镰刀菌烯醇（DON）、3-乙酰基脱氧雪腐镰刀菌烯醇（3-ADON）、15-乙酰基脱氧雪腐镰刀菌烯醇（15-ADON）、T-2 毒素（T-2）、HT-2 毒素（HT-2）、玉米赤霉烯酮（ZON）、赭曲霉毒素 A（OTA）、黄曲霉毒素 B_1（AFB$_1$）、黄曲霉毒素 B_2（AFB$_2$）、黄曲霉毒素 G_1（AFG$_1$）、黄曲霉毒素 G_2（AFG$_2$）、伏马毒素 B_1（FB$_1$）、伏马毒素 B_2（FB$_2$），纯度均大于 98％；甲醇、乙腈、乙酸铵、甲酸、乙酸（色谱纯）。多功能净化柱；强阴离子交换柱 SAX SPE。

操作步骤：准确称取 10g 样品于 100mL 锥形瓶中，加入 40mL 乙腈-水-乙酸（84：15：1）溶液并混匀，超声 30min，其间混匀 1 次，然后置于振荡器上振荡 30min，再用玻璃纤维滤纸过滤，收集滤液。取约 8mL 滤液经 Mycosep 226 柱净化，准确转移 4mL 净化液于试管中。另外准确量取 4mL 经玻璃纤维滤纸过滤后的滤液用快速挥发仪在 40℃下吹干，用 5mL 甲醇-水（3：1）溶解，用氨水调节 pH 6～8。分别用 4mL 甲醇和 4mL 甲醇-水（3：1）平衡 SAX SPE 柱，然后将调好 pH 的溶液加至 SAX SPE 柱上，再依次用 4mL 甲醇-水（3：1）和 4mL 甲醇冲洗 SAX SPE 柱，最后用 5mL 甲醇-乙酸（99：1）溶液洗脱，收集洗脱液。合并经 Mycosep 226 柱和 SAX SPE 柱净化的溶液，用快速挥发仪在 40℃下吹干，加入 1mL 甲醇-水（1：1）溶液定容，充分涡旋混合后过 0.2μm 的 FITE 滤膜，待测。

方法评价：13 种真菌毒素在一定的线性范围内线性关系良好，相关系数均大于 0.99，质量精确度均小于 5ppm，回收率为 70％～113％，相对标准偏差为 0.2％～14.5％。该方法在全扫描模式下具有灵敏度高、选择性强、质量精确度高的特点，能够满足欧盟、中国等国家和地区对真菌毒素污染检测的要求，可与三重四极杆串联质谱技术互补用于粮食中真菌毒素的确认和定量分析。

13.2.3　植物性农产品中功能成分的检测

植物的功能性成分是指天然植物中既有药效作用又有营养作用的物质，如生物碱、苷类、黄酮类、萜类和植物挥发油等。植物的主要有效活性成分包括生物碱、多糖、甙类、挥发油类、蒽类和有机酸类等，起着调节动物机体免疫功能的作用。植物的功能性成分如糖类物质(膳食纤维、活性多糖和低聚糖)、生物碱(麻黄碱、苦参碱、咖啡因、参碱等)、植酸和肌醇、生物活性肽(如谷胱甘肽)、植物甾醇、谷物及油料中的磷脂主要是卵磷脂(PC)和脑磷脂(PE)、谷维素、天然色素(玉米黄色素、原花青素 OPC、天然黄色素)、酸类物质(阿魏酸、绿原酸)、白藜芦醇、黄酮和异黄酮等。植物的功能性成分种类繁多，理化性质各异，这些成分的提取和分析方法也各不相同，但共同之处仍然很多。样品前处理主要是根据目标组分的极性等性质差异，遵循"相似相溶"原理，选择与目标组分极性相近的溶剂进行提取，例如极性较大的黄酮类化合物可以采用水提法或乙醇水溶液等极性溶剂。为了提高提取效率和加快提取速度，往往还采用超声和微波辅助提取，甚至采用选择性的酶解法。分析方法最常用的还是 HPLC 和 LC-MS。

实例 13-19　云南雪莲果矿质元素的 ICP-AES 测定和氨基酸含量测定[19]

方法提要：微波消解样品，通过 ICP-AES 测定云南雪莲果中矿质元素。标准蛋白水解法处理样品，用氨基酸自动分析仪测定了雪莲果中氨基酸的含量。

仪器与试剂：ICP-AES 仪，石英同心雾化器，旋流雾化室；微波消解仪；纯水系统；氨基酸分析仪；硝酸、盐酸：优级纯；标准储备液：磷、钾、硫、钙、镁、铁、锌、铜、锰的标准液均为 $1000\mu g/mL$，购于国家标准物质研究中心；混合标准液：采用基体匹配法配制混合标准溶液，根据分析元素浓度大小逐级稀释成标准系列工作溶液。

操作步骤：矿质元素测定的样品前处理：雪莲果用去离子水冲洗后制成匀浆，称取 1.0000g 置于微波消解罐中，加入 5mL 硝酸和 1mL 盐酸，微波消解后定容至 25mL；ICP-AES 仪测定矿质元素。

氨基酸测定的样品前处理：样品经标准蛋白水解法处理，每份样品作 3 次重复，取平均值；氨基酸分析仪测定。

方法评价：采用硝酸和盐酸消解体系对样品进行微波消解，用电感耦合等离子体原子发生光谱(ICP-AES)分析方法同时测定了不同产地云南雪莲果中磷、钾、钙、镁等多种人体所必需的元素，该方法对多种元素测定的 RSD 为 $0.37\% \sim 1.68\%$，加标回收率为 $94.8\% \sim 105.4\%$，氨基酸测定方法的 RSD 在 $2.38\% \sim 4.26\%$ 之间，符合分析的要求。

实例 13-20　反相高效液相色谱法测定枸杞中类胡萝卜素及酯类化合物[20]

方法提要：枸杞样品经石油醚-丙酮混合溶剂提取后，再用水相反萃取极性杂质，有机相进一步蒸干并复溶后，采用反相 HPLC 同时测定类胡萝卜素及其酯类化合物含量。

仪器与试剂：HPLC 仪；旋转蒸发仪；循环水真空泵；氮吹仪；高效硅胶板；高速中药粉碎机；玉米黄素(Zeaxanthin)；β-胡萝卜素(β-Carotene)；叶黄素(Lutein)；玉米黄素双棕榈酸酯(Zeaxanthin dipalmitate)，实验室制备；乙腈、二氯甲烷、正己烷、甲醇为色谱纯，进口分装；四氢呋喃为色谱纯，石油醚、丙酮、BHT(二丁基羟基甲苯)、Na_2SO_4 为分析纯。

操作步骤：样品有冷冻干燥和热烘加工的夏季枸杞，还有热烘加工的秋季枸杞。称取 2.000g 枸杞果实粉碎，用蒸馏水浸泡去除糖等水溶性成分，加入 0.01%BHT 抗氧化剂，用 30mL 石油醚-丙酮(2∶1)混合溶剂提取 2～3 次至残渣无色，合并提取液转入分液漏斗，蒸馏水洗去水溶性组分，石油醚层用无水 Na_2SO_4 干燥，旋转蒸发浓缩至干，石油醚定容至 25mL，微孔滤膜滤过后做 HPLC 分析，整个提取操作需避光。

方法评价：用蒸馏水浸泡去除糖等水溶性成分。因为枸杞中含有较多的小分子糖类物质，样品在有机溶剂中易于结块，而影响类胡萝卜素提取，故采用石油醚-丙酮（2∶1）作为类胡萝卜素的提取溶剂。室温下料液比1∶15提取3次即可提取完全。玉米黄素、β-胡萝卜素、玉米黄素双棕榈酸酯的平均回收率为98.8%～100.5%，RSD为0.8%～1.8%，检出限为0.02～0.20mg/L。

实例13-21 干辣椒中挥发性风味物质的HS-SPME-GC-MS分析[21]

方法提要：利用顶空固相微萃取技术（HS-SPME）对遵义朝天红干辣椒样品中挥发性风味化合物进行富集分离，用GC-MS鉴定出8类39种成分。

仪器与试剂：实验用朝天红干辣椒购自遵义农贸市场；GC-MS联用仪；手动固相微萃取装置及100μm聚二甲基硅氧烷（PDMS）萃取纤维头；20mL样品瓶及聚四氟乙烯胶垫瓶盖；实验所用试剂均为分析纯。

操作步骤：称取2.0g粉碎好的干辣椒于样品瓶中，用聚四氟乙烯衬里的硅橡胶垫密封。80℃预热20min，然后插入100μm PDMS萃取头，顶空取样20min，用GC-MS进行挥发性香气成分分析。

方法评价：SPME作为一种可对样品进行非溶剂萃取的前处理技术，以其操作方便、装置简单且适合与其他分析仪器联合等优点正得到越来越广泛的应用。

实例13-22 超高效液相色谱法同时测定柑橘中11种类黄酮物质[22]

方法提要：通过正交试验优化样品前处理条件，建立了超高效液相色谱快速检测柑橘中11种类黄酮物质的方法。

仪器与试剂：超高效液相色谱仪（配有PDA检测器及Empour工作站）；高速冷冻离心机；超声波清洗器；超纯水器；0.22μm有机相针式滤器；圣草枸橼苷（纯度97.4%）、柚皮素-7-β-芸香糖苷（纯度95.0%）、新橙皮苷（纯度99.9%）、香风草苷（纯度93.1%）、柚皮素（纯度98.2%）、橘黄酮（纯度97.1%）、橙皮素（纯度94.6%）（标准品）；甜橙黄酮标准品（纯度98.5%）；川皮苷标准品（纯度96.4%）；橙皮苷（纯度93.7%）、柚皮苷（纯度97.3%）（标准品）；甲醇（色谱纯）。

操作步骤：柑橘果皮磨细后，准确称取1.00g于50mL离心管中，加入甲醇溶液10.00mL，50℃条件下超声处理30min，以10 000r/min离心10min，收集上清液，残渣均以10mL提取剂重复提取两次，合并上清液定容至50mL，0.22μm微孔滤膜过滤后待测。新鲜柑橘汁样品采用手动压榨法制取，用双层纱布过滤后准确吸取2.00mL置于50mL离心管中，加入10.00mL甲醇振荡1min，以10 000r/min离心10min，分离上清液，残渣以10mL提取剂重复提取一次，合并上清液定容至25mL，过0.22μm微孔滤膜后待测。

方法评价：该方法具有良好的精密度和准确度，检出限低，有机溶剂消耗较少，既降低了成本又减少了环境污染。可作为柑橘样品中类黄酮常规检测分析方法。方法检出限（$S/N=3$）为0.005～0.02mg/kg，果皮和果汁的回收率分别为94.6%～100.2%，94.5%～101.8%；RSD（$n=6$）分别为1.1%～3.7%，0.9%～3.9%。

实例13-23 UPLC-MS/MS测定黑小麦中B族维生素[23]

方法提要：样品经石油醚脱脂后，用酸性水溶液超声提取，酶解后采用超高效液相色谱-串联质谱分析。分离柱为ACQUITY UPLC BEH C_{18}（2.1mm×50mm，1.7μm），以0.1%甲酸溶液和乙腈为流动相，进行梯度洗脱，在电喷雾（ESI）正离子模式下，用MRM

模式监测。

仪器与试剂：UPLC-MS/MS 联用仪,配电喷雾离子源(ESI);离心机;超声波清洗机;VB$_1$(含量 98%)、VB$_2$(含量 98%)和 VB$_6$(含量 100%)对照品;乙腈、甲醇、甲酸均为色谱纯。

操作步骤：称取黑小麦全粉 20g,用滤纸包好,加入石油醚 150mL,在 60℃下索氏提取 2h。将脱脂后的黑小麦全粉置于 50mL 棕色量瓶中,加入 1% 甲酸溶液 50mL,室温下用超声波提取 20min,冷却后,4000r/min 离心 15min,倒出上清液,将沉淀转入量瓶中。重复以上步骤,再超声提取两次,合并三次提取液。加入淀粉酶 1mL,酶解 1h,再加入糖化酶 1mg,酶解 1h。加 1% 甲酸溶液至 250mL。0.2μm 过滤器过滤后,注入 UPLC-MS/MS 仪检测。

方法评价：小麦中 B 族维生素主要存在于小麦的胚芽和种皮中,小麦的胚芽和种皮中均含有脂溶性成分,而维生素为水溶性化合物,因此,黑小麦全麦粉经脱脂后有助于维生素的提取。黑小麦全麦粉中淀粉含量较高,因此提取温度不宜过高,否则淀粉糊化后会降低维生素的溶出率。样品前处理过程简单、时间短。VB$_1$、VB$_2$ 和 VB$_6$ 在 20~200ng/mL 范围内线性关系良好。VB$_1$、VB$_2$ 和 VB$_6$ 的定量限分别为 0.62、0.32ng/mL 和 0.50ng/mL。

实例 13-24 HPLC 法测定芹菜中芹菜素含量[24]

方法提要：采用乙醇回流提取,HPLC 测定芹菜中芹菜素含量。

仪器与试剂：超声波清洗器;HPLC 仪;旋转蒸发仪;电子调温电热套;冷冻干燥机;紫外可见分光光度计;供试材料:湖南各地区芹菜。98% 芹菜素标准品:陕西慧科;甲醇、95% 酒精:均为分析纯;乙腈:色谱纯。

操作步骤：采摘芹菜叶、茎经 65℃ 低温烘干磨碎后,用 70% 乙醇回流提取,料液比为 1:10(W:V),70℃提取 2h。提取液旋转蒸发浓缩,冷冻干燥机干燥;取 15mg 的芹菜粗提物溶于 25mL 的容量瓶中,甲醇定容,超声溶解,0.45μm 有机膜过滤,备测。

方法评价：该方法操作简便、快速,分离度好,灵敏度高,适用于芹菜素的测定。不同地区芹菜品种中芹菜素含量差别较大,芹菜素的含量在 0.003%~0.088% 之间。芹菜素在芹菜叶中的含量高于芹菜叶柄。本法的检出限为 18ng/mL。

实例 13-25 HPLC 法同时测定鸡腿菇水解液中单糖及多糖[25]

方法提要：样品经加热水解提取,水解后采用 HPLC 法测定鸡腿菇水解液中单糖、低聚糖及多糖含量。

仪器与试剂：HPLC 仪,Aminex HPX-87H 柱(300mm×7.8mm);燕麦 β-葡聚糖(标准品,相对分子质量 50k),聚合度 2~6 低聚木糖、木二糖(标准品),葡萄糖、木糖、阿拉伯糖、半乳糖、鼠李糖、甘露糖标准品(色谱纯)。实验用水均为 Millipore 超纯水。

操作步骤：粉碎已剪碎的鸡腿菇碎块 30min,过孔径为 0.282mm(50 目)筛以获得粒径小于 0.5mm 的鸡腿菇粉末。鸡腿菇与水的配比为 1:8(g/mL),80℃加热 30min,冷却,水洗,直至 pH 为中性,用多层纱布过滤,80℃干燥至含水量小于 10%(质量分数)。干燥后的鸡腿菇按料液比 1:6 加蒸馏水,加热至 90℃,水解 3h。取水解液 2mL,10 000r/min 冷冻离心 20min,再用 0.22μm 水性滤膜过滤 3 次,备用。

方法评价：与 GC 相比,使用 HPLC-示差折光检测法测定多糖、低聚糖和单糖,样品无须衍生处理,过滤后可直接检测。单糖、低聚糖及多糖均得到较好分离,回收率为 98%～106%。

实例 13-26　高效液相色谱-蒸发光散射检测法测定茶叶中单糖和双糖[26]

方法提要：样品经乙醇水溶液加热提取后，直接采用氨基柱，以水和乙腈为流动相进行梯度洗脱分离，蒸发光散射检测器(ELSD)检测。

仪器与试剂：HPLC 仪；蒸发光散射检测器；LC solution 色谱数据工作站；超声波清洗仪；电热蒸馏水器；纯水发生器；电热恒温水浴锅；旋转浓缩蒸发仪；乙腈(色谱纯)，80%乙醇；三重蒸馏水(自制)，L-鼠李糖(纯度为 98.5%，Sigma)、D-阿拉伯糖(纯度为 98.0%，Sigma)、D-木糖(纯度为 99.5%，Sigma)、D-果糖(纯度为 99.5%，Sigma)、L-甘露糖(纯度为 99.0%，Sigma)、D-葡萄糖(纯度为 99.5%，Sigma)、D-蔗糖(纯度为 99.5%，Sigma)、D-麦芽糖标准品(纯度为 92.0%)，茶叶样品(湖南农业大学茶学教育部重点实验室提供)。

操作步骤：精密称取 2.0000g 茶叶粉碎样于圆底烧瓶中，加 80 倍量 80%乙醇，80℃ 水浴回流提取 3h，过滤，残渣用 80%乙醇重复提取 2 次，合并滤液浓缩并定溶于 50mL 容量瓶中，经 $0.45\mu m$ 微孔滤膜，用于测定茶叶中的单糖和双糖。

方法评价：鼠李糖、阿拉伯糖、木糖、果糖、甘露糖、葡萄糖、蔗糖、麦芽糖在 3.202～184.828μg 范围内，呈良好的线性关系，8 种糖的加标回收率在 90.97%～105.07%之间，最低检测限($S/N=3$)范围在 6.976～1376.297ng。

实例 13-27　毛细管电泳分离检测茶叶中 5 种多酚类化合物[27]

方法提要：茶叶样品经酸性甲醇水溶液回流提取后，提取液用高效毛细管区带电泳同时分离测定儿茶素、表儿茶素、槲皮素、山柰酚和杨梅素。在含有 10mmol/L $Na_2B_4O_7$、5mmol/L β-环糊精及 8%(V/V)乙腈的运行缓冲溶液(pH9.11)中，采用 20kV 的分离电压、各组分在 14min 内实现有效分离。

仪器与试剂：高效毛细管电泳仪(配有二极管阵列紫外检测器)；未涂层石英毛细管(57cm×50cm，$75\mu m$)；pH 计；标准对照品儿茶素、表儿茶素、槲皮素、山柰酚、杨梅素；β-环糊精；$Na_2B_4O_7$、乙腈、甲醇、盐酸(均为分析纯)；水为超纯水。

操作步骤：称取一定量经干燥粉碎后的茶叶样品或添加了一定量目标物标准品的茶叶样品，加入 40mL 甲醇和 4mL 盐酸，85℃水浴回流 1.5h，过滤并用少量甲醇多次洗涤残渣，合并滤液与洗涤液，减压蒸馏至近干，残渣用甲醇溶解并定容到 50mL。$0.45\mu m$ 滤膜过滤后待测。

方法评价：将方法用于不同茶叶样品中这 5 个组分的测定，RSD 在 4.0%以内，回收率为 95.4%～104.6%。

实例 13-28　番茄果实中全反式番茄红素的 C_{30}-HPLC 检测[28]

方法提要：番茄果实样品经丙酮提取和正己烷萃取后，萃取相吹干并复溶，用 C_{30} 液相色谱柱分离，外标法定量番茄红素全反式异构体。

仪器与试剂：HPLC 由 1525 溶剂输送系统、PDA996 二极管阵列检测器组成；分光光度计；丙酮、二氯甲烷、正己烷、石油醚、三乙胺(沸点：60～90℃)(均为分析纯)。乙腈、甲醇、甲基叔丁基醚(MTBE)(均为色谱纯)。

操作步骤：将 200～250g 同产地、色泽均匀的果实切成碎块放入捣碎机中捣碎。捣碎时加入 1g 碳酸钠以中和细胞破碎时释放出的有机酸。称取 1g 果实匀浆，加少量石英砂和

4 倍体积的丙酮研磨,静置,用滴管小心移出上清液,重复 6~8 次萃取直至上清液和残渣均为无色。合并收集上清液,用丙酮定容至 30mL,转入分液漏斗后加入等体积正己烷缓慢摇动,再加入等体积蒸馏水缓慢摇动,静置 10min,收集上相。用等体积蒸馏水洗涤上相 2 次,直至上相体积不再变化。收集上相,用氮气吹干,并充氮气保存于 −20℃冰箱中,24h 内用于 HPLC 分析。分析前用正己烷定容,0.45μm 滤膜过滤。

方法评价:用 C_{30}柱 HPLC 分离番茄果实中全反式番茄红素是切实可行的,这对确定不同番茄红素源中番茄红素顺反异构体比例,从而研究其生物学功能和效价具有重要的现实意义。RSD($n=6$)$<5\%$。

实例 13-29 高效液相色谱法测定植物样品中花青素[29]

方法提要:样品采用乙醇酸性水溶液(乙醇∶水∶盐酸＝3∶1∶1)超声提取,沸水浴水解,用高效液相色谱法(530nm 紫外检测)测定花青素。

仪器与试剂:HPLC 仪,配紫外检测器;超声清洗器;离心机;乙腈(色谱纯)、盐酸、甲酸均为分析纯,标准物质。

操作步骤:称取 5.0g 样品于 100mL 离心管中,加入乙醇酸性水溶液(乙醇∶水∶盐酸＝3∶1∶1)50mL,混匀后超声提取 10min,4000r/min 离心 5min,移出上清液装入 100mL 比色管中,再重复 1 次提取,合并 2 次提取液,在沸水浴中水解 1h,冷却后用乙醇定容至 100mL,过 0.45μm 滤膜待测。

方法评价:各成分平均回收率为 75.7%~92.7%,RSD 为 2.7%~6.3%,最低检出限为 0.03~0.11mg/kg,最低定量限为 0.10~0.35ms/ks。

13.3　动物性农产品

13.3.1　畜禽类农产品

畜禽类农产品是指人工饲养、繁殖取得和捕获的各种畜禽及初加工品,包括畜禽和爬行动物及其肉产品、蛋类、乳品、蜂产品等。畜禽类产品的检测项目繁多,主要有畜禽产品自身成分,包括水分、蛋白质、碳水化合物、脂肪、矿物质、维生素、氨基酸等,也包括动物饲养过程中使用药物添加剂和治疗用药所带来的兽药残留,还有食用饲料所带来的农药残留、霉菌毒素、重金属,环境带来的多氯联苯、二噁英等持续污染物,更有目前引起广泛关注的非法添加物如 β-受体激动剂、性激素、三聚氰胺、违禁兽药等。

畜禽类农产品的前处理方法主要有有机破坏法(如干灰化、湿灰化、微波消解法)、液液萃取法、固相萃取法、基质分散固相萃取、分子印迹固相萃取、免疫亲和柱、凝胶色谱等以及衍生化、酶解、酸解、碱解、皂化等。尤其对于兽药残留和激动剂类违禁添加物的检测,由于一些目标化合物与样品中的蛋白结合,必须通过酶解、酸解、碱解等技术将目标物解离出来,才能准确检测。

1. 畜禽产品中无机元素的检测

畜禽产品中的矿物质主要分为有益矿质元素和重金属元素。有益矿质元素主要有钠、钾、镁、磷、硫、铁、铜、锌、锰、镍、钴等。肉类食品中含有丰富的微量元素,在日常膳食中,肉食品是人们获得微量元素的主要途径,微量元素在人体内有着非常重要的生理功能。而重金属元素主要有铅、铬、镉、砷、汞等。为保障畜产品的安全,我国和其他各国都规定了畜禽产品中重金属元素的限量。畜禽产品中矿物质的检测主要采用原子吸收光谱法(AAS)、原子荧光光谱法(AFS)、电感耦合等离子体发射光谱法(ICP-AES)、电感耦合等离子体质谱(ICP-MS)等。前处理主要采用干灰化法、湿消化法和微波消解,目的是将食品中的有机物分解,将元素全部转化成无机离子后测定。干灰化法是利用高温除去样品中的有机质,剩余的灰分用酸溶解,该法适用于食品和植物样品等有机物含量多的样品测定。大多数金属元素含量分析适用于灰化,但在高温条件下,汞、铅、镉、锡、硒等易挥发损失,不适用;湿消化法是在样品中加入强氧化剂,并加热消煮,使样品中的有机物质完全分解、氧化,呈气态逸出,待测组分转化为无机物存在于消化液中。常用的强氧化剂有浓硝酸、浓硫酸、高氯酸、高锰酸钾、过氧化氢等。湿消化法的优点是:①有机物分解速度快,所需时间短;②由于加热温度低,可减少金属挥发逸散的损失。缺点是:①产生有害气体;②初期易产生大量泡沫外溢;③试剂用量大,空白值偏高。微波消解技术具有高效快速、试剂用量少、环境污染小等优点。加热快、升温高,消解能力强,大大缩短了溶样时间。消解各类样品可在几分钟至二十多分钟内完成,比电热板消解速度快 10~100 倍。还能消解许多传统方法难以消解的样品。消耗溶剂少,空白值低。避免了挥发损失和样品的污染,提高了分析的准确度和精密度。降低了劳动强度,改善了工作环境。缺点是不可避免地带来了高压(可能过压的隐患)、消化样品量小的不足。

目前,对于畜禽产品中元素的形态分析也越来越受到重视,尤其是有机砷、有机铬等的检测。元素的不同存在形态决定了其在环境和生命过程中表现出不同的行为;不同的元素形态由于具有不同的物理化学性质和生物活性,在环境和生命科学领域发挥着不同的作用。元素总量或者浓度的相关信息已经不能满足环境和生命科学研究的需要,有时候甚至会给出一些错误的信息。ICP-MS 经过近 20 年的发展,已经成为各行业用于元素分析和同位素分析最有力工具,具有极低的检出限(10^{-15}~10^{-12} 量级)和极宽的线性范围(8~9 个数量级)以及极强的多元素快速检测能力。HPLC-ICP-MS 联用技术已经成为分析化学中最热门的研究领域之一,已经被认为是目前最有效和最有发展前景的形态分析技术,已经得到了较为广泛的应用。

实例 13-30 微波消解 ICP-AES 法测定鸡肌肉中无机元素[30]

方法提要:用 HNO_3-H_2O_2 混合酸微波密闭消解,ICP-AES 测定鸡肌肉中 K,Ca,Na,Mg,P,S,Fe,Cu,Mn 和 Zn 等 10 种无机元素含量。

仪器与试剂:直读 ICP-AES 仪(IRIS Advantage ER/S);微波消解系统;冷冻干燥机。所用 HNO_3 和 H_2O_2 均为优级纯,所用水为去离子水,Ca,Mg,K,Na,P,S,Fe,Cu,Mn,Mo,Co,Zn 系列标准溶液。

操作步骤:新鲜肌肉样品放置在冰箱冷冻保存,分析时将样品切成片状,冷冻干燥,研磨后取 0.2000g 于微波消解罐中,加入 1.42g/mL 的浓硝酸 5mL,30% 的 H_2O_2 1mL,加盖密闭,在微波消解仪中消解 5min,压力为 $1.5×10^6$ Pa,消解完全后转移至 100mL 容量瓶中,用去离子水定容至 100mL,摇匀待测。

方法评价:该方法的 RSD 均在 5% 以下;通过添加标准回收实验,回收率在 92.5%~110%。与传统的化学分析方法相比,该方法具有快速、灵敏、准确等优点。

实例 13-31　顺序注射氢化物发生-原子荧光光谱法同时测定牛奶中砷和硒[31]

方法提要：用硝酸-高氯酸(4＋1)混合酸消解样品，以 10g/L 硼氢化钾-5g/L 氢氧化钾溶液为还原剂，以 4％(体积浓度)的盐酸作载流，顺序注射氢化物发生原子荧光法测定牛奶中砷和硒的含量。

仪器与试剂：双道原子荧光光度计，配有计算机处理系统；砷、硒高性能空心阴极灯；调温加热板；硒标准储备液：10mg/L(国家标准物质研究中心)；砷标准储备液：1000mg/L(国家标准物质研究中心)；10g/L 硼氢化钾-5g/L 氢氧化钾溶液，现用现配；5％(质量浓度)硫脲-5％(质量浓度)抗坏血酸，现用现配。盐酸(优级纯)；硝酸、高氯酸；所用试剂除特殊说明外均为分析纯。实验用水均为二次蒸馏水。

操作步骤：准确量取 5.0mL 样品于 100mL 三角烧瓶中，加硝酸＋高氯酸(4＋1)混合酸 15mL，在电热板上控制温度加热，消化至溶液无色透明或略带黄色(切不可蒸干)，放冷后，加入双蒸水 2mL 赶酸，重复 3 次。取下放冷后移入 25mL 容量瓶，加 5％(质量浓度)硫脲-5％(质量浓度)抗坏血酸溶液 5mL，1mL 浓盐酸，二次蒸馏水定容至刻度，放置 30min 后测定。同时做试剂空白。

方法评价：砷浓度在 0.20～100mg/L、硒在 0.30～100mg/L 范围内具有良好的线性关系，相关系数分别为 0.9998、0.9999；检出限(mg/L)：砷为 0.032，硒为 0.066；RSD(％)：砷＜1.60，硒＜5.01；砷和硒的加标回收率分别为 98.60％～101.6％和 97.63％～99.48％。

实例 13-32　氢化物发生-高分辨连续光源原子吸收光谱法测定食品中的汞和砷[32]

方法提要：样品经硝酸-过氧化氢密闭微波消解，用氢化物发生-高分辨连续光源原子吸收光谱法对谷类、蔬菜、饮品、水产品和乳制品 5 类共 22 种常见食品中汞和砷的含量进行检测。

仪器与试剂：汞标准溶液(100μg/mL)、砷标准溶液(1000μg/mL)国家标准物质中心；硝酸、盐酸、硫酸、30％过氧化氢、高锰酸钾($KMnO_4$)、氢氧化钾(KOH)、硼氢化钾(KBH_4)、硫脲(均为优级纯)。高分辨连续光源 AAS 仪、氢化物发生器；电热板；微波消解仪；精细研磨机；超纯水装置；数显电热恒温干燥箱；去离子水。

操作步骤：样品制备：需要进行前处理的样品按类别采取了不同的前处理方式(表 13-2)。经前处理后称取 0.5g 样品，置于聚四氟乙烯乙烯消解罐中，加入 7mL 浓 HNO_3 和 1mL H_2O_2，静置 1h，使消化剂充分浸泡样品。密闭消解罐，置于微波消解仪中进行消解，设置消解功率为 1000W，10min 升温至 190℃，保持 30min，然后通风降温至 45℃。各样品和空白均做 3 组平行。消解完毕后，将样品转移至烧杯，置于 120℃电热板上加热赶酸，待样品挥发至约为 2mL 时，加入 10mL 去离子水，继续加热，待样品再次挥发约为 2mL 时停止赶酸，用去离子水定容至 50mL。

表 13-2　样品的前处理方式

样品类别	前处理方式
谷类	去除杂质，研磨成粉(精细研磨机，转速 8000r/min)
蔬菜类	去离子水洗净，搅碎至成黏稠匀质浆状，放入恒温干燥箱中 60～70℃干燥至恒质量后，放入玛瑙研钵中研碎成粉
饮品	非果肉类饮品不进行稀释等前处理，直接进行 HG-HRCS-AAS 测定

续表

样 品 类 别	前处理方式
水产品	将鲤鱼、带鱼、虾和贝壳可食部分分别放入均质机搅碎成为肉糜,放于恒温干燥箱中 60～70℃ 干燥至恒质量,将干燥后样品研磨成粉末(精细研磨机,转速 8000r/min)
乳制品	分别取 100mL 牛乳、酸乳、约 30g 奶酪于 60～70℃ 干燥至恒质量。将干燥后的样品在玛瑙研钵中研磨成均匀粉末

方法评价：汞和砷的检出限分别为 0.067、0.088$\mu g/L$,加标回收率为 97.0%～104.2% 和 96.4%～105.1%,RSD($n=6$)为 0.8%～4.7% 和 3.5%～4.9%。

实例 13-33　微波消解 ICP-MS 测定猪瘦肉中的 6 种重金属元素[33]

方法提要：猪瘦肉样品经硝酸-过氧化氢微波消解后,采用 ICP-MS 分析 Cr、Mn、Cu、Zn、Cd 和 Pb。

仪器与试剂：ICP-MS 仪；高通量密闭微波消解系统；超纯水机；超声波清洗器；浓 HNO_3、H_2O_2(优级纯)；水为超纯水。

操作步骤：将猪肉洗净后放入烘箱中 60℃ 干燥 12h 至恒质量,研碎,装入干净的密封袋中备用,并计算失水率。称取 0.59g(准确至 0.001g)猪肉粉末于消解罐内,加入 4mL 65% HNO_3 和 1mL 35%H_2O_2,80℃ 水浴预消解至溶液变澄清无泡沫,补加 5mL 超纯水后置于微波消解系统内消解,消解程序见表 13-3,同时做空白实验。将消解后的内置罐置于电热板上加热赶去残余的氮氧化物,冷却后用超纯水洗涤 3 次消解内罐,最后定容至 100mL PET 瓶中。

表 13-3　微波消解程序

程　序	起始温度/℃	功率/W	时间/min
1	室温～120	1600	15
2	120	1600	5
3	120～150	1600	12
4	150	1600	20

方法评价：样品采用常规湿法消解后,溶液仍有稍许混浊,漂浮微小未消化的脂肪碎屑,上机测试前需用 0.45μm 膜过滤；而微波消解后的样品,溶液澄清,无不溶物,直接稀释后即可上机测样。由此可见,微波消解由于是在高温高压密闭条件下进行,消解更加完全、操作也更为方便。6 种元素的检出限在 0.0220～0.5501ng/g,相关系数均大于 0.999,Cr、Mn、Cu、Zn、Cd 的 RSD 为 1.3%～8.7%,Pb 的 RSD 为 19.9%,回收率保持在 95.7%～115.2% 之间。

2. 畜禽产品中有机物的检测

畜禽产品中有机物的检测主要包括农药残留、兽药残留、违禁添加物及持久性有机污染物的检测。

我国是农药生产和使用大国,年产量超过 200 万吨,居世界第一位。农药施用后,绝大部分在自然环境中代谢、降解和迁移,但农药使用不当既可造成环境污染,也可引起农作物上的农药残留,并通过食物链的蓄积和传递作用进入畜禽机体。如果畜禽不能完全代谢饲喂途径进入机体的农药，继而在畜禽自身体内蓄积农药，最终就会引发畜禽产品食品安全问题。有机氯农药主要包括有六六六（HCH）和滴滴涕（DDT）、环戊二烯、毒杀芬及其有关化合物，HCH 和 DDT 已经列入国家饲料农药残留测定的安全限量指标中，其化学性质稳定，降解缓慢，易在人和畜禽脂肪部位积累。有机磷、氨基甲酸酯类农药是目前应用最广泛的两类农药，相对较易分解。虽然我国从 1983 年开始全面禁止生产 DDT、HCH 等有机氯农药，但畜禽产品中仍然能检测出有机氯农药残留。我国目前共制定了畜禽产品中 27 种农药的残留限量标准，其中有 19 种作为兽药使用制定的指标限量，作为农药使用而制定MRLs 只有 DDT、HCH、艾氏剂和狄氏剂、硫丹等 8 种。目前，我国畜禽产品中农药残留最常用的还是仪器检测，与蔬菜、水果、粮食作物相比，畜禽样品组分比较复杂，农药残留含量低，而且还存在农药的同系物、异构体、降解产物、代谢产物和轭合物影响，对样品前处理和检测仪器的要求较高。畜禽产品中农药残留的检测主要采用 HPLC、GC、GC-MS、LC-MS等，而前处理主要采用溶剂提取、凝胶渗透色谱、固相萃取等方法。

兽药残留是指用药后蓄积或存留于畜禽机体或产品（如鸡蛋、奶品、肉品等）中原型药物或其代谢产物，包括与兽药有关的杂质的残留。兽药在防治动物疾病、提高生产效率、改善畜产品质量等方面起着十分重要的作用。滥用兽药极易造成动物源食品中有害物质的残留，这不仅对人体健康造成直接危害，而且对畜牧业的发展和生态环境也造成极大危害。兽药残留包括了允许使用的兽药和禁止使用的兽药残留。而允许使用的兽药又包括有残留限量要求的和不允许有残留的品种。农业部 235 号公告规定了动物性食品中兽药残留的最高限量和禁止使用的兽药目录，而农业部 176 号公告规定了禁止在饲料和动物饮用水中添加的物质名单。兽药残留主要来源于药物饲料添加剂的使用、动物防疫和治疗所使用的兽药、非法添加和使用的兽药等途径。兽药残留主要有抗生素类、磺胺类、呋喃类、抗寄生虫类和激素类药物等。

大量、频繁地使用抗生素，可使动物机体中的耐药致病菌很容易感染人类；而且抗生素药物残留可使人体中细菌产生耐药性，扰乱人体微生态而产生各种毒副作用。目前，在畜产品中容易造成残留量超标的抗生素主要有青霉素类、头孢菌素类、氨基糖苷类、大环内酯类、氯霉素类、四环素类、林可酰胺类、多肽类等。

呋喃唑酮常用于猪或鸡的饲料中来预防疾病，它们在动物源食品中不得检出，是我国食品动物禁用兽药。苯并咪唑类能在机体各组织器官中蓄积，并在投药期，肉、蛋、奶中有较高残留。氯霉素类药物是我国明令禁止使用的药物，但仍存在非法使用的现象，尤其在蜂产品方面，曾对我国的对外贸易造成严重影响。

在养殖业中常见使用的激素主要有性激素类、皮质激素类和 β-受体激动剂等。盐酸克仑特罗、己烯雌酚等激素类药物在动物源食品中的残留超标可极大危害人类健康。其中，盐酸克仑特罗（瘦肉精）很容易在动物源食品中造成残留，会导致中毒。

目前，兽药残留的检测方法和样品前处理方法与农药残留分析类似，对于有残留限量要求的兽药残留的检测，主要采用 HPLC，而对于不允许残留的兽药、违禁药物和多残留检测则大多采用 GC-MS 和 LC-MS/MS 等方法。兽药残留分析样品前处理常采用液液萃取、液液微萃取、固相萃取（SPE）、基质分散固相萃取、凝胶渗透色谱（GPC）、分子印迹固相萃取等方法，目前，纳米材料的使用正成为前处理的热点。另外，由于一些违禁药物主要以轭合态的形式存在于动物组织中，因此，要准确地测定其含量就需要首先将其以轭合态的形式存在的部分予以充分的解离,解离的手段有酶解法、酸解法、碱解法等。由于基质效应的干扰,为了准确地定量,使用同位素内标成为目前解决基质效应的有效手段。

违禁添加物是指违法添加的非食用物质,是不法生产者非法添加的。违禁添加物主要有三聚氰胺等非蛋白氮,塑化剂,苏丹红、孔雀石绿等染料和色素类物质。

持久性有机污染物(persistent organic pollutants,POPs)指的是持久存在于环境中,具有很长的半衰期,且能通过食物链积聚,并对人类健康及环境造成不利影响的有机化学物质。一般可以将POPs的性质简单概括为高毒性、持久性、积聚性和流动性大。根据国际POPs公约持久性有机污染物分为杀虫剂、工业化学品和生产中的副产品三类。目前,动物性食品中检测的可持续污染物主要有多氯联苯及二噁英等。

实例 13-34 气相色谱-质谱联用法测定动物源食品中的杀虫脒及其代谢物残留[34]

方法提要:采用 GC-MS 法检测动物源性食品(鱼肉、鸡肝、猪肉、虾肉、牛肉)中杀虫脒及其代谢产物 4-氯邻甲苯胺的残留。样品在碱性条件下(pH11.0),采用乙酸乙酯均质提取,提取液经石墨化炭黑(GCB SPE,250mg/3mL)和中性氧化铝固相萃取柱(Al$_2$O$_3$ SPE,2.0g/3mL)净化。

仪器与试剂:气相色谱仪,质谱仪;高速低温冷冻离心机;均质器;涡旋振荡器;氮气吹干浓缩仪;固相萃取装置;精密 pH 计;凝胶渗透色谱仪;水平振荡仪;超纯水仪;GCB 固相萃取柱(250mg/3mL)、中性氧化铝固相萃取柱(200mg/3mL)、氨基固相萃取柱(200mg/3mL)、氟罗里硅土固相萃取柱(1.5g/3mL);100~200 目中性氧化铝粉,粒度 40~63μm 氨丙基粉,60~200 目石墨化炭黑粉。杀虫脒及其代谢物 4-氯邻甲苯胺标准物质,纯度均不低于98.5%。氢氧化钠、环己烷、氯化钠(分析纯);正己烷、丙酮、乙酸乙酯(色谱纯);超纯水。

操作步骤:称取 5g(精确至 0.01g)试样于 50mL 离心管中,加去离子水 10mL,用 3mol/L NaOH 调 pH 至 11.0,加入 15.0mL 乙酸乙酯,均质提取 1min;另取一 50mL 离心管,加入 10mL 乙酸乙酯,润洗匀质器刀头,倒入第一支离心管中,在提取液中加入 5g 氯化钠,盖紧瓶塞,水平振荡 10min 将离心管置于冷冻离心机中以 4500r/min 离心 5min,吸取 10mL 上清液在 43℃ 下吹氮浓缩至约 1mL,所得提取液进行后续净化。将 GCB SPE 柱(250mg/3mL)和 Al$_2$O$_3$ SPE 柱(2.0g/3mL)串联安装于固相萃取装置上,用 6mL 乙酸乙酯活化 SPE 柱将上述提取液转移至 SPE 柱中,使样液以约 1mL/min 的流速通过,用 5mL 乙酸乙酯(分 3 次,2mL+2mL+1mL)洗脱并收集洗脱液,将洗脱液于 45℃ 下吹氮浓缩至近干,用乙酸乙酯定容至 1.0mL,供 GC-MS 测定。

方法评价:杀虫脒样品不适合选择 GPC 技术进行净化,而固相萃取技术能够在温和的条件下去除动物源性食品中的脂肪、蛋白质、部分色素及其他小分子的杂质。杀虫脒及其代谢物 4-氯邻甲苯胺混合标准溶液的质量浓度在 10~500μg/L 范围内,线性关系良好,相关系数分别为 0.9991 和 0.9987,回收率分别在 81%~119% 和 80%~119% 之间,RSD($n=6$)分别为 1.1%~11.7% 和 2.0%~13.7%,方法的定量下限(LOQ)均为 10.0μg/kg。

实例 13-35 微波辅助中空纤维液相微萃取-液相色谱-串联质谱法同时快速测定牛奶中 27 种抗生素残留[35]

方法提要:采用微波辅助中空纤维液相微萃取的样品前处理方法,在一段中空纤维管内注入正辛醇-甲苯(1:1,V/V)作为接受相,两端封口后浸入供相溶液进行萃取。在

700r/min 连续磁力搅拌和间歇微波辐照下,12.67min 即可完成 27 种目标化合物同时萃取。用液相色谱-串联质谱同时测定牛奶中 27 种抗生素(9 种喹诺酮、15 种磺胺、3 种大环内酯)痕量残留。

仪器与试剂:四级杆串联质谱仪配电喷雾离子源;HPLC 仪;C₁₈ 色谱柱(150mm× 2.1mm i.d.,2.7μm);涡旋振荡混合器;冷冻离心机(最大转速 14 000r/min);磁力搅拌器;微波炉(最大输出功率 800W);移液器(可调范围:10～100μL,20～200μL,10～ 1000μL,1000～5000μL),聚偏氟乙烯中空纤维(内径 1.2mm,壁厚 200μm,孔径 0.2μm)。西诺沙星、环丙沙星、依诺沙星、氟罗沙星、洛美沙星、诺氟沙星、氧氟沙星、磺胺二甲基嘧啶、磺胺对甲氧嘧啶、磺胺间甲氧嘧啶、磺胺甲氧哒嗪、磺胺甲基异噁唑标准物质(纯度 95%～ 99%);麻保沙星、培氟沙星、磺胺嘧啶、磺胺邻二甲氧嘧啶、磺胺甲基嘧啶、磺胺甲噻二唑、磺胺二甲噁唑、磺胺吡啶、磺胺噻唑、磺胺素嘧啶、磺胺二甲异噁唑、甲氧苄啶、克林霉素、林可霉素、竹桃霉素(纯度 95%～99%);甲醇、乙腈、甲苯、甲酸(HPLC 纯);N,N-二甲基甲酰胺、冰乙酸、三氯甲烷、正辛醇、磺基水杨酸、三氯乙酸均为分析纯试剂;实验用水为高纯水。

操作步骤:将中空纤维管剪成长度约 5cm 小段,分别用甲醇-水(1∶1)和丙酮超声清洗并晾干,将一端封口。将中空纤维管浸入正辛醇/甲苯溶液中超声 10min,再用微量注射器将管腔内的溶剂吸出,仅使管壁及微孔充满溶剂,然后用注射器准确吸取 50μL 正辛醇-甲苯溶液,重新注入管腔内,再将管口热封。将中空纤维管一端固定于硅胶片,使装有溶剂的一端全部浸没于样品溶液中,再将样品瓶置于微波炉反应室。

设置微波功率为 400W,磁力搅拌为 700r/min,交替处理。微波程序如下:0.0min→ 0.17min(MW)→3.17min(无 MW)→3.33min(MW)→6.33min(无 MW)→6.5min (MW)→9.5min(无 MW)→9.67min(MW)→12.67min(无 MW)。萃取完成,以微量注射器完全吸取管内溶剂,氮气吹干,以甲醇-水(1∶4)溶液重新溶解并定容至 100μL,供 LC-MS/MS 测定。

称取牛奶样品 15.0g 于 50mL 螺旋盖聚丙烯离心管,加入 1.5g 三氯乙酸,涡旋混匀 30s 后,在 4℃,14 000r/min 下离心 10min。收集上清液并用 5.0mol/L NaOH 溶液调至 pH7.0,涡旋混匀 30s,再在 4℃,14 000r/min 离心 10min,吸取 10mL 上清液于样品瓶中,按上述液相微萃取方法萃取后测定。

方法评价:微波辅助可以大大缩短萃取时间、提升富集效果,且能够促进透过中空纤维微孔被萃取富集,使富集倍数显著提升。以基质标准曲线外标法定量,线性范围为 0.25～ 5.0μg/kg,相关系数均大于 0.99(n=3),定量限(LOQ,S/N=10)在 0.036～0.568μg/kg 范围内。以 0.5、1.0 和 2.0μg/kg 添加浓度水平进行方法验证,回收率为 49.0%～ 115.0%,RSD 为 0.89%～21.1%。

实例 13-36 分散固相萃取/液相色谱串联质谱法测定鸡肉中二硝托胺及其代谢产物残留量[36]

方法提要:样品为鸡肉,分析目标物为二硝托胺及其代谢产物 3-氨基-5-硝基邻甲苯酰胺(3-ANOT)。样品用乙腈提取,提取液进行分散固相萃取净化,净化液复溶过滤后做 LC-MS/MS 分析。

仪器与试剂:LC-MS/MS 仪,配置电喷雾离子源;离心机、二硝托胺(Dr. Ehrenstorfer

GmbH）；3-ANOT(WITEGA Laboratorien Berlin-Adlersh of GmbH)；C$_{18}$ PSA 填料、乙腈和甲酸为色谱纯，氯化钠和硫酸镁为分析纯。

操作步骤： 称取 2g 试样（精确至 0.01g），加入 10mL 乙腈，在匀浆机中匀质 1min，然后以 5000r/min 离心 3min，取 2mL 上清液于已装有 C$_{18}$ 50mg、PSA 50mg 和 MgSO$_4$ 300mg 的聚四氟乙烯离心管中，剧烈振荡 30s 后以 5000r/min 离心 3min，取 200μL 上清液和 800μL 0.1％甲酸溶液混合均匀，混合液过 0.22μm 滤膜后进行 LC-MS/MS 分析。分离采用 Acquity BEH C$_{18}$色谱柱，以 0.1％甲酸溶液和乙腈为流动相进行梯度洗脱；电喷雾正负离子切换多反应监测模式检测，外标法定量。

方法评价： 液液萃取净化和固相萃取净化方法曾被成功运用于二硝托胺的残留分析，但分散固相萃取净化在二硝托胺残留分析中尚很少应用。分散固相萃取净化方法简单、快速、经济。二硝托胺和 3-ANOT 在 1mg/kg 加标水平下的回收率分别为 93.6％±4.1％和 93.3％±3.6％，整个提取净化过程仅需 10min。

实例 13-37　超高效液相色谱法测定畜禽肉中 10 种磺胺类药物残留量[37]

方法提要： 畜禽肉样品经乙酸-乙腈（1＋99）混合溶剂提取，旋转蒸发后，用 0.1％乙酸溶解，正己烷净化。以 ACQUITY UPLC BEH C$_{18}$色谱柱为分离柱，乙腈和 0.1％乙酸溶液为流动相进行梯度洗脱，于波长 265nm 检测。

仪器与试剂： 超高效液相色谱仪，二极管阵列检测器，色谱工作站；旋转蒸发仪；均质机；涡旋混合仪；磺胺类标准储备溶液：分别称取 10 种磺胺类标准物质 10mg 用乙腈定容至 10mL 得 1000mg/L 储备溶液于 4℃冰箱保存；乙腈为色谱纯，其他试剂为分析纯；无水硫酸钠经 650℃灼烧 4h 后使用。

操作步骤： 称取样品 5.00g 置于 100mL 离心管中加入无水硫酸钠 20g 加入乙酸-乙腈（1＋99）混合溶剂 20mL 匀质 1min，在 4℃以 3000r/min 转速离心 5min，将上清液转入鸡心瓶中加入乙酸-乙腈混合溶剂 20mL，涡旋提取 1min，在 4℃以 8000r/min 转速离心 3min，取上清液一并转入鸡心瓶中，加入异丙醇 10mL，40℃旋转蒸发至干。加入 0.1％乙酸溶液 1mL 溶解，加入正己烷 1mL 净化，取下清液过 0.22μm 微孔滤膜滤器后，做色谱分析。

方法评价： 磺胺类在 40℃以上易分解 因此旋转蒸发水浴温度控制在 40℃，通过向提取液中加入异丙醇提高乙腈旋转蒸发效率。正己烷净化会降低极性较小组分的回收率，使用石油醚净化结果类似，而选择正己烷（1＋1）溶液净化一次则能够得到满意的结果。10 种磺胺类药物的质量浓度与其峰面积均在 0.05～10mg/L 范围内呈线性关系，检出限（3S/N）为 2～6μg/kg。回收率在 70.8％～93.3％之间，相对标准偏差（n＝9）在 2.7％～7.7％之间。

实例 13-38　超高效液相色谱-串联质谱法测定动物组织中 19 种兽药残留量[38]

方法提要： 应用超高效液相色谱-串联质谱法测定动物组织中 13 种磺胺和 6 种喹诺酮类兽药残留量。采用乙腈萃取动物组织中兽药成分。

仪器与试剂： 超高效液相色谱-串联质谱仪；快速浓缩干燥系统；无水硫酸钠：650℃灼烧 4h，储于密封容器中备用。乙腈为色谱纯，正己烷为分析纯，甲酸纯度为 99％。标准储备溶液：称取适量的每种兽药标准品（纯度大于 99％），用乙腈分别配成质量浓度为 10.0mg/L 标准储备溶液。该溶液可在冰箱中 0～4℃保存 6 个月。混合标准工作溶液：移取适量标准储备溶液，用乙腈逐级稀释至所需浓度的混合标准工作溶液。该溶液可在冰箱中 0～4℃保存 1 个月。

操作步骤：称取动物组织试样 10.0g，置于 100mL 离心管中，加入乙腈 20mL，均质提取 3min，以 4000r/min 转速离心 5min，上清液通过装有 20g 无水硫酸钠的漏斗转移至鸡心瓶中，残渣再用乙腈 10mL 重复提取两次，合并提取液，于 40℃减压快速浓缩至干，待后续净化操作。在上述待净化提取物中加入甲酸-水（0.2＋99.8）溶液 0.80mL 及乙腈（用 1mL 正己烷饱和）0.20mL，涡旋混合溶解残渣，将溶解液转移至 10mL 离心管中，以 4000r/min 转速离心 2min，弃去正己烷层，下层清液过 0.2μm 滤膜至样品瓶；采用 Waters BEH C₁₈柱分离，多反应监测模式采集质谱数据，外标法定量。

方法评价：目标组分为 13 种磺胺类（磺胺嘧啶、磺胺噻唑、磺胺二甲嘧啶、磺胺甲氧哒嗪、磺胺氯哒嗪、磺胺间甲氧嘧啶、磺胺异噁唑、磺胺苯吡唑、磺胺二甲氧嘧啶、磺胺喹噁啉、磺胺甲基嘧啶、磺胺甲基异噁唑、磺胺多辛）和 6 种喹诺酮类（氧氟沙星、诺氟沙星、环丙沙星、恩诺沙星、喹酸、氟甲喹）。19 种药物在系列浓度范围内呈现良好线性关系，相关系数 r^2 均大于 0.99；19 种药物在肌肉组织中的检测限为 0.25μg/kg，定量限为 0.5μg/kg。从 0.5、1μg/kg 和 5μg/kg 三个添加浓度检测结果可以看出，19 种药物的回收率为 73.7%～114.1%，批内批间 RSD 均小于 20%。

实例 13-39 分散固相萃取/高效液相色谱法测定鸡蛋中对位红与苏丹红染料残留[39]

方法提要：采用分散固相萃取结合 HPLC 法测定鸡蛋样品中对位红及苏丹红 I～IV 染料残留。样品经正己烷超声提取，二醇基硅胶吸附富集，乙腈洗脱后在 Phenomenex Luna C₁₈色谱柱（50mm×2.0mm，5μm）上以乙腈-水为流动相梯度洗脱，在 500nm 波长处检测，外标法定量。

仪器与试剂：HPLC 系统，配置多波长紫外-可见检测器；N-EVAPⅢ氮吹仪；甲醇、乙腈、正己烷和丙酮（HPLC 级）；甲酸（HPLC 级）；无水硫酸镁（分析纯）；对位红（含量＞95.5%）、苏丹红 I（含量＞95.0%）、苏丹红 II（含量 ＞99.0%）、苏丹红 III（含量＞98.0%）和苏丹红 IV（含量＞98.0%）对照品；二醇基（DiOL）硅胶吸附剂；实验用水均为 MilliQ 纯水系统制备的超纯水。

操作步骤：取 3 枚鸡蛋，打碎置于 200mL 烧杯内，用玻璃棒搅拌混匀。然后准确称取 1.0g 鸡蛋样品于 10mL 聚四氟乙烯离心管中，加入无水硫酸镁 1.0g、正己烷 5.0mL，迅速振荡涡旋 10min，超声提取 10min，8000r/min 高速离心 5min，移取上层有机相后重复提取 1 次，合并 2 次提取液。加入二醇基硅胶吸附剂 100mg，充分涡旋振荡 20min，16 000r/min 离心 5min，弃去上清液，用氮气吹干沉淀物。加入乙腈 4mL，超声洗脱 2 次，合并洗脱液，用氮气吹至近干后，乙腈定容至 1.0mL，准确吸取 5.0μL 供 HPLC 分析。

方法评价：采用二醇基硅胶作为吸附剂，分散固相萃取法进行富集、净化。5 种染料在 0.1～10.0mg/L 范围具有良好的线性，相关系数均大于 0.999，在低、中、高 3 个加标水平的平均回收率为 81.2%～94.2%，RSD 为 3.4%～5.3%，检出限为 0.018～0.030mg/kg，定量下限 0.06～0.10mg/kg。

实例 13-40 超高效液相色谱-串联质谱法检测动物肌肉组织中 19 种 β-受体激动剂残留[40]

方法提要：采用超高效液相色谱-串联质谱方法测定猪、牛和羊肌肉组织中 19 种 β-受体激动剂残留。猪、牛和羊肌肉组织样品用乙腈和异丙醇（8∶2，V/V）提取，加入 NaCl、Na₂SO₄ 和 MgSO₄ 盐析去杂质。待测药物经 BEH C₁₈色谱柱分离，以 0.1% 甲酸乙腈溶液和0.1％甲酸水溶液为流动相进行梯度洗脱。同位素内标法和基质匹配标准溶液外标法定量。

仪器与试剂：UPLC-MS联用仪；电热恒温振荡水槽；pH计；高速冷冻离心机；氮吹仪；涡旋混合器；吡布特罗、西马特罗、特布他林、齐帕特罗、沙丁胺醇、西布特罗、克伦塞罗、克伦丙罗、羟甲基克伦特罗、氯丙那林、莱克多巴胺、克伦特罗、妥洛特罗、福莫特罗、溴布特罗、克伦潘特、班布特罗、马布特罗、马喷特罗，西马特罗-D7，沙丁胺醇-D3，莱克多巴胺-D3，克伦特罗-D9，班布特罗-D9，克伦潘特-D5，克伦丙罗-D7，纯度均大于98.0％；乙腈、异丙醇、甲酸为色谱纯；NaCl、Na_2SO_4和$MgSO_4$均为分析纯；所用水为超纯水。

操作步骤：准确称取匀质的猪、牛和羊肌肉组织（5±0.05）g，置于50mL离心管内，加入8mL乙腈和2mL异丙醇，涡旋1min。加入1.2g氯化钠，涡旋1min，再加入4g Na_2SO_4和0.5g $MgSO_4$，涡旋后水平振荡5min，静置5min，8000r/min离心8min。离心后取5.0mL上清液于玻璃离心管内，50℃下氮气吹干，然后用10％甲醇水溶液0.5mL充分溶解后，供超高效液相色谱-串联质谱法测定。

方法评价：β-受体激动剂在养殖业上属于禁用药物，此类药物的分析方法通常采用酶解、液液萃取、固相萃取净化等比较繁琐的前处理操作，药物绝对回收率损失较大，且耗时较长。本方法采用乙腈和异丙醇（4∶1）为提取溶剂进行提取，对于苯胺型、苯酚型及间苯二酚型的药物均有好的提取效果。此外，方法中加入NaCl、Na_2SO_4和$MgSO_4$，具有很好的盐析沉淀蛋白、去杂、吸收水分等作用，起到了很好的样品净化效果。本方法缩短了样品前处理时间，能更好地满足快速确证检测的需求。19种β-受体激动剂在系列浓度范围内呈现良好线性关系，相关系数r^2均大于0.99；19种药物在肌肉组织中的检测限为0.25μg/kg，定量限为0.5μg/kg。从0.5、1和5μg/kg三个添加浓度检测结果可以看出，19种药物的回收率为73.7％～114.1％，批内批间RSD均小于20％。

实例13-41　液相色谱-质谱联用测定乳及乳制品中29种性激素[41]

方法提要：采用液相色谱串联质谱法测定乳及乳制品中29种性激素。试样经乙腈蛋白沉淀，乙酸乙酯再提取，HLB柱净化，Shield RP18和HSS T3色谱柱梯度分离，并以内标法计算结果。

仪器与试剂：HPLC-MS/MS仪，固相萃取小柱（6mL，150mg）固相萃取装置；高速离心机；超纯水机；性激素类标准物质及同位素内标（纯度95％）；甲醇、乙腈、乙酸乙酯、甲酸（色谱纯）；冰乙酸、氨水（分析纯）；超纯水。

操作步骤：取12.5g奶粉于100mL容量瓶中，加温水溶解，冷却至室温，定容，液体乳液直接取样。准确称取试样5.0g，加入125μL 10g/L内标混合溶液，先用10mL乙腈沉淀蛋白，再超声提取10min，以15 000r/min离心，取清液；沉淀再用10mL乙酸乙酯提取一次，合并提取液，静置待分层弃去水相，将有机相蒸近干；加入20mL 10％（V/V，下同）乙腈溶解，待后续净化。用6mL甲醇、6mL水活化HLB小柱，上述提取液上样，待样液流干，分别用6mL的2％乙酸、5％甲醇、2％氨水、5％甲醇和10％甲醇淋洗小柱，抽干10min；用6mL 5％氨化甲醇洗脱，收集洗脱液，40℃以氮气吹干；用1mL乙腈-水（1∶1）溶解，过0.22μm滤膜，进行LC-MS/MS分析。

方法评价：GB/T 21981—2008中使用NH_3和ENVI-Carb双柱串联净化和富集样品，上样速度较慢，且易堵塞，因而处理费时且重现性不佳。本方法仅用HLB柱进行净化与富集,上样速度快,净化效果好,且费用低,部分化合物 HLB 的净化效果优于双柱联用。

当基质效应影响很大时,即使采用同位素内标也无法克服基质干扰,用空白试样基质溶液和溶剂分别配制相同浓度的标准,进样比较实验,样品经本方法提取和净化后,基质效应影响较小,RSD 在 2%~32%之间,再用内标法计算,检测结果更准确。方法检出限为 0.1~0.5μg/kg;回收率在 70%~120%之间;RSD 在 1%~20%之间。

实例 13-42 液相色谱-串联质谱法测定动物组织中金刚烷胺和金刚乙胺的残留量[42]

方法提要:采用液相色谱-电喷雾串联质谱(LC-ESI-MS/MS),在多反应监测(MRM)模式下,测定动物组织中金刚烷胺和金刚乙胺。试样中的金刚烷胺和金刚乙胺经 V(乙腈):V(1.0%三氯乙酸)=50:50 的混合溶液超声提取,混合阳离子交换柱净化,氮气吹干后,用 1mL V(甲醇):V(0.2%甲酸)=10:90 的溶液溶解残渣,液相色谱-串联质谱法测定,色谱保留时间和质谱碎片离子丰度比定性,外标法定量。

仪器与试剂:LC-ESI-MS/MS 仪,配 Masslynx V4.1 软件;冷冻离心机;涡旋混匀器;电子天平;水浴型氮吹仪;20 通道固相萃取装置。盐酸金刚烷胺标准品;盐酸金刚乙胺标准品;乙腈(色谱纯);实验用水为 Milli-Q 超纯水;其他试剂均为分析纯;Oasis MCX 混合阳离子交换柱(60mg/3mL)。

操作步骤:称取(2±0.02)g 绞碎后试样于 50mL 离心管中,准确加入 10mL V(乙腈):V(1.0%三氯乙酸)=50:50 的混合溶液进行提取,涡旋混匀 2min,置于超声波清洗器中超声提取 20min,中间振荡 2~3 次,取出,以 8000r/min 离心 10min,倾出上清液,备用。依次用 3mL 甲醇和 3mL 水润洗活化 MCX 混合阳离子固相萃取柱,取 5mL 上述上清液经 MCX 柱净化,待近干时再用 3mL 水和 3mL 甲醇依次淋洗小柱,挤干后,用 5mL V(氨水):V(甲醇)=5:95 的溶液洗脱,收集洗脱液,60℃下氮气吹干后,用 1mL V(甲醇):V(0.2%甲酸)=10:90 的溶液溶解残渣,涡旋 30s,经 0.22μm 滤膜过滤后,上机测定。

方法评价:复杂基质中痕量组分检测常采用固相萃取样品净化方法,由于该类药物含有氨基,可以优先考虑采用混合阳离子交换柱进行净化。该方法测得在鸡肉、鸡肝、猪肉、猪肝等动物组织中,金刚烷胺和金刚乙胺的检出限(LOD)均为 0.4μg/kg,定量限(LOQ)均为 1.0μg/kg;在 0.5~100.0μg/L 线性范围内,相关系数 r^2 均大于 0.999。加标回收率实验表明,以上 4 种动物组织中添加水平为 1.0~100μg/kg 时,金刚烷胺和金刚乙胺的平均回收率在 70.7%~92.3%之间,相对标准偏差为 1.7%~11.7%。

实例 13-43 加速溶剂提取/GC-MS 同时测定动物组织中有机氯农药和多氯联苯[43]

方法提要:以二氯甲烷-丙酮(体积比为 1:1)的溶剂体系,采用加速溶剂萃取技术对样品进行提取,在提取过程中尽量减少脂肪的共提出,然后采用凝胶渗透色谱技术去除样品中的大部分油脂,再结合弗罗里硅土为填料的固相萃取方法对样品进一步净化,能够达到充分去除油脂和小分子杂质的目的。采用气相色谱-质谱分析 17 种有机氯农药及 7 种指示性多氯联苯。

仪器与试剂:加速溶剂萃取仪;基本型均质器,配有 S25 N-18G 分散刀头;冷冻干燥机;12 位恒温水浴氮吹仪;旋转蒸发仪;电子天平(最大称重 210g,精度 0.01g)。自动凝胶渗透色谱仪,色谱柱:内径 20mm,长度 300mm,色谱柱填料为 Bio-Beads SX-3;12 管防交叉污染固相萃取装置。气相色谱-质谱联用仪,配备离子阱质量分析器和 8400 自动进样器,DB-5MSUI 毛细管色谱柱(30m×0.25mm×0.25μm)25 种化合物标准溶液:浓度分别为 10.0μg/g（异辛烷相），使用前配制成 1.0μg/g 混合标准溶液（换算成体积浓度为 0.69μg/mL），待用。替代物(2,4,5,6-四氯间二甲苯、PCB 103 和 PCB204)单个标准溶液浓度为 10.0μg/g（异辛烷相），用正己烷配制成 1.00μg/mL 混合标准溶液，备用。正己烷、丙酮、二氯甲烷均为色谱纯，无水硫酸镁（分析纯）。固相萃取材料：SPE 小柱(CNWBONDFLORISIL SPE TUBES,2g,6mL)。吸附剂填料：弗罗里硅土（60～100 目）。

操作步骤：动物组织样品采集后，取可食部分进行绞碎。在冷冻干燥器中冷冻干燥 48h 后取出，保证样品不含水分，然后进行研磨粉碎，置于冰箱冷藏待用。ASE 萃取池中依次加入 5g 弗罗里硅土，准确称取 1.5g 冻干样品及相应替代物（浓度为 40ng/mL）。ASE 提取溶剂为二氯甲烷-丙酮（体积比 1∶1）。系统压力 10mPa（约 1500psi），温度 90℃，加热时间 5min，静态时间 5min，冲洗体积 60%，循环 2 次。所得提取液依次采用 GPC 和 SPE 进行净化。①GPC 净化：浓缩后的提取液用二氯甲烷定容至 3mL，GPC 定量环为 2.0mL（最终浓缩上机时实际样品分析量为 1g 干样），流速为 4mL/min，流动相为二氯甲烷。收集保留时间为 14～21min 的淋洗液，氮吹浓缩过程中逐步加入正己烷，使浓缩液最终换为正己烷相，体积 1～2mL，待下一步 SPE 净化。②SPE 净化：选用弗罗里硅土小柱。SPE 柱先分别用淋洗液和正己烷各 10mL 预淋洗，然后上样净化，用 9mL 正己烷-乙酸乙酯淋洗液（体积比 9∶1）进行洗脱并收集，洗脱液浓缩后，正己烷定容至 1mL。待上机分析。

方法评价：本方法实现了样品快速自动提取、溶剂用量少、基质净化彻底的目的，降低了方法检出限，能够满足快速、准确检测动物组织中低含量持久性有机污染物的要求。各化合物的回收率在 81.6%～ 113.4% 之间，检出限在 1.02～3.59ng/g 之间，技术指标优于部分国家标准。

实例 13-44 气相色谱/高分辨双聚焦磁式质谱联用仪定量检测市售猪肉中二噁英[44]

方法提要：采用高分辨气相色谱/高分辨双聚焦磁式质谱联用仪（HRGC/HRMS）定量检测了市售猪肉中 17 个 4～8 个氯原子取代的二噁英和呋喃（PCDDs/Fs）。样品中的二噁英经过索式抽提、浓缩、碳柱富集、色谱柱纯化和分离，以 HRGC/HRMS-多离子检测方式对样品中的 PCDDs/Fs 进行定性分析，同位素稀释技术定量。

仪器与试剂：高分辨气相色谱/高分辨质谱仪：高分辨双聚焦磁式质谱仪，分辨率在分析检测中可稳定的维持在 10 000，并配有电子压力控制（EPC）、可程序升温和无分流进样口的气相色谱仪，GC/MS 温度界面可准确控温，没有冷点。氮吹浓缩仪；旋转蒸发仪；提取装置，按照如下程序进行组装：Kontes Chromflex 大柱，从下至上填充无水硫酸钠 40g，酸性硅胶与碱性硅胶按 1∶1∶1 比例形成的混合硅胶 30g，无水硫酸钠 40g；Kontes Chromflex 小柱；碳柱。13C 标记的 2,3,7,8 取代 PCDDs 和 PCDFs 的标准溶液含有 15 种化合物，13C12-OCDD 应用液浓度为 400pg/μL，其余 PCDD(F)s 浓度均为 200pg/μL。净化标准溶液，进样内标溶液，纯度 98%。窗口定义标准溶液（window defining soiution）、校正标准溶液：CS1、CS2、CS3、CS4、CS5 标准溶液，同分异构体特异度检测标准溶液，纯度 98%。其中 CS3 亦是日常校正标准溶液。二氯甲烷、正己烷、甲苯、壬烷等有机溶剂，应是分析纯以上试剂，经全玻璃蒸馏装置进行纯化。硅胶 60(0.154～0.077mm)，经索式抽提或二氯甲烷清洗后，于 180℃烘烤至少 1h，储于 130℃待用；酸性硅胶：浓硫酸（98%）∶硅胶以 40∶60 比例混匀；碱性硅胶：NaOH（98%）∶硅胶以 40∶60 比例混匀；中性铝：0.19～0.050mm，在 600℃烘烤至少 3h，储于 130℃待用；活性炭 AX21；其他试剂均为分析纯以上试剂。

操作步骤：①于套管内准确称取已经过冻干的猪肉样品 22.7433g，相当于湿重为 63.7067g（干湿比为 0.357）。并加入 $10\mu L$ ^{13}C 标记的 2,3,7,8 取代 PCDDs 和 PCDFs 的标准应用溶液，于烧瓶内加入 300mL 1∶1 的二氯甲烷-正己烷。安装全套索式提取装置，提取样品至少 15h 后，于烧瓶内收集所有提取液，在旋转蒸发仪上浓缩至 5mL 左右。②提取得到的有机相转移到填充好的 Kontes 提取装置，老化碳柱后，用 75mL 正己烷淋洗全套装置两遍，待液体流至无水硫酸钠层时关闭活塞待用。③用二氯甲烷-己烷溶解提取浓缩后的样品，上样到层析柱，打开压力活塞，调节流速，再分别用己烷，二氯甲烷淋洗上样层析柱，收集所有洗脱液到废液瓶内。④用 150mL 甲苯反向淋洗碳柱，收集洗脱液于 250mL 洁净的烧瓶内，浓缩至干，加入 $10\mu L$ 37C14-2,3,7,8-TCDD 净化标准溶液。用适量的己烷溶解上述残留物，并加到硅胶/铝柱的上端，用 1mL 己烷淋洗样品瓶，转移到硅胶柱，重复两次。弃去硅胶柱后，用 2.5mL 二氯甲烷淋洗铝柱，收集洗脱液后，在细小的氮气流下将样品浓缩至干，加入 $10\mu L$ 壬烷和 $10\mu L$ 进样内标溶液混匀，待上机检测。

方法评价：用美国 EPA 1613 方法进行严格的质量控制和同位素稀释的方法定量。结果表明：同位素标准物的回收率分布于 68.6%～92.4%之间。样品中 17 个同系物异构体以 OCDD 的含量为最高，为 0.653 pg/g，OCDF 为 0.126 pg/g，其他均未检出，该样品中总的 TEQ 值为 0.0001pg TEQ/g。

3. 畜禽产品中其他组分的检测

畜禽产品中其他营养成分主要有蛋白质、脂肪、碳水化合物、维生素等。畜禽产品中蛋白质的检测主要采用凯氏定氮法进行测定。氨基酸的检测主要采用氨基酸分析仪或液相色谱法检测。氨基酸检测的前处理方法主要采用酸水解法、氧化水解法和碱水解法。使用液相色谱检测氨基酸可采用柱前衍生法和柱后衍生法。但随着新型衍生剂的出现，柱前衍生法正得到更好的发展。动物产品中脂肪的测定主要采用索氏提取法测定。动物产品中脂肪酸的测定主要采用气相色谱质谱法和高效液相色谱法。前处理主要采用皂化、甲酯化等手段。畜禽产品中维生素包括脂溶性维生素和水溶性维生素。脂溶性维生素包括维生素 A（视黄醇）、维生素 D（钙化醇）、维生素 E（生育酚）、维生素 K（凝血维生素）及其衍生物和维生素原等。动物产品中维生素的检测主要采用 HPLC 和 LC-MS/MS 法，脂溶性维生素前处理方法主要采用皂化法、有机溶剂提取、溶剂萃取等方法。而水溶性维生素则主要采用溶液提取、固相萃取等方法处理。

实例 13-45 高效液相色谱法分析牛乳中脂溶性维生素和 β-胡萝卜素[45]

方法提要：采用 Sep-Pak Silica 前处理柱同时提取脂溶性维生素 A_1(VA_1)、D_2(VD_2)、D_3(VD_3)、E(VE)以及 β-胡萝卜素，用紫外检测 HPLC 测定。

仪器与试剂：HPLC 仪：用自动梯度控制仪控制一台，U6K 进样阀，M730 数据处理机，可调紫外-可见光检测器；高速分散器；标样和试剂：VA_1、VD_2、VD_3、VE 和 β-胡萝卜素标准品。Sep-Pak Silica 前处理柱。实验用试剂均为色谱纯或分析纯。

操作步骤：取牛乳 4mL，加入正己烷 20mL，用高速分散器将样品（置于冰浴中）搅匀。冷冻离心后，取 10mL 正己烷相提取液慢慢地通过 Sep-Pak Silica 前处理小柱（使用前必须用 10mL 正己烷冲洗活化），再用 1mL 正己烷冲洗小柱，然后用 3mL 正己烷-乙酸乙酯(65∶35,V/V)把吸附在柱上的脂溶性维生素和 β-胡萝卜素洗出。将洗脱液真空抽干，残渣用

$300\mu L$ 无水乙醇分三次洗涤(在冰浴上操作),合并后再冷冻离心(15 000r/min)5min,取上清液 $80\sim220\mu L$ 做色谱分析。用正己烷配制的脂溶性维生素和 β-胡萝卜素的混合标样按上述步骤平行进行;用无水乙醇配制的相同浓度混合标样直接进样,用外标法定量。

方法评价:用 Sep-Pak Silica 柱处理样品的优点是前处理步骤简单、快速、回收率高和杂质峰干扰少;缺点是进口前处理柱价格昂贵,且只能一次性使用。分离脂溶性维生素或 β-胡萝卜素常用的流动相为甲醇、甲醇-水、甲醇-异丙醇,甲醇-二氯甲烷和乙腈-二氯甲烷体系。用甲醇体系峰形展宽,对 VE 影响更明显,用乙腈能明显改善上述现象,在流动相中加入二氯甲烷能改善低极性组分的溶解性能。用乙腈-四氢呋喃体系后柱压明显下降,又能同时分离、检测脂溶性维生素和 β-胡萝卜素。VA$_1$、VD$_2$、VD$_3$、VE 和 β-胡萝卜素的回收率分别为 $(92\pm3)\%$、$(96\pm8)\%$、$(101\pm8)\%$、$(93\pm8)\%$ 和 $(92\pm5)\%$(均值±标准差, $n=6$)。在 $10\sim1000ng$ 范围内,这些化合物浓度与其响应(峰面积)的线性关系良好,相关系数 r 分别为 0.9998、0.9943、0.9957、09996 和 0.9973($n=6$);最小检测量分别为 4.3ng、5.7ng、4.6ng、9.4ng 和 7.2ng(信噪比为 2)。

实例 13-46　饲料和动物组织中总脂肪酸含量的快速测定[46]

方法提要:样品经乙酰氯甲酯化后用正己烷萃取,用 GC 外标法定量,可检测样品中 33 种脂肪酸。

仪器与试剂:GC 仪,配备氢焰检测器、毛细管柱。试剂:正己烷、无水甲醇、乙酰氯,分析纯;甲酰氯甲醇溶液:在 100mL 无水甲醇中缓缓加入 10mL 乙酰氯,边加边搅拌,以防过度产热而溅出。必须现用现配。脂肪酸标准溶液:含 33 种脂肪酸甲酯(C$_4\sim$C$_{24}$)。

操作步骤:准确称取 $50\sim500mg$ 样品(含脂肪酸约 $10\sim50mg$)至密封性好的 50mL 带盖(有聚四氟乙烯内垫)消化管中,然后加入 2mL 正己烷和 3mL 甲酰氯,加盖后轻轻振荡摇匀。样品在 70℃水浴 2h 后,冷却至室温,然后加入 5mL 6% K$_2$CO$_3$、2mL 正己烷。充分振荡 30s 后,1500r/min 离心 5min,取上清液(正己烷)上机分析。

方法评价:动物组织样品经冷冻干燥后再处理的效果明显好于新鲜组织样品直接处理。动物血清可直接取 2mL 样品测定;一般组织冻干样品则取约 0.5g;脂肪取 $40\sim50mg$。本方法采用毛细管柱 GC,33 种脂肪酸混合标准在 24min 内即可完全分离。在已测定 C$_{16}$:0 含量样品中准确加入适量的 C$_{16}$:0 标准品,进行 GC 分析。测定本方法对 C$_{16}$:0 的回收率($n=6$)为 $98.73\%\pm4.32\%$。用同样的方法,测定别的组分回收率均在 $87.5\%\sim104.6\%$ 之间。

13.3.2　水产品

水产品是海洋和淡水渔业生产的动植物及其加工产品的统称。鲜活水产品分为鱼、虾、蟹、贝四大类,鱼类有鲈、鲑、甲鱼、鳗、石斑、黄鲷、左口、真鲷、三文鱼等;虾类有澳洲、新西兰大龙虾、台湾草虾、竹节虾、沼虾、河虾;蟹类有中华绒螯蟹、美国珍宝蟹、皇帝蟹、膏蟹、清蟹等;贝类有加拿大象鼻蚌、蛏、蚝、蛤等。

水产品的主要化学组成有蛋白质、脂类、无机盐、维生素和含氮浸出物等。水产品的蛋白质为完全蛋白质,利用率高。而其不饱和脂肪酸含量高,肉中胆固醇含量不高,对人体健康有益。

1. 水产品中无机元素的检测

在人体必需的矿物质营养素中,锌、铁、镁、钙等元素是人体维持正常生理活动所必需的,缺少或过多的摄入这些元素时都会影响人的身体健康,因此需要合理地摄入。水产品中富含钙、镁、锌等元素,是获取有益矿物质的有效途径。另外,由于生产实际中片面追求表观生产性能,大剂量使用各种微量元素,有的微量元素使用量超过自身营养需要的10倍以上,造成微量元素的超标。由于大量工业废水排放到江、河、湖、海,使鱼类不同程度地受到污染。重金属作为主要的一类污染物,对鱼类的毒害作用日益受到人们的关注。其来源一方面是工业废水、废渣,以及城市废弃物;另一方面则来源于畜禽、鱼类养殖本身,这些有害微量元素的存在对人体健康构成威胁。水产品中微量元素的检测方法主要有 AAS、AFS、ICP 和 ICP-MS 等。前处理主要采用干灰化法、湿消化法和微波消解法等,达到破坏有机基质的目的。

实例 13-47 ICP-AES 测定海产品中的微量元素[47]

方法提要:采用微波消解样品,ICP-AES 测定 12 种海产品中 Zn、Fe、Ca、Mg、Cu 和 Mn 的含量。

仪器与试剂:ICP-AES 仪;微波样品处理系统;全自动电子分析天平;超纯水系统。Zn、Fe、Mg、Ca、Cu、Mn 标准储备液均为 $1000\mu g/mL$;硝酸、30% 过氧化氢、高氯酸(优级纯)。实验用水为自制超纯水($18.2M\Omega \cdot cm$)。实验用海产品均随机购买于农贸市场。

操作步骤:微波消解:准确称取 0.3000g 样品置于消解罐内,加入 5mL HNO_3 和 2mL 30% H_2O_2,预消解 0.5h,再将消解罐放入微波消解仪内,8min 内升温至 120℃,维持 10min;再在 8min 内升温至 150℃,维持 10min;最后在 8min 内升温至 180℃,维持 10min。消解程序结束后,待冷却至室温转移至 50mL 容量瓶中用超纯水定容,同时做试剂空白(表 13-4)。

表 13-4 微波消解程序表

步骤	升温时间/min	温度/℃	保持时间/min
1	8	120	10
2	8	150	10
3	8	180	10

方法评价:分别以湿法消解 HNO_3-$HClO_4$ 体系、湿法消解 HNO_3-H_2O_2 体系和微波消解 HNO_3-H_2O_2 体系三种方法消解鱼肉。结果表明,3 种方法均符合痕量分析要求,但微波消解法的检出限更低,精密度更高。结果见表 13-5。

表 13-5 元素检出限和精密度

元素	HNO_3-$HClO_4$		HNO_3-H_2O_2		HNO_3-H_2O_2	
	检出限/(mg/L)	RSD/%	检出限/(mg/L)	RSD/%	检出限/(mg/L)	RSD/%
Zn	0.0065	2.00	0.0072	2.09	0.0039	0.76
Fe	0.0013	0.22	0.0026	1.72	0.0017	0.59
Mg	0.0006	1.01	0.0011	1.39	0.0006	1.09
Ca	0.0030	0.52	0.0031	0.83	0.0046	0.68
Ca	0.0010	3.14	0.0010	2.12	0.0013	1.29
Mn	0.0013	1.93	0.0009	2.36	0.0011	2.04

实例 13-48　微波消解 ICP-MS 法同时测定水产品中 13 种元素[48]

方法提要：样品用 HNO_3-H_2O_2 体系微波消解，以 In、Sc 为内标，采用 ICP-MS 同时测定水产品中 V、Cr、Co、Ni、Cu、Zn、As、Se、Cd、Sb、Ba、Tl、Pb 等 13 种元素。

仪器与试剂：ICP-MS 仪；微波消解系统；匀浆机；超纯水制备装置。25～500mg/L 混合标准溶液(含 Sb、Cr、Co、Cu、Ni、V、As、Pb、Cd、Se、Tl、Zn、Ba 等)，10mg/L 内标液(含 In，Sc)；硝酸(工艺超纯)，30%双氧水(优级纯)；10mg/L 调谐液(含 Be，Co，In，Li，U 等)；超纯水(电阻率≥18.2MΩ·cm)。

操作步骤：将鱼类肌肉、贝壳类软体分别用匀浆机匀浆后备用。准确称取 0.5g(精确至 0.0001g)样品于消解罐中，分别加入 10mL 硝酸、3mL 双氧水，放置 3h 预消解。待反应趋缓，加盖密闭，置于微波消解炉内消解。设定消解程序为：5min 升至 120℃，保持 3min，再在 7min 内升温至 180℃，并保持 15min。消解结束，待消解罐冷却后开盖，用超纯水定容至 25mL，备测。同时制备 2 个空白溶液。

方法评价：该方法试剂用量少，消解液成分简单，前处理操作简便，测定快速，检出限低，准确度和精密度良好，适用于水产品中多元素的同时分析。各元素的检出限在 0.05ng/g～0.064μg/g 之间，样品的 RSD($n=4$)<5%，鲢鱼样品的加标回收率在 81%～117% 之间。

实例 13-49　水产品中甲基汞测定的液相色谱-原子荧光光谱联用方法[49]

方法提要：采用无毒的半胱氨酸代替有毒试剂巯基乙醇作为流动相中的配位剂，流动相组成为 5%(V/V)乙腈 21g/L 半胱氨酸 250mmol/L 乙酸铵水溶液，使汞化合物分离时间缩短至 8min。采用超声波辅助 5mol/L HCl 提取样品中的甲基汞，提取液经 C_{18} 固相萃取小柱净化后进样。

仪器与试剂：HPLC-AFS 联用仪；配有四元泵、在线脱气机及手动进样阀；配备在线紫外消解系统。高强度空心阴极汞灯；C_{18} 色谱柱(分析柱 150mm×4.6mm，预柱 10mm×4.6mm)。所有玻璃容器均在 20%(V/V)HNO_3 中浸泡至少 24h 后清洗备用。除特别说明，所用试剂均为分析纯。实验用水为高纯水(18.2MΩ·cm)。甲醇(J. T. Baker，美国)。半胱氨酸(纯度≥99.0%)。甲基汞标准溶液(GBW 08675，含量为(76.6±2.9)μg/g，溶剂为甲醇，下同)，乙基汞标准溶液(GBW(E) 081524，含量为(77.3±2.8)μg/g)，氯化汞标准溶液(GBW(E) 080124，质量浓度为(100±0.8)mg/L)，均于 4℃避光保存。C_{18} 固相萃取(SPE)柱(250mg，3mL)。

BCR 464 鱼肉中总汞和甲基汞标准参考物质(欧盟委员会联合研究中心标准物质与测量研究院，IRMM)。NIST 1566b 牡蛎组织标准参考物质(美国标准与技术研究院，NIST)。GBW 10029 鱼肉中总汞与甲基汞成分分析标准物质(中国国家标准物质中心)。英国食品分析水平评估计划(food analysis performance assessment scheme，FAPAS)能力测试罐装鱼肉样品(样品编号 071154)。

操作步骤：鱼、虾、贝类等水产样品，取可食部位搅碎匀浆。湿样称取 1～2g(干样称取 0.2～0.5g)，置于 15mL 离心管中，加入 10mL 5mol/L HCl，室温超声水浴提取 30min，中间振摇数次。4℃以 6000r/min 离心 15min。含油脂多的样品可在 4℃冰箱中静置 1h，取出后去掉凝脂块。取 2mL 上清液，缓慢滴加 50%(V/V)氨水至 pH2～7，纯水定容至 4mL。0.22μm 有机滤膜过滤，取滤液 3mL 过 C_{18} SPE 柱净化处理，用 2mL 流动相洗脱，流出液和洗脱液合并收集,纯水定容至 6mL 进样测定。标准参考物、试样及空白样品同步操作。C₁₈ SPE 小柱使用前依次用 10mL 甲醇、15mL 水冲洗,30min 后可用。每净化完一个样品,同法重新活化后可立即处理一个样品。

方法评价:鱼、虾、贝等不同种类水产动物样品以及水产类膳食样品的甲基汞加标回收率为 89%~112%。对标准参考物质 N IST1566b、BCR 464 和 GBW 10029 以及英国食品分析水平评估计划的罐装鱼肉样品(样品编号 07115)的测定结果与参考物定值相符,验证了该方法的可靠性与准确性。本方法克服了 GB 5009.17—2003 对于甲基汞检测方法实际应用性差的不足,将为开展水产品中甲基汞的风险监测提供可靠的技术手段。

实例 13-50 一次性消解-原子光谱法检测水产品中铅、镉、铜、锌和砷[50]

方法提要:采用湿法消解一次性处理水产品,塞曼石墨炉原子吸收光谱法测定铅、镉、铜,火焰原子吸收光谱法测定锌,氢化物发生-原子荧光光谱法测定砷。

仪器与试剂:AAS 仪;双道 AFS 计;试剂为优级纯或分析纯。各元素标液及有证国家一级标准物质茶叶 GBW 07605(GSV 24)。实验用水为三重过滤去离子水。

操作步骤:称取 5g(精确至 0.01g)试样于 150mL 三角烧瓶中,加入 20mL 混合酸(硝酸:高氯酸=4:1),加盖小漏斗浸泡过夜,次日置于电热板上加热消解,加热至冒白烟,消解液呈无色透明或略带淡黄色,剩余体积约 1~3mL,取下稍凉,加约 15mL 水,赶余酸至剩余体积约 1mL,取下放冷,用纯水将消解液少量多次洗入 25mL 比色管中并定容到刻度,同时作试剂空白,该溶液用于铅、镉、铜、锌的测定。从定容后的待测液中移取 10mL 至另一 25mL 比色管中,加入浓硫酸 0.75mL、硫脲-抗坏血酸溶液(均为 5%)5mL,纯水定容至刻度,摇匀放置 30min,同时作试剂空白,该溶液用于砷的测定。

方法评价:在最优条件下进行测试,铅、镉、铜、锌、砷的检出限(mg/kg)分别为 0.012、0.001、0.008、0.089、0.009,回收率范围为 87.6%~110%,RSD 为 3.9%~6.8%。

2. 水产品中农药、渔药残留量的测定

水产品中农药残留主要为有机磷、氨基甲酸酯类。渔药是指专门用于渔业方面为确保水产动植物机体健康成长的药物。渔药同样区分为水产植物药和水产动物药两部分,也可称为水产药。水产动物药和兽药有比较密切的关系,而水产植物药则与农药关系比较密切。应当指出的是,当前国际上对渔药的研究、开发和应用,主要集中于水产动物药,故常将渔药狭义地局限为水产动物药,包括消毒剂、抗病毒药、抗细菌药、抗真菌药、抗寄生虫药等。水产动物药以及残留农药的检测和样品前处理方法与其他动物性农产品类似。

实例 13-51 HPLC 测定水产品中氨基甲酸酯类农药多组分残留[51]

方法提要:用乙腈提取样品中的涕灭威、速灭威、呋喃丹、甲萘威、异丙威,采用磷酸沉淀蛋白,提取液浓缩后用固相萃取技术分离、净化,淋洗液经浓缩后 使用带荧光检测器和柱后衍生系统的 HPLC 进行检测。

仪器与试剂:HPLC 仪,配有荧光检测器和柱后衍生装置;固相萃取仪;氮气吹干仪;超声清洗器;匀浆机;离心机;涡旋振荡器;Milli-Q 去离子水发生器。涕灭威、速灭威、呋喃丹、甲萘威、异丙威标准品;甲醇为 HPLC 级;乙腈、二氯甲烷、磷酸、无水硫酸钠(105℃下干燥 8h)均为分析纯;柱后衍生用碱液和 OPA 试剂;水为超纯水;氨基固相萃取柱(500mg,3mL);C₁₈色谱柱(150mm,4.6mm,5μm,60Å)。

操作步骤：准确称取 5.0g 匀浆后的样品于玻璃研钵中，加入 4g 无水硫酸钠，轻轻研磨混合均匀，在通风橱中自然风干 1h，装入 50mL 刻度离心管中，加入 200μL 磷酸，用 15mL 乙腈分两次洗涤玻璃研钵和研杵，并收集洗涤液于离心管中。再加入 10mL 乙腈至该离心管中，摇匀，涡旋振荡 1min，超声提取 20min，8000r/min 离心 5min。准确移取 5.00mL 上清液放入 10mL 的玻璃离心管中，在 60℃下氮气吹至近干，加入 2.0mL 甲醇-二氯甲烷（1∶99）溶解残渣，盖上离心管盖，待净化。将氨基柱用 3.0mL 甲醇-二氯甲烷（1∶99）活化，当溶剂液面到达柱吸附层表面时，立即加入上述净化溶液，用 10mL 离心管收集洗脱液，用 2mL 甲醇-二氯甲烷（1∶99）洗离心管后过柱，并重复一次。洗脱液在 50℃条件下氮气吹干，用甲醇定容至 2.00mL 涡旋混合 1min，用 0.45μm 有机相滤膜过滤后上机检测。

方法评价：涕灭威水溶性强，样品不脱水直接用乙腈提取其回收率会受很大的影响，加入无水硫酸钠后涕灭威的回收率有明显提高，其他目标物的回收率变化不大。磷酸沉淀蛋白操作简便，尤其适合在分析含脂质较多的食物样品中不稳定化合物时沉淀蛋白。氨基固相萃取柱对氨基甲酸酯类农药几乎没有保留，通过固相柱后可有效除去样品的杂质干扰物，从而起到净化的效果。在浓度为 0.0100～0.200μg/mL 的范围内线性良好（r>0.999），检测限（S/N=3）均小于 2.0μg/kg。在 5.00、20.0、200.0μg/kg 添加水平下，回收率为 81.7%～93.2%，RSD 为 1.9%～7.6%。

实例 13-52　分散固相萃取-气相色谱法测定对虾中 12 种有机磷农药残留[52]

方法提要：样品经冰乙酸-乙腈溶液提取，采用乙二胺-N-丙基硅烷（PSA），C_{18} 与石墨炭黑（GCB）为吸附剂进行分散固相萃取净化。以 DB-17 毛细管色谱柱 GC 分离，FPD（P）检测。

仪器与试剂：GC 仪，配备 FPD；高速振荡器；涡旋混匀器；高速离心机；N-EVAPⅢ氮吹仪。敌敌畏、甲胺磷、乙酰甲胺磷、甲拌磷、氧化乐果、特丁硫磷、乐果、甲基毒死蜱、杀螟硫磷、毒死蜱、水胺硫磷、三唑磷等 12 种有机磷标准溶液，浓度均为 100μg/mL。使用时用 V（丙酮）∶V（正己烷）=3∶7 溶液配成一系列浓度的有机磷混合标准工作液。乙腈、丙酮、正己烷均为色谱纯；冰乙酸、无水硫酸镁、乙酸钠均为分析纯；无水硫酸镁、乙酸钠使用前均于 500℃灼烧 4h 冷却后，密闭容器储存备用；V（冰乙酸）∶V（乙腈）=1∶99；乙二胺-N-丙基硅烷（PSA）（40～60μm）C_{18}（40～60μm），石墨炭黑（GCB）（200～400μm）；实验用水为超纯水。

操作步骤：对虾取肌肉可食部分，匀浆机制样均匀后，称取 5g（精确至 0.01g）样品于 50mL 离心管中，加入 6～8 颗直径约 0.5cm 玻璃珠和 5mL 水涡旋振荡 1min，再加入 V（冰乙酸）∶V（乙腈）=1∶99 溶液 10.0mL，2500r/min 振荡 5min。再于上述离心管中加入 1g 无水乙酸钠，涡旋振荡 1min 后加入 4g 无水 $MgSO_4$ 2500r/min 振荡 5min 后 4000r/min 离心 5min。移取上清液 6.0mL 至装有 900mg 无水 $MgSO_4$，150mg PSA，150mg C_{18} 和 45mg GCB 的 15mL 离心管中，涡旋振荡 2min，4000r/min 离心 5min。移取 4.0mL 离心上清液于另一支 10mL 玻璃管中，35℃水浴氮吹至近干，加入 1.0mL V（丙酮）∶V（正己烷）=3∶7 溶液溶解，过 0.45μm 有机滤膜后供 GC 测定。

方法评价：本方法 12 种有机磷平均加标回收率为 80.7%～101.2%，RSD 为 3.7%～7.6%，可满足对虾中 12 种有机磷残留检测的要求。

实例 13-53 水产品中 7 种大环内酯类抗生素残留量的 HPLC-MS/MS 测定法[53]

方法提要：采用 HPLC-MS/MS 法测定水产品中 7 种大环内酯类抗生素残留。样品经乙腈提取，中性氧化铝和正己烷净化后，以选择反应检测模式检测，基质匹配工作曲线定量。

仪器与试剂：HPLC-MS/MS 联用仪（配有电喷雾电离源）；去离子水发生器；捣碎机；水浴；氮气吹干仪；替米考星（TIL）标准品（纯度为 98.5%）、泰乐菌素（TYL）标准品（纯度为 99%）、吉他霉素（KIT）标准品（纯度为 72%）、螺旋霉素（SPI）标准品（纯度为 96%）、OLD 标准品（纯度为 96.5%）、ERM 标准品（纯度为 92.2%）、交沙霉素（JOS）标准品（纯度为 98%）；甲醇、乙腈、正己烷、甲酸均为色谱纯；其他试剂均为分析纯；水为二次蒸馏水。

操作步骤：取试样可食部分，用组织捣碎机充分捣碎，使之均匀，分别装入洁净容器中，于 −18℃ 以下冷冻存放备用。准确称取样品 5g（精确至 0.01g）置于 100mL 具塞塑料离心管，加入 20mL 乙腈，于涡旋混合器上以 2000r/min 振荡 1min，超声 5min，以 3500r/min 离心 6min，取上清液转移至另一离心管中，样品残渣再加入 15mL 乙腈重复提取 1 次，合并上清液，将上述乙腈提取液过预先用 5mL 乙腈润洗的中性氧化铝柱，提取液过柱后再用 5mL 乙腈淋洗柱体，合并于梨形瓶中，向梨形瓶中加入 4mL 异丙醇，在 40℃ 水浴中旋转蒸发至干（如遇蒸不干的情况，转用氮气吹干）。准确加入 2mL 乙腈−0.05mol/L 乙酸铵溶液（体积 2∶8）溶解残渣，再加 2mL 乙腈饱和正己烷，洗脱液转移至 10mL 离心管中，涡旋 10s 后，以 3000r/min 离心 8min，取下层清液过 0.22μm 滤膜，待测。

方法评价：试样基质对某些目标物（尤其是 TIL）的离子化有着较强的抑制作用，为了在一定程度上消除基质影响，根据试样制备相应的空白样品提取液作为标准液的稀释溶液（即基质匹配标准曲线），这使得标准品和样品液具有一样的离子化条件。在 1～100ng/mL 范围内，7 种药物的峰面积与质量浓度的线性关系良好（$r^2 > 0.995$）。试验选择不同阴性样品为试样，在 4μg/kg、20μg/kg 和 40μg/kg 添加水平下的回收率为 75.4%～108%，RSD 为 0.665%～12.9%。方法的检出限为 1μg/kg，定量限为 4μg/kg。

3. 水产品中违禁物质的检测

水产品中的违禁物质主要包括违禁添加的兽药和药物以及非法添加的化学物质。违禁添加的兽药和药物指国家明令禁止在水产品养殖环节使用的兽药如氯霉素类、喹乙醇、硝基呋喃类、性激素等，而非法添加的化学物质如孔雀石绿、隐性孔雀石绿等。这些物质的检测及样品前处理方法与其他动物性农产品中药物残留分析类似。

实例 13-54 QuEChERS 样品净化/液相色谱-串联质谱法同时测定鱼肉中 30 种激素类及氯霉素类药物残留[54]

方法提要：采用 QuEChERS/液相色谱-串联质谱法同时测定鱼肉中 8 种雌激素、5 种雄激素、6 种孕激素、8 种糖皮质激素及 3 种氯霉素类药物的多种残留。均质样品用水分散后加乙腈提取，经 QuEChERS 法（一种分散固相萃取方法）净化后，采用 ZORBAX Extend-C18 色谱柱（100mm×2.1mm，3.5μm）分离，分别在电喷雾正、负离子模式下以多反应监测（MRM）方式检测。正离子模式下的流动相为水-乙腈，负离子模式下的流动相为 0.1% 氨水-乙腈。

仪器与试剂：快速高效液相色谱/串联四极杆质谱联用仪；超声波发生器；离心机；水浴式氮吹浓缩仪；快速混匀器；30 种药物标准品：雌酮（E1），17-雌二醇（17-E2），雌三醇（E3），己烷雌酚（HES），己烯雌酚（DES），双烯雌酚（DIE），17-炔雌醇（17-EE2），苯甲酸雌二醇(EB),氯霉素(CAP),甲砜霉素(TAP),氟甲砜霉素(FF),黄体酮(P),17-羟孕酮(17-OHP),甲羟孕酮(MP),醋酸氯地孕酮(CA),醋酸甲地孕酮(MA),醋酸甲羟孕酮(MPA),睾酮(TS),甲基睾酮(MTS),诺龙(NT),丙酸睾酮(TSP),苯丙酸诺龙(NTPP),地塞米松(DX),醋酸地塞米松(DXA),倍他米松(BT),氢化可的松(HCT),醋酸可的松(CSA),泼尼松(PDN),氢泼尼松龙(PDS),醋酸泼尼松(PA),纯度均大于96.8%;乙腈(色谱纯);N-丙基乙二胺吸附剂(PSA)十八烷基键合硅胶吸附剂(C_{18});无水乙酸钠;无水硫酸镁(分析纯);中性氧化铝;氯化钠;冰醋酸;氨水(分析纯);实验用水为二次蒸馏水。

操作步骤:准确称取匀质后的鱼肉试样5.0g(精确至0.01g),置于50mL带螺旋盖的聚丙烯离心管中,加入8mL水,在快速混匀器上充分涡旋混匀1min后,准确加入15.0mL乙腈,涡旋混匀2min,加入QuEChERS盐试剂(4.0g无水硫酸镁和1.0g氯化钠),快速摇匀,置冰水浴中降温,4000r/min离心10min,移取上清液8mL至另一带螺旋盖的15mL聚丙烯离心管中,待后续净化。将QuEChERS净化粉(500mg无水硫酸镁、500mg中性氧化铝和200mg PSA)加入装有8mL提取液的离心管,涡旋混匀1min,4000r/min离心5min,准确移取5.0mL上清液至10mL具塞刻度试管,于45℃水浴下氮吹浓缩至近干,加入1.0mL 30%的乙腈溶液复溶,超声30s,涡旋混匀,过0.22μm滤膜,待上机测定。

基质匹配混合标准溶液的配制:取空白基质样品,按同样方法处理样品,浓缩至干后,加入配制的混合标准工作溶液1.0mL复溶,超声30s,涡旋混匀,过0.22μm滤膜,即得。

方法评价:该方法将在蔬菜水果样品中农药残留分析采用的QuEChERS净化技术引入到鱼肉的药物多残留分析中,该方法各项技术指标均能满足日常残留检测分析的要求。30种药物在相应的质量浓度范围内线性良好,相关系数均大于0.99,在3个加标水平下的平均回收率为63%~118%,RSD为3.8%~18.2%,检出限(LOD,$S/N \geqslant 3$)和定量下限(LOQ,$S/N \geqslant 10$)分别为0.03~1.6μg/kg及0.10~5.0μg/kg。

4. 水产品中可持续污染物的检测

在水产品养殖和海产品生长环节由于环境、饲料等的污染和传递,持久性有机污染物会对水产品造成污染和残留,严重影响食品安全。目前,水产品中检测的有机污染物主要有杀虫剂、DDT等农药、多氯联苯及二噁英等。这些物质的检测及样品前处理方法与其他动物性农产品中药物残留分析类似。

实例13-55 分散固相萃取/GC-MS快速测定鱼、虾中的16种多环芳烃[56]

方法提要:采用GC-MS在选择离子监测模式下测定水产品中16种PAHs,内标法定量。样品用正己烷-二氯甲烷(1:1)提取2次,以弗罗里硅土(Florisil)作为固相分散剂对分析物净化后进行磺化。

仪器与试剂:GC-MS联用仪:配电子电离源,HP-5MS柱(30m×0.25mm×0.25m);涡旋混匀器;超纯水机;离心机;旋转蒸发仪;二氯甲烷、正己烷、乙酸乙酯(色谱纯);弗罗里硅土(60~100目)于650℃下灼烧5h,使用前于130℃烘箱内放置过夜,冷却后保存于干燥器中备用;中性氧化铝(100~200目)于550℃灼烧4h,冷却后保存于干燥器中备用;C_{18}(40~60m);硫酸(优级纯);16种PAHs混合标准样品:质量浓度均为2000mg/L,用正己烷稀释至100mg/L,4℃保存;内标:苊-D10(AC-D10)菲-D10(PHE-D10)-D12(CHR-D12)芘-D12(PE-D12)质量浓度均为500mg/L。

操作步骤:准确称取5.00g已绞碎混匀的肌肉组织样品于50mL具塞离心管中,加入

5g 弗罗里硅土与 20mL 正己烷-二氯甲烷溶液（1∶1），涡旋振摇 2min，以 4500r/min 离心 5min 将上清液转移至 100mL 梨形瓶中，在剩余样品中加入 15mL 正己烷-二氯甲烷溶液（1∶1）复溶，涡旋振摇 2min，500r/min 离心 5min，合并上清液，于 40℃ 旋转蒸发至干，在梨形瓶中分 3 次加入 30mL 正己烷溶解内壁上的残留物，并转移至 50mL 离心管内，加入 60% 硫酸溶液 3mL，振摇 2min，4500r/min 离心 5min 取上清液至干净梨形瓶中，加入 5mg/L 的内标溶液 20μL，40℃ 旋转蒸发近干，用正己烷定容至 1mL，过 0.45μm 有机相微孔膜，待测。

方法评价：该方法在 1～200μg/L 范围内有较好的线性关系，相关系数不低于 0.9986，方法检出限（$S/N=3$）为 0.38～1.5μg/kg。采用该方法测定了 4 种鱼虾中 16 种 PAHs 的残留量，并在鲤鱼与罗非鱼肌肉样品中进行加标回收实验，在 5、15μg/kg 两个水平下的加标回收率为 90%～102%，RSD 为 1.9%～8.5%。

实例 13-56　同位素稀释的气相色谱/高分辨质谱联用测定食品中二噁英和共平面多氯联苯[57]

方法提要：采用 HRGC/HRMs 和同位素稀释定量技术对样品中 17 种 4～8 个氯原子取代的二噁英和呋喃（PCDDs/Fs）与 12 种共平面多氯联苯（PCBs）进行定量分析。样品经索式抽提、自动净化系统净化、浓缩，利用高分辨气相色谱/质谱联用仪的多离子检测方式，同位素稀释技术对样品中的目标化合物进行定性和定量。

仪器与试剂：高分辨气相色谱/质谱仪；自动纯化系统，包括计算机控制阀门、阀门驱动元件和泵元件，以及用于样品净化处理和富集的商品化多层硅胶柱、氧化铝柱和 AX-21 碳吸附柱；二氯甲烷、正己烷、甲苯、壬烷、乙酸乙酯、苯等有机溶剂农残级试剂。标准品：PCDD/Fs 和共平面 PCBs 包括 EPA 1613 和 EPA 1668A 方法中的标准溶液。标准参考样品（CRM）鱼样（EDF 2526、EDF 2525、EDF 2524），美国 Cambridge Isotope Laboratories Inc. 分析质量保证考核样品。

操作步骤：于提取套筒内准确称取一定量的已经过冻干的鱼肉样品，加入 13C 标记的 PCDDs/Fs 和 PCBs 的内标标准溶液，按照已建立的方法和标准方法提取样品后将提取液浓缩至 5mL 左右。将浓缩的提取液转移到自动净化系统进样管，按照如图 13-1 所示的洗脱程序对样品进行净化、分离和富集，分别收集 PCDDs/Fs 和 PCBs 组分。将收集到的组分在细小的氮气流下浓缩至近干时转移到小锥形瓶，分别加入进样内标溶液，上机检测。

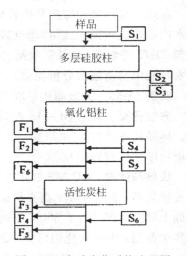

图 13-1　自动净化系统流程图

方法评价：通过 3 个 CRM 样品验证及 6 个实际样品检测说明，在回收率、精密度和准确度方面符合质量控制要求，与国外学者的研究结果一致。该自动样品净化装置可达到快速净化、节约分析时间与溶剂，并减少分析人员与有害溶剂的接触。该方法的检出限为 pg/g 水平。13C 同位素内标回收率范围为 47%～100%。对 3 个 CRM 鱼样中 17 个 PCDDs/Fs 和 4 个 PCBs 的检测值均在标准定值允许误差范围内。对 5 个不同的实际样品鱼进行测定表明,样品的回收率在 48％～100％之间,回收率的 RSD 小于 20％;对同一样品进行定量检测的精密度测试结果表明,17 种 PCDDs/Fs 浓度的 RSD 低于 16％,12 种 PCBs 浓度的 RSD 低于 11％。

5. 水产品中其他生物毒素的检测

水产品中的生物毒素主要有生物胺、贝类毒素、河豚毒素、霉菌毒素等。这些毒素的存在严重影响水产品的安全。生物毒素的种类繁多,检测方法各异。这些生物毒素的检测及样品前处理方法与其他动物性农产品中药物残留分析类似。

实例 13-57 高效液相色谱-串联质谱法测定水产品中黄曲霉毒素 G_2、G_1、B_2、B_1[58]

方法提要:84％甲醇水溶液提取水产品中 4 种黄曲霉毒素,正己烷脱脂,HLB 固相萃取柱净化。采用电喷雾电离,正离子扫描,选择多反应检测模式(MRM) 监测,外标法定量。

仪器与试剂:三重四极杆串联质谱仪,配有电喷雾离子化源(ESI 源)和数据处理系统;高效液相色谱仪;均质器;超声波清洗器;离心机;多功能振荡器;分析天平;氮气吹干仪。

黄曲霉毒素 G_2、G_1、B_2、B_1 混合标准溶液(B_1、G_1 质量浓度均为 $1\mu g/g$,B_2、G_2 质量浓度均为 $0.3\mu g/g$) 美国 SUPELCO 公司;甲醇、正己烷均为色谱纯,美国飞世尔公司;氨水(分析纯),广东光华科技股份有限公司;乙酸铵(分析纯),美国霍尼韦尔公司;Oasis HLB 固相萃取小柱(60mg,3mL),美国沃特世公司;水为 Milli-Q 制备的超纯水。

操作步骤:称 1.00g 试样,置于 50mL 聚四氟乙烯管中,加入 5mL 样品提取液(84％甲醇水溶液),用均质器均质 1min,振荡 5min,超声 10min。于离心机上以 4000r/min 的速率离心 10min,上清液移至玻璃试管中,45℃吹空气浓缩干,加入 3mL 甲醇水溶液(1:19) 溶解后,加入 3mL 正己烷脱脂,涡旋振荡 30s,4000r/min 离心 10min,取下层溶液待过柱。Waters Oasis HLB 使用前用 3mL 甲醇和 3mL 水前处理,上样时流速控制≤3mL/min,用 3mL 水淋洗,弃除全部流出液。最后用 3mL 甲醇洗脱流出液,45℃下吹干,1mL 10mmol/L 乙酸铵-甲醇(1+1) 溶解,经 $0.2\mu m$ 滤膜后用于 HPLC-MS/MS 上机测定。

方法评价:目前,霉菌毒素的提取方法主要以甲醇、乙腈以及它们的水溶液作为提取剂。对于黄曲霉毒素的净化多采用真菌毒素净化柱净化,而真菌毒素净化柱成本较高,本方法所用 Waters Oasis HLB 固相萃取小柱净化效果也能满足要求。该法对 4 种黄曲霉毒素标准曲线的线性回归系数均在 0.99 以上,黄曲霉毒素 G_1、B_1 方法定量限为 $0.5\mu g/kg$,G_2、B_2 方法定量限为 $0.3\mu g/kg$。4 种黄曲霉毒素的回收率为 56％～80％,RSD 为 1.58％～14.4％。

6. 水产品中营养物质的检测

水产品中营养物质主要包括维生素、蛋白质、脂肪酸等成分。水产品中富含脂溶性维生素,尤其是维生素 A、D、E 的含量。同时水产品中富含脂肪酸,特别是对人体有益的不饱和脂肪酸如 DHA、EPA 等。水产品中营养物质的检测及样品前处理方法与其他动物性农产品中有机物的分析类似。

实例 13-58 高效液相色谱-串联质谱法同时测定大黄鱼肝和鲟鱼肝中的脂溶性维生素[59]

方法提要:样品经皂化后,用正己烷提取,旋转蒸发浓缩,采用 LC-MS/MS 选择反应监测(SRM)正离子模式测定,可同时对大黄鱼肝和鲟鱼肝中的脂溶性维生素进行定性和定量。

　　仪器与试剂：LC-MS/MS 联用仪，配有 ESI 源。超声波清洗仪，离心机，旋转蒸发仪，涡旋振荡器。维生素标准品（纯度≥99.0％）；正己烷、甲醇、甲酸、乙酸铵（均为色谱纯）；乙醇、氢氧化钠、无水硫酸钠，均为分析纯；水为蒸馏水；0.1％ 甲酸溶液（含 5.0mmol/L 乙酸铵）；滤膜（0.22μm）。

　　操作步骤：准确称取 2.0g 均质样品置于 100mL 具塞离心管中，加入 0.5g 抗坏血酸，于涡旋混合器上快速混合 30s，再加入 15mL 乙醇-氢氧化钠溶液，涡旋混匀，超声波提取 30min。加入 20mL 正己烷涡旋 30s，以 4000r/min 离心 5min，将上层有机相转移到另一离心管中，再加入 20mL 正己烷重复提取一次，合并正己烷提取液。在提取液中加入 10mL 正己烷饱和水溶液，涡旋并离心，将上层清液过无水硫酸钠柱于 100mL 梨形瓶中，40℃水浴旋转蒸发至干。准确加入 5.0mL 甲醇溶解残留物，过 0.22μm 滤膜到进样瓶中，供 LC-MS/MS 测定。

　　方法评价：6 种脂溶性维生素在 0.2～2μg/mL 呈现良好的线性关系，RSD 为 8.1％～13.6％，平均回收率范围为 72.6％～118.3％。

　　实例 13-59　超声辅助提取鱿鱼肝脏油脂及其脂肪酸组成分析[60]

　　方法提要：超声辅助有机溶剂法提取鱿鱼肝脏油脂，并用 GC/MS 分析脂肪酸组成。

　　仪器与试剂：气相色谱-质谱仪；旋转蒸发仪；冷冻干燥机；双频超声波清洗机：宁波新芝生物科技有限公司；精密电子分析天平。37 种脂肪酸甲酯混标；石油醚、乙醚、正己烷、异丙醇等分析纯。

　　操作步骤：称取一定量的鱿鱼肝脏粉以正己烷-异丙醇（3：2）为提取溶剂，且以液料比 10mL/g，超声波功率 180W，超声时间 30min，温度 60℃对鱿鱼肝脏中的油脂进行提取。取 10mg 鱿鱼肝脏油脂，加入 1mL 正己烷充分溶解，再加入 0.5mol KOH-甲醇溶液 1mL，涡旋混合 1min，静置分层后，取上清液用无水 Na_2SO_4 干燥，供 GC/MS 分析。

　　方法评价：在最佳提取条件下，鱿鱼肝脏油脂提取率为 91.26％。鱿鱼肝脏油脂富含 EPA 和 DHA 等 n-3 型多不饱和脂肪酸，两者总质量分数高达 31.12％，表明鱿鱼肝脏油脂具有较高的营养价值和脂质开发潜力，可作为 EPA 和 DHA 等功能性脂肪酸的重要膳食来源。

参考文献

[1]　汪丽萍,张佳欣,吴春花,等.ICP-OES 测定大米粉、小麦粉中的 11 种金属元素[J].分析试验室,2008,27(z2)：215-217.

[2]　蔬菜、水果及制品中矿质元素的测定 电感耦合等离子体发射光谱法[S].NY/T 1653-2008.

[3]　李利华,微波消解 FAAS 测定萝卜和萝卜缨中的微量元素[J].光谱实验室,2012,29(6)：3518-3521.

[4]　杨佐毅,刘敬勇,邓海涛,等.原子吸收光谱法测定食用菌重金属含量[J].现代农业科技,2009(13)：85-86,95.

[5]　王永平,赖强,丁红梅,等.微波消解同时测定农产品中铅、镉、汞[J].中国卫生检验杂志,2012,22(2)：214-215.

[6]　潘煜辰,伊雄海,邓晓军,等.亚临界水萃取及气相色谱-串联质谱法检测红茶中多种农药残留[J].色谱,2012,30(11)：1159-1165.

[7]　罗赟,向仲朝,岳蕴瑶,等.毛细管气相色谱法同时检测农产品中 17 种农药残留的研究[J].中国卫生

检验杂志 2011,21(6):1349-1351.

[8]　徐娟,陈捷,王岚,等.QuEChERS 提取与超高效液相色谱-电喷雾电离串联质谱联用法检测果蔬中的230 种农药残留.2013,32(3):293-301.

[9]　刘春生,罗海英,冼燕萍,等.超高效液相色谱-串联质谱法测定豆芽中 7 种药物残留[J].质谱学报,2014,35(4):302-309.

[10]　吴平谷、谭莹、张晶,等.分级净化结合气相色谱-质谱联用法测定豆芽中 10 种植物生长调节剂[J].分析化学研究报告,2014,42(6):866~871.

[11]　曹慧,陈小珍,王瑾,等.超高效液相色谱-串联质谱技术同时分析食品中多种植物激素残留[J].农药,2012,51(10):738-741.

[12]　郭立群,徐军,董丰收,等.分散固相萃取-超高效液相色谱-串联质谱法同时检测玉米及其土壤中烟嘧磺隆、莠去津及氯氟吡氧乙酸残留[J].农药学学报,2012,14(2):177-186.

[13]　周旭,许锦钢,陈智栋,等.流动相离子色谱法同时测定植物中残留的矮壮素和缩节胺[J].色谱,2011,29(3):244-248.

[14]　王志元,张思群,席静,等.水果及果汁中二噁英类似物三氯新残留量的超高效液相色谱-串联质谱检测方法研究[J].中国卫生检验杂志,2011,21(6):1325-1327.

[15]　冯楠,路勇,姜洁,等.QuEChERs-超高效液相色谱串联质谱法快速筛查食品中 73 种有毒有害物质[J].食品科学,2013,34(16):214-221.

[16]　宫小明,任一平,董静,等.超高效液相色谱串联质谱法测定花生、粮油中 18 种真菌毒素[J].分析测试学报,2011,30(1):6-12.

[17]　龚珊,任正东,潘静,等.HPLC 测定玉米中黄曲霉毒素 B1 前处理提取方法的探讨[J].河南工业大学学报(自然科学版),2012,33(1):57-58,68.

[18]　郑翠梅,张艳,王松雪,等.液相色谱-飞行时间质谱同时测定粮食中 13 种真菌毒素[J].分析测试学报,2012,31(4):383-389.

[19]　汪禄祥,黎其万,严红梅,等.云南雪莲果矿质元素的 ICP-AES 测定和氨基酸含量测定[J].现代科学仪器,2008(3):10-12.

[20]　陈敏,李赫,马文平,等.反相高效液相色谱法测定枸杞中类胡萝卜素及酯类化合物[J].分析化学研究报告,2006,34(特刊):27-30.

[21]　高瑞萍,刘嘉,蒋智钢,等.遵义朝天红干辣椒挥发性风味物质的 HS-SPME-GC-MS 分析[J].中国调味品,2013,38(10):78-80.

[22]　冉玥,焦必宁,赵其阳,等.超高效液相色谱法同时测定柑橘中 11 种类黄酮物质[J].食品科学,2013,34(4):168-172.

[23]　韩豪,李新生,高玥,等.UPLC-MS/MS 测定黑小麦中 B 族维生素[J].中国生化药物杂志,2012,33(5):528-536.

[24]　王克勤,罗军武,陈静萍,等.高效液相色谱法测定芹菜中芹菜素含量[J].食品与机械,2009,25(2):74-77.

[25]　陈丹红.HPLC 法同时测定鸡腿菇水解液中单糖及多糖的研究[J].分析测试学报,2009,28(12):1464-1467.

[26]　袁勇,黄建安,李银花,等.高效液相色谱-蒸发光散射检测法测定茶叶中单糖和双糖[J].茶业科学,2010,30(6):435-439.

[27]　马晓年,邵娅婷,李菲,等.毛细管电泳分离检测茶叶中 5 种多酚类化合物[J].食品科学,2014,35(8):129-132.

[28]　丁靖,惠伯棣,刘源.番茄果实中全反式番茄红素的 C30-HPLC 外标法定量检测[J].食品科学,2010,31(22):453-456.

[29]　刘红,徐科.采取高效液相色谱法测定植物样品中花青素的研究[J].安徽农业科学,2013,41(14):6123-6124.

[30] 孙涛,龙丹凤,辛国省,等.微波消解 ICP-AES 法测定鸡肌肉无机元素[J].光谱学与光谱分析,2010,30(7):1965-1967.

[31] 王长芹,杨金玲,公维磊,等.顺序注射氢化物发生-原子荧光光谱法同时测定牛奶砷硒含量[J].济宁医学院学报,2011,34(3):194-196.

[32] 任婷,曹珺,赵丽娇,等.氢化物发生-高分辨连续光源原子吸收光谱法测定食品中的汞和砷[J].食品科学,2014,35(8):62-66.

[33] 曾丹,张莹,丁国生.微波消解 ICP-MS 测定猪瘦肉中的 6 种重金属元素[J].肉类研究,2012,26(11):20-22.

[34] 谢建军,陈捷,何曼莉,等.气相色谱-质谱联用法测定动物源食品中的杀虫脒及其代谢物残留[J].分析测试学报,2012,31(11):1358-1364.

[35] 林珊珊,岳振峰,张毅,等.微波辅助中空纤维液相微萃取-液相色谱-串联质谱法同时快速测定牛奶中 27 种抗生素残留[J].分析化学研究报告,2013,41(10):1511-1517.

[36] 赵健,吴银良.分散固相萃取/液相色谱串联质谱法测定鸡肉中二硝托胺及其代谢产物残留量[J].分析测试学报,2011,30(12):1382-1386.

[37] 郑春巍,刘洋,王启辉,等.超高效液相色谱法测定畜禽肉中 10 种磺胺类药物残留量[J].理化检验-化学分册,2012,48:79-81.

[38] 蒋施,赵颖,金雁,等.超高效液相色谱-串联质谱法测定动物组织中 19 种兽药残留量[J].理化检验-化学分册,2010,46(11):1319-1322.

[39] 朱浩、李小平、邹宝波,等.分散固相萃取/高效液相色谱法测定鸡蛋中对位红与苏丹红染料残留[J].分析测试学报,2013,32(11):1379-1383.

[40] 李丹,孙雷,毕言锋,等.超高效液相色谱-串联质谱法检测动物肌肉组织中 19 种 β-受体激动剂残留[J].中国兽药杂志,2013,47(11):22-26.

[41] 赖世云,陶保华,傅士姗,等.液相色谱-质谱联用测定乳及乳制品中 29 种性激素[J].分析化学研究报告,2012,1:135-139.

[42] 陈慧华,韦敏珏,周炜,等.液相色谱-串联质谱法测定动物组织中金刚烷胺和金刚乙胺的残留量[J].质谱学报,2013,34(4):226-232.

[43] 佟玲,杨佳佳,阎妮,等.加速溶剂提取/GC-MS 同时测定动物组织中有机氯农药和多氯联苯[J].岩矿测试,2014,33(2):262-269.

[44] 张建清,钟伟祥,单慧媚,气相色谱/高分辨双聚焦磁式质谱联用仪定量检测市售猪肉中二噁英[J].分析化学研究简报,2012,30(12):1481-1485.

[45] 叶惟玲,刘莉,李海蓉,等.高效液相色谱法分析牛乳中脂溶性维生素和 β-胡萝卜素[J].色谱,1992,10(4):240-241.

[46] 陈勇,王燕华,张丽英,等.饲料和动物组织中总脂肪酸含量的快速测定[J].中国饲料,2000,21:28-29.

[47] 徐强,张华,赵德丰,等.ICP-AES 测定海产品中的微量元素[J].光谱实验室,2013,30(5):2621-2624.

[48] 袁静,王亚林,汤洁.微波消解 ICP-MS 法同时测定水产品中 13 种元素[J].环境监测管理与技术,2013,25(5):31-33.

[49] 尚晓虹,赵云峰,张磊,等.水产品中甲基汞测定的液相色谱-原子荧光光谱联用方法的改进[J].色谱,2011,29(7):667-672.

[50] 苏建峰.一次性消解-原子吸收光谱法、原子荧光光谱法检测水产品中铅、镉、铜、锌和砷[J].光谱实验室,2007,24(3):566-569.

[51] 朱铭立,张卫峰,聂建荣,等.高效液相色谱测定水产品中氨基甲酸酯类农药多组分残留[J].广东农业科学,2009,8:242-262.

[52] 高平,黄国方,刘文侠,等.分散固相萃取-气相色谱法测定对虾中 12 种有机磷农药残留[J].分析实

验室,2014,33(3)：359-363.

[53] 朱世超,钱卓真,吴成业.水产品中 7 种大环内酯类抗生素残留量的 HPLC-MS/MS 测定法[J].南方水产科学,2012,8(1)：54-60.

[54] 罗辉泰,黄晓兰,吴惠勤,等. QuEChERS/液相色谱-串联质谱法同时测定鱼肉中 30 种激素类及氯霉素类药物残留[J].分析测试学报,2011,30(12)：1329-1337.

[55] 尹怡,郑光明,朱新平,等.分散固相萃取/气相色谱-质谱联用法快速测定鱼、虾中的 16 种多环芳烃[J].分析测试学报,2011,30(10)：1107-1112.

[56] 张建清,李敬光,吴永宁.同位素稀释的气相色谱/高分辨质谱联用测定食品中二噁英和共平面多氯联苯[J].分析化学研究报告,2005,33(3)：296-300.

[57] 莫彩娜,杨曦,黄智成.高效液相色谱-串联质谱法测定水产品中黄曲霉毒素 G2、G1、B2、B1[J].广州化工,2011,39,(20)：92-94.

[58] 孙伟红,冷凯良,邢丽红,等.高效液相色谱串联质谱法同时测定大黄鱼肝和鲟鱼肝中的脂溶性维生素[J].分析试验室,2010,29(增刊)：313-315.

[59] 高娟,楼乔明,杨文鸽,等.超声辅助提取鱿鱼肝脏油脂及其脂肪酸组成分析[J].中国粮油学报,2014,29(2)：53- 56.

[60] 杨慧芬.食品卫生理化检验标准手册[M].北京：中国标准出版社,1998.

第14章

食品样品前处理

14.1 概述

　　食品分析样品包括种原材料,农副产品、半成品、食品添加剂、辅料及终产品,可谓种类繁多,成分复杂,来源不一。此外,涉及食品的检测项目也非常繁杂,既包括食品本身含的组分,如蛋白质(包括酶)、氨基酸、碳水化合物(包括纤维素)、脂肪、核酸、维生素、矿物质、水分、灰分、挥发性成分以及食品添加剂,也包括因种植和养殖过程中引入的农药残留、兽药残留,以及食品储藏和加工过程中可能产生的生物毒素、有害物质(如丙烯酰胺、反式脂肪酸、氯丙醇等),还包括因环境污染引入的各类污染物,如重金属、硝酸盐、多氯联苯等。这些成分之间往往通过作用力以结合态或络合态的形式存在。当测定其中某类(个)化合物时,其他组分常常会带来干扰。这就需要对样品进行前处理,分离富集出足够浓度的目标组分进行定性定量分析。

　　食品样品前处理是破坏食品中各组分之间的作用力,使被测组分游离出来,同时消除干扰组分,获得准确分析结果的过程。通常,样品前处理可分为六大类:有机物破坏法(如干灰化法、湿消解法、微波消解)、萃取法(如索氏提取、溶剂萃取、超临界萃取、固相萃取、微波萃取、超声波萃取)、蒸馏法(如常压蒸馏、减压蒸馏、水蒸气蒸馏、吹扫捕集共蒸馏、共沸蒸馏、萃取精馏)、层析法(如吸附层析、分配层析、离子交换层析、凝胶层析)、化学分离法(如磺化法、皂化法、沉淀分离法、盐析法、等电点法、掩蔽法)和衍生化法(如脂肪酸的甲酯化、氨基酸的茚三酮衍生等),等等。

　　样品前处理是食品分析过程的重要环节,通常要占到分析时间的70%左右。它和后续分析检测技术一起决定着一个食品检测方法的可行性与灵敏度。随着科技与社会的发展,对食品分析提出的要求也越来越高。不仅目标组分越来越多,其结构越来越复杂,而且要求的检出限越来越低;同时要求分析方法更加快速、准确、简便易行、低毒环保。为了满足这些要求,不断提升和改进分析仪器无疑是一个有效途径,同时,发展样品前处理方法和技术也是不容忽视的一个重要手段。因此,研发快速、有效、低廉和环保的前处理方法和技术一直是食品分析化学,乃至分析化学中的一个关键问题和前沿研究课题。本章针对食品分析中涉及各种目标组分的样品前处理方法进行综述并辅以实例分析。

14.2　营养成分

食品营养成分有蛋白质、碳水化合物、脂肪、维生素、矿物质和水,即六大营养素。其中蛋白质、碳水化合物、脂肪、水分是常量物质,其总量的分析多采用化学分析法,前处理方法多采用消解、提取等,如蛋白质的前处理是通过强酸消解破坏食品的有机质;脂肪采用索氏提取。食品中的维生素、矿物质属于微量成分,其分析方法多用精密仪器,因此,前处理方法相对复杂,涉及酸解、酶解、固相萃取(solid phase extraction,SPE)等。随着分析技术和营养学的快速发展,营养成分分析不断进步,如食品中氨基酸的检测已经形成成熟的氨基酸分析仪,可以实现十几种常见氨基酸的同时测定。食品中脂肪酸的组成可以通过脂肪酸甲酯化与气相色谱(GC)结合进行定性定量分析;碳水化合物中多种单糖与多糖组成分析可以通过蛋白沉淀纯化技术与高效液相色谱(high performance liquid chromatography,HPLC)相结合的方法;还有多种不同溶解性质的维生素以及金属与非金属元素的同时测定,等等。此外,电泳仪、质谱仪等高灵敏度分析方法的应用,使得人们可以分析许多以前难以检测的营养成分,如叶酸、生物素、胆碱、可溶性膳食等,这些分析方法和技术促进了人们对营养成分及其功能的深入了解。

14.2.1　蛋白质与氨基酸

1. 蛋白质

蛋白质的测定方法很多,根据测定原理可以分为两类:一类是利用蛋白质的共性,即含氮量、肽键和折射率等,如凯氏定氮法、燃烧法、双缩脲法等。另一类是利用蛋白质中特定氨基酸残基、酸性基团、碱性基团和芳香基团等,如福林-酚试剂法、紫外吸收光谱法、考马斯亮蓝法、荧光法、免疫法等。然而,由于食品种类繁多,其蛋白质含量各异,特别是含有碳水化合物、脂肪和维生素等干扰组分,因此,食品中蛋白质测定最常用的仍然是凯氏定氮法,它是测定总有机氮最准确和操作相对简便的方法之一。凯氏定氮法的样品前处理采用湿消解法,即将蛋白质彻底破坏,使其生成氨,通过测定氨的含量换算出蛋白质的含量。

实例14-1　测定食品中蛋白质的湿消解法[1]

方法提要:样品为各类食品;目标组分是蛋白质;后续分析采用凯氏定氮仪滴定;通过剧烈的湿消解法彻底破坏蛋白质使其生成氨,氨与硫酸结合生成硫酸铵,以氢氧化钠碱化蒸馏使氨游离,用硼酸吸收后以硫酸或盐酸标准溶液滴定,根据酸的消耗量换算出蛋白质含量。

仪器与试剂:凯氏定氮仪;电热板等加热装置;硫酸铜;硫酸钾;浓硫酸。

操作步骤:精确称取 0.2~2g 均匀固体样品、2~5g 半固体样品或 10~25g 液体样品(精确至 1mg,相当于 30~40mg 氮),移入干燥定氮瓶(或消解管)中,加入 0.2g 硫酸铜、6g 硫酸钾及 20mL 浓硫酸,摇匀后瓶口放一小漏斗,将瓶以 45°角倾斜加热,待内容物全部炭化,泡沫完全停止后,保持瓶内液体微沸,直至液体呈澄清透明蓝绿色,继续加热 0.5~1h,取下,放冷,用水转移并定容至 100mL,供凯氏定氮仪测定。同时做试剂空白试验。

方法评价:经过湿消解法后食品中的含氮化合物全部转化为氨,包括蛋白质、多肽、游离氨基酸中的蛋白氮,也包括非蛋白氮,如非法添加物三聚氰胺及其分解产物三聚氰酸等。因此,凯氏定氮法测定的是食品中的总含氮量。作为蛋白质的经典分析方法,凯氏定氮法具有结果准确,重现性好的特点,是蛋白质检测首选方法。目前,已有多家仪器公司出售全自动或半自动的凯氏定氮仪,用于蛋白质的快速滴定。此外,在消解动物性食品时,有人提出加入双氧水,以 15mL 的双氧水与浓硫酸(3:2)的混合酸消解,可以提高消解效率[2]。

2. 氨基酸

氨基酸是构成蛋白质最基本的物质,也是重要的营养成分,因此氨基酸分析是食品质量控制和营养评价的重要手段。由于大多数氨基酸不含芳香环等生色团,无法直接用紫外分光光度计检测,需要先将氨基酸衍生为具有较强紫外或荧光吸收的衍生物。常用衍生化方法有两种,一种是柱后茚三酮衍生离子色谱法(ion chromatography, IC),另一种是柱前衍生 HPLC 法,衍生剂有邻苯二甲醛(o-phthaladehyde, OPA)、异硫氰酸酯苯酯(phenyl isothiocyanate, PITC)、芴甲基氯甲酸酯(fluorenylmethyl chloroformate, FMOC)等。柱前衍生可以解决胱氨酸的检测,比柱后衍生更灵敏,分析速度更快,但易受盐、缓冲剂、洗涤剂和金属离子的干扰。因此,对于食品这样的复杂基质,柱前衍生测定的准确度、精密度不如柱后衍生法好。目前食品中氨基酸的检测多为柱后茚三酮衍生法。

氨基酸的前处理方法有酸水解、碱水解和氧化酸水解等,其中酸水解法较为常用,用于天冬氨酸、苏氨酸、丝氨酸、谷氨酸、脯氨酸、甘氨酸、丙氨酸、缬氨酸、蛋氨酸、异亮氨酸、亮氨酸、酪氨酸、苯丙氨酸、组氨酸、赖氨酸和精氨酸等 16 种氨基酸的测定,但天门冬酰胺和谷氨酰胺变为天门冬氨酸和谷氨酸,半胱氨酸变为胱氨酸,丝氨酸和苏氨酸部分水解,色氨酸则完全被破坏。为了减少氨基酸的损失,需加入苯酚等保护剂。碱水解法用于测定色氨酸;氧化酸水解法则用于测定胱氨酸、蛋氨酸和除了色氨酸、酪氨酸以外的其他氨基酸。

实例 14-2　测定食品中氨基酸的酸水解与柱后衍生法[3]

方法提要:样品是除了蛋白质含量低的水果、蔬菜、饮料和淀粉类食品以外的其他各类食品;目标组分是 16 种常见氨基酸;后续分析采用氨基酸分析仪。食品中的蛋白质经过盐酸水解成为游离氨基酸,经过离子交换柱分离,与茚三酮反应后用分光光度计测定。

仪器与试剂:恒温干燥箱;真空泵;氨基酸分析仪;水解管;盐酸;苯酚;枸橼酸钠。

操作步骤:称取一定量样品,如奶粉、牛奶、鲜肉等(精确至 0.1mg,样品中约含 10~20mg 蛋白质)放入水解管中。根据蛋白质含量加 10~15mL 6mol/L 盐酸。对于含水量高的样品如牛奶,可加入等体积的浓盐酸,然后加入 3~4 滴新蒸馏的苯酚。将水解管放入冷冻剂中冷冻 3~5min,之后接到真空泵上抽真空,充入高纯氮气,再抽真空充氮气,重复 3 次,在充氮状态下,密封水解管,放入(110±1)℃的恒温干燥箱内,水解 22~24h,取出冷却,打开水解管,过滤水解液并转移至 50mL 容量瓶定容。测定前吸取 1~2mL 滤液于 5mL 容量瓶中,真空干燥,残留物用 1~2mL 水溶解,再干燥,反复 2 次后蒸干,用 1mL pH=2.2 的枸橼酸钠缓冲液溶解,注入氨基酸自动分析仪测定。

方法评价:最低检出限为 1μg/kg。

14.2.2　脂肪与脂肪酸

食品中的脂肪有游离态和结合态两种存在形式,游离态如动植物性油脂;结合态是与蛋白质或碳水化合物结合的脂肪,包括天然磷脂、糖脂、脂蛋白以及食品加工中添加的脂肪。

对大多数食品而言,游离态脂肪是主要的,结合态脂肪含量较少。对于游离态脂肪,一般采用石油醚、乙醚、正己烷、氯仿-甲醇等溶剂提取后测定;结合态脂肪则必须预先用酸或碱及乙醇破坏脂肪与非脂类的结合力,再提取测定。

食品的种类不同,脂肪的含量及其存在形式也不相同,测定脂肪的方法也不太一样。常用的有索氏提取法、酸水解法、碱性乙醚法、巴布科克氏法、盖勃氏法等,其中索氏提取法最常用,酸水解法可以对包括结合态脂类在内的全部脂类进行测定,碱性乙醚法、巴布科克氏和盖勃氏法主要用于乳制品中脂肪的测定。

脂肪是甘油和脂肪酸形成的酯,因此绝大多数的脂肪酸是以结合形式存在,以游离形式存在的脂肪酸极少。脂肪酸都是一端有一个羧基的长链碳氢化合物,多数链长为 14～20 个碳原子,最常见的是 16 个或 18 个碳原子。碳氢链以线性为主,很少有支链和环状的。有的碳氢链是饱和的,即为饱和脂肪酸,如硬脂酸($C_{18}：0$)和软脂酸($C_{16}：0$)等;有的碳氢链含有一个或几个双键,为不饱和脂肪酸,如油酸($C_{18}：1$)、亚油酸($C_{18}：2$)和亚麻酸($C_{18}：3$)等。不同油脂中饱和与不饱和脂肪酸的比例不尽相同,通常猪、羊、牛等动物油脂中饱和脂肪酸的含量高,植物油和深海鱼类等低温动物油脂中则不饱和脂肪酸的含量高。但无论是动物性还是植物性油脂,不饱和脂肪酸的第 9～10 个碳原子之间都有一个双键,而且构型几乎都是顺式(*cis*),只有极少数是反式(*trans*)。

自 20 世纪 90 年代,反式脂肪酸的安全性一直倍受关注,研究结果表明:反式脂肪酸对人体有害,尤其对心血管系统有诸多不利影响。因此,各国纷纷出台了反式脂肪酸的限量规定,我国也在 2011 年公布了《预包装食品营养标签通则》(GB 28050—2011),对加工过程中涉及氢化植物油的食品强制规定标示反式脂肪酸的含量[4]。脂肪酸的检测大多采用 GC 或 GC-质谱联用(GC-MS),样品前处理步骤包括脂肪提取与脂肪酸甲酯化。

实例 14-3 测定食品中粗脂肪的索氏提取法[5]

方法提要:样品为肉制品、豆制品、坚果制品、谷物油炸制品、糕点等;目标组分是粗脂肪;后续分析为重量法,即试样经过干燥后用无水乙醚或石油醚提取,除去乙醚或石油醚后称量残留物(粗脂肪)的重量。

仪器与试剂:索氏提取器;电热鼓风干燥箱;恒温水浴锅;分析天平;石油醚;乙醚。

操作步骤:称取约 5g(精确至 1mg)均匀粉末样品于洁净称量皿中,拌入适量海砂,对于含水量大于 40% 的样品置沸水浴上蒸发水分,之后全部装入滤纸筒,放入干燥箱内,于 (103±2)℃下烘干 2h(糕点样品于(90±2)℃下烘干,以免发生脂质氧化),取出放冷,将滤纸筒放入索氏提取器,连接已干燥恒重的底瓶,注入无水乙醚或石油醚至虹吸管高度以上,待提取液流净后,再加提取液至虹吸管高度的 1/3 处。连接回流冷凝管,将底瓶放在水浴锅上加热,用少量脱脂棉塞入冷凝管上口。控制提取液每 6～8min 回流一次,一般提取 6～12h,脂肪含量高的坚果制品要提取 16h,收集提取液,蒸干溶剂,烘干接收瓶至恒重后称重。

方法评价:索氏提取物的主要成分是游离脂肪,此外,还有挥发油、磷脂、糖脂、色素、树脂、蜡等。因此,该法测定的是样品中粗脂肪的含量。由于索氏提取的时间较长,有学者提出改进方法,即将接收瓶烘干增重法改为样品烘干减重法,同时将提取器中放置的样品包从 1 个增加至 3 个,实现多个样品的同时测定。节省了试剂和时间、提高了工作效率[6]。

注意事项:①索氏提取法适用于大多数食品。对于易吸湿、不易烘干的加工食品则宜采用酸水解法。但酸水解法不适用于磷脂含量高的食品，如蛋及其制品、鱼类和贝类等，也不适用于含糖量高的食品，因为糖类遇强酸易发生炭化，影响测定。②提取溶剂乙醚的沸点低（34.6℃），易燃，使用时要注意通风和杜绝明火；乙醚可饱和2％的水，含水乙醚在萃取脂肪时会提取出糖分等非脂成分，因此，样品必须干燥，并使用无水乙醚做提取溶剂；此外，回收乙醚时必须彻底蒸发干净，否则放入烘箱会有爆炸危险。石油醚的沸点比乙醚高，不易燃，吸收水分比乙醚少，允许样品中含有微量的水分，但溶解脂肪的能力比乙醚稍弱。③注意滤纸筒的高度不要超过回流弯管，否则超过部分的脂肪不能提取干净，带来测定误差。脂肪接收瓶反复加热，会因脂类氧化而增重。对富含脂肪的样品，可在低温或真空干燥箱中进行干燥，避免因脂肪氧化造成的误差。

实例 14-4　测定乳与乳制品中脂肪酸的皂化与甲酯化法[7]

方法提要：样品为乳与乳制品；目标组分是脂肪酸；后续分析方法配备氢火焰离子化检测器的GC(GC-FID)。试样中的脂肪经皂化处理后生成游离脂肪酸，在三氟化硼催化下进行甲酯反应，脂肪酸甲酯采用GC-FID分离测定。

仪器与试剂：恒温水浴锅；旋转蒸发仪；离心机；氨水；乙醇；乙醚；石油醚；甲醇；焦性没食子酸；氢氧化钾；三氟化硼；氯化钠；正己烷。

操作步骤：精确称取10g液体样品或1g固体样品（精确至1mg，下同。含淀粉的样品要先用淀粉酶水解）于100mL干燥、恒重的具塞磨口试管中，加入(65±1)℃的水10mL，振摇分散均匀。加入2mL氨水，于(65±1)℃水浴锅中水解15min，取出，轻摇，冷却至室温。然后加入10mL乙醇，混匀；加入25mL乙醚，加塞振摇1min；加入25mL石油醚，加塞振摇1min，静置分层，收集有机层，再重复操作2次，合并有机层提取液于磨口烧瓶中，旋转蒸发浓缩至干。无水奶油样品无须提取，直接称取0.2g于磨口烧瓶中。在前述样品浓缩液或无水奶油中加入1.0mL 10％焦性没食子酸甲醇溶液。浓缩干燥之后再加入10mL 0.5mol/L氢氧化钾-甲醇溶液，置于(80±1)℃水浴回流5～10min；再加入5mL 14％三氟化硼-甲醇溶液，继续回流15min，冷却至室温，用3mL饱和氯化钠溶液转移液体至50mL离心管中，加入10mL正己烷，离心5min，取上清液供GC测定。

方法评价：本方法不适用于含有被包埋的脂肪酸测定。本方法是脂肪酸提取与甲酯化的通用方法，除乳品外，其他样品中的脂肪可直接采用索氏提取法；皂化酯化步骤也可以简化为氢氧化钾-甲醇回流一步法。后续分析可选择强极性的氰丙基硅氧烷色谱柱与适当的分离条件，实现饱和脂肪酸、不饱和脂肪酸与反式脂肪酸等数十种化合物的同时分离测定。

14.2.3　碳水化合物

食品中碳水化合物（糖类）的测定方法很多，如测定折光率和旋光度的物理法，测定膳食纤维和果胶的重量法，测定淀粉、还原糖、总糖等的化学滴定法和分光光度法，以及测定各类功能性糖的HPLC方法。近年来，还出现了电泳法和生物传感器法。但无论是测定淀粉、总糖、还原糖还是测定其他单糖、双糖，均需要在样品前处理时除去蛋白质的干扰，除蛋白用的试剂有乙酸铅、活性炭、乙酸锌和亚铁氰化钾等。油脂含量高的还需除去脂肪。此外，淀粉和膳食纤维还涉及酶法消解。

实例 14-5　测定食品中单糖与双糖的蛋白质沉淀法[8]

方法提要：样品为谷物类、乳制品、果蔬制品、饮料等食品；目标组分是果糖、葡萄糖、蔗糖、麦芽糖、乳糖；后续分析采用带示差折光检测器的 HPLC；试样经蛋白质沉淀和脂肪萃取后过滤，滤液供 HPLC 测定，分离柱可选用氨基柱。

仪器与试剂：旋转蒸发仪；磁力搅拌器；离心机；石油醚；乙酸锌；亚铁氰化钾。

操作步骤：对于脂肪含量小于 10% 的样品，根据含糖量精确称取 0.5～10g（精确至 1mg，下同，含糖量 5% 以下的称取 10g，含糖量 5%～10% 的称取 5g，含糖量 10%～40% 的称取 2g，含糖量 40% 以上的称取 0.5g）均匀样品于 150mL 烧杯中（含二氧化碳的饮料要预先除气）；对于脂肪含量大于 10% 的样品，精确称取 5～10g，置于 100mL 具塞离心管中，加入 50mL 石油醚，振摇、离心，旋转蒸发除去石油醚，重复操作 1 次以除去大部分脂肪，将样品转移至 150mL 烧杯中。将磁力搅拌子放于有样品的 150mL 烧杯中，加 50g 水溶解试样，缓慢加入乙酸锌溶液（称取 21.9g，加 3mL 冰乙酸，用水溶解至 100mL）和亚铁氰化钾溶液（称取 10.6g，用水溶解至 100mL）各 5mL，加水至溶液总质量 100g，搅拌 30min 后放置室温，过滤或离心，取滤液供 HPLC 测定。

方法评价：样品中的蛋白质和脂肪会干扰后续 HPLC 分析，因此需要除去蛋白质，对于脂肪含量高于 10% 的样品，需要先除脂肪，再除蛋白。此法也适用于化学滴定法和分光光度法测定总糖、可溶性糖和还原糖的样品前处理。蛋白沉淀剂除了选择乙酸锌和亚铁氰化钾外，还可以选择中性或碱性乙酸铅、氢氧化铝、活性炭等。

实例 14-6 测定食品中膳食纤维的酶解法[9]

方法提要：样品为燕麦片、红枣粉、膳食纤维粉；目标组分是膳食纤维；后续分析是重量法；试样依次用耐高温的 α-淀粉酶、蛋白酶、葡萄糖苷酶进行酶解，除去样品中的蛋白质和可消化淀粉，然后用乙醇沉淀，将沉淀物过滤洗涤后干燥称重，再通过测定沉淀物中的蛋白质和灰分含量，分别得到总膳食纤维、可溶性膳食纤维和不溶性膳食纤维的含量。

仪器与试剂：恒温振荡水浴锅；搅拌器；pH 计；乙醇；磷酸缓冲液；氢氧化钠；盐酸；α-淀粉酶、蛋白酶、葡萄糖苷酶。

操作步骤：精确称取 0.1g 样品（精确至 0.1mg，其中燕麦片样品的淀粉含量 >50%，需先用 10mL 85% 乙醇洗去淀粉并干燥）置于测定膳食纤维专用的高脚瓶中，加入 50mL 0.08mol/L 的磷酸缓冲液（pH=6±0.2），搅拌至完全溶解。然后加入 100μL 耐高温 α-淀粉酶，盖上铝箔，低速搅拌，80℃ 水浴酶解 30min，取出高脚瓶，冷却至 60℃，注意要使附着在底部和壁上的样品完全酶解。用 0.275mol/L 的氢氧化钠调整 pH 至 7.5±0.2。加入 100μL 蛋白酶溶液，盖上铝箔，60℃ 水浴中持续摇荡 30min。用 0.325mol/L 的盐酸调整 pH 至 4.0～4.7。加入 100μL 葡萄糖苷酶溶液，盖上铝箔，60℃ 水浴中持续摇荡 30min。测定时在样品中加入预热 60℃ 的 95% 乙醇，乙醇与样品的体积比为 4:1，室温沉淀 1h。过滤，称量干燥的沉淀得到不溶性膳食纤维含量，滤液再用 4 倍量 95% 乙醇沉淀，称量干燥的沉淀得到可溶性膳食纤维含量。

方法评价：本方法用磷酸缓冲液替代 2-(N-吗啉代)-磺酸基乙烷-三羟甲基氨基甲烷 (MES-TRIS) 缓冲液，对测定结果没有影响，还降低了检测成本。

注意事项：要及时、严格地调节 pH 以满足不同酶的酶解条件。过滤是整个步骤的关键，高浓度乙醇沉淀的糖类属于无定形沉淀，有一定的水溶性，且颗粒微小，易吸附杂质形成胶体溶液而导致难以过滤和洗涤，因此要注意使用过滤速度快、容量大的实验器具，同时用加热的乙醇溶液进行沉淀，可以加速沉淀微粒凝聚，获得紧密的沉淀。

14.2.4　水分

食品中水分以游离水、结合水和化合水三种形式存在,游离水是指存在于动植物细胞外各种毛细管和腔体中的自由水,包括吸附于食品表面的吸附水;结合水是指形成食品胶体状态的结合水,如蛋白质、淀粉的水合作用和膨润吸收的水分,以及糖类、盐类等形成的结晶水;化合水是指物质分子结构中与其他物质化合生成新化合物的水[10]。游离水易于分离,结合水和化合水不易分离。如果不加限制地长时间加热干燥,必然会造成食物变质,影响分析结果。所以要在一定的温度、一定的时间和规定的操作条件下进行测定,才能得到满意的结果。测定食品中水分含量的方法有:直接干燥法、减压干燥法、蒸馏法和卡尔·费休法。

实例 14-7　测定食品中水分的共沸蒸馏法[11]

方法提要:样品为油脂、香辛料等;目标组分是水分;测定原理是利用水的物理化学性质,采用蒸馏装置将食品中的水分与甲苯或二甲苯共同蒸出,根据接收水的体积计算出水分含量。

仪器与试剂:水分测定器;甲苯或二甲苯。

操作步骤:准确称取适量样品(最终可蒸出 2～5mL 的水即可),放入 250mL 锥形瓶中,加入 75mL 新蒸馏的甲苯或二甲苯,连接冷凝管与水分接收管,从冷凝管顶端注入甲苯,装满水分接收管。加热蒸馏,控制馏出液速度为每秒 2 滴,后期可加速至每秒 4 滴,待接收管内的水分体积不再增加时,从冷凝管顶端加入甲苯冲洗。如冷凝管壁附有水滴,可用附有小橡皮头的铜丝擦下,再蒸馏片刻至接收管上部及冷凝管壁无水滴附着,接收管水平面保持 10min 不变为蒸馏终点,读取接收管中水的体积。

注意事项:蒸馏法特别适用于含较多挥发性物质的样品,是香辛料水分测定的标准方法。不适用于水分含量小于 1% 的样品。对热不稳定的物质一般不采用二甲苯,可采用低沸点的溶剂(如苯或甲苯)或涂布在硅藻土上。为了防止产生误差可以添加少量戊醇或异丁醇以避免出现乳浊液。

14.2.5　维生素

维生素是一类分子结构、理化性质与生理功能各异的低分子量天然有机化合物。维生素的种类很多,有胺类(如维生素 B_1)、醛类(如维生素 B_6)、醇类(如维生素 A),酚类或醌类化合物等。按其溶解性可分为水溶性维生素(如维生素 B_1、B_2、B_6、C、B_{12} 等)和脂溶性维生素(如维生素 A、D、E、K 等)。目前维生素的测定方法主要有紫外-可见分光光度法(UV-Vis)、分子荧光法、HPLC 等。涉及的前处理方法有酸水解、酶解、SPE、免疫亲和柱层析等。

实例 14-8　测定食品中 10 种水溶性维生素的 SPE 法[12]

方法提要:样品为玉米粉、猕猴桃和番茄酱;目标组分是维生素 B_1、B_2、B_3、B_4、B_5、B_6、B_8、B_9、B_{12}、C;后续分析是 HPLC-串联质谱联用(HPLC-MS/MS);样品经 C_{18} 柱一步提取和纯化,直接注入 HPLC-MS/MS 测定。

仪器与试剂:真空泵;丁基羟基甲苯;硅藻土;C_{18} 硅胶吸附剂(35～70μm);乙醇。

操作步骤:精确称取 2g(精确至 0.01g)均质样品,加入 15mg 丁基羟基甲苯混合(番茄酱和猕猴桃中要添加 1g 硅藻土分散混匀)。预先在 6mL 注射器中装入 0.5g 的 C_{18} 硅胶吸附剂,下面衬上聚四氟乙烯筛板,然后装入试样与丁基羟基甲苯的混合粉末,上面用聚四氟乙烯筛板盖住,接抽滤瓶抽干。用50％乙醇水溶液洗脱,收集洗脱液至14mL后停止洗脱,定容至100mL,供HPLC-MS/MS测定。

方法评价:本方法将提取和净化在SPE柱上一步完成,大大降低了前处理过程对目标组分的影响。维生素B、C容易因光照和空气中的氧而氧化,加入丁基羟基甲苯有保护作用。C_{18}不仅保留蛋白质在吸附柱上,而且防止萃取过程中产生泡沫。HPLC-MS/MS的灵敏度较高,除个别维生素外,各目标组分的回收率均大于70％。

实例14-9 测定食品中4种脂溶性维生素的液液萃取法[13]

方法提要:样品为牛奶、奶粉和大豆油;目标组分是维生素A、E、D_3、K_1;后续分析方法是HPLC;样品经氢氧化钾-乙醇溶液提取后,经正己烷萃取,浓缩后注入HPLC,色谱柱是用3％十二烷基磺酸钠(SDS)缓冲溶液(pH＝7)改性的C_{18}柱,流动相采用3％SDS的缓冲液与正丁醇(85:15)混合液。

仪器与试剂:旋转蒸发仪;抗坏血酸;氢氧化钾;乙醇;正己烷;甲醇。

操作步骤:精确称取30g(精确至0.1g)样品于250mL三角瓶中,加入3g抗坏血酸和65mL氢氧化钾的乙醇溶液(50mL乙醇与15mL 60％的氢氧化钾溶液混合),室温下均匀搅拌,过夜;然后将试液转移至分液漏斗中,加入25mL正己烷,充分萃取3次;取有机相用25mL水洗涤2次,收集有机相在40℃旋转蒸发至干。用5mL甲醇溶解残渣,供HPLC测定。

方法评价:HPLC流动相采用表面活性剂SDS和正丁醇等毒性低的溶剂代替常规的乙腈和甲醇,具有绿色环保的优点。

实例14-10 测定食品中12种脂溶性和水溶性维生素的酸水解法与皂化法[14]

方法提要:样品为米粉、饮料和复合维生素片;目标组分是维生素A、E、D_3、K_1、B_1、B_2、B_6、B_{12}、C等12种维生素;后续分析方法是HPLC;试样经盐酸水解提取水溶性维生素,再经皂化提取脂溶性维生素,两种提取液混合采用C_{18}色谱柱的HPLC测定,流动相为磷酸二氢钾-甲醇溶液。

仪器与试剂:超声波清洗器;旋转蒸发仪;离心机;盐酸;乙醇;氢氧化钾;乙醚。

操作步骤:准确称取0.2g(精确到1mg,下同)研磨混匀的复合维生素片和米粉样品于15mL离心管内,加入10mL 0.01mol/L盐酸超声提取15min后,以12 000rpm转速离心5min,取上清液作为水溶性维生素提取液A;再准确称取研磨混匀的复合维生素片0.7g或米粉4g于250mL三角瓶中,加入20mL乙醇,超声提取15min,加入50％的氢氧化钾溶液(复合维生素片剂5mL,米粉10mL),于90℃下皂化30min,皂化液用100mL乙醚萃取并于40℃下旋转蒸发至干,然后用5mL乙醇定容,得到脂溶性维生素提取液B。A液与B液以体积比9:1混合供HPLC测定;饮料则直接过滤分析。HPLC以C_{18}柱,磷酸二氢钾-甲醇溶液为流动相梯度洗脱。

方法评价:本方法可实现多个维生素的同时检测,各维生素的回收率为75％～129％,检出限为0.073～0.193μg/mL。

实例14-11 测定保健食品中维生素B_{12}的免疫亲和层析法[15]

方法提要:样品为片剂、胶囊、粉剂、功能性饮料等保健食品;目标组分为维生素B_{12},后续分析方法为HPLC;样品经水提取后,提取液经过可以特异性结合维生素B_{12}的免疫亲和柱,先用水淋洗除去杂质,然后用甲醇洗脱得到维生素B_{12},从而达到净化、富集的目的。

仪器与试剂：超声波清洗器,pH 计；离心机；维生素 B_{12} 免疫亲和净化柱；氢氧化钠；柠檬酸；磷酸；甲醇,三氟乙酸。

操作步骤：预先取 20 粒片剂、胶囊粉碎或混匀,5~10 包粉剂充分混匀；准确称取 10~50g 样品(精确到 0.01g,相当于维生素 B_{12} 的量为 25~2500μg)于 250mL 容量瓶中,加入 100mL 水,振摇混匀,将其置于超声波清洗器中,超声提取约 15min 后定容。碳酸型功能性饮料 150mL 于超声波中脱气 10min；果粒或果汁型功能性饮料用 1mol/L 氢氧化钠调 pH 至 7.0,以 4000r/min 离心 10min,过滤,取滤液。提取前先测试样品水溶液的 pH,如果 pH 在 7.0 以上,用柠檬酸调节 pH 在 4.5~7.0 之间；如溶液 pH 在 4.5 以下,用磷酸缓冲液代替水作为提取液。维生素 B_{12} 免疫亲和净化柱先用 10mL 水淋洗,然后吸取 20mL 上述提取液上样到净化柱上,先用水淋洗除去杂质,再用 3mL 甲醇洗脱,整个过程速度约为 1 滴/s,收集洗脱液,于 60~70℃下水浴蒸干溶剂,加入 1mL 0.025% 三氟乙酸溶解,滤膜过滤后供 HPLC 测定。

方法评价：维生素 B_{12} 属于极性物质,可以用水在常温下超声提取。免疫亲和柱需要适宜的酸碱度范围,纯化时要注意溶液的 pH 范围。由于免疫亲和柱可以特异性地净化目标物,因此,免疫亲和柱比普通 SPE 的灵敏度高,可直接用于液体样品的检测。本方法的检出限：固体样品为 0.05μg/g,液体样品为 3.0μg/L。

14.2.6　矿物质

食品中含有 50 多种元素,除了构成食品中水分和有机物的基本元素碳、氢、氧和氮外,其他元素统称矿物质元素,这些元素从营养学角度可分为常量元素和微量元素两类。常量元素包括钾、钠、钙、镁、硫、磷、氯 7 种,它们在人体内的含量一般大于体重的 0.01%,每日膳食需要量在 100mg 以上。另一类是微量元素,它们在代谢上同样重要,但含量相对较少。微量元素在体内的含量小于 0.01%,每日膳食需要量以微克至毫克计。根据联合国粮食及农业组织(FAO)和世界卫生组织(WHO)的定义,认为维持正常人体生命活动必不可少的必需微量元素共有 10 种,即铁、锌、铜、锰、钴、钼、硒、铬、碘和氟；人体可能必需的微量元素有 4 种,即硅、硼、钒和镍；具有潜在的毒性但在低剂量时可能具有功能作用的微量元素有 7 种,包括铅、镉、汞、砷、铝、锂和锡。目前这 7 种有毒元素尚未证实对人体具有生理功能,但其中部分元素只需极小的剂量即可导致人类机体呈毒性反应,而且这类元素容易在人体内蓄积,且半衰期都很长。随着有毒元素蓄积量的增加,机体会出现各种中毒反应,如致癌、致畸甚至死亡。因此,必须严格控制这类元素在食品中的含量。

为了保证人们的食品营养和安全,世界各国都制订了食品中微量元素和有毒元素的限量标准及分析方法。元素分析一般采用原子光谱法,包括原子发射光谱法(AES)、原子吸收光谱法(AAS)和原子荧光光谱法(AFS)。样品前处理方法通常采用干灰化法、湿消化法和微波消解,目的是将食品中的有机物分解,将元素全部转化成无机状态后供仪器测定。

实例 14-12　测定婴幼儿食品和乳品中 8 种营养元素的干灰化法[16]

方法提要：样品是婴幼儿食品和乳品；目标组分是钙、铁、锌、钠、钾、镁、铜和锰,后续分析是火焰 AAS 法(F-AAS)；样品经干灰化法分解有机质后,加酸使灰分中的无机离子全部溶解,供 F-AAS 测定。

仪器与试剂：电炉；马弗炉；硝酸；盐酸。

操作步骤：精确称取(固体约 5g、液体约 15g,精确到 1mg)均匀样品于坩埚中,在电炉上微火炭化至不再冒烟,移入马弗炉中,于(490±5)℃下灰化约 5h。如果有黑色炭粒,则冷却后滴加少许 50%硝酸溶液湿润。在电炉上小火蒸干后,再移入马弗炉中继续灰化成白色灰烬。冷却至室温后取出,加入 5mL 20%盐酸,在电炉上加热使灰烬充分溶解。冷却至室温后,移入 50mL 容量瓶中定容供 F-AAS 测定。

注意事项：测定钙、镁时,需用镧作释放剂,以消除磷酸干扰。

实例 14-13　测定紫菜与海带中 12 种元素的微波消解法[17]

方法提要：样品为紫菜和海带;目标组分是铝、钡、钙、铜、铁、钾、镁、锰、钠、磷、锶、锌;后续分析是电感耦合等离子体 AES 法(ICP-AES);样品经微波消解后供 ICP-AES 测定。

仪器与试剂：恒温干燥箱;微波消解仪;浓硝酸;过氧化氢。

操作步骤：取大约 1g 样品用 50mL 超纯水清洗 3 次除去盐分,放入烘箱中,于(100±5)℃下干燥,取出冷却后研磨成 30μm 的均匀粉末。准确称取 0.5g 干燥粉末(精确至 0.1mg)于微波消解罐中,加入 5mL 浓硝酸＋过氧化氢(4.5＋0.5)消解液。密封后放入微波消解仪,设置适当的消解程序使试样完全消化。消解完成后等待冷却,取出,将消解液完全转入 50mL 容量瓶中,用水定容,供 ICP-AES 测定。

注意事项：本方法中所用试剂为优级纯,水为超纯水,所用器皿须在 10%硝酸溶液中浸泡 24h,用超纯水清洗干净。

实例 14-14　测定食品中 18 种元素的湿消解法与微波消解法[18]

方法提要：样品为谷物、淀粉、茶叶、糕点、蔬菜、水果及其制品,以及水产品、畜禽肉、饮料、酱腌菜、调味品等食品;目标组分是铅、砷、铁、钙、锌、铝、钠、镁、硼、锰、铜、钡、钛、锶、锡、镉、铬、钒;后续分析方法是 ICP-AES;样品经湿消解法或微波消解后供 ICP-AES 测定。

仪器与试剂：电热板;微波消解仪;浓硝酸;过氧化氢;高氯酸。

操作步骤：固体样品除杂后,磨碎过 200mm 筛备用;水分含量高的样品匀浆后备用。湿消解法：准确称取 2～5g 粮谷类(或 2～5g 水果、蔬菜类、1～3g 肉制品、1～2g 水产品,精确至 0.1mg,下同)于 100mL 三角瓶中,加入 20～30mL 硝酸浸泡过夜。瓶口加一小漏斗置于电热板上加热消解。若消解液浓缩至 10mL 左右仍有未分解物或颜色较深,取下放冷,补加硝酸 5～10mL,直至消解液呈无色透明或略带黄色。加入 1～2mL 硝酸＋高氯酸(4＋1)混酸蒸发至冒白烟,取下放冷,补加少量 0.5mol/L 硝酸,用少量水冲洗瓶壁,在电热板上加热以除去过量的硝酸,取下放冷。将消解液移入 10～50mL 容量瓶中定容,混匀。微波消解：称取 0.5g 处理好样品于微波消解罐中,加入 5mL 浓硝酸＋过氧化氢(4.5＋0.5)消解液。密封后放入微波消解仪,设置适当的消解程序使样品完全消解。消解完成后等待冷却取出,将消解液完全转入 50mL 容量瓶中并用水定容。

注意事项：对于酱腌菜、调味品等高盐含量样品,可以采用共沉淀法富集目标组分。样品处理时将消解液全部转移至烧杯中,加入 1mL 3mg/mL 硝酸钇,用 50%氢氧化钠调节 pH 至 10,加入 2～3mL 2.4mg/mL 硫化钠,混匀,静置 1～3h。转入离心管,并少量多次洗涤烧杯,洗液合并于离心管中,以 5000r/min 离心 10～20min。弃去上清液,保留沉淀。再加入适量水,摇匀,再次离心,最后加入 5mL 0.5mol/L 硝酸溶解沉淀并转入 10～50mL 容量瓶中定容。实验中涉及的压力消解罐、容量瓶和移液管等需在使用前用10％的硝酸溶液中浸泡过夜,然后用二次蒸馏水或去离子水冲洗干净。

实例 14-15 测定巧克力中6种营养元素的直接乳化法[19]

方法提要:样品为巧克力;目标组分是钠、钾、钙、镁、锌、铁;后续分析方法是 F-AAS;样品经表面活性剂和乳化剂直接溶解乳化均匀,供 F-AAS 测定。

仪器与试剂:浓硝酸;硬脂酸辛酯;表面活性剂:Triton X 100 或 Tween 80。

操作步骤:精确称取适量巧克力样品置于80mL烧杯中,加入表面活性剂和油相、硬脂酸辛酯,在搅拌状态下缓慢加入热水配制成50mL溶液,于室温下以3000rpm速率搅拌15min。依据元素含量控制试液浓度,通常钾、钙、钠、镁 0.2％～0.8％,锌和铁 2.0％～8.0％,Triton X 100、Tween 80、硬脂酸辛酯的浓度均为4％。需要注意的是表面活性剂若为 Triton X 100,热水温度要控制在65℃;若是 Tween 80 则为75℃。

方法评价:直接乳化法比常规湿法消化前处理步骤简单,但需要保证乳化溶液的稳定性,以防止发生沉降,导致测定误差。直接乳化法的缺点是不同样品的乳化条件不同,甚至同一样品中不同元素的乳化条件也不同,因此,需要根据具体情况选择合适的乳化试剂和条件。表 14-1 列出本方法中不同巧克力样品的乳化条件。

表 14-1　巧克力样品浓度与乳化条件

测定元素	元素含量/％			乳化剂(含量均为4％)	
	白巧克力	牛奶巧克力	黑巧克力	油相	表面活性剂
钠	0.2	0.2	0.2	硬脂酸辛酯	Triton X100
钾、钙、镁	0.2	0.2	0.2	硬脂酸辛酯	Tween 80
铁	8.0	4.0	2.0	硬脂酸辛酯	Triton X100
锌	4.0	2.0	2.0	硬脂酸辛酯	Tween 80

14.3　食品添加剂

食品添加剂是指为改善食品品质和色、香、味,以及为防腐、保鲜和加工工艺的需要而加入食品中的人工合成或者天然物质。包括营养强化剂、食品用香料、胶基糖果中基础剂物质和食品工业用加工助剂。食品添加剂按来源分为天然与人工合成两大类。天然食品添加剂是利用动物与植物组织或分泌物以及微生物的代谢产物为原料,经过提取、加工所得到的物质。如辣椒红色素、红曲红色素等,一般对人体无害;人工合成就是化学合成的添加剂。食品添加剂按功能、用途划分,各国分类不尽相同,我国 GB 2760—2011《食品添加剂使用标准》将其分为23大类,包括酸度调节剂、抗结剂、消泡剂、抗氧化剂、漂白剂、膨松剂、着色剂、护色剂、乳化剂、酶制剂、增味剂、面粉处理剂、被膜剂、水分保持剂、营养强化剂、防腐剂、稳定剂和凝固剂、甜味剂、增稠剂、食品用香料、食品工业用加工助剂、胶基糖果中基础剂物质及其他[20]。其中防腐剂、抗氧化剂、着色剂和甜味剂的含量测定在食品分析领域中较为常见。

食品添加剂作为食品工业的基础原料,对食品的生产工艺、产品质量、安全卫生起到至关重要的作用,但毕竟不是食品的基本成分。尽管在使用之前已经在实验室中进行多次安全性测试,但近年来出现了许多违禁、滥用以及超范围、超标准使用添加剂的现象,这都会给食品质量安全以及消费者的健康带来巨大危害。随着科技的发展,食品添加剂的种类和数量越来越多,它给人们健康带来的影响也越来越大。原来认为无毒的添加剂,近年来发现有可能存在慢毒性、致癌、致畸及致突变等各种潜在威胁。因此,食品添加剂的检测绝对不可忽视,目的是用于监控、督查和促进食品添加剂的正确合理使用,确保消费者的身体健康。需要指出的是,随着技术的进步,食品添加剂分析除了已列入国家标准的品种外,新品种及其卫生标准和检测方法也在不断出现。

14.3.1　防腐剂与抗氧化剂

食品防腐剂按来源主要分为天然防腐剂和化学防腐剂。天然防腐剂是从植物、动物、微生物的代谢产物中直接分离提取,如乳酸链球菌素、纳他霉素、蜂胶等;化学防腐剂为人工合成,包括苯甲酸、山梨酸和丙酸及其盐类等酸性防腐剂,对羟基苯甲酸酯类、没食子酸酯、抗坏血酸棕榈酸酯等酯类防腐剂以及亚硫酸盐、焦亚硫酸盐、硝酸盐及亚硝酸盐等无机盐防腐剂,这些都是我国《食品添加剂使用卫生标准》中允许使用的防腐剂,大约有 30 多种。食品防腐剂可以有效解决食品在加工、储存、运输过程中的腐败变质问题,保证食品具备一定的保存期。

食品的变质,除了受微生物的作用外,还会受空气中的氧气影响发生氧化反应,导致食品中的油脂酸败、褪色、褐变、风味劣变及维生素破坏等,甚至产生有害物质,从而降低食品质量和营养价值。误食这类食品有时甚至会引起食物中毒,危及人体健康。因此,很多食品中还需要添加抗氧化剂,以防止食品发生氧化变质,延长食品的货架期。食品用抗氧化剂有人工合成的叔丁基-4-羟基苯甲醚(BHA)、叔丁基苯二酸(TBHQ)和 2,6-二叔丁基对甲酚(BHT)等;也有从天然产物提取的茶多酚、植酸等。

无论是防腐剂还是抗氧化剂,在食品中大量存在或食用过量都会危害人体健康。目前测定食品中防腐剂和抗氧化剂的主要方法有 GC、HPLC、GC-MS 和 HPLC-MS。涉及的样品前处理方法有溶剂萃取、SPE 和凝胶渗透色谱(GPC)等。

实例 14-16　测定食品中 7 种防腐剂与抗氧化剂的中空纤维膜液相微萃取法[21]

方法提要:样品为食用油和酱油;目标组分是对羟基苯甲酸甲酯(MP)、对羟基苯甲酸乙酯(EP)、对羟基苯甲酸丙酯(PP)、对羟基苯甲酸丁酯(BP)、BHA、TBHQ 和 BHT;后续分析方法是 GC-MS(离子阱);样品经甲醇提取,15%硫酸钠溶液稀释,然后放入装有甲苯为萃取剂的中空纤维膜进行液相微萃取,最后抽出萃取液供 GC-MS 测定。

仪器与试剂:磁力搅拌器;中空纤维膜;超声波清洗器;甲醇;硫酸钠;正己烷;甲苯。

操作步骤:准确称量 3.0mg 液态样品于离心管,加入 3mL 甲醇,摇匀,用 15%硫酸钠稀释至 50mL 备用。固态样品可称取一定量于研钵中,加入 10mL 甲醇研磨成粉末溶解,过滤,收集滤液,用 15%硫酸钠溶液稀释至 50mL 备用。将用于液相微萃取的中空纤维膜剪成 2cm 小段,在正己烷中超声洗涤 8min,自然晾干,放入玻璃瓶密封保存。萃取时取前述试液 7mL 于小瓶中,放入磁力搅拌子搅拌均匀;用注射器将 5μL 甲苯注入中空纤维膜,两端用加温镊子封口,放入试液瓶中,盖上瓶盖。以 1200r/min 的搅拌速率萃取 15min,然后剪开膜一端的封口,吸取 0.1μL 甲苯相,供 GC-MS 测定。

方法评价:目标组分的溶解性各不相同,硫酸钠可以增加溶液的离子强度,有利于甲苯对目标组分的萃取。实验结果表明:甲苯的萃取效果优于环己烷和乙酸乙酯。本方法用中空纤维膜直接萃取目标组分,简化了前处理过程,为食品中防腐剂和抗氧化剂的检测提供了一种较为快捷、准确的方法。但因称量(仅毫克级)和操作的通用性问题,本方法尚不适用于常规分析,需要继续发展和完善。本方法的线性范围为 $0.4 \sim 80mg/kg$,回收率为 $94\% \sim 115\%$,检出限为 $0.002 \sim 8.0 \mu g/kg$。

注意事项:市售的中空纤维膜有杂质,要注意清洗,但不能破坏膜结构,影响萃取效果。

实例 14-17　测定腌制食品中 14 种防腐剂和抗氧化剂的溶剂萃取法[22]

方法提要:样品为腌制食品,包括盐拌苏子叶、腌制蒜米、腌制姜、腌制辣椒、腌制蒜苔、调味黄瓜、腌制萝卜、腌制牛蒡、泡菜、腌制莴苣等;目标组分是乙酸、丙酸、富马酸二甲酯、TBHQ、山梨酸、脱氢乙酸、苯甲酸、BHA、MP、EP、PP、BP、4-苯基苯酚;后续分析方法是GC-MS;样品经乙醚提取,酸化的氯化钠溶液作目标组分的释放剂,经过溶剂萃取纯化后供GC-MS 测定。

仪器与试剂:涡旋混匀器;旋转蒸发仪;乙醚;氯化钠;盐酸;乙醇;硫酸钠;丙酮。

操作步骤:精确称取 5g(精确至 1mg)粉碎样品置于 250mL 具塞锥形瓶中,加入 50mL乙醚振荡萃取 1h,过滤,重复操作 2 次,合并转移有机相至分液漏斗中,加入 10mL 饱和氯化钠溶液,1mL 盐酸酸化,50mL 乙醚,充分振摇,静置,分层(若乳化严重可加入 5mL 无水乙醇破乳),收集有机相并用饱和氯化钠溶液洗涤,再用无水硫酸钠干燥,过滤,浓缩至近干。用丙酮溶解定容至 1mL 供 GC-MS 测定。

方法评价:萃取剂比较了石油醚、乙醚和正己烷,其中乙醚的回收率较高;酸化试剂比较了磷酸、硫酸和盐酸,结果表明盐酸的回收率较高。本方法的回收率为 $87\% \sim 106\%$,检出限为 $0.10 \sim 0.46mg/kg$。

实例 14-18　测定食品中 3 种抗氧化剂的 GPC 法[23]

方法提要:样品为各类食品;目标组分是 BHA、BHT 与 TBHQ;后续分析方法是 GC;样品经过石油醚或乙腈提取后,用 GPC 净化,供 GC-FID 测定。

仪器与试剂:涡旋混匀器;GPC 净化装置或可进行脱脂的分离系统;旋转蒸发仪;石油醚;乙腈;乙酸乙酯;环己烷。

操作步骤:对于油脂含量 15% 以下的样品,精确称取 $1 \sim 2g$,加入 10mL 乙腈,涡旋混合 2min,过滤,重复操作 3 次,收集滤液浓缩,再用乙腈定容至 2mL,膜过滤供 GC 测定。对于油脂含量 15% 以上的样品,先提取油脂。提取方法:称取 $50 \sim 100g$ 均匀样品,置于250mL 具塞锥形瓶中,加入石油醚使样品完全浸没,放置过夜,过滤,浓缩。膜过滤备用。食用油脂则直接混合均匀后膜过滤备用。GPC 净化:准确称取 0.5g(精确至 0.1mg)前述备用样品,用乙酸乙酯-环己烷(1:1)准确定容至 10mL,涡旋混合 2min,经 GPC 装置净化,收集流出液,浓缩至近干,用环己烷-乙酸乙酯(1:1)定容至 2mL,供 GC 测定。

方法评价:GPC 适用于油脂含量 15% 以上的食品样品的除油脂净化。BHA 等 3 种抗氧化剂为油溶性化合物,用弱极性溶剂提取油脂和目标组分后,采用 GPC 除去油脂,达到分离净化的目的。该方法的检出限:BHA 2mg/kg、BHT 2mg/kg、TBHQ 5mg/kg。

实例 14-19　测定食品中 6 种防腐剂的 SPE 法[24]

方法提要:样品为蔬菜、水果(经表面处理)、碳酸饮料、牛奶、醋、食品馅料等食品;目标组分是 MP、EP、PP、BP 和对羟基苯甲酸(异丙、异丁)酯等 6 种防腐剂;后续分析方法是HPLC;样品经乙腈提取,C_{18} 柱净化后供 HPLC 测定,流动相用甲醇-水梯度洗脱。

　　仪器与试剂：涡旋混匀器；离心机；旋转蒸发仪；C_{18}柱；氮吹仪；乙酸铵；氯化钠；乙腈；甲醇；氨水。

　　操作步骤：称取5g(精确至0.01g)样品于50mL离心管中，加入2mL 2mol/L乙酸铵缓冲液(pH6.5)，振荡溶解，加入2g氯化钠，15mL乙腈振荡提取，再加入10mL乙腈振荡提取2次，合并提取液，旋转蒸发至近干；净化时加入2mL 35%甲醇溶解残渣，转入预先依次用5mL甲醇、5mL水活化的C_{18}柱，用3mL 30%甲醇淋洗除去杂质，5mL 5%氨化甲醇洗脱，收集洗脱液，于40℃下氮吹至近干，残渣用2mL甲醇溶解，振荡2min，膜过滤后供HPLC测定。

　　方法评价：对羟基苯甲酸酯类化合物易溶于多种有机溶剂，但实验结果表明乙腈对大多数对羟基苯甲酸酯的提取效率较高，且提取后得到的溶液清澈，方便后续SPE净化。SPE法比溶剂萃取法的分析时间短，溶剂用量少，操作方便，多数情况下可以较为有效地分离目标组分与基体干扰物。本方法的线性范围为1～500mg/L，检出限为0.0016～0.0081mg/L。

　　实例14-20　测定啤酒中5种防腐剂的SPE法[25]

　　方法提要：样品为啤酒；目标组分是苯甲酸、山梨酸、MP、EP、PP等5种防腐剂；后续分析方法是HPLC-MS；样品经加热除去乙醇和二氧化碳，上C_{18}柱净化，HPLC测定，流动相用加入乙酸铵缓冲液的甲醇-水梯度洗脱。

　　仪器与试剂：恒温水浴锅；C_{18}柱；氮吹仪；甲醇。

　　操作步骤：准确称取10g(精确至0.01g)样品，于80℃下恒温水浴中加热4h，除去啤酒样品中的乙醇和二氧化碳。然后上C_{18}柱净化(预先依次用5mL甲醇和3mL蒸馏水活化)，先用2mL蒸馏水淋洗，再用10mL甲醇洗脱，洗脱液于40℃下氮吹至近干，加2mL甲醇溶解，取1mL试液膜过滤后供HPLC-MS测定。

　　方法评价：活性炭、硅胶、氧化铝和C_{18}对上述5种防腐剂的净化作用比较，活性炭和硅胶虽然除色素等杂质的效果较好，但对目标组分有吸附，导致回收率降低；氧化铝的除杂能力较弱；C_{18}柱对目标组分的保留作用较强，通过淋洗和洗脱两步可以实现除杂、纯化的目的，回收率为78%～109%，大大优于溶剂萃取法(回收率仅为32%)。本方法的线性范围为0.1～10mg/L，检出限为0.01～0.02mg/L。

　　实例14-21　测定蜜饯中8种防腐剂的离子液体-加速溶剂萃取法[26]

　　方法提要：样品为李子、芒果、桃、橄榄和杏的蜜饯；目标组分是4-羟基苯甲酸、山梨酸、苯甲酸、2-甲基苯甲酸、4-甲基苯甲酸，肉桂酸、3-硝基肉桂酸及4-甲基肉桂苯甲酸等有机酸类防腐剂；后续分析方法是HPLC；样品经过分散均匀后，用氯化1-辛基-3-甲基咪唑盐的水溶液作为萃取剂采用加速溶剂萃取(ASE)提取，萃取液过滤后供HPLC测定。

　　仪器与试剂：ASE仪；石英砂；氯化1-辛基-3-甲基咪唑盐。

　　操作步骤：精确称取5g(精确至0.01g)样品于研钵中，加入30g石英砂(0.45～0.90mm)使得样品分散均匀，放入不锈钢萃取池，设定ASE程序：溶剂0.1mol/L氯化1-辛基-3-甲基咪唑盐水溶液；时间5min；温度80℃。萃取完成后所得萃取液体积约为32～40mL，过滤并定容，膜过滤后供HPLC测定。

　　方法评价：由于样品基体黏稠，需要加入石英砂用于分散基体。ASE是在较高的温度(50～200℃)和压力(6.9～20.7MPa)下，用溶剂萃取固体或半固体样品的前处理方法。高温条件下,目标组分从基体上的解吸和溶解动力学过程加快,从而大大缩短萃取时间;同时由于加热的溶剂具有较强的溶解能力,可减少溶剂的用量。在萃取过程中保持一定的压力可提高溶剂的沸点,使其保持液体状态,保证了萃取过程的安全性。离子液体具有较低的蒸汽压,对许多无机物和有机物具有良好的溶解性能。此外离子液体大多是环境友好型溶剂,低毒、无挥发性。对于蜜饯类高黏度的样品,采用 ASE 可以提高提取效率。本方法的回收率为 78%~114%。

14.3.2　着色剂和甜味剂

着色剂(也称色素)和甜味剂常用在饮料、糖果、糕点等食品中。食用色素分天然色素和人工合成色素。天然色素来源于植物、动物和微生物,按化学结构可分为四吡咯类衍生物(如叶绿素、血红素)、异戊二烯类(如类胡萝卜素)、多酚类(如花青素、儿茶素、单宁)。酮类(如姜黄素)和醌类(如胭脂虫红)等。天然色素大多对人体无毒害作用,但为了安全,我国对其使用量也作了规定。合成色素属煤焦油系染料化合物,有的在人体内会形成致癌物质,存在安全隐患,因此,各国对合成色素的使用量均加以严格限制。我国食品添加剂列入的合成色素有赤藓红、靛蓝、二氧化钛、亮蓝、柠檬黄、日落黄、酸性红、苋菜红、新红、胭脂红等。与天然色素相比,合成色素的颜色更加鲜艳、稳定性好,成本低廉。天然色素有水溶性和脂溶性之分,合成色素则大多是水溶性的。色素的分析多用 HPLC,样品前处理方法多用与色素溶解性相近的溶剂提取后,用 SPE 法除去杂质。

甜味剂同样分为天然和人工合成两类,天然甜味剂又分为糖醇类(如木糖醇、山梨糖醇、甘露醇等)和非糖类(如甜菊糖、甘草、甘草酸二钠等);人工甜味剂有磺胺类的糖精、糖精钠、甜蜜素等,二肽类的阿斯巴甜、阿力甜等;蔗糖的衍生物三氯蔗糖等。甜味剂都是水溶性的,广泛地应用在饮料、酱菜、糕点、饼干、面包、冰激凌、蜜饯、糖果、调味料、各类罐头等。甜味剂的分析也常用 HPLC,样品前处理方法与合成色素类似。

实例 14-22　测定肉制品中胭脂红色素的脱脂、除蛋白与聚酰胺分散固相萃取法[27]

方法提要:样品为肉制品;目标组分为胭脂红色素。后续分析方法为 HPLC;将样品依次经脱脂、碱性溶液提取、沉淀蛋白质、聚酰胺粉吸附、碱性乙醇水溶液洗脱后供 HPLC 测定。

仪器与试剂:研钵;恒温水浴锅;旋转蒸发仪;G3 砂芯漏斗;海砂;石油醚;乙醇;氨水;硫酸;钨酸钠;聚酰胺粉;柠檬酸;甲醇;甲酸。

操作步骤:准确称取 5~10g(精确至 0.01g)样品于研钵中,加少许海砂研磨,研磨均匀,吹冷风干燥。加入 50mL 石油醚,混匀提取,过滤弃去石油醚,重复操作 3 次除去脂肪并干燥;加入乙醇氨水溶液(乙醇:氨水:水＝7:2:1)提取目标组分,砂芯漏斗过滤,反复多次,直至滤液无色位置,收集滤液。于 70℃浓缩至 10mL 以下,依次加入 1.0mL 10%硫酸溶液和 1.0mL 10%钨酸钠溶液,混匀,继续于 70℃水浴加热 5min 以沉淀试液中的蛋白质,取出冷却,滤纸过滤,用少量水洗涤滤纸,收集滤液于 100mL 烧杯中。将滤液置于 70℃水浴中加热,加入 1.0~1.5g 过 200 目筛的聚酰胺粉和少量水调成粥状,倒入滤液中,使色素完全被吸附;将吸附色素的聚酰胺粉全部转移至 G3 砂芯漏斗抽滤,用 70℃柠檬酸洗涤 3~5 次,然后用甲醇-甲酸(3:2)洗涤 3~5 次,直至洗出液无色为止,再用水洗涤至中性。以上洗涤过程要搅拌。最后用前述乙醇氨水溶液(乙醇:氨水:水＝7:2:1)洗脱,收集洗脱液蒸发至干,加水定容至 10mL,膜过滤后供 HPLC 测定。

方法评价：分散固相萃取法(MSPD)是一种快速的样品处理技术，将固相萃取材料与样品仪器研磨，然后将混合物作为填料装柱或放在砂芯漏斗中抽干，然后用不同的溶剂淋洗、洗脱，将传统样品前处理中的样品均匀化、提取、净化等过程融为一体，不需要进行匀浆、沉淀、离心和样品转移等步骤，避免了样品的损失。固相萃取材料通常可用 C_{18} 硅胶吸附剂、硅藻土、聚酰胺等。胭脂红是水溶性色素，不溶于油脂等非极性有机溶剂，且在酸性条件下稳定。因此，测定肉制品中胭脂红时，可以依次用石油醚去除脂肪，沉淀法除去蛋白质。聚酰胺对色素的吸附能力强，有利于除去提取液中的杂质。

实例 14-23　测定水果罐头中 8 种合成色素的 SPE 法[28]

方法提要：样品为水果罐头。目标组分是柠檬黄、苋菜红、靛蓝、胭脂红、日落黄、诱惑红、亮蓝、赤藓红；后续分析方法为 HPLC；以乙醇-氨水提取目标组分，用 SPE 柱净化后供 HPLC 测定。

仪器与试剂：恒温水浴锅；涡旋混匀器；离心机；SPE 柱；氨水；乙醇；甲醇；盐酸。

操作步骤：准确称取 2g(精确至 0.01g)匀浆后的样品于离心管中，加 10mL 乙醇-氨水溶液(80mL 无水乙醇，1mL 氨水，加水定容至 100mL)，涡旋混匀，以 3000r/min 离心 10min，取上清液过滤，残渣重复提取 2 次，收集滤液置于 80℃ 水浴中浓缩至约 2mL。用 2% 的氨水调至 pH8，转移至前处理好的 SPE 柱中，依次用 3mL pH8 的水、50% 甲醇溶液淋洗，再用 10mL 盐酸-乙醇溶液(1：9)将色素洗脱出 SPE 柱，收集洗脱液，用氨水中和，80℃ 水浴浓缩至干，冷却，用 50% 甲醇溶解并定容至 10mL，膜过滤后供 HPLC 测定。

方法评价：样品中糖分含量较高，且极性与目标组分物类似，都具有水溶性，因此 SPE 柱主要用于去除提取液中的糖类物质。不同色素的最大吸收波长不同，需要用配有二极管阵列检测器(DAD)的 HPLC 测定。本方法的检出限为 0.1～0.3mg/kg。

实例 14-24　测定糖果和饮料中 20 种水溶性色素的 MSPD 法[29]

方法提要：样品为糖果和饮料；目标组分为胭脂红、亮蓝、苋菜红、诱惑红等 20 种水溶性色素。后续分析为 HPLC；将样品用水提取，若提取液混浊则过滤使之澄清，加入聚酰胺粉吸附色素，布氏漏斗过滤，得到吸附色素的聚酰胺粉，淋洗、洗脱，供 HPLC 测定。

仪器与试剂：恒温水浴锅；涡旋混匀器；离心机；布氏漏斗；聚酰胺粉；乙酸；氨水；甲醇。

操作步骤：精确称取 5g(精确至 0.01g)样品于 50mL 离心管中(碳酸饮料需先脱气，糖果需在超声和加热情况下充分溶解)，用水定容至 50mL，涡旋振荡混匀，若提取液混浊，以 8000r/min 离心 5min，取上清液。用聚酰胺粉吸附色素，振荡混合后用布氏漏斗抽滤，用 20mL 1% 乙酸分 2～3 次淋洗，再用水淋洗 2～3 次，最后用 15mL 1% 氨水-甲醇(1：1)分 2～3 次洗脱色素，收集洗脱液并用水定容，膜过滤后供 HPLC 测定。

方法评价：饮料的杂质较少，用聚酰胺粉末吸附解吸后可以起到浓缩的作用，可以有效降低检出限；糖果的基质相对较为复杂，聚酰胺主要起到除杂、净化作用。本方法的回收率为 71%～110%，检出限为 0.03～0.3mg/kg。

实例 14-25　测定食品中 7 种合成色素的 QuEChERS 法[30]

方法提要：样品为豆制品和肉制品；目标组分为柠檬黄、日落黄、胭脂红、苋菜红、亮蓝、偶氮玉红、诱惑红。后续分析方法为 HPLC；样品采用乙醇-氨水-水(7：2：1)超声提取，联合使用 C_{18} 和乙二胺-N-丙基(PSA)两种基质分散萃取净化、浓缩，HPLC 测定以甲醇-

乙酸铵水溶液为流动相梯度洗脱，检测波长分别为 410nm 和 520nm。

仪器与试剂：组织捣碎机；离心机；涡旋混匀器；电热板；无水硫酸钠；PSA；C_{18}；石油醚；乙醇；氨水；乙酸。

操作步骤：精确称取 5g(精确至 0.01g)搅碎样品于 50mL 聚四氟乙烯离心管中(肉制品提取时需加入 2g 无水硫酸钠，再加入石油醚除去样品中油脂并挥干除尽石油醚)；加入 25mL 无水乙醇-氨水-水(7∶2∶1)，超声提取 10min，以 4000r/min 离心 10min。取 12mL 上清液置于另一个 50mL 离心管中，加入 100mg PSA 和 300mg C_{18} 吸附剂，涡旋 2min，以 4000r/min 离心 15min，取 10mL 上清液置于蒸发皿中，用冰乙酸调节至中性，蒸至近干，用水定容至 2mL，膜过滤后供 HPLC 测定。

方法评价：合成色素大多为水溶性，因此提取溶剂采用极性溶剂，但实验发现：水作提取溶剂的回收率仅为 20% 左右；甲醇-尿素(1∶1)作提取溶剂时，提取得虽然充分，但净化困难；用乙醇-氨水-水(7∶2∶1)作提取溶剂可以较好地解决提取和净化问题，回收率达到 83%～109%。净化时使用的 C_{18} 吸附剂对样品中低极性物质有保留，可以用于除去杂质；PSA 对色素有吸附作用，需要控制用量，做到既保证色素的回收率，又起到消除干扰的作用。QuEChERS 在农药残留分析的样品前处理中最先使用，与 SPE 相比，QuEChERS 操作简单、快速、适于批量样品处理，实用性强，14.4 节对 QuEChERS 有更为详细的介绍。

实例 14-26 测定高胶质食品中色素的海砂研磨法[31]

方法提要：样品为高胶质凤爪；目标组分为柠檬黄、苋菜红、胭脂红、日落黄、诱惑红和亮蓝；后续分析方法为 HPLC；将样品捣碎均质后与海砂研磨混匀，用弱碱液提取，离心，取上清液测定。

仪器与试剂：涡旋混匀器；离心机；研钵；海砂；氨水；硫酸。

操作步骤：精确称取 5g(精确至 0.01g)均质样品于研钵中，加入 6.00g 海砂充分研磨，倒入 50mL 离心管中，加入 20mL 水、2mL 50% 氨水，涡旋混匀，置于 80℃ 水浴提取 20min，取出，以 4000r/min 离心 5min，上清液置于 50mL 比色管中，沉淀加水再提取 1 次，合并上清液，用 50% 硫酸调节 pH=6，用水定容，供 HPLC 测定。

方法评价：样品经组织捣碎机均质后仍然呈黏稠胶着状态，不能很好分散，因此，被胶质包覆的色素不能与提取溶剂充分接触，从而造成提取效率低。因此，海砂研磨法可以使色素分散完全，提取充分。

实例 14-27 测定食品中 6 种合成甜味剂的 SPE 法[32]

方法提要：样品为奶粉、液态奶、酸奶、奶油、奶酪、冰激凌；目标组分为甜蜜素、糖精钠、安赛蜜、阿斯巴甜、阿力甜、纽甜 6 种合成甜味剂。后续分析方法为 HPLC-MS/MS；样品经甲酸-三乙胺提取，用 HLB 柱净化后供 HPLC-MS/MS 测定。

仪器与试剂：涡旋混匀器；超声清洗器；离心机；氮吹仪；研钵；HLB 柱；甲酸；三乙胺；亚铁氰化钾；乙酸锌；三氯甲烷；甲醇。

操作步骤：精确称取 1g(精确至 0.01g，下同)奶粉、液态奶、酸奶或 2g 冰激凌样品于 50mL 离心管中；2g 奶油、奶酪于研钵中，加 5g 海砂充分研磨均匀后置入 50mL 离心管中。加入 15mL 甲酸-三乙胺提取液(pH=4.5，量取甲酸 0.8mL，三乙胺 2.5mL，用水稀释定容至 1000mL)，涡旋混匀，超声提取 30min，取出，加入 1mL 10% 亚铁氰化钾、1mL 20% 乙酸锌溶液和 5mL 三氯甲烷，涡旋混匀，以 7500r/min 离心 5min，移取上清液于另外一支 50mL

离心管中,残渣重复提取 2 次,合并提取液。将提取液加入活化的 HLB 小柱,用 5mL 水淋洗,抽干,再用 9mL 甲醇洗脱,收集洗脱液,在 40℃下氮吹至 0.5mL,用甲醇-水定容至 1mL,过滤后供 HPLC-MS/MS 测定。

方法评价:奶制品中蛋白质和脂肪的含量较高,需预先用沉淀法除去蛋白,用有机溶剂除去脂肪,SPE 柱起到进一步净化的作用,利于后续分析。本方法的检出限为 0.01mg/kg,当添加量为 0.01mg/kg 时,回收率为 60%～101%。

实例 14-28　测定食品中 5 种合成甜味剂的 SPE 法[33]

方法提要:样品为橙汁、蜂蜜、馒头、果冻等食品;目标组分为安赛蜜、糖精钠、甜蜜素、三氯蔗糖、阿斯巴甜。后续分析方法为带有蒸发光散射检测器(ELSD)的 HPLC;样品经酸性缓冲液提取,用 C_{18} 柱净化后供 HPLC-ELSD 测定。

仪器与试剂:恒温振荡器;超声波清洗器;离心机;氮吹仪;C_{18} 柱;甲醇;甲酸。

操作步骤:精确称取 5g(精确至 0.01g)样品于 50mL 容量瓶或离心管中,加入约 35mL 0.1% 甲酸缓冲溶液(pH=3.5),振荡 15min,超声提取 15min(果冻样品需先加热融化),定容至刻度。过滤,取续滤液。量取 10mL 滤液上样至活化和平衡好的 C_{18} 柱(6mL 甲醇活化,6mL 0.1% 甲酸缓冲液平衡),用 3mL 0.1% 甲酸缓冲液淋洗,再用 3mL 甲醇洗脱。洗脱液用氮气吹干,以 HPLC 流动相(pH=3.5 的 0.1% 甲酸-甲醇(61:39)溶液)定容至 1mL 供后续测定。

方法评价:安赛蜜等甜味剂是弱酸性物质,保持提取与净化环境的弱酸性(pH=3.5),有利于甜味剂与氢离子结合,形成电中性的疏水形态,有助于其在 C_{18} 柱上的保留。本方法的回收率为 84%～109%。

实例 14-29　测定调味品中 4 种合成色素与甜味剂的 SPE 法[34]

方法提要:样品为火锅、烧烤中使用的底料、蘸料及各种调味品;目标组分为糖精钠、胭脂红、日落黄和诱惑红。后续分析方法为 HPLC;样品经石油醚脱脂、聚酰胺 SPE 柱净化和富集后供 HPLC 测定。

仪器与试剂:涡旋混匀器;离心机;恒温水浴锅;聚酰胺 SPE 柱;石油醚;乙醇;氨水;甲醇;盐酸;硫酸。

操作步骤:精确称取样品 5g(精确至 0.01g)于 30mL 离心管中,加入 20mL 石油醚,涡旋混合 2min,于 4℃下以 3500r/min 离心 5min,弃去上清液,重复操作 2 次,挥去残渣中的石油醚;加入 15mL 提取溶剂(取 700mL 无水乙醇、200mL 氨水、100mL 水,混匀),涡旋混合提取,以 3500r/min 离心 5min,取上清液,重复提取 2 次,合并上清液。置于 80℃水浴中蒸发至约 1mL,上样至聚酰胺小柱(预先依次用 10mL 甲醇、10mL 1% 盐酸溶液及 10mL 水洗涤活化)中,依次用 20mL 甲醇、10mL 水淋洗去除杂质;最后用 30mL 前述提取溶剂(乙醇:氨水:水=7:2:1)洗脱,收集洗脱液至蒸发皿中,置于 80℃水浴中蒸发至约 1mL,用水转移至 5mL 量瓶中,放置至室温,调节 pH=5～6,稀释至刻度,供 HPLC 测定。

方法评价:调味品中油脂含量高,因此需先除脂,石油醚与正己烷对油脂溶解能力均较强,但石油醚对目标组分的回收率更好;聚酰胺对色素的吸附能力强,通过聚酰胺对色素的吸附、解吸可以达到净化、富集的目的。本方法的回收率为 88%～98%。

14.4　农药残留

农药是指用于预防、消灭或者控制危害农业、林业的病、虫、草和其他有害生物，以及有目的地调节植物、昆虫生长的化学合成物或者来源于生物、其他天然物质的一种物质或者几种物质的混合物及其制剂。农药按用途可分为杀虫剂、杀菌剂、除草剂、杀线虫剂、杀螨剂、杀鼠剂、落叶剂和植物生长调节剂等类型。其中使用最多的是杀虫剂、杀菌剂和除草剂三大类。按化学组成及结构可将农药分为有机氯、有机磷、氨基甲酸酯、拟除虫菊酯、有机氮、有机砷、有机汞、有机硫、取代苯、有机杂环、苯氧羧酸、酰胺、醇、酚等大类。按其对大鼠的经口和经皮急性毒性(LD_{50})的大小可将农药分为剧毒、高毒、中等毒和低毒类农药；按其残留特性可将农药分为高残留、中等残留、低残留类农药。

农药残留分析应满足多残留分析(MRMs)、高回收率($>70\%$)和高重现性、低检出限、操作简单易行等基本要求。农药残留分析的大部分时间都花在样品前处理上，因此，一些新的样品前处理技术不断引入农药残留分析中，这些新技术的共同特点是：省时省力、节省溶剂、样品用量少、微污染或无污染、能提高提取与净化效率以及实现微型化和自动化水平。目前，已报道或已取得广泛应用的新技术主要有 SPE、固相微萃取(SPME)、超临界流体萃取、超声波提取、微波辅助萃取、ASE、MSPD、GPC、分子印迹技术等。这些技术中不同程度地出现了自动化仪器装置。比较成熟的 SPE、SPME、GPC 技术已经有商品化的色谱联用仪器上市，如 SPE-GC-MS、SPE-HPLC 等，大大加快了农药残留检测的速度。

2003 年，美国农业部 Anastassiades 教授等开发了一种快速、简单、价格低廉、同时可以提供高质量的农药残留分析的前处理方法——QuEChERS 方法。QuEChERS 是 Quick(快速)、Easy(简单)、Cheap(便宜)、Effective(高效)、Rugged(耐用)和 Safe(安全)的缩写，此技术的实质是 SPE 与 MSPD 技术的衍生和进一步发展。其基本原理是将均质后的样品经乙腈(或酸化乙腈)提取后，用萃取盐(硫酸镁和氯化钠)盐析分层，利用 MSPD 的原理，采用 PSA、C$_{18}$、石墨化炭黑(GCB)或其他吸附剂除去基质中绝大部分干扰物。PSA 有两个氨基，用于去除有机酸，酚类和少量的色素等；GCB 用于色素的去除，但由于 GCB 对于片状化合物有特殊选择性，使用时可能导致片状结构农药的回收率降低，可以考虑通过在萃取液中加入甲苯来提高该类农药的回收率；C$_{18}$ 用于除去脂类等非极性物质，达到净化的目的。QuEChERS 法由于具有：①提取过程溶剂用量少，减少环境污染；②净化过程使用不同种类吸附剂，减少基质效应；③操作简单、分析时间短，成本低廉；④方法灵活性强，对于不同种类样品、不同种类残留物的分析只需将方法进行或多或少的变化和改进都能得到较高的回收率。目前，QuEChERS 法不仅已经成为农药残留分析的首选前处理方法，而且还被广泛应用在其他多个分析领域。

实例 14-30　测定糙米中 50 种有机磷农药残留量的 GPC 法[35]

方法提要：样品为糙米；目标组分为氧化乐果、甲基甲基乙伴磷、砜吸磷、溴硫磷、甲基吡恶磷等 50 中有机磷农药。后续分析方法为配氮磷检测器的 GC(GC-NPD)。将糙米经乙酸乙酯提取后，用 GPC 净化后浓缩、定容，供 GC 测定。

仪器与试剂：均质机；GPC(带有紫外检测器)；旋转蒸发仪；乙酸乙酯；硫酸钠；环己烷；二氯甲烷；正己烷。

操作步骤：准确称取 10g(精确至 0.01g)糙米样品(过 40 目筛),放入 200mL 离心管中,加入 40mL 乙酸乙酯和 2g 无水硫酸钠,均质。在 4℃下,以 2500r/min 转速离心,取上清液于茄形瓶中,在 35℃下旋转蒸发至 0.5mL,用环己烷-二氯甲烷(50:50)定容至 6mL,过 0.45μm 有机滤膜。取 5mL 提取液过 GPC,以环己烷-二氯甲烷(50:50)为流动相,5mL/min 的流速,在 254nm 下检测流出液的紫外吸收值,大约收集 12～25min 的馏分 85mL,于 35℃下旋转蒸发至 0.5mL。用正己烷定容至 1mL,待测。

方法评价：GPC 去除了糙米中的大部分油脂、蛋白质和色素等大分子物质,达到了净化的目的。本方法的回收率为 70%～120%。

实例 14-31 测定食品中 160 种农药残留的液-液分配、GPC 和 SPE 法[36]

方法提要：样品为大米、糙米、大麦、小麦、玉米;目标组分为甲草胺、乙草胺、甲基吡恶磷等 160 种农药。后续分析方法为 GC-MS;将样品加水浸泡后用丙酮振荡提取,提取液经液-液分配法、GPC 和 SPE 净化,用 GC-MS 检测。

仪器与试剂：涡旋混匀器;旋转蒸发仪;氮吹仪;GPC(或相当者);装有 250mg 季铵盐强阴离子/250mg 乙二胺-N-丙基硅烷化硅胶填料的 SPE 柱;氯化钠;二氯甲烷;硫酸钠;丙酮;正己烷;环己烷;乙酸乙酯。

操作步骤：准确称取 20g(精确至 0.01g)粉碎均匀样品于锥形瓶中,加 20mL 水放置 30min,再加入 80mL 丙酮,振荡提取 30min,减压过滤(必要时加适量助滤剂),收集滤液,重复操作 3 次,合并滤液,于 40℃下旋转蒸发浓缩至约 20mL;转移浓缩液至分液漏斗,依次加入 50mL 15%氯化钠溶液、50mL 二氯甲烷,振荡 5min,静置分层后,收集二氯甲烷层,重复操作 1 次,合并二氯甲烷萃取层,用无水硫酸钠除去水分,于 40℃下浓缩近干,再用氮吹至近干,用环己烷-乙酸乙酯(1:1)定容至 4.0mL。取 2mL 上 GPC 柱,以环己烷-乙酸乙酯(1:1)作流动相,收集 21～70mL 的流出液,浓缩、氮气吹干。用 2mL 正己烷溶解上样至预先活化的 SPE 柱(用 2mL 丙酮,6mL 正己烷淋洗活化),先用 2mL 正己烷淋洗,再用 5mL 丙酮-正己烷溶液洗脱,收集洗脱液,浓缩、氮气吹干,用丙酮定容至 1mL。供 GC-MS 测定。

方法评价：本方法分 3 次对样品溶液进行净化,分别是溶剂萃取、GPC 和 SPE。大多数农药为弱极性化合物,溶剂萃取用于除去基质中的强极性物质;农药化合物属于小分子化合物,GPC 用于除去基质中的大分子干扰物;SPE 用于除去提取液中的有机酸和色素等杂质。本方法的回收率为 69%～110%,检出限为 0.01mg/kg。

实例 14-32 测定食品中 10 种三嗪类除草剂残留的虚拟分子印迹 SPE 法[37]

方法提要：样品为白菜、柑橘、猪肉、虾仁、茶叶、牛奶;目标组分为莠去津、西玛津、特丁津、扑灭净、西草净、异丙净、莠灭净、莠去通、特丁通、扑灭通等 10 种三嗪类除草剂。后续分析方法为 HPLC-MS;样品经乙腈提取,过滤,滤液浓缩后用预先制备好的分子印迹 SPE 柱纯化。

仪器与试剂：高速匀浆机;涡旋混匀器;高速冷冻离心机;旋转蒸发仪;分子印迹 SPE 柱;乙腈;二氯甲烷;甲醇。

操作步骤：准确称取 5g(精确至 0.01g,下同)粉碎后的白菜(或柑橘、猪肉、虾仁)样品于 100mL 聚丙烯离心管中;或准确称取 1g 茶叶的粉碎样品,加入 5mL 水浸泡 30min。提取方法是加入 20mL 乙腈,采用高速匀浆 1min,在 −18℃下以 8000r/min 冷冻离心 5min,取上清液于茄形瓶中。匀浆刀头上的样品残渣以 20mL 乙腈清洗并转入离心沉淀中,于涡旋混匀器上提取 5min,重复离心步骤,取上清液合并于茄形瓶中。牛奶样品则准确称取 2.0g 于聚丙烯离心管中,加入 20mL 乙腈涡旋提取 5min,以 8000r/min 冷冻离心 5min,取上清液于茄形瓶中。分别将上述样品提取液于 40℃旋转蒸法浓缩至体积小于 2mL,转移至 10mL 刻度试管中用二氯甲烷定容。

将 50mg 印迹聚合物加入空 SPE 柱中,加入筛板,用工具压紧。依次用 5mL 水,5mL 二氯甲烷预淋洗柱体。将 10mL 样品提取液上样,待其自然流出柱体后抽干柱体,用 1mL 水淋洗,弃去全部流出液,抽干柱体,并保持连续抽干状态 30min。洗脱则先以 3×1mL 二氯甲烷淋洗柱体,再以 3×1mL 甲醇洗脱,控制流速不超过 0.2mL/min,收集全部流出液,至氮吹仪上浓缩至近干,再以流动相定容,供 HPLC-MS 测定。

方法评价:目标组分的分子结构含有三嗪环以及烷基和氨基,因此,采用三聚氰胺的烷基衍生物正丁基三聚氰胺作为虚拟模板,考察三嗪类除草剂的类似物吡虫啉、啶虫脒在分子印迹聚合物中的吸附状况,结果表明印迹聚合物对目标组分有特异性吸附功能,10 种除草剂的萃取回收率为 87%～106%。

实例 14-33　测定茶叶中 16 种农药残留的 Fe_3O_4 纳米粒子混合 SPE 法[38]

方法提要:样品为茶叶;目标组分为 16 种农药,包括敌敌畏、四氯硝基苯、六六六、百菌清等;后续分析方法为 GC-MS;样品经乙腈提取,通过由 Fe_3O_4 纳米颗粒、GCB 和硫酸镁混合制成的 SPE 柱净化以除去色素等杂质,供 GC-MS 测定。

仪器与试剂:涡旋混匀器;离心机;SPE 柱;乙腈;Fe_3O_4;GCB;硫酸镁。

操作步骤:准确称取 2.0g(精确至 0.01g)干燥粉碎样品于 15mL 离心管,加入 10mL 乙腈,静置 30min,涡旋提取 5min,以 4000r/min 离心 10min,取 1mL 乙腈层,过由 Fe_3O_4、GCB 和硫酸镁混合的 SPE 柱,得到无色透明的萃取液,定容,供 GC-MS 测定。

方法评价:茶叶中的主要杂质是色素,常见 QuEChERS 法是用 PSA、GCB 和硫酸镁混合除去色素等杂质。由于 Fe_3O_4 纳米颗粒有比表面大、吸附位点多和吸附特异性高的特点,本方法用 Fe_3O_4 替换了 PSA,结果发现经过装有 Fe_3O_4 的 SPE 柱的试液变得无色透明,而装有 PSA 的 SPE 柱处理过的试液颜色很深,说明 Fe_3O_4 的净化效果优于 PSA。本方法的回收率为 80%～114%,检出限为 0.021mg/kg。

实例 14-34　测定果蔬中 281 种农药残留的 QuEChERS 法[39]

方法提要:样品为苹果、番茄和甘蓝;目标组分包括有机磷类农药、烟碱类农药、氨基甲酸酯类农药以及类嘧菌环胺农药;后续分析方法带有四级杆-飞行时间质谱的 HPLC(HPLC-Q-TOF/MS);样品采用 1%乙酸-乙腈提取,PSA 净化,供 HPLC-Q-TOF/MS 测定。

仪器与试剂:涡旋混匀器;离心机;超声波清洗器;氮吹仪;乙酸;乙酸钠;硫酸镁;PSA;甲酸;乙腈。

操作步骤:精确称取 10g(精确至 0.1g)果蔬样品于 80mL 具塞离心管中,加入 20mL 1%乙酸的乙腈提取,同时加入 1g 乙酸钠和 4g 无水硫酸镁,加盖迅速摇匀,振荡提取 3min,以 4200r/min 离心 5min,将 10mL 上清液移入含 300mg PSA 吸附剂的 50mL 具塞离心管中,振荡 3min,以 4200r/min 离心 5min,取 5mL 上清液置于玻璃试管中,于 40℃下氮吹至近干,用 1mL 0.1%甲酸-乙腈(8:2)定容,膜过滤后供 HPLC-Q-TOF/MS 测定。

方法评价:本方法的回收率为 70%～120%,相对标准偏差(RSD)≤20%;在 0.25～10

倍最大残留限量(MRL)含量范围内,线性相关系数(r^2)≥0.99,检出限为 0.03～5μg/kg。

实例 14-35 测定番茄酱中 72 种农药残留的 QuEChERS 法[40]

方法提要:样品为番茄酱;目标组分为有机磷类、有机氯等 72 种农药。后续分析方法为带三重四极杆质谱的 GC(GC-MS/MS);将样品用酸化乙腈提取,用硫酸镁和氯化钠盐析、离心分离,上清液用 PSA、C_{18} 和硫酸镁除去干扰物,加入分析保护剂,供 GC-MS/MS 测定。

仪器与试剂:高速匀浆机;涡旋混匀器;离心机;乙酸;乙腈;硫酸镁;氯化钠;PSA;C_{18};二氯甲烷;3-乙氧基-1,2-丙二醇;山梨醇。

操作步骤:称取 10g(精确至 0.01g)样品,加入 50mL 聚四氟乙烯具塞离心管中,用 10mL 冰乙酸-乙腈(1∶1000)溶液提取,涡旋混匀后静置 30min;高速匀浆 1min;加 4g 无水硫酸镁和 1g 氯化钠,高速匀浆 1min;以 5000r/min 离心 4min,待净化。称取 0.1g PSA、0.1g C_{18}、0.3g 硫酸镁于 5mL 玻璃具塞离心管中。移入 2mL 待净化液,涡旋混匀 1min,以 5000r/min 离心 1min;准确移取上清液 1mL 于 1.5mL 样品瓶内,加入 50μL 分析保护剂(3-乙氧基-1,2-丙二醇和山梨醇)以及内标,涡旋混匀供 GC-MS/MS 测定。

方法评价:番茄酱中含水、果胶、色素和有机酸,采用 QuEChERS 法可以有效去除上述干扰物。此外,本方法在 GC-MS/MS 测定前,加入了分析保护剂 3-乙氧基-1,2-丙二醇和山梨醇,用于改善农药的线性范围和回收率。分析保护剂就是模仿基质保护作用的单一化合物或简单的混合物。当在纯溶剂标准溶液和样品溶液中加入相同量的保护剂时,它能同等程度地补偿标准溶液和样品溶液的基质效应。基质效应主要发生在从进样口到色谱柱以及色谱柱到检测器之间,通常认为是待测农药与硅醇基及其与玻璃衬管表面金属离子间的相互作用。分析保护剂可以有效地与目标组分竞争衬管中的活性位点,最大限度地提高纯溶剂中农药标准品的响应值,使之达到与基质中农药同等的响应。有研究表明:作为分析保护剂,3-乙氧基-1,2-丙二醇适合挥发性农药,古洛糖酸-内酯适合半挥发性农药,山梨醇适合低挥发性农药,上述三者的混合物可实现对性质差异较大的农药分析。本方法的线性范围为 5～2000μg/L,回收率为 80%～120%,检出限为 0.1～13μg/kg。

实例 14-36 测定葡萄和葡萄酒中 22 种农药残留的 QuEChERS 法[41]

方法提要:样品为葡萄和葡萄酒;目标组分是 22 种农药;后续分析方法为 GC-MS;样品采用乙腈提取,以 PSA、GCB、C_{18} 为吸附剂作 QuEChERS 净化后供 GC-MS 测定。绘制标准曲线是加入 PEG400 做基质匹配,以磷酸三苯酯(TPP)为内标进行测定。

仪器与试剂:涡旋混匀器;离心机;乙腈;氯化钠;TPP;PSA;GCB;C_{18};硫酸镁;甲苯。

操作步骤:精确称取 5g(精确至 0.01g)葡萄和葡萄酒样品(提取在 4℃冰箱中进行),取葡萄皮、葡萄酒分别放入 10mL 离心管中,加入 100μL 10mg/L TPP 和 2.4mL 乙腈,剧烈振荡 2min,再缓慢加入 2.0g 硫酸镁,0.5g 氯化钠,轻轻振荡 0.5min,以 5000r/min 离心 5min。取上层有机相 1mL,加 50mg PSA,50mg C_{18},10mg GCB,150mg 硫酸镁和 300μL 甲苯,涡旋混匀 2min,以 8000r/min 离心 4min,滤膜过滤后供 GC-MS 测定。

方法评价:葡萄皮及葡萄酒中色素含量高,GCB 对色素的吸附作用强,同时对含苯环的农药如多菌灵、百菌清等也有一定的吸附,造成这类农药回收率偏低,加入适量甲苯可以有效提高多菌灵、百菌清等的回收率。PSA 对于脂肪酸和有机酸有很好的去除效果,因此,采用 PSA、GCB 和 C_{18} 混合型分散固相吸附剂可以去除葡萄皮和葡萄酒中干扰组分,提高净化效果。本方法的线性范围为 0.05～0.3mg/L,多数目标物的回收率为 70%～130%,检出限为 0.02～0.1mg/L。

实例 14-37 测定茶油中 4 种有机磷农药残留的改良 QuEChERS 法[42]

方法提要:样品为茶油;目标组分是甲胺磷、甲拌磷、乐果和对硫磷;后续分析方法是用 GC-NPD。试样经乙腈提取,用多壁碳纳米管、弗罗里硅土混合基质净化后,供 GC-NPD 测定。

仪器与试剂:涡旋混匀器;高速冷冻离心机;氮吹仪;乙腈;硫酸镁;硫酸钠;多壁碳纳米管;弗罗里硅土;乙酸乙酯。

操作步骤:准确称取 3g(精确至 0.01g)样品于 50mL 具塞离心管中,加入 15mL 乙腈,加入 4g 硫酸镁,涡旋振荡混匀 5min,静置后形成白色乳状溶液。将提取液置于 −20℃ 的冰箱中冷冻 2h,取上清液转移至另一洁净的离心管中,用 15mL 乙腈再提取 1 次,于 −4℃ 下以 12 000r/min 离心 10min,合并两次提取液于离心管中,加入 1.0g 无水硫酸钠,1.0g 硫酸镁,80mg 多壁碳纳米管和 1g 弗罗里硅土,涡旋混匀 5min,随后于 −4℃ 下,以 12 000r/min 离心 10min,上清液于 40℃ 下氮吹至约 0.5mL,加入 5mL 乙酸乙酯于 40℃ 下在全自动浓缩仪中进行溶剂交换,重复操作 2 次,最后用乙酸乙酯定容至 1mL,滤膜过滤,供 GC-NPD 测定。

方法评价:乙腈比丙酮、正己烷、二氯甲烷的基质效应小,因此选择乙腈作提取溶剂。茶油中含有大量脂肪、有机酸,选择吸附剂时主要考虑对这两种溶剂的净化效果,结果表明:PSA 的除脂能力差,后续脂肪对 GC 的干扰大;C_{18}、GCB 对乐果的吸附性较强,导致回收率偏低;弗罗里硅土的去脂能力强,多壁碳纳米管对色素和有机酸的吸附能力强,且二者对 4 种有机磷的回收率影响不大,净化效果较好。本方法的线性范围为 0.01～1.0μg/mL,回收率为 89%～119%,检出限为 0.01mg/kg。

14.5 兽药残留

动物性食品包括畜禽肉、蛋类、水产品、奶及其制品等,能够提供人体所必需的蛋白质、脂肪、矿物质和维生素。兽药残留主要是指给食用动物使用兽药(包括药物添加剂)后,兽药的原形及其代谢物、有关杂质蓄积或残存在动物的细胞、组织或器官内,或进入泌乳动物的乳、产蛋家禽的蛋中,以及残留在生态环境中。常见的兽药种类,包括抗生素类、磺胺类、硝基呋喃类、抗寄生虫类和激素类药物等。兽药残留不仅对人体直接产生急、慢性毒性作用,引起细菌耐药性的增加,而且还可能通过环境和食物链的作用,对环境和人类健康构成严重威胁。因此,兽药残留一直是分析领域的热点问题。

兽药残留分析主要有微生物分析法、放射化学法、免疫法(酶联免疫、荧光免疫、化学发光免疫等)、GC 和 GC-MS,HPLC 和 HPLC-MS/MS 等。但由于兽药残留往往存在含量很低、样品基质复杂、干扰物质多、样品基质和目标组分不确定性等特点,兽药分析对样品前处理的要求很高。近年来,SPE、SPME、QuEChERS、免疫亲和色谱技术、分子印迹技术、超临界流体萃取等技术已经被广泛地应用在兽药残留分析中。这些方法相比传统方法具有样品与试剂用量少、方法选择性好、操作步骤相对简单等优点。但对于不同种类的动物源食品以及不同的目标组分,选择何种方法合适,还需要不断地尝试和完善。

实例 14-38　测定鱼肉中 10 种氟喹诺酮类残留的分子印迹 SPE 法[43]

方法提要：样品为草鱼;目标组分为环丙沙星、左氧氟沙星、依诺沙星、诺氟沙星、恩诺沙星、氟罗沙星、洛美沙星、培氟沙星、加替沙星、司帕沙星;后续分析方法为 HPLC-MS(离子肼);采用 2%乙酸的乙腈溶液作为提取溶剂,用正己烷除去油脂,以装有双模板印迹聚合物材料的 SPE 柱净化,富集,供 HPLC-MS 测定。

仪器与试剂：涡旋混匀器;离心机;超声波清洗器;氮吹仪;分子印迹 SPE 柱;乙酸;乙腈;正己烷;氨水;甲醇;甲酸。

操作步骤：准确称取 5g(精确至 0.01g)已预先搅碎的鱼肉样品于 50mL 离心管中,加入 8mL 2%乙酸的乙腈溶液,涡旋振荡混匀 90s,暗处静置 20min,再超声提取 10min,以 9500r/min 离心 10min,取上清液转移至另一离心管中,重复提取 1 次,合并提取液并离心,取 8mL 上清液于 15mL 离心管中,于 60℃下氮吹浓缩至约 2mL;加 6mL 正己烷脱脂,取下层液体于 60℃氮吹浓缩至约 1mL,并注入预先活化的分子印迹 SPE 小柱(200mg 分子印迹聚合物装入 3mL 空管中,依次用 3.0mL 甲醇和 3.0mL 水活化)。先以 3.0mL 水淋洗,再用 3.0mL 4%氨水甲醇溶液洗脱,收集洗脱液于离心管中,于 45℃下氮吹至近干,加入 1.0mL 流动相(0.05%甲酸的乙腈溶液)溶解,供 HPLC-MS 测定。

方法评价：氟喹诺酮类的分子结构中存在叔氨基和羧基,易溶于酸性或碱性溶剂。乙腈有很好的沉淀蛋白能力且容易浓缩,因此提取溶剂采用 2%乙酸的乙腈溶液,提取率为 76%～93%。SPE 柱的填充材料是以左氧氟沙星和环丙沙星两个化合物为模板分子合成的分子印迹聚合物,该聚合物比单模板分子印迹聚合物对氟喹诺酮类有更好的识别能力和较高的亲和力。本方法的回收率均大于 80%。

实例 14-39　测定牛肉中 5 种磺胺类药物的 ASE 法[44]

方法提要：样品为牛肉;目标组分为磺胺嘧啶、磺胺甲基嘧啶、磺胺二甲基嘧啶、磺胺二甲氧基嘧啶、磺胺甲噁唑等 5 种磺胺类药物;后续分析方法为 HPLC;将样品与弗罗里硅土混合,以乙腈为提取溶剂在 120℃、10mPa 条件下采用 ASE 提取目标组分,滤液氮吹浓缩后用流动相复溶,供 HPLC 测定。

仪器与试剂：ASE 仪;氮吹仪;弗罗里硅土;乙腈;正己烷;乙酸。

操作步骤：精确称取 1g(精确至 0.01g)样品于烧杯中,加入 3 倍量的弗罗里硅土混合使样品均匀分散,装入萃取池,以乙腈作溶剂,设定 ASE 程序:温度 120℃,压力 10mPa,加热时间 300s,静态萃取时间 600s,循环次数 1 次,淋洗体积 40%(每次循环新加入到样品中萃取液的比例)。收集滤液于离心管中,于 45℃下氮吹至近干,加入 1mL 流动相(3%乙酸的乙腈溶液,75∶25)溶解,供 HPLC 测定。

方法评价：ASE 一般针对固体和半固体样品,为了使提取液过滤完全,需要样品与分散剂呈粉末状.磺胺类化合物的极性较大,提取溶剂选择乙腈,降低了脂肪和蛋白质的溶出,省去了后续的净化步骤。由于弗罗里硅土对目标组分的吸附能力弱于中性氧化铝,因此选用弗罗里硅土作分散剂,便于采用 ASE 的同时保证回收率。本方法的回收率为 89%～109%。

实例 14-40　测定牛肉中 9 种类固醇激素残留的 GPC 和 SPE 法[45]

方法提要：样品为牛肉;目标组分是群勃龙、勃地龙、诺龙、睾酮、美雄酮、甲基睾酮、司坦唑醇、黄体酮、苯丙酸诺龙。后续分析方法是 HPLC-MS/MS；样品经 β-盐酸葡萄糖醛苷酶/芳基硫酸酯酶酶解,叔丁基甲醚超声提取,再经 GPC 和 HLB 柱净化后供 HPLC-MS/MS 测定,流动相以乙腈-0.1％甲酸溶液梯度洗脱分离。

仪器与试剂：涡旋混匀器；恒温水浴锅；超声波清洗机；离心机；氮吹仪；GPC,HLB 柱；乙酸盐缓冲液；β-盐酸葡萄糖醛苷酶；芳基硫酸酯酶；碳酸钠；氢氧化钠；叔丁基甲醚；乙酸乙酯；环己烷；甲醇。

操作步骤：精确称取 5g(精确至 0.01g)样品于 50mL 离心管中,加入 10mL 乙酸盐缓冲溶液(0.04mol/L,pH＝5.0),振荡均匀,加入 β-盐酸葡萄糖醛苷酶/芳基硫酸酯酶 100μL,涡旋混匀,于 37℃恒温酶解过夜。加入 3mL 10％碳酸钠-氢氧化钠溶液调 pH＝11.0,加入 25mL 叔丁基甲醚,超声提取 10min,于 4℃下以 6000r/min 离心 10min。转移上层有机相至 50mL 比色管中,重复提取 1 次,合并上层有机相。于 40℃下氮吹至近干,残渣用 10mL 环己烷-乙酸乙酯(1:1)完全溶解,过 GPC 净化,收集 7.5～16.0min 馏分,于 40℃下氮吹至近干。以 0.3mL 甲醇溶解残渣,并加水稀释至 3mL。再过 HLB 小柱(用之前依次以 3mL 甲醇,3mL 水分步活化),先以 4mL 水淋洗后抽干,再以 4mL 甲醇洗脱。洗脱液于 40℃下氮气吹干,残余物用乙腈-水(1:1)溶解并定容至 1mL,以 15 000r/min 离心 5min,上清液经滤膜过滤后供 HPLC-MS/MS 测定。

方法评价：类固醇激素在动物体内以原型药物残留为主,还有一部分以结合形式存在,如葡萄糖醛酸甙或硫酸酯等。酶解可促进从肌肉样品中萃取出类固醇激素。本方法采用 β-盐酸葡萄糖醛苷酶/芳基硫酸酯酶酶解,降低提取过程中类固醇激素的损失。类固醇激素极性低、脂溶性强,常规提取方法的提取率低、脂肪基质难以净化,影响结果重现性和准确度。实验发现用甲醇提取时有较多的脂肪共萃取,容易堵塞 SPE 柱,以叔丁基甲醚提取的效果较好。本方法的回收率为 81％～110％,RSD 为 2.2％～9.8％。

实例 14-41 测定猪脂肪中 5 种乙酰孕激素残留的 SPE 法[46]

方法提要：样品为猪脂肪；目标组分为乙酸甲羟孕酮、乙酸氯地孕酮、乙酸甲地孕酮、甲烯雌醇乙酸酯及 17-α-羟基孕酮乙酸酯；后续分析方法是 HPLC-MS/MS。样品经乙腈提取,分别用正己烷和皂化沉淀法两步去除脂肪,最后以硅胶 SPE 柱除去极性干扰物供后续分析。

仪器与试剂：恒温水浴振荡器；离心机；超声波清洗机；氮吹仪；硅胶 SPE 柱；乙酸；氢氧化钠；氯化镁；乙腈；乙酸乙酯；正己烷。

操作步骤：精确称取 2g(精确至 0.01g)熔化又冷却的猪脂肪样品于 50mL 离心管中,加入 5mL 乙腈,加热至 60℃,振荡提取 10min,冷却,以 5000r/min 离心 5min,取上层液,下层再用乙腈提取 2 次,合并提取液；加入 2mL 正己烷,混匀,以 5000r/min 离心 5min,弃去上层,重复 2 次。将下层乙腈提取液氮吹至近干,用 4mL 正己烷涡旋溶解。依次加入 1mL 0.1mol/L 氢氧化钠和 0.5mL 1.0mol/L 氯化镁溶液混合,60℃保温 30min。冷却至室温,以 2500r/min 离心 5min,取上层；再加入 4mL 正己烷重复 1 次,合并正己烷层,装入 Sep-Pak 硅胶 SPE 柱(预先用 3mL 乙酸乙酯洗涤,5mL 正己烷平衡活化),用 5mL 正己烷-乙酸乙酯(80:20)淋洗,真空干燥 5min。再以 5mL 正己烷-乙酸乙酯(60:40)洗脱,收集洗脱液,用氮吹至近干,以 0.5mL 80％甲醇溶解,滤膜过滤后供 HPLC-MS/MS 测定。

方法评价：目标组分乙酰孕激素一般在脂肪中的残留量比肌肉、肝脏、肾脏等组织中高,由于乙酰孕激素属弱极性物质,脂溶性较强,易受样品中脂肪的干扰,因此,样品前处理采用正己烷和皂化沉淀两步除去脂肪,正己烷除去脂肪时会导致部分孕激素损失。需要通过控制正己烷用量来平衡基质干扰和目标组分的回收率。

实例 14-42 测定牛奶中 8 类禁用药物残留的 QuEChERS 法[47]

方法提要: 样品为牛奶;目标组分是 5 种硝基咪唑、7 种 β-受体激动剂、9 种雄性激素、7 种糖皮质激素、3 种雌性激素、2 种镇静剂、1 种氯霉素以及 6 种二羟基苯甲酸内酯共 40 种禁用药物。后续分析方法为 HPLC-MS/MS;样品以 β-葡萄糖苷醛酶/芳基硫酸酯酶在乙酸铵缓冲液中酶解,用氨化和酸化乙腈各提取 1 次。提取液经改良的 QuEChERS 净化,浓缩后采用 C18 色谱柱分离,以甲醇和水(含 1% 甲酸)、乙腈和水分别作为正、负电喷雾离子化模式的流动相进行梯度洗脱,多反应监测模式进行定性和定量分析。

仪器与试剂: 生化培养箱;涡旋混匀器;离心机;旋转蒸发仪;氮吹仪;乙酸铵;β-葡萄糖苷醛酶;芳基硫酸酯酶;氨水;乙腈;乙酸;硫酸钠;PSA;C18;硫酸镁;甲醇。

操作步骤: 精确称取 2g(精确至 0.01g)样品于具塞离心管中,加入内标工作液和 8mL 乙酸铵缓冲液,均质后加入 30μL β-葡萄糖苷醛酶/芳基硫酸酯酶,37℃ 温育 12h。加入 15mL 1% 氨水-乙腈溶液和 5g 无水硫酸钠,涡旋混匀 1min,于 4℃ 下,以 9500r/min 离心 5min,收集上清液。剩余部分再加入 15mL 1% 乙酸-乙腈溶液提取 1 次,合并上清液。将混合吸附剂(平均每克样品用 50mg PSA、20mg C18 和 300mg 硫酸镁)一次性加入提取液中,涡旋分散,于 4℃ 下,以 9500r/min 离心 5min,移取有机相至圆底烧瓶中,减压浓缩至近干,用 10% 甲醇-水溶液溶解并定容至 2mL,膜过滤后供 HPLC-MS/MS 测定。

方法评价: 动物体内的激素药物残留是以结合态存在,提取前需经酶解使结合态药物游离出来。酶解的缺点是导致基质更为复杂,需要采用更为有效的样品提取和净化方法。目标组分包括含有氨基或亚氨基的 β-受体激动剂、糖皮质激素、性激素,中性至酸性的硝基咪唑类和二羟基苯甲酸内酯类药物。提取溶剂中甲醇及其混合溶剂的共萃取物较多,且不易与水相分层;乙酸乙酯及其混合溶剂对硝基咪唑、糖皮质激素和雌性激素的回收率低。甲苯-乙腈能较好地提取大部分目标组分,但甲苯毒性大。乙腈能有效沉淀蛋白质,但对弱碱性的克伦特罗、沙丁胺醇、乙酸可的松和丙酸倍氯米松以及弱酸性的甲硝唑、羟甲基甲硝咪唑的提取率较低。添加酸或碱到乙腈中可抑制药物的离子化,增加目标组分在有机相中的分配比例。因此,本方法采用氨化乙腈和酸化乙腈分两次提取,提取率为 42%～135%。为了使净化效果和回收率得到平衡,混合吸附剂采用每克样品添加 50mg PSA、20mg C18 和 300mg 无水硫酸镁,净化后可获得无色、透明的滤出液,回收率为 48%～122%。

实例 14-43 测定水产品中甲基睾酮与己烯雌酚的 GPC 和 SPE 法[48]

方法提要: 样品为草鱼、对虾和鳗鲡;目标组分为甲基睾酮与己烯雌酚;后续分析方法为 HPLC;采用 2% 乙酸的乙腈溶液作为提取溶剂,以正己烷除去油脂,采用双模板印迹聚合物为填料的 SPE 柱净化和富集。

仪器与试剂: 涡旋混匀器;离心机;超声波清洗器;旋转蒸发仪;氮吹仪;GPC 仪;HLB 柱;乙酸;乙醚;碳酸钠;乙酸乙酯;环己烷;甲醇。

操作步骤: 精确称取 5g(精确至 0.01g)匀浆样品于 50mL 离心管中,加入 15mL 乙醚和 2mL 10% 的碳酸钠溶液,涡旋混匀,超声提取 5min,以 6000r/min 离心 5min,吸取上清液至 100mL 茄形瓶中,残渣再提取 1 次,合并提取液,于 35℃ 下旋转蒸干。然后取 10mL 环己烷-乙酸乙酯(1∶1)溶解,经有机滤膜过滤后转移至 GPC 净化。收集 24～35min 的馏分,于 40℃下氮吹至近干。加入 4mL 10%的甲醇水溶液,涡旋混匀后过 HLB 柱(预先用 4mL 甲醇和 4mL 水活化),以 20%甲醇水溶液淋洗,低真空抽干,以 4mL 甲醇洗脱,收集洗脱液于 40℃下氮吹至近干,残渣用 1mL 流动相(72%甲醇水溶液)溶解,供 HPLC 测定。

方法评价:甲基睾酮和已烯雌酚的脂溶性强,易溶于有机溶剂,考虑到后续的 GPC 净化需要用流动相溶解残渣。该方法用乙醚作提取溶剂,因乙醚对目标物的提取效率较高(90%以上)且易挥发除去。GPC 除去基质中的脂肪、色素等大分子干扰物。最后用 SPE 柱进一步净化,本方法的回收率为 84%～93%。

实例 14-44 测定虾肉中 72 种兽药残留的 QuEChERS 法[49]

方法提要:样品为海虾、凤尾虾仁、青虾仁等;目标组分为熊去氧胆酸、头孢吡啉、头孢喹咪、头孢噻呋、林可霉素、二嗪哝等 72 种兽药;后续分析方法为 HPLC-MS/MS;样品采用 5%乙酸的乙腈溶液作为提取溶剂,上清液依次用 C_{18} 净化、乙腈沉淀蛋白、氮吹浓缩,0.1%甲酸-乙腈(4∶1)定容后供 HPLC-MS/MS 测定。

仪器与试剂:涡旋混匀器;离心机;氮吹仪;乙酸;乙腈;硫酸钠;氯化钠;C_{18};甲酸。

操作步骤:精确称取 4g(精确至 0.01g)虾肉样品于 80mL 离心管中,加入 16mL 5%乙酸的乙腈溶液提取,同时加入 6g 无水硫酸钠和 2g 氯化钠均质提取 1min,以 4200r/min 离心 5min,将上清液移入 50mL 含 600mg C_{18} 吸附剂的具塞离心管中,加入 4mL 乙腈,振荡 5min,使吸附剂和提取液充分接触,以 4200r/min 离心 5min,静置 10min 沉淀蛋白,之后取 5mL 上清液(相当于 1.0g 样品)于 10mL 试管中,于 40℃下氮吹至近干。加入 1mL 0.1% 甲酸-乙腈(4∶1)定容,混匀后膜过滤,供 HPLC-MS/MS 测定。

方法评价:通常兽药残留分析时要加入葡萄糖苷醛酶和芳基硫酸酯酶酶,将兽药从结合态转化为游离态,本方法涉及 72 种不同类型的兽药,为了避免引入杂质,平衡各组分的分析结果,以直接加入提取溶剂均质的方法提取目标组分。在提取溶剂的选择上,乙酸乙酯、丙酮和二氯甲烷提取的共萃取杂质较多,不易浓缩;酸化乙腈提取的杂质较少,因此,确定以 16mL 5%乙酸的乙腈溶液作为提取溶剂。在分散固相萃取剂的选择上,C_{18}、PSA、中性氧化铝等的净化效果无差异,但 C_{18} 对目标组分的回收率最高,因此,确定以 C_{18} 做净化填料。本方法的回收率为 61%～119%,RSD 为 1.6%～20%,可以满足各国的限量要求。

实例 14-45 测定蜂蜜中 60 种兽药残留的改进 QuEChERS 法[50]

方法提要:样品为蜂蜜;目标组分为磺胺类、喹诺酮类、硝基咪唑类;后续分析方法为 HPLC-MS/MS;样品采用 pH=4 的缓冲溶液稀释,用 5%乙酸的乙腈溶液提取,提取液经氯化钠和硫酸钠盐析,用 NH_2 吸附剂分散固相萃取净化后供 HPLC-MS/MS 测定。

仪器与试剂:涡旋混匀器;离心机;氮吹仪;Mcllvaine 缓冲溶液(pH=4);乙酸;乙腈;氯化钠;硫酸钠;NH_2 吸附剂;甲酸。

操作步骤:精确称取 1g(精确至 0.01g)蜂蜜样品于 50mL 具塞离心管中,加入 6mL Mcllvaine 缓冲溶液(pH=4)后涡旋混匀,之后加入 18mL 5%乙酸的乙腈溶液,涡旋混匀 30s,再依次加入 2g 氯化钠和 4g 硫酸钠快速摇匀,水平振荡 2min,于 10℃下,以 10 000r/min 下离心 5min,移取 9mL 上清液在 15mL 含 200mg NH_2 吸附剂的具塞离心管中,水平振荡 2min,使吸附剂和提取液充分接触,相同条件下离心 5min,取 4.5mL 上清液于 10mL 玻璃管中,于 40℃下氮吹至近干,加 1mL 0.1%甲酸-乙腈(9∶1)定容,膜过滤后供 HPLC-MS/

MS 测定。

方法评价：磺胺、大环内酯、喹诺酮和四环素类抗生素均属于酸碱两性化合物,不同酸度条件下化合物的解离方式不同,对其提取效果也会产生影响。通过实验确定 pH＝4 的 McIlvaine 缓冲溶液可使样品提取率达到 89％；溶剂乙腈与丙酮、乙酸乙酯、二氯甲烷相比,提取率没有明显优势,但其共萃物较少,有利于后续的纯化与分析。实验表明 5％乙酸的乙腈溶液对各类兽药的平均回收率为 90％。在选择 SPE 填料时,考虑到兽药大多为极性化合物,C_{18} 对非极性物质吸附作用强,对目标化合物不会产生吸附,但对蜂蜜中的糖类共萃物的去除效果差。相比之下,NH_2 吸附剂可以在保证目标组分回收率的同时吸附糖类共萃物,因此 NH_2 吸附剂对蜂蜜基质的净化效果更好。本方法中 57 种组分的回收率为 70％～120％,检出限为 0.02～60μg/kg。

14.6　真菌毒素

真菌毒素是真菌在生长繁殖过程中产生的次生有毒代谢产物,主要污染谷物、饲料以及发酵食品,进而污染食用有毒饲料的畜禽肉及乳制品。目前已有 400 多种真菌毒素,按其主要产毒菌种可分为曲霉菌毒素如黄曲霉毒素(AFs)、赭曲霉毒素(OTs)等,青霉菌毒素如棒曲霉毒素(PAT)、橘霉素(CTN)等,镰刀菌毒素如脱氧雪腐镰刀菌烯醇(DON)、玉米赤霉烯酮(ZEN)等。这些真菌毒素不仅会导致食品霉败变质、营养物质损失及品质降低,还会引起人类和动物的急性或慢性中毒,损害机体的肝脏、肾脏、神经组织、造血组织及皮肤组织等,部分真菌毒素还具有致癌、致畸、致细胞突变作用。目前,许多国家制定了粮食及其产品中的真菌毒素的限量标准,但各国规定的食品种类和限量值略有不同,我国食品安全国家标准 GB 2761—2011《食品中真菌毒素限量》规定了粮食及其制品中 AFs、OTs、DON、ZEN 等的限量标准[51]。

随着人们对食品中真菌毒素危害认识不断加深,其检测技术也在不断发展。目前应用最广泛的是仪器分析法,包括 GC、HPLC、GC-MS、HPLC-MS/MS。此外,由于食品种类繁多、基质复杂,其所含真菌毒素的量多为纳克每克级,所以相应的样品前处理技术必不可少。成熟的方法有溶剂萃取、SPE 和免疫亲和柱净化。溶剂萃取主要以乙腈-水体系作提取溶剂,SPE 依据食品基质和真菌毒素的性质,多采用阴离子交换树脂(SAX、MAX)、弗罗里硅土、C_{18}、HLB、C_4、NH_2、GCB 等填料,或者采用自制的多种混合填料柱,实现基质与目标组分的分离；免疫亲和柱的填料是通过特异性的真菌毒素抗体与适当的固定相结合,是一种高效、高特异性的样品前处理方法,它可以与目标组分产生较强的作用,除干扰效果好,特别适合食品基质中低浓度目标组分的检测。但是由于真菌毒素的相对分子质量基本都小于1000,比如 PAT 仅为 154,它们大部分都为弱免疫物质,所以目前商品化的免疫亲和柱的种类还非常有限。然而,免疫亲和柱的成本很高,相比之下,采用 SPE 进行前处理成本相对低廉,但对检测人员的技术要求高[52]。有关真菌毒素分析样品前处理的内容在第 18 章也有一些介绍。

实例 14-46　测定食品中赭曲霉毒素 A 的免疫亲和柱法[53]

方法提要：样品为粮食及其制品、酒类、酱油、醋、酱和酱制品；目标组分为赭曲霉毒素 A；后续分析方法为带荧光检测器的 HPLC(HPLC-FLD)；将样品用 80％甲醇溶液或盐溶液提取,经赭曲霉毒素 A 专用免疫亲和柱净化,缓冲液淋洗除去干扰物,甲醇洗脱后定容供 HPLC-FLD 测定。

仪器与试剂:高速搅拌器,超声波清洗器;空气压力泵;赭曲霉毒素 A 免疫亲和柱;甲醇;氯化钠;碳酸氢钠;吐温-20。

操作步骤:准确称取 20g(精确至 0.01g)磨碎粮食及其制品(过 1mm 孔径)于 100mL 容量瓶中,加入 5g 氯化钠,用 80%甲醇水溶液定容。高速搅拌提取 2min,过滤。酱油、醋、酱及酱制品的称样量为 25g,直接用 80%甲醇定容至 50mL,超声提取 5min,过滤。取 10mL 滤液定容至 50mL。酒类样品的称样量为 20g(含二氧化碳的要先置 4℃下 30min,然后脱气),加入提取液(150g 氯化钠,20g 碳酸氢钠溶于约 950mL,加水定容至 1L)混匀定容至 25mL,过滤。滤液过免疫亲和柱净化:准确移取 10mL 滤液到玻璃注射器中,以 1 滴/s 的流速过免疫亲和柱。依次用 10mL 淋洗液(粮食和酱制品的淋洗液:称取 25g 氯化钠、5g 碳酸氢钠溶于水中,加入 0.1mL 吐温-20,用水稀释至 1L;酒类的淋洗液:称取 25g 氯化钠、5g 碳酸氢钠溶于 950mL 水中,用水定容至 1L)、10mL 水淋洗,抽干小柱。然后准确加入 1mL 甲醇,以 1 滴/s 的流速洗脱,收集全部洗脱液并定容至 1mL,待测。

方法评价:本方法对粮食和粮食制品的检出限为 1.0μg/kg,酒类的检出限为 0.1μg/kg,酱油等样品的检出限为 0.5μg/kg。

实例 14-47 测定猪肉中 6 种玉米赤霉醇类化合物残留的免疫亲和柱法[54]

方法提要:样品为猪肉;目标组分为 6 种玉米赤霉醇类化合物,包括 α、β-玉米赤霉醇、α、β-玉米赤霉烯醇、玉米赤霉酮和玉米赤霉烯酮;后续分析方法为 HPLC-MS/MS;样品经 β-葡萄糖苷酶/硫酸酯酶水解后用乙醚提取,提取液浓缩后用三氯甲烷复溶,氢氧化钠溶液反萃取;萃取液经免疫亲和柱富集和净化后,供 HPLC-MS/MS 测定。玉米赤霉醇类化合物是由镰刀霉菌产生的一类弱雌激素真菌毒素,能促进蛋白质的合成,提高家禽饲料转化率和胴体瘦肉率。但玉米赤霉醇对促进性激素结合受体等有抑制作用,会引起人体性机能紊乱并影响第二性征的正常发育,在外部条件诱导下,还可能致癌。各国法令禁止在畜牧业饲养过程中使用这类激素,所有可食动物食品中不得检出。

仪器与试剂:匀浆机;恒温振荡器;涡旋混匀器;离心机;旋转蒸发仪;超声波清洗器;免疫亲和柱(IAC-SEP®);乙酸钠;乙酸;β-葡萄糖苷酸/硫酸酯复合酶;乙醚;乙酸乙酯;三氯甲烷;氢氧化钠;磷酸;磷酸盐溶液(PBS)。

操作步骤:准确称取 5g(精确至 0.01g)匀浆后猪肉样品于 50mL 具塞离心管中,加入 10.0mL 乙酸钠缓冲液(称取 6.80g 乙酸钠,用 900mL 超纯水溶解,用冰乙酸调至 pH=4.80,并定容至 1L)和 β-葡萄糖苷酸/硫酸酯复合酶 25μL,涡旋混匀。于 37℃下在恒温振荡器(转速为 100r/min)中酶解 12h,冷却至室温后,用 20mL 乙醚振荡提取两次,每次提取 10min,以 5000r/min 离心 5min,合并提取液,于 40℃下减压浓缩至近干。残渣用 1mL 三氯甲烷超声溶解,转入 10mL 离心管中,再用 3mL 0.5mol/L 氢氧化钠溶液润洗,涡旋萃取 2 次,以 5000r/min 离心 5min,合并水相层,用 3.0mol/L 磷酸溶液中和后,PBS 溶液(分别称取 8.00g 氯化钠,2.90g 磷酸氢二钠,0.24g 磷酸二氢钾和 0.20g 氯化钾,加 900mL 水溶解,用 1.0mol/L 氢氧化钠溶液调至 pH=7.4,并定容至 1L。)稀释至 10mL 混匀。稀释液上样免疫亲和柱,先用 8.0mL 水淋洗,抽干,再用 3.0mL 甲醇洗脱,收集洗脱液,于 40℃下氮吹至近干,以 0.5mL 流动相溶解,膜过滤后供 HPLC-MS/MS 测定。

方法评价：玉米赤霉醇类化合物属于二羟基苯甲酸内酯类，在弱酸性及中性条件下易溶于有机溶剂，碱性条件下易溶于水。常用乙腈、乙醚或叔丁基甲醚等作提取溶剂，本方法中乙醚的提取效果较好，6 种化合物的提取率均在 80% 以上。提取液净化方法也常用 C_{18} 柱和 HLB 柱，但专属性不及免疫亲和柱强。本方法的回收率为 71%～94%。

实例 14-48 测定粮食中 4 种黄曲霉毒素的免疫亲和柱法[55]

方法提要：样品为稻谷、小麦、玉米；目标组分为黄曲霉毒素 B_1，B_2，G_1，G_2；后续分析方法为带荧光检测的超高效液相色谱（UPLC-FLD）；采用 5% 氯化钠的甲醇溶液作提取溶剂，提取液经过滤澄清后过黄曲霉毒素免疫亲和柱净化、富集，用甲醇洗脱，浓缩至干，用 40% 甲醇水溶液溶解，供 UPLC 测定。黄曲霉毒素是黄曲霉、寄生曲霉和模式曲霉产生的真菌毒素，对人畜有强烈的致病性和致癌性。污染粮食的黄曲霉毒素主要是 B_1，B_2，G_1，G_2。我国对粮食中黄曲霉毒素 B_1 的限量为 5～20 $\mu g/kg$。

仪器与试剂：高速均质器；涡旋混匀器；氮吹仪；空气压力泵；黄曲霉毒素免疫亲和柱；甲醇；氯化钠。

操作步骤：称取 25g（精确至 0.01g）样品于 250mL 具塞三角瓶中，加 5.0g NaCl、100mL 80% 甲醇水溶液，均质提取 2min，静置 3～5min，过滤；将黄曲霉毒素免疫亲和柱连接于 10.0mL 玻璃注射器筒下，准确移取 2mL 滤液于注射器中，连接空气压力泵，调节压力使溶液以流速约 1 滴/s 通过亲和柱，直至空气进入柱中。然后用 10.0mL 水淋洗，直至空气进入柱中，再准确加入 1.0mL 甲醇洗脱，收集洗脱液，氮吹至近干，加 500mL 40% 甲醇水溶液溶解，混匀，过滤膜，供 UPLC 测定。

方法评价：由于黄曲霉毒素 B_1 和 G_1 遇水会发生荧光猝灭现象，因此，HPLC 检测需要柱前或柱后衍生，本方法无须衍生，在提高灵敏度的同时还减少了检测步骤和降低了检测成本。本方法的检出限为 0.05～0.15pg，加标回收率为 77%～105%。

实例 14-49 测定畜禽产品中脱氧雪腐镰刀菌烯醇和 T-2 毒素残留的 SPE 法[56]

方法提要：样品为畜禽产品，包括猪背脊肌肉、猪肝、猪肾、鸡胸肉、鸡腿肉、鸡翅肉、火腿肠、香肠、腊肠、腊肉、肘花等；目标组分为脱氧雪腐镰刀菌烯醇和 T-2 毒素；后续分析方法为 HPLC-MS/MS；样品经乙腈提取、正己烷脱脂、HLB 柱净化。

仪器与试剂：均质器；离心机；旋转蒸发仪；氮吹仪；乙腈；正己烷；HLB 柱；甲醇。

操作步骤：准确称取 5g（精确至 0.01g）样品于 50mL 离心管中，加入 15mL 乙腈，12 000r/min 均质 3min，以 14 000r/min 离心 5min，上清液转移至 100mL 蒸馏瓶中，重复提取 2 次。合并上清液转移至蒸馏瓶中，于 45℃ 下减压旋转蒸发至干。加入 2.0mL 5% 乙腈溶液，再加入 4.0mL 乙腈饱和的正己烷，涡旋 3min，充分溶解残渣，转移至 10mL 离心管中，以 8800r/min 离心 3min，弃去上层正己烷。脂肪样品再用乙腈饱和正己烷重复脱脂 2 次。脱脂后提取液转移至 HLB 柱中净化。净化的提取液于 45℃ 下氮吹至近干，加入 1.0mL 5% 甲醇溶液溶解，膜过滤后供 HPLC-MS/MS 测定。

14.7 污染物

食品污染物是食品在生产（包括农作物种植、动物饲养和兽医用药）、加工、包装、储存、运输、销售，直至食用等过程中产生的或由环境污染带入的，非有意加入的化学危害物质。

食品中污染物是影响食品安全的重要因素之一,是食品安全管理的重点内容。国际上通常对食品污染物在各种食品中的限量均有严格要求。目前,我国食品安全标准中涉及的污染物主要有铅、镉、汞、砷、锡、镍、铬等 7 种有害重金属、亚硝酸盐与硝酸盐、苯并[a]芘、N-二甲基亚硝胺、多氯联苯和 3-氯-1,2-丙二醇等 6 大类化合物[57]。然而,随着科技的发展,不断有新的污染物出现,如氯丙醇酯、塑化剂等。因此,不断提高污染物的检测水平具有重要现实意义。对于分析食品中微量或痕量污染物,采用高分辨率、高灵敏度的分析仪器必不可少,高效、简便、环保的样品前处理方法也是分析方法不断发展的基础。本节除了对上述几类污染物的样品前处理方法进行论述外,还对食品中的氯丙醇酯和食品接触材料迁移物,如塑化剂、双酚 A 等污染物的样品前处理方法做简要介绍。

14.7.1　有害重金属

食品中的重金属离子常与蛋白质等有机物质结合,成为难溶、难离解的有机金属化合物,为了测定其中金属离子的含量,需在测定前破坏有机结合体使其释放出来。通常采用高温、或高温与强氧化剂共同作用使有机物分解,呈气态逸散,留下金属离子。常见的方法有干灰化法、湿消解法和微波消解法。

干灰化法通常可以消解除汞之外的大多数金属元素和部分非金属。对于含淀粉、蛋白质、糖较多的食品样品,由于在炭化时可能会迅速发泡溢出,干灰化法消解时可加几滴辛醇再进行炭化,以防止炭粒被包裹,灰化不完全。对于含磷较多的谷物及其制品,在灰化过程中的磷酸盐会包裹沉淀,可加几滴硝酸或双氧水,加速炭粒氧化,蒸干后再继续灰化。酒类样品在干灰化时建议先用低温加热,挥发干部分液体再炭化,以防液体飞溅。含油脂成分较高的食品,如植物油、月饼等食品,在炭化时,非常容易爆沸和易燃,一般不建议采用干灰化法。

湿消解法通常在常压或加压的情况下,采用高温的氧化性强酸(如硝酸、硫酸等)或混酸作用下,氧化、分解有机物。一般碳水化合物在硝酸,180℃下即可完全消化;而脂肪、蛋白质和氨基酸在硝酸中一般消化不完全,由于硝酸在 200℃下呈低氧化性,这类食品需要在高温高压下加入硫酸和高氯酸才能消化完全。对于含油脂成分较高的食品,如植物油、桃酥等,在加入混合酸后,由于样品浮在混酸表面上,容易形成完整的膜,加热时液面上有剧烈的反应,容易造成爆沸或飞溅,因此,建议称样量不高于 1g(植物油最好为 0.1~0.2g),同时要在消解过程中随时补加硝酸,通常可加入硝酸与高氯酸的混合酸 15mL,放置过夜让其缓慢氧化,次日消化过程中还需要补加混合酸 10mL 左右。酒类样品如葡萄酒、果酒,因其含有大量的乙醇,在加混合酸消化之前一定要加热蒸发掉乙醇(注意不能蒸干),待乙醇挥发完毕后,再加入酸消化。对于液态食品中的有毒元素分析,还可以采用稀释法和水浴蒸干法。测定食醋时可直接稀释后分析测定,白酒等酒类的测定则采用氮气辅助水浴蒸干法的效果较好。

微波消解法是指在高温加压下,利用微波加热封闭容器中样品与消化液的混合物,达到快速消解样品的处理过程。微波消解结合高压消解和微波加热两方面的性能,有效减少消解过程中造成的挥发损失和环境污染、降低试剂用量,节省时间和能源。它几乎适合所有元素的前处理,尤其适合痕量元素和超纯元素的分析;缺点是成本较高,安全性相对较差。由于微波消解降低消解过程中铅、砷、汞、镉等元素的挥发损失,已经逐渐成为原子光谱分析主要的前处理方法。与湿消解法不同,微波消解法的消化液一般只用硝酸或者是硝酸与过氧化氢的混合液,不用在消解过程中产生气体的氢氟酸和高氯酸。由于食品样品相对容易消解,大多数只用硝酸即可达到完全消解;采用不同比例的硝酸与过氧化氢消化液则可以提高消化效率,但需要注意消化液的加入量。微波消解法的温度设定一般为140~180℃,对于油脂含量较高的食品,应加大消解压力、增加消解时间或加入过氧化氢等以保证样品的完全消解。微波消解的另一缺点是消解完毕后冷却时间较长;此外,由于受到微波消解仪的限制,一般不能同时处理大批样品。

实例 14-50 测定茶叶中镍的微波消解法[58]

方法提要:样品为茶叶;目标组分为镍;后续分析为石墨炉原子吸收光谱法(GF-AAS);将制备好的样品与消解液混匀后,经微波消解仪消解完全,赶酸后定容,供 GF-AAS 测定。

仪器与试剂:EXCEL 微波消解仪;镍标准储备液;硝酸(优级纯);过氧化氢;茶叶标准物质(GBW 10016,GSB-7)。

操作步骤:将茶叶样品和茶叶标准物质分别研磨、过筛(100 目),放入烘箱于 105℃下干燥 4h。精确称取制备样品 0.2~1g(精确到 0.1mg)于消解罐中,加入 5mL 浓硝酸与 2mL 30%过氧化氢,混匀后放入微波消解仪,按照表 14-2 的消解程序消解完全,冷却后取出,转移至 100mL 聚四氟乙烯烧杯中。放置在电热板上于 150℃下赶酸至消解液的体积约为 0.5mL,冷却。最后用 1mL 50%硝酸转移至 50mL 容量瓶,用水定容至刻度。

表 14-2 测定茶叶中镍的微波消解程序

步 骤	温度/℃	压力/MPa	功率/W	时间/min
1	室温~100	0.2	800	5
2	100	0.2	800	10
3	100~170	0.2~1.0	800	5
4	170	1.0	800	10
5	冷却			

方法评价:经标准物质(GBW10016)验证,本方法测定结果的平均值为 3.33μg/g(RSD 为 1.9%),参考值为(3.40±0.30)μg/g,回收率为 97.8%,检出限为 0.15μg/g。

实例 14-51 测定食品中镉的微波消解法与浊点萃取法[59]

方法提要:样品为大米、紫菜、海带;目标组分为镉;后续分析方法为 F-AAS;试样经微波消解仪完全消解后,加入 KI 使其中的 Cd^{2+} 与 I^- 反应生成 CdI_4^{2-},然后与甲基绿(MG)离子缔合形成疏水复合物,用 Triton X-114 萃取,冷却,除去水相后,用硝酸的甲醇溶液稀释,供 F-AAS 测定。

仪器与试剂:微波消解仪;浓硝酸;过氧化氢;氯化镉;碘化钾;甲基绿;Triton X-114;乙酸;盐酸;氢氧化钠。

操作步骤:微波消解法:精确称取 0.5g(精确到 0.1mg)的大米、紫菜、海带于消解罐中,加入 1.0mL 浓硝酸和 3.0mL 30%过氧化氢,敞开放置过夜。然后密封置于微波消解仪中消解,设定在 100℃加热 1h,140℃加热 3h,消解完毕后冷却。取出消解罐,在加热板上蒸发至干,残留物用 5％硝酸溶解,转移至 25mL 容量瓶并定容。浊点萃取法:移取 9.00mL 样品或标准物质的消解液于 15mL 离心管中,加入 2.0mL 2.0mol/L 碘化钾溶液,2.0mL 1.50mmol/L 甲基绿溶液和 1.0mL 4.5％Triton X-114 溶液,用乙酸调节酸度为 pH＝5.0,用水定容至刻度。将离心管置于 50℃水浴恒温 15min,取出,以 3800rpm 离心 10min,使水相与富含表面活性剂的有机相分离,冰浴冷却使有机相变黏稠,用注射器完全吸出上清液,向有机相中加入含硝酸的甲醇溶液至 0.6mL,摇匀后供 F-AAS 测定。

方法评价:本方法适合痕量镉的分析,方法的检出限为 3.0ng/mL(RSD 为 4.2％),线性范围 2.0～200ng/mL,回收率为 90％～110％。用微波消解与浊点萃取 F-AAS 法测定镉时,以误差小于 5％为判据,各干扰离子的最大限量列于表 14-3。

表 14-3　微波消解法与浊点萃取法时干扰离子的最大限量

干扰离子	浓度/(μg/mL)	干扰离子	浓度/(μg/mL)
K^+	3300	Cr^{2+}	200
Na^+	3300	Al^{3+}	160
Mg^{2+}	3300	Ag^+	150
Ca^{2+}	3300	Fe^{3+}	80
Ni^{2+}	500	Cu^{2+}	50
Zn^{2+}	420	Pb^{2+}	1.5
Co^{2+}	330	Hg^{2+}	1.5
Mn^{2+}	250	—	—

实例 14-52　测定大米中汞的微波消解法与汞还原法[60]

方法提要:样品为大米;目标组分为汞;后续分析方法为冷原子 AFS;样品经微波消解后溶解于溴化钾/溴酸钾混合溶液和盐酸羟胺水溶液中,AFS 测定时氯化亚锡将无机汞(Hg^{2+})还原为单质 Hg 蒸气,供 AFS 测定。

仪器与试剂:微波消解仪;硝酸;过氧化氢;溴化钾;溴酸钾;氯化亚锡,盐酸羟胺。

操作步骤:精确称取 0.5g(精确至 1mg)粉碎后大米置于 100mL 消解罐中,加入 4mL 69％硝酸溶液,2mL 35％过氧化氢和 4mL 水。超声混合 30min,密封消解。设置升温程序:①min 内升温至 85℃;②9min 内从 85℃升温至 145℃;③4min 内从 145℃升温至 180℃;④ 180℃保持 15min;⑤ 在 25min 内降温至 30℃。消解液用水稀释定容至 25mL。量取 4mL 消解液至 50mL 容量瓶,加入 1mL 溴化钾-溴酸钾混合溶液(0.1mol/L 溴化钾/0.017mol/L 溴酸钾),30μL 12％盐酸羟胺和 2.5mL 浓硝酸,用水稀释至刻度。AFS 测定时,选择分析线波长 Hg 254nm。延迟时间 15s,分析时间 40s,清洗时间 60s。载气流量 250mL/min,干燥气流量 2.5 L/min,载流流量 9mL/min,样品流量 9mL/min,氯化亚锡(ρ＝2％)流量 9mL/min,测定时分别直接吸入样品溶液和氯化亚锡溶液。

方法评价:当加标量分别为 5、20、50ng/g 时,加标回收率(n＝4)分别为 95％±4％、98％±7％和 94％±2％。标准参考物质大米粉(NIST SRM1568a)中汞的标示值为(5.8±0.5)ng/g,本方法实测值为 6.5ng/g。

实例 14-53　婴儿食品中砷形态分析的样品前处理法[61]

方法提要:样品为大米;目标组分为砷;后续分析方法为 GF-AAS;样品经消化后,用 0.01mol/L 氢氧化四甲基胺溶解定容后,供 GF-AAS 测定,分别采用钯盐、铈盐和锆盐为化学改进剂实现不同砷形态的定量分析。

仪器与试剂：氢氧化四甲基胺，无机砷包括 As（Ⅲ）和 As（Ⅳ）标准，甲基砷（MA），二甲基砷（MMA）和砷甜菜碱（AB）标准。化学改进剂：$1500\mu g/mL$ 钯盐溶液，$0.0001mol/L$ Ce（Ⅳ），$1g/L$ 和 $250\mu g/mL$ $ZrOCl_2$，标准参考物质 NIST SRM 1568a（大米粉），1566a（牡蛎组织）和 NRC DORM-2（角鲨肌肉），NRC-DOLT-2（角鲨肝脏）。

操作步骤：精确称取 1g（精确至 1mg）样品于试管中，加 10mL 0.01mol/氢氧化四甲基胺溶液，在 80℃加热 10min，然后超声提取 10min。测定时吸取 $20\mu L$ 试液注入石墨管，同时注入化学改进剂，测定总砷加入 $30\mu g$ 钯盐；测定 As（Ⅲ）和 As（Ⅴ）＋MA 加入 $0.3\mu g$ Ce（Ⅳ），测定二甲基砷加入 $5\mu g$ Zr。

方法评价：测定砷甜菜碱、二甲基砷、As（Ⅲ）＋As（Ⅴ）＋MA 的检出限分别为 15ng/g、25ng/g 和 50ng/g，RSD 分别为 2.7％、3.5％和 3.8％。线性范围为 $50\sim250\mu g/L$。分析角鲨肌肉、大米粉和角鲨肝脏 3 个标准物质中总砷，标准值与实测值一致。

14.7.2 亚硝酸盐与硝酸盐

亚硝酸盐和硝酸盐的检测方法主要是分光光度法和 IC 法。样品前处理方法一般是以水或饱和硼砂溶液为提取溶剂；对基质复杂的样品提取液，可以通过加入亚铁氰化钾和乙酸锌沉淀蛋白，析出脂肪，除去蛋白和脂肪等干扰物质；然后通过 SPE 净化，萃取填料可以是去除非极性杂质的 GCB、C_{18}，也可以是除去氯离子的 Ag 柱和 Na 柱；净化后的试液可以供 IC 分析，也可以与镉柱发生还原反应生成有色物质后用分光光度计测定其吸光度值。

实例 14-54 测定食品中亚硝酸盐和硝酸盐的 SPE 法[62]

方法提要：样品为水果、蔬菜、鱼类、肉类、腌制品；目标组分为亚硝酸盐和硝酸盐；后续分析方法为 IC；采用饱和硼砂溶液提取样品，经沉淀分离蛋白、去除脂肪等杂质，供 IC 测定。

仪器与试剂：涡旋混匀器；加热搅拌器；离心机；超声波清洗器；旋转蒸发仪；硼酸钠；亚铁氰化钾；乙酸锌；乙酸；甲醇；GCB 柱；C_{18}柱；Ag 柱；Na 柱。

操作步骤：精确称取 2g（精确到 1mg，下同）鱼类、肉类及其制品，称取腌制鱼类肉类及其制品 2.5g，蔬菜水果 5g，置于 100mL 烧杯中，加入 2.5mL 饱和硼砂溶液（称取 5.0g 硼酸钠，溶于 100mL 热水中，冷却后备用），搅拌均匀，以 70℃的水 60mL 将样品转移至 100mL 容量瓶，超声提取 20min，沸水浴加热 15min，取出冷却至室温，加入 1mL 亚铁氰化钾（称取 106.0g 亚铁氰化钾，用水定容至 1L），再加入 1mL 乙酸锌（称取 220.0g 乙酸锌，加 30mL 冰乙酸，定容至 1L），以沉淀蛋白，用水定容至 100mL，充分振荡，静置 15min，除去上层脂肪，过滤，取续滤液备用。取 15mL 滤液依次通过 GCB 柱、活化后的 C_{18}柱（C_{18}依次用 10mL 甲醇和 10mL 水通过，活化 30min），氯离子若大于 500mg/L 时，需要依次通过 Ag 柱和 Na 柱（GCB 柱、Ag 柱和 Na 柱的活化用 10mL 水通过，活化 30min），滤膜过滤，供 IC 分离测定。

方法评价：本方法的检出限为亚硝酸盐 1mg/kg，硝酸盐 1.5mg/kg，可用于乳及乳制品的测定。

14.7.3 苯并[a]芘

苯并[a]芘是多环芳烃类中毒性最大的一种，是一种公认的强致癌化合物，主要通过食品或饮水进入机体,在肠道被吸收,入血后很快分布于全身,易导致皮肤癌、肺癌、上消化道肿瘤、动脉硬化、不育症等疾病。苯并[a]芘来源于煤、石油、煤焦油、烟草等一些有机化合物的热解或不完全燃烧,广泛存在于空气、水、土壤中。多次使用的高温动植物油、反复煎炸的食品,尤其是蛋白质、脂肪在不完全燃烧下极易产生苯并[a]芘。因此,食用油和熏烤肉制品中的苯并[a]芘含量是人们常常关注的对象。我国《食品中污染物限量》中限定肉制品中的最高残留量为 5μg/kg。油脂及其制品中的最高残留量为 10μg/kg。苯并[a]芘的检测方法有荧光分析法、GC-MS 和 HPLC。样品前处理通常需要提取、净化和富集。依据苯并[a]芘的脂溶性质,提取方法主要有溶剂萃取法和皂化法;净化与富集方法有中性氧化铝 SPE 法、C₁₈键合硅胶 SPE 法、基质为 C₁₈ 和弗罗里硅土的 MSPD 法和 GPC 法。

实例 14-55　测定油茶籽油中苯并[a]芘的皂化与 SPE 法[63]

方法提要: 样品为油茶籽油;目标组分为苯并[a]芘;后续分析方法为 HPLC-FLD;样品用 2mol/L 氢氧化钾-乙醇溶液皂化、石油醚萃取、中性氧化铝净化后,用 HPLC-FLD 测定。

仪器与试剂: 涡旋混匀器;恒温水浴锅;旋转蒸发仪;氮吹仪;中性氧化铝 SPE 柱;氢氧化钾;乙醇;石油醚;氯化钠;硫酸钠;乙醚;乙腈;四氢呋喃。

操作步骤: 精确称取 1.5g(精确至 0.1mg)油茶籽油样品于 25mL 磨口三角瓶中,加入 100mL 2mol/L 氢氧化钾-乙醇溶液,于 85℃ 水浴冷凝回流皂化 1h,取出冷却。将皂化液全部倒入 500mL 分液漏斗,加 50mL 饱和氯化钠溶液,加石油醚剧烈振摇萃取 3 次(50mL、50mL、30mL)。合并萃取液于 250mL 分液漏斗中,用超纯水洗至中性。将石油醚相通过无水硫酸钠滤入 250mL 磨口圆底烧瓶中,于 40℃ 下旋转蒸发近干,加入 2mL 石油醚。将提取液用 10mL 石油醚分 4 次洗入中性氧化铝柱(预先用 5mL 石油醚活化),待提取液全部倾入净化柱后,用 30mL 正己烷洗脱,收集洗脱液,50℃ 减压浓缩至近干,用 1.5mL 乙腈-四氢呋喃(9∶1)溶解,供 HPLC-FLD 检测。色谱条件:C₁₈柱,乙腈-0.5%磷酸水溶液(95∶5)为流动相;荧光激发波长 384nm,发射波长 406nm,柱温 30℃。

方法评价: 植物油中的苯并[a]芘残留量很低,适当增加样品量可以提高测定结果的准确度。苯并[a]芘对酸碱稳定,皂化后用石油醚萃取可以除去大部分油脂,达到提取和净化的目的。但液液萃取的溶剂消耗量较大。本方法的回收率为 93%~110%,检出限为 0.2μg/kg。

实例 14-56　测定动植物油脂中苯并[a]芘的中性氧化铝 SPE 法[64]

方法提要: 样品为大豆油、花生油、茶油、棕榈油、鱼油、起酥油等动植物油脂;目标组分为苯并[a]芘;后续分析方法为 HPLC-FLD;采用乙腈-丙酮混合溶剂提取,用 SPE 净化,正己烷洗脱,浓缩洗脱液,用甲醇复溶后供 HPLC-FLD 测定。

仪器与试剂: 涡旋混匀器;离心机;超声波清洗器;旋转蒸发仪;氮吹仪;中性氧化铝柱;乙腈;丙酮;正己烷;甲醇。

操作步骤: 精确称取 1g(精确至 1mg)左右的动植物油脂样品于 10mL 具塞离心管中(固态油脂可以放入 60℃ 水浴溶解,若凝固则采取 60℃ 水浴加热溶解,应盖好盖并垂直放置,避免溢漏),加入 4mL 乙腈-丙酮(6∶4)混合溶液,涡旋混匀,放入超声波水浴中提取 5min,以 4000r/min 离心 5min,然后置于 2℃ 冰箱中 10min,取出再离心 1min,移取上清液至一支已称重的 10mL 比色管中。下层样品再加入 4mL 乙腈-丙酮混合溶液重复提取 2

次,合并上清液。于 40℃氮吹至近干(萃取物总量应不大于 250mg)。萃取物中加入 2mL 正己烷,涡旋混匀,上样至活化后的中性氧化铝柱上(预先用 30mL 正己烷活化),用 80mL 正己烷洗脱,收集洗脱液,于 78℃浓缩至 0.5mL,用正己烷转移至 10mL 比色管,氮吹至近干,加入甲醇定容,供 HPLC-FLD 测定。

方法评价:本方法用乙腈-丙酮超声提取,并在低温环境下放置后离心分层,与国标方法(GB/T 22509—2008)用正己烷或石油醚提取相比,操作简单、增大了样品量、提高了回收率和重现性。本方法的回收率为 90%~95%。

实例 14-57　测定熏烤肉制品中苯并[a]芘残留量的 GPC 和硅胶 SPE 法[65]

方法提要:样品为熏烤肉制品;目标组分为苯并[a]芘;后续分析方法为 HPLC-FLD;采用正己烷-丙酮作为提取溶剂,上清液通过 GPC 净化,之后再用硅胶柱净化,富集。

仪器与试剂:涡旋混匀器;离心机;超声波清洗器;氮吹仪;GPC;硅胶 SPE 柱;正己烷;丙酮;环己烷;乙酸乙酯;乙腈。

操作步骤:准确称取 5g(精确至 0.01g)均质样品于离心管中,加入 30mL 正己烷-丙酮(1∶1)溶液,超声提取 40min,以 4000r/min 离心 10min,上清液氮吹至近干,用环己烷-乙酸乙酯(1∶1)溶解并定容至 10mL,剧烈摇匀,以 4000r/min 离心 10min,上清液转移至 16mL 样品瓶中,通过 GPC 净化,收集苯并[a]芘流出部分,浓缩,用环己烷-乙酸乙酯(1∶1)定容至 2mL,氮吹至近干,用 1.5mL 正己烷∶丙酮(1∶1)混合液溶解残渣,过预先用 5mL 正己烷活化的硅胶柱,收集洗脱液,氮吹至近干,用乙腈定容至 750µL,膜过滤后供 HPLC-FLD 测定。

方法评价:熏烤肉制品基质成分复杂,大分子有机物种类繁多,采用 GPC 可以将苯并[a]芘与大分子物质分离。本方法的回收率为 85%~95%,检出限为 0.15µg/kg。

14.7.4　N-二甲基亚硝胺

　　N-亚硝胺是一类致癌性很强的亚硝基化合物,是由亚硝化试剂(亚硝酸盐、氮氧化合物等)与胺类物质(特别是仲胺)反应生成的。传统的肉类与蔬菜腌制过程会发生亚硝酸盐与胺类形成亚硝胺前体物,从而产生 N-亚硝胺类物质。因此,腌制食品中 N-亚硝胺的检测非常重要。N-亚硝胺的检测方法有 GC、GC-MS、HPLC 等。样品前处理主要是先通过水蒸气蒸馏、溶剂提取,然后用 SPE 净化。

实例 14-58　测定腌制水产品中 6 种挥发性 N-亚硝胺类化合物的 SPE 法[66]

方法提要:样品为青占鱼、鳕鱼、龙利鱼、泥螺、安康鱼 5 种腌制水产品;目标组分为 N-二甲基亚硝胺(NDMA)、N-二乙基亚硝胺(NDEA)、N-二丙基亚硝胺(NDPA)、N-亚硝基吡咯烷(NPYR)、N-亚硝基哌啶(NPIP)和 N-二丁基亚硝胺(NDBA);后续分析方法为 GC-MS;样品用二氯甲烷提取,浓缩,经活性炭 SPE 柱净化。

仪器与试剂:涡旋混匀器;超声波清洗器;冷冻离心机;旋转蒸发仪;活性炭 SPE 柱;二氯甲烷;硫酸钠。

操作步骤:精确称取 20g(精确至 0.1g)粉碎的腌制水产品样品,置于 50mL 具塞离心管中,加入 30mL 二氯甲烷,涡旋混匀 1min,超声提取 30min(保持温度在 30℃以下),低温离心 10min;分出有机相,再提取 2 次,每次用 20mL 二氯甲烷,合并有机相放入 150mL 茄形瓶中,于 40℃下旋转蒸发浓缩至约 10mL,将上述浓缩液过活性炭 SPE 柱净化,再用 3mL

二氯甲烷分 3 次清洗茄形瓶;将清洗液过柱,收集液经无水硫酸钠,于 40℃下浓缩近干,用二氯甲烷溶解并定容至 1.0mL,供 GC-MS 测定。

方法评价: 提取方法比较了水蒸气蒸馏法与超声振荡提取法,结果表明超声振荡提取的效率更高,且快速与易于操作;净化方法比较了 C$_{18}$、弗罗里硅土、NH$_2$ 柱和活性炭柱的回收率,结果表明,活性炭的回收率最高。本方法的回收率为 79%～105%;检出限为 0.05μg/kg。

实例 14-59 测定腌菜中 9 种 N-亚硝胺的混合填料 SPE 法[67]

方法提要: 样品为雪里蕻腌菜、酸豆角、腌萝卜干、榨菜、冬菜及红油豇豆;目标组分为 NDMA、NDEA、NDBA、NDPA、亚硝基甲基乙基胺(NMEA)、亚硝基二苯胺(NDPhA)、NPIP、NPYR、亚硝基吗啉;后续分析方法为 HPLC-MS;样品经水提后用氧化铝与 C$_{18}$ 混填料柱净化。

仪器与试剂: 涡旋混匀器;离心机;超声波清洗器;旋转蒸发仪;氮吹仪;SPE 柱;氧化铝;C$_{18}$;正戊烷;甲醇。

操作步骤: 准确称取 10g(精确至 0.1g)样品,加入 20mL 纯水,浸提 4h 后过滤,减压旋转蒸发浓缩至 5mL,以 8000r/min 离心 15min,取上清液转移至氧化铝-C$_{18}$ 柱(氧化铝和 C$_{18}$ 各 2.5g 装填至 85mm×20mm 的 SPE 柱中,预先用水、甲醇和正戊烷活化),先用 20mL 正戊烷淋洗除去杂质,再用 20mL 甲醇洗脱,收集洗脱液,浓缩至 1～2mL,氮吹至近干,定容至 1mL,膜过滤后供 HPLC-MS 测定。

方法评价: SPE 净化法是测定食品中亚硝胺的常用方法。比较氧化铝、C$_{18}$、硅胶和硅藻土 4 种常用 SPE 填料,结果表明氧化铝对亚硝胺的回收率比其他吸附剂高,但是对 NDBA(51%)和 NDPhA(23%)的回收率较低;C$_{18}$ 对 NDBA(65%)和 NDPhA(73%)的回收率较高。采用氧化铝和 C$_{18}$ 混合填料,9 种亚硝胺的回收率为 75%～116%。检出限为 0.2～0.5mg/L。

14.7.5 多氯联苯

多氯联苯(polychlorinated biphenyls,PCBs)是斯德哥尔摩公约中优先控制的 12 类持久性有机污染物之一。PCBs 理论上有 209 个同系物异构体,目前已在商品中鉴定出 130 种同系物异构体单体,其中大多数为非平面化合物。PCBs 化学性质极为稳定,难于被生物体降解,能够通过食物链富集,通常在生物样品和环境样品中同时存在。PCBs 对免疫系统、生殖系统、神经系统和内分泌系统均会产生不良影响,并且是导致与之接触过人群发生癌症的一个可疑因素。1997 年 WHO 重新评估二噁英类化合物的毒性当量因子时将二噁英样 PCBs 也包括在内。由于二噁英样 PCBs 的测定需要采用高分辨质谱法,难以在普通实验室推广,为此联合国 GEMS/Food 中规定了 PCB28、PCB52、PCB101、PCB118、PCB138、PCB153 和 PCB180 作为 PCBs 污染状况的指示性单体(indicator PCBs)进行替代性监测。除职业暴露外,食物摄入是人类接触 PCBs 的主要途径,超过了人体接触量的 90%,动物性食品是其主要来源,因此监测食品中 PCBs 对于控制其危害十分重要[68]。目前。PCBs 的主要测定方法是 GC-电子捕获检测法(GC-ECD)和 GC-MS,样品前处理方法大多采用水浴加热提取、超声波或微波辅助提取,然后浓硫酸液液萃取,再用装填硅胶、中性或碱性氧化铝、弗罗里硅土的 SPE 柱净化。

实例 14-60　测定鱼肉中 17 种多氯联苯的微波辅助提取与 SPE 法[69]

方法提要：样品为新鲜鱼肉；目标组分为 17 种多氯联苯；后续分析方法为 GC-MS/MS；样品采用正己烷-丙酮(1∶1)的混合溶剂在微波辅助下提取,提取液经弗罗里硅土 SPE 净化,供 GC-MS/MS 测定。

仪器与试剂：均质器；微波辅助萃取仪；涡旋混匀器；离心机；氮吹仪；SPE 柱；弗罗里硅土；正己烷；丙酮。

操作步骤：准确称取 10g(精确至 0.01g)切碎样品于 50mL 离心管中,加入 10mL 正己烷-丙酮(1∶1)溶液,均质 30s 后移入微波辅助萃取仪,于 100℃下萃取 16min,冷却,离心,收集上清液加入弗罗里硅土 SPE 柱(装入约 0.6g 填料并预先用 4mL 正己烷活化),先用 10mL 正己烷淋洗,再采用 4mL 丙酮洗脱,收集洗脱液,于 40℃下氮吹至近干,并用丙酮定容至 1mL,供 GC-MS/MS 测定。

方法评价：本方法采用混合溶剂微波辅助提取,提取率高。净化方法 SPE 所用溶剂少,时间短,易于控制。本方法的回收率为 83%～101%,检出限为 $3\mu g/kg$。

实例 14-61　测定莲藕中手性多氯联苯的磺化和 SPE 法[70]

方法提要：样品为莲藕；目标组分为 6 种手性多氯联苯,具体包括 PCB 91,PCB 95,PCB 136,PCB 149,PCB 176 和 PCB 183；后续分析方法为 GC-MS；样品以正己烷-丙酮(1∶1)为提取溶剂,采用 ASE 提取,提取液经硫酸磺化后过弗罗里硅土 SPE 柱净化,洗脱液经浓缩用异辛烷定容,用分别配有 Chirasil Dex 和 BGB 172 手性毛细管色谱柱的 GC-MS 检测。

仪器与试剂：ASE 仪；离心机；旋转蒸发仪；氮吹仪；弗罗里硅土；正己烷；丙酮；浓硫酸；异辛烷。

操作步骤：精确称取 10g(精确至 0.01g)样品于研钵中,加入 5g 硅藻土,研磨混匀后转至 34mL 的 ASE 萃取池。以正己烷-丙酮(1∶1)为提取溶剂,设定 ASE 程序：温度 100℃,压力 10.3MPa,预热 5min,静态提取 10min,以 60% 萃取池体积的提取溶剂冲洗样品,氮吹 90s,ASE 后收集全部萃取液,静置分层后将有机相转入 100mL 茄形瓶中,于 35℃下旋转蒸发至近干,以 20mL 正己烷溶解。加入 2～3mL 浓硫酸磺化,弃去下部硫酸层。磺化后提取液于 35℃下减压浓缩至约 3mL,过弗罗里硅土 SPE 小柱,用 3mL 正己烷清洗茄形瓶并过柱,再用 3mL 正己烷淋洗,收集全部流出液,于 50℃下氮吹近干,用 0.5mL 异辛烷定容供 GC-MS 测定。

方法评价：PCB 的 209 种同系物中有 19 种是稳定的手性化合物,包括 PCB 45,PCB 84,PCB 88,PCB 91,PCB 95,PCB 131,PCB 132,PCB 135,PCB 136,PCB 139,PCB 144,PCB 149,PCB 171,PCB 174,PCB 175,PCB 176,PCB 183,PCB 196 和 PCB 197,它们的两个对映体在非平面结构上均展现出轴对称手性。提取液净化时如果直接经 SPE 柱,色素等大分子会堵塞柱子,提取液难以通过萃取柱,因此,过柱前要先对提取液进行磺化,除去 90% 以上的脂类化合物和色素,净化后的试液干净、清澈。PCBs 对映体在此过程中也未发生相互转化。本方法的回收率为 82%～117%,定量限为 $0.025～0.04\mu g/kg$。

14.7.6　氯丙醇与氯丙醇酯

氯丙醇(chloropropanols)是国际公认的食品污染物,包括单氯取代的 3-氯-1,2-丙二醇

(3-MCPD)和2-氯-1,3-丙二醇(2-MCPD)以及双氯取代的1,3-二氯-2-丙醇(1,3-DCP)和2,3-氯-1-丙醇(2,3-DCP),其主要污染来源于酸水解植物蛋白液(HVP)。氯丙醇不仅具有致癌作用,还有抑制精子活性的作用,因此,国际食品法典食品添加剂与污染物委员会(CCFAC)将其列入指标议程。2001年6月,WHO/FAO食品添加剂联合专家委员会(JECFA)第57次会议对3-MCPD的危险性进行评估,根据最敏感的肾脏毒性,提出3-MCPD的暂定每日最大耐受摄入量(PMTDI)为$2\mu g$(以每千克体重计),并认为摄入目前污染水平的酱油可能造成健康危害,并且JECFA认为1,3-DCP为遗传型毒性致癌物,目前不宜制定每日耐受量。鉴于氯丙醇的危害性,许多国家制定了限量标准来控制食品中氯丙醇的污染,欧盟规定酱油、HVP中3-MCPD不得超过$20\mu g/kg$;德国和澳大利亚规定1,3-DCP应低于$20\mu g/kg$[71]。氯丙醇含量的测定方法主要有氘代同位素稀释的GC-MS、常规GC-MS和GC-MS/MS法,氯丙醇在测定之前需要衍生化。样品前处理方法有MSPD、SPME和液液萃取法等。

氯丙醇酯(氯丙醇脂肪酸酯)污染是近年来国际上新出现的食品安全问题,食品中氯丙醇多数是以酯的形式存在的,游离形式的很少。氯丙醇酯是氯丙醇类物质与脂肪酸的酯化产物,存在于食品中的氯丙醇酯结构多样性的真实情况现在并不非常清楚,但与氯丙醇类物质存在同系物和异构体的状况相似,氯丙醇酯在理论上存在单氯丙醇酯(MCPD esters)和双氯丙醇酯(DCP esters)二大类共7种化合物,其中尤其是3-氯-1,2-丙二醇脂肪酸酯(3-MCPD酯)备受关注。食品中各种氯丙醇酯化合物的安全性尚不得而知,没有直接证据表明食品中的氯丙醇酯本身对人体健康有负面作用,但由于3-MCPD酯在肠道胰脂酶作用下释放出的游离MCPD所引起的毒性已经引起严重关注。近年来,国内外的学者发现植物油,特别是婴幼儿乳制品中含有高水平的3-MCPD酯,这就使得3-MCPD酯成为食品安全的一个新的潜在危害因子。目前,3-MCPD酯的分析方法与氯丙醇类似,尚没有一种高效分离游离的3-MCPD与3-MCPD酯的方法。

实例14-62 测定酱油中氯丙醇类化合物的MSPD法[72]

方法提要: 样品为酱油;目标组分为3-MCPD和1,3-DCP;后续分析方法为GC-MS;样品采用饱和氯化钠溶液与硅藻土混合装入层析柱,分别用正己烷-乙醚(9:1)和乙醚洗脱,得到1,3-DCP和3-MCPD的提取液(1,3-DCP洗脱液还需经乙腈液液萃取),提取液经衍生后供GC-MS测定,用相应的氘代同位素化合物做内标定量。

仪器与试剂: 超声波清洗器;涡旋混匀器;旋转蒸发仪;硅藻土层析柱;恒温干燥箱;氯化钠;硅藻土;硫酸钠;正己烷;乙醚;正辛烷;乙腈;七氟丁酰基咪唑。

操作步骤: 准确称取4g(精确至0.01g)样品置100mL烧杯中,加d_5-3-MCPD、d_5-1,3-DCP混合内标溶液$20\mu L$,加饱和氯化钠溶液6g,超声15min。称取10g硅藻土吸附剂两份,其中一份加到样品溶液并搅拌均匀;另一份填入底部已装有5g无水硫酸钠的层析柱中。然后将样品与硅藻土的混合物装入层析柱中,上层加5g无水硫酸钠。静置10min后用90mL正己烷-乙醚(9:1)的混合溶液洗脱(流速约为8mL/min),收集先出来的50mL洗脱液,此洗脱液中含有1,3-DCP组分,剩余的洗脱液弃去。接着用250mL乙醚洗脱3-MCPD部分(流速约为8mL/min),在收集的乙醚中加无水硫酸钠15g,振摇,放置10min后过滤,滤液于35℃下旋转蒸发浓缩至约0.5mL,转移至5mL具塞试管中,用正辛烷洗涤蒸发瓶,合并洗涤液至试管中,定容至3mL,此为3-MCPD的提取液。含有1,3-DCP组分的洗脱液用乙腈萃取 2 次,每次 25mL,合并乙腈提取液并小心的通过旋转蒸发浓缩至 1mL,浓缩液转移至 5mL 具塞试管中,用正辛烷洗涤蒸发瓶,合并洗涤液至试管中,并定容至 3mL,此为 1,3-DCP 的提取液。衍生化:用气密针向提取液中加入七氟丁酰基咪唑衍生剂 50μL,立即密封。涡旋混合后于 75℃恒温箱内衍生 30min。取出后放至室温。加饱和氯化钠溶液 3mL,涡旋混合 0.5min,静置,取上层有机相进行 GC-MS 测定。

方法评价:本方法不同于常用固相基质一次提取净化,采用硅藻土分步提取和净化。结果表明硅藻土作固相基质与分步净化结合,净化效果和回收率都优于硅胶和氧化铝。本方法的回收率为 99%～110%,检出限为 5μg/kg。

实例 14-63　测定食用油中 2 种脂肪酸氯丙醇酯的甲醇钠水解-衍生化-液液萃取法[73]

方法提要:样品为食用油;目标组分为脂肪酸 3-MCPD 酯和脂肪酸 2-MCPD 酯;后续分析方法为 GC-MS;即在样品中加入内标后,经甲醇钠/甲醇水解,中和,用正己烷脱脂净化,在衍生净化后,用乙酸乙酯萃取衍生物,萃取液经氮吹、异辛烷复溶,离心后取上清液供 GC-MS 测定,内标法定量。

仪器与试剂:涡旋混匀器;离心机;超声波清洗器;旋转蒸发仪;氮吹仪;甲基叔丁基醚;乙酸乙酯;硫酸;丙醇;甲醇钠;甲醇;乙酸;氯化钠;正己烷;苯基硼酸(PBA);丙酮;异辛烷。

操作步骤:称取 0.1g(精确至 0.1mg)食用油样品,加入 0.5mL 甲基叔丁基醚-乙酸乙酯(8∶2)混合液后,再准确加入棕榈酸 d_5-3-MCPD 二酯与硬脂酸 d_5-2-MCPD 二酯内标各 100ng(均以游离态 d_5-3-MCPD 和 d_5-2-MCPD 计,下同),0.5mL 硫酸-丙醇(0.5∶100),45℃下超声混合 15min。加入 0.5mL 甲醇钠-甲醇(0.5mol/L)水解 1min 后,迅速加入 3.0mL 冰乙酸溶液(1.0mL 冰乙酸溶于 30mL 20% NaCl 溶液中),充分涡旋混匀,以中和过量的甲醇钠。加入 3.0mL 正己烷脱脂,充分涡旋后,静置,待明显分层后去除正己烷层,再用 3.0mL 正己烷萃取 1 次,水相供衍生化用。向上述净化液中加入 0.25mL PBA 溶液(2.5g PBA 溶于 20mL 丙酮-水(19∶1)),涡旋混匀后于 80℃下衍生 20min。待其冷却至室温后,加入 2.0mL 乙酸乙酯充分涡旋,静置分层后,将乙酸乙酯层转移至另一试管中,再重复萃取 2 次,合并 3 次萃取液,氮吹至近干。残余物用 0.5mL 异辛烷溶解后,以 12 000r/min 离心 5min,取上清液供 GC-MS 测定。

方法评价:脂肪酸氯丙醇酯的分析方法需要采用甲醇钠将脂肪酸氯丙醇酯水解为氯丙醇后进行检测,但需要注意控制水解的条件,以免水解不完全或导致氯丙醇分解;此外,GC-MS 测定前需要对目标物衍生化,与七氟丁酰基咪唑衍生化法相比,苯基硼酸衍生化的 GC-MS 法更为常见,但衍生后目标物的提取和净化条件需要摸索,否则会影响回收率或污染仪器,本方法采用苯基硼酸衍生化,之后用乙酸乙酯萃取,结果的回收率和准确度较好,3-MCPD 酯和 2-MCPD 酯的回收率分别为 81%～93% 和 103%～120%;检出限分别为 76μg/kg 和 65μg/kg。

14.7.7　食品接触材料迁移物

食品包装的主要作用是保护食品质量和卫生,不损失原始成分和营养,方便储运,促进销售,提高货架期和商品价值。但是,它的安全问题一直没有引起人们足够的重视,已经有一些研究发现食品包装材料也可能引发食品卫生安全问题,即从食品包装材料中溶出迁移到食品中的有毒有害物质会对人体健康产生潜在危害。目前引起关注的食品包装材料迁移物有塑料制品中的邻苯二甲酸酯类增塑剂；使用偶氮着色剂或残留芳香族异氰酸酯的塑料制品分解释放出的芳香族伯胺；聚苯乙烯制品中的苯乙烯单体残留；婴儿奶瓶、微波炉饭盒及食品饮料包装材料中的双酚 A；用于纸浆和涂料的有机硫杀菌防腐剂亚甲基双硫氰酸酯；等等。

邻苯二甲酸酯(PAEs)是邻苯二甲酸与醇类形成的酯的统称，研究表明，PAEs 有类似雌激素的作用，通过干扰内分泌，造成男性生殖问题，增加女性患乳腺癌的概率，还会危害到她们未来生育的男婴的生殖系统。PAEs 检测方法有 GC、GC-MS、HPLC 和 HPLC-MS。PAEs 的样品前处理方法有 SPE 及 SPME、MSPE、GPC。由于邻苯二甲酸酯与油脂化学性质相似，含油脂食品的前处理比较困难，设计方法时需要考虑以下 3 点：①对 PAEs 的提取效率；②对含油脂食品基质中杂质，如脂肪、蛋白质、色素的去除效果；③前处理过程中尽量少引入 PAEs。

双酚 A 属双酚类物质，双酚类物质是制造聚碳酸酯、环氧树脂涂料等食品接触材料的重要原料。残留的双酚类物质会迁移到食品中造成污染。目前双酚类物质的检测方法主要有 GC、GC-MS、HPLC、HPLC-MS 法。前处理方法多为有机溶剂提取和 SPE 净化。

实例 14-64　测定含油脂食品中 17 种邻苯二甲酸酯的 MSPE 法[74]

方法提要：样品为奶茶(代表低脂食品)和方便面调味包(代表高脂食品)；目标组分为邻苯二甲酸二甲(乙、异丁、丁、二戊、二己、二环己、丁基苄基、二苯、二正辛、二正壬、二异壬)酯、邻苯二甲酸二(2-甲氧基)乙酯、邻苯二甲酸二(4-甲基-2-戊基)酯、邻苯二甲酸二(2-乙氧基)乙酯、邻苯二甲酸二(2-丁氧基)乙酯、邻苯二甲酸二(2-乙基)己酯等 17 种 PAEs 增塑剂。后续分析方法为 GC-MS；将乙腈-甲基叔丁基醚提取的 PAEs 提取液倒入装有无水硫酸钠、C₁₈和活性炭等的净化管中以去除水分、油脂、色素等干扰物质，将目标物留在样品溶液中。

仪器与试剂：涡旋混匀器；离心机；乙腈；甲基叔丁基醚；硫酸钠；C_{18}；活性炭；正己烷；PSA；硫酸镁。

操作步骤：准确称取 2g(精确至 0.01g，下同)奶茶等低油脂液体样品或 1g 制成粉末的低脂固体样品加 2mL 水于离心管中，加入 4mL 乙腈-甲基叔丁基醚(9∶1)，将离心管涡旋 2min，倒入装有无水硫酸钠、C_{18}和活性炭的净化玻璃管中，再将玻璃管涡旋振荡 2min，以 4000r/min 离心 5min，取上清液，供 GC-MS 测定。

准确称取 1g 方便面调味包等高油脂样品于玻璃离心管中，用 2mL 正己烷(乙腈饱和)溶解，然后加入 4mL 乙腈(正己烷饱和)-甲基叔丁基醚，涡旋 2min，以 4000r/min 离心 2min，取乙腈层，重复提取 1 次，合并提取液。将提取液倒入装有 PSA 粉、无水硫酸钠、无水硫酸镁和反相填料的净化玻璃管中，再将玻璃管涡旋振荡 2min 后，以 4000r/min 离心 5min，取上清液，供 GC-MS 测定。

方法评价：目标组分 PAEs 与油脂的化学性质相似，因此，设计分离净化方法时要考虑油脂食品基质中脂肪、蛋白质、色素等杂质的去除效果。低油脂食品的净化采用无水硫酸钠、C_{18}和活性炭，分别去除奶茶中的水分、油脂和色素。17 种 PAEs 的回收率为 82%～126%。高油脂样品选用 PSA 粉、无水硫酸钠、无水硫酸镁和反相填料净化去除基质中的脂肪酸、部分油脂、水和非极性很强的干扰物，17 种 PAEs 的回收率为 70%～116%。

实例 14-65　测定罐装食品中双酚类化合物残留的 QuEChERS 法[75]

方法提要： 样品为灌装的果汁饮料,鱼肉和全脂奶粉；目标组分为双酚 A、双酚 F、双酚 A-二缩水甘油醚、双酚 F-二缩水甘油醚等 11 种双酚类化合物；后续分析方法为 HPLC-MS；采用 0.1% 甲酸的乙腈溶液提取,QuEChERS 净化。

仪器与试剂： 涡旋混匀器；离心机；氮吹仪；甲醇；甲酸；乙腈；氯化钠；硫酸镁；PSA；GCB；C_{18} 和 NH_2 粉末。

操作步骤： 准确称取均质样品 2g(精确至 0.01g)置于 50mL 离心管中,加入 4mL 去离子水、15mL 0.1% 甲酸的乙腈溶液和 1g 氯化钠,涡旋混合 1min,以 5000r/min 离心 5min；取上清液至另一 50mL 离心管中,加入 50mg PSA、25mg GCB、150mg NH_2 和 1000mg 无水硫酸镁,涡旋混合 1min,以 5000r/min 离心 5min；取上清液,40℃ 下氮吹近干,用 1mL 含 0.1% 甲酸的甲醇-水(50：50)复溶；溶液转移至 1.5mL 离心管中,以 10 000r/min 离心 10min；取上清液转移至进样瓶,供 HPLC-MS 测定。

方法评价： QuEChERS 方法的主要步骤为酸性乙腈提取后,通过盐分配、分散固相萃取净化。实验考察了不同浓度的甲酸和乙酸的乙腈溶液的提取效果,发现 0.1% 甲酸的乙腈溶液对双酚类化合物的回收率较好；比较无水硫酸钠和无水硫酸镁的盐分配效果,发现无水硫酸钠得到的双酚类各化合物的回收率优于无水硫酸镁的,这可能是硫酸镁遇水放热,促使部分双酚类化合物受热分解,导致回收率下降。此外,本方法还考察 PSA、C_{18}、GCB 和 NH_2 4 种固相萃取填料的净化效果,当填料中不含 C_{18} 时,罐头基质的净化效果与双酚类化合物的回收率均优于包含全部 4 种吸附剂的回收率,说明吸附剂的种类并不是越多越好。

14.8　非法添加物

2011 年,卫生部公布了 47 种可能在食品中"违法添加的非食用物质",包括吊白块、苏丹红、三聚氰胺、富马酸二甲酯、硼砂等等,这些物质无一不对人体健康产生严重危害,影响极其恶劣,严重扰乱了我国食品行业的正常秩序。尽管不断开发出各种非法添加物的检测方法,但仍有一些非法添加物至今没有有效的检测方法。本节仅对几种较为成熟的分析方法作实例论述。

14.8.1　工业染色剂

工业染色剂是非法添加物中最常出现的,如苏丹红、碱性橙Ⅱ(王金黄)、酸性橙、玫瑰红 B、碱性嫩黄、美术绿、孔雀石绿等,这些染料的分析通常根据其极性,采用相似相溶原理,用极性不同的有机溶剂和水分级提取,对于脂肪、蛋白等杂质较多的样品提取液,后续用 GPC 或 SPE 净化后供 HPLC 测定。

实例 14-66　测定奶酪中 46 种禁限合成染色剂的分级液液萃取法[76]

方法提要： 样品为奶酪；目标组分有油溶性的苏丹类染料(如苏丹橙、苏丹黄、苏丹红等)、水溶性色素(如柠檬黄、苋菜红、胭脂红、日落黄、罗丹明 B 等)、酸性色素(如酸性红、酸性橙、酸性紫、酸性黑等)和极性色素(红色基、碱性艳橙、曙红钠等)等 46 种禁用和限用染色剂,后续分析方法为 HPLC；提取净化体系分三级；第一级用正己烷结合 GPC,实现对苏丹类染料的提取；第二级用水、乙腈辅助的方法,实现对大多数水溶性色素及工业染料的提取；第三级用甲醇-氨水，实现对少数极性较强染料的提取。

仪器与试剂：涡旋混匀器；冷冻离心机；旋转蒸发仪；GPC 净化装置；正己烷；乙酸乙酯；乙腈；甲醇，氨水。

操作步骤：准确称取 2g（精确至 0.01g）样品，加入 5mL 水和 15mL 正己烷，振荡 20min，以 8000r/min 低温离心，得到正己烷层、水层以及残渣；将正己烷层提取液旋转蒸发浓缩，以乙酸乙酯-环己烷（1∶1）定容至 10mL，经过 GPC 净化、浓缩，用乙腈定容至 1mL，供 HPLC 测定苏丹类染料。水层加入 20mL 乙腈，振荡 10min，以 8000r/min 低温离心，得乙腈水层提取液，提取液过滤、浓缩，用甲醇定容至 5mL，供 HPLC 测定水溶性色素及工业染料；剩余残渣加入 15mL 1%氨水溶液，振荡 10min，以 8000r/min 低温离心，取上清液得氨水-甲醇溶液，浓缩并用甲醇定容至 5mL，供 HPLC 测定。

方法评价：根据不同种类合成色素的极性，设计出液-液萃取的分级净化方法。第一级提取采用弱极性的正己烷，有利于脂溶性苏丹类染料提取，同时将脂肪提取出来，避免干扰第二、三级的净化，回收率大于 80%。第二级用水提取水溶性染料，同时加入 4 倍乙腈沉淀水提液中的蛋白质，回收率大于 60%。第三级用甲醇-氨水提取极性强的染料。回收率大于 55%。

实例 14-67　测定食品中 26 种禁用染色剂的 SPE 法[77]

方法提要：样品为奶糖、糖浆、辣椒酱、禽蛋、液态奶、果汁等；目标组分是酸性红 52、红色 2G、喹啉黄、专利蓝、酸性红 26、酸性橙Ⅱ、孔雀石绿、碱性紫 5BN、碱性玫瑰精 B、碱性橙Ⅱ、碱性嫩黄 O、分散蓝 3、溶剂黄 1、分散橙 3、分散黄 3、分散红 1、溶剂黄 3、分散橙 37/76、溶剂黄 2、亮绿、碱性品红、柑橘红 2 号、苏丹Ⅰ、苏丹Ⅱ、苏丹Ⅲ、苏丹Ⅳ；后续分析方法为 HPLC-MS/MS；提取和净化前处理根据目标组分的酸碱度和极性性质分为 3 种，水溶性碱性染色剂用正己烷的饱和乙腈水溶液提取，阳离子交换 SPE 净化；水溶性酸性染色剂用水提取，聚酰胺 SPE 柱净化；脂溶性染色剂用正己烷提取，中性氧化铝 SPE 柱净化。HPLC 分离均用反相柱。

仪器与试剂：超声波清洗器；涡旋混匀器；离心机；氮吹仪；阳离子交换 SPE 柱；聚酰胺 SPE 柱；中性氧化铝 SPE 柱；正己烷；氯化钠；柠檬酸；甲酸；叔丁基甲醚；乙腈；甲醇，氨水；硫酸钠。

操作步骤：水溶性碱性染色剂：精确称取 1g（精确至 0.01g）样品于 50mL 离心管中，加入 1mL 水，于 60℃超声 15min，加入 5mL 水＋正己烷饱和的乙腈（2∶3），涡旋振荡 3min，超声提取 15min，以 4000r/min 离心 10min，取上清液于 15mL 离心管中，残渣再提取 1 次，合并提取液，加入 1g 氯化钠，涡旋并静置分层，转移并保留上层有机相，于下层水相中加入 4mL 乙腈饱和的正己烷，涡旋振荡 3min，离心 10min，弃去最上层的正己烷层，保留乙腈层于 50℃氮吹至 1.0mL，与下层水相合并，用水定容至 12mL。全部转移至阳离子交换 SPE 柱中，依次用 3mL 水和 20%的甲醇溶液淋洗，抽干。依次用 6mL 10%氨水甲醇溶液和 6mL 甲醇＋叔丁基甲醚-氨水（20∶75∶5），溶液洗脱，氮吹至近干，加入 1mL 甲醇溶解，15 000r/min 离心 10min，供 HPLC-MS/MS 测定。

水溶性酸性染色剂：精确称取 1g 样品于 50mL 离心管中，加入 6mL 水，于 60℃水浴溶解，对于蛋白较多的基质，加入 1mL 乙腈，超声波提取 15min，4500r/min 离心 10min，取上清液于 50mL 离心管中，残渣再提取 1 次，合并提取液（含油脂多的基质，加入 10mL 正己烷,振荡 3min,离心,弃去正己烷层),加入一定量 20％柠檬酸调节 pH＝4.0 左右。转移全部提取液至聚酰胺 SPE 柱中,依次用 3mL 甲醇-甲酸-水(2∶2∶6),3mL 水淋洗,抽干。依次用 6mL 甲醇和 6mL 10％氨化甲醇溶液洗脱,于 50℃氮吹至近干,加入 1mL 水溶解,膜过滤供 HPLC-MS/MS 测定。

脂溶性染色剂:精确称取 1g 样品于 50mL 离心管中,加入 5mL 正己烷,涡旋振荡 3min,超声波提取 15min,以 4000r/min 离心 10min,取上清液于 15mL 离心管中,残渣再提取 1 次,合并提取液,加入 1g 无水硫酸钠脱水,离心,取上清液。全部转移至中性氧化铝 SPE 柱,用正己烷分 3 次淋洗,抽干。用 6mL 丙酮-正己烷(1∶9)溶液洗脱,于 50℃氮吹近干,加入 1mL 甲醇溶解,供 HPLC-MS/MS 测定。

方法评价:本方法的回收率为 70％～103％,检出限为 50μg/kg。

14.8.2 三聚氰胺和三聚氰酸

三聚氰胺是一种化工原料,被非法添加至饲料和乳粉后引起的食品安全事件令世界震惊。2008 年 11 月,美国食品和药物管理局(FDA)公布在含有三聚氰胺的食品中同时发现含有微量的三聚氰酸,并指出三聚氰酸是使含有三聚氰胺的产品毒性超出正常水平的重要原因。因此,检测食品中的三聚氰胺和三聚氰酸非常必要。三聚氰胺和三聚氰酸均属于强极性化合物,其提取溶剂一般选用极性较强的有机溶剂、缓冲溶液或有机溶剂和水的混合溶液,如乙腈-盐酸水溶液、1％三氯乙酸-乙腈溶液等;净化方法主要使用 SPE,三聚氰胺的化学结构中含有 3 个伯胺基团,属于碱性化合物,在酸性条件下会形成正离子,可采用强阳离子 SPE 柱对样品进行净化。三聚氰胺与三聚氰酸的检测方法主要有酶联免疫吸附法(ELISA)、HPLC、GC-MS、GC-MS/MS、LC-MS、LC-MS/MS 等,而质谱法检测灵敏度高,是目前食品中三聚氰胺与三聚氰酸残留确证检测的最佳方法[78]。

实例 14-68 测定动物性食品中三聚氰胺的 SPE 法[79]

方法提要:样品为鸡蛋、鸡肉;目标组分为三聚氰胺;后续分析方法为 UPLC-MS/MS;样品采用 3％三氯乙酸溶液提取,MCX 柱净化。

仪器与试剂:涡旋混匀器;离心机;超声波清洗器;旋转蒸发仪;氮吹仪;SPE 柱(MCX);三氯乙酸;甲酸;氨水;甲醇;乙腈。

操作步骤:精确称取 2g 样品(精确至 0.01g)于 50mL 离心管中,加 3％三氯乙酸溶液 20mL,涡旋混合 30s,超声 10min,静置 10min,以 10 000r/min 离心 10min,取上层液 10mL 过 MCX 柱(预先依次用甲醇 3mL 和水 3mL 活化),加 2％甲酸水溶液 3mL、甲醇 3mL 淋洗,抽干,加 5％氨化甲醇溶液 3mL 洗脱,抽干,收集洗脱液,于 50℃氮吹近干,用 1.0mL 95％乙腈水溶液溶解残余物,膜过滤后供 UPLC-MS/MS 测定。

方法评价:本方法的回收率为 70％～120％,检出限为 2.5μg/kg。

实例 14-69 测定食品中三聚氰胺和三聚氰酸的复合 SPE 法[80]

方法提要:样品为猪肾、鸡蛋、豆奶、牛奶、奶酪等;目标组分为三聚氰胺和三聚氰酸;后续分析方法为 HPLC-MS/MS;样品采用乙腈和水提取,正己烷脱脂,提取液经亲水性键合硅胶和阳离子交换树脂复合填料 SPE 柱净化。采用亲水相互作用色谱柱分离,质谱采用正、负离子切换模式电离,多反应监测模式检测,同位素内标法定量。

仪器与试剂:恒温干燥箱;涡旋混匀器;离心机;超声波清洗器;旋转蒸发仪;氮吹

仪；复合 SPE 柱（亲水性键合硅胶和阳离子交换树脂）；乙腈；盐酸；正己烷；氨水；甲醇。

操作步骤：精确称取均质样品 2g（精确至 0.01g），置于 15mL 玻璃试管中（奶酪等固体样品于 100℃ 烘箱中加热融化），分别加入 50μg 三聚氰胺同位素内标溶液、100μg 三聚氰酸同位素内标溶液，加入乙腈和水（液态奶、豆奶的配比为 7∶3，其他样品的配比为 1∶1）至 7mL，涡旋混合 30s，再加入适量的 1mol/L 盐酸溶液，调节 pH＝3.0 左右；涡旋混合 2min，超声 15min，以 8000r/min 离心 5min；取上清液，残渣重复提取 1 次；合并两次提取液（对脂肪含量高的样品，要用 5mL 乙腈饱和正己烷脱脂并除去正己烷层）；然后用水调节提取液至乙腈和水的比例至 1∶1，用该溶液稀释至 8mL。试液上样至复合 SPE 柱（预先依次用 3mL 甲醇、3mL 50％乙腈水溶液活化），然后用 2mL 50％乙腈水溶液淋洗，在低真空度下减压抽干小柱，最后再依次用 2mL 甲醇、2×2mL 5％氨水甲醇溶液洗脱，收集流出液，于 40℃ 下氮吹近干；加入 1mL 流动相溶解，膜过滤后供 HPLC-MS/MS 测定。

方法评价：三聚氰胺呈弱碱性，三聚氰酸为弱酸性，极性均较强，均溶于水等极性较强的溶液，因此采用水和乙腈作提取溶剂。此外，提取液 pH 调节至 3.0 左右，可以保证三聚氰胺和三聚氰酸的回收率。乙腈对去除蛋白有利，对于蛋白含量高的猪肾，采用乙腈-水（7∶3）使蛋白质及其他杂质沉淀；对于蛋白和杂质较少的液态奶、豆奶等可采用乙腈-水（1∶1）。三聚氰胺属于阳离子型化合物，三聚氰酸属于阴离子型化合物，单独使用普通的 HLB、C_{18}、MCX、MAX 等 SPE 柱均难以同时对这两类化合物进行保留和净化。本方法采用亲水性键合硅胶和阳离子交换树脂的复合填料柱，阳离子交换填料能够保留三聚氰胺。三聚氰胺和三聚氰酸的回收率分别为 70％～130％，检出限为 25μg/kg 和 50μg/kg。

14.8.3　吊白块

吊白块的学名是次硫酸氢钠甲醛，高温下可分解为甲醛、二氧化硫和硫化氢等有毒气体。近年来，吊白块被一些不法商贩作为增白剂用于食品加工，造成食品污染，危害人体健康。因此，我国严禁将其作为添加剂在食品中使用。检测食品是否被吊白块污染主要是通过测定其分解产物甲醛和二氧化硫的含量，再根据其比例关系进行间接判定，测定方法有分光光度法、荧光法、GC、HPLC 和 IC。

实例 14-70　测定水发食品中吊白块的 SPE 法[81]

方法提要：样品为牛肚、牛筋、毛肚、鱿鱼等水发食品；目标组分为吊白块；后续分析方法为 IC；以 0.01mol/L 氢氧化钠溶液提取水发食品中的吊白块，过 C_{18} 柱净化后，以氢氧化钾水溶液为流动相进行 IC 测定。

仪器与试剂：超声波清洗器；C_{18} 柱；氢氧化钠；甲醇。

操作步骤：准确称取 5g（精确至 0.01g）样品于 100mL 烧杯中，加入 50mL 0.01mol/L 氢氧化钠溶液，超声提取 10min，过滤，滤渣重复提取 1 次，合并滤液于 100mL 容量瓶中，用氢氧化钠溶液定容，摇匀。提取液上 C_{18} 柱（预先依次用 5mL 甲醇和 10mL 水清洗）弃去初始流出液 5mL，收集续滤液 5mL，膜过滤后供 IC 测定。

方法评价：吊白块是一种弱酸盐，在碱性水溶液中产生稳定的甲醛次硫酸氢根离子，因此选用稀碱溶液作为提取溶剂。由于在提取液中含有脂肪、蛋白质等杂质，选用 C_{18} 柱吸附杂质，净化提取液。本方法的回收率为 98％～104％，检出限 0.05mg/kg。

14.8.4　溴酸钾

溴酸钾曾经作为食品添加剂添加到小麦粉中,用于增加面包、馒头等面制品的韧性和色泽,大部分的溴酸钾在烘焙过程中会转化成惰性、无害的溴化钾,少量残留在食品中。然而,陆续有研究表明:溴酸钾是一种氧化性致癌物,对皮肤、眼睛和黏膜有刺激性,WHO和美国环境保护局(EPA)将其定为2B级的潜在致癌物,于是,我国在2005年7月1日全面禁止面粉中使用溴酸钾。近年来,人们越来越关注饮用水中的溴酸盐的测定。这是因为目前饮用水生产企业大多用臭氧消毒,水源中存在一定的溴化物在臭氧的强氧化作用下生成溴酸盐。饮用水的基质相对简单,几乎不用样品前处理,直接过滤检测。溴酸盐的检测方法主要有滴定法、光度法、IC和ICP-MS。其中IC测定溴酸盐较为普遍。

实例14-71　测定面制品中溴酸钾的SPE法[82]

方法提要:样品为面制品;目标组分为溴酸钾;后续分析方法为IC;采用水振荡提取,用C_{18}除去油脂等杂质,Ag柱除去氯离子。

仪器与试剂:涡旋混匀器;离心机;C_{18}柱;Ag/H柱;石油醚。

操作步骤:准确称取10g(精确至0.01g)样品于250mL具塞三角瓶中(若有油脂要用20mL×2次石油醚洗去油脂,并挥发除去石油醚),加入去离子水100mL,摇匀,振荡20min,静置,转移上层液10mL于50mL离心管中,以3000r/min离心30min,取上清液10mL过C_{18}柱(弃去前3mL,收集续滤液),再经Ag/H柱(弃去前3mL,收集续滤液),然后置于超滤器样品杯中,以5000r/min离心30min进行超滤,超滤液经膜过滤供IC测定。

方法评价:面制品中氯离子是主要干扰离子,利用Ag/H除去氯离子,可以消除氯离子对溴酸根离子色谱峰的干扰,提高测定结果的准确性。本方法的回收率在87%～103%,检出限为0.039mg/kg。

14.8.5　富马酸二甲酯

富马酸二甲酯(DMF)为白色片状或粉末状结晶体,易溶于乙酸乙酯、氯仿、丙酮、乙腈和醇类。DMF是美国20世纪80年代开发出来的一种新型防霉剂,对许多霉菌有特殊的抑制效果,并且具有抗真菌的能力。研究表明,DMF可引起细胞氧化损伤和T细胞凋亡,可经消化道、呼吸道和皮肤进入人体,引起皮肤过敏,刺激眼睛、黏膜以及导致上呼吸道感染、咽喉肿痛等临床症状。此外,DMF易水解生成甲醇,长期食用对肝、肾有很大的副作用,对人体,尤其是儿童的成长发育危害很大。我国新颁布的食品卫生标准已经明令禁止其在食品中使用。但是,由于其防霉效果好且抑菌活性受pH影响小,一些不法经营者受经济利益驱动仍违法将DMF用于食品的防腐。因此建立食品中DMF的简单、快速、准确的测定方法非常必要。目前,文献报道的食品中DMF的检测方法主要有GC、GC-MS和HPLC。前处理方法一般采用溶剂提取,对于基质复杂的样品用SPE净化。

实例14-72　测定食品中DMF的样品前处理法[83]

方法提要:样品为各类食品,包括肉制品;目标组分为DMF;后续分析方法为HPLC;不同基质的前处理方法不同。水果、饮料等样品经沉淀、离心、甲醇超声提取后直接测定;对不易分散的肉制品及油脂含量高的糕点采用中性氧化铝作分散剂和脱水剂,乙腈超声提取后用正己烷脱脂净化。

仪器与试剂：超声波清洗器；离心机；氮吹仪；研钵；中性氧化铝；甲醇；硫酸锌；亚铁氰化钾；正己烷；硫酸钠。

操作步骤：肉制品和油脂含量高的月饼、蛋糕：准确称取 2～5g（精确至 0.01g，下同）粉碎样品于 100mL 研钵中，加入 5g 中性氧化铝（100～200 目），混匀后研磨成均匀沙状，用 30mL 乙腈分次转移至 100mL 烧杯中，超声提取 15min，用盛有 3g 无水硫酸钠的漏斗过滤，收集滤液于塑料离心管中，加入 20mL 正己烷充分振摇，静止后弃去正己烷层，重复提取 1 次，合并提取液，氮吹近干，用甲醇定容，膜过滤后供 HPLC 测定。

油脂含量低的糕点：准确称取 2～5g 饼干、面包等于 100mL 研钵中，加入 5g 中性氧化铝，研磨均匀后转移至 50mL 烧杯中，加入 30mL 甲醇超声提取 15min，重复提取 1 次，合并提取液，以 4500r/min 离心，上清液用甲醇定容，膜过滤后供 HPLC 测定。

饮料：碳酸饮料超声脱气，植物蛋白饮料用硫酸锌和亚铁氰化钾沉淀，以 4500r/min 离心后上清液用甲醇定容。

水果：称取 10g 匀浆后的样品于 100mL 烧杯中，加入 50mL 甲醇超声提取 15min，以 4500r/min 离心后上清液用甲醇定容。

方法评价：DMF 为白色片状或粉末状结晶，对热不稳定，易升华。微溶于水，易溶于乙酸乙酯、氯仿和醇类。对于水果、饮料等含油脂和蛋白杂质较少且容易分散的样品，采用甲醇提取后直接进样分析。不易分散的固体样品需要与中性氧化铝一起研磨，中性氧化铝作分散剂，同时可以除去其含有的少量脂肪。对于脂肪含量高的食品，再用正己烷去除，本方法的回收率为 82%～105%，检出限为 0.06mg/kg。

参考文献

[1] 食品中蛋白质的测定：GB 5009.5—2010[S].

[2] 李月娥，黄启超，葛长荣. 动物性食品蛋白质测定方法的改进[J]. 农产品加工，2007,6：29-30.

[3] 食品中氨基酸的测定：GB/T 5009.124—2003[S].

[4] 预包装食品营养标签通则：GB 28050—2011[S].

[5] 食品中粗脂肪的测定：GB/T 14772—2008[S].

[6] 钟艳梅，曾宪录. 食品脂肪测定方法的改进[J]. 广东化工，2008,35(6)：130-131,155.

[7] 婴幼儿食品和乳品中脂肪酸的测定：GB 541327—2010[S].

[8] 食品中果糖、葡萄糖、蔗糖、麦芽糖、乳糖的测定 高效液相色谱法：GB/T 22221—2008[S].

[9] 汪红，祁玉峰，魏红. 酶重量法测定食品中膳食纤维含量方法的改进[J]. 食品工业科技，2007,28(9)：203-205.

[10] 尉向海. 食品中水分及其测定方法的规范化探讨[J]. 中外医疗，2009,28(2)：174.

[11] 食品中水分的测定：GB 5009.3—2010[S].

[12] Gentili A, Caretti F, D'Ascenzo G, et al. Simultaneous determination of water-soluble vitamins in selected food matrices by liquid chromatography/electrospray ionization tandem mass spectrometry [J]. Rapid Commun. Mass Spectrom. ,2008,22：2029-2043.

[13] Kienen V, Costa W F, Visentainer J V, et al. Development of a green chromatographic method for determination of fat-soluble vitamins in food and pharmaceutical supplement[J]. Talanta,2008,75：141-146.

[14] 王希希，胡燕，孙成均. 食品多维片和饮料中 12 种维生素的高效液相色谱法同时测定[J]. 现代预防医学，2012,39(6)：1514-1518.

[15] 保健食品中维生素 B12 的测定：GB/T 5009.217—2008[S].

[16] 婴幼儿食品和乳品中钙、铁、锌、钠、钾、镁、铜和锰的测定：GB 5413.21—2010[S].

[17] Larrea-Marin M T, Pomares-Alfonso M S, Gomez-Juaristi M, et al. Validation of an ICP-OES method for macro and trace element determination in Laminaria an Porphyra seaweeds from four different countries[J]. J. Food Composit. Anal. ,2010,23(8)：814-820.

[18] 食品中铅、砷、铁、钙、锌、铝、钠、镁、硼、锰、铜、钡、钛、锶、锡、镉、铬、钒含量的测定 电感耦合等离子体原子发射光谱(ICP-AES)法：DB 53/T 288—2009[S].

[19] Iegglic V S, Bohrer D, Do Nascimento P C, et al. Determination of sodium, potassium, calcium, magnesium, zinc and iron in emulsified chocolate samples by flame atomic absorption spectrometry[J]. Food Chem. ,2011,124：1189-1193.

[20] 食品添加剂使用标准：GB 2760—2011[S].

[21] 向俊,漆爱明,毛丽秋,等.中空纤维膜液相微萃取技术/气相色谱-质谱法对食品中防腐剂与抗氧化剂的测定[J].分析测试学报,2009,28(5)：560-563.

[22] 郝鹏飞,牟志春,刘琳,等.气相色谱-质谱法同时测定腌制食品中的 13 种防腐剂[C].青岛：2011 食品安全技术与标准国际研讨会暨 AOAC 中国区会议论文集,2011：69-74.

[23] 食品中抗氧化剂丁基羟基茴香醚(BHA)、二丁基羟基甲苯(BHT)与特丁基对苯二酚(TBHQ)的测定：GB/T 23373—2009[S].

[24] 曹淑瑞,刘治勇,张雷,等.高效液相色谱法同时测定食品中 6 种对羟基苯甲酸酯[J].分析化学,2012,40(4)：529-533.

[25] 李小晶,陈旻实,戴金兰,等.固相萃取高效液相色谱-质谱法同时测定检测啤酒中 5 种痕量防腐剂[J].分析测试学报,2013,32(8)：973-977.

[26] 范云场,张社利,陈梅兰,等.离子液体-加速溶剂萃取-高效 HPLC 法测定蜜饯中的有机酸类防腐剂[J].分析化学,2010,38(12)：1785-1788.

[27] 肉制品 胭脂红着色剂测定：GB/T 9695.6—2008[S].

[28] 水果罐头中合成着色剂的测定 高效液相色谱法：GB/T 21916—2008[S].

[29] 顾宇翔,葛宇,印杰,等.聚酰胺吸附-HPLC 测定饮料和糖果中的 20 种水溶性色素[J].食品与发酵工业,2012,38(1)：161-164.

[30] 刘丽,吴青,林凤英,等.QuEChERS-HPLC 快速测定食品中七种食用合成色素[J].食品工业科技,2013,34(12)：81-85.

[31] 于业志,周嘉明,赵春华,等.高胶质食品中合成色素检测方法的改进[J].食品与发酵工业,2011,37(1)：142-145.

[32] 出口食品中六种合成甜味剂的检测方法 液相色谱-质谱/质谱法：SN/T 3538—2013[S].

[33] 刘芳,王彦,王玉红,等.固相萃取-高效液相色谱-蒸发光散射检测法同时检测食品中 5 种人工合成甜味剂[J].色谱,2012,30(3)：292-297.

[34] 赵飞,高广慧,那海秋,等.固相萃取-高效液相色谱-可变波长检测法同时测定调味品中甜味剂和人工合成色素[J].色谱,2013,31(5)：490-493.

[35] 糙米中 50 种有机磷农药残留量的测定：GB/T 5009.207—2008[S].

[36] 出口食品中甲草胺、乙草胺、甲基吡恶磷等 160 种农药残留量的检测方法 气相色谱-质谱法：SN/T 2915—2011[S].

[37] 韩芳,胡艳云,张蕾,等.虚拟分子印迹固相萃取技术检测食品中 10 种三嗪类除草剂残留[J].分析化学,2012,40(11)：1648-1653.

[38] 李媛,肖乐辉,周乃元,等.在茶叶农药残留测定中用四氧化三铁纳米粒子去除样品中的色素[J].分析化学,2013,41(1)：63-68.

[39] 赵志远,石志红,康健,等.液相色谱-四极杆/飞行时间质谱快速筛查与确证苹果、番茄和甘蓝中的 281 种农药残留量[J].色谱,2013,31(4)：372-379.

[40] 尚德军,魏帅,李世雨.气相色谱法/三重四极杆质谱测定番茄酱中 72 种农药残留量[J].食品科学, 2013,34(12)：237-242.

[41] 陈楠楠,高红波,钟其顶,等.分散固相萃取 GC-MS 法快速测定葡萄酒和葡萄中 22 种农药残留[J]. 酿酒科技,2012,7：119-123.

[42] 张帆,李忠海,黄媛媛,等.改良 QuEChERS-GC 法测定茶油中有机磷类农药残留[J].食品与机械, 2012,28(4)：1-7.

[43] 刘芇岩,申杰,刘磊.复合模板印迹聚合物净化液相色谱-质谱联用法测定鱼肉中氟喹诺酮类残留 [J].分析化学,2012,40(5)：693-698.

[44] 游辉,于辉,武彦文.快速溶剂萃取-基质固相分散-高效液相色谱法测定牛肉中 5 种磺胺类药物残留 [J].分析测试学报,2010,29(10)：1087-1090.

[45] 孙汉文,康占省,李挥.凝胶渗透色谱-固相萃取净化-超快速液相色谱-串联质谱法检测牛肉中 9 种 类固醇激素残留[J].分析化学,2010,38(9)：1272-1276.

[46] 彭池方,沈崇钰,安可婧,等.高效液相色谱-串联质谱联用测定脂肪中乙酰孕激素残留[J].分析化 学,2008,36(8)：1117-1120.

[47] 张毅,岳振峰,蓝芳,等.分散固相萃取净化与高效液相色谱/串联质谱法测定牛奶中 8 类禁用药物 残留[J].分析化学,2012,40(5)：724-729.

[48] 李佩佩,郭远明,陈雪昌,等.凝胶渗透色谱-固相萃取/高效液相色谱法同时测定水产品中甲基睾酮 与己烯雌酚[J].分析测试学报,2013,32(2)：267-270.

[49] 卜明楠,石志红,康健,等.QuEChERS 结合 LC-MS/MS 同时测定虾肉中 72 种兽药残留[J].分析测 试学报,2012,31(5)：552-558.

[50] 王伟,石志红,康健.改进的 QuEChERS 结合 LC-MS/MS 同时测定蜂蜜中 60 种兽药残留[J].分析 试验室,2013,42(4)：82-88.

[51] 食品中真菌毒素限量：GB 2761—2011[S].

[52] 孙利,霍江莲,崔维刚.粮食产品中真菌毒素的色谱及质谱检测技术研究进展[J].食品科学,2013, 34(19)：367-375.

[53] 食品中赭曲霉毒素 A 的测定　免疫亲和层析净化高效液相色谱法：GB/T 23502—2009[S].

[54] 李贤良,游丽娜,郗存显,等.免疫亲和柱净化-液相色谱-串联质谱法同时测定猪肉中 6 种玉米赤霉 醇类化合物残留量[J].分析化学,2013,41(8)：1147-1152.

[55] 谢刚,王松雪,张艳.超高效液相色谱法快速检测粮食中黄曲霉毒素的含量[J].分析化学,2013, 41(2)：223-228.

[56] 邹忠义,贺稚非,李洪军,等.畜禽产品中脱氧雪腐镰刀菌烯醇和 T-2 毒素残留分析[J].食品科学, 2013,34(14)：208-211.

[57] 食品中污染物限量：GB 2762—2012[S].

[58] 郑国庚,李美.微波消解石墨炉原子吸收光谱法测定茶叶中镍[J].安徽农业科学.2011,39(19)： 11924,11941.

[59] Xiang G Q,Wen S P,Wu X Y,et al.Selective cloud point extraction for the determination of cadmium in food samples by flame atomic absorption spectrometry[J].Food Chem.,2012,132：532-536.

[60] Silva M J D,Paim A P S,Pimentel M F,et al.Determination of mercury in rice by cold vapor atomic fluorescence spectrometry after microwave-assisted digestion[J].Anal.Chim.Acta,2010,667(1-2)： 43-48.

[61] López-García I,Briceño M,hernández-Córdoba M.Non-chromatographic screening procedure for arsenic speciation analysis in fish-based baby foods by using electrothermal atomic absorption spectrometry[J].Anal.Chim.Acta,2011,699(1)：11-17.

[62] 出口食品中亚硝酸盐和硝酸盐的测定　离子色谱法：SN/T 3151—2012[S].

[63] 汤富彬,莫润宏,钟冬莲,等.皂化提取-高效液相色谱法测定油茶籽油中苯并[a]芘残留[J].中国油

脂,2012,37(2):62-64.

[64] 伍先绍,凌海,柳永英,等.高效液相色谱法测定动植物油脂中苯并[a]芘的方法改进[J].粮油食品科技,2012,20(6):49-53.

[65] 郑睿行,夏爱萍,祝华明,等.凝胶渗透色谱-液相色谱法测定熏烤肉制品中的苯并[a]芘[J].食品研究与开发,2013,34(12):76-78,102.

[66] 赵华,王秀元,王萍亚.气相色谱-质谱联用法测定腌制水产品中的挥发性 N-亚硝胺类化合物[J].色谱,2013,31(3):223-227.

[67] 杨宁,陈颖慧,邓莉,等.双填料固相萃取-高效液相色谱/质谱法同时检测腌菜中 9 种 N-亚硝胺[J].分析化学,2013,41(7):1044-1049.

[68] 食品中指示性多氯联苯含量的测定:GB/T 5009.190—2006[S].

[69] 李强,夏静,白彦坤,等.微波辅助提取-固相萃取净化-气相色谱三重四极杆质谱联用测定水产品中17 种多氯联苯(PCBs)[J].质谱学报,2012,33(3):295-300.

[70] 戴守辉,赵桦林,王敏.手性气相色谱质谱法测定莲藕及底泥中的多氯联苯对映体[J].分析化学,2012,40(11):1758-1763.

[71] 食品中氯丙醇含量的测定:GB/T 5009.191—2006[S].

[72] 周相娟,谢精精,赵玉琪,等.气相色谱-质谱法测定酱油中氯丙醇类化合物[J].中国调味品,2011,36(5):88-90,120.

[73] 傅武胜,严小波,吕华东,等.气相色谱/质谱法测定植物油中脂肪酸氯丙醇酯[J].分析化学,2012,40(9):1329-1335.

[74] 李婷,汤智,洪武兴,等.分散固相萃取-气相色谱-质谱法测定含油脂食品中 17 种邻苯二甲酸酯[J].分析化学,2012,40(3):391-396.

[75] 梁凯,邓晓军,伊雄海,等.基质分散固相萃取-液相色谱-离子阱质谱法检测罐头食品中双酚类化合物残留[J].分析化学,2012,40(5):705-712.

[76] 赵延胜,董英,张峰,等.食品中 46 种禁限用合成色素的分级提取净化体系研究[J].分析化学,2012,40(2):249-256.

[77] 出口食品中多种禁用着色剂的测定高效液相色谱-质谱/质谱法:SN/T 3540—2013[S].

[78] 马丽莎,郑光明,朱新平,等.食品中三聚氰胺与三聚氰酸残留检测研究进展[J].中国兽药杂志,2010,44(8):48-51.

[79] 动物性食品中环丙氨嗪及代谢物三聚氰胺多残留的测定　超高效相液相色谱-串联质谱法:GB 29704—2013[S].

[80] 赵善贞,邓晓军,伊雄海,等.固相萃取-亲水相互作用色谱/串联质谱法同时测定食品中三聚氰胺和三聚氰酸[J].色谱,2012,30(7):677-683.

[81] 赵士权,查河霞,林明珠.离子色谱法测定水发食品中吊白块残留量[J].中国卫生检验杂志,2007,17(10):1787-1788.

[82] 刘莉治,朱惠扬,林玉娜.电导检测离子色谱法测定面制品中溴酸盐的含量[J].中国卫生检验杂志,2010,20(12):3195-3196.

[83] 杨春林,李佳峻,胡强,等.不同食品中富马酸二甲酯的高效液相色谱分析方法研究[J].食品工业,2012,33(9):162-164.

第15章

生物和医药样品前处理

15.1 概述

15.1.1 生命科学的发展状况

　　生命科学是研究生命现象，揭示生命活动规律和生命本质的科学，它的研究对象可以是生物大分子，如蛋白质和核酸分子，细胞、组织和器官；植物的根茎叶或人体的内脏器官；也可以是生物个体，如植物、动物、人类等，甚至是生态系统和生物圈。生命科学属于实验学科，它与我们人类的生活密切相关，作为 21 世纪最具发展前景的研究领域，已成为自然科学的前沿学科，是世界主要国家科技竞争的制高点。目前人类面临的一系列重大问题，如人口膨胀、食物短缺、能源危机、环境污染及疾病危害等等，很大程度上将依赖于生命科学和生物技术的进步与发展。美国《科学》周刊近几年评选的全世界十大科技进展中有一半以上的成果都来自生命科学领域。以计算机科学及信息技术、生命科学及生物技术为代表的高科技正迅猛发展，它们代表了现代科学发展的最前沿，并成为现代高科技的两大支柱。生命科学对人类经济、科技、政治和社会发展的作用将是全方位的。因此，生命科学是最具发展潜力的朝阳学科。

15.1.2 生物和医药样品前处理技术特点

　　生物样品分析技术突飞猛进，由传统的分离分析向不分离分析和计算解析相结合的方向迈进，这依赖于现代分析仪器及其软件的迅速发展，以及联用技术的广泛应用。原位、活体、实时、在线分析系统也得到了广泛关注，要求生物样品前处理做到简便、快速、高效，确保下一步的检测准确，结果可信。生物样品包括各种体液、组织以及分泌物，一般常用的有血液、尿液及组织液等。生物样品前处理技术主要有蛋白沉淀、液-液萃取、固相萃取、固相微萃取、微透析等，了解每种技术的优缺点、适用范围及与检测仪器联用方面的内容，对研究工作者在处理生物样品方面有一定的借鉴作用[1]。

　　(1) 蛋白沉淀法。常用的方法有：盐析、添加有机溶剂、酸或者加热法。蛋白沉淀法特别适用于强极性药物或两性类药物，这些药物难以用有机溶剂从血浆中提取。所使用的有机溶剂如甲醇、乙腈；无机盐如硫酸铵；酸性物如 10％三氯醋酸都是最常用的蛋白沉淀剂。当药物水溶性强时，一般使用甲醇和乙腈。当对药物定量回收要求高时，则使用三氯醋酸。通常 1 体积的血浆加入 1.5 体积以上的乙腈或加入 2 体积以上的甲醇时，可以除去 98％以上的蛋白质，在达不到理想蛋白沉淀效率时，可考虑使用数种一定比例的混合试剂。但是，结合在血浆蛋白上的药物不一定会游离出来。

（2）液-液萃取法（LLE）。一般用于提取亲脂性成分，而一般生物样品（血浆、尿液等）含有的大多数内源性杂质是强极性的水溶性物质，因而用有机溶剂提取一次即可从样品中提取大部分药物。一般根据被测组分的极性来选择有机溶剂，被测组分极性较小时，应选择极性相对较弱的溶剂，如正己烷等；被测组分极性较强时，选用二氯甲烷、丙酮等，目前常用的溶剂还有乙酸乙酯、石油醚等。液相微萃取（LPME）是在 LLE 基础上发展起来的，可以达到相同的灵敏度，同时所需溶剂更少，特别适合于生物样品中痕量、超痕量药物的测定。

（3）固相萃取（SPE）。适合多种生物样品中被测定组分的富集，是目前常用的前处理方法之一。SPE 可直接用于大多数液体生物样品的前处理（如血浆、尿等），另外固体、半固体样品（肝脏、脑等）经过处理后（可将固体、半固体匀浆，先进行液-液萃取，然后将萃取溶剂直接进固相小柱），也可使用 SPE 进行分离、富集。SPE 也常与气相色谱（GC）和高效液相色谱（HPLC）等分析仪器联用。

（4）新型固相萃取技术。涡流色谱技术（turbulent flow chromatography，TFC）是利用大粒径填料使流动相在高流速下产生涡流状态，从而对生物样品进行净化与富集。现已出现多种商品化的涡流色谱柱，满足生物样品中不同极性化合物的要求。涡流色谱可与 HPLC、质谱（MS）在线联用，对复杂生物样品直接进样测定，该技术已在生物样品分析中广泛应用。然而，污染物残留、柱寿命短则是其主要缺点。微粒填料薄膜是近年来发展的高效、快速固相萃取新技术。它是由各种不同固定相填料微粒填充于薄膜介质中构成的，具有提取效率高、所需洗脱溶剂、填料少等优点，可用于尿液、血浆等生物样品的前处理。此外，新型固相萃取还有基质分散固相萃取、分子印迹固相萃取、磁力搅拌棒吸附萃取等技术。

（5）微透析（microdialysis，MD）。MD 主要用于药动学和药效学研究，可在线连续监测体内体液浓度变化以及靶部位体液浓度变化。但是，由于半透膜技术发展的限制，现在 MD 技术主要用于采集生物样品中的亲水性小分子物质。微透析在基本上不干扰体内正常生命过程的情况下进行在体、实时和在线取样，特别适用于研究生命过程的动态变化，另外，样品的采集与分析过程既可离线，也可在线检测。但是，该技术也存在一定的缺点：缺乏准确易操作的探针回收率校准方法、采集对象的局限性、探针重复使用性较差和成本高。微透析将向以下两个方面发展：①改善膜材料，实现采集对象由水溶性小分子物质向脂溶性大分子物质发展；②由单一成分单一部位采样向多成分多部位同步采样发展。

15.2　生物样品的采集和前处理方法

15.2.1　常用生物样品的采集和储藏

生物样品包括各种体液和组织，但实际上最常用的是比较容易得到的是血液（血浆、血清）、尿液和唾液等。

1. 血样

血浆和血清是最常用的生物样品。血中药物浓度通常是指血浆或血清中的药物浓度，而不是指含有血细胞的全血中的药物浓度。一般认为，当药物在体内达到稳定状态时，血浆中药物浓度与药物在作用点的浓度紧密相关，即血浆中的药物浓度反映了药物在体内（靶器官）的状况，因而血浆浓度可作为作用部位药物浓度的可靠指标。

供测定的血样应能代表整个血药浓度，因而需待药物在血液中分布均匀后取样。动物实验时，可直接从动脉或心脏取血。对于病人，通常采取静脉血，有时根据血药浓度和分析方法灵敏度，也可用毛细管采血。由采集的血液制取血浆或血清。

血浆的制备：将采取的血液置含有抗凝剂（如：肝素、草酸盐、枸橼酸盐、EDTA、氟化钠等）的试管中，混合后，以 2500～3000r/min 离心 5min，使与血细胞分离，分取上清液即为血浆。

血清的制备：将采取的血样在室温下至少放置 30min 到 1h，待凝结出血饼后，用细竹棒或玻璃棒轻轻地剥去血饼，然后以 2000～3000r/min 离心分离 5～10min，分取上清液，即为血清。

血浆比血清分离快，而且制取的量多，其量约为全血的一半。但由于所用抗凝剂的种类不同，用血浆测定药物浓度有时不一致；血清的获取量小，但血清成分更接近于组织液的化学成分，测定血清中有关物质的含量，比全血更能反映机体的具体情况；同时，药物与纤维蛋白几乎不结合，因此，血浆及血清中的药物浓度测定值通常是相同的。基于上述原因，现在国外多采用"专用血清"来测定药物的浓度。

对大多数药物来说，血浆浓度与红细胞中的浓度成正比，所以测定全血也不能提供更多的数据，而全血的净化较血浆和血清更为麻烦，尤其是溶血后，血色素会给测定带来干扰。但在个别情况下，也有采用全血测定药物浓度的。例如，氯噻酮可与红细胞结合，其动力学行为与在血浆中不同，在血细胞的药物浓度比血浆药物浓度大 50～100 倍；又如一些三环降压药物，对个别患者来说，在血浆和红细胞的分配比率不是一个常数，因此宜采用全血进行测定。

测定全血也应加入抗凝剂混合，防止凝血后影响测定。血样的采取量受到一定限制，特别是间隔比较短的多次取样，患者不易配合。过去一般取 1～2mL。随着高灵敏度测定方法的建立，取量已经可减少到 1mL 以下。采取静脉血时，目前通行的方法是用注射器直接从静脉抽取，然后置试管中。采取毛细管取血时，应用毛细管或特殊的微量采血管采取。采取血样时，应由从事医疗工作的医生、护士或者临床检查技师实施，药剂师等不能进行采血工作。

血样的采血时间间隔应随测定目的的不同而异。例如，进行药物动力学参数的测定时，需给出药物在体内的药物浓度-时间曲线。应根据动力学曲线模型（单室还是双室）、给药方式来确定取样间隔和次数，主要应在曲线首尾及峰值附近或浓度变化较大处取样。

如进行治疗药物浓度监测时，则应在血中药物浓度达到稳态后才有意义。但每种药物的半衰期不同，因此达到稳态的时间也不同，取样时间也随之不同。药物进入体内后，大多数很快与血浆中的蛋白质（白蛋白、球蛋白）结合成结合型，并与未结合的游离型药物处于平衡状态而存在。结合型药物（bound 型）不能通过血管壁，而游离型药物（free 型）能够到达药物作用部位，因此可以说，药物疗效与游离型药物浓度有着比较密切的关系，当然最理想的是测定游离型药物。由于测定游离型药物必须经过"超速离心"或"超滤法"等复杂的分离操作,又因药物的蛋白结合率没有很大的个体差异,通常血药总浓度(结合型与游离型的总和)可以有效表示游离药物的浓度,因此,大多数的检验室不测定游离型药物,而是测定药物的总浓度。

采取血样后,应及时分离血浆或血清,最好立即进行分析。如不能立即测定时,应妥善储存。血浆或血清样品不经蒸发、浓缩,必须置硬质玻璃试管中完全密塞后保存。短期保存可置冰箱(4℃)中,长期保存时,需要在冷冻橱(库)(−20℃)中冷冻保存。要注意采血后及时分离出血浆或血清再进行储存。若不预先分离,血凝后冰冻保存,会因冰冻引起细胞溶解,从而妨碍血浆或血清的分离或因溶血影响药物浓度变化。

2. 尿液

采用尿样测定药物浓度的目的与血液、唾液样品不同。尿药测定主要用于药物剂量回收研究、尿清除率、生物利用度的研究,并可推断患者是否违反医嘱用药,同时根据药物剂量回收研究可以预测药物的代谢过程及测定药物的代谢类型等。

体内药物清除主要是通过尿液排出,药物可以原型(母体药物)或代谢物及其缀合物等形式排出。尿液中药物浓度较高,收集量可以很大,收集也方便。但尿液浓度通常变化很大。尿液主要成分是水、含氮化合物(其中大部分是尿素)及盐类。

健康人排出的尿液是淡黄色或黄褐色的,成人一日排尿量为 $1\sim5L$,尿液相对密度 $1.015\sim1.020$,pH 在 $4.8\sim8.0$ 之间。放置后会析出盐类,并有细菌繁殖、固体成分的崩解,因而使尿液变混浊。由于这些原因,必须加入防腐剂保存。采集的尿是自然排尿。尿样包括随时尿、晨尿、白天尿、夜间尿及时间尿几种。测定尿中药物浓度时应采用时间尿,时间尿以外的尿不可能推断全尿中药物的排泄浓度和药物总量。因此,测定尿中药物的总量时,将一定时间内(如 8h、12h 或 24h 等)排泄的尿液全部储存起来,并记录其体积,取其一部分测定药物浓度,然后乘以尿量求得排泄总量。如采集 24h 的尿液时,一般在上午 8 点让患者排尿并弃去不要,之后排出的尿液全部储存于干净的容器中,直到次日上午 8 点,再让患者排尿,并加入容器中。将此容器中盛的尿液作为检液。采集 24h 尿液时,常用 2L 带盖的广口玻璃瓶,其体积可能会有 $\pm100mL$ 的误差,因此,需再用量筒准确地测量储尿量。采集一定时间内的时间尿液时,常用涂蜡的一次性纸杯或用玻璃杯,并用量筒准确量好体积放入储尿瓶,并做好记录。

尿液不易采集完全,且不易保存。这些是尿样的缺点。采集的尿样应立即测定。若收集 24h 的尿液不能立即测定时,应加入防腐剂置冰箱中保存。常用防腐剂有:甲苯、二甲苯、氯仿、麝香草酚、醋酸、浓盐酸等。利用甲苯等可以在尿液的表面形成薄膜,醋酸等可以改变尿液的酸碱性,来抑制细菌的生长。保存时间为 $24\sim36h$,可置冰箱(4℃)中;长时间保存时,则应置于冰冻(−20℃)条件下。

3. 唾液

唾液由腮腺、颌下腺、舌下腺和口腔黏膜内许多散在的小腺体分泌液混合组成的,平时所说的唾液就是指此混合液。一般成人每天分泌 $1\sim1.5mL$,但个体差异大,即使是同一个人每日之内、每日之间也有变动;各腺体分泌的唾液组成也会有很大差别。对口腔黏膜给予机械的或化学的刺激时,会影响各唾液腺的分泌;视觉、听觉、嗅觉等刺激所产生的条件反射以及思维、情绪也会影响唾液腺的分泌;随年龄不同,唾液的分泌量也不同:小儿的唾液分泌量多,老年人的分泌量减少。

唾液的相对密度为 1.003~1.008,pH 在 6.2~7.6 之间变动,分泌量增加时,趋向碱性而接近血液的 pH;通常得到的唾液含有黏蛋白,其黏度是水的 1.9 倍。

唾液的采集应尽可能在刺激少的安静状态下进行。一般在漱口后 15min 收集。分泌量多的,可以将自然储存于口腔内的唾液吐入试管中,1min 内约可取 1mL 的唾液。必要时也可转动舌尖,以促进唾液的分泌。采集的时间至少要 10min。采集后立即测量其除去泡沫部分的体积。放置后,分为泡沫部分、透明部分及灰乳白色沉淀部分三层。分层后,以 3000rpm 离心分离 10min,取上清液作为药物浓度测定的样品。也可以采用物理的(如嚼石蜡块、橡胶、海绵)或化学的(如酒石酸)等方法刺激,使在短时间内得到大量的唾液。但另一方面,这样做往往使唾液中的药物浓度受到影响。特殊需要时,可以采集腮腺、颌下腺及舌下腺分泌的单一唾液。这种单一唾液的采集必须采用特殊的唾液采集器来收集。

唾液中含有黏蛋白,唾液的黏度由黏蛋白的含量多少而定。黏蛋白是在唾液分泌后,受唾液中酶催化而生成的。为阻止黏蛋白的生成,应将唾液在 4℃ 以下保存。如果分析时没有影响,则可用碱处理唾液,使黏蛋白溶解而降低黏度。唾液在保存过程中,会放出二氧化碳,而使 pH 升高,因此,需要测定唾液的 pH 时,应在取样的当时为好。冷藏保存唾液时,解冻后,有必要将容器内唾液充分搅匀后再用,不然测定结果会产生误差。

用唾液作为样品测定药物浓度有几个优点:①与采取血样不同,患者自己可以不受时间和地点的限制,很容易地反复采集;②采集时无痛苦无危险;③有些唾液中药物浓度可以反映血浆中游离型药物浓度。但另一方面,由于唾液是由腮腺、颌下腺及舌下腺等各腺体分泌的组成不同的混合液体,其组成也会发生经时变动;因此,唾液中的药物浓度与血浆中的游离型药物浓度相比就容易变动;而且唾液中药物浓度与血浆中药物浓度的比值(S/P)只有少数药物是恒定值;有些与蛋白结合率较高的药物,药物在唾液中的浓度比血浆浓度低得多,需要高灵敏度的分析方法才能检测;对有些患者(如癫痫、昏迷)不能采集唾液样品。最后应该指出的是:目前所指的血浆或血清浓度的治疗范围,都是指血浆或血清中的总浓度(游离型和结合型),因此,只有知道唾液中药物浓度与血浆中药物浓度有一定的比值时,唾液中药物浓度的监测才有意义,并且应该先求出具体患者的比值(S/P)。

15.2.2　生物样品前处理方法

生物样品的分析通常由两步组成:样品的前处理(分离、纯化、浓集)和对最终提取物的仪器分析。前处理是为了除去介质中含有的大量内源性物质等杂质,提取出低浓度的被测物,同时提高被测物的浓度,使其浓度在所用分析技术的检测范围之内;分析的专属性也有部分取决于仪器分析这一步骤,但主要仍是样品的前处理。

生物样品前处理具有以下几个显著特点:样品珍贵,浓度低,采样量少;组成复杂,基质复杂;生物样品脆弱,容易失活;提纯步骤繁琐。生物样品的前处理涉及很多方面,但主要应考虑生物样品的种类、被测物质的性质和测定方法三个方面。

生物样品的介质组成比较复杂。如在血清中既含有高分子的蛋白质和低分子的糖、脂肪、尿素等有机化合物,也含有 Na^+、K^+、X^- 等无机化合物。其中影响最大的是蛋白质,若用 HPLC 法测定药物浓度时,蛋白质会沉积在色谱柱上发生堵塞,严重影响分离效果。因此,为了保护仪器,提高测定的灵敏度,必须进行除蛋白等前处理。

　　样品的分离、纯化技术应该依据生物样品的类型而定。血浆或血清需除蛋白,使被测物从蛋白结合物中释出;唾液样品则主要采用离心沉淀除去黏蛋白;尿液样品常采用酸或酶水解使药物从缀合物中释出,当原型药物排泄在尿中时,可简单地用水稀释一定倍数后进行测定。

　　样品于测定前是否需要纯化以及纯化到什么程度,均因其后采用的什么测定方法而异,即纯化程度与所用测定方法的专属性、分离能力、检测系统对不纯样品污染的耐受程度等密切相关。一般说来,放射免疫测定法由于具有较高的灵敏度和选择性,在初步除去主要干扰物质之后,即可直接测定微量样品;而对于灵敏度和专属性较差的紫外分光光度法,分离要求就相应要高一些;至于常用的 HPLC 法,为防止蛋白质等杂质沉积在色谱柱上,上柱前需对生物样品进行去蛋白处理,有时还需对被测组分进行提取、制备衍生物等前处理。

　　在测定血样时,首先应去除蛋白质。去除蛋白质可预防提取过程中蛋白质发泡,减少乳化的形成,也可以保护仪器性能。去除蛋白法有以下几种:①加入与水相混溶的有机溶剂:加入水溶性的有机溶剂,可使蛋白质的分子内及分子间的氢键发生变化,而使蛋白质凝聚,使与蛋白质结合的药物释放出来。常用的水溶性有机溶剂有:乙腈、甲醇、乙醇、丙醇、丙酮、四氢呋喃等。②加入中性盐:加入中性盐,使溶液的离子强度发生变化。中性盐能将与蛋白质水合的水置换出来,从而使蛋白质脱水而沉淀。常用的中性盐有:饱和硫酸铵、硫酸钠、镁盐、磷酸盐及枸橼酸盐等。③加入强酸:当 pH 低于蛋白质的等电点时,蛋白质以阳离子形式存在。此时加入强酸,可与蛋白质阳离子形成不溶性盐而沉淀。常用的强酸有:10％三氯醋酸、6％高氯酸、硫酸-钨酸混合液及 5％偏磷酸等。④加入含锌盐及铜盐的沉淀剂:当 pH 高于蛋白质的等电点时,金属阳离子与蛋白质分子中带阴电荷的羧基形成不溶性盐而沉淀。常用的沉淀剂有 $ZnSO_4$-NaOH 等。⑤酶解法:在测定一些酸不稳定及蛋白结合牢的药物时,常需用酶解法。酶解法的优点是可避免某些药物在酸及高温下降解;对与蛋白质结合牢固的药物(如保泰松、苯妥英钠),可显著改善回收率;可用有机溶剂直接提取酶解液而无乳化现象生成,当采用 HPLC 法检测时,无须再进行过多的净化操作。

　　尿中药物多数呈缀合状态。一些含羟基、羧基、氨基和巯基的药物,可与内源性物质葡萄糖醛酸形成葡萄糖醛酸甙缀合物;还有一些含酚羟基、芳胺及醇类药物与内源性物质硫酸形成硫酸酯缀合物。由于缀合物较原型药物具有较大的极性,不易被有机溶剂提取,为了测定尿液中被测物总量,无论是直接测定或萃取分离之前,都需要将缀合物中的被测物释出。常用酸水解或酶水解的方法。酸水解时,可加入适量的盐酸液。至于酸的用量和浓度、反应时间及温度等条件,则随药物的不同而异,这些条件应通过实验来确定。对于遇酸及受热不稳定的被测物,则可用酶水解法。常用葡萄糖醛酸甙酶或硫酸酯酶或葡萄糖醛酸甙酶和硫酸酯酶的混合酶。

　　提取法是应用最多的分离、纯化方法。提取的目的是为了从大量共存物中分离出所需要的微量组分——药物及其代谢物,并通过溶剂的蒸发使样品得到浓集。提取法包括液-液提取法和液-固提取法。①液-液提取法:多数被测物是亲脂性的,在适当的溶剂中的溶解度大于水相中的溶解度,而血样或尿样中含有的大多数内源性杂质是强极性的水溶性物质。因而,用有机溶剂提取一次即可除去大部分杂质,从大量的样品中提取药物,经浓集后作为分析用样品。应用本法时,要考虑所选有机溶剂的特性、有机溶剂相和水相的体积及水相的

pH 等。对所选用的有机溶剂,要求对被测组分的溶解度大,沸点低,易于浓集、挥散,与水不相混溶以及无毒、化学稳定、不易乳化等。最常用的溶剂是乙醚和氯仿等。液-液提取法的优点在于它的选择性,但是,液-液提取法并不是适用于所有化合物。例如,极性大的被测物通常不能用该法提取,但使用离子对试剂,离子对提取法却能够将液-液提取法的应用扩展到这类被测物中。②液-固提取法:这是近十几年来在纯化生物样品时被广泛采用的方法,也可以认为是规模缩小的柱色谱法。这种方法是应用液相色谱法原理处理样品。将具有吸附、分配及离子交换性质的、表面积大的担体作为萃取剂填入小柱,以溶剂淋洗后,将生物样品通过,使其被测物或杂质保留在担体上,用适当溶剂洗去杂质,再用适当溶剂将被测物洗脱下来。其优点是消除了乳化现象,提取效率高,可用少量生物样品进行分析(如 50～100μL 的血浆样品);柱为可弃型,废弃物易从实验室移走;最后洗脱中多采用以水为主的溶剂系统,大大增加了安全性;最大的优点为处理样品速度快、并在室温下操作,尤其适用于处理挥发性及对热不稳定药物。

被测组分的浓集样品在提取过程中,虽然被测组分得到了纯化,但因微量的组分分布在较大体积(数毫升)的提取溶剂中,提取液往往还不能直接进行分析。一些分析方法,如 GC 法和 HPLC 法等都受到进样量的限制,若将提取液直接注入仪器,被测组分量可能达不到检测灵敏度,因此,常需要使组分浓集后再进行测定。浓集的方法主要有两种:一种方法是在末次提取时,加入的提取液尽量少,使被测组分提取到小体积溶剂中,然后直接吸出适量供测定。另一种方法是挥去溶剂时,应避免直接加热,防止被测组分破坏或挥失。挥去提取溶剂的常用方法是直接通入氮气流吹干;对于易随气流挥发或遇热不稳定的药物,可采用减压法挥去溶剂。

近年来,许多学者在研究工作中利用了柱切换技术,生物样品不用溶剂而直接进行分析。这时 HPLC 仪用来进行样品的制备(前处理)和分析,其色谱系统由一个预柱和一个分析柱组成。采用柱切换技术,在样品进入分析柱进行分离分析之前,将样品在预柱上进行痕量富集。样品进入预柱,预柱保留被测组分,而将杂质冲入废池,进一步冲洗预柱使样品更洁净,被测组分被反冲出预柱,进入分析柱用 UV 法、荧光法或电化学法进行最终定量。采用此系列,预柱可被多次利用(如每次 100μL 血浆可注射 150 次)。这一技术也使得固相萃取在组合化学、药物筛选等高通量领域得以广泛应用[2]。

化学衍生化对 GC 和 HPLC 尤为重要。分离前将药物进行化学衍生化的目的是:使药物变成具有能被分离的性质;提高检测灵敏度;增强药物的稳定性;提高对光学异构体分离的能力等。被测物分子中含有活泼氢者均可被化学衍生化,如含有—COOH、—OH、—NH$_2$、—NH—、—SH 等官能团的药物都可被衍生化,从而有利于下一步的 GC 和 HPLC 的测定。

综上所述,应根据被测物的结构、理化性质、存在形式、浓度范围等实际情况,采取相应的前处理方法。例如,被测物的酸碱性、溶解性质涉及提取手段;是否具有挥发性涉及能否采用 GC 法测定;被测物的光谱特性及官能团性质涉及分析仪器的选择、能否制成衍生物涉及应用特殊检测器的可能性。浓度大的样品,对前处理要求可稍低;浓度越低则样品前处理要求越高。

15.3 生物样品前处理应用实例

15.3.1 血液

实例 15-1 血清中亮丙瑞林血药浓度测定的蛋白沉淀法[3]

方法提要: 采用乙腈沉淀蛋白提取血清中的亮丙瑞林,再用 LC-MS/MS 进行测定。

仪器与试剂: LC-MS/MS 仪;离心机。注射用醋酸亮丙瑞林缓释微球,抑那通,对乙酰氨基酚对照品,空白血清,甲醇,乙腈;纯水。

操作步骤: 取血清样品 200μL,加甲醇-水(1:1)20μL,对乙酰氨基酚内标溶液 20μL,混匀后加入乙腈 400μL,涡旋混合 1min,15 000r/min 离心 5min,取上清液 600μL,于 40℃ 氮气流下吹干,残留物加流动相 100μL 复溶,取上清液 20μL 进样分析。

方法评价: 血清中内源性物质不干扰亮丙瑞林的测定,亮丙瑞林最低定量限为 0.1ng/mL。方法回收率为 88.5%~111.5%。

实例 15-2 血清中游离氨基酸测定的蛋白沉淀与柱前衍生法[4]

方法提要: 血清样品以甲醇沉淀蛋白质后,用异硫氰酸苯酯柱前衍生化,35min 内分离 17 种氨基酸,再用反相 HPLC 法测定其中的游离氨基酸。

仪器与试剂: HPLC 仪;微量高速离心机。氨基酸标准溶液;内标正亮氨酸(Nle);衍生化试剂异硫氰酸苯酯(PITC);三乙胺(TEA);乙腈;重蒸馏水。

操作步骤: 取血清样品 200μL 置离心管,加甲醇 600μL,振摇,12 000r/min 离心 5min,取上清液 200μL,置于 1.5mL 具塞尖底塑料离心管中,加 Nle 内标溶液 20μL,三乙胺乙腈溶液 100μL,异硫氰酸苯酯乙腈溶液 100μL,混匀,室温放置 1h,加入正己烷 400μL,振荡,放置 10min,取下层溶液进样 2μL。

方法评价: 该法的平均回收率在 90%~110%。测定时,要考虑到衍生化产物的不稳定性,需在 24h 内进样。由于异硫氰酸苯酯乙腈溶液不稳定,密闭条件下 4℃ 只能保存 3d,所以最好是临用前配制。

实例 15-3 血浆中酮康唑对映体测定的基于聚酰胺 6nm 纤维膜的固相萃取法[5]

方法提要: 用 1.5mg 聚酰胺 6nm 纤维膜、100μL 甲醇完成对兔血浆中目标物酮康唑对映体的富集和洗脱,再用 HPLC 法进行测定。

仪器与试剂: HPLC 仪;真空固相萃取装置;离心机;涡旋混合器;磁力加热搅拌器;微量移液器。酮康唑外消旋体;磺丁基醚-β-环糊精;NaH_2PO_4,H_3PO_4;甲醇,乙腈,间甲苯酚,甲酸;聚酰胺 6 原料。

操作步骤: 取兔血于肝素化的离心试管中,以 3000r/min 离心 20min,取上清液得空白血浆,置于 -20℃ 冰箱冷藏,测定前在 37℃ 水浴融解。在 10mL 离心管中,加入 50μL 不同浓度的酮康唑标准溶液,准确吸取 200μL 兔血浆,混匀,得到不同浓度的模拟血浆样品。在模拟血浆样品中,加入 750μL 乙腈,涡旋 2min,以 4000r/min 离心 10min。取上清液,加水稀释至一定体积,调节溶液 pH,并加入适量 NaCl,即为待处理样品溶液。

取聚酰胺 6nm 纤维膜,将其裁剪成直径约为 1.8cm 的圆形膜,紧密固定于过滤器中。过滤器两端均为螺口,上方接样品管,下方接收集器,接口均螺旋密封,制成样品处理器,置于真空固相萃取装置中。打开真空泵,样品管加入的样品液即可以一定速度通过聚酰胺6nm纤维膜。该装置每次可同时处理8个样品。依次用$200\mu L$甲醇和$200\mu L$水清洗,并活化聚酰胺6nm纤维膜。取待处理样品溶液,以适当流速通过纳米纤维膜,吸附在膜上的目标物以甲醇洗脱,取$20\mu L$洗脱液进行HPLC分析。

方法评价:该法定量限为$40.0\mu g/L$,平均回收率为$90.0\%\sim96.5\%$。以聚酰胺6nm纤维膜对家兔血浆中的酮康唑对映体进行固相膜萃取,只需用极少的萃取介质$(1.5mg)$,就能实现良好富集效果,有机溶剂用量也明显减少,方法灵敏、准确、重现性好,符合生物样本中酮康唑对映体分析测定的要求。

实例15-4　血清中的多溴联苯醚测定的固相萃取法[6]

方法提要:采用Oasis HLB柱对经甲酸前处理的血清进行固相萃取(SPE)富集净化,并在SPE柱上直接加浓硫酸除脂,目标分析物为多溴联苯醚(PBDEs);用气相色谱-负化学源质谱法进行测定。

仪器与试剂:气相色谱-负化学源质谱仪;超声仪;固相萃取装置;Oasis HLB萃取柱;氮吹仪。内标物质BDE-77、^{13}C-BDE-209;二氯甲烷;甲醇;异丙醇,乙腈,甲酸,正己烷,丙酮,硫酸;胎牛血清;超纯水。

操作步骤:在15mL具塞玻璃管(用正己烷润洗,晾干)中加入内标物质BDE-77(50pg)和^{13}C-BDE-209(1ng),在氮气流下将壬烷完全挥发,加入0.5mL丙酮,涡旋混匀1min后,加入5mL血清样品,涡旋混匀,超声5min,在4℃冰箱中冷藏放置约8h。取出放置平衡至室温,加入2mL甲酸-乙腈(2:1),涡旋后超声5min,加入5mL超纯水,超声5min。

SPE处理过程:用3mL二氯甲烷预洗SPE柱,负压下抽干溶剂,再用2mL甲醇和2mL超纯水活化。将上述血清样品上样,用4mL水-异丙醇(19:1)淋洗后,在SPE柱填料上,直接滴加$200\mu L$浓硫酸以去除脂肪。用水淋洗至流出液的pH呈中性,再用2mL水-甲醇(9:1)淋洗,于负压下抽真空30min,直至SPE柱床材料完全干燥。最后用4mL二氯甲烷洗脱。洗脱液以氮气吹至近干,用1mL正己烷复溶,并浓缩至$100\mu L$,待测。

方法评价:与传统的液-液萃取相比,固相萃取减少了有机溶剂的用量,简便快速,柱上除脂简化了操作程序,节约了分析时间。胎牛血清中三溴至七溴联苯醚的检出限为$0.10\sim0.27ng/L$,各PBDEs单体相对于内标的平均回收率为$78.5\%\sim109.7\%$。

实例15-5　血中的五氯酚测定的超声波辅助萃取顶空固相微萃取法[7]

方法提要:采用超声波辅助萃取技术、固相微萃取与全自动进样器联用处理人血样品,再用顶空GC法测定其中的五氯酚(PCP)。

仪器与试剂:GC仪;固相微萃取装置;$85\mu m$聚丙烯酸酯(PA)萃取头;棕色顶空瓶;超声波清洗仪。五氯酚(PCP);$NaCl$,H_2SO_4(pH=2.0);纯水。

操作步骤:准确吸取1.0mL人血样品于20mL SPME棕色顶空瓶中,加入3.0g NaCl和1mL水,8mL pH=2.0的H_2SO_4,盖紧盖子,40℃超声萃取30min,把样品瓶放入固相微萃取装置的全自动进样器中,80℃加热20min,SPME萃取10min,280℃热解吸3.5min,待测。

方法评价:PCP是极性较强的化合物,根据相似相溶原理萃取头应选择极性的涂层,即聚丙烯酸酯(PA),涂层的厚度对待测物的吸附和达到平衡的时间都有一定的影响,本实验采用$85\mu m$,减少了涂层的流失,减少了色谱峰的拖尾。由于人血的成分较为复杂,用超声波辅助萃取可以使水溶液中的空气气泡挤破压缩,从而使样品更为分散,增加样品分子与水分子之间的接触面积。人血中PCP检测的加标回收率为86.7%～92.8%。

实例15-6　血清中葡萄糖测定的低温离心去除蛋白法[8]

方法提要：将室温平衡后的血清样品中加入葡萄糖标记物,用乙醇沉淀蛋白,低温离心去除蛋白,上清液过0.22μm有机滤膜后,再用液相色谱-同位素稀释质谱法(LC/IDMS)测定其中的葡萄糖含量。

仪器与试剂：LC-IDMS仪；涡旋振荡器；离心机；0.22μm针筒式微孔滤膜过滤器。冰冻混合人血清；D_2葡萄糖纯度标准品；$D_2[^{13}C_6]$葡萄糖标记物(同位素丰度大于99.9%)；无水乙醇,氨水,醋酸铯；纯水。

操作步骤：待血清样品室温平衡后,称取一定质量(100μL)血清样品,称取前轻摇混匀,且于下层吸取防止吸入气泡。根据血清样品中葡萄糖的大致浓度,向样品中加入100μL $D_2[^{13}C_6]$葡萄糖标记物标准溶液(称质量),轻摇平衡。向已添加标记物的样品中加入1mL无水乙醇,振荡混匀,在4℃下以5000r/min离心10min,除去蛋白,取上层清液,过0.22μm有机滤膜,待测。

方法评价：本法去除蛋白后可直接LC/IDMS进样检测,不用衍生化,样品前处理简单,测定准确高、精密度好,可用于血清中葡萄糖含量的高准确度定值。本法检出限为8μg/kg,加标回收率为100.1%～102.8%。

实例15-7　血中锑测定的微波消解氢化物发生法[9]

方法提要：血液试样中加入硝酸-高氯酸混合酸进行微波消解后,加入盐酸和硫脲-抗坏血酸混合溶液,用氢化物发生-原子荧光光谱法测定血液中锑含量。

仪器与试剂：原子荧光光谱仪；光纤压力自控密闭微波溶样系统；电子控温加热板；硝酸,高氯酸,盐酸,硫脲,抗坏血酸；纯水。

操作步骤：取血液试样1.00mL于聚四氟乙烯杯中,加入硝酸-高氯酸(4+1)混合酸5mL,室温下放置3h,分别于0.5,1.0,1.5MPa压力下进行微波消解,各个压力下消解5min,卸压后,取出样品消解管,于110℃蒸发至近干,冷却后转移至25mL容量瓶中,加入盐酸(1+1)溶液5mL,硫脲-抗坏血酸混合溶液5mL,用水定容至刻度。

方法评价：血样中含有较多有机物,在低压条件下,有机物难以消解完全；在高压条件下,有机物与酸反应较剧烈,容易引起酸气泄漏。因此,宜采取梯度升压方式消解血样,目的是在低压下消解部分易消解的有机物,高压下消解难分解的有机物。本实验设定分别在0.5,1.0,1.5MPa压力下,各微波消解5min,可获得满意的消化效果。检出限(3S/N)为0.112μg/L,回收率为97.4%～102.2%。

实例15-8　血清中氢氯噻嗪测定的分子印迹固相萃取(MI-SPE)法[10]

方法提要：以氢氯噻嗪(HCT)为模板制备分子印迹聚合物(MIP),再将MIP作为选择性吸附剂,使HCT被定量地和选择性地保留在柱上,再用甲醇-乙酸的混合物(9:1)将其从吸附剂上洗脱下来,然后采用分光光度法测定HCT含量。

仪器与试剂：分光光度计；离心机。油浴恒温器；蠕动泵；氢氯噻嗪(HCT)；甲基丙烯酸乙二醇酯(EDMA),2,2-偶氮二(偶氮2-异丁腈)(AIBN),二甲基甲酰胺(DMF),甲基丙烯酸(MAA),丙酮；甲醇,乙酸,HPLC级；纯水。

操作步骤：将功能性单体(MAA,3.9mmol),交联剂(EDMA,19.5mmol),引发剂(AIBN,0.3mmol)和8.5mmol DMF放置在玻璃瓶中。模板/单体/交联剂的物质的量比是1:5:25。该聚合混合物用氮气脱气5min,在氮气下密封,然后在60℃下放置油浴中,聚合24h。最后,砸碎瓶子,并使用研钵和杵将聚合物研磨成细颗粒,干燥过夜后得到MIP。HCT-印迹聚合物样品被放置在纤维素萃取套管内。HCT用甲醇-乙酸的混合物(9:1,V/V)在57h后,从聚合物网络上完全萃取出来。然后,200mg的聚合物被分配到聚丙烯柱上。填充柱与用于通过溶液的一个内径为0.76mm聚乙烯管连接,调整流速为0.108mL/min。

0.5mL血清样品被掺入HCT,血清样品置于含4.0mL甲醇的玻璃小瓶中,涡旋10s,并且在3300rpm下离心20min。将1.0mL的甲醇放置在另一个玻璃瓶中,加入3.0mL甲醇,并在3300rpm下再次离心10min。将1mL上清液稀释至10mL,并取2.0mL等分试样注射到柱中。在溶液通过MIP-SPE后,用10mL水清洗系统。分析物用甲醇-乙酸(9:1)进行洗脱。在室温下,用氮气流将洗脱液蒸发至干,并将残余物溶解在2mL的缓冲液中,测定HCT浓度。

方法评价：HCT在0.1~21.0μg/mL范围内,RSD%小于0.55%,检测限(3S/N)为0.073ng/mL,回收率为90.9%~106.5%。在本研究中,制备MIP为固相吸附剂,用于选择性萃取和富集HCT。MIP显示对HCT具有优异的亲和力和选择性,良好的回收率和精密度,可以确认MIP-SPE过程是测定人血清样品的HCT前处理前处理的合适方法。

15.3.2 尿液

实例15-9 尿液中克仑特罗测定的分子印迹分散固相萃取法[11]

方法提要：将尿液样品用分子印迹聚合物吸附,甲醇:乙酸:水(7:2:1)洗脱,氮气吹干后,用0.1%甲酸水:甲醇(9:1)溶液定容,过0.22μm滤膜后,用LC-MS/MS测定其中的克仑特罗(瘦肉精主要成分)。

仪器与试剂：LC-MS/MS仪;离心机。分子印迹聚合物;甲酸,乙酸,甲醇;纯水。

操作步骤：准确量取2.0mL尿样于10mL离心管内,加入60mg分子印迹聚合物(MIP),振荡10min,8000r/min离心2min,弃上清,再加入2.0mL水,涡旋30s,8000r/min离心2min,弃上清,加入2.0mL洗脱液(甲醇:乙酸:水=7:2:1),涡旋10s,振荡10min,8000r/min离心2min,取1.0mL洗脱液至5mL离心管中,在50℃下用氮气吹干。残余物用1.0mL 0.1%甲酸,水:甲醇(9:1)溶解,定容,过膜后供液相色谱串联质谱仪测定。

方法评价：方法检出限为0.08μg/L,在0.2、1.0、2.0μg/L 3个添加水平的克仑特罗回收率均大于70.2%。分子印迹聚合物对克仑特罗有良好的识别选择性和结合亲和性,方法分析速度快、灵敏度高、重现性好、试剂用量少、无基质干扰。

实例15-10 尿液中麻黄碱及伪麻黄碱测定的中空纤维液-液-液微萃取法[12]

方法提要：采用中空纤维三相微萃取装置,中空纤维壁上的有机相为正辛醇,以50μL盐酸溶液(pH2.0)为接受相,在室温下萃取60min,再用HPLC测定尿液样品中的麻黄碱及伪麻黄碱。

仪器与试剂：HPLC仪;集热式恒温加热磁力搅拌器;圆柱形搅拌子;中空纤维(聚偏

氟乙烯材质）。正辛醇,NaCl,NaOH;纯水。

操作步骤：尿样于-20℃冰箱中保存,实验时,用 10mol/L NaOH 溶液调至 pH11.0,作为待测溶液。截取 8cm 的中空纤维置于正辛醇中浸泡 24h 后,将纤维内的正辛醇缓缓推出,保留纤维壁上的有机溶剂作为萃取的中间相,然后将中空纤维固定在样品瓶塞上。取 12mL 经处理后的空白尿液、100μL 对照品溶液、3.0gNaCl 及搅拌子置于样品瓶中,将带有中空纤维的瓶塞塞紧,放入控温磁力搅拌器中,在水浴 30℃下,以 800r/min 搅拌速率萃取 60min,之后将中空纤维腔内液体直接进样,进行 HPLC 分析。

方法评价：该法建立了人尿样中麻黄碱和伪麻黄碱含量的中空纤维液-液-液三相微萃取/HPLC 分析方法,样品前处理方法集分离、纯化、富集于一体,仅需微量有机溶剂,具有环境友好、检测灵敏度高等特点,平均回收率在 96%～98% 范围内。

实例 15-11　尿液中五种邻苯二甲酸酯代谢产物分析的酶水解-固相萃取法[13]

方法提要：尿液中 5 种邻苯二甲酸酯代谢产物经 B-葡萄糖苷酸酶水解后,采用 NEXUS 固相萃取柱富集,乙腈-乙酸乙酯(1:2)洗脱,苯基柱分离,在正电离模式下,利用质谱的多反应监测模式进行定性和定量分析。

仪器与试剂：LC-MS/MS 仪;超声清洗仪;十二管防交叉污染固相萃取装置;固相萃取柱。同位素内标物;乙腈,乙酸乙酯,酸式缓冲液(pH2);β-葡萄糖苷酸酶,乙酸,乙酸铵,重铬酸钾,硫酸;双蒸水。

操作步骤：收集尿液 5mL,置于无菌烧杯中,然后分装于聚丙烯冻存管中。以冰袋运送,-80℃保存待测。①器皿前处理:玻璃器皿均经过双蒸水超声清洗后,用重铬酸钾-浓硫酸洗液浸泡过夜,然后再用双蒸水冲洗、乙腈冲洗,85℃烤箱烤干待用。药勺和氮吹针头等用乙腈超声清洗后待用。②尿液酶解:取 1.0mL 解冻尿样置于具塞比色管中,涡旋混合 30s,超声 5min。在尿样中分别加入 250μL 乙酸铵缓冲液(pH6.5)、40μL 同位素内标物 (1.2mg/L)、20μL β-葡糖苷酶(200U/mL),轻轻混合。37℃恒温摇床孵化 90min。③活化固相萃取柱:萃取柱中依次加入 1mL 乙腈、1mL 酸式缓冲液(pH2),静置 3min,使其完全浸润填料,以约 1mL/min 的流量流出。④酸化尿样:尿样中加入 1mL 酸式缓冲液后过柱,流量 1mL/min。⑤柱子淋洗及通气:2mL 乙酸(6g/L)、1mL 高纯水清洗柱子后,打开进样阀,通气 0.5min。⑥洗脱:使用 1mL 乙腈、2mL 乙酸乙酯过柱洗脱,收集洗脱液。⑦氮吹浓缩:洗脱液在 55℃干燥氮气下,吹至近干。⑧复溶待测:浓缩物复溶于 200μL 乙腈,吹氮超声至完全溶解,离心 5min,移取 100μL 上清液至自动进样瓶玻璃套管中,待测。

方法评价：前处理采用的是离线固相萃取,回收率高,检出限较低,可用于人体尿液中多种邻苯二甲酸酯代谢产物的同时检测。尿中邻苯二甲酸单甲酯(MMP)、邻苯二甲酸单乙酯(MEP)、邻苯二甲酸单丁酯(MBP)、邻苯二甲酸单丁苄酯(MBzP)、邻苯二甲酸单(2-乙基己基)酯(MEHP)的最低检出限分别为 1.16、1.00、0.53、0.14、0.22μg/L,加标回收率为 95.36%～98.13%。

实例 15-12　尿液中氯氮平测定的固相微萃取膜萃取法[14]

方法提要：通过固相微萃取膜萃取尿液样品,用 GC 法测定其中的氯氮平。调节样品 pH 为 7,将超声技术引用到尿样中膜解析过程,可有效提高固相微萃取膜对样品中氯氮平的提取率。

仪器与试剂：GC 仪;超声仪;低速大容量离心机。固相微萃取膜;氯氮平标准品;无水乙醇；纯水。

操作步骤：取剪取多个面积为 $2cm^2$ 的固相微萃取膜，用无水乙醇浸泡，以洗去残留的杂质和激活其吸附性。取一片固相微萃取膜浸泡于待处理样品中，静态吸附一定时间，取出，用清水漂洗，用滤纸吸干其表面的水。然后将固相微萃取膜置入 10mL 试管中，加入 0.5mL 无水乙醇，超声解吸，离心 3min。上清液水浴挥干，加 $20\mu L$ 无水乙醇定容，涡旋混合，$1\mu L$ 进样。

方法评价：该法将固相微萃取技术吸附性和膜分离选择性通过定向合成的方法，将其有机地结合到一起，使其同时具备了这两种方法的优点，在样品溶液保持中性条件下，适当加大样品浓度、延长浸泡时间，并将超声技术引用到膜的解吸过程中，可有效提高固相微萃取膜对样品中氯氮平的提取率。该法尿样提取平均回收率为 70.9%。

实例 15-13　尿液中的卡托普利测定的柱后化学发光法[15]

方法提要：根据发光试剂 $Ru(bipy)_3^{2+}$ 具有水溶性好、试剂稳定等特点，将其加入到流动相中，通过 HPLC 分离出卡托普利，再用柱后化学发光快速灵敏地进行检测。

仪器与试剂：HPLC-CL 联用装置；微弱发光分析检测仪，泵，恒流泵，反应盘管（自制，示意图见图 15-1）。卡托普利原料药；甲醇，$KHPO_4$，$Ru(bipy)_3^{2+}$（1g/L），钌（Ⅱ）联吡啶，$Ce(SO_4)_2$；超纯水。

操作步骤：按图 15-1 将装置安装好进行操作，分别用水、甲醇及流动相（甲醇-0.01mol/L $KHPO_4$-1g/L $Ru(bipy)_3^{2+}$）充分冲洗柱子，图 15-1(a)流路中的流动相（内含钌联吡啶）与图 15-1(b)流路中的 $Ce(SO_4)_2$ 混合后发光。待基线稳定后，取卡托普利标准溶液或样品溶液 $20\mu L$ 进样，记录仪记录化学反应的发光信号，以相对峰高定量。

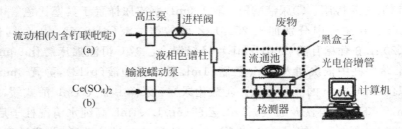

图 15-1　HPLC-CL 联用装置示意图

方法评价：本法在以甲醇-0.01mol/L $KHPO_4$-1g/L $Ru(bipy)_3^{2+}$（80∶20∶2）为流动相，流速为 0.9mL/min，8.0×10^{-4} mol/L Ce（Ⅳ）的优化实验条件下，检出限为 6.0×10^{-8} mol/L（$S/N=3$），加标回收率为 95.3%～104.2%。该法属于高效液相色谱与化学发光分析联用（HPLC-CL）。经过高选择性的色谱柱从流动相中分离出目标物质后，与蠕动泵泵入氧化剂及化学发光试剂在结点处汇合，瞬间产生化学发光。在流动相中加入微量的发光试剂，即可获得稳定的发光信号。其分析灵敏度高，试剂消耗少。

实例 15-14　尿液中高香草酸测定的弱阴离子超高交联树脂固相萃取样品前处理法[16]

方法提要：采用沉淀聚合和氨基修饰方法，合成具有高比表面积吸附和离子交换双重功能的弱阴离子超高交联树脂固相萃取填料，并利用该填料对尿液中的高香草酸进行选择性的萃取富集，再用 HPLC 法进行分析。

仪器与试剂：HPLC 仪；超声波发生器；低速大容量离心机；超声仪；固相萃取装置，

固相微萃取膜。氯氮平标准品；无水乙醇，甲醇，甲酸、乙酸；磷酸盐缓冲液（0.1mol/L，pH7.0）；纯水。

操作步骤：称取 150mg 自制弱阴离子超高交联树脂，均匀紧密地装填于 3mL 固相萃取柱中，置于固相萃取装置上待用。取新鲜尿液 3mL，加 12mL 磷酸盐缓冲液，混匀，超声5min 后，以 4000r/min 离心 10min。取上清液，过 0.45μm 水系滤膜，滤液于 4℃保存待用。依次用 3mL 甲醇、3mL 水、3mL 磷酸盐缓冲溶液活化固相萃取柱。取上述处理过的尿样10mL 上样，流速 1mL/min。依次用 3mL 水、3mL 甲醇-水（6∶4,V/V）淋洗杂质，氮气干燥固相萃取柱 30min。再用 3mL 4%甲酸-甲醇溶液洗脱被分析物，流速为 0.5mL/min。所得洗脱液氮吹至干，用流动相复溶至 200μL，过 0.45μm 滤膜后，供 HPLC 分析。

方法评价：合成弱阴离子超高交联树脂固相萃取填料，并对其进行吸附性能考察。利用此萃取剂对尿液中的高香草酸进行选择性吸附，洗脱液富集后，以甲醇-乙酸（15∶85，W/V）溶液为流动相，C$_{18}$ 为固定相，于 280nm 处测定其中的高香草酸。方法检出限为0.45mg/L，平均加标回收率大于 90%。

实例 15-15　尿液中氯氮卓测定的分散液液微萃取（DLLME）法[17]

方法提要：以氯仿为微萃取剂，甲醇为分散剂，在 pH8 的条件下，提取尿样中的氯氮卓，用 GC-MS 法分析。

仪器与试剂：HPLC 仪；GC/MS 仪；离心机。氯氮卓；洛沙平（内标）对照品；氯仿（萃取剂），甲醇（分散剂），碳酸氢钠；纯水。

操作步骤：在 10mL 离心试管中，加入 5.0mL 样品溶液，添加内标物洛沙平 1g，用碳酸氢钠调节 pH 为 8，加入氯仿 200μL，甲醇 50μL，涡旋混匀 1min，室温放置 2min，以4000r/min 离心 8min，分散在水相中的萃取溶剂氯仿沉积到试管底部，用微量进样器吸取1.0μL 沉积相，进 GC/MS 分析。

方法评价：本法以氯仿做微萃取剂，甲醇为分散剂，在一定的 pH 下，提取氯氮卓。方法检出限为 0.002g/mL，回收率为 87.3%。

15.3.3　唾液

实例 15-16　唾液中甲磺酸帕珠沙星药物浓度测定的蛋白沉淀法[18]

方法提要：对唾液样品采用甲醇沉淀蛋白，上清吹干，流动相复溶残渣，离心后，上清液进样 HPLC 检测法其中的甲磺酸帕珠沙星。

仪器与试剂：HPLC 仪；离心机。乙腈、磷酸三乙胺溶液（0.5%磷酸，1%三乙胺）作为流动相；甲醇；纯水。

操作步骤：取 0.2mL 体液样本加入 1.4mL 甲醇充分振荡混匀 1min 后，10 000r/min离心 10min。取上清用 45℃空气吹干，残渣用 500μL 流动相复溶，10 000r/min 离心 10min，取上清 300μL 进样检测。

方法评价：本法最低检测浓度可达到 10ng/mL，回收率大于 91%。

实例 15-17　唾液中伏立康唑浓度测定的涡旋萃取离心法[19]

方法提要：采用甲醇沉淀唾液中的蛋白，上清吹干，流动相复溶残渣，离心后上清 20μL进样，LC-MS/MS 检测其中的伏立康唑。

仪器与试剂：LC-MS/MS 仪；离心机；水浴锅。内标溶液；甲醇，二氯甲烷，乙醚，

NaOH；纯水。

操作步骤：取 $50\mu L$ 唾液样品，加入 $50\mu L$ 内标溶液和 $50\mu L$ 0.1mol/L 氢氧化钠，混匀，再加入 3.5mL 萃取剂（乙醚：二氯甲烷＝3：2），涡旋萃取 5min，16℃低温离心（3200r/min，10min），转移上清液至尖底管中，置 45℃ 水浴通空气流挥干，残渣以 $200\mu L$ 50％ 甲醇溶解后，进样 $5\mu L$ 进行 LC-MS/MS 分析。

方法评价：方法最低定量限为 10ng/mL，萃取回收率为 81.3％～94.4％。本法稳定性好、通用性强，所需血浆或唾液量少（$50\mu L$）。

实例 15-18　唾液中砷测定的湿法消化法[20]

方法提要：用 1.0％ 的硝酸将唾液样品在电热板消化后稀释处理，利用 ICP-MS 检测唾液中的总砷。

仪器与试剂：ICP/MS 仪；不锈钢电热板。硝酸，优级纯；超纯水。

操作步骤：取 $300\mu L$ 唾液于试管中，加入 1.0mL 浓硝酸，于电热板 60℃ 加热 12h 后，在 80℃ 下，继续蒸发至大约残留 $100\mu L$ 液体，最后用超纯水定容至 1.5mL，同时做空白对照。准确吸取 0.5mL 样品于刻度试管中，以 1％ 硝酸定容至 5mL，摇匀，待测。

方法评价：非谱干扰主要指基体效应，通过减少基体成分的绝对浓度（经过稀释），把效应减少到无关紧要的水平。先将唾液样品稀释 10 倍，以此来减弱基体效应干扰。方法检出限为 $0.048\mu g/L$，回收率 93.7％～109.2％。

实例 15-19　唾液中溶菌酶测定的流动注射法[21]

方法提要在酸性介质中，高锰酸钾能氧化溶菌酶产生化学发光，而甲醛能够显著增强该体系的发光强度，据此建立了简单快速测定溶菌酶的流动注射化学发光法。

仪器与试剂：化学发光仪；离心机。溶菌酶；高锰酸钾，盐酸，甲醛；纯水。

操作步骤：在饮食 2h 后，取非刺激性混合唾液 10mL，2000r/min 离心 10min。取上清液。按图 15-2 组装流路，各种参数设置如下：反应管长 40cm，采样环体积 $50\mu L$，采样时间 10s，进样时间 20s；泵速 20r/min。启动蠕动泵，一定浓度的溶菌酶标准（样品）溶液被泵入采样环后，在载流携带下，流经流通池时检测峰高（发光强度）（图 15-2）。

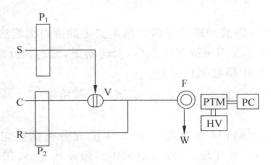

图 15-2　流动注射化学发光流路图

S—样品（溶菌酶）；C—载液（甲醛，盐酸）；R—试剂（高锰酸钾）；P_1、P_2—蠕动泵；V—采样阀；
F—流通池；PTM—光电倍增管；PC—电脑；HV—负高压；W—废液

方法评价：方法回收率在 102.0％～108.8％ 之间，检测限是 $7.15\mu g/mL$。常用金属离子、糖及淀粉的允许存在量大于溶菌酶的含量，因此本法具有很好的选择性。甲醛是该发光体系的增敏剂，对发光强度有显著影响，因而，测定时需对甲醛浓度进行优化，本法选用甲醛浓度为 5.0%。流动注射化学发光法测定痕量溶菌酶的新方法具有稳定性好,灵敏度高,重现性好,样品处理及仪器操作简便,试剂用量少等诸多特点,可实现唾液样品中溶菌酶的快速测定。

实例 15-20　唾液中蛋白质测定的直接稀释-硫脲新试剂探针法[22]

方法提要:基于 N-戊基-N'-(对氨基苯磺酸钠)硫脲(APT)与血清白蛋白(HSA)相互作用,引起血清白蛋白的同步荧光发生特异性变化,且体系的同步荧光强度和溶液中人血清白蛋白的浓度呈良好的线性关系,以 APT 为分子探针,对唾液样品直接稀释后,运用固定波长同步荧光光谱分析测定生物样品中蛋白质含量。

仪器与试剂:荧光光谱仪。人血清白蛋白 4.0×10^{-5} mol/L 水溶液;1.0×10^{-3} mol/L APT 溶液;HSA 标准溶液;Tris-HCl(Tris 为三羟基甲基氨基甲烷)缓冲溶液(pH=7.4);0.5mol/L 的 NaCl 水溶液;二次水。

操作步骤:将唾液样品用二次去离子水稀释 10 倍待测。在比色管中依次加入 2.0mL 的 Tris-HCl 缓冲溶液,2.0mL 0.5mol/L 的 NaCl 水溶液,一定体积的 HSA 标准溶液或样品溶液,0.2mL 1.0×10^{-3} mol/L APT 溶液,用二次水定容至 10mL,摇匀,用 1cm 石英吸收池,进行同步荧光光谱扫描测定。

方法评价:方法的检测限可达 1.6mg/L,人唾液中的蛋白质测定回收率在 96.4%～98.1%之间。该法具有简单快速、灵敏度较高、线性范围宽、精密度高、选择性和回收率较好等优点。

实例 15-21　唾液中鸦片类毒品测定的小体积液相萃取法[23]

方法提要:在磷酸盐缓冲溶液中,唾液试样用氯仿进行超声提取,使待测物进入有机相,离心分离,取上清液加入 N-甲基-双-三氯乙酰胺试剂进行衍生化,所得的衍生化产物的溶液做 GC-MS 法检测鸦片类毒品。

仪器与试剂:GC/MS 仪;离心机;超声波振荡器。乙基吗啡盐酸盐标准品,6-单乙酰吗啡盐酸盐标准品,吗啡盐酸盐标准品,可待因盐酸盐标准品;磷酸二氢钠,磷酸氢二钠,氯仿,N-甲基-双-三氯乙酰胺(衍生化试剂);纯水。

操作步骤:收集口内自然流出或经舌在口内搅动后流出的混合唾液,以 2000～3000r/min 转速离心 5～10min,吸取上清液,密封后置于冰箱中冷冻保存,备用。向样品瓶中加入空白唾液 1.0mL,分别添加吗啡、可待因和 6-单乙酰吗啡标准溶液,制成添加量为 0.01～1.0mg/L 鸦片类毒品唾液样品。向制备的唾液样品和 1.0mL 空白唾液中,各加入内标乙基吗啡 100ng,pH9 的 0.1mol/L 的磷酸盐缓冲溶液 0.5mL,加提取试剂氯仿 150μL,涡旋 2min 混匀,超声波振荡提取 10min。以 4000r/min 转速离心 5min,转移提取液 80μL 于内插管中,并放入自动进样瓶中,加入衍生化试剂 20μL,涡旋混匀后置 60℃烘箱,加热 30min,进行衍生化,待测。

方法评价:唾液中吗啡、6-单乙酰吗啡和可待因的检出限(3S/N)分别为 0.005,0.003,0.002mg/L,平均回收率分别为吗啡 38.1%～50.0%,6-单乙酰吗啡 81.5%～88.8%,可待因 89.9%～109.8%。结果表明:小体积对吗啡提取效果稍差,而对可待因和 6-单乙酰吗啡提取效果较好。这是由于吗啡相对分子量大,极性较强、带有两个羟基亲水性强,造成小体积提取稍为困难,提取时溶剂量小,致使回收率偏低。

15.3.4 毛发

实例15-22 头发中的大麻酚类及其代谢物测定的碱水解柱前衍生化法[24]

方法提要：头发样品中加入氘代内标 $\triangle^9$-四氢大麻酸（THC-COOH-d_3），经碱水解后，以混合溶剂[V（正己烷）：V（乙酸乙酯）=9：1]进行提取，吹干，残留物经双（三甲基硅烷基）三氟乙酰胺（BSTFA）衍生化，用 GC-MS/MS 法分析其中的大麻酚类及其代谢物。

仪器与试剂：GC-MS/MS 仪。内标 $\triangle^9$-THC-COOH-d_3 对照品；乙腈，甲醇，丙酮，NaOH，冰醋酸，正己烷，乙酸乙酯；BSTFA（衍生化试剂）。

操作步骤：头发样品依次用 0.1％十二烷基磺酸钠（SDS）溶液、0.1％洗洁精溶液、去离子水、丙酮振荡洗涤。将头发转移至布氏漏斗中，滤去洗液后晾干，剪至长约 1～2mm。

称取剪至约 1～2mm 的头发 50mg 置试管中，加入 0.5mL 1mol/L 的 NaOH 溶液，10μL 内标工作液，在 80℃水浴中，水解 20min。冷却后，加入 20μL 冰醋酸，调节体系 pH 至 7～8，加入混合溶剂[V（正己烷）：V（乙酸乙酯）=9：1] 3mL，混旋，离心 3min，转移有机相。向水相中加入 20μL 冰醋酸，调节体系 pH 至 4～5，再用以上混合溶剂提取一遍。合并两次提取液，置于 60℃水浴中，空气流下吹干，残留物中迅速加入 20μL 乙腈和 20μL BSTFA。混旋，密封，置于烘箱中 70℃衍生化 20min。取 1μL 进样。

方法评价：本法头发用量少，前处理简单，选择性强，头发中四氢大麻酸、四氢大麻酚、大麻酚和大麻二酚的最低检出限分别为 4、4、10 和 20pg/mg，方法回收率为 82.0％～116.3％。

实例15-23 头发中痕量锂离子测定的离子液体预富集法[25]

方法提要：通过制备 5 种离子液体 1-烷基-3-甲基咪唑六氟磷酸盐[C_nMIm][PF_6]（其中 n=4,6,8,10,12），用于头发中超痕量锂的预富集。锂（Ⅰ）在萃取剂磷酸三丁酯（TBP）、协萃剂 $FeCl_3$ 的作用下形成 $LiFeCl_4 \cdot 2TBP$ 配合物，而被萃取进入离子液体介质。有机相中加入盐酸分解锂配合物，而使锂（Ⅰ）进入水相，取水溶液直接用于火焰原子吸收法测定锂。

仪器与试剂：FAAS 仪；旋转蒸发器；离心沉淀器；马弗炉。离子液体，1-辛基-3-甲基咪唑六氟磷酸盐；磷酸三丁酯（质量分数为 99.5％），$FeCl_3 \cdot 6H_2O$（质量分数为 99％），硝酸，盐酸；去离子水，双蒸水。

操作步骤：用不锈钢剪刀截取后枕部距皮肤 3cm 的发样 1g，剪成 0.5～1cm 左右碎段于小烧杯中，用质量分数为 2％的洗洁精浸泡 10min，用玻璃棒搅拌，自来水冲洗至无泡，再用去离子水、双蒸水各洗 3 次，放在滤纸中折叠后，放在烤箱中 90℃烘干。冷却后，用电子天平称取样品 500mg，移至小坩埚中，经马弗炉消解 5h（先 300℃炭化 1h，再 500℃灰化 4h）；冷却后，将样品转移至烧杯中，并在其中加入 20mL 1mol/L 的硝酸，用玻璃棒搅拌，消解 2h 后，过滤得到澄清的待测溶液。在 250mL 分液漏斗中，依次加入待 20mL 待测液、40mL $FeCl_3 \cdot 6H_2O$、126mL 磷酸三丁酯和 14mL 离子液体（1-辛基-3-甲基咪唑六氟磷酸盐），盐酸调 pH 至 1.5，剧烈摇晃 15min 后，3000r/min 离心 5min。取下层有机相，加入 1mL 浓度为 6mol/L HCl 反萃，离心 5min。收集上层清液用于 FAAS 法测定锂含量。

方法评价：选择了憎水性强的 1-辛基-3-甲基咪唑六氟磷酸盐离子液体为绿色介质，预富集头发样品中超痕量锂，与原子吸收/发射、光度法等光谱技术结合，可使传统分析方法检出限下降 1～3 个数量级,实现了简单设备对超复杂体系中超痕量组分的准确测定。另外,该萃取体系选择性强,大多数金属离子不干扰测定,可应用于样品中痕量组分的分离与富集,不仅操作简便,可大大缩短分离与富集时间,而且由此产生的二次污染也很小。检出限为 2.5ng/L,萃取富集倍数可达 100 倍以上,回收率为 89%～92%。

实例 15-24   头发中尼古丁和可天宁测定的微波萃取法[26]

方法提要:样品前处理用 800W 功率微波萃取仪萃取 30min,使头发样品中的尼古丁和可天宁完全提出,再用 HPLC 进行测定。

仪器与试剂:HPLC 仪;微波萃取仪。二氯甲烷,甲醇,NaOH,HCl;去离子水。

操作步骤:称取头发样品 0.5g,依次用去离子水、二氯甲烷洗涤,然后放入微波萃取罐中,加入 1mol/L NaOH 溶液 10mL,800W 功率萃取 30min,冷却后用 2mL 二氯甲烷萃取 2 次(2mL×2),合并萃取液,加入 1mL 5%HCl-甲醇溶液,45℃ 氮气吹扫至近干。用 0.5mL 的流动相定容,经 0.45μm 微孔滤膜过滤后,供 HPLC 测定。

方法评价:选用 1.0mol/L NaOH 溶液微波萃取 30min,提取头发样品中的尼古丁和可天宁过程中,尼古丁和可天宁基本无分解,有效缩短了样品处理时间,方法加标回收率 94%～104%。

实例 15-25   头发中锌、铁、铜、钙、镁测定的干燥箱溶样法[27]

方法提要:使用温度较低、可调的箱式干燥箱消解头发样品,用 FAAS 法测定头发中锌、铁、铜、钙、镁含量。

仪器与试剂:FAAS 仪;箱式干燥箱;消化罐。硝酸,过氧化氢,无水乙醇;纯水。

操作步骤:用不锈钢剪刀剪取受检者后枕部距头皮 0.5～2cm 处头发约 0.5g,置于烧杯中,用洗洁精浸泡约 10min,用手揉搓头发,洗净,弃去洗液,用蒸馏水冲洗多次,直至无洗涤剂残留,淋干后,放在无水乙醇中浸泡 2min,捞出,挥净乙醇,置小烧杯中,在 80℃ 干燥箱中干燥 0.5h。用准确称取发样 0.2～0.3g 于聚四氟乙烯消化罐中,加硝酸 1.0mL,过氧化氢 4.0mL,盖好盖,置于干燥箱中,升温至 120℃,保持恒温 1.5h,取出消化罐,冷却至室温,将消化液移至 25.0mL 容量瓶中,用少量水多次清洗消化罐,洗液并入容量瓶中,定容,摇匀备用,同时做试剂空白。

方法评价:采用干燥箱溶样,FAAS 法测定头发中锌、铁、铜、钙、镁含量,回收率为 86.2%～104.0%。

实例 15-26   头发中氨基酸测定的超声脱脂与酸水解法[28]

方法提要:用石油醚将头发超声脱脂后,用盐酸溶液水解后定容,用毛细管电化学检测法测定其中的氨基酸。

仪器与试剂:毛细管电化学检测系统;超声清洗器;烘箱。石油醚,8mol/L 氢氧化钠溶液;水解液:8mol/L 的盐酸溶液;蒸馏水。

操作步骤:将头发样品剪成 1cm 左右的碎发,用石油醚超声脱脂,在 50℃ 烘箱内烘 20min。在避光处冷却至室温。准确称取 0.0200g 的头发样品于水解管内,加入新鲜配制的 2mL 盐酸溶液,将水解管抽真空 2～3min,封口,在烘箱中 110℃ 水解 7h,放置暗处冷却至室温。将水解物转移至已加有 2.0mL 氢氧化钠溶液的 10mL 容量瓶中,用蒸馏水冲洗水解管 3～4 次,直至完全转移,用蒸馏水定容,待测。

方法评价:半胱氨酸和酪氨酸检出限分别为 $2.3×10^{-6}$ g/mL 和 $4.3×10^{-7}$ g/mL,回收

率分别为96.1%和97.3%。

15.3.5　骨骼、指甲

实例15-27　软骨中的Ⅱ型胶原测定的冷冻离心法[29]

方法提要：将各类软骨制成的胶原样品溶液高速冷冻离心后，上清液经滤膜过滤后，用HPLC测定Ⅱ型胶原蛋白。

仪器与试剂：HPLC仪；冷冻离心机。软骨；Ⅱ型胶原蛋白；乙酸。

操作步骤：准确称取实验室制备的冷冻干燥后的Ⅱ型胶原样品100.05mg于容量瓶中，加入0.01mol/L的乙酸，定容至50mL。量取15mLⅡ型胶原蛋白溶液，高速冷冻，4℃下以10 000r/min离心10min，上清液经0.45μm的滤膜过滤后，进样。

方法评价：方法具有快速准确、重现性好、所需样品用量少、易于自动化的优点，为Ⅱ型胶原提供了一种新的测定方法。该法检出限为0.02mg/mL，回收率为99.13%～100.06%。

实例15-28　骨中金属毒物测定的微波消解法[30]

方法提要：采用微波消解骨骼样品，再用ICP/AES测定其中的金属毒物。

仪器与试剂：ICP/AES仪；微波消解器。骨骼；硝酸，双氧水。

操作步骤：新鲜猪骨，粉碎后放入坩埚中，在通风橱中于石棉网上小火烧烤至基本无烟冒出，骨呈灰色，进一步将其碾成粉末，干燥器中保存。准确取0.2g骨粉末于聚四氟乙烯消解管中，加入3.0mL浓硝酸和0.5mL双氧水，适度的旋紧管盖，按以下程序进行消解：最大功率1200W，50%功率利用率，以5min升至120℃（保持10min）/5min升至140℃（保持10min）/5min升至160℃（保持10min）/5min升至200℃（保持30min）。待消解结束后，冷却1.5h，打开消解管，放进内温150℃加热器中挥酸至0.5mL。取出消解管，待自然冷却后，用2%硝酸定容至10.0mL，然后用0.45μm亲水性滤头过滤，待检。

方法评价：本法的消解条件需要优化，将调节终温为200℃时，保持时间为30min，其余为10min时，样本消解完全，溶液呈淡黄色透明状，检出限最低、回收率最高。骨骼中As、Ba、Pb、Cd、Cr、Zn、Sb检出限均小于5.5ng/mL，回收率在96.5%～103.5%之间。

实例15-29　龙骨中硒测定的湿法消解氢化物发生法[31]

方法提要为：采用盐酸湿法消解药材龙骨样品后，采用氢化物发生原子荧光法测定其中的硒。

仪器与试剂：AFS仪；水浴锅；烘箱。盐酸，铁氰化钾溶液；二次去离子水。

操作步骤：龙骨样品放入65℃的烘箱中干燥12h，取出打粉过100目筛，分别称取试样0.25g，置于50mL烧杯中，加入10mL 10% HCl（体积浓度）溶解，盖上表面皿，放置一段时间，待反应完全后，移去表面皿，加入10mL HCl（1+1），置于80～90℃的水浴中还原，直至剩余溶液2mL左右取下，加入0.5mL 100g/L铁氰化钾溶液和0.5mL浓HCl，用二次去离子水定容至10mL。

方法评价：采用氢化物发生法测定龙骨中的硒，基体对硒的测定干扰程度小。方法检出限为0.121μg/L，回收率为92.43%～99.35%。

实例15-30　指甲中伊曲康唑测定的液相萃取法[32]

方法提要：将指甲样本先与2.5mol/L NaOH于80℃水浴孵育30min，待样本完全溶解后采用甲基叔丁基醚萃取,再用 HPLC-荧光法测定其中的伊曲康唑。

仪器与试剂: HPLC-荧光仪;涡旋混合器;离心机;水浴锅。内标物 R051012;三氟乙酸,乙腈,乙酸,甲醇,甲基叔丁基醚,正己烷,NaOH,醋酸铵。

操作步骤: 取指甲样品 20~40mg 置试管内,加 2.5mol/L NaOH 0.5mL 于 80℃水浴孵育 30min,待指甲样本完全溶解,加 5mol/L 醋酸铵 0.5mL 调 pH 至 9;加入内标溶液 20μL,摇匀后加入甲基叔丁基醚 4mL,涡旋混合 1min,离心,取上清液于尖底试管中,40℃水浴通氮气挥干;残留物用 100μL 1mol/LHAc-乙腈(3:2)溶解,加入 0.5mL 正己烷,涡旋萃取 1min,离心,弃有机层,下层液离心后,取 20μL 分析。

方法评价: 由于指甲中亲脂性成分较多,为了获得干净的指甲样品,本法利用伊曲康唑可在酸性情况下解离的性质,将其溶于 HAc-乙腈(3:2)溶液中,再用正己烷萃取除掉亲脂性杂质。在流动相的选择上,本法采用 0.2%三氟乙酸溶液代替文献报道中常用的 0.1%三乙胺溶液,荧光灵敏度明显提高,且乙腈的用量降低(60%→49%)。本法检测限为 21.4ng/g,回收率为 97.05%~104.32%。

15.3.6　脏器

实例 15-31　肝组织中雷公藤甲素和雷公藤酯甲测定的快速溶剂萃取-凝胶渗透色谱净化法[33]

方法提要: 在快速溶剂萃取仪中,用乙腈将动物肝组织中雷公藤甲素与雷公藤酯甲萃取到有机相,提取液经凝胶渗透色谱净化,除去基质的干扰,所得洗脱液 40℃氮吹挥干后,用甲醇定容至 0.5mL,用 LC-MS 法测定。

仪器与试剂: LC-MS 仪;ASE 快速溶剂萃取仪;凝胶渗透色谱净化系统。雷公藤甲素;雷公藤酯甲;甲酸,丙酮,乙酸乙酯,丙酮,甲醇。

操作步骤: 称取猪的肝脏组织 10.0g,搅碎后用丙酮-水(1+1)溶液超声提取 10min,再用 30mL 乙酸乙酯反提,作为待测样本。称取样品按 ASE 条件萃取后,经凝胶渗透色谱浓缩至 2mL,再在 40℃氮吹仪中挥干后,用甲醇定容至 0.5mL,进行 LC-MS 测定。

方法评价: 对于像肝脏这样复杂的样品,若未采用净化方法将很难检测出目标物。加速溶剂提取法(ASE)是一种在较高温度和压力的条件下提取的自动化方法,具有溶剂用量少、快速、提取效率高等优点。本法雷公藤甲素和雷公藤酯甲的检出限(3S/N)均为 1.0μg/L,回收率分别在 69.3%~77.8%,73.1%~77.2%之间。

实例 15-32　脑组织内去甲肾上腺素测定的酸蛋白沉淀法[34]

方法提要: 采用 70%高氯酸沉淀蛋白处理鼠脑组织,再用高效液相色谱-电化学(HPLC-ECD)法测定其中的肾上腺素。

仪器与试剂: HPLC-ECD 仪;十万分之一精密电子天平;电动匀浆机;高速冷冻离心机。PBS 匀浆;高氯酸,乙腈,氢氧化钠。

操作步骤: 小鼠 10 只,脱白处死,断头取出全脑,称重后加入 10 倍量的 PBS 匀浆。为选择比较合适的蛋白沉淀剂,将匀浆液分为 3 份,分别加入匀浆液体积一半量的 70%高氯酸,10%高氯酸及乙腈来沉淀蛋白。在 4℃下以 12 000r/min 离心 20min 后,取上清液,用氢氧化钠溶液将 pH 调至 7.0。上清液以 5 倍 PBS 稀释后进样 20μL。

方法评价: 本方法对小鼠脑组织样品处理中用到的蛋白沉淀剂进行了考察,发现用

70％的高氯酸沉淀蛋白时，较乙腈和10％的高氯酸效果更好，重现性良好。但是，采用高氯酸作为蛋白沉淀剂处理的组织上清液，不能直接进样，需用10mol/L NaOH将其pH调至7后再进样，以免损伤色谱柱。且应控制其pH的精确度，以避免去甲肾上腺素在偏碱性条件下的降解。该方法检出限为0.1μmol/L，加标回收率为75.05％。

实例15-33　肺组织中青霉素G和青霉素V测定的液相提取除脂固相萃取法[35]

方法提要：用磷酸二氢钠溶液提取肺组织样品中青霉素，加正己烷去除脂肪后过SPE柱，乙腈洗脱，氮气吹干后用乙腈-水（1∶1）定容至1mL后过滤膜，再用HPLC-MS-MS测定其中的青霉素G和青霉素V。

仪器与试剂：HPLC-MS-MS仪；涡旋混合仪；数控超声波清洗器；离心机；固相萃取C_{18}柱和HLB柱（500mg，6mL），0.2μm滤膜。磷酸二氢钠缓冲溶液；正己烷，乙腈，乙酸；超纯水。

操作步骤：称取肺组织1.0g，置于50mL离心管中，加入10mL磷酸二氢钠缓冲溶液，均质，用10mL磷酸二氢钠溶液洗涤均质器刀头后，并入离心管中。于振荡器上振荡10min，超声提取10min。然后4℃、10 000r/min离心10min，取上层液转移至另一离心管，加入10mL正己烷，4℃、10 000r/min振荡离心10min后弃去上层正己烷层和脂肪，下层提取液过C_{18}固相提取小柱（预先用5mL甲醇、5mL超纯水活化），5mL水淋洗后抽干，最后用5mL乙腈洗脱，收集洗脱液于样品管中，氮气吹干后，用乙腈-水（1∶1）定容至1mL，过0.2μm滤膜，待测。

方法评价：试样经磷酸二氢钠提取，正己烷去除脂溶性物质，固相萃取柱净化和富集，以乙腈-0.1％乙酸水溶液为流动相，采用HPLC-MS-MS负离子模式测定动物肺组织中2种常用青霉素的残留，方法快速、灵敏、操作简单、准确性高，青霉素G和青霉素V的检出限均为0.1μg/L，平均回收率分别为74.31％～101.18％和73.58％～92.54％。

实例15-34　心脏等组织中Na、K和Mg含量测定的湿法消解法[36]

方法提要：采用浓硝酸和高氯酸混酸消解组织样品，FAAS法测定其中的Na、K和Mg含量。

仪器与试剂：FAAS仪；电热板。HNO_3，$HClO_4$，HCl；二次蒸馏水。

操作步骤：分别对6只实验大鼠解剖并采集心、脾、肺、肾4种组织样品，冷藏待用。分别取一定量的实验大鼠组织洗净，放入烘箱内，在50～70℃下干燥8h左右，直到恒重，取出准确称取一定质量（范围在0.2～0.5g）。将样品放入烧杯中，分别加入浓HNO_3：$HClO_4$＝4∶1的混酸4～20mL，静置24h，待样品完全溶解后，放在电热板上，于约200℃进行加热。等到蒸至小体积，溶液几乎成无色黏稠状，取下冷却后，用二次蒸馏水定容至50mL，待测。由于K、Na、Mg 3种元素在动物体内含量较高，所以须将组织待测液稀释。分别取1mL待测液用2％HCl定容在50mL的容量瓶中，备用。

方法评价：心、肺、脾、肾4种组织样品中的Na、K、Mg 3种常量元素采用浓硝酸和高氯酸消解，方法简便可靠，平均回收率大于96.6％。

实例15-35　脑组织中蛇床子素测定的效应面法优化浊点萃取法[37]

方法提要：以非离子表面活性剂Triton X-114为浊点萃取剂，采用效应面法分析优化实验条件后，再用HPLC法测定脑组织中的蛇床子素。

仪器与试剂：HPLC仪；涡旋混合器；电热恒温水浴锅；高速离心机。丹皮酚对照品；

辛基苯基聚氧乙烯醚(Triton X-114)；生理氯化钠溶液；乙腈；纯水。

操作步骤：脑组织精密称重后,剪碎,按 1g：2mL 比例加入相应体积的生理氯化钠溶液,匀浆,制备 50% 脑匀浆液,于 −20℃冰箱中保存待测。取 500μL 脑匀浆液,放入 2mL 的离心管内,加入 50μL 丹皮酚(内标溶液 20μg/mL)和 1.5mL 浓度为 1.0% 的 Triton X-114 及 100μL 生理氯化钠溶液(0.4mol/L)。取离心管涡旋振荡 5min,45℃ 恒温水浴 30min,3500r/min 离心 5min,再冰浴 5min,快速小心地弃去上层水相,取下层富集相,富集相加入 500μL 乙腈-水(30：70,V/V),涡旋振荡 5min,16 000r/min 离心 10min。上清液经 0.45μm 微孔滤膜滤过后,取 20μL 续滤液作为样品溶液,待测。

方法评价：浊点萃取(CPE)根据表面活性剂胶束水溶液的溶解性和浊点现象,改变实验参数引发相分离,使表面活性剂结合的疏水性物质与亲水性物质分离,从而达到分离萃取的效果,萃取法具有试剂用量小、萃取效率高、操作简便等优点。采用浊点萃取法代替传统有机溶剂萃取小鼠脑组织中蛇床子素,在最佳萃取条件下,萃取率为 93.8%,加样回收率为 97.2%。

15.4 药物样品的采集和前处理方法

15.4.1 药物样品的特点

药物是指用于预防、治疗、诊断人的疾病,有目的地调节人的生理机能并规定有适应证或者功能、用法和用量的物质。《中华人民共和国药品管理法》规定：药品,包括中药材、中药饮片、中成药、化学原料药及其制剂、抗生素、生化药品、放射性药品、血清、疫苗、血液制品和诊断药品等。因此药物的定性定量分析是利用分析测定手段,发展药物的分析方法,研究药物的质量规律,对药物进行全面检验与控制[38]。

药品其实就是用来治病救人、保护健康的特殊商品,其特殊性主要体现在以下三个方面：①与人的生命紧密关联。各类药品有对应的适应证或功能主治、用法用量。患者只有通过医生的检查诊断,并在科学指导下合理用药,才能达到防病治病的目的。如果不对症下药或用量不当,就会影响人的健康甚至危及生命。②严格的质量要求。药品的质量直接关系到人的健康,所以,针对药品的安全性、有效性和质量可控性设置相适宜的各种检查项目和限度指标,并对检查和测定的方法等作出明确的规定,这种技术性规定就是药品标准。国家药品标准是保证药品质量的法定依据。现行版《中华人民共和国药典》(2015 年版)收载了国家药品标准。药品的质量标准对其外观形状、鉴别方法、检查项目和含量限度等都作了明确的规定,并对影响其稳定性的储藏条件作了明确的要求。能够判断真伪、控制纯度和确定品质限度,以保障其临床使用的安全和有效。③社会公共福利性。疾病的种类繁多,人类用于治疗疾病的药品种类也复杂、品种各异。药品研究的开发成本很高、有些药品的需求量却有限,从而导致其成本偏高。由于药品是用于防止疾病、维护人们健康的商品,具有社会公共福利性质,所以,不允许定价太高。只有对药品的研制、生产、经营和使用的各个环节进行全面的动态的分析研究、监测控制和质量保障,才能实现药品使用的安全、有效和合理的目的。

15.4.2　化学合成原料药前处理方法

药物的定量分析之前,需根据分析方法的特点、原料药的结构与性质或者制剂的处方组成,采用不同的方法对试样进行前处理,以满足所选用的分析方法对样品的要求。多数具有结构特征或取代基的化学原料药可不经特殊处理,使用适当的溶剂溶解后,直接采用滴定法、光度法或色谱法测定。在药物的杂质检查中,有些杂质在药物中的存在状态导致无法直接进行检查,还有些杂质受药物结构的影响也无法直接进行检查,因此需要根据杂质的理化性质、存在特点及检查方法的特点采用一些特殊的处理方法[39]。

1. 非有机破坏法

此类方法不对药物分子中的有机结构部分进行完全破坏,仅在不同条件下进行简单的回流,使有机结合的待测元素原子离解而转化为无机盐(离子)后测定。主要适合于结合不牢固的含金属或卤素元素等有机药物的分析。

1) 普通水解法

(1) 碱水解法。适用于卤素原子结合不牢固的含卤素有机药物,如卤素与脂肪烃中的碳相连者。将含卤素的有机药物溶解于适当的溶剂中,加氢氧化钠溶液回流使其水解,将有机结合的卤素转变为无机形式的卤素离子。

(2) 酸水解法。常用于水难溶的含金属的有机药物,将它们与适当的无机酸共热,可将不溶性金属盐类水解置换为可溶性盐。

2) 有机还原法

含碘有机药物,当碘原子直接与芳环连接时,碘的结合较牢固,采用碱性溶液回流难以使碳—碘键断裂,但可在碱性溶液中加还原剂锌粉回流,使其碳—碘键断裂,而转化为无机碘化物。如碘番酸、胆影酸、胆影葡胺注射液、泛影酸、泛影酸钠及泛影葡胺注射液等均采用此法处理。

2. 有机破坏法

含金属及含卤素、氮、硫、磷等有机药物结构中的待测原子与碳原子结合牢固者,用水解或氧化还原的方法难以定量将有机结合的待测原子转变为无机形式。所以,必须采用有机破坏的方法,将药物分子中有机结构部分完全破坏,使有机结合形式的待测原子转变为可测定的无机离子后,方可采用适当的方法分析。

1) 湿法破坏

主要使用硫酸作为分解剂(消解剂或消化剂),常加入氧化剂(如硝酸、高氯酸、过氧化氢等)作为辅助分解剂。根据分解剂组合的形式不同,湿法破坏可分为若干种,如硫酸-硝酸法、硫酸-高氯酸法、硫酸-硫酸盐法、硝酸-高锰酸钾法等。

(1) 硫酸-硫酸盐法:硫酸中加入硫酸盐可以提高硫酸的沸点,使试样破坏更加完全,也可以防止硫酸在加热过程中过早地分解为三氧化硫,导致破坏能力下降。用本法破坏分解所得的金属离子多为低价态,可用于含砷或锑有机药物的破坏分解。如用本法破坏低碳化合物时,宜添加适量的淀粉等多碳化合物,以保证金属离子全部转变为低价态。本法也用于对含氮有机药物的破坏,其常见的定量分析方法是凯氏定氮法(kjeldahl nitrogen determination),《中国药典》(2015 年版)以"氮测定法"收载于附录,分为第一法(常量法)和第二法(半微量法)。

由于凯氏定氮法具有测定准确度高、可测定各种不同形态样品等两大优点，因而被公认为是测定食品、饲料、种子、生物制品、药品中蛋白质含量的标准分析方法。其原理操作步骤如下：

a. 消化：有机物与浓硫酸共热，使有机氮全部转化为无机氮-硫酸铵。为加快反应，添加硫酸铜和硫酸钾的混合物，前者为催化剂，后者可提高硫酸沸点。这一步约需 30~60min，可视样品的性质而定。对某些难以分解的药物（如含氮杂环结构药物），在消解过程中需加入辅助氧化剂，以使分解完全，并缩短消解时间。常用的辅助氧化剂有 30% 过氧化氢和高氯酸。高氯酸为强氧化剂，用量不宜过大，若使用量过大，可能生成高氯酸铵而分解或将氮元素氧化成氮气而损失，而且高氯酸在高温加热时易发生爆炸。千万注意，辅助氧化剂的使用应慎重！且不能在高温时加入，应待消解液放冷后加入，并再次加热继续消解。

b. 加碱蒸馏：硫酸铵与浓 NaOH 作用生成 NH_4OH，加热后生成 NH_3，通过蒸馏导入过量酸中和生成 NH_4Cl 而被吸收。

c. 滴定：用过量标准 HCl 吸收 NH_3，剩余的 HCl 可用标准 NaOH 滴定，由所用 HCl 的量减去滴定耗去的 NaOH 量，即为被吸收的 NH_3 量。此法为回滴法，采用甲基红做指示剂。本法适用于 0.2~2.0mg 的氮量测定（图 15-3）。

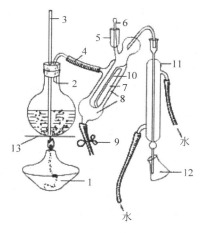

图 15-3　半微量法凯氏定氮装置图

1—热源；2—烧瓶；3—玻璃管；4—橡皮管；5—玻璃杯；6—棒状玻塞；7—反应室；
8—反应室外壳；9—夹子；10—反应室中插管；11—冷凝管；12—锥形瓶；13—石棉网

d. 应用范围：中国药典主要应用本法测定含氨基或酰胺结构的药物含量。对于以偶氮或肼等结构存在的含氮药物，因在消解过程中易于生成氮气而损失，需在消解前加锌粉还原后再依法处理；杂环中的氮，因不易断键而难以消解，可用氢碘酸或红磷还原为氢化杂环后，再进行消解。对于含氮量较高（超过 10%）的样品，可在消解液中加入少量多碳化合物，如蔗糖、淀粉等作为还原剂，以利于氮转变为氨。

（2）硝酸-硫酸法：此法适用于大多数有机物质的破坏，分解所得的无机金属离子均为高价态，但不适用于含碱土金属有机化合物。因为碱土金属在硫酸溶液中形成的不溶性硫酸盐，会吸附被测金属离子，导致测定结果偏低。含碱土金属的有机化合物可用硝酸-高氯酸法进行破坏。

2) 干法破坏

此法主要适用于含卤素、硫、磷等有机药物定量分析的前处理。根据破坏方式的不同，可分为高温炽灼法和氧瓶燃烧法。

（1）高温炽灼法：将含待测元素的有机药物经高温灼烧灰化，使有机结构分解，而待测元素转化为无机元素或可溶性无机盐的前处理方法。本法适用于含卤素药物的鉴别，也可用于含磷药物的定量分析。根据分析对象与目的不同，常加入无水碳酸钠、硝酸镁、氢氧化钙、氧化锌等辅助灰化。

（2）氧瓶燃烧法（oxygen flask combustion method）：本法系将有机药物在充满氧气的燃烧瓶中进行燃烧，待燃烧产物被吸入吸收液后，再采用适宜的分析方法来检查或测定卤素或硫等元素的含量。

a. 仪器装置

燃烧瓶为 500、1000 或 2000mL 磨口、硬质玻璃锥形瓶，瓶塞应严密、空心，底部熔封铂丝一根（直径为 1mm），铂丝下端作成网状或螺旋状，长度约为瓶身长度的 2/3。

b. 吸收液的选择

根据待测元素的种类与所选用的分析方法，选择适当的吸收液可使样品经燃烧分解所生成的不同价态的待测元素定量地被吸收，并转变为单一价态，从而满足分析方法的要求。对含氟药物进行有机破坏时，其燃烧产物为单一的氟化氢，可以水作为吸收液，选茜素氟蓝比色法测定氟含量。含氯药物的燃烧产物为单一的氯化氢，在水中的溶解度较低，需用水-氢氧化钠溶液作为吸收液，采用银量法测定含量。采用银量法测定含溴药物时，分解产生的溴化氢可被氧气氧化成单质溴，故其燃烧产物为单质溴与溴化氢的混合物，可在水-氢氧化钠溶液混合吸收液中加入还原剂二氧化硫饱和溶液，将单质溴还原为溴负离子。测定含碘药物时，分级产生的碘化氢可被氧气进一步氧化，其燃烧产物为单质碘，并含有少量的碘酸、次碘酸和碘化氢，当使用银量法测定含量时，可选用水-氢氧化钠-二氧化硫饱和溶液作为吸收液；若使用间接碘量法测定时，则可以水-氢氧化钠溶液为吸收液，此时吸收液中的待测物为碘酸钠与次碘酸钠，可用溴-醋酸溶液氧化为碘酸，并通气除尽溴后，加碘化钾定量生成单质碘，再用硫代硫酸钠滴定液滴定生成的单质碘。

含硫药物的燃烧产物主要为三氧化硫，可使用浓过氧化氢溶液与水的混合液作为吸收液，燃烧产物经吸收后转变成硫酸，加入盐酸溶液，并煮沸除去剩余的过氧化氢后，加入氯化钡试液生成硫酸钡沉淀，以重量法测定含量；或在适当 pH 的溶液中，用 EDTA 滴定剩余的钡离子；或用蒸发光散射-高效液相色谱法测定硫酸含量。含磷药物的燃烧产物为五氧化二磷，以水为吸收液，加少量硝酸溶液，并经加热煮沸，使燃烧生成的焦磷酸和偏磷酸转化为磷酸后，采用磷钼蓝比色法测定含量。

c. 操作法

精密称取样品（如为固体，应研细），除另有规定外，置于无灰滤纸中心，按虚线折叠后，固定于铂丝下端的网内或螺旋处，使尾部露出。如为液体供试品，可在透明胶纸和滤纸做成的纸袋中称样，方法为将透明胶纸剪成规定的大小和形状，中部贴一个约 16mm×6mm 的无灰滤纸条，并于其突出部分贴一个 6mm×35mm 的无灰滤纸条，将胶纸对折，紧粘住底部及另一边，并使上口敞开；精密称重，用滴管将样品从上口滴在无灰滤纸条上，立即捏紧粘住上口，精密称重，两次重量之差即为样品重，将含有样品的纸袋固定于铂丝下端的网内或螺旋处,使尾部露出。另在燃烧瓶内按各药品项下的规定加入吸收液,并将瓶口用水湿润,小心急速通入氧气约1min(通气管应接近液面,使瓶内空气排尽),立即用表面皿覆盖瓶口,移置他处;点燃包有供试品的滤纸尾部,迅速放入燃烧瓶中,按紧瓶塞,用水少量封闭瓶口,待燃烧完毕(应无黑色碎片),充分振摇,使生成的烟雾完全吸入吸收液中,放置15min,用水少量冲洗瓶塞及铂丝,合并洗液及吸收液。同法另做空白试验。然后按药品标准中的各品种项下规定的方法进行检查或测定。

15.4.3　药物制剂前处理方法

1. 药物制剂的类型和特点

临床使用的药物大多是制剂形式,故药物制剂分析是药物分析的一个重要部分。药物制剂可分成多种类型。与原料药相比,药物制剂具有不同的特点,相同原料药的不同制剂类型,其分析特点也不尽相同。

1) 药物制剂的类型

各个国家的药典均收载了多种类型的药物制剂。其中,片剂、胶囊剂、注射剂和半固体制剂等被《中国药典》(2015年版)、《欧洲药典》(第7版)、《美国药典》(第38版)和《日本药局方》(第15改正版)共同收载。

2) 药物制剂的分析特点

与原料药不同,药物制剂组成复杂,含有活性成分和辅料、药物含量低、须进行剂型检查等原因,故通常比原料药分析更加困难。不同类型的药物制剂,其质量控制项目、质量指标、分析方法及样品前处理方法通常也不同。

(1) 制剂性状分析的特点:药物制剂的性状分析是药物制剂质量控制不可缺少的组成部分,能够在一定程度上从诸多方面体现药品的质量。在药品使用环节,药物制剂的性状分析具有非常重要的意义。

(2) 制剂鉴别的特点:鉴别药物制剂通常以原料药的鉴别方法为基础。由于制剂均采用经鉴别且符合规定的原料药为活性成分,故药物制剂的鉴别有时被弱化。制剂的辅料常会干扰药物的鉴别,所以药物制剂的鉴别须排除干扰后进行,或取消该鉴别试验,也可改用其他方法。如果药物制剂的辅料不干扰药物的鉴别时,可直接采用原料药的鉴别试验鉴别药物制剂。

(3) 制剂检查的特点:制剂检查包括杂质检查、剂型检查和安全性检查。药物制剂采用经检验且符合规定的原料药及辅料制备而成。由于合格原料药中的一些杂质在制剂制备和储藏过程中一般不会增加,故在制剂分析时通常不再重复检查。对于制剂过程带入的杂质,需进行检查,例如,必要时检查薄膜包衣片剂的残留溶剂。制剂的杂质检查包括两个方面:①制剂制备和储藏过程中可能产生的杂质(原料药未控制);②制剂制备和储藏过程中可能增加的杂质(原料药已控制)。

为了保证药物制剂的稳定性、均一性、有效性和安全性,《中国药典》(2015年版)在附录"制剂通则"收载的剂型项下,规定了不同剂型的常规检查项目,主要包括剂型检查与安全性检查。药物制剂各品种项下规定的其他剂型检查与安全性检查等也都收载于附录中。

(4) 制剂含量测定的特点:药物制剂的含量测定方法与相应原料药的含量测定方法多有不同。制剂的辅料常常干扰药物的含量测定,故药物制剂的含量测定须采用过滤、提取、经典色谱分离等方法排除干扰后再测定,或改用选择性更强的分析方法(如 HPLC)。小剂量制剂的含量测定,可采用浓缩等方法,提高供试品溶液的浓度后再测定,或改用灵敏度更高的分析方法。缓释制剂的含量测定多在采用超声等方法促使药物完全释放后进行。当药物制剂的辅料不干扰药物的含量测定时,可直接采用相应原料药的含量测定方法测定制剂的含量。

2. 片剂分析的前处理

药物片剂是指药物与适宜的辅料混合均匀压制而成的圆片状或异形片状的固体制剂。片剂以口服普通片为主,另外还有含片、咀嚼片、阴道泡腾片、缓释片、控释片和肠溶片等。片剂在制剂过程中,常加入稀释剂、润湿剂与黏合剂、崩解剂、润滑剂等辅料。这些辅料常会干扰片剂的含量测定,需通过前处理排除干扰。

1) 糖类的干扰及排除

淀粉、糊精、蔗糖、乳糖等是片剂常用的稀释剂。其中淀粉、糊精和蔗糖水解产生的葡萄糖具有还原性,乳糖是还原糖,均能干扰氧化还原测定法。当使用氧化还原法测定含有糖类稀释剂的片剂含量时,不应使用高锰酸钾法和溴酸钾法等以强氧化性物质为滴定剂的滴定分析法;同时,应采用阴性对照试验,若阴性对照品消耗滴定剂,则须改用其他方法测定。

2) 硬脂酸镁的干扰及排除

片剂最常用的润滑剂就是硬脂酸镁。其中镁离子可能干扰络合滴定法,硬脂酸根离子可能干扰非水溶液滴定法。

在络合滴定法中,当 pH 约为 10 时,Mg^{2+} 与 EDTA 可形成稳定的配位化合物;若被测金属离子与 EDTA 形成的配位化合物比 Mg^{2+} 与 EDTA 形成的配位化合物稳定得多,则 Mg^{2+} 对测定的干扰可忽略不计。否则,Mg^{2+} 消耗的 EDTA 滴定液使测定结果偏高,此时可加入掩蔽剂排除干扰。例如,在 pH6.0~7.5 条件下,加入掩蔽剂酒石酸,可与 Mg^{2+} 形成更稳定的配位化合物,排除了硬脂酸镁对络合滴定法的干扰。在非水滴定法中,硬脂酸根离子能被高氯酸滴定。若主药的含量高、硬脂酸镁的含量低,则硬脂酸根离子对测定的干扰可忽略不计。否则,硬脂酸根消耗的高氯酸滴定液使测定结果偏高。对于脂溶性药物,可用适当的有机溶剂提取药物,排除硬脂酸镁的干扰后,再用非水溶液滴定法测定或者改用其他方法测定。

3. 注射剂分析的前处理

注射剂是指药物与适宜的溶剂及附加剂支撑的供注入体内的溶液、乳状液混悬液及供临床前配制或稀释成溶液或混悬液的粉末或浓溶液的无菌制剂。注射剂可分为注射液(包括溶液型、乳状液型或混悬型)、注射用无菌粉末与注射用浓溶液。

注射剂在制剂过程中常加入溶液和附加剂。溶剂主要包括注射用水、注射用油、其他注射用非水溶剂。附加剂主要包括渗透压调节剂、pH 调节剂、增溶剂、乳化剂、助悬剂、抗氧剂、抑菌剂和麻醉剂等。在测定注射剂的含量时,这些溶剂和附加剂若不产生干扰,可采用原料药的测定方法。否则,需经前处理排除干扰后才能测定。

1) 溶剂水的干扰及排除

用非水溶液滴定法测定注射液的含量时,溶剂水干扰非水溶液滴定。对于碱性药物或其盐类,可通过碱化、有机溶剂提取游离药物,排除水的干扰;挥干有机溶剂后,用非水溶液滴定法测定药物的含量。如《日本药局方》(第 15 改正版)测定盐酸氯丙嗪注射液的含量。

2) 溶剂油的干扰及排除

脂溶性药物的注射液(如丙酸睾酮注射液)常常以植物油为溶剂。注射用植物油主要为大豆油,其他植物油如芝麻油、山茶籽油、花生油、玉米油、橄榄油精制后也可供注射用。溶剂油影响以水为溶剂的分析方法(如容量法和反相 HPLC 法)和其他分析方法。排除干扰的方法通常有以下三种:①有机溶剂稀释法。对于药物含量较高的注射剂,若测定其含量所需要的供试品溶液浓度较低,可用有机溶剂(如甲醇)稀释供试品,降低溶剂油的干扰后再测定。②提取法。可采用适当的溶剂(如甲醇)提取药物,排除溶剂油的干扰后再测定。③经典柱色谱法。可选用适宜的固定相和流动相,通过柱色谱分离,排除溶剂油的干扰后再测定。

3) 抗氧剂的干扰及排除

还原性药物的注射剂,常常需要加入抗氧剂,以增加注射剂的稳定性。注射剂常用的抗氧剂包括亚硫酸钠、亚硫酸氢钠、焦亚硫酸钠、硫代硫酸钠和维生素 C 等。由于这些抗氧剂均具有比药物更强的还原性,当采用氧化还原滴定法测定药物含量时,抗氧剂便产生干扰。排除干扰的方法通常有以下三种:①加掩蔽剂。当注射剂中的抗氧剂为亚硫酸钠、亚硫酸氢钠或焦亚硫酸钠时,如果采用氧化还原反应滴定法测定注射剂中的主药含量,抗氧剂消耗滴定剂就会使测定结果偏高。此时,可加入掩蔽剂丙酮或甲醛,与亚硫酸氢钠等发生亲核加成反应,以消除抗氧剂的干扰。但须注意甲醛的还原性,若采用氧化性较强的滴定液,不宜以甲醛为掩蔽剂。②加酸分解。当注射剂中的抗氧剂为亚硫酸钠、亚硫酸氢钠或焦亚硫酸钠时,可加入强酸,使这些抗氧剂分解,所产生的二氧化硫气体经加热可全部逸出。③加弱氧化剂氧化。当注射剂中的抗氧剂为亚硫酸钠、亚硫酸氢钠或焦亚硫酸钠时,可利用主药与抗氧剂的还原性差异,加入弱氧化剂,选择性氧化抗氧剂(不氧化被测药物,也不消耗滴定液)以排除干扰。常用的氧化剂为过氧化氢和硝酸。

15.4.4　中药分析前处理方法

1. 中药分析的特点

中药是中华民族的传统医药,依据中医理论为指导、以中药进行防病治病的历史源远流长,享誉世界。随着社会的发展,医疗的模式由单纯的疾病治疗转变为预防、保健、治疗和康复相结合的新模式,我国的传统医学正发挥着越来越大的作用。我国从 20 世纪 20 年代就开始了中药现代化的研究,标志着我国传统药学从本草学阶段进入了现代药学阶段,相继出现了新的中药剂型,如中药片剂、胶囊剂、口服液、注射剂、颗粒剂、膜剂和丸剂等,但是无论剂型如何变化,其提取技术大多数仍以水煎醇浸为主要模式,存在着提取效果选择性较差、质量标准不甚规范等问题,因而造成国内中成药制剂难以在国际中药市场占有主导地位,这也是目前中药领域亟待解决的问题。随着中药现代化的发展,中药提取分离的新技术、新工艺日益受到重视,一些现代化强化提取分离技术不断被应用到中药生产中来,如超声波协助提取、微波辅助提取、超临界流体萃取、酶解辅助提取、膜分离技术、大孔树脂技术等在中药中具有产率高、纯度高、提取速度快、能耗成本低等诸多优点,在中药提取物、中药制剂的生产以及实现中药的提取现代化中有着良好的应用前景[40]。

中药有活性作用的物质基础就是其中的化学成分。中药复方制剂可能含有多种有效成分,含量差异较大,药理作用复杂。影响中药制剂质量的因素很多,其中原料药材和加工工艺是影响中药制剂质量的主要因素。

（1）由于生长环境、采集时间、储藏条件的不同，药材有效成分的含量可能有很大差异，可直接影响制剂的质量。因此，原料药材必须经检验合格后才能使用。

（2）制剂的工艺条件对产品质量的影响也不容忽视，包括：①提取条件；②制造工艺；③储藏流通过程。由于影响中药制剂的因素很多，因此，控制中药制剂的质量，仅有成品的检验是不够的，应该按照《药品生产质量管理规范》（Good Manufacture Practice，GMP）的要求，从药品生产的各个环节以及销售、使用等过程加以全面控制，才能确保药品的质量。

2. 中药分析前处理步骤

中药及其制剂分析的程序与化学药物相同，包括取样、样品溶液的制备、鉴别、杂质检查、含量测定、记录和正规报告等。本章只涉及前处理，故仅介绍取样和样品的制备方法。

1）取样与保存

中药及其制剂的分析，一般采用估计取样，即在整批中药抽出一部分具有代表性的供试品进行分析、观察，得出规律性"估计"的一种方法，之后对样品的检测结果进行数据处理和分析，做出科学的评估。

（1）取样的原则：取样必须具有高度的代表性，基本原则是均匀、合理地抽取供试品。中药的形式各不相同，有药材也有制剂。即使同为固体，还有粉末、颗粒状等形态上的不同，这就要求取样时应分别对待，保证取样的科学性、真实性和代表性。

（2）取样的方法：一般应从每个包装的四角及中央五处取样，深度可达 1/3 至 2/3 处。取得的样品可装入清洁、干燥、具塞磨口容器中或密封的塑料袋中，并标上品名、批号、数量、取样日期及取样人等信息。

a. 药材的取样法：抽取样品前，应核对品名、产地、规格等级及包件式样，检查包装的完整性、清洁程度以及有无水迹、霉变或其他污染等，详细记录。如有异常情况，应单独检验并拍照存档。同一批药材包件抽取检定用的样品数量因包件数不同而不同。小于 100 件时，取样 5 件；大于 100 件小于 1000 件时，按照 5% 取样；当大于 1000 件时，超过部分按 1% 取样；小于 5 件，逐件取样；贵重药材，不论包件多少均逐件取样。对破碎的、粉末状的或大小在 1cm 以下的药材，可用采样器抽取样品；每一个包件至少在 2～3 个不同部位各取样 1 份；包件大的应从 10cm 以下的深处在不同部位分别抽取。每一包件的取样量：一般药材抽取 100～500g；粉末状药材抽取 25～50g；贵重药材抽取 5～10g；对包件较大或个体大的药材，可根据实际情况抽取有代表性的样品。将抽取的样品混合搅拌均匀，即为抽取样品总量。当抽取样品总量超过检验用量数倍时，可按四分法缩分。最终抽取的样品量一般不得少于检验所需用量的 3 倍，即其中 1/3 供实验室分析用，另 1/3 供复核用，剩余的 1/3 留样保存。

b. 中药制剂取样法：各类中药制剂取样量至少够 3 次检测的用量，贵重药则酌情取样。粉状中药制剂一般取样 100g，可在包装的上、中、下 3 层或间隔相等部位取样若干，将取出的样品混匀，然后按"四分法"从中取出所需样品量。液体中药制剂（如口服液、酊剂、酒剂、糖浆剂等）一般取样数量 200mL，同时需注意容器底部是否有沉淀，如有应彻底摇匀，均匀取样。固体中成药（丸剂和片剂）一般片剂取量 200 片，未成片前已制成颗粒可取 100g。一般丸剂取量 10 丸。胶囊按照药典规定取样不得少于 20 个胶囊，倾出其中药物，并仔细将附着在胶囊上的药物刮下，合并混匀，称定空胶囊的重量，由原来的总重量相减即为胶囊内药物的重量,一般取样量 100g。注射液取样量要经过 2 次,配制后在灌注、熔封、灭菌前,进行一次取样,经灭菌后的注射液按原方法进行,分析检验合格后方可供药用。已封好的安瓿取样量一般为 200 支。其他剂型中药制剂可根据具体情况随意抽取一定数量,作为随机抽样。

2)样品溶液的提取

(1)水蒸气蒸馏法:有些具有挥发性可随水蒸气蒸出的组分,可采用水蒸气蒸馏法提取,收集馏出液供分析用。挥发油,一些小分子的生物碱(如麻黄碱、槟榔碱),某些酚类物质(如丹皮酚)等可以用此法提取,氘提取的组分应对热是稳定的。

(2)超声提取法:超声波具有助溶的作用,因此可用于样品中测定组分的提取,并且超声提取法快速,一般仅需数十分钟浸出,即可达到平衡。由于超声提取过程中,溶剂可能会有一定的损失,因此如果定量分析,应于超声振荡前先称定重量,提取完毕,放冷,再称重后补足重量,滤过,取续滤液备用。此法的特点是操作简便,提取时间短,适用于固体制剂中测定组分的提取,应用范围广。用于药材粉末的提取时,由于组分是由细胞内逐步扩散出来,速度较慢,加溶剂后宜放置一段时间,再超声振荡提取。

(3)回流提取法:是将样品粉末置于烧瓶中,加入一定量的有机溶剂,加热进行回流提取的方法。加热时组分的溶解度增大,溶出速率加快,有利于提取。回流提取法主要用于固体制剂的提取。提取前应将样品粉碎成细粉,以利于组分的提取。提取溶剂沸点不宜太高,对热不稳定或具有挥发性的组分不宜采用回流提取法。

(4)连续回流提取法:使用索氏提取器连续进行提取,操作简便,节省溶剂,蒸发的溶剂经冷凝流回样品管,因其中不含待测组分,所以提取效率高。本法应选用低沸点的溶剂,如乙醚、甲醇等,提取组分对热应是稳定的。

(5)冷浸法:是将样品置于带塞的容器内,精密加入一定量适宜溶剂,摇匀后室温下放置一定时间,组分因扩散而从样品粉末中浸出的一种提取方法。溶剂用量为样品重量的 5～20 倍,浸泡时间 12～48h,在浸泡期间应注意经常振摇。浸泡时间的确定可通过以下方法:取同一样品,加溶剂后分别浸取不同时间,测定溶液中浸出组分的含量,当浸出量不再随放置的延长而增加时,说明扩散已经达到平衡。冷浸法的特点是适宜于遇热不稳定的有效成分,操作简便,应用较广。缺点是所需时间长,溶剂用量大,提取率不高。

(6)溶剂萃取法:是利用溶质在两种互不相溶的溶剂中溶解度的不同,使物质从一种溶剂转移到另一种溶剂中,经过多次萃取,将测定组分提取出来。主要用于液体制剂中待测组分的提取分离。根据相似相溶的原理,极性较强的有机溶剂正丁醇等适用于提取皂苷类成分,乙酸乙酯多用于提取黄酮类成分,三氯甲烷($CHCl_3$)分子中的 H 可与生物碱形成氢键,多用于提取生物碱类成分,挥发油等非极性组分则宜用非极性溶剂乙醚、石油醚等提取。水相的 pH 可影响弱酸弱碱性物质在两相的分配。酸性组分提取的 pH 一般应比其 pK_a 低 1～2 个 pH 单位,碱性组分提取的 pH 则应比 pK_a 高 1～2 个 pH 单位。酒剂和酊剂在萃取前应挥去乙醇,否则乙醇可使有机溶剂部分或全部溶解于水中。

(7)超临界流体萃取法(SFE):本法适用于中药及其制剂中待测组分的提取分离,目前应用日益广泛。使用超临界流体萃取仪提取时,将样品置于萃取池中,萃取池应恒定在实验温度下,用泵将超临界流体送入萃取池,萃取完毕后,再将溶液送入收集器中。

影响萃取的因素主要有温度、压力、改性剂和提取时间等。由于二氧化碳为非极性化合物,因此超临界二氧化碳对极性组分的溶解性较差。在提取极性组分时,可在超临界流体中加入适量的有机溶剂作为改性剂,如甲醇、三氯甲烷等。改性剂的种类可根据萃取组分的性质来选择,加入量一般通过实验来确定。

3) 样品溶液的精制

中药材粉末或中药制剂经过提取后,得到的常常是含有较多杂质和色素的混合物,需要经过净化分离后,才能分析测定。净化方法要能除去对测定有干扰的杂质,而又不损失待测的成分。净化分离方法的设计主要依据待测成分和杂质在理化性质上差异。同时,要结合与所采用的测定方法的需求进行选择。常用的精制方法如下。

(1) 液-液萃取法:液-液萃取法可采用适宜的溶剂直接提取杂质,使之与欲测定成分分开,如用石油醚除去脂肪油和亲脂性色素,还可利用欲测成分溶解度的性质,经反复处理,使其转溶于亲脂性溶剂或亲水性溶剂之间,以除去水溶性杂质或脂溶性杂质。也可利用欲测定成分的化学特性,如能与酸性染料或大分子形成离子对,能溶于有机溶剂的性质,利用离子对萃取与杂质分离。

(2) 溶剂分离法:总提取物通常是稠膏状,可拌入适量惰性填充剂,如硅藻土、硅胶或纤维素粉等,经低温干燥和粉碎后,再选用几种极性不同的溶剂,由低极性到高极性进行分步提取分离。在中药提取溶液中加入另一溶剂,析出其中的主成分或析出杂质的方法,也可达到分离和净化的目的。例如,中药水提取液中的树胶、黏液质、蛋白质、糊化淀粉等,可以加入一定量乙醇,使这些不溶于乙醇的成分自溶液中沉淀析出。如新鲜栝楼汁中可滴入丙酮,使天花粉素粉刺沉淀析出。多糖及多肽类化合物可采用水溶解,浓缩后加乙醇或丙酮而析出。中药内某些成分能在酸或碱中溶解,则可通过加酸或加碱变更溶液的酸碱度后,使成不溶物析出的办法。如内酯类化合物不溶于水,但遇碱开环生成盐而溶解,过滤后,再加酸酸化,又重新形成内酯环而从溶液中析出,从而与杂质分离。生物碱类一般不溶于水,但与酸结合成盐后可溶于水,滤去不溶物,再加碱碱化,重新成为游离生物碱,可用于水不相混溶的有机溶剂通过萃取而分离出来。溶剂分离法主要用于中药化学成分的提取分离。

(3) 盐析法:此法是在中药的水提取液中,加入无机盐至一定浓度或达到饱和状态,使某些成分在水中的溶解度降低,而有利于分离。例如,挥发性成分用水蒸气蒸馏法提取,蒸馏液经盐析后,用乙醚萃取出挥发性成分。常用做盐析的无机盐有氯化钠、硫酸钠、硫酸镁和硫酸铵等。例如,用水蒸气蒸馏法测定丹皮或丹皮中成药中丹皮酚含量。在样品浸泡的水中加入一定量氯化钠,使提取出的丹皮酚较完全地被蒸馏出来,而不再溶于水中,蒸馏液中也可加入一定量氯化钠,再用乙醚将丹皮酚萃取出来。

(4) 沉淀法:在生物碱盐的水溶液中,加入某些生物碱沉淀试剂,即生成不溶性的复盐,可沉淀析出。如甜菜碱加雷氏铵盐;橙皮苷、芦丁、黄芩苷等黄酮类化合物,以及甘草皂苷均易溶于碱性溶液,加酸后又可使之沉淀析出;鞣质类成分遇明胶、蛋白溶液也可沉淀析出。利用这类成分的特殊沉淀反应性质,可与杂质分离。

乙酸铅可使具有羧基或邻二酚羟基的成分形成沉淀,因此常用来沉淀有机酸、氨基酸、蛋白质、黏液质、果胶、鞣质、酸性树脂、酸性皂苷和部分黄酮等。碱式乙酸铅除能沉淀上述成分外,还能沉淀出具酚羟基成分及一些生物碱等碱性物质。脱铅的方法有:①通硫化氢气体;②加硫酸钠饱和水溶液;③加稀硫酸至 pH3;④加氢型阳离子交换树脂在烧杯中搅拌。

(5) 色谱法:这是中药分析中最常用的分离分析方法,包括柱色谱、薄层色谱、纸色谱、气相色谱、高效液相色谱、超临界流体色谱等。

15.5 药物样品前处理应用实例

15.5.1 化学合成原料药

实例 15-36 高效液相色谱-电化学法测定对乙酰氨基酚唾液药物浓度[41]

方法提要：采用 HPLC-库仑阵列电化学检测器测定唾液中对乙酰氨基酚浓度，受试者服用对乙酰氨基酚片，分别于不同时间点取受试者唾液经处理后测定。

仪器与试剂：HPLC 仪，库仑阵列电化学检测器；pH 计；离心机。对乙酰氨基酚对照品（中国食品药品检定研究院，批号 100018-200408），对乙酰氨基酚片（广东华南药业集团有限公司，批号 070806）；甲醇，色谱纯；其他试剂均为分析纯；纯水。

操作步骤：选取色谱柱 Diamonsil C$_{18}$（250mm × 4.6mm，5μm）。对乙酰氨基酚在 100～850mV 电压范围内测定，在 350mV 的电压下响应值最大，故选择此电压作为测定电压。以甲醇（加 5% 的水相）：水相（0.03mol/L 磷酸二氢钠溶液、氢氧化钠溶液和磷酸溶液调 pH 至 6.0）（20：80）为流动相，能使对乙酰氨基酚得到良好的分离。流速：1mL/min；进样量：15μL；柱温：室温。

挑选健康受试者 4 名（2 男 2 女），年龄（22±2）岁，体重（55±10）kg，心肝肾功能正常，不嗜烟酒。口服对乙酰氨基酚片 500mg，分别于给药后 10，20，30，40，50，60，80，100min；于 2，2.5，3，4，6，12，24h 取样，取样量不低于 0.5mL，将样品离心（6000r/min）10min，吸取唾液上清液 0.3mL 于 1.5mL 离心管中，加 3 倍量甲醇，涡旋混匀，以 6000r/min 离心 10min；0.22μm 微孔滤膜过滤，即得。

方法评价：对乙酰氨基酚在 8.3～833.3ng/mL 范围内线性关系良好，最低检测限为 3.3ng/mL，精密度小于 0.88%，加样收率为 99.2%，符合方法学要求。此法操作简便、准确，灵敏度高，适用于对乙酰氨基酚体内代谢研究。

实例 15-37 高效液相色谱和气相色谱法分析茵草敌原药[42]

方法提要：分别采用了 HPLC 法和 GC 分析茵草敌原药。液相色谱采用 ODS 柱，乙腈/水为流动相，检测波长 220nm；气相色谱采用 CP-8751 毛细管柱，正十四烷为内标物，FID 为检测器对茵草敌原药进行了定量分析。

仪器与试剂：HPLC 仪；GC 仪；超声溶样仪；茵草敌对照品（已知质量分数为 99.0%）；内标物：正十四烷，不含有干扰分析的杂质；茵草敌原药；乙腈，甲醇，色谱纯；氯仿，分析纯；二次蒸馏水。

操作步骤：选取色谱柱 Hypersil ODS 250mm × 4.6mm，5μm 不锈钢柱；A 泵：乙腈 0.6mL/min，B 泵：水 0.2mL/min；柱温：25℃；检测波长：220nm，进样量 5μL。称取正十四烷 1.5g，（精确至 0.01g）于 500mL 棕色容量瓶中，用氯仿溶解，并稀释至刻度，摇匀即为内标溶液。准确称取试样 0.03g，于 100mL 容量瓶中，用甲醇溶解，定容，超声溶解 5min，静置恢复室温后，过滤后即成。

方法评价：HPLC 法的线性相关系数 γ 为 0.9998，精密度 0.17%，加样回收率为 98.62%～100.36%；GC 法的 γ 为 0.9999，精密度 0.22%，加样回收率为 98.69%～101.03%。结果

表明,采用两种色谱方法对茵草敌原药进行定量分析,线性关系较好,精密度和准确度高,均是行之有效的分析方法。

实例 15-38 高效液相色谱-串联质谱法测定井水及废水中的多类药物[43]

方法提要:HPLC-MS/MS 联用技术测定井水及废水中的吡喹酮等多类药物。

仪器与试剂:HPLC 仪,C_{18} 内嵌柱(150mm×2.0mm,粒径为 4μm),使用 0.1%甲酸-水作为 A 相和 0.1%甲酸-乙腈作为在梯度洗脱洗脱液 B 相,梯度洗脱后,柱子在进行另一次注射前 12min 达到平衡,流速为 0.2mL/min,进样量:5μL;三重四极 MS 仪,配备有电喷雾接口,所有被测物均在正离子(PI)模式下进行。吡喹酮(PRAZ),非班太尔(FEBA),甲氧苄氨嘧啶(TMP)诺氟沙星(NOR),环丙沙星(CIPRO),恩诺沙星(ENRO),磺胺脒(SGUA),磺胺嘧啶(SDIAZ),磺胺二甲嘧啶(SMETH),磺胺甲噁唑(SMETOX),普鲁卡因(PROC)和罗红霉素(ROXI);乙腈,甲醇,HCl;纯水。

操作步骤:水样品从靠近克罗地亚的萨格勒布井水收集。井水样品通过 0.45μm 的过滤器进行预过滤,以消除颗粒物。废水样品从制药厂的废水处理厂收集,通过布氏漏斗过滤(黑色滤纸),随后使用 0.45μm 尼龙膜过滤器。

安瓿玻璃瓶用超纯水预洗用于样品收集。所有水样储存于 4℃,直至固相萃取,萃取在 24h 内完成。研究用药品从水样中提取,并以 500mg/3mL 在分级萃取柱中,使用固相萃取装置预浓缩。在使用水前,柱子使用 5mL 甲醇和水预先平衡。用于前处理的样品和水 pH 用 0.1mol/L HCl 溶液调节至 4.0。100mL 的样本量施加在柱上,且流速保持在不超过 4mL/min。柱子放置干燥约 5min,使用真空以除去过量的水。被测物的保留洗脱用 2×5mL 甲醇。洗脱后,滤液使用旋转蒸发器在 40℃蒸发至干,再溶解于 1mL 乙腈-水为 1∶1(V/V),达到 100 倍富集。

为了测定固相萃取过程中的回收率,在预过滤的 pH 调节井水中掺入适当量的分析物。

方法评价:该方法的回收率均高于 50%,三个浓度的 RSD 均低于 18.3%。采用基质匹配标准评估基体效应。在 0.5 和 5ng/L 之间线性良好。日内和日间精密度(RSD)分别为 0.5%~2.0%和 1.4%~8.3%。所描述的分析方法适用于测定来自医药行业废水中的药物。

实例 15-39 游离药物中不同前处理方法对脂质体包封率测定的影响[44]

方法提要:造成脂质体渗漏的传统方法需要改进,对脂质体包封率分析方法的进一步探讨。研究中空纤维离心超滤偶联液相色谱作为一种替代方法对于脂质体包封率的常规测定的适应性,并将该方法与基于分子排阻色谱的先行开发的非平衡程序进行比较。

仪器与试剂:HPLC 系统,包括一个三元泵和一个 UV 检测器,由 HW 色谱数据工作站进行数据收集,色谱柱为 150mm×4.6mm,5μm,等度洗脱所用流动相包括乙腈(55%)和 1mol/L 醋酸钠(45%),流速为 1mL/min;乙腈,甲醇,双蒸水,HPLC 级;吲哚美辛(IND)和维生素 A 棕榈酸酯(VA)对照品;维生素 C 棕榈酸酯,所有试剂均为分析级。四种中空纤维膜,即聚砜(PS),聚丙烯(PP),聚偏氟乙烯(PVDF)和聚丙烯腈(PAN),纤维壁厚度为 200μm,内径为 1000μm,截止相对分子质量为 10 000。

操作步骤:① 采用 SEC 制备样品。葡聚糖凝胶 G-50M(Sigma,USA)溶液(10%,W/V)在双蒸水中制备,静置 24h 进行溶胀。为了制备分子排阻色谱柱(1.5×25cm),将膨胀的葡聚糖凝胶缓慢加入。小心避免将空气包封在柱子中。除去过量的水。然后,将

0.5mL 脂质体装载到柱子上,柱子使用双蒸水冲洗。游离药物被保留在柱上,而脂质体通过该柱,并被从洗脱液中收集。再用足够量的甲醇使 2mL 洗脱下的脂质体破裂,使用 HPLC 分析脂质体分散液中的药物含量。另取 0.5mL 脂质体用水稀释至 20mL。接着,用甲醇使 2mL 稀溶液破裂,并定量计算脂质体分散液中药物的总重量。②采用 HF-CF-UF 制备样品。将脂质体放置在由玻璃管和中空纤维构成的 HF-CF-UF 装置上。一个 U 形中空纤维(15cm)被插入到细长玻璃管中,纤维的两端均高于液面。玻璃管的长度为 8cm,内径为 2.5mm。在 2.80×10^3 g 下离心 15min 后,使用注射器将来自中空纤维的滤液移去,将 $20\mu L$ 滤液注入 HPLC 分析。

方法评价:浓度范围为 $7.9 \sim 235\mu g/mL$ 的吲哚美辛(消炎痛)和 $0.258 \sim 8.24\mu g/mL$ 维生素 A 的线性范围良好。日内和日间精密度(RSD)分别为吲哚美辛小于 1.2% 和维生素 A 小于 1.8%。游离药物和总药物的回收率均大于 96.0%,RSD($n=5$)小于 1.3%。改进的方法比报道的方法有更高回收率和更小样品体积,而且更方便,也不会破坏或干扰脂质体,用于评估脂质体形成的包封率时十分准确和灵敏,不需要复杂的前处理。

实例 15-40　基于碳量子点荧光分光光度法检测叶酸[45]

方法提要:在 pH7.30 磷酸盐缓冲介质中,通过静电作用,叶酸能猝灭碳量子点在 384nm 处的荧光。其猝灭的荧光信号强度与叶酸浓度呈一定线性关系,据此建立了检测人血中叶酸的荧光分光光度法。

仪器与试剂:荧光分光光度计;紫外-可见光分光光度计;水热反应釜;电热恒温鼓风干燥箱;台式微量高速离心机;电位分析仪;叶酸对照品;NaOH,甲醇,十六烷基三甲基溴化铵,叶酸,C_{60},阿拉丁,纯度>99.9%;1% 过氧化氢溶液;试剂均为分析纯;超纯水。

操作步骤:采用一步水热法合成碳量子点。取 10mg C_{60} 于 25mL 水热反应釜中,加入 0.1g CTAB,0.1g NaOH,$100\mu L$ 的 1% 过氧化氢溶液和 5.9mL 水。于 150℃反应 1h,待反应釜自然冷却后,得到棕黄色溶液,12 000r/min 离心 10min 后,取上清液转移到 4mL 微量离心管内。空腹采取人的静脉血 12 000r/min 离心 20min。取上清液 1mL,加入 $500\mu L$ 叶酸(2.0×10^{-4} mol/L),再加入 2mL 甲醇,涡旋 30s,5000r/min 离心 10min,去除蛋白质。取其上清液定容至 20mL,用于模拟血清中 FA 含量的测定。

方法评价:测定的线性范围为 $0.025 \sim 2.0\mu mol/L$,γ 为 0.9947,检出限为 2.5nmol/L,加标回收率为 97.3% $\sim$ 101.6%,RSD $\leqslant$ 4.9%,表征了体系的荧光光谱,吸收光谱及荧光寿命,探讨了体系的反应机理,优化了实验条件。本方法用于模拟血清中叶酸含量的检测,简单、快速、灵敏度高。

15.5.2　药物制剂

实例 15-41　HPLC 法测定风湿定胶囊中欧前胡素和异欧前胡素的含量[46]

方法提要:将风湿定胶囊经超声处理后,用 HPLC 法测定其中欧前胡素和异欧前胡素的含量。

仪器与试剂:HPLC 色谱系统,色谱柱($4.6mm \times 150mm$,$5\mu m$),色谱工作站 UV-vis 检测器;超声波处理器;电子分析天平,0.1、0.01mg;欧前胡素,异欧前胡素对照品;风湿定胶囊,批号 20111101,20120511,20120525,20120630;甲醇,色谱纯;P_2O_5;重蒸馏水。

操作步骤:液相色谱流动相:甲醇:水(62:38),流速 1.0mL/min,柱温 25℃,进样量

20μL，检测波长 254nm。分别精密称取欧前胡素对照品 5.32mg，异欧前胡素对照品 5.48mg（均置 P_2O_5 减压干燥 14h），置 100mL 量瓶中，用 75％甲醇溶解并稀释至刻度，摇匀，得对照品储备液。取本品装量差异项下的内容物约 1.5g，精密称定，置 25mL 具塞锥形瓶中，精密加入 25mL 75％甲醇，密塞，称定质量，置超声仪中超声 30min，放冷至室温，再称定质量，用 75％甲醇补足减失的质量，摇匀，过滤，取续滤液，用 0.45μm 滤膜过滤，即得样品溶液。

方法评价：欧前胡素线性范围为 1.064～31.92mg/L，r 为 0.9997，平均加样回收率为（$n=9$）100.2％，RSD 1.47％；异欧前胡素线性范围为 1.090～32.70mg/L，r 为 0.9993，平均加样回收率（$n=9$）为 100.0％，RSD1.64％。该方法操作简便、准确、稳定、灵敏度高，适用于风湿定胶囊中欧前胡素和异欧前胡素的质量控制。

实例 15-42　ICP-AES 法间接测定氢溴酸山莨菪碱注射液[47]

方法提要：在 NaAc-HAc 缓冲溶液（pH5.1～5.3）中，四苯硼钠过量时，可完全将氢溴酸山莨菪碱沉淀，再用 ICP-AES 法测定滤液中剩余的四苯硼钠含量，计算出氢溴酸山莨菪碱。

仪器与试剂：全谱直读等离子发射光谱仪。四苯硼钠标准溶液；氢溴酸山莨菪碱对照品；氢溴酸山莨菪碱注射液，批号：20010401；NaAc-HAc 缓冲溶液（pH5.1～5.3）；纯水。

操作步骤：

精密量取 0.010mol/L 四苯硼钠标准溶液 10mL，置 100mL 量瓶中，加入 10mL 2mol/L NaAc-HAc 缓冲溶液，精密加入氢溴酸山莨菪碱注射液 2mL（约含氢溴酸山莨菪碱 5×10^{-5} mol），不断振荡下缓慢加水，并定容，摇匀，放置 5min。干过滤，精密吸取滤液 10mL，置 100mL 量瓶中，以水定容，作为样品溶液。同法配制不含氢溴酸山莨菪碱的空白溶液。

方法评价：方法回收率为 96％～103％，RSD 小于 2.0％。本法虽在条件的选择方面比较繁琐，但一旦条件确定，测定样品重复性较好，特别是对于同一产品不同批次的测定，方便快捷。

注意事项：pH 为 4.4 时，由于酸性过强，四苯硼钠容易分解使得测定结果偏低；pH 为 6.4 时，测定结果又稍偏高。本方法采用在 pH5.1～5.3 的 NaAc-HAc 缓冲溶液中进行沉淀，所得沉淀凝聚，易过滤，测定结果准确。沉淀剂四苯硼钠的用量与沉淀反应的完全程度有关，四苯硼钠过量 50％以上均可获得满意结果。由于注射液中含量低，为了使沉淀完全又便于后续测定，宜采用过量 100％左右，以确保测定结果准确。

实例 15-43　溶剂萃取-光电比色法测定药物制剂中的微量氟西汀（FC）[48]

方法提要：采用有机溶剂二氯甲烷萃取，分光光度法测定药物制剂中氟西汀的含量。

仪器与试剂：UV-VIS 分光光度仪；数字 pH 计。氟西汀的 100μg/mL 的储备液；工作溶液用水适当稀释原液制得；二氯甲烷；缓冲液（pH3）；蒸馏水。

操作步骤：将含氟西汀 2.0～90.0μg 的样品溶液的等分试样置于 10mL 容量瓶中。加入 2.5mL 的储备溶液（1.0×10^{-4} mol/L）和 2.0mL 的缓冲液，并且用蒸馏水将溶液稀释至刻度。将该溶液转移到 50mL 分液漏斗并加入 4mL 二氯甲烷。将该溶液剧烈振荡 1min。使各相分离，将有机相分离，并且在 482nm 与空白试剂对照测量吸光度。

方法评价：在 0.2～9.0μg/mL 的浓度范围内得到了氟西汀的线性校准曲线图，回归方程为 $A_{FL}=0.128C_{FL}+0.0322$（其中，$A_{FL}$ 是与空白溶液对照的样品的吸光度，C_{FL} 是 FL 的浓度,单位为 $\mu g/mL$),r 为 0.9995。测定 $5.0\mu g/mL$ 和 $1.4\mu g/mL$ 的 FL 的 RSD($n=10$)分别为 0.022% 和 0.038%,检测限(LOD)为 $0.17\mu g/mL$。该方法成功应用到在药物制剂中氟西汀的含量测定。

15.5.3 中药材

实例 15-44 高效液相色谱法同时测定北柴胡中五种柴胡皂苷的含量[49]

方法提要:对柴胡样品超声提取后,采用高效液相色谱-紫外检测法(HPLC-UV)同时测定其中柴胡皂苷 a、b2、c、d、f 的含量。

仪器与试剂:HPLC 仪,Hypersil ODS C_{18}($5\mu m$,$4.6mm\times250mm$),色谱泵,自动进样器紫外检测器,色谱工作站;超声提取器。柴胡皂苷 a、b2、c、d、f 对照品,不同产地北柴胡原药材购自药材市场,经鉴定为北柴胡;乙腈,甲醇,色谱纯;水为超纯水;其余试剂均为分析纯。

操作步骤:以乙腈为流动相 A,水为流动相 B。梯度洗脱条件:0min,33%A;20min,40%A;40min,53%A;45min,33%A。流速:1mL/min;柱温:室温。检测波长为 210nm。取柴胡粉末(过 45 目筛)0.5g,精密称定,加 50% 甲醇 20mL 超声提取 60min,静置 5min 后过滤。药渣继续用 50% 甲醇 10mL 超声提取 60min,静置 5min 后过滤,药渣用 50% 甲醇 10mL 洗涤 3 次,静置后过滤,合并滤液,置于 60℃ 恒温水浴中挥干,残渣用适量甲醇溶解,置于 10mL 量瓶中,定容至刻度,摇匀,临用前以 $0.45\mu m$ 微孔滤膜滤过即可。

方法评价:柴胡皂苷 a、b2、c、d、f 分别在 0.020~10.1、0.013~6.56、0.016~8.08、0.020~10.24、0.017~$8.28\mu g$ 范围内,线性关系良好(r 分别为 0.9970、0.9990、0.9991、0.9978、0.9998),平均回收率分别为 99.8%、98.9%、100.2%、98.6%、99.3%。该方法简便又快捷,可用于柴胡药材的质量检测。

实例 15-45 HPLC 法测定白花蛇舌草中异高山黄芩素的含量[50]

方法提要:将白花蛇舌水浴回流提取,再用 HPLC 法测定其中新活性成分异高山黄芩素含量,并对不同产地药材进行了测定,为白花蛇舌草的质量控制方法的完善和提升提供科学依据。

仪器与试剂:HPLC 仪,Kromasil C_{18} $150mm\times4.6mm$,$5\mu m$,SPD-10A 检测器;异高山黄芩素对照品,自制,经鉴定化合物为 5,7,8,4-四羟基黄酮,纯度 99% 以上;水浴锅;白花蛇舌草为茜草科植物白花蛇舌草 *Hedyotis diffusa Willd* 的干燥全草。乙腈,磷酸,甲醇,色谱纯;纯净水;其他试药均为分析纯。

操作步骤:以乙腈-0.1%磷酸(45:55)为流动相,流速 1mL/min,进样量 $10\mu L$,检测波长 280nm,柱温 30℃。取本品研碎,取约 0.5g,精密称定,置圆底烧瓶中,精密加入甲醇 25mL,称定,水浴回流提取 30min,放冷,再称定,用甲醇补足减失的重量,摇匀,过滤,取续滤液,以微孔滤膜($0.22\mu m$)过滤,即得。

方法评价:异高山黄芩素在 13.2~$145.2\mu g/mL$ 范围内线性关系良好,r 为 0.9999,平均加样回收率为 99.77%,RSD 为 0.69%,该方法简便,准确,可靠,可用于白花蛇舌草中异高山黄芩素的含量测定。

实例 15-46 UPLC-MS 法测定茶叶中敌草快和百草枯残留[51]

方法提要:将茶叶样品经固相萃取后,用超高效液相色谱-电喷雾串联质谱法同时测定其中敌草快和百草枯的农药残留。

仪器与试剂：UPLC-MS 联用仪，Waters Acquity UPLC 柱，2.1mm×50mm，1.7μm，配有电喷雾电离（ESI）源；涡旋振荡器；高速离心机；SPE 净化仪。甲酸，甲醇，乙腈，色谱纯；乙酸铵，优级纯；氨水，25%～28%（体积浓度）；超纯水；固相萃取柱（60mg，3mL），用前分别以 5mL 水和 5mL 甲醇活化；敌草快（CAS）、百草枯（CAS）标准品，分别配制成 100μg/mL 标准储备液，于 4℃保存，使用时以 V（乙腈）：V（甲醇）：V（乙酸铵）＝65：25：10 缓冲液（2.5mol/L）稀释成适当浓度的标准工作溶液，现用现配。

操作步骤：柱温 35℃；进样量 5μL；流动相 A 为 5mmol/L 乙酸铵缓冲液-体积分数 0.2%甲酸，流动相 B 为乙腈；梯度洗脱，起始比例 A 为 10%，并维持至 1min，1～2min，A 由 10%升至 50%，并维持至 3.5min，4min 后恢复至起始比例平衡系统至 6min；流速 0.30mL/min。电离方式：电喷雾电离源；扫描方式：多反应监测（MRM），正离子模式；电离电压：3.0kV；锥孔电压：30V；离子源温度 110℃；脱溶剂气温度：350℃；锥孔反吹气流速：45L/h；脱溶剂气流速：800L/h。

称取 5.00g 样品，加入 3mL 水浸润 5min 后，再加入 25mL 乙腈-2%甲酸溶液，涡旋提取 5min，28 000r/min 离心 5min，取出上清液，再加入 25mL 乙腈-2%甲酸溶液重复提取一次，离心后合并上清液，定容至 50mL，取 10mL 过 Oasis 强阳离子固相萃取柱，分别以 5mL 甲酸溶液（2：98）、水、甲醇、氨水-甲醇溶液（5：95）淋洗，5mL 氨水-甲醇-乙酸铵缓冲液（2.5mol/L）（2.5：95：2.5）洗脱并收集，45℃氮吹至近干后，以乙腈-甲醇-乙酸铵缓冲液（2.5mol/L）（65：25：10）定容至 10.00mL，混匀后过 0.22μm 有机滤膜，待测。

方法评价：茶叶中敌草快和百草枯的检出限分别为 5.0μg/kg 和 1.5μg/kg，平均回收率为 80.3%～94.8%，RSD 为 4.0%～10%。方法选择性好，抗干扰能力强，无须采用基质匹配校准曲线定量。

实例 15-47 原子荧光光谱法测定新疆薰衣草中的铅、砷和汞[52]

方法提要：薰衣草样品经微波消解后，采用原子荧光光谱法对新疆不同产地薰衣草样品中的铅、砷和汞元素含量进行测定。

仪器与试剂：AFS 仪；微波消解仪。Pb、As 和 Hg 三种元素标准储备溶液浓度均为 1.000μg/mL；硝酸，优级纯；过氧化氢，硫脲，抗坏血酸，铁氰化钾，草酸，硼氢化钾，氢氧化钾，分析纯；GBW 08513 茶树叶，中国科学院生态环境研究中心制；自制超纯水，蒸馏水；实验所用样本为 2012 年 7 月和 8 月间采摘的新疆伊犁盛花期薰衣草花絮，依次用蒸馏水、超纯水洗净、晾干备用。共采集法国蓝（French Blue）、C-197（2）和 H-701 三个品种共计 26 个薰衣草样品，并经鉴定。

操作步骤：将薰衣草花序粉碎后，在 60℃烘干备用。称取薰衣草花序试样 0.5000g 于聚四氟乙烯密封消解罐中，加入浓硝酸 5mL，30%过氧化氢 2mL，将消解罐放入微波消解仪中，微波加热，功率为 1600W。温度为程序升温：5min 升温至 120℃，保持 1min；5min 升温至 160℃，保持 4min；4min 升温至 185℃，保持 10min。消解结束后，样品溶液用超纯水稀释至 25mL，然后分别移取 5mL 溶液（测 As、Pb 的溶液需要蒸干）按照表 15-1 中所示样品空白浓度配制待测溶液，定容至 10mL，按仪器工作条件进行测定，同时做空白试验。GBW 08513 茶树叶按照同样程序处理。

方法评价：测定薰衣草中的铅、砷和汞元素的线性范围分别在 0.1～20μg/L、0.5～50μg/L 和 0.1～10μg/L 之间，检出限分别为 0.05、0.03 和 0.05μg/L，RSD（n＝6）≤

3.03%，各元素的加标回收率在97.0%～103.0%之间，该方法快速、简便、数据准确可靠。

实例 15-48　中药柿霜中糖组分的气相色谱法分析[53]

方法提要：采用糖腈衍生化的GC方法测定山东曹州和湖北团风两个不同产地的中药柿霜的糖组分。

仪器与试剂：GC仪，毛细管色谱柱，内径0.2mm，柱长30m，液膜厚度0.25μm；离心机；水浴振荡装置。中药柿霜样品：中药店采购；氯仿，盐酸羟胺，吡啶，乙酸酐，三氟乙酸，正丁醇，分析纯；单糖标准品：葡萄糖、核糖、阿拉伯糖、半乳糖、甘露糖、鼠李糖、岩藻糖，生化试剂；纯水。

操作步骤：色谱条件为Rtx-1701。进样口温度240℃；载气为高纯氮气，流速30mL/min；氢气流速40mL/min，空气流速400mL/min。进样量1μL，分流比为1/20，总流量17.1mL/min，柱流量0.67mL/min。氢火焰离子化检测器温度260℃。柱温采用程序升温，先升温至180℃，然后以2℃/min的速度升至220℃，保持10min。

分别精密称取曹州和团风样品1g，充分溶解，定容至100mL。将配好的样品分别加入25mL Sevag试剂（氯仿：正丁醇＝4：1），剧烈振荡30min后，静置30min，离心除去沉淀（杂质和蛋白）之后，真空干燥，即得柿霜的多糖样品。分别准确称取7种标准单糖-葡萄糖、核糖、阿拉伯糖、半乳糖、甘露糖、鼠李糖和岩藻糖各10mg，置于10mL具塞刻度试管中，加入10mg盐酸羟胺，1.0mL吡啶，于90℃水浴振荡反应15min，冷却至室温。再加入1.0mL乙酸酐，90℃水浴继续反应30min，生成糖腈乙酸酯衍生物。冷却后，分别加入1mL氯仿萃取3次，取氯仿层进行分析。

方法评价：葡萄糖、核糖、阿拉伯糖、鼠李糖和岩藻糖的RSD分别为1.27%、1.54%、0.90%、1.38%、1.09%，均小于2.0%，可见该处理和检测方法精密度较高。中药柿霜中糖组分主要以葡萄糖为主，但含量有一定的差异，曹州和团风两种柿霜分别含27.65%和23.67%的葡萄糖，核糖含量也比较接近。不同产地的中药柿霜中其他的单糖组成也存在着较大的差异，其中曹州样品含有核糖、阿拉伯糖及少量的鼠李糖，团风样品含有核糖及少量的岩藻糖。

实例 15-49　紫外光度法测定沉香中2-(2-苯乙基)色酮类化合物总含量[54]

方法提要：沉香药材样品经索氏提取后，用紫外分光光度法测定其中的2-(2-苯乙基)色酮类化合物总含量，并将其应用于沉香药材的品质评价。

仪器与试剂：紫外分光光度计；索氏提取器；水浴锅；旋转蒸发仪。生沉香药材经鉴定为瑞香科植物白木香含有树脂的木材；6,7-二甲氧基-2-(2-苯乙基)色酮（含量＞99%），自制；甲醇，石油醚（30～60℃）、乙醚，分析纯；纯水。

操作步骤：精密称取6,7-二甲氧基-2-(2-苯乙基)色酮1.5240mg，用甲醇溶解，定容至100mL，即得2-(2-苯乙基)色酮类化合物对照品溶液。沉香药材粉碎过4号筛，取沉香粉末20mg，精密称定，置索氏提取器中。加入70mL石油醚，置于65℃水浴中，回流提取3h除去色素；再加入100mL乙醚于50℃水浴中回流提取6h。回收溶剂，浓缩物用甲醇溶解，并定容至10mL，即得供试品溶液。

方法评价：2-(2-苯乙基)色酮类化合物对照品溶液和沉香药材2-(2-苯乙基)色酮提取液在230nm波长下均有较强吸收，方法的重复性好，在5h内稳定性良好，加样回收率为101.24%，RSD为2.25%，具有操作简便、快速、准确度高、用样少的特点，可用于沉香药材中 2-(2-苯乙基)色酮类化合物总含量的快速测定，以及对不同沉香药材进行品质评价。

实例 15-50 库仑电化学法测定葛根中葛根素的测定研究[55]

方法提要：采用 HPLC-库仑阵列检测器研究葛根素的电化学行为及含量测定方法。

仪器与试剂：HPLC-库仑电化学检测器，色谱柱 Agilent HC-C$_{18}$，（150mm×4.6mm，5μm）。葛根素对照品；磷酸二氢钠，分析纯；甲醇，色谱纯；其他试剂均为分析纯。

操作步骤：流动相：有机相（甲醇加 5% 的水相）-水相（0.03mol/L NaH$_2$PO$_4$ 用 NaOH 和 H$_3$PO$_4$ 调 pH 至 4.32）（28∶72）；流速：1mL/min；自动进样器进样，进样量：15μL，柱温：室温。

取葛根粉末（过三号筛）0.1g，精密称定，置锥形瓶中。加入 30% 乙醇 50mL，称定重量，加热回流 0.5h，放冷，再称定重量，用 30% 乙醇补足减失的重量，摇匀，滤过，续滤液作为药材供试品溶液。

方法评价：在 pH4.32 磷酸盐缓冲液中，葛根素在 0.16～162ng 内与峰面积呈良好线性关系，r 为 0.9998，平均回收率为 96.88%，RSD 为 1.75%。此法操作简便，准确，灵敏度高，可用于葛根素的含量测定以及生物样品的测定。

实例 15-51 高效液相色谱-蒸发光散射检测器测定中华常春藤中常春藤苷 C 和 α-长春藤皂苷[56]

方法提要：为提高常春藤皂苷检测的灵敏度，以中华常春藤为试验材料，采用 HPLC-ELSD（梯度洗脱）对中华常春藤中常春藤苷 C 和 α-长春藤皂苷的分析方法进行了研究。

仪器与试剂：HPLC 仪，蒸发光散射检测器；超声提取器。常春藤原料与常春藤提取物；常春藤苷 C 对照品，α-常春藤皂苷对照品；甲醇，乙腈，色谱纯；食用酒精；纯水。

操作步骤：色谱条件：采用色谱柱 Welchrom C$_{18}$（250mm×4.6mm，5μm）；流动相为水和乙腈溶液，梯度洗脱程序：0～5min，B 泵乙腈维持 20%，5～10min，B 泵的浓度从 20% 升至 40%，B 泵浓度维持 5min 后于 3min 内降至 20%；流速 1.0mL/min；进样量 10mL；柱温 30℃。ELSD 检测器参数：漂移管温度为 106℃；氮气的流速为 2.8L/min，撞击器关闭，增益为 1（Gain＝1）。准确称取已粉碎的常春藤原料 2.0g，加入 95% 的乙醇 200mL，超声 1h，过滤，冷却定容至 250mL，0.45μm 微孔滤膜过滤，作为常春藤原料供试品溶液待用。准确称取 50mg 常春藤提取物粉末，加入甲醇超声溶解定容至 25mL，0.45μm 微孔滤膜过滤，作为常春藤提取物供试品溶液待用。

方法评价：常春藤苷 C 的线性范围 0.1919～2.3985μg，r 为 0.9999，RSD 为 0.73%，加样回收率在 97.98%～102.92%；α-常春藤皂苷的线性范围 0.1561～4.6844μg，r 为 0.9994，RSD 为 1.77%，加样回收率在 96.89%～98.81%。该方法灵敏度高，具有良好的稳定性和准确度。

实例 15-52 HPLC-MS/MS 法研究吡唑醚菌酯在人参根茎叶和土壤中残留量[57]

方法提要：样品经丙酮提取，N-丙基乙二胺（PSA）固相萃取柱净化后，用 HPLC-MS/MS 法检测。

仪器与试剂：串联三重四极杆质谱仪；高效液相色谱仪；Kromasil Eternity-5-C$_{18}$ 色谱柱；PSA 固相萃取柱（500mg/6mL）；离心机；组织捣碎机；甲苯，丙酮，乙腈，优级纯；甲酸，分析纯；一级水；250g/L 吡唑醚菌酯乳油；吡唑醚菌酯标准品，国家标准物质信息中心，纯度为 99.5%；供试作物：四年生人参 Panax ginseng C. A. Meyer，品种为大马牙；试验地点：吉林省抚松县兴参镇榆树村和集安市大地参业人参种植基地。

操作步骤：干人参根样品的制备：称取−20℃冷冻保存的鲜人参根、茎、叶样品100g，依次用组织捣碎机将样品粉碎，将粉碎后的鲜人参根样品平铺，置于50℃条件下2h将样品烘干，备用。提取：取5g人参根、茎、叶、土壤及干人参根样品于50mL离心管中，加入丙酮20mL，涡旋混匀1min后8000r/min离心5min，取上清液，再向离心管中加入20mL丙酮，重复提取1次，合并上清液于35℃下旋转蒸发至近干，加入V(乙腈)：V(甲苯)＝3∶1的溶液5mL溶解，待净化。净化：10mL V(乙腈)：V(甲苯)＝3∶1溶液预淋洗PSA固相萃取柱，弃流出液；将5mL溶解液倒入PSA固相萃取柱中，用20mL V(乙腈)：V(甲苯)＝3∶1的溶液进行洗脱；收集全部洗脱液于鸡心瓶中，于35℃水浴中旋转浓缩至近干；用乙腈溶解，并定容至1mL，经0.22μm滤膜过滤后供LC-MS/MS测定。

方法评价：施药剂量为666.67g/hm²(以有效成分计)时，吡唑醚菌酯在人参根、茎、叶和土壤中的降解半衰期为6.35～8.75d。施药剂量为333.33～666.67g/hm²时，施药后60d吡唑醚菌酯在人参根、茎、叶和土壤中的最终残留量低于0.0206mg/kg，建议施用250g/L吡唑醚菌酯乳油时，施药剂量不高于666.67g/hm²，施药1次，安全间隔期为35d。

实例15-53　植物材料中HPLC分析阿苯达唑的前处理方法[58]

方法提要：阿苯达唑(ALB)属于苯并咪唑类抗寄生虫药，其广泛应用导致其残存在水和土壤环境中。前处理方法包括抽样、冷冻干燥和(二甲亚砜)提取。

仪器与试剂：HPLC仪；离心机；白温莎蚕豆(主要蚕豆属)；阿苯达唑，纯度大于99%；生产的"生物腐殖土"矿物质有机肥用于水培和农业用地中的植物育种，具有下列参数的土壤用于无土栽培：水溶液pH4.7，氯化钾溶液pH4.4，有机碳含量1.1%，无机碳0%，水溶液电导率5.5mS/cm，氯化钾中为106mS/cm，保水能力0.48cm³/g，在实验过程中土壤湿度维持在30%左右的水平。植物栽培，种子发芽后14d进行试验。

操作步骤：生物材料单相提取用二甲亚砜(DMSO)进行。在0.2g根、0.5g冻干的地上植物部分和10cm³ DMSO中，加入15cm³试管中并摇动90min。固体部分离心分离，进一步通过0.2μm孔隙的玻璃纤维过滤器过滤。采集的干生物质通过冻干工艺制成。鉴于温度会影响测试物质的分解，在105℃的温度可以不干燥使用。然后在瓷研钵中进行生物材料的均匀化。从固相(生物材料)到液相(有机溶剂)提取的目的是背景的采集必须不能与药物保留时间冲突。

阿苯达唑是一种难溶甚至非常难溶于各种溶剂中的物质。DMSO是与所讨论的药物具有高亲和性的溶剂。DMSO也能溶解多种其他化合物。第一次提取用丙酮，用于从植物材料中提取叶绿素。当样品露天干燥之后(由于强烈的信号丙酮使分析不可能)，使用DMSO的进行第二次提取。纯化提取液后，进行气相色谱分析。

方法评价：药物浓度$1.7×10^{-5}$mol/L(在水培中)和$1.7×10^{-5}～1.7×10^{-4}$mol/kg干燥空气的土壤(土壤中)观察进行了14d。在这一时间后生物材料进行冷冻干燥，均化后，进行DMSO的提取。根中的阿苯达唑回收率为93%，而枝条为86%。清洗后，样品通过HPLC系统进一步分析。结果表明，无论是在土壤还是在水中培养，药物在根有更多的蓄积，而不是在植物的胚轴部分。

实例15-54　微生物酶前处理对生物释放和红参提取物抗氧化活性的影响[59]

方法提要：为了提高红参提取物的质量，对粗微生物酶前处理对生物化合物的释放和提取物的抗氧化活性的影响进行了研究。样品经粉碎、研磨、水解、离心、过滤、萃取、冷冻干燥,将得到的残余物以 mg/mL 计算红参提取物中可溶性固体含量。

仪器与试剂：粉碎机；离心机；水浴锅；振荡培养箱。六年的红参购自韩国首尔。对照品人参皂苷 Rg_1、Re、Rb_1、Rc、Rb_2、Rb_3 和 Rd 购自 Chroma Dex(尔湾,加利福尼亚,美国),而皂贰 Rg_3 购自 VitroSys 公司(瀛洲,韩国)。DPPH,ABTS；抗坏血酸,Trolox,丁基化羟基甲苯(BHT),亚铁氰化钾,氯化铁(III),化学品均为分析纯或色谱纯；蒸馏水。

操作步骤：红参根使用粉碎机研磨并用 50 目筛过筛初步处理。获得用于酶水解的粒径小于 50 目的红参样品粉末。红参粉(0.5g)在富含微生物的含有不同浓度的 α-淀粉酶上清液(pH5.5)中的 20mL 水溶液中悬浮,而未添加粗酶的悬浮液用作未处理样品。酶促反应在 45℃ 的振荡培养箱中进行 4h。水解后,在水浴中进行热提取。提取 8h 后,混合物在 Union 32R 离心机中离心 30min,过滤,且用蒸馏水补至 20mL,然后在分析前,将其存储在 4℃ 下,不超过 3d。过滤的红参含水萃取物冷冻干燥,将得到的残余物的以 mg/mL 计算红参提取物中可溶性固体含量,然后在抗氧化活性测量前以适当的浓度溶解在蒸馏水中。

方法评价：使用和没有用粗微生物酶红参提取物前处理的人参总皂苷含量分别为 199μg/mL 和 186μg/mL。人参皂贰的糖苷配基部分的原人参二醇型显示显著增加(约 10%),而原人参三醇型人参皂贰中几乎不发生变化。人参是热不稳定的,因为它们可能在高于 70℃ 的热提取过程中降解,且原人参三醇型人参皂贰比原人参二醇型更容易。可溶性固体、还原糖、多酚化合物和酶前处理组的回收率分别提高 17%、51%、10% 和 17%。此外,酶前处理红参提取物与对照相比,表现出明显较高的抗氧化活性和自由基清除能力。

15.5.4　中成药

实例 15-55　微波消解-石墨炉原子吸收法测定安宫牛黄丸中铅镉铜的含量[60]

方法提要：经直接剪碎取样,采用微波消解法对样品进行前处理,以磷酸二氢铵和硝酸镁作为基体改进剂,采用石墨炉原子吸收法测定安宫牛黄丸中铅、镉、铜的含量。

仪器与试剂：原子吸收光谱仪,铅、镉、铜空心阴极灯；微波消解仪；离心机；铅、镉、铜标准储备液,浓度均为 1.000g/L；基体改进剂：2% 磷酸二氢铵溶液、1% 硝酸镁溶液。硝酸,盐酸,磷酸二氢铵,硝酸镁,优级纯；去离子水；收集国内共 21 家不同生产企业生产的共 63 批市售安宫牛黄丸样品,分别标记为 A1～A63。

操作步骤：取样品 2 丸,压扁并混合均匀,剪碎,称取 0.2g,精密称定,放入微波消解罐中,加入硝酸 4mL 和盐酸 1mL,放入微波消解仪中进行消解,取出,放冷,转移至 50mL 聚四氟乙烯材料的量瓶中,用去离子水洗涤罐盖及罐壁数次,并将洗液合并入量瓶中,用去离子水稀释至刻度,混匀,4000r/min 下离心 5min,取上清液,待用。

方法评价：方法线性关系良好,r 为 0.9994,铅、镉、铜的方法检出限分别为 0.024、0.004、0.033mg/kg,RSD 为 2.3%～4.9%,回收率为 92.5%～110.4%,铅、镉、铜结果的范围分别为 0.612～4403.623、0.041～2.388、2.219～23.919mg/kg。该方法具有快速、灵敏、准确等优点,适用于安宫牛黄丸中铅、镉、铜的分析检测,为有效控制安宫牛黄丸中的重金属及有害元素提供了依据。

实例 15-56　高效液相色谱法测定银屑优化颗粒中 5 个化合物的含量[61]

方法提要：银屑优化颗粒经研细、超声处理后,用 HPLC 同时测定颗粒中芍药苷、甘草苷、落新妇苷、迷迭香酸和甘草酸 5 个成分。

仪器与试剂：HPLC 仪，配备四元梯度洗脱泵、在线脱气器、自动进样器、DAD 检测器、柱温箱；超声提取器。芍药苷(批号 110736—200527)，迷迭香酸(批号 111871—201001)，甘草苷品(批号 111610—201005)，落新妇苷(批号 111798—200901)，甘草酸铵(批号 110731—200615)对照品，供含量测定用；甲醇，乙腈，色谱纯；其他试剂均为分析纯；纯水；银屑优化颗粒及缺赤芍、甘草、土茯苓、肿节风的阴性对照样品。

操作步骤：取样品适量，研细，取约 0.5g，精密称定，加 70% 乙醇 50mL，密塞，称定质量，超声处理(功率 250W，频率 50kHz)30min，放冷，再称定质量，用 70% 乙醇补足减失的质量，摇匀，滤过，取续滤液，即得。取缺赤芍、甘草、土茯苓、肿节风等药味的阴性样品 0.5g，同供试品溶液的制备方法制成阴性对照溶液。

方法评价：5 个成分的线性关系良好。芍药苷在 69.12～691.20ng 线性关系良好，平均加样回收率 97.45%，RSD 1.54%；甘草苷在 39.02～390.20ng 线性关系良好，平均加样回收率 97.10%，RSD 1.90%；落新妇苷在 30.03～300.30ng 线性关系良好，平均加样回收率 99.98%，RSD 1.22%；迷迭香酸在 7.82～78.20ng 线性关系良好，平均加样回收率 100.83%，RSD 1.36%；甘草酸在 31.09～310.90ng 线性关系良好，平均加样回收率 97.52%，RSD 1.49%。此方法具有方法简便、快速、准确等特点，可同时测定银屑优化颗粒中 5 种活性成分。

实例 15-57 高效液相色谱-原子荧光光谱法测定牛黄解毒片中的不同形态砷含量[62]

方法提要：采用高效液相色谱-氢化物发生-原子荧光光谱法(HPLC-HG-AFS)测定牛黄解毒片中 As(III)和 As(V)的含量，制定牛黄解毒片中砷的质量控制标准。

仪器与试剂：HPLC 仪，原子荧光光谱检测器，形态分析数据工作站，250mm×4.1mm，10μm 阴离子交换色谱柱。As(III)标准溶液，As(V)标准溶液；磷酸氢二铵，磷酸氢二钠，优级纯；超纯水；所用其他试剂均为分析纯；所有样品和试剂均经 0.45μm 的微孔滤膜过滤；所用的玻璃器皿经 10% HNO$_3$ 浸泡 24h，再用超纯水清洗干净。

操作步骤：精密吸取 As(III)和 As(V)标准溶液适量，至 100mL 容量瓶中，用超纯水稀释至刻度，摇匀，作为对照品溶液。取牛黄解毒片 20 片，研碎，混匀，取 3 份，每份取 1g，精密称定，置具塞锥形瓶中，加去离子水 60mL(用稀 HCl 调节 pH2.0)，超声提取 30min，静置，吸取上清液，用 0.45μm 滤膜过滤即得样品溶液。

方法评价：As(III)在 10～150μg/L 范围内线性良好，r 为 0.9991，日内的 RSD($n=5$) 1.3%，日间的 RSD($n=3$) 3.4%，回收率($n=5$)为 96.3%，检出限为 2.89ng，As(V)在 10～150μg/L 范围内线性良好，r 为 0.9986，日内 RSD($n=5$)2.1%，日间的 RSD($n=3$) 3.8%，回收率($n=5$)为 97.0%，检出限为 6.38ng。5 个不同厂家生产的牛黄解毒片中均含有 As(III)和 As(V)，所有厂家生产的牛黄解毒片中 As(III)的含量均比 As(V)的含量高.

实例 15-58 续断壮骨胶囊中总皂苷和川续断皂苷Ⅵ含量测定[63]

方法提要：采用高氯酸显色，紫外-可见分光光度法测定总皂苷含量，高效液相色谱法测定川续断皂苷Ⅵ含量。

仪器与试剂：高效液相色谱仪，配 LC-10AT 泵；紫外分光光度计；水浴锅；川续断皂苷Ⅵ对照品；续断壮骨胶囊及阴性样品；高氯酸，甲醇，三氟乙酸，分析纯；乙腈，色谱纯；纯化水。

操作步骤：精密称取 105℃干燥至恒重的川续断皂苷Ⅵ对照品 5.1mg,加甲醇制成每 1mL 含 0.51mg 的储备液。精密吸取储备液 0.2,0.4,0.6,0.8 与 1.0mL,分别置 10mL 具塞试管中,于 65℃水浴氮气流吹干甲醇,精密加入高氯酸 5mL,涡旋混合 1min,65℃水浴加热 20min,冰浴冷却,即得标准溶液。取同批样品 10 粒内容物,混匀,取 0.1g,精密称定,置 50mL 量瓶中,加甲醇适量,超声(功率 300W,频率 50kHz)处理 30min,放冷,加甲醇稀释至刻度,摇匀,过滤,精密量取续滤液 3mL,置 10mL 量瓶中,加甲醇稀释至刻度,摇匀,精密量取 0.4mL 置 10mL 具塞试管中,于 65℃水浴氮气流吹干甲醇,精密加入高氯酸 5mL,涡旋混合 1min,65℃水浴加热 20min,冰浴冷却,即得样品溶液。

方法评价：总皂苷平均含量为 86.3%,平均加样回收率为 99.88%,RSD＝1.52%;川续断皂苷Ⅵ在 64～320μg/mL 范围内呈良好线性关系($r＝0.9995$),平均加样回收率为 100.4%,RSD 为 0.77%。建立的方法能快速测定续断壮骨胶囊总皂苷和川续断皂苷Ⅵ的含量,可用于该制剂的质量控制。

实例 15-59 气相色谱法鉴别掺假山茶油定性及定量研究[64]

方法提要：先用正己烷溶解油脂,再用 KOH-CH₃OH 溶液萃取,用 GC 法测定山茶油、棕榈油、菜籽油、大豆油、棉籽油脂肪酸组成及含量,获得其脂肪酸组成和含量的正常值。测定模拟掺入棕榈油、菜籽油、大豆油、棉籽油的山茶油脂肪酸组成和含量。

仪器与试剂：GC 仪。棕榈油、菜籽油、大豆油、棉籽油;脂肪酸甲酯,包括软脂酸(即棕榈酸 C_{16}：0)、硬脂酸(C_{18}：0)、油酸(C_{18}：1)、亚油酸(C_{18}：2)、亚麻酸(C_{18}：3)、花生酸(C_{20}：0)、花生一烯酸(C_{20}：1)、山嵛酸(C_{22}：0)、芥酸(C_{22}：1)的甲酯对照品;其他试剂均为分析纯;纯水。

操作步骤：称取 0.5～1.0g(精确到 0.01g)样品置于 20mL 具塞试管中,加入 10mL 正己烷溶解油脂,再加入 0.5mL 氢氧化钾-甲醇溶液,摇匀,静置 30min 澄清后,上层溶液用于气相色谱测定。

方法评价：测定模拟掺入棕榈油、菜籽油、大豆油、棉籽油的山茶油脂肪酸组成和含量,根据其特征脂肪酸组成和含量变化,对山茶油中掺入棕榈油、菜籽油、大豆油、棉籽油可作定性及定量分析。各植物油脂肪酸组成及含量见表 15-1。

表 15-1 各植物油脂肪酸组成及含量(g/100g)

油 品	山 茶 油	棕 榈 油	菜 籽 油	大 豆 油	棉 籽 油
棕榈酸 C_{16}：0	8.6	39.9	4.3	10.8	23.5
硬脂酸 C_{18}：0	2.0	3.9	1.7	4.8	1.1
油酸 C_{18}：1	80.4	44.0	54.9	24.5	17.8
亚油酸 C_{18}：2	7.7	10.6	17.0	52.1	55.9
亚麻酸 C_{18}：3	0.27	<0.1	6.3	6.1	0.14
花生酸 C_{20}：0	<0.1	0.35	0.59	0.75	<0.1
花生一烯酸 C_{20}：1	0.54	0.16	3.5	<0.1	<0.1
山嵛酸 C_{22}：0	<0.1	<0.1	0.34	<0.1	0.12
芥酸 C_{22}：1	0.16	<0.1	9.9	<0.1	<0.1

实例 15-60 HPLC 法同时测定风湿止痛药酒中 4 个化合物的含量[65]

方法提要：样品用乙酸乙酯提取,水浴蒸干,残渣用含 5%氨水的甲醇溶液溶解并定容作为样品溶液,采用 HPLC 法测定风湿止痛药酒中粉防己碱、防己诺林碱、蛇床子素和二氢欧山芹醇当归酸酯的含量。

仪器与试剂:HPLC 仪,自动进样器,色谱数据工作站,紫外可见检测器;粉防己碱对照品;防己诺林碱对照品;蛇床子素对照品和二氢欧山芹醇当归酸酯对照品;风湿止痛药酒;甲醇,乙腈,色谱纯;二乙胺,氨水,乙酸乙酯,分析纯;纯水。

操作步骤:精密称取粉防己碱对照品和防己诺林碱对照品各适量,加 85% 甲醇制成对照品混合溶液(粉防己碱为 0.1026mg/mL,防己诺林碱为 0.0694mg/mL)。取本品适量,精密量取 2mL 于分液漏斗中,加入 2mL 氨水混匀,用乙酸乙酯每次 10mL 提取 3 次,合并乙酸乙酯提取液,于 65℃ 水浴蒸干,残渣用含 5% 氨水的甲醇溶液溶解并定容至 10mL 作为样品溶液。

方法评价:粉防己碱和防己诺林碱分别在 $0.1026 \sim 2.052\mu g$($r = 0.9991$)和 $0.0694 \sim 1.388\mu g$($r = 0.9995$)时,进样量与峰面积呈良好的线性关系,平均加样回收率分别为 97.30% 和 96.93%,RSD($n = 6$)分别为 1.44% 和 1.35 %;蛇床子素和二氢欧山芹醇当归酸酯分别在 $0.0572 \sim 1.144\mu g$($r = 0.9992$)和 $0.0196 \sim 0.392\mu g$($r = 0.9994$)时,进样量与峰面积呈良好的线性关系,平均加样回收率分别为 98.19% 和 96.60%,RSD($n = 6$)分别为 1.50% 和 1.53%。该方法测定结果准确、灵敏、重复性好。

15.5.5　其他药物样品

实例 15-61　自动固相萃取-液相色谱-串联质谱法同时测定血液中 5 种抗抑郁类药物[66]

方法提要:样品经 HLB 固相萃取柱提取后,采用 LC-MS/MS 进行测定血液中 5 种抗抑郁类药物,外标法定量。

仪器与试剂:LC-MS/MS 仪;自动固相萃取仪;冷冻离心机;固相萃取柱(60mg,3mL)。乙腈、甲醇,色谱纯;其他试剂均为分析纯;去离子水;卡马西平、多塞平、氯氮平、阿米替林和米氮平对照品(纯度大于 98.0%);用甲醇稀释配制成 $1 \sim \mu g/L$ 的标准溶液,现配现用。

操作步骤:取血液 1mL 于 15mL 具塞离心管中,加 2mL 去离子水稀释,用饱和碳酸钠溶液调节至 pH9,涡旋振荡,以 9500r/min 离心 5min,取上清液待过柱;取 HLB 固相萃取柱,依次加 3mL 甲醇、3mL 去离子水活化,上清液过柱,3mL 去离子水清洗,3mL 甲醇洗脱,氮气吹干;用流动相定容至 1mL,过 0.22μm 有机滤膜。

取血液 1mL 于 15mL 具塞离心管中,用饱和碳酸钠溶液调节至 pH9,加入 3mL 乙醚,涡旋振荡,混匀后超声 5min,以 9500r/min 离心 5min,取上清液,复提一次,合并有机相,氮气吹干;用流动相定容至 1mL,过 0.22μm 有机滤膜。

方法评价:采用基质匹配标准溶液校正,5 种目标物在 $1 \sim 500\mu g/L$ 范围内具有良好的线性关系,r 为 0.9975,检出限在 $0.1 \sim 0.6\mu g/L$ 之间;方法回收率为 70.6% $\sim$ 93.8%,RSD 在 3.9% $\sim$ 9.2% 之间。此方法可用于血液中 5 种抗抑郁类药物的法庭与临床毒物分析。

实例 15-62　使用原位聚合制备盐酸克伦特罗的整体印迹固定相及其在生物样品前处理中的应用[67]

方法提要:克伦特罗分子印迹整体固定相与克伦特罗和其他一些 β_2-肾上腺素能受体

激动剂有特异性识别,其制备采用以甲基丙烯酸作为功能单体的原位聚合技术,乙烯乙二醇二甲基丙烯酸酯作为交联试剂,低极性溶剂甲苯和十二醇作为致孔溶剂。

仪器与试剂：HPLC 系统,由一个泵,UV 检测器组成;盐酸克仑,纯度为 99.0%;硫酸沙丁胺醇,盐酸莱克多巴胺和硫酸特布他林;盐酸氨溴索和盐酸肾上腺素;盐酸麻黄碱和伪麻黄碱盐酸盐;混合致孔溶剂;甲基丙烯酸;4-乙烯基吡啶(4-VPY),2-乙烯基吡啶(2-VPY),三氟甲基丙烯酸(TFMAA);乙二醇二甲基丙烯酸;2,2'-偶氮二异丁腈,外购;乙腈为色谱纯;所有其他试剂均为分析纯;水在使用前新鲜蒸馏三次。

操作步骤：使用原位聚合法制备克仑特罗分子印迹整体固定相。使用 2-VPY,4-VPY,MAA 或 TFMAA 作为官能单体,EDMA 作为交联剂,AIBN 作为引发剂,甲苯和十二烷醇作为混合致孔溶剂。模板,官能单体,EDMA,甲苯,十二烷醇,和 AIBN 分别依次加入到玻璃管中,并充分混合以制备预聚合反应混合物。超声处理 3min 后,涡旋混合 12min,然后用氮气吹扫 5min 后,将混合物引入一个不锈钢柱(100mm×4.6mm,内径)。在进行聚合反应中时,柱温保持在 50℃约 20h。所制备的整体柱先用甲醇-乙酸(80∶20)混合物进行清洗,然后通过 HPLC 泵用水-乙腈(80∶20)进行冲洗。非印迹聚合物(NIPs)用相同的方法进行制备但不加模板。

方法评价：获得的克仑特罗分子印迹整体固定相具有对克仑特罗有较高的选择性并对其他一些易于制作的 β2-肾上腺素能受体激动剂具有适度的选择性。检出限为 10ng/g,加标猪肝样本的克仑特罗回收率为 99.16%～113.06%,RSD 为 4.55%～11.81%。在克仑特罗生物样品前处理中克仑特罗分子印迹整体固定相可能是一个较有前途的固相萃取吸收剂。

参考文献

[1]　戴国梁,居文政,谈恒山.生物样品前处理研究进展[J].中国医院药学杂志,2013,33(6)：484-487.

[2]　刘松青,刘芳.药物色谱分析中生物样品的前处理方法[J].中国医院用药评价与分析,2012,12(10)：871-873.

[3]　翟南南,徐海燕,宋冬梅,等.LC-MS/MS 法测定人血清中亮丙瑞林的浓度[J].中国新药杂志,2011,20(19)：1898-1902.

[4]　阳利龙,祝文兵,何周康.柱前衍生反相高效液相色谱法测定人血清中游离氨基酸[J].儿科药学杂志,2010,16(6)：25-27.

[5]　王敏,许茜,殷雪琰,等.基于聚酰胺 6 纳米纤维膜的固相萃取-高效液相色谱法测定兔血浆中酮康唑对映体[J].分析化学,2010,38(11)：1604-1608.

[6]　黄飞飞,赵云峰,李敬光,等.固相萃取-气相色谱-负化学源质谱法测定人血清中的多溴联苯醚[J].色谱,2011,29(8)：743-749.

[7]　欧阳运富,唐宏兵,吴英,等.顶空固相微萃取气相色谱法快速测定人血中的五氯酚[J].光谱实验室,2011,28(2)：627-630.

[8]　申玉星,全灿,马康,等.液相色谱-同位素稀释质谱法准确测定人血清中葡萄糖含量[J].质谱学报,2011,32(4)：211-215.

[9]　朱晓超.微波消解样品-氢化物发生-原子荧光光谱法测定血液中锑量[J].理化检验-化学分册,2012,48(6)：720-721.

[10]　B. Rezaei, S. Mallakpour and O. Rahmanian. Application of molecularly imprinted polymer for solid phase extraction and preconcentration of hydrochlorothiazide in pharmaceutical and serum sample analysis[J]. Iran. Chem. Soc. ,2010,7(4)：1004-1011.

[11] 杨挺,吴银良,朱勇,等.分子印迹分散固相萃取-液相色谱串联质谱法测定尿液中克仑特罗[J].农学学报,2012,2(11):48-51.

[12] 刘彦,张福成,蒋晔.中空纤维液-液-液微萃取/HPLC分析人尿液中麻黄碱及伪麻黄碱[J].分析测试学报,2012,31(6):725-729.

[13] 蔡岩,杨叶,燕美玲,等.孕妇尿液中五种邻苯二甲酸酯代谢产物的固相萃取-高效液相串联质谱测定法[J].环境与健康杂志,2013,30(1):61-63.

[14] 李冰,郭倩,王玉瑾.固相微萃取膜技术提取水样和尿样中氯氮平[J].中国卫生检验杂志,2012,22(11):2667-2669.

[15] 龙星宇,陈福南,邓茂.高效液相色谱-柱后化学发光法检测人体尿液中的卡托普利[J].分析化学,2012,40(7):1076-1080.

[16] 胡坪,茅冬燕,宁方红.弱阴离子超高交联树脂固相萃取-高效液相色谱-紫外法测定人尿中高香草酸的含量[J].分析化学,2012,40(8):1175-1180.

[17] 李谈,周娜,梁玲琳,等.分散液液微萃取-气相色谱-质谱分析尿样中的氯氮卓[J].福建分析测试,2012,21(5):38-40.

[18] 蒋一,李鸿波,鄂玲玲,等.HPLC测定唾液、龈沟液和血清中甲磺酸帕珠沙星药物浓度[J].南方医科大学学报,2013,33(1):53-56.

[19] 冯仕银,雍小兰,杜晓琳,等.LC-MS/MS法测定人血浆及唾液中伏立康唑浓度[J].中国新药杂志,2012,21(16):1908-1911.

[20] 张利明,王大朋,李建,等.电感耦合等离子体质谱法测定人体唾液中的砷[J].中国卫生检验杂志,2011,21(10):2393-2394.

[21] 张贾宝秀,王丽萍,李珂,等.流动注射化学发光法测定溶菌酶含量[J].中国生化药物杂志,2009,30(4):267-270.

[22] 刘清玲,崔凤灵.硫脲新试剂探针测定唾液中蛋白质含量研究[J].河南师范大学学报(自然科学版),2010,38(1):124-126.

[23] 王燕燕,孟品佳,李燕京.小体积液相萃取-气相色谱-质谱法测定唾液中鸦片类毒品的含量[J].理化检验-化学分册,2011,47(4):442-444.

[24] 赵晖,卓先义,向平,等.GC-MS/MS法测定人头发中的大麻酚类及其代谢物[J].中国司法鉴定,2012,5(64):71-74.

[25] 王仕芳,李在均.离子液体预富集-火焰原子吸收法测定头发中痕量锂[J].江南大学学报报(自然科学版),2010,9(6):695-700.

[26] 董学畅,侯霞,杨光宇.快速分离柱-高效液相色谱法测定头发中的尼古丁和可天宁[J].江南大学学报(自然科学版),2006,28(6):518-520.

[27] 孙明,张正尧.干燥箱溶样火焰原子吸收法测定头发中锌、铁、铜、钙、镁含量[J].预防医学论坛,2007,13(5):443-444.

[28] 钱蕙,曹蕊,曹玉华.毛细管电化学检测法测定光损伤头发中的氨基酸[J].苏州科技学院学报(自然科学版),25(2):40-43.

[29] 关曹慧,许时婴.反相高效液相色谱法测定软骨中的II型胶原蛋白[J].食品工业科技,2010,31(8):348-350.

[30] 吴玉红,张朋,王丹.微波消解ICP/AES标准加入法测定骨中金属毒物[J].中国刑警学院学报,2012,(4):54-56.

[31] 黄玉慧,郭力.氢化物发生原子荧光光谱法测定龙骨中的硒[J].中药与临床,2012,3(2):32-33.

[32] 沈烨虹,李婧炜,张奇志.高效液相色谱-荧光法测定人指甲中伊曲康唑的浓度[J].中国临床药学杂志,2010,19(6):362-365.

[33] 宣宇,傅得锋,孙楠.快速溶剂萃取-凝胶渗透色谱净化-液相色谱-质谱法测定动物肝组织中雷公藤甲素和雷公藤酯甲[J].理化检验-化学分册,2012,48(7):777-780.

[34] 石亮,郭延垒,张有金等. HPLC-ECD 法测定小鼠脑组织内去甲肾上腺素的含量[J]. 中国药师, 2012,15(12)：1682-1685.

[35] 付体鹏,李莉,张峰,等. 高效液相色谱-串联质谱法测定动物肺组织中青霉素 G 和青霉素 V[J]. 安徽农业科学,2013,41(2)：638-639,654.

[36] 亓新华,李超英. 火焰原子吸收光谱法测定实验大鼠心脏等组织中的 Na、K 和 Mg 含量[J]. 光谱实验室,2010,27(6)：2402-2404.

[37] 谢玲,孙江兵,曾平,等. 效应面法优化浊点萃取-HPLC 测定小鼠脑组织中蛇床子素含量[J]. 解放军药学学报,2010,28(3)：205-210.

[38] 杭太俊. 药物分析[M]. 7 版. 北京：人民卫生出版社,2012.

[39] 傅强. 药物分析实验方法学[M]. 北京：人民卫生出版社,2008.

[40] 周晶. 中药提取分离新技术[M]. 北京：科学出版社,2010.

[41] 王振华,孔秋玲,田军,等. 高效液相-库仑阵列电化学法测定对乙酰氨基酚唾药浓度[J]. 药物分析杂志,2010,30(10)：1932-1934.

[42] 游永,师新进,曹颖,等. 高效液相色谱法和气相色谱法分析茵草敌原药[J]. 农药科学与管理,2007, 28(6)：5-8.

[43] Sandra Babić, Dragana Mutavdžić Pavlović, Danijela Ašperger, Martina Periša, Mirta Zrnčić, Alka J. M. Horvat, Marija Kaštelan-Macan. Determination of multi-class pharmaceuticals in wastewater by liquid chromatography-tandem mass spectrometry(LC-MS-MS)[J]. Anal Bioanal Chem,2010,398：1185-1194.

[44] Meng Xu, Cen Li, Yan Liu, Dan Chen, Ye Jiang. Effect of Different Pretreatment Methods on the Measurement of the Entrapment Efficiency of Liposomes and Countermeasures in Free Drug Analysis [J]. Chromatographia,2014,77：223-232.

[45] 邓小燕,李佳渝,谭克俊. 基于碳量子点荧光分光光度法检测叶酸[J]. 分析化学,2014,42(4)：542-546.

[46] 戚继红,岳莉,沈伟. 高效液相色谱法测定风湿定胶囊中欧前胡素和异欧前胡素的含量[J]. 中国实验方剂学杂志,2014(8)：93-95.

[47] 王伟,孙为德. 电感耦合等离子体-原子发射光谱法间接测定氢溴酸山莨菪碱注射液[J]. 中国医药工业杂志,2003,34(4)：183-184.

[48] Parham H, Pourreza N, Shafiekhani H. Solvent Extraction-Spectro-photometric Determination of Trace Amounts of Fluoxetine in Pharmaceutical Formulations[J]. Journal of Analytical Chemistry, 2008,63(7)：626-628.

[49] 张国松,张馨予,封传华,等. 高效液相色谱-紫外检测法同时测定北柴胡中柴胡皂苷 a、b、c、d、f 含量 [J]. 中国中医药信息杂志. 2014,21(5)：74-77.

[50] 曹广尚,杨培民,周鹏. 高效液相色谱法测定白花蛇舌草中异高山黄芩素的含量[J]. 中国医院药学杂志,2014,34(8)：650-652.

[51] 李捷,杨方,卢声宇,等. 超高效液相色谱-电喷雾串联质谱法测定茶叶中敌草快和百草枯残留[J]. 分析试验室,2014,33(5)：537-541.

[52] 史岷山,符继红,高晶. 原子荧光光谱法测定新疆薰衣草中的铅、砷和汞[J]. 分析科学学报,2014,30 (2)：247-250.

[53] 王灏然,钟晓红,陆英,等. 中药柿霜中糖组分的气相色谱法分析[J]. 湖南农业科学 2012,(5)：91-93.

[54] 刘洋洋,杨云,林波,等. 紫外分光光度法测定沉香药材中 2-(2-苯乙基)色酮类化合物总含量[J]. 化学与生物工程,2014,31(3)：71-74.

[55] 王振华,孙琳,魏智强. 库仑电化学法测定葛根中葛根素的方法学研究[J]. 中药新药与临床药理, 2009,20(2)：140-142.

[56] 李银花,李娟,黄建安.高效液相色谱-蒸发光散射检测器测定中华常春藤中常春藤苷 C 和 α-长春藤皂苷[J].中国农学通报 2014,30(13):190-193.

[57] 王燕,王春伟,高洁.高效液相色谱-串联质谱法研究吡唑醚菌酯在人参根、茎、叶和土壤中的残留动态及最终残留量[J].华南农业大学学报,2014,35(3):69-73.

[58] D. Marciocha, J. Kalka, J. Turek-Szytow, J. Surmacz-Górska. A Pretreatment Method for Analysing Albendazole byhPLC in Plant Material. Water Air Soil Pollut,2013,224(1646):1-8.

[59] Wei-Jie Wu,Byung-Yong Ahn. Effect of Crude Microbial Enzyme Pretreatment on the Liberation of Biological Compounds and Antioxidant Activity of Red Ginseng Extract[J]. Food Sci. Biotechnol, 2013,22(3):729-737.

[60] 王枚博,王欣美,李丽敏.微波消解-石墨炉原子吸收光谱法测定安宫牛黄丸中的铅、镉、铜含量[J].中国卫生检验杂志,2014,24(5):679-681.

[61] 李松,王蓓,浦香兰等.HPLC-DAD 法测定银屑优化颗粒中芍药苷、甘草苷、落新妇苷、迷迭香酸和甘草酸[J].现代药物与临床,2014,29(4):373-376.

[62] 张颖花,霍韬光,姜泓.高效液相色谱-氢化物发生-原子荧光光谱法检测牛黄解毒片中的砷[J].化学研究,2012,23(4):60-63.

[63] 章彩霞,金灵华.续断壮骨胶囊中总皂苷和川续断皂苷Ⅵ含量测定[J].中国执业药师,2014,11(2):8-12.

[64] 严晓丽,徐昕.气相色谱法鉴别掺假山茶油定性及定量研究[J].食品工程,2011,(2):47-49.

[65] 高森,张彦文,娄建石,等.高效液相色谱法测定风湿止痛药酒中粉防己碱、防己诺林碱、蛇床子素和二氢欧山芹醇当归酸酯的含量[J].中国医院药学杂志,2014,34(8):657-660.

[66] 郭璟琦,石银涛,王绘军.自动固相萃取-液相色谱-串联质谱法同时测定血液中 5 种抗抑郁类药物[J].分析化学,2014,42(5):701-705.

[67] Yifen Luo,Pinghuang,Qiang Fu. Preparation of monolithic imprinted stationary phase for clenbuterol by in situ polymerization and application in biological samples pretreatment[J]. Chromatographia, 2011,74:693-701.

第16章

化工样品前处理

16.1 样品类型与特点

16.1.1 化工行业特点

我国的化学工业由最初的纯碱、硫酸等少数几个无机产品和从植物中提取茜素制成染料的有机产品,逐步发展为一个多行业、多品种的生产部门,出现了一大批综合利用资源和规模大型化的化工企业。现在,化学工业泛指生产过程中以化学方法占主要地位的过程工业,包括基本化学工业和石油、橡胶、塑料、合成纤维、药剂、染料等。过去,化工生产分为无机化工和有机化工两大类,无机工业主要是三酸(盐酸、硫酸和硝酸)、两碱(氢氧化钠和氢氧化钾)、盐(硅酸盐等)、稀有元素、电化学工业等;有机工业包括塑料、合成纤维、合成橡胶、化肥、农药等。在此基础上,又扩展有有机原料、合成树脂、涂料、医药品、感光材料、洗涤剂、炸药、化学试剂、助剂、催化剂、黏合剂等门类繁多的化学工业。天然气、煤炭、石油是三大基本能源,以它们为原料的化工生产又分为"气头""煤头"和"油头",以此为基础,涌现出众多的下游产品。对于无机化工分析样品前处理,在其他多个章节也有论述,本章主要介绍原油加工及石油制品行业的分析样品前处理,这也是近期发展比较迅速的一个领域。

根据国家统计局《国民经济行业分类与代码》[1]原油加工及石油制品制造行业归属 C 门类、第 25 大类、第 25 中类、第 2511 小类,名称为"原油加工及石油制品制造",定义为"从天然原油、人造原油中提炼液态或气态燃料,以及石油制品的生产"。为了与国际标准相一致,我国参照国际标准化组织 ISO 8681 标准[2],制定了 GB 498—1987 标准体系[3],将石油产品分为 6 大类,各门类标准又根据其特点分为若干组(表 16-1)。

表 16-1 石油产品总分类

GB 498—1987			ISO 8681	
序号	类别	各类别含义	等级	定义
1	F	燃料油	F	fuels
2	S	溶剂和化工原料	S	solvents and raw materials for the chemical industry
3	L	润滑剂	L	lubricants, industrial oil and related products

续表

GB 498—1987			ISO 8681	
序号	类别	各类别含义	等级	定义
4	W	蜡	W	waxes
5	B	沥青	B	bitumen
6	C	焦	C	cokes

石油燃料占石油产品总产量的 90％以上,分为气体燃料、液化气燃料、馏分燃料和残渣燃料,溶剂包括溶剂油、石油芳烃、化工轻油原料、石油酸、润滑剂、蜡、沥青和石油焦等。石油化工系指以石油和天然气为原料,生产石油产品和石油化工产品的加工工业。石油产品又称油品,主要包括各种燃料油(汽油、柴油、煤油)、润滑油、液化石油气、石油焦炭、石蜡、沥青等。石油化工样品的种类繁多、来源复杂,不同样品性质差别很大。既有液态,也有固态和气态;既有有机物,也有无机物。原油、润滑油黏度很大,而石脑油、汽油几乎如同水状,且石油样品易挥发,易燃易爆,而油矿石、催化剂、添加剂等又多为固态,非常稳固。样品来源和种类的多样性,造成了样品前处理和制样方法的多样性,同时也为某些样品的处理带来相当大的困难。

16.1.2 油品分析

石油及其石油产品分析(简称油品分析)是指用统一规定的或公认的标准试验方法,分析检验油品的理化性质、使用性能和化学组成的分析测试方法。它是进行生产装置设计,保证安全生产、提高质量、增加品种、改进质量、完成生产计划的基础和依据,也是储运和使用部门制定合理的储运方案、正确使用油品,充分发挥油品最大效益的依据[4]。

石油和液体石油产品的取样执行《石油液体手工取样法(GB/T 4756—1984(91))》和《液体石油产品采样法(半自动法)(GB/T 0635—1996)》两项标准,前者适用于手工法从固定油罐、铁路罐车、公路罐车、油船和驳船、桶和听,或从正在输送液体的管线采取液态烃、油罐残渣和沉淀物样品。取样时,要求储存容器或输送管线中的油品处于常压范围,且被取样的石油和液体石油产品在从接近环境温度直到 100℃时应为液态;后者适用于从立式油罐中采取液体石油和石油化工产品试样。对于原油和非均匀石油液体用半自动法所取试样的代表性较好。取样的原则是用于试验的试样要具有充分的代表性,油罐内液体在静止状态才能取样,容器内油品均匀时,取上、中、下或上、中、出口三个液面的样品等比例混合;油品不均匀时,要在多于三个的液面取样,制备分析样;管线输送的均相油品的代表性试样是将若干个时间间隔的试样等量合并而成。应使用自动取样装置从管线中泵送的油品中采取试样。在样品取出点到分析点或储存点之间要保证样品性质的完整性,含有挥发性物质的油样应用初始容器直接送到试验室,不能随意转移到其他容器中,如必须转移,则要冷却和倒置样品容器。具有潜在蜡沉淀的液体在均化、转移过程中,要保持一定温度,防止出现沉淀;含有水或沉淀物的不均匀样品,在转移或试验之前,一定要均化处理,常用高剪切机械混合器或外部搅拌器循环的方法均化试样。

石油的主要组成是碳和氢,其中碳的含量为 84％～87％,氢的含量为 12％～14％,碳氢的质量比为 6.1～7.1,其次是硫 0.05％～8％,氮 0.02％～2％,氧 0.05％～2％,此外还有微量组分 Cl、P、As、Si、Co、K、Ca、Ti、Na、Mg、Fe、Cu、Al、Ni、V 等,约占 1%～4%。石油中大部分组成就是烃类有机物:烷烃、环烷烃和芳香烃,这三种烃类物质在石油中分布变化较大,例如石蜡基原油含烷烃较多,环烷基原油含环烷烃较多,混合原油介于两者之间。还有一部分非烃类有机物,即含有有机硫、氮、氧等有机物,它们对石油加工和油品质量有一定影响,大部分需要在加工过程中予以脱除,例如石油中硫的含量一方面会影响油品的质量,另一方面在加工过程中向环境排放的硫及其氧化物会造成环境污染。此外,还夹杂有少量无机物,主要以水,钠、钙、镁的氯化物,硫酸盐和碳酸盐,及泥污、铁锈的形式,分别溶解或悬浮在油中,形成油包水型的乳化液分散于石油之中。其危害主要是增加原油的黏度,增加储运能量的消耗,加速设备的腐蚀和磨损,增加结垢和生焦,影响深度加工催化剂的活性等,因此,原油在运输前和加工前必须进行物理和化学的处理,以便尽可能脱除这些有害无机物。

族组成是根据油中所含各族烃类的百分含量来表示其烃类组成的方法,对于直馏汽油,一般用烷烃(又分直链烷烃和支链烷烃)、环烷烃(又分环戊烷系和环己烷系、单环烷烃、双环烷烃、多环烷烃等)、芳香烃的质量分数来表示其组成,常采用气相色谱法测定;对于二次加工汽油,用烃、环烷烃、烯烃、芳香烃的质量分数来表示其组成,也采用气相色谱法;对于煤油、柴油、润滑油馏分,柱色谱法可分为饱和烃(正构和非正构烷烃)、轻芳烃(单环)、中芳烃(双环)、重芳烃(三环以上);二次加工柴油分饱和烃、烯烃、轻芳烃、中芳烃和重芳烃;质谱法将渣油分为饱和烃、芳烃、胶质和沥青质。

非烃类化合物主要指含硫、氮和氧的化合物,它们在石油组分中分布不均匀,多集中在重质组分和残渣油中。不同的油品采用不同的方法测定其中的硫,对于轻质石油产品,采用燃烧法将其完全燃烧生成 SO_2,再用过量的 Na_2CO_3 水溶液吸收生成的 CO_2,用标定后的 HCl 溶液滴定[5]。对于硫含量大于 0.1% 的深色石油产品,将试样在高温及规定流速空气中燃烧,生成 SO_2 和 SO_3,用 H_2O_2 溶液吸收,同时将 SO_2 氧化成 H_2SO_4,生成的 H_2SO_4 用 NaOH 标准溶液滴定[6]。对于润滑油、重质燃料油则将试样置于氧弹中燃烧,用蒸馏水洗涤,生成的 H_2SO_4 再用 $BaCl_2$ 溶液与之生成 $BaSO_4$ 沉淀,煅烧 $BaSO_4$ 沉淀,用重量法测定[7]。

油品的理化性质指标包括苯胺点(衡量轻质石油产品的溶解性能)、密度、黏度、闪点、燃点、自燃点、残炭、馏程、饱和蒸汽压、浊点、结晶点、冰点、凝点、倾点、冷滤点、烟点、辛烷值、碘值、溴价等,都有规定的方法进行检测,一般采用常规小型分析仪器测定。

在石油化工的生产过程中,从原材料验收、中间生产过程的质量控制到产品出厂检验的各环节,都需要进行分析检验。石油及石油制品中的金属和非金属元素含量也是评价炼油工艺及其产品质量的重要指标之一。其中某些金属是石油加工过程中十分有害的杂质(如As、Ni、V),在催化剂中这些元素含量达到一定水平时,将导致催化剂中毒失活[8]。石油由于受其天然组分的局限,单靠提高加工工艺难以满足要求,通过改进炼油的配方和工艺,加入相应的添加剂来改善油品的使用性能。燃料油和润滑油在催化裂化过程中,重金属绝大部分沉积在催化剂上,使催化剂中毒,严重时会打乱正常的装置操作,威胁到装置的安全。石脑油和轻柴油中的 Na、Fe、Cu、K、Ni 催化剂中毒,有时在高温下形成难熔混合物,使机械设备和石油加工管线腐蚀,碱金属和碱土金属元素可加速酸性催化剂的失活[9]。

在石油及其加工产品分析中,分析的多是有机物中的无机金属元素,且元素含量差别很大。大多数金属元素不能直接溶于石油和石油样品,需要使用金属有机化合物配制样品,这为标样配制和分析结果的准确校正带来不少困难。石油及其加工产品,多为易挥发、易燃和有毒物品,这也会给分析带来许多问题。

催化剂的化学组成包括主催化剂、助催化剂和载体三部分,按用途又可分为催化裂化、加氢精制、催化重整、烯烃聚合、甲苯歧化等多种类型。添加剂在生产过程中作为助剂,用以提高产品收率、加大生产负荷、改善产品性能、减少设备腐蚀。催化剂和添加剂中微量元素分析对于提高其效率及使用寿命具有重大意义。

16.1.3　分析标准

石油产品试验方法标准技术等级分为五类:①国际标准:有共同利益国家间合作与协商制定,被大多数国家承认,是具有先进水平的标准,如国际 ISO 标准;②地区标准:局限在几个国家和地区组成的集团使用,如欧共体标准;③国家标准:各国政府专门机构制定和颁布的标准,如我国国家标准局颁布的以"GB"标示的标准方法、美国的 ANSI、英国的 BS、日本的 JIS、德国的 DIN 等;④行业标准:有关各行业发布的标准,如我国化学工业行业标准 HG、石油化工行业标准 SH、美国材料试验协会标准 ASTM、英国石油学会标准 IP 等;⑤企业标准:企业所制定的标准,作为企业组织生产的依据。

早期测定汽油族组成是采用磺化反应测定芳烃含量,不饱和烃与溴、碘加成反应测定烯烃含量,苯胺点法测定烷烃、环烷烃、芳香烃含量等,目前,这些化学方法已逐渐被近代仪器分析方法所取代。

石油化工部分有关分析方法的国家标准和行业标准分别如表 16-2 和表 16-3 所示。

表 16-2　石油化工分析方法国家标准

标 准 编 号	标 准 名 称
GB/T 3391—2002	工业用乙烯中烃类杂质的测定 气相色谱法
GB/T 3392—1991	工业用丙烯中烃类杂质的测定 气相色谱法
GB/T 3393—1993	工业用乙烯、丙烯中微量氢的测定 气相色谱法
GB/T 3394—1993	工业用乙烯、丙烯中微量一氧化碳、二氧化碳的测定 气相色谱法
GB/T 3395—1993	工业用乙烯中微量乙炔的测定 气相色谱法
GB/T 3396—2002	工业用乙烯、丙烯中微量氧化的测定 电化学法
GB/T 3727—1983	聚合级乙烯、丙烯中微量水的测定 卡尔·费休法
GB/T 6015—1999	工业用丁二烯中微量二聚物的测定 气相色谱法
GB/T 6017—1999	工业用丁二烯纯度及烃类杂质的测定 气相色谱法
GB/T 6020—1999	工业用丁二烯中特丁基邻苯二酚(TBC)的测定 分光光度法
GB/T 6021—1999	工业用丁二烯液上气相中氧和氢的测定 气相色谱法
GB/T 6022—1999	工业用丁二烯液上气相中氧的测定 气相色谱法
GB/T 6025—1999	工业用丁二烯中微量胺的测定
GB/T 7717.8—1994	工业用丙烯腈中总醛含量的测定 分光光度法
GB/T 7717.9—1994	工业用丙烯腈中总氰含量的测定 滴定法
GB/T 7717.10—1994	工业用丙烯腈中过氧化物含量的测定 分光光度法
GB/T 7717.11—1994	工业用丙烯腈中铁含量的测定 分光光度法
GB/T 7717.12—1994	工业用丙烯腈中乙腈、丙酮和丙烯醛含量的测定 气相色谱法
GB/T 7717.14—1994	工业用丙烯腈中铜含量的测定 分光光度法
GB/T 7717.15—1994	工业用丙烯腈中对羟基苯甲醚含量的测定 分光光度法

续表

标 准 编 号	标 准 名 称
GB/T 7717.16—1994	工业用丙烯腈中氨含量的测定 滴定法
GB/T 11141—1989	轻质烯烃中微量硫的测定 氧化微库仑法
GB/T 12701—1990	工业用乙烯、丙烯中微量甲醇的测定 气相色谱法
GB/T 12702—1999	工业用丁二烯中特丁基邻苯二酚(TBC)的测定 高效液相色谱法
GB/T 14571.2—1993	工业用乙二醇中二乙二醇和三乙二醇含量的测定 气相色谱法
GB/T 14571.3—1993	工业用乙二醇中醛含量的测定 分光光度法
GB/T 16867—1997	聚苯乙烯和丙烯腈-丁二烯-苯乙烯树脂中残留苯乙烯单体的测定气相色谱法

表 16-3　石油化工分析方法的行业标准

标 准 编 号	标 准 名 称
SH/T 0020—1990(2000)	汽油中磷含量测定法(分光光度法)
SH/T 0027—1990(2000)	添加剂中镁含量测定法(原子吸收光谱法)
SH/T 0058—1991(2000)	石油焦中硅、钒和铁含量测定法
SH/T 0060—1991(2000)	防锈脂吸氧测定法(氧弹法)
SH/T 0061—1991(2000)	润滑油中镁含量测定法(原子吸收光谱法)
SH/T 0076—1991(2000)	润滑油中糠醛试验法
SH/T 0077—1991(2000)	润滑油中铁含量测定法(原子吸收光谱法)
SH/T 0102—1992(2000)	润滑油和液体燃料中铜含量测定法(原子吸收光谱法)
SH/T 0108—1992(2000)	某些聚合型添加剂平均相对分子质量和相对分子质量分布测定法(体积排除色谱法)
SH/T 0118—1992	溶剂油芳香烃含量测定法
SH/T 0120—1992	酚精制润滑油酚含量测定法
SH/T 0125—1992(2000)	液化石油气硫化氢试验法(乙酸铅法)
SH/T 0128—1992	石蜡重金属试验法
SH/T 0130—1992	石油蜡砷限量试验法
SH/T 0136—1992	石油蜡硫化物试验法
SH/T 0161—1992(2000)	石油产品中氯含量测定法(烧瓶燃烧法)
SH/T 0162—1992(2000)	石油产品中碱性氮测定法
SH/T 0166—1992(2000)	重整原料油及生成油中 $C_6 \sim C_9$ 芳烃含量测定法(气相色谱法)
SH/T 0171—1992(2000)	石油和石油产品氮含量测定法(麝香草酚比色法)
SH/T 0172—2001	石油产品硫含量测定法(高温法)
SH/T 0177—1992(2000)	轻质石油产品芳香烃含量测定法(重量法)
SH/T 0181—1992	喷气燃料中萘系烃含量测定法(紫外分光光度法)
SH/T 0182—1992(2000)	轻质石油产品中铜含量测定法(分光光度法)
SH/T 0193—1992	润滑油氧化安定性测定法(旋转氧弹法)
SH/T 0194—1992(2000)	润滑油和含添加剂油的活性硫测定法
SH/T 0197—1992	润滑油中铁含量测定法
SH/T 0198—1992	润滑油中酚含量测定法(紫外吸收法)
SH/T 0222—1992	液化石油气总硫含量测定法(电量法)
SH/T 0225—1992	添加剂和含添加剂润滑油中钡含量测定法
SH/T 0226—1992	添加剂和含添加剂润滑油中锌含量测定法
SH/T 0227—1992	添加剂中硼含量测定法

续表

标准编号	标准名称
SH/T 0228—1992	润滑油中钡、钙、锌含量测定法(原子吸收光谱法)
SH/T 0230—1992	液化石油气组成测定法(色谱法)
SH/T 0231—1992	液化石油气中硫化氢含量测定法(层析法)
SH/T 0232—1992	液化石油气铜片腐蚀试验法
SH/T 0233—1992	液化石油气采样法
SH/T 0234—1992	轻质石油产品碘值和不饱和烃含量测定法(碘-乙醇法)
SH/T 0239—1992	重整原料油及其生成油中 $C_6 \sim C_9$ 烷烃、环烷烃、芳烃含量测定法(薄层填充柱色谱法)
SH/T 0240—1992	重整原料油中烷烃、环烷烃含量测定法(色谱法)
SH/T 0242—1992	轻质石油产品铅含量测定法(原子吸收光谱法)
SH/T 0245—1992	溶剂油芳烃含量测定法(色谱法)
SH/T 0252—1992	轻质石油馏分中微量硫测定法(镍还原法)
SH/T 0253—1992	轻质石油产品中总硫含量测定法(电量法)
SH/T 0255—1992	添加剂和含添加剂润滑油水分测定法(电量法)
SH/T 0267—1992	润滑油氢氧化钠抽出物的酸化试验法
SH/T 0270—1992	添加剂和含添加剂润滑油的钙含量测定法
SH/T 0296—1992	添加剂和含添加剂润滑油的磷含量测定法(比色法)
SH/T 0297—1992	添加剂中钙含量测定法
SH/T 0298—1992	含防锈剂润滑油水溶性酸测定法(pH值法)
SH/T 0303—1992	添加剂中硫含量测定法(电量法)
SH/T 0309—1992	含添加剂润滑油的钙、钡、锌含量测定法(络合滴定法)
SH/T 0329—1992	润滑脂游离碱和游离有机酸测定法
SH/T 0341—1992	催化剂载体中氧化铝含量测定法
SH/T 0342—1992	重整催化剂中铁含量测定法
SH/T 0344—1992	加氢精制催化剂中三氧化钼含量测定法
SH/T 0345—1992	加氢精制催化剂中钴含量测定法
SH/T 0346—1992	加氢精制催化剂中镍含量测定法
SH/T 0398—1992	石油蜡和石油脂分子量测定法
SH/T 0400—1992	石蜡碳数分布气相色谱测定法
SH/T 0409—1992	液状石蜡中芳烃含量测定法(紫外分光光度法)
SH/T 0411—1992	液状石蜡中芳香烃含量测定法(比色法)
SH/T 0412—1992	液状石蜡及其原料油中正构烷烃含量测定法(色谱法)
SH/T 0415—1992	石油产品紫外吸光值检验法
SH/T 0472—1992	合成航空润滑油中微量金属含量测定法(原子吸收法)
SH/T 0473—1992	使用过的润滑油沉淀物含量测定法(离心分离法)
SH/T 0474—2000	用过汽油机油中稀释汽油含量测定法(气相色谱法)
SH/T 0556—1993	石油蜡含油量测定法(丁酮-甲苯法)
SH/T 0557—1993(1998)	石油沥青黏度测定法(真空毛细管法)
SH/T 0559—1993	柴油中硝酸烷基酯含量测定法(分光光度法)
SH/T 0561—1993	抗氧抗腐添加剂热分解温度测定法(毛细管法)
SH/T 0582—1994	润滑油和添加剂中钠含量测定法(原于吸收光谱法)
SH/T 0583—1994	烃类相对分子量测定法(热电测量蒸气压法)
SH/T 0605—1994	润滑油中钼含量测定法(原子吸收光谱法)
SH/T 0606—1994	中间馏分烃类组成测定法(质谱法)
SH/T 0607—1994	橡胶填充油、工艺油及石油衍生油族组成测定法(白土-硅胶吸附色谱法)

续表

标 准 编 号	标 准 名 称
SH/T 0614—1995	工业丙烷、丁烷组分测定法(气相色谱法)
SH/T 0615—1995	汽油中 $C_2 \sim C_5$ 烃类测定法(气相色谱法)
SH/T 0617—1995	润滑油中铅含量测定法(原于吸收光谱法)
SH/T 0629—1996	石脑油中砷含量测定法(硼氢化钾-硝酸银分光光度法)
SH/T 0651—1997	重整催化剂锡含量测定法(原子吸收光谱法)
SH/T 0653—1998	石油蜡正构烷烃和非正构烷烃碳数分布测定法(气相色谱法)
SH/T 0662—1998	矿物油的紫外吸光度测定法
SH/T 0663—1998	汽油中某些醇类和醚类测定法(气相色谱法)
SH/T 0684—1999	分子筛和氧化铝基催化剂中钯含量测定法(原于吸收光谱法)
SH/T 0693—2000	汽油中芳烃含量测定法(气相色谱法)
SH/T 0696—2000	FCC 平衡催化剂中镍和钒测定法(氢氟酸/硫酸分解-原子光谱分析法)
SH/T 0705—2001	重质燃料油中钒含量测定法(分光光度法)
SH/T 0706—2001	燃料油中铝和硅含量测定法(电感耦合等离子体发射光谱及原子吸收光谱法)
SH/T 0707—2001	石蜡中苯和甲苯含量测定法(顶空进样气相色谱法)
SH/T 0711—2002	汽油中锰含量测定法(原子吸收光谱法)
SH/T 0712—2002	汽油中铁含量测定法(原子吸收光谱法)
SH/T 0713—2002	车用汽油和航空汽油中苯和甲苯含量的测定(气相色谱法)
SH/T 0714—2002	石脑油中单体组成测定法(毛细管气相色谱法)
SH/T 0715—2002	原油和残渣燃料油中镍、钒、铁含量测定法(电感耦合等离子体发射光谱法)

16.2　样品前处理方法简述

　　在表 16-2 和表 16-3 中列入了部分有关油品理化性质的国家和行业检测方法,这是油品分析的基础。其中有的指标比较简单,可以直接进样分析,而有些指标对于复杂油品样品则需要进行前处理,才能准确测定其含量。

　　分析石油样品,前处理过程是决定分析速度的关键。处理方法分为两类:一是有机物直接进样测定;另一是进行无机化处理,即将其中的有机物除去,将被测金属转化为无机盐类之后进行测定。前者优点是样品前处理比较简单方便,分析速度快。缺点是有机金属化合物标样来源受到限制,结果的准确校正存在困难。后者的优点是取样量灵活,前处理过程有一定的富集作用,检出限比有机物直接进样低,是应用最早和最广泛的方法。缺点是前处理耗时长、能耗大,被测组分丢失和受污染的可能性增加[10]。

16.2.1　族组成分析前处理

　　在汽油中烃族组成的多维气相色谱法测定[11]中,当汽油样品进入色谱系统后,首先通过极性分离柱(BCEF 柱),使脂肪烃组分和芳烃组分分离。由饱和烃和烯烃构成的脂肪烃组分通过烯烃捕集阱时,烯烃组分被选择性保留,饱和烃组分则穿过烯烃捕集阱,进入氢火焰离子化(FID)检测器检测。待饱和烃组分通过烯烃捕集阱后,芳烃组分中的苯尚未到达极性分离柱柱尾,通过一个六通阀切换,使系统捕集阱暂时脱离载气流路,此时苯通过平衡柱进入检测器检测;苯洗脱后,通过另一个六通阀切换,对非芳烃组分进行反吹,非芳烃组分进入检测器检测,待非芳烃组分检测完毕后,再次通过阀切换使烯烃捕集阱置于载气流路中,在适当条件下,使烯烃捕集阱中捕集的烯烃完全脱附,并进入检测器检测,色谱出峰的次序为:饱和烃、苯、非苯芳烃、烯烃。样品无须前处理而直接进样,采用校正样品确定各烃族组分的保留时间和相对质量校正因子。按确定步骤测量汽油试样中各烃族组分的色谱峰面积,采用校正的面积归一化方法定量,计算试样中各烃族组分的体积分数或质量分数。一个汽油样品的色谱分析时间约 12min。在使用国标方法[12]对汽油的烃类进行测定时,有些汽油馏分需要在测定之前脱戊烷[13],才能使测定可靠,因其脱除的 $C_2 \sim C_5$ 组分占汽油的 4%~13%。测定时,将试样注入到毛细管色谱柱中,试样随载气通过色谱柱时,烃类组分被分离进入氢火焰离子化检测器检测,用面积归一法计算各组分含量,高于五个碳原子的组分则可加起来作为 C_6 以上组分计算的总量。采用荧光色层法-液固吸附柱色谱法测定汽油族组成时,用吸附色谱柱将各族烃吸附分离后,利用带荧光的混合染料在紫外光照射下,不同的烃族呈现不同的荧光特征。测定时,吸附柱内装入经活化后的 100~200 目硅胶,向试样中加入 0.1%左右的荧光指示剂,用注射器吸取带指示剂的试样0.75mL,注入加料段中硅胶表面下 30mm 处,以防反混。再加入异丙醇作顶替剂。为使柱内流速稳定,提高分析速度,在柱顶入口管处用压缩空气或氮气加压,维持压力在$(1.96 \sim 3.43) \times 10^4 Pa$ 下操作。样品中各族烃类在硅胶柱上的吸附强弱顺序为:非烃有机物>共轭二烯烃,芳烯>芳烃>烯烃>饱和烃,吸附能力弱的组分先流出。

16.2.2 无机化前处理

使用较多,而又较为可靠的是无机前处理方法,包括灰化法、湿法消解法、萃取法、高压容弹法和微波消解法等。灰化法是指称取样品(加灰化助剂、消泡剂等)于坩埚中,置于电炉,在较低温度下缓慢加热焦化、炭化。最后经过高温(525±25)℃下灼烧,直至剩余无机物[14]。湿法消解法是使用强酸或强碱介质,在加热条件下破坏样品中的有机物或还原性物质,因其在相对较低的温度下进行液相反应,因而挥发损失和吸附损失都比较小。萃取法则是使用了无机酸溶液作萃取剂,对油样中的金属元素进行萃取分离,该法简单、快速,是从大量油样中分离出痕量金属元素较为理想的方法,如通过加入氧化剂和硝酸后,把元素从油样中分离富集到水溶液中,最后用 ICP 测定轻油中的微量金属元素[15]。高压容弹法是称取少量样品于专用聚四氟乙烯瓶中,加入适量的酸,使样品在高压下溶解[16]。微波消解法则是称取少量样品于微波消解罐中,放入微波灰化炉,按阶梯温控程序升温,先除去水分及易挥发组分,再升高温度对样品炭化,最后灰化为无机物。

将油样直接进样或与有机溶剂混合后(减小样品和标样的黏度差异而引起的基体效应)进行分析测定,所选用的有机溶剂应该具有良好燃烧性、能产生稳定火焰、黏度和表面张力小、沸点高的特点,使之与油样混合稀释,常使用甲苯、二甲苯等溶剂。

对比几种前处理方法,干法灰化法和微波消解法处理油品,其灰分含量符合再现性的要求,但前者耗时较长,干扰因素多,已逐渐被微波消解法所取代。湿法消解法所消耗的试剂量和样品量都比较大,操作时间比较长,应用较少。采用萃取法时,油样中的金属往往与有机物有缔合作用,将其与有机母体完全分离并脱除不太容易,此法不如灰化法应用广泛。有机样品直接进样法省去了无机前处理过程,大大节省了时间,但采用稀释法时,溶剂的选择受到了限制,需通过很多实验来论证选择合适的有机溶剂、合理的稀释倍数、干扰效应及排除、仪器的各种参数等。

16.2.3　油类样品前处理

油品分析样品制备,在某些情况下可以很简单,用合适溶剂稀释样品之后,即可直接进样进行测定。对稀释剂的要求是具有良好的油溶性,合适的密度、黏度和表面张力、环境友好(无毒或毒性很小)、不含被测定的元素、廉价易得。用 ICP-AES 分析时,要求在较高进样量时矩管中无积炭;用 AAS 分析时,要求溶剂有良好的燃烧性能,火焰背景吸收低。根据上述要求,用于 ICP-AES 分析的稀释剂常有二甲苯、甲基异丁基酮、四氢化萘、氯仿和四氯化碳等,常用于 AAS 分析用稀释剂主要有二甲苯、甲基异丁基酮、甲苯和冰醋酸混合或冰醋酸和正戊烷混合溶剂等。在有些情况下,即使不能通过溶剂稀释后直接进行测定,也只需对油品进行简单的前处理,如对样品进行乳化后直接进样测定,或者在合适的温度下灰化油基质,再用盐酸或硝酸溶解灰化残留物,转换介质后进样测定。

乳化液进样(emulsion sampling)又称乳浊液进样,是先用有机溶剂溶解油脂样品,再加入聚乙二醇辛基苯基醚(OP)、Triton X-100 等乳化剂制成乳化液,直接引入原子光谱仪进行测定。乳化法进样的优点是样品前处理操作简便、快速,不消耗贵重有机试剂。准确度在很大程度上依赖于乳化液的稳定性以及试液与样品空白溶液的匹配程度。乳化液进样多用于 AAS,特别是火焰 AAS,也有用于 AFS 和 ICP-AES 的报道。

大量油基质灰化的同时也对被测元素起到浓缩富集的作用。测定原油、渣油、燃料油等重质油品中不易挥发元素,如 Fe、Ni、Cu、V、K、Na、Ca、Mg 等,用干灰化法处理无须加入灰化助剂,而分析轻质油品使用灰化助剂可以得到更好的结果。常用灰化助剂有浓 HNO_3、浓 H_2SO_4、I_2、$Mg(NO_3)_2$ 等。测定重质油品中易挥发元素,需加灰化助剂以减少被测元素的挥发损失。分析含有少量水分的黏稠的油样(如原油),干灰化时温度不能过高,加热速度不要太快,宜将温度控制在 $100 \sim 140℃$ 之间,以避免样品飞溅损失。

酸浸取也是有效提取油品中的金属元素较为常见和方便的方法。在油品中,金属元素常与碳键合,要将金属提取出来,首先要加入有效的氧化剂氧化断裂金属-碳键,再以无机酸溶液作为浸取剂提取样品中的痕量金属元素。湿法浸取方法简便快速,适于处理轻油样品,如汽油、石脑油、煤油、轻柴油等,尤其适用于轻油中痕量金属及易挥发元素的提取。表 16-4 列出了油品分析常用的氧化剂和浸取剂。

表 16-4　常用的氧化剂和浸取剂

测　定　元　素	氧　化　剂	浸　取　剂
Pb	溴-四氯化碳	盐酸
Pb	碘-苯,一氯化碘	硝酸
Cu	次氯酸钠,硫酰氯	盐酸
As	过氧化氢	硫酸
As	碘-苯	硝酸
Na	硫酰氯	高纯水
Ni、V		甲磺酸
Pb、Fe、Mg、Hg、Cd、Mn、Ni、Zn		盐酸

16.2.4　石油加工产品样品前处理

聚合物、塑料类样品是重要的化工产品。它们可以直接固体进样石墨炉原子吸收光谱法测定其中的痕量金属,优点是不需消解样品,省去了样品的预分离富集过程,避免了被测组分损失和玷污。但进样不易重复,测定结果精密度、准确度难以保证,标准样品来源困难也是一个问题。近年来,发展了悬浮液进样(suspension sampling; slurries sampling)技术,将固体样品制成悬浮液直接引入石墨炉原子化器进行分析,也同样具有固体直接进样的优点,且可用水溶液标准系列制作校正曲线。但分析结果的准确性相当大程度上依赖于悬浮液的稳定性和均匀性,以及对基体效应的抑制和消除。

有些聚合物,如聚苯乙烯、乙醇纤维、乙醇丁基纤维可溶于甲基异丁基酮(MIBK),聚丙烯树脂可溶于二甲基甲酰胺,聚碳酸酯、聚氯乙烯可溶于环己酮,聚酰胺(尼龙)可溶于甲醇。而纤维、橡胶多属杂链化合物,橡胶制品还含有无机填料,很难溶于有机溶剂。必须对样品进行前处理,将样品中的金属释放出来。

处理聚合物类样品常用方法是采用灰化法来除去试样中的有机基质,再用合适浓度的酸溶解残留物,使被测定金属元素转化成无机盐,再用原子光谱法测定。为避免易挥发性元素的挥发损失,通常先在较低温度下(150℃以下)缓慢加热炭化,再逐渐升温到500℃左右,灼烧除去残炭。使用灰化助剂可促进有机物的分解和提高金属元素的回收率。常用的灰化助剂有浓 HNO_3、浓 H_2SO_4、K_2SO_4、$Mg(NO_3)_2$ 等。浓 HNO_3 的强氧化作用可以加速有机物的分解,浓 H_2SO_4 能破坏有机物,尤其是聚合物。另一个避免易挥发性金属元素损失的办法是采用高频低温灰化法。

16.2.5　催化剂和添加剂样品前处理

催化剂和添加剂在石油加工中起着非常重要的作用。石油及其加工工业是以催化剂为中心的一个产业。添加剂(如抗氧剂、缓蚀剂、光泽剂、增塑剂、润滑剂、抗磨剂、分散剂、防锈剂、防腐剂、抗泡剂、防霉剂等)对提高产品收率,改善产品性能,减少设备腐蚀都有重要作用。催化剂、添加剂和化工原料中痕量金属元素测定是石油加工产品分析的不可缺少的组成部分。各种催化剂组成不同,前处理方式也不同,有些催化剂的催化活性金属 Pd、Ag 等是浸渍在载体氧化铝、硅胶上的,用酸即可将其浸取下来,再用原子光谱法测定滤液中的金属,而无须将基体全部溶解。而要分析已用过的催化剂时,由于催化剂表面有积炭,需先进行烧炭处理。使用近年发展的微波灰化技术处理样品,无须进行烧炭处理,样品处理简单,消解完全、省时、节约试剂和测定成本,减少了对环境的污染和对人体的伤害。方法已成功用于催化重整催化剂中金属铂含量的测定、罐底油料中铂含量的测定、铂催化剂残焦中铂含量的测定、异构化催化剂中金属铂的测定[17]。

样品前处理方法视样品性质而定,如分析硬质样品,还需将样品研磨、粉碎,分析软质或半软质样品,则要切碎或绞碎。再用有机溶剂溶解,酸溶、碱溶或熔融,有时还需用微波辅助消解或加压溶解。分析复杂样品,如含 SiO_2、难溶的陶土和滑石粉填料时,很难完全除去基体,为减小和消除基体干扰,通常采用基体匹配法配制校正标样,用标准加入法定量。

16.3 应用实例

16.3.1 石油及产品

实例 16-1 ICP-AES 法测定石油焦中 Ca、Fe、Ni、V[18]

方法提要：石油焦是原油炼制加工剩余的最终产品，普通石油焦可用于冶炼工业的燃料，优质石油焦则用于制作冶炼铝和钢的工业电极，一般电极和绝缘材料。石油焦样品经硝酸、高氯酸混酸湿法消解后，采用 ICP-AES 测定其中的 Ca、Fe、Ni 和 V。

仪器与试剂：ICP-AES 仪，配 CCD 检测器；Ca、Fe、Ni、V 标准储备液，1000mg/L；所有试剂均为优级纯；水为国标 GB 6682—2008 中规定的一级水。

操作步骤：称取样品 0.5000~1.000g 于 400mL 高型烧杯中，加入硝酸 20~30mL，小心摇匀，在通风橱内用电热板慢慢加热，消化至近干，取下，稍冷，加入高氯酸 5mL，盖上表面皿，缓慢加热至冒高氯酸的白烟，继续加热，直至溶液呈无色或淡色清液，取下，冷却至室温后，转移到 50mL 容量瓶中，用水稀释至刻度。按仪器工作条件进行测定（如含量过高，可以进行稀释），同时做试剂空白。

方法评价：比较了碱熔法、干法灰化法、湿法消解法和微波消解法 4 种前处理方法的消解效果，结果表明：碱熔法的处理过程繁琐，不易操作；干法灰化法使部分离子损失，导致测定数据偏低；微波消解法无法将样品完全消解，消解液有沉淀，过滤沉淀会引起部分离子流失；而湿法消解法具有很强的消解能力，能够将样品完全消解，得到澄清透明的消解液，且避免了过滤的损失。测定 Ca、Fe、Ni、V 的 RSD($n=6$) 在 1.4%~3.0%，检出限均小于 0.040mg/L，应用此法测定石油焦样品中的 4 种元素含量，加标回收率在 96.2%~102.4%。与原子吸收光谱法结果一致。

实例 16-2 MPT-AES 法测定原油和渣油中的 Fe、Ni、Cu 和 Na[19]

方法提要：采用微波消解法消解原油和渣油，利用等离子体矩原子发射光谱（MPT-AES）法测定样品中的 Fe、Ni、Cu 和 Na。

仪器与试剂：等离子体矩原子发射光谱仪；微波消解系统；1.0g/L 的 Fe、Ni、Cu、Na 标准储备液；HNO_3、HCl、30%（体积浓度）H_2O_2 均为分析纯；等离子体工作气 Ar 纯度为 99.99%；水为亚沸蒸馏水。

操作步骤：常规样品处理：准确称取原油或渣油试样 5g 左右于瓷坩埚中，放入电炉上加热，待油样冒烟后，点燃，使之燃烧完全。不冒烟后，放入 550℃ 马弗炉中约 6h，完全灰化。取出冷却后，沿坩埚壁加入 15mL HCl(1+1)，放在电炉上加热溶解灰分，浓缩至 2mL 后，冷却，转移至 50mL 容量瓶中，用亚沸蒸馏水稀释至刻度，摇匀，待测。

微波消解处理：准确称取原油或渣油试样 0.4g 左右，置于干燥的消解罐内杯中，然后加入 12mL 68% HNO_3，按消解程序（表 16-5）第一步进行消解。消解结束后，冷却，打开消解罐，再加入 2mL 30% H_2O_2，按消解程序第二步进一步消解。消解结束后，冷却至室温，打开所有样品罐，将样品转移至 200mL 塑料烧杯中，用水浴加热，使残余的酸挥发，冷却后，用亚沸蒸馏水溶解，转移至 25mL 容量瓶中，用亚沸蒸馏水稀释至刻度，摇匀，待测。

表 16-5 微波消解程序

步骤		$p_{恒压}$/MPa	恒压时间/min	酸及用量
No.1	1	0.6	10	12mL 68% HNO_3
	2	0.7	10	
No.2	1	0.6	10	2mL 30% H_2O_2
	2	0.7	10	
	3	0.9	40	
	4	1.0	30	
	5	1.0	30	

方法评价：在各自选定的最佳实验条件下，Fe、Ni、Cu 和 Na 的检出限分别为 22、2.0、42 和 1.0μg/L，RSD($n=11$) 分别为 1.5%、0.34%、1.2% 和 2.1%。采用干法灰化和微波消解处理样品后，MPT-AES 测定结果均与企标方法 AAS 测定结果相吻合。

实例 16-3 HPLC-ELSD 法测定生物柴油中游离甘油的样品前处理[20]

方法提要：采用高效液相色谱(HPLC)分离-蒸发光散射检测(ELSD)测定生物柴油中游离甘油含量。用水萃取生物柴油中的甘油，选用强酸型阳离子交换柱(Ultimate XB-SCX)分离甘油和杂质。

仪器与试剂：高效液相色谱仪，ELSD-LTⅡ检测器；色谱柱：Ultimate XB-SCX (250mm×4.6mm，5μm)；旋转蒸发仪；离心机。乙腈和甲醇，色谱纯；甘油，分析纯；一级大豆油；生物柴油；超纯水。

操作步骤：样品溶液制备：量取 8.00mL 待测生物柴油于 20mL 试管中，加入 2.00mL 纯水抽提液，振荡 6min，在 4000r/min 下离心 15min，移取下层溶液待测。

选用强酸型阳离子交换柱(Ultimate XB-SCX)，根据亲水作用色谱分离模式，利用样品在固定相表面吸附的"富水层"与流动相中的分配差异，可以将甘油和杂质分离。同时色谱柱不受流动相的影响，且柱寿命长。

方法评价：使用纯水萃取技术，用强酸型阳离子交换柱分离甘油，采用 EISD 检测柴油中甘油的含量，该方法克服了甘油在紫外区无吸收，PAD(脉冲安培检测器)检测受干扰较多，以及 RID(示差折光检测器)检测平衡时间长，对温度敏感等方面的不足。

实例 16-4 用 W-Ir 持久化学改进剂电热原子吸收光谱法测定乳化燃料油和石脑油中镍和钒[22]

方法提要：使用表面活性剂 Triton-100，通过搅拌将乳化油和石脑油样制成乳状液直接进样，用涂有 W-Ir 改性的整体平台管测定镍，热解涂层平台管测定钒。

仪器与试剂：原子吸收光谱仪，配备横向加热原子化器和纵向塞曼效应背景校正系统。整体热解涂层平台石墨管；500μg/mL 多元素有机金属化合物标准甲苯溶液；标准物质为 NIST SRM 1618 残留油，NIST SRM 1634c 残留燃料油。Triton X-100，$Na_2WO_4 \cdot 2H_2O$ 溶液，$IrCl_3$。实验用水为高纯水(电阻率 18MΩ·cm)。W-Ir 涂层管制备：移取 50mL 1.0mg/mLW 注入平台石墨管(注入 5 次，共 250mg W)，进行低温和高温处理，将氧化钨和含氧碳化物转化为碳化钨。在涂钨平台上，进一步分别用 50mL 0.1mg/mL Ir(20mg Ir)处理 4 次，接着进行干燥和灰化，制得 W-Ir 涂层管。

操作步骤：在全氟烷氧基(PFA)容器内，在水中混合 2mL 石脑油，1mL 3% Triton-

100,用电磁搅拌器搅拌 20min,制成油包水乳状液。准确称取 1.55g NIST SRM 1618 残留油,NIST SRM 1634c 残留燃料油,分别用甲苯稀释到 21.3g 和 8.6g。分别量取 14mg 残留油甲苯溶液和 70mg 残留燃料油甲苯溶液,用 2mL 石脑油和 1mL 3％ Triton 进行乳化。称取 15.30mg Ni 和 60mg V 的金属有机化合物标准储备溶液(OMS),用 2mL 石脑油和 1mL 3％ Triton 按上述同样方法进行乳化,制得 Ni 和 V 的标准乳状溶液。用微量移液器移取样品和标样,到天平上称量样品,称样容器要立即密封以防止挥发损失。

方法评价: 用 W-Ir 管和未处理管测定 Ni 的加标回收率分别是 100％～104％ 和 99％～100％,测定 V 的加标回收率分别是 100％～105％ 和 90％～106％。用 W-Ir 管测定 Ni 和用未处理管测定 V,分析标样 NIST SRM 1618 残留油,NIST SRM 1634c 残留燃料油,测定值与标准值相符合,与 ICP-MS 的测定值也一致。W-Ir 管使用寿命是 400 次,W-Rh 管使用寿命是 200 次。石脑油、残留油和残留燃料油的乳状液稳定时间,对 Ni 分别为 20、30、40min,对 V 为 50min。因此,在测定 Ni 和 V 时,分别每隔 20min 和 50min 就要搅拌乳化液 5min,以保持乳状液的均匀性。

实例 16-5　原子荧光光谱法测定裂解汽油中痕量砷[22]

方法提要: 用 H_2SO_4-H_2O_2 混合液萃取裂解汽油中的砷化物,消解后将各种形态的砷转化为砷酸,再用氢化物/原子荧光光谱法(HG/AFS)测定砷含量。

仪器与试剂: 原子荧光光谱仪,配备高强度砷空心阴极灯;1.0mg/mL 砷元素标准溶液;浓硫酸、盐酸(优级纯);5％硫脲-5％抗坏血酸混合溶液:使用前配制;2％KBH_4 溶液(含 0.5％ NaOH):使用前配制;30％ H_2O_2,分析纯;去离子水;高纯氩气:99.999％。

操作步骤: 以裂解汽油为研究对象,选择 H_2SO_4-H_2O_2 混合液萃取体系,用 1.0mg/mL 砷元素标准溶液采用逐级稀释方法,配制砷含量分别为 0、1.0、2.0、4.0、8.0、10.0μg/L 的系列标准溶液,定容前加入一定量的 5％硫脲-5％抗坏血酸混合溶液,并控制溶液的酸度为 5％(V/V)HCl,预还原 2h 后,在选定的仪器条件下,检测 As 元素的荧光强度,建立荧光强度与砷含量的关系曲线。待消解后的试样溶液进行预还原后,按照同样方式检测 As 元素的荧光强度,根据上述校正曲线计算试样的砷含量。实验表明,最佳消解条件为 170V 加热电压(对应的溶液温度为 280～283℃),冒白烟后继续加热 0.5h 停止。表 16-6 为不同砷含量裂解汽油合理的取样量及萃取液用量。

表 16-6　不同砷含量裂解汽油合理的取样量及萃取液用量

As 含量/(μg/L)	取样量/mL	30％ H_2O_2/mL	70％ H_2SO_4/mL
＞100	5	8	10
50～100	5～10	8	10
10～50	10～20	8	10
＜10	100	12	15

方法评价: 测定 As 的检出限(n=11)为 0.023μg/L,RSD(n=7)为 1.01％～2.97％,回收率为 100.3％～101.0％。本法与 H_2SO_4 萃取/热解消解/KHB_4 还原发生 AsH_3/微库仑法相比,具有许多优势(表 16-7)。微库仑法测定结果偏低的主要原因在于萃取效果不好,AsH_3 发生不完全,仪器的灵敏度较低。

表 16-7　原子荧光光谱法与微库仑法相比测定裂解汽油中砷含量　　　μg/L

样品名称	裂解汽油 1♯	裂解汽油 2♯	裂解汽油 3♯
原子荧光光谱法	116.5	57.9	28.3
微库仑法	60.1	28.7	13.6

实例 16-6　原子吸收光谱法测定裂解汽油中的铅[23]

方法提要：用碘-二甲苯溶液对汽油进行氧化处理,用稀硝酸萃取,萃取后浓缩液用原子吸收光谱进行测定。

仪器与试剂：偏光塞曼原子吸收分光光度仪;Pb 标准储备液:1mg/mL;碘-二甲苯溶液:10g/L;去离子水。

操作步骤：取油样 150mL 于分液漏斗中,加入 2mL 碘-二甲苯溶液,振荡 5min,加入 15mL(1+9)HNO₃,再振荡 5min,待静置分层后,将水相放入 100mL 烧杯中,用 15mL(1+9)HNO₃ 再萃取一次,将两次萃取液合并,然后用 10mL 去离子水萃取一次,水相合并于同一烧杯中,将其在电炉上缓慢加热,浓缩至 3mL 左右,转入 10mL 容量瓶中,加水稀释至刻度,待测。

方法评价：本方法检出限为 1.5×10^{-3} μg/mL,测定裂解汽油样品的 RSD($n=5$)为 1.12%～3.95%,回收率为 97.7%～101.7%。测定 2μg/mL 的 Pb,当误差小于 ±5% 时,以下共存离子的允许量为 500μg/mL:Si(Ⅳ)、Al³⁺、Cu²⁺、Ba²⁺、Cr³⁺、V(V)、Cd²⁺、Fe³⁺、K⁺、Na⁺、Ca²⁺、Ni²⁺、Mo²⁺、Co²⁺、Mn²⁺、Li⁺、Pt²⁺、Zn²⁺,在裂解汽油中上述离子均在允许量之内。

实例 16-7　聚乙二醇-DPCO 萃取光度法测定原油中的六价铬含量[24]

方法提要：采用 Cr(Ⅵ)-二苯偶氮碳酰肼(DPCO)-聚乙二醇体系,选取适当的萃取和显色条件,测定原油中的六价铬含量。

仪器与试剂：分光光度计;数字式酸度计;Cr(Ⅵ)标准溶液:0.1g/L,10μg/L;二苯偶氮碳酰肼-丙酮溶液:2.5g/L;盐酸-氯化钾缓冲溶液:pH=2.0;聚乙二醇-2000 溶液:300g/L;硫酸铵,分析纯;去离子水。

操作步骤：在 60mL 分液漏斗中加入 pH2.0 的盐酸-氯化钾缓冲溶液 2.0mL,DPCO 丙酮溶液 5.0mL,10μg/L Cr(Ⅵ)标准溶液 1mL,用去离子水稀释至 10mL,再加入 300g/L 聚乙二醇-2000 溶液 5.0mL,并加入 4g 硫酸铵固体,振荡 3～5min,静置,待两相分层清晰后,弃去下层水相,将上层高聚相移至 25mL 比色管中,用去离子水稀释至 10mL,摇匀。同时,另取一分液漏斗,不加金属离子,按上述步骤测得试剂空白,并以其作为参比,用 1cm 比色皿,在 550nm 波长处测定其吸光度。

准确称取一定量的油样于坩埚中,在电炉上加热,出现油气时点燃,同时降低炉温使油气自燃,至火焰熄灭时,再升高炉温至无烟。将其放入 550℃ 马弗炉中灰化 4h,直到样品无残炭为止。取出冷却至室温,加入 5mL(1+1)HCl,在电炉上缓慢蒸发至近干,加入微热的去离子水溶解氯化物盐类。将该溶液移至 25mL 容量瓶中,然后用去离子水冲洗 3～5 次,并将冲洗液一起移至 25mL 容量瓶中,以去离子水定容,摇匀,备用。

方法评价：本方法选取 DPCO 作为显色剂与 Cr(Ⅵ)形成稳定的有色络合物,此络合物显色较快,专属性强,并采用盐酸-氯化钾缓冲溶液控制酸度,保证显色反应的顺利进行。对于油样中的干扰离子,则采用聚乙二醇-硫酸铵体系非有机溶剂萃取分离,利用了高聚物水溶液在无机盐存在下可以分成两相的特点,有效地去除了 Fe^{3+}、Al^{3+}、V^{5+}、Co^{2+}、Cu^{2+} 的干扰。用该法测定阿曼原油和减二线油中六价铬含量,RSD 分别为 1.77% 和 2.16%,加标平均回收率分别为 97.80% 和 99.82%。

实例 16-8　ICP-AES 法测定焦化馏分中硅[25]

方法提要:采用二甲苯对油品焦化馏分的样品进行稀释,用 ICP-AES 法测定其中硅的含量。

仪器与试剂:ICP-AES 仪,带有有机加氧附件;有机硅标准油,10mg/L,30mg/L;75♯基础油;二甲苯(分析纯);有机标准油(0.5mg/L、1.0mg/L、5.0mg/L)的配制:分别向 3 个塑料瓶中加入 10mg/L 有机硅标准油 1.25g、2.50g 和 30mg/L 有机硅标准油 4.17g,再依次加入 75♯基础油 23.75g、22.50g 和 20.83g,摇匀。标准工作曲线溶液配制:准确称取 75♯基础油、0.5ppm、1.0ppm、5.0ppm 的有机标准油于塑料瓶中(精确到 0.01g),按照油和二甲苯质量比 1:10 的比例加入二甲苯,充分摇匀后,密封保存。

操作步骤:准确称取一定量焦化汽油或焦化柴油约 2g,精确到 0.01g,加入二甲苯,稀释比为 1:10(油:二甲苯),将样品充分混合,用 ICP-AES 测定样品中的硅含量。

方法评价:本方法对焦化汽油或焦化柴油的加标回收率分别为在 91.8%～100% 和 96.0%～102.5%,RSD($n=5$)分别为 0.91% 和 3.51%。在进行上机样品测定过程中,由于有机样品分解不完全,会在矩管部分形成积炭,这样会造成中心矩管部分堵塞,影响进样状态,使测定结果偏低。为此,在试验中需连续、稳定地向中心矩管加入氧气,以帮助有机物的分解,防止积炭的形成。

实例 16-9　蒸发/氧化法前处理-ICP/AES 法测定油品中的金属元素含量[26]

方法提要:利用油气蒸发,残余物氧化的方法进行油样的前处理,结合 ICP/AES 检测方法快速测定油品中的金属元素含量。

仪器与试剂:样品前处理装置为专利技术[27,28],其主要功能包括可进行程序升温,可实现两路气体的导通、关闭及流量调节,可容纳多个样品杯,同时处理多个样品,装置内腔为耐高温、耐腐蚀材料,对测定结果无影响,所用气体经过多级净化,对样品无污染;ICP-AES 仪;普通氮气,压缩空气;盐酸,分析纯;去离子水;金属含量标准样品。

操作步骤:按照规范方法,取适量待测油样于石英烧杯中,取样量视样品中金属含量而定,以满足 ICP-AES 方法的需要量为准,一般为 10～30g(使用 100mL 烧杯时,最大取样量为 40g)。将样品杯放入专用前处理装置内,前处理过程在程序控制下自动进行:在 2L/min 的氮气流量条件下,以 10℃/min 升温至 600℃,停留 20min,此过程中,油样的轻重馏分陆续气化,油气在氮气携带下,沿着指定通道,经冷却后进入废油收集瓶中。80min 的油气蒸发过程结束后,烧杯中只剩下类似残炭的残余物。在同样温度下,改通净化空气,流量为 15mL/min,进行残余物的氧化反应,此时残炭被烧掉,金属元素转化为氧化物粉末。

取出烧杯,稍冷,加入 10mL 7.5mol/L 硝酸和 3mL 6mol/L 盐酸,将烧杯置于电热板上缓慢加热,至灰分全部溶解,待酸液蒸发至 2～3mL 后,转移至 25mL 容量瓶中,用水稀释至刻度,振荡混匀。用 ICP 测试制备好的样品试液。

方法评价:对于平均灰分量为 0.0238%、0.4952%、0.5831%、5.3100% 的 4 种油浆样品测定的 RSD($n=8$)分别为 2.52%、0.36%、0.34%、0.13%,对于含量高于 $2\mu g/g$ 的金属

元素,其 RSD 在 5% 以内,对于含量在 $1\mu g/g$ 左右或更低的金属元素,其绝对偏差小于 $0.2\mu g/g$。在多数情况下,样品的实测含量与已知含量基本相符,相对偏差在 10% 以内。

对于大多数油样的多数金属元素,本方法与干法灰化方法的测定结果基本相符,对于含量低于 $2\mu g/g$ 的金属元素,绝对偏差小于 $0.5\mu g/g$,对于含量高于几个 $\mu g/g$ 的金属元素,相对偏差小于 15%。少数数据误差较大,原因是 ICP 仪器测量误差及前处理方法的误差,尤其是在干法灰化过程中,Ca、Fe、Na 等常见元素被污染的可能性比较大。

蒸发/氧化法处理各类油样所需时间约为 2~3h,相比干法灰化所需时间约为 5~7h,处理速度明显加快。同时,干法灰化需将数个样品杯置于电炉上加热并引燃,燃烧过程持续 0.5~1h,此过程产生大量油烟,污染环境,氧化过程相对缺氧,也存在一氧化碳的污染问题。蒸发/氧化法的实验过程中,可能产生的污染仅仅是油气蒸发过程中未被回收的少量油气,这还可以通过科学地设计烟道,改善油气的回收效果来避免。

实例 16-10　高分辨质谱测定碱液萃取前后原油中酸性化合物组成[29]

方法提要：采用改进的碱液萃取方法分离杜巴原油中的酸性化合物(主要是环烷酸),通过高分辨质谱分析萃取过程中不同酸性化合物的分布与组成特征。实验结果表明,电喷雾傅里叶变换离子回旋共振高分辨质谱(ESI-FT-ICR-MS)是分析原油中酸性化合物的强有力的手段。酸性化合物分布于碱液萃取前后的各个组分中,但其组成有明显的差异。

仪器与试剂：电喷雾傅里叶变换离子回旋共振高分辨质谱;恒温水浴;正己烷、甲苯、甲醇、乙醇、二氯甲烷、甲苯、甲醇、NaOH、乙醇均为分析纯;NH_4OH 溶液,28%。

操作步骤：用 30mL 正己烷稀释 5.0g 杜巴原油,加入用 $V(2\%NaOH):V(乙醇)=3:7$ 配制成的碱醇液 50mL,在 45℃ 恒温水浴中振荡 2.5h,转移到 500mL 分液漏斗中,分离出下层碱醇液。上层油相再用 50mL 碱醇液萃取,共萃取 4 次。油相经水洗至水相中性后,干燥得到脱酸油。合并各次碱醇液,并过滤,将过滤后的碱醇液置于 500mL 分液漏斗中,用正己烷萃取至正己烷相无色。合并各次正己烷萃取液,并用碱醇液萃取 2 次,每次 20mL。正己烷相水洗至水相中性后,干燥得到正己烷萃取物。合并碱液,并用 $V(正己烷):V(二氯甲烷)=4:1$ 混合溶剂萃取至有机相无色,有机相水洗至水相中性后,干燥得到混合萃取物。碱醇液常压蒸发至 100mL,在冰浴中用 6mol/L HCl 酸化至 pH2~3,以使石油酸分离。用二氯甲烷反复萃取石油酸,至水相无色,二氯甲烷相在常温下水洗至水相中性后,干燥过滤。常压蒸发除去二氯甲烷,50℃ 真空烘箱烘干至质量恒定,所得固态残留物即为石油酸。

将杜巴原油以及所得的石油酸、脱油酸、正己烷萃取物、混合溶剂萃取物的样品均按下述方法处理：取样品约 10mg 溶于 1mL 甲苯中,取其中 $25\mu L$ 用 $V(甲苯):V(甲醇)=1:1$ 混合溶液稀释至 1mL,加入 $15\mu L$ 28%NH_4OH 溶液,轻轻振荡,使其混合均匀,待测。

方法评价：实验结果表明,碱液萃取出的石油酸主要是相对分子质量小于 500 的酸性组分,增加反萃取溶剂的用量和极性,有利于脱除萃取物中的非碱性氮化合物,对石油羧酸的组成影响不大。由于酸性化合物的种类极其复杂,在数据处理时以分子中包括杂原子的种类和数量表示化合物的类型,分子类型中的 N_1 和 O_2 相对丰度超过了总量的 70%,远高于其他类型。碱液萃取得到的杜巴原油石油酸分子以 N_1 和 O_2 类为主,FT-MS 是一种分析石油酸组成的有效手段。质谱分析表明,酸性化合物在碱萃取前后的各个组分中都有分布,但其组成存在差异。原油中酸性化合物的平均相对分子质量在 $m/z=420$ 左右,脱酸油中酸性化合物的相对分子质量主要分布在 $m/z=740$ 左右。碱液萃取得到的石油酸主要是相对分子质量较小(m/z 小于 500)的酸性化合物,且其中含有大量非碱性氮化物。以正己烷为反萃溶剂并不能有效脱除萃取物中的非碱性氮化物,增加反萃取溶剂极性则可以提高含氧酸性化合物的纯度,且不影响小分子石油酸类化合物的组成。

实例 16-11　硅胶-氰丙基复合固相萃取柱分离原油中饱和烃及芳烃组分[30]

方法提要:采用硅胶-氰丙基复合固相萃取柱分离原油中饱和烃及芳烃组分,饱和烃及芳烃组分在硅胶-氰丙基复合固相萃取柱上经正己烷、正己烷-二氯甲烷(1:1)的洗脱行为与标准混合液完全一致,适用于石油样品中饱和烃及芳烃组分的定量分析。

仪器与试剂:GC-MS 联用仪;固相萃取仪;恒温水浴氮吹仪;硅胶小柱(SiO_2,1g/mL),氰丙基小柱(C_3-CN,0.5g/6mL);硅胶填料(SiO_2,0.147~0.175mm);SiO_2/C_3-CN 复合柱,由氰丙基小柱填充 1g 硅胶填料制备而成。原油样品采自天津大港油田;n-C_9~n-C_{40} 正构烷烃、姥鲛烷、植烷等标准样品,1000μg/mL;萘、1-甲基萘、2,6-二甲基萘、2,3,6-三甲基萘、苊、二氢苊、芴、菲、1-甲基苯、3,6-二甲基苯、蒽、荧蒽、芘、苯并[a]蒽、苯并[b]荧蒽、苯并[k]荧蒽、苯并[a]芘、茚并[1,2,3-c,d]芘、二苯并[a,h]蒽、苯并[g,h,i]苝等芳烃标准品,100~2000μg/mL;雄甾烷、胆甾烷;氘代二十四烷;二氯甲烷和正己烷,HPLC 级。

操作步骤:将制备好的 SiO_2/C_3-CN 复合固相萃取小柱安放在固相萃取仪上,分别用 5mL 正己烷/二氯甲烷(1:1)和 5mL 正己烷预淋洗,上样,样品洗脱时先用 4.5mL 正己烷洗脱饱和烃组分,再用 4.5mL 正己烷/二氯甲烷(1:1)洗脱芳烃组分,控制洗脱速率为 1.5mL/min。

GC 条件:DB-5MS 石英毛细管柱(50m×0.25mm×0.25μm),进样口温度 300℃,升温程序:60℃保持 1min,再以 5℃/min 升至 310℃,保持 14min;载气为高纯 He(99.999%);柱流速 1.5mL/min;进样量 1μL,不分流进样。MS 条件:电子轰击(EI)离子源,电子能量 70eV;传输线温度 280℃,离子源温度 230℃,四级杆温度 150℃;溶剂延迟 6min;全扫描模式。分别选用 $C_{24}D_{40}$、雄甾烷、氘代对三联苯作为定量内标,根据内标物与各化合物在总离子流图上的响应值计算得样品中正构烷烃、甾萜烷烃和芳烃含量;上述单体化合物的定性分析可根据保留时间、色谱图与仪器内 NBS 谱库的谱图进行自动检索,并参照行业标准确定。

方法评价:实验结果表明,在硅胶-氰丙基复合柱上分别使用 4.5mL 正己烷和正己烷/二氯甲烷(1:1)洗脱时,即可实现对饱和烃和芳烃组分的完全分离,并获得满意的回收效果,其回收率分别为 98% 和 99%。

16.3.2　化工、石油制品

实例 16-12　微波消解氢化物发生-原子荧光法测定食品接触材料高密度聚乙烯中痕量锑[31]

方法提要:应用微波消解氢化物发生-原子荧光法测定食品接触材料高密度聚乙烯中痕量锑,采用盐酸为反应介质,并对最佳分析条件进行探讨。

仪器与试剂:AFS 计,锑空心阴极灯;微波消解系统。锑标准储备溶液:500μg/mL,由国家标准物质研究中心提供,临用时逐级稀释;硼氢化钾溶液:称取 2.5g NaOH 溶于水中,加入 10g 硼氢化钾,加水定容至 500mL,混匀,用时现配;硫脲-碘化钾溶液:分别称取

10g 硫脲和 10g 碘化钾,溶于水中,加水定容至 100mL,混匀,用时现配;硝酸、盐酸均为优级纯;其余试剂为分析纯;实验用水为 18.2MΩ·cm 超纯水。

操作步骤:对于大块试样,用剪刀预先剪至约为 2.0cm×2.0cm 的样块,再用粉碎机研磨至 20 目,称取 0.1g 样品置于微波消解罐中,加入 8mL HNO_3 和 2mL H_2O_2,放置在微波消解仪器中,按设定程序进行消解,加热完成,冷却至室温后,将消解液转移至烧杯中,用水反复冲洗消解罐,洗液并入烧杯中,置于 150℃ 电热板上加热至近干,再加入 2.5mL HCl 和 2.5mL 硫脲-碘化钾溶液,用水定容至 25mL,放置 30min 后,待测。同时做试剂空白。微波消解条件如表 16-8 所示。

表 16-8 微波消解仪器工作参数

时间/min	功率/W	T_1/℃	T_2/℃
5	1000	130	130
10	1000	210	140
45	1000	210	140

原子荧光仪器条件:DB-5 弹性石英毛细管柱,光电倍增管负高压 300V,观测高度 8mm,载气流量 300mL/min,屏蔽气 900mL/min,灯电流 80mA,记录时间 10s,延迟时间 2s,标准曲线法定量。

方法评价:荧光强度与锑浓度在 1~10ng/mL 范围内呈线性关系(相关系数 0.9997),检出限 0.3ng/mL,定量下限为 0.25mg/kg。在添加水平为 0.25、1.0 和 2.0mg/kg 时,平均加标回收率($n=6$)为 80.4%~106.5%,RSD 小于 6.9%。氢化物发生-原子荧光法具有灵敏度高、基体干扰少、线性范围宽等特点,在锑的监测中日益受到重视。

实例 16-13 消解乳化-火焰原子发射光谱法(FAES)测定丁苯橡胶中钠和钾[32]

方法提要:丁苯橡胶中的微量元素主要来源于各种助剂,丁苯橡胶能与浓硝酸剧烈反应,其消解产物易溶于乙醇-甲基异丁基酮(MIBK)混合溶剂中,再用 Triton X-100 乳化成乳浊液,以钡离子作为钠和钾的消电离剂,以空白溶液为参比,FAES 法快速测定丁苯橡胶中钠和钾。

仪器与试剂:FAES 仪;钠标准溶液:1.0000g/L,用 105~110℃ 烘干 4h 的 NaCl(分析纯)配制,工作溶液浓度为 10mg/L,储存于聚四氟乙烯塑料瓶中;钾标准溶液:0.5000g/L,用 150~160℃ 烘干 4h 的氯化钾(分析纯)配制,工作溶液浓度为 10mg/L;乙醇-MIBK 混合溶剂(3+2);钡溶液:25g/L;Triton X-100 溶液:10%(质量分数)。

操作步骤:准确称取切成小块的丁苯橡胶样品约 0.5g 于小烧杯中,加入 5mL 浓 HNO_3,在通风橱内加热,反应开始后断电加热,待反应缓慢后再给电,保持低温加热,消解过程中有噼啪声。当溶液剩下约 1mL 时,补加 3mL HNO_3,不断用玻璃棒搅拌,使黏附在烧杯壁上的样品转入溶液,当消化液呈透明橙红色,噼啪声消失时,表明消解反应已完成。小心蒸至近干,以除去硝酸,冷却后消解产物为橙黄色,干固在烧杯底部。整个消解过程约需 15min。在蒸发至近干时,要控制温度不能过高,以防烧杯局部干固而烧焦消解产物。

向装有消解产物的烧杯中加入乙醇-MIBK 混合溶剂 4.0mL,不断搅拌以促进消解产物溶解,转入 25mL 比色管中,依次用混合溶剂 2.0mL,Triton X-100 溶液 9.0mL,分 2~3 次洗涤烧杯,将洗涤液转入比色管中,以 Triton X-100 溶液定容 15mL,混匀,此溶液为蛋黄色不透明乳浊液,可稳定约 2min。空白溶液:取浓硝酸 8mL 蒸干,加混合溶剂 6mL,Triton X-100 溶液 9mL。用工作曲线法测定。吸取样品溶液 2.00mL 于 25mL 容量瓶中,加钡溶液 2.0mL,以水定容。于 25mL 容量瓶中,依次加入钠、钾标准 10~30μg,加入钡溶液及空白溶液 2.0mL,以水定容。参比溶液为工作曲线标准溶液的空白溶液。将试液置于电磁搅拌器上,在搅拌下喷入火焰,测定积分 5s 的发射光谱值。

方法评价:本方法检出限(3σ/S):Na 0.035mg/L,K 0.019mg/L;加标回收率:Na 99.4%~104.7%,K 98.0%~103.0%,RSD(n=6)钠为 2.3%,钾为 2.1%。选用乙醇-MIBK 混合溶剂作溶剂,10% Triton X-100 溶液为乳化剂,测定效果良好。采用钡溶液可以有效地消除电离干扰,使得钠和钾的发射光谱值最大,且稳定。

实例 16-14 GC-MS 法测定 PVC 塑料制品中有机锡[33]

方法提要:采用 GC-MS 法测定聚氯乙烯(PVC)塑料制品中有机锡组分(一丁基锡、二丁基锡、三丁基锡、四丁基锡、一辛基锡、二苯基锡和三苯基锡)。以四氢呋喃盐酸溶液溶解 PVC 样品,超声波提取其中的微量有机锡,经四乙基硼酸钠(NaBEt₄)水溶液衍生化后,用正己烷萃取分离,再进行 GC-MS 定性定量分析。

仪器与试剂:GC-MS 联用仪,配有 AS 3000 自动进样器;酸度计;QL 型振荡器;超声波清洗器;电子天平;离心机;冷冻粉碎机;一丁基锡(MBT,97.0%)、二丁基锡(DBP,97.2%)、三丁基锡(TBT,96.5%)、四丁基锡(TeBT,96.5%)、一辛基锡(MOT,88.5%)、二苯基锡(DPhTh,97.0%)、三苯基锡(TPhTh,98.0%);四乙基硼酸钠(NaBEt₄,98%);盐酸、氢氧化钠、乙酸、乙酸钠、无水硫酸钠均为分析纯;甲醇、正己烷、四氢呋喃均为色谱纯;去离子水。玻璃器皿用水洗净后,置于 10% HNO₃ 中浸泡 12h,再用去离子水冲洗干净,烘干或自然晾干;实验过程中应避免接触或使用 PVC 塑料器皿,以免引入待测成分,影响分析结果。

操作步骤:添加有机锡的 PVC 产品多为透明塑料制品,延展性极好,需用冷冻粉碎机粉碎,也可采用人工剪裁的方法,将样品剪成 4mm×4mm 的碎片,混合均匀。准确称取 0.2~0.5g 样品至具塞三角瓶中,加入 5mL 四氢呋喃,滴加 1~2 滴浓盐酸,避光超声至样品完全溶解,缓慢加入 10mL 乙醇,沉淀高聚物,超声 5min,离心过滤后,取上层清液 5mL 至具塞试管中。经衍生化后,进行 GC-MS 分析。根据各种有机锡化合物的特征离子峰及保留时间定性,采用分段选择离子检测法进行定量分析。

准确称取各种有机锡标准品,用甲醇定容成 1000mg/L 的标准储备溶液,在 4℃ 下可避光保存 6 个月。准确移取各种有机锡标准储备溶液至 10mL 棕色容量瓶中,用甲醇定容,即得 100mg/L 的混合标准溶液,在 4℃ 下可避光保存 1 个月。准确移取一定量混合标准溶液,用甲醇稀释至各种有机锡质量浓度为 0.1、0.25、0.5、5.0、10.0、50.0mg/L,制得标准工作溶液,临用时现配。

取 1mL 混合标准溶液(100mg/L)于 25mL 具塞试管中,加入 5mL 乙酸-乙酸钠缓冲溶液(pH4.75),2mL 衍生化溶液(2% NaBEt₄ 溶液),混匀后超声 20min,再加入 2mL 正己烷,超声 15min,剧烈振荡 200s,静置分层,移取正己烷层至试样瓶中,加入少量无水硫酸钠干燥,用 0.22μm 微孔过滤后,进行 GC-MS 分析。

方法评价:7 种有机锡的检出限(3σ)在 0.005~0.025mg/L 之间。取 1mL 有机锡标准溶液测定 7 种有机锡样品,其 RSD(n=5)在 1.4%~4.3% 之间。样品加标回收率为

$84.14\%\sim110.71\%$,RSD($n=3$)均小于10%。

实例 16-15　分光光度法测定聚烯烃树脂中微量钒[34]

方法提要：聚烯烃中通常会含有微量的 V、Fe、Ti 等金属元素,这些金属的存在对聚烯烃树脂的生产有很大的影响。采用钒-二苯偶氮碳酸肼(DPCO)-溴化十六烷基三甲胺(CTMAB)三元配合物显色体系,在540nm 处测定吸光度,以盐酸羟胺和硫脲作掩蔽剂,消除 Fe^{3+} 和 Cu^{2+} 的干扰。

仪器与试剂：紫外可见分光光度计;钒标准溶液:$0.1g/L$,准确称取在$105\sim110℃$烘干 2h 的 NH_4VO_3 0.2296g,加少量去离子水加热溶解,冷却后加 5mL(1+1)H_2SO_4 酸化,定溶于 1L 容量瓶中,摇匀备用,使用时稀释为$5\mu g/mL$;$2.5g/L$ DPCO 丙酮溶液;$7.0g/L$ CTMAB 溶液;乙酸-乙酸钠缓冲溶液(pH5.0);2%硫脲溶液;2%盐酸羟胺溶液。所用水为去离子水,试剂均为分析纯。

操作步骤：准确称取一定量聚烯烃树脂于瓷坩埚中,在电热炉上低温加热,至聚烯烃树脂熔化,出现白色气体时,将样品点燃,同时降低炉温,使气体燃烧,至火焰熄灭时,再升高电路温度至无烟。然后,移入马弗炉在550℃灰化 4h,至无黑色残炭为止。待马弗炉温度降至200℃以下时,取出坩埚,冷却至室温。加入 5mL(1+1)HCl 溶解灰分,并加热至近干,加少量去离子水微热溶解盐类,将其转移至 25mL 容量瓶中(此时体积约为 10mL),同时做试样空白。

取适量 V(25μg)于 25mL 容量瓶中,依次加入 4.0mL 乙酸-乙酸钠缓冲溶液,2.0mL DPCO 溶液,2.0mL CTMAB 溶液,用去离子水稀释至刻度,摇匀。在测定试剂样品时,为了掩蔽干扰离子,加缓冲溶液之前,应加入 2.5mL 2%盐酸羟胺溶液和 1.5mL 2%硫脲溶液,摇匀,放置 5min。用紫外可见分光光度计,在 540nm 处测定吸光度。

方法评价：被测物的摩尔吸光系数为 4.48×10^4 L/(mol·cm),V 含量在 $0\sim27\mu g/$25mL 范围内符合比尔定律。对于聚乙烯和聚丙烯中钒的测定,其 RSD($n=6$)分别为2.7%和4.8%,加标回收率($n=6$)分别为 99.2% 和 98.8%。2.5mL 2%盐酸羟胺溶液和1.5mL 2%硫脲溶液可以允许 40 倍 Fe^{3+} 和 10 倍 Cu^{2+} 的存在。

实例 16-16　沉淀分离-GC 法测定聚氯乙烯塑料制品中磷酸甲苯酯类增塑剂[35]

方法提要：采用四氢呋喃作溶剂,将聚氯乙烯(PVC)塑料溶解,以甲醇为沉淀剂,将磷酸甲苯酯类增塑剂从聚合物中分离出来,再用 GC-FID 检测器进行分析。

仪器与试剂：气相色谱仪,配有火焰光度检测器(FPD)和自动进样器;磷酸甲苯酯3种异构体标准品,德国 Dr.Ehrenstorfer 公司;磷酸三邻甲苯酯(纯度大于97.0%)、磷酸三间甲苯酯(纯度大于98.0%)、磷酸三对甲苯酯(纯度大于99.0%);内标物标准品:磷酸三苯酯(纯度大于99.0%);四氢呋喃和甲醇均为进口色谱纯。

操作步骤：将 PVC 塑料制品剪碎至单个颗粒$\leq0.005g$ 的细小颗粒,混匀,准确称取试样 0.05g(精确至 1mg)于可密封的玻璃小瓶中,加入 5mL 四氢呋喃,振荡 30min,或涡旋使样品完全溶解,缓慢加入 10mL 甲醇,使 PVC 聚合物沉淀析出,边加入边搅拌,静置 10min,使 PVC 聚合物沉淀完全,滤纸过滤后,用甲醇冲洗沉淀 3 次,合并滤液至 25mL 容量瓶中,加入 100μL 50mg/L 的内标液,用甲醇定容,待 GC 分析,同时进行空白试验。

方法评价：磷酸甲苯酯线性范围在 $0.1\sim2.0mg/L$,三种异构体测定下限和确证下限均设定为 50mg/kg,对自制 PVC 样品中磷酸甲苯酯测定的 RSD($n=3$)为 $0.8\%\sim5.9\%$,回收率为 82.9%～99.1%。对不同 PVC 塑料样品进行检测,结果表明,本方法可将增塑剂从聚合物中有效地分离出来。

　　将磷酸甲苯酯加标的 PVC 制品进行超声提取与沉淀分离提取效率对比实验,结果表明,超声提取的效果与样品颗粒度密切相关,样品颗粒越小,超声提取效率越高;而沉淀分离法则不受 PVC 制品尺寸和制作工艺的影响,均能实现磷酸甲苯酯从 PVC 制品中的完全提取。

　　实例 16-17　微波消解-ICP-MS 法测定 PVC 塑料中微量铅、镉、汞、铬[36]

　　方法提要:采用微波消解技术,对 PVC 塑料样品进行前处理,再用 ICP-MS 法测定消解液中的有害元素 Pb、Cd、Hg 和 Cr。

　　仪器与试剂:微波消解仪,包括微波炉、聚四氟乙烯-四氟乙烯(PTFE-TFE)高压消解罐及固定装置,有可编程温度/压力-时间监控功能,可以在消解过程中监测压力和温度,并且有合格的安全保护和泄压装置;ICP-MS 仪,微流同心雾化器,半导体控温于(2±0.1)℃;石英一体化矩管,2.5mm 中心通道;样品锥材质 Ni;分析模式全定量;氧化物<0.5%,双电荷<2%。硝酸,优级纯;双氧水,MOS 级;Pb、Cd、Hg、Cr 标准储备溶液,均为 1000μg/mL;混合标准溶液 A,10μg/mL,5%硝酸介质,内含 Pb、Cd、Hg、Cr 元素;标准溶液系列,由混合标准溶液 A 逐级稀释而成,5%硝酸介质;铑标准储备溶液,均为 1000μg/mL;内标溶液,由 1000μg/mL 铑标准储备溶液逐级稀释而成,浓度为 1μg/mL;调谐溶液,10ng/mL,Li、Co、Y、Ce、Tl 混合标准溶液,2%硝酸介质;超纯水,由 Milli-Q 超纯水系统制得。聚氯乙烯塑料标准参考物质,PVC-L01A 与 PVC-H01A。

　　操作步骤:精确称取 0.1000g PVC 塑料样品,置于酸煮洗净的 PTFE-TFE 高压消解罐中,加入 5mL 浓硝酸,1mL 双氧水,加盖,放入微波炉中,按预先设定的消解程序加热。消解程序结束后,冷却至室温,打开密闭消解罐,样品液转移入干净的 PET 塑料瓶,以少量超纯水洗涤高压消解罐和盖子 3～4 次,洗液合并至 PET 塑料瓶中,加入 1.00mL 铑内标溶液,定重至 50g,混匀。随同样品做试剂空白。微波消解条件列于表 16-9。

表 16-9　微波消解条件

步　　骤	功率(Max)/W	升温时间/min	温度/℃	持续时间/min
1	1200	5	120	5
2	1200	3	150	5
3	1200	7	200	50

　　方法评价:被测 4 种元素的检出限分别为 Cr 7.2ng/g,Cd 2.3ng/g,Hg 2.7ng/g,Pb 1.4ng/g,RSD($n=6$)为 0.6%～5.8%。本方法消耗样品量较少,样品消解快速、完全、无损失、污染少两种 PVC 标准参考物质中 Pb、Hg、Cd、Cr 的测定结果准确。

　　由于 Hg 是易污染元素,在样品处理过程中,所有容器在使用前都应清洗干净。此外,为了避免试剂所引入的空白,应尽量选用 Cr、Cd、Hg、Pb 含量低的试剂。

　　实例 16-18　微波消解-ICP-AES 法测定 PVC 材料中的镉、铅和汞[37]

　　方法提要:采用微波消解技术,对 PVC 材料样品进行前处理,再用 ICP-AES 法测定其中的重金属元素 Cd、Pb 和 Hg 的含量。

　　仪器与试剂:ICP-AES 仪;高压密闭式微波消解仪;Cd、Pb 和 Hg 标准溶液:均为

1000mg/L,国家标准物质中心;30% H_2O_2,优级纯;HNO_3,优级纯;所有试验用水为去离子水。

操作步骤: 精确称取 0.2000g PVC 样品于消解罐中,加入 5mL 浓 HNO_3,1mL 30% H_2O_2,按设定条件进行消解(表 16-10)。消解程序结束后,冷却至室温,在通风橱内小心打开,并放气,转移到 25mL 容量瓶中,用去离子水定容到刻度。再用 ICP-AES 测定。

表 16-10　微波消解条件

步骤	功率(Max)/W	控压/kPa	升温时间/min	温度/℃	持续时间/min
1	1200	1200	7	130	18
2	1200	2000	10	190	10

方法评价: 被测 3 种元素的检出限($n=11$)分别为 Cr 1.1μg/L,Cd 1.9μg/L,Hg 1.6μg/L,测定电线样品中 Cr、Cd 和 Hg 的加标回收率分别为 96.6%、94.2%、91.6%,标准 PVC 样品(编号 EC681 和 NMIJ8102A)测定结果准确。

对于实际样品来说,必须将样品(如电线电缆)的 PVC 部分与金属部分完全分开,要用剥线钳将电线的外皮取下,剪成小段,这样的均质样品才能得到满意的测定结果。

实例 16-19　聚乙二醇萃取分光光度法测定聚烯烃树脂中的铁[38]

方法提要: 以聚乙二醇-硫酸铵-铝试剂萃取,采用 5-Br-PADAP 为显色体系测定聚烯烃树脂中的 Fe。

仪器与试剂: 分光光度计;酸度计;铁标准溶液:0.1mg/mL,使用时配制成 10μg/mL 的工作液;5-Br-PADAP 溶液:0.6mg/mL;pH5.0 乙酸-乙酸钠缓冲溶液;聚乙二醇-2000(PEG)溶液:质量分数 30%;铝试剂:质量分数 0.1%;盐酸,乙酸,乙酸钠,硫酸铵均为分析纯;去离子水。

操作步骤: 准确称取聚烯烃树脂约 5g 于瓷坩埚中,在电路上加热,至聚烯烃树脂熔化,出现白色气体时,将样品点燃,同时降低炉温,使气体燃烧,至火焰熄灭时,再升高炉温至无烟。再将坩埚放入 500℃ 马弗炉中灰化 3h,直至样品无残炭为止,取出坩埚,冷却至室温,加入 10mL (1+1)HCl 溶解残渣,并蒸发至近干,加入适量去离子水微热,以溶解盐类物质,将其转入 25mL 容量瓶中,定容,摇匀,备用。

在 60mL 分液漏斗中依次加入 5.0mL pH5.0 乙酸-乙酸钠缓冲溶液,1.0mL 0.1%铝试剂,一定量处理好的金属离子样品溶液,10mL PEG 溶液,用去离子水稀释至 20mL,摇匀。然后称量 4.0g$(NH_4)_2SO_4$ 固体,加入到分液漏斗中充分振荡 3~5min,静置片刻,待两相明显分层后,弃去下层水相,将上层高聚物相转入 25mL 容量瓶中,用去离子水稀释至刻度,摇匀,备用。同时,另取一分液漏斗,不加金属离子,按上述步骤操作,得试剂空白萃取溶液,以其作参比,进行分光光度测定。

准确移取 1mL Fe 标准溶液(10μg/mL)于 25mL 容量瓶中,分别加入 5.0mL pH5.0 乙酸-乙酸钠缓冲溶液,2mL 5-Br-PADAP 溶液,用去离子水稀释至刻度,摇匀,放置 20min。用 1cm 比色皿,以试剂空白为参比,在 596nm 处测定吸光度。

方法评价: 以聚乙二醇-硫酸铵-铝试剂为萃取体系,可以有效地除去其他共存金属离子的干扰。Fe^{3+} 在 0~18μg/25mL 范围内,吸光度线性良好。人工合成样平均萃取回收率为 100.2%。对实际的聚乙烯和聚丙烯树脂样品测定,其 RSD($n=5$)分别为 0.5% 和 1.13%,

加标回收率（$n=5$）在 97.5％～102％和 97.3％～104.5％。

实例 16-20 离子色谱法测定聚乳酸降解产物中的 3 种有机酸阴离子[39]

方法提要：将聚乳酸（PLA）降解第 5 天的产物过滤后，用离子色谱检测产物中的 3 种小分子有机酸阴离子：乳酸根、乙酸根和甲酸根。通过对聚乳酸降解产物含量的研究可以预测聚乳酸的降解速率和使用寿命。

仪器与试剂：IC 仪，配备电导检测器、抑制器、串联泵、自动进样器；超纯水仪；聚乳酸：自制；甲酸对照品：0.88g/mL，分析纯；乙酸，0.995g/mL，分析纯；乳酸，0.85g/mL，分析纯。二氯甲烷，分析纯。

操作步骤：称取 10g 聚乳酸于 150mL 烧杯中，加入 50mL 二氯甲烷，搅拌溶解，待全部溶解后，取 25mL 倒入表面皿，静置一段时间，表面皿内的溶剂全部挥发，并在容器底部形成了膜，将表面皿放入恒温真空干燥箱，干燥 2h，以使样品内的溶剂和水分完全挥发，将干燥好的膜取下备用。

将膜置于磨口细口瓶中，加入 50mL 超纯水后，盖好，恒温 25℃，降解 5d。取降解溶液，用 0.45μm 微孔滤膜过滤后，进入 IC 仪分析。淋洗液为 6.0mmol/L NaHCO₃ 溶液，流速 1mL/min，进样体积 10μL，柱温 30℃，池温 35℃，电导检测器检测。

方法评价：乳酸、乙酸和甲酸测定的 RSD（$n=5$）分别为 0.9％、3.7％和 2.0％。以 6.0mmol/L 碳酸氢钠作淋洗液，实现了乳酸、甲酸和乙酸的基线分离。

实例 16-21 光谱法分析塑料抛光膏组分[40]

方法提要：分别采用硅胶柱层析和溶剂抽提，分离塑料抛光膏中的油脂和磨料组分。油脂部分依次以石油醚、苯、氯仿、乙酸乙酯、丙酮、乙醇为淋洗剂进行洗脱，利用红外光谱（IR）、核磁共振（NMR）对所分离的组分进行结构鉴定。磨料部分通过原子发射光谱和 X 射线衍射法进行金属元素及形态分析。通过上述光谱法确定塑料抛光膏的化学组成和结构。

仪器与试剂：FT-IR 仪；NMR 仪；AES 仪；XRD 仪；玻璃柱层析装置（400×ϕ20mm）；柱层析硅胶（100～200 目，200～300 目）；石油醚、苯、氯仿、乙酸乙酯、丙酮、乙醇均为分析纯。

操作步骤：油脂部分能溶于石油醚和苯等非极性溶剂，不完全溶解于乙醇、甲醇等极性溶剂，磨料部分不溶于各种有机溶剂。

油脂部分：取适量原样，干法上样，柱层析分离。分别用石油醚、苯、氯仿、乙酸乙酯、丙酮、乙醇依次洗脱，油脂部分被洗脱下来，洗脱液用安培瓶收集，每 10mL 切换一次。溶剂挥发后，称取各瓶中残留物的质量，绘制柱层析色谱图。在石油醚、苯、乙酸乙酯流出液中有组分出现，依次为未知物 A、B、C，以薄层色谱（TCL）检验其纯度，采用 IR 和 NMR 测定其结构。

磨料部分：取适量磨料部分样品，在电炉上小火加热碳化后，置于马弗炉中 650℃ 灼烧 2h，取出冷却，得白色粉末 D、E，以原子发射光谱法定性分析金属元素。

另取适量原样，用石油醚、乙酸乙酯多次萃取油脂部分后，剩余物为 D、E 混合物，将其烘干去除溶剂，做 XRD 分析。

方法评价：通过对原样的 IR 分析表明，原样中含有碳酸盐、金属氧化物及酯类等有机物；未知物 A、B 为石蜡油类；未知物 C 为脱水蓖麻油；磨料部分高温灼烧后的未知物 D、E

经原子发射光谱分析为碳酸钙、氧化铝或碳酸铝；原样经溶剂充分洗涤除去有机组分，烘干后得到的未知物 D、E 经 X 射线粉末衍射仪的物相分析确定为碳酸钙和 α-氧化铝。这是应用多种分离技术和仪器分析手段鉴定组分结构一个成功的范例。

实例 16-22 石墨炉原子吸收光谱法测定涂料中铅的样品前处理[41]

方法提要：采用干灰化法消解涂料样品，再用石墨炉原子吸收光谱法测定其中的铅。

仪器与试剂：石墨炉原子吸收分光光度计，铅空心阴极灯；马弗炉；电热板；铅标准储备液，1mg/mL；亚沸蒸馏水。

操作步骤：准确称取 1g（准确至 0.0002g）涂料样品于 50mL 铂金坩埚中，置于电热板上低温炭化，随后将坩埚放入马弗炉中，于 (475±25)℃下灰化 2～3h，取出，冷却至室温，缓慢加入 20mL 硝酸溶液 (1+1)，在电热板上加热至溶液近干，继续在电热板上加热浓缩至余液少于 6mL，加入 20mL 水，用快速滤纸过滤至 100mL 容量瓶中，用水充分洗涤坩埚和滤纸数次，将洗涤液移入容量瓶中，用水稀释至刻度，摇匀，按仪器工作条件测定样品中铅的浓度。

结果评价：铅浓度在 0.6～3.0μg/L 范围内线性良好，涂料样品测定的 RSD($n=5$) 为 1.3%，加标回收率为 99.2%～102.1%。在仪器工作条件下，测定 2μg/L 铅标准工作溶液，当相对误差在 ±5% 时，共存离子允许量（倍数）为：Cl^-、NO_3^-、SO_4^{2-}（500），K^+、Na^+、Mg^{2+}（200），Ni^{2+}、Fe^{2+}、Cd^{2+}、Cd^{3+}、$Cr(VI)$、$Mo(IV)$、Zn^{2+}（100），Cr^{3+}、Ca^{2+}（50），Cu^{2+}、Fe^{3+}（20）。

实例 16-23 HPLC 法测定 AMPS/AM 二元共聚物中残余微量单体含量[42]

方法提要：水溶性聚合物驱油是目前油田普遍采用的一种提高采收率的方法。其中 2-丙烯酰胺基-2-甲基丙磺酸（AMPS）与丙烯酰胺（AM）形成的二元共聚物具有较强的耐温抗盐能力，可用于高温高盐地层。在聚合过程中，AMPS 和 AM 不能完全转化为聚合物，在共聚物中残留的少量单体具有强腐蚀性，且对环境有害。以异丙醇-乙醇混合液为提取剂，将 AMPS 和 AM 从 AMPS/AM 二元共聚物的水溶液提取出来，再用 HPLC 进行测定。

仪器与试剂：HPLC 仪，配有 ZORBAX SB-C$_{18}$（4.0mm×150mm）色谱柱；紫外可见分光光度计；异丙醇、乙醇，分析纯；AM，分析纯；AMPS，纯度≥99%；甲醇，色谱纯；去离子水；实际试样：X-20110706，X-2012-312，X-20120614。

操作步骤：提取液制备：将 10mL 乙醇置于 1000mL 容量瓶中，用异丙醇稀释至刻度，混合均匀后置于玻璃容器中储存；提取剂-水混合液制备：将 540mL 异丙醇与 450mL 去离子水混合，再加入 10mL 乙醇，混合均匀后置于玻璃容器中储存；标准试样制备：准确称取 AMPS 试样 1g（精确到 0.0001g），定容于 100mL 容量瓶中，并用去离子水稀释至刻度，混合均匀。用移液管准确量取 1.0mL AMPS 溶液，置于另一个 100mL 容量瓶中，用 50mL 提取剂和 49mL 提取剂-水混合液稀释至刻度，混合均匀，即制得质量浓度为 100mg/L 的 AMPS 溶液。按上述方法分别配制质量浓度为 100、200、500、1000、2000、3000mg/L 的 AMPS 和 AM 的标准溶液，分别用 HPLC 进行分析，得到两种组分的工作曲线及线性回归方程。

试样制备：用试样瓶准确称取 2g（精确到 0.0001g）AMPS/AM 二元共聚物试样，加入 10mL 提取剂-水混合液，盖紧瓶盖，剧烈摇动或磁力搅拌 40min，然后加入 10mL 提取剂，再搅拌 10min，静置 2h，待溶液不具黏性时，取液体试样进行 HPLC 分析。

方法评价：以异丙醇-乙醇混合液为提取剂，提取 AMPS/AM 二元共聚物中的残余单体 AMPS 和 AM,使试样不粘,具有较好的分离效果。AMPS 和 AM 的检出限分别为 0.48mg/L 和 0.97mg/L,加标回收率($n=5$)分别为 97.50%～100.6% 和 98.01%～99.05%,RSD 分别为 0.44%～0.98% 和 0.52%～1.30%。

实例 16-24 双通道离子色谱法同步检测新型阻燃剂中间体(DOPO)中的无机离子[43]

方法提要:DOPO(9,10-二氢-9-氧杂菲-10-氧化物)为新型阻燃剂中间体,具有比一般有机磷酸酯热稳定性更高、阻燃性能更好的特点,但在其合成过程中会引入少量卤素或其他无机阴阳离子,影响其纯度,增加终端产品的安全隐患。本方法以氯仿溶解新型阻燃剂中间体 DOPO,离心取清液,过固相萃取柱与 $0.22\mu m$ 针头滤膜,自动进样器-双通道离子色谱法同步检测 DODP 中的无机阴阳离子。

仪器与试剂:双通道离子色谱仪,PIC-JY 自动进样器;离心机;PG-2010 反控工作站;超声波清洗机;C_{18} 前处理柱,$0.22\mu m$ 针头滤膜。Na_2CO_3、$NaHCO_3$、CH_3SO_3H、$NaCl$、Na_2SO_4 均为分析纯;实验用水电阻率$\geqslant 18.2M\Omega$。

操作步骤:以 20mL 氯仿溶解 1g(精确至 0.0001g)DOPO 样品,必要时采用超声波清洗机将 DOPO 样品溶解。加入去离子水 10mL,剧烈摇晃 5～10min,再用 4000r/min 的离心机离心 15min。抽取上层水清液,过固相萃取柱与 $0.22\mu m$ 针头滤膜,进样分析。

方法评价:DOPO 中主要存在 Cl^-、SO_4^{2-} 和 Na^+,3 种离子的含量分别为 6.927、0.539 和 4.826mg/L,Cl^-、SO_4^{2-} 和 Na^+ 的最低检出限分别为 0.05、0.25 和 $0.1\mu g/L$,平均回收率分别为 95.79%、94.87% 和 98.30%。

16.3.3 催化剂、助剂与添加剂

实例 16-25 Pt/SiO_2-Al_2O_3 催化剂中 Pt 含量的分光光度法测定[44]

方法提要:应用分光光度法测定 Pt/SiO_2-Al_2O_3 催化剂中 Pt 含量,试样溶于 HF、HCl、H_3PO_4 及 H_2O_2 中,在 1.2mol/L HCl 介质中,高价 Pt 的氯化物阴离子($PtCl_6^{2-}$)被 $SnCl_2$ 溶液还原生成黄色的亚氯铂酸(H_2PtCl_4),在 403nm 处用分光光度法进行测定。

仪器与试剂:紫外可见分光光度仪;Pt 标准溶液 0.1g/L:称取光谱纯氯铂酸铵 0.2275g 于烧杯中,用去离子水溶解后,转移至 1L 容量瓶中,用 1.0mol/L HCl 溶液稀释至刻度,备用;氯化亚锡溶液 250g/L,当天配制;试剂为分析纯;水为二次去离子水。

操作步骤:称取一定量干燥样品,置于四氟乙烯杯中,加入 10mL 浓 HF,在电炉上缓慢加热至蒸干,加入 10mL HCl(1+1),10mL H_3PO_4(1+1),5mL H_2O_2,至样品完全溶解,冷却后,转入 100mL 容量瓶中,定容待测。

移取适量样品溶液于 100mL 容量瓶中,加入 20mL HCl(1+1),20mL $SnCl_2$ 溶液,用水稀释至刻度,摇匀,室温下放置 40min,用 2cm 比色皿,以试剂空白为参比,在 403nm 处测定吸光度。

方法评价:实际样品测定结果与 XRFS 法的结果一致,其 RSD($n=9$)均小于 4%,平均回收率为 101%～106%。

对于催化剂中铂含量的测定,传统的样品前处理是用王水溶解样品,以浸出其中的铂。但对于以硅铝为基体的样品来说,SiO_2 成分含量高,基体成分不可能完全溶解,故选用 HF、HCl、H_3PO_4、H_2O_2 体系前处理含铂质量分数为 0.35% 和 0.50% 的 Pt/SiO_2-Al_2O_3 催化剂。对于 1.0mg/L Pt 进行测定,当相对误差不超过 5% 时,共存离子允许量(mg/L)为:

Al^{3+}（800）；Fe^{3+}（200）；Ni^{2+}（100）；W^{6+}（50）；Mo^{6+}（1），当 Mo 的浓度比 Pt 高时，用 $SnCl_2$ 溶液显色后，溶液的颜色会逐渐变浅，直至褪色；强氧化剂 H_2O_2 的存在使 Pt 的测定结果明显降低，因此在测定前必须除去过量的 H_2O_2。

实例 16-26　微乳液进样 FAAS 法测定油性催化剂环烷酸钴中的钴[45]

方法提要：将样品用 200 ♯ 汽油溶解后，加入十二烷基磺酸钠、丁醇和水，使之形成微乳体系后直接进样，火焰原子吸收光谱法测定环烷酸钴中 Co 的含量。

仪器与试剂：FAAS 仪，钴空心阴极灯；Co 标准溶液 $1000\mu g/L$，光谱纯；十二烷基磺酸钠、丁醇，分析纯；水为二次去离子水。

操作步骤：微乳液配制：准确称取环烷酸钴 0.1000g（精确到 0.0002g），用 200 ♯ 汽油使其溶解后，转入 50mL 容量瓶中，然后稀释至刻度。取上述溶液 1mL 于 25mL 容量瓶中，依次加入 4mL 丁醇、1.2g 十二烷基磺酸钠，再用水稀释至刻度，摇匀备用。再用 FAAS 测定 Co 含量。

方法评价：采用本法测定环烷酸钴中的钴，与滴定法测定的结果基本一致。在 25mL 微乳液中分别加入 $20\mu g$ Mn^{2+}、$30\mu g$ Pb^{2+}、$10\mu g$ Cu^{2+}、$15\mu g$ Zn^{2+}、$25\mu g$ Ni^{2+}，对测定结果均无影响。由于微乳液体系既可溶解亲油性物质，也可溶解亲水性物质，因此，实验中不必使用较难提纯的有机金属标准物质，而可采用标准水溶液代替有机金属溶液进行直接测定。该方法还可用于环烷酸铅、环烷酸钙等环烷酸系列盐类中金属含量的测定。

实例 16-27　氧弹燃烧-离子色谱法测定重整催化剂中氯的含量[46]

方法提要：重整催化剂是双功能催化剂，金属功能由铂提供，酸性功能由含氯氧化铝提供，因此，氯是重整催化剂中重要的活性组分之一，氯含量是一项重要的控制指标。以 4mL 7.5mol/L NaOH 溶液提取重整催化剂中的氯，以淋洗液自动发生装置产生的 KOH 为流动相，进行离子色谱分析测定氯的含量。

仪器与试剂：IC 仪，配有在线淋洗液发生器和 AS-DV 自动进样系统；压力溶弹；NaOH（优级纯）；氯标准溶液：1000mg/L，国家标准物质中心；二次去离子水，电阻率 > $18.2M\Omega \cdot cm$。

操作步骤：称取研磨至小于 120 目的试样 0.0600～0.1200g，于压力氧弹聚四氟乙烯杯中，取少量水润湿，加入 4mL 7.5mol/L 的 NaOH 溶液，在 180℃ 恒温 4h，冷却至室温，转移至 50mL 容量瓶中，取上述溶液 5mL 于 50mL 容量瓶中，用水稀释至刻度，倒入自动进样器（带有 $0.45\mu m$ 滤膜），同时做试剂空白。同时称取约 0.2000g 试样于已恒重的瓷坩埚内，测定灼烧基。

方法评价：Cl^- 浓度在 0.4～4.0mg/L 范围内线性良好，检出限（3 倍信噪比）为 2.33ng/g。对两个样品进行重复测定，Cl^- 浓度平均值分别为 1.22% 和 1.08%，RSD（$n=10$）分别为 0.74% 和 0.50%，加标回收率为 98.7%～102.8%。本法与离子选择性电极法测定结果基本一致。

重整催化剂以氧化铝为主体，含有少量金属及硫、氯等元素，提取液既要将 Cl^- 提取出来，又要避免其组分对 Cl^- 分离度的影响。Al_2O_3 为两性氧化物，无机酸能充分提取 Cl^-，但其会引入大量阴离子，干扰 Cl^- 的测定。Al^{3+} 与 OH^- 的络合常数大于 Al^{3+} 与 Cl^- 的络合常数，表明无机碱类物质可使 $Al(OH)_3$ 沉淀进一步转化为 AlO_2^- 溶液，从而能更充分地提取试样中的 Cl^-，本实验选定 NaOH 溶液为提取液。

实例 16-28 ICP-OES 法测定 RN 型催化剂中金属杂质含量[47]

方法提要：RN 型加氢催化剂以氧化铝为载体,含有 Ni、W、Mo 等活性组分,当加氢催化剂重金属杂质过高时,可导致催化剂中毒。本方法采用硫酸-磷酸混合酸处理样品,并通过基体匹配方式消除光谱干扰,利用 ICP-OES 法测定 RN 型加氢催化剂中的金属杂质 Ca、Cu、Fe、Mg、Ti、Mn、K、Zn 和 Na 的含量。

仪器与试剂：ICP-OES 光谱仪；磷酸,硫酸,优级纯；混合酸：H_2SO_4：H_3PO_4：$H_2O=$ $1:1:2$,体积比；Al 标准溶液(基体用)：10mg/mL,称取 2.00g 铝片(光谱纯)于 100mL 烧杯中,加入 20mL(1+1)HCl,缓慢加热,直至溶解。冷却后,转入 200mL 容量瓶中,以 10% HCl 定容,待用；混合标准溶液：由 1000mg/L 各元素储备母液配制成含 Ca、Cu、Fe、Mg、Ti、Mn、K、Zn、Na 混合标准溶液,各元素浓度为 100mg/L。

操作步骤：样品经研磨均匀后,置于烘箱中在 105℃干燥 1h 后,冷却至室温。准确称取 0.2~0.3g 样品于 50mL 烧杯中,以少量水润湿,加入 10mL 混合酸,盖上表面皿,加热至溶解,冷却后转入 25mL 容量瓶中,用去离子水定容,待测。

方法评价：该方法线性范围在 100~10 000mg/kg,加标回收率为 90%~105%(Na 的加标回收率较低,在 82.0%~86.1%),RSD 在 10% 以内,方法检出限(3 倍标准差,mg/L, $n=11$)：Ca 0.017、Cu 0.001、Fe 0.015、Mg 0.037、Ti 0.002、Mn 0.003、K 0.231、Zn 0.005、Na 0.217。对三种 RN 型加氢催化剂进行 10 次平行测定,含量在 100mg/L 以上的金属杂质的 RSD 均小于 10%。

在 RN 型加氢催化剂中,氧化铝含量约在 70% 左右,氧化钨含量在 20% 左右,其他活性组分约占 8%~9%,剩余杂质含量总和在 1% 左右。当混合酸体积比 H_2SO_4：H_3PO_4： $H_2O=1:1:2$ 时,溶解效果最好。ICP-OES 法测定 RN 型加氢催化剂中的金属元素的谱线波长集中在 200~250nm 之间,而 Al 元素在此范围内没有强度很高的谱线,因而对被测元素无明显影响。虽然 W 在 238.244nm 处有明显的干扰峰,当 W 浓度在一定范围以下,仪器分光系统可将谱峰分开,不受影响。对 9 个被测元素分别选择了干扰相对较少的波长作为测定波长,从加标实验结果也可以看出,所选择的 9 个谱线不存在显著的光谱干扰。

实例 16-29 离子色谱法测定油田钻探用增稠剂中的阴离子和有机酸[48]

方法提要：油田钻探增稠剂主要用于贫油油田的钻探,产品中的杂质(阴离子和部分有机酸)对油田钻探的出油率有一定的影响。以 8mmol/L KOH 为淋洗液,IonPacAS18 色谱柱直接进样,测定油田钻探用增稠剂中的阴离子和有机酸。

仪器与试剂：IC 仪,配有 EG50 淋洗液发生器、ULTRA-ASRSⅡ电化学自再生抑制器、电导检测器和 Chromeleon 6.50 色谱工作站；Dionex IonPacAG18＋IonPacAS18(2mm)； Barnsread 超纯水系统；阴离子和有机酸标准溶液均用分析纯试剂配制成 1mg/mL 水溶液,于冰箱中存放；二次去离子水。

操作步骤：吸取 0.1mL 油田钻探用增稠剂样品,加水溶解,定容至 100mL,经过 0.23μm 滤膜过滤后,直接进样测定。离子色谱梯度淋洗条件见表 16-11。

表 16-11　离子色谱梯度淋洗条件

步　骤	时间/min	KOH 浓度/(mmol/L)
1	0	12
2	8	31
3	12	31
4	17	52
5	17.01	12
6	25	12

方法评价：各种阴离子的检测限($S/N=3$)在 $0.15\sim8.32\mu g/L$。对油田钻探用增稠剂样品进行前处理后,直接进样测定,所有离子的加标回收率均在 $89.1\%\sim105.3\%$ 之间。

实例 16-30　GC-MS 法测定橡胶和塑料制品中阻燃剂十溴二苯乙烷[49]

方法提要：十溴二苯乙烷[1,2-双(2,3,4,5,6-五溴苯基)乙烷,DBDPE]是一种使用广泛的广谱添加阻燃剂,广泛应用于苯乙烯类高聚物及工程塑料中。本方法针对 DBDPE 相对分子质量大、沸点高、难溶解及基质复杂等特点,将样品液氮冷冻、粉碎后,以甲苯为溶剂,索氏提取,过硅胶固相萃取柱,分离净化后,再用 GC-MS 法测定橡胶和塑料制品中阻燃剂十溴二苯乙烷。

仪器与试剂：GC-MS 联用仪;甲苯,色谱纯;旋转蒸发器;十溴二苯乙烷标准物质,纯度大于 96.0%;去离子水。

操作步骤：将橡胶和塑料制品破碎成小于 1cm×1cm 的小块,经液氮冷冻后,用粉碎机破碎成粒径小于 1mm 的颗粒。精确称取上述 1.0g 样品(精确到 0.0001g),置于滤纸内包好,放置于索氏提取装置中,加入 150mL 甲苯到圆底烧瓶中,提取 4h 以上,流速控制在 $1\sim2$ 滴/s。将圆底烧瓶中样品溶液在旋转蒸发器上浓缩至 $2\sim3mL$,将处理后的样品通过硅胶固相萃取柱,用 30mL 甲苯淋洗,流速以约 30 滴/min 为宜,把所得的淋洗液在旋转蒸发器上浓缩至 $2\sim3mL$,用氮气吹至近干,并用甲苯定容至 25mL 容量瓶中,待测。

方法评价：DBDPE 的仪器检出限为 50ng/mL,实际样品中 DBDPE 检出限为 1mg/kg。将含有 DBDPE 分别为 5mg 和 10mg 的标准溶液加入到固体样品中,放置 3d,使标准样品与固体样品基体充分结合,测得 DBDPE 的回收率($n=6$)在 $75.7\%\sim102.2\%$ 之间,RSD 小于 10%。

实例 16-31　催化裂化催化剂积炭含量分析[50]

方法提要：催化裂化平衡催化剂和待生催化剂中积炭量的高低是了解装置运行情况及催化反应性能好坏的重要指标之一。通常采用高温燃烧法测定试样中的碳含量,碳在高纯氧气氛中燃烧生成 CO_2,CO_2 由载气送入红外检测池,根据 CO_2 吸收的红外光能量与浓度的关系,计算出试样中的碳含量。碳硫分析仪就是依据此原理而设计的,本方法基于催化裂化催化剂中积炭范围窄($0.05\%\sim2\%$质量分数),易于氧化烧除,无须添加助溶剂,电阻炉加热式碳硫仪稳定时间短,适于快速分析的特点,采用碳硫分析仪分析了催化裂化催化剂中积炭量。

仪器与试剂：碳硫分析仪,最高加热温度 1500℃,载气为氧气(纯度 99.995%),检测器为非红外色散测量池,利用干涉滤光片选择 3 个狭窄的波长区,确定 3 个测量量程,其中 CO_2 测量量程有两个:有特别强烈 CO_2 特征吸收的测量量程,范围为 CO_2 质量分数 0~

2%;有较弱 CO_2 特征吸收的测量量程,范围为 CO_2 质量分数 0～20%。在红外检测池后设置一个微量泵,抽取燃烧得到的 CO_2 气体,保证 CO_2 气体完全通过红外检测池。分析气的前处理系统有除卤素作用的铜丝、脱水剂高氯酸镁和除尘滤芯。标准物质为光谱纯 $CaCO_3$ 粉末,碳质量分数为 12.00%。

操作步骤:先将试样在 150℃下恒温干燥 2h(延长脱水剂高氯酸镁的使用寿命),打开碳硫分析仪及控制计算机的电源,通入高纯氧(流量为 2.5～3.0L/min),设定燃烧温度和积分时间。待碳硫仪燃烧炉的温度稳定后,将装试样的瓷舟在 1150℃下焙烧 3min,以消除瓷舟杂质的影响,焙烧后的瓷舟放入干燥器中保存。

精确称取试样(试样量为 70.0～200.0mg)放入瓷舟内,启动碳含量分析程序后,将瓷舟推入燃烧炉中。在分析试样的碳含量之前,先用 $CaCO_3$ 标样做标准曲线,每个分析结果均为 3 次重复实验的均值。

方法评价:在碳硫分析仪燃烧炉温度为 1150℃,试样量 70.0～200.0mg,积分时间为 3min 的分析条件下,其 RSD($n=6$)为 3.4%。$CaCO_3$ 标样分析结果与真实值的相对物产分别为 0.50% 和 0.33%,小于允许偏差 3% 的要求,回收率为 97.9%～102.7%。分别对碳含量低和高的试样重复 10 次测定,其 RSD 均小于 3%。分别使用 Multi EA2000 型碳硫分析仪与 Leco 的 CS444 型高频红外碳硫分析仪分析催化裂化催化剂的积炭量(碳质量分数为 0.05%～2.00%),其结果对应很好,相关系数达 99.67%。从而说明,无论是采用直接高温加热方式,还是通过高频感应瞬间产生高温的加热方式,都可以将碳完全氧化,这两种加热方式都可以用于分析催化裂化催化剂的积炭量。

实例 16-32 络合滴定法测定还原催化剂中 SnO_2 的样品前处理[51]

方法提要:某还原催化剂由铅粉、SnO_2、碳粉组成,制备时的最后步骤是剧烈的高温放气反应,成品以黑色粉末状态混合在一起。检测样品中锡的含量时,只要将锡以恰当的方式转变成能溶于水的离子形式,就可以用经典的络合滴定法测定。该方法将样品在加热条件下,用硫酸溶液(2+1)分解样品,再用 EDTA 络合滴定法测定其中的 SnO_2 含量。

仪器与试剂:开启式电炉;电子天平;40% 六次甲基四胺溶液;二甲酚橙指示剂,5g/L;实验试剂均为分析纯;水为蒸馏水。

操作步骤:精密称取 0.4g 样品于 100mL 烧杯中,加入 40mL 硫酸溶液,盖上表面皿,放在电炉上加热,利用调压变压器改变电路输入电压调节分解温度,直到溶液变得澄清为止(整个过程约 3h),冷却。将上述方法处理好的溶液用蒸馏水转移到 250mL 容量瓶中,定容,静置 30min,用 25mL 移液管吸取较澄清的溶液,置于 250mL 三角烧瓶中,加入 EDTA 溶液,混合均匀;将三角烧瓶加热至微沸,冷却,用六次甲基四胺溶液调节溶液 pH 为 5.1～5.4,加入二甲酚橙指示剂,用 $Pb(NO_3)_2$ 标准溶液滴定至溶液由明黄色变为橙红色,加入 0.8g 氟化钠,并加热,此时溶液又变为明黄色,补加少量指示剂,稍冷,用 $Pb(NO_3)_2$ 标准溶液滴定至溶液变为橙红色(此步骤滴定时需保持被滴定溶液的温度在 40～50℃),记录消耗的 $Pb(NO_3)_2$ 标准溶液的体积,计算 SnO_2 的含量。

方法评价:本方法用硫酸作为样品消解液,除用于处理催化剂成品外,还可应用于催化剂半成品的前处理。硫酸溶液在温度较低时就开始沸腾,为避免样品挥发损失,在开始加热时,电炉温度不宜调节得过高,加热一段时间后,由于水蒸气蒸发,烧杯中剩余的浓硫酸不再沸腾,为加快样品的分解速度,需调高电炉的温度,样品溶液变为澄清后要及时停止加热。

若加热时间过短,则样品就会分解不完全;若加热时间过长,则会由于酸液蒸发损失太大,而导致沉淀析出,从而产生爆沸现象,使得结果偏低。

实例 16-33 ICP-AES 法测定润滑油及添加剂样品中磷含量的样品前处理[52]

方法提要:采用微波消解润滑油及添加剂样品,用 ICP-AES 测定其中磷的含量。

仪器与试剂:顺序扫描 ICP-AES 仪;微波消解仪;硝酸、双氧水,优级纯;KH_2PO_4,基准试剂;磷标准溶液,1mg/mL;以 5% HNO_3 溶液逐级稀释储备液得到标准溶液的浓度分别为 5μg/mL、10μg/mL、20μg/mL,5% HNO_3 溶液为标准空白;水为二次去离子水。

操作步骤:称取样品 0.1~0.2g(准确至 ±0.0001g)于微波消解罐中,加入 5mL HNO_3,3mL 去离子水,1.5mL 30% H_2O_2,按表 16-12 的条件进行微波消解后,定容至 100mL,转移到 100mL 聚乙烯瓶中待测,同时制备样品空白一份。

表 16-12 微波消解工作条件

条 件	一 段	二 段	三 段
功率/W	65	65	65
压力/(kg/m²)	4.0	3.0	4.0
总时间/min	60	60	60
恒压时间/min	20	15	15

方法评价:本法测定磷含量的检出限为 9μg/L($n=10$),RSD($n=4$)为 2.12%,加标回收率为 95%~102%,测定美国 Conostan 公司有机磷标样,其相对误差($n=4$)为 5.54%。

16.3.4 其他化工产品

实例 16-34 热镶嵌法制备煤岩分析样品[53]

方法提要:煤的镜质组反射率和显微组织的测定是煤岩分析的主要项目。煤岩测定的粉煤样品需要制成粉煤光片,本方法采用热镶嵌法制备粉煤光片,简化了制样程序,缩短了制样时间。

仪器与试剂:显微光度计;金相试样镶嵌机。

操作步骤:试样经空气干燥后,破碎缩分,全部过 1mm 方孔筛,小于 0.1mm 粒度的样品不超过 10%;缩分出的样品约 20g,与镶嵌粉按 2∶1(质量比)混合,搅拌均匀后,装入镶嵌机内按设备操作要求镶嵌样品,镶嵌温度为 120℃,镶嵌保温时间为 8min,镶嵌样经冷却后,研磨、抛光,用显微光度计进行煤岩测定。

方法评价:同一试样分别用热胶法、冷胶法和热镶嵌法制备粉煤光片,使用自动显微光度计测定光片的反射率,光片的反射率背景峰在 0.35 左右,基本一致;使用自动显微光度计测定镜质组反射率,3 种样片的测定结果分布范围一致,镜质组反射率平均值的偏差小于标准的测量重复性。

样品镶嵌过程施加的压力必须大于 20kN,样品加热过程由于黏结剂软化,填充颗粒空隙使体积缩小,压力降低,必须随时不断加压,否则植被的样片会产生气孔而影响测定;可以使用不同直径的镶嵌机制备不同直径的样片,以满足测定点数的要求;与镶嵌法相比,其他方法植被的样片较硬,在粗磨阶段要磨平整,磨制、抛光过程中,要将磨下的颗粒及时冲洗干净,以免对光片表面造成划痕;光片表面气孔多时,应重新镶嵌样片;不同材质的镶嵌粉,需要通过试验来确定温度、时间和压力。

实例 16-35 水泥样品 ICP-AES 全组分分析前处理[54]

方法提要：水泥样品中 Ca、Mg 含量普遍较高,在进行全组分分析时,会产生干扰。本方法采取偏硼酸锂熔样,ICP-AES 法对水泥样品进行全组分同时分析,实现了一次熔样同时测定常量和微量元素。

仪器与试剂：ICP-AES 仪;酸度计;石墨坩埚;高温炉;电热板;所有玻璃器具在使用前均用(1+1)HCl 浸泡,以防止铁的污染;标准溶液:用光谱纯的金属氧化物或盐类配制成 1.000mg/L 的 Ca、Si、Fe、Al、Mg、Ti、K 和 Na 的单元素标准储备液,然后根据不同元素测定的需要,配制成适当浓度的标准溶液溶液的最终酸度用 HNO₃ 控制在 5% 以内;偏硼酸锂,硝酸均为优级纯;水为亚沸蒸馏水。

操作步骤：精确称取水泥样品 0.1g(精确至 0.0001g),偏硼酸锂 0.4g,置于石墨坩埚中(样品夹裹在偏硼酸锂中),放入高温炉,直至生成一种清亮熔珠后取出,待熔体冷却至室温后,将熔珠倒入盛有 5mL 5% HNO₃ 的烧杯中,在电热板上加热至熔珠完全溶解后,取下冷却,转移至 100mL 容量瓶中,用 5% HNO₃ 定容,溶液的酸度尽可能与各标准溶液的酸度一致,以消除酸度对分析结果的影响;同时配制空白溶液一份,待测。

方法评价：本方法测定 Ca、Si、Fe、Al、Mg、Ti、K 和 Na 等元素的检出限在 0.005~0.857μg/mL,加标回收率在 96.2%~104.0%。采用本方法测定普通硅酸盐水泥标准样品 JBW01-6-12 和硅酸盐水泥标准样品 GBW 03201 的结果与推荐值基本一致。

由于实验过程中引入了大量的硼元素,考虑到硼元素对待测元素的光谱干扰以及水泥中主量元素 Ca、Si 对待测元素的光谱干扰,多谱线 Fe 光谱的重叠干扰,Al 光谱的翼展干扰,M 光谱的背景位移,Al 光谱的背景增强位移等系列因素,实验结果表明,主量元素 Ca、Si 对待测元素的测量有轻微的抑制作用,次量元素的干扰主要表现为 Fe 和 Al 的轻度干扰,本方法采用标准溶液匹配法对可以对上述光谱干扰进行校正。

实例 16-36 GC-MS 特征质量离子分析法检验禁用偶氮染料[55]

方法提要：采用特征质量离子分析技术,建立一套禁用芳香胺特征质量离子分析方法,只需少量有针对性的分析判断,即可快速准确地得出定性结论。同时,采用特征离子色谱对 20 种禁用芳香胺进行定量测定。特征质量离子分析法排除了杂质干扰,提高了定性的选择性,也可进行定量分析,适合于复杂基体样品中禁用偶氮染料的分析测定。

仪器与试剂：气质联用仪;旋转蒸发仪;反应器为带聚氟乙烯盖的玻璃反应瓶;提取柱为自制具活塞玻璃柱;柠檬酸盐缓冲液,pH6;连二亚硫酸钠溶液,200g/L,现配;乙醚,经 FeSO₄ 处理,不含过氧化物;氢氧化钾-甲醇溶液,5mol/L;盐酸溶液,1mol/L;氢氧化钠溶液,1mol/L;20 种芳香胺标准品;20 种芳香胺-甲醇溶液,200mg/L;硅藻土(0.17~0.25mm,600℃活化)。水为二次蒸馏水。

操作步骤：准确称取 1.00g 样品于反应器,加入 16mL 预热至(70±2)℃的柠檬酸盐缓冲液,加盖后,置于(70±2)℃的水浴中,加热 30min;用注射器快速注入 3.0 连二亚硫酸钠溶液,立即振摇,再置于(70±2)℃的水浴加热 30min,用冷水快速冷却至室温;将反应液注入提取柱中,停留 150min,令其充分吸收;向反应器内残渣加入 20mL 乙醚和 1.0mL 氢氧化钾-甲醇溶液,充分振摇后,将液体注入提取柱;用 80mL 乙醚分 4 次洗涤残渣,洗液注入提取柱进行液液萃取;合并乙醚萃取液,加 2 滴盐酸溶液,超声混匀,旋转蒸发至近干;加 3

滴氢氧化钠溶液,用少量乙醚将残液洗入离心管分层,用微弱的氮气流将乙醚层浓缩,定容至1.0mL,取澄清的乙醚溶液进行 GC-MS 分析。对于皮革样品,则需先用正己烷脱脂,彻底挥发干残留的正己烷,再按上述方法处理。

方法评价:在相同的 GC-MS 分析条件下,将样品溶液和标准溶液分别进样,利用其芳香胺的主特征质量离子色谱及其积分数据计算回收率,除 2,4-二氨基甲苯和 2,4-二氨基苯甲醚之外,各芳香胺应大于70%,再利用主特征质量离子色谱数据,采用外标法计算样品中目标物的含量。结果表明,大部分禁用芳香胺的主特征质量离子在(10~100)×10^{-6}或更宽的含量范围内线性良好。同时采用德国的 DIN53316 规定的 HPLC 方法对 30×10^{-6} 级的18 种芳香胺标准溶液进行了回收率试验比较,结果表明,与本方法的回收率处于同一水平。

实例 16-37 高频燃烧红外光谱法测定陶瓷原料中的硫化物[56]

方法提要:采用高频燃烧炉提高引燃温度,WO_3-Sn-Fe 粉作催化引燃剂提高硫的转化率,在氧气流的作用下,生成二氧化硫,而二氧化硫吸收特定波长 7.4μm 的红外能,据此测定硫的含量。

仪器与试剂:高频感应红外碳硫分析仪;高温炉;陶瓷坩埚,使用前在高温炉(1000℃以上)中灼烧 2h 左右,或通氧灼烧 5min,干燥器内冷却备用;干燥器,内含无水氯化钙干燥剂;钨锡铁混合助熔剂,W∶Sn∶Fe=10∶2∶3,S<0.0005%;标准物质,硫含量与待测样品相近;K_2SO_4,优级纯;蒸馏水。

操作步骤:准确称取 0.05~0.5g(根据试样含硫量高低的不同称取),于干燥恒重的陶瓷坩埚中,加钨锡铁混合助熔剂 1.5g,混匀,置于燃烧炉中通氧引燃测定,红外光谱仪工作站记录数据,以组分相近的标准试样同时操作,计算试样中硫的含量。

方法评价:用此法对 0.2g 高岭土标准试样 GBW 03121、0.5g 黏土标准试样 GBW 03102a 和 0.05g 石膏标准试样 GBW 03110 分别进行测定,其相对误差分别为-0.58%、-0.43%和-1.07%,以高岭土标准试样 GBW 03121 分别加入不同质量的 K_2SO_4,得回收率为 95.8%~97.4%。

实例 16-38 钨丝探针电解预富集石墨炉原子吸收光谱法测定硝酸铝中的镓[57]

方法提要:钨丝探针电解预富集石墨炉原子吸收光谱法测定痕量金属离子具有抗干扰能力强、灵敏度高的优点。本方法将镓以单质电沉积到钨丝电极上,提高了镓的灰化温度,消除了氯化物等基体的干扰。

仪器与试剂:偏振塞曼原子吸收分光光度计,镓空心阴极灯;热解石墨杯;可控电势定时电解富集仪;钨丝电解预富集进样装置;镓储备液,1.000mg/mL;缓冲溶液,1mol/L NH_4Ac,pH5.0~5.5;其余试剂均为分析纯;亚沸蒸馏水。

操作步骤:用 ϕ0.4mm 钨丝烧成直径约为 3mm 的 2~3 环作为电极,准确移取适宜体积的镓标准溶液,加入 2mL pH5.0 的 NH_4Ac 缓冲溶液,稀释至 100mL,移取 10mL 至电解池中,搅拌,在-1.2V 电压下电解富集 100s,冲洗钨丝电极,伸入石墨炉中测定。

称取 3.000g 化学纯硝酸铝,溶解于蒸馏水中,用 pH5.0 的 NH_4Ac 溶液定容至100mL,移取 10.00mL 至电解池中,按上述步骤测定样品。

方法评价:本方法的线性方程 $A=0.01749+0.06199c$,相关系数 $r=0.9996$,特征浓度0.07ng/mL,RSD 为 6.1%(Ga 5ng/mL,$n=10$);样品测定的回收率为 98%~111%。当Ga 为 5ng/mL 时,10 000 倍的 Cl^-、NO_3^-、SO_4^{2-},5000 倍 Al^{3+}、1000 倍的 Ca^{2+}、Mg^{2+}、

Zn^{2+}、Fe^{3+} 不干扰测定。

管壁法的原子化曲线随温度升高而缓慢上升,这是由于氧化镓和氯化镓的分解所致,即镓原子蒸气来源于氧化镓和氯化镓的分解;钨丝探针电解预富集石墨炉原子吸收光谱法,在温度到 240℃ 时,吸光度迅速增至最大,且继续升高温度吸光度基本不变,这是由于镓以单质电沉积到钨丝电极上,而镓的沸点为 2403℃,故可推测本法在原子化过程中,镓自由原子产生的主要途径是钨丝上的金属镓直接气化,即 $Ga(s) \rightarrow Ga(g)$,而氧化镓的分解占次要地位。

实例 16-39　高浓度氨水中痕量阴离子分析的样品前处理[58]

方法提要:利用离子色谱膜抑制器的工作原理,将高浓度氨水样品(稀释至 1％～5％ 浓度)导入抑制器中,在流动相中的 NH_4^+ 会在电极上被迁移,通过交换膜而去除,而只留下阴离子和迁移过来的阳离子,呈电中性。这样流动相的介质主要成分由 $NH_3 \cdot H_2O$、NH_4^+、OH^-,和杂质离子 F^-、Cl^-、SO_4^{2-} 等在抑制器中转变为 H^+ 和 F^-、Cl^-、SO_4^{2-} 等的离子组合,从而消除了高浓度氨基体对测定的影响。经前处理后的样品直接进入离子色谱分析。采用电解 KOH 作为淋洗液,可以实现常见阴离子的高灵敏度分析与检测。

仪器与试剂:阴离子色谱仪,蠕动泵及控制模块;注射泵;自再生抑制器及控制器;五组分阴离子标准储备液:F^-,1mg/L,Cl^-,1.5mg/L,NO_3^- 5mg/L,SO_4^{2-} 7.5mg/L,PO_4^{3-} 7.5mg/L;分析用纯氨水样品;高纯水。

操作步骤:前处理的工作原理:当在电极两端加上一个电位,来自再生通道的高纯水就立刻被电解,在阴极室形成 H_2 和 OH 离子,而在阳极室形成 O_2 和 H_3O^+ 离子。阳离子交换膜允许 H_3O^+ 离子从阳极室移动到淋洗液室去中和 OH^- 离子。由于作用在阴极上的电位吸引,淋洗液中的 Na^+ 离子穿过交换膜进入阴极室,与电极上的 OH^- 离子结合来维持电中性。这样一来从抑制器中出来的淋洗液就成为中性溶液。

当自再生抑制器的抑制电流为 500mA,再生液流速为 3mL/min,样品浓度为 2％ 左右时,样品得流速应控制在 0.2mL/min。同理可推出样品浓度为 1％ 时,流速应为 0.4mL/min。当流速应为 0.5mL/min 时,抑制器出口 pH 为 9,这仍可满足下一步离子色谱分析的要求。若样品浓度大于 2％,无须稀释也可进行前处理,只要将样品多净化几遍即可,分析精度也不会因此而降低。

方法评价:本实验的关键就是在样品进行离子色谱分离前,对样品进行前处理,将样品中的氢氧根离子与杂质阴离子进行有效的分离,从而避免氢氧根离子对离子色谱测量的干扰。F^-、Cl^-、NO_3^-、SO_4^{2-}、PO_4^{3-} 的回收率分别为 102.0％、102.1％、100.3％、100.5％、100.6％,测定的相对误差分别为 0.30％、2.33％、0.21％、1.06％、0.19％。F^-、Cl^-、NO_3^-、SO_4^{2-} 在离子色谱图上保留时间的相对误差($n=8$)分别为 1.08％、0.80％、0.40％、1.27％,峰面积的相对误差($n=8$)分别为 2.27％、4.26％、7.81％、3.99％。

参考文献

[1]　国民经济行业分类与代码:GB/T 4754—2002[S].

[2]　Petroleum products and lubricants;Method of classification;Definition of classes:ISO 8681—1986[S].

[3]　石油产品及润滑剂的总分类:GB 498—1987[S].

[4]　龙彦辉. 工业分析[M]. 北京:中国石化出版社,2011:148-149.

[5]　石油产品硫含量测定法(燃灯法)：GB/T 380—1977[S].

[6]　深色石油产品硫含量测定法(管式炉法)：GB/T 387—1990[S].

[7]　石油产品硫含量测定法(氧弹法)：GB388—1964[S].

[8]　邓勃.实用原子光谱分析[M].北京：化学工业出版社,2013：393-398.

[9]　徐晓霞,毛容妹,张翊,等.油品中元素分析技术发展综述[J].广东化工.2010,37(8)：32-34.

[10]　石油产品灰分测定法：GB/T 508—1985[S].

[11]　中华人民共和国石油化工行业标准　汽油中烃族组成测定法(多维气相色谱法)：SH/T 0741—2004[S].

[12]　国家标准　液体石油产品烃类测定法(荧光指示剂吸附法)：GB/T 11132—2002[S].

[13]　中华人民共和国石油化工行业标准　汽油和石脑油脱戊烷测定法：SH/T 0062—91(2000)[S].

[14]　Determination alumilium, silicon, vanadium, nickel, iron, sodium, calcium, zinc and phosphorus in residual fuels by ashing, fusion and inductivity coupled plasma emission spectrometry：IP501-05[S].

[15]　祁鲁梁,武荣鑫.ICP-AES法测定轻油中微量金属元素[J].分析试验室,1988,7(3)：18-20.

[16]　润滑油及添加剂中添加元素含量测定法：SH/T 0749—2004[S].

[17]　邓勃.应用原子吸收与原子荧光光谱分析[M].北京：化学工业出版社,2007：421-423.

[18]　宋吉利,卫晓红,殷钢.电感耦合等离子体原子发射光谱法测定石油焦中钙、铁、镍和钒[J].理化检验-化学分册,2009,45(8)：905-906.

[19]　张金生,李丽华,金钦汉.微波消解-微波等离子体矩原子发射光谱法测定原油和渣油中的铁、镍、铜和钠[J].分析化学,2025,33(5)：690-694.

[20]　李蓉,梁楠,李曙先,等.HPLC-ELSD法测定生物柴油中游离甘油含量[J].分析试验室,2012,31(7)：36-39.

[21]　Noorbasha N. Meeravali, Sunil Jai Kumar. The utility of a W-Ir permanent chemical modifier for the determination of Ni and V in emulsied fuel oils and naphthaby transverseheated electrothermal atomic absorption spectrometer[J]. J. Anal. At. Spectrom. ,2001,16(5)：527-532.

[22]　张小确,杨德凤,王树青.原子荧光光谱法测定裂解汽油中痕量砷[J].现代科学仪器,2008(2)：79-82.

[23]　姚师珠,杨红苗.原子吸收光谱法测定裂解汽油中的铅[J].理化检验-化学分册,2004,40(9)：527-528,530.

[24]　邓秀琴,吴丽香.聚乙二醇-DPCO萃取光度法测定油中的Cr(Ⅵ)[J].现代科学仪器,2014(2)：118-121.

[25]　何京,颜景杰,王霞.ICP-AES法测定焦化馏分中的硅含量[J].现代仪器,2005,11(3)：41-42.

[26]　范登利,杨德凤,颜景杰.蒸发/氧化法前处理-ICP/AES方法测定油品中的金属元素含量[J].分析测试学报,2006,25(5)：59-62.

[27]　杨德凤,范登利,蔺玉贵.一种金属含量分析用的样品前处理装置.中国,2004100736399[P].2004-08-03.

[28]　范登利,蔺玉贵.油浆炭化灼烧装置及其方法.中国,01141469.3[P].2003-04-16.

[29]　陆小泉,史权,赵锁奇,等.碱液萃取前后原油中酸性化合物组成高分辨质谱分析[J].分析化学,2008,36(5)：614-618.

[30]　李凤,张媛媛,贺行良,等.硅胶-氰丙基复合固相萃取柱分离原油中饱和烃及芳烃组分[J].分析测试学报,2013,32(7)：796-802.

[31]　韩超,李蕊,朱振瓯,等.微波消解氢化物发生-原子荧光法测定食品接触材料高密度聚乙烯中痕量锑[J].分析科学学报,2012,28(1)：116-118.

[32]　刘立行,刘运鹏.消解乳化-火焰原子发射光谱法测定丁苯橡胶中钠和钾[J].理化检验-化学分册,2006,42(1)：29-30,34.

[33]　赵新建,吴晓雯,吴和平,等.PVC塑料制品中有机锡分析的气相色谱-质谱法[J].塑料,2013,42

（1）：108-112.

[34] 张启凯,姚冬梅,商丽艳,等.分光光度法测定聚烯烃树脂中微量钒[J].现代科学仪器,2005(6)：73-75.

[35] 吴莉莉,沈兵,应晓红,等.沉淀分离-气相法测定聚氯乙烯塑料制品中磷酸甲苯酯类增塑剂[J].分析化学,2012,40(4)：617-621.

[36] 陈玉红,李平,张华,等.微波消解-电感耦合等离子体质谱法同时测定聚氯乙烯塑料中微量铅、镉、汞、铬[J].现代科学仪器,2007(4)：85-88.

[37] 胡杰.微波消解-ICP-AES法测定PVC材料中的Cd、Pb和Hg的含量[J].现代科学仪器,2006(4)：108-109.

[38] 吴丽香,石洪波,宁志军.聚乙二醇萃取5-Br-PADAP分光光度法测定聚烯烃树脂中的铁[J].现代仪器,2007,13(2)：34-35,33.

[39] 庄昌清,岳红,谢丽萍.离子色谱法测定聚乳酸(PLA)降解产物中的3种有机酸阴离子[J].中国无机分析化学,2012,2(3)：58-59,86.

[40] 王小燕,何清,胡晓波.光谱法分析塑料抛光膏的组分[J].光谱实验室,2010,27(2)：489-492.

[41] 肖乐勤,王淑琴,凌月.石墨炉原子吸收光谱法测定涂料中铅[J].化学分析计量,2003,12(4)：34-35

[42] 贾春革,穆晓蕾,刘希,等.高效液相色谱法测定AMPS/AM二元共聚物中残余微量单体含量[J].石油化工,2013,42(7)：807-810.

[43] 杜晓磊,王存进,侯倩慧,等.双通道离子色谱法同步检测DOPO中的无机离子[J].中国无机分析化学,2012,2(3)：50-51.

[44] 王敏,凌凤香.Pt/SiO₂-Al₂O₃催化剂中铂含量测定的方法[J].理化检验-化学分册,2008,44(1)：17-18,21

[45] 魏秀萍,韩仿,钟广文.微乳液进样FAAS法测定环烷酸钴中的钴[J].现代仪器,2005,11(6)：40-41,43

[46] 赵雅郡,谢莉,周勇,等.淋洗液自动发生-离子色谱法测定重整催化剂中氯的含量[J].分析化学,2011,39(3)：429-431

[47] 颜景杰,薛燕,包甄珍.ICP-OES方法测定RN型催化剂中金属杂质含量[J].现代科学仪器,2009(2)：105-107,110.

[48] 覃万平.离子色谱测定油田钻探用增稠剂中的阴离子和有机酸[J].现代科学仪器,2005(6)：84-85

[49] 周旭平,王宁伟,赵云霞,等.气相色谱-质谱法测定橡胶和塑料制品中十溴二苯乙烷[J].分析试验室,2012,31(8)：96-98.

[50] 郭瑶庆,朱玉霞,舒春溪.催化裂化催化剂积炭含量分析[J].石油化工,2008,37(4)：405-409.

[51] 贾林,赵娟.还原催化剂中SnO₂含量测定的样品前处理[J].化学分析计量,2005,14(6)：49-50.

[52] 陆泽波.微波消解ICP-AES测定润滑油及添加剂中的磷含量[J].润滑油,2001,16(6)：46-47.

[53] 史玉奎,张楠.热镶嵌法制备煤岩分析样品[J].燃料与化工,2010,41(6)：33-34.

[54] 谢华林,文海初,李坦平.水泥样品的ICP-AES全组分同时分析的研究[J].水泥技术,2005(1)：90-91.

[55] 肖前,郑建国,翟翠萍.GC-MS特征质量离子分析法在禁用偶氮染料检验中的应用[J].分析测试学报,1999,18(2)：32-35.

[56] 智红梅,朱莉,王改民,等.高频燃烧红外光谱法测定陶瓷原料中的硫化物[J].中国陶瓷,2013(3)：36-37,76.

[57] 王新省,宋丽铭,马光正,等.钨丝探针电解预富集石墨炉原子吸收光谱法测定硝酸铝中的镓[J].分析试验室,2004,23增刊(4)：191-193.

[58] 强浩,任丽娟,陈政,等.高浓度氨水的痕量阴离子的测量研究及应用[J].现代科学仪器,2013(6)：132-135.

第17章

精细化工和轻工产品样品前处理

精细化工工业是生产精细化学制品的化工行业,主要包括染料、农药、涂料、表面活性剂、催化剂、助剂和化学试剂等传统的化工部门,也包括食品添加剂、饲料添加剂、石油化学品、电子工业用化学品、皮革化学品、功能高分子材料和生命科学用材料等。样品种类涵盖了化妆品、食品接触材料、纺织品、玩具等形形色色的样品类型,几乎涉及日常生活中的各个领域,从食品添加剂到锅碗瓢盆;从身上穿的衣服到家庭具生活中常见的各种布料;从现代生活中常见的化妆产品到家用涂料;从儿童玩具到家庭装饰用品都属于精细化工产品和轻工产品的范畴。然而这些与我们生活息息相关的生活必需品也存在着这样那样的问题,如:假冒伪劣、粗制滥造甚至出现使用禁用物质、重金属超标等严重危害消费者身体健康的问题,因此严格的市场监管是保证消费者利益的必要手段,其中市场监管的核心内容之一就是依托现代化的检测技术对市场样本进行检测评估。

在检测这类样品时不仅需要面对着形形色色的样品基质,还要根据产品功能来进行前处理分类,如:针对化妆品、食品添加剂、饲料等样品种类需要检测重金属、非法添加物、限量物质的总量;针对食品接触材料则需要检测迁移量,即通过模拟不同的食品接触环境如乙酸性环境、乙醇环境等进行重金属、非法添加物、限量物质的迁移实验;而针对纺织品及毛绒玩具等,则需要检测特定溶出条件下的溶出实验,即通过模拟与人体接触的环境,包括唾液、汗液等环境进行迁移实验。因此,在该类样品的检测过程中需要先明确检测的目的,选择适当的前处理方法再进行检测。

本章涉及玩具、纺织品、食品接触材料以及化妆品等样品基质的重金属、非法添加物、限量迁移物等检测项目的前处理内容。由于样品的来源和目标分析结果具有多样性和复杂性,其前处理方法和技术也差别较大,本章仅论述部分代表性的样品前处理方法和技术。

17.1　玩具样品前处理

玩具是我国大宗出口商品,世界上近 2/3 的玩具产于中国,而限制玩具中有害化学物质含量,一直是全球关注的一个焦点话题,世界各国尤其是发达国家纷纷出台日益严格的法规和标准对玩具中有害化学物质进行限制。这些有害物质很容易通过唾液、汗液迁移到儿童体内,从而危害健康。尤其值得关注的是,这些危害对玩具使用者来说是慢性的和不可恢复的,且不易察觉。涉及的化学物质主要包括重金属、增塑剂、阻燃剂、多环芳烃等。为了保证少年、儿童的身心健康,世界各国除出台了相应的玩具安全限量标准外,还不断推出新法令法规,增加玩具中有害化学物质的限制项目,或降低玩具中有害化学物质的限量,我国目前实行的标准为 GB 6675—2003《国家玩具安全技术规范》和 GB 24613—2009《玩具用涂料中有害物质限量》,该限定标准目前也符合世界上的多数国家针对玩具中重金属含量的要求,如欧洲标准 EN 71—3(Safety of toys-part 3:migration of certain elements)、国际玩具安全标准 ISO 8124—3(Safety of toys-part 3:migration of certain elements)。

重金属过量暴露可能对人体健康构成危害,尤其是对儿童。儿童的神经系统正处在快速的生长和成熟期,对铅毒性尤为敏感,铅的神经毒性作用能危及儿童的行为发育、智力发育,因此世界各个国家均对玩具中的重金属做出了明确的限量规定,欧盟更是在近期制定了新的化学品政策 REACH(regulation concerning the registration,evaluation,authorization and restriction of chemicals),特别要求玩具生产者自己提出无害的证据,并符合该指令的玩具安全与环保要求。对于该类样品的前处理应注意:如果采用溶剂洗脱的方法提取涂层中重金属,会使油漆涂层黏合而难以粉碎,进而可能使可溶性重金属检测结果明显偏低。对于可溶性重金属分析,还必须注意严格按标准对样品进行粉碎过筛或剪碎至要求的尺寸,筛孔孔径应符合标准的要求,而对重金属总量测定样品前处理的关键是应确保样品消解完全,同时不损失和污染待测元素。

对于玩具样品检测有毒有害有机化合物主要针对 EN 71—9(safety of toys-part 9:organic chemical compounds-requirements)中规定的有机化合物,如:甲醇、二氯甲烷、苯等挥发性有机物(VOC),塑料玩具中邻苯二甲酸酯类增塑剂,欧盟 RoHS 指令(restriction of hazardous substances directive 2002/95/EC)中规定的阻燃剂以及欧盟、美国等国家出台的相关草案中明确限定的物质,如 DMF(富马酸二甲酯)、PAHs(多环芳烃)等化合物,对有机化合物进行检测时,样品制备应特别注意避免因高温或接触其他有机溶剂使待测化合物发生化学反应转化为其他化合物,也应防止待测化合物挥发损失或溶解损失等,还应确保前处理操作严格遵循标准方法规定的条件参数,包括萃取溶液的酸度和温度等条件。由于该类样品处理大多采用溶剂萃取法,所采用的溶剂应与样品和待测组分有充分的相溶性,为确保提取效率,通常可采用多次提取合并提取液的方法以提高萃取效率,在对提取溶液进行浓缩时应注意避免溶液蒸发太干[1]。

实例 17-1 ICP-AES 法测定玩具涂料中重金属元素总量[2]

方法提要:目标组分为玩具涂料中 As、Ba、Cd、Cr、Hg、Pb、Sb 和 Se 等有害重金属元素;后续分析方法为电感耦合等离子体原子发射光谱法(ICP-AES);样品以 HNO_3、酒石酸、H_3PO_4 在电热板上低温加热溶解。

仪器与试剂:等离子体原子发射光谱仪。盐酸、硝酸、磷酸、酒石酸均为分析纯,水为蒸馏水经离子交换。As、Ba、Cd、Cr、Hg、Pb、Sb、Se 等元素标准溶液均购自国家标准物质中心。

操作步骤:准确称取 0.3g 样品于 25mL 平底烧瓶中,加入 5mL 浓硝酸、1mL 50%酒石酸、10 滴浓磷酸,在电热板上低温加热半小时,待蒸至近干,取下稍冷,加水微热溶解,冷却,移入 25mL 容量瓶,以蒸馏水稀释至刻度,摇匀,待测。同时做空白试验。

方法评价:采用 HNO_3 溶解玩具涂料中金属离子效果较好,但 Sb、As、Se 元素损失严重,加入酒石酸可避免 Sb 生成不溶性氧化物,加入几滴浓磷酸或浓硫酸可使 As、Se 元素损失大大减少,但即使只加几滴硫酸也会使 Ba、Pb 因产生难溶盐而结果大大降低,因此,本方法折中考虑选择了硝酸、酒石酸和磷酸混合酸体系。

本方法各被测元素的检出限均小于 0.03μg/mL,加标回收率在 99%~109%,但模拟添加试验 Se、As 元素测定结果仍有一定程度的偏低,有待进一步改善,其他元素的测定值与参考值基本一致。

实例 17-2　顶空气相色谱-质谱法测定玩具中的 10 种挥发性有机物[3]

方法提要:目标组分为玩具中甲醇、二氯甲烷、正己烷、三氯乙烯、苯、甲苯、乙苯、邻二甲苯、间二甲苯和对二甲苯等 10 种挥发性有机物;后续分析方法为顶空气相色谱-质谱法;玩具样品经粉碎后置于顶空自动进样装置平衡后进样。

仪器与试剂:气相色谱-质谱联用仪;自动顶空进样器;20mL 顶空瓶。10 种 VOC 标准品均购自美国 Chemservice 公司;丙酮(色谱纯,美国 Baker 公司);实验用水为经 Milli-Q 净化系统过滤的去离子水;氦气(纯度>99.999%)。

操作步骤:将聚合物材质的玩具样品用粉碎机粉碎,纺织品材质的玩具样品用剪刀剪碎,备用。在设定的气相条件下,取待测样品 30mg 置于顶空瓶内,立即盖上瓶盖,放入顶空自动进样装置,140℃平衡温度下平衡 45min,注入 GC-MS 进行分析。

方法评价:在欧盟玩具标准 EN 71—11 中给出了上述有机物的测定方法,但该标准中存在一些不完善的地方,例如:顶空平衡温度设置过低,沸点较高的物质挥发不够完全等缺点。本方法通过对玩具阳性参照样品进行顶空进样的平衡温度和平衡时间的正交试验,确定顶空分析条件,并通过实际样品加标回收对方法学进行验证,不同有机物的平均回收率在 79%~106%,RSD 在 0.4%~5.6%。

实例 17-3　高效液相色谱-串联质谱法检测玩具中 5 种香豆素类致敏性香味剂[4]

方法提要:目标组分为玩具中香豆素、7-甲氧基香豆素、二氢香豆素、7-甲基香豆素、7-乙氧基-4-甲基香霞素等 5 种香豆素类致敏性香味剂;后续分析方法为高效液相色谱-串联质谱(HPLC-MS/MS);样品经四氢呋喃超声提取,提取液浓缩至近干,以 25mL 甲醇溶解残渣定容后进行分析。

仪器与试剂:HPLC-MS/MS 系统;色谱柱 ZORBAX Eclipse XDB-C$_{18}$柱(100mm×3.0mm,1.8μm)。超声波清洗机;旋转蒸发仪。5 种标准品的纯度在 95%~99%,均由美国 Accustandard Inc. 提供;甲醇、乙腈和四氢呋喃均为色谱纯,由 Sigma 公司提供;去离子水由 Millipore 公司超纯水器制得。

操作步骤:从玩具上切割待测样品,不同颜色、不同材质按照不同样品处理,切割每一个测试部分使其尺寸不超过 3mm×3mm。准确称取约 1.0g 测试样品于 100mL 锥形瓶内,加入 20mL 四氢呋喃,摇动 30s,在超声波清洗机中超声提取 30min;逐滴加入 50mL 甲醇沉淀塑料基质,然后将溶液在 3000r/min 下离心约 10min,取上层溶液在 40℃下于旋转蒸发仪上浓缩至近干;残渣用甲醇溶解并定容至 25mL,过 0.22μm 滤膜,滤液供 HPLC-MS/MS 分析。

方法评价:正己烷、正庚烷、甲苯、四氢呋喃、丙酮和甲醇是实验室中针对塑料基质比较常用的提取溶剂,极性按上述顺序逐渐增强。通过试验比较,四氢呋喃对塑料等玩具材质的溶解性比较好,极性也和目标组分比较匹配。采用索氏提取法、超声提取法、微波萃取法和加速溶剂萃取法等常见提取方式均能得到较好的萃取效果,但欧盟玩具法规中多选择超声提取法。本方法中超声提取时间达到 25min 后,继续增加时间,提取效率没有明显的变化,但当超声时间超过 45min,继续增加时间,香豆素和二氢香豆素的质量浓度下降。

本方法对玩具中 5 种香豆素类致敏性香味剂的定量限为:二氢香豆素 5.0μg/L,其他化合物为 2.0μg/L;在实际样品中进行 50、100 和 200μg/L 水平的添加回收实验,回收率为 93.2%～105.8%,RSD($n=7$)为 3.65%～8.27%。

实例 17-4　衍生化气相色谱-质谱法测定玩具和食品接触材料中双酚 A[5]

方法提要:目标组分为玩具和与食品接触的材料中双酚 A;后续分析方法为 GC-MS;样品通过索氏萃取、富集其中的双酚 A,双酚 A 再与乙酸酐衍生化后用 GC-MS 测定。

仪器与试剂:气相色谱-质谱联用仪;HP-5MS 毛细管柱(30m × 0.25mm × 0.25μm);旋转蒸发仪;离心机;索氏提取装置。双酚 A 标准品(纯度 99%),德国 Dr. Ehrenstorfer 公司;甲醇、正己烷、乙酸酐(色谱纯);硼砂(分析纯);高纯氮。

操作步骤:由于玩具和食品接触材料的多样性,实验中将样品分为两类进行粉碎处理。对于较硬的聚合物材料,如塑料奶瓶等,经液氮冷冻后用粉碎机将样品粉碎成直径小于 1mm 的颗粒;对软的塑料包装袋等,剪成 5mm×5mm 的小片。称取粉碎的样品 2.0g,用滤纸包好后放入索氏提取装置中,加入 50mL 甲醇,加热提取 2h。将提取液旋转蒸发浓缩至约 2mL。转移浓缩液至玻璃离心管中,用高纯氮气吹至近干,向其中依次加入正己烷 2mL、硼砂溶液 2mL,振摇 10min,以 4000r/min 的速率离心 5min,去掉上层正己烷,向下层依次加入 50μL 乙酸酐、2mL 正己烷,振摇反应 5min,以 4000r/min 的速率离心 5min,取上清液,待测。

方法评价:不同温度对双酚 A 衍生化的产率影响不大,本方法在室温下进行衍生化。衍生化反应速率很快,5min 就可以保证乙酰化反应完全。同时模拟实际测定条件进行衍生化试剂用量的考察,对比发现当样品中双酚 A 浓度为 100mg/L 时,1mL 样品溶液在衍生化时:当乙酸酐用量为 20μL 时,杂峰比较多且衍生化产物的响应值较低;乙酸酐用量为 50μL 时,衍生化产物单一,无杂峰,响应值较高;乙酸酐用量为 200μL 时,响应值与 50μL 时基本无差别,但谱图中杂峰增多,其原因可能是未反应的乙酸酐生成副反应产物所致。综合考虑,选取衍生化试剂乙酸酐用量为 50μL。

本方法对玩具和食品接触材料中双酚 A 的检出限为 10μg/kg;在实际样品中进行 0.05、1.00、10.00mg/kg 水平的加标回收实验,在 3 个添加水平下平均回收率分别为 80.3%、92.1% 和 92.7%,RSD($n=6$)均小于 3.7%。

实例 17-5　气相色谱-质谱法测定玩具中的 9 种有机物残留量[6]

方法提要:目标组分为塑料玩具中乙二醇单乙醚、2-甲氧基乙酸乙酯、苯乙烯、2-乙氧基乙酸乙酯、环己酮、双(2-甲氧基乙基)醚、三甲苯、硝基苯、异佛尔酮等 9 种残留有毒有害有机物;后续分析方法为 GC-MS;塑料玩具样品经溶剂提取,离心后的澄清溶液经 Envi-carb 石墨化碳固相萃取小柱净化后测定。

仪器与试剂:气相色谱-质谱联用仪;色谱柱:DB-624 柱(60m × 0.25mm × 1.4μm);真空旋转蒸发仪;型切割研磨仪;离心机;氮吹仪;固相萃取和真空抽滤装置;Oasis HLB、Sep-Pak Florisil、Sep-Pak NH₂ SPE 柱(美国 Waters 公司);Chromabond Easy SPE 柱(德国 MN 公司);Envi-carb 石墨化碳 SPE 柱(美国 Supelco 公司);0.2μm 微孔滤

膜。乙二醇单乙醚、2-甲氧基乙酸乙酯、苯乙烯、2-乙氧基乙酸乙酯、环己酮、双(2-甲氧基乙基)醚、三甲苯、硝基苯、异佛尔酮标准品均购自美国 Chemservice 公司;甲醇、丙酮(色谱纯)美国 Baker 公司;氮气、氦气(纯度大于 99.999%)。

操作步骤:将玩具样品用切割研磨仪粉碎或用剪刀剪碎,称取 1.0g 样品于 50mL 锥形瓶中,加入 10mL 相应溶剂(ABS 塑料用丙酮溶解,PS 塑料用二氯甲烷溶解,PVC 塑料用四氢呋喃溶解),超声振荡 15min。待溶解完全后,滴加 10mL 甲醇,振摇直至塑料基质沉淀完全,将溶液移至离心管,再用 5mL 甲醇冲洗锥形瓶,然后合并至离心管中,在 4℃条件下以 10 000r/min 离心 10min,取澄清溶液待用。用 5mL 甲醇润洗 Envi-carb 石墨化碳固相萃取小柱,将离心后的澄清溶液过柱,10mL 甲醇洗脱,收集所有过柱液体于鸡心瓶中。将溶液在 10kPa、30℃下旋蒸至 5mL 左右后移至带刻度的氮吹管中,用 1mL 甲醇冲洗鸡心瓶后合并至氮吹管中,40℃下用缓氮气流吹至小于 2mL,甲醇定容至 2mL,将溶液过 0.2μm 微孔滤膜后供 GC-MS 测定。

方法评价:玩具塑料基质较复杂,固相萃取的作用主要是除去基质中的色素及其他杂质。本方法分别考察了 Oasis HLB、sep-pak Florisil、sep-pak NH_2、Chromabond Easy 和 Envi-carb 石墨化碳柱的萃取效果。结果表明,Envi-carb 石墨化碳柱对玩具塑料基质的净化作用最好,用 10mL 甲醇可完全洗脱目标组分且能将色素等杂质保留在柱上。本方法对玩具塑料中 9 种有机物的定量限(LOQ)为 0.1~1.0mg/kg。以 ABS 塑料为空白基质进行 3 水平加标回收,除三甲苯的回收率较低外,其余 8 种组分的平均回收率为 70%~94%,RSD($n=6$)为 2.8%~6.5%。

实例 17-6　气相色谱-质谱法测定玩具涂层中富马酸二甲酯[7]

方法提要:目标组分为玩具涂层中的富马酸二甲酯(DMF);后续分析方法为 GC-MS;通过超声波辅助水萃取、甲苯反萃方法提取玩具涂层样品中的 DMF。

仪器与试剂:DMF 标准品(纯度≥99.0%)Dr. Ehrenstorfer 公司;甲苯(分析纯)。气相色谱质谱联用仪(GC-MS);色谱柱:DB-5MS 柱(30m×0.25mm×0.25μm);超声波发生器;低速台式大容量离心机;Synergy UV 超纯水系统。

操作步骤:刮取测试玩具上的涂层,粉碎,通过孔径为 0.5mm 的金属筛筛分,获取 2.0g 左右的样品。准确称取 1.000g 样品,放入 25mL 顶空瓶中,加入 10mL 水,在 55℃下超声萃取 30min,冷却后过滤;取 5mL 滤液加入顶空瓶中,再准确加入 2mL 甲苯进行反萃,于振荡器上振荡 10min。静置后,在 5000r/min 离心 4min,取上层清液,用无水硫酸钠过滤后上 GC-MS 分析。

方法评价:采用传统的有机溶剂萃取 DMF 在实际检测过程中经常会出现样品中的烷烃产生 $m/z=113$ 的离子碎片峰,且出峰时间和 DMF 靠近,从而对 DMF 的定性和定量分析产生一定影响。本方法从 DMF 微溶于水的特性出发,采用超纯水萃取玩具涂层样品中的 DMF。

本方法对玩具涂层中的 DMF 的定量限为 0.10mg/kg,样品的平均回收率为 92.4%~99.6%,RSD($n=6$)为 4.6%。

实例 17-7　超高效液相色谱-串联质谱法检测儿童玩具中邻苯二甲酸酯[8]

方法提要:目标组分为儿童玩具中的邻苯二甲酸酯类化合物;后续分析方法为超高效液相色谱-串联质谱法(UPLC-MS/MS);样品粉碎后,通过一氯甲烷振荡萃取,无水硫酸钠除水后,氮气吹干,干燥残渣用甲醇复溶后测定。

仪器与试剂:UPLC-MS/MS,配备 ESI 源;色谱柱:XBridge C$_{18}$(2.1×100mm,3.5μm);标准品邻苯二甲酸丁酯(BBP)、邻苯二甲酸二丁酯(DBP)、邻苯二甲酸二辛酯(DNOP)、乙基己酯邻苯二甲酸盐(DEHP)、邻苯二甲酸二异癸酯(DIDP)、邻苯二甲酸二异壬酯(DINP),纯度>99.9%;乙酸铵,乙腈,一氯甲烷,甲醇,色谱纯;无水硫酸钠,分析纯。

操作步骤:将 PVC 玩具样品切成 2mm×2mm 的碎片,称取 100mg 的样品于具塞锥形瓶中,加入 100mL 的一氯甲烷,振摇 24h。提取完毕后提取液经 3g 无水硫酸钠除水后,转移至 100mL 容量瓶中用一氯甲烷定容,从中取出 10mL 氮气吹干。干燥残渣用少量甲醇复溶后,定容至 5mL,取 1mL 过 0.45μm 滤膜,待分析。

方法评价:采用一氯甲烷萃取,氮气吹干,甲醇复溶的前处理操作提高了方法检测灵敏度,目标组分的检出限为 0.32~1.66μg/L。

实例 17-8 高效液相色谱电感耦合等离子体质谱联用技术测定玩具中痕量可迁移 Cr(Ⅵ)[9]

方法提要:目标组分为玩具中的痕量可迁移 Cr(Ⅵ);后续分析方法为高效液相色谱电感耦合等离子体质谱法(HPLC-ICP/MS);选取具有代表性的样品部分进行采集后,试样通过硝酸铵溶液恒温水浴振荡萃取,静置过滤后测定。

仪器与试剂:ICP-MS 仪,配有八级杆碰撞反应池;HPLC 仪;水浴控温摇床;As19 阴离子分析柱(250mm×4mm)。Cr(Ⅲ)单元素标准储备溶液(GBW 08614,1000mg/L,国家标准物质研究中心);Cr(Ⅵ)单元素标准储备溶液(GBW(E)080257,100mg/L,国家标准物质研究中心);HNO$_3$(UP 级);氨水(UPLC 级)。仪器条件见表 17-2。

操作步骤:

取样:玩具表面涂层(油漆、清漆、油墨、聚合物涂层等)、木料在室温下采用机械刮削方法,从样品表面刮取,并通过孔径为 0.5mm 的筛子筛分出不少于 100mg 的测试试样;天然或合成纺织物、塑料可接触部分(从材料截面厚度最小处剪下测试试样,以保证试样表面积与质量之比尽可能大)取不少于 100mg,剪成尺寸不大于 6mm 的测试试样。

样品提取:称取适量(0.1000g)的样品放入锥形瓶中,加入 5.0mL 0.15mol/L 硝酸铵,(pH=7.4)溶液与试样混合,在温度为 37℃ 的恒温水浴摇床上振荡 1h,然后在 37℃ 恒温放置 1h,过滤后作为样液待测。每个样品做 2 次平行,同时做空白实验。

方法评价:采用硝酸铵溶液萃取恒温水浴振荡的前处理操作方法符合国际上玩具的检测要求,本方法对涂层、塑料、木料、织物等样品基质进行了验证,方法的精密度均优于 4.2%;0.50μg/L 加标水平回收率为 98.8%~104.2%;5.00μg/L 加标水平回收率为 96.3%~100.4%。

实例 17-9 气相色谱-离子阱质谱联用测定玩具中 21 种致敏性芳香剂[10]

方法提要:目标组分为儿童玩具中的布绒、贴纸和塑料儿童玩具中的苯甲醇、4-乙氧基苯酚、6-甲基香豆素、7-甲基香豆素、7-甲氧基香豆素;(十)-柠檬烯、芳樟醇、苯乙腈、香茅醇、香叶醇、茴香醇、肉桂醇、丁香酚、香豆素、异丁香酚、金合欢醇;4-甲氧基苯酚;对叔丁基苯酚、二氢香豆素、二苯胺;葵子麝香等 21 种致敏性芳香剂。样品采取溶解、沉淀方式提取,经 Envi-carb 石墨化碳固相萃取小柱净化,旋蒸、氮吹浓缩,过 0.45μm 滤膜后采用气相色谱-离子阱质谱测定。

仪器与试剂：GC-离子阱 MS 联用仪；色谱柱：HP-IMS 柱（50m×0.2mm×0.5μm）；切割研磨仪；真空旋转蒸发仪；离心机；氮吹仪；超声波清洗器；固相萃取（SPE）和真空抽滤装置；Envi-carb 石墨化碳 SPE 柱（500mg，6mL）；聚四氟乙烯滤膜（PTFE，0.45μm）。标准品：苯甲醇（纯度＞99.8%）、4-乙氧基苯酚（纯度＞99%）、6-甲基香豆素（纯度＞99%）、7-甲基香豆素（纯度＞98%）、7-甲氧基香豆素（纯度＞98%）；（＋）-柠檬烯（纯度＞96%）、芳樟醇（纯度＞95%）、苯乙腈（纯度＞98%）、香茅醇（纯度 90%～95%）、香叶醇（纯度＞96%）、茴香醇（纯度＞98%）、肉桂醇（纯度＞97%）、丁香酚（纯度＞99%）、香豆索（纯度＞97%）、异丁香酚（纯度＞98%）、金合欢醇（纯度＞90%，异构体混合物）；4-甲氧基苯酚（纯度＞98%）；对叔丁基苯酚（纯度＞97%）、二氢香豆素（纯度＞99%）、二苯胺（纯度＞99%）；葵子麝香（纯度＞95%）；甲醇、丙酮（色谱纯）。氮气（纯度＞99.999%）。

操作步骤：

塑料玩具：将玩具样品用切割研磨仪粉碎或用剪刀剪碎。称取上述样品 1.0g 置于 50mL 锥形瓶中，加入 10mL 试剂溶解（ABS 塑料（丙烯腈-丁二烯-苯乙烯共聚物）用丙酮溶解，PS 塑料（聚苯乙烯）用二氯甲烷溶解，PVC 塑料（聚氯乙烯）用四氢呋喃溶解），超声振荡 15min 促其溶解；溶解完全后滴加 10mL 甲醇，振摇直至塑料基质沉淀完全，将溶液移至离心管，再用 5mL 甲醇冲洗锥形瓶，然后合并至离心管中，在 13 000r/min、4℃条件下离心 8min，取澄清溶液，待净化。用 5mL 甲醇润洗 Envi-carb 石墨化碳 SPE 柱，将离心后的澄清溶液过该柱，用 15mL 甲醇洗脱，收集所有过柱液体于鸡心瓶中。将上述溶液在 10kPa、30℃条件下旋蒸至 4mL 左右，转移至带刻度的氮吹管中，然后用适量的丙酮冲洗鸡心瓶，合并至氮吹管中，用丙酮定容至 5mL（如溶液多于 5mL，可用缓慢的氮气流吹至小于 5mL，定容至 5mL 即可），将其过 0.45μm 微孔 PTFE 滤膜，滤液供测定。

布绒和贴纸玩具：将玩具样品用剪刀剪碎至 5mm×5mm 以下，混匀。准确称取 1.0g 样品（精确至 1mg），将其置于 50mL 锥形瓶（或 50mL 带塞试管）中，加入 20mL 丙酮作为提取溶剂，塞紧瓶塞，封口膜封口，室温下超声提取 20min。吸取上清液，过 0.45μm 微孔 PTFE 滤膜，滤液供测定。若提取液无颜色或颜色很浅，可直接过滤膜后上机测定。若提取液颜色较深，则参考塑料样品的处理方法进行净化，即加入甲醇将溶液定容至 25mL 左右，取澄清溶液并按塑料样品的净化方法处理。

方法评价：塑料样品常用前处理方法有加速溶剂萃取、超声提取、微波萃取等。本方法采取超声辅助方式，利用适当有机溶剂将塑料充分溶解，然后用甲醇作为沉淀剂使塑料基质沉淀，从而可将塑料中的有害物质较充分地提取出来。经过相关资料查询及实验，确定 ABS 塑料可用丙酮溶解，PS 塑料用二氯甲烷溶解，PVC 塑料用四氢呋喃溶解。采用甲醇作为沉淀剂可有效使塑料基质沉淀。塑料玩具基质比较复杂，固相萃取的作用主要是除去基质中的色素以及其他一些杂质。石墨化碳 SPE 柱对色素的吸附效果较好。因此在样品净化选择石墨化碳 SPE 柱的固相萃取方式。

该方法准确、灵敏，可用于玩具中苯甲醇等 21 种致敏性芳香剂含量的检测。对不同物质的定量限（LOQ）为 0.02～40mg/kg，线性范围为 0.002～50mg/L，低、中、高 3 个添加水平的平均回收率为 82.2%～110.8%，RSD 为 0.6%～10.5%。

实例 17-10　ICP-AES 法测定玩具涂层可迁移重金属含量[11]

方法提要：目标组分为儿童玩具中玩具涂层中 Sb、As、Ba、Cd、Cr、Pb、Se 等可迁移重金属残留量。样品通过选取具有代表性部分通过稀盐酸超声振荡提取后,采用 ICP-AES 测定。

仪器与试剂:电感耦合等离子体发射光谱仪,温控超声波清洗器,0.45μm 水系微孔过滤膜,盐酸(A.R.),标准溶液 Sb 100mg/L、As 1000mg/L、Ba 1000mg/L、Cd 10 000mg/L、Cr 10 000mg/L、Pb 10 000mg/L、Se 1000mg/L(国家标准物质研究中心)

操作步骤:刮取测试样品上的涂层,粉碎,通过孔径为 0.5mm 的金属筛进行筛分,获取 100mg 的测试试样。取 5.0mL 浓度为 0.07mol/L 盐酸溶液与测试试样混合,调整 pH = 1.0~1.5,于 37℃±2℃ 条件下超声波振荡 1h,然后在 37℃±2℃ 放置 1h,经孔径 0.45μm 水系微孔过滤膜过滤,滤液用一级水定容至 10mL。

方法评价:该方法可同时测定玩具涂层可迁移重金属含量(Sb,As,Ba,Cd,Cr,Pb,Se),前处理方法酸度用量小,降低了仪器检测的干扰,最小检测限量为 0.0075mg/L,加标回收率在 92%~102%,相对标准偏差小于 11.7%。

实例 17-11　ICP-AES 同时测定玩具涂料中镉、铬、钴和铅[12]

方法提要:目标组分为儿童玩具中玩具涂料中镉、铬、钴和铅等重金属残留量。样品干灰化法消解,硝酸定容后,采用 ICP-AES 测定。

仪器与试剂:电感耦合等离子体发射光谱仪,马弗炉,硝酸(AR),标准溶液均购置自国家标准物质研究中心。

操作步骤:将液体涂料混匀后,使用滴瓶或注射器移取约 1g 试料(称量准确至 0.1mg),或直接称取约 0.2g 干漆膜试料置于 30mL 瓷坩埚中,于电热板上,缓慢升温至试料蒸干,再逐渐升高电热板的温度至试料炭化完全。将器皿放入已预热的马弗炉中,于 450℃ 灰化完全(1.5h)。取出瓷坩埚,冷却至室温。用玻棒将灰状物研成细粉状,缓慢加入 10mL 硝酸(1+1)于瓷坩埚中,在电热板上小心加热至溶液剩余 2~3mL 时,再加入 10mL 硝酸(1+1)继续加热,直至溶液剩余少于 5mL。过滤,分别用硝酸(1+9)洗涤器皿 3 次,每次将清洗液转移到滤纸上,水冲洗滤纸数次。用水定容至 100mL 容量瓶中,摇匀待测。

方法评价:采用干法处理样品时,加入灰化助剂有时会直接影响试样的灰化程度。实验以粉末涂料作为样品,考察了磷酸二氢钠、磷酸氢二钠、碳酸钠、硼酸等不同灰化助剂对铅、镉含量测定的影响。发现涂料在灰化过程中,加入灰化助剂对铅、镉的测定结果影响不大。为此,本方法采用不加灰化助剂进行样品灰化处理,这样既可减少实验步骤,又可避免加入不同助剂而引起待测元素污染以及盐类对 ICP-AES 测定的光谱或基体干扰。

由于 Pb、Cd 的熔点低,易挥发损失,因此灰化温度及灰化时间的选择至关重要。本方法考察了不同灰化温度下铅、镉含量的测定结果,灰化时间均为 1.5h。当灰化温度低于 400℃ 时,因灰化不完全导致测定结果偏低;灰化温度为 400~500℃ 时,测得的结果较高且数值稳定;而当温度超过 550℃ 时,灰化损失明显。本试验选择灰化温度 450℃。在灰化温度为 450℃ 时,考察时间对 Pb、Cd 测定结果的影响。灰化时间低于 1h,灰化不完全而使结果偏低;灰化时间在 1.0~3.0h 范围内,测得的 Pb、Cd 量值较高且较稳定;当灰化时间达到 3.5h 或以上时,会导致灰化损失。故试验选择灰化时间 1.5h。

本方法可同时测定涂料中镉、铬、钴、铅的元素含量,方法的线性范围为 5~1000μg/g,检出限为 0.1~0.99μg/g,加标回收率在 92%~102%,相对标准偏差小于 1.5%~9.9%。

实例 17-12　气相色谱-质谱法测定玩具中的 4 种阻燃剂[13]

方法提要：目标组分为玩具中三(2-氯乙基)磷酸酯、磷酸三邻甲苯酯、$2,2',4,4',5$-五溴联苯醚、$2,2',3,3',4,4',6,6'$-八溴联苯醚等 4 种阻燃剂。玩具样品以 V(正己烷)：V(二氯甲烷)$=1:1$ 混合溶液为提取溶剂,通过超声提取后,采用气相色谱-质谱法测定。

仪器与试剂：气相色谱-质谱联用仪；DB-5HT 石英毛细管色谱柱($15m \times 0.25mm \times 0.10\mu m$)；超声波清洗器；双性滤膜；电子天平；三(2-氯乙基)磷酸酯购自美国 Acros 公司；磷酸三邻甲苯酯购自日本东京化成工业株式会社；$2,2',4,4',5$-五溴联苯醚、$2,2',3,3',4,4',6,6'$-八溴联苯醚($50mg/L$ 标准储备液),购自美国 Chem Service 公司。正己烷、二氯甲烷为色谱纯试剂；其他试剂均为分析纯。

操作步骤：从玩具中取下可触及面积大于等于 $10cm^2$ 的测试样品,将测试样品切割成尺寸不超过 3mm 的试样。准确称取 0.5g 试样(精确到 1mg),置于 50mL 具塞锥形瓶中,加 20mL V(正己烷)：V(二氯甲烷)$=1:1$ 的混合溶液,超声提取 30min,提取液经 $0.20\mu m$ 微孔滤膜过滤,所得滤液供气相色谱-质谱测定。

方法评价：本方法可同时测定玩具中三(2-氯乙基)磷酸酯、磷酸三邻甲苯酯、$2,2',4,4',5$-五溴联苯醚、$2,2',3,3',4,4',6,6'$-八溴联苯醚等 4 种阻燃剂的含量,4 种阻燃剂的定量限为 $0.1mg/kg$,方法回收率为 $93.5\% \sim 97.3\%$,相对标准偏差 $2.4\% \sim 4.1\%$。

17.2　纺织品样品前处理

纺织产品与人们的生活息息相关,但纺织产品在生产过程中不可避免地要加入各种各样的染料和助剂,它们之中或多或少会含有对人体有害的化学物质,当其在纺织产品上的残留量达到一定程度后就会对人体健康产生危害。一些国家或国际性组织更是从法律法规或标准的角度采取了积极的应对措施[14]。根据 GB 18401—2010《国家纺织产品基本安全技术规范》,纺织产品是指以天然纤维和化学纤维为主要原料,经纺、织、染等加工工艺或再经缝制、复合等工艺而制成的产品,如纱线、织物及其制成品。纺织产品的安全主要包括制品所用面料是否含有有害物质,所用材料是否卫生,产品的结构和附件是否安全和牢固等。国际上针对纺织品检测的化学物质项目多参照欧洲纺织品研究协会设置的纺织品生态质量标准 Oeko-Tex Standard 100,检测项目包括 pH、甲醛、可萃取重金属、氯化苯酚、杀虫剂/除草剂、有机锡化合物、禁用偶氮染料、致敏染料、氯苯和氯甲苯、色牢度等指标。

可萃取重金属是近年来为了适应有关法规的实施以及迎合绿色消费的浪潮,各国出台的新的检测限量标准中明确提出的指标,我国也相应出台了 GB/T 18885—2009《生态纺织品技术要求》和 GB 18401—2010《国家纺织产品基本安全技术规范》等标准。所谓可萃取重金属是通过模仿人体皮肤表面环境,以人工酸性汗液对样品进行萃取,萃取下来的重金属就称为可萃取重金属。[15]

针对纺织品规定的禁限用有机化合物种类较多,检测对象与目的各不相同的特性,前处理主要采用萃取技术,目前常用的溶剂萃取技术有索氏萃取、超声萃取、微波萃取和加速溶剂萃取等,新型萃取技术有固相萃取、固相微萃取和液相微萃取等,而基于各种萃取技术而形成的多元结合萃取技术包括索氏-固相萃取、加速溶剂-固相萃取和超声-固相微萃取等。

而随着对纺织品有害物质的要求越来越严格和检测的绿色化,快捷高效、有机溶剂耗用量少的萃取新技术将成为主流。

实例 17-13 柱前衍生-气相色谱/质谱-选择离子法测定纺织品中烷基酚[16]

方法提要：目标组分为纺织品中壬基酚和辛基酚等 2 种烷基酚聚氧乙烯醚(APEO)的生物代谢产物。样品经二氯甲烷超声提取、硅烷化试剂(双(三甲基硅烷基)三氟乙酰胺(BSTFA)＋三甲基氯硅烷(TMCS))衍生化后,采用 GC-MS-选择离子模式分析。

仪器与试剂：气相色谱串联质谱仪,色谱柱 HP-5MS($30m \times 0.25mm \times 0.25\mu m$,美国,Agilent 公司)。4-壬基酚由各种不同支链的同分异构体组成(纯度(100 ± 0.5)%,Dr. Ehrenstorfer 公司);4-n-辛基酚标准(纯度 99%,Dr. Ehrenstorfer 公司);BSTFA＋TMCS(99∶1)(Supelco 公司);实验用水为二次蒸馏水;甲醇、叔丁基甲醚、乙醚、正乙烷、丙酮、二氯甲烷,均为分析纯。

操作步骤：取 5～10g 纺织样品,将其剪碎为约 5mm×5mm 大小,混合均匀后称取 1.0g(精确到 0.01g),置于反应管中,加入 30mL 二氯甲烷萃取,振摇使完全浸湿。超声萃取 1h 后倒出萃取液,再用 20mL 萃取溶剂进行第 2 次超声萃取,30min 后倒出,合并萃取液。萃取液经旋蒸至近干,微弱氮气流吹干,用正己烷转移至试管,加入 BSTFA＋TMCS (99∶1) $50\mu L$,于 90℃下反应 30min,冷却后定容至 2mL,待测。

方法评价：壬基酚可以直接用 GC-MS 测定,但灵敏度不高,壬基酚和辛基酚通过硅烷化衍生后,分离效果更好、灵敏度更高,同时能够增加色谱柱的寿命。对于提取溶剂的选择,考虑到被测组分的极性,选择考察了二氯甲烷、甲醇、正己烷、乙醚、叔丁基甲醚、丙酮等常用提取溶剂的提取效果,最终选择二氯甲烷作为提取溶剂。本方法的最低定量限为：0.025mg/L,在添加水平为 0.2 和 1.0mg/L 的水平下,RSD($n=8$)为 1.20%～4.68%,回收率为 80.73%～99.78%。

实例 17-14 微波辅助萃取-气相色谱-串联质谱法同时测定纺织品中 6 种有机磷阻燃剂[17]

方法提要：目标组分为纺织品中三-(1-氮杂环丙基)氧化膦(TEPA)、三-(2-氯乙基)磷酸酯(TCEP)、三-(1,3-二氯丙基)磷酸酯(TDCP)、二-(2,3-二溴丙基)磷酸酯(DDBPP)、三-(邻甲苯基)磷酸酯(TOCP)和三-(1,3-二溴丙基)磷酸酯(TRIS)等 6 种禁用有机磷阻燃剂。样品以丙酮萃取,后续采用多反应监测(MRM) 模式下的 GC-MS/MS 检测。

仪器与试剂：三重四极杆 GC-MS 联用仪;HP-5MS 色谱柱($30m \times 0.25mm$,$0.25\mu m$);MARS 5 型微波萃取仪;氮吹仪;旋转蒸发仪,丙酮为色谱纯,其他有机溶剂均为分析纯。

操作步骤：取适量有代表性的纺织品样品,剪成 0.5cm×0.5cm 的小块,混匀;准确称取上述样品 1.0g 置于微波萃取管中,加入 15mL 丙酮,涡流振荡 2min 后,于 76℃下微波萃取 30min。将萃取液冷却至室温,收集萃取液置于鸡心瓶中,剩余残渣再用 15mL 丙酮进行第二次萃取。合并两次萃取液,旋转蒸发至近干,再用氮气吹干。用 1mL 丙酮溶解残渣并定容,用 $0.2\mu m$ 滤膜过滤,滤液供 GC-MS/MS 分析。

方法评价：不同萃取溶剂对萃取效率的影响相差较大,本方法分别考察了丙酮、丙酮-正己烷(1∶1,V/V)、甲醇、乙醇、异丙醇、乙腈、正己烷、乙酸乙酯、二氯甲烷、三氯甲烷、甲苯和环己烷共 12 种不同极性的萃取溶剂对 4 种样品中禁用的 6 种有机磷阻燃剂的萃取效果,结果显示丙酮的萃取效率最高。究其原因,可能是由于纺织品的表面纤维具有极性,极性较强的丙酮可以借助纤维表面的极性基团以及毛细作用对纺织物进行较为彻底的浸渍,并能迅速扩散进入纤维的极性表面层,从而对目标组分提取能力较强。将目标组分从基质的活性部位脱附下来是整个萃取过程的限速步骤。研究表明,较高的萃取温度不但有助于提高溶剂的溶解能力,使溶剂的表面张力和黏度下降,保持溶剂和基质之间的良好接触,还能更好地破坏目标组分和基质活性部位之间的作用力,使目标物更易于从基质的活性部位脱附下来。通常情况下,微波萃取温度可比萃取溶剂的沸点高 10~20℃,原因是:当微波萃取时,温度升高会使萃取管内的压力升高,萃取溶剂的沸点也随之上升,因此,选择比萃取溶剂的沸点高 10~20℃的萃取温度比较合适。有研究表明,微波萃取的回收率会随萃取时间的延长而稍有增加。一般情况下萃取时间为 10~15min 就可保证良好的萃取效果,为确保微波萃取效果,本方法选择微波萃取时间为 30min。

6 种有机磷阻燃剂 TEPA、TCEP、TDCP、DDBPP、TOCP、TRIS 的定量限(LOQ)分别为 3.0、0.2、0.3、25.0、2.5 和 29.0μg/kg,加标回收率($n=9$)为 82.62%~96.88%,RSD($n=9$)为 3.80%~8.79%。

实例 17-15　一步萃取法检测纺织品中禁用偶氮染料[18]

方法提要:目标组分为纺织品中的 4-氨基联苯、联苯胺、4-氯邻甲苯胺、2-萘胺、对氯苯胺、二氨基苯甲醚、亚甲基二苯胺、3,3'-二氯联苯胺、联大茴香胺、联邻甲苯胺、甲撑二甲苯胺、对甲酚定、硫化剂 MOCA、对氨基二苯醚、二胺苯基硫醚、邻甲苯醚、间甲苯二胺、2,4,5-三甲基苯胺、邻甲氧基苯胺、二甲代苯胺、邻二甲基苯胺等 20 种芳香胺;后续分析方法为 GC-MS;样品经粉碎后在弱酸性的柠檬酸缓冲溶液中进行还原反应之后,无须过柱,用氢氧化钠将反应液的 pH 值调整为碱性,再用一定体积的有机溶剂直接萃取后进样。

仪器与试剂:GC-MS 联用仪,DB-35ms 毛细管柱 30m×0.25mm×0.25μm;超声波清洗器,水浴恒温槽,水浴恒温振荡器。芳香胺标准品购于 Dr. Ehrenstorfer GmbH 公司;连二亚硫酸钠,氢氧化钠,氯化钠为分析纯,叔丁基甲醚色谱纯。

操作步骤:还原裂解反应:将样品剪切成尺寸为 4mm×4mm 或以下(对聚酯纤维,需按 14362—2:2003 先进行剥色处理),称取 1.00g 样品,放入 40mL 的反应瓶中,将预加热到 70℃的 17mL 缓冲溶液加入样品中。密封反应器后,剧烈地摇动片刻,70℃下静置 30min。使所有的纤维被浸湿,随后将 30mL 浓度为 20mg/mL 连二亚硫酸钠溶液加入到反应溶液中进行还原反应,剧烈摇动,立刻在 70℃中加热 30min,使样品中的偶氮染料充分还原裂解。随后在 2min 内将溶液快速冷却到室温。

萃取分离:向反应液中加入 1mL 20%的氢氧化钠溶液、5mL 浓度为 10mg/L 蒽-D10 内标的叔丁基甲醚溶液和 7g 氯化钠粉末,马上旋紧瓶盖,放入水浴恒温振荡器上振荡 45min,振荡频率为 5r/s。取下反应瓶,静置,吸取 1mL 上层清液,过 0.45μm 有机滤膜,GC-MS 检测。

方法评价:乙醚和叔丁基甲醚性质相似,它们对芳香胺的萃取效果并无差别。GB/T 17592—2006 标准方法就采用乙醚作萃取剂。但乙醚在使用之前需重蒸净化,否则存在爆炸的危险,这对禁用偶氮染料这种日常检测量很大的项目来说十分不便,叔丁基甲醚则无此隐患,因此本方法选用叔丁基甲醚当作萃取溶剂。目标组分芳香胺类化合物属于碱性物质,溶液调整为碱性,有利于有机溶剂对目标物的萃取。经过实验发现,还原反应结束、反应液经冷却之后加入 1mL 2%的氢氧化钠溶液,将弱酸性的反应液调整为 pH=12.5,使芳香胺的萃取效率较弱酸环境时大大提高。pH 过大或过小均不利萃取效率：pH 过小，回收率会降低；pH 过大，可能会导致进一步还原，使最终结果明显升高。

本方法对芳香胺的检出限在 0.02～0.15mg/kg，满足 GB/T 17592—2006、GB 18401—2003 及国际生态纺织品标准的限量检测需求，RSD 均小于 5％，除二氨基苯甲醚和间甲苯二胺外，其他芳香胺的回收率在 95％～104％。采用本方法和 BS EN 14362—1：2003、BS 检测结果偏差均在 15％之内。

实例 17-16 ICP-OES 内标法同时测定纺织品中砷、锑、铅等 9 种可提取金属元素[19]

方法提要： 目标组分为纺织品中砷、锑、铅、镉、铬、钴、铜、镍、汞等 9 种可提取金属元素，后续检测方法为 ICP-OES。样品经模拟酸性汗液提取后，采用 ICP-OES 内标法定量。

仪器与试剂： 全谱直读 ICP-OES 光谱仪；水浴恒温振荡器；超纯水系统。1000mg/L 的镉、铅、砷、锑、铬、钴、铜、镍、汞、钇 10 种单元素标准溶液（中国计量科学研究院）；L-组氨酸盐-水合物（纯度≥98.5％），中国纺织科学研究院；NaCl、磷酸二氢钠二水合物、NaOH 均为分析纯。每 1L 模拟酸性汗液含有：0.5g 组氨酸盐-水合物，5g NaCl，2.2g 磷酸二氢钠二水合物，用浓度为 0.1mol/L NaOH 溶液调节 pH 至 5.5。以上模拟酸性汗液现配现用。内标法所用的模拟酸性汗液中均含有 5mg/L 的钇。

操作步骤： 随机剪取棉布若干，剪碎至 5mm×5mm 尺寸以下混匀，称取 4g 试样两份（供平行试验），精确至 0.01g，置于 150mL 具塞三角烧瓶中。加入 80mL 模拟酸性汗液，将纤维充分浸湿，放入恒温水浴振荡器（温度（37±2）℃，振荡频率 60 次/min）振荡 60min，静止冷却至室温，过滤后待测。

方法评价： ICP-OES 分为外标法和内标法两种。用 ICP-OES 外标法分析纺织品的过程中，酸性汗液中富含的钠元素极易引起 ICP-OES 非光谱干扰，导致较大分析误差。内标法可以减小这种非光谱干扰。实验结果表明：在相同仪器条件下，内标法的精密度和回收率明显优于外标法。本方法各元素检出限在 10.2～57.2μg/L，在 2.0mg/kg 加标水平下各元素的回收率为 86.5％～107％，RSD（$n=10$）在 0.1％～3.0％。

实例 17-17 HG-AFS 法同时测定纺织品中的砷和锑[20]

方法提要： 目标组分为纺织品中砷和锑，后续检测方法为氢化物发生-原子荧光光谱法。样品采用湿法消解。

仪器与试剂： 双道原子荧光光度计。As、Sb 标准溶液：100mg/L（北京标准物质研究中心）；硝酸、高氯酸（优级纯）；硼氢化钾溶液（2.0％，质量浓度）：称取 2.00g 硼氢化钾溶于 100mL 氢氧化钾溶液（1.0％，质量浓度）中混匀，用前现配；硫脲＋抗坏血酸混合液：称取 5.0g 硫脲加入约 100mL 去离子水，微热溶解，待冷却后加入 5.0g 抗坏血酸，实验用水为去离子水。

操作步骤： 将剪碎的样品 1g 置于高脚烧杯中，加入 30mL HNO₃＋HClO₄（4＋1）溶液，3 粒玻璃珠，浸泡 24h，然后放置于 170℃ 电热板上加热消化，如酸液过少，可适当补加 HNO₃，继续消化至冒白烟，待溶液体积近 1mL 时取下冷却。用水将消化试液转入 25mL 容量瓶中，加入 5mL 硫脲＋抗坏血酸混合液，加水定容，摇匀，放置 0.5h 后进样，同时做空白实验。

方法评价： 在氢化物发生-原子荧光光谱法中，砷和锑先是被还原为 3 价，然后变为氢化物蒸气，最后在原子化器中被原子化而进行测定。酸对氢化物的发生有一定的影响，样品溶液要求有适宜的酸度。试验发现酸度在 5% 时，荧光强度最高。硼氢化钾中加入氢氧化钾主要是为了使硼氢化钾保持稳定，在反应时需消耗一定的酸量，对反应液酸度有一定影响。但由于砷和锑对酸度范围要求较宽，氢氧化钾的浓度对实验影响较小。本方法对砷和锑的检出限分别为 $0.5605\mu g/L$ 和 $0.4670\mu g/L$，方法的加标回收率在 $94.71\% \sim 96.85\%$，RSD($n=6$)分别为 1.69% 和 2.75%。

实例 17-18　石墨炉原子吸收法测定生态纺织品中可萃取痕量镉[21]

方法提要：目标组分为纺织品中可萃取痕量镉，后续检测方法为石墨炉原子吸收光谱法（GF-AAS）。样品采用湿法消化。

仪器与试剂：原子吸收分光光度计；恒温水浴振荡器；pH 计。镉标准储备溶液（$1000\mu g/mL$，国家标准溶液）。氢氧化钠、L-组氨酸盐酸盐一水合物、硝酸、基体改进剂磷酸氢二铵、硝酸镁、硝酸铵、硝酸钯均为分析纯，氯化钠、磷酸二氢钠二水合物均为优级纯。人造酸性汗液：将 0.5gL-组氨酸盐酸盐一水合物（$C_6H_9O_2N_3 \cdot HCl \cdot H_2O$），5g 氯化钠（NaCl），2.2g 磷酸二氢钠二水合物（$NaH_2PO_4 \cdot 2H_2O$），溶于 1000mL 三重蒸馏水中，用浓度为 0.1mol/L NaOH 调溶液 pH 至 5.5，此溶液现配现用。基体改进剂：用三重蒸馏水将 NH_4NO_3（50g/L）与 $NH_4H_2PO_4$（10g/L）按体积比 1:1 混合。

操作步骤：将纺织品样品剪碎到 0.5mm×0.5mm 以下，混匀。称取 4g 试样两份，精确至 0.01g，置于 150mL 具塞三角烧瓶中，加入 80mL 模拟酸性汗液将纤维充分浸湿，放入（37±2）℃恒温水浴振荡器中振荡 60min 后取出，静置冷却至室温。将试样过滤至 100mL 容量瓶中，用模拟汗液分三次洗涤过滤器中的试样至 100mL 容量瓶中，定容，摇匀备用。取 80mL 模拟酸性汗液，随同试样处理，做空白试验。

方法评价：本方法精密度（$n=6$）为 $1.79\% \sim 3.89\%$，检出限为 $0.05\mu g/L$，加标回收率为 $87.5\% \sim 104.5\%$。

实例 17-19　液相色谱-串联质谱法检测纺织品中的芳香胺类化合物[22]

方法提要：目标组分为纺织品中的酸性红 114、锥虫蓝和芝加哥天蓝 6B 降解产生的邻位联苯胺、联邻甲苯胺和 3,3'-二甲氧基联苯胺等芳香胺类化合物，后续检测方法为 LC-MS/MS。样品溶液用甲基叔丁基醚萃取。

仪器与试剂：液相色谱串联质谱仪，液相系统配二元梯度泵，三重四极杆质谱系统，配 APCI 源。甲醇、醋酸、甲基叔丁基醚色谱纯，二亚硫酸钠、柠檬酸分析纯；仪器条件：色谱柱：Lichrosorb 60 RP select B（250×4mm，$5\mu m$）。

操作步骤：将 20g 样品剪成10cm×10cm 的碎块，置于盛有 pH5 的 0.20g 酸性红和 1g 均染剂的染缸中。混合物煮 1h，使大部分燃料吸附到织物上。在结束阶段加入 3mL 醋酸溶液，再煮 10min 以促进染料的吸收。把织物从染缸移出，用水浸泡，空气中晾干。取 10g 染色的尼龙样品剪碎混匀。称取 0.2g 样品于密封的容器中用 15mL 在（70±2）℃预热的柠檬酸缓冲液（pH=6）浸润，加入 5mL 200mg/mL 二亚硫酸钠溶液（需现用现配）作为提取液，在（70±2）℃保持 30min 后冷却至室温，将提取液滤出，用甲基叔丁基醚萃取两次。萃取液在不高于 45℃条件下减压浓缩至 1.5mL 后，使用氮气吹干。剩余残渣使用 1mL 甲醇复溶至，待用。

方法评价：该方法具有高灵敏度和高选择性。线性范围从 $0.1 \sim 1\mu g/mL$ 到 $30 \sim 50\mu g/mL$。

实例 17-20　塑料微芯片电泳快速分离测纺织品和环境水样中禁用芳香胺类化合物[23]

方法提要：目标组分为纺织品和环境水中的联苯胺、氯苯胺、4,4-二氨基二苯甲烷、2,4-二甲基苯胺和对甲基苯胺等 5 种芳香胺，后续检测方法为塑料微芯片电泳。样品溶液用柠檬酸缓冲液-亚硫酸氢钠溶液加热反应后，以无水乙醚萃取，减压浓缩后，氮气吹干，剩余残渣用甲醇复溶后，使用异硫氰酸荧光素（FITC）溶液衍生化后测定。

仪器与试剂：激光诱导荧光检测器，配共聚焦显微镜。FITC 购于 Sigma 公司；无水乙醚、甲醇色谱纯，柠檬酸、亚硫酸氢钠分析纯。

操作步骤：纺织品（如衣物）样品剪碎（5mm×5mm）后精确称量 1g，放入盛有 16mL（70±2）℃预热的柠檬酸缓冲液（0.060mol/L，pH=6.0）的圆底烧瓶中。轻摇烧瓶以保证所有样品都浸入缓冲液中。烧瓶在水浴锅中于（70±2）℃加热 30min，然后加入 3mL 200mg/mL 新配制的亚硫酸氢钠溶液，继续在（70±2）℃加热 30min。反应液用 20mL 无水乙醚萃取 4 次，合并萃取液冷却至室温后，在低于 35℃的温度下减压浓缩至 1.5mL，氮气吹干后，用 2.00mL 甲醇复溶，过 0.22μm 滤膜后待衍生化。

衍生化方法：在 0.5mL 离心管中加入 20μL FITC 溶液（1.5mg FITC 溶剂在 200μL 含有 0.1%吡啶的乙腈中，或 200μL 的 DMF 中），30μL 的芳香胺标准品或样品溶液和 100μL 四硼酸钠缓冲液（100mmol/L，pH9.3）。涡旋混匀 30s 后避光反应 4h。衍生产物用缓冲液稀释至标准曲线浓度范围后测定。

方法评价：本方法简便、灵敏和经济，能同时检测上述 5 种芳香胺。方法检出限为 1～3nmol/L，远低于欧盟和中国最高限量值，方法线性范围为 40～120μmol/L。随着激光组件和光学元件的发展和普及，本方法将变得更容易实施，而且更适合于现场检测。

实例 17-21　微波辅助萃取-气相色谱测定纺织品中多溴联苯（醚）类阻燃剂[24]

方法提要：目标组分为纺织品中多溴联苯（醚）类阻燃剂，包括四溴联苯 B-52、五溴联苯 B-103、六溴联苯 B-155、八溴联苯 B-250s、四溴联苯醚 E-47、五溴联苯醚 E-5、七溴联苯醚 E-183 及八溴联苯醚 E-205。后续检测方法为 GC，样品用正己烷/二氯甲烷萃取。

仪器与试剂：气相色谱仪；HP-5 毛细管柱；微波消解仪；旋转蒸发仪；氮气吹扫仪；丙酮，二氯甲烷，正己烷，硫酸分析纯。

操作步骤：称取 1.0g 纺织品样品（剪碎至 0.5cm×0.5cm）于聚四氟乙烯溶样器中，加 25mL 正己烷、二氯甲烷混合溶剂（$V/V=2:3$），放入微波消解仪中。仪器功率 400W，于 60℃萃取 10min。萃取结束后待恢复至常温常压后，开罐分离萃取剂与样品，过滤，并以适量的萃取剂洗涤样品，合并萃取液。将萃取液旋转蒸发浓缩至约 1mL，加入 1mL 浓 H_2SO_4 净化后，氮吹吹干，再加入正己烷充分溶解定容至 1mL，待测。

方法评价：选取了涤纶、棉、丝、毛 4 种纺织品样品进行了低、中和高浓度添加水平标准加入回收实验，平均回收率（$n=6$）为 75.5%～112.9%；精密度在 1.3%～11.8%，方法检出限为 0.12～0.99μg/kg。

实例 17-22　GC-MS 法测定羊毛织物中氯菊酯的含量[25]

方法提要：目标化合物为羊毛纤维及其织物中的氯菊酯。样品经丙酮、正己烷的混合试剂超声萃取、净化后，采用 GC-MS 法进行测定。

仪器与试剂：气相色谱-质谱联用仪；HP-5MS（30m×0.25mm×0.25μm）毛细管色谱柱；外循环恒温槽；超声波清洗器；旋转蒸发仪；氮吹仪；氯菊酯标准溶液（100μg/mL，农业部环境保护科研检测所），正己烷、丙酮（HPLC级）。

操作步骤：取一定质量的纺织品样品，用剪刀剪碎至碎片面积小于0.2cm×0.2cm。准确称取1.0g剪碎样品，用40mL V（丙酮）：V（正己烷）=1：3的溶剂对样品进行40min超声萃取，样品经过滤后，再用20mL V（丙酮）：V（正己烷）=1：3的溶剂对样品进行10min萃取，合并滤液。滤液经无水硫酸钠柱脱水，在旋转蒸发仪中浓缩至1mL，氮气流吹干，准确加入1.0mL正己烷，溶解待测。

方法评价：本方法对顺式-氯菊酯及反式-氯菊酯的检出限均为1.0mg/kg，回收率在88.0%~94.3%，相对标准偏差（RSD）在5.4%~9.7%。

实例17-23　纺织品中五氯苯酚残留量的测定[26]

方法提要：目标化合物为纺织品中的五氯苯酚（PCP）残留量。样品经碳酸钾溶液超声水浴提取后，提取液用乙酸酐将被测组分衍生化为五氯苯酚乙酸酯，再用正己烷浓缩、硫酸钠水溶液净化后，采用GC-MS法进行测定。

仪器与试剂：气相色谱-质谱仪，配程序升温装置和质量选择检测器（MSD）；超声波清洗器；离心机；涡旋混合器；5%联二苯diphenyl石英毛细管色谱柱（15m×0.25mm×0.25μm）；无水碳酸钾、无水硫酸钠、乙酸酐、正己烷（均为分析纯）；五氯苯酚标准样品：纯度>99%。

操作步骤：取10g代表性的织物样品，剪碎至5mm×5mm以下，混合。从混合样中称取1.0g（精确至0.0001g）样品，置于250mL具塞锥形瓶中，加入100mL 0.1mol/L碳酸钾溶液，在超声波水浴中提取15min，将提取液抽滤，残渣再用50mL碳酸钾溶液超声提取5min，合并滤液。将滤液置于250mL分液漏斗中，加入2mL乙酸酐，振摇2min，放置10min，待完全酯化反应后，准确加入5.0mL正己烷，再振摇2min，静置5min，弃去下层溶液，正己烷相加入50mL 20g/L硫酸钠水溶液洗涤，弃去下层溶液，将正己烷相移入10mL离心管中，加入5mL 20g/L硫酸钠水溶液，涡旋混合1min，以4000r/min离心3min，上层正己烷相供气相色谱-质谱仪分析用。

方法评价：在检测过程中需要注意的是，在五氯苯酚乙酸酯反应过程中，放置时间为至少10min才能完全将样品中五氯苯酚转换为五氯苯酚乙酸酯。该方法测定不同量的五氯苯酚平均回收率为94.0%~97.0%，相对标准偏差（RSD）3.0%~7.1%，检出限为0.05mg/kg。

实例17-24　HPLC法测定纺织品中可萃取六价铬[27]

方法提要：目标化合物为纺织品中的可萃取六价铬。样品经酸性汗液提取萃取六价铬后，提取液用二苯基碳酰二肼进行衍生反应，后续采用HPLC法进行测定。

仪器与试剂：高效液相色谱仪，配备二极管阵列检测器，分光光度计（可调540nm波长）；ZORBAX SB-C18色谱柱（4.6mm×150mm，5μm）；恒温水浴振荡器；二苯基碳酰二肼、磷酸、氯化钠、氢氧化钠、磷酸二氢钠二水合物、L-组氨酸盐酸盐-水合物（均为分析纯）；重铬酸钾（优级纯）；甲醇、乙腈（均为色谱纯）；衍生试剂：取1g二苯基碳酰二肼溶于100mL丙酮中，滴加1滴冰醋酸；磷酸溶液：磷酸与水等体积混合。

操作步骤：取有代表性的样品，剪碎至5mm×5mm，混匀，称取4.00g试样，置于150mL具塞三角烧瓶内，加入80mL酸性汗液，将样品充分浸湿，放入（37±2）℃恒温水浴中振荡60min后取出，静置冷却至室温。移取20mL过滤样液，加入1mL磷酸溶液，再加入

1mL 衍生试剂混匀,室温下放置 15min,采用高效液相色谱于 540nm 波长处对衍生物进行检测。

方法评价:该方法可有效消除颜色的干扰,检出限为 0.02mg/kg。

实例 17-25 纺织品中挥发性有机物(VOCs)的检测-静态顶空气相色谱质谱法[28]

方法提要:目标化合物为纺织品中的四氯乙烯、乙烯基环己烯、甲苯、间二甲苯、对二甲苯、邻二甲苯、二氯甲烷、三氯甲烷、苯乙烯、4-苯基环己烯等十种挥发性物质。样品破碎均匀化后加入氯化钠基质溶液后,直接采用静态顶空气相色谱质谱法进行测定。

仪器与试剂:气相色谱-质谱仪,配自动顶空进样器;色谱柱为 HP-5MS 毛细管柱(30m×250μm×0.25μm);自动顶空进样器条件:平衡温度 50℃;平衡时间 20min;加压时间 0.10min;进样时间 0.5min;甲醇、氯化钠、无水硫酸钠、碳酸钠、氯化钾均为分析纯。

操作步骤:取有代表性的样品,剪碎至 5mm×5mm,混匀,在 20mL 专用顶空瓶中加入 2.0mL 0.2g/mL 氯化钠水溶液作为样品基质。称取 0.5g 剪碎的样品于顶空瓶中,立即用聚四氟乙烯密封盖密封后待测。

方法评价:本方法采用了自动顶空进样技术,可以大大提高方法的重现性。如若能将此方法在行业内进行推广,对纺织品中挥发性有机物的检测将带来很大的便利。各组分的方法检出限在 0.0002~0.017mg/kg,回收率在 85.5%~118.2%,相对标准偏差在 2.48%~5.08%。

17.3 食品接触材料

食品安全是一个系统性工程,包括从农田到餐桌的各个环节,食品接触材料安全性是其中一个重要的环节。食品接触材料,尤其食品包装材料起着保护食品、方便储运、促进销售、提高食品价值的重要作用。一定程度上,食品接触材料已经成为食品不可分割的重要组成部分[29]。食品接触材料(food contact materials,FCM),又称食品包装材料、间接食品添加剂,指的是将要与食品直接、间接或可能接触,或者以间接的食品添加剂的形式出现,而其本身并不构成食品成分的一类材料,常见于食品容器、食品包装、加工处理食品的设备及厨房家电等产品。目前我国允许使用的食品容器、包装材料主要有以下 7 种:①塑料制品;②天然、合成橡胶制品;③陶瓷、搪瓷容器;④铝、不锈钢、铁质容器;⑤玻璃容器;⑥食品包装用纸;⑦复合薄膜、复合薄膜袋等[30]。

包装材料中化学残留物的迁移会威胁消费者的健康,而不同的接触材料对食品有不同的影响。下面就食品接触材料的常见种类进行分析,表 17-1 列出其存在的安全问题[31]。

表 17-1 食品接触材料的主要安全隐患

食品接触材料种类	用 途	安 全 隐 患
塑料	质轻、耐用、防水、抗腐蚀能力强、绝缘性好、易于加工、制造成本低等优点,有良好的食品保护作用	塑料制品中的游离单体或降解产物向食品中迁移,如:邻苯二甲酸酯类(PAEs)
金属	传统食品接触材料,用于制造各种炊具、食具等	有毒有害的重金属迁移,表面涂覆的食品级涂料中游离酚、游离甲醛及有毒单体的溶出

续表

食品接触材料种类	用 途	安 全 隐 患
纸质制品	纸质制品广泛应用于餐饮业中,如衬纸、纸制饭盒、纸包装袋、纸杯等	重金属、细菌和某些化学残留物污染,人为添加荧光增白剂
玻璃制品	传统食品接触材料,用于制造各种炊具、食具等	铅、砷、锑等重金属迁移污染
橡胶	广泛用于与食品接触的手套、垫圈、密封件等	有过敏反应,芳香胺、重金属元素、添加剂的迁移
油墨	食品接触材料上字体、标识的印刷	苯残留
陶瓷、搪瓷	用于装酒、咸菜和传统风味食品	重金属迁移

食品包装材料上的化学物质在扩散动力学因素的作用下会快速迁移入与其接触的食品,危害人体健康。因此,目前对于食品包装材料的检测主要集中于利用各种现代分析手段研究食品接触材料在各种模拟液和不同条件下的迁移情况及迁移量以确定其安全性[32]。为了规范检测依据与国际接轨,目前我国执行的是修改采用欧洲标准 EN 13130—1:2004 年制定的 GB 23296 系列标准,其中 GB 23296.1—2009《食品接触材料塑料中受限物质塑料中物质向食品及食品模拟物特定迁移试验和含量测定方法以及食品模拟物暴露条件选择的指南》就明确规定了塑料食品接触材料中某种特定化学物质(受限物质)向食品、食品模拟物或试验介质特定迁移量的符合性测试过程中应遵循基本选择原则[33]。因此在实际检测过程中需要根据检测目的、检测标准,选择适当的模拟条件进行试验,包括不同模拟物(如水、橄榄油、酒精饮料等)、不同接触温度(高温、低温)、不同样品形状(袋装、充填物品)等因素。

实例 17-26 浊点萃取-石墨炉原子吸收光谱法测定食品包装材料中痕量锑[34]

方法提要:目标组分为 PC 杯、陶瓷制品和 PP 塑料吸管等食品包装材料中痕量锑。样品前处理采用 Triton X-114 为表面活性剂、吡咯烷基二硫代氨基甲酸铵(APDC)为螯合剂的浊点萃取,后续测定方法为石墨炉原子吸收光谱法。

仪器与试剂:原子吸收光谱仪;酸度计;电子天平;超声波仪;低速离心机;数显恒温水浴锅;1.000mg/mL 锑标准储备液:称取 0.2743g 酒石酸锑钾,用二次蒸馏水溶解,移入 100mL 容量瓶中,定容、摇匀,各浓度锑标准溶液均由锑标准储备液逐级稀释配制而成;新配制 2.5%(质量浓度)APDC 溶液;1%(体积浓度)Triton X-114;0.1mol/L HNO_3-CH_3OH;pH4.0 HAc-NaAc 缓冲溶液。所用试剂均为分析纯,实验用水均为二次蒸馏水。所用容器使用前均用稀硝酸浸泡,并用二次蒸馏水淋洗。

操作步骤:

样品处理:称取陶瓷碎片 5.0g 和塑料吸管碎片 2.0g 分别至 250mL 烧杯中,各加入二次蒸馏水(pH=6.00,HNO_3)100mL 浸泡 24h。然后,将浸取液转移至 100mL 容量瓶中待用。水杯(容积约 1250mL)采用二次蒸馏水浸泡 24h。然后,用容器收集浸泡液,待用。

浊点萃取:准确移取 6.00mL 锑标准溶液(样品溶液)至 10mL 离心管中,加入 0.50mL 2.5%APDC 溶液,适量 HAc-NaAc 缓冲溶液,摇匀后调节 pH 至 5.0,静置。然后,加入 1.00mL 1%(体积浓度)Triton X-114 溶液,定容至 10mL、摇匀后置于 50℃恒温水浴中。平衡 15min 后,以 3200r/min 离心 5min,将分相后的溶液置于冰浴中冷却至接近

0℃,使表面活性剂相变得黏滞。弃去水相,加入 0.20mL 0.1mol/L HNO$_3$-CH$_3$OH 溶液,使表面活性剂相黏度降低。稀释后的富胶束相溶液,用石墨炉原子吸收光谱仪进行测定。

方法评价:浊点萃取技术是近年来发展起来的一种新型分离技术,具有成本低、富集倍数高、操作简便、有机溶剂消耗量少、能够保持被分离物质(如:生物大分子)原有特性等优点。本方法的定量限为 0.02ng/mL,RSD($n=7$)为 8.9%,样品加标回收率在 88.7%~120.2%。

实例 17-27 食品接触材料中邻苯二甲酸酯的组合式高分辨质谱快速筛查和确证[35]

方法提要:目标组分为塑料包装类食品接触材料中的邻苯二甲酸二丁基酯(DBP)、邻苯二甲酸二辛酯(DNOP)、邻苯二甲酸二己酯(DNHP)、邻苯二甲酸二甲基酯(DMP)、邻苯二甲酸二(丁氧基乙基)酯(DBEP)、邻苯二甲酸二(乙氧基乙基)酯(DEEP)、邻苯二甲酸二戊基酯(DPP)、邻苯二甲酸丁基苄基酯(BBP)、邻苯二甲酸二环己基酯(DCHP)、邻苯二甲酸二异丁基酯(DIBP)、邻苯二甲酸二(2-乙基己基)酯(DEHP)等 11 类邻苯二甲酸酯(PAEs);后续分析方法为组合式高分辨质谱;经粉碎后的样品采用加速溶剂萃取(ASE)前处理。

仪器与试剂:组合式高分辨质谱仪(HPLC-LTQ/Orbitrap/MS);色谱柱:Agilent ZORBAX SB-C$_{18}$色谱柱(100mm×2.1mm,3.5μm);旋转蒸发仪;加速溶剂萃取仪;涡旋混匀器;超声波振荡器。甲醇、二氯甲烷、乙腈、乙酸乙酯、正己烷,均为色谱纯,甲酸(优级纯),11 种 PAEs 标准品(纯度均为 98%,Dr. S. Ehernstorfer 公司)。

操作步骤:取适量塑料包装,剪碎后用冷冻研磨机研磨 30min,准确称取样品 1.0g,再加入 5.0g 硅藻土混匀,在不锈钢萃取池中进行加速溶剂萃取。萃取溶剂为甲醇;压力为 10MPa;萃取温度为 100℃;静态萃取时间为 8min;循环次数为 2 次;溶剂冲洗体积为 60%,30s 氮气吹扫,收集的全部提取液于旋转蒸发仪上蒸干,用 1mL 甲醇溶解后过 0.45μm 有机膜后进 HPLC-LTQ/Orbitrap/MS 分析测定。

方法评价:ASE 作为新兴的有机物提取技术现在已广泛应用于食品、化妆品、食品接触材料等检测领域,其前处理关键参数主要为萃取压力、萃取温度以及萃取溶剂的选择。比较了二氯甲烷、丙酮、甲醇和无水乙醇等 4 种萃取溶剂,结果表明:用二氯甲烷时,萃取液呈现乳白色,可能是二氯甲烷溶解了部分样品,而且二氯甲烷的毒性比较大;而丙酮和无水乙醇作为萃取溶剂的萃取效率均低于甲醇的萃取效率,因此,选用甲醇作为萃取溶剂。一般来说,随着温度的升高,萃取效率增加,但是萃取出来的干扰杂质也会增加,而且可能会导致某些不稳定组分的降解损失。各组分萃取效率随萃取温度升高而增加,当达到 100℃时,萃取效率达到最大值。继续升高温度时,回收率不再增加。当静态萃取时间从 8min 延长到 20min 时,对萃取效率基本无影响,因此,静态萃取时间设定为 8min。

本方法 11 种邻苯二甲酸酯的方法检出限均为 1ng/mL,在 2.0、10.0、50.0μg/kg 等 3 水平进行 6 组平行实际样品添加试验,回收率为 92.8%~101.7%,RSD($n=6$)小于 10%。

实例 17-28 电感耦合等离子体质谱法测定食品接触材料中可溶性铅、镉、砷和汞[36]

方法提要:目标组分为高分子类食品接触材料中的铅、镉、砷和汞等重金属;后续分析方法为电感耦合等离子体质谱法(ICP-MS);样品经粉碎后以 0.07mol/L 的盐酸(模拟人体胃酸)溶解食品用黏合剂、塑料瓶等高分子食品接触材料中痕量的可溶性铅、镉、砷、汞等有害重金属。

仪器与试剂:电感耦合等离子体质谱仪(带半导体制冷雾化器、耐高盐接口和等离子体屏蔽装置)、Milli-Q 纯水机。盐酸(优级纯);1000mg/L 铅、镉、砷、汞标准溶液(国家标准物质研究中心）；1000mg/L Sc、Ge、In 和 Bi 标准溶液（国家标准物质研究中心）。

操作步骤：将食品用黏合剂样品充分搅拌均匀后，在玻璃板上制备涂膜（尽量薄），待完全自然风干后取样（若烘干，则温度不得超过 80℃），在室温下将其粉碎，并通过 0.5mm 金属筛后筛后待处理，如涂膜不易粉碎成 0.5mm，可不过筛直接进行样品处理；塑料瓶样品直接粉碎或剪碎。称取处理好的样品 0.5g，放入 25mL 比色管中，加入 25mL 0.07mol/L 的 HCl 溶液，超声波振荡 30min，然后在室温下静置 1h，过滤至另一支 25mL 比色管中。

方法评价：干燥后的涂膜一定要粉碎，否则会使结果偏低。过滤时，可采用 0.22μm 的滤膜抽滤。在对浸泡液进行 ICP-MS 分析时，为了减少信号漂移和基体效应对测量造成的影响，在线加入 Sc、Ge、In 和 Bi 作内标进行校正。ICP-MS 虽然具有很高的灵敏度，但因 As 较难电离，检测低含量的 As 依然很困难，因此采用高的射频功率和较长的积分时间（30ms 和 20ms）分别检测 As、Cd，并调谐仪器使其双电荷和氧化物干扰降至 1% 以下，以消除测定过程中多原子离子对测量信号的干扰。

本方法 4 种重金属的检出限均小于 $1\mu g/L$，平均加标回收率在 88.6%～98.3% 之间；$RSD(n=6)1.8\%～5.1\%$。

实例 17-29　电化学分析法对食品包装材料中双酚 A 的检测[37]

方法提要：样品为食用油塑料桶、饮料纸杯、酸牛奶盒、食品包装纸等食品接触材料；目标组分双酚 A；后续分析方法为电化学分析法；样品经粉碎后，在磷酸盐缓冲溶液（PBS）中进行提取富集后，以循环伏安法进行测定。

仪器与试剂：电化学工作站；三电极系统：玻碳电极（GCE，$\phi=4$mm）及修饰电极为工作电极，铂片电极为辅助电极，饱和甘汞电极为参比电极；超声波清洗器；酸度计；单壁碳纳米管（SWCNT）（深圳纳米巷有限公司）；甲醇、双酚 A、乙酸、乙酸钠、磷酸二氢钾、磷酸氢二钾均为分析纯；实验用水为 3 次蒸馏水。

操作步骤：将样品粉碎，准确称取 1g 样品，加入 20mL 甲醇，超声浸泡 24h，过滤，将提取液浓缩、自然挥发，缓冲溶液定容至 100mL，待测。

SWCNT 修饰电极的制备：在混酸（$V(H_2SO_4)：V(HNO_3)=3：1$）中加入适量 SWCNT 维持 30～40℃超声 24h，稀释并清洗至中性，烘干即得功能化 SWCNT。称取 1.0mg 功能化 SWCNT 超声分散于 10mL 水中，形成黑色悬浊液，备用。将玻碳电极依次用粒径为 1、0.3、0.05μm 的 Al_2O_3 打磨、抛光至镜面，3 次水冲洗，然后分别在 16.4mol/L NaOH 溶液、7.2mol/L HNO_3 溶液和丙酮中超声清洗 5min，取 20μL 的上述分散液滴于其上，自然干燥即制得功能化 SWCNT 修饰电极。

室温条件下，以裸玻碳电极和 SWCNT 修饰电极为工作电极，铂片电极为辅助电极，饱和甘汞电极为参比电极（实验均以此为参比电极），先恒电位富集，再进行循环伏安测定。

方法评价：双酚 A 具有较强的极性，适合采用极性较强的甲醇提取。修饰膜的厚度对电极性能的影响很大，修饰膜太薄，活性基团太少，电化学响应不明显；修饰膜太厚，传质阻力增大，不利于电子的传递，也将影响电化学响应。SWCNT 具有较大的比表面积，电极被修饰后增大了双酚 A 与电极的接触面积；功能化 SWCNT 含有强配位能力的—COOH 和—OH，能促进双酚 A 在电极表面的吸附，在合适的电化学条件下，这两者共同作用的结果将使得双酚 A 在 SWCNT 修饰电极表面有效富集。

本方法对食品接触材料中双酚 A 的检出限为 $8.0×10^{-9}$ mol/L，加标回收率为

97.5%～105%，RSD(n=5)小于5%。

实例17-30　乙酰丙酮分光光度法测定塑料中甲醛和六亚甲基四胺在食品模拟物中的迁移量[38]

方法提要：目标组分为氨基模塑料类食品接触材料中的甲醛和六亚甲基四胺（HMTA）；后续分析方法为分光光度法；样品经乙酸提取溶液浸泡提取，所得浸泡液在乙酸铵存在下，试液中的甲醛与乙酰丙酮反应生成黄色化合物。HMTA在一定条件下反应会转化成甲醛，同样可用乙酰丙酮显色后进行分光光度法测定。

仪器与试剂：水浴箱；紫外可见分光光度计。食品模拟物：乙酸溶液（30g/L）；HMTA（分析纯）；硫酸（优级纯）；氢氧化钠溶液（40g/L）；甲醛标准储备溶液（1mg/mL）；二次蒸馏水。乙酰丙酮溶液：称取15g无水乙酸铵溶于适量水中，移入100mL的容量瓶，加入40μL乙酰丙酮和1.0mL乙酸，用水定容至刻度，此溶液pH值约为6。

操作步骤：HMTA转化成甲醛的反应：在10mL比色管中加入5.0mL含HMTA的食品模拟物（30g/L乙酸溶液），再加入1.0mL的3%硫酸溶液混匀，于60℃水浴中放置30min后取出冷却，再向管中加入氢氧化钠溶液2mL，用水定容至10mL。

甲醛的测定：取5.0mL含甲醛的食品模拟物或上述HMTA转化反应液移入另一10mL比色管中，加入乙酰丙酮溶液5.0mL混匀。将此比色管在40℃水浴中放置30min后取出，室温下冷却45～60min或冰水浴中冷却2min，用10mm比色皿在分光光度计410nm波长处测定。

样品测定：取未使用过的清洁氨基塑料样品，注入30g/L乙酸溶液至样品口边缘5mm处，用铝箔纸封口后于60℃浸泡2h，所得的浸泡液按"甲醛的测定"所述方法处理并测定。以未接触样品的乙酸溶液按同样方法处理为空白；以同样方法处理但不加乙酰丙酮的试剂空白溶液为参比。对只含甲醛的试样，浸泡液测得值扣除空白值即为试样中甲醛的迁移量；当测定甲醛和HMTA在食品模拟物中的总迁移量（以甲醛计）时，由于标准溶液未经"HMTA转化成甲醛的反应"步骤处理，测得结果需乘以2方为试样中甲醛和HMTA的总迁移量。

方法评价：本方法也适用于其他常用食品模拟物（水或不同浓度的乙酸、乙醇溶液），只需将上述方法中的30g/L乙酸溶液相应换成其他食品模拟物即可。本方法对食品接触材料中甲醛和六亚甲基四胺的检出限为0.09mg/L，针对本底水平为9.93mg/L含HMTA的样品和本底水平为7.01mg/L不含HMTA的样品进行了9家实验室的测定，测定结果的重复性限r分别为0.707mg/L、0.112mg/L；再现性限R分别为2.094mg/L、1.516mg/L。

实例17-31　液质联用检测塑料食品接触材料中16种邻苯二甲酸酯迁移量[39]

方法提要：样品为模塑料类食品接触材料；目标组分为邻苯二甲酸二丁氧基乙酯、邻苯二甲酸双-2-乙氧基乙酯、邻苯二甲酸二(2-乙基己)酯、邻苯二甲酸二甲氧基乙酯、邻苯二甲酸二(4-甲基-2-戊基)酯、邻苯二甲酸丁苄酯、邻苯二甲酸二戊酯、邻苯二甲酸二丁酯、邻苯二甲酸二环己酯、酞酸二乙酯、邻苯二甲酸二己酯、邻苯二甲酸二异丁酯、酞酸二甲酯、邻苯二甲酸二异壬酯、邻苯二甲酸二正辛酯、邻苯二甲酸己基-2-乙基己酯等16种邻苯二甲酸酯（PAEs）类化合物的迁移量；后续分析方法为HPLC-ESI-MS/MS；样品经乙酸、乙醇、橄榄油模拟萃取体系进行模拟迁移实验后进行测定。

仪器与试剂：三重四极杆质谱，配备自动进样器。ZORBAX SB-C$_{18}$色谱柱（100mm×2.1mm，3.5μm）；乙酸、乙醇、乙酸钠、乙腈色谱纯。

操作步骤：PAEs 迁移条件遵行欧盟 82/711EEC 和 85/572EEC 法规，使用 10cm×10cm 碎片加入 200mL 食品模拟物(2mL/cm²)的方法检测。样品使用水、3％乙酸和 10％乙醇进行模拟迁移实验，温度为 40℃，浸泡 10 天。将浸泡液过 0.22μm 的滤膜。样品使用橄榄油进行模拟迁移实验时，使用 20℃浸泡 2 天，过 SPE 柱净化的方法。所有检测都必须同时做空白实验以控制是否有背景干扰。

方法评价：本研究采用反相色谱-ESI-串联质谱建立了塑料食品接触材料中 16 种邻苯二甲酸酯迁移量的检测方法。采用的迁移模拟物为：水，3％乙酸，10％乙醇和橄榄油。该方法检出限为：水中 1.6～18.5μg/kg，3％乙酸中 1.4～17.3μg/kg，10％乙醇中 1.4～19.2μg/kg 和橄榄油中 31.9～390.8μg/kg。该方法可以满足欧盟对于此类化合物不得检出的最低限量。该方法首先要避免 PAEs 的污染，需要使用去离子水清洗过的玻璃器皿代替所有塑料实验仪器。玻璃器皿要在丙酮中浸泡 30min，200℃干燥 2h 后才能使用。所有实验仪器要先进行邻苯二甲酸酯残留检测。

实例 17-32　高灵敏的酶联免疫分析测定塑料包装材料中邻苯二甲酸二丙酯[40]

方法提要：样品为食物塑料包装材料，目标组分为邻苯二甲酸二丙酯，样品经三重蒸馏水浸泡，50℃提取后经直接竞争酶联免疫分析测定。抗体与辣根过氧化物酶的耦合物作为检测探针。

仪器与试剂：酶标仪，微量滴定板，紫外分光光度计。牛血清蛋白(BSA)，卵清蛋白(OVA)，辣根过氧化物酶(HRP)购于 Sigma 公司。邻苯二甲酸二丙酯，o-邻苯二胺(OPD)购于上海化学试剂公司。

操作步骤：96 孔板用纯化的抗体包被，37℃孵育 2h。除掉未结合的抗体，用 PBS 缓冲液洗板三次，用 PBS 缓冲液中 1％ OVA 结合非特异结合位点。洗板三次后，用 50μL 样品溶液或标准溶液和 50μL 辣根过氧化物酶-4-氨基邻苯二甲酸二丙酯结合物(HRP-DPrAP-OVA) 37℃反应 2h。洗去未结合的样品溶液或标准溶液和 HRP-DPrAP-OVA 耦合物，然后加入 100μL OPD 底物溶液。37℃反应 30min，加入 50μL 2mol/L 硫酸溶液终止酶促反应。490nm 测定吸光值。

方法评价：本方法的检出限为 0.01ng/mL，线性范围 0.01～16ng/mL。方法加标回收率为 85.9％～109.4％。与四种结构类似的邻苯二甲酸酯类物质的交叉反应率低于 12％，不影响邻苯二甲酸二丙酯的测定。

实例 17-33　食品包装材料中 7 种光引发剂向水性模拟液中的迁移测定[41]

方法提要：样品为食品包装材料，目标组分为二苯甲酮、4-二甲氨基苯甲酸乙酯、1-羟基环己基苯基甲酮、4-甲基二苯甲酮、邻苯甲酰苯甲酸甲酯、对二甲氨基苯甲酸异辛酯和安息香双甲醚。样品采用水性模拟液作为迁移溶剂，用聚二甲基硅氧烷/二乙烯基苯(PDMS-DVB)纤维头进行固相微萃取，后续采用气相色谱-质谱(SPME/GC-MS)分析。

仪器与试剂：GC-MS 联用仪；HP-5MS 毛细管色谱柱(30m×0.25mm×0.25μm)；固相微萃取装置，萃取头涂层为聚二甲基硅氧烷/二乙烯基苯(PDMS-DVB)(美国 Supelco 公司)；电子加热磁力搅拌器；塑料薄膜封口机。标准品：二苯甲酮(benzophenone，BP，99.0％)和 4-二甲氨基苯甲酸乙酯(ethyl-4-dimethylamino-benzoate，EDMAB，98.0％)；1-羟基环己基苯基甲酮(1-hydroxycyclohexyl-phenylketone，CPK，98.0％)、4-甲基二苯甲酮(4-methylbenzophenone，4-MBP，95.0％)、邻苯甲酰苯甲酸甲酯(methyl 2-benzoylbenzoate，

OMBB,98.0%）和对二甲氨基苯甲酸异辛酯（2-ethylhexyl-4-dimethylaminobenzoate，EHDAB,98.0%）；安息香双甲醚（2,2-dime-thoxy-2-phenylacetophenone,2,2-DMPA，99.0%）。甲醇为色谱纯。

操作步骤：

样品前处理：将食品包装袋洗净后晾干，按 1mL/cm² 计算装入蒸馏水，热封口。然后将其置于预先调至 60℃ 的烘箱内，恒温 40min，提取完成后，取出样品振荡 1min，然后剪开封口将提取液倒入烧杯中自然冷却至室温，准确量取 30mL 提取液并加入磁转子密封 40mL 顶空瓶中，在一定转速下水浴萃取，然后送入 GC 进样口热解吸 3min 测定。

固相萃取条件：样品放入 40mL 顶空瓶中，在 40℃ 水浴、转速为 1100r/min 的条件下搅拌萃取 40min，萃取头为聚二甲基硅氧烷/二乙烯基苯（PDMS-DVB）纤维头。

方法评价：该方法的灵敏度高，样品前处理过程简单，无须使用有机溶剂，方法的检出限为 0.0012～0.0069mg/L，线性范围为 0.03～1.0μg/L（r^2>0.9909），在 3 种浓度的添加水平下，加标回收率为 70.8%～112.0%，RSD 小于 14.0%。

实例 17-34　多壁碳纳米管固相萃取-高效液相色谱-串联质谱法测定食品接触材料中双酚-二环氧甘油醚的迁移量[42]

方法提要：目标组分为食品包装材料中的双酚-二环氧甘油醚（双酚 A 二缩水甘油醚（BADGE）及其衍生物双酚 A(2,3-二羟丙基)甘油醚（BADGE·H_2O）、双酚 A(3-氯-2-羟丙基)甘油醚（BADGE·HCl）、双酚 A(3-氯-2-羟丙基)(2,3-二羟丙基)醚（BADGE·H_2O·HCl）和双酚 F 二缩水甘油醚（BFDGE）及其衍生物双酚 F 双(3-氯-2-羟丙基)甘油醚（BFDGE·2HCl）。样品以叔丁基甲醚（MT-BE）为提取溶剂，超声提取，提取液经多壁碳纳米管（MWCNTs）固相萃取柱富集、净化，后续采用液相色谱-质谱分析。

仪器与试剂：三重四极杆质谱仪，配高效液相色谱仪；色谱柱 COSMOSIL C18 柱（150mm×2mm,2.5μm）；固相萃取装置；多功能微量化样品处理仪；高速离心机。叔丁基甲醚、甲醇、乙腈、乙酸乙酯均为色谱纯；乙酸铵为色谱纯。多壁碳纳米管 MWCNTs（直径 20～30nm，长度 5～10μm，广东深圳纳米港公司）。

操作步骤：称取 2.0g 样品于 50mL 离心管中，加入 15mL MT-BE，涡旋振荡 1min，超声提取 20min 后，以 7500r/min 离心 5min，分离上清液。下层残渣再用 5mL MT-BE 采用上述步骤重复提取一次，合并两次提取液。将提取液置于多功能微量化样品处理仪上 40℃ 吹至近干，用 5mL 甲醇-水（50∶50,V/V）溶解，脂肪含量较高的食品需再加 2mL 正己烷，混匀后弃去正己烷层。将上述提取液加载到活化后的 MWCNTs SPE 小柱上，控制流速为 1mL/min，弃去流出液，再用 5mL 水淋洗，弃去淋洗液。最后用 5mL 甲醇-乙酸乙酯（60∶40,V/V）洗脱，收集合并全部洗脱液，于多功能微量化样品处理仪上 40℃ 吹至近干，用甲醇-水（50∶50,V/V）定容至 1mL，过 0.45μm 滤膜，供 HPLC-MS/MS 分析。

方法评价：该方法可用于食品接触材料中双酚-二环氧甘油醚迁移量的快速检测，方法的检出限为 0.5～1.5μg/L，加标回收率为 78.6%～89.9%，RSD 小于 10.0%。

17.4　化妆品样品前处理

化妆品是指以涂擦、喷洒或者其他类似的方法，散布于人体表面任何部位（皮肤、毛发、指甲、口唇等），以达到清洁、消除不良气味、护肤、美容和修饰目的的日用化学工业产品[43]。

随着人们生活水平的不断提高,化妆品在人们的日常生活中已得到广泛的应用。如今化妆品的功能逐渐由简单的美容修饰作用向功能性方面延伸,出现了许多种类特殊用途的化妆品。近年来,多种品牌的防晒、去斑、减皱、去皱、美白嫩肤等化妆品在国内市场相继出现,为人们护肤提供了便利条件。

卫生部2007年1月发布的《化妆品规范》明确了对化妆品原料成分的安全性管理,提出了禁限用物质成分名录。禁用物质是指在特殊情况下不得用于化妆品的成分。限用物质规定了适用的范围、终产品中的最大浓度、使用条件等其他限制和要求,以及需要标明的警示等内容。现共有禁用物质1286种、限用物质73种、限用防腐剂56种、限用防晒剂28种、限用着色剂156种、暂时允许使用的染发剂93种。但是部分化妆品的配方设计者为了使化妆品达到更佳的功效,在组方中使用一些含有剧毒物质、有明显慢性毒性的物质、对皮肤或黏膜有刺激性的物质,如抗生素类药物可产生耐药性或蓄积中毒,激素类药物长期使用易导致皮肤变薄、发红、发痒,另外通过皮肤吸收可引起全身副作用,导致面部皮肤损害、骨质疏松、肌肉萎缩、生长发育迟缓、免疫功能下降、诱发或加重感染和消化性溃疡、情绪异常、代谢紊乱等各种不良反应,儿茶酚胺类影响中枢神经系统和心肾等主要脏器的血液循环,出现各系统缺血症状和功能损害。因此针对化妆品中违禁物质的监管检测是对政府实施卫生监督和保障消费者身体健康具有重要的意义[44]。由于化妆品类型多样、基质复杂、干扰物质多,化妆品的理化指标检测通常需要经过复杂前处理才能进行净化、富集和检测。目前,用于化妆品样品前处理的方法有很多,常用的方法包括超声波提取、微波辅助萃取、液液萃取和固相萃取等[45]。在前处理过程中应注意样品与提取液的乳化现象,以免造成样本损失。重复性差等问题,另外还应注意复杂样品中干扰杂质的消除,以及样品基质的净化。

实例17-35 超高效液相色谱法同时测定化妆品中的19种喹诺酮类抗生素[46]

方法提要:目标组分为化妆品中氟罗沙星、依诺沙星、氧氟沙星、培氟沙星、诺氟沙星、洛美沙星、司帕沙星、吡哌酸、恶喹酸(奥索利酸)、萘啶酸、马波沙星、环丙沙星盐酸盐、甲磺酸丹诺沙星、恩诺沙星、奥比沙星、沙拉沙星盐酸盐、双氟沙星盐酸盐、氟甲喹、西诺沙星等19种喹诺酮类抗生素;后续分析方法为超高效液相色谱法(UPLC);样品经2%甲酸-乙腈振荡提取后,通过正己烷液液萃取及减压蒸干等方法净化。

仪器与试剂:超高效液相色谱仪;Waters ACQUITY UPLC BEH Shield RP C_{18}色谱柱(100mm×2.1mm I. D.,1.7μm);超纯水器;高速离心机;超声仪,甲酸、乙腈、正己烷色谱纯。

操作步骤:准确称取样品1.0g,置于50mL聚丙烯离心管中,加2%甲酸-乙腈溶液10mL,充分振摇10min,使分散均匀,于8000r/min离心5min,吸取上清液于另一洁净的离心管中;重复上述提取步骤一次,合并上清液,加正己烷10mL,充分振摇,于8000r/min离心5min,弃去正己烷层,吸取下层清液至100mL鸡心瓶中,于40℃减压蒸发至干。用10mL 0.1%甲酸-乙腈溶液(90:10,V/V)溶液将残渣分次转移至50mL离心管中,加入正己烷10mL,充分振摇,于2~8℃,以12 000r/min离心20min,弃去正己烷层,下层清液过0.22μm滤膜,待测。

方法评价:根据19种化合物的pK_a值可知,此类化合物在酸性条件下溶解度较好,对比0.2%甲酸-甲醇溶液、0.2%甲酸-乙腈溶液以及0.1%甲酸溶液与甲醇(或乙腈)等提取液体系对化妆品(膏霜类、溶液类、固体类、乳液类)的提取效果发现:①对于乳液状及溶液状的样品,采用 0.1％甲酸-乙腈(90:10,V/V),提取效果最佳,可有效去除脂溶性基质,且方法简单方便,易操作;②对于粉类及膏类样品,先用 0.2％甲酸-乙腈溶液提取,提取液经正己烷除脂后,以氮气吹干,再加入 0.1％甲酸溶液-乙腈(90:10,V/V)溶液复溶(适当降低复溶液中有机相的比例),可有效提取喹诺酮类化合物,同时降低化妆品中脂溶性基质的干扰),该混合溶剂对乳液状及溶液状样品也有很好提取效果;③对膏霜类、粉类样品,以0.2％甲酸-乙腈提取。

本方法对 19 种喹诺酮类抗生素的检出限均小于 15mg/kg,回收率在 88.1％~105.1％,RSD(n=6)小于 1.5％。

实例 17-36 顶空固相微萃取/气相色谱-质谱法测定液态化妆品中 8 种增塑剂[47]

方法提要:目标组分为化妆品中 DEP、DPRP、DBP、BBP、DCHP、DEHP、DNOP、DPHP 等 8 种 PAEs 增塑剂;后续分析方法为 GC-MS;样品经二次水稀释后,通过硅油浴搅拌顶空萃取,萃取纤维头直接进样。

仪器与试剂:气相色谱离子阱质谱联用仪,配 DB-5MS 气相色谱毛细管柱(30m×0.25mm×0.25μm 液膜厚度);100μm 聚二甲基硅氧烷(PDMS)萃取纤维头和 65μm PDMS/二乙烯基苯(DVB)萃取纤维头(美国 Supelco 公司);恒温磁力搅拌器;氯化钠分析纯。

操作步骤:取 100μL 化妆水或 10μL 香水、花露水样品于 20mL 玻璃顶空瓶中,以超纯水稀释至 1mL,加入氯化钠使之饱和并加盖密封,于 90℃硅油浴中以 600r/min 搅拌顶空萃取 60min。将萃取纤维头置于 250℃气相色谱进样口解吸附 4min。

方法评价:PAEs 是一类极性较弱的有机物,可以采用非极性的 PDMS 和弱极性的 PDMS/DVB 涂层萃取。针对化妆品基质而言,PDMS/DVB 涂层对 8 种 PAEs 的吸附性能较强;萃取温度是本方法的关键参数,升高温度虽然增加了目标组分在顶空中的浓度,但也降低了其在萃取涂层中的保留系数,综合考虑 8 种 PAEs 的萃取效率和灵敏度,90℃为最佳萃取温度。加入 NaCl 溶液能够增大萃取溶液离子强度、降低基体效应,同时也增大了溶液的黏度,使 PAEs 液体中的扩散速率降低,可以提高多种目标组分的萃取效率,本方法选择在饱和 NaCl 溶液中进行。

8 种 PAEs 在化妆品基质中的检出限为 2.1~250.0μg/kg,回收率为 70％~97％,RSD (n=5)为 2.5％~13.9％,满足实际样品定量分析的要求。

实例 17-37 固相萃取-超快速液相色谱-串联质谱法同时测定化妆品中 9 种抗过敏药物残留[48]

方法提要:目标组分为化妆品中多西拉敏、美沙吡林、曲吡那敏、溴苯那敏、苯海拉明、赛克力嗪、二苯拉林、羟嗪和氯苯沙明等 9 种抗过敏药物残留;后续分析方法为超快速液相色谱-串联质谱法;试样经三氯乙酸溶液超声提取、SPE 净化后测定。

仪器与试剂:液相色谱三重四极杆质谱联用仪;Hypersil Gold C_{18} 色谱柱 (100mm×2.1nm I.D.,5μm);固相萃取装置;SPE 柱 Oasis HLB(60mg,3mL,美国 Waters 公司)和 Plexa PCX(60mg,3mL,美国 Agilent 公司);氮吹仪;三氯乙酸、甲醇色谱纯,氯化钠、甲酸铵分析纯。

操作步骤:

提取:称取化妆品试样 0.50g(精确至 0.01g)于 15mL 具塞塑料离心管中,加入 10mL

1%三氯乙酸溶液和 1g NaCl,振荡提取 5min 后,再超声提取 10min,以 8000r/min 离心 5min,上清液待净化。

净化:Plexa PCX 固相萃取柱依次用 3mL 甲醇、3mL 水活化后,移取 5mL 上述提取液转移至萃取柱中,待提取液完全通过后,依次用 5mL 水和 3mL 甲醇洗涤,抽至近干后,用 5mL 甲醇-氨水(95:5,V/V)溶液洗脱,整个萃取过程控制流速约为 1mL/min。洗脱液于 40℃下氮气吹干,残留物用 1mL 流动相溶解,涡旋混合 1min,过微孔滤膜后,待测。

方法评价:上述 9 种抗过敏药物残留都是有机碱类物质,其 pK_a 在 7~10 之间,属中强碱,可在强阳离子交换 SPE 柱上保留;Oasis HLB 柱对极性有机碱类化合物也有一定吸附能力。在采用 HLB 柱时,在净化过程中上样速度较慢,易出现堵塞现象,导致回收率不理想,主要原因是提取液中一些脂溶性杂质会不同程度地堵塞吸附剂的微孔结构,从而引起柱容量和穿透体积的降低。而采用 PCX 柱时,没有出现堵塞现象。考虑到三氯乙酸溶液的破乳效果较好,选择 1%三氯乙酸溶液作为提取溶剂。

9 种药物在 1.0~50.0μg/L 范围内均呈良好的线性关系;在 2.0、5.0μg/kg 和 20.0μg/kg 3 个浓度加标水平下的平均回收率为 90.6%~103.5%;RSD($n=6$)为 2.5%~6.0%;定量限为 1.0~2.0μg/kg。

实例 17-38　乳化辅助微波消解-ICP-ORS-MS 快速测定霜膏类化妆品中 17 种微量元素[49]

方法提要:目标组分为霜膏类化妆品中铍、硼、铝、钛、铬、锌、砷、硒、银、镉、锡、锑、碘、钕、汞、铊和铅等 17 种微量元素;后续测定方法为电感耦合等离子体质谱法(ICP-MS)。试样经乳化剂和硝酸体系微波消解样品后,导入带八极杆碰撞/反应池(ORS)的 ICP-MS 仪测定。

仪器与试剂:电感耦合等离子体质谱仪;数控超声清洗器;微波消解仪;纯水器;所有容器使用前均用 30%的 HNO_3 中浸泡 24h。除特别说明本实验用水均为超纯水。乳化剂:十二烷基硫酸钠(SDS),分析纯,准确称取 0.5000g,用 3%HNO_3 配成 0.5%(质量浓度)的溶液,再以 5%HNO_3 稀释为 0.001%(质量浓度)溶液。

操作步骤:剪切并称取 0.2000g 样品置洁净微波消解罐中,加入 0.5%的 SDS 溶液 2mL,盖好内盖,超声乳化 3min。取下内盖,加入 5mL 浓硝酸盖好内外盖,放置 30min,将微波消解罐放入微波消解炉中。按程序消解:先由初始温度升至 120℃,保持 5min;再升至 160℃,保持 5min;最后升至 190℃,升温时间均为 5min。消解完成后,冷却,在通风橱中缓慢打开排气钮,待无压力后,打开微波消解罐,用水转移并定容至 50mL 容量瓶中,混匀待测。同时制备空白溶液。

方法评价:对于油脂含量高的化妆品,采用 HNO_3、HNO_3-H_2SO_4、HNO_3-H_2O_2 等传统微波消解体系,易出现消解不完全,有油脂悬浮等现象,需要脱脂或过滤,会导致液体浑浊不能将目标元素完全溶出。而采用 SDS 溶液对样品进行乳化后,可使霜膏类化妆品消解完全,不必过滤或脱脂,可直接测定,提高了测定精度。17 种微量元素在化妆品基质中的检出限为 0.003~0.058mg/kg,回收率为 87.1%~108.9%,RSD($n=11$)为 3.2%~8.9%。

实例 17-39　聚合物整体柱固相微萃取与高效液相色谱联用检测水性化妆品中的性激素[50]

方法提要:目标组分为水性化妆品中睾酮、甲基睾酮和孕酮等 3 种性激素。后续测定方法 HPLC。样品经过磷酸盐溶液稀释和过滤后,通过聚合物整体柱进行萃取后液相色谱检测。

仪器与试剂:液相色谱仪,配紫外可变波长检测器;色谱柱为 Hypersil ODS 柱 (200mm×4.6mm i.d.,5μm);微量注射泵。睾酮、甲基睾酮和孕酮标准品购自 Sigma 公司。

操作步骤:

聚合物萃取柱的制备:称取甲基丙烯酸 48mg,乙二醇二甲基丙烯酸酯 420mg,甲苯 110mg,十二醇 860mg,偶氮二异丁腈(AIBN)4.5mg,混匀并超声 5min。然后灌入内壁经 (γ-甲基丙烯酰氧基)丙基三甲氧基硅烷衍生后的毛细管(20mm×0.53mm,i.d.)中,两端以硅橡胶封口,于烘箱中 60℃反应 16h。最后,用甲醇冲洗除去致孔剂与未反应单体。除去一次性医用注射器的不锈钢针头,将制备好的毛细管整体柱,用粘胶固定至原针头部位。

样品制备:准确量取 1mL 水性化妆品,加入同体积的 60mmoL/L 磷酸盐溶液 (pH4.0),涡旋 1min,经过 0.45μm 微孔尼龙膜过滤后进行萃取。

萃取步骤:①吸取 0.5mL 活化溶液(依次为甲醇、pH=4.0 的 0.03mol/L 磷酸盐溶液)于 1mL 注射器中,套上萃取柱,装至注射泵上,以 0.16mL/min 的流速推动活化溶液通过萃取柱;②准确吸取 1mL 样品溶液,以 0.2mL/min 的流速通过萃取柱;③用洁净的空注射器推出萃取柱中残余的溶液,准确吸取 0.05mL 的 85%甲醇-15%磷酸盐溶液(0.03moL/L, pH4.0)混合溶液(V/V),以 0.05mL/min 的流速推过萃取柱,并在萃取柱出口端收集解吸液用于检测。

方法评价:样品溶液 pH 减小时,将抑制聚合物中酸性基团(羧基)的电离,从而增大聚合物及性激素分子间的疏水相互作用以及偶极-偶极作用,萃取效率提高。因此,样品萃取在酸性条件下进行;随着萃取溶液中盐度增加,萃取效率先增加后降低。因为溶液中盐浓度的增大会产生盐析效应,有利于提高萃取效率,同时,盐浓度的增加会加大溶液的黏度,降低目标组分的扩散速率,从而导致萃取效率降低。本方法采用 30mmoL/L 磷酸盐溶液配制样品;样品溶液中有机溶剂的存在会对萃取效率产生影响。由于目标组分与萃取柱之间的保留以疏水作用为主,因而有机相浓度的增大会降低萃取效率,此外,有机相会使聚合物整体材料产生溶胀而使更多的疏水作用位点暴露,有利于提高萃取效率。实验表明,对于睾酮和甲基睾酮,甲醇含量在 0~25%时萃取效率变化不大;对于孕酮,甲醇含量在 0~20%时萃取效率变化不大。

睾酮、甲基睾酮和孕酮的检出限分别为 2.3、2.8μg/L 和 4.6μg/L,萃取操作的 RSD (n=3)分别为 8.8%、8.5%和 8.1%,在实际样品中的加标回收率为 83%~119%。

实例 17-40　柱前衍生-萃取阻断反应-高效液相色谱法测定化妆品中游离甲醛[51]

方法提要:目标组分为水性化妆品中游离甲醛。后续检测手段为 HPLC。样品以 2,4-二硝基苯肼(DNPH)乙腈溶液-磷酸盐缓冲液(pH=2)(1∶1)为衍生化提取溶液,于室温下快速衍生 2min 后,立即加入二氯甲烷萃取,阻断衍生反应,经乙腈稀释后进行 HPLC 测定。

仪器与试剂:高效液相色谱仪,配二极管阵列检测器;Agilent C₁₈ 色谱柱(250mm× 4.6mm,5μm);高速离心机;涡旋仪。甲醛标准溶液(100mg/L,环境保护部标准样品研究所);DNPH,优级纯,乙腈、甲醇、二氯甲烷均为色谱纯。实验所用其他试剂为分析纯,所用水为去离子水。DNPH 衍生剂溶液:称取适量的 DNPH,用乙腈配制 2.0g/L 的溶液。磷酸盐缓冲液的配制(pH=2.0):配制 0.1moL/L 磷酸二氢钠溶液,用磷酸调节 pH 至 2.0。

衍生液：取上述配制好的适量 DNPH 衍生剂溶液与磷酸盐缓冲液，按 1∶1 的体积比混合即得。

操作步骤：称取化妆品样品 0.1g（精确至 0.001g），置于 10mL 刻度离心管中，用 DNPH 衍生剂溶液定容至 5mL，盖上塞后涡旋混匀 1min，室温下静置 2min。立即加入 2mL 二氯甲烷，盖上塞后涡旋混匀 1min，然后以不低于 3000r/min 的速率离心 5min。弃去上层水溶液，下层有机相溶液用乙腈定容至 10mL。取提取液过 0.45μm 微孔滤膜，滤液于 2h 内测定。

方法评价：化妆品中甲醛检测的难点是甲醛缓释剂类防腐剂在衍生过程中释放甲醛，影响游离甲醛的准确测定。甲醛释放体释放甲醛量的多少和甲醛释放体所处的物理及化学环境有关，随着 pH、温度和时间的增加所释放的甲醛量增加，本方法选择甲醛标准品在低温下的快速衍生条件。试验结果表明，采用本方法进行提取，8 种甲醛缓释剂释放甲醛总量与我国法规限量要求相接近，因此当进行化妆品样品检测时，如样品中含甲醛缓释剂的种类较少，采用该检测方法，可有效避免甲醛假阳性结果。

当反应体系中乙腈的体积分数为 50％时的反应效率最高。采用衍生液提取时，甲醛缓释剂随着提取时间的增加释放的甲醛总量递增。采用有机溶剂萃取衍生产物可以有效阻断衍生反应。试验发现二氯甲烷的萃取阻断效果最佳，同时萃取后通过加入乙腈稀释提取液可改善色谱峰形。

方法的定量限为 50μg/g。对洗发水、乳液、膏霜、洗手液、牙膏、指甲油、粉饼等 7 种基质，分别进行 50、100、500、1000μg/g 等 4 水平添加试验，回收率为 81％～106％，RSD（n＝6）均小于 5.0％。

实例 17-41　基质固相分散-气相色谱串联质谱法测定化妆品和个人护理品中塑化剂和合成麝香[52]

方法提要：样品为化妆品及日常洗护用品；目标组分为 18 种塑化剂，7 种多环麝香和 5 种麝香。样品经基质固相分散提取（MSPD），后续分析采用 GC-MS/MS。

仪器与试剂：气相色谱-三重四极杆质谱。5％苯基/95％二甲基硅氧烷 SLB-5ms 毛细管柱（30m×0.25mm，0.25μm）。

操作步骤：将 0.1g 化妆品样品，加入 0.2g 无水 Na_2SO_4 和 0.4g 分散剂（硅酸镁载体）加入研钵混匀。混合物转移到玻璃吸管中，吸管底部塞有少量玻璃毛，并盛有 0.1g 硅酸镁载体。样品的顶部加少许玻璃毛，用金属垫片将样品压实。用 1mL 乙酸乙酯或正己烷/丙酮（1∶1，V/V）溶液洗脱，收集洗脱液到容量瓶中，待用。

方法评价：该方法适合多种化妆品产品，包括面霜、乳液、吸收液、沐浴液等。

实例 17-42　高效液相色谱法测定化妆品中的泛酸及 D-泛醇[53]

方法提要：样品为膏霜、乳液、水剂化妆品、油剂化妆品、蜡基化妆品、指甲油等化妆品；目标组分为化妆品中泛酸（维生素 B_5）及 D-泛醇（维生素原 B_5）。样品经液液萃取，固相萃取除杂提取净化，后续采用液相色谱分析。

仪器与试剂：高效液相色谱仪，配二极管阵列检测器。泛酸钙（纯度＞99％）；D-泛醇（纯度＞99％）。C18 固相萃取小柱（200mg，3mL），亚铁氰化钾、乙酸锌和异辛烷为分析纯，甲醇和甲酸为色谱纯。

操作步骤:

(1) 化妆水、乳液、中性及弱油性膏霜等水易分散的化妆品样品的制备:称取 0.2g 样品(精确至 0.01g)于 15mL 具塞塑料离心管中。在 50℃ 条件下进行氮吹,以尽量除去样品中的水分。向离心管中加入 3.6mL 的 0.1mol/L 甲酸溶液及 200μL 乙酸锌溶液,涡旋混合使样品均匀分散,然后向溶液中准确添加 200μL 亚铁氰化钾溶液,振荡摇匀,向离心管中加入 3mL 氯仿,涡旋混合 2min,然后于 5000r/min 条件下离心 5～20min。准确移取 2mL 上层溶液过 C18 固相萃取小柱,用 1mL 0.1mol/L 甲酸溶液淋洗柱床后,在小柱出口处放置 2mL 小试剂瓶,准确添加 1mL 40%(体积浓度)甲醇水溶液淋洗柱床,收集流出溶液,涡旋混合,待测。

(2) 油性膏霜、油剂类化妆品等水不易分散的化妆品样品的制备:称取 0.2g 样品(精确至 0.01g)于 15mL 具塞塑料离心管中,先向离心管中加入 2mL 氯仿,涡旋混合至样品均匀分散后,再向离心管中准确加入 0.1mol/L 甲酸溶液及 200μL 乙酸锌溶液进一步分散,涡旋混合 2min 后,继续向离心管中准确加入 200μL 亚铁氰化钾溶液,涡旋混合后,然后于 5000r/min 条件下离心 5～20min。余下步骤与"化妆水、乳液、中性及弱油性膏霜等水易分散的化妆品样品的制备"相同。

(3) 唇膏、唇彩、发蜡等蜡基化妆品样品的制备:称取 0.2g 样品(精确至 0.01g)于 15mL 具塞塑料离心管中,向离心管中加入 2mL 异辛烷,涡旋。若样品不能够完全分散,需将离心管置于 80℃ 水浴中 5min,待样品完全融化后,向离心管中准确加入 3.6mL 的 0.1mol/L 甲酸(80℃ 水浴预热)及 200μL 乙酸锌溶液,涡旋 1min 后,将离心管置于 80℃ 水浴平衡 5min,取出再涡旋 1min;再向溶液中准确添加 200μL 亚铁氰化钾溶液及 2mL 氯仿,振荡摇匀,于 5000r/min 离心 5～20min。若样品完全分散,则无须水浴加热,直接向离心管中准确加入 3.6mL 的 0.1mol/L 甲酸(80℃ 水浴预热)及 200μL 乙酸锌,涡旋 2min,然后向溶液中准确添加 200μL 亚铁氰化钾溶液及 2mL 氯仿,涡旋混合后于 5000r/min 条件下离心 5～20min。余下步骤与"化妆水、乳液、中性及弱油性膏霜等水易分散的化妆品样品的制备"相同。

(4) 指甲油样品的制备:称取 0.2g 样品(精确至 0.01g)于 15mL 具塞塑料离心管中,向离心管中加入 2mL 乙酸丁酯-氯仿混合溶剂,涡旋混合至样品完全溶解并均匀分散,向离心管中准确加入 3.6mL 的 0.1mol/L 甲酸溶液及 200μL 乙酸锌溶液,涡旋混合 2min 后,向溶液中准确添加 200μL 亚铁氰化钾溶液,涡旋混合后于 5000r/min 离心 5～20min。余下步骤与"化妆水、乳液、中性及弱油性膏霜等水易分散的化妆品样品的制备"相同。

方法评价:提取剂的选择是基于泛酸和 D-泛醇的水溶性的特点和样品基质的特点来确定的。如果根据成分的溶解性来划分,化妆品基质成分一般可分为脂溶性成分(如蜡质、硬脂酸和羊毛脂等)、水溶性成分、有机溶剂和水都不溶的无机成分以及易在有机相和水界面富集的表面活性剂成分。因此,方法前处理中选择了氯仿、乙酸丁酯、异辛烷等有机化合物对非水溶性样品基质进行溶解,选择甲酸溶液作为样品的提取体系。用双液相体系处理化妆品样品后,很多样品的上层水相仍比较浑浊,黏度也比较大,给过滤或者固相萃取造成困难。这主要是化妆品中的一些大分子的水溶性基质成分(如增稠剂等)带来的,为此方法参考 GB/T 24800.2—2009 中的方法,使用乙酸锌和亚铁氰化钾共沉淀剂去除水溶液中的这些大分子基质。结果表明共沉淀后的水相更容易过滤,同时并未对目标成分的收率有明显影响。

　　该方法适合多种化妆品产品,样品测定的平均回收率在 90% 以上,相对标准偏差在 5.7%～15.2%。本方法对泛酸钙和 D-泛醇的检出限为 $30\mu g/g$,定量限为 $100\mu g/g$。

　　实例 17-43　反相高效液相色谱法测定化妆品中的 24 种防腐剂[54]

　　方法提要:目标组分为化妆品中对羟基苯甲酸甲酯、对羟基苯甲酸乙酯、对羟基苯甲酸丙酯、对羟基苯甲酸丁酯、水杨酸、5-氯-2-甲基-4-异噻唑啉-3-酮、2-甲基-4-异噻唑啉-3-酮、苯甲醇、苯氧基乙醇、4-氯-3-甲苯酚、三氯生、三氯卡班、苯甲酸甲酯、苯甲酸乙酯、苯甲酸苯酯、溴硝丙醇、2,4-二氯-3,5-二甲酚、对羟基苯甲酸异丙酯、2-苯酚、4-氯-3,5-二甲酚、对羟基苯甲酸异丁酯、2-苄基 4-氯酚、苯甲酸和山梨酸等 24 种防腐剂。样品经甲醇超声提取,后续采用 RP-HPLC 二极管阵列检测法测定。

　　仪器与试剂:高效液相色谱仪,配四元低压泵、柱温箱、二极管阵列检测器及自动进样器;伊利特 Kromasil C_{18} 色谱柱($4.6mm\times250mm,5\mu m$);超声波清洗仪器;乙腈为色谱纯,甲醇为优级纯;无水乙醇、四氢呋喃等试剂均为分析纯。

　　操作步骤:准确称取化妆品 0.2g(精确到 0.001g)于 50mL 锥形瓶中,加入 10mL 甲醇,超声提取 30min,取部分溶液放入离心管中,在离心机上以 5000r/min 高速离心 10min 后,取上清液过 $0.22\mu m$ 滤膜,滤液供 RP-HPLC 检测。

　　方法评价:本方法在优化时,比较了甲醇、乙醇、四氢呋喃等溶剂对不同种类化妆品(膏霜类、水类、固体类)的提取效果。结果表明,乙醇和四氢呋喃提取后的色谱峰的峰形欠佳,无法准确计算溴硝丙醇和水杨酸的含量。同时乙醇和四氢呋喃对某些物质的提取率偏低,而甲醇对各物质的提取率都较高,提取效果最佳,因此选择甲醇作为样品超声提取的溶剂。

　　该方法适合多种化妆品产品,样品测定的回收率 90.6%～97.8%,相对标准偏差在 1.3%～3.3%,不同被测组分的检出限为 0.10～4.6mg/L。

　　实例 17-44　固相萃取-气相色谱-串接质谱法测定化妆品中的人工合成硝基麝香类化合物[55]

　　方法提要:目标组分为化妆品中对二甲苯麝香、酮麝香、葵子麝香、伞花麝香、西藏麝香等 5 种人工合成硝基麝香类化合物。样品经丙酮/正己烷超声提取,浓缩净化后,采用气相色谱-串接质谱法测定。

　　仪器与试剂:三重四极杆质谱仪,配有电子轰击源;超声波提取仪;高速冷冻离心机;CNWBOND Si 固相萃取柱(500mg/6mL,美国 CNW);HP-5MS 5% 苯基甲基聚硅氧烷弹性石英毛细管柱($30m\times0.25mm$ i.d.,$0.25\mu m$);d_{15}-二甲苯麝香 $100\mu g/mL$。

　　操作步骤:准确称取化妆品试样 1.000g 于 10mL 具塞比色管中,准确加入 1.0mg/L d_{15}-二甲苯麝香内标溶液 0.1mL,加入 1mL 正己烷,超声提取 1min,再加 9mL 丙酮,涡旋混匀,超声提取 20min 后,以 10 000r/min 转速离心 5min,收集上清液于 10mL 比色管中用氮气缓慢吹干,再准确加入 2.0mL 二氯甲烷溶解残渣,用于固相萃取。固相萃取柱先用 5mL 甲醇活化、5mL 二氯甲烷平衡后,再将样液过柱,弃去直接流出液,后用 2mL 二氯甲烷洗脱。收集洗脱液,用氮气缓慢吹干后,准确加入 1.0mL 正己烷溶解残渣,过 $0.45\mu m$ 微孔滤膜后,气相色谱-串联质谱测定。

　　方法评价:本化妆品样品基体较为复杂,5 种硝基麝香中有 3 种为禁用物质,为达到高灵敏度,所以对样品的净化要求较为严格。如果提取液不进行净化,则有可能污染仪器,干扰待测化合物出峰,从而影响定性和定量分析结果。方法分别考察了 C$_{18}$柱(Supelclean LC-C$_{18}$)、亲水亲脂柱(Welchrom BRP)、石墨化炭黑与氨基混合柱(CNWBOND carbon-GCB/PSA)和硅胶柱(CNWBOND Si)对硝基麝香的净化效果。结果表明,硅胶柱的净化效果最优,回收率均超过 80%。

本方法选择性好,能有效消除复杂基体干扰,可作为常见化妆品中硝基麝香类化合物含量检测的确证方法。对化妆品中 5 种硝基麝香的加标回收率在 85.8%~104.9%,相对标准偏差(RSD)不大于 5.75%,检测限分别达到 2.0~10.0μg/kg。

参考文献

[1] 徐婧,崔雯,闻毅,等. 儿童玩具中有害化学物质的危害及其检测研究进展[J]. 环境与健康杂志,2010,27(5):456-468.

[2] 刘崇华,钟志光,李炳忠,等. ICP-AES 法测定玩具涂料中重金属元素总量[J]. 光谱学与光谱分析,2002,22(5):840-842.

[3] 吕庆,张庆,康苏媛,等. 顶空气相色谱-质谱法测定玩具中的 10 种挥发性有机物[J]. 色谱,2010,28(8):800-804.

[4] 杨荣静,卫碧文,高欢,等. 高效液相色谱-串联质谱法检测玩具中 5 种香豆素类致敏性香味剂[J]. 色谱,2012,30(2):160-164.

[5] 高永刚,张艳艳,高建国,等. 衍生化气相色谱-质谱法测定玩具和食品接触材料中双酚 A[J]. 色谱,2012,30(10):1017-1020.

[6] 吕庆,张庆,康苏媛,等. 气相色谱-质谱法测定玩具中的 9 种有机物残留量[J]. 分析测试学报,2011,30(7):776-779.

[7] 蒋小良,莫梁君,苏淑坛,等. 气相色谱-质谱法测定玩具涂层中富马酸二甲酯[J]. 电镀与涂层,2011,30(6):77-79.

[8] Bin Chen, Linping Zhang. An easy and sensitive analytical method of determination of phthalate esters in children's toys by UPLCMS/MS[J]. Polymer Testing,2013,32:681-685.

[9] 王欣,幸苑娜,陈泽勇,等. 高效液相色谱-电感耦合等离子体质谱联用技术[J]. 测定玩具中痕量可迁移 Cr(Ⅵ)分析化学 2013,41(1):123-127.

[10] 吕庆,张庆,白桦,等. 气相色谱-离子阱质谱联用测定玩具中 21 种致敏性芳香剂[J]. 色谱,2012,30(5):480-486.

[11] 王栋,沈国军,韩子婵,等. ICP-AES 法测定玩具涂层可迁移重金属含量[J]. 中国卫生检验杂志,2007,17(9):1645-1646.

[12] 陈建国,朱丽辉,陈少鸿. ICP-AES 同时测定玩具涂料中镉、铬、钴和铅[J]. 光谱实验室,2004,21(6):1142-1145.

[13] 马强,白桦,王超,等. 气相色谱-质谱法测定玩具中的 4 种阻燃剂[J]. 分析实验室,2010,29(4):37-40.

[14] 邹易. 生态纺织品的检测现状及对策探讨[J]. 福建轻纺,2006(10):28-31.

[15] 刘崇华,王慧,王劲松,等. 玩具有害化学物质检测进展[J]. 化学试剂,2009,31(5):347-351.

[16] 卢蓉. 柱前衍生-气相色谱/质谱-选择离子法测定纺织品中烷基酚的方法研究[J]. 分析试验室,2007,26:212-216.

[17] 王成云,李丽霞,谢堂堂,等. 微波辅助萃取-气相色谱-串联质谱法同时测定纺织品中 6 种有机磷阻燃剂[J]. 色谱,2011,29(8):731-736.

[18] 方荣谦,何明超,欧延,等. 一步萃取法检测纺织品中禁用偶氮染料[J]. 厦门大学学报(自然科学版),2011,50(Sup):53-56.

[19] 陈飞,徐殿斗,唐晓萍,等.ICP-OES 内标法同时测定纺织品中砷、锑、铅等9种可提取元素[J].分析实验室,2011,30(4):89-92.

[20] 孟列群,赵维佳,赵云,等.氢化物发生-原子荧光光谱法同时测定纺织品中的砷和锑[J].光谱实验室,2005,22(5):1017-1020.

[21] 徐业平,刘宇欣,张建,等.石墨炉原子吸收测定生态纺织品中可萃取痕量镉[J].中国纤检,2011,6(下):60-63.

[22] P. Sutthivaiyakit., S. Achatz., J. Lintelmann., et al. LC-MS/MS method for the confirmatory determination of aromatic amines and its application in textile analysis[J]. Anal. Bioanal Chem., 2005,381:268-276.

[23] Ruina Li, Lili Wang, Xiaotong Gao, et al. Rapid separation and sensitive determination of banned aromatic amines with plastic microchip electrophoresis[J]. Journal of Hazardous Materials,2005,268-275.

[24] 邵超英,邵玉婉,张琢,等.微波辅助萃取-气相色谱测定纺织品中多溴联苯(醚)类阻燃剂[J].分析化学,2009,37(4):522-526.

[25] 钱微君,张洁波,张伟阳,等.GC-MS 法测定羊毛织物中氯菊酯的含量[J].毛纺科技,2012,40(1):50-52.

[26] 吴东晓,徐峰.纺织品中五氯苯酚残留量的测定[J].中国纤检,2007,6:33-35.

[27] 茅文良,汪磊,张克和,等.HPLC 法测定纺织品中可萃取六价铬[J].印染,2011,14:37-39.

[28] 涂貌贞.纺织品中挥发性有机物(VOCs)的检测-静态顶空气相色谱质谱法[J].中国纤检,2009,9:66-68.

[29] 张岩,王丽霞,李挥,等.食品接触材料安全性研究进展与相关法规[J].塑料助剂,2009(3):16-18.

[30] 黄湘鹭,李莉,曹进,等.我国食品接触材料的安全性检验研究进展[J].中国药事,2012,26(5):513-516.

[31] 黄崇杏,王志伟,王双飞,等.国内外食品接触纸质包装材料安全法规的现状[J].包装工程,2008,29(9):204-207.

[32] 朱文亮.食品塑料包装材料污染物迁移的研究进展[J].食品与机械,2010,26(6):89-93.

[33] 王朝晖,GB 23296.1—2009 要点诠释[J].中国标准化,2010,2:13-16.

[34] 温圣平,向国强,江秀明,等.浊点萃取-石墨炉原子吸收光谱法测定食品包装材料中痕量锑[J].河南工业大学学报,2009,30(1):33-36.

[35] 王晓兵,丁利,朱绍华,等.食品接触材料中邻苯二甲酸酯的LTQ-Orbitrap 组合式高分辨质谱快速筛查和确证[J].包装工程,2011,32(15):43-47.

[36] 朱桃玉,郑艳明,罗海英,等.电感耦合等离子体质谱法测定食品接触材料中可溶性铅、镉、砷、汞[J].现代食品科技,2008,24(8):842-844.

[37] 王玉春,刘赵荣,弓巧娟.电化学分析法对食品包装材料中双酚A 的检测[J].食品科学,2010,31(20):303-306.

[38] 朱晓艳,陈少鸿,刘在美,等.乙酰丙酮分光光度法测定塑料中甲醛和六亚甲基四胺在食品模拟物中的迁移量[J].食品科学,2009,30(12):172-175.

[39] Xiaojing Li, Wenming Xiong, Hua Lin, et al. Analysis of 16 phthalic acid esters in food simulants from plastic food contact materials by LC-ESI-MS/MS[J]. J. Sep. Sci.,2013,36,477-484.

[40] mingcui Zhang, Yuronghu, Shaohui Liu, et al. Ahighly sensitive enzyme-linked immunosorbent assay for the detection of dipropyl phthalate in plastic food contact materials[J]. Food and Agrucultural Immunology,2013,24(2):165-177.

[41] 刘芃岩,黄恩洁,陈艳杰.食品包装材料中7 种光引发剂向水性模拟液中的迁移测定[J].色谱,2012,30(12):1235-1240.

[42] 吴新华,丁利,李忠海,等.多壁碳纳米管固相萃取-高效液相色谱-串联质谱法测定[J].食品接触材

料中双酚-二环氧甘油醚的迁移量,色谱,2010,28(11):1094-1098.

[43] 中华人民共和国卫生部.化妆品卫生规范[S].2007.

[44] 张龙贵,王建芬,魏丹丹,等.化妆品中违禁药物分析方法的研究概述[J].中国药师,2012,15(4):567-571.

[45] 郭启雷,杨红梅,刘艳琴,等.固相萃取技术在化妆品样品前处理中的应用研究[J].日用化学品科学,2011,34(2):30-32.

[46] 陈静,郑荣,季申,等.超高效液相色谱法同时测定化妆品中的19种喹诺酮类抗生素[J].分析化学,2013,41(6):931-935.

[47] 张璇,陈大舟,汤桦,等.顶空固相微萃取/气相色谱-质谱法测定液态化妆品中8种增塑剂[J].分析测试学报,2012,31(3):317-321.

[48] 王燕芹,车文,王莉,等.固相萃取-超快速液相色谱-串联质谱法同时测定化妆品中9种抗过敏药物残留[J].分析化学,2013,41(3):394-399.

[49] 于宙,江志刚,张帅,等.乳化辅助微波消解-ICP-ORS-MS快速测定霜膏类化妆品中17种微量元素[J].分析试验室,2011,30(8):104-107.

[50] 文毅,汪颖,周炳升,等.聚合物整体柱微萃取与高效液相色谱联用检测水性化妆品中的性激素[J].分析化学,2007,35(5):681-684.

[51] 吕春华,黄超群,陈梅,等.柱前衍生-萃取阻断反应-高效液相色谱法测定化妆品中游离甲醛[J].色谱,2012,30(12):1287-1291.

[52] Maria Llompart,Maria Celeiro,J. Pablo Lamas,,et al. Analysis of plasticizers and synthetic musks in cosmetic and personal care products by matrix solid-phase dispersion gas chromatography-mass spectrometry[J]. Journal of Chromatography A,2013,1293:10-19.

[53] 毛希琴,胡侠,潘炜.高效液相色谱法测定化妆品中的泛酸及D-泛醇[J].色谱,2010,28(11):1061-1066.

[54] 武婷,王超,王星,等.反相高效液相色谱法测定化妆品中的24种防腐剂[J].分析化学,2007,35(10):1439-1443.

[55] 郑小严.固相萃取-气相色谱-串接质谱法测定化妆品中的人工合成硝基麝香类化合物[J].分析科学学报,2012,28(5):634-638.

第18章

其他样品前处理

本章包括毒素、生物战剂、化学毒剂、放射性物质、刑侦、考古与文物等分析样品前处理内容。由于样品的来源和目标分析结果具有多样性和复杂性，其前处理方法和技术也差别较大，本章仅论述部分代表性的样品前处理方法和技术。

18.1　毒素样品前处理

毒素是由微生物、植物及动物产生的有毒产物。毒素是无生命的，一般情况下比微生物更加稳定。

由于毒素来源和产生危害的因素多、研究方向和分析方法不同，导致样品前处理技术差异大。目前，因食品变质而产生的毒素已经有相关国家标准和行业标准能够指导样品前处理和分析，其他类型的毒素样品还没有统一的规范要求和标准来指导这些样品前处理。

18.1.1　高毒性毒素样品前处理

毒素处于生物战剂和化学战剂中间状态，相对于细菌、病毒更容易制备和获得，通常情况下，相同重量的毒素要比神经性毒剂的毒性更强烈。近些年，恐怖分子将毒素作为实施恐怖袭击的重要手段之一，2013 年 4 月曾有人将含有蓖麻毒素的信件寄给美国总统奥巴马。蓖麻毒素、相思子毒素、T-2 毒素等，由于毒性强、在人体内作用快，主要采取简易样品前处理手段和快速分析方法，为现场判明毒素种类、实施急救等争取时间，因此，针对这类样品的前处理方法主要采用样品与缓冲溶液直接混合，通过抗体与抗原的免疫反应原理进行分析。毒素在人体中毒机制的毒理学研究中，侧重于固相萃取技术对血浆、尿液样品进行前处理，分离提取出毒素及其降解产物或代谢物，为毒理学研究提供依据。

实例 18-1　含蓖麻毒素的水、土壤、奶粉和血液样品前处理[1]

方法提要：蓖麻毒素具有很强的毒性作用，其作用机制是抑制蛋白质合成，对成人的平均致死剂量为 1.5μg。蓖麻种植广泛，蓖麻籽中蓖麻毒素含量高，易于提取。样品与缓冲溶液直接混合后（如有悬浮物，低温高速离心去除），采用双抗体夹心酶联免疫检测法分析自来水、土壤、奶粉和血液中的蓖麻毒素。

仪器与试剂：Biofuge 22R 型冷冻离心机（德国 Heraeus 公司）；680 型酶标仪（美国

BioRad 公司）。蓖麻毒素和毒素抗体（自制）；牛血清白蛋白（BSA，美国 BioRad 公司），其他试剂为分析纯。

操作步骤：

（1）自来水样品：取自来水样品 1.0mL，加入 5.0mL PBS-BSA（磷酸氢二钠/磷酸二氢钾-牛血清白蛋白）缓冲溶液（pH7.4，0.01mol/L PBS＋1％BSA），混合均匀后，取上清液进行测定。

（2）土壤、奶粉、血液等样品：分别在 1.0g 风干土壤、1.0g 奶粉、10.0μL 血液等样品中，加入 5.0mLPBS-BSA 缓冲溶液（pH7.4，0.01mol/L PBS＋1％BSA），混合均匀。样品均在 4℃下，以 15 000r/min 离心 20min 后，取上清液进行测定。

（3）加标样品：另取自来水、风干土壤、奶粉、血液等空白样品，均加入浓度为 1.0g/L 的蓖麻毒素 0.5μL，混合均匀后，加入 PBS-BSA 缓冲溶液，制备成水样、土壤、奶粉、血液的蓖麻毒素加标样品，与实际样品一起处理。

方法评价：该方法操作简单、实用性强，可以用于现场快速操作。加标回收率分别为水样（91.7％～104.0％）、土壤（83.3％～98.0％）、奶粉（83.3％～94.0％）、血液（75.0％～82.0％）。该方法采用抗体/抗原的免疫分析方法，抗体/抗原在 pH 值 5～9 之间，反应活性最好，控制测试样品的 pH 值非常重要，其中最佳 pH 值 7.4，分析结果较为理想。为保证分析结果的可靠性和蓖麻毒素活性，高速离心样品必须在 4℃以下进行。该方法也适用相思子毒素、T-2 毒素、葡萄球菌肠毒素、苏云金芽孢杆菌等毒素样品前处理。

实例 18-2　含相思子毒素的水、土壤、牛奶、奶粉和血液等样品前处理[2]

方法提要：相思子毒素是从豆科植物相思子种子中分离提取的一种细胞毒蛋白，毒性超过蓖麻毒素，其作用机制是抑制蛋白质合成，早期中毒没有特殊症状和病变，待发现中毒症状后，已难以治疗。本方法采用的初始样品前处理方法与实例 18-1 相似，然后上清液与金标相思子毒素单克隆抗体在 37℃条件下反应 0.5h，采用压电免疫传感器检测法分析自来水、土壤、牛奶、奶粉、饼干和血液中的相思子毒素。

仪器与试剂：压电免疫传感器（自制），相思子毒素、金标相思子毒素单克隆抗体（自制）；牛血清白蛋白（BSA，美国 BioRad 公司），其他试剂为分析纯。

操作步骤：

（1）自来水样品：取 5mL 自来水，加入 5.0mL PBS-BSA 缓冲溶液（pH7.4，0.01mol/L PBS＋1％BSA），混合均匀，取 45.8μL 上清液，加入 1μL 250mg/L 金标相思子毒素单克隆抗体溶液，混合均匀，在 37℃下反应 0.5h 后，进行检测。

（2）鲜牛奶、土壤、奶粉、饼干、血液等样品：分别在 5mL 鲜牛奶、1.0g 土壤、1.0g 奶粉、1.0g 饼干、5.0μL 血液等样品中，加入 5.0mLPBS-BSA 缓冲溶液（pH7.4，0.01mol/L PBS＋1％BSA），混合均匀。将以上样品以 3000r/min 离心 10min，取 45.8μL 上清液，加入 1μL 250mg/L 金标相思子毒素单克隆抗体溶液，混合均匀，37℃下反应 0.5h 后，进行检测。

（3）加标样品：另取自来水、鲜牛奶、风干土壤、奶粉、饼干、血液等空白样品，所有样品加入浓度为 1.0g/L 的相思子毒素 13μL，混合均匀后，制备成相思子毒素的加标样品，与实际样品一起处理。

方法评价：该方法操作简单、实用性强，可以用于现场操作。样品前处理方式也采取与缓冲溶液直接混合（其中土壤、牛奶、奶粉、饼干和血液等样品与缓冲溶液混合，为减少悬浮物对分析结果的干扰,需要低温高速离心),但是在测试前,为了保证抗体与抗原充分结合、并提高检测灵敏度,还需在37℃下、上清液与金标相思子毒素单克隆抗体反应0.5h以上,因此导致检测时间较长,不利于现场快速分析。加标回收率分别为水样(97.5%)、土壤(95.0%)、奶粉(92.5%)、鲜牛奶(93.0%)、饼干(90.0%)、血液(91.0%)。

实例18-3　含T-2毒素及其主要代谢产物的大鼠血浆样品前处理[3]

方法提要: T-2毒素是数十种单端孢霉烯族毒素中毒性最强的毒素,极易污染农作物和储备粮食,T-2毒素对哺乳动物的半数致死量为3~10mg/kg。T-2毒素在动物体内的毒性作用主要由其代谢产物所引起的。样品经固相萃取,采用超高效液相色谱-质谱联用技术分析大鼠血浆中的T-2毒素及其主要代谢产物。

仪器与试剂: ACQUITY™型超高效液相色谱仪(美国Waters公司),Q-Trap5500型质谱仪(美国AB Sciex公司),Oasis HLB固相萃取柱(美国Waters公司)。甲醇(色谱纯),T-2毒素(美国Sigma Aldrich公司),其他试剂为分析纯,清洁级SD大鼠(军事医学科学院)。

操作步骤: 首先将Oasis HLB固相萃取柱依次用1mL甲醇、2mL稀HCl(10mmol/L)和1mL水活化;取180μL加标清洁级SD大鼠血浆,用超纯水稀释5倍后过柱,以1mL水和1mL甲醇-水(15:85)依次淋洗,减压抽干30s后,用2mL二氯甲烷-甲醇(40:60)洗脱。收集洗脱液,旋干后,用90μL含10.0μg/L内标玉米赤霉酮的甲醇复溶,进样检测。

方法评价: 采用亲水性固相萃取柱处理染毒血浆,有效去除干扰成分,可净化富集T-2毒素及其代谢物,各分析物的加标回收率93.5%~119.2%。该方法的样品前处理过程相对较为复杂,不适合现场分析,可作为T-2、蓖麻、相思子等毒素及代谢物的毒理学研究。

实例18-4　含河豚毒素的尿液和血浆样品前处理[4]

方法提要: 河豚毒素(Tetrodotoxin,TTX)于1909年在河豚体内首先发现。河豚毒素是一种非蛋白类神经毒素,可抑制神经细胞膜对Na^+的通透性,阻断神经递质的传导,使神经麻痹,严重者会抑制呼吸而导致死亡,人体最小致死剂量为0.5~1.0mg。因为河豚肉质鲜美,常作为宴席菜肴,在我国时常发生食用河豚导致河豚毒素中毒事件。采用乙酸-乙腈溶液直接萃取尿液中的毒素,血浆样品通过超声波破碎细胞和流动相萃取毒素,采用高效液相色谱-三重四极杆质谱法分析尿液和血浆中的河豚毒素。

仪器与试剂: Aquity UPLC-Quattro Premier XE超高效液相色谱-串联质谱仪(美国Waters公司),MS2涡旋器(德国IKA公司),HUP-100手持式超声波细胞破碎仪(天津恒奥科技有限公司)。甲醇、乙腈、甲酸、乙酸、甲酸铵(均为色谱级),河豚毒素(大连瑞方生化制品有限公司)。

操作步骤:

(1)尿液样品:在1.5mL Safe-Lock尖底离心管中加入700μL 1%乙酸的乙腈溶液,取300μL尿液置于其中,涡旋30s,以12 000r/min离心5min,取上清液待测。同时在6支试管中分别加入适量浓度的标准溶液,加入空白尿液至1000μL,混匀后,取300μL与样品一起处理,制作基质标准工作曲线。

(2)血浆样品:取500μL血浆于10mL试管中,加入1.5mL 1%乙酸-乙腈溶液,采用手持式超声波细胞破碎仪均质2min,以4000r/min离心4min,取上清液1.0mL于10mL试管中,在50℃水浴中氮气吹干,加入250μL流动相(0.015%甲酸和2mmol/L甲酸铵的50%

甲醇水溶液),超声 1min,涡旋 30s,取上清液待测。同时在 6 支试管中分别加入适量浓度的标准溶液,加入空白血浆至 500μL,混匀后,放置 30min,加入 1.5mL 1% 醋酸-乙腈溶液,与样品一起处理,制作基质标准工作曲线。

方法评价:采用乙酸-乙腈溶液直接萃取尿液中的河豚毒素,简单有效,加标回收率 96%～108%,可作为现场快速分析;血浆样品采用超声波破碎细胞、流动相萃取河豚毒素,充分分离提取血细胞和血液中的河豚毒素,加标回收率达到 100%～105%。

18.1.2 中药材及谷物中的毒素样品前处理

实例 18-5 含 10 种真菌毒素的中药材及中成药样品前处理[5]

方法提要:药用植物在加工、储存过程中,因处理不当,可能污染各种真菌,并产生真菌毒素,危害人体健康。样品经在线免疫亲和净化柱分离富集后,采用液相色谱-串联质谱快速测定中药材及中成药中的 HT-2 毒素、T-2 毒素、赭曲霉毒素 A、伏马毒素 B_1、伏马毒素 B_2、玉米赤霉烯酮、α-玉米赤霉醇、β-玉米赤霉醇、α-玉米赤霉烯醇、β-玉米赤霉烯醇等 10 种真菌毒素。

仪器与试剂:TSQ Quantum Ultra AM 质谱仪(美国 Thermo Fisher 公司),复合毒素免疫亲和柱(myco6in1,美国 Vicam 公司)。甲醇、乙腈、甲酸、乙酸铵(色谱纯),其他试剂为分析纯。10 种真菌毒素(美国 Biopure 公司)。磷酸盐缓冲溶液(PBS,pH7.4)。

操作步骤:称取 5g 样品,加入 5mL PBS(pH7.4)溶液,充分振荡混均,加入 20mL 甲醇,振荡提取 60min,以 7500r/min 离心 5min,上清液经 0.2μm 水系滤膜过滤。滤液经过自制的在线免疫亲和净化柱、按预设条件进行提取毒素后,上机测定。

在线免疫亲和净化条件:以 PBS 溶液(pH7.4)为上样溶剂,最佳流速 2mL/min;以 50% 乙腈-水溶液为洗脱溶剂,转移速度 0.6mL/min,4min 内可完成转移。

方法评价:采用在线免疫亲和净化技术,可同时提取中药材及中成药中的 10 种真菌毒素,实现样品净化的自动化,结合液相色谱-串联质谱分析方法,加快了检测速度,各分析物的加标回收率 62.3%～107.1%。由于在线免疫亲和净化柱对黄曲霉毒素吸附能力不稳定,未能实现黄曲霉毒素的在线净化。

实例 18-6 含伏马菌素 B_1 和呕吐毒素的玉米样品前处理[6]

方法提要:伏马菌素 B_1 为串珠镰刀菌的代谢产物,大多存在于玉米中;呕吐毒素为禾谷镰刀菌和黄色镰刀菌的代谢产物,常污染玉米、小麦和大麦等谷物。伏马菌素 B_1 具有神经毒性、免疫系统毒性和致癌性,瑞典规定玉米中的最高限量为 1mg/kg。呕吐毒素具有免疫毒性、胚胎毒性和细胞毒性,我国规定谷物及其制品中的最高限量为 1mg/kg。本方法采用水系滤膜过滤初始溶液、TMB 试剂显色的方法进行样品前处理,结合膜基质免疫分析法连续操作方式,分析玉米中的伏马菌素 B_1 和呕吐毒素。

仪器与试剂:PVDF 水系滤膜(0.45μm),酶标抗体、伏马菌素 B_1 和呕吐毒素(美国 Sigma 公司),沉淀型 TMB 显色剂(湖州英创生物科技有限公司)。

操作步骤:称取 1g 粉碎玉米样品于 10mL 离心管中,准确加入 5mL 超纯水,置于水平摇床上充分振荡 15min,以 4000g 离心 10min,取上清液,用超纯水稀释 4 倍,过 0.45μm 水系滤膜过滤。滤液中加入 200μL 酶标抗体,在室温摇床上振荡 10min;倾去液体,PBS 洗涤 3 次,拍干,滴加沉淀型 TMB 显色剂,显色 1min,用超纯水终止。

方法评价：采用样品前处理和膜基质免疫分析法连续操作,方法简便,15min 内即可完成样品前处理和检测,适合于大批量样品的现场操作。

18.1.3 微囊藻毒素样品前处理

近些年,由于生活污水及工业废水的违规排放,导致江河湖海的水体富营养化,我国多地曾发生多次藻类赤潮现象,造成有害蓝藻水华产生的微囊藻毒素大范围污染水生生态环境,对人类的生存环境也产生重大影响。微囊藻毒素(Microcystins,MC)是水体有害蓝藻水华释放出的一类强致癌肝毒素。我国和世界卫生组织发布的相关标准均规定饮用水中微囊藻毒素的含量不得高于 $1\mu g/L$,人体临时可耐受的每日摄取量为 $0.04\mu g/(kg \cdot d)$,其中MC-LR、MC-RR、MC-YR(L、R、Y 分别代表亮氨酸、精氨酸、色氨酸)是分布最广和毒性最大的 3 种微囊藻毒素。目前,该类样品的前处理主要采用固相萃取技术,可富集分离样品中的微量毒素。

实例 18-7 含痕量微囊藻毒素的水体样品前处理[7]

方法提要：样品经全自动在线固相萃取富集分离,采用高效液相色谱法测定水体(湖水、自来水)中的痕量微囊藻毒素。

仪器与试剂：双三元液相色谱系统(戴安公司),固相萃取柱(Acclaim PA 保护柱芯,戴安公司)。甲醇、乙腈(色谱纯),微囊藻毒素(Alexis 公司)。

操作步骤：取湖水或自来水 100mL,用 $0.45\mu L$ 滤膜过滤,然后在高效色谱柱上进行全自动在线固相萃取富集分离,萃取富集分离条件为：上样泵和分析泵流动相 A 均为20mmol/L 磷酸盐缓冲溶液(pH2.5),上样泵流动相 B 为甲醇,分析泵流动相 B 为乙腈。上样泵流速 2.0mL/min,分析泵流速 1.0mL/min,柱温 30℃,检测波长 238nm,进样量 10mL。按预设的在线固相萃取梯度洗脱程序及阀切换时间进行分离、检测痕量微囊藻毒素。

方法评价：固相萃取柱为内嵌磺胺基团的 C_{16} 保护柱芯,对微囊藻毒素有较好的选择性,可减少干扰,采用磷酸盐缓冲溶液为流动相,可防止 MC-LR、MC-YR 丢失;采用全自动在线高效色谱固相萃取和色谱分析,样品用量少,效率高,加标 $1\mu g/L$ 时回收率 92.3%～111.6%,加标 $10\mu g/L$ 时回收率 100.4%～103.8%,可用于湖水、自来水中痕量微囊藻毒素的样品前处理。

实例 18-8 含微囊藻毒素(MC-LR,LR 为亮氨酸)的水体样品前处理[8]

方法提要：水样配制成 $K_3Fe(CN)_6$ 电解质溶液体系,$K_3Fe(CN)_6$ 作为印迹电极和底液间的探针,采用微囊藻毒素印迹金电极电化学方法检测水体中的微囊藻毒素。

仪器与试剂：AUT070416 型电化学工作站(瑞士万通中国有限公司),微囊藻毒素(E-LR-C100microcystin-LR,中国台湾),$K_3Fe(CN)_6$(北京化工厂),微囊藻毒素印迹金电极(自制)。

操作步骤：取富营养水体,定量加入 5.00mmol/L $K_3Fe(CN)_6$,采用微囊藻毒素印迹金电极电化学方法检测。

方法评价：采用分子印迹技术,有效识别、检测水体中的微囊藻毒素,与实例 18-7 相比,样品前处理方法简单,加标回收率 80%～105%,可用于富营养水体中微囊藻毒素的样品前处理。但是,制备微囊藻毒素印迹金电极的技术难度较高,目前主要用于实验室研究。

实例 18-9 含微囊藻毒素的土壤样品前处理[9]

方法提要：受微囊藻毒素（Microcystins，MC）污染的水体通过灌溉或溢流等途径进入农田，特别是在治理蓝藻水华时将其打捞出来后作为有机肥施入农田，藻细胞破裂释放的微囊藻毒素会严重污染土壤，不仅危害农作物生长和农产品安全，而且会通过食物链对人体健康产生危害。样品经 EDTA-Na$_4$P$_2$O$_7$ 溶液提取和固相萃取分离，采用高效液相色谱串联质谱法分析土壤中的微囊藻毒素。

仪器与试剂：ABI4000Q-TRAP 质谱仪（美国 AB 公司），Sep-Pak C$_{18}$ 固相萃取柱（6mL，500mg，Waters 公司）。甲醇、乙腈（色谱纯），3 种微囊藻毒素（台湾 Algal Science Inc 公司，瑞士 Enzo 公司）。

操作步骤：将土壤样品风干后，粉碎过 0.24mm 孔径筛。称取 2.00g 样品置于 50mL 离心管中，加入 5mL 0.1mol/L EDTA-Na$_4$P$_2$O$_7$ 溶液（pH5～6），静置 10min，涡旋振荡 5min，以 8000r/min 离心 5min，收集提取液。用上述方法重复 3 次，合并提取液。

提取液过 C$_{18}$ 固相萃取柱进行富集，过柱速度为 1mL/min，收集柱下滤出液；将滤出液再次过柱，重复上述萃取富集过程 3 次。用 10mL 水清洗萃取柱，真空干燥 5min，用 3mL 甲醇洗脱萃取柱，收集洗脱液。洗脱液在 40℃下氮气吹扫浓缩至干，准确加入 1mL 甲醇复溶，溶液过 0.22μm 滤膜，待测。

方法评价：EDTA-Na$_4$P$_2$O$_7$ 提取液与金属离子形成不溶性配合物，置换出微囊藻毒素，有效分离土壤中的毒素。该方法满足土壤中 μg/kg 级低含量微囊藻毒素残留的样品前处理和分析要求，加标回收率分别为 72.6%～97.4%（MC-LR）、54.9%～62.8%（MC-RR）、69.0%～90.7%（MC-YR）。

18.1.4 毒蘑菇类毒素样品前处理

毒蘑菇也称毒蕈，可引起毒蘑菇中毒的毒素主要有鹅膏毒肽类和鬼笔毒肽类。鹅膏毒肽属于慢性毒素，对人的致死剂量大约为 0.1mg/kg，但食用后至少 15h 后才出现中毒症状，它通过强烈抑制细胞 RNA 聚合酶的活性，阻碍蛋白质合成，引起肝、肾等内脏器官组织细胞坏死，目前缺乏有效治疗的方法，死亡率高达 90%。鬼笔毒肽属于速效毒素，动物实验，2～5h 内死亡，该毒素能专一性与细胞中肌丝蛋白结合，打破肌丝蛋白与肌球蛋白之间聚合和解聚的动态平衡，形成大量肌丝蛋白-毒肽复合体。

实例 18-10 含有鹅膏毒肽和鬼笔毒肽的尿液和血浆样品前处理[10]

方法提要：尿液采用滤膜过滤后直接进行分析，血样经超声波破碎细胞和流动相萃取分离后，采用高效液相色谱-三重四极杆质谱联用法分析样品中的 α-鹅膏毒肽、β-鹅膏毒肽、γ-鹅膏毒肽、羧基二羟鬼笔毒肽、二羟鬼笔毒肽。

仪器与试剂：Aquity UPLC-Quattro Premier XE 超高效液相色谱-串联质谱仪（美国 Waters 公司），MS2 涡旋器（德国 IKA 公司），HUP-100 手持式超声波细胞破碎仪（天津恒奥科技有限公司），N-EVAP 氮吹仪（法国 Millipore 公司）。乙酸、乙腈、乙酸铵（色谱级），α-鹅膏毒肽、β-鹅膏毒肽、γ-鹅膏毒肽、羧基二羟鬼笔毒肽、二羟鬼笔毒肽（Alexis Biochemicals 公司）。

操作步骤：

（1）尿液样品：取适量尿液，0.2μm 滤膜过滤后，滤液可以直接进样检测。同时在 6 支试管中分别加入适量浓度的标准溶液,加入空白尿液至 $1000\mu L$,混匀后,$0.2\mu m$ 滤膜过滤,制作基质标准工作曲线。

(2)血浆样品:取 $1000\mu L$ 血浆于 10mL 试管中,加入 3.0mL 1‰乙酸-乙腈溶液,采用手持式超声波细胞破碎仪均质 2min,以 4000r/min 离心 4min,取 2.0mL 上清液于 10mL 试管中,在 55℃水浴中氮气吹干,加入 $250\mu L$ 流动相(2mmol/L 甲酸铵水溶液),超声 1min,涡旋 30s,$0.2\mu m$ 滤膜过滤,滤液待测。同时在 6 支试管中分别加入适量浓度的标准溶液,加入空白血浆至 $1000\mu L$,混匀后,放置 30min,加入 3.0mL 1‰乙酸-乙腈溶液,与样品一起处理,制作基质标准工作曲线。

方法评价:

尿液滤膜过滤处理后,可直接进样检测,目标物的加标回收率达到 92%～108%。血浆样品采用超声波破碎细胞、流动相萃取,可充分提取血细胞和血液中的毒素,目标物的加标回收率为 85%～100%。

实例 18-11 含 4 种鹅膏毒肽类毒素的蘑菇样品前处理[11]

方法提要:样品经三氟乙酸-甲醇溶液提取和固相柱分离富集后,采用超高效液相色谱-电喷雾离子化-四极杆飞行时间串联质谱法分析蘑菇中的 α-鹅膏毒肽、β-鹅膏毒肽、二羟鬼笔毒肽、羧基二羟鬼笔毒肽等 4 种毒素。

仪器与试剂:UPLC/Synapt 超高效液相色谱-串联质谱仪(美国 Waters 公司),Oasis HLB 固相萃取柱(3mL,60mg,Waters 公司),GX-274 全自动固相萃取仪(Gilson 公司)。4 种毒素(Sigma 公司),乙腈、甲醇、乙酸铵(色谱纯)。

操作步骤:将蘑菇样品在 25℃以下室温晾晒,在 80℃恒温干燥 2～3h 后,研磨呈粉末状态。称取 0.1g 粉末样品置于 10mL 离心管中,加入 5mL 含 0.1% TFA(三氟乙酸)的甲醇溶液,混合均匀后,以 8000r/min 离心 10min,取上清液于另一只离心管中;再用 5mL 含 0.1% TFA 的甲醇溶液重复提取粉末样品一次,将 2 次上清液合并,在 40℃水浴下氮气蒸发至干后,加 1mL 水溶解,得到毒素提取液。

预先用 2mL 甲醇和 2mL 水分别淋洗 Oasis HLB 固相柱(3mL,60mg),将上述毒素提取液过柱,用 1mL 含 5%甲醇的氯仿溶液淋洗,最后用 2mL 甲醇洗脱。洗脱液用氮气蒸发至干,残渣用 1mL 含 2mmol/L 乙酸铵的甲醇-水(30∶70)溶解后,待测。

方法评价:加标回收率分别为 α-鹅膏毒肽(78.5%～81.6%)、β-鹅膏毒肽(68.2%～74.5%)、羧基二羟鬼笔毒肽(73.2%～8.07%)、二羟鬼笔毒肽(82.9%～88.2%)。该方法适用于公共卫生突发事件应急检测的确证分析。

18.2 生物战剂和化学毒剂样品前处理

18.2.1 生物战剂样品前处理

细菌和病毒等生物战剂旧称细菌战剂,是用来杀伤人、畜或毁坏农作物的致病微生物等。抗日战争期间,侵华日军实施的细菌战是迄今为止人类历史上规模最大的细菌战,造成大量中国军民死亡。朝鲜战争中,美军也曾使用过生物战剂。由于生物战剂的特殊性和相关国际法的约束,用于参照研究的标准样品受到严格管控,这类样品的前处理和分析方法公开报道极少。

实例 18-12 含炭疽芽孢杆菌的水样前处理[12]

方法提要：炭疽芽孢杆菌具有高度致病性，特定条件下炭疽芽孢杆菌会形成芽孢，在外部环境中可存活数十年，对人类健康有极大危害。样品经过荧光量子点免疫标记后，采用荧光技术分析水样中的含炭疽芽孢杆菌。

仪器与试剂：F4500 荧光分光光度计（日本 Hitachi 公司），尼康 TE2000U 荧光显微镜（日本 Nikon 公司），JQ-1 型免疫反应振荡器（上海强运科技有限公司），荧光检测系统（自制）。生物素化的羊抗兔 IgG（效价 1∶500，北京欣经科技生物公司），链霉亲和素化的荧光量子点（2μmol/L，QDs550，武汉珈源量子点公司），封闭液（0.01mol/L PBS，含 3% BSA，自制）。

操作步骤：取 100μL 炭疽芽孢杆菌溶液，离心收集炭疽芽孢杆菌后，加入封闭液（0.01mol/L PBS，含 3% BSA）封闭 10min；去除封闭液，使用 PBS（0.01mol/L，pH7.4）对菌液重新稀释，再加入 5μL 炭疽芽孢杆菌抗体（即一抗，稀释比为 1∶10）溶液混匀，振荡孵育 10min 后，对样品进行离心洗涤；加入 5μL 生物素化的羊抗兔 IgG（即二抗，稀释比为 1∶20）混匀，振荡孵育 10min 后再次进行离心洗涤；加入 5μL 链霉亲和素化的荧光量子点（2μmol/L QDs）溶液（稀释比为 1∶50），振荡孵育 10min 后进行离心洗涤，得到最终待测样品。

实验中的封闭与孵育过程均在 37℃ 培养箱中进行，在 4℃ 以 5000r/min 离心 2min，洗涤液均为 PBS。

方法评价：该方法首先通过抗原/抗体的特异性免疫反应捕获样品中的炭疽芽孢杆菌，再结合生物素与亲和素之间的特异性相互作用，将荧光量子点标记到炭疽芽孢杆菌，为后续的荧光分析法提供条件。该方法样品处理过程相对简单，可以应用于现场检测。

18.2.2 化学毒剂样品前处理

化学毒剂（也称化学战剂、军用毒剂）是一类对人畜的毒害作用为主要杀伤手段的化学物质。按毒害作用机理可分为：神经性毒剂（沙林、梭曼、塔崩、维埃克斯等）、全身中毒性毒剂（氢氰酸、氯化氰）、窒息性毒剂（光气、氯化苦等）、糜烂性毒剂（芥子气、氮芥气、路易氏气等）、刺激性毒剂（苯氯乙酮、二苯氰胂、CS、CR）、失能剂（BZ）等。在第一次世界大战中，交战双方曾大规模使用化学武器。在抗日战争期间，侵华日军对我国抗日军民大规模使用化学毒剂，造成大量人员伤亡，至今，在我国境内还有大量侵华日军遗留的各种化学毒剂，时刻威胁我国的平民安全和社会稳定。两伊战争中，伊拉克也曾使用化学毒剂。2013 年叙利亚内战中，交战双方曾互相指责对方使用化学武器。国际社会虽已签订化武公约，部分国家仍然储备有多种化学武器。近些年来，恐怖分子也在试图获得并使用化学毒剂，如日本奥姆真理教在东京地铁使用沙林实施恐怖袭击。这类样品前处理过程中，应避免毒剂的降解，采用固相萃取技术可分离富集痕量毒剂。

实例 18-13 环境水样中沙林和有机磷农药的样品前处理[13]

方法提要：该方法利用沙林和有机磷农药抑制乙酰胆碱酯酶的活性、Fe_3O_4 磁性纳米粒子催化酶进一步催化，采用光谱检测法分析环境水样中的乙酰甲胺磷（acephate）、甲基对氧磷（methyl-paraoxon）、沙林（Sarin）。

仪器与试剂：Plusmicroplate 分光光度计（Bio-Rad Laboratories 公司）。乙酰胆碱酯酶（electrophorus electricus），沙林（防化研究院），其他化学试剂为分析纯，Fe_3O_4 磁性纳米粒子为自制，实验用水为去离子水。

操作步骤：将环境水样准确调节至 pH5.0，取 $50\mu L$ 上清液，加入乙酰胆碱酯酶（AChE），AChE 浓度至 $10\mu mol/L$，在室温下保持 15min。然后加入 $450\mu L$ Fe_3O_4 磁性纳米粒子催化酶反应溶液，在室温、黑暗无光条件下再保持 15min 后，添加 1 滴 2mol/L H_2SO_4 停止催化反应。采用外加磁场去除溶液中的 Fe_3O_4 磁性纳米粒子后，在 450nm 处进行光谱检测。

Fe_3O_4 磁性纳米粒子催化酶反应溶液为：0.2mol/L 乙酸-乙酸钠缓冲溶液（pH5.0），含 0.1mg/mL Fe_3O_4 磁性纳米粒子、1.2mg/mL 胆碱氧化酶、5mmol/L 乙酰胆碱、0.1mg/mL 3,3,5,5-N-四甲联苯胺。

方法评价：在 pH5.0 条件下，沙林降解程度小、保证了 Fe_3O_4 磁性纳米粒子的催化活性，样品没有经过萃取、分离、浓缩等过程，回收率 100%，分析方法的检测限为乙酰甲胺磷（5×10^{-6}mol/L）、甲基对氧磷（1×10^{-10}mol/L）、沙林（1×10^{-9}mol/L）。

实例 18-14 土壤中化学毒剂的样品前处理[14]

方法提要：通过对染毒土壤中的化学毒剂及其降解产物的分析，为履约核查、遗弃化武处置及化学事故救援等提供重要依据。通过萃取分离技术提取样品中的三苯砷和 CR，重氮甲烷衍生化方法分离毒剂降解产物，采用色谱-质谱联用分析侵华日军遗弃化学武器染毒华东地区土壤中的三苯砷、CR、乙基膦酸频哪酯、β-羟基乙硫醚、乙基膦酸等化学毒剂及其降解物。

仪器与试剂：HP5890-5971A 色谱/质谱联用仪。无水硫酸钠、盐酸（GR 级）。

操作步骤：取 10g 土壤样品置于 25mL 锥形瓶中，加入 10mL 二氯甲烷，盖紧瓶塞，超声振荡 10min，快速移取上清液至离心管中，以 2000r/min 离心 3min。重复二氯甲烷超声提取一次。合并提取液，用适量无水硫酸钠干燥 2h，用 $0.45\mu m$ 滤膜过滤，在氮气流下浓缩至 0.5mL，取样分析三苯砷、CR、β-羟基乙硫醚。

取 10g 土壤样品置于 25mL 锥形瓶中，加入 10mL 去离子水，以同样方法超声提取 2 次，离心分离、过滤，水相用旋转蒸发仪蒸干，残留物用少许氯化氢/甲醇超声振荡 5min 溶解，过滤后，用重氮甲烷乙醚溶液衍生化，取样进行分析乙基膦酸频哪酯、乙基膦酸等。

方法评价：在中性条件下，能够有效提取样品中的三苯砷、CR，但 β-羟基乙硫醚的提取效果较差，在碱性条件下提取率较高。乙基膦酸频哪酯、乙基膦酸等膦酸酯类化合物在水中溶解度大，在有机相中分配系数较小，另外，这些膦酸酯类化合物挥发性小、高温稳定性差，不能直接进行气相色谱分析，因此，用水提取样品后，采用重氮甲烷乙醚溶液衍生化，生成甲基酯类化合物，甲基酯衍生物较为稳定，能够进行色谱/质谱分析。该方法根据样品中毒剂及其降解产物的不同性质分别进行前处理，提取的目标物性质稳定。

实例 18-15 侵华日军遗弃化学毒剂的样品前处理[15]

方法提要：吉林省辽源市埋藏有 74 吨侵华日军遗弃的化学毒剂，是在我国最大的日本遗弃化学毒剂埋藏点。样品经超声提取和离心过滤，分离出芥子气、路易氏气及降解产物，直接进行色谱/质谱联用法分析样品中的化学毒剂。

仪器与试剂：HP-6890 气相色谱-HP5973N 质谱联用仪。丙酮、甲苯均为优级纯。

操作步骤：从毒剂储液罐底部取出的样品外观状态为黑褐色，呈半固体黏稠态。样品为油状液体和石灰及水的混合物。黑褐色油状液体约占整个样品的 1/3～1/2。分别用吸管和滤纸除去样品中的水分。称取一定量的样品放入容量瓶中，加入适量丙酮，样品中黑褐色油状液体溶解，不溶物为白色固体石灰。样品溶解后，经超声提取和高速离心过滤。提取后的样品溶液经过净化和稀释后，待分析测试。

方法评价：样品经丙酮提取后，可有效分离样品中芥子气、路易氏气及降解产物，日方认可我方的样品前处理方法及分析结果。从 1995 年日方现场调查，到 2011 年取样分析、日方现场确认，历时 16 年。根据《禁止化学武器公约》和中日两国政府备忘录，日本将承担起销毁义务和全部费用。

实例 18-16 销毁侵华日军遗弃化学毒剂的废气及周边空气样品前处理[16]

方法提要：南京移动式销毁日遗化武技术采用控制引爆，装填的红剂主要成分为二苯氰胂和二苯氯胂，在后续高温废气处理过程中极易产生 HCN。为保障作业人员及周围居民的生命安全，严格实施对氰化氢的监测是必需的技术保障之一。本方法采用国标分析排气塔废气及周边空气中的氰化氢。

仪器与试剂：紫外-可见双通道分光光度计，其他试剂均为分析纯。分析方法：HJ/T 28—1999《固定污染源排气中氰化氢的测定 异烟酸-吡唑啉酮分光光度法》。

操作步骤：

排气塔废气样品：污染控制区的排气塔废气中氰化氢的样品采集由日方实施，采样时间 10min。0.1mol/L 氢氧化钠为吸收液，由中方提供，采用内装 20mL 棕色多孔玻板吸收瓶。以 0.5L/min 流量采样 10min，记录采样流量、时间、温度、气压、密封吸收瓶进出口，避光运回中方分析室，待测。

周边环境空气：多个监测采样点，中方自行采样，采样时间 45min。用装有 0.05mol/L 氢氧化钠吸收液 10mL 的棕色多孔玻板吸收管，以 0.5L/min 流量采样 45min，记录采样流量、时间、温度、气压、密封吸收瓶进出口，避光运回中方分析室，待测。

方法评价：该方法简单有效，满足后续 HJ/T 28—1999《固定污染源排气中氰化氢的测定 异烟酸-吡唑啉酮分光光度法》的标准要求。

实例 18-17 大鼠体内芥子气及水解产物的血浆样品前处理[17]

方法提要：芥子气是一种糜烂性毒剂，在我国还有大量侵华日军遗留的芥子气，时刻威胁我国的平民安全和社会稳定。本方法采用同位素标记、高效液相色谱/质谱联用技术分析大鼠体内的芥子气（HD）及水解产物。

仪器与试剂：ACQUITY™型超高效液相色谱仪（Waters 公司），Qtrap5500 型三重四极杆线性离子阱串联质谱仪（美国 AB Sciex 公司），RVC2-33CD plus 型冷阱-隔膜泵-离心蒸发浓缩仪（德国 Christ 公司）。甲醇、乙腈（色谱纯），d_8-硫二甘醇（Sigma Aldrich 公司），芥子气（防化指挥工程学院），清洁级 SD 大鼠（军事医学科学院）。

操作步骤：从大鼠体内取血浆 $50\mu L$，加入 $200\mu L$ 含有 d_8-硫二甘醇（d_8-TDG）内标的乙腈-甲醇（4∶1）混合液沉淀蛋白，涡旋 30s，以 14 000r/min 离心 15min，取上清液，50℃ 离心、浓缩至干，以 $100\mu L$ 10%（体积分数）乙腈-水溶液复溶，静置 10min 后涡旋 30s，以 14 000r/min 离心 5min，取上清液 $2\mu L$，进样分析。

方法评价：采用乙腈-甲醇一步蛋白沉淀法处理样品，样品回收率较高，回收率达到

$101\% \sim 118\%$，d_8-TDG 可同时作为 HD 及水解产物的同位素内标物。

实例 18-18　芥子气的水样前处理[18]

方法提要：本方法利用中空纤维对芥子气水样进行液相微萃取富集，采用气相色谱-质谱法检测环境水样中的芥子气。

仪器与试剂：HP7890A-5975C 气相色谱-质谱仪。聚丙烯中空纤维膜，内径为 $600\mu m$，壁厚为 $200\mu m$，纤维孔隙尺寸为 $0.2\mu m$。其他均为分析纯，实验用水为去离子水和去有机物水（Mill-pore 纯水器制备）。

操作步骤：将中空纤维膜在丙酮中超声清洗 10min，以去除吸附在膜上的污物，风干后切成长度为 2cm 的小段备用。在放有磁力搅拌子的样品瓶中加入 10mL 水样；微量进样器先抽入 $3\mu L$ 萃取剂（甲苯），再抽入等体积的水；将微量进样器针尖插入中空纤维膜的一端，然后浸入萃取剂中约 10s，以便有机溶剂充满膜壁上的微孔；此时憎水性的中空纤维膜膜管内也会充满有机溶剂，然后用微量进样器内的水冲洗膜管，移去其中的有机溶剂；迅速取出中空纤维膜，浸入水样中，小心地将进样器中的有机溶剂注入到中空纤维膜中；打开磁力搅拌器开始萃取。待萃取完成后，从中空纤维膜中抽取 $1\mu L$ 萃取剂注入气相色谱中进行分析。

方法评价：在 pH 值 $6 \sim 7$、温度 $20 \sim 25$℃ 时，萃取富集效果最佳。该方法富集水中的芥子气操作简便，溶剂耗量小，无交叉干扰，重复性好，对水中芥子气的富集检测具有明显效果，加标富集倍数为 $122 \sim 174$。

实例 18-19　含阿托品的人尿样品前处理[19]

方法提要：阿托品是一种抗胆碱药物，可用于治疗人体神经性毒剂（如沙林、有机磷杀虫剂等）的中毒。但是，过量摄入阿托品，对人体神经系统也有破坏作用，甚至死亡。样品经纤维树脂膜分离，采用 CNF/Nafion/Ru(bpy)$_3^{2+}$/CPE（碳纳米纤维/Nafion/三联吡啶钌/碳糊电极）固态电致发光检测技术分析人尿中的阿托品。

仪器与试剂：CHI800 电化学分析仪（上海辰华仪器公司），ECL 信号用 MIP-A 型毛细管电泳电化学发光检测仪（西安瑞迈电子科技有限公司），CNF/Nafion/Ru(bpy)$_3^{2+}$/CPE 电极（自制），阿托品硫酸盐（天津一方科技有限公司），三联吡啶钌（Aldrich 公司），电纺碳纳米纤维（$\phi 200 \sim 400$nm，江西师范大学），其他试剂为分析纯。

操作步骤：采用 $0.22\mu m$ 纤维树脂膜过滤尿样，用 pH8.0 的磷酸盐缓冲溶液稀释 50 倍，降低样品中离子强度的影响。采用 CNF/Nafion/Ru(bpy)$_3^{2+}$/CPE 固态电致发光检测技术分析尿样中的阿托品。

方法评价：pH$=5 \sim 8$ 时，电致发光强度随 pH 增高而增大；pH$\leqslant 5$ 时，阿托品易发生质子化，不利于电致发光检测；pH$=8 \sim 10$ 时，电致发光强度很低。样品没有萃取、分离等处理过程，回收率 100\%。

实例 18-20　含有刺激剂的水样前处理[20]

方法提要：辣椒素和亚当氏剂均为胺类刺激性化合物，分别是传统和新型刺激剂。本方法采用固相萃取技术、高效液相色谱法分析水样中的痕量辣椒素和亚当氏剂。

仪器与试剂：Agilent 1100 高效液相色谱（Agilent 公司），Symmetry C$_{18}$ 色谱柱（美国 Waters 公司），Oasis HLB 固相萃取小柱（30mg/cc，美国 Supelco 公司）。甲醇（色谱纯）。

操作步骤：将 Oasis HLB 固相萃取小柱事先用 2mL 甲醇、2mL 水进行前处理。取

50mL 水样,倒入经前处理的 Oasis HLB 固相萃取小柱中,以 1mL/min 的速度过柱,用 5% 甲醇溶液淋洗,抽气 1min 后,以 2mL 甲醇洗脱,收集洗脱液,过滤膜后,进行高效液相色谱分析。

方法评价:辣椒素和亚当氏剂均为胺类、中等极性物质,Oasis HLB 固相萃取小柱的固定相极性与辣椒素、亚当氏剂极性相近,富集和净化效果较好。辣椒素的回收率 83.3%～91.0%,亚当氏剂的回收率 72.3%～79.5%。

18.3 刑侦样品前处理

本节内容只涉及犯罪、事故等现场提取的遗留物或残留物进行化学分析的样品前处理。通过对遗留物或残留物进行前处理和分析,为司法鉴定提供依据。

18.3.1 毒品样品前处理

毒品包括海洛因、可卡因、大麻以及摇头丸、浴盐等新型毒品。目前,针对隐藏或夹带走私毒品的现场快速检测方法之一是离子迁移谱技术,该技术对痕量毒品有极高的灵敏度,检测限为 ng 级,只要与毒品有过接触,半小时后留在手上的残留物仍能检测出来,简单的清洗也不能使手上的微量毒品彻底清除。缉毒、海关等查获各种毒品的定性鉴定中多采用色谱、质谱等分析方法。随着色谱-质谱联用、高效萃取等先进分析技术的应用,样品前处理技术也朝着快速、简便、高效的方向发展。

实例 18-21 手上皮肤接触海洛因[21]

方法提要:使用有机试剂浸润的纸巾擦拭皮肤、提取微量海洛因,采用离子迁移谱检测技术分析手上皮肤残留的海洛因。

仪器与试剂:SABRE2000 型炸药及毒品检测仪,氯仿(色谱纯),试纸(定量滤纸),纤维棉巾(20μm 纤维布)。

操作步骤:用氯仿浸润的试纸、纤维棉巾等擦拭曾触摸过毒品的手上皮肤,然后将试纸、纤维棉巾等直接放入离子迁移谱检测仪的进样口,分析毒品成分。

方法评价:由于离子迁移谱检测技术对毒品分子有极高的检测灵敏度,氯仿对毒品有极好的溶解性,该方法的正确检出率高达 53%,适合现场检测。

实例 18-22 含 8 种毒品的唾液样品前处理[22]

方法提要:样品经萃取分离后,采用毛细管电泳法分析唾液中的甲基苯丙胺、苯丙胺、3,4-亚甲二氧甲基苯丙胺、4,5-亚甲二氧甲基苯丙胺、氯胺酮、6-单乙酰吗啡、吗啡、可待因等 8 种毒品。

仪器与试剂:毛细管电泳仪,未涂层熔融石英毛细管(河北永年色谱元件有限公司)。8 种毒品(分析纯,中国药品生物制品检定所),内标物利多卡因(Sigma 公司),甲醇、乙腈(色谱纯),其他试剂为分析纯。所有溶液均超声振荡脱气 5min,并经 0.45μm 微孔膜过滤,于 4℃冰箱中存放待用。

操作步骤:取 1mL 唾液,将其调至 pH9.0,加入 1mL 甲醇和 10mg 乙酸锌沉淀杂质,轻摇混匀后,以 4000r/min 离心 15min,取上清液用 0.45μm 微孔膜过滤,滤液待分析。

0.5mL 前处理过的样品溶液与 4.5mL 30mmol/L 硼砂缓冲溶液(pH9.2)置于 10mL

离心管。用 1mL 注射器将 0.5mL 含有 41μL 三氯甲烷(萃取剂)的异丙醇(分散剂)混合溶液快速注入到样品液中,形成水/异丙醇/三氯甲烷的乳浊液体系。分析物在几秒钟内被萃取至分散于溶液中的三氯甲烷微小液滴中。萃取完成后,将乳浊液体系以 4000r/min 离心5min,萃取剂则沉淀在离心管底部。用 10μL 气相色谱微量进样器移取 8μL 萃取剂,置于微量进样瓶中,并加入 10μL 含有 1% HCl 的乙醇溶液,于室温下氮气吹干。残留物用 20μL3mg/L 盐酸利多卡因(内标物)溶液溶解后,供毛细管电泳法分析。

方法评价:富集效率较高,唾液中 8 种毒品的加标回收率 85.6%～99.4%。

实例 18-23　含有 7 种毒品及代谢物的人体毛发样品前处理[23]

方法提要:样品经固相萃取分离后,采用二维线性离子阱质谱-静电场轨道阱傅里叶变换飞行时间回旋共振(LTQ-Orbitrap)组合式高分辨质谱法分析人体毛发中的吗啡、可待因、O^6-单乙酰吗啡、去甲氯胺酮、氯胺酮、乙酰可待因、美沙酮等 7 种毒品及代谢物。实际样品来源于毒品滥用强制戒毒者自愿提供。

仪器与试剂:Accela U-HPLC 液相色谱仪,Thermo Scientific LTQ-Orbitrap XL 组合式高分辨质谱仪(美国 ThermoFisher 公司),6770 型冷冻研磨机(美国 SPEX 公司),SK250LHC 型超声仪(上海科导超声仪器有限公司),G-560E 涡旋混合器(美国 Scientific Industries 公司),Oasis HLB(1mL/30mg)固相萃取柱(美国 Waters 公司),甲醇、丙酮(色谱纯),实验用水为去离子水。吗啡、可待因、O^6-单乙酰吗啡、去甲氯胺酮、氯胺酮、乙酰可待因、美沙酮(均为中国药品生物制品检定所和 Cerilliant 公司)。

操作步骤:取毛发样品,依次用 0.1% 十二烷基磺酸钠、0.1% 洗洁精、去离子水和丙酮洗涤,晾干后剪成 1mm 长的毛发段,用冷冻研磨机磨成粉末。

称取粉末毛发样品 20mg,移入 10mL 玻璃具塞试管中,加入 1mL 硼酸盐缓冲溶液(pH9.2),室温下超声 90min,取出后以 3500r/min 离心 3min。

依次用 1mL 甲醇、1mL 去离子水活化固相萃取柱,然后取 1mL 离心后的上清液上柱,用 1mL 含 5% 甲醇的水淋洗柱子,最后用 1mL 甲醇洗脱,洗脱液在 60℃水浴中空气流下吹干,残渣用 100μL 初始流动相溶解,转移至自动进样瓶中待测。

方法评价:平均加标回收率 76.1%～109.6%。

实例 18-24　含 6 种毒品的头发、尿液样品前处理[24]

方法提要:本方法采用毛细管区带电泳法分析毛发和尿液中的甲基苯丙胺、4,5-亚甲基二氧基苯丙胺、氯胺酮、可待因、吗啡、单乙酰吗啡等 6 种毒品。人体毛发、尿液由没有染毒史的志愿者提供。

仪器与试剂:毛细管电泳仪(BECKMAN,PPACE MDQ),未涂层熔融石英毛细管(52cm×50μm i.d.,有效柱长 41cm,河北永年色谱元件有限公司)。甲基苯丙胺、4,5-亚甲基二氧基苯丙胺、氯胺酮、可待因、吗啡、单乙酰吗啡(均为 AR,中国药品生物制品检定所),盐酸利多卡因(作为内标物,≥98%,Sigma 公司)。所有溶液均经过 0.45μm 微孔膜过滤,并超声振荡脱气 5min。

操作步骤:

(1)头发样品:采集紧贴头皮长约 4cm 的头发 100～200mg,室温下保存。用 20mL0.3% 吐温-80 溶液清洗 2 次,每次 5min,清除头发表面的污染物,再用去离子水多次清洗,去除表面活性剂,在室温下挥干,然后添加适量毒品(0.025～5ng/mg),模拟真正吸毒者的头发样品。采用直径 2.5mm 镍镉合金钢珠与头发一起涡旋研磨,使毛发表面积增大,以提高提取效果。准确称取 150mg 头发碎末,置于离心管中,加入 1mL 甲醇和 0.5mL 水,在 60℃下超声 2h 后,离心 15min,取上清液用 0.45μm 微孔膜过滤,滤液待测。

(2)尿液样品:取 1mL 尿液,添加适量毒品,模拟真正吸毒者的尿液样品。尿液调至 pH9.0,然后加入 1mL 甲醇和 10mg 乙酸锌沉淀杂质,轻摇混匀后,离心 15min,取上清液用 0.45μm 微孔膜过滤,滤液待测。

方法评价:头发样品的加标回收率在 95.0%～100.0%,尿液样品的加标回收率在 97.0%～102.0%。

实例 18-25 毒品亚甲基二氧吡咯戊酮的样品前处理[25]

方法提要:亚甲基二氧吡咯戊酮(MDPV,$C_{16}H_{21}NO_3$)为新型毒品"浴盐"的主要成分之一,纯度不同呈白色或浅黄色粉末。MDPV 属于去甲肾上腺素、多巴胺重吸收抑制剂,药理作用类似甲基苯丙胺,具有中枢兴奋作用,长期或大量服用 MDPV 可以形成依赖性。样品经溶解后,采用气相色谱-质谱法分析"浴盐"中的 MDVP。MDVP 来源于缴获的毒品可疑物。

仪器与试剂:6890/5973N 气质联用仪(Agilent 公司)。

操作步骤:称取适量样品,用乙醇溶解,振荡 10min,5000r/min 离心 5min,取上清液,GC/MS 定性检测。

方法评价:直接针对可疑毒品物质,可有效分离和准确分析 MDVP。

实例 18-26 甲基麻黄碱的样品前处理[26]

方法提要:甲基麻黄碱是中药材麻黄草的主要成分之一。由于甲基麻黄碱是合成新型甲基苯丙胺的主要原料之一,2005 年列入国务院颁布的《易制毒化学品的分类和品种目录》中。因其具有兴奋作用,甲基麻黄碱也被国际奥委会列为禁药。样品经溶解后,采用气相色谱质谱法分析 2010 年查获的甲基麻黄碱毒品。

仪器与试剂:Vortex-Genie-2 型涡旋振荡器(美国,Scientific Industries),800 型离心机(上海手术器械厂),7890N GC/5975 MS 气质联用仪(Agilent)。盐酸甲基麻黄碱标准样品(中国药品生物制品检定所),盐酸麻黄碱标准样品(公安部物证鉴定中心),甲醇(色谱纯)。

操作步骤:称取样品 5mg,溶解在 5mL 甲醇中,振荡 2min,离心 5min,取上清液,供 GC/MS 检测。

方法评价:该方法参照甲基苯丙胺的标准检验方法,可同时适用于甲基麻黄碱、甲基苯丙胺的毒品物质前处理。

实例 18-27 含西地那非及其代谢物的人体体液样品前处理[27]

方法提要:西地那非商品名为"万艾可",俗称伟哥,是一种性药,但不适用于严重心血管疾病患者,已有因服用西地那非引起死亡的报道。样品经乙醚提取、色谱柱恒流分离后,采用三重四极串联质谱测定血液中的西地那非、二维线性离子阱质谱-静电场轨道阱傅里叶变换飞行时间回旋共振(LTQ-Orbitrap)组合质谱法测定尿样中的西地那非代谢物。样品来源于服用西地那非后死亡人员的体液(血液、尿样),血液、尿样进行前处理和测试之前,在 -20℃条件下保存。

仪器与试剂:Agilent1100 高效液相色谱仪,API4000 三重四极串联质谱仪(Appied Biosystems 公司),Finnigan Surveyor 液相色谱仪(美国 Thermo Fisher Scientific 公司),电

场轨道阱回旋共振组合质谱仪(美国 Thermo Fisher Scientific 公司)。西地那非(Sildenafil,辉瑞制药公司),内标物多塞平(Doxepin,Cerilliant 公司),乙腈、甲酸、乙酸铵(色谱纯)。

操作步骤：取体液(血液、尿样)1.0mL,加入 5μL 多虑平内标溶液(2mg/mL)和 1mL 硼酸盐缓冲溶液(pH9.2),再加入 3mL 乙醚,涡旋混合 2min,1650g 离心 3min,取乙醚液,60℃水浴挥干,加入 0.5mL 流动相(20mmol/L 乙酸铵、0.1%甲酸：乙腈＝30：70,V/V)溶解,取 200μL 至进样衬管中,待测。

方法评价：血液中西地那非的加标回收率81.3%～103.1%,因没有西地那非代谢物标样,无法获得尿样中西地那非代谢物的回收率。

实例 18-28　含对乙酰氨基酚和咖啡因的人尿样品前处理[28]

方法提要：对乙酰氨基酚是一种退烧和止痛药物,咖啡因也具有止痛效果,扑热息痛和咖啡因常被作为止痛药物的有效成分。但是,过量摄入扑热息痛和咖啡因会对人体造成伤害。样品经离心分离、配制成缓冲溶液,采用氧化石墨烯/铁氰化铈修饰玻碳电极电化学方法分析人尿中的扑热息痛和咖啡因。样品来源于服用扑热息痛和咖啡因人员。

仪器与试剂：CHI660A 电化学工作站(上海辰华仪器公司),氧化石墨烯/铁氰化铈修饰玻碳电极(自制)。石墨粉(高纯,上海试剂厂),扑热息痛和咖啡因(分析纯,Sigma 公司)。

操作步骤：取尿样,以 8000r/min 离心 10min,取上清液 0.1mL 置于 10mL 醋酸盐缓冲溶液(pH5.0、0.1mol/L)中,常温下混匀后进行分析。

方法评价：没有萃取等前处理过程,方法简单实用,加标回收率96.1%～105.4%。

实例 18-29　尿样中硝西泮的代谢物 7-氨基硝西泮样品前处理[29]

方法提要：硝西泮是一种国际上控制使用的镇静催眠药物,除了正常临床医疗以外,常被用于麻醉抢劫等犯罪活动和药物滥用。硝西泮在人体内代谢快,绝大部分转变为代谢物 7-氨基硝西泮,随尿液排出体外。在司法鉴定中,常需要对当事人尿中硝西泮的代谢物 7-氨基硝西泮进行检测。样品经萃取分离和特丁基二甲基硅烷衍生化后,采用气相色谱-质谱联用法分析人体尿中硝西泮的代谢物 7-氨基硝西泮。样品来源于服用硝西泮人员。

仪器与试剂：PE8420 气相色谱仪,ITD800 型质谱仪。7-氨基硝西泮、7-氨基氯硝西泮(Hoffmann-La Roche 公司),N-甲基-N-特丁基二甲基硅烷三氟乙酰胺(MTBSTFA,Aldrich 公司),其他试剂为分析纯。

操作步骤：取待检尿样 1mL,依次加入内标 7-氨基氯硝西泮适量、0.5mL 磷酸盐缓冲溶液(pH9)、5mL 乙醚-乙酸乙酯(99：1),涡旋 5min,以 3000r/min 离心 6min,分取有机相,于 40℃水浴中浓缩至 50μL。然后加入 30μL 的 MTBSTFA,80℃下加热 60min 后,取 1μL 反应液进行分析。

方法评价：该方法可检测到受试者 72h 内尿液中的 7-氨基硝西泮,加标回收率96.3%～102.6%,满足司法鉴定要求。

实例 18-30　血液中 21 种常见安眠药类药物全自动固相萃取样品前处理[30]

方法提要：安眠药又称镇静催眠药,临床上常用的安眠药分三大类,即苯二氮卓类、巴比妥类和非巴比妥类。安眠药类药物会对中枢神经系统产生抑制作用,产生镇静和催眠作用。安眠药除了用于正常临床医疗以外,还常被犯罪分子用于麻醉后抢劫、强奸甚至杀人等犯罪活动。本方法采用全自动固相萃取样品前处理结合 GC/MS 法,对人体血液中 21 种安眠药类药物进行分析。

仪器与试剂：安捷伦 7890A/5975C 气质联用仪，EXTRA 全自动固相萃取仪。苯巴比妥,丙米嗪,泰尔登,异戊巴比妥,速可眠,巴比妥,扑尔敏,烯丙异丙基巴比妥,卡马西平,阿米替林,多虑平,安定,氯丙嗪,利眠宁,马来酸咪达唑仑,三氟拉嗪,氯氮平,舒乐安定,阿普唑仑,三唑仑,异丙嗪(均购自公安部物证鉴定中心,由山东省公安厅刑侦局提供),其他试剂为色谱纯。

操作步骤：精确量取 1mL 血样,用 3mL SDB 固相萃取柱,在 EXTRA 全自动固相萃取仪上设定固相萃取净化程序,依次用 3mL 甲醇,3mL 水活化 SPE 柱,上样后用 1mL 水溶液冲洗,氮气彻底干燥 SPE 柱后用 2mL 乙酸乙酯溶液洗脱,洗脱液供 GC/MS 测定。

方法评价：21 种安眠药回收率在 76.7% ~ 107.87%,RSD<7.7%。采用全自动固相萃取仪进行样品前处理,实现了实验前处理过程的自动化,降低了人为操作的误差,提高了数据的重现性。和液液萃取相比,固相萃取样品前处理法有机溶剂用量少,基质干扰小。该方法可满足实际办案的需要。

18.3.2　印章色痕与签字色痕样品前处理

印章刑事鉴定技术通过对印油种类和成分的检验、印章色痕相对形成时间的鉴定,确定印章的真伪和加盖时间,为司法提供重要证据。圆珠笔是社会各行业广泛使用的书写工具,在文件及各类单据的签署过程中,分析和检验油墨字迹色痕的形成时间和使用何种圆珠笔书写,是法庭科学中急待解决的热点问题。目前,针对这类样品前处理,主要采用针孔取样、有机试剂萃取色痕中的油墨。

实例 18-31　印章色痕样品前处理[31]

方法提要：本法采用高效液相色谱分析与检验白色复印纸上原子印章色痕中易变化成分与不变化成分的相对含量。

仪器与试剂：D-7000 高效液相色谱仪(日立),针孔取样器(内径 0.5mm 平头不锈钢针),N,N-二甲基甲酰胺(色谱纯)。

操作步骤：用针孔取样器在印章色痕不同位置上、随机取 5 个小圆片(每片直径约 0.5mm),置于 60μL N,N-二甲基甲酰胺中,涡旋 2min,静置 30min,以提取印章色痕中的组分,待测。

方法评价：方法简单,为鉴定原子印章色痕的真伪和加盖时间提供依据。

实例 18-32　圆珠笔字迹色痕样品前处理[32]

方法提要：本法采用高效液相色谱分析普通白纸、复印纸及笔记本纸等纸张上各种圆珠笔字迹色痕的油墨种类、色痕形成时间。

仪器与试剂：Agilent1100 型高效液相色谱仪。甲醇、乙腈(色谱纯)、结晶紫 5BN、碱性艳蓝 B、铜钛菁(上海制笔化工厂),其他试剂为分析纯。国内市场销售的由中国大陆、中国台湾和中国香港、韩国、日本、俄罗斯、德国、新加坡等地区生产的蓝色圆珠笔笔芯 105 种。

操作步骤：将每种圆珠笔的字迹色痕,用 5 号注射器针头各取 10 小片(约 5mm²),加入 0.5mL 提取液(乙腈：水＝3：2),振荡 10min 后,移出字迹色痕的提取液,待分析。

方法评价：方法简单,为分析圆珠笔字迹色痕的油墨种类、色痕形成时间提供基础。

18.3.3　爆炸物样品前处理

爆炸物种类繁多,在采矿、建筑拆除、国防等方面有广泛应用。由于爆炸物产生的破坏作用大,爆炸成为犯罪分子及恐怖分子常用的手段之一。对痕量爆炸物或爆炸残留物进行高效检测,准确判断炸药的成分和种类,能够及时发现爆炸物,制止犯罪和恐怖袭击,为侦破案件提供重要的线索和证据。

目前,针对犯罪分子和恐怖分子携带或夹藏爆炸物的现场快速检测方法主要采用离子迁移谱技术检测爆炸性物质的气味和痕量跟踪,该技术较为成熟,对痕量爆炸物有极高的灵敏度,样品前处理简便,适于现场快速检测,在机场、车站等地应用较多,但该技术容易受环境变化和干扰物质的影响。

太赫兹检测技术是一种现场检测爆炸物的新技术[33~35]。太赫兹(THz)辐射通常为 $0.1\sim10$ THz 的电磁波,太赫兹检测技术是红外向微波波段应用的延伸,大多数有机物和部分无机物在此波段都有特征吸收峰,可以通过 THz 光谱来探测和识别分子种类及成分。由于太赫兹检测技术无须样品前处理,而且太赫兹检测技术还具有一定的穿透性,能透过大多数非极性干燥介电材料,如布料、纸张、木材和塑料等,对检测低挥发性、采取隐蔽措施的爆炸物具有突出的优势,是今后爆炸物及各种有毒有害化学品实施现场快速检测的重要技术。

实例 18-33 爆炸残留物的样品前处理[36]

方法提要:在爆炸现场,因人员疏散和消防、医疗救护的介入,现场环境将变得非常复杂,一般难以直接提取到没有燃爆的爆炸物,主要通过提取爆炸残留物,经溶解、萃取和过滤等方式,通过分析残留物的成分与元素组成,来判断爆炸物种类,为侦破案件提供重要的线索和证据,但该方法操作复杂,作业缓慢,费用昂贵。本方法就是通过这种方式对样品进行前处理,然后采用毛细管电泳和胶束电动色谱分析爆炸现场样品中的奥克托今(HMX)、黑索今(RDX)、三硝基甲苯(TNT)、特屈尔(Tetryl)、太安(PETN)等 5 种炸药。

仪器与试剂:CL1020 高效毛细管电泳仪(北京采陆科学仪器有限公司),5 种炸药(兵器工业第 204 所),丙酮(优级纯)。

操作步骤:将爆炸现场样品分别用 1mL 丙酮和 1mL 去离子水,超声萃取 1h,经 $0.22\mu m$ 滤膜过滤后进行分析测定。

方法评价:该方法采用分析样品中各种阴阳离子的含量和比例确定爆炸物种类。爆炸现场样品只经过丙酮和去离子水萃取过程,提取样品中的阳离子(K^+、Na^+、NH_4^+、Mg^{2+})和阴离子(NO_3^-、Cl^-、NO_2^-、SO_4^{2-}、ClO_3^-),回收率较高,样品前处理方法简单有效,在爆炸残留物的鉴定与分析方面有很好的应用前景。

实例 18-34 夹藏爆炸物的样品前处理[37]

方法提要:使用有机溶液浸润的纸巾擦拭包裹或皮肤表面、提取微量爆炸物,采用离子迁移谱检测技术,检测行李、包裹等夹藏的爆炸物,如奥克托今(HMX)、黑索今(RDX)、三硝基甲苯(TNT)。

仪器与试剂:SABRE2000 型炸药及毒品检测仪(美国),丙酮、三氯甲烷(色谱纯),试纸(定量滤纸),纤维棉巾($20\mu m$ 纤维布)。

操作步骤:用溶解爆炸物能力很强的有机溶剂浸润试纸、纤维棉巾等,将其作为取样物,擦拭夹藏有爆炸物的行李、包裹等物品表面,或者擦拭曾触摸过爆炸物的手、服装。然后将试纸、棉巾等取样物直接放入离子迁移谱检测仪的进样口,分析爆炸物成分。浸润纸巾的有机溶液为丙酮、三氯甲烷等。

方法评价:由于离子迁移谱检测技术对爆炸物分子有极高的检测灵敏度,从备检样品中提取极少量的爆炸物就可检出,非常适合现场检测。由于该方法检测灵敏度高,在有干扰物存在时,误报率也较高。该方法同样适合夹藏毒品的样品前处理。

实例 18-35 工业硝胺炸药、黑火药、雷管等样品前处理[38]

方法提要:根据爆炸物样品的不同性质和后续分析方法分别进行前处理,采用红外光谱、X 射线荧光光谱、扫描电镜与能谱联用检测技术,分析工业硝胺炸药、黑火药、雷管等样品中爆炸物。

仪器与试剂:TENSOR-27 型傅里叶变换红外光谱仪(布鲁克公司),S4-Pioneer 型 X 射线荧光光谱仪(布鲁克公司),JSM-5800 型扫描电镜与能谱联用仪(日本电子公司)。

操作步骤:对于可疑爆炸物应根据其初始状态和主体成分进行初步判断,如为硝酸钾的黑色粉末可能是黑火药,按照黑火药分离法分离;如为氯酸钾或高氯酸钾的黑色粉末可能是焰火药剂,按照焰火药剂分离法分离;如为硝酸铵的乳白色粉末可能是工业硝铵炸药,按照硝铵炸药分离法分离。

① 黑火药分离:黑火药基本配方为硝酸钾(75%)、硫磺(10%)、木炭(15%)。样品用水溶解,可溶物风干后称重即为硝酸钾含量,不溶物为硫磺和木炭。用二硫化碳或乙醚溶解硫磺,最后黑色不溶物为木炭。风干黑色不溶物称重即为木炭含量,用差减法得出硫磺含量。分离出的各种组分风干后,进行红外光谱分析。

② 焰火药剂分离:焰火药剂主要成分是氧化剂(氯酸钾、硝酸钾、高氯酸钾、硝酸钠、氯酸钠等)、可燃物和黏合剂(木炭、淀粉、糖、面粉、明胶、沥青等)、发色剂(Al、Mg、Fe、Zn 等金属粉末),以及其他无机盐(Na、Ba、Cu、Sr、Ca 等)。样品用水溶解,溶解物烘干后称量即为氧化剂及水溶性无机盐等含量,不溶物为木炭、金属粉、沥青等。分离出的各组分进行红外光谱、X 射线荧光光谱、扫描电镜与能谱联用检测。

③ 硝铵炸药分离:硝铵炸药由硝酸铵和其他易燃组分(木炭、硫磺、木屑、松脂、石蜡、油脂等)混合而成,加入 TNT 以增加感度和爆炸力。用水溶解样品,溶解物为硝酸铵,用乙醚可溶解出 TNT、硫磺、油脂等,木屑、木炭等为不溶物。

④ 雷管:雷管为起爆装置,有火焰雷管、针刺雷管、电雷管等。雷管中的起爆药(常用高氯酸钾、氯酸钾、二硝基重氮酚、太安、叠氮化铅、斯蒂芬酸铅等)、猛炸药(常用黑索今、太安等)均会引起爆炸,而且起爆药的感度较高,必须十分小心。雷管解剖后,其内部装药由上至下分为 3 层,分别取出试样进行红外光谱分析。

方法评价:该方法可对未知爆炸物进行技术鉴定,具有很强的指导性。

18.3.4 毒物样品前处理

剧毒鼠药、农药和氰化物等一般为强毒性物质。近年来,由误食、投毒引起的中毒事件时有发生,容易引发公众恐慌。剧毒鼠药和农药不仅对人和动物具有强毒性,损伤神经系统和内脏,同时剧毒鼠药和农药在使用过程中,还会破坏严重生态环境,引起二次中毒。对血液、动物内脏组织以及各种食物中的剧毒物质进行高效检测、准确鉴定,能够及时帮助患者进行治疗,为故意投毒案件的侦破提供重要线索和现场物证。

实例 18-36 毒鼠强的样品前处理[39]

方法提要:毒鼠强(tetramethylene disulfotetramine)为无臭无味的白色粉末,早期用于灭鼠,是一种神经性剧毒鼠药,人口服半致死量为 0.1mg/kg,国内外于 20 世纪 80 年代已经禁止使用。在我国,多次发生毒鼠强投毒案件。本方法采用萃取分离、液相色谱-质谱和气相色谱-质谱分析牛奶、果汁、茶汤和饮用水中的剧毒鼠药-毒鼠强。

仪器与试剂:GC-MS 和 LC-MC(Agilent 公司),C_8 Clean-Extract SPE columns(200mg/4mL,Alltech,Deerfield,IL),毒鼠强(美国食品药品管理局),其他试剂(色谱纯)。

操作步骤:取 4mL 样品于离心管中,加入 4mL 乙酸乙酯,在室温下静置 10min 后,剧烈振荡 1min。再加入 1g NaCl,剧烈振荡 1min 后,以 3000g 离心 10min,静置 10min,待水相和有机相分层。取 1mL 有机相,加入 150mg 无水硫酸钠,以减少有机相中的水分。将有机相样品分为 2 份,置于 0℃下待测;一份进行液相色谱-串联质谱分析,另一份进行气相色谱-质谱分析。

方法评价:样品前处理简单,加标回收率 73%～128%。

实例 18-37 杀鼠酮的样品前处理[40]

方法提要:杀鼠酮(Valone)为茚满二酮类抗凝血杀鼠剂,误服、投毒等原因引起的人畜中毒案件时有发生,是司法鉴定中常见毒物之一。样品经溶液提取和固相萃取净化,采用高效液相色谱法分析动物肝脏中的杀鼠酮。

仪器与试剂:日立 7100 高效液相色谱仪,色谱柱:C_{18}(4.6×150mm,5μm)。流动相:甲醇:0.016g/mL 四丁基氢氧化胺水溶液(2:1,V/V),用浓磷酸调至 pH6.5。所用试剂在使用前均经过 0.45μm 滤膜过滤。

操作步骤:取动物肝脏 0.5g,加入 2.0mL 6% $HClO_4$ 后涡旋、振荡,取出上清液;在沉淀中再加 1.5mL 6% $HClO_4$ 涡旋、振荡,合并上清液。准确取 2mL 上清液,倒入装有 3.1g 硅藻土的小层析柱中(采用 10mL 医用塑料注射器作为外管,下端塞少许脱脂棉),待溶液完全浸入硅藻土后,用 10mL 乙醚或二氯甲烷洗脱,收集洗脱液于尾管中,加内标安定,45℃水浴蒸干乙醚或二氯甲烷洗脱液后,用甲醇定容至 0.2mL,供液相色谱分析。

方法评价:采用加入标准样品杀鼠酮,乙醚洗脱平均提取率为 99.9%,二氯甲烷洗脱平均提取率为 98.1%。该方法简便、快速、提取率高,可作为法医毒物常规检测手段。

实例 18-38 血液中甲拌磷、对硫磷、甲基对硫磷、毒死蜱、乐果等 5 种有机磷农药的样品前处理[41]

方法提要:样品经基质分散固相萃取净化后,采用气相色谱法分析动物血液中的甲拌磷、对硫磷、甲基对硫磷、毒死蜱、乐果等 5 种有机磷农药。

仪器与试剂:ASE350(美国 Dionex 公司),2010GC/FPD(日本 Shimadzu 公司),DSYⅡ自动快速浓缩仪。有机磷类农药标准品(甲拌磷、对硫磷、甲基对硫磷、毒死蜱、乐果均由公安部物证鉴定中心提供),用甲醇稀释成浓度为 1mg/mL 标准溶液,在冰箱中密封保存。三氧化二铝在 350℃加热 15h,备用。颗粒状硅藻土(戴安公司)。

操作步骤:准确取 1mL 动物血液,加入装有 2g 硅藻土的蒸发皿中,混匀,转移至快速溶剂萃取池中,在萃取池底部添加 2g 氧化铝,以二氯甲烷/丙酮(1:1,V/V)为萃取剂、萃取温度设定为 100℃、萃取时间 5min,进行萃取。萃取完毕,将收集瓶中的萃取液浓缩至干,用 100μL 甲醇定容,供 GC 分析。

方法评价:加标回收率分别为甲拌磷(85.0%～90.3%)、对硫磷(74.6%～76.8%)、甲基对硫磷(78.8%～80.5%)、毒死蜱(82.3%～91.5%)、乐果(73.2%～74.8%)。该方法萃取时间短,使用溶剂量少,简化净化步骤,自动化程度高。

实例 18-39　狗的胃组织和内容物中氰化物的样品前处理[42]

方法提要：氰化物是一类剧毒物，常见的有氰化氢、氰化钠、氰化钾、氰化钙等无机类物质和乙腈、丙腈、丙烯腈、正丁腈等有机类物质，植物果实中如苦杏仁、桃仁、李子仁、枇杷仁、樱桃仁及木薯等都含有氰苷，分解后可产生氢氰酸。氰化物具有较强毒性，对人体的毒性主要是与细胞线粒体内高铁细胞色素氧化酶结合，生成氰化高铁细胞色素氧化酶，因而失去传递氧的作用，造成组织缺氧导致机体陷入窒息状态。样品经水溶液提取和 C_{18} 固相萃取净化后，采用离子色谱法分析疑似氰化物中毒死亡狗的胃组织和内容物。

仪器与试剂：Dionex ICS1600 离子色谱仪（美国戴安公司），配有 Dionex ED50 电化学检测器，EGC 淋洗液发生器，Dionex IonpacTMAS Ⅱ-HC 色谱柱。KCN 标准品（公安部物证鉴定中心），0.22μm 微孔滤膜（希波氏），实验用水均为"屈臣氏"纯净水。

操作步骤：称取样品 5g，加入石英砂充分研磨，加入 10mL 去离子水，超声振荡提取 30min，离心取上清液，在 C_{18} 前处理小柱中反相分离后，0.22μm 滤膜过滤后，取滤液进样分析。

方法评价：该方法用于定性鉴定，无须考虑加标回收率，步骤简单。

实例 18-40　血浆和尿液中呋杀鼠灵、安妥、杀鼠灵、杀鼠迷、氯杀鼠迷、敌鼠、氯敌鼠、溴敌隆、鼠得克、氟鼠灵、大隆等 11 种杀鼠剂的样品前处理[43]

方法提要：血样经细胞破碎和萃取分离处理、尿样通过萃取分离处理后，采用超高效液相色谱三重四极杆质谱法分析血浆和尿液中的呋杀鼠灵、安妥、杀鼠灵、杀鼠迷、氯杀鼠迷、敌鼠、氯敌鼠、溴敌隆、鼠得克、氟鼠灵、大隆等 11 种杀鼠剂。

仪器与试剂：Aquity UPLC-Quattro Premier XE 超高效液相色谱-串联质谱仪（美国 Waters 公司），MS2 涡旋器（德国 IKA 公司），HUP-100 手持式超声波细胞破碎仪（天津恒奥科技有限公司），N-EVAP 氮吹仪（法国 Millipore 公司）。甲酸、乙腈、乙酸铵（均为色谱级），11 种杀鼠剂（德国 Dr. Ehrenstorfer GmbH 公司）。

操作步骤：

① 血浆样品：取 200μL 血液，置于 5mL 具塞离心管中，加入 1.0mL 乙腈，采用手持式超声波细胞破碎仪均质 1min，以 3000r/min 离心 5min 后，吸取上清液 600μL，在 50℃水浴中用氮气吹干，加入 200μL 梯度初始流动相（4mmol/L 乙酸铵—甲醇），超声 1min，涡旋 30s，以 14 000r/min 离心 5min，取上清液 10μL 直接进样分析。在 6 支试管中分别加入适量浓度的标准溶液，氮气吹干，加入空白血浆 200μL，混匀后，与样品一起处理，制作基质标准工作曲线。

② 尿液样品：取 1.0mL 尿液，置于 10mL 具塞离心管中，加入 0.2mL 2mol/L 乙酸铵，混匀后，用 3.0mL 乙酸乙酯涡旋提取 2min，3000r/min 离心 3min，吸取其中的乙酸乙酯提取液后，再用乙酸乙酯提取一次，合并的提取液在 50℃水浴中用氮气吹干，加入 1.0mL 梯度初始流动相（4mmol/L 乙酸铵-甲醇），超声 1min，涡旋 30s，以 14 000r/min 离心 5min，取上清液 10μL 直接进样分析。在 6 支试管中分别加入适量浓度的标准溶液，氮气吹干，加入空白尿液 1.0mL，混匀后，与样品一起处理，制作基质标准工作曲线。

方法评价：

血浆中各组分的加标回收率在 84%～118%，尿液中各组分的加标回收率在 62%～104%。该方法曾经应用于查明某食物中毒事件的毒物为溴敌隆，为后续救治提供了依据。

实例 18-41 血液中杀鼠灵、杀鼠迷、溴敌隆、氟鼠灵、溴鼠灵等 5 种香豆类杀鼠剂的样品前处理[44]

方法提要：样品经萃取分离后，采用高效液相色谱-荧光检测法分析血液中的杀鼠灵、杀鼠迷、溴敌隆、氟鼠灵、溴鼠灵等 5 种香豆类杀鼠剂。

仪器与试剂：1100 系列高效液相色谱仪（Agilent 公司），Legend RT 型离心机（德国 Heraeus 公司），WH-1 型涡旋混合仪（上海沪西分析仪器厂），KQ-2200 型超声波清洗器（昆山市超声仪器有限公司），全玻璃溶剂过滤器（美国 Waters 公司），HGC-24 型氮吹仪（天津恒奥科技有限公司）。乙酸乙酯（色谱级），杀鼠灵、杀鼠迷、溴敌隆、氟鼠灵、溴鼠灵（均为 Sigma 公司）。

操作步骤：准确吸取 200μL 血液，置于 2mL 具塞聚丙烯离心管中，加入 1.0mL 乙酸乙酯，涡旋混合仪混合 5min，以 7800r/min 离心 5min 后，吸取上清液，再用 1.0mL 乙酸乙酯重复萃取一次，合并上清液，用氮吹仪吹干，加入 200μL 流动相（甲醇：0.2％乙酸水溶液＝88：12，V/V），在超声波清洗器中超声 1min，再涡旋混合 1min，然后用 0.45μm 滤膜过滤，取 20.0μL 分析。

方法评价：各组分的加标回收率在 81％～98％。

实例 18-42 血液中麻黄碱、毛果芸香碱、阿托品、士的宁、马钱子碱、钩吻素子、喜树碱、乌头碱等 8 种有毒生物碱的样品前处理[45]

方法提要：麻黄碱、毛果芸香碱、阿托品、士的宁、马钱子碱、钩吻素子、喜树碱、乌头碱等是中草药的重要药效成分，因治疗不当、过量用药、误食、蓄意投毒等导致的剧毒生物碱中毒的事件和案件时有发生。血样经乙酸铵缓冲液萃取后，采用液相色谱-电喷雾串联质谱法分析血液中的上述 8 种有毒生物碱。

仪器与试剂：1200RRLC 高分离度快速液相色谱仪/6410B Triple Quad 质谱仪（Agilent 公司）。甲醇（色谱纯）。

操作步骤：取 0.5mL 血液置于 10mL 离心管中，加入 1.0mL 乙酸铵-氨水缓冲溶液（pH9），充分混合均匀，加入 2mL 甲醇，涡流混合 2min，超声 10min，以 4500r/min 离心 10min，吸取上清液后，再重复提取一次，合并上清液，在 45℃下用氮气吹干，加入 1.0mL 起始梯度流动相溶解（甲醇：100mmol/L 乙酸铵＝1：1，V/V），用 0.22μm 微孔膜过滤，滤液进样分析。

方法评价：血液中各组分的加标回收率在 83％～104％。

实例 18-43 血浆、尿液、呕吐物中莽草毒素的样品前处理[46]

方法提要：莽草毒素为氨基丁酸受体非竞争性拮抗剂，半致死剂量为 0.76mg/kg（小鼠）。八角茴香中含有莽草毒素。2010 年，温州曾发生误饮红茴香药酒中毒事件，经检验药酒中莽草毒素含量达 113mg/L，在欧美国家因饮用八角茴香茶引起的中毒事件时有报道。血浆经乙腈-甲醇溶液萃取分离、尿液和呕吐物样品经清洗柱分离富集后，采用高效液相色谱-质谱联用法分析血液、尿液、呕吐物中的莽草毒素。

仪器与试剂：Aquity UPLC-Quattro Premier XE 超高效液相色谱-串联质谱仪（Waters 公司），Bruker Avance 500MHz 超导核磁共振以（Bruker 公司），Ultra-Turrax T-25 型均质机（德国 IKA-WERKE 公司），MS2 涡旋混旋器（德国 IKA 公司），N-EVAP 氮吹仪（12 孔，美国 Organomation 公司），TDZ5-WS 自动平衡离心机（湘仪离心机仪器有限公司）。乙腈、

甲醇、叔丁基甲醚(色谱级)、Cleanert MAS-B 管、Cleanert MAS-A 管、Cleanert 蛋白沉淀管、Cleanert SLE 管(天津博纳艾杰尔科技公司)。八角茴香、红茴香(市售)。

操作步骤:

① 血浆样品:取 100μL 血浆移入 Cleanert MAS-B 柱中,快速加入 500μL 乙腈-甲醇(9:1,V/V)溶液,涡旋 15s,静置 3min 以上,以 3500r/min 离心 5min,流出液在 50℃下用氮气吹干后,再加入 50μL 10%甲醇复溶,涡旋,待测。

在 6 只 Cleanert MAS-B 柱中各加入 100μL 空白血浆,再分别加入不同浓度的莽草毒素标准溶液,涡旋 15s,放置 30min 以上,与样品一起处理,制作基质标准工作曲线。

② 尿液样品:取 200μL 尿液移入 Cleanert SEL 柱中,静置 5min 以上,将 2.1mL 叔丁基甲醚分三次加入,通过重力作用进行洗脱,在 50℃下用氮气吹干洗脱液后,再加入 100μL 10%甲醇复溶,待测。

在 6 只试管中分别加入不同浓度的莽草毒素标准溶液,放置 30min 以上,与样品一起处理,制作基质标准工作曲线。

③ 呕吐物:称取 1.00g 样品,移入 50mL 具塞离心管中,加入 10mL 甲醇,超声提取 10min,以 10 000r/min 离心 5min 后,取 2.0mL 上清液,在 50℃下用氮气吹干,加入 200μL 水复溶残渣(必要时用 1mL 正己烷脱酯 1 次)。取 100μL 复溶液,移入 MAS-B 柱中,快速加入 500μL 乙腈-甲醇(9:1,V/V)溶液,涡旋 15s,静置 3min 以上,以 3500r/min 离心 5min,流出液在 50℃下用氮气吹干后,再加入 50μL 10%甲醇复溶,涡旋,待测。

④ 八角茴香和红茴香等伪品:称取 1.00g 样品,移入 50mL 具塞离心管中,加入 10mL 甲醇,超声提取 10min,以 10 000r/min 离心 5min 后,取 500μL 上清液,在 50℃下用氮气吹干,加入 0.5mL 水复溶残渣,2mL 正己烷脱酯 1 次,再用 2mL 叔丁基甲醚萃取 3 次,合并萃取液,在 50℃下用氮气吹干后,再加入 500μL 10%甲醇复溶,涡旋,用 0.20μm 微孔膜过滤,待测。

⑤ 红茴香药酒:取 200μL 红茴香药酒,用氮气吹干,再加入 100μL 10%甲醇复溶,待测。

方法评价: 血浆的加标回收率为 92.6%~100.3%,尿液的加标回收率为 101%~118%。该方法曾用于 2010 年温州误饮红茴香药酒中毒事件的检验。

实例 18-44 血浆中砷化物的样品前处理[47]

方法提要: 常见的无机砷化物为 As_2O_3,俗称砒霜、白砒等,粗制品呈微红色,其他砷化物有砷酸盐和亚砷酸盐等,可溶于水或稀酸的砷化物皆系剧毒物质。As_2O_3 的中毒量为 0.005~0.05g,致死量为 0.1~0.3g。有研究表明,白血病患病儿童的血浆中砷主要以较高毒性的无机砷(V)形态存在,而且砷(V)含量偏高,降低砷(V)对防治儿童白血病可能有积极意义。血样经阴离子交换色谱将砷化合物分离,采用高效液相色谱-电感耦合等离子体质谱联用法分析白血病患病儿童血浆中的砷化合物形态。

仪器与试剂: 7500a 型 ICP-MS 和 1100 型 HPLC(美国 Agilent 公司),Hamilton PRP-X100 阴离子交换色谱柱(瑞士 Hamilton Reno 公司),AsI_3、As_2O_5(美国 Alfa Aesar 公司)。

操作步骤: 采静脉血 1mL 于加有肝素的试管中。取上清血浆,置于-20℃冷冻箱中保存。检测前,取 0.2mL 解冻血浆样品于试管中,加入 10mL 1mol/L HCl,在 60℃下水浴 24h,浸出砷化物,充分振荡,使血浆样品中砷化物充分浸提,用 PEL 瓶取 3mL,加入超纯水定容至 10mL,待测。

方法评价:该方法通过阴离子交换色谱将三价砷(亚砷酸)和五价砷分离后,用 ICP-MS 分析白血病患病儿童血浆中砷化合物形态,也为砷的生物学效应研究提供技术支撑。血浆中砷的加标回收率为 99.6%～113.5%,也可用于砷化物中毒检验。

18.3.5　含酒精的血液样品前处理

在交通事故现场的车辆车身油漆是确定肇事车辆常用的物证之一。陈涛等[48]采用傅里叶红外光谱分析技术,建立汽车车身油漆红外光谱比对数据库,为排查肇事车辆、缩小侦查范围、确定逃逸车辆等提供技术基础。该方法属于无损分析,样品不需要前处理,简单快捷。

过量饮用含酒精类饮料不仅可引起心脑血管、消化、神经系统等多种病症,还可致驾驶员酒后动作失常、判断思维能力下降,成为诱发道路交通事故的主要原因之一。目前,交警主要采用酒精测试仪实施现场检测,如果当事人不配合该检测方式,将采用抽取血液样品进行分析。

实例 18-45　含酒精的血液样品前处理[49]

方法提要:血样经离心分离、以异戊醇为内标,采用气相色谱分析血清中的酒精含量。

仪器与试剂:TP2100 气相色谱仪,色谱柱为 DM-WAX30m×0.25mm×0.25μm 弹性石英毛细柱。所用标准物质均为优级纯,实验用水采用重蒸馏水或去离子水。

操作步骤:取送检血样 1～2mL,于 3000r/min 下离心 5min,准确吸取上清液 200μL 于 1～2mL 的试管中,加 0.4mg/mL 异戊醇内标液 800μL,混匀后供仪器分析。每一个检材必须配制 2～3 份试样,以平均值作为检材的定量值。

取加过抗凝剂的空白血样 4.0mL,加入 20mg/mL 乙醇储备液 1.0mL,轻摇混匀 30min 以上,制备成乙醇浓度 4.0mg/mL 添加标准血样。取该血样一定量配制成 0.20、0.50、0.80mg/mL 乙醇浓度血样,于 3000r/min 离心 5min,取上清液 200μL,加入 800μL (0.4mg/mL)异戊醇内标液,混匀供仪器分析,以准确定量检材中乙醇用量。添加血试样必须重复做 2 份以上,以保证定量结果的稳定。

方法评价:本方法可同时测定血清中甲醇、乙醇、正丙醇含量,为交警对酒后驾驶和醉酒程度提供判定依据,是一种较为理想的血醇检测方法。

18.4　放射性样品前处理

实例 18-46　土壤中超痕量 ^{129}I 的样品前处理[50]

方法提要:在自然界,^{129}I 通过 ^{238}U 自发裂变、^{238}U 的中子诱发裂变等生成。大气核试验、核反应堆事故、核燃料后处理向环境释放大量 ^{129}I。目前,^{129}I 研究主要集中在核设施周围的环境监测、环境示踪研究及年代测定等方面。本方法以 ^{125}I 为示踪剂、捕集液收集高温解析出的碘、无载体共沉淀生成 AgI 等手段对样品进行前处理,采用 3MV 加速器质谱测定西安地区土壤样品中的 ^{129}I/^{127}I 比值。

仪器与试剂:Pyrolyser-4 Trio™ 恒温热解炉(英国 Raddec 公司),J1303/GBWN 型精密气动压力机(中国奥德铆压设备有限公司),HJ2021 型 γ 放射免疫计数器(西安核仪器厂）。HNO_3、$AgNO_3$、$NaCl$、$NaHSO_3$（优级纯），NaI 溶液（^{125}I，成都中核高通同位素股份有限公司）。

操作步骤：采集的土壤样品经自然风干并去除植物根茎和石块后研磨，过 0.098mm 孔径筛。取 20.00g 土壤样品，置于特制石英舟中，加入 0.10mL 1000Bq/mL ^{125}I 示踪剂溶液，与样品混合均匀后，在高温热解炉中三个区段进行程序升温，以分解样品。用 35mL 捕集液（0.5mol/L NaOH 和 0.02mol/L $NaHSO_3$）收集高温热解过程中分解并经由载气带出的碘。

捕集液准确称重后，取 3.0mL 置于 10mL 离心管中，用 γ 计数器测量 ^{125}I 计数，计算高温热解分离过程中碘的分离效率。

将捕集液转移至 50mL 离心管中，用 6mol/L HNO_3 调节至 pH1～2，加入适量 NaCl、1mol/L $NaHSO_3$、2mL 1mol/L $AgNO_3$，充分混合后静置 20～30min，离心 5min，分离沉淀物和上清液。

将上清液转移至另一只离心管测定其 ^{125}I 计数，以确定共沉淀过程中碘的分离效率。沉淀物中加入 15～30mL 3mol/L HNO_3，充分混合后，再次离心分离沉淀和上清液。测量上清液中 ^{125}I 计数，计算碘在酸洗过程中的丢失率。以水反复洗涤沉淀，离心、分离沉淀，得到 AgI-AgCl 沉淀。测量最终沉淀中 ^{125}I 计数，计算碘的分离效率。

将 AgI-AgCl 沉淀在 60℃烘箱中烘干后，研磨至粉末状。按质量比 1:2 与 Nb 粉混合均匀，用精密气动压力机将其压入 Cu 靶。采用 3MV 加速器质谱测定 $^{129}I/^{127}I$ 比值。

方法评价：高温热解过程中碘的分离效率大于 95%，无载体共沉淀过程中碘的回收率为 75%～85%，样品中碘的总分离效率大于 70%。

实例 18-47 土壤中钚及同位素的样品前处理[51]

方法提要：在核试验、核设施、核事故及以钚为能源的卫星重返地球烧毁时向环境中释放相当量的钚。钚可通过吸入、摄入及渗入等途径进入人体，造成危害。通过分析钚含量及同位素组成的不同，可判断钚的用途和来源。样品经同位素标记和固相柱萃取分离后，采用 ICP-MS 测量土壤中的钚含量和同位素组成。

仪器与试剂：EL EMENT 型双聚焦 ICP-MS（美国 Finnigan-MAT 公司）。HNO_3、HF、$HClO_4$、HCl、草酸（优级纯），聚三氟氯乙烯粉（粒径 0.12～0.15mm），超纯水（18.2MΩ/cm），^{242}Pu 示踪剂（$^{239}Pu/^{242}Pu$ 为 0.1087%，进口），其他试剂为分析纯。

操作步骤：使用土壤采集器采集不同深度的土样 3 个，烘干后，研磨，过孔径小于 0.15mm 筛。分别定量称取 50g 样品、50g 含 0.04ng ^{242}Pu 的 Pu 示踪剂于 150mL 烧杯中，在 550℃马弗炉中灰化过夜，冷却后加入 20mL 超纯水润湿样品，用 50mL HNO_3 浸取 1.5h。以 4000r/min 离心，取 2mL 上清液，加入 2mL H_2O_2，蒸至近干，用 50mL 7.5mol/L HNO_3 溶解后进行色谱分离。

将样品液转入 TNOA 萃取色层柱，以小于 1mL/min 流速上柱，用 10mL 7.5mol/L HNO_3 洗涤，以去除基体元素，50mL 10mol/L HCl 淋洗去除 Th，20mL 3mol/L 和 2mL 1mol/L HNO_3 淋洗残存的 U 等金属离子。用 3mL 0.025mol/L 草酸-0.15mol/L HNO_3 解吸 Pu。收集解吸液于聚乙烯塑料试管中供 ICP-MS 分析。

方法评价：该方法测量西安和甘肃地区土壤中的钚含量和同位素组成，确定两地区钚的来源。Pu 的本底为 (0.036±0.025)×10^{-12}g，相应的定量限为 0.25×10^{-12}g。

18.5　考古与文物样品前处理

在历史遗迹的考古、挖掘等过程中出土的各类文物蕴含了丰富的历史、文化、艺术、科学等信息。通过分析文物的成分、材质、物质结构等内容，可以了解文物的制作年代与背景、制造工艺与技术、理化性质与病害机理等，为文物历史价值评估、修复与保存、文物发展演变过程、鉴别真伪等提供科学依据。由于年代久远、出土前保存环境等因素，特别是金属类等多数文物已经遭受氧化、腐蚀；同时，文物具有的历史性、不可再生性等固有特性，在进行化学检验、分析过程中，要求文物样品的前处理尽可能做到无损或微损化处置，以保证文物本身的原始性、完整性。

目前，对文物的化学检测和分析主要针对成分分析、结构分析等内容。随着现代科学技术的发展，激光拉曼、X射线衍射等光谱分析技术为文物的无损或微损化分析与鉴定提供了重要工具[52,53]。

18.5.1　陶瓷样品前处理

在古迹遗址考古中，经常发现陶瓷及碎片等文物，通过对陶瓷及碎片的釉面成分进行的分析，可以提供非常有价值的历史文化信息。

实例18-48　北宋龙泉青瓷瓷片、明代青花瓷片及仿古青瓷瓷片的样品前处理[54]

方法提要：瓷片切割出的釉面和胎体，采用激光电离飞行时间质谱技术，分析分析北宋龙泉青瓷瓷片及仿古青瓷瓷片中胎体和釉面的 Na_2O、MgO、Al_2O_3、SiO_2、P_2O_5、K_2O、CaO、TiO_2、Cr_2O_3、MnO、Fe_2O_3 等成分，明代青花瓷片表面釉面中的 Co、Mn、Fe、Ni、Ba、Ca、Mg、Na、Al、Si、P、K、Cu、Zn、Rb 等元素。

仪器与试剂：激光电离飞行时间质谱（自制），低速金刚石切割机（沈阳科晶公司）。

操作步骤：将北宋龙泉青瓷瓷片及仿古青瓷瓷片分别切割成 1cm×1cm 的小瓷片，每种瓷片各切割2块。从中分别各取一块，用切割机切除釉面，露出胎体。将切割好的4块瓷片在超声波清洗机中清洗，烘干，并用丙酮擦洗，确保样品表面清洁。采用激光电离飞行时间质谱技术进行多元素分析。

在明代青花瓷片上挑出一个表面平整、青白两色相间的区域，切割成 1cm×0.5cm 的瓷片，清洗，烘干。采用激光电离飞行时间质谱技术进行多元素成像分析。

方法评价：该方法无须复杂繁琐的样品前处理过程，但是，对瓷片本身进行破坏性切割，不能保证文物的完整性。

实例18-49　唐恭陵哀妃墓出土唐三彩的样品前处理[55]

方法提要：唐三彩为我国唐代出产的特有陶瓷制品，其陶瓷表面以白、黄、绿等三种颜色为主色调。样品经研磨制粉、中子活化后，对唐恭陵哀妃墓出土唐三彩胎体中的 Na、K、Fe、Ba、La、Sm、U、Ce、Nd、Eu、Yb、Lu、Hf、Ta、Th、Se、Sc、Cr、Co、Rb、Cs 等21种元素进行分析，研究其可能产地。

仪器与试剂：GEM-20180-T 型高纯 Ge 探测器（ORTEC 公司）

操作步骤：选取单色釉面的唐三彩残片，将样品的胎切取足够量，研磨至粒度接近200目。将粉末样品用高纯铝箔包裹，在200℃下烘干4h，然后将样品和化学标准参考物一起送人反应堆中接受中子辐照,照射时间为 8h,中子注量率为 $5.0\times10^{13}\,n/cm^2\cdot S$。活化后的样品经过 2 轮冷却时间(第一轮为 7 天,第二轮为 18～19 天)后,拆去铝箔,将样品转入塑料小瓶中,进行测试。

方法评价:该方法具有无须定量分离、分析灵敏度高、基体效应小等优点,可对文物进行多元素痕量分析。

18.5.2　骨骼样品前处理

在对古代遗址进行考古过程中,经常挖掘出各种骨骼样品。不同时代人类的饮食状态不同,通过分析人类骨骼样品的元素成分,能够揭示古代人类的生活方式、生存环境和迁徙活动等历史人文信息。

实例 18-50　贾湖遗址人骨的样品前处理[56]

方法提要:贾湖遗址是我国重要的新石器时代遗址之一,通过分析出土人骨的 Sr、Ca、Ba 等元素成分,以及 lg(Sr/Ca)、lg(Ba/Ca) 的数据,能够揭示贾湖先民的生活方式、农业起源、迁徙活动等重要信息。样品经清洗和研磨制粉、HNO_3 溶解制成测试溶液后,采用等离子体-发射光谱技术分析贾湖遗址出土人骨中 Sr、Ca、Ba 等元素成分及元素比例。

仪器与试剂:ARL3520B 等离子体-发射光谱仪,试剂为优级纯。

操作步骤:去除样品上的褪色物质、皮质及骨髓,清除骨样上表面污染。称取 0.2g 样品,首先用去离子水浸泡,然后置于超声波水浴中反复清洗至清洗液无色为止。再用 5%乙酸在超声波水浴中清洗 30min,倒去清洗液,再重复清洗一次。用 5%乙酸新溶液浸泡样品 15h 以上。取出样品,去离子水清洗 20min 后,将样品置于马弗炉中 725℃灰化 8h。冷却后,在玛瑙研钵中研磨成粉末,密封,置于干燥器中备用。准确称取骨粉 0.02g,置于试管中,加入 1mL HNO_3,在 100～110℃下消化 1h。用微量注射器加入 19mL 去离子水,使总体积为 20mL,采用等离子体-发射光谱技术分析 Sr、Ca、Ba 等元素成分。

方法评价:该方法在美国威斯康星大学人类学系古化学实验室进行,样品处理过程针对人骨中的 Sr、Ca、Ba 等元素分析,虽然取样量较少,但仍然对文物有一定的破坏性。

实例 18-51　二里头遗址出土动物骨骼的样品前处理[57]

方法提要:河南偃师市二里头遗址的主体文化遗存属于二里头文化,是迄今为止可以确认的我国最早的王国都城遗址,其出土的动物骨骼多数属于家畜。动物的牙齿能够很好保持生存地的同位素特征,而且很少受到污染,通过分析动物牙齿锶同位素,探讨人类行为模式、社会经济等问题。样品经清洗和高温灰化后,采用热电离质谱技术分析二里头遗址出土动物骨骼中 ^{87}Sr、^{86}Sr 等同位素。

仪器与试剂:ISO-PROBE-T 热电离质谱仪,乙酸(优级纯)。

操作步骤:打磨样品表面,去除样品上的任何可见污垢或杂质后,用纯净水超声清洗 3 次,每次 20min。再使用超纯水,超声清洗 3 次,每次 20min。清洗后的样品加入 5%乙酸溶液,超声清洗 30min,浸泡 7h 后,倒掉乙酸溶液,用超纯水超声清洗 3 次,每次 20min。将样品在 825℃下恒温灼烧 8h,灰化后的样品进行锶同位素分析。

方法评价:取样量较少,但仍然对文物有一定的破坏性。

18.5.3 金属样品前处理

在古迹遗址考古中,经常发现金属制品等文物,通过对金属制品成分的分析,可以提供非常有价值的历史文化信息,丰富考古和历史研究内容。

实例 18-52 成都金沙遗址青铜文物的样品前处理[58]

方法提要:样品经表面去污、Ar^+ 刻蚀后,采用 X 射线光电子能谱分析技术(XPS),分析成都金沙遗址青铜文物表面锈层膜的元素及化学状态。

仪器与试剂:XSAM800 型光电子能谱仪(KRATOS 公司)

操作步骤:XPS 技术可以提供样品表面 0.5～3.0nm 深度范围的元素组成和化学价态等信息,为了获得较高的分析精度和相对准确的元素组成和价态,进行 XPS 分析之前,首先用金相砂纸对样品表面进行打磨处理,去除表面污染物,然后采用 Ar^+ 刻蚀样品表面 5min(Ar^+ 刻蚀速度为 1nm/min)后,进行 XPS 分析。如果需要分析样品更深范围的元素组成和价态等,通过剥离外层后,然后进行 XPS 分析。

方法评价:该方法样品前处理过程相对简单,但需要在样品表面选择一处有代表性区域进行 XPS 分析,还需最大限度减少文物本身的破坏,以保证文物的完整性。

实例 18-53 江西新干出土商代青铜文物的样品前处理[59]

方法提要:提取样品表面的锈蚀粉状物、超声分散,采用微区 X 射线衍射、高分辨透射电镜及拉曼光谱技术分析江西新干出土商代青铜文物表面锈蚀粉状物的成分、物相组成及物相晶态。

仪器与试剂:D8 Discover 型微区 X 射线衍射仪(德国 Bruke 公司),FEI TECNAI F30 型场发射透射电镜,Almega 型显微共聚焦激光拉曼光谱仪(Nicolet 公司)。铜网(80 目)。

操作步骤:将青铜器表面锈蚀的粉状物样品在酒精中超声分散均匀,呈悬浮液状态,再把覆有碳膜的铜网放在滤纸上,用镊子蘸几滴液体到铜网上,待自然干燥后,分析样品。

方法评价:对青铜器表面锈蚀的粉状物样品进行处理,过程简单。

18.5.4 首饰样品前处理

在考古中发现的珠宝、玉器等文物可揭示遗址历史文化等重要信息。

实例 18-54 绿松石样品前处理[60]

方法提要:绿松石又名土耳其玉,化学式为 $CuAl_6(PO_4)_4(OH)_8 \cdot 4H_2O$,是在近地表风化、氧化淋滤作用形成的次生矿物。由于离子置换等原因,不同产地的绿松石成分有一定差异,通过分析绿松石的拉曼光谱及特征,可以探讨考古出土的绿松石来源。样品经表面清洗后,采用显微拉曼光谱技术和 X 射线衍射能谱分析技术(XDR),分析湖北郧县、竹山、秦古及安徽马鞍山等产地的绿松石拉曼光谱及光谱特征。

仪器与试剂:LABRAM-HR 型显微共焦激光拉曼光谱仪(法国 JY 公司)。

操作步骤:对于新近从矿山实地采集的现代样品,选择未风化或风化较弱、无明显夹杂物的样品,表面进行抛光磨平、清洗处理,作为产地标准参照物进行显微拉曼光谱和 X 射线衍射能谱分析。对于考古出土的样品,也选择未风化或风化较弱、无明显夹杂物的样品,表面只进行清洗，不进行抛光磨平，以保证文物的完整性，然后进行分析。

方法评价：该方法样品前处理过程简单，没有破坏文物本身。

参考文献

［1］ 杨云运，牟德海，童朝阳，等.双抗体夹心酶联免疫检测法测定蓖麻毒素［J］.分析化学，2007，35（3）：439-442.

［2］ 穆晞惠，周志强，童朝阳，等.基于生物素-亲和素系统的压电免疫传感器检测相思子毒素研究［J］.分析化学，2009，37（10）：1499-1502.

［3］ 赵燕华，林妮妮，郭磊，等.固相萃取-超高效液相色谱-质谱联用技术检测大鼠血浆中 T-2 毒素及其主要代谢产物［J］.分析化学，2012，40（12）：1852-1858.

［4］ 张秀尧，蔡欣欣.亲水液相色谱三重四极杆质谱法快速检测尿液和血浆中河豚毒素［J］.分析化学，2009，37（12）：1829-1833.

［5］ 赵孔祥，葛宝坤，陈旭艳，等.在线免疫亲和净化-液相色谱-串联质谱快速测定中草材及中成药中 10 种真菌毒素［J］.分析化学，2011，39（9）：1341-1346.

［6］ 康敏，许杨，何庆华，等.膜基质免疫分析法同时检测玉米中的伏马菌素 B_1 和呕吐毒素［J］.分析化学，2012，40（3）：457-461.

［7］ 郭坚，杨新磊，叶明立.全自动在线固相萃取-高效液相色谱法测定水体中痕量微囊藻毒素［J］.分析化学，2011，39（8）：1256-1260.

［8］ 申晴，崔莉凤，赵硕，等.微囊藻毒素分子印迹传感器的制备与应用［J］.分析化学，2012，40（3）：442-446.

［9］ 李彦文，黄献培，吴小莲，等.固相萃取-高效液相色谱串联质谱法同时测定土壤中 3 种微囊藻毒素［J］.分析化学，2013，41（1）：88-92.

［10］ 张秀尧，蔡欣欣.超高效液相色谱三重四极杆质谱联用法快速检测尿液和血浆中鹅膏毒肽和鬼笔毒肽［J］.分析化学，2010，38（1）：39-44.

［11］ 柳洁，丁文婕，何碧英，等.超高效液相色谱-电喷雾离子化-四极杆飞行时间串联质谱指纹图谱检测毒蕈中 4 种鹅膏肽类毒素［J］.分析化学，2013，41（4）：500-508.

［12］ 刘晓红，罗金平，田青，等.荧光量子点免疫标记法检测炭疽芽孢杆菌［J］.分析化学，2011，39（2）：163-167.

［13］ Minmin L, Kelong F, Yong P, et al. Fe$_3$O$_4$ magnetic nanoparticle peroxidase mimetic-Based colorimetric assay for the rapid detection of organophosphorus pesticide and nerve agent［J］. Analytical Chemistry,2013,85：308-312.

［14］ 金华，崔玉玲，申永忠，等.GC-MS 联用对染毒土壤的分析［J］.中国化学会第九届特种应用化学学术会论文集.防化研究院，2006：526-531.

［15］ 赵占上，张显龙.辽源 74 吨日遗毒剂鉴定与确认［J］.第十一届全国特种应用化学学术讨论会论文集.防化研究院，2012：335-339.

［16］ 鲁艳英，关彩玲，李文丹.南京移动销毁作业现场氰化氢检测［J］.第十一届全国特种应用化学学术讨论会论文集.防化研究院，2012：128-129.

［17］ 李春正，陈佳，钟玉环，等.同位素稀释-高效液相色谱-质谱联用技术检测大鼠血浆中的芥子气水解产物［J］.分析化学，2012，40（10）：1567-1572.

［18］ 赵军，李拥有，张超.中空纤维液相微萃取芥子气水样的研究［J］.第十一届全国特种应用化学学术讨论会论文集.防化研究院，2012：817-820.

［19］ 杨秀云，徐春荧，袁柏青，等.基于电纺碳纳米纤维材料的阿托品固态电化学发光传感器［J］.分析化学，2011，39（8）：1233-1237.

[20] 王凌,王晨宇,王庚,等.固相萃取-高效液相色谱法测定水中痕量刺激性化合物[J].第十届全国特种应用化学学术讨论会论文集.防化研究院,2009:264-267.

[21] Su C W,Babcock K,deFur P,et al. Column-less GC/IMS(Ⅱ)—a novel on-line separation technique for ionscan analysis[J]. Int. J. Ion Mobility Spectrom,2002,5:160-174.

[22] 孟梁,王燕燕,孟品佳,等.分散液相微萃取-毛细管电泳法同时检测唾液中的8种毒品[J].分析化学,2011,39(7):1077-1082.

[23] 叶海英,郑水庆,梁晨,等.LTQ-Orbitrap组合式高分辨质谱法快速筛查毛发中7种毒品及代谢物[J].分析化学,2012,40(11):1674-1679.

[24] 孟梁,臧祥日,申贵隽,等.毛细管区带电泳同时检测人尿和头发中6种毒品[J].分析化学,2010,38(10):1474-1478.

[25] 阎仁信,石建忠.毒品MDPV的检验[J].刑事技术,2012,(6):54-55.

[26] 刘博.涉毒案件中甲基麻黄碱的GC/MS检验[J].刑事技术,2012,(1):53-56.

[27] 陈聪,向平,沈宝华,等.体液中西地那非的测定及其代谢物的确认[J].分析化学,2011,39(7):1093-1099.

[28] 卢先春,黄克靖,吴志伟,等.氧化石墨烯/铁氰化铈修饰玻碳电极同时测定扑热息痛和咖啡因[J].分析化学,2012,40(3):452-456.

[29] 朱昱,谭家镒,孙毓庆.特丁基二甲基硅烷衍生化-气相色谱-质谱联用法分析尿中硝西泮的代谢物7-氨基硝西泮[J].分析化学,2003,31(7):850-852.

[30] 周娣,张文芳,周健.全自动固相萃取仪与GC/MS的结合应用-生物检材中的药物检测分析[J].质谱学报,2002,23(4):225-229.

[31] 张振宇,朱昱,邹宁,等.原子印章色痕相对形成时间的人工老化方法研究[J].中国化学会第八次特种应用化学学术会议论文集,2003:177-179.

[32] 李心倩,王彦吉,史晓凡,等.圆珠笔油墨字迹色痕的高效液相色谱分析方法[J].分析化学,2004,32(5):657-660.

[33] Shimizu N,Kado Y,Telegrap H N,et al. Detection of hydrogen cyanide in the smoke emitted from the combustion of nylon fabric with a continuous-wave THz spectrometer[C]. Infrared Millimeter and Terahertz Waves(IRMMW-THz),2010,240:3-5.

[34] Leahy-Hoppa M R,Fitch M J,Osiander R. Terahertz spectroscopy techniques for explosives detection[J]. Analytical and bioanalytical chemistry,2009,395(2):247-257.

[35] Shen Y C,Taday P F,Pepper M. Elimination of scattering effects in spectral measurement of granulated materials using terahertz pulsed spectroscopy[J]. Applied Physics Letters,2008,92(5):51103-51105.

[36] 陈春杨,卡不勒江·卡旦,陈翠杰,等.爆炸残留物的毛细管电泳检测[J].分析化学,2011,39(8):1293-1294.

[37] 夏志强,于柏林.反核生化爆恐怖-威胁防范处置[M].北京:化学工业出版社,2010.

[38] 王明,陈智群,潘清,等.光谱分析技术鉴定未知爆炸物[J].火工品,2011(5):46-50.

[39] Owens J,Hok S,Charlton A,Koester C. Quantitative analysis of tetramethylene-disulfotetramine(tetramine) spiked into beverages by liquid chromatography-tandem mass spectrometry with validation by gas chromatography-mass spectrometry[J]. J. Agric. Food Chem.,2009,57:4058-4067.

[40] 于蔚常.肝中杀鼠酮硅藻土提取高效液相色谱检测法研究[J].刑事技术,2012,(6):45-47.

[41] 杜鸿雁,董颖,张蕾萍,等.快速溶剂萃取法提取血中的有机磷类农药[J].刑事技术,2012,(3):20-21.

[42] 黄思成,舒鹏.利用离子色谱法检测微量氰化物1例[J].刑事技术,2012,(5):61-62.

[43] 蔡欣欣,张秀尧.超高效液相色谱三重四极杆质谱法同时快速测定血浆和尿液中11种杀鼠剂[J].分

析化学,2010,38(10):1411-1416.

[44]　金米聪,陈晓红,李小平.高效液相色谱-荧光检测法同时测定全血中 5 种香豆类杀鼠剂[J].色谱,2007,25(2):214-216.

[45]　熊小婷,吴惠勤,黄晓兰.液相色谱-电喷雾串联质谱同时检测血液中 8 种有毒生物碱[J].分析化学,2009,37(10):1433-1438.

[46]　张秀尧,蔡欣欣.超高效液相色谱串联质谱联用法快速测定生物样品中莠草毒素[J].分析化学,2011,39(12):1917-1920.

[47]　舒晓亮,钟静霞,李雪梅,等.白血病患病儿童血浆中砷化合物存在形态的研究[J].分析化学,2013,41(4):606-607.

[48]　陈涛,龙先军,魏朗,等.基于傅里叶红外光谱的汽车车身油漆比对[J].光谱学与光谱分析,2013,33(2):367-370.

[49]　郝红霞,杜然,陈新明,等.气相色谱法同时测定血清中甲醇、乙醇、正丙醇[J].刑事技术,2012,(6):8-12.

[50]　罗茂益,周卫健,侯小琳,等.土壤样品中超痕量 ^{129}I 的无载体共沉淀分离及加速器质谱测定[J].分析化学,2011,39(2):193-197.

[51]　金玉仁,张利兴,周国庆,等.两地土壤中的钚含量及同位素组成分析[J].分析化学,2004,32(10):1321-1324.

[52]　魏璐,王丽琴,周铁,等.无损光谱技术在彩绘陶制文物分析中的应用进展[J].光谱学与光谱分析,2012,32(2):481-485.

[53]　韩炜师,王丽琴.光谱分析技术在彩绘文物颜料分析中的应用[J].光谱学与光谱分析,2012,32(12):3394-3398.

[54]　邹冬璇,殷志斌,张伯超,等.激光电离飞行时间质谱技术用于古代瓷片中元素的检测及元素成像分析[J].分析化学,2012,40(4):498-502.

[55]　雷勇,冯松林,冯向前,等.唐恭陵哀妃墓出土唐三彩的中子活化分析和产地研究[J].中原文物,2005,(1):86-89.

[56]　胡耀武,Burton J H,王昌燧.贾湖遗址人骨的元素分析[J].人类学学报,2005,24(2):158-165.

[57]　赵春燕,李志鹏,袁靖,等.二里头遗址出土动物来源初探-根据牙釉质的锶同位素比值分析[J].考古与科技,2011,(7):68(644)-75(651).

[58]　陈善华,刘思维,孙杰.青铜文物的光电子能谱分析[J].材料保护,2007,40(2):57-61.

[59]　成小林,潘路.新干商墓青铜器非晶与纳米晶锈蚀产物结构的分析研究[J].光谱学与光谱分析,2012,32(5):1270-1273.

[60]　佘玲珠,秦颖,冯敏,等.绿松石显微拉曼光谱及产地意义初步分析[J].光谱学与光谱分析,2008,28(9):2107-2110.